Nr. 35
S. 11123–11454

1959
2. September

Chemisches Zentralblatt

Vollständiges Repertorium für alle Zweige der reinen und angewandten Chemie

1830 gegründet. 1897—1945 von der Deutschen Chemischen Gesellschaft fortgeführt. Im Auftrage der Deutschen Akademie der Wissenschaften zu Berlin, der Chemischen Gesellschaft in der DDR, der Akademie der Wissenschaften zu Göttingen und der Gesellschaft Deutscher Chemiker (in der BRD)

herausgegeben von Prof. Dr. Heinrich Bertsch und Prof. Dr. Dr. h. c. Wilhelm Klemm

130. Jahrgang

1959

Chefredakteure: Dr. Eugen Klever und Dr. Heinz Walter

Akademie-Verlag GmbH., Berlin — Verlag Chemie, GmbH., Weinheim/Bergstr.

Inhalt

Namenregister

Patentregister

Chemisches Zentralblatt

1959 Nr. 35 2. September

Geschichte. Unterricht.

Robert Rompe, *Rudolf Seeliger zum 70. Geburtstage.* Würdigung der Arbeiten R. SEELIGERS auf dem Gebiet der Gasentladungsphysik anläßlich des 70. Geburtstages am 12. 11. 1956. (Ann. Physik [6] **18.** 225—26. 1956.) H. LIEPACK. 1

M. Mascré, *Raymond Delaby. 1891—1958.* Würdigung u. Nachruf für den am 2. 6. 1958 verstorbenen Apotheker u. Chemiker Prof. Dr. R. DELABY (Veröffentlichungen u. Ämter). (Produits pharmac. **13.** 531—32. Okt. 1958.) HEINZ WALTER. 1

—, *C. H. Desch. Internationale metallurgische Autorität.* Nachruf auf Dr. C. H. DESCH (gest. im Juni 1958 im Alter von 84 Jahren) u. Würdigung seiner Arbeiten zur Aufklärung der Struktur u. der Eigg. von Metallen u. Legierungen durch chem. u. physikal. Methoden. — Bild. (Iron Coal Trades Rev. **176.** 1531. 27/6. 1958.) W. KUNTZ. 1

T. S. Moore, *Arthur Rudolf Hantzsch.* Würdigung der Persönlichkeit von Prof. A. R. HANTZSCH, seiner charakterist. Arbeitsweise u. seiner Bedeutung für die organ. Chemie, die über die Lösung des Problems des Isomerismus von Oximen (zusammen mit WERNER) u. die Aufklärung der Diazo-Verbb. hinausreicht zu fruchtbaren Anregungen für die wissenschaftliche Weiterentwicklung. (Proc. chem. Soc. [London] **1959.** 1—4. Jan.) W. KUNTZ. 1

—, *Gustav F. Hüttig, 13. Mai 1890 bis 1. Dezember 1957.* Nachruf auf den Ordinarius an der Techn. Hochschule Graz GUSTAV FRANZ HÜTTIG unter Würdigung seiner Forschungen als anorg. u. physikal. Chemiker. U. a. konstruierte er das Tensi-Eudiometer. Bild. (Mh. Chem. **89.** 3—4. 21/3. 1958.) W. KUNTZ. 1

—, *Georg Masing.* Nachruf auf den Göttinger Professor G. MASING (geb. in Petersburg, gest. 2. 10. 1956 in Göttingen) u. Würdigung seiner Verdienste um die Anerkennung der Metallkunde als auf Chemie u. Physik gestützter, aber selbständiger Wissenschaft. Bild. (Rev. Métallurg. **55.** 98. Jan. 1958.) W. KUNTZ. 1

—, *Sir James Swinburne.* (Vgl. C. **1958.** 12582.) Nachruf auf Sir JAMES SWINBURNE, geb. 28. 2. 1858, gest. 30. 3. 1958, anfangs Elektroingenieur, später führend in der Plastik-Industrie — Bakelit, Lacke, Firnisse. Bild. (Plast. Inst., Trans. and J. **26.** Nr. 65. 37—40. Juli 1958.) W. KUNTZ. 1

K. R. Webb, *Sir Frederick Abel, 1827—1902.* Lebensbild von Sir FREDERICK ABEL (geb. 17. 7. 1827 in London, gest. 6. 9. 1902 in London), Chemiker an der Militär-Akademie in Woolwich, u. Würdigung seiner militärtechn. Arbeiten. Er war der 2. Präsident des Royal Institute of Chemistry 1880—83. Bild. (J. Roy. Inst. Chem. **82.** 147—50. März 1958.) W. KUNTZ. 1

Mary Elvira Weeks, *Die chemischen Beiträge von William Allen.* (1770 [London] bis 1843). Seine Entw., Lehrtätigkeit (bes. an der Royal Inst.), chem. Arbeiten (Identität von Kohle, Diamant u. Graphit, Atmungsvorgänge usw.), Begegnungen mit DAVY, BERZELIUS usw. (J. chem. Educat. **35.** 70—73. Febr. 1958. Detroit, Mich.) K. BLUMRICH. 1

Frederick Challenger, *Victor Meyers und Paul Jacobsons „Lehrbuch der organischen Chemie": Die Verfasser und ihr Werk.* Würdigung der Bedeutung des 1891—1929 erschienenen u. noch heute wertvollen Lehrbuches; Lebensgang der Verfasser V. MEYER, geb. 1848, Professor in Zürich, Göttingen u. Heidelberg, u. P. JACOBSON, gest. 1923. (J. Roy. Inst. Chem. **82.** 164—69. März 1958.) W. KUNTZ. 1

Georg Edmund Dann, *Scheele und Klaproth. Eine vergleichende Betrachtung.* Gegenüberstellung der beiden Chemiker-Apotheker, des Schweden SCHEELE (1742—86), u. a. Entdecker des Sauerstoffs, u. des Deutschen KLAPROTH (1743—1817), u. a. Entdecker des Urans u. Zirkoniums, in Herkunft, Persönlichkeit u. Arbeitsweise. (Svensk farmac. Tidskr. **62.** 433—37. 10/7. 1958.) W. KUNTZ. 1

H. Rabaté, *Louis-Nicolas Vauquelin (1763—1829) und die chromhaltigen Farben.* Lebensbild von LOUIS-NICOLAS VAUQUELIN, Schüler u. Mitarbeiter FOURCROY u. sein Nachfolger auf dem Lehrstuhl in der medizin. Fakultät in Paris, u. Bericht über seine chem. Arbeiten, bes. die Darst. des Chromgelb. Bild. (Peintures, Pigments, Vernis **34.** 61—62. Febr. 1958.) W. KUNTZ. 1

Rudolf Sachtleben, *Auf Liebig zurückführbare Nobel-Preisträger. Eine Tafel akademischer Genealogie.* Wiedergabe u. Erläuterung eines im LIEBIG-Labor. des Deutschen Museums ausgestellten akadem. Stammbaums mit 32 NOBEL-Preisträgern. (J. chem. Educat. **35.** 73—75. Febr. 1958. München, Deutsches Museum.)
K. BLUMRICH. 1

Wyndham D. Miles und **Harold Abrahams,** *Benjamin Tuckers öffentliche Vorlesungen über Chemie.* Angaben über Ankündigung u. erfolgreiche Durchführung dieser für junge Mädchen bestimmten Einführung in die Chemie in Philadelphia 1810 u. über die dazu herausgegebene, wiederholt aufgelegte kleine „Grammatik der Chemie". (J. chem. Educat. **34.** 450—51. Sept. 1957. Maryland, Army Chem. Centre.)
W. KUNTZ. 2

Jack J. Bulloff, *Historische Perspektiven in der Chemie des zwanzigsten Jahrhunderts.* Betrachtungen über die industrielle Revolution des 20. Jahrhunderts, die auf der Elektronen- u. Kerntheorie beruht, wie die des 19. Jahrhunderts auf der Atom-Molekular-Theorie, soweit sie die Chemie betrifft, u. Ausblick auf die Möglichkeit einer weiteren industriellen Revolution. (J. chem. Educat. **34.** 452—54. Sept. 1957. Columbus, O., Battelle Mem. Inst.) W. KUNTZ. 2

M. Schofield, *Einige Schlaglichter in der Geschichte des Aluminiums.* Einzelne Züge aus der Frühgeschichte der Aluminiumindustrie um die Persönlichkeiten von DEVILLE, WEBSTER, CASTNER u. die Eros-Statue in London. (Ind. Chemist **33.** Nr. 388. 294—96. Juni 1957.) W. KUNTZ. 2

Al. Ionesco-Matiu, *Die Geschichte des Medikaments. Seine Entwicklung durch die Jahrhunderte.* Überblick über die seit ältesten Zeiten angewandten Heilmittel: Naturgegebene Stoffe, durch chem. Trennung u. Synth. gewonnene Heilmittel, biochem., biol., antibiot. u. radioakt. Heilmittel mit dem Ausblick auf zukünftiges Zusammenwirken. (Chim. et Techn. **5.** Nr. 2. 10—18. Juni 1958. Bukarest.) W. KUNTZ. 2

Ian F. Finlay, *Einige Gesichtspunkte der technischen Übersetzung von Sprachen.* Erörterung der Übersetzung von techn., bes. chem. Bezeichnungen in andere Sprachen u. der dabei auftretenden Schwierigkeiten, die bes. durch Abkürzungen entstehen. (J. chem. Educat. **35.** 519. Okt. 1958. Harrogate, Yorks.) W. WESLY. 4

K. Uematsu und **S. Uchida,** *Literaturübersicht über anorganische Chemikalien. 1. Mitt. Nichtmetalle, Schwefel, Halogene und deren Verbindungen.* (2. vgl. C. **1958.** 653.) Verf. der anorgan. Dokumentation; gedrängte Tatsachensammlung an Hand von 311 Literaturangaben. (J. electrochem. Soc. Japan **23.** 34—41. Jan. 1955. Tokyo, T. H. [Orig.: japan.]) L. SCHULER. 4

Laurence E. Strong und **M. Kent Wilson,** *Chemische Bindungen: Ein zentrales Thema für die High School-Chemie.* Vorschlag eines abgeänderten Chemieunterrichts an High Schools mit den nur der Chemie eigentümlichen Lehre von den Bindungen in ihren verschied. Arten als leitendem Thema u. dem Ziel eines besseren Anschlusses an ein Chemiestudium oder als möglichst geschlossenes Curriculum für Nichtchemiker. (J. chem. Educat. **35.** 56—58. Febr. 1958. Richmond, Ind., Earlham Coll.; Medford, Mass., Tufts Univ.) K. BLUMRICH. 6

L. Carroll King und **E. K. Neilsen,** *Bestimmung der Avogadroschen Zahl.* Anleitung zu einer Praktikumsübung: Best. der D. reiner *Ölsäure* (**I**) durch Wägen eines gemessenen Vol., ihres Mol.- (Verb.-) Gew. durch Titrieren mit NaOH in A. u. Herst. einer Lsg. gewogener Oberfläche 2 Tropfen **I** in 500 ml Pentan (**II**); Reinigen der Oberfläche von reinem W. durch Abstreifen (beschriebene Vorr.), Aufbringen u. Abstreifen von oxydiertem Schmieröl bis zu grüner Interferenzfarbe u. Aufstreuen von Lycopodiumpulver; Aufbringen von 0,10 ml der **I**-Lsg. (verdrängt die Bedeckung) u. Ausmessen der nach dem Verdunsten des **II** von der **I** eingenommenen Fläche. — Bei angenommener monomol. Schicht der **I** u. verschied. geometr. Form (Würfel, Zylinder usw.) ihrer Moll. werden aus den Meßdaten angenäherte LOSCHMIDTsche Zahlen errechnet. (J. chem. Educat. **35.** 198—200. April 1958. Evanston, Ill., Northwest. Univ.)
K. BLUMRICH. 6

Robert D. Eddy und **Samuel R. Scholes jr.,** *Ein temperaturempfindlicher Rührstab. Verflüssigung von NO_2 als Unterrichtsversuch.* Man erhitzt $Pb(NO_3)_2$ in einer Retorte mit spitzwinklig umgebogener Capillare, die in eine Eis–Salz-Mischung taucht, so daß sich das entstandene fl. NO_2 in einem kleinen Rundkolben mit langem, engem Hals ansammelt, entfernt Retorte u. Capillare u. schmilzt den langen, engen Hals zu (Abb.). Man erhält so einen „Rührer" für heißes, kaltes oder Eiswasser, der je nach Farbe u. Aggregatzustand der Füllung einen Anhalt für dessen jeweilige Temp. bietet. (J. chem. Educat. **35.** 527—28. Okt. 1958. Medford, Mass., Tuft's Univ.)
W. WESLY. 6

E. de Barry Barnett, *Der flächenzentrierte Würfel und die kubische dichteste Kugelpackung.* Modell aus Lagen verschieden gefärbter Kugeln für den Unterricht. (J. chem. Educat. **35.** 186. April 1958. London, Sir John Cass Techn. Inst.) K. BLUMRICH. 6

Malcolm E. Kenney, *Dauerpackung für Kristallmodelle.* Durchsichtige Kunststoffbehälter für Kristallmodelle aus Kunststoffschaumkugeln. (J. chem. Educat. **35.** 513. Okt. 1958. Cleveland, O., Case Inst. of Technol.) W. WESLY. 6

Arthur A. Burr, *Die Rolle der Chemie in der modernen metallurgischen Technik.* Die Bedeutung der Chemie bei der Ausbldg. von Metallurgen (mit Lehrplänen) u. in deren Praxis. (J. chem. Educat. **35.** 100—03. Febr. 1958. Troy, N. Y., Rensselaer Polytechn. Inst.) K. BLUMRICH. 6

Renzo Denti, Italian-English, English-Italian technical dictionary. 4th ed. improved and increased. New York: W. S. Heinman. 1959. (1225 S.) $ 10.—.

Hermann A. Elsner, Aufbau einer Fachdokumentation aus vorhandenen Referatdiensten. Als Ms. gedr. Köln, Opladen: Westdeutscher Verl. 1958. (35 S.) 4° = Forschungsberichte d. Wirtschafts- u. Verkehrsministeriums Nordrhein-Westfalen. Nr. 650. DM. 12,10.

Ibn Hayyān Gābir, Das Buch der Gifte. Wiesbaden: Steiner. 1958. (X + 223 S.) 4° = Akad. d. Wiss. u. d. Literatur. Veröffentlichungen d. Orientalischen Kommission. Bd. 12. DM 42,—.

Helmut Gröttrup, Studienanalyse halbautomatischer Dokumentationsselektoren. Als Ms. gedr. Köln, Opladen: Westdeutscher Verl. 1958. (112 S. m. Abb.) 4° = Forschungsberichte d. Wirtschafts- u. Verkehrsministeriums Nordrhein-Westfalen. Nr. 604. DM 28,50.

Johann Christian Poggendorff, Biographisch-literarisches Handwörterbuch der exakten Naturwissenschaften. Bd. 7a. Berichtsjahre 1932—1953. T. 3. L—R. Lfg. 4. Berlin: Akademie-Verl. 1959. (112 S.) 8°. DM 15,—.

Friedrich Richter, Beilsteins Handbuch. 75 Jahre organisch-chemischer Dokumentation. Nach e. Plenarvortrag auf d. GDCh-Hauptversammlung am 3. Oktober 1957 in Berlin. Berlin, Göttingen, Heidelberg: Springer. 1958. (23 S.) 8°. Nicht im Buchhandel.

Louis de Vries, Technical and engineering Dictionary. Suppl. 1. German-English. Wiesbaden: Brandstetter. 1959. (XXVII + 386 S.) 8°. DM. 45,—.

D. W. G. Ballentyne, B. Sc. and **L. E. Q. Walker, A. R. C. S.** *A Dictionary of named Effects and Laws in Chemistry, Physics and Mathematics.* London; Chapman & Hall Ltd. 1958 (205 S. m. Abb.) s 30.
Das vorliegende „Wörterbuch“ enthält, in alphabet. Reihenfolge geordnet, nach Autoren benannte Regeln, Gesetze, Rkk. u. Gleichungen aus der Chemie, Physik u. Mathematik. Der Text ist durch zahlreiche Abb., Formeln usw. vervollständigt. An Beispielen seien genannt DIELS-ALDER-Rk., REICHERT MEISSL-Zahl, KEKULE (2 Seiten), BALMER-Serien, FEHLINGsche Lsg., Theorien von EINSTEIN, PLANCK, HEISENBERG usw. Das Buch kommt dem Bedürfnis nach einer raschen u. spezif. Information über die mit Autorennamen verquickten naturwissenschaftlichen Daten entgegen, wie sie sich aus dem Studium von Fachliteratur heraus ergeben. Die etwa 200 Seiten umfassende Auswahl kann in künftigen Auflagen noch erweitert werden. Heinz Walter.

Jesse H. Shera, Allen Kent und **James W. Perry** *Advances in Documentation and Library Science.* Band II: *Information Systems in Documentation.* New York: Interscience Publishers Inc. 1957. (639 S. m. Abb.) $ 12,—.
Dieser 2. Band der „Advances in Documentation and Library Science“ (Herausgeber JESSE H. SHERA) basiert auf den Beiträgen zum „Symposium on Systems for Information Retrieval“, 15.—17/4. 1957 bei der Western Reserve Univ., School of Library, Center for Documentation and Communication Research, in Cleveland, Ohio, abgehalten. Mit der Zielsetzung, die derzeitigen Problemstellungen der Information sowie die von den Benutzern angenommenen Arten u. Formen von Information u. Dokumentation darzulegen, werden in diesem Band 35 verschiedene Beiträge wiedergegeben, die sich in folgende 6 Kapitel unterteilen: Grundlagen des Systemgerüsts; Dokumentationsprobleme auf Sondergebieten; Halbautomat. Systeme mit statist. oder Rechenmaschinen; Mit elektron. oder diesen verwandten Prinzipien arbeitende Systeme; Fortschritte in der kooperativen Information. Die Einzelmitteilungen geben einen übersichtlichen Querschnitt durch die technischen u. fachlichen Standpunkte des Informations- u. Dokumentationswesens; Erreichtes u. Erreichbares, Ziele u. Ausblicke der vielfältigen Arbeitsfragen sind jeweils von Fachleuten krit. dargestellt: unter anderem traditionelle Büchereisysteme, moderne Lochkartenverff., Sortiergeräte, vollmechan. Mitteilungs- u. Ordnungsprinzipien, Unitcard, Filmorex, Minicard usw. Für den Naturwissenschaftler, Chemiker, Metallurgen, Patentbearbeiter, Pharmakologen, Biochemiker sind eine Reihe von spezif. Dokumentations- u. Informationsproblemen aufgeführt, die zusammen mit ökonom. Fragen der Unterhaltung u. Einrichtung, der Aussagekraft u. der Nutzung von Referatediensten usw. den heutigen Komplex dieses maßgebend die Forschung steuernden Arbeitsgebietes klar herausarbeiten. Eine Anzahl von graph. Darstellungen veranschaulicht die Fülle des dargebotenen Materials. Heinz Walter.

J. C. Poggendorff. *Biographisch-Literarisches Handwörterbuch der exakten Naturwissenschaften.* Unter Mitwirkung der Akademien der Wissenschaften zu Berlin, Göttingen, Heidelberg, München und Wien, herausgegeben von der Sächsischen Akademie der Wissenschaften zu Leipzig. Berlin: Akademie-Verlag. 1956/58. DM 193,50.
Der allen Naturwissenschaftlern bekannte „Poggendorff“ ist bisher in 6 Bänden erschienen, und zwar umfassend die Jahre von 1863 bis zum Band VI, der die Jahre 1923—1931 behandelt. Der vorliegende Band VII erfaßt die Berichtsjahre 1932—1953 und wird in 2 Teilen herausgegeben. VIIa enthält die Gelehrten der Länder Deutschland, Österreich und die Schweiz, VIIb die Gelehrten der übrigen Länder. Z. Zt. liegen vor von VIIa Teil 1 A—E in 4 Lieferungen, Teil 2 F—K in 8 Lieferungen. Teil 3 L—R in bisher 5 Lieferungen bis Pi. Die Benutzung des sehr sorgfältig bearbeiteten Werkes leidet unter den sehr langsam erscheinenden Einzellieferungen. M. Pflücke.

B. C. Vickery, *Classification and Indexing in Science.* London: Butterworths Scientific Publications 1958. (185 S.) S. 25.
Absicht dieses April 1958 abgeschlossenen Werkes ist es, die neuzeitlichen Verff. der vor jeglicher Stoffeinteilung u. Registerung naturwissenschaftlicher Daten stehenden, unumgänglichen Analyse auf Fach- u. Sachmerkmale darzustellen u. zu erläutern. Hiervon ausgehend werden sowohl die theoret. Grundlagen als auch die Einrichtung, Anwendung u. Nutzbarkeit der einzelnen Methoden krit. besprochen u. in breitem, internationale Gegebenheiten umfassendem Rahmen abgehandelt. Die Kapitel gliedern sich

in: Notwendigkeit der Klassifikation; Erstellung von Klassifizierungs-Schemen; Merkmale für Registereinteilungen; Klassifizierung u. mechan. Auswahl; Registerung; künftige Erschließbarkeit der Information. Anhänge: histor. Entw. der Klassifikation der Wissenschaften; Beispiele zur „Facet-Analyse u. a. m. Das Werk, grundlegend für die Problematik der naturwissenschaftl. Dokumentation in bezug auf Systematisierungs-, Registerungs- u. a. Ordnungsarbeiten, berücksichtigt vor allem auch die Belange der chem. Literatur u. ihrer Nachbardisziplinen. Heinz Walter.

A. Allgemeine, physikalische und anorganische Chemie.

A_1. Kernphysik und Kernchemie.

Jean-Pierre Legrand, *Die Möglichkeiten, solare Phänomene und ihre Verteilung über die Erdkugel durch Untersuchung der Höhenstrahlung vorauszusehen.* Im Jahre 1957 wurden mittels eines Teleskops Koinzidenzmessungen durchgeführt u. so die Intensität der gesamten Höhenstrahlung wie der harten Komponente bestimmt. Häufig war chromosphär. Eruptionen mit nachfolgenden geomagnet. u. ionosphär. Störungen ein Absinken des Niveaus der Höhenstrahlung um 1—3% vorausgegangen. (C. R. hebd. Séances Acad. Sci. **247.** 70—73. 7/7. 1958.) M. WIEDEMANN. 85

G. R. Burbidge, *Der Ursprung der Höhenstrahlung: Einige astrophysikalische Probleme.* Vf. behandelt als mögliche Teilchenquellen Sternatmosphären, Sternexplosionen u. Gasnebel sowie die prim. Beschleunigung der Teilchen vor der Injektion ins interstellare Gas. Als Energiequellen werden Rotation der Galaxis u. Kernenergie der Sterne erwähnt. (Suppl. del Nuovo Cimento Nr. 2 (zu [10] **8**). 403—20. 1958. Pasadena, Calif., California Inst. of Technol.; Carnegie Inst. of Washington; Mount Wilson and Palomar Observ.) M. WIEDEMANN. 85

P. S. Goel, D. P. Kharkar, D. Lal, N. Narsappaya, B. Peters und **V. Yatirajam,** *Prähistorische Höhenstrahlintensität.* Aus der Konz. an ^{10}Be in einer ungestörten Sedimentschicht, lassen sich Schlüsse auf die Sedimentationsgeschwindigkeit u. die Intensität der der Höhenstrahlung vor einigen Millionen Jahren ziehen. (Suppl. del Nuovo Cimento Nr. 2 (zu [10] **8**). 801—04. 1958. Bombay, Tata Inst. for Fundament. Res.) M. WIEDEMANN. 85

A. Ehmert, *Variationen der nuclearen und Mesonen-Komponente.* Vf. berichtet über Messungen auf 49° N geomagnet. Breite u. 420 m Höhe mit 2 Teleskopen mit 10 cm Pb zwischen den Zählern, 2 Teleskopen ohne Pb u. 2 Weitwinkelteleskopen sowie einem Neutronenmonitor. (Suppl. del Nuovo Cimento Nr. 2 (zu [10] **8**). 318—25. 1958. Weissenau, MPJ für Phys. der Stratosphäre.) M. WIEDEMANN. 85

S. A. Korff, *Untersuchungen der Höhenstrahlneutronen.* Mittels eines Neutronenmonitors wurden in Alaska zwischen Dezember 1956 u. März 1957 mehrere Schwankungen registriert. Das Neutronen-Gleichgewicht in der Atmosphäre sowie die verschied. Prozesse, durch die Neutronen verschwinden oder erzeugt werden, werden diskutiert. (Suppl. del Nuovo Cimento Nr. 2 (zu [10] **8**). 796—800. 1958. University Heights, N. Y., New York Univ.) M. WIEDEMANN. 85

P. Fowler, P. S. Freier und **E. P. Ney,** *Das Spektrum der primären α-Teilchen über Nordamerika und geomagnetische Abschneidenergien.* Mittels Kernemulsionen auf Ballonflügen wurden über verschied. Teilen Nordamerikas die Spektren der prim. α-Teilchen aufgenommen. Der absol. Teilchenfluß wurde berechnet. (Suppl. del Nuovo Cimento Nr. 2 (zu [10] **8**). 492—99. 1958. Minneapolis, Minn., Univ. of Minnesota, Inst. of Technol., School of Phys.) M. WIEDEMANN. 85

F. B. McDonald, *Untersuchung der Spektren der primären α-Teilchen und Protonen der Höhenstrahlung. Geomagnetische Abschneideergien und zeitliche Variationen.* Mittels eines Detektors aus einem ČERENKOV-Zähler u. einem Scintillationszähler wurde das Spektr. der α-Teilchen u. der Protonen u. deren Fluß bestimmt. Die Abschneidenergien im Bereich von 51—54° erfordern eine Verschiebung der Koordinaten um 4°, um Übereinstimmung zwischen Messung u. Berechnung zu erzielen. (Suppl. del Nuovo Cimento Nr. 2 (zu [10] **8**). 500—07. 1958. Iowa City, Io., State Univ. of Iowa, Dep. of Phys.) M. WIEDEMANN. 85

M. M. Shapiro, B. Stiller und **F. W. O'Dell,** *Fluß der primären Heliumteilchen in der Nähe des geomagnetischen Äquators.* Emulsionen wurden auf Ballonflügen in der Nähe des geomagnet. Äquators exponiert. Von 15000 Bahnen wurden 412 He-Bahnen identifiziert. (Suppl. del Nuovo Cimento Nr. 2 (zu [10] **8**). 509—12. 1958. Washington, D. C., U. S. Naval Res. Labor.) M. WIEDEMANN. 85

B. J. O'Brien, A. J. Herz und **J. H. Noon,** *Das Ladungsspektrum der leichten Elemente auf 41° N geomagnetischer Breite.* Ein Emulsionsstapel aus 15 0,6 mm dicken ILFORD G 5-Emulsionen wurde 6 Std. auf 110000 ft u. 41° N geflogen. An 144 Bahnen wurde eine Zählung der δ-Strahlen vorgenommen, ferner wurden an 86 Bahnen der FOWLER-PERKINS-Koeff. bestimmt u. die integrale Lückenlänge gemessen. Neben den

144 leichten Kernen wurden 30 mit Z > 10 gefunden. Das Verhältnis N_L/N_M ergab sich zu ca. 0,7. (Suppl. del Nuovo Cimento Nr. 2 (zu [10] **8**). 524—31. 1958. Sydney, Univ., School of Phys., F. B. S. Falkiner Nucl. Res. and Adolph Basser Comput. Labors.)
M. Wiedemann. 85

I. I. Gurevič, A. P. Mišakova, B. A. Nikol'skij und **L. V. Surkova,** *Durch energiereiche Höhenstrahlteilchen ausgelöste Explosionsschauer.* (Suppl. del Nuovo Cimento Nr. 2 (zu [10] **8**). 786—92. 1958. Moskau, Akad. der Wiss. — C. **1959. 4678.**)
M. Wiedemann. 85

V. A. Dmitriev, G. B. Hristiansen und **G. V. Kulikov,** *Die energiereiche kernaktive Komponente ausgedehnter Luftschauer.* Auf Seehöhe wurden statist. die Kernkaskaden in den ausgedehnten Luftschauern untersucht. Die kernakt. Teilchen wurden mittel zylindr. Ionisationskammern unter kombinierten Absorbern registriert u. ihre Energie bestimmt. Die geladenen Teilchen der ausgedehnten Luftschauer wurden mittels Geiger-Zählern registriert. Die kernakt. Teilchen mit > 10^{12} eV u. einem Impuls < 10^9 eV/c sind nahe der Schauerachse innerhalb eines Radius von 1—2 m konzentriert. Das Gleichgewicht zwischen diesen Teilchen u. der Elektron-Photonkaskade wird diskutiert. (Suppl. del Nuovo Cimento Nr. 2 (zu [10] **8**). 587—97. 1958. Moskau, Univ.)
M. Wiedemann. 85

J. V. Jelley, *Čerenkov-Strahlung in der Atmosphäre und ihre Anwendung auf die Untersuchung ausgedehnter Luftschauer.* Luftschauer einer Primärenergie > 10^{14} eV sind mit Lichtimpulsen verbunden, die auf Čerenkov-Strahlung zurückzuführen sind. Die Eigg. der Lichtempfänger werden erörtert, die Empfindlichkeit liegt bei 1 Photon/cm^2 Impuls. (Suppl. del Nuovo Cimento Nr. 2 (zu [10] **8**). 578—84. 1958. Harwell, A. E. R. E.)
M. Wiedemann. 85

A. E. Cudakov und **N. M. Nesterova,** *Čerenkov-Strahlung der ausgedehnten Luftschauer.* Mittels einer Anordnung aus 8 Lichtempfängern (Parabolspiegel, in deren Fokus sich die Kathode eines Photomultipliers befindet) u. eines Hodoskops aus insgesamt 5 · 96 Zählern wurden die seitliche Verteilung des Lichtflusses relativ zum Schauerkern u. das Verhältnis der Intensität des Lichtblitzes zur Größe der Schauer bestimmt. (Suppl. del Nuovo Cimento Nr. 2 (zu [10] **8**). 606—11. 1958. Moskau, Physik. Lebedew-Inst. der Akad. der Wiss. der UdSSR.)
M. Wiedemann. 85

M. H. Brennan, J. Malos, D. D. Millar und **C. S. Wallace,** *Čerenkov-Licht aus Luftschauern.* (Vgl. C. **1959. 6017.**) Mittels eines Čerenkov-Detektors, bestehend aus einem Spiegel von 110 cm Durchmesser u. einer Apertur f/0,5, in dessen Fokus sich 7 Photomultiplier befanden, wurden 28 Schauer von 226 untersucht, die von Čerenkov-Strahlung genügender Intensität begleitet waren. Das Verhältnis der Impulshöhe zur Schauergröße nimmt mit steigendem Radius monoton ab. (Suppl. del Nuovo Cimento Nr. 2 (zu [10] **8**). 662—64. 1958. Sydney, Univ., School of Phys., F. B. S. Falkiner Nucl. Res. and Adolph Basser Comput. Labors.)
M. Wiedemann. 85

T. Matano, I. Miura, M. Oda, K. Suga, G. Tanahashi und **Y. Tanaka,** *Messung des Energieflusses in ausgedehnten Luftschauern.* Die Sammlung des Čerenkov-Lichts in einem Material vorgegebener Dicke dient als eine Meth. der Energiemessung in ausgedehnten Luftschauern. Als Material wird eine $Pb(NO_3)_2$-Lsg. oder ein Bleiglasblock verwendet. Die Beziehung zwischen Energiefluß u. Teilchendichte wurde ermittelt. (Suppl. del Nuovo Cimento Nr. 2 (zu [10] **8**). 668—71. 1958. Tokyo, Univ. of Tokyo, Inst. for Nucl. Stud.)
M. Wiedemann. 85

I. M. Gramenizkij, G. B. Ždanov, E. A. Zamčalova, M. I. Tretjakova und **M. N. Ščerbakova,** *Ein Fall von Kernwechselwirkung in einer Photoemulsion bei einer Energie von* $\sim 5 \cdot 10^{13}$ *eV/Nucleon.* In einem auf 25,5 km exponierten Stapel trägerfreier Emulsionen wurde eine Kernwechselwirkung beobachtet, die analysiert u. mit der hydrodynam. Theorie der multiplen Teilchenerzeugung verglichen wurde. Die Schauerentwicklung wurde über 6 cm verfolgt. Die Primärenergie wurde zu 5 (+ 3, — 2) · 10^{13} eV bestimmt. Es dürfte sich um den peripheren Stoß eines α-Teilchens mit einem Emulsionskern handeln. Die Gesamtzahl der π^0 stimmt annähernd mit der Hälfte der durchdringenden Teilchen überein. Auf die weiche Komponente werden ca. 10—15% der Primärenergie übertragen. Die Winkelverteilung der Photonen, die nicht von Bremsstrahlung herrühren, unterscheidet sich von der der durchdringenden Teilchen. (Suppl. del Nuovo Cimento Nr. 2 (zu [10] **8**). 714—21. 1958. Moskau, Physik. Lebedew Inst. der Akad. der Wiss. der UdSSR.)
M. Wiedemann. 85

G. B. Ždanov, E. A. Zamčalova, M. I. Tretjakova und **M. N. Ščerbakova,** *Zwei interessante Fälle von sekundären energiereichen Wechselwirkungen in photographischen Emulsionen.* (Vgl. vorst. Ref.) Die Frage der Energiebestimmung aus der Winkeldivergenz bei prim. u. sek. Wechselwirkungen wird erörtert. Für ein Primärteilchen, das eine Wechselwirkung 20 + 79 Z erzeugte u. die Ladung 3—4 hatte, ergab sich $E_0 = 6—8 \cdot 10^{11}$ eV/Nucleon, für die sek. Wechselwirkung 0 + 6 p eines Protons dagegen $2 \cdot 10^{13}$ eV. Die zweite Wechselwirkung wurde durch ein Teilchen mit Z = 15—20 ausgelöst, erzeugt wurden 2 relativist. α-Teilchen u. 31 einfach geladene schnelle Teilchen, E_0 wurde zu 10^{14} bzw. zu $2 \cdot 10^{11}$ eV/Nucleon je nach Beurteilung der Emissionskegel bestimmt. (Suppl. del Nuovo Cimento Nr. 2 (zu [10] **8**). 726—29. 1958.) M. Wiedemann. 85

B. Edwards, J. Losty, D. Perkins und **J. Reynolds,** *Kernwechselwirkungen zwischen 10^3 und 10^5 GeV.* In 23 Liter Emulsion, die für 6 Std. auf 100000 ft geflogen worden waren, u. in 7 Liter, die auf 11500 ft 6 Monate exponiert waren, wurden 24 durch Protonen u. 9 durch α-Teilchen erzeugte jets gefunden. Sek. Wechselwirkungen scheinen eine wichtige Rolle zu spielen. Der mittlere Impuls der Sekundärteilchen ergab sich zu 0,5 GeV/c, fast unabhängig von der Primärenergie u. dem Emissionswinkel. (Suppl. del Nuovo Cimento Nr. 2 (zu [10] **8**). 722—24. 1958. Bristol, H. H. Wills Physic. Labor.) M. Wiedemann. 85

L. I. Lapidus und **E. O. Okonov,** *Die neuesten Forschungen in der Physik der Elementarteilchen.* Übersicht. (Природа [Natur] **1957**. 333. Pokroky Mat., Fysiky Astronomie **3.** 416—27. 1958.) H. Tůma. 90

Dezsö Kiss, *Messung der mittleren Lebensdauer von μ-Mesonen.* (Magyar Fizikai Folyóirat [Ung. Z. Physik] **4.** 521—38. 1956. — C. **1959.** 1670.) J. Plank. 90

N. W. Duschin, *Bildung von zwei π-Mesonen bei Stößen von π-Mesonen und γ-Quanten mit Nucleonen und Deuteronen.* Mittels der phänomenolog. Meth. wird für kleine Emissionswinkel die Bldg. von 2 Pionen bei Stößen zwischen Pionen oder Quanten u. Nucleonen oder Deuteronen untersucht, z. B. die Rkk. $\pi^+ + p \rightarrow n + \pi^+ + \pi^+$ u. $\pi^- + d \rightarrow n + n + \pi^- + \pi^+$. (Журнал Экспериментальной и Теоретической Физики [J. exp. theoret. Physik] **35.** 401—07. Aug. 1958. Leningrad, polytechn. Inst.) M. Wiedemann. 90

S. Hasegawe, O. Minakawa, M. Tsuzuki, Y. Nishimura, H. Yamanouchi, H. Aizu, H. Hasegawa, Y. Ishii, S. Tokunaga, K. Nishikawa, K. Imaeda, M. Kazuno, H. Mori, Y. Fujimoto, J. Nishimura und **K. Niu,** *Untersuchungen der transversalen Impulse energiereicher jets mittels Emulsions-Nebelkammern.* Nebelkammern, die Kernemulsionen, C- u. Pb-Platten enthielten, wurden auf Ballonflügen exponiert. Neutrale Pionen konnten identifiziert u. ihre Energie bestimmt werden. Die transversalen Impulse schwankten zwischen 100 bis 500 MeV/c. (Suppl. del Nuovo Cimento Nr. 2 (zu [10] **8**). 761—69. 1958. Kobe Univ., Rikkuo Univ., Saikyo Univ., Wakayama Univ., Yamanashi Univ., Inst. for Nucl. Stud.) M. Wiedemann. 90

M. E. Blevins, M. M. Block und **J. Leitner,** *π^+–p-Wechselwirkungen im Energiebereich um 500 MeV.* Die π^+–p-Wechselwirkungen bei einigen 100 MeV wurden mit einer H_2-gefüllten Diffusionsnebelkammer untersucht. Die Winkelverteilung der elast. Streuung (180 Ereignisse) werden unter Benutzung von nur s- u. p-Wellen sowie auch unter Benutzung von s- u. p-Wellen mit einem d-Wellen-Interferenzterm analysiert. Phasenverschiebungen werden wiedergegeben. Der d-Wellen-Beitrag ist klein. Der elast. Querschnitt wird zur Berechnung des Realteils der kohärenten Vorwärtsstreuamplitude benutzt. Letztere stimmt mit der aus Dispersionsbeziehungen erhaltenen überein. Unelast. Erzeugung setzt bei ca. 300 MeV ein. 18 unelast. Ereignisse wurden gefunden; 7 waren p + 0-Ereignisse, 7 waren n^{++}-Ereignisse, 4 waren unidentifizierbar. Die unelast. Prozesse werden nach verschied. Modellen diskutiert. (Physic. Rev. [2] **112.** 1287—94. 15/11. 1958. Durham, N. C., Duke Univ.) Herbert Weber. 90

P. P. Kane, *Streuung von positiven 31,5 MeV-Pionen an Kohlenstoff.* Messungen über die π^+–C-Streuung wurden bei Labor.-Winkeln von 40 bis 145° durchgeführt. Zur Auswahl von elast. Streuereignissen wurde die Impulshöhenanalyse benutzt. Die beobachteten differentiellen Querschnitte zeigen eine negative (destruktive) Interferenz zwischen den Coulomb- u. Kernstreuamplituden. Die Ggw. unelast. Pionenstreuung wird aus einer Kombination verschied. Untersuchungsmethoden gefolgert: Impulshöhenanalyse. Absorptionsmessungen u. detaillierte Vgll. der C-Daten mit den im Fall von Cu u. Pb erhaltenen. Für den Spin des 9,6 MeV-Niveaus von ^{12}C wird eine obere Grenze von 2 festgesetzt, was mit anderen Verss. u. theoret. Ergebnissen nicht in Widerspruch ist. (Physic. Rev. [2] **112.** 1337—43. 15/11. 1958. Rochester, N. Y., Univ. of Rochester, Dep. of Phys.) Herbert Weber. 90

W. G. Grischin, I. Ss. Ssaitow und **I. W. Tschuwilo,** *Anwendung des optischen Modells des Nucleons zur Analyse der π–p- und p–p-Streuung bei hohen Energien.* Die Streuung von Pionen u. Protonen an Protonen bei Energien > 1 GeV wird mittels eines Modells analysiert, bei dem das Nucleon als optisch homogene Kugel mit scharfem Rand u. komplexem Brechungsindex behandelt wird. Um die Daten wiederzugeben, muß $R = 1{,}08 \pm 0{,}07 \cdot 10^{-13}$ cm unabhängig vom Typ u. der Energie des gestreuten

Teilchens angenommen werden. (Журнал Экспериментальной и Теоретической Физики [J. exp. theoret. Physik] **34.** 1220—29. Mai 1958. Vereinigtes Inst. für Kernuntersss.) M. Wiedemann. 90

Guan-Tschshao Tschshou und **M. I. Schirokow,** *Relativistische Theorie von Reaktionen mit polarisierten Teilchen.* Die relativist. Formeln für die Winkelverteilung, die Polarisationsvektoren u. die Tensoren der Rkk. des Typs a + b → c + d sind bei geeigneter Definition des Teilchenspins den nichtrelativist. sehr ähnlich. Die relativist. Korrekturen in den Winkelkorrelationen von Kaskaden des Typs π + p → Y + K, Y → N + π werden angegeben. (Журнал Экспериментальной и Теоретической Физики [J. exp. theoret. Physik] **34.** 1230—39. Mai 1958. Vereinigtes Inst. für Kernunterss.) M. Wiedemann. 90

E. M. Friedländer, *Die Absorptionsanomalie von π-Mesonen als Untersuchungsmethode für Kernreaktionen hoher Energie.* Übersicht. (Magyar fizikai Folyóirat [Ung. Z. Physik] **5.** 147—62. 1957.) J. Plank. 90

Philip Burke und **William Laskar,** *Integrodifferentialsystem des Stoßproblems mit 4 Nucleonen. Fall der Zustände mit Gesamtspin 0 und 1.* Der Stoß zweier Teilchengruppen (12, 34) oder (1, 324) oder (2, 413) wird unter der Annahme berechnet, daß neben einer abstoßenden Coulomb-Wechselwrkg. zwischen den Teilchen 2 u. 4 die gleiche zentrale Wechselwrkg. zwischen jedem Teilchenpaar herrscht. Die Eigenfunktion gibt die Struktur in Resonanzgruppen (Wheeler) des betrachteten Syst. wieder. Die Ergebnisse beziehen sich auf S = 0 u. S = 1. (C. R. hebd. Séances Acad. Sci. **246.** 3158—61. 2/6. 1958.) Gerhard Schmidt. 90

G. A. Milečin und **I. L. Rozental,** *Über einige Charakteristika der Wechselwirkungen sehr energiereicher Teilchen und ihre Interpretation vom Standpunkt der hydrodynamischen Theorie der multiplen Teilchenerzeugung.* Die Verteilung der transversalen Komponenten ist im Einklang mit der eindimensionalen Variante der hydrodynam. Theorie. Für die Endtemp. ergibt sich $T_f = \mu c^2/k$, k = Boltzmann-Konstante. Der Wechselwirkungsquerschnitt der Sekundärteilchen ist größenordnungsmäßig gleich dem geometr. Nucleonenquerschnitt. (Suppl. del Nuovo Cimento Nr. 2 (zu [10] **8**). 770—74. 1958. Moskau, Physik. Lebedew-Inst. der Akad. der Wiss. der UdSSR.) M. Wiedemann. 90

G. Wataghin, *Theoretische Interpretation der multiplen Erzeugung von Teilchen bei energiereichen Stößen.* Die multiple Teilchenerzeugung wird auf der Basis einer nichtlokalen Feldtheorie diskutiert. Wirkungsquerschnitte, Unelastizitätskoeff., Spektr. der transversalen Impulse, Fluktuationen der Winkelverteilung u. Variation der Multiplizität mit der Energie werden theoret. zu deuten versucht. (Suppl. del Nuovo Cimento Nr. 2 (zu [10] **8**). 793—95. 1958. Torino, Univ., Ist. di Fis.) M. Wiedemann. 90

D. S. Černavskij, *Multiple Teilchenerzeugung in jets.* Wechselwirkungen von Nucleonen mit > 10^{10} eV mit den inneren Teilen eines schweren Kerns, mit einem der Nucleonen an der Oberfläche des Kerns oder mit einem *H*-Kern u. peripherer Art werden behandelt. Die Anregung der Kerns u. Stöße eines Mesons mit dem Kerntunnel werden diskutiert. (Suppl. del Nuovo Cimento Nr. 2 (zu [10] **8**). 775—85. 1958. Moskau, Physik. Lebedew-Inst. der Akad. der Wiss. der UdSSR.) M. Wiedemann. 90

A. I. Alexejew, *Zweiphotonenvernichtung des Positroniums im P-Zustand.* Für die Amplitude der Wahrscheinlichkeit der Vernichtung des Positroniums unter Emission zweier Photonen wird ein relativist. invarianter Ausdruck abgeleitet. Für die Vernichtung im S-Zustand wird in der nichtrelativist. Näherung ca. 10^{10}/sec erhalten, im P-Zustand ca. 10^4/sec. Die Auswahlregeln werden aufgestellt. (Журнал Экспериментальной и Теоретической Физики [J. exp. theoret. Physik] **34.** 1195—1201. Mai 1958. Moskau, Ingenieur-physikal. Inst.) M. Wiedemann. 90

V. V. Gužavin und **I. P. Ivanenko,** *Über die dreidimensionale Entwicklung eines Elektron-Photon-Kaskadenschauers.* (Vgl. C. **1959.** 3700.) Nach der Impulsmethode wird die dreidimensionale Schauerentwicklung berechnet. (Suppl. del Nuovo Cimento Nr. 2 (zu [10] **8**). 749—60. 1958. Moskau, Univ.) M. Wiedemann. 90

George R. Burleson und **R. Hofstadter,** *Streuung energiereicher Elektronen an ⁶Li.* Der ^{6}Li-Kern wurde bei 426 MeV durch die Meth. der Elektronenstreuung bei Labor.-Winkeln zwischen 33 u. 57,5° untersucht. Absol. Werte der ^{6}Li-Querschnitte wurden durch Vgl. mit Streumessungen am Proton bei 426 MeV u. 40° erhalten. Werte der experimentellen Formfaktoren werden tabellar. wiedergegeben. Die Ergebnisse werden bzgl. verschied. möglicher Ladungsverteilungen analysiert. Werte für den Radius u. die Oberflächen(skin)-Dicke werden angegeben. (Physic. Rev. [2] **112.** 1282—86. 15/11. 1958. Stanford, Calif., Stanford Univ., Dep. of Phys. and High-Energy Phys. Labor.) Herbert Weber. 90

Ss. I. Drosdow, *Anregung von Schwingungs- und Rotationszuständen von Kernen bei der Nucleonenstreuung.* In der adiabat. Näherung wird die Streuung schneller Neutronen durch „schwarze" Kerne mit Rotations- oder Schwingungsniveaus behandelt. Im Beugungsbereich der Streuung erweist sich die Winkelverteilung von Nucleonen bestimmter Energie, die unter Anregung eines gegebenen Niveaus eines Kerns vom gerade-gerade-Typ gestreut werden, unabhängig davon, ob es sich um ein Rotations- oder Schwingungsniveau handelt. (Журнал Экспериментальной и Теоретической Физики [J. exp. theoret. Physik] **34.** 1288—91. Mai 1958.) M. Wiedemann. 90

H. H. Landon, A. J. Elwyn, G. N. Glasoe und **S. Oleksa**, *Neutronenstreuung bei 2,2 MeV nach der Flugzeit.* Zur Unters. der Streuung von 2,2 MeV-Neutronen an Targets von *Fe*, ^{206}Pb u. *Y* wurde ein mμsec-Flugzeitverfahren angewendet. Das phasenfokussierte 3 MeV-Protonenbündel des 18 in.-Cyclotrons wurde zur Erzeugung von Neutronenimpulsen hoher Intensität durch die Rk. $T(p,n)^3He$ benutzt. Die Winkelverteilungen der elast. gestreuten Neutronen wurden gemessen. Die Winkelverteilungen der unelast. gestreuten Neutronen vom 0,845 MeV-Niveau in ^{56}Fe u. vom 0,803 MeV-Niveau in ^{206}Pb wurden genau untersucht u. sind symm. um den Schwerpunktswinkel $\Theta = 90^0$. Die Winkelverteilungen der unelast. gestreuten Neutronen von Niveaus bei 1,34 u. 1,43 MeV in ^{206}Pb u. von Niveaus bei 0,913 u. 1,53 MeV in Y wurden gemessen u. scheinen ebenfalls symm. um $\Theta = 90^0$ zu sein. Die unelast. Streuung an ^{206}Pb deutet auf ein neues Niveau bei 1,15 MeV hin. (Physic. Rev. [2] **112.** 1192—1200. 15/11. 1958. Upton, N. Y., Brookhaven Nat. Labor.) Herbert Weber. 90

A. J. Elwyn, H. H. Landon, S. Oleksa und **G. N. Glasoe**, *Untersuchung einiger (p, n)-Reaktionen durch Neutronenflugzeit.* (Vgl. vorst. Ref.) Ein mμsec-Flugzeitverfahren wurde zur Unters. von (p, n)-Rkk. an *K*, ^{48}*Ca*, *Ti*, *Cr*, *Mn*, *Fe*, *Cu*, *As* u. *Rb* mit dem phasenfokussierten 3 MeV-Protonenbündel aus einem kleinen Cyclotron fester Frequenz angewendet. Die aus diesen Rkk. resultierenden Neutronenspektren ergaben Daten, aus denen die Grundzustands-Q-Werte u. einige Energieniveaus in den Produktkernen bestimmt wurden. Die Rkk. an K u. Fe ergaben nur je eine Neutronengruppe, die den Grundzuständen in ^{41}Ca u. ^{57}Co entsprechen. Zusätzlich zu den Grundzustands-Q-Werten wurden die Energien (in MeV, maximale Unsicherheit ± 0,015 MeV) für folgende angeregte Zustände bestimmt: ^{48}*Sc*, 0,112, 0,485, 0,985 u. 1,23; ^{49}*V* 0,086, 0,145, 0,73, 0,97; ^{53}Mn 0,368; ^{54}Mn 0,061; ^{55}Fe 0,399, 0,901, 1,270, 1,358; ^{65}*Zn* 0,11, 0,20; ^{75}*Se* 0,108, 0,268, 0,40, 0,57; ^{87}*Sr* 0,392, 0,869, 1,220; ^{85}Sr 0,233. Die Winkelverteilungen der Neutronengruppen sind bei den Rkk. $^{48}Ca(p, n)^{48}Sc$ u. $^{65}Cu(p, n)^{65}Zn$ im wesentlichen isotrop. (Physic. Rev. [2] **112.** 1200—09. 15/11. 1958.) Herbert Weber. 90

Mark Nelkin, *Das thermische Spektrum einer intermediären Anordnung.* In der Näherung eines schweren kristallinen Moderators wird das therm. Spektr. einer Bemoderierten intermediären Anordnung (rostfreier Stahl, Mg, Al, Be u. ^{235}U) berechnet. Die Ergebnisse werden mit dem Vers. verglichen u. zeigen eine gute qualitative Übereinstimmung. Die Hauptunsicherheiten der Rechnung liegen in der heterogenen Verteilung des neutronenabsorbierenden Materials u. in der Verwendung der Schwermassennäherung in Ggw. starker Absorption. (Nuclear Sci. Engng. **2.** 373—81. Mai 1957. Schenectady, N. Y., Knolls Atom. Power Labor.) D. Jörchel. 90

L. I. Lapiduss, *Polarisation bei der elastischen Streuung bei hohen Energien.* Die Polarisation bei der elast. Streuung bei hohen Energien wird theoret. behandelt. Es wird gezeigt, daß bei Streuung über kleine Winkel ein Nucleonenbündel mit hohem Polarisationsgrad erhalten werden kann. Die Anwendung der Näherungen des schwarzen u. grauen Kerns auf die p-p-Streuung bei hohen Energien wird diskutiert. (Журнал Экспериментальной и Теоретической Физики [J. exp. theoret. Physik] **34.** 1148—53. Mai 1958. Vereinigt. Inst. für Kernunterss.) M. Wiedemann. 90

G. F. Sharkow, *Halbphänomenologische Theorie der Nucleon-Nucleon-Wechselwirkung.* Im Rahmen der halbphänomenolog. Isobaren-Theorie werden die Potentiale der Nucleon-Nucleon-Wechselwirkung berechnet. Die hieraus ermittelten Deuteron-Parameter sowie die Streuung energiearmer Nucleonen stimmen mit den Experimenten überein, nicht hingegen die Streuung energiereicher (∼ 100 MeV) Nucleonen. (Журнал Экспериментальной и Теоретической Физики [J. exp. theoret. Physik] **34.** 1211—21. Mai 1958. Physik. Lebedew-Inst. der Akad. der Wiss. der UdSSR.) M. Wiedemann. 90

G. Rakavy, *Eine Impulsapproximation für die Deuteron-Abstreifreaktion.* Theoret. Behandlung der Deuteron-Abstreifreaktion bei niedrigen u. mittleren Energien nach einem Impulsapproximationsverfahren. Für die Neutron-Proton-Wechselwrkg. werden 2 verschied. Betrachtungsweisen angewandt. (Nuclear Physics **7.** 553—60. August 1958. Jerusalem, Hebrew Univ., Dep. of Theoret. Phys.) Gerhard Schmidt. 90

D. R. Inglis, *Nucleare Trägheitsmomente und effektive Nucleonenmasse.* Berechnung des Trägheitsmomentes des Kerns als Summe der Beiträge der einzelnen Nucleonen durch Behandlung der Dynamik eines Probenucleons im ellipsoidalen harmon. Oscillatorpotential. (Nuclear Physics **8.** 125—38. 2/9. 1958. Geneva, CERN.) GERHARD SCHMIDT. 95

N. N. Kolessnikow, *Einfluß des Protonenvolumens auf die Lage der Elektronenniveaus in Wasserstoff und Deuterium.* Die Volumeneffekte auf die Elektronenbindung werden für H u. D zu 0,117 MHz bzw. 0,86 MHz berechnet, woraus sich ein Isotopieeffekt unter Einschluß des Masseneffektes von 1,33 MHz ergibt. (Журнал Экспериментальной и Теоретической Физики [J. exp. theoret. Physik] **33.** 819—21. Sept. 1957. Moskau, Univ.) K.-E. SEYB. 95

J. F. Joliet, *Über die häufigsten stabilen Isotope.* Trägt man in das N-Z-Diagramm nur die häufigsten stabilen Isotope ein, so erhält man eine Darst., die bei den Neutronenzahlen, die den magischen Zahlen entsprechen, deutliche Stufen aufweist, die durch Bündel von geraden Linien verbunden werden. Bezeichnet Δ Z den Protonenzuwachs u. Δ (N — Z) den Zuwachs des Neutronenüberschusses, so gilt die Gleichung:

$$\Delta\,(N - Z)\,P_n = (\Delta\,Z)\,P_{n-4}.$$

(J. Chim. physique Physico-Chim. biol. **54.** 191—92. Febr. 1957. St. Michel, Paris, Ecole N. S. des Mines, Labor. de Chim.) A. KOSS-ROSENQVIST. 95

Erzsébet Rupp, *Über den isomeren Zustand von Atomkernen.* Übersicht. (Magyar fizikai Folyóirat [Ung. Z. Physik] **6.** 157—80. 1958.) J. PLANK. 95

A. Z. Dolginov und **N. P. Popov,** *Erstverbotene β–γ–Korrelation für ausgerichtete Kerne.* Aufstellung expliziter Formeln für β-γ-Korrelation ausgerichteter Kerne bei erstverbotenen β-Übergängen, wobei sämtliche 5 Typen der β-Wechselwrkg. betrachtet u. das COULOMB-Feld eines ausgedehnten Kerns berücksichtigt werden. (Nuclear Physics **7.** 591—98. August 1958. Leningrad, Phys.-Techn. Inst. der UdSSR.) GERHARD SCHMIDT. 103

M. C. Joshi und **B. V. Thosar,** *Förderbandmethode zur Untersuchung kurzlebiger Aktivitäten:* ^{108}*Ag,* ^{110}*Ag und* ^{116}*In.* Das Verf. eignet sich für Halbwertszeiten von 1 Sek. bis zu mehreren Minuten. Die Aktivität wird an einer Stelle auf ein laufendes, endloses Förderband aufgebracht (z. B. durch Reaktorbestrahlung) u. an einer anderen Stelle untersucht. Die Gleichgewichtszählrate ist dann von der Geschwindigkeit des Bandes abhängig. Die Aktivität des 22 Sek.-^{110}Ag u. des 2,3 Min.-^{108}Ag wurden untersucht. Maximalenergie der β-Gruppen wurden aus Absorptionskurven (Al) bestimmt u. ergaben 2,7 ± 0,1 MeV für ^{110}Ag u. 1,7 ± 0,1 MeV für ^{108}Ag. γ-Energien wurden mit einem Scintillationsspektrometer erhalten. Bei ^{116}In wurden 2 Aktivitäten mit Halbwertszeiten von 13 Sek. bzw. 55 Min. gefunden. (Proc. Indian Acad. Sci., Sect. A **43.** 255—64. Mai 1956. Bombay, Tata Inst. of Fundament. Res.) HERBERT WEBER. 103

P. Dagley, M. A. Grace, J. S. Hill und **C. V. Sowter,** *Kernausrichtung und der β-Übergang in* ^{58}*Co.* Trägerfreies ^{58}Co wurde aus ^{58}Ni(n, p) ^{58}Co mit schnellen Reaktorneutronen dargestellt ($^1/_4$% ^{60}Co). Aus der akt. Lsg. wurde ein (10% Ni, 90% Zn) $SiF_6 \cdot 6H_2O$-Kristall gezüchtet (3,1 g), der ca. 70 μc ^{58}Co enthielt. Durch adiabat. Entmagnetisierung wurde auf 0,9° K abgekühlt u. die γ-Strahlung in Richtung der Kristallachse u. im rechten Winkel dazu gemessen. Die Winkelverteilungsmessungen der 805 keV-γ-Strahlung zeigen, daß der β-Übergang ein reiner GAMOW-TELLER-Übergang ist, u. daß die FERMI-Beimischung — 0,003 ± 0,005 beträgt. (Philos. Mag. [8] **3.** 489—96. Mai 1958. Oxford, Clarendon Labor.) P. WOLF. 103

M. A. Grace, C. E. Johnson, R. G. Scurlock und **R. T. Taylor,** *Kernorientierung von* ^{142}*Pr.* (Vgl. vorst. Ref.) Ein Einkristall von Cer-Magnesiumnitrat wurde aus einer Lsg., die ^{142}Pr enthielt, gezüchtet u. dieser im Kryostaten adiabat. entmagnetisiert. Etwa $^1/_2$% der Ce^{3+}-Ionen war durch Pr^{3+} ersetzt. Die γ-Anisotropie wurde als Funktion der Temp. im Nullfeld gemessen. Auch mit axialen magnet. Feldern von 300 u. 600 Gauß wurden Messungen durchgeführt. Die inkorporierte Aktivität wurde aus dem Aufheizeffekt durch die ausgesandte β-Strahlung bestimmt u. betrug ca. 50 μc. Aus der Anisotropie der γ-Strahlung im magnet. Feld wurde die Hyperfeinstrukturkonstante A u. das kernmagnet. Moment bestimmt. Da die Winkelmomentänderung (i_β), die den β-Übergang begleitet, 0 oder 1 sein kann, werden zwei Wertpaare erhalten. Bei 1/T = 250 wird für i_β = 0 A = 0,0027 ± 0,0003 u. das Kernmoment 0,11 ± 0,01 u. für i_β = 1 A = 0,0042 ± 0,0005 u. das Kernmoment 0,17 ± 0,02 erhalten. Die berechnete Kernpolarisation beträgt in Feldern über 300 Gauß 0,44 (i_β = 0) bzw. 0,62 (i_β = 1). Die Orientierung von ^{142}Pr in Cer-Magnesiumnitrat läßt sich befriedigend durch die gegebene HAMILTON-Funktion des Spins beschreiben. (Philos. Mag. [8] **3.** 456—60. Mai 1958.) P. WOLF. 103

N. Veeraraghavan, *Halbwertszeiten von kurzlebigen Aktivitäten mit einer gepulsten Neutronenquelle und einem Zehnkanal-Zeitanalysator.* Die Halbwertszeiten von ^6He u. ^{207m}Pb wurden durch Pulsierung der Neutronenquelle (D–Be–Rk. mit einem 1 MeV-Kaskadengenerator) u. Beobachtung des Zerfalls mit einem Kathodenstrahl-Zeitanalysator (10 Kanäle) untersucht. Als Detektor diente ein Scintillationszähler mit Anthracenkristall. Nach der Meth. der kleinsten Quadrate wurden die Halbwertszeiten 0,852 $\pm$ 0,016 Sek. für ^{6}He u. 0,948 $\pm$ 0,014 Sek. für ^{207m}Pb gefunden. (Proc. Indian Acad. Sci., Sect. A **43.** 319—26. Mai 1956. Bombay, Tata Inst. of Fundamental Res.)

HERBERT WEBER. 103

W. Riezler und **G. Kauw,** *Natürliche Radioaktivität von Blei 204 und die Frage einer natürlichen Aktivität von Dysprosium 156.* Blei, in dem das Isotop 204 von 1,37 auf 27% angereichert war, wurde als neutrale Pb-Ammoniumcitratlsg. ein halbes Jahr in einer Ilford C2-Platte gelagert. Für 18 günstig verlaufende Spuren wurde eine Reichweite von (8,4 $\pm$ 0,3)μ ermittelt, insgesamt lagen 40 Spuren vor, die auf ^{204}Pb kommen. Hieraus, aus der Lagerzeit u. der eingelagerten ^{204}Pb-Menge wurde die Zerfallskonstante von ^{204}Pb zu $\lambda \sim 5 \cdot 10^{-18}$/Jahr, die Halbwertszeit zu T = 1,4 $\cdot$ 10^{17} Jahre u. die Energie der α-Teilchen in Übereinstimmung mit der nach der GAMOW-Formel berechneten Energie zu 2,6 MeV bestimmt. Die Spurenverteilung einer mit ^{156}Dy auf 13,8% angereicherten Probe läßt keine eindeutigen Aussagen zu. Falls es sich um Dy-Spuren handelt, wäre die Energie ca. 2,2 MeV, die Halbwertszeit muß größer als 10^{18} Jahre sein. (Z. Naturforsch. **13a.** 904—05. Okt. 1958. Freiburg i. Br., Univ., Phys. Inst.) H. LIEPACK. 103

Je. F. Tretjakow, G. I. Grischuk und **L. L. Goldin,** *Untersuchung der inneren Konversionselektronen aus den unteren angeregten Niveaus von ^{235}U.* Das Spektrum der Konversionselektronen von Übergängen, die nach dem α-Zerfall von ^{239}Pu in ^{235}U erfolgen, werden mit einem β-Spektrometer untersucht. α-Teilchen u. Konversionselektronen werden in Koinzidenz mit Stilben- oder CsJ(Tl)-Scintillationszählern registriert. Der Typ der Übergänge sowie Spin u. Parität der ersten 6 Niveaus werden bestimmt. Die ersten 5 Niveaus bilden eine Rotationsbande mit K = $^1/_2$. Ein Niveauschema wird aufgestellt. (Журнал Экспериментальной и Теоретической Физики [J. exp. theoret. Physik] **34.** 811—19. April 1958.) K.-E. SEYB. 103

Herbert Melan, *Vorschläge zur Thermodynamik von Atomkraftwerken.* Krit. Betrachtung der Probleme der Kreisprozesse mit hohem Wirkungsgrad bei Wärmeüberträgern niedriger Temperatur. Probleme bei Wärmeüberträgern hoher Temp. berühren die Anwendung von zweifachen Kreisprozessen, u. zwar mit Wärmeüberträgern He-W.-Dampf u. Luft-W.-Dampf. He gewährleistet als Wärmeüberträger einige thermodynam. Vorteile. (Energia és Atomtechn. **10.** 517—21. Dez. 1957. Wien, TH.)

G. HALMI. 110

Karl Winnacker, *Chemisch-technologische Probleme bei der Nutzung der Kernenergie.* Vortrag. Behandlung chem. Probleme bei der Nutzung der Kernenergie. (Chemie-Ing.-Techn. **31.** 301—09. Mai 1959. Frankfurt-Höchst, Farbwerke Höchst.)

GERHARD SCHMIDT. 110

S. Balke, *Forschung und technische Entwicklung in der Atomwirtschaft.* (Chemie-Ing.-Techn. **30.** 281—87. Mai 1958. Bad Godesberg.) R. MAAS. 110

Władysław Ney, *Gewinnung von Kernenergie bei den Atommächten.* Übersicht über Anzahl u. Größe der Kernreaktoren in UdSSR, USA, England u. Frankreich. (Przegląd techn. **80.** Nr. 4. 12—14. 28/1. 1959.) F. URBAN. 110

C. H. Millar, B. W. Sargent und **J. C. Horsman,** *Monitoren für verzögerte Neutronen zum Nachweis von Fehlern in den Umhüllungen von Reaktorbrennstoffstäben.* Es wird eine Meßanordnung zum Nachw. von Löchern in den Umhüllungen von Brennstoffstäben in einem wassergekühlten heterogenen Reaktor beschrieben, die auf der Zählung der von Spaltprodd. im Kühlmittel herrührenden verzögerten Neutronen beruht. Für 22 Fälle von beschädigten Umhüllungen werden Vergleichsmessungen mit anderen Detektorentypen angegeben. Ferner werden die Modifikationen diskutiert, die zur Anpassung der Meßanordnung an D_2O-gekühlte Reaktoren erforderlich sind. (Nuclear Sci. Engng. **2.** 363—72. Mai 1957. Chalk River, Ont., Chalk River Labor., Atom. Energy of Canada Ltd.) D. JÖRCHEL. 112

R. S. Storey, W. Jack und **A. Ward,** *Das Fluorescenzabklingen von CsJ(Tl) bei Anregung mit Teilchen verschiedener Ionisierungsdichte.* Messungen des Abklingens der Luminescenz von CsJ(Tl) bei Anregung mit Elektronen, α-Teilchen u. Protonen verschied. Energie (0,66 bis 4,8 MeV) ergeben bei gleicher Temp., Tl-Konz. u. gleichem Multiplier einen Zusammenhang der Lebensdauer τ der Hauptkomponente mit der mittleren Ionisierungsdichte ϱ der anregenden Teilchen. Es ist τ für α-Teilchen (4,8 MeV) 0,425, für Protonen (2,2 MeV) 0,52 bzw. (8,6 MeV) 0,595 u. für Elektronen (0,66 MeV) 0,70 μsec. Aus der Ähnlichkeit der Abhängigkeit des τ von ϱ mit der bekannten Tempe-

raturabhängigkeit des τ für α-Teilchen wird geschlossen, daß τ durch die effektive lokale Temp. (als Folge der verschied. Ionisierungsdichte) beeinflußt wird. Die Unterschiede für τ sind groß genug, um daraus die anregende Teilchenart zu bestimmen. (Proc. physic. Soc. **72.** 1—8. 1/7. 1958. Glasgow, Univ., Nat. Philos. Dep.)
J. RUDOLPH. 112

Anthony A. Silvidi, *β-Spektroskopie unter Benutzung einer Diffusions-Nebelkammer.* Vf. beschreibt die Konstruktion u. die Betriebsweise einer Diffusions-Nebelkammer. Die Maximalenergie der beim Zerfall von ^{147}Pm ausgesandten β-Teilchen wurde zu 231 keV bestimmt im Vgl. zu Literaturwerten von 223 keV. Gegenüber der β-Spektroskopie mit magnet. Linsen vermeidet die Diffusions-Nebelkammer die durch die Dicke des Fensters, durch die Abhängigkeit des Nutzeffekts von der Teilchenenergie u. die durch die Sättigung oder Remanenz des Magnetfeldes hervorgerufenen Fehler. Die Nachteile der β-Spektroskopie mit der Diffusions-Nebelkammer werden aufgezeigt. (Amer. J. Physics **25.** 159—64. März 1957. Kent, O., Kent State Univ.)
L. WIESNER. 112

Dénes Berenyi und **István Berecz,** *Einige vakuumtechnische Kunstgriffe und Erfahrungen beim Bau eines β-Spektrometers.* Beschreibung einer Ausführung für Ausfrierfallen u. einer einfachen Meth. zur Best. der Stelle, wo das fokussierte Elektronenbündel am stärksten zusammengezogen ist. (Magyar fizikai Folyóirat [Ung. Z. Physik] **4.** 553—58. 1956. Debrecen, MTA Atommag Kutató Int.) J. PLANK. 112

H. Ewald, *Zur Bildfehlerkorrektur von doppelfokussierenden Massenspektrographen.* Es werden die Bildfehlerkorrekturen von doppelfokussierenden Massenspektrographen unter Verwendung eines auf Ein- u. Austrittsseite eben abgefrästen Toroidkondensators, bes. die Bedingungen, unter denen der Bildfehleranteil f_{33} zu Null gemacht werden kann, berechnet. (Z. Naturforsch. **14a.** 198—99. 1959. München, TH, Physik. Inst.) D. JÖRCHEL. 112

H. Liebl und **H. Ewald,** *Massenspektrographen mit Doppelfokussierung zweiter Ordnung.* (Vgl. vorst. Ref. u. C. **1958.** 13687.) Eine erweiterte Möglichkeit zur Korrektur von Bildfehlern von doppelfokussierenden Massenspektrographen ergibt sich, wenn man — abweichend von bisherigen Ausführungen — Werte $R'_e \neq 1$ (R_e = axialer Krümmungsradius) zuläßt, die auch negativ sein können. Da alle Bildfehlerkoeffizienten von Toroidkondensatoren u. die Bildfehlerfaktoren A_{11}, A_{12}, A_{22} u. A_{33} von für alle Massen doppelfokussierenden Massenspektrographen von R'_e abhängen, kommt man zu numer. ganz anderen Bedingungsgleichungen für die Erzielung der Doppelfokussierung in 2. Näherung. (Z. Naturforsch. **14a.** 199—200. 1959.) D. JÖRCHEL. 112

Ernö Bujdosó, *Photoemulsionsmethode in der Kernphysik.* Übersicht über die Empfindlichkeit, den Entwickler u. die kernphysikal. Verwendung von Photoemulsionen. (Energia és Atomtechn. **11.** 312—17. April/Mai 1958. Debrecen Magyar Tudományos Akadémia Atommag Kutató Intézete.) G. HALMI. 112

Ernö Bujdosó, *Photoemulsionstechnik.* (Vgl. vorst. Ref.) (Magyar fizikai Folyóirat [Ung. Z. Physik] **4.** 563—80. 1956.) J. PLANK. 112

Karl F. Maurer und **Heinz Maier-Leibnitz,** *Ein einfacher Elektronenbeschleuniger für technische Bestrahlungen.* Es wird ein einfacher Elektronenbeschleuniger beschrieben, dessen Spannung 1,2—1,4 MeV u. Nutzstrom 0,2 mA beträgt. Bei der Bestrahlung von Substanzen wird bei einer Strahlbreite von 15 cm u. einer Vorschubgeschwindigkeit von 1 cm/sec eine Dosis von $2 \cdot 10^6$ r nahe der Oberfläche erreicht. (Chemie-Ing.-Techn. **30.** 303—05. Mai 1958. München, TH, Labor. für Techn. Phys.)
R. MAAS. 112

M. J. Poole, G. Dean und **W. Howe,** *Gepulstes Bündelablenkungssystem für einen linearen Elektronenbeschleuniger.* Vff. entwickeln eine App., welche die gleichzeitige Verwendung von 2 Targets mit einem gepulsten linearen Elektronenbeschleuniger ermöglicht. Das Bündel wird mit einem Magneten, der im Intervall zwischen den Impulsen an- u. ausgeschaltet wird, auf das eine oder andere Target abgelenkt. (Nuclear Instruments [Amsterdam] **2.** 282—86. April 1958. Harwell, Berks., A.E.R.E.)
W. KARCHER. 112

Albert Septier, *Bestimmung der Impedanzreihe und der Schwächungslänge für eine schraubenförmige Führungswelle bei linearen Protonenbeschleunigern.* Berechnung der l_0- u. R_s-Werte. (C. R. hebd. Séances Acad. Sci. **243.** 1748—50. 26/11. 1956.)
GERHARD SCHMIDT. 112

G. H. Pröpstl, *Die Lagerung von radioaktiven Stoffen im Isotopenanwendungslaboratorium.* Um die verschied. Faktoren, die bei der Deponierung von radioakt. Stoffen im Isotopenlabor. von Wichtigkeit sind, zu überblicken, werden die wesentlichen Funktionen u. Eigg. bei der Lagerung radioakt. Stoffe stichwortartig zusammengestellt.

Außerdem wird mit einigen Beispielen eine praxisgerechte Lösung belegt. (Atomwirtschaft 3. 388—92. Okt. 1958. Zell/Neckar.) Gerhard Schmidt. 112

István Angeli, *Behälter für γ-strahlende Präparate.* Ein Bleiblock mit 5,5—6,5 cm vor dem Präp. kann um eine waagerechte Achse gedreht u. in jeder Stellung fixiert werden. (Magyar Fizikai Folyóirat [Ung. Z. Physik] **4.** 263—66. 1956. Debrecen, Physik. Forsch. Inst. der Ungar. Akad.) J. Plank. 112

R. A. Charpie and **J. V. Dunworth,** eds., Soviet reviews of nuclear science on the 40th anniversary of the October Revolution, being vol. 3, no. 11 of „Atomnaya Energiya," November, 1957. London: Pergamon P. 1959. (510 S. m. Abb. u. Diagr.) = International series of monographs on nuclear energy. Division 2: Nuclear physics — vol. 3. 30 s.

Karl Heinz Höcker und **Karl Weimer,** Hrsg., Lexikon der Kern- und Reaktortechnik. Bd. 1. A—K. 2. L—Z. Stuttgart: Franckh. 1959. 1: (703 S. m. Abb.) 2: (982 S. m. Abb.) 8°. DM. 125,—.

Otto F. Joklik, Anwendung radioaktiver Gammastrahlen in der Verfahrenstechnik. Aus e. Kolloquium veranst. von d. Transcontinental Atomic Co. in Lugano am 10. August 1957 als Beitrag zur Internat. Konferenz d. UNESCO über Anwendung radioaktiver Isotope in wissenschaftl. Forschung, Paris 9. bis 20. September 1957. Karlsruhe: Industrieverl. Lossnitzer. 1957. (127 S. m. 54 Abb.) 4° = Transcontinental Monographien. 2. Preis nicht mitgeteilt.

Bernard Kopelmann, ed., Materials for nuclear reactors. New York, London: McGraw-Hill. 1959. (XI + 411 S. m. Abb., Tab. u. Diagr.) 93 s.

—, Soviet reviews of nuclear science. London: Pergamon Pr. 1959. (108 S. m. Abb. u. Diagr.) = International series of monographs on nuclear energy, div. 2, vol. 3. 30 s.

A_2. Optisches Verhalten der Materie.

O. Burkard, *Radioreflexionen von Mond und Sonnencorona.* Es wird eine korrigierte Gleichung für die Rotation der Polarisationsebene im ionosphär. Faraday-Effekt mitgeteilt, in der die neueren Ergebnisse der Best. der Elektronenkonz. in der Ionosphäre berücksichtigt sind. (Nature [London] **183.** 1180. 25/4. 1959. Graz, Univ., Inst. für Meteorol. u. Geophys.) H. Liepack. 113

Bengt Hultqvist und **Johannes Ortner,** *Beobachtungen intensiver Ionisation von langer Dauer unterhalb 50 km Höhe nach einigen starken Sonnenfackelereignissen.* Vff. beobachteten im Sommer 1958 starke Absorptionen bei 27,6 MHz, die einige Std. nach dem Ausbrechen von Sonnenfackeln einsetzten. Es wird angenommen, daß der Effekt durch Ionisierung in Höhen unterhalb 50 km durch Protonen hervorgerufen wurde, die von der Sonne während der Fackelerscheinungen emittiert worden waren. (Nature [London] **183.** 1179—80. 25/4. 1959. Kiruna, Geophys. Observ.) H. Liepack. 113

H. J. A. Chivers und **H. W. Wells,** *Eine neue ionosphärische Erscheinung.* Vff. führten mit 5 Antennen Messungen zur Unters. der sporad. HF-Strahlung nahe 80 MHz durch. Zwischen 3. u. 10. Jan. 1959 wurden von einigen Antennen Intensitätszunahmen bis zu 400% des täglichen galakt. Ganges aufgenommen, während die anderen Empfänger eine gleichzeitige Abnahme registrierten. Dieses Ereignis fiel mit Änderungen der Horizontalkomponente des Erdfeldes bis zu ca. 50 gamma zusammen. Vff. nehmen an, daß die Erscheinung durch den Durchgang eines Stroms geladener Teilchen mit sehr großer Geschwindigkeit (wahrscheinlich solaren Ursprungs) durch die Ionosphäre hervorgerufen wurde. (Nature [London] **183.** 1178. 25/4. 1959. Univ. of Manchester, Jodrell Bank Experiment. Stat.) H. Liepack. 113

W. T. Blackband, B. Burgess, I. L. Jones und **G. J. Lawson,** *Ableitung des ionosphärischen Elektronengehalts aus dem Faraday-Fading der Signale von künstlichen Erdsatelliten.* Vff. zeigen, daß aus dem Fading, verbunden mit der Änderung der Faraday-Rotation des empfangenen Signals, der Elektronengeh. der Ionosphäre zwischen Satellit u. Empfänger u. damit auch für den Bereich oberhalb des F_2-Maximums bestimmt werden kann. Zwischen 18. Okt. u. 7. Nov. 1957 lag der Elektronengeh. für eine vertikale Säule zwischen F_2-Maximum u. Satellit zwischen 3,5 u. $47{,}5 \cdot 10^{-12}$ Elektronen/cm². (Nature [London] **183.** 1172—74. 25/4. 1959. Farnborough, Hants., Royal Aircraft Establ., Radio Dep.) H. Liepack. 113

W. M. Kontorowitsch, *Über die Anwendung von zwei Hilfsfeldern zur Erzeugung von Emissionszuständen in quantenmechanischen Verstärkern und Generatoren.* Wenn man bei der Gewinnung von akt. Moll. mittels eines Hochfrequenzhilfsfeldes dessen Frequenz gleich der Frequenz des ω_{mp}-Überganges wählt (Meth. der „Impulsinversion"), erhält man mit 2 Hilfsfeldern die akt. Moll. bei Hilfsfeldfrequenzen, die etwas kleiner als die des Arbeitsüberganges sind. Es ist dann $\omega_{mq} < \omega_{mn} + \omega_{pq}$. (Журнал Экспериментальной и Теоретической Физики [J. exp. theoret. Physik] **33.** 1064—65. Okt. 1957. Akad. der Wiss. der UkrainSSR, Inst. für Radiophysik u. Elektronik.) R. K. Müller. 114

W. A. Runciman, *Stark-Aufspaltung in Kristallen.* Vf. berichtigt die bei Reproduktionen der Gobrechtschen Tabellen entstandenen Fehler. Die Aufspaltungen für ganz- u. halbzahlige J in kub., hexagonalen, tetragonalen u. niedriger symm. Systemen sind in Tabellen angegeben. Die Niveauaufspaltungen in nahezu kub. Feldern werden diskutiert. (Philos. Mag. [8] **1.** 1075—77. Nov. 1956. Harwell, Berks., Atomic Energy Res. Establ.) H. LIEPACK. 114

D. T. Stewart und **E. Gabathuler**, *Einige Elektronenstoß-Querschnitte für Stickstoff und Sauerstoff.* (Vgl. C. **1957.** 6048.) Mit der beschriebenen Meth. wurden die Wirkungsquerschnitte für unelast. Elektronen-Zusammenstöße in folgenden Banden gemessen: zweite positive N_2-Banden ($C^3\pi_u$ — $B^3\pi_g$), erste negative O_2^+-Banden ($^4\Sigma_g$—$^4\Pi_u$) u. zweite negative O_2^+-Banden ($A^2\pi_u$— $X^2\pi_g$). Die Wirkungsquerschnitte liegen bei N_2 in der Größenordnung von 10^{-18} cm², das Maximum des Anregungspotentials bei 17 eV. Bei O_2 betragen die Werte 10^{-20} cm² u. ca. 100 eV. (Proc. physic. Soc. **72.** 287—89. 1/8. 1958. Belfast, Queens Univ., Phys. Dep.) H. C. WOLF. 118

D. Robinson und **R. W. Nicholls**, *Intensitätsmessungen über die zweiten negativen O_2^+-, die Ångström- und dritten positiven CO und die NO-γ- und -β-Molekülbandensysteme.* Es werden die relativen Bandenintensitäten des zweiten negativen Syst. von O_2^+, die Ångström- u. die dritten positiven Systeme von CO sowie die γ- u. β-Systeme von NO ausgemessen. Die Änderung des elektron. Übergangsmomentes $R_e(r)$ mit dem internuklearen Abstand wird gezeigt. Ferner werden die relativen Übergangswahrscheinlichkeiten der Systeme angegeben. (Proc. physic. Soc. **71.** 957—64. 1/6. 1958. London, Canada, Univ. of Western Ontario, Dep. of Phys.) D. HAHN. 118

J. Yovanovitch, *Verhinderung der in reinem geschmolzenem Siliciumdioxyd durch Bestrahlung, insbesondere durch Neutronen, entstehenden Verfärbungen durch eine thermoelektrische Vorbehandlung.* Vf. fand, daß eine von GARINO-CANINA (Contribution á la connaissance de la silice vitreuse, Thèse, Paris, 1955) angegebene Vorbehandlung von SiO_2-Proben (Anwendung eines Gleichspannungsfeldes von ca. 1 kV/cm bei Tempp. über 1100°) das Auftreten der sonst bei Neutronenbestrahlung entstehenden Absorptionsbande (Maximum bei ca. 5200 Å) verhindert. Gleichzeitig erscheint die 2140 Å-Bande wesentlich schwächer als bei der nicht vorbehandelten Probe. (J. Physique Radium **18.** 640—41. Nov. 1957. Labor. de la Soc. „Quartz et Silice".) D. JÖRCHEL. 118

Werner Martienssen, *Über die Excitonenbanden der Alkalihalogenidkristalle.* An bei Raumtemp. aufgedampften u. bei 120—200° getemperten Schichten von *NaJ, KJ, RbJ, CsJ, KBr* u. *RbBr* werden bei 20° K die Absorptionsbanden im Gebiet 180 bis 230 mμ erneut gemessen. Die langwelligen Banden der Jodide in obiger Reihenfolge liegen bei 5,59, 5,83, 5,72 u. 5,81 eV (KBr 6,76, RbBr 6,61 eV), die kurzwelligen bei 6,72, 6.68, 6,49 u. 6,65 (Doppelbande) sowie bei 6,80 eV. Die Absorptionsmaxima werden im wesentlichen durch die Eigg. der Moll. bestimmt u. kehren in den Spektren der gasförmigen Moll. wieder. CsJ fällt durch eine zusätzliche Doppelbande bei 5,928 u. 5,993 eV aus der Reihe heraus. Messungen an CsJ-KJ-Mischkristallen zeigen, daß die Doppelbande mit der Gitterstruktur des CsJ zusammenhängt. Mit zunehmender Temp. u. ähnlich mit zunehmenden Gitterstörungen werden die Banden der Alkalihalogenide breiter u. nach langen Wellen verschoben. (Physics Chem. Solids **2.** 257—67. 1957. Göttingen, Univ., I. Phys. Inst.) J. RUDOLPH. 118

Jean Robin, *Untersuchung der Resonanzlinien des Kaliumspektrums und der nahe den Kalium-, Rubidium- und Caesium-Resonanzlinien auftretenden Satelliten-Banden bei hohen Argon-Drucken.* Bei Ar- u. N_2-Drucken bis zu 1500 at wurden die nahe dem 1. Dublett der Hauptserie von K, Rb u. Cs auftretenden diffusen Banden untersucht, deren Verh. sich in Ggw. von Ar u. N_2 nicht wesentlich unterscheidet. Mit steigendem Druck verschieben sich die Banden — in bezug auf die Resonanzlinien — zunächst nach kleineren, dann aber rasch nach größeren Frequenzen. Dieses Ergebnis entspricht der bereits am Hg-Spektr. gemachten Beobachtung. Im einzelnen werden die bei 600 u. 1300 at Ar aufgenommenen Kalium-Linienprofile erörtert. (J. Physique Radium **18.** 639—40. Nov. 1957. Bellevue, Seine-et-Oise, Labor. des Hautes Pressions.) D. JÖRCHEL. 118

W. R. Hindmarsh, *Druckverschiebung und Verbreiterung der Resonanzlinie von Calcium.* Die Druckverbreiterung der Ca-Resonanzlinie bei 4227 Å durch He von 1 at wurde zur Prüfung der Theorie von LINDHOLM (Ark. Mat., Astronomi Fysik, Ser. A **32.** [1945.]) mit einem Gitterspektrometer gemessen. Die Druckverbreiterung kann mit der Theorie in Einklang gebracht werden, dagegen ist die Verschiebung nach Größe u. Richtung anders als von der Theorie vorausgesagt. Die Diskrepanz bleibt unerklärt. (Proc. physic. Soc. **72.** 279—81. 1/8. 1958. Oxford, Univ., Observ.) H. C. WOLF. 118

R. A. Miller, *Verschiebung von Bogenlinien bei verschiedenen Drucken in magnetischen Feldern.* Die Druckverschiebung bestimmter Spektrallinien von *Zn, Cu* u. *Pb* in einem elektr. Bogen in N_2 zwischen Messingelektroden wurde bei Drucken von $^1/_7$ bis 85 Atm. untersucht. Ein zum elektr. Feld senkrechtes Magnetfeld von 4000 Gauß verringerte die Verschiebung aller beobachteten Linien. Dies wird damit erklärt, daß der Einfl. der VAN DER WAALSchen Kräfte auf die strahlenden Atome durch die Plasmawechselwrkg. teilweise kompensiert wird. (Nature [London] **182.** 1295—96. 8/11. 1958. Baguio City, Phillipines, Manila Observatory.) P. WARNECK. 118

Ss. I. Pekar, *Theorie elektromagnetischer Wellen in einem Kristall, in dem Excitonen entstehen.* Es werden Lichtwellen untersucht, deren Frequenzen in den Bereich der Exciton-Lichtabsorption in einem Kristall oder dessen Nähe fallen. Es wird eine Beziehung zwischen dem spezif. Dipolmoment des Kristalls u. der Spannung des elektr. Feldes erhalten, jedoch nicht als direkte Proportionalität, sondern als Differentialgleichung. Daraus ergeben sich MAXWELLsche Gleichungen höherer Ordnung. In einem Kristall liegen einige Wellen gleicher Frequenz, Polarisation u. Richtung, aber mit verschied. Brechungsindices vor. Dies entspricht nicht der Doppelbrechung u. kann auch bei isotrop polarisierenden (kub.) Kristallen eintreten. Die Existenz streng longitudinaler elektr. Wellen in einem Kristall wird nachgewiesen. Die gefundenen Oberflächenexcitonzustände sind analog den Oberflächenelektronenzuständen. (Журнал Экспериментальной и Теоретической Физики [J. exp. theoret. Physik] **33.** 1022—36. Okt. 1957. Akad. der Wiss. der UkrainSSR, Physik. Inst.) R. K. MÜLLER. 119

Theodore G. Castner und **Werner Känzig,** *Die elektronische Struktur des V-Zentrums.* Die Unters. u. Analyse der paramagnet. Resonanzspektren u. der Elektronenstruktur der durch Röntgenstrahlen bei der Temp. der fl. Luft erzeugten V-Zentren in *KCl, NaCl, KBr, LiF* u. *KCl:Tl* führt zu einer Beschreibung des V-Zentrums als X_2^--Molekülion (X-Halogen) mit Orientierung längs der [110]-Achse des Kristalls. Dieses Molekülion ist nicht mit einer Leerstelle gekoppelt u. wahrscheinlich auch nicht mit einer Fremdionenstörstelle assoziert. Vielmehr wird eine Art von self-trapping eines Loches infolge Ausbldg. der Molekülbindung im X_2^- angenommen. (Physics Chem. Solids **3.** 178—95. 1957. Urbana, Ill., Univ., Dep. of Phys.) J. RUDOLPH. 119

W. Bontinck, *Farbzentren in synthetischen Flußspatkristallen.* CaF_2-Kristalle zeigen nach Röntgenstrahlverfärbung u. a. die auch bei additiver Verfärbung auftretende α-Bande (337 mμ), nicht aber die β-Bande (520 mμ) der additiv verfärbten Kristalle; dafür tritt eine Bande bei 550 mμ auf. Neutronen verfärben viel stärker u. erzeugen auch die β-Bande. Aus Unterss. der Entfärbbarkeit der verschied. Banden additiv verfärbter Kristalle durch Lichteinstrahlung in die verschied. Banden, aus additiven Verfärbungsunterss. bei höheren Tempp. (900—1300°) sowie aus Gitterkonstantenbestimmungen ergibt sich folgendes Bild für die Beschaffenheit der Farbzentren im CaF_2: Das β-Zentrum ist ein F-Zentrum; die α-Bande ist einer assoziierten Störstelle aus F-Zentrum u. Zwischengitteranion zuzuschreiben. Eine kurzwellige Bande bei 200 mμ ist durch Sauerstoff verursacht, eine zweite bei 220 mμ ist auf Anionenleerstellen zurückzuführen. Die durch Röntgenstrahlen erzeugte 560 mμ-Bande u. eine Bande bei 590 mμ sind anisotrop. wie Entfärbungen mit polarisiertem Licht zeigten. Langwelligere Banden bei 675, 750 u. 825 mμ entsprechen wahrscheinlich den R- u. M-Banden der Alkalihalogenide. (Physica [Utrecht] **24.** 639—49. Aug. 1958. Gent, Labor. voor Kristalkunde.) J. RUDOLPH. 119

A. Vaško, *Bemerkung zur Arbeit von Oswald und Schade.* (Vgl. OSWALD, C. **1955.** 4759.) Vf. bringt die l. c. abgeleiteten Ausdrücke für Reflexionsvermögen R u. Absorptionskonstante K absorbierender Medien in Formen, die die numer. Berechnung von R u. K vereinfachen. (Z. Naturforsch. **13a.** 904. Okt. 1958. Prag, Inst. für Optik u. Feinmechanik.) H. LIEPACK. 120

M. F. Crawford und **R. E. MacDonald,** *Feldinduzierte Absorption in Wasserstoff.* Messungen der durch ein elektr. Feld induzierten fundamentalen Rotations-Schwingungsabsorption in H_2 ergaben die Werte der ersten 4 Komponenten des Q-Zweiges. Weitere Messungen betreffen die Intensitätsverhältnisse, die Matrixelemente der Polarisierbarkeit u. der Anisotropie. Der opt. Stoßquerschnitt beträgt 0,26 Å. (Canad. J. Physics **36.** 1022—39. Aug. 1958. Toronto, Ont., Univ. of Toronto, Dep. of Phys.) H. C. WOLF. 120

Koichi Shimoda, *Charakteristiken des „Strahl-Typ-Masers“.* 2. Mitt. (1. vgl. C. **1958.** 11431.) Die wichtigsten Eigg. eines neu konstruierten NH_3-Maser wurden experimentell bestimmt. Die Sättigungseigg. entsprechen der theoret. Erwartung, ebenso die Frequenzverschiebung durch Erhöhen der Fokussierungsspannung infolge unaufgelöster Hyperfeinstruktur. Der durch Verstimmen des Hohlraumresonators erreichbare Frequenzbereich stimmt ebenfalls mit der Theorie gut überein. (J. physic. Soc. Japan **13.** 939—47. Aug. 1958. Tokyo, Univ. of Tokyo, Fac. of Sci., Dep. of Phys. [Orig.: engl.]) H. C. WOLF. 121

Kazuhisa Tomita, *Über die Druckverschiebung der Inversionsfrequenz von Ammoniak.* (Vgl. C. **1959.** 10128.) Vf. berechnet, ausgehend von den l. c. angegebenen Formeln, die bereits beobachtete Verschiebung der Inversionsfrequenz von NH_3, die von einem nicht adiabat. Effekt 2. Ordnung der elektr. Dipol-Dipol-Wechselwrkg. zwischen NH_3-Moll. herrührt u. dem Druck u. der Resonanzbreite proportional ist. Er findet für die 3-3 Inversionslinie (in Klammern: experimentelle Werte): Breite 31,9 (27), Verschiebung nach höheren Frequenzen 5,9 (1,0—0,5) MHz/Torr. Die Diskrepanz in der Verschiebung dürfte von der unzulässigen Annahme herrühren, daß die relative Bewegung zwischen Strahler u. Störer geradlinig u. gleichförmig ist. (Progr. theoret. Physics [Kyoto] **18.** 316—18. Sept. 1957. Kyoto, Univ., Fac. of Sci., Dep. of Phys. [Orig.: engl.]) D. JÖRCHEL. 121

Yukio Kurita, Daiyû Nakamura und **Naohiro Hayakawa,** *Kernquadrupolresonanz des Chlors in einigen Chlorjodiden.* Die Kernquadrupolresonanz des ^{35}Cl in folgenden Chlorjodiden wird durch frequenzgesteuerte Pendelrückkopplung (FM-super regeneration) gemessen [in ( ) Resonanzfrequenz in MHz]: $KJCl_2 \cdot H_2O$ (18,81), NH_4JCl_2 (26,14), $N(CH_3)_4JCl_2$ (19,35), $C_5H_5Cl_2HJN$ (17,62), PCl_4JCl_2 (18,94), $KJCl_4 \cdot H_2O$ (20,14, 24,86, 28,17), $KJCl_4$ (22,38), $NH_4JCl_4 \cdot H_2O$ (19,98, 24,68, 27,96), NH_4JCl_4 (22,23), $C_5H_5Cl_4HJN$ (22,38); mittlerer Wert für JCl_2^- (18,9) u. für JCl_4^- (22,4). Aus diesen Daten wird der Ionisierungsgrad der σ-Bindung zwischen Cl u. J. wie nachst. berechnet: 66% (in JCl_2^-) u. 59% (in JCl_4^-). Die entspr. Werte betragen nach dem Berechnen durch Kombination der p-Bahnen nach der MO-Meth. 61% bzw. 57% u. stimmen mit den experimentellen Daten relativ gut überein, was darauf hindeutet, daß die d-Bahnen von J zur σ-Bindung zwischen J u. Cl nur wenig beitragen. (J. chem. Soc. Japan, pure Chem. Sect. [Nippon Kagaku Zassi] **79.** 1093—96. Sept. 1958. Nagoya, Univ., Naturwiss. Fak. [Orig.: japan.]) E. MAEKAWA. 121

Yoshihito Abe, *Zeeman-Untersuchung der Kernquadrupolresonanz in AsJ_3 und $AsJ_3 \cdot 3S_8$.* Messungen der Kernquadrupolresonanzen von ^{75}As u. ^{127}J in AsJ_3 sowie in der Anlagerungsverbindung mit S_8 mit den zugehörigen Hauptachsen u. Asymmetrieparametern für das elektr. Feld werden im Hinblick auf Mol.- u. Kristallstruktur ausgewertet. Die Bindungswinkel u. -abstände des AsJ_3-Mol. sind im Kristall etwas anders als im freien Molekül. Die Molekülabstände u. ihre relative Lage im Kristall lassen sich aus den Resonanzmessungen sehr genau bestimmen. (J. physic. Soc. Japan **13.** 918—27. Aug. 1958. Otsuka, Tokyo, Tokyo Univ. of Educat., Dep. of Phys. [Orig.: engl.]) H. C. WOLF. 121

On Matumura, Kazumi Hōrai und **Zen'emon Miduno,** *Elektronenspinresonanz von Eu^{2+} in natürlichem CaF_2.* Messung der Elektronenresonanz von natürlichem CaF_2-Kristallen mit geringem Geh. an Eu^{2+} bei 3 cm Wellenlänge u. Raumtemperatur. Die Meßwerte der Winkelabhängigkeit stimmen mit den theoret. Werten gut überein. (J. physic. Soc. Japan **13.** 768—69. Juli 1958. Kyusyu Univ., Fac. of Sci., Dep. of Phys. [Orig.: japan.; Auszug: eng.]) H. C. WOLF. 121

Gy. Gergely, I. Hangos, K. Tóth, J. Ádám und **Gy. Pozsgay,** *Die Kathodoluminescenzausbeute dünner mikrokristalliner Schichten.* Mit Hilfe einer verbesserten Kathodenstrahlanordnung zur Messung der Kathodoluminescenzhelligkeit polykristall. Leuchtstoffschirme von beiden Schichtseiten wird unter Berücksichtigung der die einfallende Kathodenstrahlintensität beeinflussenden Faktoren sowie der opt. Schichteigg. die Luminescenzausbeute η für 10 u. 15 kV-Elektronenstrahlen (1 $\mu A/cm^2$) bei Schirmdichten von 10—20 mg/cm^2 gemessen (a) für die Silicatleuchtstoffe $Zn_2SiO_4 \cdot Mn$, $(Zn, Be)_2SiO_4 \cdot Mn$ u. $(Ca, Mg) (SiO_3)_2 \cdot Ti$ u. (b) für ZnS mit Cl sowie mit Cl + Ag, hexagonales u. kub. ZnS mit Ag + Cl, (Zn, Cd)S mit Ag bzw. Cu sowie für einige ZnS mit Cu + Cl u. verschied. Gehh. an Ag. Für Gruppe a ist $\eta \sim 6$—8%, für Gruppe b im allg. 10—17%. Der Einfl. verschied. (im allg. wenig schädlicher) Verunreinigungen auf η sowie die Abhängigkeit des η von der Beschleunigungsspannung u. der Stromdichte werden untersucht. (Z. physik. Chem. **210.** 11—22. Jan. 1959. Budapest, Res. Inst. for Telecomm.) J. RUDOLPH. 125

H. Witzmann und **J. Buhrow,** *Beitrag zur Temperaturabhängigkeit der Intensität anorganischer kristalliner Luminophore.* Vff. geben für die Temperaturabhängigkeit anorgan. Konfigurationsleuchtstoffe eine erweiterte Beziehung der Form $J/J_0 = \exp(-W_1/kT)/[1 + C_2 \cdot \exp(-W_2/kT)]$ an, die nicht nur die Intensitätsabnahme bei hohen Tempp. mit der Aktivierungsenergie W_2 für strahlungslose Übergänge, sondern auch den Intensitätsanstieg bei tiefen Tempp. mit der Aktivierungsenergie W_1 für Übergänge in den strahlungsfähigen Anregungszustand berücksichtigt. Die Größe W_1 (im allg. $\ll W_2$) liegt in der Größenordnung 10^{-2} eV, wie z. B. die Anwendung u. Auswertung der Beziehung für bekannte Meßdaten an den Leuchtstoffsystemen $Sr_{2,65} \cdot Zn_{0,2}(PO_4)_2$—Sn u. $Sr_{2,4}Ca_{0,45}(PO_4)_2$—Sn zeigen. Mit Hilfe der angegebenen Beziehung ist auch die Temp. des Intensitätsmaximums aus experimentellen Daten bestimmbar. Beispiele werden besprochen. (Z. physik. Chem. **210.** 97—101. Jan. 1959. Greifswald, Univ., Inst. für phys. Chem.) J. Rudolph. 125

H. Witzmann und **Hk. Müller-Buschbaum,** *Zum Emissionsverhalten Cer-Samarium-aktivierter Boratphosphore.* (Vgl. vorst. Ref.) Die linienartigen Luminescenzspektren von Sm-haltigen $CaO \cdot B_2O_3$ haben nach Glühung bei Tempp. bis ca. 800° sowie bei Tempp. über 800° bis zum F. verschied. Struktur. In Ggw. von Ce ($\geqslant 5 \cdot 10^{-4}$g Ce/g) treten wiederum (neben der blauen Ce-Emission) neue Sm-Linien auf, deren Intensität mit wachsender Ce-Konz. bis zu einem Maximum für $CeO_2 \cdot B_2O_3$—Sm zunimmt. Aus der Identität der Sm-Spektren von $CaO \cdot B_2O_3$ mit sehr wenig Ce u. von reinem $CeO_2 \cdot B_2O_3$—Sm folgt, daß bereits kleinste Mengen von Ce das Sm-Spektr. beeinflussen. Für das Cerborat ergibt sich bei Sm-Konzz. von 10^{-4} bis 10^{-2} g Sm/g Linearität zwischen Sm-Konz. u. Luminescenzintensität. (Z. physik. Chem. **210.** 72—85. Jan. 1959.) J. Rudolph. 125

Georges Destriau, *Sensibilisierung des Feldverstärkereffektes bei Leuchtstoffen durch Spuren von Gold.* Der Effekt der Verstärkung der röntgenstrahlerregten Luminescenz von ZnS—CdS-Phosphoren mit Mn ($2 \cdot 10^{-3}$%) durch elektr. Felder wird durch Zusätze von Au (optimal $1 \cdot 10^{-6}$ bis $5 \cdot 10^{-6}$%) beträchtlich erhöht. Der Verstärkungsfaktor $\varrho = L_2/L_1$ (L_2 = Intensität mit, L_1 ohne Feld) wird optimal für ein CdS—ZnS-Verhältnis von 1:1 durch $5 \cdot 10^{-6}$ Au von 1,6 auf 5 verbessert. Eine Deutung des Verstärkereffektes ist noch nicht möglich. (C. R. hebd. Séances Acad. Sci. **245.** 1913—16. 25/11. 1957.) J. Rudolph. 125

G. Diemer und **A. J. van der Houven van Oordt,** *Natur der blauen Kantenemission im CdS.* (Vgl. C. **1958.** 11721.) Messungen der Intensitätsabhängigkeit der grünen Kantenemission u. der schwachen blauen Linienemission (4860 Å) als Funktion der Anregungsintensität sowie Messungen der Leitfähigkeit für CdS-Kristalle bei 77° K ergeben: (1) Bei beiden Emissionen spielen freie Ladungsträger eine Rolle für die Rekombinationsgeschwindigkeit. Die grüne (sublineare) Emission kann nicht, wohl aber die blaue Emission einer Excitonenvernichtung oder einer Elektron-Loch-Vernichtung über einen Excitonenzustand zugeschrieben werden. Die gegenüber der CdS-Bandkante hohe Energie der anregenden Quanten (3650—4358 Å) führt vermutlich eher zu freien Ladungsträgern als zu Excitonen. (Physica [Utrecht] **24.** 707—09. Aug. 1958. Eindhoven, N. V. Philips Gloeilampenfabr., Res. Labor.) J. Rudolph. 125

J. R. Cook, *Haftstellenverteilung in Calciumwolframat-Einkristallen.* Einkristalle von $CaWO_4$ zeigen bei UV-Bestrahlung einen Photostrom, dessen An- u. Abklinggeschwindigkeit mit steigender Temp. T (— 60 bis + 8,5°) zunimmt. Das Abklingen des Photostroms sowie das Abklingen einer Phosphorescenz nach γ-Strahlerregung besitzt einen anfänglichen raschen u. einen folgenden langsamen Verlauf. Bei tiefen Tempp. erregte Kristalle geben beim Erwärmen mehrere Glow-Maxima in bezug auf Thermoluminescenz (bei — 95, — 10 u. + 45° C) u. Leitfähigkeit (bei — 9° u. + 40° C). Aus den Glow-Kurven ergibt sich eine Verteilung von (wenigstens 3) Haftstellensorten in Übereinstimmung mit der Analyse des Photostrom- u. Phosphorescenzabklingens nach UV- u. γ-Strahlerregung. (Proc. physic. Soc. **71.** 422—29. 1/3. 1958. London, Middlesex, Med. School, Dep. of Phys. Appl. to Med.) J. Rudolph. 125

Heijirô Ojima, *Chemiluminescenz des Luminols in Gegenwart von Metallkomplexen. 4. Mitt. Chemiluminescens der Systeme Alkaliluminolat-Wasserstoffperoxyd-Kupfer(II)-aminkomplexe.* (3. vgl. C. **1959.** 5027.) Die durch Kupfer(**II**)-aminkomplexe katalysierte Chemiluminescens des *Na-Luminolats* (**I**) in Ggw. von H_2O_2 wurde mittels Selenphotozelle u. ein durch opt. Hebel vergrößertes Galvanometer photoelektr. untersucht. Die Komplexe aus prim. Aminen besitzen große Fähigkeit, die Chemiluminescens des Syst. zu katalysieren, während die Komplexe aus sek. Aminen nur geringe Fähigkeit u. die aus tert. Aminen keine Fähigkeit besitzen, was auf die ster. Hinderung der voluminösen Struktur der Amine zurückzuführen ist. Die Amine, die leichter koordinieren, zeigen bei größerer Verdünnung maximale Intensität; das mol. Verhältnis Amin/Cu, bei dem die maximale Intensität beobachtet wird, beträgt z. B. 2 für Äthylendiamin, 200—300 für geradekettige prim. Amine u. ca. 600 für verzweigte prim. Amine. Die Abnahmegeschwindigkeit der Chemiluminescensintensität des Syst. **I**-Bis-[äthylendiamin]-Cu—H_2O_2 hat nur zu der Konz. des Komplexes ein lineares Verhältnis. Bei Ggw. von zwei verschied. Aminen verhält sich die Intensitätskurve ähnlich wie die des Syst. mit demjenigen Amin, das leichter an Cu koordiniert wird. Die Chemiluminescens steht mit der Zers. der Komplexe in engem Zusammenhang. Vf. nimmt an, daß Luminol durch Wechselwrkg. zwischen dem durch H_2O_2 aktivierten Luminol u. Komplexen in einem Elektronenzustand gebracht wird, in dem es leicht zersetzlich ist. (J. chem. Soc. Japan, pure Chem. Sect. [Nippon Kagaku Zassi] **79.** 1076—81. Sept. 1958. Okazaki, Aiti-Gakudai. [Orig.: japan.]) E. Maekawa. 125

S. Flügge. Handbuch der Physik. Astrophysik III: Das Sonnensystem. 52. Bd. Berlin, Göttingen, Heidelberg: Springer Verl. 1959. (VII + 601 S. m. 225 Abb.) 8°. DM 148,—.

—, Photoelasticity at University College, London: jubilee commemoration of the work of E. G. Coker & L. N. G. Filon from 1909 to 1937. London: University College, private Circulation. 1959. (20 S. m. Abb.) Keine Preisangabe.

A_3. Elektrizität. Magnetismus. Elektrochemie.

H. J. Oskam, *Mikrowellenuntersuchung von zerfallenden gasförmigen Entladungsplasmen.* Aus der Verschiebung der Resonanzfrequenz eines ein isotherm zerfallendes Entladungsplasma umgebenden Mikrowellen-Hohlraumresonators wird das Verschwinden der Elektronen aus der Entladung bestimmt. Nach einer ausführlichen Erörterung von Theorie u. Meßtechnik wird gezeigt, daß der Prozeß eine ambipolare Diffusion ist. Für *He* u. *Ne* werden die Diffusionsgeschwindigkeiten u. Rekombinationsprozesse untersucht, ferner der Zusatz von Fremdgasen mit tieferem Ionisationspotential, z. B. *Ar* u. *Kr*. Für Umladungsprozesse im Zweier- u. Dreierstoß innerhalb des Plasmas werden die Wirkungsquerschnitte bestimmt. (Philips Res. Rep. **13.** 335—400. Aug. 401—57. Okt. 1958. Utrecht, Univ.) H. C. Wolf. 131

E. R. Harrison, *Kugelförmige Plasmoide in Niederdruckentladungen ohne Elektrode.* Durch induzierte HF (50 MHz von einem 500-Watt-Sender) wurden in Ar bei 10^{-4} mm Hg Plasmoide (luminescierende Plasma-Körper) erzeugt, in denen die Elektronen-Temp. 10^5 bis $1{,}5 \cdot 10^{5\,0}$ u. die Elektronendichte 10^8 cm^{-3} betrug. Die Gestaltsänderungen der Plasmoide wurden beobachtet, wenn man eine Wolframdraht-Sonde oder eine Sonde mit Kugelspitze einführte u. die Glasoberfläche des Ar-gefüllten Kolbens mit Aquadag leitend gemacht hatte. Die Abhängigkeit der Gestalt vom Sondenpotential, vom Gasdruck u. von der Sendefrequenz werden beschrieben. Im theoret. Teil wird die Tonks-Langmuirsche Plasma-Gleichung für eine der Elektronendichte proportionale Ionen-Bldg. gelöst. (J. Electronics and Control [1] **5.** 319—28. Okt. 1958. Harwell, Berks., Atomic Energy Res. Establ.) R. Junge. 131

H. B. Gilbody und **J. B. Hasted,** *Anomalien bei der adiabatischen Deutung von Umladungsstößen.* Es wurden 17 Ladungsübergangsquerschnitte im Energiebereich von 10—300 eV u. 3—40 keV bestimmt. Die Abhängigkeit der Querschnitte von der Energie kann in den meisten Fällen mit Hilfe der „nahezu adiabat. Theorie" erklärt werden, jedoch zeigen Ar^+ in Kr, Ne^+ in Ar und C^+ in Kr anomale Querschnitte von 1—2 πa_0^2 mit geringer Abhängigkeit von der Energie im nahezu adiabat. Gebiet. Untersucht wurden: Ar^+ in Kr, Ne^+ in Ar, C^+ in H_2, C^+ in Xe, Ar^+ in Ar, C^+ in Ar, H^+ in N_2, Ar^+ in H_2, N_2^+ in Ar, H_2^+ in H_2, He^+ in He, H^+ in CO, C^+ in Kr, Ne^+ in Ne, Ar^+ in N_2, N^+ in H_2 u. H^+ in NH_3. (Proc. Roy. Soc. [London], Ser. A **238.** 334—43. 8/1. 1957. London, Univ. Coll.) B. Stein. 131

Johannes Wilhelm, *Zur Diffusionstheorie der positiven Säule in elektronegativen Gasen.* Die Schottkysche Theorie der positiven Säule von Glimmentladungen wird für den Fall erweitert, daß neben Elektronen eine positive u. eine negative Ionenart vorkommt. Die Berücksichtigung der Prozesse: 1) Ionisation durch Elektronenstoß, 2) Bldg. negativer Ionen durch Anlagerung von Elektronen an Neutralteilchen, 3) deren Zerfall durch Gasstöße, 4) Diffusion aller Ladungsträger zur Wand, führt im Spezialfall der Entladung zwischen zwei unendlich ausgedehnten Platten auf zwei simultane, nichtlineare Differentialgleichungen für die Konz. der Elektronen u. negativen Ionen. Dieses Syst. wird näherungsweise gelöst u. die lokale Konz.-Verteilung der Ladungsträger berechnet. Ein Beispiel wird für $n_-/n_e = 0{,}11$ gegeben. (Naturwissenschaften **45.** 459. 1. Okt.-H. 1958. Greifswald, Dtsch. Akad. der Wiss. zu Berlin, Inst. für Gasentladungsphys.) P. Warneck. 131

T. H. Y. Yeung, *Rekombination zwischen positiven Caesiumionen und negativen Jodionen im Nachglühen.* (Vgl. C. **1959.** 4368.) Bei Drucken von 10^{-1} mm Hg reagieren Cs u. Cl augenblicklich, Cs u. Br ein wenig langsamer miteinander, während die Rk. zwischen Cs- u. J_2-Dämpfen erst nach 72 Std. beendet war. Sie eignete sich daher zur Best. des Rekombinationskoeffizienten. Es wurde mit Hilfe der l. c. beschriebenen App. die Abnahme der Ionenkonz. mit der Zeit nach pulsierten HF-Entladungen gemessen, daraus für den Rekombinationskoeff. unter Annahme der Rekombination nach $Cs^+ + J_2^- = Cs + J_2$ bei Raumtemp. $(2{,}3 \pm 0{,}7)\ 10^{-8}$ cm^3 sec^{-1} erhalten u. für den entsprechenden Querschnitt $(1{,}1 \pm 0{,}4) \cdot 10^{-12}$ cm^2. (J. Electronics and Control [1] **5.** 307 bis 312. Okt. 1958. Edgbaston, Birmingham, Univ. of Birmingham, Dep. of Electron Phys.) R. Junge. 131

T. H. Y. Yeung, *Ladungsübertragung im Nachglühen einer Jod-Entladung.* (Vgl. vorst. Ref.) Es wurde der Strom einer Drahtsonde, die in das Plasma einer Joddampfentladung eingeführt war, während des Nachglühens mit einem Oscillographen sichtbar gemacht. Da die negativen Zweige höhere Amplitude zeigen als die positiven, wurde

(analog HOGNESS u. HARKNES, Physic. Rev. [2] **32.** [1928.] 784) geschlossen, daß eine sek. Ladungsaustausch-Rk. vor sich geht, u. zwar nach $J^- + J_2 = J_2^- + J$. Für diese Rk. wurden die Geschwindigkeitskonstante in Abhängigkeit vom Gasdruck u. daraus der Wirkungsquerschnitt zu $(3,7 \pm 0,8) \cdot 10^{-17}$ cm² bestimmt. Eine Identifizierung der Ionentypen erfolgte nicht. (J. Electronics and Control [1] **5.** 313—18. Okt. 1958.)
R. JUNGE. 131

H. D. Beckey, *Massenspektrometrische Untersuchung von Chemisorptions- und Assoziationsreaktionen mit Hilfe einer neuen Feldemissionsquelle.* Eine Feldemissionsquelle nach INGHRAM und GOMER, die für höhere Intensitäten zu einem fokussierenden Syst. erweitert war, wurde mit einem Massenspektrometer NIERscher Bauart verbunden. Bei Chemiesorption von A. wurden C_2H_5O-Radikale gefunden. Die gemessenen Häufigkeiten der Radikale sind etwa 1/10 derjenigen der Muttermoleküle. Weiter wurde die Assoziation von W., Methanol u. W.–Methanol-Mischungen untersucht. Bei den beiden reinen Substanzen wurden Polymere aus 2, 3 u. 4 Moll. gefunden. Bei der 1:1-Mischung wurden 6 verschied. Assoziate nachgewiesen. (Naturwissenschaften **45.** 259. 1. Juni-H. 1958. Bonn, Univ., Inst. für physik. Chem.) C. REUBER. 131

Frank Kulcsar, *Elektromechanische Eigenschaften von Bleititanat–Zirkonat-Keramiken mit teilweisem Ersatz von Blei durch Calcium oder Strontium.* Eine erhebliche Steigerung der DK von Pb–Zr-Titanaten läßt sich durch eine teilweise Substitution des Pb^{2+} durch Sr^{2+} oder Ca^{2+} erreichen. Dieser Effekt ist bes. an der Phasengrenze von rhomboedr. zur tetragonalen Modifikation ausgeprägt. Die Verb. $Pb_{0,875}Sr_{0,125}(Zr_{0,54}Ti_{0,46})O_3$ erreicht eine DK von 1325. Dies ist mit einer Herabsetzung der CURIE-Temp. verbunden. Durch die Substitution sinkt außerdem die Dichte. Sr wirkt zusätzlich als Flußmittel. (J. Amer. ceram. Soc. **42.** 49—51. 1/1. 1959. Cleveland, O., Clevite Corp., Res. Div.) H. SAALFELD. 132

Tadasi Numata, *Piezo-Effekt bei Selen-Gleichrichtern.* An den Elektroden von Se-Gleichrichterscheiben tritt eine EMK (~ 10 mV) auf, wenn die Scheiben durch mechan. Belastung verbogen werden. (J. physic. Soc. Japan **13.** 1066. Sept. 1958. Nagasaki, Univ. Oashi-Machi. [Orig.: engl.]) K. ZÜCKLER. 133

H. Curien und **Z. Mihailovic,** *Vorübergehende Wirkungen mechanischer Verformungen auf die elektrische Leitfähigkeit von Lithiumfluorid und Alkalihalogeniden.* LiF-Kristalle, die sich in einem Ofen bei 625° zwischen Stahlelektroden befinden, zeigen einen thermoelektr. Strom (entsprechend dem Temp.-Gradienten im Ofen), der sich stark ändert, wenn die Kristalle durch Eindrücken einer Nadel in Elektrodennähe verformt werden (Bldg. von Fehlstellen). Auch bei anliegender äußerer Spannung treten vorübergehende Leitfähigkeitsänderungen — in noch stärkerem Maße bei KCl — auf, wenn die Kristalle durch die Nadel verformt werden. (J. Physique Radium **19.** 794—96. Okt. 1958. Paris, Fac. des Sci., Labor. de Minéral.-Cristallogr.) K. ZÜCKLER. 133

P. Cachon und **A. Sarazin,** *Beitrag zur Untersuchung der Sekundärelektronenvervielfacher.* Mit Hilfe eines Generators für sehr kurze Lichtimpulse wurden Übergangszeiten u. Empfindlichkeiten der verschied. Bereiche der Photokathoden untersucht. (J. Physique Radium **19.** 792—93. Okt. 1958. Alger, Univ., Inst. d'Études Nucl.)
K. ZÜCKLER. 134

G. Blet und **J. Vincent,** *Wirkung eines Magnetfeldes auf die lichtelektrische Empfindlichkeit einer Selenzelle.* An einer Se-Photozelle wird die Änderung des Photostromes Δi in Abhängigkeit von der Wellenlänge des eingestrahlten Lichtes (Maximum bei 7400 Å) u. der Stärke eines Magnetfeldes H, dessen Richtung parallel zur Zelle liegt, untersucht (Δi wächst mit H). Die Ergebnisse werden dargestellt. (J. Physique Radium **19.** 790—92. Okt. 1958. Marseille, C. N. R. S.) K. ZÜCKLER. 134

Toshiyoshi Yuasa, *Chemische Untersuchungen über Ionenemission aus festen Körpern.* 3. Mitt. *Mechanismus der Ionenemission aus erhitzten festen Körpern.* (2. vgl. C. **1955.** 4278.) Die Theorien der Ionenemission aus erhitzten festen Körpern werden zusammengefaßt u. krit. diskutiert. Der Vf. nimmt an, daß der Zustand des inneren Teils des festen Körpers kaum Einfl. auf die Emission hat. (J. chem. Soc. Japan, pure Chem. Sect. [Nippon Kagaku Zassi] **79.** 998—99. Aug. 1958. Kyôto, Univ., Fak. für allgem. Bldg. [Orig.: japan.]) E. MAEKAWA. 134

Toshiyoshi Yuasa, *Chemische Untersuchungen über Ionenemission aus festen Körpern.* 4. Mitt. *Kationenemission aus NaCl, KCl und ihren Gemischen an mit Aluminiumoxyd bedecktem Wolframdraht.* (3. vgl. vorst. Ref.) Die Zahl der aus NaCl oder KCl an mit Al_2O_3 bedecktem W-Draht bei 640—830° unter einer Spannung von 8—115 V emittierten Kationen nimmt mit der Zeitdauer exponentiell ab u. mit steigender Temp. sowie steigender Spannung zu. Das Kation wird bei 70 V u. 750° in der Reihenfolge LiCl–NaCl–KCl–KBr zunehmend leicht emittiert. Die Zahl der aus den Gemischen zweier Alkalihalogenide emittierten Kationen kann additiv aus den Zahlen der aus den einzelnen Komponenten emittierten Kationen ausgedrückt werden. Aus $CdCl_2$ werden keine Kationen emittiert. Es wurde versucht, die Erscheinungen theoret. zu erklären. (J. chem. Soc. Japan, pure Chem. Sect. [Nippon Kagaku Zassi] **79.** 999—1003. Aug. 1958. [Orig.: japan.]) E. MAEKAWA. 134

L. A. d'Asaro, *Feldemission aus Silicium.* Von einer Si-Einkristall-Spitze von 1 μ Durchmesser, deren Herst., Halterung u. Erwärmungsmöglichkeit durch elektr. Strom in dem Grundkristall beschrieben werden, wurden Feldelektronenmikroskop-Aufnahmen gemacht. Reproduzierbare Diagramme ergaben sich erst nach Erhitzung auf 1480° K im Feld der angelegten Spannung von 9 kV, wobei die Oberfläche durch elektrostat. Kräfte umgeordnet wird. Die Symmetrie dieses Bildes entspricht der, die man nach der bekannten Orientierung des Kristalles erwartet hatte. Es ist wahrscheinlich, daß das Bild durch die hohe Bor-Konz. (10^{18} Atome/cm^3) beeinflußt ist. (J. appl. Physics **29.** 33—34. Jan. 1958. Murray Hill, N. J., Bell Telephone Labors.) C. REUBER. 134

J. A. Dillon jr. und **H. E. Farnsworth,** *Austrittsarbeit und Sorptionseigenschaften von Silicium-Kristallen.* Nach Reinigung durch Ionenbombardement im Vakuum zeigen die verschied. Kristallflächen von Silicium unterschiedliche Austrittsarbeiten in der Reihenfolge (100) > (110) > (111). Dabei liegt diese Wertereihe nach Behandlung bei 990° höher als nach Temperung bei 500°, wenn nicht zonengereinigtes Material untersucht wird. Nach Zonenreinigung ist der Unterschied bei den verschied. Tempp. verschwunden, er läßt sich deshalb auf Sauerstoff-Verunreinigungen zurückführen. Sauerstoff diffundiert bei hohen Tempp. sowohl aus der Umgebung als auch aus Oberflächenfilmen in das Kristallinnere. Deshalb sollte man Oberflächenfilme vor dem Erhitzen durch Ionenbestrahlung entfernen. Sauerstoffadsorptionsschichten erhöhen die Austrittsarbeit. (J. appl. Physics **29.** 1195—1202. Aug. 1958. Providence, R. I., Brown Univ., Barus Res. Labor.) C. REUBER. 134

H. W. Berry, *Befreiung von Elektronen aus einer Wolframprobe durch schnelle neutrale He-Atome.* Bestrahlt man eine Metalloberfläche mit neutralen Atomen, so kann nur ihre kinet. Energie zum Auslösen von Elektronen dienen. Das ergibt geringere Ausbeuten als bei Ionenbeschuß. *He*-Atome mit Energien zwischen 300 u. 3500 eV ergeben an W Ausbeuten zwischen fast 0 u. 0,42 Elektronen/Teilchen. Dabei gelten diese Werte für sorgfältig entgaste W-Oberflächen. An Schichten mit starker Gasadsorption findet man wesentlich höhere Ausbeuten. Auch die Geschwindigkeitsverteilung der Sekundärelektronen ist von der Oberfläche — kalt oder heiß — u. der Art der Primärteilchen — Ionen oder Atome — abhängig. (J. appl. Physics **29.** 1219—25. Aug. 1958. Syracuse, N. Y., Univ.) C. REUBER. 134

S. Oberländer, *Eine Bemerkung zur Methode der gesteuerten Anregung.* (Vgl. C. **1958.** 11726.) Ergänzend wird bzgl. der Anwendung der Meth. der gesteuerten Anregung auf nichtstationäre Prozesse mitgeteilt, daß sämtliche in der l. c. angegebenen Anregungsfunktion enthaltenen Konstanten u. damit sämtliche reaktionskinet. Parameter auf einfache Weise bestimmbar sind. (Z. Naturforsch. **14a.** 91—92. Jan. 1959. Berlin, Dtsch. Akad. der Wiss., Forschungsinst. für Mathem., Abt. Angew. Mathem.) J. RUDOLPH. 135

P. Aigrain, *Rekombinationsprozesse in Halbleitern.* In dieser Übersicht über den heutigen Stand der Kenntnisse werden erst die Vol.-Rekombination u. dann die Oberflächen-Rekombination behandelt. Bei der Vol.-Rekombination dürfte die an Gitterbaufehlern die strahlende Rekombination u. die Rekombination mit inversem AUGER-Effekt weit überwiegen. Bei der Rekombination an Verunreinigungen u. Kristallbaufehlern sind die Fragen nach der Art u. dem Niveau der Haftstellen der Dissipierung der frei werdenden Energie interessant. Bei *Ge* hat man bei der Temp. der fl. Luft eine Emission mit 0,52 eV beobachten können, die der Rekombination an Traps zugeschrieben werden kann. Die Oberflächen-Rekombination ist bes. schwierig zu diskutieren, weil man kaum mit einem Ein-Elektronen-Modell rechnen darf. (Suppl. del Nuovo Cimento Nr. 2 (zu [10] **7**). 724—29. 1958. Paris, École Normale Supér., Labor. de Phys.) C. REUBER. 135

Yutaka Toyozawa, *Theorie der Linienformen der Exciton-Absorptionsbanden.* Eine allg. Theorie der Linienform von Exciton-Absorptionsbanden ergibt bei schwacher Kopplung zwischen Exciton u. Gitter u. geringer effektiver M. eine LORENTZ-Kurve u. eine der Temp. proportionale Halbwertsbreite. Bei starker Kopplung oder großer effektiver M. erhält man eine GAUSS-Kurve mit einer Halbwertsbreite proportional $T^{1/2}$. Weiter wird der Einfl. von benachbarten Absorptionsbanden u. von Gitterfehlern diskutiert. Letztere lassen sich durch eine effektive Temp. beschreiben. Die Ergebnisse werden mit dem Experiment verglichen. (Progr. theoret. Physics [Kyoto] **20.** 53—81. Juli 1958. Kyoto, Kyoto Univ., Res. Inst. for Fundamental Phys.) H. C. WOLF. 135

H. Haken, *Die Theorie des Excitons im festen Körper.* (Vgl. C. **1959.** 7024.) Es wird der heutige Stand der Excitonentheorie geschildert, wobei besonderer Wert auf die quantenmechan. Fundierung des Excitonen-Begriffes gelegt wird. Die Tatsache, daß die experimentell gefundenen Excitonen-Spektren nicht immer Wasserstoff-Charakter haben, wie man nach der geläufigen Beschreibung des Excitons als Syst. zweier Teilchen annehmen sollte, macht Erweiterungen dieser Vorstellung nötig. Die Vielelektronen-Theorie wird sowohl für das starre als auch für ein deformierbares Gitter diskutiert. Diffusion u. freie Weglänge werden auch zahlenmäßig behandelt. (Fortschr. Physik **6.** 271—334. 1958. Erlangen, Univ., Inst. für Theoret. Phys.) C. REUBER. 135

L. W. Keldysch, *Über das Verhalten nichtmetallischer Kristalle in starken elektrischen Feldern.* Ein homogenes elektr. Feld erzeugt in einem Halbleiter Elektron-Loch-Paare, für deren Zahl bei einem beliebigen Kristall eine Gleichung abgeleitet wird. Von den gewöhnlich angewandten Gleichungen unterscheidet sie sich durch deutliche Winkelabhängigkeit u. etwas verschied. Feldabhängigkeit. Wenn keine Stöße von Elektronen mit Phononen oder anderen Elektronen vorliegen, wird die effektive Potentialschwelle nicht durch die Breite der verbotenen Zone bestimmt, sondern durch die untere Grenze der Eigenabsorption (den inneren Photoeffekt), die meist wesentlich größer ist. Daraus ergibt sich eine erhebliche Erhöhung der krit. Felder. (Журнал Экспериментальной и Теоретической Физики [J. exp. theoret. Physik] **33.** 994—1003. Okt. 1957. Akad. der Wiss. der UdSSR, Physik. Lebedew-Inst.) R. K. MÜLLER. 135

S. Deb und **A. N. Daw**, *Über Lebensdauer und Diffusionskonstante injizierter Ladungsträger und den Emitter-Wirkungsgrad eines Übergangstransistors.* An p–n–p-Legierungstransistoren werden die Lebensdauer u. die Diffusionskonstante der Minoritätsträger in der Basis experimentell bestimmt. Bei fester Temp. geht τ mit steigendem Strom über ein Maximum. Das läßt sich durch das Zusammenwirken von Oberflächen- u. Volumenrekombination erklären. Volumenrekombinations- u. Oberflächenrekombinationslebensdauer werden aus den Meßergebnissen bestimmt. Beide nehmen mit der Temp. ab. Die berechneten Diffusionskonstanten werden in Abhängigkeit von der Temp. dargestellt. Die Emitterwirkungsgrade der untersuchten Transistoren liegen bei $\gamma \approx 1$ u. ändern sich wenig mit der Temperatur. (J. Electronics and Control [1] **5.** 514—30. Dez. 1958. Calcutta, Univ., Inst. of Radio Phys. and Electronics.) K. ZÜCKLER. 135

B. K. Ridley, *Lebensdauermessungen mit der Methode des Abfalls der Photoleitfähigkeit.* Die Methoden der Best. der Trägerlebensdauern aus dem Abklingen der Leitfähigkeit nach Belichtung des Halbleiters (kurzzeitig oder so lange, bis sich eine stationäre Verteilung eingestellt hat) werden theoret. diskutiert, bes. der Einfl. von Vol.- u. Oberflächenrekombination. Man erhält ein exponentielles Abklingen nur bei verschwindender Oberflächenrekombination u. damit durch die Oberflächenrekombination eine Verfälschung der Lebensdauerwerte. Die Fehler werden in Abhängigkeit von Eindringtiefe u. Lebensdauer berechnet. (J. Electronics and Control [1] **5.** 549—58. Dez. 1958. Salfords, Surrey, Mullard Res. Labors.) K. ZÜCKLER. 135

N. B. Grover und **E. Harnik**, *Absaugeffekte („sweep-out effects") bei Trägerlebensdauermessungen aus der Phasenverschiebung.* Bei der Diskussion der Verss., die Trägerlebensdauer aus der Phasenverschiebung zwischen den die Träger erzeugenden Lichtimpulsen u. den gemessenen elektr. Signalen zu bestimmen, wird meist angenommen, daß das anliegende elektr. Feld so schwach ist, daß keine Träger (ohne Rekombination) dem Kristall entzogen werden. Daher wird theoret. untersucht, welchen Einfl. die Berücksichtigung stärkerer Felder hat. Korrekturfaktoren werden in Abhängigkeit von der Geometrie, Diffusionslänge u. Modulationsfrequenz berechnet u. graph. dargestellt. Die Absaug-Effekte sind am stärksten, wenn die Belichtung großflächig, einschließlich der Kontakte, erfolgt. (Proc. physic. Soc. **72.** 267—69. 1/8. 1958. Jerusalem, Israel, Hebrew Univ., Dep. of Phys.) K. ZÜCKLER. 135

J. J. Loferski, *Analyse der Wirkung radioaktiver Strahlen auf Transistoren.* Radioakt. Strahlen ändern bei einem Halbleiter die Leitfähigkeit, die Lebensdauer der Minoritätsträger u. die Oberflächen-Rekombinationsgeschwindigkeit. In Ge erzeugen alle Strahlungsarten einen Zuwachs der Acceptoren-Konz. u. machen sie damit p-leitend. Nach der theoret. Erwartung u. dem experimentellen Befund steigt der Reziprokwert der Stromverstärkung mit der Bestrahlungsdauer bei konstanter Bestrahlungsintensität. Das zeigt, daß der Transistor durch die Verkürzung der Trägerlebensdauer, nicht aber durch Änderung der Leitfähigkeit unbrauchbar wird. Die Leitfähigkeitsänderung ist langsamer als die der Lebensdauer. Von den beiden Transistortypen werden pnp-Transistoren schneller unbrauchbar als npn-Typen. HF-Transistoren vertragen mehr Strahlung als NF-Typen mit weiterer Basis. (J. appl. Physics **29.** 35—40. Jan. 1958. Princeton, N. J., RCA Labor.) C. REUBER. 135

E. H. Putley und **W. H. Mitchell,** *Elektrische Leitfähigkeit und Hall-Effekt beim Silicium.* Die elektr. Leitfähigkeit u. der HALL-Effekt wurden zwischen 20 u. 500° K an Si-Einkristallen im Störleitungsbereich (Träger-Konz. zwischen 2 u. $5 \cdot 10^{12}$ cm^{-3}) gemessen. Die HALL-Beweglichkeit für Elektronen u. Löcher kann zwischen 100 u. 300° K durch $1{,}2 \cdot 10^8\ T^{-2}$ u. $2{,}9 \cdot 10^9\ T^{-2{,}7}$ dargestellt werden. Beide Ergebnisse weisen darauf hin, daß die Beweglichkeit größer ist, als bisher angenommen wurde. Der Ausdruck $n_i = 3{,}10 \cdot 10^{16}\ T^{3/2} \exp(-0{,}603/kT)$ wurde für die Konz. im Eigenleitungsbereich zwischen 350 u. 500° K erhalten. Eine Abschätzung der Gesamt-Konz. an Verunreinigungen ergab, daß diese kleiner als 10^{14} cm^{-3} war. (Proc. physic. Soc. **72.** 193—200. 1/8. 1958. Malvern, Worcs., Royal Radar Establ.) K. Ross. 135

H. M. Bath und **M. Cutler,** *Messungen der Oberflächenrekombinationsgeschwindigkeit in Silicium mit Hilfe der stationären Photoleitung.* Die Meth. zur Best. der Rekombinationsgeschwindigkeit von Trägern in Halbleitern bedient sich einer Best. der Änderung des Widerstandes einer drahtförmigen Probe bei Einstrahlung von Licht, das überschüssige Minoritätsträger, sei es im Vol. oder in der Oberfläche, erzeugt. Die Meth., deren Theorie mitgeteilt wird, wird auf die Oberflächenrekombinationsgeschwindigkeit s von Si angewandt, bei dem (im Gegensatz zu Ge) ein nichtlineares Rekombinationsverh. festgestellt wird. Für Konzz. C der zusätzlichen Minoritätsträger nahe der Oberfläche von mehr als $10^{11}/cm^3$ wird s proportional C. (Physics Chem. Solids **5.** 171 bis 179. Mai 1958. Los Angeles, Calif., Hughes Prod., Semicond. Labor.) J. RUDOLPH. 135

A. K. Jonscher, *Messung von Strom–Spannungs-Kennlinien von Flächendioden bei hohen Flußströmen.* An ebene p–n-Flächendioden aus *Ge* oder *Si* wurden sägezahnförmige Spannungsimpulse angelegt u. hauptsächlich bei Raumtemp., aber auch bei 100, 0, —183 u. —205° die Strom (I)–Spannungs (V)-Kennlinien bis zu Stromdichten von 10^3 A/cm^2 aufgenommen. Da auf Grund einer theoret. Arbeit des Vf. (C. **1959.** 10131) die Kennlinien nach der Funktion $I^{1/2}$ = konst. $(V - V_0)$ [V_0 = Diffusionspotential] verlaufen müßten, wurden sie im $I^{1/2}$-V-Schaubild dargestellt, wo sie in den Bereichen geringer oder sehr hoher Stromstärken Geraden liefern, die manchmal einen Knickpunkt aufweisen. Durch theoret. Erläuterung der Meßergebnisse im Sinne der zitierten Arbeit mmt Vf. zu dem Schluß, daß der in einem von hohem Durchlaßstrom durchflossenen p–n-Flächentransistor fließende Strom hauptsächlich durch Raumladung begrenzt ist u. somit ein Analogon zum Stromfluß in Vakuum-Dioden darstellt. An einigen Beispielen wird die Gültigkeit des Quadratwurzelgesetzes auch für Flächendioden nichtebener Geometrie u. Mehrschicht-(p–n–p–n)-Dioden gezeigt. Da bei sehr starker Injektion eine Tendenz zur vollständigen Neutralisation der Raumladungen auf beiden Seiten der Sperrschicht besteht, sollte eine obere Gültigkeitsgrenze des Quadratwurzelgesetzes existieren, was an Hand einer Meßreihe gezeigt wird. (J. Electronics and Control [1] **5.** 226—44. Sept. 1958. Wembley, England, Gen. Electric Comp. Ltd., Res. Labor.) R. JUNGE. 135

A. Hendry, *Die Temperaturabhängigkeit des Rauschfaktors bei Germaniumdioden.* Messungen des Rauschfaktors einer Ge-Mischdiode im Temp.-Bereich 77—300° K bei positiver Gleichvorspannung werden dargestellt. Der Rauschfaktor fällt mit steigender Temp., d. h. außer dem Wärmerauschen u. dem Schrotrauschen muß noch ein Anteil vorhanden sein, der mit fallender Temp. steigt (proportional T^{-2} bei 300° K, proportional T^{-1} von 77°—200° K). (Brit. J. appl. Physics **9.** 458—60. Nov. 1958. Ottawa, Canada, Nat. Res. Council.) K. ZÜCKLER. 135

J. B. Arthur, A. F. Gibson, J. W. Granville und **E. G. S. Paige,** *Diffusionskonstante, Beweglichkeit und Lebensdauer von Minoritätsträgern in Germanium, das parallele Reihen von Versetzungen enthält.* Driftbeweglchkeit μ, Diffusionskonstante D und Lebensdauer τ von Minoritätsträgern in Ge-Kristallen, die parallele Reihen von Versetzungen enthalten, werden experimentell bestimmt. In n-Ge-Kristallen ist D anisotrop. In p-Kristallen ist D isotrop u. τ anisotrop. Bei starken elektr. Feldern wird die Löcherbeweglichkeit in n-Ge anisotrop. Die Versuchsergebnisse lassen sich durch die Annahme, daß die Versetzungen zusätzliche Acceptorniveaus erzeugen, deuten. (Philos. Mag. [8] **3.** 940—49. Sept. 1958. Malvern, Royal Radar Establ.) K. ZÜCKLER. 135

A. F. Gibson und **E. G. S. Paige,** *Erklärung einiger Transporteigenschaften in Germanium, das parallele Reihen von Kantenversetzungen enthält.* Die von ARTHUR u. Mitarbeitern (vgl. vorst. Ref.) beobachteten Anisotropien von D u. τ in Ge-Kristallen, die parallele Reihen von Versetzungen enthalten, werden erklärt. Die Anisotropie von D u. der Beweglichkeit bei hohen Feldstärken in n-leitenden Kristallen, der Durchmesser des die Versetzungen umgebenden Raumladungszylinders ($= 1{,}6 \cdot 10^{-4}$ cm) u. der Zeitanteil, den injizierte Löcher in der Raumladungszone bleiben ($\approx 0{,}5$), werden berechnet. (Philos. Mag. [8] **3.** 950—60. Sept. 1958. Malvern, Royal Radar Establ.) K. ZÜCKLER. 135

D. Gerlich, *Temperaturabhängigkeit des Injektionsverhältnisses von Punktkontakten in Ge.* Mit Hilfe einer Brückenschaltung wird das Injektionsverhältnis γ = Minoritätsträgerstrom/Gesamtstrom für Punktkontakte auf n- u. p-leitendem Ge für verschied. Ströme u. Tempp. im Bereich 150—350 °K bestimmt. Bei n-leitenden Proben fällt γ mit steigendem Strom. Bei p-leitendem Material läuft γ über ein Maximum — entgegen den theoret. Erwartungen. Die Verss. zeigen einen starken Einfl. der Oberflächenbeschaffenheit. (Proc. physic. Soc. **72.** 264—67. 1/8. 1958. Jerusalem, Israel, Hebrew Univ., Dep. of Phys.) K. Zückler. 135

G. T. Wright, *Raumladungsbegrenzte Ströme in isolierenden Materialien.* Der modernen Theorie der Festkörper zufolge können sich Elektronen in idealen Kristallen frei bewegen, sofern sie in ein bestimmtes Energieband eingeführt werden. Bei steigender Zahl der Elektronen sollte der entstehende Strom durch die Raumladung begrenzt werden. Dieser Effekt wurde in *CdS*-Kristallplatten von $3 \cdot 10^{-3}$ cm Dicke beobachtet, die mit einer im Vakuum aufgebrachten In-Kathode u. einer Anode aus koll. Graphit versehen waren. In Übereinstimmung mit der Theorie war der raumladungsbegrenzte Strom dem Quadrat der angelegten Spannung proportional. Unterhalb 2,5 V floß kein Strom, entspr. einer Potentialdifferenz zwischen Austrittsarbeit der Anode u. Elektronenaffinität des Kristalles. Zwischen 2,5 u. 5,7 V wurde der Strom durch Kristallfehlstellen beeinflußt, die Elektronen einfangen. In diesem Bereich brauchte die Ausbildung des stationären Stromes beträchtliche Zeit. In umgekehrter Stromrichtung war der Kristall ein Isolator mit einem Widerstand von $> 10^{11}\ \Omega$. (Nature [London] **182.** 1296—97. 8/11. 1958. Birmingham, Univ., Electrical Engng. Dep., Materials Group.)
P. Warneck. 135

Richard H. Bube, *Analyse der Photoleitfähigkeit, angewandt auf Photoleiter vom Cadmiumsulfidtyp.* Vf. benutzt ein Photoleitermodell mit zwei Sorten von (im Dunkeln gefüllten) Rekombinationszentren u. mit im Dunkeln unbesetzten Haftstellen, um für Photoleiter vom CdS-Typ Erscheinungen wie Superlinearität, Temperaturabhängigkeit, IR-Löschung sowie die Abhängigkeit der Ansprechgeschwindigkeit von Temp. u. Lichtintensität quantitativ zu beschreiben. Die aus dem Modell abgeleiteten Beziehungen werden an Hand von entsprechenden Messungen an Einkristallen von CdSe · J,Cu geprüft. Aus dem experimentellen Bereich der Superlinearität wird ein Verhältnis von $8 \cdot 10^5$ für den Einfangquerschnitt der tiefer liegenden „sensibilisierenden" Zentren für Löcher zu dem für Elektronen abgeleitet. Der Abstand dieser Zentren vom Valenzband wird zu 0,64 eV ermittelt. (Physics Chem. Solids **1.** 234—48. Jan. 1957. Princeton, N. J., RCA Labor.) J. Rudolph. 135

O. Madelung, *Halbleiter mit kleiner scheinbarer Masse der Ladungsträger.* Als Halbleiter mit kleiner scheinbarer M. der Ladungsträger werden hier solche behandelt, bei denen die scheinbare M. unter 0,1 m_0 liegt, mit m_0 als Elektronenmasse. Von solchen Halbleitern sind *InSb* mit einer mittleren scheinbaren M. der Elektronen von 0,037 m_0 u. *InAs* mit 0,064 m_0 bes. gut untersucht. Die kleinen, scheinbaren Massen geben hohe Elektronen-Beweglichkeiten, die vor allem die galvanomagnet. Effekte beeinflussen. Auffällig sind die großen Widerstandsänderungen im Magnetfeld, die aber außerdem noch von der Form der Probe abhängen; den größten Effekt gibt die Corbino-Scheibe, eine Kreisscheibe, deren Zentrum die eine u. deren Peripherie die andere Elektrode bildet. Auch der große Hall-Effekt bei solchen Halbleitern u. seine Ausnutzung in Physik u. Technik werden behandelt. An InSb wurde der magneto-opt. Effekt, der Zusammenschluß der quasikontinuierlichen Terme eines Energiebandes zu diskreten eindimensionalen Teilbändern, gefunden. (Suppl. del Nuovo Cimento Nr. 2 (zu [10] **7**). 730—36. 1958. Erlangen, Siemens-Schuckert-Werke AG, Forschungslabor.)
C. Reuber. 135

Evan O. Kane, *Bänderstruktur von Indiumantimonid.* Unter der Annahme der Leitfähigkeits- u. Valenzbandextrema um k = 0 wird mit Hilfe der k · p-Störungsnäherung die Bänderstruktur von InSb berechnet. Es ergeben sich ein nichtparabol. Leitungsband sowie ein Valenzband ähnlich dem des Ge. Unter Benutzung der Cyclotronresonanzmassen für n-leitendes InSb wird die opt. Eigenabsorption in guter Übereinstimmung mit der Beobachtung (auch in bezug auf ihre Störstellenabhängigkeit) berechnet. (Physics Chem. Solids **1.** 249—61. Jan. 1957. Schenectady, N. Y., Gen. Electr. Res. Labor.)
J. Rudolph. 135

Yasuo Kanai, *Elektrische Leitfähigkeit in p-leitendem InSb bei starken elektrischen Feldern.* Leitfähigkeits- u. Hall-Effektsmessungen bei 78° K an p-InSb-Einkristallen zeigen, daß schon ab 15—20 V/cm die Gültigkeit des Ohmschen Gesetzes aufhört u. der Strom mit wachsender Feldstärke steil ansteigt (Stoßionisation durch Löcher). (J. physic. Soc. Japan **13.** 1065—66. Sept. 1958. Tokyo, Electr. Communicat. Labor. [Orig.: engl.])
K. Zückler. 135

Joseph Janin und **Louis Cotton**, *Photoleitfähigkeit des Calciumoxyds.* CaO rein, mit 1% Pb, 0,2% Mn, 1% Pb + 0,3% Mn u. 0,5% Pb + 0,1% Sm wurden in Schichten aus gepreßten Pulvern (415 mm² Oberfläche, 0,4 mm Dicke) untersucht. Bei $\lambda = 2537$ Å, wo die Phosphorescenz der Pb-Zentren angeregt wird, erhält man auch einen Strom von $I < 10^{-5}$ A. Der Photostrom befolgt das Ohmsche Gesetz u. ist durch IR wenig beeinflußbar. Die Eigg. lassen sich auf den Pb-Aktivator zurückführen. (C. R. hebd. Séances Acad. Sci. **246.** 1536—38. 10/3. 1958.) H. K. Hofmeister. 135

D. B. Medved, *Photodesorption bei Zinkoxyd-Halbleitern.* Von der Auffassung Morrisons über die Mitwrkg. einer adsorbierten Sauerstoff-Schicht an der Photoleitung von Zinkoxyd ausgehend, wird dargelegt, daß sich eine Photodesorption des Sauerstoffs, eine Desorption unter Belichtung, experimentell nachweisen lassen muß. Dieser Nachw. wird sowohl an gepreßten u. getemperten als auch an gesinterten Zinkoxyd-Photoleitern erbracht. Das Prinzip der Unters. beruht auf einer Trennung der Adsorption von der Chemisorption, wie sie bei der von Morrison vorausgesetzten Wechselwrkg. auftreten muß: Im Dunkeln u. bei Normaldruck wird Gleichgewicht zwischen der ZnO-Probe u. dem umgebenden O_2 abgewartet, dann wird isotherm auf 10^{-6} mm Hg ausgepumpt. Die Adsorptions-Schicht wird dann dem neuen Druck entsprechen, die Chemisorption bleibt eingefroren beim alten Wert. Belichtung gibt, wie erwartet, durch Photodesorption eine Druckerhöhung von z. B. $3 \cdot 10^{-6}$ auf $11 \cdot 10^{-6}$ mm Hg. (J. chem. Physics **28.** 870—73. Mai 1958. San Diego, Calif., General Dynamics Corp., Convair Div., Phys. Group; Philadelphia, Pa., Univ., Dep. of Phys.) C. Reuber. 135

Jun Kondo, *Bändertheorie der Superaustauschwechselwirkung.* Es wird eine spinabhängige Energie des *NiO*-Kristalls abgeleitet, wobei die Einelektronenzustände vom Bloch-Typ als Linearkombinationen der 2 p- u. 3 d-Zustände der O^{2-} u. Ni^{2+}-Ionen verwendet werden. Als antiferromagnet. Zustand wird die geordnete antiparallele Spinanordnung angenommen. Zur Berechnung der Energie werden zwei alternierende, den α- u. β-Spin-Ni^{2+}-Ionen entsprechende Bänder gemischt. Ein Ausdruck für die Energiedifferenz zwischen parallelem u. antiparallelem Spinzustand wird abgeschätzt. Numer. Rechnungen unter Verwendung von s- anstatt 3 d-Zuständen zeigen, daß die Mischung zweier alternierender Bänder eine wesentliche Rolle bei der Superaustauschwechselwrkg. spielt. (Progr. theoret. Physics [Kyoto] **18.** 541—51. Nov. 1957. Tokyo, Meguro-ku, Univ. of Tokyo, Inst. of Sci. and Technol. [Orig.: engl.]) D. Jörchel. 136

A. N. Gerritsen und **J. M. L. C. van der Aa**, *Die temperaturabhängigen und temperaturunabhängigen Anteile der durch Verunreinigungen bedingten Widerstandszunahme in Metallen. Eine einfache Methode zur Bestimmung ihres Verhältnisses.* Vff. bestimmten an *Au* u. *Cu* bzw. deren Legierungen mit *Ni*, *Fe* oder *Co* den mittleren Temp.-Koeff. des spezif. Widerstandes zwischen 0 u. 100° C sowie den Restwiderstand bei 4° K. Aus den Messungen bestimmten sie das Verhältnis des temperaturabhängigen Anteils zum temperaturunabhängigen Anteil der durch die Legierung des Basismetalls bedingten Widerstandszunahme. Unterhalb 1% Legierungszusatz war das Verhältnis in allen untersuchten Fällen konstant u. lag jeweils unter 0,1. (Appl. sci. Res. A **6.** 191—96. 1956. Leiden, Kamerlingh Onnes Labor.) Gerhard Günther. 136

R. G. Chambers, *Magnet-Widerstandseffekte bei den Metallen der I. Gruppe in hohen Feldern.* Der Widerstand u. Hall-Koeff. reiner Cu-, Ag- u. Au-Proben wurde bei 4° K in Feldern bis 25 kG bestimmt. Die Form des Leitfähigkeitstensors in hohen Feldern wurde für eine angenommene Abhängigkeit der Energie u. Relaxationszeit vom Wellenvektor theoret. abgeleitet u. mit den experimentellen Werten verglichen. Mögliche Deutungen der Diskrepanz zwischen Theorie u. Experiment werden angeführt. (Proc. Roy. Soc. [London], Ser. A **238.** 344—57. 8/1. 1957. Ottawa, Nat. Res. Council.) B. Stein. 136

Hermann Schultz, *Die Abweichungen von der Matthiessenschen Regel bei Platinwiderstandsthermometern im Temperaturbereich von 20 bis 90° K.* Es wird gezeigt, daß die Meßergebnisse von Hoge u. Brickwedde (Bur. Standards J. Res. **22.** [1939.] 351) über das Verh. mehrerer Pt-Widerstandsthermometer im Temperaturbereich von 10—95° K der Theorie der Abweichungen von der Matthiessenschen Regel auf der Grundlage des Zweibändermodells (vgl. Sondheimer u. Wilson, Proc. Roy. Soc. [London], Ser. A **190.** [1947.] 435) entsprechen. Darüber hinaus wird auf die Möglichkeit hingewiesen, unter Zugrundelegung dieser Theorie ein Pt-Widerstandsthermometer an den „Idealwiderstand" $\varrho_i(T)$ des Pt im Bereich von 20—90° K mit Hilfe dreier Anschlußmessungen bei 10 (bzw. 4,2), 54 u. 90° K anzuschließen. (Z. angew. Physik **9.** 465—67. Sept. 1957. Augsburg, Osram-Studiengesellschaft.) D. Jörchel. 136

Tohru Morita, Ryuzo Abe und **Setsuo Misawa**, *Ferromagnetismus eines Gases aus harten, kugelförmigen Fermionen mit dem Spin 1/2.* Mit Hilfe der Störungsrechnung 1. Ordnung wird, wie bereits Ehrman (C. **1958.** 4696) auf andere Weise zeigte, abgeleitet, daß ein Gas aus Fermionen mit dem Spin 1/2 bei hohen DD. u. niedrigen Tempp. ferromagnet. sein kann. Auf analoge Weise läßt sich folgern, daß ein Gas aus anziehenden Fermionen mit dem Spin 1/2 eine „antiferromagnet. Ordnung" aufweisen kann. Es handelt sich hierbei um die gleiche Schlußfolgerung, die im Kernschalenmodell zur Erklärung der Regel verwendet wird, daß gerade Nucleonenzahlen im Grundzustand den Gesamtspin 0 haben. (Progr. theoret. Physics [Kyoto] **18.** 326—27. Sept. 1957. Tokyo, Tokyo Inst. of Technol., Phys. Dep. [Orig.: engl.]) D. Jörchel. 137

Ss. W. Malejew, *Streuung langsamer Neutronen in Ferromagnetika.* Aus Gleichungen für die Querschnitte bei Ferromagnetiken u. die elast. Streuung werden Gleichungen für die Einmagnonstreuung in Mono- u. Polykristallen unter Anwendung der Theorie der Spinwellen abgeleitet. (Журнал Экспериментальной и Теоретической Физики [J. exp. theoret. Physik] **33.** 1010—21. Okt. 1957. Akad. der Wiss. der UdSSR, Physik.-techn. Inst.) R. K. Müller. 137

Vladimir Havel, *Einfluß der Behandlung von magnetisch weichen Werkstoffen im Magnetfeld auf einige magnetische Eigenschaften.* Es wurde die thermomagnet. Behandlung (im Feld von maximal 300 A/cm; im Vakuum) von *Stahl* mit 6,5 (%), 4,9 u. 0 Si (Arema-Stahl) mit 0,035—0,07 C im gegossenen u. geformten Zustand untersucht. Die Wärmebehandlung bestand im Glühen bei 720—765°/5 Min., Abkühlen um 100° in 15 Min., erneutem Erhitzen u. Abkühlen um 120° in 30 Min.; nach Abkühlen auf 450° wurde der Ofen abgeschaltet. Der erste Teil der Wärmebehandlung wurde im Feld von 150—200 A/cm, der zweite im Feld von 300 A/cm durchgeführt. — Bei der Behandlung im Magnetfeld wurden bedeutend bessere magnet. Eigg. als ohne Feld gefunden: B_r (für die drei Werkstoffe) 8700—1300; 5600—9400; 10900 (ohne Feld 5800; 5500—6500; 9500), H_c 0,42—0,51; 0,6—1,1; 1,4 (0,47; 0,9—1,1; 1,4). (Hutnické Listy **13.** 587—94. Juli 1958. Praha, Výzk. ústav hutnictvi železa.) H. Tůma. 137

R. W. Telessnin und **A. G. Schischkow,** *Einfluß der magnetischen Viscosität auf Frequenzeigenschaften von Ferriten.* (Vgl. C. **1957.** 12372.) An Ni-Zn-Ferriten der Zus. $MeOFe_2O_3$ (Me = Ni, Zn) wird die Abhängigkeit der Relaxationszeit u. der differentiellen Susceptibilität von der Stärke des Magnetfeldes untersucht. Beide Eigg. erreichen bei H = 50—80 mOe gleichzeitig ein Maximum. Die krit. Frequenzen liegen im Bereich der Schallfrequenzen (1,5—15 kHz). Die magnet. Permeabilität besteht aus 2 Komponenten, einer elast. mit geringer Frequenzabhängigkeit u. einer sprunghaften mit deutlicher Relaxationsabhängigkeit von der Frequenz. Bei einer mittleren Grenzsprunglänge S von 10^{-4} cm ergibt sich die Viscositätsreibungskonstante Ω zu ca. $3 \cdot 10^{-3}$ Oe · sec/cm (Näherungswert). (Журнал Экспериментальной и Теоретической Физики [J. exp. theoret. Physik] **33.** 839—44. Okt. 1957. Moskau, Univ.) R. K. Müller. 137

Junjiro Kanamori und **Kenzo Sugimoto,** *Das durch den Paramagnetismus der 4 f-Elektronen induzierte magnetische Feld am Kern von Sm^{3+}.* (Vgl. C. **1959.** 4358.) Das vom elektron. magnet. Moment des Sm^{3+}-Ions im $^6H_{5/2}$-Zustand am Ort des Kerns induzierte magnet. Moment wird als Funktion der Temp. errechnet. Die Rechnung läßt sich auch auf andere Ionen Seltener Erden außer Eu^{3+} u. Pm^{3+} übertragen. (J. physic. Soc. Japan **13.** 754—55. Juli 1958. Osaka, Osaka Univ., Dep. of Phys. [Orig.: engl.]) H. C. Wolf. 137

T. M. Wolochowa, *Paramagnetische Relaxation in Einkristallen einiger Salze von Elementen der Eisengruppe.* (Vgl. C. **1958.** 10274.) Das Verhältnis der Konstanten der magnet. Wärmekapazität zur Curie-Konstanten b/c u. die Spin-Gitter-Relaxationszeit ϱ hängen bei Kristallen von $CuSO_4 \cdot 5\,H_2O$, $Cu(NH_4)_2(SO_4)_2 \cdot 6\,H_2O$ u. $CuK_2(SO_4)_2 \cdot 6\,H_2O$ von der Richtung des stat. Magnetfeldes H zu den kristallograph. Achsen ab; die Anisotropie von ϱ ist beim einfachen $CuSO_4$ größer als bei den Doppelsalzen. Dagegen wird bei Einkristallen von $MnSO_4 \cdot 4\,H_2O$, $Mn(NH_4)_2(SO_4)_2 \cdot 6\,H_2O$, $Fe(NH_4)(SO_4)_2 \cdot 12\,H_2O$ u. $CrK(SO_4)_2 \cdot 12\,H_2O$ eine Abhängigkeit der Größen b/c u. ϱ von der Orientierung von H nicht festgestellt. (Журнал Экспериментальной и Теоретической Физики [J. exp. theoret. Physik] **33.** 856—60. Okt. 1957. Kasan, Univ.) R. K. Müller. 137

Jacques Hervé, *Unmittelbare Messung des charakteristischen Moments aus der Kurvenform der paramagnetischen Resonanz: Sinusförmige Ablenkung und die harmonische Analyse des Signals.* (C. R. hebd. Séances Acad. Sci. **244.** 1475—78. 11/3. 1957.) G. Schoffa. 137

L. Van Gerven, A. Van Itterbeek und **E. De Wolf,** *Experimentelle Anordnungen für die Messung der paramagnetischen Relaxation und Resonanz sowie der magnetischen Kernresonanz im Laboratorium von Leuven. 2. Mitt. Paramagnetische Elektronenresonanz in schwachen Magnetfeldern.* (1. vgl. C. **1959.** 8049.) Beschreibung der Blochschen Theorie u. eines Gerätes (Abb.) zur Messung der paramagnet. Elektronenresonanz in schwachen Magnetfeldern u. von Verff. zur Eichung u. Messung. (Meded. Kon.

vlaamse Acad. Wetensch., Letteren schone Kunsten België, Kl. Wetensch. **19.** 3—43. 1957.) W. WESLY. 137

K. A. Walijew, *Magnetische Resonanz an Kernen paramagnetischer Atome.* Aus der Berechnung der Wahrscheinlichkeiten der Relaxations-Kernübergänge ergibt sich, daß bei *Cr-Alaun* (ungerade Elektronenzahl) bei der Temp. der fl. Luft die Breite der Kernresonanzlinie einige Oe nicht übersteigt u. die Absorption mittels der Modulation des konstanten Magnetfeldes zu beobachten ist. Bei V^{3+}-Salzen (gerade Elektronenzahl) ist die Dauer der Spin–Gitter-Relaxation kurz u. die Kernresonanz nur bei tiefen Tempp. zu beobachten. Bei krist. Äthylsulfaten Seltener Erden liegen doppelt entartete Elektronenniveaus mit elektron. Magnetismus vor; es ist zu erwarten, daß Kernresonanz bei Ionen mit gerader (ungerader) Elektronenzahl bei der Temp. der fl. Luft (des fl. H_2) beobachtet werden kann. Aus der Breite der Kernresonanzlinien läßt sich die Relaxationszeit der Kernspins bestimmen. (Журнал Экспериментальной и Теоретической Физики [J. exp. theoret. Physik] **33.** 1045—47. Okt. 1957. Kasan, Univ.) R. K. MÜLLER. 137

T. I. Ssanadse, *Paramagnetische Resonanz in Neodymnitrat.* Das paramagnet. Resonanzspektr. von mit *La* 200fach verd. $Nd(NO_3)_3 \cdot 6\,H_2O$ besteht aus einer intensiven Linie u. 16 schwachen Hyperfeinstrukturlinien, von denen die des ^{143}Nd ca. 1,5mal stärker sind als die des ^{145}Nd. Die Hauptwerte der g-Faktoren sind $g_x = 3{,}88 \pm 0{,}01$, $g_y = 1{,}72 \pm 0{,}01$, $g_z = 0{,}74 \pm 0{,}01$, die Konstanten der Hyperfeinaufspaltung bei ^{143}Nd (^{145}Nd): A_x 432 $\pm$ 2 ($\cdot 10^{-4}$ cm) (270 $\pm$ 2), A_y 193 $\pm$ 2 (119 $\pm$ 2), A_z 82 $\pm$ 10 (51 $\pm$ 10). Für beide ergibt sich die obere Grenze der Quadrupolbindung zu $|P_x - P_z| < 50 \cdot 10^{-4}$ cm u. $|P_y - P_z| < 50 \cdot 10^{-4}$ cm. Die Verhältnisse $A_x^{143}/A_x^{145} = 1{,}60 \pm 0{,}02$ u. $A_y^{143}/A_y^{145} = 1{,}62 \pm 0{,}04$ sind gleich dem Verhältnis der magnet. Kernmomente von ^{143}Nd u. ^{145}Nd. (Журнал Экспериментальной и Теоретической Физики [J. exp. theoret. Physik] **33.** 1042—43. 1 Tafel. Okt. 1957. Tbilissi, Univ.) R. K. MÜLLER. 137

P. A. Besugly und **A. A. Galkin,** *Cyclotronresonanz in Zinn bei einer Frequenz von 9300 MHz.* (Vgl. C. **1959.** 3033.) An einem elektrolyt. polierten monokrist. Sn-Draht wird die Änderung des akt. Teils des Oberflächenwiderstandes R bei 9300 MHz mit der Stärke eines konstanten Magnetfeldes untersucht. Die Kurve R_H/R_0 (R_H im Magnetfeld, R_0 ohne Magnetfeld) zeigt 2 Resonanzminima bei 900 u. 3600 Oe, für die verschied. Erklärungen gegeben werden. (Журнал Экспериментальной и Теоретической Физики [J. exp. theoret. Physik] **33.** 1076—78. Okt. 1957. Akad. der Wiss. der UkrainSSR, Physik.-techn. Inst.) R. K. MÜLLER. 137

Raymond M. Fuoss, *Die Leitfähigkeit starker Elektrolyte bei nichtunendlich kleinen Konzentrationen.* Nach einem Überblick über die klass. Theorien starker Elektrolyte, bes. der von DEBYE u. HÜCKEL, werden die Unzulänglichkeiten der ONSAGER-Gleichung in bezug auf die Leitfähigkeit starker Elektrolyte aufgezeigt u. die kürzlich von ONSAGER u. Vf. (C. **1956.** 3216) entwickelten Änderungen der Theorie erläutert, mit deren Hilfe bessere Resultate bis zu mäßigen Konzz. hinauf erzielt werden. Die neue Theorie läßt sich weiter auf die Ionenassoziation anwenden u. gestattet sogar die Best. der Assoziationskonstanten. (J. Chim. physique Physico-Chim. biol. **53.** 493—500. Juni 1956. Cambridge, Mass., Yale Univ., Dep. of Chem.) W. NIEMITZ. 138

Michał Śmiałowski, *Bemerkungen zum Brief an die Redaktion mit dem Titel „Das Potential einer Metallelektrode, die in eine Fremdionenlösung eintaucht" von Tomassi und Świerszczewska.* (Vgl. TOMASSI u. Mitarbeiter, C. **1957.** 12373.) Die Argumente für die Begründung der Hypothese vom Einbau von Fremdionen aus der Lsg. in die Elektrode sind unzureichend. (Roczniki Chem. [Ann. Soc. chim. Polonorum] **31.** 365—66. 1957. Warszawa, Politechn., Kat. Materialozn. chem.) F. URBAN. 140

Witold Tomassi und **Olga Świerszczewska,** *Antwort auf die Bemerkungen von M. Śmialowski zu unserem Brief an die Redaktion „Das Potential einer Metallelektrode, die in eine Fremdionenlösung eintaucht".* (Vgl. vorst. Ref.) Die Hypothese ist eine Arbeitshypothese, gestützt durch umfangreiches experimentelles Material. In welcher Form die Fremdionen von der Elektrode aufgenommen werden, ist von untergeordneter Bedeutung. Es besteht aber Übereinstimmung in den Gitterdimensionen des Elektrodenmaterials u. des eingebauten oder adsorbierten Fremdelementes, wenn sich ein konstantes u. reproduzierbares Potential einstellt. (Roczniki Chem. [Ann. Soc. chim. Polonorum] **31.** 367—68. 1957.) F. URBAN. 140

Takashi Nagai und **Takeshi Takei,** *Grundlegende Untersuchungen über die elektrolytische Chloratbildung. 1. Mitt. Mechanismus der Chloratbildung.* (2. vgl. C. **1959.** 5380.) In einer näher beschriebenen Elektrolysierzelle, die eine Probeentnahme an verschied. Stellen des Elektrodenzwischenraumes gestattet, wurde die Verteilung von Cl_2,

NaClO u. $NaClO_3$ während der elektrolyt. Bldg. von Chlorat aus schwachsauren NaCl-Lsgg. untersucht. Danach erfolgt die NaClO-Bldg. gemäß $2HClO + NaClO = NaClO_3 + 2HCl$ u. nicht durch eine direkte Elektrodenreaktion. Konsequenzen der Ergebnisse auf die techn. Durchführung der Elektrolyse werden besprochen. (J. electrochem. Soc. Japan **24.** 557—61. Dez. 1956. Tokyo, Keiogijuku Univ., Faculty of Engng. [Orig.: japan.; Auszug: engl.]) E. MOISAR. 141

A. M. Oserow, *Elektrolyse von Cadmiumsulfatlösungen.* 1. Mitt. Bei der Elektrolyse von $CdSO_4$(I)-Lsgg. mit Pb-Anode u. vorcadmierter Kathode bei 25° nimmt das kathod. Potential E_K bei gleicher Acidität (200 g H_2SO_4/Liter) mit steigender **I**-Konz. elektropositivere Werte an, bei steigender H_2SO_4-Konz. (50 → 200 g/Liter) wird es elektronegativer; diese Verschiebung nimmt mit steigender H_2SO_4-Konz. ab, bes. bei höherer Stromdichte. Auch bei Erhöhung der Temp. von 30 auf 50° wird E_K negativer, bleibt aber (bei 3000 u. 6000 A/m² u. 200 g H_2SO_4/Liter) zwischen 50 u. 70° fast unverändert. Die Geschwindigkeit des Kathodenprozesses nimmt (bei 1,15 V) bei Verdoppelung der **I**-Konz. auf das Doppelte, bei Verdreifachung auf das 4-fache zu, bei gleicher **I**-Konz. nimmt sie mit 2- u. 4facher H_2SO_4-Konz. um das 1,25- bw. 3fache ab. (Журнал Прикладной Химии [J. angew. Chem.] **30.** 1169—76. Aug. 1957.) R. K. MÜLLER. 141

Takayoshi Ishiguro, *Elektrolytische Vorbehandlung des Aluminiums und seiner Legierungen in Mischlösungen von Zn–Cu- oder Zn–Cu–Ni-Salzen.* (Vgl. C. **1959.** **3383.**) Al oder seine Legierungen werden kurz mit Mischlsgg. von Zn–Cu- oder Zn–Cu–Ni-Salzen elektrolyt. behandelt, wobei sich eine dünne einheitliche Metallhaut an der Oberfläche bildet. Die so vorbehandelten Metalle können dann besser elektrolyt. plattiert werden. Beste Bedingungen der Vorbehandlung waren: Zn–Cu-Syst., $Zn(CN)_2$ 60 (g/Liter), CuCN 10 (Cu/Zn 1/1,4), Na_2CO_3 30, NaOH 25, freies KCN 4, Stromdichte 0,2—1,2 A/dm², Temp. 30° (Cu-Geh. in der gebildeten Metallschicht < 20%); Zn–Cu–Ni-Syst., $Zn(CN)_2$ 30, CuCN 10, Na_2CO_3 30, NaOH 17,8, $Ni(CN)_2$ 10—80, freies KCN 4—10, Stromdichte 0,2—0,5 A/dm² (Zus. der Metallschicht: Zn 77,0—83,4%, Cu 8,5—12,3%, Ni 6,5—13,2%). (J. chem. Soc. Japan, ind. Chem. Sect. [Kōgyō Kagaku Zassi] **61.** 1126—28. Sept. 1958. Hamamatu, Sizuoka-Daigaku. [Orig.: japan.]) E. MAEKAWA. 141

Masayoshi Ishibashi, Taitirô Fujinaga und **Atsuyoshi Saitô,** *Chemische Untersuchungen über radioaktive Indicatoren.* 19. Mitt. *Trennung von Yttrium aus dem radioaktiven Gleichgewichtsgemisch Yttrium–Strontium mittels Quecksilberkathode.* (18. vgl. J. chem. Soc. Japan, pure Chem. Sect. [Nippon Kagaku Zassi] **75.** [1954.] 13.) Eine Lsg. des radioakt. Gleichgewichtsgemisches ^{90}Y–^{90}Sr wurde in den inneren Raum der konzentr. gelegten zwei Zylinder nach HILDEBRAND gelegt u. mit Hg als Kathode u. Ag als Anode elektrolysiert, wobei ^{90}Sr mit Hg Amalgam bildet u. langsam in das W. im äußeren Raum übergeht, während ^{90}Y in der Lsg. bleibt. Bei zu hoher Spannung wird auch Übergang von ^{90}Y in das W. des äußeren Raumes beobachtet. (J. chem. Soc. Japan, pure Chem. Sect. [Nippon Kagaku Zassi] **79.** 978—80. Aug. 1958. Kyôto, Univ., Naturwiss. Fak. [Orig.: japan.]) E. MAEKAWA. 141

Werner Stein, *Die Vorgänge in den Poren von Masseplatten bei der Entladung des Bleisammlers mit großen Stromdichten.* Der Effekt, daß die Kapazität eines Bleisammlers bei höheren Entladungsstromstärken von der Dicke der Platten abhängt, wird gedeutet. Die Theorie führt auf eine nichtlineare, parabol. Differentialgleichung, die die Verteilung der Konz. u. Stromdichte in den Poren der Platten beschreibt u. numer. gelöst werden kann. Es zeigt sich, daß die Konz. an den Poreneingängen kleiner ist als im Inneren u. außerhalb der Platten. Bei kleiner Stromdichte u. dünnen Platten kann sich in der Porenwandung eine fast gleichmäßige Stromverteilung einstellen. Bei hohen Stromdichten u. dicken Platten wird dieser Zustand nicht mehr erreicht. Die Theorie wurde im Bereich 10—400 mA/cm² u. für 2—12 mm dicke Platten experimentell bestätigt. (Naturwissenschaften **45.** 459—60. 1. Okt.-H. 1958. Aachen, TH, Rogowski-Inst. für Elektrotechnik.) P. WARNECK. 142

B. Baranowski, Z. Szklarska-Śmiałowska und **M. Śmiałowski,** *Die Kinetik der Wasserstoffdesorption von Nickel bei 20°.* Es wird versucht, an Hand einer experimentellen Best. der Desorptionsgeschwindigkeit von H_2 bei dessen Desorption von elektrolyt. beladenen Ni-Drähten unterschiedlichen Durchmessers den Diffusionskoeff. bei 20° zu ermitteln. Unter Berücksichtigung des die Berechnung erschwerenden Umstandes, daß während der Beladung der Ni-Drähte mit H_2 infolge Bldg. von NiH_2 keine einheitliche Sättigung erzielt werden kann, wird eine Beziehung abgeleitet, die mit den empir. erhaltenen Ergebnissen in Einklang zu bringen versucht wird. (Bull. Acad. polon. Sci., Sér. Sci. chim., géol. géogr. **6.** 179—86. 1958. Polish Acad. of Sci., Inst. of Phys. Chem.) D. FORST. 142

Z. Szklarska-Śmiałowska und **M. Śmiałowski,** *Die Kinetik der Wasserstoffdesorption von plastisch deformiertem Nickel.* (Vgl. vorst. Ref.) Entspr. der l. c. angedeuteten Weise wird die Desorption von H_2 von elektrolyt. beladenen Ni-Drähten konstanten Durchmessers (0,045 cm), aber unterschiedlicher Herstellungsart untersucht, wobei die verwandten Drähte von anfänglich verschied. Stärke durch Dehnung des kalten Materials auf den gewünschten Durchmesser vermindert wurden. Es zeigte sich, daß die plast. Deformation des Ni sowohl dessen Desorptionskinetik als auch die Fähigkeit, H_2 zu okkludieren, wesentlich beeinflußt; mit zunehmender Deformation steigt die Desorptionsgeschwindigkeit, wogegen die Fähigkeit zur Gasokklusion vermindert wird. Während an den Randbezirken des einzelnen Drahtes infolge der plast. Deformation erhöhte Spannungskräfte auftreten, wurden in Zentrumsnähe vermehrte Kompressionskräfte festgestellt. Die sich aus den genannten Beobachtungen bzgl. des Desorptionsmechanismus im einzelnen ergebenden Folgerungen werden besprochen. (Bull. Acad. polon. Sci., Sér. Sci. chim., géol. géogr. **6.** 187—90. 1958.) D. FORST. 142

Z. Szklarska-Śmiałowska und **M. Śmiałowski,** *Das Auftreten mechanischer Spannungen an Nickelkathoden infolge Wasserstoffanlagerung.* (Vgl. vorst. Reff.) Im Anschluß an die l. c. beschriebenen Unterss. versuchten Vff. auf experimentellen Wege eine Bestätigung für die Annahme zu finden, wonach in den Oberflächenschichten von kathod. polarisiertem Ni in erhöhtem Maße mechan. Spannungen auftreten, sofern die sauren Elektrolytlsgg. katalyt. wirksame Giftstoffe, wie z. B. As_2O_3, enthalten. Die hierzu verwandte Versuchsanordnung ist im wesentlichen dad. gek., daß die als Kathode dienende Ni-Elektrode von der Form eines länglichen Bleches auf der der Anode abgewandten Seite durch eine Gummischicht isoliert war, mit ihrem oberen Ende in einem festen Block endigte u. mit ihrem unteren Ende frei beweglich in die Elektrolytlsg. ragte. Die infolge der mechan. Spannungen auftretenden Verbiegungen des unteren Blechrandes wurden mit Hilfe eines Mikroskopes beobachtet. Nach der Besprechung der unter verschied. Versuchsbedingungen erhaltenen Ergebnisse wird eine angenäherte Berechnung des Diffusionskoeff. von H_2 in Ni durchgeführt. (Bull. Acad. polon. Sci., Sér. Sci. chim., géol. géogr. **6.** 427—32. 1958.) D. FORST. 142

W. M. H. Sachtler und **G. J. H. Dorgelo,** *Der Widerstand von Nickelfilmen in Abhängigkeit von der Wasserstoffadsorption. Beweis für das Auftreten zweier Adsorptionszustände.* Es werden unter extrem reinen Vakuumbedingungen (10^{-12} torr) Ni-Filme niedergeschlagen u. deren elektr. Widerstand während der langsamen Ausbldg. einer adsorbierten Schicht von H-Atomen u. -Moll. an der Oberfläche bestimmt, wobei die Zugabe des zu adsorbierenden Gases mit Hilfe eines Syst. von Capillaren genau geregelt werden kann. Aus den Kurven für die Abhängigkeit des elektr. Widerstandes von der Oberflächenbedeckung ist zu ersehen, daß die Adsorptionsschicht aus zwei Anteilen zusammengesetzt ist, deren einer aus kovalent an die Oberfläche gebundenen H-Atomen besteht, die bei negativer Ladung eine Widerstandserhöhung bewirken, wogegen deren anderer durch eine zweite Art von H_2 gebildet wird, die scheinbar positiv geladen, weniger stabil gebunden, eine Widerstandserniedrigung zur Folge hat. Vff. entwickeln eine physikal. Modellvorstellung zur Erklärung der empir. Befunde, die im Anhang von verschied. anderen Autoren diskutiert wird. (Bull. Soc. chim. belges **67.** 465—88. Juli/Aug. 1958. Amsterdam, Koninklijke Shell-Labor.) D. FORST. 142

Wiktor Kemula und **Zbigniew Przybyłowicz,** *Latente Grenzströme an festen Elektroden mit großer Oberfläche.* (Vgl. C. **1956.** 12357.) Der Effekt der latenten Grenzströme tritt an *Pt-* u. *Cu-*Elektroden mit großer Oberfläche bei energ. Rühren, konstantem Anodenpotential u. in Ggw. eines großen Überschusses an Grundelektrolyt auf. Untersucht wurde die gleichzeitig verlaufende Red. von H^+ u. O_2 sowie von Cu^{2+} u. O_2. Im letzten Fall wird bei höheren Cu^{2+}-Konzz. unter Ausschluß von H^+ $Cu(OH)_2$ gefällt. Feste Elektroden mit großer Oberfläche haben bei Einhaltung der angegebenen Bedingungen die Eigg. einer Hg-Tropfelektrode, d. h. es besteht an ihnen Proportionalität zwischen der Konz. des red. Stoffes u. der Wellenhöhe. (Roczniki Chem. [Ann. Soc. chim. Polonorum] **31.** 221—27. 1957. Warszawa, Uniw., Zakł. Chem. nieorgan.) F. URBAN. 142

K. Franke, C. A. Knorr und **M. Breiter,** *Untersuchung der Phasengrenzimpedanz an Platin-, Iridium- und Eisenelektroden bei anodischer Belastung.* An blanken Pt- u. Ir-Elektroden in 0,6 n H_2SO_4 u. 0,1 n NaOH u. an Fe-Elektroden, in 0,1 n NaOH haben Vff. die Phasengrenzimpedanzen gemessen. Im Gebiet der H_2-Adsorption stehen die von den Vff. erhaltenen C_p-Werte (kapazitive Komponente der Phasengrenzimpedanz) in ihrer Größe u. ihrem Verlauf mit der angelegten Gleichspannung in guter Übereinstimmung mit den von BREITER, KAMMERMAIER u. KNORR (C. **1957.** 4024), während sich zu den Werten von BECKER u. BREITER (C. **1957.** 7569) größere Abweichungen ergeben. Im Gebiet der O_2-Adsorption erhalten auch Vff. bei hohen Frequenzen Maxima u. Minima von C_p. Die Untersuchung der Frequenzabhängigkeit von C_p (5 Hz—40 kHz) führt in Verbindung mit den gleichzeitig aufgenommenen Strom–Spannungs-Kurven (0—2000 mV) u. unter Berücksichtigung der OHMschen Komponente des Wechselstromwiderstandes zu der Auffassung, daß der adsorbierte O_2 zwar einen Grenzwert der Kapazität bewirken kann, aber nicht reaktionsfähig genug ist, um Pseudokapazitäten, wie sie im Bereich der H_2-Adsorption beobachtet werden, hervorzurufen. Dies gilt jedoch nicht für die Ir-Elektroden, an denen Bldg. u. Red. von O_2-Schichten leichter erfolgen kann. Das kapazitive Verh. passiver Fe-Elektroden stimmt mit dem des Pt weitgehend überein, der Übergang vom akt. in den passiven Zustand macht sich deutlich bemerkbar sowohl in der Größe als auch in der Frequenzabhängigkeit von C_p u. der OHMschen Komponente. (Z. Elektrochem., Ber. Bunsenges. physik. Chem. **63.** 226—38. 1959. München, TH, Physik.-Chem. Inst. u. Elektrochem. Inst.) H.-U. WOELK. 142

N. Tanaka, *Polarographie in Amerika.* Übersicht über Benutzung fester Elektroden für Voltametrie, Voltametrie mit konstantem Strom usw. — 16 Literaturangaben. (J. electrochem. Soc. Japan **23.** 516—21. Okt. 1955. Sendai, Tohoku Univ. [Orig.: japan.]) L. SCHULER. 142

Hideo Imai und **Hiroshi Sunahara,** *Über den Dismutationsprozeß des Zink-Ions.* Aus oscillograph.-polarograph. Unterss. an wss. Lsgg. von Zn-Salzen ergibt sich eine quantitative Beziehung zwischen dem kathod. u. anod. Zn-Strom, ersterer liefert in Ggw. von J^- oder Br^--Ionen zwei Spitzen, von denen eine irreversibel ist, während der anod. Strom nur eine Spitze liefert. Es wird gezeigt, daß die Interpretation dieses Befundes als Bestätigung für den von HEYROVSKY angenommenen Dismutationsprozeß des Zn angesehen werden kann. (Bull. chem. Soc. Japan **29.** 544—46. Juni 1956. Hiroshima, Univ., Minami Coll., Labor. of Chem. [Orig.: engl.]) W. NIEMITZ. 142

S. K. Dhar, *Polarographie von vierwertigem Germanium.* Die polarograph. Red. von Ge(IV) wurde in gepufferten Lsgg. im p_H-Bereich 6—12 untersucht. Die Red. verläuft irreversibel unter Aufnahme von 4 Elektronen zu Ge(0). Eine Red. nur zu Ge(II) mit anschließender Disproportionierung zurück zu Ge(IV) ist infolge fehlender kinet. Einflüsse auf die Stufenhöhe unwahrscheinlich. Bei p_H-Erhöhung sinkt der Diffusionsstrom ab, vermutlich weil $HGeO_3^-$ in einem p_H-abhängigen Gleichgewicht mit höheren Polysäuren steht, die z. T., wie $Ge(OH)_6^{2-}$ polarograph. inaktiv sind. (Analytica chim. Acta [Amsterdam] **15.** 91—96. Juli 1956. Poona, Nat. Chem. Labor. of India.) E. MOISAR. 142

Wiktor Kemula, Barbara Behr und **Jadwiga Dojlido,** *Polarographische Untersuchung der anodischen Oxydation von Bleiamalgam in alkalischen Lösungen.* Das Verh. von Pb-Amalgam bei p_H 8—13 wurde polarograph. untersucht. In 0,01 mol. NaOH-Lsg. ist die polarograph. Kurve verzerrt. In schwächer alkal. Lsgg. (p_H 12—8) werden mehrere, schlecht reproduzierbare Kurven erhalten. Am Anfang der anod. Strom (i)-Spannung-Kurven treten bei diesen p_H-Werten in gepufferter Lsg. scharfe Knicke auf; i erreicht die Größe des Diffusionsstromes bei — 0,2 V, also bei einem positiveren Potential, als es dem Halbwellenpotential der Rk. $Pb(Hg) = Pb^{2+} + 2e$ entspricht. Die Form der Kurve ist für Rkk. charakterist., bei denen das Oxydationsprod. eine feste Substanz ist [$Pb(OH)_2$ oder ein anderes schwer lösl. Salz], die an der Anode adsorbiert wird. In Ggw. eines Komplexbildners (K–Na-Tartrat), der die Nd.-Bldg. verhindert, tritt eine gut ausgebildete Welle bei — 0,5 V auf, die dem Diffusionsstrom entspricht. Es wird eine App. zur elektrolyt. Darst. von Pb-Amalgam beschrieben. (Roczniki Chem. [Ann. Soc. chim. Polonorum] **31.** 205—12. 1957. Warszawa, Uniw., Zakł. Chem. nieorgan., PAN, Inst. Chem. fiz.) F. URBAN. 142

A. M. Ginberg und **Ju. A. Kljatschko,** *Streufähigkeit bei der Galvanoplastik.* Bei der Elektrolyse von Lsgg. von 250 (g/Liter) $CuSO_4$, 70 H_2SO_4 u. 10 A. bei 38° mit kathod. Stromdichte 20 A/dm² u. 2 beiderseits der Kathode angeordneten Cu-Anoden wird der Dickezuwachs der Kathode mit der Zeit an verschied. Stellen verfolgt. Die nach 1, 10 u. 20 Std. vorgenommenen Messungen zeigen, daß sowohl der waagerechte wie der senkrechte Querschnitt der Kathode von der planparallelen in Hyperbelform übergeht. Dabei besteht der senkrechte Querschnitt aus 2 Zweigen von verschied. Hyperbeln, von denen diejenige im oberen Teil meist geringere Krümmung zeigt als die im unteren Teil. Mit der Zeit nimmt die Krümmung der Hyperbeln zu. (Журнал Прикладной Химии [J. angew. Chem.] **30.** 1701—06. Nov. 1957.) R. K. MÜLLER. 143

Hellmuth Fischer, *Elektrochemische Untersuchungen zum Mechanismus der Inhibition mit organischen Stoffen.* Am Syst. Fe/(luftfreie) Salzsäure wurden stationäre kathod. Strom–Spannungs-Kurven unter Vorwärts- u. Rückwärtsmessung galvanostat. aufgenommen, um den Einfl. von organ. Inhibitoren zu untersuchen. Ferner wurde die Ruhegalvanispannung best. u. die Zeitabhängigkeit der Galvanispannung bei Anwendung zerhackten Gleichstroms mit Rechteckimpulsen im Abklingvorgang unmittelbar nach der Stromunterbrechung mit der kathod. Stromdichte als Parameter oscillograph. untersucht. Auf Grund der gefundenen Ergebnisse läßt sich entscheiden, ob bei den einzelnen Inhibitoren der Inhibitionsmechanismus auf Adsorption, Hemmung der Transportvorgänge oder auf inneren Widerständen beruht, ob der Inhibitor chem. oder elektrochem. verändert wird u. ob anod. oder kathod. Inhibition vorliegt. (Werkstoffe u. Korrosion **9.** 765—68. Dez. 1958. Karlsruhe, TH.) F. VIER. 143

Henri Hatwell, *Die Bedeutung des Oberflächenzustandes und des Gefüges auf die Aktivität nichtrostender Stähle.* Mitgeteilt werden die Potentiale eines Stahles mit ca. 8(%) Cr u. 8 Ni gegenüber einer KNO_3-Lsg. nach Schleifen in Luft u. in Ar sowie von einer elektrolyt. polierten sowie ferner von einer in Ar geschliffenen Probe aus Stählen mit bis 24 Cr gegenüber einer 1n $FeSO_4$-Lösung. Der Einfl. der Eintauchzeit auf die Änderung des Potentials von in einer $FeSO_4$-Lsg. eingetauchten u. zuvor in Luft oder im Vakuum gelagerten sowie durch Schleifen aktivierten Proben aus einem Stahl mit 25 Cr wird ermittelt, u. die Potentialänderungen derartiger Proben mit Zusätzen an H_2SO_4 zum Elektrolyten werden festgestellt. Aus den Ergebnissen werden Folgerungen über die Bedeutung der Oberflächenrauhigkeit der Oxydhäutchen u. der Anlagerung von Gasen für die Korrosionsbeständigkeit derartiger Legierungen gezogen. Eine licht- u. elektronenmkr. Unters. der Korngrenzenkorrosion in Legierungen mit 1) 17 Cr, 2 Mo u. 13 Ni; 2) 25 Cr u. 20 Ni sowie 3) 30 Cr wird ausgeführt u. die Geschwindigkeit der anod. Auflsg. von Cr-Stählen in Oxalsäure in Abhängigkeit vom Cr-Geh. (0—30%) der Stähle festgestellt. (Rev. Métallurgie **53.** 729—49. Okt. 1956.) H. HOCHSTEIN. 143

Walter Schottky, Hrsg., Halbleiterprobleme. In Referaten d. Halbleiterausschusses d. Verbandes Dt. Physikalischer Gesellschaften, Heidelberg 1957. Bd. 4. Braunschweig: Vieweg. 1958. (VII + 381 S. m. 96 Abb.) 8°. DM 46,80.

Franz Walter, Theorie der Elektronenbeweglichkeit in Halbleitern. Als Ms. gedr. Köln, Opladen: Westdeutscher Verl. 1958. (39 S. m. Abb.) 8°. = Forschungsberichte d. Wirtschafts- u. Verkehrsministeriums Nordrhein-Westfalen. Nr. 622. DM 10,80.

A$_4$. Thermodynamik. Thermochemie.

Bogdan Baranowski, *Bemerkung zum „Vorschlag zur Klassifizierung und Definition von Systemen in der chemischen Thermodynamik" von Tomassi.* (Vgl. C. **1957.** 12377.) Die in der Gleichung für die Änderung der inneren Energie $\Delta U = Q + A + m$ auftretende M.-Änderung ist ohne Angabe ihrer Enthalpie nicht korrekt. Die Notwendigkeit der Präzisierung der bestehenden Definitionen thermodynam. Systeme wird angezweifelt. (Roczniki Chem. [Ann. Soc. chim. Polonorum] **31.** 361—62. 1957. Warszawa, PAN, Inst. Chem. Fiz.) F. URBAN. 146

Witold Tomassi, *Diskussionsantwort auf die Bemerkung von B. Baranowski auf meine Notiz „Vorschlag zur Klassifizierung und Definition von Systemen der chemischen Thermodynamik".* (Vgl. vorst. Ref.) Alle in der Gleichung für die Änderung der inneren Energie auftretenden Größen haben die Dimension der M. u. erfordern keine Enthalpieangabe. (Roczniki Chem. [Ann. Soc. chim. Polonorum] **31.** 363—64. 1957.) F. URBAN. 146

H. A. Buchdahl, *Eine formale Behandlung der Folgerungen aus dem zweiten Gesetz der Thermodynamik in der Formulierung von Carathéodory.* Den üblichen Darstellungen der Folgerungen aus dem zweiten Hauptsatz der Thermodynamik zur Ableitung des Begriffs der Entropie u. der absol. Temp.-Funktionen sowie des Prinzips von der Zunahme der Entropie haften zwei wesentliche didakt. Mängel an: Die ungenügende Trennung zwischen dem mathemat. u. dem physikal. Inhalt der Theorie u. die gewöhnlich übermäßige Länge der aufeinanderfolgenden notwendigen Ableitungen. Unter diesem Gesichtspunkt ist die Meth. von CARATHÉODORY (Math. Ann. **67.** [1909.] 355), die auf der expliziten Anwendung eines bestimmten mathemat. Theorems basiert, wesentlich vorteilhafter. Aus bestimmten Gründen hat sich aber dieses Verf. nicht eingebürgert. Vf. zeigt, daß mit Hilfe einer weitgehend formalen Beweisführung die entspr. thermodynam. Gesetzmäßigkeiten so entwickelt werden können, wie sie im Prinzip von CARATHÉODORY ausgesprochen wurden, ohne daß dabei aber die Notwendigkeit der Einführung des komplizierten mathemat. Theorems besteht. Der Hauptvorteil der Meth. liegt in der Unmittelbarkeit, mit der man zum Prinzip vom Wachstum der Entropie gelangt. (Z. Physik **152.** 425—39. 26/9. 1958. Hobart, Tasmania, Australia, Univ. of Tasmania, Phys. Dep.) W. WAGNER. 146

W. Byers Brown, *Die Thermodynamik stationärer Zustände von Leitung, Diffusion und Reaktion in flüssigen Mehrkomponentensystemen.* Es wird eine auf den Grundlagen der Thermodynamik irreversibler Prozesse (phänomenolog. Theorie) aufbauende, allg.

Meth. zur Beschreibung der Eigg. fl. Einphasensysteme aus mehreren reagierenden Komponenten entwickelt. Für die stationären Zustände solcher Systeme, die sich in unmittelbarer Nähe des thermostat. Gleichgewichts befinden u. äußeren Kräften unterworfen sind, kann die Gültigkeit einer einfachen, der Theorie elektromagnet. oder anderer physikal. Felder analogen „thermodynam. Feldtheorie" dargelegt werden, die linear in bezug auf die unabhängigen Feldvariablen ist. Als Beispiel wird die Theorie auf die Wärmeleitung durch ein geschlossenes Rk.-Syst. angewandt, wobei sich eine Änderung der therm. Leitfähigkeit mit der Breite des Syst. vorhersagen läßt. Die wesentlichste Begrenzung der neuen Theorie besteht in der Beschränkung auf stationäre Zustände, ihr Hauptvorteil liegt darin, daß sie mathemat. auch auf komplexe Rk.-Mischungen mit einer Vielzahl von Prozessen angewendet werden kann. Damit erscheint sie bes. geeignet zur Behandlung biolog. Systeme. (Trans. Faraday Soc. **54.** 772—84. Juni 1958. Manchester, Univ. of Manchester, Dep. of Chem.) W. WAGNER. 146

J. Graham, A. Moore und **G. V. Raynor,** *Der Einfluß der Temperatur auf die Gitterabstände des Indiums.* Es wurden die therm. Ausdehnungskoeffizienten für 99,97%ig. In von — 183 bis + 135° durch Röntgenunterss. bestimmt: $\alpha_a = 2{,}59 \cdot 10^{-5} + 3{,}45 \cdot 10^{-10}\,T^2$ u. $\alpha_c = 2{,}59 \cdot 10^{-5} - 3{,}45 \cdot 10^{-10}\,T^2$; der kub. Ausdehnungskoeff. ist $\alpha = 2\alpha_a + \alpha_c$. Die Parameter der Elementarzelle sind: a = 4,5422 u. c = 4,9141. (J. Inst. Metals **84.** 86—87. Dez. 1955. Birmingham, Univ., Dep. of Phys. Metallurgy.)
GERDA CLEVE. 148

Él Iti Takizawa und **Josef Meixner,** *Molekulare Relaxation im μ- und Γ-Raum.* Die Übergänge zwischen den inneren Zuständen eines einzelnen Mol. werden als MARKOFF-Prozeß beschrieben. Aus ihm wird der MARKOFF-Prozeß für die Besetzungszahlen als Funktionen der Zeit eines Gases mit N gleichen Moll. hergeleitet. Ferner werden die Eigg. des Gases untersucht, wobei verschied. Bedingungen (isothermer Prozeß, Prozeß bei konstanter Energie usw.) zu Grunde gelegt werden. Die inneren Variablen des Syst. werden zu den makroskop. Variablen in Beziehung gebracht. Es wird gezeigt, daß wegen der Aufrechterhaltung der GAUSS-Verteilung alle inneren Variablen mit Ausnahme der den makroskop. Variablen zugeordneten latent sind. Die Verallgemeinerungsfähigkeit der Ergebnisse wird begründet. (Z. Naturforsch. **14a.** 418—24. April 1959. Nagoya, Japan, Univ., Inst. für angew. Phys.; Aachen, TH, Inst. für theoret. Phys.)
H. HOFMANN. 149

O. Knacke, R. Schmolke und **I. N. Stranski,** *Die Verdampfungsgeschwindigkeit von Kaliumchlorid und -jodid.* Mit einer im einzelnen beschriebenen App. u. Versuchstechnik wurden die Verdampfungsgeschwindigkeiten von *KCl*- u. *KJ*-Einkristallen beim Ausströmen aus Röhrchen verschied. Länge bei Tempp. zwischen 430 u. 610° gemessen. Eine Änderung der Rohrlänge führte zu einer Änderung der Untersättigung der Dampfphase direkt an der Kristalloberfläche. Die rechner. ermittelten Kondensationskoeffizienten hängen offenbar von dem wechselnden Untersättigungsgrad in der Weise ab, daß mit steigender Sättigung an der Phasengrenzfläche dieser Koeff. abnimmt. Die erhaltenen Resultate werden zusätzlich an Hand von elektronenmikroskop. Aufnahmen der abgedampften Oberflächen diskutiert. Bei schneller Verdampfung, also aus kurzen Röhrchen, findet eine starke Aufrauhung der Kristalloberfläche in Form zahlreicher, trichterförmiger, terrassenartig aufgebauter Vertiefungen statt. (Z. Kristallogr., Kristallgeometrie, Kristallphysik, Kristallchem. **109.** 184—97. Nov. 1957. Berlin-Charlottenburg, TU, Max-Volmer-Inst. für physikal. Chem.; Berlin-Dahlem, Fritz-Haber-Inst. der Max-Planck-Ges.) W. WAGNER. 150

J. P. Morris und **Glenn R. Zellars,** *Dampfdruck von flüssigem Kupfer und Aktivitäten in flüssigen Eisen–Kupfer-Legierungen.* Unter Verwendung des Trägergasverf. wurde der Cu-Dampfdruck über fl. Cu u. Fe–Cu-Legierungen bestimmt. Die über reinem Cu bei 1332 bis 1606° erhaltenen Werte werden durch die Gleichung $\log p_{mm} = -16{,}050/T + 8{,}541$ dargestellt. Aus den Resultaten wurde die Aktivität von Cu bei 1466, 1550 u. 1600° u. die Aktivität von Fe bei 1550° berechnet. (J. Metals **8.** Nr. 8. Sect. 1, AIME Trans. **206.** 1086—90. Aug. 1956. Pittsburgh, Pa., Bureau of Mines.)
F. VIER. 150

James E. McDonald, *Nomenklatur der Phasenübergänge.* Während die Ausdrücke Erstarren–Schmelzen u. Kondensieren–Verdampfen Phasenübergänge in je 2 Richtungen bezeichnen, fehlt dies für die Übergänge fest–fl., bes. in der Meteorologie (Schneebldg. u. -verdampfung). Vf. schlägt vor, im Engl. mit „sublimation" nur das Verdampfen fester Stoffe zu bezeichnen u. für den inversen Vorgang den Ausdruck „deposition" einzuführen. (J. chem. Educat. **35.** 205—06. April 1958. Tucson, Ariz., Univ. of Arizona.) K. BLUMRICH. 150

Bernt Ellingsaeter und **Terkel Rosenquist,** *Silicothermische Reduktion von Magnesia und die Aktivitäten von Ferrosilicium.* Zur Best. der Aktivität von Si in Ferrosilicium mit verschied. Si-Gehh. wurde der Dampfdruck von Mg bei der Red. von Dolomit mit Ferrosilicium mit den entsprechenden Si-Gehh. gemessen. Die Berechnung der Aktivität von Si ergibt für 70 — 100 At.-% Si konstante Werte. Dagegen zeigt die Kurve bei 70, 50 u. 30 At.-% Si scharfe Stufen entsprechend der ζ-, ε- u. der Sättigungsgrenze der α-Phase. (J. Metals **8.** Nr. 8 Sect. 1, AIME Trans. **206.** 1111—12. Aug. 1956. Trondheim, Norweg. technolog. Inst.) F. VIER. 156

O. Kubaschewski, *Die Bildungswärmen im System Aluminium + Nickel + Titan.* Mit der C. **1958.** 5880 beschriebenen calorimetr. Meth. wurden die Bildungswärmen von 48 tern. u. 27 bin. Legierungen aus den Komponenten im Syst. *Al–Ni–Ti* bestimmt u. daraus die Isenthalpen, d. h. die Kurven mit gleicher Bildungswärme im Konz.-Dreieck, ermittelt. Zusammen mit den Ergebnissen der ebenfalls von jeder untersuchten Mischung aufgenommenen Röntgendiagramme werden die calorimetr. Daten zu Aussagen über das Phasendiagramm des Syst. verwendet. (Trans. Faraday Soc. **54.** 814—20. Juni 1958. Nat. Phys. Labor.) W. WAGNER. 156

B. B. Argent und **D. W. Wakeman,** *Thermodynamische Eigenschaften fester Lösungen.* 1. Mitt. *Feste Lösung Kupfer + Zink.* Unter Anwendung der Taupunkt-Meth. wurden die Dampfdrucke von festen Cu–Zn-Lsgg. mit 2 bis 35 At.-% Zn bei verschied. Tempp. gemessen u. daraus eine Reihe thermodynam. Funktionen des Zn in den betreffenden Legierungen bei 1000° K berechnet. Während sich die partiellen mol. Mischungswärmen u. die partiellen mol. freien Mischungsenergien n. verhalten, zeigt die Kurve der partiellen mol. Entropie des Zn bei 4—5, 8—9, 11—12, 14, 16—17, 23—25, 27—28 u. 33 At.-% Zn ausgesprochene, teilweise sehr scharfe Minima, die durch Annahme bestimmter Ordnungen in den Legierungen gedeutet werden können. Wie bei einer Reihe von anderen in festen Edelmetallen gelösten Stoffen ergibt sich auch beim untersuchten Syst. eine nahezu lineare Beziehung zwischen log f u. dem Elektronen/Atom-Verhältnis. Die aus den Ordinatenabschnitten bei unendlicher Verdünnung erhaltenen partiellen mol. freien Überschußenergien dieser verschied. gelösten Stoffe in den festen Edelmetallegierungen (*Ag–Al, Ag–Zn, Ag–Cd, Au–Cd*) ergeben beim Auftragen gegen die Differenz der Elektronegativität der Komponenten eine Gerade, auf der sich auch der Wert für das Syst. Cu–Zn gut einordnet. (Trans. Faraday Soc. **54.** 799—806. Juni 1958. Sheffield, Univ., Dep. of Metallurgy.) W. WAGNER. 156

B. B. Argent und **D. W. Wakeman,** *Thermodynamische Eigenschaften fester Lösungen.* 2. Mitt. *Kupferreiche primäre feste Lösungen von Kupfer + Zink + Gallium und Kupfer + Zink + Germanium.* (1. vgl. vorst. Ref.) Aus Dampfdruckmessungen wurden die Aktivitätskoeffizienten, partiellen mol. Mischungswärmen, partiellen mol. freien Mischungsenergien u. partiellen mol. Mischungsentropien des Zn in kupferreichen, festen Lsgg. der Systeme Cu–Zn–Ga u. Cu–Zn–Ge bei 1000° K berechnet. Die Resultate werden im Zusammenhang mit Elektronen- u. Gitteraufweitungseffekten diskutiert. (Trans. Faraday Soc. **54.** 807—13. Juni 1958.) W. WAGNER. 156

Włodzimierz Trzebiatowski und **Janusz Terpiłowski,** *Thermodynamische Charakteristik einiger intermetallischer Phasen mit breitem Homogenitätsbereich.* Der Verlauf der Funktionen des thermodynam. Potentials, der Entropie u. der Enthalpie der unedleren Komponente bin. Legierungen ist bei bertholiden Phasen gleichmäßiger als bei daltoniden. Nach den Untersuchungsergebnissen von OELANDER [1932—1934] berechnen Vff. diese Funktionen für alle Phasen der Systeme *Au–Cd, Cu–Zn, Ag–Cd, Bi–Tl* u. *Pb–Tl.* Ihr Verlauf entspricht den beiden beschriebenen Fällen: Zu den daltoniden Phasen zählen bei Au–Cd β, ε, bei Cu–Zn u. Ag–Cd γ. Zu den bertholiden Verbb. gehören die übrigen Phasen, also nicht nur, wie bisher angenommen, β-Cu–Zn u. γ-Bi–Tl. (Roczniki Chem. [Ann. Soc. chim. Polonorum] **31.** 333—35. 1957. Wrocław, PAN, Inst. Chem. fiz., Zakł. Bad. strukt.) F. URBAN. 156

A. R. Hall und **H. G. Wolfhard,** *Zersetzungsflammen von Hydrazin bei Drucken unterhalb 1 Atmosphäre.* Mittels einer Brennermeth. (Brenner-Durchmesser 2 cm) wurde die Brenngeschwindigkeit der Flamme bei Selbst-Zers. von gasförmigem 97%igem *Hydrazin* (**I**) bei 3, 7 u. 15 cm Hg gemessen. Die Geschwindigkeit bleibt ziemlich konstant (3 cm Hg: 196 cm/sec; 7:185; 15:179) u. unterscheidet sich wenig von der von MURRAY u. HALL (C. **1952.** 4099) gefundenen von 185 cm/sec bei 760 mm Hg Druck. Als Zers.-Prodd. werden ähnlich wie bei 1 at 46% NH_3 u. 54% ($N_2 + H_2$) ohne Berücksichtigung des W. gefunden, so daß eine Zers. nach $2\,N_2H_4 \rightarrow 2\,NH_3 + N_2 + H_2$ angenommen wird. Vff. schließen, daß der die Geschwindigkeit bestimmende Vorgang eine Rk. ca. 2. Ordnung ist u. daß die Verbrennung mittels eines Kettenmechanismus fortschreitet. Durch visuelle Beobachtung u. spektrograph. Aufnahmen wird die Struktur der Zers.-Flammen von **I** bei niedrigem Druck sowie von **I** + O_2 untersucht. Die gelbbraune Zers.-Flamme zeigt im wesentlichen NH_3-α-Banden neben NH-Banden bei 3360 Å. Beim Hinzufügen größerer Mengen O_2 wird die Rk.-Zone dicker u. Emissionsbanden von

NH_2, NH u. OH treten auf. Beim stöchiometr. Gemisch kommen NO-Banden hinzu. Die Flammen von I + NO sind stärker leuchtend u. schwache NH_2- u. NH-Banden treten neben kräftigen OH-Banden auf. Die Flammen von NH_3 + NO sind denen von I + NO ähnlich. Die Ergebnisse lassen vermuten, daß die Verbrennung von Gemischen von I + O_2 in 2 Stufen vor sich geht. (Trans. Faraday Soc. **52.** 1520—25. Nov. **1956.** Westcott, Bucks., Roy. Aircraft Establ.) H. Freiwald. 157

D. A. Frank-Kamenetzki, Stoff- und Wärmeübertragung in der chemischen Kinetik. Berlin, Göttingen, Heidelberg: Springer. 1959. (XV + 224 S. m. 31 Abb.) 8°. DM 28,50.

Eberhard Schürmann, Zur quantitativen thermischen Analyse. Auswertemöglichkeiten der quantitativen thermischen Analyse von Zweistoffsystemen, angewandt bei der Wärmeinhaltsmessung der Blei–Kadmium-Legierungen. Düsseldorf: Verl. Stahleisen. 1959. (18 S. m. Abb.) 4°. = Archiv f. d. Eisenhüttenwesen. Jg. 30. 1959. H. 2. DM 3,60.

A_5. Kolloidchemie. Grenzschichtforschung.

A. E. Leger, R. L. Haimes, C. E. Hubley, J. C. Hyde und **H. Sheffer,** *Die Struktur von Aluminiumdi- und Aluminiumtriseifen.* Die Verfolgung des Reaktionsverlaufes bei der Rk. zwischen Trimethylaluminium bzw. Aluminiumpropoxyd u. Laurinsäure an Hand des Absorptionsspektr. im IR führt zu einer Bestätigung des Auftretens von Aluminiumlaurat, das innerhalb der Lsg. in der Form von Micellen hohen Mol.-Gew. enthalten ist u. dessen Größe sich mit zunehmender Verdünnung u. steigender Temp. vermindert. Es wird angenommen, daß während der zu Diseife führenden Hydrolyse der Wasserstoffbindung keine Bedeutung bei der Ausbldg. der polymeren Struktur zukommt u. daß der Aufbau sowohl der Di- als auch der Triseifen wesentlich durch die Verb. der Carboxylatgruppen mit dem Al gek. ist. Mit Hilfe zusätzlicher Streuversuche u. Viscoistätsmessungen werden die durch Verdünnung, Hydrolyse u. Behandlung mit HCl hervorgerufenen Wrkgg. abgeschätzt. (Canad. J. Chem. **35.** 799—816. Aug. 1957. Ottawa, Defence Res. Chem. Labors.) D. Forst. 162

Itaru Hirota, *Koagulation des Pektins durch Eisen(III)-salze.* Pektin wird aus seinen Lsgg. durch Fe(III)-Salze, z. B. $FeCl_3$, bei Ggw. von Alkali, jedoch weder durch Fe(III)-Salze allein noch durch $Fe(OH)_3$ koaguliert. Bei einem mol. Verhältnis OH^-/Fe^{3+} 0,6, wobei ein Zwischenprod. $Fe(OH)_2^+$ vermutet wird, u. p_H ca. 3 wurden unabhängig von der Art des Alkalis beste Ergebnisse erzielt. Die Koagulation war im Bereich von 0—65° kaum temperaturabhängig. (J. chem. Soc. Japan, ind. Chem. Sect. [Kōgyō Kagaku Zassi] **61.** 1192—96. Sept. 1958. Sizuoka, Kôgyôsikenzyô. [Orig.: japan.]) E. Maekawa. 163

Ken'ichi Miyata und **Tosihide Kuwahara,** *Bestimmung der Größe der Poren von fein pulverisierter Kieselsäure.* Die Adsorptionsisotherme von N_2 an fein pulverisierter Kieselsäure wird bei der Temp. des fl. N_2 gemessen. Die aus diesen Daten nach Kelvin berechnete Verteilung der Porengröße zeigt bei 8 Å (Halbmesser der Poren) eine scharfe Spitze. Der innere sowie äußere Oberflächeninhalt beträgt 229 m^2/g bzw. 61,4 m^2/g. (J. chem. Soc. Japan, ind. Chem. Sect. [Kōgyō Kagaku Zassi] **61.** 1104—07. Sept. 1958. Ôsaka, Kôgyôgizyutu-Sikenzyo. [Orig.: japan.]) E. Maekawa. 165

W. Je. Brawina, *Grenzgesetze für die Oberflächenspannung von Lösungen starker Elektrolyte.* Es werden Gleichungen für die Verteilung der Ionen u. der Ladungsdichte bei mehrwertigen Elektrolyten vom asymm. Typ u. für die Berücksichtigung der DK des äußeren Mediums entwickelt. (Журнал Экспериментальной и Теоретической Физики [J. exp. theoret. Physik] **33.** 1065—67. Okt. 1957.) R. K. Müller. 166

Johann-Ludwig v. Eichborn, *Beziehung zwischen Dampfadsorption und Benetzung und Bestätigung von Rehbinder-Effekten der Beeinflussung mechanischer Festigkeit durch Grenzflächenaktivität von Dämpfen.* Zusammenfassung bisher veröffentlichten Schrifttums bzgl. der Beeinflussung des Verformungswiderstandes von Festkörpern durch die Grenzflächenaktivität von Fll. u. Dämpfen. (Kolloid-Z. **149.** 128—29. Nov./Dez. 1956. Karlsruhe.) D. Forst. 166

K. G. Parvatikar, *Erweiterung der Tabelle zur Berechnung der Oberflächenspannung aus Messungen an aufliegenden Tropfen.* Es wird eine Tabelle für die Werte von a^2/r^2 als Funktion von h/r innerhalb eines Bereiches von 0,570 bis 0,978 bei einem Abstand der einzelnen Werte von 0,001 angegeben (a = Capillarkonstante, r = Radius des aufliegenden Tropfens, h = Abstand der Tropfenspitze von der Äquatorialebene). (Indian J. Physics Proc. Indian Assoc. Cultivat. Sci. **32** (**41**). 174—78. April 1958. Dharwar, Karnatak Coll., Dep. of Phys.) D. Forst. 166

W. D. Kingery, *Oberflächenspannung einiger flüssiger Oxyde und ihre Temperaturkoeffizienten.* Die Oberflächenspannungen folgender fl. Oxyde wurden nach der Meth. des liegenden und hängenden Tropfens gemessen: Al_2O_3, B_2O_3, GeO_2 u. SiO_2. Geschmolzen wurde teils in He, teils im Vakuum oder in feuchter Luft. Die Oberflächenspannungen in dyn · cm^{-1} betrugen: Al_2O_3 690 (2050°), B_2O_3 83 (1000°), GeO_2 250 (1150°), SiO_2 307 (1800°). Die Oberflächenspannung/Temp.-Abhängigkeit ist im Fall von B_2O_3, GeO_2 u. SiO_2 anomal u. positiv. Dies anomale Verh. wird auf Strukturänderungen in der Schmelze zurückgeführt. (J. Amer. ceram. Soc. **42.** 6—10. 1/1. 1959. Cambridge, Mass., Massachusetts Inst. of. Technol., Dep. of Metall.) H. SAALFELD. 166

Keiichi Eda und **Jun'ichi Fukuda,** *Oberflächenspannung von Lösungen der oberflächenaktiven Mittel.* 1. Mitt. Die Oberflächenspannung wss. Lsgg. von *Na-Decyl-*(I) u. *Na-Dodecylsulfat* (II) sowie von *Decanol* (III) wurde nach einem von WHEELER u. a. (vgl. J. Amer. chem. Soc. **67.** [1945.] 2115) beschriebenen Verf. gemessen. Die Oberflächenspannung der Lsgg. von etwas verunreinigtem **I** oder **II** sowie die der Lsgg. von reinem **I** oder **II** unter Zusatz von **III** zeigt Alterung, u. ihre gegen die Konz. aufgetragene Kurve hat ein Minimum, während die Lsgg. von reinem **I** oder **II** nicht altern u. ihre Kurve Oberflächenspannungs-Konz. kein Minimum zeigt. Das Altern wird deshalb auf die Diffusion geringer Mengen von Verunreinigungen zurückgeführt. Bei den Lsgg. von **III** ist auch Abnahme der Konz. in den Lsgg. durch Absorption der **III**-Moll. an der Oberfläche zu berücksichtigen. Gegen den Flächeninhalt pro Mol. **I** bzw. **II** aufgetragen stellt der Oberflächendruck der Lsgg. von **I** bzw. **II** eine Hyperbel dar; die Absorptionsschicht besteht also aus einer idealen gasförmigen monomol. Schicht, u. die abstoßende elektrostat. Kraft der polaren Gruppen von **I** oder **II** übertrifft die VAN DER WAALS-Anziehungskraft des Alkylrests. Bei größerer Konz. des Gegenions weichen die Verhältnisse vom idealen Zustand ab. (J. chem. Soc. Japan, pure Chem. Sect. [Nippon Kagaku Zassi] **79.** 1088—93. Sept. 1958. Tokyo, Gakusyûin. [Orig.: japan.]) E. MAEKAWA. 166

Yoshio Nemoto, *Durchdringungsfähigkeit der nichtionischen oberflächenaktiven Mittel.* Die Geschwindigkeit der Durchdringung der wss. Lsg. von verschied. nichtion. oberflächenakt. Mitteln der Polyoxyäthylenreihe wird durch Messung der Zeitdauer, worin die scheinbare D. der in die Lsg. eingetauchten Tücher den Wert 1 erreicht, bei 20—50° bestimmt. Der reziproke Wert dieser Zeitdauer zeigt die Durchdringungsfähigkeitskonstante. Die Aktivierungsenergie der Durchdringung beträgt unabhängig von den Arten der Netzmittel u. der Konz. ihrer wss. Lsg. 7 kcal/Mol. (J. chem. Soc. Japan, ind. Chem. Sect. [Kōgyō Kagaku Zassi] **61.** 984—85. Aug. 1958. Nagoya, Siritu-Kôgyô-kenkyûzyo. [Orig.: japan.]) E. MAEKAWA. 166

Shigetaka Kuroiwa, *Selektive Benetzung der Filme aus makromolekularen Verbindungen in Öl- und wäßriger Lösung der nichtionischen oberflächenaktiven Mittel.* (Vgl. C. **1959.** 1307.) Die Kontaktwinkel zwischen den Filmen aus *Polyvinylacetat, Nitrocellulose* u. *Acetylcellulose* u. *Leinöl* (**I**) sowie der wss. Lsg. von *Polyoxyäthylennonylphenyläther* (n = ca. 17, 12, u. 8,5) werden gemessen. Diese Filme werden durch die wss. Lsgg. dieser oberflächenakt. Mittel leichter als durch **I**, aber durch **I** leichter als durch W. benetzt. Die Wrkg. nimmt mit steigender Größe des hydrophilen Teils im Mol. des oberflächenakt. Mittels zu. Bei Ggw. von oberflächenakt. Mitteln mit niedrigerem Polymerisationsgrad werden die Filme durch W. u. auch durch **I** leichter als in seiner Abwesenheit benetzt. (J. chem. Soc. Japan, ind. Chem. Sect. [Kōgyō Kagaku Zassi] **61.** 1207 bis 1209. Sept. 1958. Ueda, Sinsyû-Daigaku. [Orig.: japan.]) E. MAEKAWA. 166

Stig Claesson und **Lars-Olof Sundelof,** *Freie Diffusion in der Umgebung der kritischen Temperatur der Mischbarkeit.* Es wurde die Änderung des freien Diffusionskoeff. D, der Dichte u. der Viscosität in der Nähe des krit. Mischungspunktes in Mischungen *Hexan/Nitrobenzol* in Abhängigkeit von der Temp. bestimmt. Die Kurve $D = f_1(T)$ geht bei Extrapolation nach dem krit. Mischungspunkt gegen Null, die Kurve $D = f_2(1/T)$ weist an diesem Punkt eine vertikale Asymptote auf. Für die Abhängigkeit der Dichte ϱ von der Temp. wurden 2 Gerade mit der Neigung $d\varrho/dt_{t < t_k} = -8{,}39 \cdot 10^{-4}$ u. $d\varrho/dt_{t > t_k} = -9{,}74 \cdot 10^{-4}\ g \cdot cm^{-3} \cdot Grad^{-1}$ erhalten, die sich in t_k schneiden. Die Messungen sind bes. aufschlußreich, wenn der SORET-Koeff. aus anderen Messungen bekannt ist, weil ein Vgl. mit dem Einfl. der Temp. auf den therm. Diffusionskoeff. u. dem Einfl. der kinet. Parameter (z. B. der Viscosität) auf die Diffusion möglich ist. Die Messungen wurden an Gemischen mit dem Molenbruch $N_{C_6H_5NO_2} = 0{,}500 \pm 0{,}001$ in einer hermet. verschlossenen Glaszelle durchgeführt; zur Best. der Konz.-Änderungen wurde die Stufenmeth. von LAMM benutzt. (J. Chim. physique Physico-Chim. biol. **54.** 914—19. Nov./Dez. 1957. Upsala, Univ., Inst. de Chim. Phys.) W. KARCHER. 171

M. Daune, L. Freund und **G. Scheibling,** *Eine neue Methode zur Untersuchung der Brownschen Diffusion der Translation.* Vff. geben eine interferometr. Meth. zur Unters. der BROWNschen Diffusion der Translation. Die für die Messungen benutzte App. wird beschrieben; der Kontakt zwischen den Lsgg. kommt durch laminaren Ausfluß der Lösungsm. auf die Lsg. zustande. Für wss. Lsgg. wurden Glasgefäße, für organ. Lsgg. Gefäße aus Al benutzt. Die für die Berechnung des Diffusionskoeff. D benötigten Gleichungen werden abgeleitet. Das Verf. wurde an Lsgg. verschied. Konz. von *Sorbose* (I) in W. u. an Lsgg. von *Lysozym* (II) u. *Serumalbumin* (III) in 0,15 mol. NaCl geprüft. Für 0,5% ig.Lsgg. von I wurde für D 6,06 bzw. 6,04; für 0,25%ig. Lsgg. 5,95 bzw. 5,92 u. für 0,15% ig.Lsgg. 5,82 bzw. 5,80 · 10^{-7} erhalten (20 ± 0,01°). Für II u. III wurde D zu D_{20} = 11,80 ± 0,09 bzw. 5,84 ± 0,04 · 10^{-7} cm^2/sec bestimmt; dabei ist D unabhängig von der Konzentration. (J. Chim. physique Physico-Chim. biol. **54.** 924—30. Nov./Dez. 1957. Strasbourg, Centre de Rech. sur les Macromol.) W. KARCHER. 171

E. Calvet und **H. Patin,** *Interferometrische Untersuchung der vertikalen Diffusion in Flüssigkeiten.* Es wurde eine Interferenzapp. zur kontinuierlichen Aufnahme der Funktion f (c, x, t) = 0 in Kurven des Niveaus c = Cte, die auf die Ebene von (x, t) projiziert wurden, entwickelt. (c = Konz., x = Seite einer horizontalen Ebene im Diffusionsgefäß, t = Zeit). Die erhaltenen Interferogramme gestatten die Messung der Diffusionskoeffizienten u. außer den bereits beschriebenen Anwendungsmöglichkeiten die Unters. eines therm. Stoßes in einer wärmeleitenden Umgebung. Diese Unters. führte zu einer neuen Meth. für die Best. des Diffusionskoeffizienten. (J. Chim. physique Physico-Chim. biol. **54.** 910—13. Nov./Dez. 1957. Marseille, Univ., Fac. des Sci.) W. KARCHER. 171

Jacques Tonnelat und **Francois Blain,** *Optische Methode zur Messung der Diffusionskoeffizienten mit einem vertikalen porösen Diaphragma.* Es wird eine opt. Meth. zur Best. des Diffusionskoeff. beschrieben. Zu den Messungen wurde ein Gefäß mit 2 offenen Abteilungen verwendet, die durch ein vertikales poröses Diaphragma aus Glas voneinander getrennt sind. Die Konz.-Änderungen werden durch Messung der Differenz der Brechungsindices der Lsgg. in den beiden Zellen bestimmt; die Homogenität der beiden Lsgg. wird durch magnet. Rühren gesichert. Die Differenz des Brechungsindex wird mit Hilfe eines Interferometers gemessen, nachdem die App. mit einer Substanz mit bekanntem Diffusionskoeff. geeicht wurde. Die Anwendbarkeit der Meth. wurde durch gleichzeitige Messung der freien Diffusion in verschied. Systemen (9,5 g/Liter *Serumalbumin* mit Phosphatpuffer p_H 6,95; 9,2 g/Liter *Lactoglobolin* p_H 6,95; 10,5 g/Liter *Trypsin* in 0,01 mol. HCl mit 0,1 mol. NaCl u. in 0,015 mol. KCl in W.) geprüft; die Messungen sind bes. einfach, der wahrscheinliche Fehler ist $< 5\%$. (J. Chim. physique Physico-Chim. biol. **54.** 920—23. Nov./Dez. 1957. Paris, Fac. des Sci., Labor. de Biol. physicochim.) W. KARCHER. 171

G. M. Pantchenkov, *Untersuchung der Diffusion in Flüssigkeiten nach der Diffraktions-Mikromethode und gewisse theoretische Probleme.* Es wurde eine App. zur Messung des Diffusionskoeff. D u. der Kinetik der Diffusion in Fll. entwickelt, die auf der Diffraktionsmeth. von FRESNEL beruht. Der Aufbau der App. u. ihre Arbeitsweise u. die Berechnung des Diffusionskoeff. werden beschrieben. Für die Berechnung der Diffusionskoeffizienten in Fll. wurden theoret. Beziehungen abgeleitet, die die Abhängigkeit des Diffusionskoeff. von der Temp., der Konz. u. vom Druck wiedergeben. Für eine Reihe von Systemen (*o-Xylol/p-Xylol, o-Xylol/Mesitylen,* 1,36 mol. Lsg. von *p-Dichlorbenzol* in *Chlorbenzol/Chlorbenzol,* C_2H_5OH/C_2H_5OD u. C_6H_6/C_6H_5D) wurde D mit Hilfe der abgeleiteten Gleichungen berechnet u. mit den experimentell erhaltenen Werten für D verglichen; dabei wurde gute Übereinstimmung zwischen den experimentellen Werten u. der theoret. Beziehung zwischen D u. der Temp. festgestellt. Die einfache exponentielle Beziehung zwischen D u. der Temp. ($D = Be^{-E/RT}$), besitzt einen näherungsweisen Charakter. (J. Chim. physique Physico-Chim. biol. **54.** 931—37. Nov./Dez. 1957. Moskau, Univ., Fac. de Chim.) W. KARCHER. 171

R.-H. Stokes und **L. A. Woolf,** *Die Bestimmung der Diffusionskoeffizienten von Tracerionen durch chemische Analyse.* In günstigen Fällen ist die Best. des Tracer-Diffusionskoeff. eines Ions mit großer Genauigkeit durch Messung der Diffusionsgeschwindigkeit für verschied. (geringe) Konzz. u. lineare Extrapolation nach der Nullkonz. des Tracers möglich. Die Meth. wurde auf die Diffusion von J^- in Lsgg. von Alkalichloriden angewandt. Für die Messungen wurde eine 0,1—0,4 n Lsg. von NaCl, KCl bzw. LiCl mit wechselnden Konzz. an KJ (0,01—0,1 n) benutzt. Die Diffusion von J^- aus dieser Lsg. in eine reine Lsg. des indifferenten Elektrolyten wurde durch potentiometr. Titration von J^- in beiden Lsgg. gemessen u. der scheinbare Diffusionskoeff. berechnet. Die durch Extrapolation gewonnenen Werte sind bis auf einige Zehntel % genau u. stimmen völlig mit den nach der üblichen Meth. mit radioakt. Tracern erhaltenen Werten überein. (J. Chim. physique Physico-Chim. biol. **54.** 906—09. Nov./Dez. 1957. Armidale, Australia, Univ., Dep. of Chem.) W. KARCHER. 171

Frank C. Collins und **Helen Raffel,** *Statistisch-mechanische Theorie der Transportprozesse in Flüssigkeiten.* Die hydrodynam. Gleichungen für die Transportprozesse werden in einer Form entwickelt, in der die Irreversibilität explizit in Abhängigkeit der Zeitableitungen der Druckbeanspruchung in einem nicht im Gleichgewicht befindlichen Syst. erscheint. Es wird gezeigt, daß diese Zeitableitungen proportional der Gradienten der transportierten Eigg. u. dem Quadrat der Transportkoeffizienten sind. Die entspr. Zeitableitungen in der statist.-mechan. Behandlung können als Durchschnittsanhäufung aller mol. Wechselwirkungen angesehen werden, wobei die Verwendung von Funktionswerten für die Molekülpaardichte ohne Berücksichtigung der Zeitglättung eine beträchtliche Vereinfachung bedeutet. Durch den Vgl. der hydromechan. u. statist.-mechan. Gleichungen für die Zeitableitung der Druckbeanspruchung werden Ausdrücke für die Transportkoeffizienten erhalten, u. zwar bei den hydrodynam. Reibungs- u. Selbstdiffusionskoeffizienten solche, die mit den von KIRKWOOD, BUFF u. GREEN vorgeschlagenen ident. sind. Auch für die Scher- u. Vol.-Viscosität sowie für die therm. Leitfähigkeitskoeffizienten werden relativ einfache Ausdrücke in Abhängigkeit von Integralen der Raumableitungen der Potentialenergie u. der Molekülpaardichte erhalten. Weiter wird gezeigt, daß es unter Abnahme eines zwischenmol. Potentials in der Form von LENNARD-JONES u. DEVONSHIRE möglich ist, die Integrale zu eliminieren, wodurch sich einfache Ausdrücke für die letztgenannten Koeffizienten in Abhängigkeit von den Gittergleichgewichtseigg. ergeben. Die sich aus den statist.-mechan. Gleichungen u. den letzteren Überlegungen ergebenden numer. Werte für diese Koeffizienten stehen in guter Übereinstimmung miteinander. (J. chem. Physics **29.** 699—710. Okt. 1958. Brooklyn, N. Y., Polytechnic Inst., Dep. of Chem.) W. NIEMITZ. 173

Terrell L. Hill, *Beziehungen zwischen verschiedenen Definitionen der physikalischen Adsorption.* Vf. geht im Einzelnen auf folgende Definitionen für den Zustand der physikal. Adsorption ein: (1) Zweidimensionale Definition, mit harmon. Bewegung des Mol. senkrecht zur Oberfläche unter dem Einfl. einer parabol. Potentialfunktion. (2) Mechan. Definition, Energiebeitrag der Impulskomponente senkrecht zur Oberfläche kleiner als die negative potentielle Wechselwrkg. zwischen Mol. u. Festkörper. (3) GIBBSsche Definition, die die Zahl der adsorbierten Moll. aus der Differenz der Mol.-Zahl in einem bestimmten Vol. vor u. nach Kontakt mit einem Festkörper bestimmt. Ein Vgl. dieser durch effektive Potentiale dargestellten Definitionen im Gültigkeitsbereich des HENRYschen Gesetzes ergibt große Unterschiede. Die GIBBSsche Definition wird in die Form einer exakten „zweidimensionalen" Virialentw. gebracht (der Oberflächendruck wird nach Potenzen der Überschußflächendichte entwickelt) u. mit einer Näherungsvirialentw. entsprechend (1) verglichen. Die exakte zweidimensionale Behandlung führt nicht zu einem Gesetz korrespondierender Zustände oder zu einem paarweise additiven intermol. Potential, wie im allg. angenommen wird. (J. physic. Chem. **63.** 456—60. April 1959. Eugene, Ore., Univ. of Oregon, Dep. of Chem.) H. LIEPACK. 176

Jarosław Ościk, *Abhängigkeit der Adsorptionsaffinität und der Oberflächenkonzentration der gelösten Substanz von der Zusammensetzung des binären Lösungsmittels.* Auf Grund thermodynam. Betrachtungen wird eine Beziehung zwischen der Adsorptionsaffinität bzw. der Oberflächenkonz. der untersuchten Substanz u. der Zus. des Lösungsm.-Gemisches abgeleitet. Abweichungen von der im Idealfall linearen Beziehung lassen Schlüsse auf die zwischenmol. Kräfte u. die Lokalisierung der akt. Stellen des Adsorbens zu. (Roczniki Chem. [Ann. Soc. chim. Polonorum] **31.** 621—26. 1957. Lublin, Uniw. M. Curie-Skłodowskiej, Kat. Chem. Fiz.) F. URBAN. 176

Gert Ehrlich, T. W. Hickmott und **F. G. Hudda,** *Wechselwirkung von Edelgasen mit einer Wolframoberfläche.* Läßt man Ar oder Kr auf die W-Spitze eines Feldelektronenmikroskopes, die bei einer Temp. des Gases von 300° K auf 80° K gehalten wird, einwirken, so findet man nur bei Elektronenemission der Spitze eine Änderung der Oberflächeneigenschaften; Atome werden also nur schwach adsorbiert im Gegensatz zu Ionen, wie sie bei eingeschaltetem Elektronenstrom entstehen. Bei einem Druck von 10^{-6} mm Hg ergab sich eine Änderung der Austrittsarbeit um ca. 0,4 V. Daß sich die Änderung erst bei Temperung bei mehr als 800° wieder aufheben läßt, weist auf eine Oberflächenstörung durch wirklich in das Gitter eingedrungene Ionen hin. Bei der Adsorption von Xe wurden für die einzelnen Kristallflächen typ. Unterschiede gefunden; aus ihnen kann man auf die Stärke der Bindung zwischen Xe u. der W-Oberfläche schließen u. zu Gründen für die Änderung der Austrittsarbeit kommen. (J. chem. Physics **28.** 977—78. Mai 1958. Schenectady, N. Y., General Electric Res. Labor.)
C. REUBER. 176

Robert Gomer, *Adsorption und Diffusion von Argon auf Wolfram.* (Vgl. C. **1959.** 10483.) Vf. untersuchte im Feldelektronenmikroskop die Adsorption u. Diffusion von Ar auf W. Die bei 18° K ausgebildete Monoschicht, die vorwiegend eine Erhellung des Leuchtschirmbildes um (100) bewirkte, führte zu einer Austrittsarbeitserniedrigung von 0,8 V, aus der sich ein Dipolmoment pro Adatom von 0,43 Debye ergibt. Bei 21—22° K wurden weitere Adsorptionsschichten mit scharfen Grenzen beobachtet, die die Austrittsarbeit vom Minimum 3,7 auf 4,3 V (5 Schichten) erhöhten. Diese Schichten verdampften bei 26—28° K, während die 1. Schicht bei 30—35° K verschwand (Desorptionsenergie 1870 ± 300 cal). Das Verh. des Ar (F. 84° K) als zweidimensionale Fl. unterhalb 30° K wird durch Übertragung der Gitterstruktur des W auf die Adschichten zurückgeführt. Erst oberhalb eines bestimmten Abstandes von der W-Unterlage können sich Ar-Kristallite bilden, die sich bei 4° K durch spontanes Aufleuchten zeigten. Bei 25° K u. $3,7 \cdot 10^7$ V/cm wurde infolge des Feldeinfl. ein Zusammenziehen der Adsorbatkappe zur Spitzenmitte beobachtet, nach wenigen Sek. floß die Schicht dann wieder auseinander. Hieraus wird die Differenz zwischen Benetzungsenergie u. Oberflächenenergie der äußersten Schicht für eine 20 Å starke Bedeckung zu $\gamma \cong 12$ erg/cm² berechnet. Die Aktivierungsenergie der Oberflächendiffusion von Ar auf reinem W wird zu ca. 500 ± 200 cal abgeschätzt. (J. physic. Chem. **63.** 468—72. April 1959. Chicago, Ill., Univ. of Chicago, Inst. for the Study of Metals and Dep. of Chem.) H. LIEPACK. 176

J. T. Kummer, *Die Chemisorption von Sauerstoff an Silber.* Vf. untersuchte in einem Kondensator mit zylindr. Ag- u. Au-Elektroden die Änderung des Ag-Oberflächenpotentials bei Beladung mit Sauerstoff bei 220°. Es wurde eine negative Änderung beobachtet, die bei ca. 0,5 Torr bis zu ca. —0,2 V ging. Zur Best. des Adsorptionszustandse bei Tempp., bei denen Adsorptions- u. Desorptionsgeschwindigkeiten klein sind (T ⩽ 25°), wurde nach der Meth. von SANDLER (C. **1954.** 10183) die ortho-para-Umwandlung von Wasserstoff untersucht. Durch Kontakte der Oberfläche mit Sauerstoff nahm die Halbwertszeit der Umwandlung von ~ 1500 Min. auf ~ 230 Min. ab. Diesem Wert entsprechen auf der Oberfläche von 1,5 m² 0,0136 cm³ Sauerstoff, auf 150 Å kam daher ein ungepaartes Elektron. Der beobachtete schwache Paramagnetismus wird chemisorbierten Sauerstoffmoll. zugeschrieben, deren Anteil mit 5% angegeben wird. (J. physic. Chem. **63.** 460—63. April 1959. Midland, Mich., Dow Chem. Comp.) H. LIEPACK. 176

M. V. C. Sastri, T. S. Viswanathan und **T. S. Nagarjunan,** *Der Einfluß einer chemisorbierten CO-Schicht auf die darauffolgende physikalische Adsorption.* An mit H_2 red. *Co-Katalysatoren* (Co:ThO_2:Kieselgur = 100:18:200) wurde CO bei —194° adsorbiert. Ein Teil des chemisorbierten CO konnte durch Evakuieren bei —84° entfernt werden. Der verbleibende, stark gebundene CO-Anteil setzt die darauffolgende physikal. Adsorption von CO u. N_2 gegenüber der an der freien Oberfläche herab. Diese Herabsetzung der physikal. Adsorption wird auf die durch die starke CO-Chemisorption entstandenen Dipole zurückgeführt, die mit der negativen Ladung nach außen weisen. (J. physic. Chem. **63.** 518—21. April 1959. Kharagpur, Indian Inst. of Technol., Dep. of Appl. Chem.) H. LIEPACK. 176

Yoshitomo Iwakami, *Adsorption von Gasgemischen aus Benzol, Toluol und Xylol durch aktive Kohle.* Gleichgewichtsdaten der Adsorption von Gasgemischen aus Bzl., Toluol (**I**) u. Xylol (**II**) an akt. Kohle bei 0° sind angegeben. Die Gasphase enthält im Gleichgewichtszustand mehr **I** u. **II** u. weniger Bzl. als das ursprüngliche Gasgemisch. (J. chem. Soc. Japan, pure Chem. Sect. [Nippon Kagaku Zassi] **79.** 907—10. Aug. 1958. Yokohama, Kanagawaken-Kôgyôsikenzyo. [Orig.: japan.]) E. MAEKAWA. 176

L. Gráf und **J. Tóth,** *Über die Adsorptionstheorie der Gaschromatographie.* Vff. faßten die Adsorptionstheorie der Gaschromatographie zusammen, erweiterten sie zum Teil u. untersuchten bes., welche Abweichungen der aus Isothermen berechneten Daten von den gemessenen zu erwarten sind. Als Ausgangspunkt der Berechnungen u. Messungen dienten die WILSONsche (J. Amer. chem. Soc. **62.** [1940.] 2859) u. die auf Gaschromatographie übertragene Adsorptionsstoffbilanzgleichung der Flüssigkeitschromatographie. (SHUCHOWITZKI u. Mitarbeiter, C. **1953.** 7035.) Es wird gezeigt, daß die Daten der Elutionschromatographie auf Grund der Adsorptionsisothermen mathemat. einheitlich u. übersichtlich gedeutet u. berechnet werden können. Die wichtigsten Ergebnisse sind: a) Eine Beziehung zwischen der frontalen u. der Elutionsgaschromatographie wird angegeben. Die Gültigkeit der abgeleiteten Gleichung wurde durch Adsorptionsmessungen an Äthan–Luft-Gemischen in einer besonderen Doppelsäule experimentell geprüft. b) Im Falle der Elution ist der absteigende Ast der Chromatogrammkurven der inversen Funktion der Differentialkurve der Isotherme gleich. Das Chromatogramm kann auf diese Weise aus der Isotherme konstruiert werden. — c) die Bedingung der Trennbarkeit zweier Gase wird mittels des HENRYschen Koeff. der Isotherme der schwächer adsorbierbaren Komponente durch eine Ungleichung formuliert. — d) Ist die Adsorptionsenergie des Eluens größer als die der zu eluierenden Gaskomponente, so kann die Chromatogrammkurve der Komponente aus der Isotherme des Eluens berechnet werden. (Experimentelles Beispiel: Elution von N_2 mit CO_2). Der wichtige Einfl. des Eluens auf die Trennbarkeit wird am Beispiel H_2–He gezeigt, die bei — 60 bis — 70°

durch Luftelution an einer 120 cm langen Aktivkohlesäule vollständig, durch CO_2-Elution jedoch gar nicht getrennt werden können, weil die Aktivkohle bei dieser Temp. wegen der hohen Adsorptionsenergie des CO_2 damit vollständig gesättigt wird. — e) Ein Nachteil der Adsorptionstheorie besteht darin, daß wegen der Vernachlässigung der Diffusion u. der nicht momentanen Ausbildung des Adsorptionsgleichgewichtes Abweichungen zwischen den gemessenen u. berechneten Werten gefunden werden. Diese Abweichungen werden mit Hilfe einer Näherungsrechnung berücksichtigt. (Acta chim. Acad. Sci. hung. **13.** 403—28. 1958. Nagykanizca, Wiss. Labor. für Erdölbergbau.) F. UMLAND. 177

Tadeusz Marcinkowski, *Papierchromatographie und -chromatodensation.* Vgl. beider Verf. zur Trennung von Gemischen. Die „Chromatodensation" konzentriert den gesuchten Stoff auf einem Fleck des Filterpapieres. (Farmacja polska **14.** 362. 15/11. 1958.) F. URBAN. 177

M. Zapan, Elvira Vrăbiescu, Ruxandra Sassu und **I. Herşcovici,** *Elektrolytische Regenerierung von Kationenaustauschern.* Verbrauchte Kationenaustauscher vom Sulfocarbontyp werden elektrolyt. in 1,5%ig. H_2SO_4 oder in 10%ig. NaOH bei 4—12 V (je 30—90 Min.) regeneriert. Das Verf. wird in einer einfachen App. (senkrechtes Rohr mit Überlauf) durchgeführt. (Rev. Chim. [Bucureşti] **8.** 524—28. Aug. 1957.) R. K. MÜLLER. 177

Mary L. Good, Maud B. Purdy und **Thomas Hoering,** *Die Trennung von Jodanionen durch Anionenaustausch.* J^-/JO_3^- oder J^-/JO_6^{5-}-Mischungen in „Tracer"-Konzz. oder mg-Mengen wurden auf einer 1,2 · 50 cm-Säule aus *Amberlite IRA-400* getrennt. Der Austauscher (OH-Form) wurde mit 1n HNO_3 in die NO_3^--Form übergeführt, dann mit W. neutral u. schließlich mit verd. NaOH-Lsg. von p_H 10,5 gewaschen. Die mit ^{131}J markierten Lsgg. wurden ebenfalls auf p_H 10,5 eingestellt, auf die Säule gebracht u. zunächst mit 200 ml NaOH (p_H 10,5), dann mit 1000 ml 1n KNO_3-Lsg. (p_H 10,5) gewaschen. JO_3^- u. JO_6^{5-} erschienen zwischen 25 u. 70 ml, J^- in einer breiten Front zwischen 300 u. 1000 ml der KNO_3-Elutionslösung. Die Ausbeuten betrugen 95%; die Trennung war quantitativ. Im „Tracer"-Maßstab wurden die Ionen im Eluat durch Schütteln mit 0,01 mol. J_2-Lsg. in CCl_4 u. Aktivitätsmessung der J_2-Lsg. identifiziert. J^- tauscht schnell mit J_2 aus, während JO_3^- u. JO_6^{5-} nicht merklich austauschen. (J. inorg. Nuclear Chem. **6.** 73—75. Febr. 1958. Baton Rouge, La., Louisiana State Univ., Dep. of Chem.; Fayetteville, Ark., Univ. of Arkansas, Dep. of Chem.) F. UMLAND. 177

Satoru Yokota und **Junko Shimada,** *Chromatographie der Metallionen an mit Kojisäure behandeltem Filterpapier.* Filterpapier wird wie bei zirkularer Chromatographie mit 0,01%ig. wss. Lsg. von Kojisäure behandelt, wobei Unreinheiten im Papier mit dem äußeren Rand des feuchten Fleckes nach außen verschoben werden, u. getrocknet. Gemische aus Fe^{3+}, Cu^{2+}, Mn^{2+} u. Ni^{2+} (als Nitraten) werden an diesem Papier zirkular mit n-Butanol–Essigsäure mit Na-Acetat auf p_H 3,5 gepuffert (4:3) entwickelt u. die Chromatogramme mit 0,1 mol. alkoh. Dimethylglyoxim-Lsg. u. 0,1 mol. alkoh. Oxin-Lsg. markiert. Die Rf-Werte sind 0,52 (Fe^{3+}), 0,36 (Cu^{2+}), 0,28 (Ni^{2+} u. Mn^{2+}). (J. chem. Soc. Japan, pure Chem. Sect. [Nippon Kagaku Zassi] **79.** 1144—45. Sept. 1958. Kumamoto, Daigaku. [Orig.: japan.]) E. MAEKAWA. 177

A₆. Strukturforschung.

Hermann Franz, *Verfahren zur Bestimmung der Poissonzahl.* Vgl. der bekannten Verfahren. — 92 Schrifttumstellen. (Z. Metallkunde **49.** 510—16. Okt. 1958. Stuttgart, MPI für Metallforsch.) F. VIER. 181

P. Wright und **K. Thomas,** *Technik des stoßweisen Glühens für Metalle und Legierungen.* Es wird eine App. beschrieben, die das elektr. Aufheizen u. das Abschrecken der Probe genauer durchzuführen gestattet. Über die Ergebnisse von Verss. an Cu_3Au wird berichtet. (Brit. J. appl. Physics **9.** 330—33. Aug. 1958. Bangor, Caerns, Univ. Coll. of North Wales.) F. VIER. 181

R. Castaing, J. Philibert und **C. Crussard,** *Elektronenstrahl-Mikroanalysator und seine Anwendung in der Metallurgie des Eisens.* Beschrieben wird ein Gerät, das aus einem elektronenopt. Syst., einem Röntgenspektrometer u. einem lichtopt. Mikroskop besteht. Hiermit ist es möglich, Lokalanalysen von metall. u. nichtmetall. Stoffen auszuführen u. z. B. nichtmetall. Einschlüsse in Metallen zu bestimmen. Die relative Genauigkeit der Best. beträgt etwa 1% für nicht zu geringe Gehalte. Die Grenze der Empfindlichkeit liegt bei 0,2—0,3%. (J. Metals **9.** Nr. 4, Sect. 2. Trans. AIME **209.** 389—94. April 1957. Toulouse, Univ.; Saint-Germain-en Laye, Inst. de Recherches de la Sidérurgie.) H. HOCHSTEIN. 181

R. J. Hill und **P. W. M. Jacobs**, *Bemerkung zur Beobachtung von Molekülen mit dem Feldemissionsmikroskop.* (Vgl. BECKER u. BRANDES, C. **1957.** 30.) Vff. finden ebenfalls nach Ausheizen der App. bei 425° charakterist. Punkte, einschließlich 2- u. 4-Teiler, nehmen jedoch an, daß es sich hierbei um Mikro-Ndd. von C-haltigen Substanzen handelt, die auf das Pumpenöl zurückzuführen sind. (J. chem. Physics **30.** 853—54. März 1959. London, Imperial Coll., Dep. of Chem.) H. LIEPACK. 181

Frank Haeßner und **Wilhelm in der Schmitten**, *Erfahrungen mit einer lichtoptischen japanischen Methode zur Bestimmung der Orientierung von Einkristallen.* Ein von YAMAMOTO (C. **1959.** 3393 u. 8061 u. früher) beschriebenes lichtopt. Verf. zur Best. der Orientierung von Einkristallen wird erläutert. An Beispielen wird nachgewiesen, daß sich bei einer Genauigkeit von $\pm$ 2° eine vollständige Orientierungs-Best. in $<$ 5 Min. durchführen läßt. (Z. Metallkunde **49.** 507—09. Okt. 1958. Göttingen, Univ., Inst. für allg. Metallkunde.) F. VIER. 181

Jirô Watanabé, *Eine Bemerkung über die Bestimmung von Kristallorientierungen nach der Rückstrahl-Methode von Laue.* Vf. zeigt, daß es nach der Rückstrahl-Meth. von LAUE bei Verwendung von weißem Röntgenlicht möglich ist, die Orientierung von Einkristallen zu bestimmen. Aus der Lage der hyperbelförmig angeordneten Beugungsreflexe lassen sich Kristallflächen u. die Zonenachsen u. daraus die Neigung der kristallograph. Achsen des Kristalls berechnen. Verss. an kub. Fe, hexagonalem Zn, trigonalem Bi u. tetragonalem Sn ergaben, daß sich die Einkristalle auf $\pm$ 0,3° genau orientieren lassen. (Sci. Rep. Res. Inst. Tôhoku Univ., Ser. A **8.** 835—90. Okt. 1956. Sendai, Tôhoku Univ., Res. Inst. for Iron, Steel and other Metals.) G. GATTOW. 181

Alfred Seeger und **Ekkehart Kröner**, *Theorie der Kleinwinkelstreuung von Röntgen-Strahlen und Neutronen durch innere Spannungen in festen Körpern, insbesondere durch Versetzungen.* Die von Versetzungen herrührende Kleinwinkelstreuung wird in den Grenzen der linearen Elastizitätstheorie als Integral über die Versetzungsdichte dargestellt. Bei Versetzungslinien erhält man ein einfaches Linienintegral. Als Beispiel wird die Kleinwinkelstreuung durch kreisförmige Stufenversetzungsringe behandelt. (Z. Naturforsch. **14a.** 74—80. Jan. 1959. Stuttgart, TH, Inst. für theoret. u. angew. Phys.; MPI für Metallforsch.) H. C. WOLF. 181

Akiyoshi Wada, *Änderung der Molekularkonfiguration durch intermolekulare Wechselwirkung.* 4. Mitt. *Mehrkomponentensystem.* 1. Teil. *Einfluß der beigemischten Komponenten auf die molekulare Deformation im gasförmigen Zustand.* (3. vgl. C. **1959.** 5047.) Die innere Koordination des sich deformierenden Mol. wird als eine Funktion der D. des entspr. Mol. u. der daneben vorhandenen Gase auf Grund der statist. Thermodynamik des nichtidealen Gases mit den 2. Virialkoeffizienten der intermol. Wechselwrkgg. als Parameter theoret. abgeleitet. (J. chem. Soc. Japan, pure Chem. Sect. [Nippon Kagaku Zassi] **79.** 1128—30. Sept. 1958. Tôkyô, Otyanomizu-Zyosidai. [Orig.: japan.]) E. MAEKAWA. 182

Akiyoshi Wada, *Änderung der Molekularkonfiguration durch intermolekulare Wechselwirkung.* 5. Mitt. *Mehrkomponentensystem.* 2. Teil. *Deformation der Moleküle der gelösten Substanzen durch Lösungsmittel aus zwei Komponenten.* (4. Mitt. bzw. 1. Teil vgl. vorst. Ref.) Der Einfluß der Änderung der Molfraktionen beider Komponenten des bin. Lösungsm. auf die Wechselwrkgg. zwischen Komponenten des Lösungsm. u. der gelösten Substanz u. die zwischen beiden Komponenten des Lösungsm. wird durch quasichem. Näherung nach GUGGENHEIM abgeleitet. Auch der Einfl. der Änderung der Molfraktionen im Lösungsm. auf die innere Koordination der gelösten Substanzen wird diskutiert. (J. chem. Soc. Japan, pure Chem. Sect. [Nippon Kagaku Zassi] **79.** 1130—34. Sept. 1958. [Orig.: japan.]) E. MAEKAWA. 182

J. D. Bernal, *Ein geometrischer Zugang zur Struktur der Flüssigkeiten.* Vf. entwickelt eine Theorie der Struktur von Fll. auf geometr. Basis u. zeigt, daß die Behandlung der Fl. als eine homogene, kohärente u. im wesentlichen irreguläre Anhäufung von Moll., die keinerlei krist. Regionen oder Löcher enthält, die groß genug wären, andere Moll. aufzunehmen, zu einer Erklärung aller typ. Eigg. der Fl. führt. Eine eingehende geometr. Betrachtung lehrt, daß die wahrscheinlichste Anordnung dicht gepackter Kugeln zu einer Oberflächenkoordinationszahl von im Mittel 5 führt, die mit einer Fernwirkungskraft unvereinbar ist u. daher zwangsläufig zu den Eigg. einer Fl. führt. (Nature [London] **183.** 141—47. 17/1. 1959.) W. NIEMITZ. 186

H. Borchers, H. Jordan und **R. Schwarzwälder**, *Überblick über den derzeitigen Stand der Rekristallisationsforschung.* Nach einer Literaturübersicht über die zur Zeit geltenden Anschauungen von der Rekristallisation wird in einer Zahlentafel auf Grund neuerer zum Teil noch unveröffentlichter Ergebnisse die zur Erreichung einer Korngröße von 20, 50, 100, 200, 500, 1000 u. 5000 μ^2 notwendige Zeit in Abhängigkeit von

Glühtemp. u. Verformungsgrad angegeben. — 102 Schrifttumstellen. (Metall **13.** 12—19. Jan. 1959. München, TH.) F. VIER. 190

W. F. Konussow, *Zur Theorie eines begrenzten Kristalls vom NaCl-Typ.* Es werden Gleichungen für einen Kristall in Würfelform, eine unendliche flache Platte, einen unendlich langen Stab von quadrat. Querschnitt u. ein rechtwinkliges Parallelepiped entwickelt. Für einen Ionenkristall vom NaCl-Typ, der durch (100)-Ebenen begrenzt ist, ergibt sich, daß Größe u. Form der Elektronenzelle des Kristalls von seinen Dimensionen abhängen. Die Annahme einer Oberflächenspannung in einem solchen Kristall (vgl. NICOLSON, C. **1958.** 1498) steht in Einklang mit diesen Überlegungen. Bei der Berechnung der Oberflächenenergie eines begrenzten Kristalls führt allerdings die Berücksichtigung der Abhängigkeit der Gitterkonstanten von den Dimensionen nur zu unendlich kleinen Korrekturen. (Журнал Физической Химии [J. physik. Chem.] **31.** 2469—76. Nov. 1957. Tomsk, Sibir. physik.-techn. Inst.) R. K. MÜLLER. 190

Sadao Taki, *Beimischen von Verunreinigungen während der Kristallisation von Ammoniumtitanylsulfat. Ammoniumtitanylsulfat* (**I**) wurde aus seiner wss. Lsg., die verschied. Kationen enthält, umkristallisiert. Kationen werden im **I**-Kristall in der Reihenfolge Na^+, K^+, Fe^{2+}, Mg^{2+}, Fe^{3+}, V^{4+}, Al^{3+} zunehmend schwierig eingebaut. Der Geh. an Na^+ im Kristall beträgt ca. 1/4 des in der Lsg., während der an Al^{3+} im Kristall ca. 1/800 des in der Lsg. beträgt. Die Kationen besetzen im Kristall wahrscheinlich die Stelle des NH_4^+. **I**-Monohydrat enthält im allg. mehr Fremdionen als **I**-Dihydrat. (J. chem. Soc. Japan, ind. Chem. Sect. [Kōgyō Kagaku Zassi] **61.** 970—72. Aug. 1958. Kôhu, Yamanasi-Daigaku. [Orig.: japan.]) E. MAEKAWA. 190

Shigeru Waku, *Darstellung von großen Einkristallen des Bariumtitanats mit Hilfe von Kaliumfluorid als Flußmittel.* Die Bedingungen zur Darst. von großen $BaTiO_3$-Einkristallen in „Schmetterlingszwillingen" (vgl. WHITE, C. **1957.** 867) mit Hilfe von KF als Flußmittel nach REMEIKA (C. **1955.** 1917) wurden untersucht. Das aus $BaCO_3$ u. TiO_2 durch 2std. Erhitzen auf 1150—1200° hergestellte $BaTiO_3$ wird im Achatmörser gepulvert, das Pulver in zwei Gruppen, nämlich in ein feines Pulver (**I**) von > 100 engl. Maschen u. in ein grobes Pulver (**II**) von 40—60 engl. Maschen geteilt u. 0,02% des Gewichts Fe_2O_3 den beiden Gruppen zugegeben. Die mit KF bedeckten Gemische aus **I** u. **II** wurden im Pt-Tiegel durch ca. 6std. Erhitzen auf 1180—1190° bis auf einige Kristallkerne geschmolzen u. dann langsam, mit einer Geschwindigkeit 15—35°/Std., abgekühlt. Um die Kristalle in „Schmetterlingszwillingen" wachsen zu lassen, wurden besser Gemische mit **I** im Überschuß verwendet; Fe_2O_3 wurde ungleichmäßig, also einer Gruppe mehr u. der anderen weniger, zugegeben. In günstigen Fällen werden Einkristalle von 3 cm Kantenlänge erhalten, die als Kristalle mit „Gedächtnis" verwendet werden können. (J. chem. Soc. Japan, ind. Chem. Sect. [Kōgyō Kagaku Zassi] **61.** 966—69. Aug. 1958. Tokyo-Musasino, Denkitûsin-Kenkyûzyo. [Orig.: japan.]) E. MAEKAWA. 190

G. Gafner, *Gasokklusion bei irreversibler Zersetzung im festen Zustand.* Vf. entwickelt eine Theorie für die Diffusion von im Innern eines Festkörpers gebildetem Gas. Erhebliche Verzögerungen zwischen Entw. u. Austritt des Gases können auftreten, wenn ein Gitterdiffusionsmechanismus vorliegt, z. B. während der Zers. durch Strahlung. Die Verzögerungen sind merklich bei Diffusionskonstanten $< 10^{-11}$ cm²/sec. (Trans. Faraday Soc. **55.** 981—84. Juni 1959. Pretoria, S. A. Council for Sci. and Ind. Res., Nat. Phys. Res. Labor.) H. LIEPACK. 190

Arno H. Herzog und **Morris L. Nielsen,** *Röntgenpulverbeugungsdiagramme von Phosphor-Stickstoffverbindungen.* Ergebnisse der Unters. von nachst. 41 P–N-Verbb. werden mitgeteilt: *Amidophosphorsäure* (**I**), $H_2PO_3NH_2$; **I**-*Monohydrat*; **I**-*Mono-NH_4-Salz*; **I**-*Mono-Na-Salz*; **I**-*Di-Na-Salzhexahydrat*; **I**-*Mono-K-Salz*; **I**-*Mg-Salzheptahydrat*; **I**-*Mono-Ba-Salzmonohydrat*, $Ba_{1/2}HPO_3NH_2 \cdot H_2O$; **I**-*Mono-Ag-Salz*; **I**-*Di-Ag-Salz*; *Diamidophosphorsäure* (**II**), $HPO_2(NH_2)_2$, F. 117—119° (korr.); **II**-*NH_4-Salz*; **II**-*Ag-Salz*; *Trimeres Phosphornitrilchlorid*, $(PNCl_2)_3$; *Trimetaphosphinsäure*(**VI**)-*Tri-NH_4-Salzmonohydrat*, $(NH_4)_3(PO_2NH)_3 \cdot H_2O$; **VI**-*Tri-Na-Salz* **III**-*Monohydrat*; **III**-*Tetrahydrat*; Addukt: **III** · *NaOH* · *7 H_2O*; **VI**-*Tri-K-Salz*; **VI**-Tri-Ag-Salz; *Tetrameres Phosphornitrilchlorid*, $(PNCl_2)_4$, F. 123,5—124,5°; *Tetrametaphosphimsäure*(**IV**)-*dihydrat*, $H_4(PO_2NH)_4 \cdot 2\,H_2O$; **IV**-*Di-$NH_4$-Salz*; **IV**-*Tetra-Na-Salztetrahydrat*; **IV**-*Di-Na-Salz*; **IV**-*Tetra-Na-Salzdihydrat* (**V**); **IV**-*Tetra-Na-Salzsesquihydrat* (**VII**), Umwandlungstemp. → **V** ca. 120°; **IV**-*Di-K-Salz*; **IV**-*Di-Rb-Salz*; **IV**-*Tetra-Ag-Salz.* Darunter befinden sich folgende 11 neue Verbb.: **I**-*o-Tolidinsalz*, $C_{14}H_{16}N_2 \cdot (H_2PO_3NH_2)_2$; **VI**, $H_3(PO_2NH)_3$; **VI**-*Dihydrat*; **VI**-*Mono-Na-Salzdihydrat*; **VI**-*Di-Na-Salzsesquihydrat*; **VI**-*Bis-[o-tolidin]-salzdihydrat*; **VI**-*Bis-[benzidin]-salzdihydrat*; **VI**-*Bis-[äthylendiamin]-salzmonohydrat*; **IV**-*Tetra-Na-Salztrihydrat*, Umwandlungstemp. → **VII** 52°; **VI**-*Bis-[o-tolidin]-salzoktahydrat*; *o-Tolidinorthophosphat*, $C_{14}H_{16}N_2 \cdot H_3PO_4$. Verff. zur Herst. mög-

lichst reiner Verbb. sind angegeben u. diese Verbb. mit ihren Elementaranalysen u. ihren 3 stärksten Beugungen in Tabellen zusammengefaßt. (Analytic. Chem. **30.** 1490—96. Sept. 1958. Dayton, O., Monsanto Chem. Co., Res. and Engng. Div.)
E.-M. KREBS. 195

Taneki Tokuda, *Gitterabstände des synthetisierten Cristobalits, besonders im Rückstrahlgebiet.* Von den bei höheren Tempp. gut gewachsenen Cristobalitkristallen (Geh. an SiO_2 99,67% u. 99,57%) werden durch Röntgenstrahlenbeugung insgesamt 87 Reflexionsflächen beobachtet, darunter folgende 39 Flächen, die in der Literatur noch nicht beschrieben sind [in ( ) Gitterabstand in Å]: hkl 110 (?) (3,515), 404 (1,0101), 430 (0,99493), 431 (0,98503), 325 (0,97745), 107 oder 334 (0,97069), 511 (0,96636), 432 (0,95622), 117 (0,95268), 306 (0,94736), 424 (0,93603), 316 (0,93067), 405 (0,92561), 207 (0,91920), 433 (0,91363), 415 (0,90975), 217 (0,90375), 513 (0,89860), 522 (0,89239), 326 (0,88520), 425 (0,86719), 227 (0,85226), 523 (0,85778), 108 (0,85281), 442 (0,85210), 531 (0,84660), 416 (?) (0,83726), 600 (0,82885), 601 (0,82297), 208 oder 610 (0,81757), 435 (0,80778), 602 (0,80642), 515 (0,80061), 533 (?) (0,79863), 612 (?) (0,79732), 621 (0,78123), 603 (0,78005). Nach der Meth. der kleinsten Quadrate wurden folgende Gitterkonstanten (als tetragonales Syst.) berechnet: $a = 4{,}9733 \pm 0{,}0003$; $c = 6{,}9262 \pm 0{,}0018$. Bei niedrigeren Tempp. gewachsene Kristalle zeigen etwas kleinere Gitterabstände. Drei mit (?) markierte Beugungslinien zeigen größere Abweichungen von den für das tetragonale Syst. berechneten Werten u. sind noch nicht vollkommen aufgeklärt. (J. chem. Soc. Japan, pure Chem. Sect. [Nippon Kagaku Zassi] **79.** 1063—67. Sept. 1958. Sakai, Univ. Ôsaka, Sanken. [Orig.: japan.]) E. MAEKAWA. 195

J. R. Murray, *Die Kristallstrukturen von einigen Thoriumverbindungen.* Es wurden die Kristallstrukturen folgender Verbb. bestimmt: $ThAl_3$ hat hexagonale Ni_3Sn-(DO_{19})-Struktur, a = 6,500, c = 4,626 Å; $ThAl_2$ krist. in der hexagonalen AlB_2-(C 32)-Struktur, a = 4,388, c = 4,162 Å; Th_3Al_2 ist tetragonal u. hat die Struktur von U_3Si_2, Raumgruppe D^5_{4h} — P 4/mbm, a = 8,125, c = 4,217 Å. Th_2Al hat tetragonale $CuAl_2$-(C 16)-Struktur, a = 7,614, c = 5,857 Å. Es hat dieselbe Struktur wie Th_2Ag, a = 7,56, c = 5,84 Å, u. Th_2Au, a = 7,42, c = 5,95 Å. Diese Strukturen werden mit denen von $ThCu_2$, $ThNi_2$ u. Th_2Cu verglichen. Erklärungsverss. für die beobachteten Atomabstände u. Achsenverhältnisse bei diesen Th-X-Verbb. basieren auf der Umgebung der Atome, der Differenz zwischen Atom- u. Ionenradien u. der Zunahme der Th-X-Wechselwrkg. mit der Zunahme der Elektronegativität von X. — Zum Verständnis gewisser Merkmale der Th-Al-Verbb. wurden *Th*-Verbb. mit *Cu, Ag, Au* u. *Ni* gleichfalls untersucht. — Ausführliche Angaben über Probenvorbereitung, experimentelle Methoden sowie Diskussion der Ergebnisse werden gegeben. (J. Inst. Metals **84.** 91—96. Dez. 1955. Harwell, Berks., AERE, Metallurgy Div.) GERDA CLEVE. 195

N. A. Petrowa, M. Ja. Schaschin und **W. W. Latsch,** *Anwendung der Methode der Röntgenstrukturanalyse zur Untersuchung der Veränderungen in den Oberflächenschichten eines Metalls bei der Schrotstauchung.* An Cr–Ni–Mo-Stahl mit 0,33(%) C, 1,11 Cr, 0,35 Ni u. 0,18 Mo werden nach Schrotbehandlung die Oberflächenschicht u. (nach Abtragen mit 50%ig. H_2SO_4) tieferliegende Schichten einer Röntgenunters. unterworfen. Mit Verschärfung der Stauchbedingungen nehmen Verzerrungen 3. Art an der Oberfläche zu, sie werden aber in tieferen Schichten rasch kleiner. Maximale Verfestigung tritt bei 60—100 tm/m^2 (spezif. Energie des Schrots) ein. (Заводская Лаборатория [Betriebs-Lab.] **23.** 1372—74. 1957.) R. K. MÜLLER. 196

M. Otter, *Das Aufwachsen von Nickeloxyd auf Nickeleinkristallkugeln mit glatter, unberührter Oberfläche.* Durch Schmelzen im Hochvakuum in einer Quarzglasschale oder auf Sinterkörpern (Al_2O_3) oder -Schichten (Al_2O_3 + BeO) hat Vf. Nickeleinkristallkugeln hergestellt u. ihre Oxydation bei 1 at O_2 u. 500—800° untersucht. Je nach der Temp. beginnt die Oxydation nach 1—2 Min., bevorzugt am (001)-Pol u. auf der Fläche der Zone [100], während die Umgebung von (101) zunächst meist frei bleibt. Etwa gleichzeitig oder etwas später beginnt die Oxydation auf (111), die weitere Umgebung bleibt aber selbst bei 800° nach 30 Min. noch frei. Die Orientierung dieser Bedeckung wird durch Elektronenbeugung untersucht. Demnach ist das Oxyd jeweils antiparallel mit dem Ni verwachsen. Innerhalb dieser einheitlichen Bereiche ist das NiO systemat. verkantet. Es können auch verschied. Orientierungen nebeneinander auftreten. An den dadurch bedingten Grenzen ist das Wachstum am schnellsten. (Z. Naturforsch. **14a.** 355—61. April 1959. Darmstadt, TH, Physik. Inst.) H.-U. WOELK. 196

F. Blaha, *Bemerkenswerte Eigenschaften dünner Metallfäden.* Zusammenfassende Darstellung über die Herst. von „whiskers", die Theorie des Fadenwachstums, die Eigg. u. Anwendungsmöglichkeiten. — 50 Schrifttumsstellen. (Metall **13.** 20—25. Jan. 1959. Wien.) F. VIER. 197

Friedrich Erdmann-Jesnitzer und **Ingrid Otto,** *Rekristallisation von Magnesium mit in Spuren zugesetzten Fremdelementen.* Die Rekristallisation von Reinst-Mg, legiert mit kleinen Mengen Al u. Mg, wurde untersucht. Dabei zeigen sich ebenso wie bei dem hexagonalen Zn u. den kub. Metallen Al, Cu u. Fe die Auswirkungen der Entlastungsdiffusion. Fe verschiebt in Mg mit einer Atomdifferenz zu Mg von 22,4% die Rekristallisationstempp. in weit größerem Maße als Al mit einer Atomdifferenz von 10,62. Da einer größeren Atomdifferenz eine geringere Löslichkeit entspricht, wirkt sich also bei geringerer Löslichkeit die Entlastungsdiffusion stärker aus. Die Schliffbilder zeigten sowohl für Al- wie auch für Fe-Zusätze keine Ausscheidungen ein- oder zweiphasiger Art. Die Verss. zeigen, daß die Rekristallisationsbehinderung mit den Fremdzusätzen ansteigt. (Bergakademie [Freiberg] **10.** 328—33. Mai/Juni 1958. Freiberg, Bergakad.) F. VIER. 197

G. Brinson und **M. E. Hargreaves,** *Die Beeinflussung der Rekristallisation in Zink durch Verformungsungleichmäßigkeiten.* Mkr. Unterss. mit polarisiertem Licht u. unter Verwendung erhitzter Proben ermöglichen die unmittelbare Prüfung der Rekristallisation in verformtem polykristallinem Zn mit einem Reinheitsgrad von 99,998%. Beschrieben wird ein Vers. zur Ermittlung der Abhängigkeit des Verh. von Zn während der Rekristallisation bei 7,5%ig. Druckverformungen. Hieraus wird gefolgert, daß nur in der Nähe der Korngrenzen u. in Bereichen starker Zwillingsbldg. neue Körner auftreten u. schnell zunehmen. Für alle anderen Gebiete werden neue Körner nicht beobachtet, u. die Absorption durch Körner aus den Bereichen des schnellen Wachstums ist langsam. Kleine neue Körner können durch plötzliche Rekristallisation rund um bei Raumtemp. gemachte Einkerbungen erzeugt werden, jedoch nehmen sie bei der Erhitzung auf Glühtemp. nicht zu, weil sie infolge differentieller Wärmeausdehnung verformt werden. Die durch Kennzeichnung bei Glühtemp. verstärkten Körner nehmen nur zu, wenn sie in Bereichen liegen, wo auch die natürlich auftretenden Körner schnell wachsen. Die Unters.-Ergebnisse werden als Beweis für die ungleichmäßige Verteilung der Spannungsenergie in dem verformten Aggregat sowie für den Einfl. dieser Ungleichmäßigkeit auf die Rekristallisation erörtert. (J. Inst. Metals **87.** Bull. **4.** Nr. 16. 112—19. Dez. 1958. Sheffield, Univ.; Melbourne, Australia, Univ.) H. HOCHSTEIN. 197

Theodore H. Orem, *Wachstum von Aluminiumeinkristallen mit bevorzugten Orientierungen.* Eine Meth. wird beschrieben zur Züchtung von Al-Einkristallen mit beliebiger Orientierung u. beliebiger Form des Kristallquerschnitts. (J. Res. nat. Bur. Standards **60.** 547—49. Juni 1958. Washington, D. C.) H. K. HOFMEISTER. 197

G. F. Bolling und **W. C. Winegard,** *Kornwachstum in zonengeschmolzenem Blei.* In zonengereinigtem Pb (99,999 %) wurde das Kornwachstum zwischen 168° u. 318° untersucht. Ein einheitliches Wachstumsgesetz wurde beobachtet, dessen Abweichung von der $t^{1/2}$ Beziehung nach BURKE (1949) erklärt wird. Die Aktivierungsenergie ist 6,7 kcal/gAtom. (Acta metallurg. [New York] **6.** 283—87. April 1958. Toronto, Can., Univ., Dep. of Metallurg. Engng.) H. K. HOFMEISTER. 197

G. F. Bolling und **W. C. Winegard,** *Einige Einflüsse von Verunreinigungen auf das Kornwachstum von zonengeschmolzenem Blei.* (Vgl. vorst. Ref.) Der Einfluß von *Sn*, *Ag* u. *Au* in Zusätzen von 0,005 bis 0,04 Atom-% wurde untersucht. Für jede Zus. wurde ein einheitliches Wachstumsgesetz über den ganzen Temp.-Bereich gefunden. Die Aktivierungsenergien u. Geschwindigkeitskonstanten wachsen mit der Konz. des Zusatzelementes. Das Kornwachstum wird zunehmend verzögert in der Reihenfolge Sn, Ag, Au. (Acta metallurg. [New York] **6.** 288—92. April 1958.) H. K. HOFMEISTER. 197

Hermann Schultz, *Untersuchungen über Gitterfehlstellen in kaltverformtem Wolfram mit Hilfe von Restwiderstandsmessungen.* Die Bldg. von Gitterbaufehlern in Metallen durch plast. Verformung u. ihr Verschwinden bei höheren Tempp. kann durch Messung des Restwiderstandes bei tiefer Temp. (fl. H_2) verfolgt werden. Vf. hat derartige Unterss. an W-Drähten durchgeführt, die von 0,2 mm Durchmesser ausgehend in 12 Stufen bei Raumtemp. auf einen Durchmesser von 100 μ heruntergezogen wurden. Einzelne Drähte wurden vor dem Ziehen auch therm. vorbehandelt (in H_2 bis 1100°). Es zeigt sich, daß die durch Fehlstellenbldg. bedingte Zunahme des Restwiderstandes beim W größer ist als bei den anderen Metallen. Die Erholungskurve zeigt zwei ausgeprägte Stufen. Die der ersten Stufe entspr. Abnahme des Restwiderstandes zwischen 300 u. 400° kann auf das Verschwinden atomarer Fehlstellen, Leerstellen u. Zwischengitteratome, zurückgeführt werden. Die zweite Stufe, 600—1000°, fällt in den Bereich, in dem mechan. Verfestigung eintritt, ist also einer Abnahme der Versetzungsdichte zuzuschreiben. Bei 1000° ist die Erholung prakt. abgeschlossen, die bei 1250° beginnende Rekristallisation macht sich kaum bemerkbar. Auch der Beitrag der Korngrenzen zum

Restwiderstand ist gering. Die erste Stufe hat Vf. eingehend untersucht, bes. durch isotherme Erholungsversuche. Demnach ist sie im wesentlichen der Wanderung von Leerstellen zuzuordnen, die Aktivierungsenergie beträgt 1,73 eV/Atom oder 40 kcal/Mol. Die Ausscheidung erfolgt bevorzugt an Korngrenzen, sie bestimmt die Erholungsgeschwindigkeit. Als Näherungswert für die Wanderungsentropie erhält Vf. $S_w = 3,5$ cal/Mol · Grad. Weitere Möglichkeiten, den Wanderungsmechanismus zu untersuchen, werden diskutiert. (Z. Naturforsch. **14a.** 361—73. April 1959. Augsburg, Osram-Studienges.) H.-U. WOELK. 197

A. J. W. Moore, *Der Einfluß der Oberflächenenergie auf die thermische Ätzung.* Erhitzt man poliertes Ag 10 Tage lang an der Luft bei 900°, so erscheint die Oberfläche therm. geätzt in Form paralleler Furchen. An Einkristallen bekannter Orientierung wurde gezeigt, daß die Seiten der Furchen aus [100]- oder [111]-Ebenen bestehen, je nach der ursprünglichen Orientierung der Oberfläche. Wenn die Oberflächenenergie nicht wesentlich von der Orientierung abhängt, kann die therm. Ätzung einer Ebene dann nicht stattfinden, wenn sie um einen Winkel > arc cos γ_s/γ_c, wobei γ_s die Oberflächenenergie der niedrig indizierten u. γ_c die der zufällig indizierten Ebene ist, geneigt ist. Aus den bestimmten Grenzwinkeln 26° 14′ u. 33° 17′ ergibt sich $\gamma\{100\}/\gamma\{111\} = 1,07$. Die Konturen der Furchen wurden interferometr. u. mit Stylusnadel gemessen. Der Einfl. gelösten Sauerstoffs auf den Ätzvorgang wird diskutiert. (Acta metallurg. [New York] **6.** 293—304. April 1958. Melbourne, Univ., Commonwealth Sci. and Ind. Res. Organizat., Div. of Tribophys.) H. K. HOFMEISTER. 197

E. Brüche und **J. Demny,** *Goldkristallamellen als Schraubenflächen.* Durch Red. verd. $AuCl_3$-Lsgg. haben Vff. Au-Kristalle in Form 3- bzw. 6eckiger, 100 Å dicker Plättchen erhalten. Sie sind mit ihrer Oberfläche parallel zur (111)-Ebene orientiert. An diesen Kristallen wurden Wachstumsspiralen beobachtet, die sich von den Spiralversetzungen dadurch unterscheiden, daß sie aus frei übereinander liegenden Kristallschichten bestehen. Die elektronenmkr. Unters. (Durchstrahlverf.) zeigt geschlossene Polygonzüge, so daß die Erscheinung als Wachstum einer einzelnen Kristallamelle in mehreren Etagen gedeutet werden kann. Der Anlaß für ein derartiges Übereinanderwachsen kann z. B. das Einreißen eines Plättchens auf Grund von Spannungen sein. Diese einfache Deutung wird durch eine Reihe verschied. Beobachtungen gestützt. (Z. Naturforsch. **14a.** 351—54. April 1959. Mosbach, Physik. Labor.) H.-U. WOELK. 197

R. Eborall und **P. Gregory,** *Der Mechanismus der Versprödung durch eine flüssige Phase.* Fl. *Pb* verursacht in β-Messing u. Sn-Bronze beträchtliche Sprödigkeit mit Korngrenzenzerfall, obwohl es sich beim Fehlen von Druck bei erhöhten Tempp. entlang der vorhandenen Risse nicht ausbreiten kann. Entspr. der Theorie von GRIFFITH ist der Druck, der zum Vergrößern vorhandener Risse erforderlich ist, von der Oberflächenenergie abhängig. — Vff. untersuchten β-Messing mit 51,7—55,2(%) *Cu,* 44,7—47,3 *Zn* + 0,0008—1,97 *Pb* u. Sn-Bronzen mit 7—7,9 Sn, 0,06—0,09 P, 0,0005 bis 1,85 Pb bei Tempp. bis zu 850°. (J. Inst. Metals **84.** 88—90. Dez. 1955. London, Brit. Non-Ferrous Met. Res. Assoc., Gen. Metallurgy Sect.) GERDA CLEVE. 197

G. J. Dienes, *Gitterparameter und Nahordnung.* Für bin. Legierungen wurde eine Beziehung zwischen dem Abstand $\bar{r}$ nächster Nachbarn, der Zus. u. dem Nahordnungsparamater σ abgeleitet. Vorausgesetzt wurde Wechselwirkung nur der nächsten Nachbarn, Additivität der Bindungsenergien u. quadrat. Abhängigkeit der Energie vom Atomabstand. Die Abhängigkeit $\bar{r}$ von σ in *Cu–Au-* u. *Ag–Au-*Legierungen kann damit beschrieben werden. Bei Cu_3Au gibt die Theorie die richtige Richtung u. Größe von $\Delta\bar{r}$ bei Ordnungszunahme. Obwohl $\bar{r}$ nicht linear von σ abhängt, ist für Cu_3Au eine lineare Näherung brauchbar. (Acta metallurg. [New York] **6.** 278—82. April 1958. Upton, N. Y., Brookhaven Nat. Labor.) H. K. HOFMEISTER. 197

L. E. Samuels und **M. Hatherly,** *Die Beziehung zwischen der Erstentwicklung von Gleitlinien und metallographischem Gleitliniennachweis in Messing 70/30.* Zum metallograph. Nachw. von Gleitlinien mit den empfindlichsten Ätzmethoden muß eine kleine aber definierte Scherung auf den Gleitlinien im Messing 70 vorausgegangen sein. Untersucht wurde handelsübliches Messing 70 (29,6% Zn), 2 Std. bei 850° angelassen. Die Proben wurden unter Vermeidung von Verformung mechan. u. elektrolyt. poliert, im Polierbad bis zum Sichtbarwerden der Körner im Phasenkontrast geätzt; darauf erfolgte Verformung, die im Phasenkontrast beobachtet wurde. Die Gleitlinienentw. erfolgte z. B. in Thiosulfatlsg. (0,25%ig.) bei 3,5 A/dm² oder durch Ätzung in NH_4OH -H_2O_2. — Als Einschränkung der metallograph. Nachweis-Meth. wird angeführt: a) Es können nur Gleitlinien an der Probenoberfläche festgestellt werden, b) sehr feine Gleitlinien bleiben eventuell unentwickelt u. unentdeckt, c) die meisten Ätzmittel entwickeln bevorzugt Zwillinge u. Korngrenzen, was die Unterss. erschwert, d) obwohl die ersten Gleitlinien in der Nähe von Zwillings- u. Korngrenzen sichtbar werden, ist nicht nachweisbar, daß sie in diesen Gegenden auch zuerst entstehen. — Trotz der Einschränkungen sind die angewendeten Ätz-Meth. von ungewöhnlich hoher Empfindlichkeit; es sind Drücke < 0,05% noch nachweisbar. (J. Inst. Metals **84.** 84—86. Dez. 1955. Sydney, N. S. W. Branch, Def. Stand. Labors; Univ. of Technol., School of Metallurgy.) GERDA CLEVE. 197

T. B. Massalski, *Die Art und Morphologie massiver Umwandlungen in den Legierungen Cu-Ga, Cu-Zn, Cu-Zn-Ga und Cu-Ga-Ge.* Beim Abschrecken der Hochtemperatur-β-Phase verwandelt sich nach Ausscheidung der α- bzw. γ-Phase die zurückbleibende Matrix sehr schnell in eine hexagonal dichte Phase. Metallograph. u. Röntgenunterss. zeigen, daß sich die festen Phasen durch ein sehr schnelles Ausbreiten inkohärenter Korngrenzen bilden u. daß keine definierten Orientierungsbeziehungen zur Mutterphase bestehen. In weniger extremen Fällen ist kohärente Keimbildung wie beim Martensit wahrscheinlich. Der Zusammenhang zwischen massiver Umwandlung u. solchen mit Keimbldg. u. Wachstum martensit. Typs wird diskutiert. (Acta metallurg. [New York] **6.** 243—53. April 1958. Birmingham, Univ., Dep. of Phys. Metallurgy.) H. K. HOFMEISTER. 197

André Rist und **John Chipman,** *Die Aktivität von in flüssigem Eisen gelöstem Kohlenstoff.* Durchgeführt werden Unterss. über das Gleichgewicht zwischen CO_2, CO u. in Fe gelöstem C bei 1260, 1360, 1460 u. 1560° zur Ermittlung der Aktivität des C in Fe-C-Schmelzen mit C-Gehh. bis 6%. Das Löslichkeitsschaubild des C in fl. Fe unter einem CO-CO_2-Ar-Gemisch von 1155—1760° wird aufgestellt. (Rev. Métallurgie **53.** 796—807. Okt. 1956.) H. HOCHSTEIN. 197

Franz Neumann, Hermann Schenck und **Wilhelm Patterson,** *Eisen-Kohlenstoff-Legierungen in thermodynamischer Betrachtung.* Beschrieben werden die Grundlagen für die thermodynam. Erfassung der Legierungen u. metallurg. Prozesse. Mit Hilfe der abgeleiteten Gleichungen werden die spezif. Wärme, der Wärmeinhalt (Enthalpie), die Freie Energie (Freie Enthalpie) u. die Entropie des reinen Fe berechnet. Für das Zweistoffsystem Fe-C wird sowohl die Löslichkeit als auch die Aktivität u. die Lösungswärme des C im α-, γ- u. im fl. Fe untersucht, so daß mittels der im Schrifttum vorliegenden Unterlagen eine Berichtigung des Fe-C-Zustandsschaubildes durchgeführt wird. Der Einfl. der Zusatzelemente auf das physikal.-chem. Verh. von C in Fe-X-C-Lsgg. (X = Zusatzelement) wird durch krit. Auswertung des Schrifttums ermittelt. Da in der Praxis im allg. keine Drei-, sondern Vielstoffsysteme vorliegen, wird untersucht, wieweit die für die Dreistoffsysteme gültigen Beziehungen auf die Vielstoffsysteme übertragen werden können. Im Bereich geringer Konz. darf die Wrkg. der einzelnen Elemente als additiv angenommen werden, wenn auch bei höheren Konzz. Abweichungen auftreten können. Das Syst. *Fe-Mn-S-C* scheint auf Grund der vorliegenden experimentellen Unterlagen eine Ausnahme zu machen, deren Nachprüfung noch nicht abgeschlossen ist. Die Wrkg. der einzelnen Zusatzelemente auf C-Löslichkeit u. Aktivität kann zum Aufbau des Period. Syst. in Beziehung gebracht werden, so daß der mutmaßliche Einfl. vieler experimentell noch nicht untersuchter Elemente dieser Darstellung zu entnehmen ist. Damit ergibt sich die Möglichkeit, den Sättigungsgrad bei Berücksichtigung aller im Gußeisen enthaltenen Elemente auf einfache Weise zu berechnen. 72 Schrifttumsstellen. (Gießerei, techn.-wiss. Beih. **1959.** Nr. 23. 1217—46. Jan. Aachen, TH.) H. HOCHSTEIN. 197

Wilhelm Patterson und **Dieter Ammann,** *Beitrag zur Kristallisation des lamellaren Eisen-Graphit-Eutektikums in Gußeisen.* Nach der Darst. der theoret. Grundlagen über Keimbldg. u. Kristallwachstum bes. eutekt. Legierungen werden daraus die Gesetzmäßigkeiten bei der Kristallisation des lamellaren Fe-Graphit-Eutektikums abgeleitet u. mit den vorliegenden Vers.-Ergebnissen verglichen. Es wird die Auffassung vertreten, daß der eutekt. Graphit sich im nicht wärmebehandelten Gußeisen unmittelbar aus der Schmelze bildet. Ausgehend von einem Zentrum, wächst das Graphiteutektikum in Form kugeliger Kolonien, der eutekt. Zellen. Innerhalb einer eutekt. Zelle stellt der Graphit ein zusammenhängendes Gebilde dar. Der Lamellenabstand u. damit die scheinbare Lamellenlänge im Schliffbild ist eine Funktion der Unterkühlung während des Wachstums. Es wird geschätzt, daß der Volumanteil der wirksamen Fremdkeime im Gußeisen zwischen etwa 10^{-12} u. 10^{-2} % liegt. Eine Substanz kommt konstitutionell als Fremdkeim in Frage, wenn sie entweder über etwa 2000° schmilzt oder mit Fe-C-Legierungen eine Mischungslücke im fl. Zustand bildet. Die kristallograph. Bedingungen für die Wirksamkeit eines Kristalls als Fremdkeim werden erörtert u. der Vers. einer Voraussage für einige Substanzen gemacht. Die im Schrifttum enthaltenen Hinweise auf die Identität von Fremdkeimen für Graphit werden zusammengestellt. In Verss. wird die Abhängigkeit der Unterkühlung u. des Gefüges eutekt. Gußeisensorten von der Überhitzung bei unterschiedlichen Vers.-Bedingungen untersucht. Die Auffassung von der

Kristallisation in eutekt. Zellen wird bestätigt. Die Graphitfeinheit nimmt stetig mit der Unterkühlung zu, was die Auffassung von der Bldg. des feinlamellaren Graphits durch Carbidzerfall widerlegt. Es wird gezeigt, daß in den untersuchten Fe-Sorten sechs verschied. Fremdkeimarten wirksam sind. Es wird vermutet, daß drei von ihnen aus α-Quarz, α-Tridymit bzw. Al_2O_3 bestehen. Mindestens ein weiterer Fremdkeim ist wahrscheinlich ebenfalls oxyd. Natur. Es wird angenommen, daß SiO_2-Kristalle nur dann als Fremdkeime wirken, wenn sie mit dem Einsatz eingebracht u. nicht durch zu hohe Überhitzung zerstört werden. Nach einer aufgestellten Hypothese gibt es für fremdkeimbildende Elemente, bes. O, einen optimalen Geh., oberhalb dessen die Schwereseigerung von Fremdkeimen überhand nimmt u. der von der Badhöhe, der Durchwirbelung u. dem Temp.-Gang der Schmelze in starkem Maße abhängig ist. 91 Schrifttumsangaben. (Gießerei, techn.-wiss. Beih. **1959.** Nr. 23. 1247—75. Jan.) H. HOCHSTEIN. 197

H. M. Otte und **T. A. Read,** *Habitusflächen von Martensit in einem Chrom-Kohlenstoff-Stahl.* Berichtet wird von Beobachtungen über die Streuung der Martensit-Habitusflächen in einem Stahl mit 1,5% C u. 2,8% Cr. Nur ein geringer Anteil dieser Streuung ist auf einen Unters.-Fehler zurückzuführen; der größte Teil davon liegt ursächlich vor. Ein geringer Betrag der tatsächlichen Streuung rührt von einer dem Verf. anhaftenden Unmöglichkeit zur genügend genauen Best. der Trennfläche her. Der Restteil ist eine Folge des während der Umwandlung entstehenden Zwangszustandes. Dieser gibt Anlaß zur Entstehung zweier Effekte. Einer davon wird auf ein die Verwandlung begleitendes Gleiten im Austenit zurückgeführt. Sein Beitrag zur Streuung scheint gering zu sein. Der andere Effekt ist von unbestimmter Natur u. hängt mit einer ziemlich unvollständigen Struktur des Martensits zusammen. Es wird angenommen, daß Gleiten auch im Martensit auftritt. (J. Metals **9.** Nr. 4, Sect. 2. Trans. AIME **209.** 412—17. April 1957. Birmingham, Univ.; Urbana, Ill., Univ., Dep. of Mining and Metallurg. Engng.) H. HOCHSTEIN. 197

K. T. Aust und **C. G. Dunn,** *Gefügeänderungen in Verbindung mit durch Spannungen hervorgerufener Korngrenzenwanderung in Si–Fe.* An um 2 bis 12% kaltgewalzten u. bis 1200° geglühten zweikristallinen Proben einer Fe–Si-Legierung mit 3,25% Si werden die Korngrenzenwanderungen mittels eines Chromsäureelektrolyten verfolgt. Hierbei wird der Zusammenhang zwischen der Erholung u. der Korngrenzenwanderung ermittelt. Festgestellt werden auch die Restspannungen an dem an wandernden Korngrenzen angrenzenden Gefüge. Das Verh. von Gitterstörungen mit zunehmender Korngrenzenwanderung wird erörtert u. die Beeinflussung der Gitterstörungen durch Glühbehandlungen bis 1200° festgestellt. (J. Metals **9.** Nr. 4, Sect. 2. Trans. AIME **209.** 472—78. April 1957. Schenectady, N. Y., General Electric Co., Res. Labor.)
H. HOCHSTEIN. 197

Tunezô Saitô und **Kazuo Maruya,** *Diffusion von Silicium und Mangan in geschmolzenem Eisen (Ergänzung).* (Vgl. Bull. Res. Inst. Mineral. Dressing Metallurgy, Tohoku Univ. **10.** [1954.] 72.) Der Diffusionskoeff. von Si in Fe–C (gesätt.)- Si (1,5%)-Legierungen beträgt: D (cm^2/sec) = $2{,}40 \cdot 10^{-4} \cdot \exp(-4{,}12 \cdot 10^3/T)$, die Aktivierungsenergie Q = 8200 cal/g-Atom. Die entspr. Werte für Mn in Fe–C (gesätt.)–Mn (2,5%)-Legierungen sind D = $1{,}93 \cdot 10^{-4} \cdot \exp(-2{,}92 \cdot 10^4/T)$; Q = 5800 cal/g-Atom. (Bull. Res. Inst. Mineral Dressing Metallurgy, Tohoku Univ., **12.** Nr. 1. 27—30. Juni 1956. [Orig.: japan.; Auszug: engl.]) W. WESLY. 197

E. Schmid, *Kristallstruktur und Verformung.* An Hand der Literatur wird über die Kristallplastizität, die Translation, die mechan. Zwillings-Bldg., das Zerreißen nach ebenen Spaltflächen u. die Auswirkung der Deformationsmechanismen berichtet u. ein Überblick über die heutigen Anschauungen von dem Zustandekommen der Kristallplastizität gegeben. Die Wechsel-Wrkg. von Punktdefekten mit Versetzungen wird erläutert. — 80 Schrifttumsstellen. (Metall **13.** 1—12. Jan. 1959. Wien, Univ., Physik. Inst.)
F. VIER. 200

Werner Köster und **Johannes Scherb,** *Bestimmung des Ganges der Poissonzahl während elastischer und geringer plastischer Beanspruchung.* Durch gleichzeitiges Messen von Längsdilatation u. Querkontraktion an einachsig bis zum Bereich beginnender Plastizität belasteten Rundstäben wird der Gang der POISSON-Zahl im elast. Bereich u. beim Übergang von elast. zu plast. Beanspruchung verfolgt. Für *Rh* u. *Ir* wurde die POISSONsche Konstante mit 0,26 gefunden. Nach den Messungen besteht die Spannung-Dehnung-Kurve im elast. Bereich aus 2 Geraden mit verschied. Steigung. Die POISSON-Zahl wird dabei wenig beeinflußt. Bei einsetzendem Fließen steigt die POISSON-Zahl auf 0,5. Geringe plast. Verformung bis 1% beeinflußt sie jedoch nicht. Bei *Ag* nimmt sie bei höherer Verformung ab. Nach der Rekristallisation hat sie wieder ihren Ausgangswert. (Z. Metallkunde **49.** 501—07. Okt. 1958. Stuttgart, MPI für Metallforsch.)
F. VIER. 200

Hans Joachim Bunge, *Zur Deformationsanisotropie übersättigter Mischkristalle. — Ausscheidungsisoperme.* (Vgl. C. **1959.** 7711.) Unter der Voraussetzung, daß die kohärent ausgeschiedenen Teilchen an der Verformung teilnehmen, wird die Änderung der Ordnungsfunktion a(r) bei plast. Verformung für den Fall übersättigter Mischkristalle berechnet. Es wird gezeigt, daß eine solche Verformung die Ordnungsfunktion in der gleichen Weise beeinflußt wie eine zusätzliche Ausscheidung flacher Teilchen in den Gleitebenen. Nach einer Erläuterung der Ergebnisse an Hand von Beispielen werden die gewonnenen Erkenntnisse auf die Ausscheidungsisoperme des Dreistoff-Syst. Fe–Ni–Cu angewendet. Danach läßt sich die Walzanisotropie dieser Legierungen als Überlagerung eines „Ausscheidungs"- u. eines „Ordnungseffektes" erklären. Zusammenhänge mit der Theorie der gerichteten Ausscheidung werden erörtert. (Z. Metallkunde **49.** 517—23. Okt. 1958. Berlin, Dtsch. Akad. der Wiss., Inst. für Strukturforsch.) F. VIER. 200

I. I. Nowikow und **K. T. Matwejewa,** *Messung der Festigkeits- und Plastizitätskoeffizienten von Legierungen im Kristallisationsgebiet.* Vff. bestimmen mit einer bes. zu diesem Zweck ausgearbeiteten Anordnung die Festigkeits- (FK) u. Plastizitätskoeffizienten (PlK) von Al-Legierungen im Kristallisationsgebiet an zylindr. Proben. Bei Legierungen mit 6% Cu + 0,6% Si oder mit 20% Sn nimmt der PlK bei der Solidustemp. stark ab u. nimmt bei steigender Temp. wieder zu. Auch der FK zeigt eine starke Abnahme am Soliduspunkt. (Заводская Лаборатория [Betriebs-Lab.] **23.** 1369—72. 1957. Moskau, Inst. für Nichteisenmetalle u. Gold, u. Phys.-techn. Inst. der Akad. der Wiss. der KasachSSR.) R. K. MÜLLER. 200

C. W. Weaver, *Der Einfluß des Glühens von Zwillingen auf die interkristalline Kriechrißbildung.* Der Vorgang einer interkristallinen Kriechrißbldg. längs einer Quergrenze kann gefördert oder auch aufgehalten werden durch die senkrechte interkristalline Grenze einer durch Glühung entstandenen Zwillingsbildung. Dieses Aufhalten wird der niedrigeren freien Oberflächenenergie der zusammenhängenden, auf dem Rißweg liegenden Zwillingsgrenze zugeschrieben, welche größere Schubbeträge zur Ausbldg. des Risses erfordert als dies bei einer n. Korngrenze der Fall ist. Der experimentelle Beweis wird dafür erbracht, daß der Riß durch eine Verformung durch das Korn hindurch längs der Zwillingsgrenze aufgehalten wird. Wo ein Zwilling vollständig ein Korn durchsetzt u. günstig in bezug auf die Hauptspannungsachse orientiert ist, kann der Schub, der mit dem Riß in der Querkorngrenze verbunden ist, auf die gegenüberliegende parallele Korngrenze übertragen werden, wobei dort ein Komplementärriß auf der entgegengesetzten Seite der Zwillingsgrenze hervorgerufen wird. (J. Inst. Metals **87.** Bull. **4.** Nr. 16. 126—27. Dez. 1958. Melbourne, Australia, Defence Sci. Serv.) H. HOCHSTEIN. 200

K. Schröder, *Fließphänomene in Kupfer-Arsen-Legierungen.* Das Auftreten von Dehnungsverfestigung in Einkristallen von Cu mit 0,36% As wurde festgestellt durch gleichzeitige Best. der Spannung–Dehnung-Kurven u. der Änderung des elektr. Widerstands. Während des Fließens nahm der elektr. Widerstand schneller zu als normal. Die Widerstandsänderung wird im Rahmen des COTTRELLschen Modells der Verunreinigungsatmosphäre um Versetzungen erklärt. (Proc. physic. Soc. **72.** 33—41. 1/7. 1958. Melbourne, Univ., Commonwealth Sci. and. Ind. Res. Organizat., Div. of Tribophys.) H. K. HOFMEISTER. 200

Ch. Kiefer, *Die Ausdehnungs-Schwindungseigenschaften der blättrigen Minerale zwischen 0 und 1400° C.* Deutsche Fassung der C. **1958.** 532 referierten Arbeit. (Keram. Z. **9.** 382—385. 432—437. 474—478. 1957.) H. SAALFELD. 200

E. Hadzi, ed., Hydrogen bonding. London: Pergamon Pr. 1959. (K. S.) 80 s.
P. J. Wheatley, The determination of molecular structure. London: Clarendon. 1959. (272 S. m. Abb.) 35 s.

A₇. Gleichgewichte. Kinetik.

R. W. Ramette und **T. R. Blackburn,** *Spezifische Einflüsse von Kationen auf Rhodamin-B-Gleichgewichte.* Aus Unterss. über den Einfl. verschied. Kationen [Li^+, Na^+, K^+, Rb^+, Cs^+, NH_4^+ u. *Pyridinium* (**I**)] in Form ihrer Chloride auf *Rhodamin*-B (**II**)-Gleichgewichte geht hervor, daß eine merkliche Abhängigkeit des Gleichgewichtskoeff. Q vom Kation vorliegt. Z. B. ist Q in Anwesenheit von CsCl etwa 50% größer als in Anwesenheit von LiCl. Bei **I**-Cl ergeben sich anomal hohe Q-Werte, die wahrscheinlich auf eine abweichende Art der Wechselwrkg. zwischen dem Kation u. **II** zurückzuführen sind. Einige orientierende Messungen mit Erdalkalichloriden zeigen, daß hier eine weniger ausgeprägte Abhängigkeit besteht; immerhin sind aber auch in diesem Fall die Q-Werte bei Kationen höheren At.-Gew. höher als bei denen mit niedrigerem At.-Gewicht. (J. physic. Chem. **62.** 1601—03. Dez. 1958. Northfield, Minn., Carleton Coll., Leighton Hall of Chem.) W. NIEMITZ. 221

Masako Shima, Hirotoshi Sano und **Fujirô Iimura,** *Komplexe aus den Elementen der vierten Gruppe und Derivaten zweiwertiger o-Phenole.* 1. Mitt. *Absorptionsspektren der Komplexe aus den Elementen der vierten Gruppe und Azobenzolderivaten.* Die UV- sowie sichtbaren Absorptionsspektren der Komplexen des *Ge* bzw. *Sn, Ti, Zr* oder *Th* u. *3.4-Dihydroxy-3'-nitroazobenzol* bzw. *-4'-nitroazobenzol, -3'-sulfonamido-azobenzol, -3'-acetylazobenzol, -4'-acetylazobenzol, -3'-chlorazobenzol, -4'-chlorazobenzol, -3'-bromazobenzol, -4'-bromazobenzol, -3'-jodazobenzol, -4'-jodazobenzol, -phenylazo-2'-naphthalin* oder *-1.1'-phenylenbisazobenzol* werden in verd. A. gemessen. Die Komplexe zeigen 3 neue Absorptionsbanden bei längeren Wellenlängen im Vgl. zu den Spektren der entspr. Azobenzole. Die Verschiebungen der Absorptionsmaxima sind im allg. bei den Verbb. mit kleinerer HAMMETTscher σ-Konstante größer. Die Komplexe aus Ge oder Sn stellt jedoch in einigen Fällen Ausnahme für diese Regel dar. Die Intensität der neuen Bande, die der Bande der freien Azo-Verb. am nähesten liegt, ist bei der Verb. mit kleinerem σ-Wert kleiner, während die Bande, die der der freien Azo-Verb. am fernsten liegt, die umgekehrte Tendenz zeigt. (J. chem. Soc. Japan, pure Chem. Sect. [Nippon Kagaku Zassi] **79.** 1032—37. Sept. 1958. Tokyo, Univ., Naturwiss. Fak. [Orig.: japan.]) E. MAEKAWA. 223

Masako Shima, *Komplexe aus den Elementen der vierten Gruppe und Derivaten zweiwertiger o-Phenole.* 2. Mitt. *Säuredissoziationskonstanten der Azobenzolderivate mit zwei o-phenolischen Hydroxygruppen.* (1. vgl. vorst. Ref.) Aus den UV- sowie sichtbaren Spektren in Lsgg. verschied. p_H-Werte wurden die Dissoziationskonstanten folgender Derivv. des *3.4-Dihydroxyazobenzols* berechnet [in ( ) pK_1 u. pK_2]: *3'-NO_2* (7,33 ± $0{,}01_6$, 11,25 ± $0{,}02_1$); *3'-NO_2* (7,40 ± 0,007, 11,65 ± $0{,}02_0$); *4'-SO_2NH_2* (7,21 ± $0{,}01_6$, 11,93 ± $0{,}01_4$). — *4'-$COCH_3$* (7,44 ± $0{,}01_7$, 11,58 ± $0{,}01_6$); *3'-$COCH_3$* (7,67 ± $0{,}02_5$, 11,57 ± $0{,}01_1$). — *3'-Cl* (7,56 ± $0{,}02_5$, 11,73 ± $0{,}01_7$); *3-'Br* (7,53 ± $0{,}01_1$, 11,79 ± $0{,}01_3$); *3'-J* (7,69 ± $0{,}02_6$, 11,77 ± $0{,}02_4$); *4'-Cl* (7,68 ± $0{,}03_3$, 11,88 ± $0{,}02_7$); *4'-J* (7,63 ± $0{,}04_1$, 11,68 ± $0{,}01_9$). — *3.4–Dihydroxyphenylazo-2'-naphthalin* (7,71 ± $0{,}02_9$, 11,94 ± $0{,}04_3$). Gegen σ-Werte aufgetragen bilden pK_1 u. pK_2 dieser Verbb. je eine Gerade. (J. chem. Soc. Japan, pure Chem. Sect. [Nippon Kagaku Zassi] **79.** 1037—41. Sept. 1958. [Orig.: japan.]) E. MAEKAWA. 223

Masako Shima, *Komplexe aus den Elementen der vierten Gruppe und Derivaten zweiwertiger o-Phenole.* 3. Mitt. *Komplexe aus Germanium und Azobenzolderivaten.* (2. vgl. vorst. Ref.) Aus den UV- sowie sichtbaren Spektren der Komplexe aus Ge u. den in den vorst. Reff. angegebenen Derivv. des *3.4-Dihydroxyazobenzols* wurde geschlossen, daß diese Verbb. mindestens zwei verschied. Komplexe bilden. Die sich bei p_H 4 bildenden Komplexe bestehen aus einem Atom Ge u. 3 Moll. Azoverbb. u. besitzen ihre Absorptionsmaxima bei ca $58{,}8 \cdot 10^{13}$ sec^{-1}, während die sich bei p_H 6 bildenden Komplexe (I) aus einem Atom Ge u. 4 Moll. Azoverbb. bestehen u. ihre Absorptionsmaxima bei ca. $70{,}0 \cdot 10^{13}$ sec^{-1} besitzen. Die Bildungskonstanten von I liegen im Bereich von 19,4—20,4. Ge bildet auch mit einwertigen Phenolen Komplexe, deren Bildungskonstanten jedoch sehr klein sind. (J. chem. Soc. Japan, pure Chem. Sect. [Nippon Kagaku Zassi] **79.** 1041—45. Sept. 1958. [Orig.: japan.]) E. MAEKAWA. 223

Masako Shima, *Komplexe aus den Elementen der vierten Gruppe und Derivaten zweiwertiger o-Phenole.* 4. Mitt. *Komplexe aus den Elementen der vierten Gruppe und 3.4-Dihydroxy-4'-chlorazobenzol.* (3. vgl. vorst. Ref.) Die UV- sowie sichtbaren Spektren der Komplexe aus *3.4-Dihydroxy-4'-chlorazobenzol* (I) u. *Ti, Zr, Th* oder *Sn* werden in Lsgg. verschied. p_H-Werte gemessen. Diese Metalle bilden in sauren Lsgg. 1:3-Komplexe, während die in neutralen Lsgg. gebildeten aus 1 Atom Ti u. 1 Mol. **I** bzw. 1 Atom Zr u. 1 Mol. **I** oder 1 Atom Th u. 2 Moll. **I** bestehen. Sn bildet auch in neutraler Lsg. denselben Komplex wie in saurer. Die Absorptionskurven dieser Komplexe dehnen sich im Vgl. zu denen der Komplexe aus Ge u. **I** nach längeren Wellenlängen. Diese Unterschiede beruhen vermutlich auf den unterschiedlichen Elektronenzuständen der äußeren Schalen. (J. chem. Soc. Japan, pure Chem. Sect. [Nippon Kagaku Zassi] **79.** 1045—48. Sept. 1958. [Orig.: japan.]) E. MAEKAWA. 223

Masako Shima, *Komplexe aus den Elementen der vierten Gruppe und Derivaten zweiwertiger o-Phenole.* 5. Mitt. *Zur Struktur der Komplexe.* (4. vgl. vorst. Ref.) Die Zuss. der in der 3. u. 4. Mitt. angegebenen Komplexe aus Ge bzw. Sn, Ti, Zr oder Th u. *3.4-Dihydroxy-4'-chlorazobenzol* (I) werden auch durch Mikroanalyse der isolierten Komplexe bestätigt. Der Komplex, der sich aus Ge u. **I** bei p_H 6 bildet, enthält 2 Moll. Kristallwasser. Nach den IR-Absorptionsspektren ist das Metallatom in diesen Komplexen an die O-Atome des zweiwertigen Phenols gebunden (GeO 660 cm^{-1}, SnO 520 cm^{-1}, TiO 755 cm^{-1}, ZrO 570 cm^{-1}, ThO 500 cm^{-1}). Die IR-Absorptionen von **I** werden durch Komplexbldg. stark beeinflußt, während die des Phenylfluorons sich bei Komplexbldg. wenig ändern. Zwei Komplexe, die sich aus dem gleichen Metall bei verschied.

Aciditäten bilden, zeigen sehr ähnliche IR-Spektren. Wasserlösl. GeO_2 zeigt in der KBr-Tablette eine breite intensive Bande bei ca. 900 cm^{-1} (ν GeO). (J. chem. Soc. Japan, pure Chem. Sect. [Nippon Kagaku Zassi] **79.** 1049—53. Sept. 1958. [Orig.: japan.]) E. MAEKAWA. 223

Hiroshi Shimura, *Untersuchung über o-Nitrosophenol und dessen Metallkomplexe.* 1. Mitt. *Absorptionsspektren von o-Nitrophenol und seinen Komplexen.* In wss., saurer, neutraler u. alkal. Lsg. sowie in PAe. werden die Absorptionsspektren von *o-Nitrosophenol,* desgl. die seiner Komplexe mit *Zn, Ni, Cu, Co* u. *Fe* untersucht u. die Struktur u. Beständigkeit der Komplexe erörtert. (J. chem. Soc. Japan, pure Chem. Sect. [Nippon Kagaku Zassi] **76.** 867—70. Aug. 1955. Osaka, Univ. [Orig.: japan.]) L. SCHULER. 223

Hiroshi Shimura, *Untersuchung über o-Nitrosophenol und dessen Metallkomplexe.* 2. Mitt. *Über die Zusammensetzung der Komplexe in wäßrigen Lösungen.* (1. vgl. vorst. Ref.) Untersucht wird die Änderung der Absorptionsspektren der Komplexsalze von *o-Nitrosophenol mit Cu, Zn, Ni* u. *Fe* bei Variation des p_H; aus den Ergebnissen wird auf die Art der Koordination in den Komplexen in wss. Lsg. geschlossen. (J. chem. Soc. Japan, pure Chem. Sect. [Nippon Kagaku Zassi] **76.** 870—73. Aug. 1955. [Orig.: japan.]) L. SCHULER. 223

Philip W. West und **McGee A. Duff,** *Eine Untersuchung einiger substituierter Amide der Thioglykolsäure.* Die Unterss. wurden durchgeführt mit dem Ziel, Reagenzien zu finden, die in nicht-wss. Lösungsm. mit anorgan. Ionen farbige Chelate bilden u. so deren Identifizierung oder Best. zu ermöglichen. An Metallionen, u. zwar Cu^{2+}, Au^{3+}, Ag^{+}, Cd^{2+}, Hg^{+}, Hg^{2+}, Tl^{+}, Sn^{2+}, Sn^{4+}, Pb^{2+}, Bi^{3+}, As^{3+}, Sb^{3+}, Ni^{2+}, Co^{2+}, Pd^{2+}, Pt^{4+} Mn^{2+}, Fe^{2+}, Fe^{3+} Ru^{3+} wurde die Chelatbldg. mit *N-[3-Nitrophenyl]-α-mercaptoäthanamid, N-(4 Nitrophenyl)-α-mercaptoäthanamid* u. *Thioanilid* in saurem, neutralem u. bas. Milieu untersucht u. beschrieben. Die Struktur $Ar-NH-CO-CH_2-SH$ scheint sich für die gewünschte Chelatbldg. zu eignen, wobei die Koordinaten der Kationen an der –NH–, der –CO– oder der enolischen –OH-Gruppe stattfinden kann. Es wurde gefunden, daß durch Substitution einer Nitrogruppe in den aromat. Kern die Selektivität erhöht wird. (Analytica chim. Acta [Amsterdam] **15.** 271—77. Sept. 1956. Baton Rouge, La., Louisiana State Univ., Coates Chem. Labors.) K. ROSS. 223

Kunio Nishikawa, *Einwirkung der Alkali- sowie Erdalkalisalze als Flußmittel bei der thermischen Aktivierung des Calciumwolframats auf seine Fluorescenz.* Es wird die Löslichkeit des $CaWO_4$ in verschied. geschmolzenen Alkali- sowie Erdalkalisalzen bei 950° u. einer um 50° höheren Temp. als der F. des benutzten Salzes gemessen. Sie nimmt in der Reihenfolge NaBr, KBr, KCl, $SrCl_2$, NaCl, LiBr, $CaCl_2$, Na_2SO_4, Li_2SO_4, LiCl zu. Das Wachsen der Kristalle von $CaWO_4$ aus den Schmelzen wird durch folgende Flußmittel stark erleichtert: LiCl, LiBr, Li_2SO_4, $CaCl_2$, $SrCl_2$, u. $BaCl_2$; NaCl, KCl u. KBr sind etwas u. LiJ, NaJ, KJ, Na_2SO_4, $MgCl_2$ u. $Ca(NO_3)_2$ nicht wirksam. LiCl, LiBr u. $CaCl_2$ verursachen starkes Nachleuchten, das bei einem Gemisch aus $CaWO_4$ u. KCl nicht gefunden wird. (J. chem. Soc. Japan, ind. Chem. Sect. [Kōgyō Kagaku Zassi] **61.** 955—58. Aug. 1958. Kyôto, Simazu-Seisakusyo. [Orig.: japan.]) E. MAEKAWA. 224

D. R. Rosseinsky, *Die Löslichkeiten schwer löslicher Salze in Wasser.* 5. Mitt. *Die Löslichkeit von Bariumsulfat bei 25°.* (4. vgl. C. **1956.** 11362.) $BaSO_4$ wurde sehr sorgfältig aus sehr verd. Lsgg. gefällt u. seine Löslichkeit bei 25° konduktometr. zu (1,0385 ± 0,005) · 10^{-5} Mol/Liter bestimmt. Die spezif. Leitfähigkeit beträgt 2943 ± 12 $\Omega^{-1} \cdot cm^{-1}$. (Trans. Faraday Soc. **54.** 116—18. Jan. 1958. Grahamstown, South Africa, Rhodes Univ., Dep. of Chem.) H. PLUSKAL. 224

Je. A. Prandetzkaja, *Über das Abheben von Zinn von Blech in Nitrosäuren enthaltenden alkalischen Lösungen.* (Vgl. C. **1956.** 2377.) Verzinntes Fe-Blech wird unter gleichen Bedingungen (gleiche Oberfläche, Gläser gleicher Größe, 75°) der Einw. von 1,25n NaOH mit 0,15-mol. Geh. an *Na*-Salzen von *m-Nitrobenzoesäure* (**I**), *3-Nitrophthalsäure* (**II**) oder *m-Nitrobenzolsulfonsäure* (**III**) unterworfen. Die Lösungsgeschwindigkeit nimmt in der Reihenfolge **I**>**III**>**II** ab. Von 1 m^2 Oberfläche lösen sich in 1 Std. im Falle von **I** 39,8, **III** 22,3, **II** 10,8 g Sn. (Журнал Прикладной Химии [J. angew. Chem.] **30.** 1394 bis 1397. Sept. 1957. Moskau, Kalinin-Inst. für Nichteisenmetalle u. Gold, Lehrstuhl für Elektrochem. u. Korr.) R. K. MÜLLER. 224

Richard W. Ramette, *Benzolextraktion von Antimon(III)-jodid.* Vf. untersucht die Vollständigkeit der Extraktion von SbJ_3 aus schwefelsaurem Medium mit Bzl. u. die Rückextraktion aus dem Bzl. in eine wss. 0,1 mol. KNO_3-Lösung. Extraktionskoeffizienten für verschied. Konz. der Lösungspartner sind aufgeführt. (Analytic. Chem. **30.** 1158—59. Juni 1958. Northfield, Minn., Carleton Coll.) R. FRYDRYCH. 224

Francis J. Cheselske, W. E. Wallace und **W. Keith Hall,** *Der Austausch von Deuteriumgas mit dem mit einem festen Katalysator verbundenen Wasserstoff.* 1. Mitt.

Das Modell Tantal-Wasserstoff. Die von MARCUS (C. **1957.** 6975) entwickelte Theorie wird auf mit Wasserstoff beladenes Ta übertragen, das von D_2-Gas umgeben ist. Der Austausch wurde experimentell an Ta-Drähten untersucht, in denen bei 650—1000° Wasserstoff bis zur Sättigung gelöst war. Unter Versuchsbedingungen, bei denen ein Isotopieeffekt vernachlässigbar war, wurde aus der Verstimmung der mit zwei Wärmeleitungsvakuummetern verbundenen Brücke der in der Gasphase vorhandene H_2-Geh. bestimmt. Die Messungen wurden zwischen 530 u. 640° bei konstanter (a) u. bei ansteigender Temp. (b) durchgeführt. Die Ta-Proben enthielten 3,47—6,14 At.-% H. Die scheinbare [E_a) u. die wahre Aktivierungsenergie [E_0) wurden nach (a) zu 22,3 u. 14,9 kcal/Mol bestimmt, aus (b) folgte E_a = 22,9 kcal/Mol. Die Differenz zwischen E_a u. E_0 ist in guter Übereinstimmung mit der Lösungswärme für Wasserstoff in Ta, wie nach theoret. Betrachtungen zu erwarten ist. Vff. nehmen an, daß E_0 eine obere Grenze für die Aktivierungsenergie der Diffusion von Wasserstoff durch das Ta-Gitter ist. Das im Gleichgewichtszustand sich einstellende Verhältnis der H-Konz. im Festkörper (bestimmt nach Entgasen des Drahtes) zu der in der Gasphase betrug 1,06, es lag also ein kleiner Isotopieeffekt vor. (J. physic. Chem. **63.** 505—12. April 1959. Pittsburgh, Pa., Mellon Inst.) H. LIEPACK. 225

G. L. Schott und **J. L. Kinsey,** *Kinetische Untersuchungen der Hydroxylradikale in Stoßwellen.* 2. Mitt. *Induktionszeiten bei der Wasserstoff-Sauerstoff-Reaktion.* (1. vgl. C. **1959.** 7049.) Die Bldg. von OH in der durch Stoßwellen induzierten Verbrennung von H_2 u. O_2 wurde durch oszillograph. Aufzeichnung der Absorption der OH-Linie bei 3064 Å untersucht. Die wesentlichen Merkmale der Rk. sind: 1) eine Induktionsperiode, deren Länge t_i sich umgekehrt proportional $[O_2]$ ändert; 2) Zunahme des Prod. $[O_2]\,t_i$, wenn t_i kurz wird im Vgl. zur Schwingungsrelaxationszeit von O_2 u. 3) gegen Ende der Induktionszeit eine S-förmige Zunahme von [OH] bis zu einem Maximum, gefolgt von einer langsamen Abnahme. t_i wurde im Temp. Bereich von 1100 bis 2600° K, bei $1{,}3 \cdot 10^{-5} \leqslant [O_2] \leqslant 8{,}0 \cdot 10^{-4}$ Mol/Liter, $0{,}25 \leqslant [H_2]/[O_2] \leqslant 5$, $0{,}004 \leqslant [O_2]/[Ar] \leqslant 0{,}20$ u. $5 \leqslant t_i \leqslant 500$ µsec untersucht. Es wurde gezeigt, daß Übereinstimmung besteht zwischen Experimenten mit einfallenden und reflektierten Stoßwellen. Entspr. dem aus Unterss. der Explosionsgrenzen bekannten Mechanismus mit Kettenverzweigung wird t_i bestimmt durch die Geschwindigkeit der Rk. $H + O_2 \xrightarrow{k_1} OH + O$ nach: $2\,k_1\,[O_2]\,t_i = 2{,}303\,n$, wobei n die Anzahl der Zehnerpotenzen ist, um die [OH] zwischen Beginn u. Ende der Induktionsperiode zunimmt. Die Werte für $[O_2]\,t_i$, die annähernd proportional $1/k_1$ sind, sind gegeben durch: $\log_{10}([O_2]\,t_i)$ (Mol · Liter^{-1} · sec) $= -10{,}647 + (3966 \pm 625)/T$. Der in dieser Arbeit erhaltene Wert $k_1 = 1{,}4 \cdot 10^9$ bei 1650° K ergibt zusammen mit Werten für k_1 bei Tempp. um 800° K für die Temp-Abhängigkeit: $k_1 = 3 \cdot 10^{11} \exp(-17{,}5 \pm 3)/RT$ (Mol/Liter)$^{-1}$ sec^{-1}. Die Beziehung dieser Ergebnisse zu Detonationsexperimenten wird diskutiert. (J. chem. Physics **29.** 1177—82. Nov. 1958. Los Alamos, N. Mex., Univ. of California, Los Alamos Sci. Labor.) M. SCHENK. 225

Liliana Felloni und **Giampaolo Bolognesi,** *Kinetik der Auflösung von Eisen in saurem Medium.* 1. Mitt. *Wirkung von adsorbiertem Wasserstoff.* Um den Einfl. von Adsorptions- u. Diffusionsprozessen von H_2 an Eisen auf die Geschwindigkeit der Auflösung von Fe in salzsaurem Medium (1 n HCl bei 25°) zu untersuchen, haben Vff. die Zeitabhängigkeit der Wasserstoffentw. im Zusammenhang mit der Oberfläche (2,5 cm · 5 cm) u. Dicke (1—0,12 mm) der Fe-Proben geprüft. Es zeigte sich, daß die Menge des adsorbierten Wasserstoffes beim Übergang von 0,4 auf 0,12 mm Dicke stark zunahm, während die adsorbierten Mengen H_2 bei Proben > 0,4 mm Stärke sich nicht beträchtlich voneinander unterscheiden. Bei allen Proben nahm die H_2-Entw. mit der Zeit sehr rasch ab u. zwar am stärksten im Falle der dünnen Proben. Zwischen Adsorption u. Diffusion bildet sich relativ rasch (∼ 120 Min.) ein Gleichgewicht aus. Bei der Unters. von Proben, die auf einer Seite mit einer Paraffinschicht überzogen wurden u. deshalb nur mehr die halbe Oberfläche der ursprünglichen Proben besitzen, ergibt sich ein qualitativ gleiches Bild; die Menge adsorbierter Wasserstoff ist jedoch größer bezogen auf % adsorbierter H_2/cm^2 als bei den ursprünglichen. Die Wasserstoffentwicklung erfolgt rascher u. nach kurzer Zeit mit konstanter Geschwindigkeit. Es wird angenommen, daß es zwei Typen von akt. Zentren gibt. Beim Zusammenstoß eines Protons mit einem akt. Oberflächenpunkt geht dieses zuerst in ein H-Atom, das an der Oberfläche adsorbiert ist, über. Diese vereinigen sich zu H_2. Ein Teil von Oberflächen-H-Atomen des zweiten Typs tauscht mit anderen Punkten seinen Platz u. wandert in das Metallinnere. Im Metallinneren haben diese Wasserstoffatome eine gewisse Lebensdauer. Aus den Unterss. wird auf einen Polarisationseffekt durch die H-Atome im inneren des Metalls auf die Wasserstoffentw. geschlossen. (Ann. Chimica **47.** 985—95. Sept. 1957. Ferrara, Univ., Ist. di Chim.) H. NÖTH. 225

Giampaolo Bolognesi und **Liliana Felloni,** *Kinetik der Auflösung von Eisen in saurem Medium. 2. Mitt. Wirkung einiger Zusätze in Beziehung zum adsorbierten Wasserstoff.* (1. vgl. vorst. Ref.) Es wurde untersucht, welchen Einfl. Inhibitoren der Wasserstoffentwicklung, wie *A.* u. *o-Tolylthioharnstoff* (II), auf die Adsorption von Wasserstoff bei der Auflösung von Eisen in 1 n HCl haben. In Ggw. von 5% A. ändert sich das Verh. von Fe gegen 1 n HCl prakt. nicht, wenngleich der zeitl. Abfall der H_2-Entw. nicht so ausgeprägt ist wie in Abwesenheit von Alkohol. Das bedeutet, daß die Sättigung des Fe mit Wasserstoff langsamer vor sich geht. Dies wird auf eine Erniedrigung der Wasserstoffüberspannung zurückgeführt. In Ggw. von I ($^1/_{500}$ mol. Lsg.) erweist sich die H_2-Entw. nahezu unabhängig von der Dicke der Proben. Die Entwicklungsgeschwindigkeit nimmt in allen Fällen rapide ab, wobei der zeitliche Abfall im Falle der 0,12 mm Probe wiederum am stärksten ist (vgl. 1. Mitt.). Bei Proben mit der halben Oberfläche liegt die Menge des sich entwickelnden Wasserstoffes unterhalb von 50% der bei den n. Proben meßbaren. Die Menge des adsorbierten Wasserstoffes nimmt jedoch in Ggw. von I beträchtlich zu u. ist nahezu doppelt so groß wie bei den n. Probekörpern. Dieses Verh. zeigt, daß I den Prozeß $H_3O^+ + e^- + M = M - H + H_2O$ nicht inhibiert, während es die katalyt. Kombination der H-Atome $M - H + M - H$ ($M - H$ = entladenes Proton an einem akt. Punkt der Metalloberfläche M) $= 2\,M + H_2$ blockiert. I ist also ein negativer, unspezif. Katalysator für den Prozeß der Wasserstoffentw., welcher die Vereinigung von adsorbierten H-Atomen zum H_2 Mol. inhibiert. Dies entspricht elektrochem. einer Erhöhung der Wasserstoffüberspannung. (Ann. Chimica **47.** 996—1004. Sept. 1957.) H. Nöth. 225

Hiroaki Tagawa und **Fumiaki Sudô,** *Geschwindigkeit der thermischen Zersetzung des Kalksteins bei verschiedenen CO_2-Drucken.* Die Geschwindigkeit v der therm. Zers. des Kalksteins bei einer bestimmten Temp. (750—1050°) u. einem bestimmten CO_2-Druck (0—400 mm Hg) wird experimentell durch folgende Gleichung ausgedrückt: $vt = R\,[1 - (1 - \gamma)^{1/3}]$, wobei t Zeitdauer, 2R Kantenlänge einer kub. Probe u. γ Zersetzungsgrad sind. Gegen 1/T (T absol. Temp.) aufgetragen bildet log v bei den angegebenen CO_2-Drucken eine Gerade, deren Gradient sich jedoch bei ca. 900° sprunghaft ändert. Die Aktivierungsenergie beträgt im Vakuum bei Tempp. $<$ 900° 36,6 kcal/Mol u. bei Tempp. $>$ 900° 18,8 kcal/Mol. (J. chem. Soc. Japan, ind. Chem. Sect. [Kōgyō Kagaku Zassi] **61.** 946—48. Aug. 1958. Uozu, Nippon-Kâbaido.[Orig.: japan.]) E. Maekawa. 225

Marc Lefort und **Pierre Douzou,** *Photochemische Oxydation von Eisen(II)-ionen in wäßriger Lösung. Untersuchung der umgekehrten Reaktion. Reduktion durch atomaren Wasserstoff.* Die Ausbeuten der photochem. Oxydation von Fe(II)-Ionen in wss. Lsgg. werden mittels der Strahlung von 2537 Å in Abhängigkeit vom p_H bestimmt, wobei sich ergibt, daß zwischen p_H 0 u. 2 kein p_H-Einfl. vorliegt. Die Ergebnisse gleicher Verss. in Ggw. von *Acrylnitril* (I) sprechen dafür, daß durch das Einfangen der H-Atome durch das monomere I die inverse Reduktionsreaktion gehemmt wird, die nach der Gleichung $Fe^{3+}OH^- + h\nu \rightarrow Fe^{2+} + OH$ verläuft. Es entsteht ein Gleichgewicht zwischen Oxydation u. Red., so daß bei bestimmten Fe^{2+}/Fe^{3+}-Verhältnissen weder eine Oxydation noch eine Red., sondern lediglich eine Polymerisation von I stattfindet. (J. Chim. physique Physico-Chim. biol. **53.** 536—41. Paris, Labor. Curie.) W. Niemitz. 226

Paul H. Emmett, *Adsorption und Katalyse.* Zusammenfassender Überblick. — 69 Literaturzitate. (J. physic. Chem. **63.** 449—56. April 1959. Baltimore, Md., Johns Hopkins Univ., Chem. Dep.) H. Liepack. 227

Alfons Krause, *Über die katalytische Aktivität von Mikrospuren.* Der analyt. feststellbare Geh. eines Elementes im Katalysator entspricht nicht immer der akt. Menge dieses Elementes. So ist Kalkstickstoff mit $6 \cdot 10^{-6}$ g Mn bei der Zers. von H_2O_2 unwirksam, während 10^{-13} g Mn^{2+}, die auf ihm als Träger aufgebracht werden, die Zers. beeinflussen. Ähnlich verhält sich das Syst. MnO_2/Mn^{2+} oder CuO/Cu^{2+}. Die Einwände von Rozdział u. Trzebiatowski (C. **1957.** 8624) sind deshalb nicht stichhaltig. (Roczniki Chem. [Ann. Soc. chim. Polonorum] **31.** 355—57. 1957. Poznań, Uniw. A. Mickiewicza, Zakł. Chem. nieorgan.) F. Urban. 227

J. Kennedy, Synergism in the solvent extraction of uranium; a tentative explanation. London: H. M. S. O. 1959. (K. S.) 1 s. 6 d.

Atherton Seidell, Solubilities: a compilation of solubility data from the periodical literature; a revision and continuation of the compilation. 4th ed. Vol. 1. Inorganic and metal-organic compounds A—Ir. Princeton (New Jersey), London: Van Nostrand. 1958. (IV + 1487 S. m. Tab.) 9 £. 7 s. 6 d.

—, Vistas in free radical chemistry. London: Pergamon Pr. 1959. (K. S.) 80 s.

A_8. Präparative anorganische Chemie. Komplexverbindungen. Metallorganische Verbindungen.

H. G. Heal, *Analoga der Ammoniumverbindungen in den Gruppen fünf, sechs und sieben des Periodischen Systems.* Übersicht über bisher bekannte, teilweise prakt. verwendbare *Oniumsalze* mit *N, P, As, Sb, Bi, O, S, Se, Te, Cl, Br* u. *J* als Zentralatome der Kationen. Die von N, P u. O existieren auch mit H-Atomen als einzigen Liganden, die übrigen nur mehr oder weniger alkyl- oder arylsubstituiert: Konst., chem. Eigg., 7 Wege zu ihrer Darst., bes. Besprechung von H_3O^+ u. anderen Oxoniumionen, therm. Stabilität von Oniumsalzen. — 43 Literaturangaben. (J. chem. Educat. **35.** 192—97. April 1958. Vancouver, Can., Univ. of Brit. Columbia.) K. BLUMRICH. 228

Marcel Chaigneau, *Darstellung von Jodiden durch Umsetzung von geschmolzenem Aluminiumjodid mit den Oxyden.* (Vgl. C. **1957.** 6386.) Durch Umsetzung von geschmolzenem AlJ_3 mit Metalloxyden in einem geschlossenen evakuierten Rohr aus Pyrexglas bei etwa 200—400° u. 24—48 Std. Rk.-Zeit, wurden die Jodide von 34 Metallen der Gruppen IIa—VIIIa und Ib—VIb des Perioden-Syst. dargestellt. Die Präpp. können durch Sublimation oder Extraktion gereinigt werden. BJ_3 u. CrJ_3 sind dem Verf. nicht zugänglich. (Bull. Soc. chim. France [5] **1957.** 886—88. Juli 1957. Paris, Fac. de Pharm., Labor. de M. le Prof. P. Lebeau.) R. USÓN. 249

Joaquín Barea, *Beitrag zur Untersuchung der Reduktion des Schwefeldioxyds.* Von den 16 Rkk., die bei der Red. des SO_2 mit C in Frage kommen u. zu den Prodd. S_2, COS u. CS_2 führen können, laufen nur 5 nach den thermodynam. Unterss. von SILLER spontan ab. Davon kommen 2, da sie Kohle, die erst aktiviert werden müßte, als Ausgangsstoff nehmen, nicht in Frage. Aktivierung geschieht am besten durch Vergasung. So kommen nur die 3 Rkk. (1) $6\,CO + 2\,SO_2 = CS_2 + 5\,CO_2$, (2) $3\,CO + SO_2 = COS + 2\,CO_2$, (3) $2\,CO + SO_2 = {}^1/_2\,S_2 + 2\,CO_2$ in Betracht, die von vornherein CO als Ausgangsmaterial nehmen. Thermodynam. betrachtet, erfolgen alle 3 zwischen 600 u. 1200° gleich leicht, u. nur COS als Endprod. scheidet infolge therm. Dissoziation (bei 1200° zu 95%) aus. Welches Prod. vorwiegend erhalten werden kann, CS_2 oder S_2, hängt von den Reaktionsgeschwindigkeiten (RGG) ab, deren Beeinflussung durch Temp. u. Katalysatoren nur durch Vers. zu entscheiden ist. Nach Meinung von SILLER sollten diese Gasrkk. nur langsam verlaufen. Das dürfte auch für den homogenen Raum richtig sein. Doch zeigt sich im Vers., daß bereits Stücke von Biscuitporzellan (BP) den an ihrer Oberfläche verlaufenden heterogenen Rkk. genügende Geschwindigkeit erteilen. Hierfür wird ein aus 2 ineinander geschobenen Quarzrohren bestehender vertikaler Ofen angegeben, in dessen durch einen elektr. Widerstand von außen beheiztes Mantelrohr die aus 3 (Vol.) CO + 1 SO_2 bestehende Gasmischung geleitet wird, die dann weiter durch das mit BP-Stäbchen (2 · 5 mm) gefüllte Innenrohr fließt. In beträchtlichem, mit der Temp. steigendem Maße findet Rk. (3) statt. S wird mit einem Wattefilter entfernt, u. die verbleibenden Gase werden analysiert. Man erhält je 2 Werte für SO_2, CO_2 u. COS, je 1 für CO u. CS_2. Dieses Verf. gibt schneller bessere Werte als das von SILLER, hat aber auch noch viele Mängel, da der S nicht völlig zurückgehalten wird u. die Absorber behindert u. da auch noch andere nicht vorgesehene S-haltige Gase entstehen. Da das Verf. zur Orientierung genügt, wurde auf Triäthylphosphin als selektives CS_2-Absorptionsmittel verzichtet u. auch auf $PdCl_2$, das nicht anders als ammoniakal. CuCl wirkt. In Diagrammen sind die Vol.-% CO_2 u. CO in Abhängigkeit von Strömungsgeschwindigkeit beim Eintritt der Gase u. von der Temp., in einer Tabelle auch die Vol.-% SO_2, COS u. CS_2 angegeben. Man ersieht daraus, daß zwischen 600 u. 1200° infolge der relativen RGG hauptsächlich die Rk. (3) stattfindet u. die Bldg. von CS_2 u. COS zurücktritt. (Ion [Madrid] **18.** 424—31. Juli 1958. Barcelona, „Productos electrolit S. A.") W. METZENER. 253

E. F. Apple und **Thomas Wartik,** *Das Verhalten von Dibortetrachlorid gegenüber einigen nichtmetallischen Elementen. Dibortetrachlorid* (**I**) B_2Cl_4 reagiert bereits bei Tempp. unterhalb von 20° mit Cl_2, Br_2 u. O_2 unter Aufspaltung der B–B-Bindung nach folgenden Rk.-Gleichungen: $\mathbf{I} + Cl_2 = 2\,BCl_3$ (— 45°); $3\,\mathbf{I} + 3\,Br_2 = 4\,BCl_3 + 2\,BBr_3$ (— 23°); $6\,\mathbf{I} + 3\,O_2 = 2\,B_2O_3 + 8\,BCl_3$ (— 78°). Bei Raum-Temp. erfolgte die Umsetzung von **I** mit O_2 unter Flammenerscheinung, wobei Cl_2 als Rk.-Prod. auftrat. Verss., bei der Rk. mit Br_2 gemischte Borhalogenide zu isolieren, führten zu keinem Ergebnis. Bei der Behandlung von **I** mit J_2, S u. weißem P bei Raum-Temp. erfolgte keinerlei Reaktion. (J. Amer. chem. Soc. **80.** 6153—54. 5/12. 1958. University Park, Pa., Pennsylvania State Univ., Coll. of Chem. and Phys., Dep. of Chem.)
L. SCHWIEGK. 258

Thomas Wartik und **E. F. Apple**, *Die Reaktionen von Dibortetrachlorid mit einigen Wasserstoffverbindungen von nichtmetallischen Elementen und mit Dimethylsulfid.* (Vgl. vorst. Ref.) Vff. untersuchten die Rkk. zwischen B_2Cl_4(I) u. HJ, H_2O, H_2S, PH_3, $S(CH_3)_2$. Zwischen I u. HJ erfolgt weder innerhalb 1 Woche bei —78° noch innerhalb von 15 Min. bei 0° eine Reaktion. Die Umsetzungen von I mit den anderen Komponenten lassen sich alle so leiten, daß keine Aufspaltung der B–B-Bindung erfolgt. Bei Raum-Temp. erfolgt mit W. nach $I + 4 H_2O = B_2(OH)_4 + 4 HCl$ Abscheidung eines weißen Nd. von *Unterborsäure* (II) $B_2(OH)_4$. Dagegen erfolgt bei 160° vollständige Aufspaltung der B–B-Bindung nach $I + 6 H_2O = 2 H_3BO_3 + 4 HCl + H_2$. II reagiert mit großem Überschuß von W. unter Bldg. von H_2; die Bldg. von H_2 wird beschleunigt durch H_2SO_4-Zusatz, sie erfolgt sehr schnell in Ggw. von NaOH. II ist gegenüber Luft recht unempfindlich, bei Aufbewahrung bei Raum-Temp. im Vakuum ist II unbegrenzt haltbar. Verss. zur Darst. von $BCl(OH)_2$ aus II u. Cl_2 mißlangen. Beim Erhitzen von II im Vakuum beginnt bei 90° W.-Abgabe, nach Erhitzen auf 250° (4 Std.) bildete sich reines *Bormonoxyd* BO; dieses färbt sich im Vakuum oberhalb 650° allmählich braun, bei Ggw. von Spuren W. erfolgt bereits bei ca. 400° heftige Rk. unter großer Wärmeabgabe. Bei — 78° erfolgt mit H_2S Bldg. von $B_2Cl_4 \cdot H_2S$, bei H_2S-Überschuß von $B_2Cl_4 \cdot 2 H_2S$ (nach Analyse 1:1,83); letzteres weist bereits bei — 78° einen geringen H_2S-Dampfdruck auf; beide Addukte sind feste weiße Substanzen. Bei der Rk. von I mit H_2S bei höheren Tempp. erfolgt teilweise Aufspaltung der B–B-Bindung. Aus Ansätzen mit überschüssigem H_2S, bei denen die B–B-Bindung quantitativ aufgespalten wurde (90°, 4 Std.), konnten Vff. folgende Prodd. isolieren: B_2S_3, $B_3S_3Cl_3$, BCl_2SH (III), BCl_3. Vff. nehmen folgende Rkk. an: $3 I + 3 H_2S = 4 BCl_3 + B_2S_3 + 3 H_2$, $BCl_3 + B_2S_3 = B_3S_3Cl_3$, $B_2S_3 + 4 BCl_3 + 3 H_2S = 6 BCl_2SH$. Die Isolierung des bisher nicht beschriebenen III aus dem Rk.-Gemisch erfolgte durch Ausfrieren bei — 78°. Der Dampfdruck von III läßt sich darstellen durch $\log p_{mm} = - 1375,6/T + 7,112$ (—45,2 bis 0°, daraus extrapolieren Vff. Kp. 52°, Verdampfungswärme 6300 cal/Mol, TROUTON-Konstante 19,4). III bildet mit $N(CH_3)_3$ bei Raum-Temp. eine weiße feste Additions-Verb. $BCl_2SH \cdot N(CH_3)_3$, diese zers. sich langsam unter Abgabe von CH_3Cl vermutlich zu $(CH_3)_2N = BClSH$, trotz dieser Rk. ist das Addukt bedeutend beständiger als III selbst. Bei Rk. zwischen I u. PH_3 bildete sich bei — 78° ein weißer Nd., nach 8std. Rk. bei — 78° u. 1std. Rk. bei 0° konnten Vff. aus dem festen, verhältnismäßig flüchtigen Rk.-Prod. durch Ausfrieren bei — 23° als Hauptprod. $B_2Cl_4 \cdot 2 PH_3$(IV) u. als Neben-Prod. $BCl_3 \cdot PH_3$ (Dissoziationsdruck bei 0° 9,8 Torr) isolieren. Beide sind bei Raum-Temp. ziemlich stabil; IV hat bei 25° einen Dampfdruck von 0,7 Torr. IV zers. sich bei 65° teilweise unter Bldg. von PH_4Cl. Bei Rk zwischen I u. $S(CH_3)_2$ bei 0° erhielten Vff. $B_2Cl_4 \cdot S(CH_3)_2$, fl., u. $B_2Cl_4 \cdot 2S(CH_3)_2$, fest. Beide Prodd. sind gegen W. u. Luft empfindlich, jedoch sind sie bedeutend beständiger als die entspr. Addukte des $(CH_3)_2O$. (J. Amer. chem. Soc. **80.** 6155—58. 5/12. 1958.) L. SCHWIEGK. 258

E. F. Apple und **Thomas Wartik**, *Die Reaktionen von Dicyan mit Dibortetrachlorid und mit Borhalogeniden.* (Vgl. vorst. Reff.) Vff. untersuchen die Rkk. von $(CN)_2$ mit B_2Cl_4, BF_3, BCl_3 u. BBr_3. Aus B_2Cl_4 u. überschüssigem $(CN)_2$ erhalten Vff. nach 10tägiger Rk. bei Raum-Temp. $B_2Cl_4 \cdot 1,5 (CN)_2$ (I) als braunes Prod., das sich an der Luft zu einem weißen Prod. zersetzt. I ist lösl. in W., CH_3OH, unlösl. in CCl_4 u. Chlf., in mehreren organ. Lösungsmitteln ist es begrenzt löslich. Bei 12std. Rk. von I mit fl. W. bei 100° entsteht ein brauner öliger Nd., der nicht weiter untersucht wurde; H_2 entwickelte sich bei dieser Rk. nicht (also keine Spaltung einer B–B-Bindung).

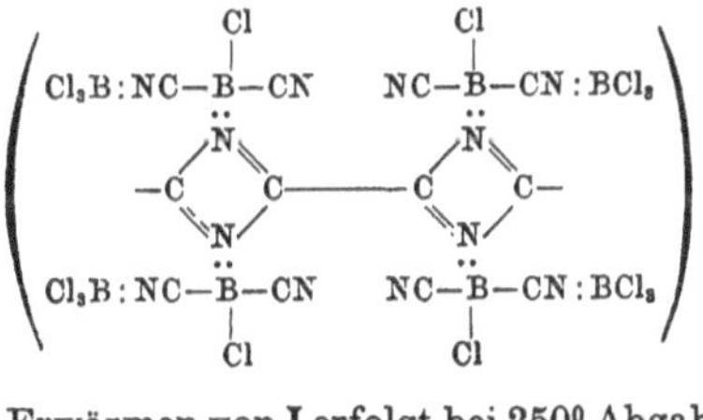
I

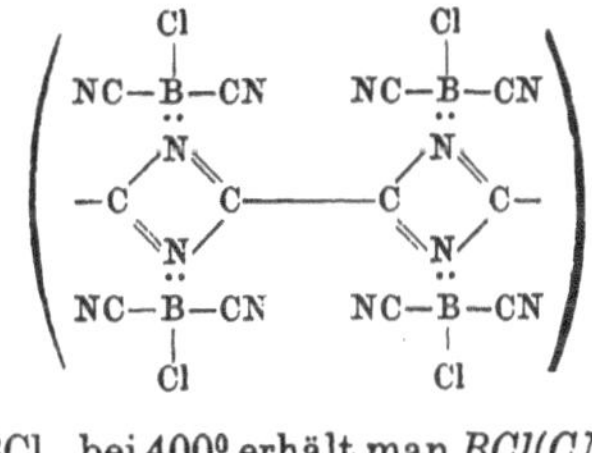
II

Beim Erwärmen von I erfolgt bei 250° Abgabe von BCl_3, bei 400° erhält man $BCl(CN)_3$(II), eine schwarze Substanz, die sich nicht an der Luft zers. u. unlösl. in CH_3OH, Chlf., W. u. kalter verd. HNO_3 ist. Erhitzt man II im Vakuum auf 800°, erfolgt unter Gasabgabe ein Gewichtsverlust der festen Phase um 50%. Beim Erhitzen an der Luft erfolgt bis 500° keine Rk., bei 800° erfolgt schnelle Bldg. von B_2O_3. Auf Grund der chem. Rkk. schreiben Vff. I u. II obenst. Strukturen zu (wobei die gewählte Form des polymeren (CN) eine unter mehreren möglichen ist). I nimmt innerhalb von 8 Tagen 2 Mole$(CH_3)_3N$

pro Mol **I** auf, dabei bilden sich keine flüchtigen Prodd.; Vff. nehmen an, daß bei dieser Rk. $BCl_3 \cdot N(CH_3)_3$, $BCl(CN)_2 \cdot N(CH_3)_3$ u. $(CN)_n$ (Paracyan) gebildet werden. — Zwischen $(CN)_2$ u. BF_3 erfolgte weder bei Raum-Temp. noch innerhalb von 24 Std. bei 100° eine Reaktion. — Äquimol. Mengen BCl_3 u. $(CN)_2$ reagieren unter Bldg. eines weißen Prod. $BCl_3 \cdot (CN)_2$ (**III**). Überschüssiges BCl_3 bildet mit $(CN)_2$ bei Raum-Temp. innerhalb von 12 Std. $(BCl_3)_2 \cdot (CN)_2$ (**IV**), fest, orange; lösl. unter Rk. in W., CH_3OH, verd. HNO_3, unlösl. in CCl_4 u. Chlf.; beim Erhitzen im Vakuum auf 350° werden geringe Mengen BCl_3 u. $(CN)_2$ abgegeben unter Bldg. eines nicht flüchtigen schwarzen Rück-

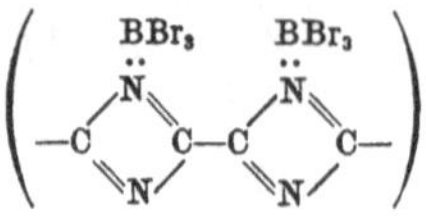
V

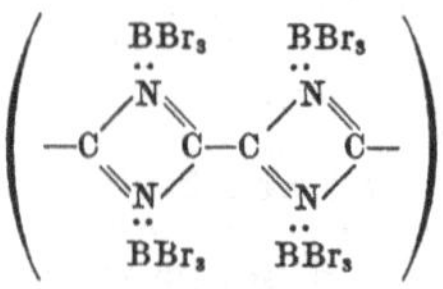
VI

standes, dieser färbt sich an der Luft innerhalb mehrerer Monate braun. Auf Grund der Farbe nehmen Vff. an, daß das Dicyan in **III** u. **IV** nicht weitgehend polymerisiert ist. — Äquimol. Mengen BBr_3 u. $(CN)_2$ bilden bei — 23° ein dunkelbraunes festes Prod, $BBr_3 \cdot (CN)_2$ (**V**), lösl. in 1,2-Dimethoxyäthan u. in CH_3OH (unter Rk.). Bei 5tägiger Rk. eines Überschusses von BBr_3 mit $(CN)_2$ bei 130° erhielten Vff. ein ebenfalls dunkelbraunes Prod. der Zus. $(BBr_3)_2 \cdot (CN)_2$ (**VI**). **V** u. **VI** geben bei erhöhten Tempp. allmählich Br_2 ab. Vff. schreiben **I** u. **VI** obenst. Strukturen zu. (J. Amer. chem. Soc. **80.** 6158—61. 5/12. 1958.) L. SCHWIEGK. 258

A. F. Sak, *Über die Reaktion von Glas mit aggressiven Medien.* Aus Glasfasern aus reinem Na-Silicat (mit 20 u. 26% Na_2O) wird durch HCl der Na_2O-Geh. fast völlig entfernt, jedoch ohne starken Festigkeitsverlust des verbleibenden SiO_2-Skeletts. Teilersatz des SiO_2 durch andere saure Oxyde (SO) wie Al_2O_3, Fe_2O_3, B_2O_3, ZnO, TiO_2 erhöht die Säurefestigkeit, am stärksten B_2O_3. Bei Ca-Mg-Gläsern wird sie durch 3% SO fast verdoppelt. Größere Mengen SO setzen jedoch die Säurefestigkeit wieder herab, es werden zunehmend auch SO herausgelöst. Ähnlich wirkt der Ersatz von SiO_2 durch Erdalkalioxyde (EO). Bei Alkaligläsern setzen EO die elektr. Leitfähigkeit herab, bei alkalifreien ändern sie sie fast nicht. Die höchste Säurefestigkeit zeigen Alkaligläser, deren Alkaligeh. auf ca. 12% vermindert ist. Die Festigkeit gegenüber W. wird stark durch die SO bzw. EO bestimmt. Eine wesentliche Rolle in der Kinetik des Angriffs auf Gläser spielt die Porosität der Oberflächenschicht. (Журнал Прикладной Химии [J. angew. Chem.] **30.** 1292—98. Sept. 1957. Allunions wiss. Forsch.-Inst. für Glasfasern.) R. K. MÜLLER. 261

L. L. Ames jr. und **L. B. Sand,** *Die die maximale hydrothermale Stabilität in Montmorilloniten beeinflussenden Faktoren.* Vff. untersuchten die Bedeutung der Faktoren, welche die relative maximale therm. Stabilität in Montmorilloniten in hydrothermalen Systemen beeinflussen. Als beeinflussende Faktoren kommen Zwischenschichtkationen, die Zus. u. die Typen der Gittersubstitutionen in Frage. Das Fehlen eines Zwischenschichtalkalikations (Na) ergibt niedrige Zersetzungstempp. von ca. 300° für Mg-Montmorillonite u. 400° für Al-Montmorillonite im Vgl. zu 750° u. 480°, wenn Alkali zum Ausgleich der überschüssigen negativen Ladung zugegen ist. Mit optimaler Substitution haben *Saponite* höhere maximale Stabilitäten als die Al-Montmorillonite. Es lassen sich die folgenden Gittersubstitutionen in Montmorilloniten unterscheiden, welche die maximale hydrothermale Stabilität beeinflussen: Für Al-Montmorillonite: 1) Substitution von Al für Si in tetraedr. Koordination $Al_2(Si_{3,67} \overset{Na_{0,33}}{\uparrow} Al_{0,33})\, O_{10}\, (OH)_2 \xrightarrow{480°}$ Paragonit, Pyrophyllit, Mullit; 2) Substitution von Mg für Al in oktaedr. Koordination $(Al_{1,67} \overset{Na_{0,33}}{\uparrow} Mg_{0,33}, Si_4\, O_{10}(\,OH)_2 \xrightarrow{480°}$ Saponit, Albit, Cristobalit. — Für Mg-Montmorillonite: 1) Substitution von Al für Si in tetraedr. Koordination $(Mg_3Si_{3,67} \overset{Na_{0,33}}{\uparrow} Al_{0,33})\, O_{10}\, (OH)_2 \xrightarrow{750°}$ Talk $\xrightarrow{780°}$ Enstatit, Quarz; 2) Substitution von Li für Mg in oktaedr. Koordination $(Mg_{2,67} \overset{Na_{0,33}}{\uparrow} Li_{0,33})\, Si_4O_{10}\, (OH)_2 \xrightarrow{750°}$ Talk $\xrightarrow{780°}$ Antophyllit. (Bull. geol. Soc. America **68.** 1695. Dez. 1957. Amer. Mineralogist **43.** 641—48. Juli/Aug. 1958. Salt Lake City, Utah, Univ., Dep. of Mineral.) C. GOTTFRIED. 261

Shôichirô Nagai, Jun'ichi Fujita und **Yoshimichi Irokawa,** *Magnesiasuperphosphat aus Serpentin, Peridotit, Dolomit oder Seewassermagnesia und Superphosphat.* *Serpentin* (**I**), bzw. *Peridotit* (**II**), *Dolomit* (**III**) oder *Seewassermagnesia* (**IV**) wird mit Calciumsuperphosphat gut gemischt u. in der Luft von Juni bis Dezember bei 15—32°

gelagert, wobei Magnesia langsam in Citronensäure lösl. wird. Diese Rk. vom Magnesia läuft in der Reihenfolge **II, III, I** u. **IV** zunehmend schnell; andererseits verschwindet wasserlösl. Phosphorsäure in den Gemischen auch in derselben Reihenfolge mit zunehmend großer Geschwindigkeit. Etwas W. in den Gemischen ist notwendig für die Rk., die im dicht gepackten Zustand schneller als im locker gepackten verläuft. (J. chem. Soc. Japan, ind. Chem. Sect. [Kōgyō Kagaku Zassi] **61.** 940—42. Aug. 1958. Yokohama, Kokuritu-Daigaku. [Orig.: japan.]) E. MAEKAWA. 282

Hiroaki Tagawa und **Fumiaki Sudô,** *Einfluß der Erhitzungsbedingungen auf die Eigenschaften gelöschten Kalks.* Kalkstein zieht sich kaum beim Erhitzen bei ca. 900° zur Darst. gelöschten Kalks, jedoch stark bei höheren Tempp., bes. bei > 1000° zusammen. Bei < 1100° nimmt die Porosität der Masse rasch ab u. der Durchmesser der Teilchen wird beim Erhitzen größer, zeigt jedoch keine sprunghafte Änderung. Der bei ca. 1100° hergestellte gelöschte Kalk reagiert viel langsamer als der bei ca. 1000° hergestellte. (J. chem. Soc. Japan, ind. Chem. Sect. [Kōgyō Kagaku Zassi] **61.** 949—51. Aug. 1958. Uozu, Nippon-Kâbaido. [Orig.: japan.] E. MAEKAWA. 283

Katsuki Takagi, Kennosuke Konemura und **Masami Yamada,** *Oxydation des Zinksulfids beim Erhitzen.* ZnS bildet beim Erhitzen im O_2-Strom bei 530° langsam u. bei 620° rasch ZnO gemäß der Gleichung: $2\,ZnS + 3\,O_2 \rightarrow 2\,ZnO + 2\,SO_2$. Falls O_2 nicht genug zugeführt u. das gebildete SO_2 aus dem Reaktionsgefäß nicht vollkommen entfernt werden, findet auch die Rk. $2\,ZnO + 2\,SO_2 + O_2 \rightarrow 2\,ZnSO_4$ statt. $ZnSO_4$ zers. sich bei ca. 750° zu ZnO u. SO_3. (J. chem. Soc. Japan, ind. Chem. Sect. [Kōgyō Kagaku Zassi] **61.** 959—62. Aug. 1958. Hamamatu, Sizuoka-Daigaku. [Orig.: japan.]) E. MAEKAWA. 288

Katsuki Takagi, *Reaktion zwischen Grundkörper und Flußmittel bei der Darstellung von Zinksulfidfluorescenzkörpern.* (Vgl. vorst. Ref.) Beim Erhitzen der Gemische aus ZnS u. NaCl zur Darst. von Fluorescenzkörpern wird zuerst ZnS durch O_2 zu $ZnSO_4$ oxydiert, das mit NaCl unter Bldg. von $ZnCl_2$ reagiert. Die Rk. läuft also im Endresultat gemäß der Gleichung $ZnS + 2NaCl + 2O_2 \rightarrow ZnCl_2 + Na_2SO_4$ oberhalb 350—530°. Die untere Grenze ist abhängig vom Zustand der Kristalle sowie auch von der Atmosphäre. (J. chem. Soc. Japan, ind. Chem. Sect. [Kōgyō Kagaku Zassi] **61.** 962—66. Aug. 1958. [Orig.: japan.]) E. MAEKAWA. 288

Naomi Fukada, *Untersuchungen über Phthalocyaninderivate.* 8. Mitt. *Zinkphthalocyanintetrasulfonsäure-(4.4'.4''.4''') und ihre Salze.* (7. vgl. C. **1959.** 1381.) Aus 10 Teilen Triammonium-4-Sulfophthalat-, 40 Teilen Harnstoff u. 2 Teilen Zinkacetat wurde durch Erhitzen auf 240° bei Ggw. von 1,5 Teilen Borsäure u. 0,5 Teilen Ammoniummolybdat als Katalysator *Zinkphthalocyanintetrasulfonsäure-(4.4'.4''.4''')* (**I**), $(C_8H_3N_2SO_3H)_4Zn$ in 35%ig. Ausbeute hergestellt. Folgende Salze von **I** sind beschrieben: *Trihydrogenmono-Na-Salz,* $(C_8H_3N_2SO_3Na)Zn(C_8H_3N_2SO_3H)_3$; *Dihydrogendi-Na-Salz,* $(C_8H_3N_2SO_3 \cdot Na)_2Zn(C_8H_3N_2SO_3H)_2$; *Monohydrogentri-Na-Salz,* $(C_8H_3N_2SO_3Na)_3Zn(C_8H_3N_2SO_3H)$; *Tetra-Na-Salz,* $(C_8H_3N_2SO_3Na)_4Zn$; *Trihydrogenmono-Ba-Salz,* $(C_8H_3N_2SO_3Ba_{1/2})Zn(C_8 \cdot H_3N_2SO_3H)_3$; *Dihydrogendi-Ba-Salz,* $(C_8H_3N_2SO_3Ba_{1/2})_2Zn(C_8H_3N_2SO_3H)_2$; *Monohydrogentri-Ba-Salz,* $(C_8H_3N_2SO_3Ba_{1/2})_3Zn(C_8H_3N_2SO_3H)$; *Tetra-Ba-Salz,* $(C_8H_3N_2SO_3Ba_{1/2})_4 \cdot Zn$. Die Ba-Salze sind schwer lösl. in W., während die Na-Salze sich in W. mit blauer Farbe lösen. Tetranatriumsalz gibt eine schwach bas. wss. Lösung. Beim Erhitzen in konz. HCl bildet **I** *Phthalocyanintetrasulfonsäure-(4.4'.4''.4''')* (**II**). **I** u. **II** sind lösl. in niederen Alkoholen. (J. chem. Soc. Japan, pure Chem. Sect. [Nippon Kagaku Zassi] **79.** 980—83. Aug. 1958. Niigata, Daigaku. [Orig.:japan.]) E. MAEKAWA. 288

S. G. K. Nair und **S. S. Moosath,** *Untersuchungen über Metallhalogenid-Dioxanate.* 1. Mitt. Durch Einleiten von HCl-Gas in eine Suspension von HgO in Dioxan unter Kühlung, Stehen bei 2° über Nacht u. Trocknen an der Luft wird $HgCl_2 \cdot C_4H_8O_2$(I) in rhomb. Prismen erhalten. Durch Waschen mit PAe., A. oder Aceton oder durch $^1/_2$std. Aufbewahren bei 1 Torr wird **I** nicht verändert. Durch Kristallisation von **I** aus heißem Dioxan u. Trocknen der Kristalle in mit Dioxan gesätt. Luft wird $HgCl_2 \cdot 2C_4H_8O_2$ erhalten, das durch Trocknen an der Luft, durch Kristallisation aus Aceton oder absol. A. oder durch Waschen mit PAe. in **I** übergeht; durch Kristallisation aus warmem W. (60°) wird $HgCl_2 \cdot C_4H_8O_2 \cdot 2H_2O$ gebildet. (Proc. Indian Acad. Sci., Sect. A **47.** 344—47. Juni 1958. Trivandrum, Univ. of Kerala, Appl. Chem. Labor.) F. HELLER. 290

R. G. Beiless, *Reaktion wäßriger Lösungen von Salzen des vierwertigen Titans mit Pyrazolonderivaten.* Wss.-alkoh. saure Lsgg. von $TiCl_4$ u. *o-[Dipyrazolonylmethyl]-phenol* (**I**) liefern beim Zusetzen schwach alkal. Reagentien (Urotropin, Na-Acetat) bei p_H 3—5 einen orangefarbenen Nd. (**VII**), der (mit **I** = RH) die Zus. R_2TiO besitzt. **VII** ist gegen Laugen u. konz. H_3PO_4 bemerkenswert stabil. Beim Zugeben von verschied. Alkalisalzen zu den Lsgg. von **I** u. $TiCl_4$ werden Verbb. der Zus. R_2TiX_2 gebildet.

Analog reagieren *2-[Dipyrazolonylmethyl]-5-bromphenol* (**II**) u. *-5-nitrophenol* (**III**). Auch aus *o-[Diantipyrinylmethyl]-phenol* (**IV**), *2-[Diantipyrinylmethyl]-5-bromphenol* (**V**) u. *-5-nitrophenol* (**VI**) werden solche Derivv. von Ti^{4+}-Salzen erhalten, doch zers. sich diese Verbb. innerhalb kurzer Zeit. Verbb. R_2TiO entstehen aus **IV**, **V** u. **VI** dagegen nicht. Vff. erklären dies mit der Ggw. eines beweglichen H-Atoms im Mol. des **I**, das der Substanz amphoteren Charakter verleiht. In den Metallkomplexen ist das Ti vermutlich an die beiden phenol. O in kovalenter Bindung, an die 5-ständigen Carbonyl-O der heterocycl. Ringe in Brückenbindung gebunden. In Übereinstimmung damit tritt die entsprechende Rk. nicht ein, wenn die OH-Gruppe im Benzolkern der organ. Komponente fehlt, ferner auch, wenn sie wie in p-Dipyrazolonylmethylphenol nicht in o-Stellung steht. Die Rkk. erscheinen für den qualitativen Nachw. von Ti interessant.

Versuche: *Phenole: 2-[Diantipyrinylmethyl]-5-nitro-*(**VI**), $C_{29}H_{27}N_5O_5$, F. 268—270°, aus 5-Nitrosalicylaldehyd u. Antipyrin. — *2-[Diantipyrinylmethyl]-5-brom-*(**V**), $C_{29}H_{27}BrN_4O_3$, F. 269—271°. *Hydrochlorid*, F. 149—150°. — *2-[Dipyrazolonylmethyl]-5-nitro-*(**III**), $C_{13}H_{11}N_5O_5$, F. 220—222°, gelb. — *2-[Dipyrazolonylmethyl]-5-brom-*(**II**), $C_{13}H_{11}BrN_4O_3$, F. 228—230°, hellgelb. — *Verbb.* des Typs R_2TiO (mit **I**, **II**, **III** = RH): *Verb.* (**VII**) aus **I**, $C_{54}H_{46}N_8O_7Ti$, Zers. bei 265°, durch Zutropfen von 10%ig. wss. Urotropinlsg. zu **I** u. $TiCl_4$ in wss.-alkoh. HCl u. Aufkochen; rote Rhomben. — *Verb.* aus **II**, Zers. bei 350°, orangefarbene Prismen. — *Verb.* aus **III**, Zers. bei 295°, rote Dendriten. — *Verbb.* des Typs R_2TiX_2 (mit **I**—**VI** = RH; X = jeweiliges Anion), durch Zutropfen von entsprechenden Alkalisalzen in W. zu **I**—**VI** u. $TiCl_4$ in wss.-alkoh. HCl: Aus **I**: *Dichlorid*, Zers. bei 275°, rote Würfel. *Dijodid*, Zers. bei 220°, rote Oktaeder. *Dinitrat*, Zers. bei 240°, orangefarbene Prismen. *Dichlorat*, Zers. bei 130°, orangefarbene Würfel. *Diperchlorat*, Zers. bei 210°, orangefarbene Würfel. *Dirhodanid*, Zers. bei 250°, rote Würfel. *Sulfat*, Zers. bei 230°, orangefarbene Prismen. *Persulfat*, Zers. bei 250°, rote Prismen. — Aus **II**: *Dichlorid*, Zers. bei 250°, orangefarbene Prismen. *Dijodid*, Zers. bei 230°, rote Prismen. *Dinitrat*, Zers. bei 215°, orangefarbene Prismen. *Dichlorat*, Zers. bei 300°, orangefarbene Prismen. *Diperchlorat*, Zers. bei 240°, orangefarbene Rhomben. *Dirhodanid*, Zers. bei 210°, rote Prismen. *Sulfat*, Zers. bei $>$ 350°, orangefarbene Prismen. *Persulfat*, Zers. bei $>$ 350°, orangefarbene Prismen. — Aus **III**: *Dichlorid*, Zers. bei 290°, gelbe Nadeln. *Dijodid*, Zers. bei 300°, rote Prismen. *Dinitrat*, Zers. bei 315°, orangefarbene Prismen. *Dichlorat*, Zers. bei 285°, orangefarbene Prismen. *Diperchlorat*, Zers. bei 270°, gelb. *Dirhodanid*, Zers. bei 265°, rote Prismen. *Sulfat*, Zers. bei $>$ 350°, orangefarbene Prismen. *Persulfat*, Zers. bei $>$ 360°, orangefarbene Prismen Aus **IV**: *Dichlorid*, Zers. bei 240°, orangefarbene Prismen. *Dijodid*, $C_{58}H_{54}J_2N_8O_6Ti$, Zers. bei 270°, rote Nadeln. *Dinitrat*, Zers. bei 285°, orangefarbene Nadeln. *Dichlorat*, Zers. bei 230°, orangefarbene Nadeln. *Diperchlorat*, Zers. bei 280°, orangefarbene Nadeln. *Dirhodanid*, Zers. bei 220°, rote Nadeln. — Aus **V**: *Dijodid*, Zers. bei 240°, orangefarbene Nadeln. *Dinitrat*, Zers. bei 260°, gelbe Nadeln. *Dichlorat*, Zers. bei 230°, gelbe Nadeln. *Diperchlorat*, Zers. bei 260°, orangefarbene Nadeln. *Dirhodanid*, Zers. bei 230°, rote Nadeln. — Aus **VI**: *Dijodid*, Zers. bei 280°, rote Nadeln. *Dinitrat*, Zers. bei 290°, orangefarbene Nadeln. *Dichlorat*, Zers. bei 260°, orangefarbene Prismen. *Diperchlorat*, Zers. bei 280°, orangefarbene Prismen. *Dirhodanid*, Zers. bei 230°, rote Prismen. (Журнал Общей Химии [J. allg. Chem.] **28** (**90**). 1581—86. Juni 1958. Pädagog. Inst. des Hohen Altai.)
H.-E. TOUSSAINT. 321

O. C. Dean und **G. K. Ellis**, *Die Darstellung von Thoriummetall durch Reduktion von Thoriumchlorid mit Natriumamalgam: der Metallex-Prozeß.* (Vgl. C. **1959.** 3747.) Es wird ein neues Verf. zur Darst. von Th (bis zu 3,5 pounds/Std.) durch kontinuierliche Red. von wasserfreiem $ThCl_4$ mit Na-Amalgam beschrieben. $ThCl_4$ wird mit einem Überschuß an Na-Amalgam (aus Hydrolyse von wss. NaOH) heftig gerührt u. die nach der Rk. $ThCl_4 + 4\,NaHg_4 + 60\,Hg = ThHg_3 + 4NaCl + 73Hg + 20$ kcal erhaltene Aufschlämmung von $ThHg_3$ in Hg durch Waschen mit W. u. verd. HCl von Verunreinigungen u. Nebenprodd. befreit. Ein festes Konzentrat des $ThHg_3$ wird durch Filtration des gereinigten, verd. Rk.-Gemisches mit Filterpressen erhalten. Restliches Hg wird durch Dest. im Vakuum entfernt. Aus dem dabei entstehenden Metall (0,8 der theoret. D. des Th) wird durch Ausziehen bzw. durch Schmelzen im Lichtbogen u. anschließendes Ausziehen Th-Metall gewonnen. Die für das Verf. entwickelte App. wird beschrieben. (Nuclear Sci. Engng. **4.** 509—21. Okt. 1958. Oak Ridge, Tenn., Oak Ridge National Labor.)
W. KARCHER. 324

D. P. Seraphim und **C. S. Samis**, *Kinetik der Oxydation von Bleiglanz in Ammoniumacetat-Lösungen unter Sauerstoffdruck.* In Ggw. von O_2 wird PbS in wss. NH_4-Acetat-Lsg. unter Bldg. von Pb-Acetat, S, NH_3 u. H_2O oxydiert. Diese Rk. wurde im Autoklaven unter O_2-Druck durch polarograph. Messungen der gelösten Pb-Ionen untersucht. Die Oxydationsgeschwindigkeit ist parabolisch. Der gebildete S bedeckt als Film die Oberfläche des PbS-Kristalls. Die Rk.-Kinetik wird bestimmt durch die Diffusion des Pb aus der PbS-Phase durch den S-Film zur Grenzfläche der Lösung. (J. Metals **8.** Nr. 8. Sect. 1, AIME Trans. **206.** 1096—99. Aug. 1956. Vancouver, Univ. of British Columbia.) F. VIER. 328

Kiyoaki Matsui und **Yoshio Haranô,** *Einfluß beigemischten Chlors auf die Reaktion zwischen basischem Bleicarbonat und Arsensäure.* Bei der Darst. des Bleiarsenats aus Arsensäure u. bas. Bleicarbonat bildet das dem letzteren beigemischte Chlorid *$Pb_5Cl(AsO_4)_3$*, wodurch die Qualität des Prod. verschlechtert wird. (J. chem. Soc. Japan, ind. Chem. Sect. [Kōgyō Kagaku Zassi] **61.** 952—54. Aug. 1958. [Orig.: japan.]) E. MAEKAWA. 328

R. Ripan und **Z. Székely,** *Untersuchung über die Bildung von Isopolysäuren in wässerigen Lösungen durch Bestimmung des Brechungsindexes.* Vff. verfolgen die Änderung des Brechungsindexes *n* bei der Titration von Na_2MoO_4 (**I**)-, Na_2WO_4(**II**)- u. K_2CrO_4(**III**)-Lsgg. verschied. Konzz. (**I**: 0,03, 0,05, 0,1 u. 0,5 mol.; **II** u. **III**: 0,1 u. 0,5 mol.) mit HNO_3. Die Verss. zeigen die Bldg. der Verbb. 2 $Na_2O \cdot 3\ MoO_3$ (?), 5 $Na_2O \cdot 12\ MoO_3$, 3 $Na_2O \cdot 12\ MoO_3$ u. 5 $Na_2O \cdot 12\ WO_3$, 4 $Na_2O \cdot 12\ WO_3$ (nach 12 Tagen nicht mehr nachweisbar), 3 $Na_2O \cdot 12\ WO_3$ an u. beweisen die Anwendbarkeit der interferometr. u. refraktometr. Meth. bei derartigen Untersuchungen. Im Falle der **III**-Lsgg. wird nur die Bldg. von $K_2Cr_2O_7$ nachgewiesen. — Ferner wird der Einfl. der $NaNO_3$-Konz. im Bereich 0—2 mol. untersucht u. gefunden, daß der Kondensationsvorgang von der Ionenstärke unabhängig ist. — Zur Anwendung kommt im Falle der 0,5 mol. Lsgg. ein PULFRICH-Refraktometer, für alle übrigen Messungen ein HABER-LÖWE-Interferometer (Küvettenlänge 10,39 mm). (Studii Cercetări Chim. [Cluj] **8.** Nr. 3—4. 187—97. Juli/Dez. 1957. Cluj, Acad. R. P. R., Inst. de chim.) H. ROTH/Cluj. 337

Rex D. Closson, Lloyd R. Buzbee und **George G. Ecke,** *Eine neue Metallcarbonyl-Synthese.* Bei der Rk. von Benzophenon-Na mit $CrCl_3$ in Tetrahydrofuran (THF) entsteht ein Chrom-Benzophenonketyl, das bei der Carbonylierung u. anschließenden Hydrolyse *$Cr(CO)_6$* ergibt. Bei der Verwendung von $MnCl_2$ entsteht *$Mn_2(CO)_{10}$*. Bei der Darst. des $Mn_2(CO)_{10}$ macht sich als Neben-Rk. eine Rk. des Mn-Ketyls mit $Mn_2(CO)_{10}$ bemerkbar. Auf Grund der IR-Spektren nehmen Vff. die Bldg. von *$Mn[Mn(CO)_5]_2$* an, das bei der Hydrolyse $Mn(OH)_2$, H_2, u. $Mn_2(CO)_{10}$ ergibt. Vff. untersuchen weiterhin das Verh. vom *Mn-Benzophenonketyl* in THF-Lsg.; es verhält sich analog dem entspr. Na-Ketyl. Vff. halten folgenden Bindungsmechanismus für wahrscheinlich:

$$[-O-C(C_6H_5)_2-C(C_6H_5)_2-O-Mn-]_n \rightarrow \begin{matrix}(C_6H_5)_5C-O\\ |\\ (C_6H_5)_2C-O\end{matrix}\!\!>\!Mn \rightleftharpoons \begin{matrix}(C_6H_5)_2\,\dot{C}-O\\ \\ (C_6H_5)_2\,\dot{C}-O\end{matrix}\!\!>\!Mn$$

V e r s u c h e: *$Cr(CO)_6$*, F. 151—152°, zu einer Lsg. von 0,7 Mol *Benzophenon* (**I**) in 1500 ml THF werden 0,7 Mol Na als Mineralöl-Suspension zugesetzt (Lsg. blau), dann bei 40° unter Rühren Zugabe von 0,23 Mol $CrCl_3$ (gelbgrün), im Autoklaven 1 Std. lang bei 100° u. 2800 p.s.i.g. mit CO behandeln, aus dem Rk.-Prod. THF über eine Kolonne abdest. u. den Rückstand mit W.-Dampf dest., aus dem Destillat wird $Cr(CO)_6$ abfiltriert, durch azeotrope Dest. mit Bzl. getrocknet u. aus Bzl. krist. (Ausbeute 59%). — *$Mn_2(CO)_{10}$*, F. 151—152°, Vff. untersuchten den Einfl. von Lösungsm., Druck, Temp. u. Rk.-Zeit auf die Ausbeute, als am besten geeignete Lösungsmittel erwiesen sich Äther, die ein starkes koordinatives Bindungsvermögen besitzen. Die Darst. wird analog dem $Cr(CO)_6$ durchgeführt; die Carbonylierung erfolgt über 3 Std. bei 200° u. 10000 p.s.i.g., aus dem W.-Dampf Destillat wird das Carbonyl mit Bzl. extrahiert u. dann wie oben getrocknet. (Ausbeute 30%). — Mangan–Benzophenon–Ketyl-Lsg.: zu einer blauen Lsg. von 1 Mol Na–Benzophenon–Ketyl in THF werden 0,5 Mol $MnCl_2$ zugesetzt (gelb), dann wird 30 Min. am Rückfluß gekocht (purpur), diese Lsg. scheidet bei längerem Stehen NaCl ab, so daß man eine reine Mn-Ketyl-Lsg. (**II**) erhält. **II** ergibt bei der Hydrolyse 14% **I** u. 80% Benzpinakol; bei der partiellen Oxydation von **II** mit O_2, J_2, Benzoylperoxyd trat Entfärbung ein, jedoch kehrt nach kurzer Zeit die purpurne Farbe zurück, bei vollständiger Oxydation bildet sich ein schwarzer Nd., bei nachfolgender Hydrolyse werden 64% **I** erhalten. Bei der Pyrolyse von **II** bei 164° erfolgt Abscheidung von metall. Mn. Die purpurne Farbe von **II** verschwindet ebenfalls bei Zugabe von $Mn_2(CO)_{10}$, an Hand von Hydrolyse-Verss. zeigen Vff., daß bei dieser Rk. **I** gebildet wird. (J. Amer. chem. Soc. **80.** 6167—70. 5/12. 1958. Detroit, Mich., Ethyl Corp., Res. Labor.) L. SCHWIEGK. 350

Masao Yokote und **Fukumatsu Shibamiya,** *Stickstoff-Analoges von Kupferphthalocyanin, Kupfer-tetra-2.3-pyridinoporphyrazin. Cu-Tetra-2.3-pyridinoporphyrazin* (**I**) wurde aus einem geschmolzenen Gemisch von 130 Teilen Harnstoff u. 5 Teilen $(NH_4)_2MoO_4$ durch portionsweisen Zusatz von einem Gemisch aus 100 Teilen Chinolinsäure (**II**) u.

20 Teilen wasserfreiem $CuCl_2$ bei 150° u. durch weiteres 4std. Erhitzen auf 280° in 88,4%ig. Rohausbeute hergestellt, 1 Std. in der 8—10fachen Gewichtsmenge konz. H_2SO_4 bei 50° gerührt u. in die 160fache Gewichtsmenge W. gegossen, wobei ein reines Prod. in ca. 90%ig. Ausbeute ausfällt. **I**, $C_{28}H_{12}CuN_{12}$, bildet metall. glänzende, blauviolette Kristalle, lösl. in konz. H_2SO_4 mit grünblauer Farbe [λ_{max} 340 m μ ($\varepsilon = 4{,}14 \cdot 10^4$), 635 m$\mu$ ($\varepsilon = 4{,}73 \cdot 10^4$), 662,5 m$\mu$ ($\varepsilon = 3{,}44 \cdot 10^4$) u. 690 m$\mu$ ($\varepsilon = 4{,}22 \cdot 10^4$)]. **I** wurde ferner aus *Chinolinsäureanhydrid* statt **II** oder in Nitrobenzol als Lösungsm., jedoch in schlechteren Ausbeuten hergestellt. (J. chem. Soc. Japan, ind. Chem. Sect. [Kōgyō Kagaku Zassi] **61.** 994—96. Aug. 1958. Tokyo, Nihon-Daigaku. [Orig.: japan.])
E. MAEKAWA. 358

A_9. Mineralogische und geologische Chemie.

I. Imreh, *Die Coelestinkristalle von Săndulești.* Die Coelestinkristalle von Săndulești-Turda (Siebenbürgen) sind größtenteils durch prismat., nach der a-Achse langgestreckten, seltener durch isometr. Habitus gekennzeichnet u. zeigen nachst. kristallograph. Formen: (001), (011), (102), (104), (110), (120), (111) u. (122). An 110 analysierten Kristallen legt Vf. statist. u. nach einem eigenen Verf. eine quantitative Beziehung zwischen dem Habitus u. der Größe der kristallograph. Flächen u. Zonen fest. Gefundenes Achsenverhältnis a:b:c = 0,7808:1:1,2822. Die in den Drusen bituminöser Kalke neben Calcit, Gips u. kleinen S-Mengen auftretenden Coelestinkristalle enthalten bis zu 98,13% $SrSO_4$. (Studii Cercetări Geol. Geogr. [Cluj] **8.** 209—21. Jan./Juni 1957. Cluj, Univ. „Bolyai“, Labor. de mineralogie.) E. STOICOVICI/Cluj. 372

Hl. De Vries, *Zeitlich und örtlich bedingte Konzentrationsunterschiede von radioaktivem Kohlenstoff auf der Erde.* Messungen an Holzproben bekannten Alters deuten auf Schwankungen des Geh. an radioakt. C in der Größenordnung von 1% hin. Diese Tatsache wird auf vertikale Durchmischung der Ozeanwässer zurückgeführt, wodurch „altes“, weniger akt. W. vom Meeresgrund mit der Atmosphäre in Berührung u. Wechselwirkung gelangt. Die örtlich bedingten Unterschiede können noch nicht gedeutet werden. (Proc., Kon. nederl. Akad. Wetensch., Ser. B **61.** 94—102. 1958.) R. FRYDRYCH. 378

T. A. Rafter, *Isotopenzusammensetzung des Schwefels in der Natur.* 1. Mitt. *Die Darstellung von Schwefeldioxyd zur massenspektrometrischen Untersuchung.* S-haltige Naturprodukte werden verbrannt und der S über SO_2 in $BaSO_4$ übergeführt. Das $BaSO_4$ wird mit C reduziert, das entstehende BaS mit Ag^+ behandelt u. Ag_2S durch Verbrennung in SO_2 übergeführt. Letzteres enthält 94—96% des ursprünglichen Sulfid-S. Die CO_2-Verunreinigung ist $< 2\%$ u. stört die massenspektrometr. Best. des Isotopenverhältnisses $^{32}S/^{34}S$ nicht. (New Zealand J. Sci. Technol., Sect. B **38.** 849—57. Sept. 1957. Lower Hutt, New Zealand, Dep. of Sci. and Ind. Res., Div. of Nucl. Sci.)
R. FRYDRYCH. 378

Raymond Siever, *Chemische Faktoren bei der Carbonat-Quarz-Zementierung.* Vf. untersuchte die chem. Faktoren, welche den in vielen Sedimentgesteinen beobachteten Ersatz von Quarz durch sek. Carbonatmineralien bestimmen. Damit ein solcher Ersatz gleichzeitig fortschreitet, muß Quarz gelöst u. Carbonat aus einer wss. Lsg. ausgefällt werden, die als ein dünner Film zwischen den 2 festen Mineralphasen zugegen ist. Optimale Bedingungen für Quarzauflösung u. Carbonatausfällung erhält man in alkal. Lösungen. Kennt man die Gleichgewichtskonstanten für Carbonatgleichgewichte in W., dann errechnet sich der p_H von reinem, ursprünglich mit atmosphär. CO_2 gesättigtem W., in Gleichgewicht mit festem $CaCO_3$ gebracht, zu 9,88 bei 25°. Bei p_H ca. 9,8 dissoziiert monomere H_4SiO_4 partiell unter Bldg. von Silicationen, wodurch die Löslichkeit von Quarz bei niedrigeren p_H-Werten ungefähr verdoppelt wird. Die Ggw. von festem Carbonat dürfte daher zur Erhöhung des p_H bis zu dem Punkt verantwortlich sein, wo Quarz eine größere Löslichkeit hat. Die Druck- u. Temperaturkoeffizienten der Gleichgewichtskonstanten sind so, daß bei 65° u. 1000 at der Gleichgewichts-p_H ungefähr eine Einheit tiefer sein sollte. Bei p_H 8,8 ist Quarz weniger löslich, u. die optimalen Bedingungen für Carbonatersatz werden nicht erreicht. (Bull. geol. Soc. America **68.** 1795—96. Dez. 1957. Cambridge, Mass., Harward Univ., Dep. of Geol.)
C. GOTTFRIED. 378

Celeste G. Engel und **Robert P. Sharp,** *Chemische Daten über Wüstenüberzüge (varnish).* Chem. Analysen von Überzügen, den darunter liegenden verwitterten Gesteinsrinden u. frischen Gesteinen aus südkaliforn. Wüsten ergaben als Hauptelemente der Überzüge *O, H Si, Al, Fe* u. *Mn.* Gesteine mit relativ hohem Geh. an Fe u. Mn haben die besten Überzüge. Quantitative spektrograph. Analysen ergaben, daß *Ti, Ba* u. *Sr* die häufigsten Spurenelemente sind; ihnen folgen *Cu, Ni, Zr, Pb, V, Co, La, Y, B, Cr, Sc* u. *Yb.* In einigen Überzügen konnten *Cd, W, Ag, Nb, Sn, Ga, Mo, Be* u. *Zn* nachgewiesen werden. Spektrograph. Analysen von Gesteinen, Böden u. Staub wiesen darauf hin, daß die Änderungen im Geh. an Spurenelementen mit der lokalen geochem. Umgebung in Zusammenhang stehen. Prim. sind die Überzüge als Verwitterungsprodd. anzusehen. (Bull. geol. Soc. America **68.** 1723—24. Dez. 1957. Pasadena, Calif., Inst. of Technol.) C. GOTTFRIED. 378

Paul B. Barton jr. und **Gunnar Kullerud,** *Vorläufiger Bericht über das System FeS–ZnS–S und Folgerungen über die Verwendung des Sphaleritgeothermometers.* Eine vorläufige Unters. des Syst. FeS–ZnS–S ergab, daß die Aktivität von FeS in Pyrrhotin aller Zuss. ziemlich nahe bei 1 liegt, so daß der Fe-Geh. von Sphalerit im Gleichgewicht mit Pyrrhotin, auch in Ggw. von Pyrit, nahe dem Wert liegt, der aus dem bin. Syst. FeS–ZnS zu erwarten wäre. Dies trifft jedoch nicht zu, wenn die Menge an S bis zu dem Punkt zunimmt, wo das Eisensulfid Pyrit anstatt Pyrrhotin ist. Bei konstanter Temp. ist der Fe-Geh. von Sphalerit im Gleichgewicht mit Pyrit eine inverse Funktion des S-Dampfdrucks. Verwendet man die FeS–ZnS-Daten für im Gleichgewicht mit Pyrit befindlichen Sphalerit, dann können geschätzte Tempp. bis zu 300° zu niedrig sein, das Syst. FeS–ZnS gibt jedoch stets eine minimale Bildungstemp. für jeden Sphalerit an. Um das Sphaleritgeothermometer auf zusammen vorkommenden Sphalerit u. Pyrit anwenden zu können, muß man den Partialdruck des S-Dampfes feststellen. (Bull. geol. Soc. America **68.** 1699. Dez. 1957. Washington, D. C., U. S. Geol. Surv.; Carnegie Inst., Geophys. Labor.) C. GOTTFRIED. 378

J. L. Snyder, *Geochemische Untersuchung des Duluth-Lopoliths.* Aus den den Duluth-Lopolith zusammensetzenden Gesteinen Gabbro, Norit, Troctolit u. Anorthosit wurden die *Olivine, Pyroxene* u. *Plagioklase* abgetrennt u. spektrograph. analysiert. Auf der Grundlage der geochem. Theorie läßt sich die beobachtete Assoziation zwischen Haupt- u. Spurenelementen in den Mineralien vorhersagen. (Bull. geol. Soc. America **68.** 1798. Dez. 1957. Austin, Tex., Univ.) C. GOTTFRIED. 378

John A. S. Adams und **Keith Richardson,** *Thorium-, Uran- und Kaliumgehalte von Bauxiten.* Vff. bestimmten an einer größeren Anzahl von Bauxiten u. bauxit. Material der verschiedensten Fundorte die Gehh. an Th, U u. K. Es wurden die folgenden Konzentrationsbereiche (in ppm) gefunden: 8—132 für Th, 3—27 für U u. 0,0—0,30% für K; die mittleren Werte sind 42 für Th, 8 für U u. 0,10% für K. Der mittlere Th-Geh. u. der mittlere U-Geh. ist etwa zweimal so groß als der mittlere Geh. in Eruptivgesteinen. Gesonderte Verss. an einem Surinam-Bauxit zeigten, daß ein großer Teil des Th u. U in den in dem Material enthaltenen kleinen Mengen von Mineralien, wie z. B. Zirkon, enthalten ist u. daß bei der Aufbereitung des Bauxits nur sehr wenig U in handelsübliches Al_2O_3 oder Al übergeht. (Bull. geol. Soc. America **68.** 1693. Dez. 1957. Houston, Tex., Rice Inst.) C. GOTTFRIED. 380

J. Geffroy, *Der Berthierit der goldführenden Lagerstätte von Châtelet (Creuse).* Kurze Beschreibung des Vorkommens. Der Berthierit tritt in bis zu 1 cm langen u. 0,2 mm breiten Kristallen auf. Die Identifizierung geschah neben der mkr. Unters. mikrochem. u. röntgenographisch. (Bull. Soc. franç. Minéralog. Cristallogr. **81.** 162. April/Juni 1958. Fontenay-aux-Roses, Labor. de Minéral. du C. E. A.) C. GOTTFRIED. 380

M. Gasperin, *Beitrag zur Untersuchung der Betafite.* In Fortsetzung früherer Unterss. (vgl. C. **1958.** 10304) über metamikte Betafite u. deren Umwandlung beim Erhitzen diskutierte Vf. zunächst chem. Analysen von 3 Betafiten von Madagascar. Die chem. Analyse eines Minerals von Ambolotara lieferte die folgenden Werte: CaO 3,45(%); PbO Spur; MgO 0,40; $(Y, Er)_2O_3$ 0,90; $(Ce, La)_2O_3$ 0,60; UO_3 26,60; SnO_2 0,30; ThO_2 1,30; Al_2O_3 2,10; Fe_2O_3 2,87; TiO_2 18,30; Nb_2O_5 34,80; Ta_2O_5 Spuren; H_2O 7,60. Diese Analyse entspricht der Formel $(U, Ca)_7(Nb, Ta, Ti)_{22}O_{61}$. Die theoret. Formel von Mineralien vom Typ Pyrochlor anderseits ist $A_2B_2O_7$ mit A = Ca, Na, U u. B = Nb, Ta u. Ti. Vergleicht man diese Formel mit der des obigen Betafits u. fügt 15 Moll. CaO oder 18 Gew.-% CaO zu, dann erhält man die Pyrochlorformel $(U, Ca)_{22}(Nb, Ta, Ti)_{22}O_{76}$. Von dieser Feststellung ausgehend setzte Vf. dem Betafit von Ambolotara 18% CaO zu u. erhitzte das Gemisch auf Tempp. nahe 700°. Es bildete sich eindeutig ein Pyrochlor mit der Würfelkantenlänge a = 10,22 KX. Auf Grund dieser Beobachtung wird als möglich angenommen, daß der Betafit ursprünglich ein U-Pyrochlor war, der seit seiner Bldg. den größten Teil seines Ca-Geh. verloren hat. (Bull. Soc. franç. Minéralog. Cristallogr. **81.** 116—20. April/Juni 1958. Paris, Fac. des Sci., Labor. de Minéral.-Cristallographie.) C. GOTTFRIED. 380

Tsunehiko Takeuchi und **Matsuo Nambu,** *Untersuchungen von Metallerzen der Yonesato-Goldmine in der Präfektur Iwate mit besonderer Berücksichtigung von Kobaltit.* Beschreibung von Lage u. Zus. eines Erzvork., das neben Gangart Pyrrhotit, Pyrit, Chlacopyrit, Magnetit, gediegenes Bi, Wismutit, Wittichenit, gediegenes Au u. Kobaltit enthält. (Bull. Res. Inst. Mineral Dressing Metallurgy, Tohoku Univ. **11.** Nr. 1. 29—34. Juni 1955. [Orig.: japan.; Auszug: engl.]) W. WESLY. 380

Toni R. Schneider und **F. Laves,** *Barbierit oder Monalbit?* Das namengebende Originalmaterial des Barbierit wird röntgenograph. neu unters. u. erwies sich als fein verzwillingter *Mikroklin* mit perthit. Entmischung. Der Name Barbierit für die monokline Hochtemperaturmodifikation des $NaAlSi_3O_8$ sollte zu Gunsten des Namens Monalbit aufgegeben werden. (Z. Kristallogr., Kristallgeometrie, Kristallphysik, Kristallchem. **109.** 241—44. Dez. 1957. Zürich, ETH, Mineralog. Inst.) J. Hiller. 372

Toni R. Schneider, *Röntgenographische und optische Untersuchung der Umwandlung Albit–Analbit–Monalbit.* (Vgl. vorst. Ref.) Die Variation verschied. Eigg. saurer Plagioklase wurde bei 950°, 1000° u. 1050° als Funktion der Erhitzungsdauer untersucht. Hierbei wurden gemessen: Gitterwinkel, Indikatrixlage, Winkel der opt. Achsen, Auslöschungswinkel u. die Homogenisierung eines ursprüngl. entmischt vorliegenden *Oligoklases.* Es ließ sich röntgenograph. verfolgen, daß das ursprüngl. einkristalline Material sich submikroskop. mit fortschreitender Erhitzungszeit verzwillingt. Dies wird als eine Folge der „displacive transformation" Monalbit-Analbit gedeutet, die eintreten kann, wenn infolge der Erhitzung die Al–Si-Verteilung genügend ungeordnet geworden ist. Die Verzwillingung bedingt ein opt. monoklin. Verh., das unters. u. in stereograph. Projektion mitgeteilt wird. Der Achsenwinkel $2V_\alpha$ beträgt 50°. (Z. Kristallogr., Kristallgeometrie, Kristallphysik, Kristallchem. **109.** 245—71. Dez. 1957.) J.-E. Hiller. 372

Toshio Sudo und **Hideomi Kodama,** *Ein Aluminium-haltiges, wechselschichtiges Mineral aus Montmorillonit-Chlorit.* (Vgl. C. **1957.** 10963.) Aus der Kaminkitamine in der Aomori-Präfektur wird ein grauweißes dichtes Mineral mit Wachsglanz beschrieben. Analyse: SiO_2 39,94, TiO_2 0,74, Al_2O_3 33,17, Fe_2O_3 1,34, FeO 0,18, MnO Sp, CaO 1,30, MgO 6,44, Na_2O 0,52, K_2O 0,24, H_2O^+ 11,64, H_2O^- 4,39, P_2O_5 0,08, S 0,69% D = 2,42. Röntgenunterss. u. Thermoanalyse zeigen, daß das Mineral aus regelmäßig abwechselnden Montmorillonit- u. Chloritschichten aufgebaut ist. Es kommt in der Kontaktzone einer Pyritlagerstätte in folgender Paragenese vor: *Pyrophyllit, Sericit, Kaolinit,* ein *27 Å-Tonmineral, Diaspor* u. *Pyrit.* (Z. Kristallogr., Kristallgeometrie, Kristallphysik, Kristallchem. **109.** 379—87. Dez. 1957. Tokyo, Univ., Geolog. and Mineralog. Inst.) J. Hiller. 380

Gábor Csajághy, Mihály Emszt und **Károly Szepesi,** *Über die chemische Konstitution des Montmorillonits in ungarischen Betoniten.* Der erste Teil des Aufsatzes befaßt sich mit der quantitativen Best. des Montmorillonit-Geh. der ungarischen Bentonite. Erdalkalibentonite werden mit Alkalisalz-Lsgg., deren Anionen schwerlösliche Erdalkalisalze bilden, behandelt. Man erhält so eine in W. beständige Suspension von Na-Montmorillonit, die ihre Peptisierbarkeit auch nach dem Eintrocknen auf dem W.-Bad nicht verliert. Bei Einhaltung optimaler Bedingungen läßt sich der gesamte Montmorillonit des Bentonits als Na-Montmorillonit abtrennen u. bestimmen. Der zweite Teil erörtert die analyt. Daten von fünf reinen Montmorillonitproben aus Bentoniten verschied. Ursprungs. Die Ergebnisse stimmen gut mit der theoret. Formel $Si_{4,00}Al_{2,00}O_{11}$ überein. In der Tetraederschicht findet keine Substitution statt, während sie in der Oktaederschicht stöchiometr. ist. Die Gitterstruktur ist ausgeglichen, so daß die Ursache der Basenaustauschfähigkeit nicht im Ladungsüberschuß des Gitters liegt. Ca ist immer in einer austauschfähigen Position u. nimmt nicht am Bau des Gitters teil. Beim Erhitzen gibt der Montmorillonit sein W. in drei Stufen bei unter 300°, 600—700° u. 800—900° ab. (Geologie **7.** 1037—48. Dez. 1958. Budapest.) K. Ross. 380

L. Chauris, *Pegmatite mit Allanit und Molybdänit in dem Granit von Ploumanac'h (Côtes-du-Nord).* In den Granitsteinbrüchen „Madec"u. „Roche-Petiot" nahe La Charté treten schmale Pegmatitgänge auf, in denen Vf. Allanit u. Molybdänit identifizieren u. abtrennen konnte. Die chem. Analyse des Allanits ergab die folgenden Werte: SiO_2 40,45(%); Fe_2O_3 17,81; CaO 11,80; Al_2O_3 11,07; Ce_2O_3 8,30; La_2O_3 4,25; ThO_2 1,50; Y_2O_3 1,50; MgO 0,50; NiO 0,25; PbO 0,20; TiO_2 0,18; MnO 0,15; Na_2O 0,10; Glühverlust 0,60. Spektrograph. wurden noch festgestellt V, Cr, B, Cu, Mo, Sn, Be u. Ag. (Bull. Soc. franç. Minéralog. Cristallogr. **81.** 150—53. April/Juni 1958. Paris, Inst. Catholique, Labor. de Minéral.) C. Gottfried. 380

Ming-Shan Sun und **Robert H. Weber,** *Santafeit, ein neues wasserhaltiges Vanadat aus New Mexico.* Ein im Jahre 1951 in dem Uranbezirk von Grant gefundenes neues wasserhaltiges Vanadat hat die Formel $Na_2O \cdot 3\,MnO_2 \cdot 6\,(Mn, Ca, Sr)\,O \cdot 3\,(V, As)_2O_5 \cdot 8\,H_2O$. Das Mineral tritt in kleinen Rosetten oder nadelförmigen Kristallen auf, ist schwarz, hat braunen Strich, Subdiamentglanz, ist sehr spröde u. leicht schmelzbar in der Alkoholflamme zu einer schwarzen Perle. Vollkommene Spaltbarkeit nach (010), weniger vollkommen nach (110). Pleochroitisch von dunkel rotbraun bis gelblich braun mit der Absorption $X > Y > Z$; $X = c$, $\alpha = 2{,}01$. Das Mineral kristallisiert rhomb. und hat eine Elementarzelle mit $a = 9{,}26 \pm 0{,}02$ Å; $b = 30{,}02 \pm 0{,}02$ Å; $c = 6{,}28 \pm 0{,}02$ Å;

Raumgruppe ist D_{2h}^{11}-Pmca. (Bull. geol. Soc. America. **68.** 1802. Dez. 1957. Socorro, N. Mex., Bur. of Mines and Mineral Resources.) C. GOTTFRIED. 380

S. Caillère und **S. Hènin,** *Über einen Saponit mit Fasertextur bei Diélette.* Von Diélette wird ein fasriges Mineral beschrieben, das sich als Saponit erwiesen hat. Analyse SiO_2 43,60 (%), Al_2O_3 8,20, Fe_2O_3 3,70, FeO 4,80, CaO 2,70, MgO 20, H_2O 17. (Bull. Soc. franç. Minéralog. Cristallogr. **80.** 543—45. Okt./Dez. 1957. Paris, Labor de Mineral. du Museum.) J.-E. HILLER. 380

C. Guillemin und **R. Pierrot,** *Neue Angaben über den Schuilingit.* Der bisher nur einmal beschriebene Schuilingit wird näher untersucht. Er ist türkis-azurblau, schwache Spaltbarkeit, Härte zwischen 3 u. 4, D = 5,2. Optik: 2-achsig negativ, 2 V = 66°, $n\gamma$ = 1,775, $n\beta$ = 1,755, $n\alpha$ (berechnet) = 1,710. Analyse PbO 37,4 (%), CuO 9,4, CaO 19,8, H_2O 9,9, CO_2 20,9, Unlösliches 3,1. Daraus ergibt sich die Formel $Pb_3Cu_2 \cdot Ca_6 (CO_3)_8(OH_6) \cdot 6H_2O$. Die d-Werte der Pulveraufnahme werden angegeben. (Bull. Soc. franç. Minéralog. Cristallogr. **80.** 549—51. Okt./Dez. 1957. Paris, Bureau de Rech. Géol., Géochim. et Minères.) J.-E. HILLER. 380

D. F. Davidson und **R. A. Gulbrandsen,** *Selen in der Phosphoria-Formation in Idaho, Wyoming, Utah und Montana.* Vff. weisen auf den Se-Geh. in den phosphat. Schiefern der Phosphoria-Formation in den obigen Gebieten hin. Der Se-Geh. steht in Beziehung zu den Gehh. an S u. kohlehaltigem Material in den Gesteinen; eine Beziehung zu dem P_2O_5-Geh. besteht dagegen nicht. (Bull. geol. Soc. America **68.** 1714. Dez. 1957. Denver, Colo., U. S. Geol. Surv., Federal Center; Menlo Park, Calif.) C. GOTTFRIED. 380

S. Caillère und **M. F. Kraut,** *Über die Sulfidvorkommen im Schiefer von l'Anjou.* In den Schiefern von l'Anjou finden sich Sulfideinschlüsse mit *Pyrit, Magnetkies, Kupferkies, Zinkblende, Bleiglanz u. Pentlandit.* Diese Minerale befinden sich vorwiegend in kalkigen Einschaltungen des Gesteins. Sie ersetzen außerdem den Kalkspat in den Fassilien. Es wird angenommen, daß das sulfid. Material im Sedimentationsraum gleichzeitig mit den Schieferbestandteilen abgesetzt worden ist. (Bull. Soc. franç. Minéralog. Cristallogr. **80.** 439—43. Okt./Dez. 1957.) J.-E. HILLER. 380

Dorothy H. Radbruch, *Hypothese bezüglich der Entstehung der Thinolit-Tuffe am Pyramid-Lake, Nevada.* Thinolit ist nach DANA eine Pseudomorphose von $CaCO_3$ nach $Na_2Ca(CO_3)_2 \cdot 5H_2O$ (Gaylussit), die sich aus Lsgg. mit hohem Alkalicarbonatgehalt ausscheidet. Es wird angenommen, daß heiße Carbonatquellen ihr W. in das alkalireiche W. des Sees abgaben u. bei der Vermischung sich kalkhaltiger Schlamm bildete, aus dem sich der Thinolit ausschied. (Bull. geol. Soc. America **68.** 1683—87. Dez. 1957. Menlo Park, Calif., U.S. Geol. Surv.) K. LÖFFLER. 380

C. Superceanu, *Beitrag zu den Paragenesen des Scheelits und Wolframits aus den Erzgängen von Baia-Sprie.* In den unteren Horizonten des Erzvork. von Baia-Sprie wird Scheelit in Kristallen von 1—20 mm nachgewiesen, auch in Paragenese mit Quarz, Pyrit, Chalkopyrit u. Wolframit. Die einzelnen Mineralien u. ihre Kristallisationsfolge werden besprochen. (Rev. Minelor **8.** 399—404. Sept. 1957.) R. K. MÜLLER. 380

Karl-Bernhard Jubitz, *Zur feinstratigraphisch-geochemischen Horizontierungsmethodik in Kalksedimenten (Trias).* (Geologie **7.** 863—913. Okt. 1958. Berlin.) F. ENSSLIN. 382

C. Gagny, *Der besondere Charakter der Fluorescenz der Feldspäte in einigen Graniten der Vogesen.* Einige Feldspäte aus Vogesengranit zeigten bei kurzwelligem UV-Licht eine rosa himbeerfarbige Fluorescenz. Vorwiegend sind es die Alkalifeldspäte, die diese Fluorescenz aufweisen. Durch systemat. Unters. der Granite wurde gefunden, daß im Norden der Vogesen die Granite von Natzwiller, Andlau u. Champ-du-Feu u. im Süden der Granit von den Ballons diese Erscheinung zeigen. Die Ursache für die Fluorescenz kann noch nicht angegeben werden. (Bull. Soc. franç. Minéralog. Cristallogr. **80.** 546. Okt./Dez. 1957. Paris, Sorbonne, Labor. de Pétrographie.) J.-E. HILLER. 385

V. Marmo und **F. Permingeat,** *Zum Kalifeldspatproblem des Granites von d'azegour (Marokko).* Bei den Kalifeldspäten des Granits von d'azegour handelt es sich um *Orthoklas,* der teilweise in *Mikroklin* umgewandelt ist. Er wird verglichen mit postkambr. Graniten, die im allg. Orthoklas führen, während die präkambr. Mikroklin führen. Es wird die Hypothese von MARMO diskutiert, daß die Mikroklinbldg. direkt stattfindet bei einer hinreichend niedrigen Temp. u. hinreichend kleiner Geschwindigkeit, damit das Al–Si-Gerüst geregelt aufgebaut werden kann. In anderen Fällen bildet sich Orthoklas, der sich zum Granit umwandeln kann. (Bull. Soc. franç. Minéralog. Cristallogr. **80.** 509—22. Okt./Dez. 1957. Otaniemi, Finnland, Geologinen tut-kimuslaitos; Rabat, Serv. Géol.) J.-E. HILLER. 385

H. Iveković, *Chemische Untersuchungen des Wassers der Plitvice-Seen in Kroatien.* Die untersuchten Zuflüsse u. das Seewasser selbst sind bei fast völligem Mangel an anderen anorgan. u. organ. Verbb. sehr hart; die Gesamthärte liegt zwischen 200 u. 240 mg $CaCO_3$/Liter, die fast ausschließlich durch gelöstes HCO_3^- bedingt ist. Die Alkalität nimmt allg. mit der Tiefe ab, nur dort, wo infolge Bldg. von Carbonaten aus dem HCO_3^- $CaCO_3$ entsteht, können die Wässer des Hypolimniums härter sein als die des Epilimniums. — Die Unterss. ergaben ferner, daß das Verhältnis Ca:Mg in den Wässern bei ca. 1,59—1,21 liegt. (Bull. sci. [Yougoslavie] **3.** 40—41. Dez. 1956. Zagreb, Univ., Inst. of Inorgan., Analyt. and Physic. Chem. [Orig.: engl.]) H. ECKSTEIN. 393

D. J. Atkinson, *Schwermetallkonzentration in Strömen in Nord Angola.* Während der Trockenzeiten ist der Schwermetallgehalt im Wasser, bestimmt durch Titration mit Dithizon, ziemlich konstant, aber niedrig. Zu Beginn der Regenzeit wird er sehr hoch u. wechselhaft. Mit Zunahme der Regenzeit fällt er unregelmäßig auf sehr niedrige Werte. (Econ. Geol. **52.** 652—67. Sept./Okt. 1957. Maniwaki, Quebec.) F. ENSSLIN. 393

R. L. Patterson jr. und **I. H. Blifford jr.**, *^{14}C in der Atmosphäre.* Die Entstehung u. Zunahme von ^{14}C in der Atmosphäre durch Kernwaffenversuche wird an Hand von zahlreichen Messungen diskutiert. Die ^{14}C-Gehalte der einzelnen Proben werden mit zwei Standards verglichen; für verschiedene Sammelstellen auf der Erde liegt das Verhältnis Probe/Standard bei ca. 1,00. Die Abhängigkeit der Höhe der ^{14}C-Aktivität von der Jahreszeit wird untersucht. (Science [Washington] **126.** 26—28. 5/7. 1957. Washington, D. C., U. S. Naval Res. Labor.) H. HAUSER. 396

T. A. Rafter und **G. J. Fergusson**, *Der Atombombeneffekt. Jüngstes Anwachsen des ^{14}C-Gehaltes der Atmosphäre, Biosphäre und der Ozeanoberflächen.* Vff. stellten ein Anwachsen des ^{14}C-Geh. der Atmosphäre um 6,70 ± 0,30%, der Biosphäre (Hölzer) um den gleichen Betrag u. der Ozeanoberfläche um 2,0 ± 0,5% fest und führen diese Tatsache auf die Atombombenversuche zurück. Zeitpunkt der Messungen ist Mai 1957. (New Zealand J. Sci. Technol., Sect. B **38.** 871—83. Sept. 1957. Lower Hutt, New Zealand, Dep. of Sci. and Ind. Res., Div. of Nucl. Sci.) R. FRYDRYCH. 396

Walter R. Eckelmann, J. Laurence Kulp und **Arthur R. Schulert**, *Geochemie von ^{90}Sr.* Vff. weisen darauf hin, daß durch die Detonation von Kernwaffen ^{90}Sr in die Atmosphäre, Hydrosphäre u. Lithosphäre gelangt, u. berichten in diesem Zusammenhang über die Gehh. an ^{90}Sr in einer Reihe von Bodenproben des Staates New York u. des Regenwassers. Vertikale Aktivitätsbodenprofile zeigten, daß etwa 80% der ^{90}Sr-Aktivität in den oberen 2 in. des Bodens enthalten sind. (Bull. geol. Soc. America **68.** 1720. Dez. 1957. Palisades, N. Y., Columbia Univ., Lamont Geol. Observat.) C. GOTTFRIED. 396

A. G. Kolessnikow und **W. I. Beljajew**, *Über die Kristallisation einer unterkühlten Wasserwolke durch Gefrieren der Tropfen.* Die Kristallisation einer homogenen Wolke wird erstmalig in mathemat. Gleichungen beschrieben, wobei eine erste Gleichung das Einfrieren der Tropfen unter der Voraussetzung beweist, daß die Geschwindigkeit des Einfrierens nur von der Temp. abhängt. 2 weitere MAXWELL-Gleichungen beschreiben das Wachsen der Kristalle u. das Verdampfen der Tropfen. Die 3 Grundgleichungen können auch bei Annahme anderer Gesetzmäßigkeiten (für das Einfrieren u. Wachsen der Krist. u. Verdampfen der Tropfen) zu Berechnungen dienen. (Известия Академии Наук СССР, Серия Геофизическая [Nachr. Akad. Wiss. UdSSR, geophysik. Ser.] **1958.** 636—42. Mai. Moskau, Lomonossow-Univ.) A. v. WILPERT. 396

H. Israel und **G. Ludwig**, *Die künstliche Radioaktivität der Atmosphäre in Aachen am 1. April 1958.* Vff. teilen zunächst mit, daß die künstl. Radioaktivität der Atmosphäre in Aachen eine am 1.4.1958 plötzlich einsetzende u. nach eintägiger Dauer ebenso plötzlich verschwindende ungewöhnliche Erhöhung zeigte. Die hierbei erreichten Höchstwerte lagen etwa beim 25- bis 30fachen des n. Niveaus. Eine zur Best. des Alters dieses radioaktiven Aerosols durchgeführte Zeitanalyse ergab als Entstehungszeitpunkt des radioaktiven Aerosols den 6.3.1958. Zur Herkunft der Luftmassen wurden Trajektorien für die Bodenströmung u. für die Strömung. in der 500mb-Fläche bestimmt. Beide Luftbahnen führen für die Entstehungszeit der radioaktiven Partikelchen auf den Raum Ostsibirische Küste–Kamtschatka. (Meteorol. Rdsch. **11.** 131—32. Juli/Aug. 1958.) C. GOTTFRIED. 396

Hermann Borchert, Ozeane Salzlagerstätten. Grundzüge d. Entstehung u. Metamorphose ozeaner Salzlagerstätten sowie d. Gebirgsverhaltens von Salzgesteinsmassen. Berlin: Borntraeger. 1959. (237 S. m. 31 Abb., 10 Tab. u. 6 Taf.) 8°. DM 48,—.

I. Ginsburg, Principles of geochemical prospecting. London: Pergamon Pr. 1959. (K. S.) 70 s.

Arno Schüller, Metallisation und Genese des Kupferschiefers von Mansfeld. Berlin: Akademie-Verl. 1959. (8 S. m. 28 Abb. u. 4 Anl.) 4° = Abhandlungen d. Deutschen Akademie d. Wissenschaften zu Berlin. Klasse f. Chemie, Geologie u. Biologie. Jg. 1958, Nr. 6. DM 4,70.

—, Revista del Instituto de Geografia. Nr. 5. Lima, Peru: Universidad Nacional Mayor de San Marcos, Facultad de Letras. 1958. (224 S. m. Abb. u. Taf.) Keine Preisangabe.

B. Allgemeine und theoretische organische Chemie.

R. R. Dreisbach, *Physikalische Eigenschaften chemischer Verbindungen.* Systemat. Zusammenstellung der physikal. Eigg. (Reinheitsgrad, Gefrierpunkt, Dampfdruck, Flüssigkeits- u. Dampfdichte, n_D, Kpp. bei verschied. Drucken, krit. Werte, Kompressibilität, Viscosität, Wärmeinhalt, Oberflächenspannung, Löslichkeit u. a.) von 511 organ. cycl. Verbb.: Alkyl- u. Halogenbenzole, Styrole, Thiaalkylbenzole, Thiophene, Alkylnaphthaline, Tetra- u. Dekahydronaphthaline, aromat. Phenole, Thiophenole, aromat. Amine, Nitrobenzole, aromat. Alkohole, Ketone u. Ester, Cyclopentane u. -pentene, Thiacyclopentane u. -propane, Cyclohexane u. -hexene, Thiacyclohexane. — Tabellenwerk, je Verb. 1 Seite; zahlreiche Literaturangaben. (Advances Chem. Ser. Nr. **15.** 1—536. Juni 1955. Midland, Mich., Dow Chemical Co.) S. HESS. 400

V. Ramakrishna Rao und **V. Survanarayana,** *Analyse des Absorptionsspektrums von p-Fluoranisol im nahen Ultraviolett.* Inhaltlich zum größten Teil ident. mit der C. **1958.** 2969 referierten Arbeit. Die beobachteten 180 Banden werden dem erlaubten Übergang $^1A_1 \rightarrow {}^1B_1$ zugeordnet, die meisten können auf der Basis von neun Grundschwingungen im Anregungszustand (229, 391, 548, 720, 810, 1042, 1280, 1299 u. 1367 cm^{-1}) sowie acht im Grundzustand (236, 435, 843, 857, 1116, 1275, 1308 u. 1428 cm^{-1}) erklärt werden. (Spectrochim. Acta [London] **9.** 252—62. 1957. Waltair, India, Andhra Univ., Physics Dep.) M.-L. KLAAR. B 118

Erich Clar und **Maximilian Zander,** *Aromatische Kohlenwasserstoffe.* 72. Mitt. *Die Zusammenhänge zwischen chemischer Reaktivität, Phosphorescenz und para-Absorptionsbanden und die „Wasserstoffähnlichkeit" des oberen Niveaus der p-Banden in den Absorptionsspektren aromatischer Kohlenwasserstoffe.* (71. vgl. C. **1959.** 9888.) Das obere Niveau der p-Absorption linearer aromat. KW-stoffe fällt annähernd mit dem 1. angeregten Zustand des H-Atoms $R/2^2$ (R = RYDBERG-Konstante) zusammen, da die „Wasserstoffähnlichkeit" der Absorptionsspektren organ. Verbb. nach SCHEIBE, BRÜCK u. DÖRR (vgl. C. **1954.** 2583) auch für die p-Banden aromat. KW-stoffe gilt, während sich die oberen Niveaus der α- u. β-Banden bei der Anellierung unabhängig davon verschieben. Die kurzwelligste Bande der Phosphorescenz wird mit der langwelligsten der p-, α- u. β-Gruppe verglichen (Triplett → Singulett-Übergang). Das obere Niveau der Phosphorescenzübergänge der Acene u. Phene ist mit dem oberen p-Niveau gekoppelt, im Falle der Acene verläuft es parallel (12600 cm^{-1}) zum $R/2^2$-Niveau des Wasserstoffs. Die Phosphorescenzspektren folgender aromat. KW-stoffe werden mitgeteilt: *Phenanthren, Triphenylen, Dodekahydrotriphenylen, Chrysen, 3.4-Benzphenanthren, 8.9-Trimethylen-3.4-benzphenanthren, 1.2-Benzchrysen, Picen, 5.6-Benzchrysen, 3.4;5.6-Dibenzphenanthren, 1.2;7.8-Dibenzchrysen, 11.12-Trimethylentetraphen, 1.2;3.4-, 1.2;5.6-* u. *1.2;7.8-Dibenzanthracen, 1.2;3.4;5.6-Tribenzanthracen, 1.2;3.4;5.6;7.8-Tetrabenzanthracen, Pentaphen, 3.4;9.10-Dibenzpentaphen, Biphenyl, 2.2'-Binaphthyl, p-Terphenyl, 1.3.5-Triphenylbenzol, 1.2-* u. *2.3-Benzofluoren, Coronen, 1.12-Benzperylen, Pyren, 1.2-Benzpyren, 1.2;6.7-Dibenzpyren* u. *Fluoranthen.* (Chem. Ber. **89.** 749—62. 1956. Glasgow, Schottland, Univ.; Castrop-Rauxel, Rütgerswerke A.-G., Zentrallabor.) K. LEHMSTEDT. B 118

Marinus Los, Jagdeesh Prasad Saxena und **W. H. Stafford,** *Heterocyclische*

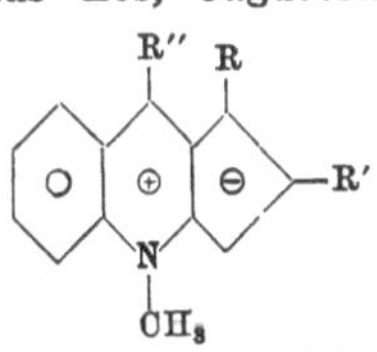

I R = H, R' = C_6H_5, R'' = $COOCH_3$
II R = R' = C_6H_5, R'' = $COOCH_3$
III R = H, R' = C_6H_5, R'' = H
IV R = R' = C_6H_5, R'' = H

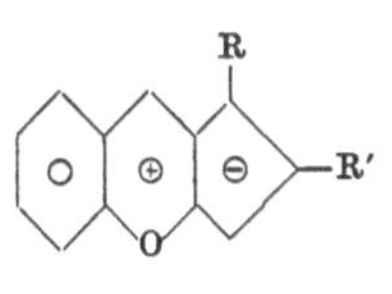

V R = H, R' = C_6H_5
VI R = R' = C_6H_5

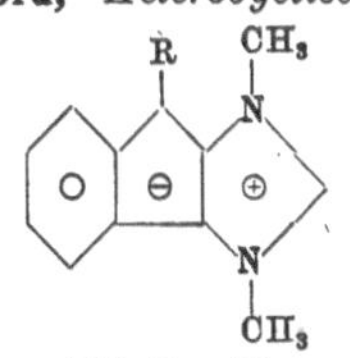

XII R = H
XIII R = C_6H_5

Analoga von Azulen. Die nebenst. Verbb. **I**—**XI** wurden zur Unters. ihrer azulenähnlichen Eigg. dargestellt u. ihre UV-Spektren beschrieben u. mit dem von *5.6-Benzazulen*

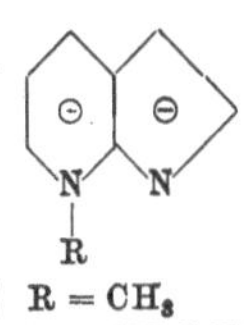

VII R = CH_3
VIII R = $CH_2C_6H_5$
IX R = $CH_2C_6H_4NO_2$(p)

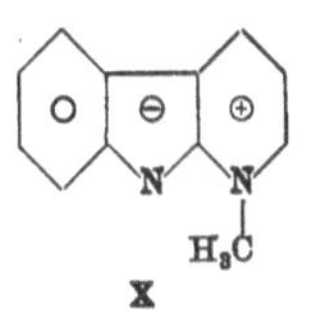

X

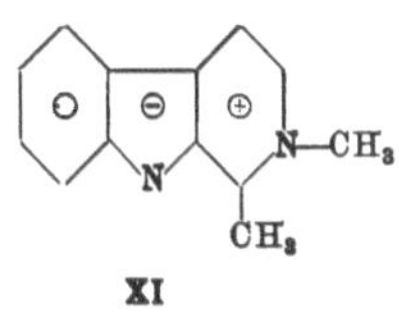

XI

verglichen. **I–VI** sind bas., blaue oder violette Substanzen, die mit Trinitrobenzol Komplexe bilden; z. B. entsteht mit **III** ein *Komplex* $C_{25}H_{18}N_4O_6$ (F. 144–145°, schwarze Prismen). **VII–XI** wurden analog BOYD (vgl. Chem. and Ind. **1957.** 1244) dargestellt. **XII** (gelb) u. **XIII** (rot) wurden nur in Lsg. erhalten. (Proc. chem. Soc. [London] **1957.** 352–53. Dez. Edinburgh, Univ.) H. LEHWALD. B 118

William M. Tolles und **Jerome R. Tichy,** *Die Molrefraktion des Methylisocyanats.* Vff. bestimmen D. u. Brechungsindex von *Methylisocyanat* (Kp. 44–45° unter Zers.) zu $D.^{27}{}_4$ 0,9230 bzw. n_D^{27} 1,3630. Die Mol.-Refr. der Verb. wird daraus zu 13,73 berechnet. (J. physic. Chem. **62.** 1606–07. Dez. 1958. Stors, Conn., Univ., Dep. of Chem.) K. FRENKLER. B 119

R. N. Dixon und **R. W. Nicholls,** *Eine experimentelle Untersuchung der Bandenintensitäten des CN-Systems im Rot.* Für das CN-Radikal (aus akt. N_2 u. CCl_4) wurden die Intensitäten des Bandensyst. im Roten $A(^2\pi_i) \rightarrow X(^2\Sigma^+)$ gemessen u. mit Hilfe der berechneten FRANK-CONDON-Faktoren $q_{v'v''}$ das elektron. Übergangsmoment $R_e(r) = 1{,}044 + 0{,}174\,r$ bestimmt, das somit im Bereich von 1,04–1,27 Å nur wenig variiert. Die Rotations- u. Schwingungsenergieverteilung werden berechnet. (Canad. J. Physics **36.** 127–33. Jan. 1958. London, Ontario, Univ. of Western Ontario, Dep. of Phys.) G. HEINSOHN. B 120

Ralph T. Holman, Christense Nickell, Orville S. Privett und **Page R. Edmondson,** *Auffinden und Bestimmung von Hydroperoxyden durch Spektrophotometrie im nahen Infrarot.* Autoxydiertes *Cyclohexen* u. *Methyloleat* zeigen ebenso wie autoxydiertes *Methyllinolat* (**I**) u. *Octadecadienhydroperoxyd* Absorptionsbanden bei 1,46 u. 2,07 μ. Diese finden sich nicht bei ozonisierten ungesätt. Verbb. u. substituierten Peroxyden. Bei **I** sinkt die Intensität der Bande parallel zum jodometr. Peroxydwert. Meßkonz. 3–10% in CCl_4. (J. Amer. Oil Chemists' Soc. **35.** 422–25. Aug. 1958. Austin, Tex., Univ., Hormel Inst. u. P.R.E.; Minneapolis, Minn., Univ., Dep. of Med.) H. OTTERBACH. B 120

A. Tolk und **H. J. van der Molen,** *Der Einfluß des Präparationsverfahrens auf das Infrarotspektrum von Benzoesäure.* Das IR-Spektr. von *Benzoesäure* (**I**) in KCl-Preßlingen stimmt nicht mit dem Spektr. von **I** in einer Nujolsuspension überein. Die Ursache liegt in der Adsorption von **I**-Moll. an der KCl-Oberfläche. Nach längerer Aufbewahrung der Tabletten findet man das n. **I**-Spektr., W. beschleunigt die Alterung. Diese verläuft in KJ rascher als in KBr, in beiden Fällen werden jedoch prim. analoge Bandenverschiebungen wie in KCl beobachtet. (Chem. Weekblad **53.** 656–57. 7/12. 1957. Utrecht, Rijksuniv., Analyt. Chem. Labor.) W. WESLY. B 120

Børge Bak, Lise Hansen-Nygaard und **Christian Pedersen,** *Lokalisierung der C=S- und C–S-Gruppenfrequenzen in Carboxymethyldithioestern.* Im IR-Bereich von 400 bis 4000 cm^{-1} werden Dithiocarbonsäurecarboxymethylester spektrophotometr. untersucht. Intensive Banden werden bei 1350–1365, 1290–1325, 1190–1225 u. 640–670 [cm^{-1}] beobachtet. Die bei 1200 u. 660 liegenden Banden werden den C=S- u. C–S-Valenzschwingungen zugeordnet. — Mitgeteilt werden schemat.-graph. Darstellungen von IR-Absorptionsspektren u. eine tabellar. Übersicht über die Gruppenfrequenzen von Verbb. der allg. Formel *R–CSSCH$_2$COOH*, worin R gleich *Phenyl-*, *Benzyl-*, *α-Phenyläthyl-*, *o-Tolyl-*, *p-Tolyl-*, *o-Hydroxyphenyl-*, *p-Hydroxyphenyl-*, *o-Methoxyphenyl-*, *p-Methoxyphenyl-*, *m-Chlorphenyl-*, *p-Chlorphenyl-*, *m-Nitrophenyl-*, *p-Acetamidophenyl-*, *α-Naphthyl-*, *β-Naphthyl-*, *Furyl-(2)-*, *Thienyl-(2)-*, *Pyrryl-(2)-*, *Indolyl-(3)-*, *Methyl-* bzw. *Äthyl-* ist. (Acta chem. scand. **12.** 1451–55. 1958. Copenhagen, Univ., Chem. Labor.) H. SCHÖTTLER. B 120

Anders Ehrenberg und **Hugo Theorell,** *Über die räumliche Struktur eines Hämopeptids aus Cytochrom c.* Vff. untersuchten die räumliche Struktur des von TUPPY u. PALEUS (C. **1958.** 12702) durch Peptidabbau von Cytochrom c erhaltenen Hämopeptids. Auf Grund von Modellbetrachtungen kamen Vff. zu der Auffassung, daß von den 3 Heli formen α, π, γ die letzten beiden wegen ster. Hinderung auszuschließen sind u. di α-Helix am wahrscheinlichsten ist (Cystein gebunden an die Seitenkette 4 des Häm Histidin hämgebunden), weil dabei spannungsfreie, starre Strukturen mit der Helixachse fast parallel zur Häm- u. Imidazolfläche möglich sind; dabei wird die allg. vorherrschende Linksspirale angenommen. Die Existenz einer starren Linkshelix wird außerdem durch Mol.-Gew.-Best. mit der Ultrazentrifuge gestützt: Bei p_H 8,7 liegt ein Penta- oder Hexameres vor, bei p_H 2,3 ein Monomeres; eine Polymerisation ist nur intermol. möglich, denn durch Zusatz von *Histidin* (**I**) im alkal. Medium wird auf Grund des Spektr. die Polymerisation teilweise kompensiert. Die hämochromogenbildende Fähigkeit von **I** ergibt sich auch daraus, daß im Gegensatz zu *Lysin* u. *Glycylglycin* 2 Moll. **I** bei p_H 7 gleichzeitig an *Ferroprotohäm* u. *Ferriprotohämin* gebunden werden. Aus den Beobachtungen ziehen Vff. den Schluß, daß auch im Cytochrom c beide an

Fe gebundenen Gruppen Histidinimidazolgruppen sind. (Nature [London] **176.** 158—59. 23/7. 1955, Stockholm, Med. Nobel Inst., Biochem. Div.; Wallenberg's Labor. for Physiol. Chem.) P. HOLZLÖHNER. B 123

J. Hoigné und **T. Gäumann**, *Dielektrische Messungen an polaren Gemischen.* 4. Mitt. *Homologe Reihen.* (3. vgl. C. **1956.** 4626.) Um theoret. Zusammenhänge zwischen dielektr. Inkrement u. mkr. Aufbau einer fl. polaren Mischung prüfen zu können, wurden die dielektr. Inkremente von *1-Brompropan* bis *1-Bromheptan, 2-Brompropan, 2-Brombutan, Essig-* bis *Capronsäure, Caprylsäure, Benzoesäure, Malon-* bis *Sebacinsäure, Fumar-, Malein-, Phthal-, Isophthalsäure, Aceton* (**I**), *Cyclopentanon, -hexanon, -heptanon* in den Lösungsmitteln A., **I**, Methylcellosolve (**II**), Tetraäthylenglykoldi-n-butyläther (Kp. 194—196°), Bzl., n-Heptan, Dioxan u. die Leitfähigkeit der Mono- u. Dicarbonsäuren in **II** gemessen. Eine Diskussion der Berechnungsmöglichkeiten des Dipolmoments führt zu dem Ergebnis, daß man in den ONSAGERschen Ansatz Korrekturen einzuführen hat, die das Vol. der gelösten Moll. u. ihre geometr. Form berücksichtigen. An Hand der Meßergebnisse werden Möglichkeiten für die Best. dieser Korrekturen gezeigt. Da bei homologen Bromalkanen u. homologen Fettsäuren die Polarisation eine lineare Funktion des Alkanrestvol. ist, kann die partielle Polarisation der funktionellen Gruppen graph. ermittelt werden. Für manche Stoffe läßt sich der Korrekturfaktor auch durch Bezug auf eine unpolare Modellsubstanz ermitteln, die aber räumlich ähnliche Form haben muß. Durch Vgl. der Dipolmomente in unpolaren Lösungsmitteln werden die Möglichkeiten einer Nahordnung der Lösungsmittelmoll. (z. B. Wasserstoffbrückenbldg.) um das Gelöste besprochen. (Helv. chim. Acta **41.** 1933—50. 1/12. 1958. Zürich, ETH, Org.-chem. Labor.) R. JUNGE. B 132

Cl. Béguin und **T. Gäumann**, *Dielektrische Messungen an polaren Gemischen.* 5. Mitt. *Relaxationszeiten der Dicarbonsäuren in Methylcellosolve.* (4. vgl. vorst. Ref.) Die Frequenzabhängigkeit der Leitfähigkeit von Dicarbonsäuren in Methylcellosolve wird gemessen u. mit Hilfe der DEBYEschen Theorie der Dielektrika in Anlehnung an POWLES (C. **1955.** 5480) die Relaxationszeiten berechnet. Diese besitzen wegen der vereinfachenden Annahmen nur relative Genauigkeit. Für die Homologen *Malon-* bis *Sebacinsäure* zeigen die Relaxationszeiten als Funktion der Kettenlänge eine Alternanz mit einem geringeren, abnehmenden Anstieg der Relaxationszeit mit zunehmender Kettenlänge als bei Alkoholen (vgl. DALBERT, MAGAL u. SURDUT, C. **1950.** II. 751). Dies wird mit zunehmender Möglichkeit der freien Orientierung der beiden Carboxylgruppen gegeneinander erklärt. Da die absol. Größe der Relaxationszeiten zwischen 190 u. 530 $\mu\mu$sec liegt u. damit größer ist als bei unassoziierten Verbb., wird angenommen, daß die Carboxylgruppen mit dem Lösungsm. Komplexe eingehen. Die Relaxationszeit von *Maleinsäure* ist mit 260 $\mu\mu$sec niedriger als zu erwarten. (Helv. chim. Acta **41.** 1951—56. 1/12. 1958.) R. JUNGE. B 132

Tino Gäumann, *Dielektrische Messungen an polaren Gemischen.* 6. Mitt. *Harnstoffe.* (5. vgl. vorst. Ref.) Es werden die dielektr. Inkremente von *Harnstoff* (**I**), *Äthyl-* (**II**), *tert.-Butyl-, symm.-Dimethyl-* (**III**), *asymm.-Diäthyl-, symm.-Diphenyl-, asymm.-Diphenyl-, Tetramethyl-* (**V**), *asymm.-Dimethyldiäthyl-* (**IV**), *Tetraäthyl-* (**VI**), *Tetrabutyl-* u. *symm.-Dimethyldiphenylharnstoff* in Dioxan u. polaren Lösungsmitteln (Tetraäthylenglykoldi-n-butyläther, Butylcellosolve, Methylcellosolve, Aceton, A., Methanol, W.) gemessen u. die nach der ONSAGERschen Formel berechneten Dipolmomente sowie die auf Lsg. in Dioxan bezogenen Korrelationsfaktoren übersichtlich tabelliert. Auf Grund dieser Werte kann eine Einteilung der Harnstoffe erfolgen in solche (mono- u. symm.-substituierte), bei denen sich eine Wasserstoffbrücke zum Lösungsm. nur in trans-Stellung zur CO-Gruppe ausbilden kann, weil die cis-Stellung durch einen Substituenten besetzt ist, u. in solche, bei denen beide Möglichkeiten realisierbar sind. Für **I**, **II**, **III**, **IV** u. **V** werden in einigen Lösungsmitteln die Frequenzabhängigkeit der Leitfähigkeit gemessen u. die Relaxationszeit berechnet sowie für **I** in Butylcellosolve die COLE-Kreise dargestellt. Daraus können zusätzliche Aussagen über Solvatstrukturen u. den Assoziationszustand der Fll. gemacht werden. Messungen der Temperaturabhängigkeit der DK. von **VI** zeigen das n. Verh. einer Fl. ohne Wasserstoffbrücken u. ohne freie Drehbarkeit im festen Zustand. (Helv. chim. Acta **41.** 1956—70. 1/12. 1958. Zürich, ETH, Org.-chem. Labor.) R. JUNGE. B 132

P. L. Corio, R. L. Rutledge und **J. R. Zimmerman**, *Zurückdrängen von Austauschvorgängen durch Molekülassoziation: Methylalkohol.* (Vorl. Mitt.) Vff. zeigen, daß die bei kernmagnet. Resonanzunterss. häufig wegen Austauschvorgängen nicht zu beobachtenden Spin–Spin-Multipletts durch Zugabe eines Komplexbildners sichtbar gemacht werden können. Im Falle des *Methylalkohols* bewirkt Aceton durch Ausbldg. von Wasserstoffbindungen eine Erhöhung der Lebensdauer der OH-Protonen in einer genügenden

Anzahl von Moll., so daß eine Feinstruktur auftritt. Man kann a) durch Änderung der Komplexbildnerkonz. das innere chem. Gleichgewicht beeinflussen u. die resultierenden Änderungen der Feinstruktur mit den theoret. Spektren vergleichen, b) in einigen Fällen Moll., die Austausch-Rkk. eingehen, u. komplex gebundene Moll. gleichzeitig nebeneinander beobachten u. durch Intensitätsmessungen die Anzahl der Moll. in den beiden Zuständen bestimmen, c) den Einfl. der Komplexbildnerkonz. auf die Austauschgeschwindigkeit untersuchen. (J. Amer. chem. Soc. **80.** 3163—64. 20/6. 1958. Dallas, Tex., Magnola Petrol. Comp., Field Res. Labor.) G. Winkler. B 137

Eugen Müller, Kurt Ley, Klaus Scheffler und **Rudi Mayer,** *Über Sauerstoffradikale.* 10. Mitt. *Paramagnetische Elektronenresonanz (EPR)-Untersuchungen an Sauerstoffradikalen.* (9. vgl. Chem. Ber. **91** [1958.] 2670; 8. vgl. C. **1959.** **3421.**) Vff. versuchten, nach der EPR-Meth. (vgl. Wertz, C. **1956.** 13928) die mesomeren Grenzzustände folgender Aroxyle festzulegen: *2.4.6-Tri-tert.-butylphenoxyl-(1)*, *4-tert.-Butyloxy-*, *4-Isopropyloxy-* (**I**), *4-Äthoxy-* (**II**), *4-Methoxy-* (**III**), *4-Acetoxy-*, *4-Benzoyloxy-*, *4-Trimethylacetoxy-*, *4-Formyl-*, *4-Benzoyl-*, *4-Cyan-2.6-di-tert.-butylphenoxyl-(1)*, *4-[3.5-Di-tert.-butylchinomethyl]-*, *4-[Phenyl-3.5-di-tert.-butylchinomethyl]-2.6-di-tert.-butylphenoxyl-(1)* (**IV**) u. *2-tert.-Butyloxy-4.6-di-tert.-butylphenoxyl-(1)* (**V**). Es konnten früher diskutierte mesomere Formen nachgewiesen u. das Mesomeriebild in einigen Fällen beträchtlich verfeinert werden. So treten bei **I**, **II** u. **III** die Wasserstoffatome der CH-, CH_2- u. CH_3-Gruppe des p-Alkoxyrestes über das O-Atom hinweg mit dem Einzelelektron in Wechselwirkung. In **IV** beteiligt sich der unsubstituierte Phenylkern nicht an der Mesomerie, er ist um 90° aus der Ebene der beiden anderen herausgedreht. Die Instabilität des Radikals **V** findet ihre Erklärung darin, daß die o-ständige tert.-Butyloxygruppe infolge ster. Hinderung nur sehr geringfügig zur Resonanz beiträgt. (Chem. Ber. **91.** 2682—92. 19/12. 1958. Tübingen, Univ., Chem. Inst.) Gerhard Müller. B 137

L. Van Gerven, A. Van Itterbeek und **E. De Wolf,** *Die transversalen Relaxationszeiten der paramagnetischen Elektronenresonanz des Diphenylpikrylhydrazyls zwischen 1,5 und 300° K.* Bei ca. 18 MHz u. 6,5 Oe wird die transversale Relaxationszeit der Elektronenspinresonanz des *Diphenylpikrylhydrazyls* zwischen 1,5 u. 300° K untersucht. Die nach der Theorie von Bloch aus Halbwertsbreiten errechneten Relaxationszeiten sind temperaturabhängig. Bei 1,5° K ist $\tau_2 = 2{,}04 \cdot 10^{-8}$ sec, bei 292° K $6{,}45 \cdot 10^{-8}$ sec, die Temperaturabhängigkeit ist nicht streng linear. (J. Physique Radium **18.** 417—21. Juli 1957. Louvain, Inst. de Basses Temp. et Phys. Appl.) G. Schoffa. B 137

E. A. Aikasjan und **Ju. W. Plesskow,** *Elektrochemische Oxydation und Reduktion einiger organischer Verbindungen an einer rotierenden scheibenförmigen Elektrode.* Die Oxydation von *Hydrochinon* u. die Red. von *Chinon* an einer glatten, rotierenden Pt-Elektrodenscheibe in KCl u. Na_2SO_4-Lsg. mit verschied. Konz. an H_2SO_4 wurde untersucht. Die Diffusionskoeffizienten wurden theoret. ermittelt (in 2 n KCl bei 21° $0{,}91 \cdot 10^{-5}$ bzw. $1{,}10 \cdot 10^{-5}$ cm²/sec). Die Geschwindigkeit der Oxydation von *Äthyl-* u. *Butylalkohol* ist an Pt bei genügend hohem Potential durch die aktivierten Adsorptionsstufen bestimmt u. vermindert sich mit wachsender Anodenpolarisation. Bei geringer Äthanolkonz. ($5 \cdot 10^{-3}$ mol/Liter) verringert sich der Oxydationsanteil mit wachsender Rotationsgeschwindigkeit. (Журнал Физической Химии [J. physik. Chem.] **31.** 205—13. Jan. 1957. Moskau, Lomonossow-Univ.) A. Kunze. B 142

Rudolf Zahradník, Emil Svátek und **Miloš Chvapil,** *Nitrosamine sekundärer Amine.* 3. Mitt. *Spektroskopische und polarographische Untersuchung.* (2. vgl. C. **1958.** 14415.) Polarograph. u. spektrale Eigg. der N-Nitrosamine des *Pyrrolidins* (**I**), *Prolins* (**II**) u. *Oxyprolins* (**III**) sowie der sechs nachst. N-Nitrosamine wurden untersucht. Die Bande bei 1405 cm⁻¹ bei **I** u. bei 1370 cm⁻¹ bei **II** u. **III** wurde der charakterist. Frequenz ν(N=O) der unassoziierten Form, die Bande bei 1327 cm⁻¹ für **I** u. 1298 cm⁻¹ bei **II** u. **III** der assoziierten Form zugeschrieben. Auch die bathochrome Verschiebung bei UV-Spektren in weniger polaren Lösungsmitteln spricht für die Bldg. dimerer Formen. — Bei kleineren p_H-Werten wurde eine 4elektronige Reduktionsstufe der protonisierten Form der N-Nitrosoverb. beobachtet. Die Höhe dieser Stufe nimmt mit steigendem p_H-Wert in der Form einer Dissoziationskurve ab. Bei höheren p_H-Werten liegt eine 2elektronige Stufe vor, deren Höhe u. Halbstufenpotential vom p_H-Wert unabhängig sind. Halbstufenpotentiale in 0,1n NaOH (gegen n-Kalomelelektrode): *Dimethyl-* —1,64 (V); *Diäthyl* —1,67; *Diphenylnitrosamin* —1,16; **I** —1,53; **II** —1,72; **III** —1,75; *N-Nitrosopiperidin* —1,43; *N-Nitrosomorpholin* —1,32; *Dicyclohexylnitrosamin* 0,57 (in 0,9n HCl u. 10%ig. A.). Aus den spektroskop. gemessenen pK-Werten u. polarograph. ermittelten pK'-Werten wurden die Rekombinationsgeschwindigkeitskonstanten (k_r) berechnet: **I** $5 \cdot 10^{14}$; **II** $1{,}9 \cdot 10^{12}$; **III** $2{,}6 \cdot 10^{10}$ Liter·Mol⁻¹·sec⁻¹. An der Rekombination nehmen neben H_3O^+ auch andere Protonendonatoren teil. — Durch die 4elektronige Red. entsteht ein Hydrazinderiv., bei der 2elektronigen wird die N—N-Bindung gespalten. (Chem. Listy **51.** 2232—42. Dez. 1957 [Orig.: tschech.]; Collect. czechoslov. chem. Commun. **24.** 347—59. Febr. 1959 [Orig.: deutsch]. Praha, Ústav hygieny práce a chorob z povol.) P. ZUMAN/Prag. B 142

Bacon Ke, *Polarographie von Flavinmononucleotid und Flavinadenindinucleotid. Flavinmononucleotid* u. *Flavinadenindinucleotid* zeigen wohldefinierte polarograph. Kurven, die aus einer Reduktionsstufe u. einer anomalen Adsorptionsstufe bei stärker negativem Potential bestehen. Der Reduktionsteil der Kurve stammt von 2-Elektronenübergängen, deren äußeres Anzeichen die Bldg. eines Semichinons ist. Die Bildungskonst. des Semichinons wird nach der Index-Potential-Meth. berechnet. Die Werte für die Halbstufenpotentiale des Reduktionsteils entsprechen den potentiometr. bestimmten Oxydations-Red.-Standardpotentialen. Aus der graph. Darst. $E_{1/2}$ gegen p_H können zwei pK-Werte von 6,8 (Dissoziationskonstante des red. Syst.) u. 9,65 (Dissoziationskonstante des oxydierten Syst.) entnommen werden. (Arch. Biochem. Biophysics **68.** 330—40. Juni 1957. Yellow Springs, Ohio, Charles F. Kettering Found.) R. LENSCHAU. B 142

A. Desmyter und **J. H. van der Waals,** *Thermodynamische Eigenschaften von Gemischen von Alkanen, die sich in der Kettenlänge unterscheiden.* 4. Mitt. *Mischungsvolumina.* (3. vgl. C. **1955.** 547.) Mit einem genau beschriebenen Dilatometer, mit dem man die Mischvoll. zweier Fll. innerhalb eines großen Konzentrationsbereichs in einem einzigen Vers. bestimmen kann, untersuchten Vff. die Volumenänderungen beim Mischen der folgenden bin. Systeme: *n-Pentan–n-Hexadekan* (I), *n-Hexan*–I, *n-Heptan*–I, *n-Octan*–I, *Isooctan*–I, *n-Decan*–I u. *n-Hexan–n-Dodecan* bei Temppp. zwischen 20 u. 50°. In allen Fällen wurde eine Kontraktion beobachtet, die mit der Temp. u. dem Unterschied in der Kettenlänge der beiden Komponenten zunimmt. Diese Kontraktion reicht von 0,03% für das Syst. n-Decan–I bis zu ca. 0,5% für das Syst. n-Pentan–I bei Zimmertemperatur. Eine theoret. Diskussion ergibt, daß man die Überschußvoll. der bin. Gemische aus den Mol-Voll. der reinen Komponenten auf Grund des Kongruenzprinzips von BRØNSTED (vgl. hierzu BRØNSTED u. KOEFOED, Kgl. danske Vidensk. Selsk., mat.-fysiske Medd. **22.** [1946.] 1) voraussagen kann. (Recueil Trav. chim. Pays-Bas **77.** 53—65. Jan. 1958. Amsterdam, Koninklijke/Shell-Labor.) C. GOTTFRIED. B 148

G. A. Bottomley und **C. G. Reeves,** *Die Virialkoeffizienten von Schwefelkohlenstoff, Diäthyläther und n-Hexan.* Vff. bestimmen nach einer Differentialmeth. die 2. Virialkoeffizienten B (cm³/Mol) von CS_2 —849 (22°), —748 (35°), —661 (50°). *Ae.* —2126, —1084, —950 u. *n-Hexan* —1984 (25°), —1620 (40°), —1406 (55°), Fehler ±3 cm³/Mol, vgl. die Ergebnisse mit Angaben anderer Autoren u. diskutieren die Apparatefehler. (J. chem. Soc. [London] **1958.** 3794—99. Nov. Welwyn, Hertfordshire, Imp. Chem. Ind. Ltd., Akers Res. Labor.) H. SACKMANN. B 149

Takichi Kotsuka und **Yasuji Hamamura,** *Über eine Regel für den Siedepunkt von Flüssigkeiten.* 1. Mitt. *Beziehung zwischen dem Siedepunkt von Flüssigkeiten und der Molekülstruktur bei Paraffinkohlenwasserstoffen, gesättigten einbasigen aliphatischen Alkoholen, primären Aminen und gesättigten Fettsäuren.* An Hand von ausführlichen Tabellen werden die zahlenmäßigen Beziehungen erörtert u. Gleichungen abgeleitet. (J. chem. Soc. Japan, pure Chem. Sect. [Nippon Kagaku Zassi] **76.** 1275—78. Nov. 1955. Kyoto Kogei-Sen-i, Univ. [Orig.: japan.]) L. SCHULER. B 150

Charles R. Mueller und **Edward R. Kearns,** *Thermodynamische Untersuchungen des Systems Aceton–Chloroform.* Die isothermen Dampf–Fl.-Gleichgewichte bei 25, 35 u. 50° des Syst. *Aceton–Chlf.* werden über jeweils den gesamten Mischungsbereich bestimmt. Aus den berechneten freien Überschußenergien der Mischungen wurde eine temperaturabhängige, quadrat. Beziehung zwischen diesen u. dem Mol-Verhältnis der Mischung ermittelt, die vor der VAN LAAR-Gleichung einige Vorteile besitzt. Mit ihrer Hilfe konnten die Überschußenthalpien u. -entropien der Mischung abgeschätzt werden. Die Übereinstimmung der damit erhaltenen Mischungswärmen mit vorliegenden calorimetr. Bestimmungen beträgt im Durchschnitt nicht mehr als 20%, was wahrscheinlich zum größten Teil auf die Unsicherheiten der calorimetr. Daten zurückzuführen ist. Alle Ergebnisse bzw. theoret. Betrachtungen werden ausführlich mit dem in der Literatur über das untersuchte Syst. vorliegenden, umfangreichen Material verglichen u. krit. diskutiert. (J. physic. Chem. **62.** 1441—45. Nov. 1958. Lafayette, Ind., Purdue Univ., Dep. of Chem.) W. WAGNER. B 150

M. V. Kuber, S. B. Kulkarni und **A. B. Biswas,** *Über die Phasengleichgewichte von p.p'-DDT in binären Systemen. p.p'-DDT* (**I**, F. 108,9°) gibt mit *γ-Hexachlorcyclohexan* (**II**, F. 113,4°, aus Aceton, Chlf. u. CCl_4) ein ideales Gemisch mit der eutekt. Zus.

50% **I**, F. 80,7°. Mit *Thymol* (F. 50,5°) ist das Gemisch mit **I** nahezu ideal, Zus. des Eutektikums 8,5% **I**, berechnet 11,0% **I**, F. 44,3°. Mit *Stearinsäure* (F. 69,9°, aus A.) bildet sich ein nichtideales Gemisch, eutekt. Zus. 16,7% **I**, F. 67,0°. Die aus den Ergebnissen nach 2 verschied. Methoden berechneten Schmelzwärmen kcal/Mol stimmen bei **I** (6,7) u. **II** (5,8) gut überein, bei den beiden anderen Verbb. nicht, wegen des nichtidealen Verh. der Systeme mit **I**. Mit Hilfe der von KOFLER (C. **1953**. 3539) gegebenen Daten werden für die Isomeren von **II** folgende Schmelzwärmen berechnet: γ_{I} 4,1, γ_{II} 5,8, α 6,8, δ_{I} 4,8, δ_{II} 5,7. Mischungsenthalpie von **I** u. **II** wird zu 6,7 u. 5,8 kcal bestimmt. (Z. physik. Chem., Frankf. Ausg. [N. F.] **17**. 155—62. Aug. 1958. Poona, India, Nat. Chem. Labor.) D. PALM. B 150

Kazimierz Zięborak, Halina Kaczorówna-Badyoczek und **Zofia Maczyńska**, *Azeotrope und polyazeotrope Systeme. 20. Mitt. Über positiv-negative azeotrope Systeme der Komponenten 2.6-Lutidin, Essigsäure und Paraffinkohlenwasserstoffe.* (19. vgl. C. **1956**. 12225; 21. vgl. C. **1958**. 13739.) Mit dem Differenzebulliometer nach ŚWIĘTOSŁAWSKI wurden die Isobaren der Siede- u. Kondensationspunkte aller bin. Systeme von *n-Octan* (**I**) bzw. *n-Decan* (**II**) mit *Essigsäure* (**III**) u. *2.6-Lutidin* (**IV**) u. damit der Kp. u. die Zus. der entsprechenden azeotropen Gemische ermittelt. Ebenso wurden die Isobaren der azeotropen Gemische der tern. Gemische untersucht. Im Syst. **II** + **III** + **IV** besteht ein positiv–negativer azeotroper Punkt (Sattelpunkt), obwohl **II** u. **IV** kein positiv azeotropes 2-Komponentensyst. bilden. Es wird eine theoret. Erklärung dafür gegeben. — Kpp. u. Zus. azeotroper Gemische: **III**-**IV**: 148,1°; 22,9% **III**; **II**-**III**-**IV**: 147,0°; 13,1% **II**, 12,6% **III**. (Roczniki Chem. [Ann. Soc. chim. Polonorum] **19**. 783—90. 1955. Warszawa, Uniw., Zakł. Chem. Fiz. Ogóln.) F. URBAN. B 150

F. W. Evans, D. M. Fairbrother und **H. A. Skinner**, *Die Verbrennungswärmen von Organostickstoffverbindungen. 3. Mitt. Butylamine und das cis-Dimere des Nitrosoisobutans.* (1. vgl. C. **1957**. 12117.) Vff. bestimmen calorimetr. die Verbrennungswärmen bei 25° von *n-* (**I**), *sek.-* **II**) u. *tert.-Butylamin* (**III**), von krist. cis-dimeren *Nitrosoisobutan* (**IV**) sowie von trans-dimerem Nitrosocyclohexan (**V**). — Ergebnisse: **I**, Kp. 76,5°, n_D^{20} 1,4032, ΔH_c^0 (fl.) — 721,43 ± 0,27 kcal/Mol, ΔH_f^0 (fl.) — 30,53 ± 0,3 kcal/Mol, Verdampfungswärme ΔH_{Dampf} (mittels der TROUTONschen Regel abgeschätzt) 8,0 kcal, ΔH_f^0 (Gas) — 2,25. — **II**, Kp. 62,5°, n_D^{20} 1,3935, ΔH_c^0 (fl.) —7,1908 ± 0,02, ΔH_f^0 (fl.) —32,88 ± 0,25, ΔH_f^0 (Dampf) 7,7, ΔH^0 (Gas) —25,2. — **III**, Kp. 44,3°, n_D^{20} 1,3786, ΔH_c^0 (fl.) —716,01 ± 0,27, ΔH_f^0 (fl.) —35,95 ± 0,3, ΔH (Dampf) 7,3, ΔH_f^0 (Gas) 28,65. — **IV**, ΔH_c^0 (krist.) — 1321 ± 0,9, ΔH_f^0 (krist.) —46,2. — **V**, ΔH_c^0 (krist.) ca. —1822,4 ± 8°, ΔH_f^0 (krist.) ca. ~57,7 ± 8. — Isomerisationswärmen **I** → **II** —2,7; **I** → **III** —6,15 kcal/Mol. (Trans. Faraday Soc. **55**. 399—403. März 1959. Manchester, Univ., Dep. of Chem.) K. FRENKLER. B 156

S. Sunner, *Die Bildungswärme der Thiolessigsäure.* (Sitzungsbericht.) Inhaltlich ident. mit der C. **1958**. 6496 referierten Arbeit. (Trans. Faraday Soc. **52**. 1154. Aug. 1956. Lund, Sweden, Univ., Dep. of Organ. Chem.) W. WAGNER. B 156

Henri Gueguen, *Oxydation von Äthyljodid in wässeriger Emulsion mit Ultraschall.* 6,7% Vol.-%ig. Emulsionen von C_2H_5J in W. wurden bei 17° 30 Min. lang mit Ultraschallwellen (960 kHz) bestrahlt. Die hierbei entwickelte J-Menge hängt von der Art des anwesenden Gases ab u. steigt in der Reihenfolge N_2, Ar, O_2, Luft an. Gleichzeitig wird dabei eine Säure gebildet, deren Menge in der Reihenfolge N_2, Ar O_2, Luft, zunimmt. (C. R. hebd. Séances Acad. Sci. **246**. 942—44. 10/2. 1958. Paris, Sorbonne, Labor. de Chim.) O. FUCHS. B 159

E. Grossetti, *Die Bestimmung des Ultraschall-Absorptionskoeffizienten von Benzol mit einer thermischen Methode.* Vf. mißt mittels einer calorimetr. Meth. den Ultraschallabsorptionskoeff. von *Bzl.* bei 1,8 MHz. Der gemessene Wert liegt höher als der theoret. berechnete, was auf den hohen Wert des Vol.–Viscositäts-Koeff. in Übereinstimmung mit Messungen von LIEBERMANN zurückgeführt wird. (Nuovo Cimento [10] **1**. 525—27. April 1955. Napoli, Univ., Ist. di Fisica.) H. JACOB. B 159

V. S. Venkatasubramanian, *Über die Kompressibilität von Flüssigkeitsmischungen und ihre Beziehung zur „conformal solution"-Theorie.* (Vgl. C. **1957**. 11788.) Mittels Messungen der Ultraschallgeschwindigkeit werden die adiabat. Kompressibilitäten folgender Flüssigkeitsgemische: CCl_4-C_6H_6, CCl_4-C_6H_{12}, C_6H_6-C_6H_{12}, CS_2-C_6H_6, C_6H_6-$C_2H_4Cl_2$, $CHCl_3$-$(C_2H_5)_2O$ u. $CHCl_3$-$(CH_3)_2CO$ bestimmt u. die Abweichung vom Idealwert beim Molenbruch 0,5 berechnet. Es besteht bis auf das letzte Syst. gute Übereinstimmung mit der Theorie (vgl. LONGUET-HIGGINS, Proc. Roy. Soc. [London], Ser. A **205**. [1951.] 247). (J. chem. Physics **29**. 971—72. Okt. 1958. Bangalore, India, Indian Inst. of Sci., Dep. of Phys.) W. NIEMITZ. B 159

R. R. Irani und **A. W. Adamson,** *Transportprozesse in binären flüssigen Systemen. 1. Mitt. Diffusion im Saccharose–Wasser-System bei 25⁰.* Vff. bestimmen mittels der Diaphragmameth. den bin. differentiellen Diffusionskoeff. D_{12} u. die beiden Selbstdiffusionskoeffizienten D_1 u. D_2 im Syst. *Saccharose* (**I**)–*W.* für Konzz. C von 0,05—2,8 mol. bei 25⁰. Für Konzz. > 0,8 mol. werden die Ergebnisse durch $\overline{D}_{12} = (5{,}226 \cdot 10^6/C_2 - C_1) \cdot \int_{C_1}^{C_2} (1 - 0{,}143\sqrt{C} - 0{,}362\,C)\,dC$ wiedergegeben. In den Konzentrationsbereichen 0,8—1,2 u. 1,2—2,8 mol. ist die Abhängigkeit von $\overline{D}_{12}$ von der durchschnittlichen Molarität der Bestandteile im wesentlichen linear, so daß die gemessenen $\overline{D}_{12}$-Werte an Stelle des differentiellen D_{12} bei der Durchschnittskonz. verwendet werden können. Einige Verss., bei denen die Selbstdiffusion mittels Lsg. von ^{14}C-markierter **I** sowohl nach der Diaphragma- als auch nach der Capillarmeth. bestimmt wurde, zeigten gut übereinstimmende Ergebnisse. Einige weitere Verss. wurden unter Verwendung von W. mit 10% D_2O-Geh. mittels der Diaphragmameth. durchgeführt. Dabei wurde in 0,3 mol. **I**-Lsg. der Wert D_2 $3{,}96 \cdot 10^{-6}$ (zum Vgl. in W. D_2 $3{,}99 \cdot 10^{-6}$) gefunden. Entsprechende Verss. mit ^{18}O-markiertem W. zeigen, daß zwar ein H–D-Austausch zwischen W. u. **I** stattfindet, nicht jedoch ein Austausch mit ^{18}O. Die Ergebnisse zeigen ferner, daß bei dem untersuchten Phänomen mindestens drei Typen von Wechsel-Wrkgg. in Betracht zu ziehen sind (zwischen W.–W., W.–**I** u. **I**–**I**). Der Befund, daß in Ggw. von Indicatormoll. (Casein) keinerlei Bewegung derselben festzustellen ist, läßt darauf schließen, daß diese Wechsel-Wrkgg. nur von kurzer Reichweite sind. (J. physic. Chem. **62.** 1517—21. Dez. 1958. Los Angeles, Calif., Univ. of Southern California, Dep. of Chem.)
K. FRENKLER. B 171

A. Emmerich und **F. Rosskopf,** *Über die Viscosität im Dreistoffsystem Saccharose–Elektrolyt–Wasser.* (Vortrag.) Der Einfl. von Elektrolytzusätzen (KCl, KBr, KJ, LiCl, NaCl, CsCl) auf die Viscosität (V.) wss. *Saccharose* (**I**)-Lsgg. bei 20⁰ wird in weiten Konzentrationsbereichen gemessen u. die Daten mit denen reiner wss. Elektrolyt-Lsgg. verglichen. Die relative Viscositätsänderung, hervorgerufen durch den Zusatz von Elektrolyten, verschiebt sich beim Übergang von W. zu konz. **I**-Lsgg. nur wenig, obwohl die Absolutwerte der V. sich um Größenordnungen ändern. Die Meßergebnisse lassen sich qualitativ mit den Hydratations- bzw. Solvatationseigg. der beteiligten Ionen deuten. (Z. Elektrochem., Ber. Bunsenges. physik. Chem. **62.** 1115—18. Dez. 1958. Braunschweig, TH, Inst. für landwirtschaftl. Techn. u. Zuckerind.) W. NIEMITZ. B 172

D. S. MacIver, P. H. Emmett und **Henry S. Frank,** *Die Adsorption von Alkanen an Kieselsäure-, Tonerde- und Kieselsäure–Tonerde-Katalysatoren.* Es wurde die Adsorption einiger Alkane niedrigen Mol.-Gew. an verschied., im wesentlichen aus Kiesel- u. Tonerde aufgebauten Crackkatalysatoren volumetr. u. auch unter Verwendung radioakt. Substanz untersucht. Im Temperaturgebiet von 100—350⁰ nimmt die Adsorption mit steigender Temp. kontinuierlich ab, bis an einem Punkt Zers. des Adsorbats einsetzt. Während im Falle von *Propan* u. *n-Butan* bei 760 Torr u. von *Isobutan* bei 760 u. 4 Torr an einem Katalysator von 12,5% Al_2O_3 u. 87,5% SiO_2 in einem Temperaturbereich von 100—350⁰ volumetr. keine Anzeichen einer Chemisorption gefunden werden konnten, ergab sich unter Verwendung von $^{14}C_{(2)}$-*Isobutan* für den bei 500⁰ ausgeheizten gleichen Katalysator bei 10 Torr u. den Tempp. 25 u. 150⁰ ein chemisorbierter Anteil von 0,003 cm^3/g, von dem ca. 80% reversibel chemisorbiert waren, also mit der Gasphase im Austausch standen, u. 20% irreversibel gebunden waren, die nur durch einen Verbrennungsprozeß von der Oberfläche entfernbar waren. Bzgl. der Chemisorption des Isobutans führten sowohl nachträglich hinzugegebenes W. als auch Metallionen zur Vergiftung des Katalysators. Aus reinem Silicagel bzw. aus reiner Tonerde hergestellte Katalysatoren zeigten einen wesentlich geringeren chemisorbierten Anteil; dieser entsprach ca. $^1/_{10}$ der am Mischkatalysator festgestellten Menge u. erwies sich im Falle des SiO_2 als vollständig reversibel u. im Falle des Al_2O_3 als weitgehend irreversibel. (J. physic. Chem. **62.** 935—42. Aug. 1958. Pittsburgh, Pa., Mellon Inst.; Univ. of Pittsburgh.)
D. FORST. B 176

D. Jentzsch und **G. Bergmann,** *Untersuchungen über die Beziehungen zwischen gaschromatographischen Retentionsverhältnissen und Dampfdruckverhältnissen.* Vff. maßen die gaschromatograph. Retentionsverhältnisse q (= t_i/t_s; t_i = Retentionszeit der betrachteten Verb., t_s = Retentionszeit von als Standard verwendetem *o-Xylol*) von *Toluol, m-Xylol, Mesitylen* u. *Pseudocumol* bei verschied. Tempp. mit He als Trägergas u. Siliconöl auf Celite als stationärer Phase. Die q wurden mit den nach CLAUSIUS-CLAPEYRON bzw. ANTOINE berechneten Dampfdruckverhältnissen verglichen, wobei sich in erster Näherung eine gute Übereinstimmung zeigte. Die auftretenden Abweichungen werden mit Hilfe der HERINGTONschen Gleichung diskutiert u. einem von 1 verschied. Aktivitätskoeffizientenverhältnis zugeschrieben. Bei ähnlichen Verbb. können die q angenähert aus den Dampfdruckverhältnissen berechnet werden, wenn die Wechselwrkg. mit der stationären Phase der intermol. Beeinflussung im kondensierten Zustand der reinen Komponente gleichkommt. (Z. analyt. Chem. **165.** 401—15. 1958. Dortmund-Aplerbeck, Inst. für Spektrochem. u. angew. Spektroskop.)

E. DEHMLOW. B 177

M. Prusíková, *Neue Systeme zur Trennung der Corticosteroide durch Papierchromatographie.* Für die papierchromatograph. Trennung von Corticosteroiden werden als Lösungsmittelsysteme Äthylenglykol-CCl_4 (A) u. Propylenglykol-CCl_4 (B) vorgeschlagen. Mit Hilfe dieser Systeme gelingt nach 10std. Entw. eine scharfe Trennung von *Cortison* (I) u. *Hydrocortison* (II). Die Lösungsmittelsysteme sind sowohl für die Trennung reiner Verbb. als auch für die Unters. von Harnextrakten gut geeignet. R_F-Werte u. Beweglichkeiten folgender Corticosteroide sind angegeben: **I**, **II**, *Aldosteron, 11-Desoxycortison* u. *-acetat, 11-Desoxycorticosteron* u. *-acetat* sowie *Cortisonacetat.* (Naturwissenschaften **45.** 466—67. 1. Okt.-H. 1958. Prag, Forschungsinst. für Endokrinol.)

B. RÄSSLER. B 177

A. Almenningen, O. Bastiansen und **P. Svendsås,** *Elektronenbeugungsuntersuchungen an 2.2'-Dithienyldampf.* (Vgl. C. **1959.** 9847.) Die Elektronenbeugungsunterss. an *2.2'-Dithienyl*-Dampf mit der Sektormeth. zeigen S—S- u. C—S-Abstände, die eine ebene Anordnung der Ringe ausschließen. Folgende Abstände u. Winkel wurden ermittelt: $C_{(5)}—H_{(5)} = C_{(3)}—H_{(3)}$ 1,08 Å, $C_{(2)}—S_{(1)}$ 1,717, $C_{(2)}—C_{(3)}$ 1,357, $C_{(3)}—C_{(4)}$ 1,433, $C_{(2)}—C_{(2')}$ 1,501; ∢ $C_{(2)}—S_{(1)}—C_{(5)}$ 92,02°, $C_{(2)}—C_{(2')}—S_{(1')}$ 119,4°. Der Verdrehungswinkel wird zu 34° bestimmt, wobei eine beschränkte Rotation in einem bestimmten Winkelbereich möglich ist. Die Ergebnisse stimmen mit denen aus Mikrowellenmessungen (vgl. BAK u. Mitarbeiter, C. **1957.** 10707) überein. (Acta chem. scand. **12.** 1671—74. 1958. Blindern-Oslo, Univ., Kjem. Inst.; Trondheim, NTH, Inst. for teoret. kjemi.)

R. LACMANN. B 182

Gunnar Degerman und **Erik von Sydow,** *Eine röntgenographische Untersuchung des binären Systems Stearinsäure–Palmitinsäure.* Mittels Einkristall- u. Pulveraufnahmen untersuchten Vff. eine 1 : 1-Verb. zwischen *Stearinsäure* (I) u. *Palmitinsäure* (II). Die beiden Säuren wurden im Ölbad bei 100° zusammengeschmolzen, 15 Min. bei dieser Temp. belassen u. hierauf sehr langsam bis unter den E. abgekühlt. Ein Teil der Proben wurde 5 Wochen bei 51,8° angelassen. Die Elementarzellendimensionen sind a = 9,46 ± 0,04; b = 4,96 ± 0,01; c = 49,13 ± 0,20 Å; β = 128° 14' ± 8'; der Netzebenenabstand d_{001} beträgt 38,59 ± 0,08 Å. Dieser lange Netzebenenabstand liegt nicht genau zwischen den entsprechenden Netzebenenabständen der C-Formen der beiden Komponenten. Die Struktur dieser geordneten Phase der Verb., die durch das langsame Abkühlen der Schmelze erhalten wird, ist aus **I**-**II**-Paaren aufgebaut. Die Symmetrie ist niedriger als die der reinen Komponenten; Raumgruppe ist nur $P\,2_1$. Regellose Phasen der 1 : 1-Verb., wie sie vom techn. Standpunkt verlangt werden, erhält man durch schnelles Abkühlen der Schmelze, weil dann die Rk. I–I + II–II → 2 I–II nicht eintreten kann. (Acta chem. scand. **12.** 1176—82. 1958. Uppsala, Univ., Inst. of Chem.)

C. GOTTFRIED. B 195

Olav Foss und **Olav Tjomsland,** *Die Kristall- und Molekularstruktur von 1.2-Dithiolancarbonsäure-(4).* In Fortsetzung ihrer vorläufigen Mitt. (vgl. C. **1958.** 8583) berichten Vff. über die genaue Strukturbest. von *1.2-Dithiolancarbonsäure-(4).* Die trikline Elementarzelle hat die Abmessungen a = 5,34; b = 5,85; c = 10,75 Å (alle ± 0,5%); α = 93½°; β = 89½°; γ = 109½°. Raumgruppe ist $C_i^1 - P_{\bar{1}}$; Z = 2. PATTERSON-Projektionen u. FOURIER-Analysen lieferten die folgenden Parameter: $S_{(1)}$ (x =) 0,669; (y =) 0,228; (z =) 0,1057; $S_{(2)}$: 0,871; 0,593; 0,1608; $C_{(3)}$: 0,638; 0,621; 0,284; $C_{(4)}$: 0,412; 0,392; 0,285; $C_{(5)}$: 0,349; 0,248; 0,157; $C_{(6)}$ (CO_2H-Gruppe): 0,448; 0,217; 0,381; $O_{(1)}$: 0,658; 0,270; 0,446; $O_{(2)}$: 0,254; 0,012; 0,392. Die Bindungslängen im Ring sind $S_{(1)}—S_{(2)}$ = 2,096 ± 0,009; $S_{(2)}—C_{(3)}$ = 1,85; $C_{(3)}—C_{(4)}$ = 1,48; $C_{(4)}—C_{(5)}$ = 1,55; $C_{(5)}—S_{(1)}$ = 1,83 Å; die Valenzwinkel sind $C_{(5)}—S_{(1)}—S_{(2)}$ = 92,6 ± 0,7°; $S_{(1)}—S_{(2)}—C_{(3)}$ = 96,6 ± 0,6, $S_{(2)}—C_{(3)}—C_{(4)}$ = 111°; $C_{(3)}—C_{(4)}—C_{(5)}$ = 114° u. $C_{(4)}—C_{(5)}—S_{(1)}$ = 104°. Die Carboxylgruppe ist eben u. hat n. Dimensionen. In dem Gitter sind die Moll. zu Dimeren um Symmetriezentren durch OH···O—H-Bindungen zwischen Carboxylgruppen angeordnet. Der 1.2-Dithiolanring ist nicht symm. gegenüber der Disulfidgruppe angeordnet. (Acta chem. scand. **12.** 1810—18. 1958. Bergen, Univ., Chem. Inst.)

C. GOTTFRIED. B 195

T. R. Lomer, *Röntgenpulverbeugung durch das Dinatriumsalz von Adenosintriphosphat und seine Hydrate.* Vf. verfolgte gravimetr. u. röntgenograph. die Änderung der Hydratation des *Dinatriumsalzes* von *Adenosintriphosphat* bei Änderung der relativen Feuchtigkeit. Hierbei wurde nicht nur die Hydratisierung des wasserfreien Phos-

phats verfolgt, sondern auch die allmähliche Entwässerung des Trihydrats. Je nach dem Grad der Hydratation wurden 3 verschied. Pulverdiagramme gefunden. Phosphat I hatte die Elementarzelle a = 12,77; b = 10,55; c = 14,85 Å; α = 91,7°; β = 93,4°; γ = 80,1°; dieses Phosphat tritt bei den am wenigsten hydratisierten Proben auf. Das am höchsten hydratisierte Phosphat II hat die Elementarzelldimensionen a = 12,55; b = 10,58; c = 15,66 Å; α = 91,8°; β = 93,4°; γ = 80,1°. Dazwischen liegt das Phosphat III mit a = 12,55; b = 10,58; c = 15,27 Å; α = 91,8°; β = 93,4°; γ = 80,1°. Der Unterschied der Gruppen bezieht sich demnach auf die Länge der C-Richtung. (Acta crystallogr. [Copenhagen] **11.** 108—10. 10/2. 1958. London, St. Mary's Hosp. Med. School, Phys. Dep.)
C. GOTTFRIED. B 195

Anna Maria Penco, *Kristallographische, optische und röntgenographische Untersuchungen an Camphencarbonsäure-(1)-amid.* Tafelförmige oder prismat. Kristalle von *Camphencarbonsäure-(1)-amid* wurden aus A. erhalten. Die goniometr. Unters. ergab monokline Symmetrie u. das Achsenverhältnis a : b : c = 1,95195 : 1 : 1,37097; β = 107° 10′, Ätzverss. ergaben die Zugehörigkeit zur prismat. Klasse. Die Kristalle sind opt. positiv; γ fällt mit der zweizähligen Achse zusammen, die Ebene der opt. Achsen liegt senkrecht zur Symmetrieebene. Die Brechungsindices (Na-Licht) sind α = 1,5739; β = 1,5821; γ = 1,6064 (alle ± 0,0002); 2 V = 61° 17′. Die Röntgenunterss. lieferten die Elementarzellendimensionen a = 14,318; b = 7,335; c = 10,069 Å; β = 107° 25′. Raumgruppe ist C^2_{2h} — P 2_1/m; Z = 4. (Periodico Mineralog. **26.** 13—38. 1957. Genova, Univ., Ist. di Mineral. e Petrogr.)
C. GOTTFRIED. B 195

Tadeusz Urbański, *Über aliphatische Nitroverbindungen.* 26. Mitt. *Wasserstoffbindungen in Nitroalkoholen und Infrarotabsorptionsspektren.* (25. vgl. C. **1958.** 10060.) Die IR-Spektren von *Nitroäthan, 2-Nitropropanol-(1), 2-Nitro-2-methylpropandiol-(1.3), 1-Nitropropan, 2-Nitrobutanol-(1), 2-Nitro-2-äthylpropandiol-(1.3), 2-Nitropropan, 2-Nitro-2-methylpropanol-(1), 2-Nitro-2-hydroxymethylpropandiol-(1.3), Pentaerythrit* u. *Äthylenglykol* in Paraffinölsuspension sind angegeben. Die Hypothese des Vf. über die Existenz von H-Bindungen zwischen dem N der NO_2-Gruppe u. den OH-Gruppen wird bestätigt. Das doppelte Maximum, das von 2 OH-Gruppen im Mol. herrührt, von denen eine chelatförmig gebunden ist, wird nur bei Äthylenglykol gefunden. Die für NO_2-Gruppen charakterist. Banden 1567 u. 1340—1361 cm^{-1} werden in Ggw. von 2 OH-Gruppen im Mol. abgeschwächt, verbreitert u. nach 1534—1543 bzw. 1310—1319 cm^{-1} verschoben. Neben der Bldg. 6gliedriger Chelate über die NO_2- u. OH-Gruppe besteht auch die Möglichkeit der Ausbldg. intra- u. intermol. H-Bindungen zwischen den OH-Gruppen allein u. intermol. OH···NO_2-Bindungen. (Roczniki Chem. [Ann. Soc. chim. Polonorum] **31.** 37—57. 1957.)
F. URBAN. B 223

Arnošt Reiser, *Einfluß der Struktur und der Substitution auf die Wasserstoffbindung.* 1. Mitt. *Assoziation der Oxime in benzolischer Lösung.* Vortrag. Die Assoziation einiger aliphat. Ketoxime u. einiger p-substituierten Acetophenonoxime in Benzollsg. wurde kryoskop. untersucht. Die Resultate können mit Hilfe des Assoziationsfaktors f = M/M_0 ausgedrückt werden, wo M_0 das Mol.-Gew. des Monomeren u. M das experimentell ermittelte Mol.-Gew. bedeutet. Die scheinbaren Mol.-Geww. wurden bis zum Molenbruch von 0,01 bestimmt. Es wurde gezeigt, daß das Ausmaß der Assoziation dem Dipolmoment der Oximgruppe proportional ist u. durch Substitution am Benzolring in der Folge der HAMMETTschen Substitutionskonstanten beeinflußt wird. Der bestimmende Faktor für die Festigkeit von Wasserstoffbindungen ist danach die Elektronendichte an dem Donatoratom der Brücke. Im einzelnen wurden untersucht: die O x i m e von *Aceton* (F, 60,0°), *Methyläthyl-* (Kp.$_{14}$ 57,8—58,0°), *-iso-propyl-* (Kp.$_{20}$ 75,8—76,0°), *-tert.-butylketon* (F. 75,0°), *Cyclohexanon* (F. 89,0°), *Acetophenon* (F. 58,0°), *p-Methyl-* (F. 89,0°), *p-Methoxy-* (F. 86,5°), *p-Chlor-* (F. 95,0°), *p-Brom-* (F. 128,0°) u. *p-Nitroacetophenon* (F. 172,5°). (Chem. Listy **52.** 397—401. März 1958. Praha, Vysoká škola chem. technol., Katedra fys. chemie.)
L. MATOUŠEK/Prag. B 223

M. L. McGlashan und **R. P. Rastogi,** *Die thermodynamischen Eigenschaften von assoziierten Gemischen.* 1. Mitt. *Dioxan und Chloroform.* Vff. messen die Dampfdrucke u. Mischungswärmen von *Dioxan* (I; D.^{25} 1,02806 g/ml)-*Chlf.* (D.^{25} 1,47956 g/ml)-Gemischen bei 50°. Die Ergebnisse lassen sich zufriedenstellend interpretieren, wenn angenommen wird, daß sich in den Lsgg. ein Gleichgewicht zwischen den freien Moll. u. den dimeren Assoziaten I, I–Chlf., I–Chlf.$_2$ u. Chlf. einstellt u. daß sich diese vier Dimeren ideal mischen. Für die Gleichgewichtskonstanten K_1 (I + Chlf. ⇌ I–Chlf.) u. K_2 (I + 2 Chlf. ⇌ I–Chlf.$_2$) werden die Werte 1,11 bzw. 1,24 erhalten. Die Bildungswärmen betragen für den Komplex I-Chlf. —8,4 kJ/Mol, für den Komplex I-Chlf.$_2$ —15,1 kJ/Mol. (Trans. Faraday Soc. **54.** 496—501. April 1958. Reading, Univ., Dep. of Chem.)
K. FRENKLER. B 223

D. P. N. Satchell, *Die Kinetik der Austauschreaktionen von Wasserstoffisotopen.* 8. Mitt. *Wasserstoffaustausch zwischen aromatischen Verbindungen und wässerigen Lösungen von schwachen Säuren. Hammettsche Säurefunktion in solchen Lösungen.* (7. vgl. C. **1959.** 5076.) An 0,25—2,25 mol.wss.Lsgg. von $KHSO_4$ werden für die HAMMETTsche Säurefunktion H_0 auf spektrophotometr. Wege mit den Indicatoren p-Nitroanilin (**I**), Diphenylamin (**II**), u. o-Nitroanilin (**III**) übereinstimmende Werte mit einem für schwache anorgan. Säuren typ. Gang erhalten. Damit steht in Übereinstimmung, daß beim Zerfall von *Paraldehyd* (**IV**) in wss. $KHSO_4$ log λ (Geschwindigkeitskonstante) linear (Steigung m = 1,12) von H_0 abhängt (vgl. dagegen BELL u. BROWN, C. **1955.** 5993). Auch beim Wasserstoffisotopenaustausch an *(4.6-³H)-1.2.3-Trimethoxybenzol* (**V**) (aus 1.2.3-Trimethoxybenzol in angesäuertem, tritiertes W. enthaltendem A.) in 0,50—2,50 mol. wss. $KHSO_4$ hängt log λ linear (m = 1,03) von H_0 ab. Die Rk. ist 1. Ordnung. — An wss. Lsgg. von *Dichloressigsäure* (**VI**) (0,05 mol. bis zur reinen **VI**) werden mit **I, II, III,** 4-Chlor-2-nitroanilin u. p-Nitrodiphenylamin für H_0 Werte gefunden, die voneinander abweichen u. einen verschied. Gang haben. Dies läßt auf Fehlbestimmungen schließen, bedingt durch Salzbldg. zwischen Säure u. Indicatoren, wobei sich deren relative Basizität auswirkt; zudem machen sich bei höheren Konzz. die Änderung der DK., Ionenassoziationen u. Verunreinigungen bemerkbar. Beim Zerfall von **IV** wird für log λ gute Abhängigkeit von den mit **I** bestimmten H_0-Werten gefunden; dagegen wächst log λ zwar linear (m > 1), aber weniger schnell, als es die mit **II** bestimmten H_0-Werte fordern. Bei dem Wasserstoffisotopenaustausch an **V** in 0,1—7,3 mol. wss. **VI** ist log λ linear u. mit gleichem m wie bei $KHSO_4$ von H_0 (mit **II** bestimmt) abhängig, wenn auch für $KHSO_4$ u. **VI** bei gleichem H_0 verschiedene log λ erhalten werden. — Der Vgl. mit den Werten von RANDLES u. TEDDER (C. **1956.** 964) zeigt, daß die an 0,99—6,73 mol. wss. Lsgg. von *Trifluoressigsäure* (**VII**) mit **II** u. **III** bestimmten H_0-Werte weitgehend unabhängig von der Konst. der Indicatoren sind. Für den Zerfall des **IV** in wss. **VII** bzw. in Lsgg. der analogen Trichloressigsäure (**VIII**) sowie für die Rohrzuckerhydrolyse in wss. **VIII** bleibt daher noch ungeklärt, warum die log λ nicht in einfacher Beziehung zu den gemessenen H_0-Werten stehen. Möglicherweise übt die undissoziierte **VII** einen zusätzlichen katalyt. Einfl. aus, da z. B. auch beim Wasserstoffisotopenaustausch an **V** in 0,99—6,73 mol. wss. **VII** log λ schneller wächst, als es die zugehörigen, gemessenen H_0-Werte verlangen. (J. chem. Soc. [London] **1958.** 3904—10. Nov. London, King's Coll.)

H. K. WURZLER. B 225

Yasuhide Yukawa und **Yuho Tsuno,** *Die Curtius-Umlagerung.* 1. Mitt. *Zersetzung von m- und p-substituierten Benzaziden in Toluol.* Vff. beschreiben die Darst. verschied. Benzazide aus den Hydraziden nach CURTIUS oder NAEGELI u. untersuchen gasvolumetr. die Kinetik ihrer Umlagerung zu Phenylisocyanaten, (geschwindigkeitsbestimmender Schritt ist Abgabe des N_2) in Toluol (Kp. 110,5°) zwischen 60 u. 80° die nach NEWMAN u. Mitarbeiter (J. Amer. chem. Soc. **69.** [1947.] 113) nach der 1. Ordnung verläuft. Vff. fanden für p-substituierte Verbb. keine Analogie zur LOSSEN-, HOFMANN- u. SCHMIDT-schen Umlagerung (vgl. HAUSER [1939], BRIGGS u. LYTTLETONE [1943]). Unabhängig von ihrer Natur setzen p-Substituenten (mit Ausnahme der tert.-Butylgruppe) die Reaktionsgeschwindigkeit herab, m-substituierte Verbb. dagegen befolgen die HAMMETTsche Beziehung, Donatorgruppen beschleunigen, Acceptorgruppen verlangsamen. Als Erklärung für das Verh. p-substituierter Verbb. wird die Ausbldg. einer resonanzstabilisierten Struktur zwischen Benzolring u. der C=O-Gruppe angesehen. Zwischen der Aktivierungsenergie u. log PZ besteht die lineare Beziehung $\Delta E^{\neq} = 1{,}7 \log PZ + 2{,}4 = 0{,}37\ \Delta S^{\neq}$ (bei 65,20°) + 23,9; der Zersetzungs-Rk. muß also bei allen Verbb. der gleiche Mechanismus zugrunde liegen. Zur Ermittlung des Lösungsmitteleinfl. führten Vff. die CURTIUS-Umlagerungen auch in Essigsäure/H_2SO_4 (20 Vol.-%) aus. Sie erhielten für die Reaktionsgeschwindigkeiten folgende Reihe: p-OH > p-OCH_3 > p-tert.-Butyl > H > p-Cl > p-NO_2. — Folgende Benzazide wurden untersucht (in Klammern F. des Ausgangshydrazids u. F. des durch Hydrolyse des Phenylisocyanats gebildeten symm. Diphenylharnstoffs): *$C_6H_5CON_3$*, F. 27° (F. —; F. 237°); $\Delta E^{\neq}$ 27,1 [kcal/Mol]; log PZ 14,88 [min^{-1}]. — *p-tert.-C_4H_9-*, F. 63—65° (F. 134°; F. 281°); 26,2; 14,26. — *p-CH_3-*, F. 35° (F. 117°; F. 263°); 28,4; 15,62. — *p-OH-*, F. 132° (F. 255—256°; F. —, Zers.); 28,9; 15,90. — *p-OCH_3-*, F. 70—71° (F. 136°; F. 233—234°); 28,6; 15,65. — *p-OC_2H_5-*, F. 31° (F. 128°; F. 224°); 28,6; 15,60. — *p-Cl-*, F. 43° (F. 163°; F. 305°); 27,7; 15,09. — *p-Br-*, F. 47° (F. 164°; F. 244—246°); 27,4; 14,95. — *p-NO_2-*, F. 65° (F. 209—211°; F. 308—311°); 28,0; 15,38. — *m-CH_3-*, Fl. (F. 97°; F. 210—211°); 24,5; 13,25. — *m-OCH_3-*, Fl. (F. 109°; F. —); 27,7; 15,16. — *m-Br-*, Fl. (F. 153°; F. 260°); 27,7; 15,13. — *m-NO_2-*, F. 68° (F. 154°; F. 242°); 29,2; 16,01. Die Darst. der p-Nitroverb. gelang nicht. (J. Amer. chem. Soc. **79.** 5530—34. 20/10. 1957. Osaka, Univ., Inst. of Sci. and Ind. Res.)

G. SABELUS. B 225

C. J. M. Stirling, *Intramolekulare Aminolyse von Amiden. N-Benzoyl-N-phenyl-* (**I**) u. *-N-cyclohexyläthylendiamin* (**II**) konnten durch Benzoylierung der entsprechenden N'-Benzyloxycarbonyläthylendiamine u. Abspaltung der Benzyloxycarbonylgruppe mit HBr als *Hydrobromide* erhalten werden. Bei der Freisetzung von **I** aus dem Hydrobromid trat schnell Umlagerung in *N-Benzoyl-N'-phenyläthylendiamin* (**VI**) ein. **II** war dagegen stabiler, Einw. von p-Toluolsulfonylchlorid (**III**) auf **II** lieferte nur *N-Benzoyl-N-cyclohexyl-N'.N'-bis-[p-toluolsulfonyl]-* (**IX**) u. *-N'-[p-toluolsulfonyl]-äthylendiamin.* Bei 1 std. Erhitzen von **II** auf 150° tritt aber die analoge Umlagerung ein, nach Einw. von **III** wurde *N'-Benzoyl-N-cyclohexyl-N-[p-toluolsulfonyl]-äthylendiamin* isoliert. Es konnte ferner gezeigt werden, daß **II** u. sein Umlagerungsprod., N-Benzoyl-N'-cyclohexyläthylendiamin (**IV**), nicht im Gleichgewichtszustand unter den angegebenen Bedingungen auftreten, obwohl die Umlagerung von **II** in **IV** extrem langsam erfolgt. N-Benzyloxycarbonyl-N'-cyclohexyläthylendiamin (**X**) ist stabil, erst beim Erhitzen auf 180° tritt Abspaltung von Benzylalkohol u. Bldg. von *N-Cyclohexyltetrahydro-2-oxoglyoxalin* auf. Die schwierige Umwandlung von **II** in **IV** spiegelt die Verminderung der nucleophilen Eigg. durch die α-Verzweigung wider. Durch Einw. von Chlorameisensäurebenzylester (**V**) auf **IV** bzw. **VI** u. folgende Benzoylierung wurden die entsprechenden N.N-Dibenzoyl-N'-benzyloxycarbonyläthylendiamine gebildet, die nach Abspaltung der Benzyloxycarbonylgruppe die Hydrobromide von *N.N-Dibenzoyl-N'-cyclohexyl-* u. *-N'-phenyläthylendiamin* lieferten. Beim Freisetzen der Basen erfolgte in jedem Falle (trotz der geringen nucleophilen Eigg. der N'-Phenylverb.) eine sehr schnelle Verschiebung der Benzoylgruppe unter Bldg. *N.N'-Dibenzoyl-N-cyclohexyl-* bzw. *-N-phenyläthylendiamin.* N-[2-Aminoäthyl]-phthalimid lagert sich dagegen nicht um; bei der Freisetzung aus dem Hydrobromid konnte neben wenig Äthylendiamin nur eine nicht identifizierte Säure (S-Benzylthiuroniumsalz, $C_{25}H_{24}N_4O_5S$, F. 152° [A.–Ae.]) erhalten werden. Vf. konnte ferner γ-Benzyl- (**VII**) u. γ-Cclohexylaminobutyranilid (**VIII**) durch Erhitzen unter Abspaltung von Anilin langsam in die N-Alkylpyrrolidon-(2)-derivv. überführen. Durch Vgl. der Reaktionsgeschwindigkeiten zeigt sich auch hier, daß α-verzweigte Amine, trotz ihrer gegenüber H^+ größeren Basenstärke, schwächere nucleophile Eigg. besitzen. So war die Cyclisierung von **VII** schon nach 1 Std. (bei 160°) beendet, die von **VIII** nach 2 Std. (bei 200°) dagegen noch unvollständig.

Versuche: *N-Benzyloxycarbonyl-N'-phenyläthylendiamin,* $C_{16}H_{18}N_2O_2$, F. 58° (Bzl.–PAe.), durch 50 Min. Erhitzen von 10 g 2-Benzyloxycarbonylaminoäthylbromid mit Anilin in Äthylenglykol auf 150°; 6 g (Ausbeute). — *N-Benzoyl-N'-benzyloxycarbonyl-N-phenyläthylendiamin,* $C_{23}H_{22}N_2O_3$, F. 108—109° (Bzl.–PAe.), durch Benzoylierung vorst. Verb. nach SCHOTTEN-BAUMANN. — *N-Benzoyl-N'-phenyläthylendiamin* (**VI**), F. 127° (Methanol), durch Einw. von 50%ig. HBr auf vorst. Verb. in Essigsäure (**XI**), Zugabe von Ae. u. Zugabe von wss. Na_2CO_3 zur wss. Lsg. von 2 g des Hydrobromids; 1,1 g. — *N-Benzyloxycarbonyl-N'-cyclohexyläthylendiamin* (**X**), $C_{16}H_{24}N_2O_2$, F. 70° (Ae.), *Hydrochlorid,* $C_{16}H_{25}ClN_2O_2$, F. 182° (A.), durch 30 Min. Erhitzen von 13 g 2-Benzyloxycarbonylaminoäthylbromid mit Cyclohexylamin (**XII**) auf 95°, Rk. mit wss. NaOH u. Einw. von 20%ig. HCl auf die Benzolextrakte; 14,5 g. — *N-Benzoyl-N'-benzyloxycarbonyl-N-cyclohexyläthylendiamin,* $C_{23}H_{28}N_2O_3$, F. 114° (Bzl.–PAe.), aus vorst. Base durch Benzoylierung in Pyridin. — *N-Benzoyl-N-cyclohexyl-N'.N'-bis-[p-toluolsulfonyl]-äthylendiamin* (**IX**), $C_{29}H_{34}N_2O_5S_2$, F. 175—176° (A.), durch Einw. von 50%ig. HBr in **XI** auf 5 g vorst. Amids, Zugabe von W. u. Ae. u. Einw. von **III** in Aceton auf die wss., mit NaOH versetzte Schicht; 3,6 g; aus den Mutterlaugen *N-Benzoyl-N-cyclohexyl-N'-[p-toluolsulfonyl]-äthylendiamin,* $C_{22}H_{28}N_2O_3S$, F. 121—122° (Bzl.–PAe.); 1,2 g. — *N'-Benzoyl-N-cyclohexyl-N-[p-toluolsulfonyl]-äthylendiamin,* F. 113—114° (A.), analog vorst. Verb., jedoch 1 std. Erhitzen auf 150° vor Einw. von **III**; 2,9 g; daneben 0,6 g **IX**. — *N'-Benzyloxycarbonyl-N-cyclohexyl-N-[p-toluolsulfonyl]-äthylendiamin,* $C_{23}H_{30}N_2O_4S$, F. 94° (A.), durch Rk. von **X** mit **III** in wss. NaOH; lieferte durch Einw. von HBr in **XI** u. Benzoylierung vorst. Sulfonamid. — *N-Benzoyl-N'-cyclohexyläthylendiamin* (**IV**), $C_{15}H_{22}N_2O$, Kp.$_{0,01}$ 167°, aus N-[2-Bromäthyl]-benzamid u. **XII** bei 100° (50 Min.); daneben *2-Phenyloxazolin,* Kp.$_{0,1}$ 80° (Pikrat, F. 183°); ergab Carbonat wechselnder Zus., F. 58 bis 62°. — *N-Cyclohexyltetrahydro-2-oxoglyoxalin,* $C_9H_{16}N_2O$, F. 170,5° (Bzl.–PAe.), durch Erhitzen von 1 g **X** auf 180° (20 mm); 0,6 g. — *N'-Benzoyl-N-benzyloxycarbonyl-N-cyclohexyläthylendiamin,* $C_{23}H_{28}N_2O_3$, Kp.$_{0,02}$ 230°, durch Schütteln von 3,8 g **IV** u. **V** mit 10%ig. wss. Na_2CO_3; 5,7 g. — *N.N-Dibenzoyl-N'-cyclohexyläthylendiamin, Hydrobromid,* $C_{22}H_{27}BrN_2O_2$, F. 201—202° (Methanol), durch Benzoylierung 4 g vorst. Verb. (30 Min. bei 100°) in Pyridin u. Einw. von 50%ig. HBr in **XI** auf das Öl; 4,5 g. — *N.N'-Dibenzoyl-N-cyclohexyläthylendiamin,* $C_{22}H_{26}N_2O_2$, F. 205—206° (A.), aus 2,4 g vorst. Hydrobromids in A. durch Einw. von 10%ig. Na_2CO_3; 1,8 g; auch durch Benzoylierung von **IV**. — *N'-Benzoyl-N-benzyloxycarbonyl-N-phenyläthylendiamin,* $C_{23}H_{22}N_2O_3$, F. 80° (Bzl.–PAe.),

durch Einw. von **V** auf **VI**. — *N.N-Dibenzoyl-N'-benzyloxycarbonyl-N'-phenyläthylendiamin*, $C_{30}H_{26}N_2O_4$, F. 133—134° (A.), durch Benzoylierung vorst. Verb.; 70%; Einw. von 50%ig. HBr in **XI** lieferte *N.N-Dibenzoyl-N'-phenyläthylendiamin-Hydrobromid*, C_{22}·$H_{21}BrN_2O_2$, F. 143° (A.–Ae.). — *N.N'-Dibenzoyl-N-phenyläthylendiamin*, F. 151°, aus 2 g vorst. Hydrobromids in A. durch Zugabe von 20%ig. wss. NaOH u. Gießen in H_2O; 1,5 g. — *N-[2-Benzyloxycarbonylaminoäthyl]-phthalimid*, $C_{18}H_{16}N_2O_4$, F. 166—167° (A.), durch 5std. Erhitzen von 13 g Phthalimid-K u. N-[2-Benzyloxycarbonyl]-aminoäthylbromid auf 170° in Xylol; 6,9 g. — *N-[2-Aminoäthyl]-phthalimid, Hydrobromid*, $C_{10}H_{11}$·BrN_2O_2, F. 272° (A.–Ae.), aus vorst. Urethan mit HBr. — *γ-Brombutyranilid* (**XIII**), $C_{10}H_{12}BrNO$, F. 73—74° (Bzl.–PAe.), aus γ-Butyrolacton durch Hydrolyse mit 60%ig. HBr über 31,5 g γ-Brombuttersäure (Kp.$_{25}$ 142°) durch Einw. von Anilin aus γ-Brombutyrylchlorid in Bzl.; 34 g. — *γ-Cyclohexylaminobutyranilid* (**VIII**), $C_{16}H_{24}N_2O$, F. 83—84°, *Hydrobromid*, $C_{16}H_{25}BrN_2O$, F. 194—195° (A.), durch 50 Min. Einw. von **XII** auf **XIII** bei 100°; *Hydrochlorid*, $C_{16}H_{25}ClN_2O$, F. 226° (A.). — *N-Cyclohexylpyrrolidon-(2)*, C_{10}·$H_{17}NO$, Kp.$_7$ 154°, durch 2std. Erhitzen von 4 g vorst. Verb. auf 220° (20 mm); n_D^{15} 1,5043; 1,4 g; daneben 0,7 g Anilin (Kp.$_7$ 78°; Benzanilid, F. 166°). — *γ-Benzylaminobutyranilid* (**VII**), *Hydrochlorid*, $C_{17}H_{21}ClN_2O$, F. 212—213° (A.–Äthylacetat), durch 30 Min. Einw. von 19 g **XIII** auf Benzylamin bei 100°; 3,4 g; 2,6 g der freien Base lieferten nach 1 std. Erhitzen auf 160° (7 mm) *N-Benzylpyrrolidon-(2)*, $C_{11}H_{13}NO$, Kp.$_{10}$ 180°, n_D^{20}/1,5570; 1,7 g. (J. chem. Soc. [London] **1958**. 4531—36. Dez. Edinburgh, Univ., Dep. of Chem.)
B. GNAUCK. B 225

L. W. Karmilowa, N. Ss. Jenikolopjan und **A. B. Nalbandjan**, *Theorie der entarteten Verzweigung*. 2. Mitt. *Die Rolle des Formaldehyds bei der Oxydation des Methans.* (1. vgl. C. **1957**. 7870.) Es wird die Oxydation von CH_4 mit O_2–N_2-Gemisch bei 423—700° u. 220—760 mm Hg bei einer Kontaktdauer von 0,02 Sek. bis 2 Std. in Ggw. u. in Abwesenheit von NO (0,1%, Katalysator) im Störungssyst. untersucht. Die Rk. wird nach 4 Methoden verfolgt: Druckänderung, CO-Anreicherung in den Prodd., Wärmeentw. u. CH_4-Verbrauch. In der Induktionsperiode (IP.) entsteht autokatalyt. *Formaldehyd* (**I**), seine Konz. nimmt zu u. wird dann konstant; von da an geht die verzweigte Ketten-Rk. in eine scheinbar unverzweigte Rk. über, die Geschwindigkeit des CH_4-Verbrauchs u. der Druckänderung wird konstant. Die entartete Verzweigung ist nur durch das Zwischenprod. **I** bedingt, Methanol (**II**) hat daran keinen Anteil. Bei Zusatz von **II** in der 10fachen Menge des entstehenden **II** wird zwar die IP. verkürzt, aber nur infolge der Bldg. größerer Mengen **I** u. des Anstiegs der **I**-Konz. auf den optimalen Wert. (Журнал Физической Химии [J. physik. Chem.] **31**. 851—64. April 1957. Moskau, Akad. der Wiss. der UdSSR, Inst. für chem. Physik.) R. K. MÜLLER. B 225

Arthur A. Patchett und **Bernhard Witkop**, *Über den Mechanismus der Oxydation von o-Chinon durch Wasserstoffperoxyd.* 20. Mitt. *über Oxydationsmechanismen.* (19. vgl. C. **1958**. 9250; 18. vgl. C. **1958**. 8343.) Für das Hydroperoxyd, welches sich bei der Einw. von äther. H_2O_2 auf o-Chinon (**III**) in Chloroformlsg. bildet, wird die Struktur einer *$\Delta^{2.7}$-5-Hydroperoxy-5-hydroxy-6-oxohexalin-1.4-dicarbonsäure* (**I**, F. ca. 130°) angenommen. Bei **I** handelt es sich um ein Deriv. des o-Chinondimeren *5.8.9.10-Tetrahydro-5.8-endodioxoäthylen-1.2-naphthochinon* (**II**), das ebenfalls bei der Oxydation von **III** entsteht. **II** läßt sich durch Säuren zu *5.8-Dihydro-5.8-endodioxoäthylen-1.2-dihydroxynaphthalin* umlagern, das durch sein Phenazinderiv. charakterisiert wird. Die Reaktionsprodd., die bei basen- oder säurenkatalysierten Umlagerungen u. bei der Hydrierung von **I** entstehen, wurden chromatograph., elektrophoret. u. chem. untersucht. Ein Hauptprod., welches bei der durch Basen katalysierten Umlagerung von **I** u. bei der oxydativen Spaltung von **II** mittels H_2O_2 entsteht, ist *β-2.3.6-Tricarboxycyclohexen-(4)-ylacrylsäure*, die durch partielle Hydrierung u. Oxydation in ein Epimerengemisch umgewandelt werden kann, das *Cyclohexan-trans-cis-trans-1.2.3.4-tetracarbonsäure* enthält. Durch Red. von **I** an LINDLARs Katalysator wird eine phenol. Verb. mit der Summenformel $C_{12}H_{12}O_6$ erhalten, aus der über das Hexahydroderiv. *β-2.3.6-Tricarboxycyclohexylpropionsäure* herstellbar ist.

Versuche (FF. korr.): *Reaktionsprod. aus* **I**, F. 192—194°, durch Eindunsten von **I** mit 4n HCl; λ_{max} 290 mμ (ε = 2210; A.); IR-Banden 5,63 u. 5,84 μ. — *Dilacton*, [*$\Delta^{2.5.10}$-5.8-Dihydroxy-6-oxohexalin-1.4-dicarbonsäuredilacton* (*1 → 8; 4 → 5*) oder *$\Delta^{5.8.9}$-2.8-Dihydroxy-7-oxohexalin-1.4-dicarbonsäuredilacton* (*1 → 8; 4 → 2*)], $C_{12}H_8O_5$, F. 244°, durch Eintragen von 1 g **I** u. Zn-Staub in Eisessig bei 60—70°, Eindampfen zur Trockne u. 3std. Erhitzen mit Acetanhydrid u. Na-Acetat auf dem Dampfbad; gelbe Kristalle aus Methanol; UV- u. IR-Banden; 0,018 g (Ausbeute). — *5.8.9.10-Tetrahydro-5.8-endodioxoäthylen-1.2-naphthochinon* (**II**), $C_{12}H_8O_4$, F. 194—196°, durch 8std. Kochen von 1,0 g **III** in Ae. mit wasserfreiem $MgSO_4$; gelbe Platten aus Aceton; UV- u. IR-Banden; 0,061 g. — *5.8-Dihydro-5.8-endodioxoäthylen-1.2-dihydroxynaphthalin, Phenazinderiv.* des umgelagerten **II**, $C_{18}H_{12}N_2O_2$, F. 304—306° (Zers.), durch kurzes Erwärmen von 0,020 g **II** mit Essigsäure u. wasserfreiem Na-Acetat auf dem Dampfbad, Zugabe von o-Phenylendiamin in Methanol u. 30 Min. weiteres Erhitzen; 0,019 g. — *β-2.3.6-Tricarboxycyclohexen-(4)-ylacrylsäure*, $C_{12}H_{12}O_8$, F. 137—148° (Ae. u. Chlf.), durch 1 wöchiges Stehen von 0,100 g **II** mit einer Suspension von äther. H_2O_2 in Chlf. bei —5°; 0,102 g. — *$\Delta^{2.5,10}$-5-Hydroxy-6-oxohexalin-1.4-dicarbonsäure* (**IV**), $C_{12}H_{12}O_6$, F. 167—169° (Ae.–Cyclohexan), durch Red. von **I** am LINDLAR-Katalysator (C. **1953.** 1312) in Äthylacetat u. Verteilungschromatographie; IR- u. UV-Banden; 23%. *Dibenzhydrylester*, $C_{38}H_{32}O_6$, F. 182—184° (Äthylacetat), aus vorst. Verb. u. Diphenyldiazomethan beim Stehen in Methanol u. Ae. über Nacht; IR-Banden. — *5.6-Dihydroxydekalin-1.4-dicarbonsäure*, $C_{12}H_{18}O_6$, F. 192—194° (Äthylacetat–PAe.), aus 0,100 g **IV** durch Hydrierung in Ggw. von Pt-Oxyd in A.; 0,047 g. *Lacton*, F. 205—207°, durch Eindampfen der Säure in Eisessig, mit einen Tropfen konz. HBr bei 20°. — *β-[2.3.6-Tricarboxycyclohexyl]-propionsäure*, F. 213°, aus 70 mg vorst. Verb. mit CH_2N_2 in Ae. bei Raumtemp., Eindampfen zur Trockne, Mischen des öligen Dimethylesters mit 50%ig. wss. Dioxan u. wss. H_5JO_6, 10std. Stehen bei 80°, Zugabe von 30%ig. H_2O_2 in Eisessig, 1 Std. Stehen bei 80°, Eindampfen, Aufnehmen des Rückstandes in 50%ig. wss. Dioxan, Erhitzen mit 5n HCl auf dem Dampfbad u. Chromatographie. (J. org. Chemistry **22.** 1477—84. Nov. 1957. Bethesda, Md., U.S. Dep. of Health, Educat. and Welfare, Public Health Serv., Nat. Inst. of Health, Nat. Inst. of Arthritis and Metabolic Diseases.) R. MATTNER. B 225

R. C. Kapoor, *Cystin–Glutathion-Austauschreaktion bei 50°*. Für die Austausch-Rkk. zwischen *Cystein* (RSH), *Glutathion* (GSH), *Cystin* (RSSR) u. *oxydiertem Glutathion* (GSSG) bei 50° in gepufferter Lsg. vom p_H 6 u. der Ionenstärke 0,08 werden polarograph. u. durch Ermittlung der Löslichkeit die Gleichgewichtskonstanten bestimmt: 1. RSSR + GSSG ⇌ 2 RSSG, K_1 = 6,1; 2. RSSR + GSH ⇌ RSSG + RSH, K_2 = 1,7; 3. RSSG + GSH ⇌ GSSG + RSH, K_3 = 0,26 u. 4. RSSR + 2 GSH ⇌ GSSG + 2 RSH, K_4 = 0,44. Die Einstellung des Gleichgewichtes erfordert weniger als 48 Std., im Gegensatz zu Unterss. für 25° (vgl. KOLTHOFF u. Mitarbeiter, C. **1956.** 7758). Die Änderungen der freien Energie betragen in der gleichen Reihenfolge +1150, +310, —800, —490 cal. Mit den für 25° gemessenen Werten (l. c.) ergeben sich als Reaktionsenthalpien zwischen 25 u. 50°: ΔH_1 = +5400 cal, ΔH_2 = —4100 cal; ΔH_3 = —10200 cal, ΔH_4 = —14300 cal. (Z. physik. Chem. Frankf. Ausg. [N. F.] **17.** 220—23. Aug. 1958. Allahabad, India, Univ., Chem. Labor.) D. PALM. B 225

F. Riding, J. Scanlan und **E. Warhurst**, *Geschwindigkeiten der Reaktion von Natriumatomen mit aromatischen Halogeniden.* Mittels der POLANYI-Diffusionsflammentechnik werden die Reaktionsgeschwindigkeiten der Na-Atome mit folgenden aromat. Bromiden u. Chloriden bei 520° mit N_2 als Trägergas bestimmt: *Brom-* (Geschwindigkeitskonstante k·10^{-11} in $cm^3 \cdot Mol^{-1} \cdot sec.^{-1}$ bei 520°, 2,60), *o-Dibrom-* (225), *o-* (39,0), *m-* (8,4, H_2 als Trägergas), *p-Chlorbrombenzol* (4,2), *o-* (8,0), *p-Bromanisol* (3,7), *o-* (16,1), *m-Bromphenol* (6,6), *o-* (3,1), *m-* (1,6), *p-Bromtoluol* (1,8), *o-* (208), *m-* (36,3), *p-Brombenzonitril* (63,8), *o-* (605, H_2 als Trägergas), *m-* (40 ± 10), *p-Brombenzoesäuremethylester* (40 ± 10), *2-* (185, H_2 als Trägergas), *3-Brompyridin* (7,43), *Chlor-* (ca. 0,023), *o-Dichlor-* (1,53), *o-* (0,21), *m-* (0,061), *p-Fluorchlor-* (ca. 0,013), *Fluorbenzol* (<0,005), *o-Chlorbenzoesäuremethylester* (261), *2-* (47,7), *3-Chlorpyridin* (0,110), *Äthyl-* (27,6, H_2 als Trägergas) u. *n-Propylbromid* (0,180). Die beobachtete Abstufung der Geschwindigkeitskonstanten läßt eine Unterscheidung in 2 Hauptklassen zu, für deren Erklärung der Einfl. des Substituenten auf die Energie des Übergangszustandes der Rk. herangezogen wird. Zur 1. Klasse gehören die Substituenten OCH_3, OH, Cl u. F u. zur 2. Klasse, bei der der Einfl. ca. 10mal stärker ist, die Substituenten CN u. $COOCH_3$. In der 1. Klasse nehmen die Geschwindigkeiten in der Reihenfolge o > m > p > unsubstituiert ab, in der 2. Klasse dagegen in der Reihenfolge o > p > m > unsubstituiert. Die Ursachen für die Abstufung der k-Werte werden auf Teilnahme ion. Struktur durch COULOMB-Wechselwrkg. u. bes. in der 2. Klasse auf Resonanzeffekte zurückgeführt. Die Dampfdrucke für alle Verbb. bei einer Temp. werden mitgeteilt. (Trans. Faraday Soc. **52.** 1354—62. Okt. 1956. Manchester, Univ., Dep. of Chem.) W. NIEMITZ. B 225

David Y. Curtin und **John W. Crump**, *Konfigurationsstabilität stereoisomerer Vinyllithiumverbindungen.* (Vgl. BRAUDE u. COLES, C. **1953.** 843.) Vff. haben cis- u. trans-Propenylbromid (**I**) mit Li-Metall u. Butyl-Li umgesetzt u. die Konfigurationsstabilität der so erhaltenen Propenyl-Li-Verbb. untersucht. Die Prodd. aus cis- u. trans-**I** geben nach mehrstd. Kochen in Ae., mit Benzaldehyd die stereoisomeren 1-Phenylbuten-(2)-ole-(1) (**II**), die Zus. der Alkoholgemische ist ident. mit der der eingesetzten cis- u. trans-**I**-Gemische. — Die Beständigkeit der Konfiguration im vorliegenden Fall steht in bemerkenswertem Gegensatz zu dem Verh. von phenylsubstituierten Vinyllithiumverbb. (CURTIN u. Mitarbeiter, C. **1957**. 4566), bei denen die Isomerisation rasch über einen Übergangszustand erfolgen kann, bei dem Ionisation der kovalenten Li–C-Bindung u. teilweise Lokalisierung der negativen Ladung am Phenylring auftritt. — Behandelt man cis- u. trans-**I** mit Butyl-Li u. anschließend mit Benzaldehyd, gelangt man zu 1-Phenylbutin-(2)-ol-(1) (**IV**). Analog verhalten sich auch cis- u. trans-2-Phenyl-propen-(1)-ylbromid (*cis-* u. *trans-***V**); Einw. von Li-Metall auf cis- u. -trans-**V** u. Hydrolyse liefert zu gleichen Anteilen 2-Phenylpropen-(1) u. 1-Phenylpropin (**VII**). Läßt man auf cis- u. trans-β-Bromstyrol (**VIII**) erst Li-Metall, dann Benzaldehyd einwirken, erhält man neben *1.3-Diphenylpropin-(2)-ol-(1)* (**IX**) nur Polystyrol. trans-α-Brompropenylbenzol (**X**; aus α-Phenylcrotonsäuredibromid (**XI**) durch debromierende Decarboxylierung), als beständigeres Isomeres wahrscheinlich mit Methyl- u. Carboxylgruppe in trans-Stellung) gibt mit Butyl-Li bei —35° u. Zers. mit W. 60% Propenylbenzol (**III**) mit nur 7% Geh. an cis-Isomeren.

Versuche (alle FF. korr.): *cis-* u. *trans-1-Brompropen* (*cis-* u. *trans-***I**), Gemisch $Kp._{750}$ 58—62°, a) aus 1.2-Dibrompropan mit Na-Phenolat in A., 3 Std. am Rückfluß, n_D^{20} 1,4551; 49% (Ausbeute). Trennung von 99,4 g Gemisch durch fraktionierte Dest. über K_2CO_3 bei vermindertem Druck: *cis-***I**, $Kp._{36}$ —13 bis —11,5°, 23,5 g; trans-**I**, $Kp._{34,2}$ —9,5 bis —8,5°, 19,1 g; die Best. der Isomeren erfolgte IR-Spektroskope (1304 cm^{1} u. 1223 cm^{-1}); b) durch Zers. von 2.3-Dibrombuttersäure durch Dest. aus 2 mol. Na-Acetat; maximal 31%. — *trans-1-Phenylbuten-(2)-ol-(1)* (*trans-***II**), $Kp._{0,95}$ 79°, aus Crotonaldehyd u. C_6H_5MgBr. — n_D^{20} 1,5380. *p-Nitrobenzoat*, F. 95—97° (Ae.–PAe.), aus trans-**II** mit p-Toluolsulfonylchlorid u. p-Nitrobenzoesäure in trockenem Pyridin bei 0°; 93%. — *1-Phenylbutin-(2)-ol-(1)* (**IV**), $Kp._{0,4}$ 78—78,5°, aus cis- u. trans-**I** mit Butyl-Li in Ae. unter N_2 bei —8°, 5 Std. Rühren, dann Zugabe von Benzaldehyd u. danach NH_4Cl-Lsg., n_D^{20} 1,5545, 75%, verunreinigt durch 4% *1-Phenylbutin-(2)-on-(1)*, $Kp._{2,4}$ 101°, auch aus **IV** durch Oxydation mit Chromsäure, n_D^{20} 1,5677—1,5687. — *cis-1-Phenylbuten-(2)-ol-(1)* (cis-**II**), Kp. 75—76°, aus 7,24 g **IV** durch Hydrierung über Pd–$CaCO_3$, 72%, n_D^{20} 1,5393. — *p-Nitrobenzoat*, F. 58,5—59,5°. — *cis-* u. *trans-α-Methyl-β-bromstyrol* (**V**), aus α-Methylzimtsäuredibromid (F. 131°); cis-**V**, $Kp._{0,8}$ 50—51°, durch Decarboxylierung u. HBr-Abspaltung in trockenem Aceton, n_D^{20} 1,5723—1,5731, 82%; trans-**V**, $Kp._{0,8}$ 52 bis 57°, wie vorst., aber in wss. Lsg., 65%. — *Methylphenylacetylen* (**VII**), a) aus cis-**V** mit n-Butyl-Li u. Ae., 1 Std. bei 0°, dann Zugabe von Benzaldehyd u. nachfolgende Hydrolyse mit NH_4Cl-Lsg., gelbes Öl, n_D^{20} 1,5602, 66%, verunreinigt durch Butylphenylcarbinol u. Phenylallen; b) aus trans-**V**, wie vorst., Dauer der Rk. jedoch 4 Std. bei —35°; 38%. — *trans-α-Brompropenylbenzol* (**X**), $Kp._{0,7}$ 51,5—53°, aus α-Phenylcrotonsäure (**VI**; F. 136—137°) durch Bromierung in Chlf. bei 0°, 12 Std. [→ **XI**, (F. 131—133°, 80%)] u. Decarboxylierung u. HBr-Abspaltung in trockenem Aceton nach CRISTOL u. NORRIS (C. **1954**. 9011); 35%, neben **VI**. Der Vers. der Decarboxylierung u. HBr-Abspaltung in wss. NaOH-Lsg. führt nur zu **VI**, bei Behandlung von **XI** mit wss. Na-Acetat bei 70—75° erhält man ausschließlich Propiophenon (68%). — *cis-* u. *trans-Propenylbenzol* (**III**), a) Gemisch aus trans-**X** mit n-Butyl-Li bei 0 bzw. —35° u. Hydrolyse; 61 bzw. 60%; b) cis-**III**, $Kp._{10}$ 55°, aus **VII** durch Hydrierung in Äthylacetat über Pd–$CaCO_3$, $n_D^{24,7}$ 1,5335; c) trans-**III**, $Kp._{10}$ 65—66,5°, aus 1-Phenylpropanol-(1), n_D^{25} 1,5463. — *1.3-Diphenylpropin-(2)-ol-(1)* (**IX**), $Kp._{0,2}$ 114—136°, aus cis- oder trans-**VIII** mit Li in trockenem Ae., nachfolgender Zugabe von Benzaldehyd u. wss. NH_4Cl-Lsg., n_D^{20} 1,5960; aus cis-**VIII**: 27%, aus trans-**VIII**: 19%. (J. Amer. chem. Soc. **80**. 1922—26. 20/4. 1958. Urbana, Ill., Univ., Noyes Chem. Labor.) G. SABELUS. B 225

S. F. Mason, *Die Ionendissoziation und Reaktivität von einigen Arylmethylchloriden.* Da weder die freie Energie der Ionisation (ΔG_1) von Triarylmethylchloriden noch die der Dissoziation (ΔG_2) von Hexaaryläthanen bei gleicher ster. Hinderung proportional $E_D\beta^{-1}$ ist (E_D = Delokalisierungsenergie, β = C—C Resonanzintegral), wird unter Berücksichtigung der Gesamtresonanzenenergie $E_R = E_D \pm E_C E_B$ (E_C = Ladungsdispersionsenergie, E_B = Bindung–Bindung Wechselwrkg.) untersucht, ob die Beziehung $\Delta G_1 - {}^1/_2 \Delta G_2 = -2E_C +$ const. gilt. Diese Beziehung wird an Hand der Literatur-ΔG-Werte für folgende Triarylmethylchloride in fl. SO_2 u. den entsprechenden Hexaaryläthanen in Bzl. überprüft: *Triphenyl-*, *m-Biphenylyldiphenyl-*, *p-Biphenylyldiphenyl-*, *Bis-[p-biphenylyl]-phenyl-*, *Tris-p-biphenylyl-*, *Naphthyl-(2)-diphenyl-*, *Bis-[naphthyl-(2)]-phenyl-*, u. *Tris-[naphthyl-(2)]-methylchlorid.* Die gefundenen Abweichungen werden auf die Ionensolvatationsenergie (ΔG_S) zurückgeführt, wobei angenommen wird, daß diese allein von der BORNschen Ladungsenergie bestimmt wird, die proportional der Summe der Quadrate ($\Sigma_r q_r^2$) der Ladung des Carboniumions ist. $\Sigma_r q_r^2$ nimmt linear mit zunehmendem E_C ab. Für die freie Energie der Aktivierung für Arylmethylchloride wird dann $\Delta G^{\neq} = \alpha E_D + \alpha^2(\Delta G_S + E_B - E_C) +$ const. (A), gesetzt. Bei S_N2-Rkk. ($\alpha \ll 1$, $\alpha^2 = 0$), z. B. Rk. mit KJ in Aceton, besteht eine lineare Beziehung zwischen $\Delta G^{\neq}$ u. E_D. Bei

S_N1 Rkk. (Solvolysen-Rkk.) müssen auch die α^2-Glieder berücksichtigt werden. Nach Gleichung A ist für die Aktivierungsentropie die Änderung von ΔG_s mit der Temp. maßgebend. Die log PZ-Werte der Geschwindigkeitskonstanten (Literaturwerte) für die Solvolyse von Arylmethylchloriden (**A**) in W. (20,5%)-Dioxan (79,5%), W. (49,3%)-Dioxan (50,7%), W. (6,1%)-Ameisensäure (54,1%)-Dioxan (39,8%), für ihre S_N2-Rk. mit KJ in Aceton u. für die Solvolyse von 1-Aryläthylchloriden (**B**) in 80%ig. Aceton [Aryl = Phenyl, Phenanthryl-(2), -(3), -(4), -(1), -(9), Naphthyl-(1), -(2), Anthryl-(2), -(1), -(9), 3.4-Benzophenanthryl-(2), 1.2-Benzoanthryl-(10), 4-Biphenylyl, Fluorenyl-(2), Chrysenyl-(3) u. Pyrenyl-(3)] zeigen die erwartete lineare Abhängigkeit von $\Sigma_r q_r$, die für die Solvolyse der **B** in 90%ig. Aceton u. für die Solvolyse der **A** in W. (5,8%)-Ameisensäure (34%)-Dioxan (60,2%) dagegen nicht. Bei bekannter Temperaturabhängigkeit der DK. lassen sich die Werte für R/α^2 (R = effektiver Ionenradius) berechnen. (J. chem. Soc. [London] **1958.** 808—17. Febr. Exeter, Univ.) R. LACMANN. B 225

L. B. Nanninga, *Bildungskonstanten und Hydrolyse der Calcium- und Magnesiumkomplexe von Adenosintri-, -di- und -monophosphat bei 100°.* Berichtigung einiger Angaben der C. **1958.** 14277 referierten Arbeit. (J. physic. Chem. **62.** 1608. Dez. 1958.) E. KLEVER. B 225

I. C. Kogon, *Chemie der Arylisocyanate: Geschwindigkeits- und Gleichgewichtskonstanten der Bildung von α.γ-Diarylallophansäureäthylestern.* (Vgl. C. **1959.** 5756.) Vf. verfolgt die Rk. von *Phenyl-* (**I**) *o-* bzw. *p-Tolylisocyanat* zwischen 106 u. 143° mit *Carbanil-* (**II**), *o-* u. *p-Methylcarbanilsäureäthylester* in Ggw. bzw. Abwesenheit von 0,5% N-Methylmorpholin (**III**) zu den entsprechenden α.γ-Diarylallophansäureäthylestern (**C**) spektroskop. im nahen IR. Die Rk. ist bei Überschuß an Isocyanat (**A**) pseudomonomol. u. führt zu einem Gleichgewicht. Die Gleichgewichtskonstante K hat bei Mol-Verhältnissen **A**/Carbanilat (**B**) zwischen 9,1 u. 18,0 u. bei 128° den Wert 0,242 für die Rk. von **I** u. **II** u. fällt mit steigender Temperatur. p-Methylgruppen verkleinern die Geschwindigkeitskonstante k gegenüber o-Methylgruppen bzw. dem Phenylrest. Auf Grund dieser unerwarteten Wrkg. nimmt Vf. im Gegensatz zu früher (vgl. C. **1958.** 2442) an, daß die Rk. über ionisiertes **B** verläuft. **III** hat keinen Einfl. auf die Reaktion. Nach Erreichen des Gleichgewichts wird die Lsg. unter Erwärmung fest durch Bldg. von Triarylisocyanurat (**D**) u. **B**. Da die Bldg. der **C** durch die Abnahme von ε der 1. Oberschwingung der ν (NH) nachgewiesen ist, müssen die **C** Zwischenprodd. der **D**-Bldg. sein. (J. org. Chemistry **24.** 83—86. Jan. 1959. Wilmington, Del., E. I. du Pont de Nemours & Comp., Inc., Elastomer Chem. Dep.) K. BECKER. B 225

M. M. Sprung und **F. O. Guenther,** *Die Hydrolyse von n-Amyltriäthoxysilan und Phenyltriäthoxysilan.* Vff. untersuchen wie früher (vgl. C. **1956.** 7777) die Hydrolyse von *n-Amyltriäthoxysilan* (**I**) u. *Phenyltriäthoxysilan* (**II**) in Ggw. eines organ. Lösungsm. u. eines sauren bzw. bas. Katalysators, da unter diesen Bedingungen u. als Folge der sperrigen R-Reste niedrigmol. Kondensationsprodd. erwartet wurden. Die durch HCl katalysierte Hydrolyse des **I** in Isobutylmethylketon, 3 Std. bei 88,8°, führt zu einer Mischung, die wahrscheinlich aus *Diäthoxydihydroxy-* u. *Äthoxytrihydroxy-n-amylcyclotetrasiloxan* besteht, als Rückstand verbleibt *Okta-n-amyloktasilsesquioxane* [**III**; $C_{40}H_{88}\cdot O_{12}Si_8$, F. 77—82° (n-Propanol:Isopropanol, 1:4); $Kp._{25}$ >200°]. Bei der durch Tetramethylammoniumhydroxyd (**IV**) katalysierten, alkal. Hydrolyse von **I** (**I**:W. = 1:3) entstehen amorphe, gummiartige Polymere neben relativ viel niedrigmol. Polymeren, von denen 20% als **III** identifiziert wurden. Bei der Cohydrolyse von **I** u. *n-Amyltrichlorsilan* wurden die gleichen Prodd. wie bei der sauren Hydrolyse von **I** gebildet. Aus dem Rohprod., das bei der sauren Hydrolyse des **II** entsteht, konnten durch fraktionierte Extraktion mit Heptan, krist. Prodd. nahezu gleicher Zus. u. gleichem Mol.-Gew. isoliert werden. Es handelt sich um Stereoisomere, chem. Isomere oder um Prodd., die alle eine Vorstufe des *Oktaphenyloktasilsesquioxans* (**V**; $C_{48}H_{40}O_{12}Si_8$) sind. Daneben wurde noch ein Prod. vom Mol.-Gew. 708 erhalten, welches einem Cycloheptasiloxan mit 2 OR- u. einer OH-Gruppe entspricht. Bei der alkal. Hydrolyse des **II** konnte nur **V** isoliert werden. Als Hauptprod. entsteht jedoch ein höher polymeres Prod., aus dem sich **V** u. ein Hexameres, $C_{36}H_{30}O_9Si_6$ unter dem katalyt. Einfl. von **IV** oder von Silanolat abspaltet. Es wird angenommen, daß ein endständiges Silanolation eine ster. benachbarte Siloxanbindung nach dem von HURD, OSTHOFF u. CORRIN (J. Amer. chem. Soc. **76.** [1954.] 249) vorgeschlagenen Mechanismus angreift unter Sprengung der Siloxanbindung. Dieser Abbau erfolgt nach einer Rk. etwa 1. Ordnung. Für die wahrscheinliche Struktur des Hochpolymeren kommen nur zwei Fälle in Betracht. Es besteht entweder aus einer pseudolinearen Bandstruktur mit Silanolgruppen am Ende des Bandes oder aber aus einer Anordnung von Oktaedern mit einer unvollständigen Ecke u. mit isolierten Silanolendgruppen. (J. Polymer Sci. **28.** 17—34. Febr. 1958. Schenectady, N. Y., Gen. Electric Res. Labor.) H. NÖTH. B 225

Naoki Inamoto, *Reaktionen zwischen Nitroverbindungen und α.α'-Azoisobutyronitril. Mechanismus der Hinderung der Vinylpolymerisation durch Nitroverbindungen.* Das durch therm. Zers. aus α.α'-Azo-bis-isobutyronitril entstehende 1-Cyan-1-methyläthylradikal greift die Nitrogruppe in *Nitrobenzol, m-Dinitrobenzol* u. *Tetranitromethan* an unter Bldg. von HCN, Aceton (**I**) u. daneben bei beiden ersten Verbb. auch von *N-Phenyl-* ($C_{14}H_{17}N_3O$, F. 93—94°) u. *N-[m-Nitrophenyl]-O.N-bis-[1-cyan-1-methyläthyl]-hydroxylamin* ($C_{14}H_{16}N_4O_3$, F. 159—159,5°). Dieses Radikal reagiert weder mit Nitromethan noch mit Äthylnitrat. Es wurde zwischen der Menge des bei dieser Rk. gebildeten **I** u. dem Grad der Hinderung der Vinylpolymerisation durch die entsprechenden Nitroverbb. grob eine lineare Abhängigkeit gefunden, die hemmende Wrkg. von Nitroverbb. auf die Vinylpolymerisation beruht daher vermutlich auf der Bldg. von hochmol. Alkoxyradikalen u. Nitrosoverbb. durch Rk. zwischen den Nitroverbb. u. den wachsenden Polymerradikalen (**II**). Die Nitrosoverbb. reagieren dann mit **II** u. bilden trisubstituierte Hydroxylamine. (J. Soc. org. synth. Chem. Japan **16**. 420—24. Aug. 1958. Tokyo, Univ., Naturwiss. Fak. [Orig.: japan.; Auszug: engl.]) E. MAEKAWA. B 225

J. Ugelstad und **J. de Jonge**, *Eine kinetische Untersuchung der Reaktion zwischen Amiden und Formaldehyd.* (Vorl. Mitt. vgl. C. **1955**. 9770.) Vff. untersuchen die Umsetzung von *CH_2O* mit *Benzamid* (**I**, F. 128° [W.]), *Propionamid* (**II**, F. 79° [Aceton]) u. *Chloracetamid* (**III**) sowie *Harnstoff* (**IV**, F. 60° [wss. A.]) zwischen 0 u. 75°. Es handelt sich um eine Gleichgewichts-Rk., wobei die Bldg. des Methylolamids (*N-Methylolbenzamid*, F. 104—106°, *-propionamid*, F. 64°, *-chloracetamid*, F. 98°) bimol., seine Zers. monomol. erfolgt. Die Rk. wird sowohl von OH^-- als auch H_3O^+-Ionen katalysiert u. zeigt allg. Säurenkatalyse in Acetat-, Benzoat-, Formiat-, Phosphat- u. Chloracetatpuffer. Hin- u. Rück-Rk. werden in gleicher Weise beeinflußt, so daß die Gleichgewichtskonstante p_H-unabhängig ist. Bei sehr hohen OH^--Ionenkonzz. wird die Proportionalität des katalyt. Effektes nicht eingehalten, da die Geschwindigkeitskonstante der Zers. der Methylolamide unabhängig von der OH^--Ionenkonz. wird, vermutlich, weil prakt. eine vollständige Ionisierung des als Zwischenprod. auftretenden $RCONHCH_2O^-$-Ions erreicht ist. Die Aktivierungsenergie für die Hin-Rk. von **I** beträgt 18,5, für die Rück-Rk. 23,5 kcal/Mol. Die Reaktionswärme beträgt hiernach —5 kcal/Mol. Die entsprechenden Werte für **IV** betragen 13, 19 u. —6 kcal/Mol. Für die Rk. von **I** mit **IV**, nicht dagegen mit den anderen Amiden, wird allg. Basenkatalyse gefunden. Hinsichtlich des Reaktionsmechanismus nehmen Vff. an, daß in neutraler Lsg. eine Anlagerung des dehydratisierten CH_2O an das Amid stattfindet. In saurer Lsg. bildet sich prim. aus dem CH_2O durch Anlagerung eines Protons ein Kation, das dann mit dem Amid weiterreagiert. Für die Rück-Rk. in saurer Lsg. findet prim. die Anlagerung eines Protons am Stickstoff des Methylolamids statt. — In alkal. Lsg. tritt prim. die Abspaltung eines Protons vom Amid ein, das dabei in ein negatives Ion übergeht u. dann mit CH_2O reagiert. Bei der Rück-Rk. wird prim. der Wasserstoff der Methylolgruppe abgespalten, so daß ebenfalls ein negatives Ion entsteht. Folgende k-Werte für die Hin- (k_H) u. Rück-Rk. (k_R bzw. Gleichgewichtskonstante K) bei 25° wurden bei der alkal. Rk. gefunden: **I** k_H 8,7 ($Liter^2 \cdot Mol^{-2} \cdot sec^{-1}$), k_R 0,38 $Liter \cdot Mol^{-1} \cdot sec^{-1}$, K = 22,3 ($Mol^{-1}$); **II** 0,87, 0,042, 21,5; **III** 38, 2,2, 18,8. Die Säurendissoziationskonstanten der Methylolamide für 0° (in der gleichen Reihenfolge) betragen: $8,0 \cdot 10^{-15}$, $7,0 \cdot 10^{-15}$ u. *Monomethylolharnstoff* $2,6 \cdot 10^{-15}$. (Recueil Trav. chim. Pays-Bas **76**. 919—45. Nov. 1957. Eindhoven, Netherlands, N. V. Philips' Gloeilampenfabrieken, Philips Res. Labor.) J. KLEINWÄCHTER. B 225

John J. Madison und **Richard M. Roberts**, *Pyrolyse von Aromaten und verwandten Heterocyclen.* Vff. untersuchen die Pyrolyse von *Acenaphthen, Acridin* (**XV**), *Amylnaphthalin* (Kp. 293—294°; n_D^{20} 1,5737), *Anthracen* (**I**), *1.2-Benzanthracen, 11H-Benzo-[b]-fluoren, 3,4-Benzopyren, Dibenzyl, Diphenyl* (**II**), *Carbazol* (**XVIII**), *Chrysen* (**V**) (F. 254—255°), *Dekacyclen* (**IX**), *Diamylnaphthalin* (Kp.$_5$ 183°; n_D^{20} 1,5523), *1.2;5.6-Dibenzanthracen, Dibenzofuran, Dibenzothiophen* (**XIX**), *9.10-Dihydroanthracen* (F. 108,6—108,9°), *7.12-Dimethyl-1.2-benzanthracen, 2.3-Dimethylnaphthalin* (F. 104,0 bis 104,4° [korr.]), *2.6-Dimethylnaphthalin, Diphenylmethan* (F. 24,8—25°), *Fluoranthen* (**VIII**), *Fluoren, Hexamethylbenzol, Hexaäthylbenzol, Indol* (**XVI**), *Isochinolin, 1-* (**X**) u. *2-Methylanthracen* (**XII**), *3-Methylcholanthren, 1-* (**XI**) u. *2-Methylnaphthalin* (**XIII**), *Naphthacen, Naphthalin* (**III**), *Phenanthren* (**IV**), *2-Phenylchinolin, Pyren* (**VII**, F. 150,8—151,3° [korr.]), *Chinaldin, Chinolin* (**XIV**), *Reten, 1.2.4.5-Tetraisopropylbenzol* (F. 117,6°), *Thianaphthen* (**XVII**) u. *Triphenylen* (**VI**, F. 198,2—198,6° [korr.]) unter Ausschluß von Luft in der Flüssigkeitsphase bei Tempp. zwischen 425 u. 500°. Vorläufige Unterss. mit **I** ergaben, daß bei der Dampfphasenpyrolyse auch unter erhöhtem Druck Kondensations-Rkk. nur in geringem Umfange stattfinden. Bei der Pyrolyse in der fl. Phase erweisen sich die Verbb. **II, III, IV, V, VI, VII, VIII** u. **IX** als bemerkenswert stabil. Das Auftreten von H_2 als gasförmiges Reaktionsprod. zeigt, daß die Haupt-Rk. eine intermol. Kondensation unter Wasserstoffeliminierung ist. Sehr viel reaktionsfreudiger sind die Verbb., die sich vom **I** ableiten. Bei der Pyrolyse dieser Verbb. werden beträchtliche Mengen Methan gebildet, die durch Ringcrackung entstehen. Bei den alkylierten Aromaten verläuft die Kondensations-Rk. sehr viel schneller als bei den entsprechenden nichtsubstituierten Stammverbb., wobei mit zunehmender Zahl der Seitenketten die Reaktionsfähigkeit zunimmt. Eine Zunahme der Reaktionsfähigkeit wird auch durch eine größere Zahl von C—C-Bindungen in β-Stellung vom aromat. Kern bewirkt. Die Verbb. **X** u. **XI** sind weitaus reaktionsfähiger als ihre Isomeren **XII** u. **XIII**. Sehr reaktionsfähig sind auch Aromaten mit einer oder mehreren Methylengruppen zwischen zwei aromat. Kernen. Bei der Pyrolyse werden sowohl Kondensations- als auch Crack-Rkk. beobachtet. Bei der Pyrolyse des **XIV** u. **XV** werden größere Mengen schwerflüchtiger Verbb. gebildet als bei den KW-stoffanalogen **I** bzw. **III**. Beim **XVI** u. **XVII** wird eine geringe Kondensation beobachtet, während **XVIII** u. **XIX** relativ stabil sind. Die Alkylierung des **XIV** bewirkt eine Zunahme der Bldg. von schwerflüchtigen Produkten. (Ind. Engng. Chem. **50.** 237—50. Febr. 1958. Emeryville, Calif., Shell Developm. Co.) K. FRENKLER. B 225

I. A. Jacobson jr., H. H. Heady und **G. U. Dinneen,** *Thermische Reaktionen organischer Stickstoffverbindungen.* 1. Mitt. *1-Methylpyrrol.* Vff. untersuchen in einem Strömungssyst. das Verh. von *1-Methylpyrrol* (**I**) bei Tempp. zwischen 475 u. 575° u. Verweilzeiten im Reaktionsgefäß zwischen 14 u. 150 Sekunden. Unter den Versuchsbedingungen tritt eine irreversible Isomerisation des **I** zu 2-Methylpyrrol ein, dieses isomerisiert sich seinerseits in reversibler Rk. zu 3-Methypyrrol. Die Isomerisierung des **I** verläuft homogen nach der 1. Ordnung u. wird durch die Ggw. von He nicht beeinflußt. Die ARRHENIUS-Gleichung besitzt die Form $k = (2{,}39 \pm 0{,}11) \cdot 10^{12}\, e^{\pm(54800 \pm 100)/RT}$. Bei einigen Verss. im Temperaturbereich 600—700° wurde neben der vorst. Isomerisations-Rk. zusätzlich eine Zers. zu Methan u. H_2 sowie Äthan, Äthylen, Pyrrol, Dimethylpyrrolen, Indolen, Bzl. u. Pyridinen beobachtet. (J. physic. Chem. **62.** 1563—65. Dez. 1958. Laramie, Wyo., Bur. of Min., Petrol. and Oil-Shale Exp. Stat.) K. FRENKLER. B 225

R. H. Pallen und **C. Sivertz,** *Die photoinitiierte Addition von Mercaptanen an Olefine.* 3. Mitt. *Die Kinetik der Addition von Thiophenol an Styrol und Octen-(1).* (2. vgl. C. **1958.** 14016.) Mittels dilatometr. Messungen wurden für die photoiniierte Rk. von *Thiophenol* (**I**) mit *Styrol* ($Kp._{10}$ 37—39°) bei 25° in Abwesenheit von O_2 u. Azo-bis-isobutyronitril (F. 102,5—103,5°) in Bzl. die Geschwindigkeitskonstanten des Kettenstarts zu $k_i = 8{,}5 \cdot 10^{-7}$ (Mol/Liter·sec), der Kettenfortpflanzung zu $k_p \cong 2 \cdot 10^2$, des Kettenabbruchs $k_t = 2 \cdot 10^7$ u. der Gesamt-Rk. zu k gefunden. Die Aktivierungsenergie der Gesamt-Rk. in Bzl. betrug 2,4 (kcal), in Cyclohexan 6,3 u. für die Gesamt-Rk. von *Octen-(1)* mit **I** 1,2 mit einem k-Wert von $2{,}2 \cdot 10^{-5}$ (Mol/Liter·sec). Der Mechanismus ist in Gasphase der gleiche wie in Lsg.; der Kettenabbruch durch Rekombination von Radikalen besitzt einen sehr niedrigen k_t-Wert, da alle Radikale resonanzstabilisiert sind. (Canad. J. Chem. **35.** 723—33. Juli 1957. London, Ontario, Canada, Univ. of Western Ontario, Dep. of Chem.) G. MEINHARDT. B 226

Richard M. Lemmon und **Walter Strohmeier,** *Die Radioaktivitätsverteilung in Toluol, das aus von Benzol und photolysiertem ^{14}C-Diazomethan entstanden ist.* Vff. untersuchen die Photolyse von ^{14}C-markiertem *Diazomethan* (**I**) in Benzollsg. durch UV- u. sichtbares Licht sowie durch γ-Strahlen. Bei den Verss. mit UV- u. sichtbarem Licht wurde in den I–Bzl.-Lsgg. die Bldg. von Toluol (**II**) u. Cycloheptatrien (**III**) mit 30- bzw. 8%ig. Ausbeute beobachtet. Beim **II** wurden mehr als 99,8% der Aktivität in der Methylgruppe gefunden. Unter den Versuchsbedingungen wird **II** aus **III** nicht gebildet. γ-Strahlen beeinflussen die Zers. des **I** in Bzl. nur in geringem Maße. Nach 10std. Einw. (Gesamtdosis $3{,}6 \cdot 10^7$ r) ließen sich in den Lsgg. weder **II** noch **III** nachweisen. (J. Amer. chem. Soc. **81.** 106—08. 5/1. 1959. Berkeley, Calif., Univ., Radiat. Labor.) K. FRENKLER. B 226

Geneviève Clément, *Beitrag zur Untersuchung der Photochlorierung und HCl-Abspaltung aus Paraffinen.* Monochlormethylcyclohexane (**I**, $Kp._{15}$ 54—56°; n_D^{20} 1,4603; $D.^{20}_4$ 0,999) sowie Monochlormethylcyclopentane (**II**, $Kp._{155}$ 78—80°; n_D^{20} 1,4473; $D.^{20}_4$ 0,966) entstehen in Ausbeuten bis zu 98% durch Einw. von Cl_2 auf Methylcyclohexan bzw. Methylcyclopentan im UV-Licht. Die HCl-Abspaltung aus **I** wurde in verschied. Lösungsmitteln in Ggw. verschied. Mengen an $SbCl_3$ untersucht, zum Vgl. wurden auch die Ergebnisse bei *2-* u. *4-Chlormethylcyclohexan* herangezogen. Aus der Zus. des Methylcyclohexengemisches ergab sich folgende Zus. für **I**: 6% *Chlormethylcyclohexan, 1-Chlor-1-methylcyclohexan* u. 74% eines Gemisches von *o-, m-* u. *p-Chlor-*

methylcyclohexan. Bei der HCl-Abspaltung aus II wurden 45—50% *1-Methylcyclopenten* erhalten, daneben *2-* u. *3-Methylcyclopenten*; Isomerisierung zu Cyclohexen wurde nicht beobachtet. (Bull. Soc. chim. France **1958.** 519—21. April. Inst. Français du pétrol.) M. SCHENK. B 226

William J. Rutter, *Die Wechselwirkung von Riboflavin, FMN und FAD mit verschiedenen Metallionen: die durch Riboflavin katalysierte photochemische Reduktion von Fe(III) und Photooxydation von Fe(II).* Die Fluorescenz von *Riboflavin* (I), *Flavinmononucleotid* (II, *FMN*) u. *Flavinadenindinucleotid* (III, *FAD*) wird durch bestimmte 2- u. 3wertige Metallionen gelöscht. Von den geprüften Ionen waren Hg^{2+}, Fe^{2+}, Fe^{3+}, Co^{3+} u. Au^{3+} bes. wirksam. Mit Fe^{3+} bildet I wahrscheinlich in einer Gleichgewichts-Rk. (Gleichgewichtskonstante $K = [I][Fe^{3+}]/[Komplex] = 4{,}6 \cdot 10^{-4}$) einen Komplex, der entweder selbst nicht fluoresciert oder bei dem die Lebensdauer des angeregten Zustands im Vgl. zu I sehr gering ist. Die Löschwrkg. von Fe^{2+} tritt erst nach einiger Verzögerung auf u. ist für 0,003- u. 0,1 mol. Fe^{2+}-Lsgg. gleich. Es wird deshalb angenommen, daß seine Löschwrkg. auf der Bldg. von Fe^{3+} beruht. I-, II- u. III-Lsgg. katalysieren eine Photooxydation von Fe^{2+} u. eine Photored. von Fe^{3+}. Die Geschwindigkeit v der Bldg. von Fe^{2+} aus Fe^{3+} ist der I-Konz. proportional, bei Zusatz von komplexbildendem α.α'-Dipyridyl fällt v. Die I-katalysierte Fe^{3+}-Photored. wird durch O_2 gehemmt, während die Photooxydation von Fe^{2+} stark O_2-abhängig ist, im Dunkeln wird die Oxydation von Fe^{2+} dagegen überhaupt nicht durch I katalysiert. Katalyse aktiviert beide Reaktionen. Der Mechanismus der photochem. Rkk. u. deren mögliche Beziehung zur I-Funktion in biol. Systemen wird diskutiert. (Acta chem. scand. **12.** 438—46. 1958. Stockholm, Sweden, Med. Nobel-Inst., Biokem. avdel.; Urbana, Ill., Univ., Div. of Biochem.) K. MAIER. B 226

A. Henglein, H. Url und **W. Hoffmeister,** *Die Reaktion von Schwefeldioxyd mit Kohlenwasserstoffen unter Einfluß von ^{60}Co-γ-Strahlen und 2 MeV-Elektronen.* SO_2 reagiert mit aliphat. u. aromat. KW-stoffen unter dem Einfl. ionisierender Strahlen zu S-haltigen organ. Verbb., wie Sulfin- u. Sulfonsäuren, Thiosulfonsäureestern u. Polysulfonen. Der Primärschritt dabei ist die Anregung der KW-stoffe, wobei die Reaktionsgeschwindigkeit von der strahlenchem. Zersetzlichkeit des betreffenden KW-stoffs abhängt u. bei aliphat. Verbb. größer ist als bei aromatischen. Die G-Werte (Zahl der SO_2-Moll., die pro 100 eV absorbierter Energie umgesetzt werden) stimmen mit den G-Werten für den Verbrauch gelösten Jods oder von DPPH überein, obgleich SO_2 als 2wertiger Radikalfänger zu betrachten ist. Als organ. Primärprodd. werden die Sulfinsäuren angesehen, die während der Bestrahlung dann zu anderen S-haltigen Verbb. umgesetzt werden. Z. B. wird *Benzolsulfinsäure* in O-freier benzol. Lsg. in einer Ketten-Rk. durch γ-Strahlen zersetzt. — Es wurden *Bzl., Toluol, Äthylbenzol, Cyclohexen* (I), *Cyclohexan* u. *Heptan* untersucht. Am langsamsten reagiert Bzl. (G = 0,6), I geht mit SO_2 offenbar eine Ketten-Rk. ein, G = ca. 130. (Z. physik. Chem., Frankf. Ausg. [N. F.] **18.** 26—42. Okt. 1958. Köln, Univ., Inst. für physikal. Chem.) P. WOLF. B 226

Arnim Henglein und **Hans Mohrhauer,** *Die Zersetzung des Chloroforms durch γ-Strahlen und durch Ultraschallwellen.* (Vgl. vorst. Ref.) *Chlf.* wurde ^{60}Co-γ-Strahlen in verschied. Abständen u. Ultraschall der Frequenz 175 kHz ausgesetzt. In Ggw. von O_2 findet die Zers. in Form einer Ketten-Rk. statt, in Abwesenheit von O_2 wird HCl gebildet; dabei beträgt der G-Wert 5,4, während für die Bldg. von angeregten Zuständen u. freien Radikalen ein G-Wert von 20—30 angenommen wird. Radikalfänger, wie J_2, DPPH u. Vinylverbb., bewirken in Chlf. Strahlen-Rkk. mit höheren G-Werten, als auf Grund der Radiolyse des reinen Chlf. zu erwarten ist. Die Zers. durch Ultraschall führt zu denselben Zersetzungsprodd.; die Phonolyse tritt nur in Ggw. 1- oder 2atomiger Gase ein. J_2 u. DPPH reagieren mit Chlf. bei Ultraschalleinwirkung. O_2 beeinflußt die Zers. des Chlf. weniger als γ-Bestrahlung. Die Ähnlichkeit der Chloroform-Zers. durch γ-Strahlen u. Ultraschall mit der des H_2O wird diskutiert. (Z. physik. Chem., Frankf. Ausg. [N. F.] **18.** 43—55. Okt. 1958. Köln, Univ., Inst. für physikal. Chem.) P. WOLF. B 226

B. A. Bolotow, K. P. Katkowa und **Ss. B. Israilewa,** *Katalytische Umwandlung von primären Isoalkoholen in Ketone.* 6. Mitt. (5. vgl. C. **1957.** 10719.) Isobutyl- (I) u. Isoamylalkohol (II) werden bei 250—300° über einem mit ThO_2 aktivierten Cu-Katalysator vorwiegend in Ester, bei 330—350° in Aldehyde umgewandelt; Ausbeute 45 bzw. 25—30%. Die Bldg. von Ketonen aus Isoalkoholen erfolgt bei einer um ca. 100° höheren Temp. als die Bldg. von Ketonen aus n. Alkoholen. Bei 425—450° beträgt die Ausbeute an *Diisopropylketon* aus I 50—56%, an *Diisobutylketon* aus II 40—55%. Die beobachtete Reaktionsfolge wird als Stütze der früheren Annahme eines Aldolmechanismus der Ketonbldg. angesehen. (Журнал Прикладной Химии [J. angew. Chem.] **30.** 131—36. Jan. 1957.) R. K. MÜLLER. B 227

B. A. Bolotow und **N. A. Rosenberg-Marschowa,** *Katalytische Umwandlung von primären Isoalkoholen in Ketone.* 7. Mitt. (6. vgl. vorst. Ref.) Beim Überleiten von Gemischen von Isobutyl- (I) u. Isoamylalkohol (II) über einen aktivierten Cu-Katalysator entstehen in einer Gesamtausbeute von 40—43% bei 425° *Diisopropyl-* u. *Diisobutylketon* u. *Isopropylisobutylketon* (III), wobei die Ausbeute an den einzelnen Ketonen vom Ausgangsverhältnis I:II abhängt. Eine maximale Ausbeute an III (23%) wird bei I:II = 1:1 u. 425° erzielt. Mit zunehmender Volumengeschwindigkeit nimmt die Ausbeute an Ketonen zugunsten der Bldg. von Aldehyden u. Estern ab. Aldehyde u. Aldole sind als Zwischenprodd. anzunehmen. (Журнал Прикладной Химии [J. angew. Chem.] **30.** 286—92. Febr. 1957.) R. K. MÜLLER. B 227

C. G. Frye, H. L. Pickering und **H. C. Eckstrom,** *Katalysatorkinetik bei der Kohlenwasserstoffsynthesereaktion.* Vff. untersuchen die Reaktionskinetik bei der katalyt. Rk. zwischen H_2 u. *CO* [Zus. des Synthesegases ca. 72,9(%) H_2, 24,4 CO, 0,5 CH_4, 2,2 N_2] zu KW-stoffen u. O-haltigen Derivv. an Fe-Katalysatoren [Zus. ca. 28(%) Fe_3O_4, 68 FeO, 3 Verunreinigungen (Cr, Al, Mn, Si, P u. S) u. 1,0 K_2CO_3]. Die Ergebnisse zeigen, daß bei Änderungen der Versuchsbedingungen (Temp. 299—332°, Druck 5 bis 18 at, Änderung des Verhältnisses H_2/CO) reversible Änderungen der Oberflächenqualität der Katalysatoren auftreten. Entsprechend werden auch Änderungen der Reaktionsgeschwindigkeit (v) beobachtet, erst allmählich nimmt v den Wert für einen stationären Zustand an. Die gefundene Kinetik ist daher eine Kombination zwischen der n. Reaktionskinetik u. der durch die Änderung der Oberflächenbeschaffenheit des Katalysators bedingten. Die n. Kinetik der Rk. kann dadurch bestimmt werden, daß man den ursprünglichen Wert von v im stationären Zustand in Beziehung zu dem extrapolierten „Nullzeit"-Wert nach einer Änderung der Versuchsbedingungen setzt. Die Katalysatorkinetik, d. h. die Änderung der Katalysatoroberflächenbeschaffenheit, kann mit dem zeitabhängigen v-Wert in Beziehung gesetzt werden; in den Fällen, in denen jene Änderungen nicht berücksichtigt werden, liefern die kinet. Ergebnisse Werte, die von den durch direkte Berechnung aus den experimentellen Daten ermittelten Werten abweichen. (J. physic. Chem. **62.** 1508—13. Dez. 1958. Tulsa, Okla., Pan American Petrol. Corp.) K. FRENKLER. B 227

C. Präparative organische Chemie. Naturstoffe.

J. F. Arens, *Einige Gedanken über die organische Synthese.* Beschreibung der Bedeutung der organ. Synth. an Hand mehrerer Beispiele. (Chem. Weekbl. **52.** 135—39. 3/3. 1956.) W. WESLY. 460

Karel Bláha, *Asymmetrische Reaktionen bei der organischen Synthese.* Erläuterungen an Hand von Beispielen. Besondere Aufmerksamkeit ist den Rkk. gewidmet, die eine Beziehung zwischen der Konfiguration der Ausgangsstoffe u. den Reaktionsprodd. auszudrücken erlauben. (Chemie [Praha] **9.** 845—70. Dez. 1957. Praha, Čs. akad. věd, labor. heterocykl. sloučenin.) H. WEJNAR. 460

R. J. Woods und **J. D. Taylor,** *Bemerkungen zur Herstellung und Verwendung von ^{14}C-markiertem Vitamin K_1 und Vitamin K_3.* Die Synth. von *markiertem Vitamin K_1* [*$^{14}C_{(CH_3)}$-2-Methyl-3-phytylnaphthochinon-(1.4)*] (I) wurde verbessert. I u. $^{14}C_{(CH_3)}$-Vitamin K_3 erleiden bei Aufbewahrung im Dunkeln bei 5° merkliche Selbstzersetzung. Phytol (II) u. Isophytol geben bei der I-Synth. *isomere Verbb.*, die bei Vitamin-K-Mangelhühnern u. -kaninchen die gleiche biol. Wirksamkeit zeigen. Diese ^{14}C-I-Isomeren werden anscheinend nach intravenöser Injektion in verschied. Ausmaß im Skelettmuskel der Ratte deponiert.

V e r s u c h e : *$^{14}C_{(CH_3)}$-2-Methyl-1.4-dihydroxynaphthalin,* durch Schütteln von Vitamin K_3 in Ae. mit wss. $Na_2S_2O_4$. — *$^{14}C_{(CH_3)}$-2-Methyl-3-phytylnaphthochinon-(1.4)* (I), durch 1 std. Rühren vorst. Verb. u. II mit BF_3 in Ae.–Dioxan bei 50° unter N_2, Zugabe von PAe., Extraktion mit wss.-methanol. KOH/$Na_2S_2O_4$, Verdünnen mit W., Ae.-Extraktion u. 1 std. Rühren der Ae.-Lsg. mit Ag_2O unter N_2; 96%ig. Reinheit; 21—38% (Ausbeute). (Canad. J. Chem. **35.** 941—43. Aug. 1957. Saskatoon, Saskatchewan, Univ., Dep. of Chem. and Physiol.) K. MAIER. 480

I. N. Nasarow, Ss. M. Makin und **B. K. Krupzow,** *Synthese von Äthoxyisopren.* Durch Einw. von Tetraäthoxysilan auf Aceton in A. in Ggw. von 85%ig. H_3PO_4 wird *Acetondiäthylketal* erhalten, das mit Vinyläthyläther in Ggw. von BF_3-Ätherat bei 0° *3-Methyl-1.1.3-triäthoxybutan* gibt. Dieses liefert beim Überleiten über $MgHPO_4$ bei

350° *1-Äthoxy-3-methylbutadien-(1.3)* (I). I entsteht auch beim Überleiten von β-Methylcrotonaldehyddiäthylacetal (II) über NaH_2PO_4 bei 320°.

V e r s u c h e: *Acetondiäthylketal*, Kp. 112—114°; durch 10std. Kochen von 3120 g Tetraäthoxysilan, 1200 ml Aceton, 450 absol. A. u. 30 ml 85%ig. H_3PO_4 u. 24 Std. Stehenlassen bei Zimmertemp.; 92,5% (Ausbeute). — *3-Methyl-1.1.3-triäthoxybutan*, $C_{11}H_{24}O_3$, $Kp._7$ 78°; zu 1300 g vorst. Verb. u. 5,2 ml BF_3-Ätherat gibt man unter Kühlung mit Eiswasser in 3½ Std. 500 g Vinyläthyläther u. rührt noch 3½ Std. bei 4—5°; $D.^{20}{}_{20}$ 0,8813; $n_D{}^{20}$ 1,4145; 903 g. — *1-Äthoxy-3-methylbutadien-(1.3)* (I), $C_7H_{12}O$, $Kp._{90}$ 75—77°; a) man leitet durch ein Rohr mit 100 ml $MgHPO_4$-Katalysator bei 350 bis 390°/15—20 mm in 8 Std. 600 g vorst. Verb.; $D.^{20}{}_{20}$ 0,8345; $n_D{}^{20}$ 1,4618; 77%; b) durch Überleiten von 30 g II bei 320°/25 mm in 50 Min. über 60 g NaH_2PO_4; 54%. (Доклады Академии Наук СССР [Ber. Akad. Wiss. UdSSR] **117**. 823—25. 11/12. 1957. Moskau Lomonossow-Inst. für chem. Technol.) O. Pollak v. Emhofen. 560

Tadeusz Urbański, Zygmunt Eckstein und **Halina Wojnowska**, *Über aliphatische Nitroverbindungen. 27. Mitt. Reaktionsprodukte von 1-Nitromethylcyclohexanol und seinen Halogenderivaten mit aliphatischen Aldehyden.* (26. vgl. C. **1959**. 11191.) 1-Nitromethylcyclohexanol-(1) (I) reagiert mit CH_2O im Mol-Verhältnis 1:3 in Ggw. von NaOH als Katalysator unter Bldg. von *Cyclohexanon* (II) u. *Trimethylolnitromethan*, das auch durch Kondensation von Nitromethan mit 3 Mol CH_2O erhalten wird u. das mit Benzaldehyd in Ggw. von H_2SO_4 in das cycl. Acetal *5-Methylol-5-nitro-2-phenyldioxan-(1.3)* übergeführt wird. Die Einführung von Halogen an das C-Atom, das die Nitrogruppe trägt, verändert nicht die Reaktionsfähigkeit von **I**. 1-[Chlor- (**III**) u. 1-[Bromnitromethyl]-cyclohexanol-(1) (**IV**) reagieren mit CH_2O oder Acetaldehyd im Mol-Verhältnis 1:2, langsamer bei 1:1 ebenfalls zu **II** u. zu Halogennitroalkoholen. **III** u. **IV** werden durch Halogenierung des **I**-Na-Salzes in Chlf. erhalten.

V e r s u c h e: *1-[Chlornitromethyl]-cyclohexanol-(1)* (**III**), $C_7H_{12}ClNO_3$, $Kp._1$ 103 bis 105°, durch Chlorieren des **I**-Na-Salzes in absol. Chlf. bei 5°; 65,5% (Ausbeute). — *1-[Bromnitromethyl]-cyclohexanol-(1)* (**IV**), $C_7H_{12}BrNO_3$, $Kp._{1,2}$ 115—118°, durch Bromieren des **I**-Na-Salzes in absol. Chlf. bei —5 bis +5°; 50%. — *2-Chlor-2-nitropropandiol-(1.3)*, F. 119—120° (Bzl.), durch Umsetzung von 0,1 Mol **III** mit 0,2 Mol 30%ig. CH_2O-Lsg. in Ggw. von NaOH bei n. Temp. u. Extraktion des Gemisches mit Ae.; 62% neben **II**. — *2-Brom-2-nitropropandiol-(1.3)*, F. 128—129° (Bzl.), aus **IV** analog vorst. Verb.; 68% neben 40% **II**. — *3-Chlor-3-nitropentandiol-(2.4)*, $C_5H_{10}ClNO_4$, F. 117 bis 118° (Chlf. + CCl_4), aus **III** u. Acetaldehyd analog vorst. Verb. neben **II**. — *1-Brom-1-nitropropanol-(2)*, $Kp._{1,2}$ 78°, aus **IV** u. Acetaldehyd analog vorst. Verb. neben **II**. (Roczniki Chem. [Ann. Soc. chim. Polonorum] **31**. 93—100. 1957.) F. Urban. 570

J. K. N. Jones, Ryszard Koliński, Hanna Piotrowska und **Tadeusz Urbański**, *Über aliphatische Nitroverbindungen. 28. Mitt. Über das Derivat des 1.5-Diazabicyclo-[3.3.3]-undecans aus 1-Nitropropan, Formaldehyd und Ammoniak.* (27. vgl. vorst. Ref.) Die Rk. von 1-Nitropropan, CH_2O u. NH_3 liefert bei Anwendung der Nitroverb. im Überschuß *3.7.10-Trinitro-3.7.10-triäthyl-1.5-diazabicyclo-[3.3.3]-undecan* (I). Bessere Ausbeuten an I werden durch Umsetzung von 2-Nitro-2-äthylpropandiol-(1.3) (**II**) mit NH_4OH bei n. Temp. erzielt. Daneben entsteht in geringer Menge *3.7-Dinitro-3.7-diäthyl-1.5-diazacyclooctan* (**III**), eine Verb., die auch durch Hydrolyse von I erhalten wird. Diese ist umkehrbar, d. h. **III** geht, mit **II** erhitzt, in **I** über. Die Rk. von **II** mit NH_4OH in der Hitze liefert als Hauptprod. **III** (7,5% Ausbeute) u. nur 1% **I**. Ein weiteres Nebenprod. der Umsetzung von **II** mit NH_4OH in der Kälte ist das in der wss. Schicht der Reaktionsmischung verbleibende *5-Nitro-5-äthylhexahydropyrimidin* (4%), das als *Dihydrochlorid* ($C_6H_{15}Cl_2N_3O_2$, F. 159—160°) u. als *Dinitrosoderiv.* (C_6H_{11}·N_5O_4, F. 116°) identifiziert wurde. Auch Bis-[2-Nitro-2-hydroxymethylbutyl]-amin reagiert analog **II** mit einem Überschuß an NH_4OH unter Bldg. von **I** u. **III**. **III** bildet analog anderen 1.5-Diazacyclooctanen nur N-monosubstituierte Derivate.

V e r s u c h e: *3.7.10-Trinitro-3.7.10-triäthyl-1.5-diazabicyclo-[3.3.3]-undecan* (I), $C_{15}H_{27}N_5O_6$, F. 107—108° (A.), durch Kondensation von 0,2 Mol **II** mit 1 Mol NH_4OH (25%ig. Lsg.) bei n. Temp. u. unter mehrwöchiger Kristallisation der gebildeten Harzlsg.; 10—30% (Ausbeute). *Hydrochlorid*, $C_{15}H_{27}N_5O_6 \cdot HCl$, F. 143—145° (Zers.). — *3.7-Dinitro-3.7-diäthyl-1.5-diazacyclooctan* (**III**), $C_{10}H_{20}N_4O_4$, F. 63—64° (A.), als Nebenprod. von **I** bei der Kristallisation des Harzes aus alkoh. HCl (0,8%) oder durch Erhitzen von **I** mit alkoh. HCl; 67% (als Hydrochlorid). *Hydrochlorid*, $C_{10}H_{20}N_4O_4 \cdot HCl$, F. 172—173° (Zers.). *N-Nitrosoverb.*, $C_{10}H_{19}N_5O_5$, F. 101—103°. *N-p-Tosylverb.*, $C_{17}H_{26}$·N_4O_6S, F. 138—140°. (Roczniki Chem. [Ann. Soc. chim. Polonorum] **31**. 101—08. 1957.)
F. Urban. 570

Isidor Greenwald, *Darstellung und Analyse von Ba-2.3-Diphosphoglyceraten.* Übersicht. — 2 Literaturangaben. (Methods Enzymol. **3**. 221—23. 1957 New York, N. Y., Univ., Bellevue Med. Center.) K. Maier. 590

Friedrich Boberg, Gerhard Winter und **Georg Richard Schultze,** *Über halogenierte Dimethylsulfide.* 3. Mitt. *Fluorhaltige Dimethylsulfide.* (2. vgl. C. **1959.** 1409.) Monochlordimethylsulfid (**I**) konnte durch Rk. mit H_2F_2 nicht in ein Monofluordimethylsulfid übergeführt werden; die von Böhme u. Mitarbeitern (Liebigs Ann. Chem. **563.** [1949.] 54) beschriebene Rk. konnte weder in Cu- noch in Polyäthylengefäßen wiederholt werden. Ein mol. Gemisch von **I** u. H_2F_2 greift Glas kaum an; beim Erwärmen auf ca. 80° trat unter H_2F_2-Entw. Zers. ein, wobei ein über 200° schm., nichtidentifiziertes Prod. entstand. Es wird angenommen, daß aus **I** u. H_2F_2 ein ziemlich beständiges Addukt entsteht, das aber in der Wärme nicht in Monofluordimethylsulfid übergeht. Asymm. Tetrachlordimethylsulfid (**II**) reagiert mit H_2F_2 bei Raumtemp. unter Bldg. von *α-Fluor-α.α.α'-trichlordimethylsulfid* (**III**), *α.α-Difluor-α.α'-dichlordimethylsulfid* (**IV**) u. *α.α.α-Trifluor-α'-chlordimethylsulfid* (**V**). **III, IV** u. **V** entstehen je nach Reaktionsbedingungen in wechselnden Mengen; bei guter Durchmischung von **II** u. H_2F_2 u. längeren Reaktionszeiten nimmt der Anteil höher fluorierter Reaktionsprodd. zu; Neben-Rkk. treten nicht ein. Pentachlordimethylsulfid (**VI**) reagiert langsamer mit H_2F_2 als **II**. Nach 8tägigem Stehen von **IV** mit H_2F_2 wurden neben unverändertem **VI** *α-Fluor-α.α.α'.α'-tetrachlordimethylsulfid* (**VII**) u. *α.α'-Difluor-α.α.α'-trichlordimethylsulfid* (**VIII**) erhalten. **VII** wurde IR-spektroskop. identifiziert. Für **VIII** sind 3 isomere Strukturen möglich: *α.α-Difluor-α.α'.α'-trichlordimethylsulfid* (**IX**) konnte durch Chlorierung von **IV** dargestellt werden u. ist mit **VIII** nicht identisch. Die Bldg. von α.α-Difluor-α'.α'.α'-trichlordimethylsulfid wird ausgeschlossen, da neben **VIII** nur **VII** isoliert werden konnte. Hexachlordimethylsulfid (**X**) reagiert mit H_2F_2 extrem langsam. Nach 35tägiger Rk. konnten 38% unverändertes **X** zurückgewonnen werden; daneben wurden *Monofluorpentachlordimethylsulfid* u. *symm.-Difluortetrachlordimethylsulfid* (**XI**) isoliert. *Asymm.-Difluortetrachlordimethylsulfid*(**XII**) entsteht durch Chlorierung von **IV** u. ist von **XI** spektroskop. unterscheidbar. **III** kann mit SbF_3 nicht fluoriert werden. Für obige Rkk. kann techn. H_2F_2 mit einem Wassergeh. von 2—3% verwendet werden; 100%ig. H_2F_2 ergibt ca. 5% bessere Ausbeuten an Fluorierungsprodd.; Polyäthylenflaschen eignen sich besser als Reaktionsgefäße als Kupferapparaturen, da keine Metallkomplexe entstehen können. Da die obigen Ausgangsprodd. u. Reaktionsprodd. in H_2F_2 kaum lösl. sind, erfolgte die Aufarbeitung der Reaktionsgemische durch Phasentrennung in einer umgekehrten Polyäthylenflasche, deren Boden abgeschnitten, deren Verschlußkappe durchbohrt u. durch einen langen Polyäthylenstab von oben verschlossen war. **II** reagiert mit SbF_3 ohne Zusatz von Br_2 oder $SbCl_5$ unter Bldg. von wenig CS_2, CCl_4, Chlf. u. $CSCl_2$ neben **IV** u. **V**. Läßt man während der Rk. nur **V** abdest., so steigt die Ausbeute an **V**. Durch Verwendung eines großen Überschusses an SbF_3 läßt sich das Verhältnis **IV**:**V** zugunsten von **V** verschieben. Bei zu geringen Konzz. an SbF_3 nimmt die Bldg. von Nebenprodd. stark zu; es entsteht dann auch **III**. Es wird angenommen, daß $CSCl_2$ ein prim. Reaktionsprod. ist, das in Ggw. von SbF_3 zu CCl_4 u. CS_2 weiterreagiert. **III** reagiert analog **II** mit SbF_3, wobei aber weniger Nebenprodd. gebildet werden. Durch Umsetzung von α.α.α'-Trichlordimethylsulfid mit SbF_3 entstand *α.α-Difluor-α'-chlordimethylsulfid;* analog ergab α.α.α-Trifluor-α'.α'-dichlordimethylsulfid (**XIII**) mit SbF_3 *α.α.α.α'-Tetrafluor-α'-chlordimethylsulfid.* **II** reagiert auch mit HgF zu **IV** u. **III**. Die ster. Verhältnisse bei der Substitution an **II** werden diskutiert. Die geringen Ausbeuten an **VI** u. **X** bei der Chlorierung von **II** werden auf ster. Hinderung zurückgeführt; durch die Erschwerung der Substitution wächst die Wahrscheinlichkeit der Chlorolyse. Durch Ersatz von Cl-Atomen durch F-Atome wird das Thioäthermol. beweglicher. **III** verhält sich bei der Chlorierung wie **II**; **III** reagiert äußerst langsam, wobei der Geruch halogenierter Methylschwefelchloride auftritt; bei der Rk. wird das Gefäßmaterial angegriffen, so daß auf die Bldg. von H_2F_2 oder F_2 geschlossen werden muß. **IV** u. **V** reagieren in der Siedehitze nicht mit Cl_2; bei UV-Belichtung wird Cl_2 leicht aufgenommen; **IX** u. **XIII** bilden sich leicht in Ausbeuten von über 30%; bei der Weiterchlorierung tritt leicht Chlorolyse ein. Durch Verwendung von HCl als Verdünnungsmittel u. Trägergas für niedrigsd. Spaltprodd. läßt sich die Chlorierung günstig beeinflussen. *Difluorchlormethylschwefelchlorid* konnte rein isoliert werden. Im Chlorierungsgemisch von **V** wurde *Hexachloräthan* spektroskop. nachgewiesen. Aus dem Chlorierungsgemisch von **IV** konnte **XII** isoliert werden. Für die Auftrennung der Reaktionsgemische erwies sich eine Drehbandkolonne als ungeeignet, da sich einige Fluorthioäther am Metall veränderten.

Versuche: Dimethylsulfide: *α-Fluor-α.α.α'-trichlor-* (**III**), $C_2H_2Cl_3FS$, $Kp._{760}$ 149°, a) durch 12std. Stehen von 470 g **II** u. 360 cm³ H_2F_2 unter stündlichem Schütteln, Stehen über Nacht, Schichtentrennung, Dest. u. fraktionierte Dest.; 51%

(Ausbeute); b) analog a) durch 4tägiges Stehen unter stündlichem Umschütteln; 7%; c) durch Mischen von 30 g **II** mit 120 g HgF, langsames Erwärmen auf 160° u. Dest.; Kp.$_{12}$ 43°, n_D^{20} 1,4960; 15%. — *α.α-Difluor-α.α'-dichlor-* (**IV**), $C_2H_2Cl_2F_2S$, Kp.$_{760}$ 106°, a) neben **III** nach a); 28%; b) neben **III** nach b); 67%; c) durch 2std. Erhitzen von 300 g **II** u. 180 g SbF_3 auf 155—160°, Waschen des Destillats mit konz. HCl, W., Sodalsg., W. u. fraktionierte Dest.; 26%; d) analog c) mit **II** u. SbF_3 im Mol-Verhältnis 3:1; 3:2; 1:1 bzw. 1:2; 25, 40, 27 bzw. 21%; e) durch 2std. Erhitzen von 315 g **III** u. 620 g SbF_3 auf 155—160° unter Abdestillieren der unter 70° sd. Anteile u. Aufarbeitung analog c); 11%; f) neben **III** nach c); n_D^{20} 1,4410; 24%. — *α.α.α-Trifluor-α'-chlor-* (**V**), $C_2H_2ClF_3S$, Kp.$_{760}$ 64°, a) neben **III** nach a); 1,4%; b) neben **III** nach b); 15%; c) neben **IV** nach d); 5, 20, 28 bzw. 34%; d) neben **IV** nach e); 66%; e) neben Difluorchlormethylschwefelchlorid nach b); n_D^{20} 1,3820; 3%. — *α-Fluor-α.α.α'.α'-tetrachlor-* (**VII**), C_2HCl_4FS, Kp.$_{50}$ 79°, durch 8tägiges Stehen von 325 g **VI** u. 800 cm³ H_2F_2 unter häufigem Umschütteln u. Aufarbeitung analog **III** nach a); Kp.$_{15}$ 52°, Kp.$_{10}$ 49°, n_D^{20} 1,4989; 41%. — *α.α'-Difluor-α.α.α'-trichlor-* (**VIII**), $C_2HCl_3F_2S$, Kp.$_{50}$ 44°, neben **VII**; n_D^{20} 1,4522; 17%; daneben 34% unverändertes **VI**. — *Monofluorpentachlor-*, C_2Cl_5FS, Kp.$_{12}$ 66°, durch 35tägiges Stehen von 270 g **X** mit 300 cm³ H_2F_2 unter häufigem Umschütteln u. Ersetzen des verdunsteten H_2F_2; n_D^{20} 1,5143; 29%; daneben 38% unverändertes **X**. — *α.α'-Difluor-α.α.α'.α'-tetrachlor-* (**XI**), $C_2Cl_4F_2S$, Kp.$_{12}$ 54°, neben vorst. Verb.; n_D^{20} 1,4697; 27%. — *α.α-Difluor-α'-chlor-*, $C_2H_3ClF_2S$, Kp.$_{760}$ 99°, durch 20 Min. Erhitzen von 90 g α.α.α'-Trichlordimethylsulfid mit 115 g SbF_3 auf 120° unter Abdestillieren der flüchtigen Anteile u. Redest. mit einer Drehbandkolonne; zers. sich an Metall oder beim Lagern in Glasgefäßen; n_D^{20} 1,4356; 30%. — *α.α.α.α'-Tetrafluor-α'-chlor-*, C_2HClF_4S, Kp.$_{760}$ 37°, durch langsames Erwärmen von 90 g **XIII** mit 87 g SbF_3 in Ggw. von wenig $SbCl_5$ auf 80° unter Abdestillieren der Reaktionsprodd. u. Redest.; n_D^{20} 1,3420; 72%. — *α.α-Difluor-α.α'.α'.α'-tetrachlor-* (**XII**), $C_2Cl_4F_2S$, Kp.$_{40}$ 56°, durch langsames Einleiten von Cl_2 u. HCl (1:3) in sd. **IV** unter UV-Belichtung, 24std. Einleiten von Cl_2 u. HCl (1:5) nach Beginn der Gelbfärbung (ca. 30 Std.) u. Dest.; n_D^{20} 1,4795; 5%. — *Difluorchlormethylschwefelchlorid*, CCl_2F_2S, Kp.$_{760}$ 50°, a) neben **XII**; 13%; b) analog a) im Glasgefäß; n_D^{20} 1,4136; 11%. — *α.α-Difluor-α.α'.α'-trichlordimethylsulfid* (**IX**), $C_2HCl_3F_2S$, Kp.$_{760}$ 119°, neben **XII**; 37%; b) neben vorst. Verb. nach b); n_D^{20} 1,4510; 44%. — *α.α.α-Trifluor-α'.α'-dichlordimethylsulfid* (**XIII**), $C_2HCl_2F_3S$, Kp.$_{760}$ 74°, durch 20std. Einleiten von Cl_2 u. HCl (3:1) in sd. **V**, Abdestillieren des Kühlfalleninhaltes bei 60° (Bad), Zugabe des Rückstandes zum Chlorierungsgemisch, 20std. Einleiten von Cl_2 u. HCl wie oben, erneutes Destillieren des Kühlfalleninhaltes wie oben, Dest. des Chlorierungsgemisches u. mehrmaliges Redest. der bei 55—73°/760 Torr sd. Anteile; n_D^{20} 1,4040; 32%. (Liebigs Ann. Chem. **621**. 8—19. 1959. Hannover, Inst. für Erdölforsch.)

H. BERTSCH. 600

Stanisław Malinowski, Hanna Jędrzejewska, Stanisław Basiński und **Zbigniew Lipski,** *Untersuchungen über Aldolreaktionen in der Gasphase.* 2. Mitt. *Die Reaktion zwischen Formaldehyd und Acetaldehyd.* (1. vgl. C. **1958**. 10026.) Acetaldehyd u. Formaldehyd reagieren in Ggw. von Wasserdampf in der Gasphase bei 225—325° unter Bldg. von *Acrolein* (**I**). Es entstehen noch maximal 2% Nebenprodukte. Die **I**-Ausbeute beträgt 4,3—56,6% je nach der Temp., der Art u. der Belastung des Katalysators. Als Katalysatoren werden angewandt: Kieselgel als Träger u. je 7% $Na_2O \cdot SiO_2$, $Na_2O \cdot 2\,SiO_2$ (**II**), $Na_2O \cdot 2{,}5\,SiO_2$, $Na_2O \cdot 3{,}18\,SiO_2$, $K_2O \cdot 3{,}44\,SiO_2$, Na_2WO_4, K_2WO_4, Na_2TiO_3 u. K_2TiO_3. Die höchsten Ausbeuten werden bei Silicaten um 300°, bei Wolframaten um 275° u. bei Titanaten bei 225—250° erzielt. Das Verhältnis $Na_2O:SiO_2$ der Silicate beeinflußt ebenfalls die **I**-Ausbeute: Am höchsten ist sie bei Anwendung von **II** (38,7%). Die Temperaturabhängigkeit der Ausbeute ist bei Silicaten am höchsten. Die höchste Ausbeute überhaupt liefert Kieselgel mit 7% K_2TiO_3 bei 225° (56,6%). Sie liegt aber noch unter den Ausbeuten, die mit Erdalkalihydroxyden auf Kieselgel erzielt werden. (Roczniki Chem. [Ann. Soc. chim. Polonorum] **31**. 71—79. 1957.) F. URBAN. 670

Stanisław Malinowski, Stanisław Basiński, Maria Olszewska und **Hanna Zieleniewska,** *Untersuchungen über Aldolreaktionen in der Gasphase.* 3. Mitt. (2. vgl. vorst. Ref.) Die Gasphasen-Rk. von CH_2O mit Wasserdampf u. Propion-, n-Butyr- u. n-Valeraldehyd bei 250—325° in Ggw. von Kieselgel mit 7% Wasserglas ($Na_2O \cdot 3{,}18\,SiO_2$) verläuft unter Bldg. von *α-Methylacrolein* (**I**; *2.4-Dinitrophenylhydrazon*, F. 204—205,5°. *Semicarbazon*, F. 196—197,5°), *α-Äthylacrolein* (**II**; *2.4-Dinitrophenylhydrazon*, F. 163,5 bis 164°. *Semicarbazon*, F. 183,5—184°) bzw. *α-[n-Propyl]-acrolein* (**III**; *2.4-Dinitrophenylhydrazon*, F. 138—138,5°. *Semicarbazon*, F. 179—180°). Die Ausbeuten sind von der Belastung des Katalysators u. von der Temp. abhängig u. betragen bei 275° für **I** 45,6, für **II** 49,2 u. für **III** 59,0%. (Roczniki Chem. [Ann. Soc. chim. Polonorum] **31**. 123—30. 1957.)

F. URBAN. 670

Helmut K. Mangold, *Synthese ungesättigter Fettaldehyde.* Die Aldehydsynth. nach GRUNDMANN (Liebigs Ann. Chem. **524.** [1936.] 31) — Rk. des Säurechlorids mit Diazomethan zum Diazoketon, Überführung in das Ketolacetat, Red. mit Al-Isopropylat, Hydrolyse zum Diol u. Pb-Tetraacetatspaltung zum Aldehyd — mußte für die Darst. von *Oleyl-, Linoleyl-* u. *Linolenaldehyd* modifiziert werden, da bei der Verwendung von Al-Isopropylat weitgehend Bldg. von Polymerprodd. eintrat. Die Red. der Ketolacetate mit $LiAlH_4$ erwies sich als günstig, da die Verunreinigungen der Ketolacetate durch $LiAlH_4$ zu Monohydroxylverbb. red. werden, die sich durch Dest. oder Chromatographie leicht von den Glykolen abtrennen lassen. Durch langdauernde Behandlung der Diole mit Pb-Tetraacetat entstand als Nebenprod. wenig Säure, die leicht durch Extraktion mit wss. Na_2CO_3-Lsg. entfernt werden konnte. Aus ^{14}C-Ölsäure wurde im Mikromaßstab *^{14}C-Oleylaldehyd* dargestellt, wobei jede Stufe im Reagensglas durchgeführt werden konnte. Jedes Reaktionsprod. u. jedes Reinigungsverf. wurde chromatograph. überprüft. Die IR- u. UV-Spektren der polyungesätt. Aldehyde zeigen, daß während der Darst. keine ster. Änderung des Doppelbindungssyst. eintrat.

Versuche: *cis-Nonadecen-(10)-diol-(1.2)* (I), $C_{19}H_{38}O_2$, F. 33,5—35,0°, durch 2std. Kochen von Ölsäure mit Oxalylchlorid, Abdestillieren des Oxalylchlorids bei 80 bis 90° im Vakuum, Zugabe des erhaltenen *Ölsäurechlorids* in Ae. zu äther. Diazomethanlsg. innerhalb 10 Min. unter Rühren bei 0—5%, 2—4 std. Stehen bei Raumtemp., Verdunsten des Diazomethans u. Ae. im N_2-Strom, Zugabe des Rückstandes zu Essigsäure bei 50—60°, 2std. Stehen bei 50—60°, 10 Min. Kochen, Gießen in Eiswasser, Ae.-Extraktion, Abdampfen des Ae., zuletzt bei 50° im Hochvakuum, Zugabe von $LiAlH_4$ in Ae. zum Rückstand in Ae., 1std. Kochen, Zugabe von wenig Äthylacetat, Gießen auf Eis, Ansäuern mit verd. H_2SO_4, Ae.-Extraktion, Abdestillieren der Verunreinigung bei 2 Torr unter Verwendung eines auf 180° vorgeheizten Bades u. Vereinigen des Rückstandes mit den chromatograph. gereinigten Diolanteilen der letzten Destillatfraktion; n_D^{40} 1,4583; ca. 55% (Ausbeute). — *cis-Nonadecadien-(10.13)-diol-(1.2)*, $C_{19}H_{36}O_2$, F. 17,5—19,0°, analog I aus Linolsäure; n_D^{40} 1,4720; ca. 45%. — *cis-Nonadecatrien-(10.13.16)-diol-(1.2)*, $C_{19}H_{34}O_2$, F. 6,0—7,5°, analog aus Linolensäure; n_D^{40} 1,4800; 35—45%. — *Oleylaldehyd*, $C_{18}H_{34}O$, Kp.$_2$ 150—160°, durch Zugabe von 0,1 Mol Pb-Tetraacetat u. wenig Essigsäure zu 0,05 Mol I in Bzl., 3std. Erwärmen auf 60°, Zugabe von Äthylenglykol, Kühlen auf 20°, Gießen in wss. Essigsäure, Benzolextraktion, Extraktion mit wss. Essigsäure u. Extraktion mit 1%ig. wss. Na_2CO_3-Lsg.; n_D^{20} 1,4538; 9 g. *2.4-Dinitrophenylhydrazon*, F. 65,5—66,5° (gelbe Kristalle aus A.). — *Linoleylaldehyd*, $C_{18}H_{32}O$, Kp.$_2$ 150—160°, analog vorst. Verb.; n_D^{20} 1,4632; 27% (bezogen auf Linolsäure). *2.4-Dinitrophenylhydrazon*, F. 42,5—43° (orangefarbene Kristalle aus A.). — *Linolenylaldehyd*, $C_{18}H_{30}O$, Kp.$_2$ 150—160°, analog vorst. Verb.; n_D^{20} 1,4761; 20—25% (bezogen auf Linolensäure). *2.4-Dinitrophenylhydrazon*, F. 40—40,5° (orangefarbene Kristalle aus A.), zersetzlich. (J. org. Chemistry **24.** 405—07. März 1959. Austin, Minn., Univ., Hormel Inst.) H. BERTSCH. 670

K. K. Georgief, *Die Darstellung von Acetylaceton unter Verwendung von Natriumalkoholaten und dispergiertem Natrium als Katalysatoren.* Die Darst. von *Acetylaceton* (I) aus Essigsäureäthyl- oder -methylester u. Aceton in Ggw. von fein verteiltem Na oder Na-Äthylat (-Methylat) bei verschied. Tempp. u. in verschied. Lösungsmitteln wird untersucht. Die besten Ausbeuten (ca. 70—80%) werden in Xylol oder Toluol bei einem Mol-Verhältnis Essigester: Aceton: Na bzw. Alkoholat von 4: 1: 1 erhalten. In Ggw. von Alkoholat wird das Gemisch 2 Std., in Ggw. von Na nur ½ Std. unter N_2 gekocht, wobei bei der Zugabe der Na-Suspension zum Essigester-Aceton-Gemisch mit einem Bad von —18° gekühlt werden muß. Das entstandene I-Na-Salz wird in wss. Lsg. durch Zugabe von Essigsäure bis p_H 6 in I übergeführt. Das erhaltene I besitzt eine Reinheit von 98—99%. (Ind. Engng. Chem. **49.** 1067—70. Juli 1957. Shawinigan Falls, Quebec, Canada, Shawinigan Chem. Ltd., Res. Labors.) H. CIERPKA. 720

L. B. Daschkewitsch und **Je. I. Bokssiner,** *Magnesiumorganische Synthese mit Kohlensuboxyd.* 1. Mitt. Durch Rk. von Kohlensuboxyd mit Alkylmagnesiumhalogeniden werden *Diacetyl-, Dipropionyl-, Divaleryl-, Dibenzoyl-* u. *Bis-[phenylacetyl]-methan* in 15—70%ig. Ausbeute erhalten.

Versuche: *Diacetylmethan*, Kp. 132—135°, durch Zugabe von 2,05 g C_3O_2 in 240 ml Ae. zu 8 g Methyl-MgJ in Ae., ½std. Rühren u. Zers. des GRIGNARD-Komplexes mit HCl; $D.^{20}_4$ 0,9701; n_D^{20} 1,4539; 0,39 g (Ausbeute); *3.5-Dimethylpyrazol-1-carbonsäureamid*, F. 111—112°. — *Dipropionylmethan*, Kp.$_{25}$ 72—74°, analog Vorst. aus Äthyl-MgBr (aus 5,5 g Äthylbromid) u. 1,5 g C_3O_2 in 180 ml Ae.; $D.^{20}_4$ 0,9444; n_D^{20} 1,4050 1,4 g. — *Divalerylmethan*, Kp.$_{17}$ 84—86°, aus n-Butyl-MgCl (aus 8 g n-Butylchlorid) u. 1 g C_3O_2 in 130 ml Ae.; $D.^{20}_4$ 0,9258; n_D^{20} 1,4567; 1,2 g. — *Dibenzoylmethan*, F. 71—73°, aus Phenyl-MgBr (aus 15 g Brombenzol) u. 0,5 g C_3O_2 in 60 ml Ae.; aus 20%ig. NaOH-Kristalle; 0,93 g. — *Bis-[phenylacetyl]-methan*, $C_{17}H_{16}O_2$, F. 51—52° (70%ig. Aceton), aus Benzyl-MgCl (aus 13 g Benzylchlorid) u. 0,48 g C_3O_2 in 60 ml Ae.; 1,03 g. (Журнал Общей Химии [J. allg. Chem.] **28** (**90**). 2845—46. Okt. 1958. Leningrad, Chem.-Pharmazeut. Inst.) W. KURTZMANN. 720

Alfred Dornow und **Siegfried Lüpfert,** *Über aliphatische Nitroverbindungen.* 16. Mitt. *Über die Kondensation von Alkoxymethylenverbindungen mit Nitroalkanen.* (15. vgl. Liebigs Ann. Chem. **602.** [1957.] 14.) Äthoxymethylenverbb., die sich von β-Dicarbonylverbb. ableiten, lassen sich mit Nitroalkanen zu *Nitromethenylderivv.* umsetzen. Äthoxymethylenacetylaceton (**I**) wurde mit Nitromethan (**II**), Nitroäthan (**III**) u. Phenylnitromethan (**IV**) kondensiert. Als Kondensationsmittel bewährt sich Na am besten. Die in Methanol besser lösl. K-Salze der Nitroparaffine begünstigen die Verharzung sehr stark. Piperidin, Triäthylamin u. Trimethylbenzylammoniumbutylat sind, bei allerdings schlechteren Ausbeuten, ebenfalls katalyt. wirksam. Zur Prüfung des Einfl. der Substituenten an der C=C-Doppelbindung der Äthoxymethylenverbb. werden weitere Verbb. dieses Typs umgesetzt. Ihre Darst. erfolgt nach CLAISEN durch Erhitzen der Dicarbonylverbb. mit Orthoameisensäuretriäthylester u. Acetanhydrid. *Äthoxymethylenbenzoylaceton* (**V**) wird erstmalig dargestellt. Kurzes Erhitzen mit Anilin ergibt *Anilinomethylenbenzoylaceton.* Äthoxymethylenacetessigester (**VI**), -benzoylessigester (**VII**), **V** u. Äthoxymethylenoxalessigester (**VIII**) liefern mit **II** in guter Ausbeute krist. Kondensationsprodukte. Die Äthoxymethylenverbb. des Malonesters, Malodinitrils, Cyanessigesters u. des Acetylbrenztraubensäureesters geben nur ölige Produkte. β-Äthoxycrotonsäureester, β-Äthoxy-α-benzoylpropylen u. β-Methoxy-α-cyanzimtsäureester reagieren nicht mit **II** in Ggw. von Na-Alkoholat. Der Einfl. der Versuchsbedingungen auf die Ausbeuten wird einer krit. Prüfung unterzogen. Der Mechanismus der Rkk. wird diskutiert. Nitroparaffine lassen sich nicht mit N.N'-Diphenylformamidin (**IX**) umsetzen. In allen Fällen tritt Verharzung ein. Nur ω-Nitroacetophenon (**X**) liefert das entsprechende Anil.

Versuche: *Äthoxymethylenbenzoylaceton* (**V**), $C_{13}H_{14}O_3$, F. 115° (Methanol), durch gelindes Erhitzen von Benzoylaceton, Orthoameisensäuretriäthylester u. Acetanhydrid. — *Anilinomethylenbenzoylaceton*, $C_{17}H_{15}NO_2$, F. 105° (Methanol), durch Erhitzen von **V** mit der äquivalenten Menge Anilin in Äther. — Kondensation der Äthoxymethylenverbb. mit Nitroalkanen: In absol. Na-Äthylatlsg. werden nacheinander in äquivalenten Mengen das Nitroalkan u. die Äthoxyverb. zugesetzt, dann wird bis zur völligen Lsg. des Nitroalkansalzes geschüttelt, ca. 15 Min. stehengelassen, auf Eis gegossen u. mit 10%ig. H_2SO_4 zers.; die Kondensationsprodd. fallen z. T. direkt krist. aus; Reinigung durch Umkristallisieren aus Methanol; die Reaktionsprodd. sind nahezu farblos bzw. infolge der anwesenden Nitrogruppe leicht gelblich gefärbt: *1.1-Diacetyl-3-nitropropen-(1)*, $C_7H_9NO_4$, F. 69°, aus **I** u. **II**; 76% (Ausbeute). *2.4-Dinitrophenylhydrazon*, $C_{13}H_{13}N_5O_7$, F. 80°, rotes feinkrist. Pulver. — *1.1-Diacetyl-3-nitrobuten-(1)*, $C_8H_{11}NO_4$, F. 74°, aus **I** u. **III**; 19,5%. — *1.1-Diacetyl-3-nitro-3-phenylpropen-(1)*, $C_{13}H_{13}NO_4$, F. 105°, aus **I** u. **IV**; 20%. — *α-Acetyl-γ-nitrocrotonsäureäthylester*, $C_8H_{11}NO_5$, F. 52°, aus **II** u. **VI**; 70%. — *α-Benzoyl-γ-nitrocrotonsäureäthylester*, $C_{13}H_{13}NO_5$, F. 80°, aus **II** u. **VII**; 28%. — *α-Benzoyl-α-acetyl-γ-nitropropen-(1)*, $C_{12}H_{11}NO_4$, F. 49°, aus **II** u. **V**; 32%. — *α-Äthoxalyl-γ-nitrocrotonsäureäthylester*, $C_{10}H_{13}NO_7$, F. 75°, aus **II** u. **VIII**; 12,5%. — *ω-Nitroacetophenonanil*, $C_{14}H_{12}N_2O_2$, F. 133° (Methanol), durch 2std. Erhitzen von **IX** u. **X** in Xylol am Rückfluß; 62%. (Liebigs Ann. Chem. **606.** 56—61. 10/7. 1957. Hannover, TH, Inst. für Organ. Chem.) E. GROSZ. 720

Alfred Dornow und **Werner Sassenberg,** *Über aliphatische Nitroverbindungen.* 17. Mitt. *Über Reaktionen α.β-ungesättigter ω-Nitroketone. Weitere Umsetzungen des Nitroacetons.* (16. vgl. vorst. Ref.) ω-Nitroarylidenacetone setzen sich mit wss. Diazoniumsalz-Lsgg. in guter Ausbeute zu gelb bis rot gefärbten Arylhydrazonen arylidensubstituierter Nitromethylglyoxale um. Die als Zwischenverbb. anzunehmenden Azoverbb. isomerisieren sich sofort zu den Arylhydrazonen. Der MANNICH-Rk. sind die ω-Nitroarylidenacetone ebenfalls zugänglich. Mit Formaldehyd u. Piperidin (**I**) oder Morpholin (**II**) als Aminkomponente wurden in Ggw. von Essigsäure (zur Vermeidung der Salzbldg. an der Nitrogruppe) eine Reihe von MANNICH-Basen dargestellt. Diese sind beständiger als die des Nitroacetons (**III**) u. können aus nicht zu hoch sd. Lösungsmitteln umkrist. werden. **III** u. ω-Nitrofurfuralaceton (**IV**) liefern mit Benzoylchlorid (**V**) in Pyridin bei —10 bis —15° *O-Benzoyl-1-chlor-1-isonitrosoaceton* bzw. *O-Benzoyl-1-chlor-1-isonitrosofurfuralaceton.* Diese benzoylierten Hydroximsäurechloride werden nur bei tiefer Temp. erhalten. Bei 0° tritt bereits weitgehende Verharzung ein. Der Mechanismus der Bldg. der benzoylierten Hydroximsäurechloride wird diskutiert. Konz. HBr gibt mit **III** *1-Brom-1-iso-*

nitrosoaceton. Mit äther. Diazomethanlsg. läßt sich **III** zu einer O-methylierten Verb. umsetzen. Dabei kann sowohl die aci-Nitroform als auch die Enolform von **III** O-methyliert werden. Die *O-Methyl-acinitroform* von **III** liegt mit Sicherheit z. T. vor, da beim Erhitzen des als Öl anfallenden Methylierungsprod. *Formaldehyd* entsteht, der als *Methylen-bis-β-naphthol* nachgewiesen wird.

Versuche: 0,005 Mol ω-Nitroarylidenaceton werden in 75 cm³ Methanol gelöst, 10 g krist. Na-Acetat zugegeben, wobei ein blaßgelber Nd. ausfällt, dann wird unter Rühren 1 Äquivalent wss. Diazoniumsalzlsg. zugetropft u. der Nd. zur Entfernung des Na-Acetats in wss. Suspension 30 Min. gerührt: *1-[α-Furyl]-4-nitrobuten-(1)-dion-(3.4)-phenylhydrazon-(4)*, $C_{14}H_{11}N_3O_4$, F. 134—135° (Chlf.), aus **IV** u. Benzoldiazoniumchlorid (**VI**); gelbe oder orangefarbige Nadeln; 95% (Ausbeute). — *1-[α-Furyl]-4-nitrobuten-(1)-dion-(3.4)-p-methylphenylhydrazon-(4)*, $C_{15}H_{13}N_3O_4$, F. 130—131° (Isopropanol), aus **IV** u. p-Methylbenzoldiazoniumchlorid; orangefarbene Nadeln; 94%. — *1-[α-Furyl]-4-nitrobuten-(1)-dion-(3.4)-2.4-dibromphenylhydrazon-(4)*, $C_{14}H_9Br_2N_3O_4$, F. 171° (Zers.; Dibutyläther), aus **IV** u. 2.4-Dibrombenzoldiazoniumchlorid; orangerote Nadeln; 89%. — *1-[α-Furyl]-4-nitrobuten-(1)-dion-(3.4)-p-bromphenylhydrazon-(4)*, $C_{14}H_{10}BrN_3O_4$, F. 141 bis 142° (Zers.; n-Butanol), aus **IV** u. p-Brombenzoldiazoniumchlorid; gelbe Kristalle; 89%. — *1-Phenyl-4-nitrobuten-(1)-dion-(3.4)-phenylhydrazon-(4)*, $C_{16}H_{13}N_3O_3$, F. 121 bis 123° (Essigester), aus ω-Nitrobenzalaceton (**VII**) u. **VI**; orangerote Kristalle; 76%. — Mannich-Basen: 0,005 Mol ω-Nitroarylidenaceton in 150 cm³ Ae. werden bei 0° unter Schütteln mit 30 cm³ äther. HCHO-Lsg. u. der äquivalenten Menge Amin u. Essigsäure versetzt: *1-Morpholino-2-nitro-5-[α-furyl]-penten-(4)-on-(3)*, $C_{13}H_{16}N_2O_5$, F. 140—141° (Zers.; Chlf.), aus **II** u. **IV**; blaßgelbe Kristalle; 86%. — *1-Piperidino-2-nitro-5-[α-furyl]-penten-(4)-on-(3)*, $C_{14}H_{18}N_2O_4$, F. 135—136° (Zers.; Aceton), aus **I** u. **IV**; blaßgelbe Kristalle; 87%. — *1-Morpholino-2-nitro-5-phenylpenten-(4)-on-(3)*, $C_{15}H_{18}N_2O_4$, F. 139—140° (Zers.; Aceton), aus **II** u. **VII**; gelbe Nadeln; 91%. — *1-Piperidino-2-nitro-5-phenyl-penten-(4)-on-(3)*, $C_{16}H_{20}N_2O_3$, F. 143—144° (Zers.; Isopropanol), aus **I** u. **VII**; blaßgelbe Kristalle; 87%. — *1-Piperidino-2-nitro-5-[p-methoxyphenyl]-penten-(4)-on-(3)*, $C_{17}H_{22}N_2O_4$, F. 140,5—141,5° (Zers.; Chlf./PAe.), aus **I** u. ω-Nitroanisalaceton; schwachgelbe Kristalle; 80%. — *O-Benzoyl-1-chlor-1-isonitrosoaceton*, F. 113—114° (A.), aus **III** u. **V** in Pyridin bei —15° u. Gießen auf Eis; 23%. — *O-Benzoyl-1-chlor-1-isonitrosofurfural-aceton*, $C_{15}H_{10}ClNO_4$, F. 158—159° (Isopropanol), aus **IV** u. **V**; gelbe Nadeln; 30%. — *1-Brom-1-isonitrosoaceton*, F. 123—124° (Bzl.), aus **III** u. 48%ig. HBr u. Ausäthern des nicht ausgefallenen Anteils; 45%. — *aci-Nitroacetonmethylester*, $C_4H_7NO_3$, durch Einw. von äther. Diazomethan auf **III**; gelbes, viscoses Öl, das stechend riecht u. nicht zur Kristallisation zu bringen ist; leicht zersetzlich unter Bldg. von HCHO (*Methylen-bis-β-naphthol*, F. 204°). (Liebigs Ann. Chem. **606**. 61—67. 10/7. 1957.) E. Grosz. 720

Przemysław Mastalerz und **Apolinary Szewczuk**, *Die Synthese von α.β-Dihalogen-hydroxamsäuren und ihre Reaktion mit Ammoniak*. α.β-Dihalogenhydroxamsäuren, die durch Umsetzung der entsprechenden Säurechloride mit Hydroxylamin in wss. Lsg. in Ggw. von Na_2CO_3 bei tiefer Temp. erhalten werden, reagieren mit NH_4OH unter Bldg. von α,β-ungesätt. Säureamiden, wobei N_2O frei wird. Eine Cyclisierung zu Isoxazolidon-derivv. gelingt nicht.

Versuche: *α.β-Dibrompropionhydroxamsäure* (**I**), $C_3H_5Br_2NO_2$, F. 137—140° (Zers.), durch Zutropfen von 0,1 Mol $NH_2OH \cdot HCl$ u. 0,35 Mol Na_2CO_3 in 200 ml W. zu 0,195 Mol α.β-Dibrompropionsäurechlorid unter intensivem Rühren bei —5°; Kristalle aus Äthylacetat + Chlf.; 77% (Ausbeute). — *α.β-Dibrombutyrhydroxamsäure* (**II**), $C_4H_7Br_2NO_2$, F. 147—150° (Zers.), aus 0,03 Mol α.β-Dibrombuttersäurechlorid, 0,045 Mol $NH_2OH \cdot HCl$ u. 0,05 Mol Na_2CO_3; 64%. — *α-Methyl-α.β-dichlorpropionsäure*, Kp.$_{16}$ 117°, durch Chlorieren von Methacrylsäuremethylester in Ggw. von wenig Br_2 bei 10° (74%) u. Hydrolyse des *Methylesters* (Kp.$_{16}$ 63—67°) mit konz. HCl; 32%. *Säurechlorid* (**III**), Kp.$_{16}$ 51—53°; 62%. — *α-Methyl-α.β-dichlorpropionhydroxamsäure* (**IV**), $C_4H_7Cl_2NO_2$, F. 116—119° (Zers.), aus 0,074 Mol **III**, 0,11 Mol $NH_2OH \cdot HCl$ u. 0,13 Mol Na_2CO_3; 61%. — Durch Umsetzung von **I**, **II** u. **IV** mit konz. NH_4OH bei Tempp. $<$ 0° wurden dargestellt: *Acrylsäureamid*, C_3H_5NO, F. 82—84°; 70%. — *Crotonsäureamid*, C_4H_7NO, F. 158°; 30%. — *Methacrylsäureamid*, C_4H_7NO, F. 106°; 46%. (Roczniki Chem. [Ann. Soc. chim. Polonorum] **31**. 831—36. 1957. Wrocław, PAN, Inst. Immun., Terap. dosw.) F. Urban. 810

Werner Bergmann, Stephen M. Creighton und **William M. Stokes**, *Beiträge zur Untersuchung von Meeresprodukten*. 41. Mitt. *Wachse und Triglyceride von Seeanemonen*. (40. vgl. J. org. Chemistry **21**. [1956.] 226.) Durch Extraktion von *Condylactis gigantea* wird ein *Wachs–Triglycerid-Gemisch* erhalten, das die Komponenten etwa im Verhältnis 2:1 enthält; das Wachs enthält 63 Mol-% *Myristinsäuremyristylester*, 24 Mol-% *Palmi-*

tinsäuremyristylester u. 13 Mol-% eines Gemischs aus *Myristinsäurecetylester* u. *Palmitinsäurecetylester*. Das Triglycerid wird als *symm.-Palmityldimyristin* identifiziert. Aus dem öligen Lipoidanteil werden nach Verseifung *Myristyl-*, *Cetyl-*, *Stearyl-* u. *Batylalkohol* sowie in geringer Menge 2 ungesätt. Alkohole, wahrscheinlich *Δ^{11}-Eikosenol* u. *Δ^{11}-Dokosenol* (I) isoliert, an Säuren werden *Myristin-*, *Palmitin-*, *Stearin-*, *Arachin-* u. *Behensäure* festgestellt. In *Bolocera tuediae* u. *Actinostola callosa* wird nur wenig Myristylalkohol gefunden, neben den anderen bei Condylactis festgestellten Verbb. werden bei diesen Tieren noch *Oleylalkohol*, *Öl-*, *Gadolein-* u. *Erucasäure* isoliert. Die Hauptmenge des isolierten Steringemischs besteht aus *Cholesterin*. Die Trennung der Lipoide erfolgte durch Kristallisation, Chromatographie in PAe. an Silicagel sowie Dest. der Alkohole bzw. der aus den Säuren mit CH_2N_2 erhaltenen Methylester; die Identifizierung wurde durch Misch-FF. sowie durch IR- u. Röntgenspektren vorgenommen. Die quantitative Zus. der Lipoide wird tabellar. angegeben.

Versuche: *Myristylalkohol*, F. 38,3°. *Phenylurethan*, F. 71°. — *Cetylalkohol*, F. 48,5—49,3° (Pentan), Kp.$_1$ 100—108°, $n_D^{70,5}$ 1,4317. *3.5-Dinitrobenzoylderiv.*, F. 71,5 bis 72,2°. — *Stearylalkohol*, F. 56—57° (Aceton), Kp.$_1$ 110—118°, $n_D^{70,5}$ 1,4328. *3.5-Dinitrobenzoylderiv.*, F. 77,5°. — *Eikosanol*, F. 64—65°, aus nachst. Verb. durch katalyt. Hydrierung. — *Δ^{11}-Eikosenol*, F. 21—22° (Pentan), Kp.$_1$ 124—130°, $n_D^{45,5}$ 1,4512. *3.5-Dinitrobenzoylderiv.*, $C_{27}H_{42}N_2O_6$, F. 39,5—40°. — *Nonan-1.9-dicarbonsäure* (II), $C_{11}H_{20}O_4$, F. 106—107° (Ae.), aus 1,093 g vorst. Verb. u. $KMnO_4$ in sd. Aceton (16 Std.); 0,564 g (Ausbeute). — *Pelargonsäure* (III), neben vorst. Verb.; 0,358 g. — *2-Octylbenzimidazol*, $C_{15}H_{22}N_2$, F. 139,5—140,5° (Hexan), aus III. — *Dokosanol*, F. 70—71,5°, aus I durch Hydrierung in Ggw. von Pt-Schwarz in Essigester. *Phenylurethan*, F. 87°. — *Δ^{11}-Dokosenol* (I), $C_{22}H_{44}O$, F. 31,5—33,5° (Pentan), Kp.$_1$ 134—140°, $n_D^{45,5}$ 1,4527, JZ. 83,0. *Phenylurethan*, $C_{29}H_{49}NO_2$, F. 45,8—46,8° (Pentan). — *11.12-Dibromdokosanol*, $C_{22}H_{44}Br_2O$, F. 32—33,5°, aus I u. Br_2 in Eisessig; aus Pentan Nadelbündel. — *Undecansäure* (IV), F. 26°, Kp.$_{0,7}$ 90—95°, aus I u. $KMnO_4$ in Aceton. — *2-Decylbenzimidazol*, F. 113,5° (verd. A.), aus IV. — *11-Hydroxyundecansäure*, F. 68—69°, durch Oxydation von I-Benzoat mit $KMnO_4$ neben III; aus W. Nadeln. — *Myristinsäure*, F. 51,5—52° (Aceton), n_D^{70} 1,4279. *Methylester*, Kp.$_{0,1}$ 85—89°, n_D^{30} 1,4336, n_D^{45} 1,4273. — *Palmitinsäure*, F. 62,4—62,8°, n_D^{70} 1,4309. *Methylester*, F. 29,8—30,2°, Kp.$_{0,1}$ 109—114°, n_D^{45} 1,4319. — *Stearinsäure*, F. 69,2—70,2°, n_D^{70} 1,4336. *Methylester*, F. 38,1—39,4°, Kp.$_{0,1}$ 118—125°, n_D^{45} 1,4344—1,4346. — *Arachinsäure*, F. 73,8—75,4°. *Methylester*, F. 44,2 bis 45,5°, Kp.$_{0,1}$ 130—138°, n_D^{80} 1,4230—1,4243. — *Behensäure*, F. 80,1—80,3°. *Methylester*, F. 51,8—53,2°, Kp.$_{0,1}$ 144—154°, n_D^{80} 1,4263—1,4265. *Dokosylester*, $C_{44}H_{88}O_2$, F. 70—72° (Aceton), wurde nicht rein erhalten. — *Lignocerinsäure*, F. 83,1—83,8°. *Methylester*, F. 56,8—57,5°, Kp.$_{0,1}$ 161—165°, n_D^{80} 1,4280—1,4284. — *Ölsäuremethylester*, n_D^{25} 1,4500, JZ. 87,1. Liefert nach Oxydation u. Verseifung III (n_D^{20} 1,4322) u. *Azelainsäure* (V), F. 106—107°. — *Δ^9-Eikosensäure* (*Gadoleinsäure*), *Methylester*, JZ. 77,3; Hydrierung u. Verseifung liefert *Arachinsäure*, Oxydation u. Verseifung IV u. V. — *Erucasäure*, F. 32,5—33° (Aceton). — *Brassidinsäure*, F. 57—58° (Aceton), aus vorst. Verb. nach DORÉE u. PEPPER (J. chem. Soc. [London] **1942.** 477). — *Brassidylsäure*, F. 108,5 bis 110°, neben III aus vorvorst. Verb. u. $KMnO_4$. — *Δ^{11}-Dokosensäure*, *Methylester*, wurde nicht rein erhalten; JZ. 81; Hydrierung u. Verseifung lieferte *Behensäure*, Oxydation u. Verseifung III u. IV (F. 29,3°; n_D^{40} 1,4319) sowie II (F. 109—110°) u. V (?). — *symm.-Palmityldimyristin*, F. 56—56,5°, aus Aceton Rosetten. *γ-Form*, F. 36°. — *Cholesterin*, F. 145°. *Dibromid*, F. 117°. *Benzoylderiv.*, FF. 145 u. 179°. *Acetylderiv.*, F. 114 bis 115°; $[\alpha]_D^{25}$ —44,3° (Chlf.). *Acetylderiv. des Dibromids*, F. 112°. — *Batylalkohol*, F. 69—70°, aus CH_3OH Platten; $[\alpha]_D^{25}$ +3,8°. (J. org. Chemistry **21.** 721—28. Juli 1956. New Haven, Conn., Yale Univ., Sterling Chem. Labor. and Bingham Oceanographic Labor.) E. HANSCHKE. 810

Lennart Eberson, *Über die Reaktion zwischen substituierten Cyanessigsäureestern und Methylendibromid. Die Darstellung von α.α'-Di-tert.-butylglutarsäure.* Methyl-, Äthyl-, Isopropyl- u. tert.-Butylcyanessigsäureäthylester (II) werden in Form der Na-Salze mit Methylendibromid (I) zu den entsprechenden *α.α'-Dialkyl-α-carbäthoxyglutarodinitrilen* umgesetzt. Der ster. Einfl. u. die Wrkg. der CH-Acidität auf die Rk. wird untersucht. Ob *α.α'-Di-tert.-butyl-α-carbäthoxyglutarodinitril*, das in 2 diastereoisomeren Formen existiert, überwiegend in einer Form oder als eutekt. Gemisch gebildet wird, kann nicht entschieden werden. Es ist beständig gegen saure u. alkal. Hydrolyse u. wird durch Kochen mit KOH in Äthylenglykol u. wenig W. zum Gemisch der *diastereomeren α.α'-Di-tert.-butylglutarsäuremonoamide* verseift. Wahrscheinlich wird die Carbäthoxy- oder Cyangruppe direkt eliminiert. Die restliche Amidgruppe wird durch $NaNO_2$ in saurer Lsg. unter Bldg. der diastereoisomeren Formen hydrolysiert, die nach bekannten Verf. getrennt werden.

Versuche: *α.α'-Di-tert.-butyl-α-carbäthoxyglutyrodinitril*, $C_{16}H_{26}N_2O_2$, F. 79 bis 81° (80%ig. wss. Methanol), Kp.$_1$ 113—114°; a) durch Zugabe von I zu II in Na-Äthylat, 24std. Kochen, Neutralisieren mit Essigsäure, Abdampfen des A., Ausäthern u. Fraktionieren; 19% (Ausbeute) neben II; b) durch Zugabe von 84,5 g II in absol. A. zu unter Toluol geschmolzenem Na während 10 Min. (heftige Rk.), Zugabe von I, 36std. Kochen u. Zugabe von W.; 29,8 g. — *α.α'-Di-tert.-butylglutarsäuremonoamid*, $C_{13}H_{25}NO_3$, F. 242 bis 243°, durch langsames Erhitzen von 13,9 g vorst. Verb. mit 28,0 g KOH u. Äthylenglykol in Ggw. von W. (heftige Rk.), 20std. Kochen, Gießen in W., Ansäuern mit konz. HCl u. Kristallisation aus Essigester; 15,7 g; aus der Mutterlauge *diastereomeres Monoamid*, F. 214—216° (wss. Essigsäure). — *α.α'-Di-tert.-butylglutarsäure*, $C_{13}H_{24}O_4$, F. 221 bis 222° (Eisessig), durch Lösen von 3,0 g des vorst. rohen Gemischs in Eisessig, Zugabe von konz. HCl unter Eiskühlung, Zutropfen von konz. $NaNO_2$-Lsg. $< 5°$, Erwärmen bis zur Beendigung der N_2-Entw., 10 Min. Kochen, Verdünnen mit W. u. Kristallisation aus Äthylacetat/Bzl. (1:1); 0,5 g. *Diastereomere Säure*, F. 213—214° (verd. Essigsäure), aus der Mutterlauge oder aus dem reinen Monamid vom F. 242—243°; 0,45 g. *Eutekt. Gemisch*, F. 189°. — *α.α'-Dimethyl-α-carbäthoxyglutarodinitril*, $C_{10}H_{14}N_2O_2$, Kp.$_4$ 137 bis 138°, n_D^{20} 1,4438, $D.^{20}_4$ 1,0354, durch 24std. Kochen von 1-Methyl-1-cyanessigsäureäthylester mit Na in A. u. I; 70%. — *α.α'-Dimethylglutarsäure*, FF. 140—141 u. 125—127°, durch Hydrolysieren u. Decarboxylieren vorst. Dinitrils durch 20std. Kochen mit konz. HCl; fast quantitativ; Trennung der Diastereoisomeren nach MÖLLER [1918]. — *α.α'-Diäthyl-α-carbäthoxyglutarodinitril*, $C_{12}H_{18}N_2O_2$, Kp.$_4$ 151—153°, $D.^{20}_4$ 1,0088, n_D^{20} 1,4468; 77%. — *α.α'-Diäthylglutarsäure*, F. 119—121 u. 92—94°, aus vorst. Verb. durch 12std. Kochen mit 50%ig. H_2SO_4; fast quantitativ; Trennung nach BERNER u. LANDMARK (vgl. C. **1955.** 5286). — *α.α'-Diisopropyl-α-carbäthoxyglutarodinitril*, $C_{14}H_{22}\cdot N_2O_2$, Kp.$_2$ 136—142°, $D.^{20}_4$ 0,9992, n_D^{20} 1,4523; 58%. — *α.α'-Diisopropylglutarsäure*, FF. 141—142 u. 119—120°, aus vorst. Verb. durch 20 Min. langes Kochen mit 80%ig. H_2SO_4; 90%; Trennung nach EBERSON (vgl. C. **1959.** 1735). (Acta chem. scand. **12.** 1906—10. 1958. Lund, Sweden, Univ., Chem. Inst., Dep. of Organ. Chem.)

W. LIEBSCHER. 820

Hermann Stetter, Robert Engl und **Horst Rauhut,** *Eine neue Methode zur Darstellung langkettiger Carbonsäuren.* 15. Mitt. *Nitrosierende Spaltung von monosubstituierten Dihydroresorcinen.* (14. vgl. C. **1959.** 9200.) Durch Einw. von Äthylnitrit in Ggw. von H_2SO_4 bzw. $NaNO_2$ u. HCl auf monosubstituierte Dihydroresorcine wurden unter nitrosierender Spaltung *δ-Keto-ε-hydroximinocarbonsäuren* erhalten, aus denen nach PECHMANN [1887] durch Oximspaltung mit $NaHSO_3$ die bisher noch unbekannten *δ.ε-Diketocarbonsäuren* gewonnen wurden.

Versuche: *δ-Keto-ε-hydroximinoönanthsäureäthylester*, $C_9H_{15}NO_4$, F. 57° (CCl_4), durch Destillieren von Äthylnitrit in eine Lsg. von 1-Methylcyclohexandion-(2.6) (I) in A./H_2SO_4 unter Kühlung; 80% (Ausbeute). — *δ-Keto-ε-hydroximinoönanthsäure* (II), $C_7H_{11}NO_4$, F. 104—105° (Chlf.), durch 6std. Behandlung einer Lsg. von I in Tetrahydrofuran/HCl mit einer wss. Lsg. von $NaNO_2$ unter Eiskühlung; 80%. — Analog: *δ-Keto-ε-hydroiminocaprylsäure*, $C_8H_{13}NO_4$, F. 107—108° (Chlf.); 40%. — *δ-Keto-ε-hydroximinopelargonsäure*, $C_9H_{15}NO_4$, F. 86,5—88° (CCl_4), aus *1-Propylcyclohexandion-(2.6)* [F. 137° (Methanol/W.), durch katalyt. Hydrierung von 1-Allylcyclohexandion-(2.6) in wss./natronalkal. Lsg. unter Zusatz von RANEY-Ni; 85%]; 45%. — *δ-Keto-ε-hydroximinocaprinsäure*, $C_{10}H_{17}NO_4$, F. 95—96° (CCl_4); 47%. — *γ-Hydroximino-δ-ketoazelainsäure* (III), F. 143,5—145° (Aceton/PAe.), aus *β-[2.6-Dioxocyclohexyl]-propionsäure* (F. 181—182°, durch 3—4std. Kochen des Äthylesters in wss. HCl; 90%); 73%. — *γ.δ-Dihydroximinoazelainsäure*, $C_9H_{14}N_2O_6$, F. 173—175° (W.), durch Versetzen einer wss. Lsg. von III mit $NH_2OH\cdot HCl$ in Ggw. von $NaHCO_3$; 86%. — *δ.ε-Diketoönanthsäure*, $C_7H_{10}O_4$, F. 46,5—48,5° (CCl_4), durch Behandlung a) einer wss. Lsg. von II mit HNO_3 bei 80°; 75%; b) von II mit einer wss. Lsg. von Na-Pyrosulfit auf dem Wasserbad; 44%. *Chinoxalinderiv.*, $C_{13}H_{14}N_2O_2$, F. 142—143° (Ligroin), durch Behandlung von II mit einer gesätt. Lsg. von $NaHSO_3$ u. Zugabe von o-Phenylendiamin. — Analog: *δ.ε-Diketocaprylsäure*, $C_8H_{12}O_4$, F. 83—84° (CS_2), Kp.$_{0,03}$ 100—110°; 44%. *Chinoxalinderiv.*, $C_{14}H_{16}N_2O_2$, F. 112,5—114° (Ligroin); 90%. — *δ.ε-Diketopelargonsäure*, $C_9H_{14}O_4$, F. 62,5—64° (CCl_4), Kp.$_{0,01}$ 105—115°; 43%. *Chinoxalinderiv.*, $C_{15}H_{18}N_2O_2$, F. 112,5 bis 113,5° (Ligroin). — *δ.ε-Diketocaprinsäure*, $C_{10}H_{16}O_4$, F. 64,5—66°, Kp.$_{0,02}$ 105—115°; 42%. *Chinoxalinderiv.*, $C_{16}H_{20}N_2O_2$, F. 100,5—102° (Ligroin). — *γ.δ-Diketoazelainsäurediäthylester*, $C_{13}H_{20}O_6$, Kp.$_{0,01}$ 120°, durch Behandlung einer wss. Lsg. von III mit $NaH\cdot SO_3$, anschließend Hydrolyse mit verd. H_2SO_4 u. Veresterung mit A./Bzl./H_2SO_4; 13,8% neben *Bernstein-* u. *Glutarsäurediäthylester*. (Chem. Ber. **91.** 2882—87. 19/12. 1958. München, Univ., Inst. für Organ. Chem.) GERHARD MÜLLER. 870

R. Delaby, R. Damiens und **R. Seyden-Penne,** *Kondensation von Acrylonitril mit Salzen von Dithiocarbaminsäuren.* Die Rk. von N.N-disubstituierten Na-Dithiocarbamaten, die sich von sek.-Monoaminen oder bisek.-Diaminen ableiten, mit Acrylonitril (**I**) in wss. Lsg. bei p_H 10 führt glatt zu den *Dithiocarbaminsäure-γ-cyanäthylestern.* Dagegen verläuft die Umsetzung von Na-N-Monoalkyldithiocarbamaten mit **I** sehr komplex. Nach Chromatographie an Al_2O_3 konnten die entsprechenden *Alkylisothiocyanate, symm.-Dialkylthioharnstoffe,* Ausgangsprodd. u. *Thiodipropionitril* isoliert werden. Es werden 2 mögliche Reaktionsmechanismen diskutiert. *N-Monoalkyldithiocarbaminsäure-β-cyanäthylester* können aus den Alkylammonium-N-alkyldithiocarbamaten u. **I** in Ggw. von Essigsäure erhalten werden. — *N.N'-Diäthyläthylendiamin* (**VI**) wurde aus Äthylenbromid (**III**) u. $C_2H_5NH_2$ im Autoklaven, *N.N'-Dibenzyläthylendiamin* durch Kondensation von Äthylendiamin (**IV**) u. Benzaldehyd (**II**) in Bzl. u. Hydrierung in Ggw. von RANEY-Ni synthetisiert. Die *1.3-Bis-alkylaminopropane* wurden durch Rk. von 1.3-Dibrompropan mit Alkylanilinen, Nitrosierung der 1.3-Bis-[N-Alkylanilino]-propane mit HNO_2 u. $NaHSO_3$-Spaltung in 50%ig. Ausbeute gewonnen. *1.4-Bis-[alkylamino]-butane* konnten nicht aus 1.4-Dibrombutan u. den prim. Aminen (die Methylaminoverb. auch nicht aus 1.4-Diaminobutandihydrochlorid u. CH_2O in Ggw. von $CaCl_2$), wohl aber aus Bernsteinsäurediäthylester (**V**) durch Einw. prim. Amine u. $LiAlH_4$-Red. der *Diamide* erhalten werden. *1.6-Bis-[alkylamino]-hexane* entstehen durch Umsetzung von 1.6-Diaminohexan mit **II**, Alkylierung der SCHIFFschen *Basen* u. Hydrolyse der *quaternären Ammoniumsalze.*

Versuche: *N.N'-Dimethyläthylendiamin,* $Kp._{750}$ 110—112°, aus **III** u. CH_3NH_2 in wss. A.; 60% (Ausbeute). — *N.N'-Dibenzyläthylendiamindihydrochlorid,* F. 140°, durch Kochen von **IV**, alkoh. HCl u. **II** in absol. Bzl., Hydrieren bei 120° u. 140 at in Ggw. von RANEY-Ni u. Behandeln mit verd. HCl. — *N.N'-Dimethylsuccinamid,* F. 177° (CH_3OH–Ae.), durch 4std. Rühren von 52 g **V** mit wss. CH_3NH_2 in Ggw. von Na_2CO_3 bei Raumtemp.; 20 g. — *N.N'-Diäthylsuccinamid,* F. 200° (CH_3OH–Ae.). — *1.4-Bis-[methylamino]-butan,* $Kp._{20}$ 74—76°, durch 12std. Kochen vorvorst. Verb. mit $LiAlH_4$ in Ae.; 40%. *Dipikrat,* $C_{18}H_{22}N_8O_{14}$, F. 203°. — *1.4-Bis-[äthylamino]-butan;* 60%. — *Dimethyldithiocarbaminsäure-β-cyanäthylester,* $C_6H_{10}N_2S_2$, F. 37—38° (A.), durch 12std. Stehen von 12 g Na-Dimethyldithiocarbamat mit 3,5 g **I** in W. bei 0°; Nadeln; 6,5 g. — *Diäthyldithiocarbaminsäure-β-cyanäthylester,* Öl. — *Morpholin-N-[dithiocarbonsäure-β-cyanäthylester],* $C_8H_{12}N_2OS_2$, F. 86,5°. — *Piperidin-N-[dithiocarbonsäure-β-cyanäthylester],* $C_9H_{14}N_2S_2$, F. 79,5°. — N.N'-Bis-[dithiocarbonsäure-β-cyanäthylester]: *N.N'-Diäthyläthylendiamin-,* $C_{14}H_{22}N_4S_4$, F. 102° (60%ig. A.), durch Zutropfen von CS_2 zu 6 g **VI** in A. u. wss. Na_2CO_3 bei 0° u. 5std. Erhitzen mit **I** auf 50°; 7,5 g. — *N.N'-Dimethyläthylendiamin-,* $C_{12}H_{18}N_4S_4$, F. 151° (A.). — *N.N'-Dibenzyläthylendiamin-,* $C_{24}H_{26}N_4S_4$, F. 119,5° (A.). — *N.N'-Dimethyl-1.3-diaminopropan-,* $C_{13}H_{20}N_4S_4$, F. 93° (A.). — *N.N'-Diäthyl-1.3-diaminopropan-,* $C_{15}H_{24}N_4S_4$, F. 56° (A.). — *N.N'-Dimethyl-1.4-diaminobutan-,* $C_{14}H_{22}N_4S_4$, F. 156° (A.). — *N.N'-Diäthyl-1.4-diaminobutan-,* $C_{16}H_{26}N_4S_4$, F. 141° (A.). — *N.N'-Dimethyl-1.6-diaminohexan-,* $C_{16}H_{26}N_4S_4$, F. 72,5° (A.). — *N.N'-Diäthyl-1.6-diaminohexan-,* $C_{18}H_{30}N_4S_4$, F. 93,5° (A.). — *Piperazin-,* $C_{12}H_{16}N_4S_4$, F. 140° (A.), durch 5std. Rühren von 14 g der Na-Verb. von Piperazin-N.N'-bis-[dithiocarbonsäure] mit **I** in W. bei 0°; 7 g. — *N.N'-Dibenzylthioharnstoff,* F. 148° (A.), durch 5std. Rühren von Na-N-Benzyldithiocarbamat (**VII**) u. **I** in W. u. Ausäthern als Nd. sowie durch Chromatographie der Ae.-Phase an Al_2O_3 als 3. Eluat (Chlf.). — *Benzylisothiocyanat,* als 1. Eluat (Bzl.–PAe., 9:1). — *Thiodipropionitril,* F. 24°, als 2. Eluat, Kochen mit HCl → *β.β'-Thiodipropionsäure,* F. 130°. — Dithiocarbaminsäure-β-cyanäthylester: *N-Benzyl-,* $C_{11}H_{12}N_2S_2$, F. 54° (Essigsäure–W. oder wss. A.), durch Zutropfen von 48 g **VII** in A. zu **I** in wss. Essigsäure u. 6std. Rühren; 48 g. — *N-[β-Phenyläthyl]-,* $C_{12}H_{14}N_2S_2$, F. 54° (Bzl.–PAe.). — *N-Äthyl-,* $C_6H_{10}N_2S_2$, F. 91° (wss. A.), durch Zutropfen von 13 g CS_2 zu 33%ig. $C_2H_5NH_2$ in A. bei 0° u. 2—3std. Rühren mit **I** in Essigsäure; Nadeln; 24 g. (Bull. Soc. chim. France **1959.** 190—94. Jan. Paris, Fac. de Pharm., Labor. de Pharm. Chim.) R. PASEDAG. 880

P. J. Mill und **W. R. C. Grimmin,** *Eine bequeme Methode zur Veresterung von Aminosäuren und ihren Derivaten.* Starke Kationenaustauscherharze [Amberlite IR-120 (H), Zeo-Karb 225 (H)] können als Katalysatoren für die Veresterung von Aminosäuren benutzt werden, wie am Beispiel der Hippursäure (**I**) gezeigt wird. — Das Harz wird mit dem 2—4fachen Vol. 2n HCl behandelt, mit W. gewaschen u. über $CaCl_2$ getrocknet. — *Hippursäuremethylester,* F. 75—77°, durch 3std. Kochen von **I** mit dem Harz in absol. Methanol; 70%. (Ausbeute). (Biochim. biophysica Acta [Amsterdam] **23.** 432. Febr. 1957. London, Lister Inst. of Prevent. Med.) E. SCHWERDTFEGER. 950

Jakob A. Stekol, *Darstellung und Bestimmung von schwefelhaltigen Aminosäuren und verwandten Verbindungen.* Übersicht. L-Cystin (**I**): Eiweißhydrolyse, D-**I**; L- oder

D-Cystein (II); I- u. II-Best. nach SULLIVAN, mikrobiol.; I- u. II-Derivv.; Mercaptursäuren; Methionin (III): Methylsulfoniumbromid, -jodid, Sulfoxyd, Dehydromethionin, jodometr. u. spektrophotometr. Best., III-Derivv.; Homocystin u. -cystein; Äthionin; Cystathionin; Homolanthionin; Ergothionein. — 82 Literaturangaben. (Methods Enzymol. **3.** 578—600. 1957. Philadelphia, Pa., Inst. of Cancer Res.) K. MAIER. 950

M. F. Schosstakowski und **D. A. Kotschkin,** *Untersuchungen auf dem Gebiet der Synthese und Umwandlungen von Vinylsiliciumverbindungen.* 2. Mitt. *Katalytische Vinylierung von wasserstoffhaltigen Halogensilanen und Alkyldihalogensilanen.* (1. vgl. C. **1958.** 8020.) Durch Vinylierung von Siliciumchloroform, Methyldichlorsilan u. Äthyldichlorsilan mit Acetylen unter Normaldruck bei 260—300° werden *Vinyltrichlorsilan, Vinylmethyldichlorsilan* u. *Äthylvinyldichlorsilan* neben einigen höher mol. Prodd. erhalten. Als Katalysator dient Pd/Al_2O_3; auch $CaCO_3$, $BaCO_3$, ferner $Pd/CaCO_3$, $Pd/BaCO_3$ u. Pt/Al_2O_3 können verwendet werden.

Versuche: *Vinyltrichlorsilan,* $Kp._{742}$ 92°, man leitet Siliciumchloroform ($Kp._{756}$ 31—33°) u. Acetylen (I) bei 260—300° über Pd/Al_2O_3 (20—25 ml/Std. Siliciumchloroform); $D.^{20}_4$ 1,2650; n_D^{20} 1,4350; 51,3% (Ausbeute). Daneben *1.2-Bis-[trichlorsilyl]-äthan,* $C_2H_4Cl_6Si_2$, $Kp._{748}$ 200,5° (9,8%) u. *höher sd. Prodd.* (11%). — *Vinylmethyldichlorsilan,* $Kp._{742}$ 91°, aus Methyldichlorsilan (Kp. 41,0—43,0°) u. I; $D.^{20}_4$ 1,0868; n_D^{20} 1,4270; 40%. Daneben *1.2-Bis-[methyldichlorsilyl]-äthan,* $C_4H_{10}Cl_4Si_2$, $Kp._9$ 72—73°, $D.^{20}_4$ 1,2628, n_D^{20} 1,4760, u. *höhersd. Produkte.* — *Äthylvinyldichlorsilan,* $Kp._{756}$ 118,5—119,5°, aus Äthyldichlorsilan ($Kp._{756}$ 74,5—76,0°) u. I; $D.^{20}_4$ 1,0664, n_D^{20} 1,4385; 34,8%. Daneben *1.2-Bis-[äthyldichlorsilyl]-äthan,* $Kp._8$ 100—102°, $D.^{20}_4$ 1,187, n_D^{20} 1,4790 (4,7%) u. *höhersd. Prodd.* (17,2%). (Известия Академии Наук СССР, Отделение Химических Наук [Nachr. Akad. Wiss. UdSSR, Abt. chem. Wiss.] **1956.** 1150—52. Sept. Zelinsky-Inst. für organ. Chem. der Akad. der Wiss. der UdSSR.)

HELMUT SCHÄFER. 980

M. F. Schosstakowski, D. A. Kotschkin und **W. L. Winogradow,** *Untersuchungen auf dem Gebiet der Synthese und Umwandlungen von Vinylsiliciumverbindungen.* 3. Mitt. *Darstellung von Vinylalkylchlorsilanen durch Reaktion von Acetylen mit wasserstoffhaltigen Chlorsilanen und Untersuchung ihrer Eigenschaften.* (2. vgl. vorst. Ref.) Durch Rk. von Methyldichlorsilan mit Acetylen an Pd/Al_2O_3 bei 130—170° entsteht *Methylvinyldichlorsilan* neben *Methyl-[butadien-(1.3)-yl-(1)]-dichlorsilan, 1.2-Bis-[methyldichlorsilyl]-äthan* u. *1.4-Bis-[methyldichlorsilyl]-buten-(1).* Analog liefert Äthyldichlorsilan *Äthylvinyldichlorsilan, Äthyl-[butadien-(1.3)-yl-(1)]-dichlorsilan* (I), *1.2-Bis-[äthyldichlorsilyl]-äthan* u. *1.4-Bis-[äthyldichlorsilyl]-buten-(1).* — Die Struktur von I wurde durch Hydrierung an RANEY-Ni zu *Äthyl-n-butyldichlorsilan* u. anschließende Umsetzung mit Äthyl-MgBr zu *Triäthyl-n-butylsilan* bewiesen. — Als Katalysator eignet sich Pd/Al_2O_3 oder $Pd/CaCO_3$ am besten; auch Ni, BF_3-Ätherat, Pt auf Kohle, Al_2O_3, $CaCO_3$ oder Silicagel sind geeignet. Bei Anwesenheit von Kohle als Träger besteht Explosionsgefahr. — Die Vinylmethyl-(äthyl)-dichlorsilane sind bewegliche, scharf riechende u. leicht hydrolysierbare Fll., die in Ae., Bzl., Aceton usw. lösl. sind. Sie sind bei Normaldruck ohne Zers. destillierbar. Die Methyl(äthyl)butadienylsilane u. 1.4-Bis-[methyl(äthyl)dichlorsilyl]-butene-(1) sind im Vakuum destillierbar, polymerisieren aber bei stärkerem Erhitzen unter Bldg. von thermoplast. Harzen.

Versuche: Vinylierung von Methyldichlorsilan: Man erhitzt im Drehautoklaven 345 g Methyldichlorsilan, 60 Liter Acetylen u. 1 g Pd/Al_2O_3 (0,5% Pd) 1½—2 Std. auf 130—170° u. fraktioniert; man erhält: 69 g *Methyldichlorsilan;* 101,9 g *Methylvinyldichlorsilan,* $C_3H_6Cl_2Si$, $Kp._{742}$ 91°; $D.^{20}_4$ 1,0868; n_D^{20} 1,4270; 18 g *Methyl-[butadien-(1.3)-yl-(1)]-dichlorsilan,* $C_5H_8Cl_2Si$, $Kp._{11,0-11,5}$ 43—45,5°; $D.^{20}_4$ 1,0917; n_D^{20} 1,444; 49,8 g *1.2-Bis-[methyldichlorsilyl]-äthan,* $C_4H_{10}Cl_4Si_2$, $Kp._9$ 72—73,5°; $D.^{20}_4$ 1,2628; n_D^{20} 1,4760; 22,6 g *1.4-Bis-[methyldichlorsilyl]-buten-(1),* $C_6H_{12}Cl_4Si_2$, $Kp._{16}$ 95°, $Kp._{16,5}$ 100°; $D.^{20}_4$ 1,1954; n_D^{20} 1,4765 u. 60 g *höher sd. Prodd.* als zähe, thermoplast. Harze. — Vinylierung von Äthyldichlorsilan: Analog Vorst. aus 344 g Äthyldichlorsilan u. 65,5 Liter Acetylen in Ggw. von 1,5 g Pd/Al_2O_3 (oder 345 g Äthyldichlorsilan, 58 Liter Acetylen, 1,55 g $Pd/CaCO_3$); durch Dest. erhält man: 112,6 (100) g *Äthyldichlorsilan;* 91 (100) g *Äthylvinyldichlorsilan,* $Kp._{756}$ 118,5—119,5°; $D.^{20}_4$ 1,0664; n_D^{20} 1,4385; 21 (28,9) g *Äthyl-[butadien-(1.3)-yl-(1)]-dichlorsilan* (I), $C_6H_{10}Cl_2Si$, $Kp._{4,5}$ 47,0°, $Kp._{11}$ 62°, $Kp._{22}$ 74°; $D.^{20}_4$ 1,0783 (1,0790); n_D^{20} 1,4784 (1,4782); 35 (48,9) g *1.2-Bis-[äthyldichlorsilyl]-äthan,* $C_6H_{14}Cl_4Si_2$, $Kp._8$ 101—102°, $Kp._{754}$ 249 bis 250°; $D.^{20}_4$ 1,187; n_D^{20} 1,4770; 32 (42) g *1.4-Bis-[äthyldichlorsilyl]-buten-(1),* $C_8H_{16}Cl_4Si_2$, $Kp._8$ 119—121°; $D.^{20}_4$ 1,1910; n_D^{20} 1,4869 (1,4855) u. 40 (65) g *höher sd. Prodd.* als zähes, thermoplast. Harz. — *Äthyl-n-butyldichlorsilan,* man hydriert 18 g I in 20 ml Ae. bei 20° an RANEY-Ni; 9,6 g. — *Triäthyl-n-butylsilan,* durch Rk. von 9,6 g vorst. Verb. in

Ae. mit Äthyl-MgBr; $Kp._{748}$ 189,0°; $D.^{20}{}_4$ 0,7750; $n_D{}^{20}$ 1,4330; 4,5 g. (Известия Академии Наук СССР, Отделение Химических Наук [Nachr. Akad. Wiss. UdSSR, Abt. chem. Wiss.] **1957.** 1452—56. Dez.) HELMUT SCHÄFER. 980

Jerzy Szychliński und **Włodizmierz Rodziewicz,** *Die Einwirkung von Siliciumtetrachlorid auf Chloreton.* Die Rk. zwischen 1.1.1-Trichlor-2-methylpropanol-(2) („Chloreton", I) u. $SiCl_4$ verläuft schwer, da sich ster. Hinderung u. der Wechsel der Polarität der OH-Gruppe in I bemerkbar machen. Reaktionsprodd. sind *Bis-[1.1.1-trichlor-2-methylisopropoxy]-silandiol*, $[Cl_3C-C(CH_3)_2O]_2Si(OH)_2$ (II), u. *1.1.1-Trichlor-2-methylpropylen.* II ist eine bemerkenswert stabile Verb., da die Aktivität ihrer OH-Gruppen durch Umkehrung der Polarität geschwächt ist.

Versuche: *Bis-[1.1.1-trichlor-2-methylisopropoxy]-silandiol* (II), durch 6 std. Erhitzen von 50 g I mit 58 ml absol. Pyridin u. 19 ml $SiCl_4$ am Rückfluß, Zugabe von 650 ml absol. Ae., weiteres 3 std. Erwärmen u. fraktionierte Vakuumdest.; die Fraktion vom $Kp._3$ 58—160° (20 g) enthält die Hauptmenge II; aus PAe. Täfelchen. (Roczniki Chem. [Ann. Soc. chim. Polonorum] **31.** 109—14. 1957. Gdańsk, Politechn., Kat. Chem. nieorgan.) F. URBAN. 980

E. R. Stadtman, *Darstellung und Bestimmung von Acetylphosphat.* Darst. von Acetylphosphat durch Rk. von Orthophosphat mit Isopropenylacetat u. von K_2HPO_4 mit Acetanhydrid, Bestimmung. — 4 Literaturangaben. (Methods Enzymol. **3.** 228—31. 1957. Bethesda, Md., Nat. Inst. of Health.) K. MAIER. 980

B. L. Horecker, *Darstellung und Analyse von 6-Phosphogluconat.* Übersicht. Darst., Eigenschaften. — 5 Literaturangaben. (Methods Enzymol. **3.** 172—74. 1957. Bethesda, Md., Nat. Inst. of Health.) K. MAIER. 980

L.-E. Tammelin, *Dialkoxyphosphorylthiocholine, Alkoxymethylphosphorylthiocholine und analoge Cholinester. Synthesen, pK_a tertiärer Homologer und Cholinesterasehemmung.* Die Synthesen von *S-[ω-Dimethylaminoäthyl]-dialkylthiophosphaten, [ω-Dimethylenaminoäthylmercapto- u. -oxy]-[alkoxy]-methylphosphinoxyden* u. den *entsprechenden O-Phosphaten* sowie deren *Methojodide* u. *Hydrogenoxalate* werden beschrieben. Die protolyt. Dissoziationskonstanten (W. bei 25°) der Thioester sind merklich kleiner als die der O-Ester. Die Cholinesterase-hemmende Aktivität der Verbb. wurde an Humanplasma u. -erythrocyten ermittelt. Die Thioderivv. sind ca. 10^4fach stärkere Inhibitoren als die O-Analogen.

Versuche (Freie Basen aus 1 Mol Dialkoxyphosphorylchlorid oder Alkoxymethylphosphorylchlorid, 1 Mol Dimethylaminoäthanol oder Dimethylaminoäthanthiol u. Triäthylamin in Ae. durch 1 std. Kochen; ca. 60% (Ausbeute); Hydrogenoxalate in Methanol; ca. 70%; Methojodide in sd. Ae. in 5 Std.; ca. 85%): *[β-Dimethylaminoäthyl]-diäthylphosphat*, $Kp._{0,05}$ 60°, $D.^{25}{}_4$ 1,0486, $n_D{}^{25}$ 1,4220. *Hydrogenoxalat*, $C_{10}H_{22}\cdot NO_8P$, F. 112°. *Methojodid*, $C_9H_{23}JNO_4P$, F. 100°. — *[β-Dimethylaminoäthyl]-diisopropylphosphat*, $Kp._{0,05}$ 75°, $D.^{25}{}_4$ 1,0042, $n_D{}^{25}$ 1,4215. *Hydrogenoxalat*, $C_{12}H_{26}NO_8P$, F. 122°. *Methojodid*, $C_{11}H_{27}JNO_4P$, F. 172°. — *[β-Dimethylaminoäthoxy]-[äthoxy]-methylphosphinoxyd*, $Kp._{0,05}$ 56°, $D.^{25}{}_4$ 1,0294, $n_D{}^{25}$ 1,4320. *Hydrogenoxalat*, $C_9H_{20}NO_7P$, F. 85°. *Methojodid*, $C_8H_{21}JNO_3P$, F. 100°. — *[β-Dimethylaminoäthyl]-[isopropoxy]-methylphosphinoxyd*, $Kp._{0,3}$ 70°, $D.^{25}{}_4$ 0,9992, $n_D{}^{25}$ 1,4285. *Hydrogenoxalat*, $C_{10}H_{22}NO_7P$, F. 100°. *Methojodid*, $C_9H_{23}JNO_3P$, F. 114°. — *S-[β-Dimethylaminoäthyl]-O.O-diäthylthiophosphat*, $Kp._{0,1}$ 85°, $D.^{25}{}_4$ 1,0772, $n_D{}^{25}$ 1,4655. *Hydrogenoxalat*, $C_{10}H_{22}NO_7PS$, F. 116°. *Methojodid*, $C_9H_{23}JNO_3PS$, F. 138°. — *S-[β-Dimethylaminoäthyl]-diisopropylthiophosphat*, $Kp._{0,1}$ 85°, $D.^{25}{}_4$ 1,0296, $n_D{}^{25}$ 1,4570. *Hydrogenoxalat*, $C_{12}H_{26}NO_7PS$, F. 120°. *Methojodid*, $C_{11}H_{27}\cdot JNO_3PS$, F. 154°. — *[β-Dimethylaminoäthylmercapto]-[äthoxy]-methylphosphinoxyd*, $Kp._{0,06}$ 80°, $D.^{25}{}_4$ 1,0725, $n_D{}^{25}$ 1,4780. *Hydrogenoxalat*, $C_9H_{20}NO_6PS$, F. 102°. *Methojodid*, $C_8H_{21}JNO_2PS$, F. 110°. — *[β-Dimethylaminoäthylmercapto]-[isopropoxy]-methylphosphinoxyd*, $Kp._{0,1}$ 77°, $D.^{25}{}_4$ 1,0501, $n_D{}^{25}$ 1,4675. *Hydrogenoxalat*, $C_{10}H_{22}NO_6PS$, F. 143°. *Methojodid*, $C_9H_{23}JNO_2PS$, F. 164°. (Acta chem. scand. **11.** 1340—49. 1957. Sundyberg, Nat. Defence Dep., Res. Inst.) K. MAIER. 980

L. Dúbravková, I. Ježo, P. Šefčovič und **Z. Voticky,** *Claisensche Umlagerung des m-Allyloxytoluols.* Durch chromatograph. Trennung, F.-Best. der Oxydationsprodd. u. Misch-F.-Best. mit authent. Stoffen wurde bewiesen, daß bei der Umlagerung alle 3 Isomere entstehen. (Chem. Zvesti **12.** 24—28. Jan. 1958. Bratislava, Chem. Ústav Slovenskej akadémie vied.) H. WEJNAR. 1060

A. N. Nessmejanow und **T. P. Tolstaja,** *Triphenyloxoniumsalze.* Durch Erhitzen von Diphenyloxyd mit Phenyldiazoniumtetrafluoborat wird *Triphenyloxoniumtetrafluoborat* (I) dargestellt, aus dem durch doppelte Umsetzung verschied. *Triphenyloxoniumsalze* erhalten werden. Diese sind mit Ausnahme des Chlorids u. Bromids in

W. schwer löslich. — Das Chlorid, Bromid, Jodid u. I reagieren nicht mit Hg, I reagiert auch nicht mit Cu oder Tl. Bei der Rk. von I mit $NaNO_2$ oder NaN_3 werden erst nach langem Kochen *Anilin* bzw. *Phenylazid* (in mäßiger Ausbeute) gebildet. Dagegen tritt Phenylierung leicht bei Verbb. ein, die Atome mit freien Elektronenpaaren enthalten, wie Pyridin oder Diäthylamin.

Versuche: Triphenyloxoniumsalze: *Tetrafluoborat* (I), $C_{18}H_{15}BF_4O$, Zers. bei 226°, man gibt zu 150 g Diphenyloxyd bei 80—90° (Badtemp.) in 1 Std. 10,5 g Phenyldiazoniumtetrafluoborat in 300 ml Aceton, erhitzt ½ Std. u. behandelt nach Abkühlen 4mal mit je 10 ml 50%ig. wss. Aceton. Man extrahiert die W.-Aceton-Auszüge mit Ae. u. dest. Ae. u. Aceton im Vakuum ab. Reinigung durch Fällen aus Aceton mit Ae.; 2% (Ausbeute). *Chlorid*, $C_{18}H_{15}ClO \cdot 2\,H_2O$, Zers. bei 193—194°, aus $[(C_6H_5)_3O]JCl_4$ in Aceton; 63%. *Bromid*, $C_{18}H_{15}BrO \cdot 1{,}5\,H_2O$, Zers. bei 182—182,5°, aus I u. NaBr; 72%. *Jodid*, $C_{18}H_{15}JO$, Zers. bei 177—178°, aus I u. NaJ; 93%. *Quecksilberjodid*, $C_{18}H_{15} \cdot HgJ_3O$, Zers. bei 156—157°, aus I u. $NaHgJ_3$; 92%. *Tetraphenylborat*, $C_{42}H_{35}BO$, Zers. bei ca. 165°, aus I u. Tetraphenylbornatrium; 100%. *Hexachloroplatinat*, $C_{36}H_{30}Cl_6O_2Pt$, Zers. bei 184—185°, aus I u. H_2PtCl_6; 44%. *Bichromat*, $C_{36}H_{30}Cr_2O_7$, Zers. bei ca. 180°, aus dem Jodid u. $K_2Cr_2O_7$; 42%. *Pikrat*, $C_{24}H_{17}N_3O_8$, Zers. bei 155—157°, aus I u. Pikrinsäure; 93%. — *Tetrachlorojodat*, $C_{18}H_{15}Cl_4JO$, Zers. bei 167—171°, aus dem Jodid u. Cl_2; 94%. — Bei 25std. Kochen von 1 g I u. 2,5 g $NaNO_2$ in 30 ml W., Red. des entstandenen Nitrobenzols zu Anilin u. Kuppeln mit β-Naphthol erhält man 0,09 g *α-Benzolazo-β-naphthol* (II), F. 128—129°. — Bei 14½std. Kochen von 0,5 g I u. 2 g NaN_3 in 30 ml W., Red. des entstandenen Phenylazids in 8 ml A. mit 0,5 g Na u. Kuppeln mit β-Naphthol werden 0,1 g II (F. 128,5—129,5°) erhalten. — Analog Vorst. erhält man aus 0,25 g I u. 15 ml Diäthylamin in 6 ml W. (8½ Std. kochen u. kuppeln des entstandenen Diäthylanilins mit p-Nitrophenyldiazoniumsalz) 0,13 g *4-Nitro-4'-diäthylaminoazobenzol*, F. 149—150°. — Bei 4std. Kochen von 0,2 g I in 2 ml Pyridin u. Verdünnen mit Ae. erhält man 0,13 g *N-Phenylpyridiniumtetrafluoborat*, F. 177,5—178,5° (A.). — Es werden die IR-Spektren von I, Triphenyloxoniumchlorid, -bromid u. -jodid angegeben. (Доклады Академии Наук СССР [Ber. Akad. Wiss. UdSSR] **117**. 626—28. 1/12. 1957. Moskau, Univ.) HELMUT SCHÄFER. 1060

Ferenc Klivényi, *Reaktionen der aromatischen Sulfinsäuren mit Sulfenylchloriden.* Es wird gezeigt, daß sich Sulfenylchloride in indifferenten organ. Lösungsmitteln mit Sulfinsäuren zu entsprechenden *Thiolsulfonaten* kondensieren. Diese Rk. kann infolge ihrer guten Ausbeute als Herstellungsmeth. für einfache u. gemischte Thiolsulfonate dienen. Folgende Thiolsulfonate wurden dargestellt: *Phenylbenzol-*, F. 44—45° (Stäbchen aus CH_3OH); 64% (Ausbeute). — *p-Methoxyphenylbenzol-*, F. 58—59° (Prismen aus CH_3OH); 69%. — *p-Methoxyphenyl-p-toluol-*, F. 55—57° (Stäbchen aus A.); 78%. — *o-Tolyl-p-toluol-*, F. 97—98° (Prismen aus CH_3OH); 55%. — *o-Tolylbenzol-*, F. 58 bis 60° (Nadeln aus CH_3OH); 79%. — *Phenyl-p-toluol-*, F. 77—78° (Nadeln aus CH_3OH); 53%. — *p-Tolylbenzol-*, F. 52—54° (Prismen aus CH_3OH); 73%. — *p-Tolyl-p-toluol-*, F. 76—77° (Nadeln aus CH_3OH); 79%. — *p-Chlorphenyl-p-methoxybenzol-*, F. 95—96° (Plättchen aus A.); 51%. — *p-Chlorphenylbenzol-*, F. 69—70° (Stäbchen aus CH_3OH); 74%. — *p-Chlorphenyl-p-chlorbenzol-*, F. 133° (Stäbchen aus A.); 69%. (Magyar Kémiai Folyóirat [Ung. Z. Chem.] **64**. 121—23. April 1958. Szeged, Orvostudományi Egyetem Gyógyszerészi Vegytani Intézete.) G. HALMI. 1090

Ernst Schmitz, *Herstellung von Acetalen in alkalischem Medium.* Vorl. Mitt. zu der C. **1958**. 10039 referierten ausführlichen Arbeit. (Angew. Chem. **68**. 375. 7/6. 1956. Berlin-Adlershof, Dtsch. Akad. der Wiss., Inst. für organ. Chem.) R. GUTZSCHEBAUCH. 1130

Kiyoshi Yanagi, Chuji Aso und **Saburo Akiyoshi**, *Synthese von Dicarbonsäuremono-N-vinylamiden.* Durch Hydrolyse von N-Vinylphthalimid mit Alkali unter milden Bedingungen wurde *Phthalsäuremono-N-vinylamid* (I) erhalten. Die katalyt. Hydrierung von I ergab *Phthalsäuremono-N-äthylamid.* Durch Oxydation von I mit $KMnO_4$ in W. bei Raumtemp. entstand *N-[o-Carboxybenzoyl]-formamid*, während das mit I isomere N-[o-Carboxybenzoyl]-äthylenimin gegen dieses Oxydationsmittel stabil sein sollte. Die Unters. des IR-Spektr. von I bestätigt die Strukturzuordnung. Durch analoge Hydrolyse ergab N-Vinylsuccinimid *Bernsteinsäuremono-N-vinylamid.* Die Hydrolyse von N-Vinylsaccharin lieferte *o-Sulfamidobenzoesäure* oder *Saccharin.*

Versuche: *N-Vinylsaccharin*, $C_9H_7NO_3S$, F. 131—132° (A.), durch Pyrolyse von N-[2-Acetoxyäthyl]-saccharin. — *Phthalsäuremono-N-vinylamid* (I), $C_{10}H_9NO_3$, F. 110 bis 111,5° (Zers.), a) durch Zugabe von N-Vinylphthalimid zu 10%ig. wss. KOH oder NaOH unter Rühren bei Raumtemp., Neutralisieren mit 5%ig. H_2SO_4 unter Eiskühlung, Filtrieren, Extraktion mit A. u. Eindampfen bei Raumtemp. im Vakuum; b) analog a) mit alkoh. KOH. — *Phthalsäuremono-N-äthylamid*, $C_{10}H_{11}NO_3$, F. 133° (Bzl.), a) durch

Hydrieren von 0,72 g I in A. in Ggw. von Pd-Schwarz bei Raumtemp. unter Schütteln, Filtrieren u. Eindampfen; 0,62 g (Ausbeute); b) durch Hydrolyse von N-Äthylphthalimid. — *N-[o-Carboxybenzoyl]-formamid*, $C_9H_7NO_4$, F. 150—151° (A.), durch Zugabe wss. $KMnO_4$-Lsg. zu 1,7 g I in W. unter Rühren innerhalb 30 Min., 20 Min. Rühren, Zugabe von NaHS, Extraktion mit Äthylacetat u. Eindampfen; 1,7 g. — *Bernsteinsäuremono-N-vinylamid*, $C_6H_9NO_3$, F. 93—94° (Ae.), durch Lösen von N-Vinylsuccinimid in 10%ig. wss. NaOH, Filtrieren, Neutralisieren mit 5%ig. H_2SO_4 unter Eiskühlung, Ätherextraktion u. Eindampfen. — *Saccharin*, F. 224° (A.), durch Lösen von N-Vinylsaccharin in wss.-alkoh. NaOH oder KOH, Filtrieren, Neutralisieren mit 5%ig. HCl oder H_2SO_4 u. Extraktion mit Äthylacetat. — *o-Sulfamidobenzoesäure*, F. 164—165°, analog vorst. Verb. mit 10%ig. wss. NaOH. (J. org. Chemistry **24**. 428—29. März 1959. Hakozaki Fukuoka, Japan, Kyushu Univ., Fac. of Engng., Dep. of Synth. Chem.) H. Bertsch. 1220

A. W. Kirssanow und **S. D. Nekrassowa,** *Trichlorphosphazokohlensäurediphenylamid und seine Derivate.* Die Rk. von N.N-Diphenylharnstoff (I) mit PCl_5 führt zu *Diphenylcarbamoylimidophosphorsäuretrichlorid* $(C_6H_5)_2N-CO-N=PCl_3$ (II), bei dessen Hydrolyse mit Ameisensäure nacheinander *N.N-Diphenylureidophosphorsäure* (III)-*dichlorid*, III-*Monochlorid* u. freie III anfallen. Die vollständige Hydrolyse von II liefert *Diphenylamin* (IV), CO_2 u. *Phosphaminsäure*. III-Dichlorid wird auch aus Isocyanatophosphorsäuredichlorid (V) u. IV erhalten. II wird leichter als III-Dichlorid, dieses leichter als III-Chlorid verseift. Mit Na-Phenolaten reagiert II unter Bldg. von *Diphenylcarbamoylimidophosphorsäuretriarylestern*, die gegenüber Feuchtigkeit stabil sind, jedoch durch Kochen mit 96%ig. A. zu III-*Diarylestern* hydrolysiert werden. Diese Hydrolyse tritt um so leichter ein, je stärker negativ die Benzolkerne sind.

V e r s u c h e: D i p h e n y l c a r b a m o y l i m i d o p h o s p h o r s ä u r e - d e r i v v.: *Trichlorid* (II), $C_{13}H_{10}Cl_3N_2OP$, F. 112—114°, durch $^3/_4$std. Erwärmen von I mit PCl_5 in CCl_4 auf 70—80°; aus CCl_4 Nadeln; 100% (Ausbeute). — *Triphenylester* (VI), $C_{31}H_{25}N_2O_4P$, F. 83—84°, durch Zutropfen von II zu Na-Phenolat in Bzl., $^1/_2$std. Kochen, Schütteln mit 0,2n NaOH u. Eindampfen; 90%. — *Tris-[p-chlorphenylester]*, $C_{31}H_{22}Cl_3N_2O_4P$, F. 128—130°, analog VI; 80%. — *Tris-[o-chlorphenylester]*, $C_{31}H_{22}Cl_3N_2O_4P$, F. 40—43°; 80%. — *Tris-[p-nitrophenylester]*, $C_{31}H_{22}N_5O_{10}P$, gelbes Öl; 83,9%. — *Tris-[o-nitrophenylester]*, $C_{31}H_{22}N_5O_{10}P$, gelbes Öl; 91,4%. — *Tri-α-naphthylester*, $C_{43}H_{31}N_2O_4P$, F. 47 bis 50°. — *N.N-Diphenylureidophosphorsäure* (III), $C_{13}H_{13}N_2O_4P$, Zers. bei 110°, durch 4std. Kochen von II mit HCOOH in Bzl.; 63,7%. *Monochlorid*, $C_{13}H_{12}ClN_2O_3P$, F. 172 bis 176° (Zers.), a) durch 1std. Kochen nachst. Dichlorids mit HCOOH in Bzl.; 61,9%; b) durch Stehen von II in Bzl. an sehr feuchter Luft. *Dichlorid*, $C_{13}H_{11}Cl_2N_2O_2P$, F. 136 bis 137° (Zers.; CCl_4), a) durch Zugeben von HCOOH zu II in Bzl.; 95%; b) durch Zutropfen von IV zu V in Bzl. bei 5—10° u. $1^1/_2$std. Rühren; 91%; c) durch Stehen von II in CCl_4 an sehr feuchter Luft. *Diphenylester*, $C_{25}H_{21}N_2O_4P$, F. 147—149°, durch 2std. Kochen von VI in 96%ig. A.; aus A. Prismen; 74,3%; daneben 13,6% IV. *Bis-p-chlorphenylester*, $C_{25}H_{19}Cl_2N_2O_4P$, F. 151—152°, analog; aus A. Nadeln; 55,2%. *Bis-o-chlorphenylester*, $C_{25}H_{19}Cl_2N_2O_4P$, F. 63—65°, aus A. Prismen; 41,4%. *Bis-p-nitrophenylester*, $C_{25}H_{19}N_4O_8P$, F. 148—150° (A.); 72,1%. *Bis-o-nitrophenylester*, $C_{25}H_{19}N_4O_8P$, F. 182—183°, aus A. Prismen; 31,8%. (Журнал Общей Химии [J. allg. Chem.] **28** (**90**). 1595—1601. Juni 1958. Dnepropetrowsk, Metallurg. Inst.) H.-E. Toussaint. 1380

A. W. Toptschijew, Ss. D. Mechtijew und **A. Sch. Nowrusowa,** *Untersuchung der Nitrierung von Isopropylcyclohexan mit Salpetersäure. Isopropylcyclohexan* (I) wird bei 50—55°, 80—85° u. 105—110° mit HNO_3 (D. 1,3; 1,2 u. 1,075, entsprechend 48-, 28- u. 11%ig. HNO_3) nitriert. Optimale Ausbeuten werden bei 15std. Erhitzen von I mit HNO_3 (D. 1,3) im Molverhältnis 1:2,5 auf 80—85° erzielt. Hierbei werden bis zu 61% I umgesetzt, u. man erhält 98,3% Nitroprodd., davon 78,6% *Mononitroprodd.*, bezogen auf umgesetztes I. — Die obere Schicht des Reaktionsgemisches, die aus Nitroprodd. u. nicht umgesetztem I besteht, wird gewaschen, getrocknet u. im Vakuum fraktioniert. Zur Identifizierung der einzelnen Fraktionen werden die Nitroverbb. in Ggw. von Raney-Ni unter Druck zu den entsprechenden Aminoverbb. hydriert. (Доклады Академии Наук СССР [Ber. Akad. Wiss. UdSSR] **115.** 931—33. 11/8. 1957. Erdöl-Inst. der Akad. der Wiss. der AserbbaidshanSSR.) H. Kühne. 1810

Karl W. Rosenmund, Gustav Kositzke und **Hartwig Bach,** *Über die Eliminierung der Ketosauerstoffunktion in Dicarbonylverbindungen.* 2-Hydroxycyclohexen-(1)-on-(3)-essigsäure-(1)-lacton (I) wird an Pd über das *gesätt. Lacton* (II) zu *Cyclohexanon-(3)-essigsäure-(1)* hydrierend gespalten, während II an Raney-Ni zu *2.3-Dihydroxycyclohexylessigsäure-γ-lacton* hydriert wird. Wird die CO-Gruppe in II blockiert, so gelingt die hydrierende Spaltung nicht, wie am Äthylenketal u. Oxim gezeigt wird. In 2-Acetoxycyclohexen-(1)-on-(3) (III) u. 1-Phenylcyclohexandion-(3.5)-essigsäure-(4)-enollactonoxim (V) erfolgt die H_2-Aufnahme nur an der Δ-Bindung. 1-Acetoxycyclohexen-(1)-on-(3) (IV) sowie 2-[Carbäthoxymethyloxy]-4-phenylcyclohexen-(1)-on-(6) werden dagegen zu *Cyclohexanon* bzw. *3-Phenylcyclohexanon-(1)* hydriert. Die Hydrierung aliphat. Enolacetate verläuft nicht einheitlich. So wird aus Acetessigesterenolacetat *Buttersäureäthylester*, aus Butyrylessigesterenolacetat jedoch hauptsächlich *β-Acetoxycapronsäureäthylester* isoliert. Cyclohexylphenylketon wird in schneller Rk. zum entsprechenden *KW-stoff* hydriert. Die Abhängigkeit der hydrierenden Eliminierung von Keto- bzw. Enolgruppen von der Konst. wird erörtert.

V e r s u c h e: *Cyclohexanon-(3)-essigsäure-(1)*, $C_8H_{12}O_3$, F. 82°, a) aus I mit H_2 in A. an Pd/$BaSO_4$ in 2 Std.; 65% (Ausbeute); b) aus II nach a); 70%. *Semicarbazon*, F. 186 bis 187°. *Methylestersemicarbazon*, F. 161—162°. — *2.3-Dihydroxycyclohexylessigsäure-γ-lacton*, Kp.$_{0,2}$ 129—130°, aus II mit H_2 in A. an RANEY-Ni. *cis-Form, Tosylat*, F. 103 bis 104°, aus dem Lacton mit Tosylchlorid–Pyridin im Eisschrank. — *2-Hydroxycyclohexanon-(3)-essigsäure-(1)-lactonäthylenketal, trans-Form*, F. 60°, a) aus I mit H_2 in Eisessig an Pd–$BaSO_4$ in $^1/_2$ Std.; 20%; b) aus I mit H_2 in A. an Pd–$BaSO_4$; 70%. *cis-Form*, Kp.$_{0,16}$ 130—131°, neben der trans-Form nach a); 60%. — *Cyclohexanol-(2)-on-(1)*, F. 116 bis 117°, durch Hydrieren von III wie vorst. in A. u. 1std. Kochen des Eindampfrückstands mit methanol. HCl. *Semicarbazon*, F. 234—237°. — *Cyclohexanon*, aus IV mit H_2 wie vorst. in Methanol. *Semicarbazon*, F. 167—168°. — *1-Phenylcyclohexanol-(3)-on-(5)-essigsäure-(4)-lacton*, F. 123—124°, durch Hydrieren von V an Pd–$BaSO_4$ u. 1std. Rühren des Eindampfrückstands mit HCl u. Formaldehyd. — *Acetessigesterenolacetat*, Kp.$_{12}$ 101—102°, durch 8std. Einleiten von Keten in Acetessigester in Pyridin bei 20°; 63%. — *Butyrylessigesterenolacetat*, Kp.$_{10}$ 113—114°, analog vorst. Verb. in 7 Std.; 47,5%. — *Capronsäure, Äthylester*, Kp.$_{764}$ 170—172°, durch $1^1/_2$std. Hydrieren von 8,5 g vorst. Verb. an Pd–$BaSO_4$ in Methanol; 1,7 g. *Amid*, F. 95—96°. — *β-Acetoxycapronsäureäthylester*, Kp.$_9$ 110—111°, neben vorst. Ester; 4 g. Gibt durch 4std. Kochen mit methanol.-wss. NaOH *Δ²-Hexensäure*, Kp. 208°. — *2-[Carbäthoxymethyloxy]-4-phenylcyclohexen-(1)-on-(6)*, Kp.$_{0,4}$ 195—197°, als Nebenprod. der Kondensation von 3-Phenylcyclohexandion-(1.5) mit Bromessigester; 20%. — *3-Phenylcyclohexanon-(1)*, Kp.$_{22}$ 181 bis 183°, durch 8std. Hydrieren vorst. Verb. in Methanol an Pd–$BaSO_4$; 72%. *Semicarbazon*, F. 167°. — *Cyclohexylphenylmethan*, Kp.$_{10}$ 129°, aus Cyclohexylphenylketon wie vorst.; 79%. (Chem. Ber. **92**. 494—501. 14/2. 1959. Kiel, Univ., Pharmazeut. Inst.)

H. KAMPFER. 1950

Stanisław Prebendowski und **Zygmunt Rutkowski**, *Ein neues Reduktionsprodukt der Krokonsäure.* Die nach NIETZKI u. BENCKISER [1886] durchgeführte Red. der Krokonsäure (I) führt zu einem Gemisch verwandter Verbb., u. a. zum „Krokonsäurehydrür" (II). Bei Anwendung verdünnterer HJ-Lsg. u. bei stärkerem Erhitzen wird das K-Salz der I zu einer neuen, farblosen Verb. III red., die aus wss. Lsg. kristallisiert. III hat Enolcharakter u. gibt mit $FeCl_3$ eine Blaufärbung, die infolge Oxydation durch Fe^{3+} in Schwarzviolett übergeht. Auch Ag^+ u. etwas schwerer Cu^{2+} werden red., das Oxydationsprod. ist aber niemals I. III ist nach Analyse u. Derivv. ein *Bis-[3.4-dihydroxy-2.5-diketocyclopenten-(3)-yl]*. II ist wahrscheinlich das Zwischenprod. der Red. von I zu III u. hat Pinakonstruktur. Die Halochromie von III wird mit einer zusätzlichen Enolisierung der 2-Ketogruppen erklärt.

II III

V e r s u c h e: *Bis-[3.4-dihydroxy-2.5-diketocyclopenten-(3)-yl]* (III)-*Trihydrat*, $C_{10}H_6O_8 \cdot 3\,H_2O$, Zers. zwischen 110 u. 295°, durch 60std. Erhitzen von 10 g K-Krokonat mit 70 ml 44%ig. HJ am Rückfluß, Zusatz von W., Extraktion von J_2 mit Ae., Fällen des Ba-Salzes bei p_H 7—8 u. Freisetzen der Verb. mit 10%ig. HCl; Blättchen oder Säulen aus verd. HCl; 50% (Ausbeute). *Neutrales Ba-Salz*, $C_{10}H_2Ba_2O_8 \cdot 5\,H_2O$, aus III mit $BaCl_2$ unter Zusatz von NH_4OH (p_H 7—8); rotes krist. Pulver; 89%. *Saures Ba-Salz*, $C_{10}H_4BaO_8 \cdot 2\,H_2O$, aus III u. $BaCl_2$ bei p_H >7; orangefarbene Nadeln; 93,7%. *Pb-Salz*, $C_{10}H_2O_8Pb_2 \cdot 5\,H_2O$, dunkelbraunes Pulver; 83%. *Tetramethyläther*, $C_{14}H_{14}O_8$, F. 124,5 bis 125,7°, durch Rk. von III mit Diazomethan in Ae.; Blättchen aus Methanol; 78%. *p-Nitrophenylhydrazon* des *Tetramethyläthers*, F. 190—192° (Zers.). *Tetraacetylderiv.*, $C_{18}H_{14}O_{12}$, F. 146—147° (Zers.), aus III mit Essigsäureanhydrid in Aceton; 29%. (Roczniki Chem. [Ann. Soc. chim. Polonorum] **31**. 81—91. 1957. Zabrze-Rokitnice, Śląska Akad. Med., Zakł. Chem. ogóln.)

F. URBAN. 1980

W. I. Saretzki und **N. Ss. Wulfsson**, *Untersuchung auf dem Gebiet der Dieckmann-Reaktionen.* 4. Mitt. *Cyclisierung von 2-Methylpentantetracarbonsäure-(1.1.5.5)-tetraäthyl-*

ester. (3. vgl. C. **1959.** 2780.) 2-Methylpentantetracarbonsäure-(1.1.5.5)-tetraäthylester (I) wird in Ggw. von Na-Äthylat unter Abspaltung von *Diäthylcarbonat* zu *3-Methyl-2.6-dicarbäthoxycyclohexanon* cyclisiert, aus dem durch Verseifen u. Decarboxylieren *3-Methylcyclohexanon* erhalten wird. In Bzl. in Ggw. von Na wird I nicht cyclisiert.

Versuche: *Butandiol-(1.3)*, Kp.$_2$ 80—82°, durch Hydrierung von Aldol in Methanol; D.$^{20}{}_4$ 1,0074; n$_D$^{20} 1,4415; 36% (Ausbeute). — *1.3-Dibrombutan*, Kp.$_{12}$ 60—62°; D.$^{20}{}_4$ 1,8062; n$_D$^{20} 1,5095; 70%. — *2-Methylpentantetracarbonsäure-(1.1.5.5)-tetraäthylester* (I), $C_{18}H_{30}O_8$, Kp.$_{3,5}$ 186—192°, man gibt zu Na-Äthylat (10 g Na, 300 ml A.) 215 g Malonester, erhitzt zum Sieden u. gibt in 2 Std. 48 g vorst. Verb. zu; man kocht bis zur neutralen Rk. auf Phenolphthalein (9—10 Std.), dampft bei 60 mm ein, verd. den Rückstand mit 200 ml W., säuert mit 25%ig. H_2SO_4 gegen Kongo an u. extrahiert mit Ae.; D.$^{20}{}_4$ 1,0883; n$_D$^{20} 1,4450; 36,9%. — *3-Methyl-2.6-dicarbäthoxycyclohexanon*, $C_{13}H_{20}O_5$, Kp.$_1$ 118,5—129°, man kocht Na-Äthylat (16,8 g Na, 350 ml A.) u. 168,6 g I 3 Std., dampft bei 125—170 mm ein u. gießt auf 300 g Eis; dann gibt man bei —3 bis 0° 200 ml Ae. zu, säuert mit verd. H_2SO_4 gegen Kongo an u. extrahiert mit Ae.; n$_D$^{20} 1,4720—1,4705; D.$^{20}{}_4$ 1,0991; 50,7 g. Daneben 1,7 g *Diäthylcarbonat*, Kp. 123—124°; n$_D$^{20} 1,3850. — *3-Methylcyclohexanon*, Kp. 164—167,5°, man löst 62,5 g KOH in 93,5 ml Methanol, kühlt auf —4° ab, gibt 51,1 g vorst. Verb. zu, läßt 17 Tage bei 20° stehen, verd. mit 200 ml W., säuert mit 30%ig. H_2SO_4 an u. dest. mit Wasserdampf; D.$^{20}{}_4$ 0,9127; n$_D$^{20} 1,4455; 34,9%. *Semicarbazon*, F. 181—182° (70%ig. A.). (Журнал Общей Химии [J. allg. Chem.] **28** (**90**). 388—91. Febr. 1958. Moskau, Wiss. Forschungsinst. für Zwischenprodd. u. Farbstoffe.) HELMUT SCHÄFER. 2070

N. Ss. Wulfsson und **W. I. Saretzki**, *Untersuchung auf dem Gebiet der Dieckmann-Reaktionen*. 5. Mitt. *Cyclisierung von α-Carbäthoxypimelinsäurediäthylester*. (4. vgl. vorst. Ref.) Die Cyclisierung von α-Carbäthoxypimelinsäurediäthylester nach DIECKMANN liefert *2.6-Dicarbäthoxycyclohexanon* (IV). Durch dessen Mono- u. Dimethylierung, anschließende Hydrolyse u. Decarboxylierung werden *2-Methyl-* bzw. *2.6-Dimethylcyclohexanon* erhalten.

Versuche: *Adipinsäureäthylester* (I), Kp.$_2$ 129—132,5°, F. 27,4°; 61,8% (Ausbeute). — *δ-Bromvaleriansäureäthylester* (II), Kp.$_{1,5}$ 69,5°, aus I nach JILEK u. Mitarbeitern (C. **1950/54.** 1572 S); D.$^{20}{}_4$ 1,3085; n$_D$^{20} 1,4605; 88,7% (bezogen auf I-Ag-Salz). — *δ-Chlorvaleriansäure* (III), Kp.$_2$ 101,5°, F. 18,25°, aus 1.1.1.5-Tetrachlorpentan durch Hydrolyse; D.$^{20}{}_4$ 1,1644; n$_D$^{20} 1,4545; 52,5%. *Äthylester*, Kp.$_1$ 52,5°, man kocht 95 g **III**, 300 ml Bzl., 70 ml absol. A. u. 13,5 ml konz. H_2SO_4 6 Std.; D.$^{20}{}_4$ 1,0518; n$_D$^{20} 1,4305; 86%. — *α-Carbäthoxypimelinsäurediäthylester*, Kp.$_1$ 142—143°, a) man gibt 117 g Malonester zu Na-Äthylat (5,4 g Na, 100 ml A.) u. tropft in der Siedehitze in $^1/_2$ Std. 49,2 g **II** zu; man kocht 3 Std., gießt in 200 ml W. u. extrahiert mit Bzl.; D.$^{20}{}_4$ 1,0561; n$_D$^{20} 1,4380; 75,5%; b) aus **III**-Äthylester; 83%. — *2.6-Dicarbäthoxycyclohexanon* (**IV**), $C_{12}H_{18}O_5$, Kp.$_{3,5}$ 138 bis 140° (Enolform), man gibt zu 4,7 g Na in 150 ml Bzl. schnell 43,2 g vorst. Verb. u. 0,3 ml absol. A. u. kocht ca. 5—6 Std.; man gießt auf Eis, neutralisiert bei —2° mit HCl u. extrahiert mit Bzl.; D.$^{20}{}_4$ 1,1203; n$_D$^{20} 1,4750; 15,9 g. Aus einigen Fraktionen scheiden sich beim Stehen Kristalle der Ketoform ab. — *1-Phenyl-1'-carbäthoxytetrahydrobenzo-[2'.3':3.4]-pyrazolon-(5)*, F. 151—151,5°, man erhitzt 1,2 g **IV** u. 0,55 g Phenylhydrazin 1 Std. auf dem sd. Wasserbad, löst in 2 ml Ae. u. läßt über Nacht stehen; 86%. — *2.6-Dimethyl-2.6-dicarbäthoxycyclohexanon*, Kp.$_2$ 113—116°, man gibt zu 17 g **IV** in 34 ml absol. Methanol 12 ml CH_3J u. bei —15° Na-Methylat (3,5 g Na, 42 ml Methanol), rührt 2 Std. bei 0°, läßt bei 0° über Nacht stehen, gießt in W. u. extrahiert mit Ae.; D.$^{20}{}_4$ 1,086; n$_D$^{20} 1,4615; 75%. — *2.6-Dimethylcyclohexanon*, Kp.$_{743}$ 167—170,5°, man gibt zu 11 g KOH in 16,5 g absol. Methanol bei —5 bis +1° 8,8 g vorst. Verb. in 12 ml absol. Methanol, rührt 3 Std. bei 20° u. läßt 12 Tage stehen; D.$^{20}{}_4$ 0,9087; n$_D$^{20} 1,4475; 50,5%. *Semicarbazon*, $C_9H_{17}N_3O$, F. 181 bis 182° (absol. A.). — *2-Methyl-2.6-dicarbäthoxycyclohexanon*, Kp.$_1$ 112—114°, man gibt zu der gekühlten Lsg. von 18,2 g **IV** in 34 ml absol. Methanol 6,5 ml CH_3J u. in 7 Min. bei —16 bis —12,5° Na-Methylat (1,9 Na, 30 ml absol. Methanol), läßt über Nacht bei —3° stehen, kocht 1 Std., gießt in 300 ml W. u. extrahiert mit Ae.; D.$^{20}{}_4$ 1,0986; n$_D$^{20} 1,4645—1,4655; 72,8%. — *2-Methylcyclohexanon*, Kp.$_{730}$ 162,5—166°, analog Vorst.; D.$^{20}{}_4$ 0,9231; n$_D$^{20} 1,4483; 37,3%. *Semicarbazon*, F. 188,5 bis 189° (absol. A.). (Журнал Общей Химии [J. allg. Chem.] **28** (**90**). 1909—14. Juli 1958.) HELMUT SCHÄFER. 2070

Dahlia Shimona Greidinger und **David Ginsburg**, *Alicyclische Untersuchungen*. 13. Mitt. *Darstellung und Reaktionen von 1.1'-Dicycloalkenylen*. (12. vgl. AMIEL u. GINSBURG, Tetrahedron [London] **1**. [1957.] 19.) *1.1'-Dicyclopentenyl* (I), *1.1'-Dicyclohexenyl* (**II**), *1.1'-Dicycloheptenyl* (**III**) u. *1.1'-Dicyclooctenyl* (**IV**) können in guter Ausbeute u. hoher Reinheit durch Dehydratisieren der entsprechenden Pinakone mit $POCl_3$ in Pyridin erhalten werden. Bei der Darst. von I durch saure Dehydratisierung von *1.1'-Dihydroxy-1.1'-dicyclopentyl* bildet sich im wesentlichen *2-Spiro-[cyclopentancyclohexanon]* als Folge einer Pinakolinumlagerung (vgl. BARNETT u. LAWRENCE, J. chem. Soc. [London] **1935.** 1104). Der Vers., **IV** aus Cycloocten durch Selbstkondensation zu 1-Cyclooctylcycloocten u. anschließendes Bromieren mit N-Bromsuccinimid u. HBr-Abspaltung darzustellen, ergab *1-* oder *2-Cyclooctylcyclooctadien-(1.3)*. Die DIELS-ALDER-Addukte der Diene I, III u. IV mit Maleinsäureanhydrid, Acetylendicarbonsäure u. Benzochinon werden beschrieben.

Versuche: *1.1'-Dihydroxy-1.1'-dicyclopentyl*, F. 109° (Pentan), nach BARNETT u. LAWRENCE (l. c.). — *1.1'-Dicyclopentenyl* (I), $C_{10}H_{14}$, Kp.$_{0,1}$ 34°, n_D^{19} 1,5251, aus vorst. Verb., a) mit $POCl_3$ in Pyridin (anfangs auf dem Wasserbad) in exothermer Rk. (6 Std.), Eindampfen im Vakuum, Verdünnen mit W. u. Extrahieren mit Pentan; 84%; b) nach BARNETT u. LAWRENCE (l. c.) als 10—15%ig. Anteil eines Reaktionsprod. vom Kp. 205—210°. — *2-Spiro-[cyclopentancyclohexanon]*, neben I nach b) durch Isolieren mit GIRARD-Reagens P. *2.4-Dinitrophenylhydrazon*, $C_{16}H_{20}N_4O_4$, F. 111—112° (A.), orange; 70—75%. — *3.4;5.6-Dicyclopentano-1.2.3.6-tetrahydrophthalsäureanhydrid* (**V**), $C_{14}H_{16}O_3$, F. 104° (Cyclohexan), aus I u. Maleinsäureanhydrid in Cyclohexan (2 Std.); 94%. — *3.4;5.6-Dicyclopentenophthalsäureanhydrid* (**VI**), $C_{14}H_{12}O_3$, F. 265° (Toluol), aus **V** (1,95 g) u. N-Bromsuccinimid in sd. CCl_4 (3 Std.), weiteres Kochen nach Zugabe von Na-Acetat u. Eisessig (18 Std.) u. Fällen mit Wasser. Daneben 0,35 g eines nicht untersuchten Öles aus der CCl_4-Lösung. — *3.4;5.6-Dicyclopentano-3.6-dihydrophthalsäuredimethylester* (**VII**), $C_{16}H_{20}O_4$, F. 127° (CH_3OH), aus I u. Acetylendicarbonsäuredimethylester auf dem Wasserbad (8 Std.); 70%. Liefert bei der Verseifung mit wss. methanol. KOH **VI**. — *1.2;3.4;5.6;7.8-Tetracyclopentano-1.4.4a.5.8.8a.9a.10a-oktahydroanthrachinon-(9.10)* (**VIII**), $C_{26}H_{32}O_2$, F. 150° (Methylcyclohexan), aus I u. $^1/_2$ Mol Benzochinon u. Abtrennung aus der Reaktionsmischung mit Methylcyclohexan; 57%. — *5.6;7.8-Dicyclopentano-1.4.4a.5.8.8a-hexahydronaphthalindion-(1.4)* (**IX**), $C_{16}H_{18}O_2$, F. 124° (CH_3OH), analog mit 2 Mol Benzochinon in sd. CH_3OH. — *1.2;3.4-Dicyclopentano-1.4.4a.9a-tetrahydroanthrachinon-(9.10)* (**X**), $C_{20}H_{20}O_2$, F. 130° (Isopropanol), aus I u. Naphthochinon-(1.4); 72%. — *1.1'-Dihydroxy-1.1'-dicycloheptyl* (**XI**), $C_{14}H_{26}O_2$, Kp.$_{0,05}$ 117—118°, F. 78° (Pentan), aus Cycloheptanon, $HgCl_2$ u. Al-Pulver in Bzl. auf dem Wasserbad (12 Std.) u. weitere 2 Std. nach Zugabe von W.; Isolierung aus der benzol. Schicht; 77%. — *1.1'-Dicycloheptenyl* (**III**), Kp.$_{0,05}$ 83—84°, n_D^{19} 1,5233, a) neben **XI** als niedriger sd. Fraktion; b) aus **XI** wie I nach a) oder durch Dehydratisieren mit Oxalsäure bzw. 10%ig. H_2SO_4, wie von GRUBER u. ADAMS (J. Amer. chem. Soc. **57.** [1935.] 2555) für **II** beschrieben; 90 bzw. 82%. — *2-Spiro-[cycloheptancyclooctanon]*, neben **III** nach b); ca. 1%. *2.4-Dinitrophenylhydrazon*, $C_{20}H_{28}N_4O_4$, F. 113—114° (A.); orange. — *3.4;5.6-Dicycloheptano-1.2.3.6-tetrahydrophthalsäureanhydrid*, $C_{18}H_{24}O_3$, F. 157—158° (Methylcyclohexan), aus **III** in Methylcyclohexan wie **V**; 68%. — *3.4;5.6-Dicycloheptenophthalsäureanhydrid*, $C_{18}H_{20}O_3$, F. 256° (Toluol), aus vorst. Verb., a) durch Dehydrieren mit S bei 245° (20 Min.); b) durch Bromieren in sd. Chlf. (2 Std.); c) wie **VI**. — *3.4;5.6-Dicycloheptano-3.6-dihydrophthalsäureanhydrid*, $C_{18}H_{22}O_3$, F. 102° (Eisessig), wie **VII** u. Verseifen mit wss.-methanol. KOH (8 Std.). *Freie Säure*, $C_{18}H_{24}O_4$, F. 140° (Methylcyclohexanol), durch wss. Hydrolyse. — *5.6;7.8-Dicycloheptano-1.4-dihydroxy-5.8-dihydronaphthalin* (**XII**), $C_{20}H_{26}O_2 \cdot H_2O$, F. 181° (feuchtes Bzl.), aus **III** wie **VIII**; 82%. — *1.2;3.4;5.6;7.8-Tetracycloheptano-1.4.4a.5.8.8a.9a.10a-oktahydroanthrachinon-(9.10)*, $C_{34}H_{48}O_2$, F. 315° (Dioxan), neben **XII**, gelb. — *5.6;7.8-Dicycloheptano-1.4.4a.5.8.8a-hexahydronaphthalindion-(1.4)*, $C_{20}H_{26}O_2$, F. 133—134° (CH_3OH), wie **IX** neben **XII** aus dem Filtrat. — *1.2;3.4-Dicycloheptano-1.4.4a.9a-tetrahydroanthrachinon-(9.10)*, $C_{24}H_{28}O_2$, F. 105° (Isopropanol), wie **X**; 86%. — *1.1'-Dihydroxy-1.1'-dicyclooctyl*, Kp.$_{0,1}$ 113 bis 114°, F. 93—94°, aus Cyclooctanon wie **XI**; 72%. — *1.1'-Dicyclooctenyl* (**IV**), Kp.$_{0,1}$ 113 bis 114°, F. 43°, aus vorst. Verb., a) mit Oxalsäure + W. bei 140° (15 Std.) u. Extrahieren mit Pentan, b) mit $POCl_3$ wie I nach a). — *2-Spiro-[cyclooctancyclononanon]*, neben **IV** nach a) u. Isolieren mit GIRARD-Reagens P. — *3.4;5.6-Dicyclooctano-1.2.3.6-tetrahydrophthalsäureanhydrid*, $C_{20}H_{28}O_3$, F. 179—180° (Methylcyclohexan), aus **IV** wie **V**. — *3.4;5.6-Dicyclooctenophthalsäureanhydrid*, $C_{20}H_{24}O_3$, F. 199—200° (Toluol), aus vorst. Verb. wie **VI**. — *1-Cyclooctylcycloocten*, Kp.$_2$ 135—140°, nach REPPE u. Mitarbeitern (Liebigs Ann. Chem. **560.** [1948.] 41) aus *Cycloocten* (Kp. 142—146, erhalten aus Cyclooctanol vom Kp.$_{37}$ 120° mit 85%ig. H_3PO_4; 70—80%); 66%. — *1-* oder *2-Cyclooctylcyclooctadien-(1.3)*, Kp.$_{0,2}$ 105—110°, aus vorst. Verb. mit N-Bromsuccinimid in sd. CCl_4 (10 Min.) u. Behandeln des Verdampfungsrückstandes mit Kollidin (2 Std.). — *3.4;5.6-Dicyclooctano-3.6-dihydrophthalsäuredimethylester*, $C_{22}H_{32}O_4$, F. 115° (CH_3OH), aus **IV** wie **VII**; 80%. *3.4;5.6-Dicyclooctano-3.6-dihydrophthalsäure*, $C_{20}H_{28}O_4$, F. 205° (Eisessig). *Anhydrid*, F. 199—200°. — *5.6;7.8-Dicyclooctano-1.4-dihydroxy-5.8-dihydronaph-*

thalin, $C_{22}H_{30}O_2 \cdot H_2O$, F. 186° (feuchtes Bzl.), aus **IV** analog **XII**; Nadeln. — *1.2;3.4;5.6;7.8-Tetracyclooctano-1.4.4a.5.8.8a.9a.10a-oktahydroanthrachinon-(9.10)*, $C_{38}H_{56}O_2$, F. 252° (Dioxan), neben vorst. Verbindung. — *1.2;3.4-Dicyclooctano-1.4.4a.9a-tetrahydroanthrachinon-(9.10)*, $C_{26}H_{32}O_2$, F. 155° (Methylcyclohexanon, Isopropanol), aus **IV** u. Naphthochinon-(1.4); 72%. — *1.1'-Dicyclohexenyl* (II), $Kp._{0,05}$ 70—76°, aus 1.1'-Dihydroxy-1.1'-dicyclohexyl mit $POCl_3$ wie **I**; 95%. (J. org. Chemistry **22**. 1406—10. Nov. 1957. Haifa, Israel, Inst. of Technology, Dep. of Chem.) H. GOLD. 2210

Wadie Tadros, Alfy Badie Sakla und **Moheb Sadek Ishak**, *Reaktionen mit asymmetrischen Diaryläthylenen.* 5. Mitt. *Umwandlung von 2.2-Di-p-alkoxyphenylvinylchlorid oder -bromid im alkalischen Medium in das entsprechende Tolan.* (4. vgl. C. **1958**. 11793.) Die Halogenwasserstoffabspaltung aus 2.2-Bis-[p-alkoxyphenyl]-vinylhalogeniden mit Na-2-Hydroxyäthylat in Äthylenglykol führt zu *4.4'-Dialkoxytolanen.* Die Abspaltung geht bei den Bromverbb. leichter als bei den Chlorverbb. vor sich.

Versuche: *4-Äthoxy-4'-methoxybenzophenon*, $C_{16}H_{16}O_3$, F. 112° (A.), durch Äthylierung des Na-Salzes von 4-Hydroxy-4'-methoxybenzophenon mit Äthyljodid in Äthanol. — *1-[p-Äthoxyphenyl]-1-[p-methoxyphenyl]-äthylen*, $C_{17}H_{18}O_2$, F. 124° (A.), durch GRIGNARD-Rk. von 4-Äthoxy-4'-methoxybenzophenon mit Methyl–MgJ oder von 4-Äthoxyacetophenon mit p-Methoxyphenyl–MgBr. — *2-[p-Äthoxyphenyl]-2-[p-methoxyphenyl]-vinylbromid*, $C_{17}H_{17}BrO_2$, F. 70—72°, *Isomeres*, F. 48—50° (A. oder PAe.), durch Anlagerung von Brom an vorst. Verb. in Ae. u. nachfolgendes Erhitzen mit alkoh. NaOH. — *4.4'-Dimethoxytolan*, $C_{16}H_{14}O_2$, F. 142—143°, durch Erhitzen von 1,6 g 2.2-Bis-[p-methoxyphenyl]-vinylbromid mit 0,23 g Na in Äthylenglykol u. Zusatz von W.; Kristalle aus A. oder Essigsäure; 0,8 g (Ausbeute). Das alkal. Filtrat gibt nach dem Ansäuern *4-Hydroxyphenyl-4'-methoxybenzylketon* (F. 175°; 0,4 g) u. dessen Äthylierung *4-Äthoxyphenyl-4'-methoxybenzylketon*, F. 101—102°. — *4.4'-Diäthoxytolan*, $C_{18}H_{18}O_2$, F. 162—163°, analog; 90—95%. — *4.4'-Di-n-propoxytolan*, $C_{20}H_{22}O_2$, F. 133—135°. — *4.4'-Diisopropoxytolan*, $C_{20}H_{22}O_2$, F. 162—165°. — *4.4'-Di-n-butoxytolan*, $C_{22}H_{26}O_2$, F. 127—128°. — *4-Äthoxy-4'-methoxytolan*, $C_{17}H_{16}O_2$, F. 138—139° (Eisessig) neben *4'-Äthoxybenzyl-4-hydroxyphenylketon* [$C_{16}H_{16}O_3$, F. 160—162° (A.)], das mit Dimethylsulfat *4'-Äthoxybenzyl-4-methoxyphenylketon* (F. 100°) liefert. — *4-Hydroxyphenyl-4'-methoxybenzylketon*, aus 4.4'-Dimethoxytolan mit der äquivalenten Menge Na in Äthylenglykol unter 5std. Erhitzen. (J. chem. Soc. [London] **1958**. 4210—12. Nov. Cairo, Univ., Fac. of Sci., Chem. Dep.) H. WOLLWEBER. 2260

Wanda Polaczkowa, Osman Achmatowicz jr. und **Jarosław Böhm**, *Über 3.4.5-Triphenylbenzoesäure. 3.4.5-Triphenylbenzoesäure* wird neben wenig *1.2.3-Triphenylbenzol* durch Zers. des Cu-Salzes der *1.2.3-Triphenylbicyclo-[2.2.2]-octen-(2)-tetracarbonsäure-(5.6.7.8)* erhalten, die in Form ihres *Bis-carbonsäureanhydrids* (I) durch doppelte Dien-Rk. von 4-Hydroxy-2.3.4-triphenylcyclopenten-(2)-on-(1) (**II**) mit Maleinsäureanhydrid (**III**) entsteht. Die Dien-Rk. verläuft wahrscheinlich über das bisher nicht isolierte 2.3.4-Triphenylcyclopentadienon-(1). Nebenprod. der Dien-Rk. ist *3.4.5-Triphenylphthalsäureanhydrid*, das bei Anwendung von wenig **III** zum Hauptprod. wird.

Versuche: *1.2.3-Triphenylbicyclo-[2.2.2]-octen-(2)-tetracarbonsäure-(5.6.7.8)-dianhydrid* (I), $C_{30}H_{20}O_6$, F. 315—317° (Zers.), durch Erhitzen von 0,1 Mol **II** mit 0,4 Mol **III** am Rückfluß, zunächst auf 160°, dann 30 Min. auf 200—210° u. Zusatz von Methanol; Nadeln aus Aceton; 63% (Ausbeute). *Tetracarbonsäure*, $C_{26}H_{20}(COOH)_4$, (Umwandlung in I ab 90°), durch Lösen von I in 2%ig. NaOH u. Fällen mit 5%ig. HCl; aus Ae. Kristalle. *Tetramethylester*, $C_{34}H_{32}O_8$, F. 216—217° (Aceton). — *3.4.5-Triphenylphthalsäure*, Zers. bei 216—218°, aus ihrem *Anhydrid*, das als Reaktionsprod. der Kondensation von 0,1 Mol **II** mit 0,2 Mol **III** entsteht; 32,5%. *Dimethylester*, $C_{28}H_{22}O_4$, F. 174—175° (Aceton + Methanol). — *3.4.5-Triphenylbenzoesäure*, $C_{25}H_{18}O_2$, F. 265—266,5° (unter Sublimation), durch Überführen von I bei p_H 7 über die freie *Tetracarbonsäure* mit $CuCl_2$ in das hellblaue *Cu-Salz* u. dessen Zers. in Chinolin bei 200°; Nadeln aus A. + Ae.; 46%. *Methylester*, $C_{26}H_{20}O_2$, F. 141,5—142,5°, Nadeln aus Methanol. — *1.2.3-Triphenylbenzol*, $C_{24}H_{18}$, F. 158—159° (unter Sublimation), durch 1std. Erhitzen von 1 g I mit 0,2 g bas. Cu-Carbonat in 10 ml Chinolin, Zusatz von NaOH u. Wasserdampfdest.; 1,5%. (Roczniki Chem. [Ann. Soc. chim. Polonorum] **31**. 115—22. 1957. Warszawa, Politechn., Kat. Chem. organ., PAN, Zakł. Synt. organ.) F. URBAN. 2410

I. N. Nasarow, A. W. Kamernitzki und **A. A. Achrem**, *Einfachste Analoga der Corticosteroide.* 1. Mitt. *Stereochemie der Cyanhydrin- und Acetylensynthese. Konfiguration von 1-Cyan- und 1-Äthinyl-2-methylcyclohexanolen-(1).* Das bei der Kondensation von 2-Methylcyclohexanon (I) mit HCN (bzw. Acetoncyanhydrin) erhaltene krist. Isomere des *2-Methyl-1-cyancyclohexanols* (II) stellt die *cis*-Form, das fl. Isomere *trans*-**II** dar. Durch längeres Stehen von cis-**II** mit HCl-gesätt. Eisessig wird cis-**II** unter Bldg. von *cis-2-Methyl-1-hydroxycyclohexan-1-carbonsäure* (*cis*-**IV**) verseift, die auch durch $KMnO_4$-Oxydation des aus **I** u. C_2H_2 erhaltenen krist. Isomeren von 2-Methyl-1-äthinylcyclohexanol-(1) (**III**) gebildet wird; letzterem kommt daher ebenfalls *cis*-Konfiguration zu. Analog wird aus trans-**II** u. trans-**III** die gleiche niedrig schm. trans-**IV** erhalten. Die Konfiguration von cis-**IV** wurde durch Red. des mit CH_2N_2 dargestellten Methylesters mit $LiAlH_4$ zu *cis-2-Methyl-1-hydroxymethylcyclohexanol-(1)* (*cis*-**V**), Tosylieren zu *cis-2-Methyl-1-tosyloxymethylcyclohexanol-(1)* (*cis*-**VI**) u. dessen $LiAlH_4$-Red. zu bekanntem *cis-1.2-Dimethylcyclohexanol-(1)* (*cis*-**VII**) bewiesen. Analoge Rkk. ließen sich mit trans-**IV** durchführen. Die Bromierung von cis- oder trans-2-Methylcyclohexancarbonsäure (cis- bzw. trans-**VIII**) ergibt allein eine 2-Methyl-1-bromcyclohexancarbonsäure (**IX**), wobei im Falle der cis-**VIII** zunächst Bldg. von trans-**VIII**-Bromid stattfindet. **IX** wird zu cis-**IV** verseift. Bei der Kondensation von **I** mit HCN fallen cis- u. trans-**II** im Verhältnis 4:1 an; HCN wird demnach bevorzugt auf der Seite der Methylgruppe addiert. Die Rk. von **I** mit C_2H_2 verläuft weniger stereospezif. u. liefert cis- u. trans-**III** im Verhältnis 3:2.

Versuche: *cis-2-Methyl-1-äthinylcyclohexanol-(1)* (*cis*-**III**), F. 56—57° (PAe.), durch 10std. Schütteln von 900 g **I** mit KOH-Pulver in absol. Ae. u. wenig A. unter 7 at C_2H_2-Druck u. fraktionierte Kristallisation des erhaltenen *Isomerengemisches* ($Kp._{13}$ 76 bis 78°, n_D^{20} 1,4770, 952 g Ausbeute; cis:trans = 3:2); daneben *trans*-**III**, $Kp._{10}$ 69—70°, n_D^{17} 1,4780. — *cis-2-Methyl-1-cyancyclohexanol-(1)* (*cis*-**II**), F. 53—54° (n-Heptan), durch fraktionierte Kristallisation des aus **I** u. Acetoncyanhydrin erhaltenen fl. **II**-Isomerengemisches ($Kp._{3,5}$ 95,5—98°); daneben ein fl. an trans-**II**-reiches Gemisch. — *cis-2-Methyl-1-hydroxycyclohexan-1-carbonsäure* (*cis*-**IV**), $C_8H_{14}O_3$, F. 110,5—111° (Bzl.), a) durch Zutropfen von wss. $KMnO_4$ zu 10 g cis-**III** in Aceton bei < 20°, 1std. Rühren, 1std. Erhitzen auf 100°, Ansäuern u. Ausäthern; 3,5 g; b) durch 7tägiges Stehen von 14 g cis-**II** in einem mit HCl-Gas gesätt. Gemisch aus Eisessig u. konz. HCl, 5std. Kochen, Eindampfen, 3std. Kochen mit gesätt. Sodalsg., Ansäuern u. Ausäthern; 15,8 g; c) durch Hydrolysieren von 2,21 g **IX** mit wss. NaOH; 0,8 g; daneben 0,5 g *2-Methyl-Δ^1-cyclohexen-1-carbonsäure*, F. 87—89°; 0,55 g; d) durch 3std. Rühren von 2,21 g **IX** mit feuchtem Ag_2O in Aceton u. Stehen über Nacht; 0,7 g; e) durch 25std. Rühren von **IX**-Methylester mit wss.-alkoh. NaOH, Sättigen mit NaCl u. Ausäthern. *Methylester*, $C_9H_{16}O_3$, $Kp._3$ 66°, aus 15,8 g cis-**IV** u. CH_2N_2; n_D^{20} 1,4620; 10,8 g. — *trans*-**IV**, $C_8H_{14}O_3$, F. 94,5 bis 95°, aus PAe. Nadeln, analog cis-**IV** a) aus 17 g trans-**III** u. $KMnO_4$; 0,5 g; daneben *Oxalsäure*, F. 102°; b) durch Hydrolyse des trans-**II**-reichen Isomerengemisches mit HCl-Eisessig u. fraktionierte Kristallisation. *Methylester*, $Kp._3$ 56°, n_D^{20} 1,4535. — *cis-2-Methyl-1-hydroxymethylcyclohexanol-(1)* (*cis*-**V**), $C_8H_{16}O_2$, F. 64—65° (PAe.), durch 11std. Kochen von 10,4 g cis-**IV**-Methylester mit $LiAlH_4$ in absol. Ae., Zutropfen von Essigester u. Zers. mit verd. H_2SO_4; 8,3 g. — *trans*-**V**, $C_8H_{16}O_2$, $Kp._3$ 97°, analog cis-**V** aus 10,6 g trans-**IV**-Methylester; n_D^{20} 1,4890; 8,3 g. — *cis-2-Methyl-1-tosyloxymethylcyclohexanol-(1)* (*cis*-**VI**), ölig, durch Stehen von 6,3 g cis-**V** mit p-Toluolsulfochlorid in absol. Pyridin über Nacht bei 0°, Zugeben von gesätt. $NaHCO_3$-Lsg. u. Ausäthern; 14,5 g. — *trans*-**VI**, $C_{15}H_{22}O_4S$, F. 60—61° (Bzl.-PAe.), analog. — *cis-1.2-Dimethylcyclohexanol-(1)* (*cis*-**VII**), $C_8H_{16}O$, $Kp._{18}$ 73—74°, F. 23,5—24° (PAe.), durch 20std. Kochen von 16 g cis-**VI** mit $LiAlH_4$ in absol. Ae.-Bzl.; n_D^{20} 1,4649; 5 g. — *trans*-**VII**, $C_8H_{16}O$, $Kp._{25}$ 71,5°, F. 11—13°, analog cis-**VII** aus 16,6 g trans-**VI**; n_D^{20} 1,4610; 4,4 g. — *cis-2-Methyl-Δ^3-cyclohexen-1-carbonsäure*, $Kp._2$ 102—104°, F. 62—63°, durch 6std. Erhitzen von 750 ml trans-Piperylen mit 470 g Acrylsäure im Autoklaven in Ggw. von Hydrochinon auf 130°; 177,2 g. — *cis-2-Methylcyclohexancarbonsäure* (*cis*-**VIII**), $Kp._3$ 98—100°, n_D^{20} 1,4641, a) durch Hydrieren von 70 g vorst. Säure in Eisessig oder A. über PtO_2; 67 g; b) im Gemisch mit trans-**VIII** durch Stehen von **IX** mit aktiviertem Zn in A. über Nacht, 6std. Kochen u. Wiederholen dieser Schritte. *Anilid*, $C_{14}H_{19}NO$, F. 127—128° (Bzl.). — *trans*-**VIII**, F. 51—52° (PAe.), durch 1std. Rühren von cis-**VIII** mit $SOCl_2$, 1std. Erhitzen auf 100°, 4std. Einleiten von HBr-Gas bei 100°, Verseifen mit Alkali, Ansäuern u. Ausäthern. *Bromid*, $Kp._5$ 70—76°, durch 2std. Stehen von 17,04 g cis-**VIII** mit Br_2 bei 20° u. 2std. Erhitzen auf 100°; 11 g. *Anilid*, $C_{14}H_{19}NO$, F. 152—153,5° (Bzl.). — *2-Methyl-1-bromcyclohexan-1-carbonsäure* (**IX**), $C_8H_{13}BrO_2$, F. 95—96,5° (PAe.), a) durch Zutropfen von Br_2 zu 7,1 g cis-**VIII** u. 0,4 g rotem P, 3std. Erwärmen auf 54—56°, 2std. Erhitzen auf 100°, Stehen über Nacht, 1/4std. Erhitzen mit 85%ig. Ameisensäure auf dem Wasserbad, Eindampfen u. Ausäthern; 11,1 g; b) durch 1std. Erhitzen von 18 g cis-**VIII**-Chlorid mit Br_2 auf 80° u. 2 Tage auf 100°, 1/4std. Kochen mit Ameisensäure u. Eindampfen; 9,5 g. *Methylester*, $Kp._3$ 79—80°, n_D^{20} 1,4942, a) aus 4,42 g **IX** mit CH_2N_2; 3,7 g; b) durch 2std. Erhitzen von 8,2 g trans-**VIII**-Bromid mit Br_2 auf 70°, 3 Std. auf 100°, Zugeben von Methanol, 2tägiges Stehen, Verdünnen mit W. u. Ausäthern; 8,5 g. (Журнал Общей Химии [J. allg. Chem.] **28** (**90**). 1458—69. Juni 1958. Inst. für org. Chem. der Akad. der Wiss. der UdSSR.) H.-E. Toussaint. 2700

I. N. Nasarow und **A. A. Achrem**, *Einfachste Analoga der Corticosteroide.* 2. Mitt. *Einführung der Dihydroxyaceton-, Glycerin- und Hydroxyacetonseitenkette in o-Methylcyclohexanon und Stereochemie der hierbei entstehenden Verbindungen.* (1. vgl vorst. Ref.) Die Einw. von HOBr auf cis-2-Methyl-1-äthinylcyclohexanol-(1)-acetat (cis-**I**-Acetat) führt zu *cis-2-Methyl-1-dibromacetylcyclohexanol-(1)-acetat* (*cis*-**II**), aus dem beim Behandeln mit $Ba(OH)_2$ die beiden epimeren *cis-2-Methyl-1-hydroxycyclohexyl-(1)-glykolsäuren* (*cis*-**IIIa** bzw. *cis*-**IIIb**) erhalten werden; dabei fällt die hochschm. Säure cis-**IIIa** in größerer Menge an. Die Red. von cis-**IIIa**-Methylester mit $LiAlH_4$ ergibt ein epimeres *cis-2-Methyl-1-[α.β-dihydroxyäthyl]-cyclohexanol-(1)* (*cis*-**IVa**); aus cis-**IIIb**-Methylester wird das andere Epimere *cis*-**IVb** erhalten. Analog liefert trans-**I**-Acetat mit HOBr *trans*-**II**, das mit $Ba(OH)_2$ in *trans*-**IIIa** u. *trans*-**IIIb** umgelagert wird; deren Methylester werden durch $LiAlH_4$ zu *trans*-**IVa** bzw. *trans*-**IVb** reduziert. Die selektive Hydrierung von cis-**I** über Pd ergibt *cis-2-Methyl-1-vinylcyclohexanol-(1)* (*cis*-**V**), das durch Peressigsäure (**IX**) zu einem Gemisch der epimeren *cis-2-Methyl-1-hydroxycyclohexyl-(1)-äthylenoxyde* (*cis*-**VIa** bzw. *cis*-**VIb**) oxydiert wird; deren Hydrolyse liefert *cis*-**IVa** bzw. *cis*-**IVb**. Ebenso werden *trans*-**IVa** u. *trans*-**IVb** auch aus trans-**I** über trans-**V** u. trans-**VIa** bzw. trans-**VIb** erhalten. Die PRILESHAJEW-Oxydation der Vinylalkohole **V** erfolgt demnach nicht stereospezifisch. Das aus cis-**I**-Acetat durch katalyt. Hydrierung erhaltene *cis*-**V**-*Acetat* liefert bei der Oxydation mit **IX** unmittelbar die epimeren *1-Acetate* (*cis*-**VIIa** bzw. *cis*-**VIIb**) von *cis*-**IVa** bzw. *cis*-**IVb**, die zu diesen Triolen hydrolysiert werden; die Äthylenoxyde ließen sich im Falle der Acetate nicht isolieren. trans-**V**-Acetat gibt analog mit **IX** ein Gemisch der isomeren trans-**VII**, das sich nicht trennen ließ u. bei der Hydrolyse neben *trans*-**IVb** ein weiteres hochschm. Triol *trans*-**IVc** liefert, welches möglicherweise eine polymorphe Modifikation oder Mischkristalle von trans-**IV** darstellt. Die Hydratation von cis-**I** zu *cis-2-Methyl-1-acetylcyclohexanol-(1)* (*cis*-**VIII**) verläuft etwas langsamer als jene von trans-**I** zu trans-**VIII**; auch wird cis-**VIII** unter wesentlich milderen Bedingungen acetyliert als trans-**VIII**. Vff. schließen daraus, daß die OH-Gruppe in cis-**VIII** äquatoriale, in trans-**VIII** axiale Konfiguration besitzt.

V e r s u c h e: *cis-2-Methyl-1-äthinylcyclohexanol-(1)* (*cis*-**I**), *Acetat*, Kp.$_{15}$ 102—103°, durch 3std. Kochen von 200 g cis-**I** mit Essigsäureanhydrid; n_D^{18} 1,4675; 207 g (Ausbeute). — *trans*-**I**-*Acetat*, Kp.$_{18}$ 98—102°, analog aus 250 g trans-**I**; n_D^{18} 1,4650; 255 g. — *cis-2-Methyl-1-dibromacetylcyclohexanol-(1)-acetat* (*cis*-**II**), $C_{11}H_{16}Br_2O_3$, F. 90—90,5° (PAe.), durch Zugeben von 35 g cis-**I**-Acetat zu N-Bromacetamid u. Na-Acetat in Eisessig bei <25° u. 2std. Stehen; 62 g. — *trans*-**II**, $C_{11}H_{16}Br_2O_3$, Kp.$_3$ 152—153°, analog aus 60 g trans-**I**-Acetat; n_D^{20} 1,5275; 116 g. — *cis-2-Methyl-1-hydroxycyclohexyl-(1)-glykolsäure, hochschm. Epimeres* (*cis*-**IIIa**), $C_9H_{16}O_4$, F. 149—150° (Ae.), durch Zutropfen von 58 g cis-**II** zu $Ba(OH)_2$ in W. bei 70—75°, Einengen, Ansäuern mit 15%ig. HCl, Ausäthern u. fraktionierte Kristallisation aus Ae., PAe. u. Isooctan (*Methylester*, ölig); daneben *niedrigschm. Epimeres* (*cis*-**IIIb**), $C_9H_{16}O_4$, F. 128,5—129° (Ae.) (*Methylester*, F. 73—74°, aus PAe. Prismen). — *trans*-**IIIa**, $C_9H_{16}O_4$, F. 156—156,5° (Ae.), aus trans-**II** analog der cis-Verb. (*Methylester*, $C_{10}H_{18}O_4$, F. 91—91,5°, aus Ae.-PAe. Nadeln); daneben *trans*-**IIIb**, $C_9H_{16}O_4$, F. 109,5—110° (Chlf.) [*Methylester*, F. 53—54° (Isooctan)]. — *cis-2-Methyl-1-[α.β-dihydroxyäthyl]-cyclohexanol-(1), Epimeres cis*-**IVa**, $C_9H_{18}O_3$, F. 88 bis 88,5° (Ae.-PAe.), a) durch 3std. Kochen von 1 g cis-**IIIa**-Methylester mit $LiAlH_4$ in Ae., Stehen über Nacht, Verdünnen mit Essigester u. Zers. mit 10%ig. H_2SO_4; 0,6 g; b) durch 3std. Kochen von 0,53 g cis-**VIa** mit 2%ig. Essigsäure; 0,3 g; c) durch 4std. Kochen von 0,15 g cis-**VIIa** mit alkoh. KOH; 0,08 g. *1-Acetat* (*cis*-**VIIa**), $C_{11}H_{20}O_4$, F. 99—100°, durch 1 Monat langes Stehen von cis-**V**-Acetat mit **IX** in Chlf.; aus PAe. Nadeln; daneben *cis*-**VIIb**). — *Epimeres cis*-**IVb**, $C_9H_{18}O_3$, F. 90—90,5° (Isooctan), analog cis-**IVa** a) aus 0,05 g cis **IIIb**-Methylester 0,02 g; b) aus cis-**VIb**; c) aus 0,36 g cis-**VIIb** 0,04 g. *1-Acetat* (*cis*-**VIIb**), $C_{11}H_{20}O_4$, F. 57—58°, aus PAe. Nadeln. — *trans-2-Methyl-1-[α.β-dihydroxyäthyl]-cyclohexanol-(1), Epimeres trans*-**IVa**, $C_9H_{18}O_3$, F. 125—125,5°, aus PAe. Prismen, analog cis-**IVa** a) aus 0,85 g trans-**IIIa**-Methylester 0,6 g; b) aus 1 g trans-**VIa** 0,7 g. — *Epimeres trans*-**IVb**, $C_9H_{18}O_3$, F. 88—88,5°, aus Ligroin Nadeln, analog cis-**IVa** a) aus 0,4 g trans-**IIIb**-Methylester 0,05 g; b) aus trans-**VIb**. — *Epimeres* (?) *trans*-**IVc**, $C_9H_{18}O_3$, F. 111,5—112° (Ae.), a) neben trans-**IVb** bei der Darst. nach b); b) durch 2std. Kochen des trans-**VII**-Gemisches mit 0,5n alkoh. KOH; daneben trans-**IVb**. — Gemisch der *1-Acetate* (*trans*-**VII**) von trans-**IVa** u. trans-**IVb**, $C_{11}H_{20}O_4$, Kp.$_4$ 148,5—149°, aus trans-**V**-Acetat u. **IX**; n_D^{20} 1,4850. — *cis-2-Methyl-1-vinylcyclohexanol-(1)* (*cis*-**V**), Kp.$_{21}$ 87—87,5°, durch Hydrieren von 220 g cis-**I** in Methanol über $Pd/CaCO_3$ bei 4 at; n_D^{21} 1,4767; 219 g. *Acetat*, $C_{11}H_{18}O_2$, Kp.$_6$ 78—78,5°, durch Hydrieren von 44 g cis-**I**-Acetat in Methanol über $Pd/CaCO_3$; n_D^{20} 1,4611; 41 g. — *trans*-**V**, Kp.$_8$ 65—67°, analog cis-**V** aus 304 g trans-**I**; n_D^{22} 1,4720; 280 g. *Acetat*, $C_{11}H_{18}O_2$, Kp.$_7$ 75—78°, aus 41,6 g trans-**I**-Acetat; n_D^{20} 1,4597; 34 g. — *cis-1-Äthyl-2-methylcyclohexanol-(1)*, Kp.$_{11,5}$ 76—76,5°, durch erschöpfende Hydrierung von cis-I; n_D^{19} 1,4712. — *trans-1-Äthyl-2-methylcyclohexanol-(1)*, Kp.$_{11}$ 71—72°, ebenso aus trans-I; n_D^{19} 1,4683. — *cis-2-Methyl-1-hydroxycyclohexyl-(1)-äthylenoxyd*, *Epimeres cis*-**VIa**, $C_9H_{16}O_2$, F. 43—43,5° (PAe.), durch 4std. Stehen von cis-**V** mit **IX** in Chlf.; daneben *Epimeres cis*-**VIb**, $C_9H_{16}O_2$, Kp.$_7$ 89—90°, n_D^{20} 1,4780, $D._4^{20}$ 1,0389 [eine *jodhaltige Verb.* $C_9H_{17}JO_2$, F. 115—116° (Zers.; Ae.-PAe.), wurde bei der jodometr. Best. der nicht umgesetzten **IX** dieses Vers. isoliert). — *Epimeres trans*-**VIa**, $C_9H_{16}O_2$, F. 75—75,5°, analog cis-**VIa** aus trans-**V**; daneben *Epimeres trans*-**IVb**, $C_9H_{16}O_2$, Kp.$_7$ 86 bis 87°, F. 40,5—41° (PAe.), n_D^{20} 1,4715, $D._4^{20}$ 1,0253. — *cis-2-Methyl-1-acetylcyclohexanol-(1)* (*cis*-**VIII**), Kp.$_8$ 92—93°, F. 37—38° (PAe.), durch 5std. Rühren von 28 g cis-**I** mit $HgSO_4$ in wss. Methanol in Ggw. von H_2SO_4, Verdünnen mit W., Neutralisieren mit $NaHCO_3$, Eindampfen u. Ausäthern; n_D^{20} 1,4735; 25 g. *Semicarbazon*, F. 228—229° (A.). *Acetat*, $C_{11}H_{18}O_3$, Kp.$_{12}$ 121—122°, durch 4std. Kochen von 10 g cis-**VIII** mit Acetylchlorid; n_D^{20} 1,4629, $D._4^{20}$ 1,0470; 11 g. — *trans*-**VIII**, $C_9H_{16}O_2$, Kp.$_{10}$ 82—83°, analog cis-**VIII** aus 28 g trans-**I**; n_D^{20} 1,4620, $D._4^{20}$ 0,9974; 16 g. *Semicarbazon*, F. 217—218° (A.). *Acetat*, $C_{11}H_{18}O_3$, Kp.$_{12}$ 115,5—116,5°, durch Zutropfen von 10 g trans-**VIII** zu Essigsäureanhydrid (+ 1 Tropfen konz. H_2SO_4) bei $<20°$, Stehen über Nacht u. 2std. Erwärmen auf 50—70°; n_D^{20} 1,4590, $D._4^{20}$ 1,0383; 10 g. (Журнал Общей Химии [J. allg. Chem.] **28** (**90**). 1791—1805. Juli 1958.) H.-E. Toussaint. 2700

I. N. Nasarow, G. W. Alexandrowa und **A. A. Achrem**, *Einfachste Analoga der Corticosteroide*. 3. Mitt. *Einführung der Dihydroxyaceton-, Glycerin- und Dihydroxypropansäureseitenketten in Derivate von cis- und trans-Dekalin.* (2. vgl. vorst. Ref.) Das eine epimere trans-1-Äthinyldekalol-(1)-acetat (trans-**Ia**-Acetat) mit axialer Äthinylgruppe liefert mit HOBr ein *trans-1-Dibromacetyldekalol-(1)-acetat* (*trans*-**IIa**), das durch $Ba(OH)_2$ unter Bldg. zweier epimerer *trans-1-Hydroxydekalyl-(1)-glykolsäuren* (*trans*-**IIIa** bzw. *trans*-**IIIb**) hydrolysiert wird. Analog werden aus dem Epimeren trans-**Ib**-Acetat mit äquatorialer Konfiguration der Äthinylgruppe über *trans*-**IIb** zwei Epimere *trans*-**IIIc** u. *trans*-**IIId** erhalten. Dagegen liefert cis-**I** über cis-**II** ein einheitliches *cis*-**III**. Durch Red. der trans-**III**-Methylester u. von cis-**III**-Methylester mit $LiAlH_4$ erhielten Vff. die fünf entsprechenden *1-[α.β-Dihydroxyäthyl]-dekalole-(1)* (**IV**). Das durch katalyt. Hydrierung von trans-**Ia** erhaltene *trans-1-Vinyldekalol-(1)* (*trans*-**Va**) wird durch Peressigsäure (**VII**) zu *trans-1-Hydroxydekalyl-(1)-äthylenoxyd* (*trans*-**VIa**) oxydiert, bei dessen Hydrolyse *trans*-**IVa** anfällt. trans-**VIb** geht analog in trans-**IVb** über. cis-**V** gibt mit **VII** zwei Epimere *cis*-**VIa** bzw. *cis*-**VIb** in gleichen Mengen; die Hydrolyse des ersteren gibt das durch $LiAlH_4$-Red. von cis-**III**-Methylester gewonnene *cis*-**IVa**, jene von cis-**VIb** führt zu dem 6. theoret. zu erwartenden Epimeren *cis*-**IVb**. Beim Erhitzen von trans-**VIa** bzw. trans-**VIb** mit Essigsäureanhydrid (**IX**) werden die *Triacetate* von trans-**IVa** bzw. trans-**IVd** erhalten. Von den Säuren **III** reagiert allein trans-**IIIa** mit Aceton zu einem *Ketal*, was für eine weitgehende Annäherung der OH-Gruppen in der Verb. spricht. trans-**Vb**-Acetat, das durch katalyt. Hydrierung von trans-**Ib**-Acetat dargestellt wird, addiert HOBr unter Bldg. von *trans-1-Acetoxy-1-[α-hydroxy-β-bromäthyl]-dekalin* (*trans*-**VIII**); aus trans-**Va**-Acetat ließ sich unter gleichen Bedingungen keine definierte Verb. isolieren. cis-**V**-Acetat gibt mit HOBr hauptsächlich *trans-α-Dekalon* neben wenig cis-**VIII**.

Versuche: 1-Äthinyldekalole-(1) (**I**): *Epimeres trans*-**Ia**, Kp.$_1$ 86 bis 87°, $n_D^{22,5}$ 1,5033. *Acetat*, F. 79—80°. — *Epimeres trans*-**Ib**, F. 54—55°. *Acetat*, Kp.$_2$ 106—108°, $n_D^{20,5}$ 1,4940. — *cis*-**I**, F. 55—56°. *Acetat*, F. 65—67°. — 1-Dibromacetyldekalol-(1)-acetate (**II**): *Epimeres trans*-**IIa**, F. 92—93° (Isooctan), durch Zutropfen von trans-**Ia**-Acetat in Trimethylcarbinol zu N-Bromacetamid u. Na-Acetat in W. u. 2½std. Rühren; 92% (Ausbeute). — *Epimeres trans*-**IIb**, zers. sich bei der Dest., aus trans-**Ib**-Acetat; $n_D^{20,5}$ 1,4940; 85%. — *cis*-**II**, $C_{14}H_{20}Br_2O_3$, F. 90 bis 91° (Isooctan), aus cis-**I**-Acetat; 85,7%. — 1-Hydroxydekalyl-(1)-glykolsäuren (**III**): *Epimeres trans*-**IIIa**, $C_{12}H_{20}O_4$, F. 190—191° (Heptan-Aceton), durch 5std. Kochen von trans-**IIa** mit $Ba(OH)_2$ in W.-Trimethylcarbinol, Ansäuern u. Ausäthern; 33% [*Methylester*, $C_{13}H_{22}O_4$, F. 124—124,5° (Isooctan), mit CH_2N_2. *Acetonverb.*, $C_{15}H_{24}O_4$, F. 124—125° (Isooctan), durch 40std. Schütteln von 50 mg trans-**IIIa** mit $CuSO_4$ in absol. Aceton; 30 mg]; daneben *Epimeres trans*-**IIIb**, $C_{12}H_{20}O_4$, F. 164—165°; 17% [*Methylester*, $C_{13}H_{22}O_4$, F. 88—89° (Isooctan)]. — *Epimeres trans*-**IIIc**, $C_{12}H_{20}O_4$, F. 138—139°, analog trans-**IIIa** aus trans-**IIb**; 28% [*Methylester*, $C_{13}H_{22}O_4$, F. 123—124° (Isooctan)]; daneben *Epimeres trans*-**IIId**, $C_{12}H_{20}O_4$, F. 175—175,5°; 28% [*Methylester*, $C_{13}H_{22}O_4$, F. 108—109° (Isooctan)]. — *cis*-**III**, $C_{12}H_{20}O_4$, F. 155—156° (Dioxan-Isooctan), analog trans-**IIIa** aus cis-**II**; 50%. *Methylester*, $C_{13}H_{22}O_4$, F. 100—101° (Isooctan). — 1-[α.β-Dihydroxyäthyl]-dekalole-(1) (**IV**): *Epimeres trans*-**IVa**, $C_{12}H_{22}O_3$, F. 117—118° (Essigester-Isooctan), a) durch Zutropfen von trans-**IIIa**-Methylester zu $LiAlH_4$ in sd. Ae., 10std. Rühren bei 20°, 10std. Kochen, Zersetzen mit Essigester u. 5%ig. H_2SO_4; 68,4%; b) durch 4std. Kochen von trans-**VIa** mit 20%ig. Essigsäure,

Neutralisieren mit Soda u. Ausäthern; 64%. *Triacetat*, $C_{18}H_{28}O_6$, Kp.$_1$ 140—144°, durch 6std. Kochen von trans-**VIa** mit **IX** in Ggw. von Na-Acetat; 62%. — *Epimeres trans-***IVb**, $C_{12}H_{22}O_3$, F. 119—120° (Essigester–Isooctan), analog trans-**IVa** aus trans-**IIIb**-Methylester; 79%. — *Epimeres trans-***IVc**, $C_{12}H_{22}O_3$, F. 92—93° (Essigester–Isooctan), aus trans-**IIIc**-Methylester; 63%. — *Epimeres trans-***IVd**, $C_{12}H_{22}O_3$, F. 158—159° (Essigester–Isooctan), analog trans-**IVa** a) aus trans-**IIId**-Methylester; 84,3%; b) aus trans-**VIb**; 75%. — *Epimeres cis-***IVa**, $C_{12}H_{22}O_3$, F. 109—111° (Isopropanol), analog trans-**IVa** a) aus 200 mg cis-**III**-Methylester; 120 g; b) aus cis-**VIa**; 60%. — *Epimeres cis-***IVb**, $C_{12}H_{22}O_3$, F. 115—117° (Isooctan), analog trans-**IVa** nach b) aus cis-**VIb**; 60%. — 1-Vinyldekalole-(1) (**V**): *Epimeres trans-***Va**, Kp.$_1$ 73,5°, durch Hydrieren von trans-**Ia** in A. über Pd/CaCO$_3$; $n_D^{19,5}$ 1,5010; 86,6%. *Acetat*, $C_{14}H_{22}O_2$, Kp.$_3$ 100—102°, durch Hydrieren von trans-**Ia**-Acetat in A.–Dioxan über Pd; $n_D^{16,5}$ 1,4815; 75%. — *Epimeres trans-***Vb**, $C_{12}H_{20}O$, Kp.$_1$ 80°, analog trans-**Va** aus trans-**Ib**; n_D^{23} 1,5050, D^{20}_4 0,9952; 85%. *Acetat*, $C_{14}H_{22}O_2$, Kp.$_3$ 102—104°, $n_D^{16,5}$ 1,4882, D^{20}_4 1,0042; 83%. — *cis-***V**, $C_{12}H_{20}O$, Kp.$_1$ 85—87°, aus cis-**I**; n_D^{20} 1,5098, D^{20}_4 1,0019; 90%. *Acetat*, $C_{14}H_{22}O_2$, Kp.$_1$ 97—99°, n_D^{20} 1,4862, D^{20}_4 1,0110; 80%. — 1-Hydroxydekalyl-(1)-äthylenoxyde (**VI**): *Epimeres trans-***VIa**, $C_{12}H_{20}O_2$, F. 116—117° (Isooctan), durch 48std. Stehen von trans-**Va** mit **VII** in Chlf.; 93%. — *Epimeres trans-***VIb**, $C_{12}H_{20}O_2$, F. 112—114° (Isooctan), analog aus trans-**Vb**; 75%. — *Epimeres cis-***VIa**, $C_{12}H_{20}O_2$, F. 100—101°, aus cis-**V**; aus Isooctan Prismen; 25%; daneben *Epimeres cis-***VIb**, $C_{12}H_{20}O_2$, F. 90—91°, aus Isooctan Tetraeder; 25%. — *trans-1-Acetoxy-1-[α-hydroxy-β-bromäthyl]-dekalin* (*trans-***VIII**), $C_{14}H_{23}BrO_3$, F. 140—141°, analog trans-**IIa** aus 10 g trans-**Vb**-Acetat; aus Isooctan Nadeln; 3,35 g. — *trans-α-Dekalon*, F. 32—33°, analog trans-**VIII** aus 3,3 g cis-**V**-Acetat; 1 g; daneben 0,5 g *cis-***VIII** (?), F. 137—139°. (Журнал Общей Химии [J. allg. Chem.] **28** (**90**). 2187—98. Aug. 1958.) H.-E. TOUSSAINT. 2700

I. N. Nasarow, G. W. Alexandrowa und **A. A. Achrem,** *Synthese und Umwandlungen von cis- und trans-1-Äthinyldekalolen-(1)*. (Vorl. Mitt. vgl. C. **1959.** 7451.) Die Kondensation von trans-α-Dekalon (trans-**I**) mit C_2H_2 in Ggw. von KOH-Pulver ergibt zwei epimere *trans-1-Äthinyldekalole-(1)* (*trans-***IIa** u. *trans-***IIb**) im Verhältnis 1:2. cis-**I** wird wegen seiner leichten Isomerisierbarkeit vorteilhaft in fl. NH_3 in Ggw. von Na zu *cis-***II** umgesetzt; dabei fällt in geringer Menge trans-**I** an, dessen Isolierung einen enol. Mechanismus der Rk. zwischen den **I** u. C_2H_2 ausschließt. Die Hydratation von trans-**IIb** zu einem *trans-1-Acetyldekalol-(1)* (*trans-***IIIb**) verläuft sehr viel rascher als die von trans-**IIa**. Letzterem wird danach eine äquatoriale, trans-**IIb** eine axiale Äthinylgruppe zugeschrieben. In Übereinstimmung damit liefert trans-**IIIb**, das eine offene axiale Acetylgruppe enthält, leicht ein 2.4-Dinitrophenylhydrazon u. Semicarbazon, während sich aus trans-**IIIa** nur schwierig Carbonylderivv. darstellen lassen. cis-**II** läßt sich ebenfalls nur unter scharfen Bedingungen zu cis-**III** hydratisieren, welches zwar ein Semicarbazon, aber kein 2.4-Dinitrophenylhydrazon liefert, was auf eine äquatoriale Konfiguration der Acetylgruppe deutet. Die Oxydation der **III** mit HOBr führt zu den entsprechenden *1-Hydroxydekalin-1-carbonsäuren*, die in die Acetate übergeführt wurden. Bei diesen Rkk. gelten analoge Gesetzmäßigkeiten wie vorst. beschrieben, womit die angenommenen Strukturen sichergestellt sind.

Versuche: *trans-α-Dekalon* (*trans-***I**), F. 32—33°, durch Hydrieren von α-Naphthol über Skelett-Ni bei 120—130°, Oxydieren mit $Na_2Cr_2O_7$ und Behandeln mit KOH. — *cis-α-Dekalon* (*cis-***I**), Kp.$_2$ 82—84°, durch Oxydation von cis-α-Dekalol (F. 93°); $n_D^{18,5}$ 1,4940. — *trans-1-Äthinyldekalol-(1)*, *Epimeres trans-***IIa**, $C_{12}H_{18}O$, F. 54—55° (PAe.), a) als Gemisch (Kp.$_2$ 89—91°, n_D^{19} 1,5060) mit trans-**IIb** durch 2std. Schütteln von trans-**I** mit KOH-Pulver in A. unter 6 at C_2H_2-Druck; b) durch 6std. Einleiten von C_2H_2 zu Na in fl. NH_3 bei —70°, langsames Zutropfen von trans-**I** in absol. Ae., 12std. Einleiten von C_2H_2 unter Erwärmen auf —35°, Zusetzen von NH_4Cl, Eindampfen, Verdünnen mit W., Ausäthern u. Chromatographieren an Al_2O_3 (*Acetat*, $C_{14}H_{20}O_2$, Kp.$_2$ 106—108°, $n_D^{20,5}$ 1,4940, D^{20}_4 1,0344; 85%); daneben *Epimeres trans-***IIb**, $C_{12}H_{18}O$, Kp.$_1$ 86—87°, n_D^{20} 1,5044, D^{20}_4 1,0041 [*Acetat*, F. 79—80° (Isooctanol); 92%]. — *cis-***II**, $C_{12}H_{18}O$, F. 55—56°, analog trans-**IIa** nach b); 74,3%. *Acetat*, $C_{14}H_{20}O_3$, F. 65—67° (Isooctan); 90%. — *trans-1-Acetyldekalol-(1)*, *Epimeres trans-***IIIa**, $C_{12}H_{20}O_2$, Kp.$_2$ 106—107°, durch 10std. Kochen von trans-**IIa** mit $HgSO_4$ in wss. Methanol in Ggw. von H_2SO_4; n_D^{20} 1,4970, D^{20}_4 0502; 63% [*Semicarbazon*, $C_{13}H_{23}N_3O_2$, F. 218—219° (Methanol)]. *Epimeres trans-***IIIb**, $C_{12}H_{20}O_2$, Kp.$_1$ 80—82°, analog aus trans-**IIb**; n_D^{20} 1,4898, D^{20}_4 1,0337; 80% [*Semicarbazon*, $C_{13}H_{23}N_3O_2$, F. 209 bis 210° (Methanol). *2.4-Dinitrophenylhydrazon*, $C_{18}H_{24}N_4O_5$, F. 141—142° (A.). *Acetat*, Kp.$_{1,5}$ 111—113°, analog trans-**IIIa** aus trans-**IIb**-Acetat; n_D^{18} 1,4880, D^{20}_4 1,0752; 73%]. — *cis-***III**, $C_{12}H_{20}O_2$, Kp.$_1$ 94—96°, F. 36,5—37° (PAe.), aus cis-**II**; n_D^{20} 1,5010, D^{20}_4 1,0618; 71%. *Semicarbazon*, $C_{13}H_{23}N_3O_2$, F. 203—205° (Methanol). — *trans-*

1-Hydroxydekalin-1-carbonsäure, $C_{11}H_{18}O_3$, *Epimeres* vom F. 149—150°, durch Zutropfen von trans-**IIIb** zu wss. NaOBr bei —5° u. 2std. Rühren bei 15°; 89,3% [*Acetat*, $C_{13}H_{20}O_4$, F. 164—165° (Bzl.), durch 4std. Kochen mit Acetylchlorid]. *Epimeres* vom F. 115—116° (Bzl.), analog Vorst. aus trans-**IIIa**; 54%. — *cis-1-Hydroxydekalin-1-carbonsäure*, $C_{11}H_{18}O_3$, F. 134—136° (Bzl.), aus cis-**III**; 75%. *Acetat*, $C_{13}H_{20}O_4$, F. 141 bis 142,5° (Bzl.). (Журнал Общей Химии [J. allg. Chem.] **28** (**90**). 2199—2207. Aug. 1958. Inst. für org. Chem. der Akad. der Wiss. der UdSSR.) H.-E. TOUSSAINT. 2700

Alexis A. Oswald, *Organische Schwefelverbindungen.* 1. Mitt. *Hydroperoxydzwischenprodukte der Cooxydation von Mercaptanen und Olefinen.* Durch Einleiten von Luft in Lsgg. von Thiophenol, p-Thiokresol, 4-Chlorthiophenol oder β-Thionaphthol in KW-stoffen, die gleichzeitig Styrol, α-Methylstyrol oder Inden enthalten, bei 0° oder noch tieferen Tempp. entstehen *peroxyd. Zwischenprodd.* der Cooxydation, die hohe Peroxydgehh. aufweisen u. sich als viscose Fll. absetzen. Diese Hydroperoxyde enthalten S u. lagern sich bei Raumtemp. zu den entsprechenden *Hydroxyäthylsulfoxyden* um. Diese Umlagerung ist mit einer Abnahme des Peroxydgeh. u. mit einer Zunahme der Hydroxyl- u. der Sulfurylabsorption im IR verbunden. Gleichzeitig erstarren die fl. Abscheidungen. Das durch Cooxydation von β-Thionaphthol u. Inden entstehende *2-[Naphthyl-(2)-mercapto]-indanyl-(1)-hydroperoxyd* [$C_{19}H_{16}O_2S$, F. 70° (Bzl.–Heptan)] ist in reinem Zustand bis 70° stabil. In Benzollsg. tritt bei 40° Umlagerung, hauptsächlich zu *2-[Naphthyl-(2)-sulfinyl]-indanol-(1)* [$C_{19}H_{16}O_2S$, F. 138,5—139,5° (Zers.)] ein. Durch Cooxydation von β-Thionaphthol u. α-Methylstyrol entsteht *2-Hydroperoxy-2-phenylpropylnaphthyl-(2)-sulfid* [F. 10°; 85%ig]. Eine Benzollsg. von 0,3 Mol/Liter dieser Verb. schied durch 16std. Stehen bei 40° 2,3 g/100 cm^3 eines Nd. ab, aus dem durch Umkristallisieren aus Bzl. *2-Hydroxy-2-phenylpropylnaphthyl-(2)-sulfoxyd*, $C_{19}H_{18}O_2S$, F. 114—118°, erhalten wurde. (J. org. Chemistry **24.** 443—44. März 1959. Sarnia, Ontario, Canada, Imp. Oil Ltd., Res. Dep.) H. BERTSCH. 2700

Akira Inoue, Kazuhide Nakano, Nobuhiko Kuroki und **Kenzo Konishi,** *Untersuchungen über die Verwendung von 1.4-Naphthochinon.* 1. Mitt. *Synthese von 2-Nitro-1.4-dialkoxynaphthalinen und deren Verwendung für Azofarbstoffe.* Diazotiertes 1.4-Dimethoxy- (**I**) bzw. 1.4-Diäthoxy-2-aminonaphthalin gibt durch Kupplung mit Naphthol AS, AS-OL u. AS-SW dunkel purpurfarbene bis fast schwarze Farbstoffe u. durch Kondensation mit 2-Hydroxy-3-naphthoesäure (**IV**) eine Ausgangssubstanz zur Darst. von Scharlach GG u. G.

Versuche: *1.4-Dimethoxynaphthalin* (**I**), F. 85—86°, aus 1.4-Naphthochinon u. $SnCl_2$ in methanol. HCl unter Rühren u. 2—3std. Kochen; 85,2% (Ausbeute). — 1.4-Dimethoxynaphthaline: *2-Nitro-* (**II**), $C_{12}H_{11}NO_4$, F. 95—96°, aus **I** u. 21%ig. HNO_3 in Chlorbenzol bei 20° durch 3—4std. Rühren u. Aufarbeiten; gelbe Nadeln aus Methanol; 85% (roh). — *2-Amino-* (**III**), F. 100—101°, durch Hydrierung vorst. Verb. in Methanol in Ggw. von RANEY-Ni; 83%. *Acetylderiv.*, $C_{14}H_{15}NO_3$, F. 135 bis 136°. — *1.4-Diäthoxynaphthalin*, F. 89—90°, analog **I**; 77,4%. — 1.4-Diäthoxynaphthaline: *2-Nitro-*, $C_{14}H_{15}NO_4$, F. 78—79°, analog **II**; 78,4%. — *2-Amino-*, F. 97—98°, analog **III**; 90,3%. *Acetylderiv.*, $C_{16}H_{19}NO_3$, F. 120—121°. — *Phthalsäureanhydrid*, F. 130—131°, durch $KMnO_4$-Oxydation von **II**. — 2-Hydroxynaphthoesäure-(3)-: *-1.4-dimethoxynaphthalid-(2)*, $C_{23}H_{19}NO_4$, F. 208—209°, aus **III** u. **IV** in Toluol durch Zutropfen von PCl_3 u. 3std. Kochen; 88% (roh). — *-1.4-diäthoxynaphthalid-(2)*, $C_{25}H_{23}NO_4$, F. 170—171°, analog vorst. Verb.; 79,9%. (J. Soc. org. synth. Chem., Japan **14.** 513—16. Aug. 1956. Osaka, Präf. Univ. [Orig.: japan.]) L. SCHULER. 2700

Akira Inoue, Kazuhide Nakano, Nobuhiko Kuroki und **Kenzo Konishi,** *Untersuchungen über die Verwendung von 1.4-Naphthochinon.* 2. Mitt. *Chlorierung von 1.4-Dialkoxynaphthalinen und 2-Nitro-1.4-dialkoxynaphthalinen und die Herstellung von Azoentwicklern aus diesen Verbindungen.* (1. vgl. vorst. Ref.) 1.4-Dialkoxynaphthaline geben bei Chlorierung mit Cl_2 unter Entalkylierung *2.3-Dichlor-1.4-naphthochinon* (**I**), mit SO_2Cl_2 dagegen werden sie zu *2.3-Dichlor-1.4-dimethoxy-* (**II**) u. *-1.4-diäthoxynaphthalin* chloriert. Diese Verbb. werden durch Nitriersäure bei 5° lediglich entalkyliert u. zu **I** oxydiert. — Aus 2-Nitro-1.4-dialkoxynaphthalinen werden jedoch mit SO_2Cl_2 die erwarteten Verbb. *2-Nitro-3-chlor-1.4-dimethoxy-* (**III**) u. *-1.4-diäthoxynaphthalin* erhalten. Diese ergeben bei der Red. mit Fe in verd. wss. methanol. bzw. alkoh. HCl die entsprechenden Amine, die durch Diazotieren u. Kuppeln mit Naphthol AS u. AS-BG rote Farbstoffe liefern.

Versuche: *2.3-Dichlor-1.4-naphthochinon* (**I**), F. 193—194°, aus 1.4-Dimethoxynaphthalin (**IV**) in Essigsäure mit Cl_2 bei 50°; 61,6% (Ausbeute). — 1.4-Dimethoxynaphthaline: *2-Chlor-*, $C_{12}H_{11}ClO_2$, F. 81—82°, aus **IV** u. Sulfurylchlorid bei 3° in Chlf.; 76,5%. — *2.3-Dichlor-* (II), $C_{12}H_{10}Cl_2O_2$, F. 107—108° (Methanol), analog vorst. Verb. mit doppelter Menge SO_2Cl_2; 77,9%. Einw. von Nitriersäure bei 5° → I; 88,3%. — *2-Nitro-3-chlor-* (III), $C_{12}H_{10}ClNO_4$, F. 121—122° (Methanol), aus 2-Nitro-1.4-dimethoxynaphthalin u. SO_2Cl_2 in Chlf.; 80%. — *2-Amino-3-chlor-* (V), $C_{12}H_{12}ClNO_2$, F. 101—102° (Methanol), aus vorst. Verb. durch Red. mit Fe in verd. wss.-methanol. HCl in 8 Std.; 70,1%. SANDMEYER-Rk. → II; 19,2%. — 1.4-Diäthoxynaphthaline: *2.3-Dichlor-*, $C_{14}H_{14}Cl_2O_2$, F. 103—104° (Methanol), analog II; 82,5%. Einw. von Nitriersäure → I; 79,3%. — *2-Nitro-3-chlor-*, $C_{14}H_{14}ClNO_4$, F. 97 bis 98° (Methanol), analog III; 80,4%. — *2-Amino-3-chlor-*, $C_{14}H_{16}ClNO_2$, F. 73—74° Methanol), analog V; 66,3%. (J. Soc. org. synth. Chem., Japan **14**. 622—25. Okt. 1956. [Orig.: japan.]) L. SCHULER. 2700

Nobuhiko Kuroki, Akira Inoue, Teijiro Kitao und **Kenzo Konishi,** *Untersuchungen über die Verwendung von 1.4-Naphthochinon.* 3. Mitt. *Über die Synthese von 1.4-Dihydroxynaphthalinmonomethyläther und davon abgeleiteten Dispersionsazofarbstoffen.* (2. vgl. vorst. Ref.) Vff. diazotieren Anilin, p-Nitranilin, Anilin-p-sulfonamid u. p-Acetaminoanilin u. kuppeln die Diazoverbb. mit 1.4-Dihydroxynaphthalinmonomethyläther (I) zu roten *Azodispersionsfarbstoffen.* Der Einfl. der Substituenten auf die Färbung von Acetatseide, Vinylon u. Amylan wird unter Vgl. mit Dispersol Fast Scarlet B untersucht u. die Lichtabsorption zwischen 400 u. 750 mμ gemessen. Elektrophile Radikale verschieben λ_{max} in Richtung auf kürzere, nucleophile Radikale in Richtung auf längere Wellen.

Versuche: *1.4-Dihydroxynaphthalinmonomethyläther* (I), F. 128—129° (Bzl.), durch 2std. Kochen von 1.4-Naphthochinon mit $SnCl_2$ in methanol. HCl; 63,2% (Ausbeute). Wird in Alkali an der Luft blau. — *p-Aminobenzolsulfonamid* (II), F. 163—164,5° (A.-W. 1:1), durch Mischen von 150 g Chlorsulfonsäure mit 34 g Acetanilid bei 12—15°, 2std. Erwärmen des Gemisches auf 60° u. Behandeln des entstandenen *p-Acetylaminobenzolsulfonylchlorids* mit 15%ig. NH_4OH, Isolierung des *p-Acetylaminobenzolsulfonamids* [F. 213—214° (A.-W. 1:1); 28 g] u. Hydrolyse mit 15%ig. HCl; 20 g. — 1.4-Dihydroxynaphthalin-1-methyläther: *3-Phenylazo-*, F. 134—135° (Bzl.), durch Diazotieren von Anilin (Kp. 183—184°) u. Kuppeln des Prod. mit I; λ_{max} 530 mμ (ε = 19450); 90%. — *3-[p-Nitrophenylazo]-*, F. 241—243° (Bzl.), analog vorst. Verb. aus p-Nitranilin [III; F. 146—147° (A.)]; λ_{max} 515 mμ (ε = 19400); 91%. — *3-[p-Aminosulfonylphenylazo]-*, F. 234—238° (Bzl.), analog aus II; λ_{max} 520 mμ (ε = 21050); 91%. — *3-[p-Acetylaminophenylazo]-*, F. 229—231° (Bzl.), analog aus p-Aminoacetanilid [F. 162°, aus III über p-Nitroacetanilid]; λ_{max} 540 mμ (ε = 23750); 91%. — *p-Nitro-p'-[N-äthyläthanolamino]-azobenzol* (*Dispersol Fast Scarlet B*), F. 163—163,5°, λ_{max} 490 mμ (ε = 32900); 74,4%. (J. Soc. org. synth. Chem., Japan **14**. 676—81. Nov. 1956. [Orig.: japan.]) L. SCHULER. 2700

A. Schubert, A. Rieche, G. Hilgetag, R. Siebert und **S. Schwarz,** *Asymmetrische Synthesen.* 1. Mitt. *Mikrobiologische Hydroxylierung von dl-Δ^4-3-Ketooktalin-9-carbonsäureäthylester.* In einer Submerskultur von Calonectria decora wurde aus dl-Δ^4-3-Ketooktalin-9-carbonsäureäthylester eine *Verb.* $C_{13}H_{18}O_4$ (I) gebildet (12% Ausbeute), deren Konst. als *Δ^4-3-Keto-6α (oder 6β)-hydroxyoktalin-9β (oder 9α)-carbonsäureäthylester* IR-spektroskop., papierchromatograph. u. durch Derivv. wahrscheinlich gemacht wurde. Die Stellung der OH-Gruppe an $C_{(6)}$ wurde durch den spektroskop. Nachw. der Bldg. eines fortlaufend konjugierten Syst. bei der Oxydation von I zum in der Enolform vorliegenden *3.6-Diketoderiv.* nach BARNETT, RYMAN u. SMITH (J. chem. Soc. [London] **1946**. 526), die axiale Konformation von OH an $C_{(6)}$ u. H an $C_{(5)}$ durch die mit methanol. HCl oder NaOH bereits bei 23° erfolgende Dehydratisierung zu *$\Delta^{4.5}$-3-Ketohexalin-9ξ-carbonsäureäthylester* bewiesen. — I, $C_{13}H_{18}O_4$, F. 105—106°, $[\alpha]_D^{25}$ —177° (Chlf.). *Acetylderiv.*, Öl. *Semicarbazon des Acetylderiv.*, F. 180—181°, $[\alpha]_D^{25}$ —270° (CH_3OH). *p-Nitrobenzoylderiv.*, F. 104—107°, $[\alpha]_D^{25}$ —65° (Chlf.). — IR- u. UV-Spektren vgl. Original. (Naturwissenschaften **45**. 623—24. 2. Dez.-H. 1958. Berlin-Adlershof, Deutsche Akad. der Wiss. zu Berlin, Inst. für Organ. Chem; Jena, VEB Jenapharm, Wiss. Labor.) F. HELLER. 2700

D. Nasipuri, *Eine Synthese von 1.2.3.4.4a.9.10.10a-Oktahydro-1.1.4a-trimethylphenanthren.* Die Rk. von 5-Oxo-8-phenyloctansäuremethylester mit überschüssigem CH_3MgJ führt zu *1.1.5-Trimethyl-8-phenyloctandiol-(1.5)* ($Kp._{0,01}$ 170°), das sich mit Polyphosphorsäure bei 170° in 75%ig. Ausbeute zu *1.2.3.4.4a.9.10.10a-oktahydro-1.1.4a-trimethylphenanthren* (I; $C_{17}H_{24}$, $Kp._1$ 125°, n_D^{21} 1,5415—1,5433) cyclohydratisieren läßt. I entsteht analog aus dem aus Methylheptenon u. γ-Phenylpropyl-MgBr zugänglichen *1.1.5-Trimethyl-8-phenylocten-(1)-ol-(5)* ($Kp._{0,01}$ 145°) in 80%ig. Ausbeute. Die Konst. von I folgt aus dem UV-Spektr. u. der Se-Dehydrierung zu *1-Methylphen-*

anthren (F. u. Misch-F. 118–119°; *Pikrat*, F. 136°). Bei der MICHAEL-Kondensation von α-Tetralon mit Mesityloxyd in Ggw. von K-tert.-Butylat wurde *1.2.3.9.10.10a-Hexahydro-1.1-dimethyl-3-ketophenanthren* ($C_{16}H_{18}O$, F. 113°; *Dinitrophenylhydrazon*, $C_{22}H_{22}N_4O_4$, F. 229°) erhalten. (Chem. and Ind. **1957**. 425. 6/4. Calcutta, Univ., Coll. of Sci.) K. DOMMAIN. 2850

Randolph Riemschneider, *Untersuchungen zur Chemie der Insekticide der Diengruppe.* Vf. beweist die Konst. von *4.5.6.7.10.10-Hexachlor-4.7-methylen-4.7.8.9-tetrahydroinden* (**II**), das aus Hexachlorcyclopentadien (**I**) u. Cyclopentadien dargestellt wird. **II** reagiert nicht mit Phenylazid u. ist bei 8std. Kochen mit 0,5n KOH beständig. **II** addiert 1 Mol **I** zu *1.2.3.4.5.6.7.8-Oktachlor-1.4;5.8-bis-[dichlormethano]-$\Delta^{2.6}$-oktahydrofluoren* (**III**). Durch rasches Erhitzen von **II** auf 280–320° unter N_2 tritt Spaltung unter Bldg. von **I** ein. Die Oxydation von **II** durch 48std. Kochen mit HNO_3 oder 32std. Kochen mit HNO_3–konz. H_2SO_4 führt zu *1.4.5.6.7.7-Hexachlor-2-carboxymethylbicyclo-[2.2.1]-hepten-(5)-carbonsäure-(3)* u. *1.4.5.6.7.7-Hexachlorbicyclo-[2.2.1]-hepten-(5)-dicarbonsäure-(2.3)*, die auch aus **I** u. Maleinsäureanhydrid erhalten wird. **III** wird dagegen durch HNO_3 nicht angegriffen. (Proceedings tenth International Congress of Entomology **2**. 229–30. 1958. Berlin-West, Univ.) H. KAMPFER. 2950

Ernst D. Bergmann und **Raphael Ikan,** *Eine Synthese von Aceanthren. Aceanthren* wird durch Oxydation von Acetanthrenchinon mit H_2O_2, Veresterung der gebildeten *Anthracen-1.9-dicarbonsäure* mit $(CH_3)_2SO_4$, $LiAlH_4$-Red. des *Dimethylesters*, Überführung des *Diols* in das *Dibromid* u. dessen Behandlung mit Phenyl-Li (**I**) in guter Ausbeute synthetisiert.

Versuche: *Aceanthrenchinon*, aus Anthracen u. Oxalylchlorid; 58% (Ausbeute). — *Anthracen-1.9-dicarbonsäure*, F. 290°, durch 45 Min. Rk. vorst. Verb. in Dioxan mit 2n NaOH-30%ig. H_2O_2 unter Kühlung; 100%. *Dimethylester*, F. 149 bis 150° (Isopropylalkohol), mit $(CH_3)_2SO_4$/NaOH; gelbe Nadeln; 86%. — *1.9-Bis-[hydroxymethyl]-anthracen*, $C_{16}H_{14}O_2$, F. 181–182° (Isopropylalkohol), durch 2std. Kochen vorst. Esters mit $LiAlH_4$ in Bzl.-Ae.; Nadeln; 95%. — *1.9-Bis-[brommethyl]-anthracen*, $C_{16}H_{12}Br_2$, F. 138–139° (Bzl.-PAe.), durch 2std. Rühren u. Erhitzen vorst. Verb. in Bzl. mit PBr_3 in Ggw. von Pyridin auf 55–60°; 87%. — *Aceanthren*, $C_{16}H_{12}$, F. 113 bis 114° (A.), durch 1std. Stehen vorst. Verb. mit **I** in absol. Bzl. unter N_2 u. 1std. Kochen; gelbe Blättchen; 84%. *Pikrat*, $C_{22}H_{15}N_3O_2$, F. 120–121° (Isopropanol), dunkelrote Nadeln. (J. org. Chemistry **23**. 907–08. Juni 1958. Jerusalem, Hebrew Univ., Dep. of Organ. Chem.) K. DOMMAIN. 2950

D. Nasipuri, A. C. Chaudhuri und **J. Roy,** *Eine Synthese von 1-Oxo- und 1.11-Dioxooktahydrochrysen.* β-Dimethylaminoäthyl-β-naphthylketonmethojodid gibt mit β-Oxoadipinsäurediäthylester in Ggw. von KOC_2H_5/A. u. nachfolgende Eisessig–HCl-Hydrolyse *2-Carboxymethyl-3-β-naphthylcyclohexen-(2)-on* ($C_{18}H_{16}O_3$, F. 156°; *Semicarbazon*, F. 218°). Der *Methylester* (F. 131°) wird durch Hydrierung in Ggw. von Pd u. Hydrolyse in die entsprechende *Säure* [$C_{18}H_{18}O_3$, F. 170–172° (Aceton); *Semicarbazon*, F. 228°] übergeführt, die mit Polyphosphorsäure zu *1.11-Dioxo-1.2.3.4.4a.11.12.12a-oktahydrochrysen* [$C_{18}H_{16}O_2$, F. 175° (CH_3OH); 90% (Ausbeute); *Semicarbazon*, F. 264°; *2.4-Dinitrophenylhydrazon*, F. 275°, rot] cyclisiert wurde. Die Hydrierung über Pd/Pt ergab die entsprechende *1-Oxoverb.* (**I**; $C_{18}H_{18}O$, F. 165°; *Dinitrophenylhydrazon*, F. 266°). Die Konst. von **I** folgt aus der Rk. mit CH_3MgJ, Dehydratation u. Dehydrierung zu *1-Methylchrysen* (F. 250°). **I** wurde auch aus γ-[2-Carboxy-3.4-dihydrophenanthryl-(1)]-buttersäure durch Red., Cyclisierung des entsprechenden *Diäthylesters* u. alkal.–alkoh. Hydrolyse synthetisiert. (Chem. and Ind. **1957**. 422. 6/4. Calcutta, Univ., Coll. of Sci.) K. DOMMAIN. 2950

Michele Amorosa und **Luigi Lipparini,** *5-Nitrofuroylhydrazin und einige seiner Derivate.* 2. Mitt. (1. vgl. Ann. Chimica **45**. [1955.] 724.) Zur Vervollständigung früherer Unterss. werden einige neue Derivv. von 5-Nitrofuroylhydrazin (**I**) beschrieben. **I** u. dessen Derivv. scheinen, wie orientierende Vorverss. zeigten, keine bemerkenswerte biol. Wirksamkeit zu besitzen.

Versuche: *5-Nitrofuroylazid* (**II**), $C_5H_2N_4O_4$, F. 66,5–67,5° (Zers.), durch Auflösen von **I** in verd. HCl, Zugabe von wss. $NaNO_2$-Lsg. bei 0° u. Auflösen des entstandenen Nd. in absol. Ae.; Tafeln aus Ae. + PAe.; 92% (Ausbeute). — *N.N'-Bis-[5-nitrofuroyl]-hydrazin*, $C_{10}H_6N_4O_8$, F. 234–236°, aus **I** in W. durch Behandeln mit $NaNO_2$ bei +5°, Ansäuern mit 2n Essigsäure u. 6–7std. Stehen; prismat. Nadeln aus verd. Alkohol. — *N-[5-Nitrofuryl-(2)]-carbaminsäureäthylester* (**III**), $C_7H_8N_2O_5$, F. 151 bis 154° (Zers.), durch 6std. Kochen von **I** mit absol. A.; durch Einengen des alkoh. Filtrats wird weiteres **III** gewonnen; hellgelbe Nadeln aus Bzl. + A.; 70%. — *5-Nitro-2-aminofuran*, a) durch 6std. Kochen von 3 g **III**, 4 g A. u. 6,5 g konz. HCl, oder b) von

5,4 g **II** in 54 cm^3 absol. Bzl. u. Ansäuern des Reaktionsprod. mit konz. HCl unter Bldg. des *Hydrochlorids*. *Pikrat* (?), F. 275°, Nadeln aus Wasser. (Ann. Chimica **46**. 343—47. Mai/Juni 1956. Bologna, Univ., Ist. di Chim. farm. e tossicol.)

G. PLATZER. 3061

Donald W. Fuhlhage und **Calvin A. VanderWerf,** *Untersuchungen über die Bildung und Reaktionen von Δ^1-Pyrrolin. Δ^1-Pyrrolin* (**I**) kann durch partielle Dehydrierung von Pyrrolidin (**II**) bei 200—400° in Ggw. von Pd-Kohle, durch partielle Hydrierung von Pyrrol (**IV**) in Ggw. eines Rh-Al_2O_3-Katalysators bei niedrigem Druck u. Raumtemp. (hohe Temp. begünstigt die Bldg. von **II**), durch Behandlung von Pyrrolidinacetat (**V**) mit NaOCl u. Rk. des erhaltenen *N-Chlorpyrrolidins* mit KOH sowie durch $NaJO_4$-Oxydation von 3-Hydroxypiperidin (**III**) synthetisiert werden. **I** wird als *2-[Pyrrolidyl-(2)]-pyrrol* isoliert, dessen Struktur durch Hydrierung in Eisessig, Acetylierung zu *N-Acetyl-2-[pyrrolidyl-(2)]-pyrrol* u. Ozonisierung zu *Prolin* bewiesen wurde. **I** reagiert mit 2-Methyl- (**VII**), 3-Methyl- (**VI**), 2.5-Dimethylpyrrol (**VIII**) u. Indol zu *2-Methyl-5-[pyrrolidyl-(2)]-pyrrol* (vermutliches Hauptprod.), *3-Methyl-2-[pyrrolidyl-(2)]-pyrrol* (Gemisch mit *4-Methyl-2-[pyrrolidyl-(2)]-pyrrol*), *2.5-Dimethyl-3-[pyrrolidyl-(2)]-pyrrol* bzw. *3-[Pyrrolidyl-(2)]-indol*. Umsetzungen mit 1-Methylpyrrol u. Carbazol verliefen negativ. Die Kondensation von Δ^1-Piperidein mit Pyrrol (**IV**) liefert *2-[Piperidyl-(2)]-pyrrol*.

Versuche: *Δ^1-Pyrrolin* (**I**), durch Zugeben von **V** zu einer NaOCl-Lsg. bei 0—5°, Extrahieren mit Ae., Einengen, 2std. Stehen des *N-Chlorpyrrolidins* mit KOH in A. oder Butanol-(1), Einengen, Lösen in verd. NaOH, Zugeben von K_2CO_3 u. Extrahieren mit Ae.; orangefarbene Fl.; 5% (Ausbeute). — *2-[Pyrrolidyl-(2)]-pyrrol*, $C_8H_{12}N_2$, $Kp._{0,5}$ 94°, F. 86,3—87,8° (Vakuumsublimation), a) durch 24std. Kochen von **I** mit **IV**; 87,5%; b) durch Kochen von **III** in verd. NaOH u. $NaJO_4$, Sättigen des Destillats mit K_2CO_3, Extrahieren mit Pyrrol/Ae. u. 48std. Kochen; 20%; c) durch katalyt. Dehydrierung von **II** in Ggw. von 5%ig. Pd-Kohle bei 400°; 48% neben 24% **I**; d) durch 24std. Hydrieren von **IV** in Ggw. von 5%ig. Rh-Al_2O_3 u. Kochen mit **IV**; 92% (bezogen auf H_2); e) analog d), aber nur 28 Min. lange Hydrierung; 31% (bezogen auf H_2). *Pikrat*, $C_{14}H_{15}N_5O_7$, F. 164,0—165,5°. *N-Acetylverb.*, $C_{10}H_{14}N_2O$, F. 74,2—75,1° (Essigester/PAe.), durch 3tägiges Stehen der Verb. in Acetanhydrid, Einengen, ½std. Stehen mit absol. A. u. Molekulardest.; 69%. — *Diacetyl-2.2'-dipyrrolidin*, $C_{12}H_{20}N_2O_2$, F. 174,2 bis 176,6° (Essigester), durch Hydrierung vorst. Verb. in Ggw. von Rh-Al_2O_3 in Eisessig, Einengen, mehrstd. Stehen mit Acetanhydrid u. ½std. Erwärmen auf 100°; 33%. — *3-Methylpyrrolidylpyrrole* (Gemisch), $C_9H_{14}N_2$, F. 85—97° (Vakuumsublimation), durch 24std. Kochen von **VI** mit **I** in Butanol; 33%. — *2-Methylpyrrolidylpyrrole* (Gemisch,) durch 22std. Kochen von **VII** mit **I** in Butanol u. Dest. bei $Kp._{0,5}$; gelbes Öl; 79%. *Pikrat*, $C_{15}H_{17}N_5O_7$, F. 159—161° (Methanol). — *2.5-Dimethyl-3-[pyrrolidyl-(2)]-pyrrol*, $C_{10}H_{16}N_2$, durch 17std. Kochen von **VIII** mit **I** in Butanol u. Dest. bei $Kp._{0,25}$, Vakuumsublimation u. Kristallisation aus Essigester; 40%. — *3-[Pyrrolidyl-(2)]-indol*, $C_{12}H_{14}N_2$, F. 145,8—146,6° (Essigester), durch 30std. Kochen von Indol mit **I** in Butanol u. Sublimation; 32%. — *Piperidylpyrrol*, $C_9H_{14}N_2$, F. 87,5—90,5°, durch 24std. Kochen von α-Tripiperidein (F. 61—63°) mit (**IV**) u. Sublimation; 74%. (J. Amer. chem. Soc. **80**. 6249—54. 5/12. 1958. Lawrence, Kans., Univ., Dep. of Chem.) E. SCHRÖDER. 3081

H. H. Wasserman und **R. C. Koch,** *Darstellung von 1.5-Diphenyl-2.3-diketopyrrolidin. Die Struktur der Schiff- und Gigli-Verbindung.* Bei der aus Brenztraubensäure u. Benzalanilin zugänglichen SCHIFF- u. GIGLI-*Verb.* vom F. 161° [1898] handelt es sich nicht um *1.5-Diphenyl-2.3-diketopyrrolidin* [**I**; $C_{16}H_{13}NO_2$, F. 158—159° (Zers.)], sondern um *α-Anilino-γ-phenyl-γ-hydroxycrotonsäurelacton* (**II**), das eine *N-Nitrosoverb.* [$C_{16}H_{12}N_2O_3$, F. 79—79,5° (Zers.)] liefert. **I** bleibt im Gegensatz zu **II** bei der Ozonisierung in CH_2Cl_2 unverändert. Erst bei nachfolgender Behandlung mit Zn/wss. A. wird *N-Phenyl-N-[β-carboxy-α-phenyläthyl]-carbaminsäureanhydrid* ($C_{16}H_{13}NO_3$, F. 134 bis 135°) erhalten, das durch Hydrolyse zu *N.3-Diphenyl-β-alanin* charakterisiert wurde. **I** wurde durch $K_2Cr_2O_7$-Oxydation von *1.5-Diphenyl-3-hydroxypyrrolidon-(2)* ($C_{16}H_{15}NO_2$, F. 206—207°) synthetisiert, das seinerseits durch Rk. von 4-Carbäthoxy-1.5-diphenyl-2.3-diketopyrrolidin mit HJ–H_3PO_2 gewonnen wurde. Die IR-Absorptionsmaxima der Verbb. bestätigen die angenommenen Strukturen. (Chem. and Ind. **1957**. 428—29. 6/4. New Haven, Conn., Yale Univ., Sterling Chem. Labor.) K. DOMMAIN. 3081

Franco Piozzi, *Über die Isatinsynthese nach Sandmeyer.* 3. Mitt. (2. vgl. C. **1957**. 4966.) Vf. berichtet über das Verh. von Isonitrosoacetanilid (**I**) gegenüber von 82%ig. Polyphosphorsäure (**II**) u. PCl_5 als Cyclisierungsmittel bei der SANDMEYERschen Isatin (**V**)-synthese. Cyclisierungsverss. mit Oxanilsäure, ihrem Äthylester, Phenyloxamid u. 4-Nitrooxanilid (**III**; 5—30 Min. Erhitzen auf 60—150°) in konz. H_2SO_4 führten nicht zu **V**. In der wss. Säurelsg. konnten neben harzigen, braunen, nicht mit Ae. extrahierbaren Prodd. nur geringe Mengen von Anilin festgestellt werden. Lediglich im Falle von III entstand *p-Nitranilin.* Ein Vers. mit 2.4-Dinitrooxanilid führte zu *2.4-Dinitroanilin* (VI). Bei Reaktionstempp. < 100° konnten bei II mit Oxanilsäurederivv. nur die Ausgangsprodd. isoliert werden. Die Rk. von I mit II lieferte *Phenyloxamid* [F. 230 bis 231° (Eisessig)]. Durch 1std. Kochen von I mit PCl_5 in trockenem Toluol entstanden *Diphenylharnstoff* [$C_{13}H_{12}N_2O$, F. 245° (Nadeln aus Eisessig)] u. in der Mutterlauge *Cyanformanilid* [IV, $C_8H_6N_2O$, Zers. bei 125—135° (aus Bzl. oder durch Sublimation bei 80°/1 mm)], bei dessen Erhitzen auf offener Flamme HCN u. Phenylisocyanat entweichen. Wird I mit II ½ Std. auf 110° erhitzt, das Reaktionsgemisch in Eiswasser gegossen u. das Filtrat mit Ae. extrahiert, erhält man *Isatin-β-oxim* [$C_8H_6N_2O_2$, F. 217° (goldgelbe Nadeln aus W. oder 50%ig. A.; gelbe Plättchen aus Eisessig); 17—18% (Ausbeute; roh)] u. Spuren von V. Durch ½std. Erhitzen von IV in konz. H_2SO_4 auf 105° wurde nach Vakuumsublimation des Eindampfrückstandes der Ae.-Extraktion V gewonnen. Die Rk. gleicher Anteile von Oxanilsäureäthylester u. VI bei 230—240° (2 Std.) lieferte *2.4-Dinitrooxanilid* [$C_{14}H_{10}N_4O_6$, F. 279—280° (gelbes, mikrokristallines Pulver nach Sublimation bei 280°/1 mm)]. — Vf. nimmt an, daß aus I durch BECKMANNsche Umlagerung intermediär ein V-β-Imid gebildet wird. Mit H_2SO_4 ist die Cyclisierungsgeschwindigkeit der Enolform viel größer als die Geschwindigkeit der Tautomerisierung. Zum Vgl. zieht Vf. andere Beispiele aus der Literatur zur Erklärung des Reaktionsmechanismus heran. (Atti Accad. naz. Lincei, Rend., Cl. Sci. fisiche, mat. natur. [8] **22.** 629—36. Mai 1957. Milano, Centro di Chim. Ind. del C. N. R., Politecn., Ist. di Chim. gen.) O. WOLF. 3081

John A. Montgomery, Kathleen Hewson, Robert F. Struck und **Y. Fulmer Shealy,** *Eine bequeme Synthese von 4(5)-Aminoimidazol-5(4)-carbonsäureamidhydrochlorid.* Aus Benzolazomalonamidamidinhydrochlorid (I) u. Ameisensäure wird durch reduktive Cyclisierung (mit Zn oder Pd-Kohle) *4(5)-Aminoimidazol-5(4)-carbonsäureamidhydrochlorid* (II) dargestellt. Als Neben- bzw. Zwischenprod. entsteht die entsprechende *4(5)-Formylaminoverb.* (III). Die UV-Absorptionsmaxima von II u. III bei verschied. p_H-Werten sind angegeben.

Versuche: *4(5)-Formylaminoimidazol-5(4)-carbonsäureamid* (III), $C_5H_6N_4O_2$, a) durch 3—4std. Red. von I u. 98%ig. HCOOH mit 30%ig. Pd-Kohle (in W.-Methylcellosolve), Eindampfen u. Behandeln mit absol. A.; daneben *Formanilid* u. Spuren von *Hypoxanthin*; b) durch Zugabe von I zu Zn-Staub in 98%ig. HCOOH bei 25°, 8std. Kochen, Eindampfen, Aufnehmen in heißem W. u. mehrstd. Kühlen; 28% (Ausbeute). — *4(5)-Aminoimidazol-5(4)-carbonsäureamidhydrochlorid* (II), F. 254—256° (W.-A.-Ae.), a) aus der Mutterlauge der Darst. von III nach b) durch Sättigen mit H_2S, Filtrieren, Eindampfen, Ansäuern mit verd. HCl u. ¼std. Kochen; 27%; b) durch ¼std. Rk. von III [dargestellt nach a)] in sd. n-HCl u. Eindampfen; 71% (bezogen auf I). Daraus mit Dowex 1 (Carbonatform) in wss. Lsg. die *freie Base*, F. 170—171°; 56%. (J. org. Chemistry **24.** 256—57. Febr. 1959. Birmingham, Ala., Southern Res. Inst., Kettering-Meyer-Labor.) W. HOFFMANN. 3122

Dorothea Heyl, Gladys Emerson, Marjorie M. Gasser, Edith C. Chase und **Karl Folkers,** *Untersuchungen über carcinolytische Verbindungen.* 6. Mitt. *Substituierte 2-[aldo-Polyhydroxyalkyl]-benzimidazole.* (5. vgl. C. **1950/54.** 3912 S.) *2-[aldo-Polyhydroxyalkyl]-benzimidazole* (I) wurden durch Oxydation der Zucker mit KJO zu den K-Salzen der Aldonsäuren u. deren saure Kondensation mit o-Phenylendiaminen hergestellt. Einige I wurden auf antineoplast. Wrkg. gegenüber einem Lymphosarkom (6C3H-ED) der Maus (C3H-Stamm) getestet. 5-Methyl-2-L-arabotetrahydroxybutylbenzimidazol zeigte schwache Aktivität.

Versuche: Benzimidazole: *5-Methyl-2-D-glucopentahydroxypentyl-*, $C_{13}H_{18}N_2O_5$, F. 205—206° (Zers.; A.-W.), $[\alpha]_D^{25}$ 10 ± 2° [c = 2; 5%ig. Citronensäure (II)]; 80% (Ausbeute). — *5-Methyl-2-D-ribotetrahydroxybutyl-*, $C_{12}H_{16}N_2O_4$, F. 192—193° (Zers.; A.-W.), $[\alpha]_D^{25}$ 17 ± 2° (c = 2; 5%ig. II); 77%. — *5-Methyl-2-L-arabotetrahydroxybutyl-*, $C_{12}H_{16}N_2O_4$, F. 238—299 (Zers.), $[\alpha]_D^{25}$ 47 ± 2° (c = 2; 5%ig. II); 84%. — *5-Methyl-2-D-arabotetrahydroxybutyl-*, $C_{12}H_{16}N_2O_4$, F. 238—239° (Zers.; A.-W.), $[\alpha]_D^{21}$ —44 ± 2° (c = 2; 5%ig. II); 66%. — *5-Methyl-2-D-galaktopentahydroxypentyl-*, $C_{13}H_{18}$·N_2O_5, F. 222—223° (Zers.), $[\alpha]_D^{25}$ 42 ± 2° (c = 2; 5%ig. II); 60%. — *5-Methyl-2-D-mannopentahydroxypentyl-*, $C_{13}H_{18}N_2O_5$, F. 228—229° (Zers.; A.-W.), $[\alpha]_D^{21}$ —20 ± 2° (c = 2; 5%ig. II); 49%. — *5-Methyl-2-L-rhamnotetrahydroxypentyl-*, $C_{13}H_{18}N_2O_4$, F. 230—231° (Zers.; W.), $[\alpha]_D^{21}$ 26 ± 2° (c = 2; 5%ig. II); 14%. — *5.6-Dimethyl-2-D-ribotetrahydroxybutyl-*, $C_{13}H_{18}N_2O_4$, F. 227—229° (Zers.; A.-W.), $[\alpha]_D^{25}$ 34 ± 2° (c = 1; Pyridin); 61%. *Pikrat*, $C_{19}H_{21}N_5O_{11}$, F. 206,5—207° (Zers.), $[\alpha]_D^{24}$ 33 ± 2° (c = 1; Pyridin). — *5.6-Dimethyl-2-L-arabotetrahydroxybutyl-*, $C_{13}H_{18}N_2O_4$, F. 251 bis

252° (Zers.; A.-W.), $[\alpha]_D^{25}$ 43 ± 2° (c = 1; 5%ig. II); 79%. *Pikrat*, $C_{19}H_{21}N_5O_{11}$, F. 215 bis 216°. — *5-Chlor-2-D-glucopentahydroxypentyl-*, $C_{12}H_{15}ClN_2O_5$, F. 227—229° (Zers.), $[\alpha]_D^{26}$ 9 ± 2° (c = 2; 5%ig. II); 60%. — *5-Chlor-2-D-ribotetrahydroxybutyl-*, $C_{11}H_{13}$· ClN_2O_4, F. 235—236° (Zers.), $[\alpha]_D^{24}$ 20 ± 2° (c = 2; 5%ig. II); 41%. — *5-Chlor-2-L-arabotetrahydroxybutyl-*, $C_{11}H_{13}ClN_2O_4$, F. 241—242° (Zers.), $[\alpha]_D^{26}$ 45 ± 2° (c = 2; 0,3n HCl); 46%. — *5-Chlor-2-D-galaktopentahydroxypentyl-*, $C_{12}H_{15}ClN_2O_5$, F. 240—242° (Zers.), $[\alpha]_D^{24}$ 40 ± 2° (c = 2; 5%ig. II); 38%. — *2-Chlor-2-D-mannopentahydroxypentyl-*, $C_{12}H_{15}ClN_2O_5$, F. 235—236° (Zers.; A.-W.); $[\alpha]_D^{21}$ —19 ± 2° (c = 1; 5%ig. II); 38%. — *5-Chlor-2-L-rhamnotetrahydroxypentyl-*, $C_{12}H_{15}ClN_2O_4$, F. 234—235° (Zers.; W.), $[\alpha]_D^{21}$ 25 ± 2° (c = 2; 5%ig. II); 34%. — *5.6-Dichlor-2-D-glucopentahydroxypentyl-*, $C_{12}H_{14}$· $Cl_2N_2O_5$, F. 232—233° (Zers.), $[\alpha]_D^{26}$ 7 ± 2° (c = 1; 0,3n HCl); 75%. — *5.6-Dichlor-2-D-ribotetrahydroxybutyl-*, $C_{11}H_{12}Cl_2N_2O_4$, F. 239—241° (Zers.), $[\alpha]_D^{26}$ 16 ± 2° (c = 2; 0,3n HCl); 57%. — *5.6-Dichlor-2-L-arabotetrahydroxybutyl-*, $C_{11}H_{12}Cl_2N_2O_4$, F. 242 bis 243° (Zers.), $[\alpha]_D^{26}$ 41 ± 2° (c = 2; 0,3n HCl); 50%. — *5.6-Dichlor-2-D-galaktopentahydroxypentyl-*, $C_{12}H_{14}Cl_2N_2O_5$, F. 262—263° (Zers.), $[\alpha]_D^{26}$ 43 ± 2° (c = 2; 0,3n HCl); 38%. — *2-L-Lyxotetrahydroxybutyl-*, $C_{11}H_{14}N_2O_4$, F. 192—192,5° (Zers.; W.), $[\alpha]_D^{25}$ 14 ± 2° (c = 2; 5%ig. II). (J. Amer. chem. Soc. **78**. 4491—92. 5/9. 1956. Rahway, N. J., Merck Sharp & Dohme Co., Inc., Res. Labors.) K. MAIER. 3122

Wiktor Lampe und **Jadwiga Smolińska**, *Kupplungsfähigkeit beider Methylgruppen der Quaternärbase des 3.5-Dimethylisoxazols.* 2. Mitt. (1. vgl. Roczniki Chem. [Ann. Soc. chim. Polonorum] **28**. [1954.] 163.) Durch Kondensation von N-Äthyl-3.5-dimethylisoxazoliumjodid (I) mit N-Äthyl-2-methylmercaptobenzthiazoliumjodid (II) wurde eine hellgelbe Verb. u. aus I u. p-Dimethylaminozimtaldehyd (III) eine grüne Verb. dargestellt.

Versuche: *N-Äthyl-3.5-dimethylisoxazoliumjodid* (I), F. 94°, durch 24std. Erhitzen von Äthyljodid u. 3.5-Dimethylisoxazol im geschlossenen Rohr auf 100°; hygroskop.; 60% (Ausbeute). — *N-Äthyl-3.5-bis-[N-äthylbenzthiazolinylidenmethyl]-isoxazoliumjodid*, $C_{25}H_{26}JN_3OS_2$, F. 213—214°, durch 1std. Erhitzen von I u. II mit Triäthylamin in absol. A. auf 90°; aus Methanol hellgelbe Kristalle; 15%. — *N-Äthyl-3.5-bis-[4-(p-dimethylaminophenyl)-butadien-(1.3)-yl]-isoxazoliumjodid*, $C_{29}H_{34}JN_3O$, F. 176—177°, durch 30 Min. Erhitzen von I u. III in Ggw. von Piperidin in absol. A. auf 90°; aus Butanol dunkelgrüne Kristalle; λ_{max} 4650 Å; 20%. (Roczniki Chem. [Ann. Soc. chim. Polonorum] **29**. 934—36. 1955. Warszawa, Uniw., Kat. Chem. Organ.) F. URBAN. 3132

Otto Neunhoeffer und **Volkmar Georgi**, *Über in 2-Stellung äthinylsubstituierte N-Heterocyclen. 2-Äthinylbenzoxazol.* Durch Behandlung von α.β-Dibrom-β-[chinolyl-(2)]-propionsäure mit schm. Alkali entsteht unter Br_2-Abspaltung *β-Chinolylacrylsäure.* α.β-Dibrom-β-[benzthiazolyl-(2)]-propionsäure ergab durch Rk. mit Alkalien verschied. Konz. u. in verschied. Lösungsmitteln immer *β-[Benzthiazolyl-(2)]-acrylsäure.* Verss., Propiolsäure-[o-hydroxyanilid] zum Oxazol zu cyclisieren, lieferten nur Harze. Die Rk. von N-Methylchinoliniumjodid mit Acetylen-MgBr sowie die Rk. von N-Methylchinolon mit Acetylen-Li in fl. NH_3 ergab unverändertes Ausgangsmaterial. 1.3-Dimethylbenzimidazolon in Toluol konnte mit Acetylen-Li in fl. NH_3 ebenfalls nicht zur Rk. gebracht werden. 2-Chlorbenzoxazol reagierte mit Acetylen-Na in fl. NH_3 unter Bldg. von *2-Äthinylbenzoxazol.* Analog ergab die Rk. von 2-Chlorbenzthiazol (I) mit Acetylen-Na Gemische von I u. *2-Äthinylbenzthiazol*, die aber nicht getrennt werden konnten.

Versuche: *α.β-Dibrom-β-[benzthiazolyl-(2)]-propionsäure*, $C_{10}H_7Br_2NO_2S$, Zers. bei 211°, durch Stehen von β-[Benzthiazolyl-(2)]-acrylsäure in dünner Schicht neben Br_2 unter einer Glasglocke u. Erhitzen des Reaktionsprod. mit Aceton; 61,3% (Ausbeute). *Hydrobromid*, $C_{10}H_7Br_2NO_2S \cdot HBr$, F. 184° (Zers.), durch 30 Min. Rk. von β-[Benzthiazolyl-(2)]-acrylsäurehydrobromid mit Br_2 auf dem Wasserbad, Kühlen u. kurzes Erhitzen des abgeschiedenen Prod. mit Aceton; 65%. — *Propiolsäure-[o-hydroxyanilid]*, $C_9H_7NO_2$, F. 161° (W.), durch Zugabe von o-Aminophenol in Ae. zu Propiolsäureanhydrid in Ae., 2tägiges Stehen bei 0°, Filtrieren, Eindampfen u. Befeuchten des Rückstandes mit A.; 41%. — *[o-Hydroxyphenylammonium]-propiolat*, $C_9H_9NO_3$, F. 144° (Zers.; absol. A.), neben vorst. Verb.; 26,5%. — *2-Äthinylbenzoxazol*, C_9H_5NO, F. 36°, durch Sättigen von fl. NH_3 mit Acetylen bei —70°, Eintragen von Na unter Durchleiten von Acetylen, Zutropfen von 2-Chlorbenzoxazol unter Rühren, 1std. Rühren, Zugabe von Ae., Abdampfen des NH_3, Zugabe von W. u. Ae.-Extraktion; Kp.$_{14}$ 108—109°; 69,6%. *Ag-Deriv.*, C_9H_4AgNO, Kristalle. *Cu-Deriv.*, C_9H_4CuNO, gelbe Flocken. (Chem. Ber. **92**. 791—93. 1959. Berlin, Humboldt-Univ., II. Chem. Inst.) H. BERTSCH. 3132

W. I. Nikitin und **I. M. Timofejewa**, *Tertiäre dreiwertige Alkohole der Acetylenreihe und ihre Umwandlungen.* 8. Mitt. *Dehydratisierung von tertiären Äthylenglycerinen: 2.3.6-Trimethylhepten-(4)-triol-(2.3.6); 3.4.7-Trimethylocten-(5)-triol-(3.4.7); 2-Methyl-*

5-[1-hydroxycyclohexyl]-hexen-(3)-diol-(2.5) und 2.4-Bis-[1-hydroxycyclohexyl]-buten-(3)-ol-(2). (7. vgl. C. **1956.** 8054; 9. vgl. C. **1957.** 1163.) Bei der Dehydratisierung von 2.3.6-Trimethylhepten-(4)-triol-(2.3.6) mit 10%ig. H_2SO_4 entsteht *2.2.5.6.6-Pentamethyldihydropyranol-(5)* (I), das an Pt zu *2.2.5.6.6-Pentamethyltetrahydropyranol-(5)* (II) hydriert wird. Beim Erhitzen von II mit $KHSO_4$ entsteht *2.2.5.6.6-Pentamethyl-Δ^4-dihydropyran.* Analog werden aus anderen tert. 3wertigen Alkoholen *Di-* u. *Tetrahydropyranole* erhalten. Bei Oxydation der Dihydropyrane mit $KMnO_4$ entstehen immer *Oxal-* u. *Essigsäure,* nie Ameisensäure, womit die Dihydropyranstruktur bewiesen wird.

Versuche: *2.2.5.6.6-Pentamethyldihydropyranol-(5)* (I), $C_{10}H_{18}O_2$, Kp.$_8$ 117 bis 118°, durch 4std. Rühren einer Suspension von 15 g 2.3.6-Trimethylhepten-(4)-triol-(2.3.6) in 360 ml 10%ig. H_2SO_4 bei 50—60°; D.$^{20}_4$ 0,9428; n_D^{20} 1,4507; 85% (Ausbeute). — *2.2.5.6.6-Pentamethyltetrahydropyranol-(5)* (II), $C_{10}H_{20}O_2$, Kp.$_8$ 59°, durch Hydrierung einer Lsg. von 7,1 g I in 80 ml Methanol in Ggw. von PtO_2; D.$^{20}_4$ 0,9267; n_D^{20} 1,4404; 6 g. — *2.2.5.6.6-Pentamethyl-Δ^4-dihydropyran,* $C_{10}H_{18}O$, Kp.$_{70}$ 79—80° durch Erhitzen von 13 g II mit 4 g $KHSO_4$ u. 0,5 g Pyrogallol auf 215°; D.$^{20}_4$ 0,8549; n_D^{20} 1,4360. Bei der Oxydation mit 3%ig. $KMnO_4$-Lsg. entsteht *Essigsäure* u. eine *Säure* (vermutlich *α.α'-Dimethyl-α-carboxymethyl-α'-acetyldiäthyläther,* $C_{10}H_{18}O_4$, Kp.$_2$ 102—103°). — *2.2.5.6-Tetramethyl-6-äthyldihydropyranol-(5),* $C_{11}H_{20}O_2$, Kp.$_8$ 70—72°, durch 3tägiges Stehen von 30 g 3.4.7-Trimethylocten-(5)-triol-(3.4.7) in 530 ml 10%ig. H_2SO_4 bei Zimmertemp.; D.$^{20}_4$ 0,9442; n_D^{20} 1,4559; 84%. — *2.2.5.6-Tetramethyl-6-äthyltetrahydropyranol-(5),* $C_{11}H_{22}O_2$, Kp.$_8$ 74,5—75°, durch Hydrierung von 5 g vorst. Verb. in 50 ml Methanol in Ggw. von PtO_2; D.$^{20}_4$ 0,9297; n_D^{20} 1,4474; 3,8 g. — *2.2.5.6-Tetramethyl-6-äthyl-Δ^4-dihydropyran,* $C_{11}H_{20}O$, Kp.$_{29}$ 79—80°, durch Erhitzen von 6 g vorst. Verb. mit 3 g $KHSO_4$ u. 0,4 g Pyrogallol; D.$^{20}_4$ 0,8673; n_D^{20} 1,4466; 4 g. — *2.2.5-Trimethyl-6-spirocyclohexandihydropyranol-(5),* $C_{13}H_{22}O_2$, Kp.$_8$ 108—109°, aus 15 g 2-Methyl-5-[1-hydroxycyclohexyl]-hexen-(3)-diol-(2.5), in 260 ml 10%ig. H_2SO_4; D.$^{20}_4$ 0,9984; n_D^{20} 1,4828; 84,7%. — *2.2.5-Trimethyl-6-spirocyclohexantetrahydropyranol-(5),* $C_{13}H_{24}O_2$, Kp.$_8$ 109,5—110°, durch Hydrierung von 6 g vorst. Verb. in 60 ml Methanol in Ggw. von PtO_2; D.$^{20}_4$ 0,9848; n_D^{20} 1,4740; 91,6%. — *2.2.5-Trimethyl-6-spirocyclohexan-Δ^4-dihydropyran,* $C_{13}H_{22}O$, Kp.$_8$ 108—110°, aus 6,5 g vorst. Verb. mit 2,5 g $KHSO_4$ u. 0,4 g Pyrogallol; D.$^{20}_4$ 0,92706; n_D^{20} 1,4729; 3,5 g. — *5-Methyl-2.6-dispirodicyclohexandihydropyranol-(5),* $C_{16}H_{26}O_2$, Kp.$_{12}$ 121—122°, aus 15 g 2.4-Bis-[1-hydroxycyclohexyl]-buten-(3)-ol-(2) in 360 ml 10%ig. H_2SO_4; D.$^{20}_4$ 1,0368; n_D^{20} 1,5055; 79%. — *5-Methyl-2.6-dispirodicyclohexantetrahydropyranol-(5),* $C_{16}H_{28}O_2$, Kp.$_2$ 118—119°, durch Hydrierung von 9 g vorst. Verb. in Ggw. von PtO_2; D.$^{20}_4$ 1,0227; n_D^{20} 1,4963; 91,1%. (Журнал Общей Химии [J. allg. Chem.] **25** **(87).** 1526—35. Aug. 1955. Chem. Inst. der Akad. der Wiss. der TadshikSSR.) G. KUHLOW. 3211

V. K. Ahluwalia, A. C. Mehta und **T. R. Seshadri,** *Eine neue Synthese von Dalbergin, Methyldalbergin und eine Synthese von Allodalbergin.* Analog der Synth. von 4-Phenylumbelliferon nach LIMAYE u. RAMKRISHNA wurde aus 2.5-Dihydroxy-4-methoxybenzophenon *Dalbergin* (I), aus 2-Hydroxy-4.5-dimethoxybenzophenon *Methyldalbergin* (II), erhalten. II gibt bei partieller Entmethylierung I u. *Nordalbergin.* Durch Oxydation von 4-Phenyl-5-methoxycumarin mit $K_2S_2O_8$ entsteht *4-Phenyl-5-methoxy-6-hydroxycumarin,* dem die Bezeichnung *Allodalbergin* gegeben wird. — Die Farb-Rkk. von Cumarinderivv. mit Mg u. alkoh. HCl werden untersucht u. die Beziehungen zur Konst. besprochen.

Versuche: *4-Phenyl-7-methoxycumarin,* F. 116—117° (A.), aus 10 g nachst. Verb., Na-Acetat u. Acetanhydrid bei 165—170° (24 Std.); 2 g (Ausbeute). — *2-Hydroxy-4-methoxybenzophenon,* neben *Oxal-* u. *Benzoesäure* aus vorst. Verb. u. $KMnO_4$ in Aceton. — *4-Phenyl-6-hydroxy-7-methoxycumarin* (I; *Dalbergin*), F. 209—210° (CH_3OH), a) durch Hydrolyse des Acetylderiv.; b) aus 2 g **II** u. HBr in Eisessig auf dem Wasserbad (1 Std.), Gießen in W. u. Extraktion des Nd. mit $Na_2B_4O_7$-Lsg.; 0,6 g; c) aus 2 g **II** u. HJ in Acetanhydrid (115—120°; ½ Std.); 1,0 g. *Acetylderiv.,* F. 157—158° (A.), wie vorvorst. Verb. aus 10 g 2.5-Dihydroxy-4-methoxybenzophenon; 3 g. — *4-Phenyl-6.7-dimethoxycumarin* (**II**; *Methyldalbergin*), F. 144—145°, wie vorst. aus 10 g 2-Hydroxy-4.5-dimethoxybenzophenon; 2 g. — *Nordalbergin,* F. 267—268° (A.), neben I nach b) u. c); 0,5 bzw. 0,6 g. — *4-Phenyl-5-methoxy-6-hydroxycumarin* (*Allodalbergin*), $C_{16}H_{12}O_4$, F. 178—179°, aus 2,7 g 4-Phenyl-5-methoxycumarin u. $K_2S_2O_8$ in verd. NaOH; aus Bzl. derbe rechteckige Tafeln; 1,5 g. *Methyläther,* F. 134—136°, aus CH_3OH dicke rhomboedr. Platten. *Acetylderiv.,* F. 114—116°, aus Methanol derbe Prismen. (Proc. Indian Acad. Sci., Sect. A **45.** 293—97. Mai 1957. Delhi, Univ., Dep. of Chem.) F. HELLER. 3211

Irena Chmielewska und **Jerzy Cieślak,** *Vitamine und Antivitamine K. 2.4'-Dimethyläther des Dicumarols.* (Vgl. C. **1958.** 7121.) Bei der Verätherung von 1,7 g Dicumarolmonomethyläther mit Diazomethan wird der *Dimethyläther* (I; F. 159—161°) über das *Perchlorat* (F. 141—142°; 0,32 g) u. der isomere *4.4'-Dimethyläther* (II; F. 154—156°; 1,5 g), der kein Perchlorat bildet, erhalten. Die UV-Absorptionsspektren von **I** u. **II** werden angegeben. (Roczniki Chem. [Ann. Soc. chim. Polonorum] **31.** 1079—81. 1957. Warszawa, Uniw., Zakł. Chem. organ.) F. URBAN. 3211

Zofia Jerzmanowska und **Krzysztof Kostka,** *Über die Einwirkung von Aminen auf Chromon-2-carbonsäureester.* Chromon-2-carbonsäureester (I) regieren mit einigen sek. Aminen bei n. Temp. in wasserfreiem Medium unter Spaltung des γ-Pyronringes zu folgenden β-[o-Hydroxybenzoyl]-acrylsäuren: *α-Piperidino-, -piperidid* (II), $C_{20}H_{26}N_2O_3$, F. 200,5—201,5°, aus I u. Piperidin; gelbe Nadeln (Bzl.); 55% (Ausbeute). — *α-Dimethylamino-, -dimethylamid,* $C_{14}H_{18}N_2O_3$, F. 162,5—163,5°, mit Dimethylamin; gelbe Blättchen (A.); 65,3%. $(C_2H_5)_2NH$ u. $(n\text{-}C_4H_9)_2NH$ bilden mit I nur Chromon-2-carbonsäureamide (III): *Diäthylamid,* $C_{14}H_{15}NO_3$, F. 150—151°. — *Di-n-butylamid,* $C_{18}H_{23}NO_3$, F. 159—160°, Blättchen (Xylol); 49,1%. — Die Struktur von II wurde durch Umsetzung von β-[o-Hydroxybenzoyl]-brenztraubensäureäthylester mit Piperidin bewiesen. Mit $(C_2H_5)_2NH$ u. $(n\text{-}C_4H_9)_2NH$ werden auch hier nur die entsprechenden III gebildet. — Prim. Amine reagieren mit I über die isolierbare Stufe III ebenfalls zu den II-analogen Enaminen. Dargestellt wurden folgende Chromon-2-carbonsäureamide (III): *N-Methylamid,* $C_{11}H_9NO_3$, F. 223 bis 224°. — *N-Isopropylamid,* $C_{13}H_{13}NO_3$, F. 164—165,5°, Nadeln (Xylol); 60,4%. — *N-n-Amylamid,* $C_{15}H_{17}NO_3$, F. 135—136°, Blättchen (Xylol); 58,4%. — *N-Benzylamid,* $C_{17}H_{13}NO_3$, F. 182—183°, Nadeln (A.); 51,5%. — *N-Äthanolamid,* $C_{12}H_{11}NO_4$, F. 203 bis 204,5°, Nadeln (W.); 72,3%. — Durch Rk. der III mit einem weiteren Mol prim. Amin wurden folgende β-[o-Hydroxybenzoyl]-acrylsäuren erhalten: *α-Methylamino-, -methylamid,* $C_{12}H_{14}N_2O_3$, F. 158—159°, mit Methylamin; gelbe Prismen (Xyol); 70,6%. — *α-Isopropylamino-, -isopropylamid,* $C_{16}H_{22}N_2O_3$, F. 143—144°, mit Isopropylamin; gelbe Nadeln (Xylol); 46,1%. — *α-n-Amylamino-, -n-amylamid,* $C_{20}H_{30}N_2O_3$, F. 72—74°, mit n-Amylamin; gelbe Nadeln (Xylol); 55%. — *α-Benzylamino-, -benzylamid,* $C_{24}H_{22}N_2O_3$, F. 173—174°, mit Benzylamin; gelbe Nadeln (A.); 70%. — I reagiert mit 1 Mol Äthylendiamin unter Bldg. von *N.N'-Äthylen-β-[o-hydroxybenzoyl]-α-aminoacrylamid,* $C_{12}H_{12}N_2O_3$, F. 213—214,5°, orangegelbe Nadeln (A.); 9,8%; ferner mit 2 Mol Diamin zum entsprechenden *α-[2-Aminoäthylamino]-2-aminoäthylamid, Na-Salz,* $C_{14}H_{19}N_4NaO_3$, F. 172° (Zers.), gelbe Nadeln (A.); 31,8%. (Roczniki Chem. [Ann. Soc. chim. Polonorum] **31.** 1071—74. 1957. Łódź, Akad. Med., Kat. Chem. organ.) F. URBAN. 3211

David G. Roux und **M. C. Bill,** *Der Bildungsmechanismus von Anthocyanidinen aus Leukoanthocyaninen.* Die Annahme einer Eliminierung der OH-Gruppe an $C_{(4)}$ bei der Überführung von Leukoanthocyaninen in *Anthocyanidine* mit wss. oder wss.-alkoh. HCl wird durch die Ausbeuteerhöhung bei Anwendung von HCl-Gas in Isopropanol gestützt. Dabei werden neben den auch mit wss. HCl erhältlichen Anthocyanidinen Isomere von höherem R_F-Wert gebildet, die wahrscheinlich als *3-* oder *4-Isopropoxyflavyliumsalze* anzusehen sind. Die Ätherbldg. erfolgt bereits vor der Überführung des Flavandiols-(3.4) in das Flavyliumsalz u. wird durch Anwesenheit von W. stark zurückgedrängt. (Nature [London] **183.** 42. 3/1. 1959. Grahamstown, South Africa, Rhodes Univ., Leather Ind. Res. Inst.) F. HELLER. 3211

Fritz Kröhnke und **Karlfried Dickoré,** *Reaktionen cyclischer Oxoniumionen mit nucleophilen Partnern.* 7. Mitt. *über Pseudobasen.* (6. vgl. C. **1958.** 6539.) Flavyliumperchlorat (I) reagiert analog den früher untersuchten Oniumverbb. der Chinolin-, Isochinolin- u. Acridinreihe als Kation mit CH-Verbb., welche ausreichende Protonenbeweglichkeit besitzen u. deren Anionen genügend nucleophil sind unter Bldg. von 4-substituierten *Δ^2-Flavenen,* die durch heißen Eisessig wieder in die Komponenten gespalten werden. 4-substituierte Flavyliumsalze reagieren unter den Kondensationsbedingungen nicht, wodurch, ebenso wie durch die Dehydrierbarkeit der Flavene mit $KMnO_4$ in Dimethylformamid zu *4-Methylen-Δ^2-flavenen,* die 4-Stellung der eingetretenen Substituenten bewiesen wurde. Eine Kondensation zwischen Pseudobase u. CH-acider Verb. wird durch die hemmende Wrkg. überschüssiger OH-Ionen ausgeschlossen. Die Art der Bindung zwischen dem nucleophilen u. dem Flavyliumrest ist stark abhängig von der Konst. u. dem Lösungsm., indem polare Solventien die Ausbldg. einer Ionenbeziehung, unpolare dagegen kovalente Bindung zwischen den Partnern begünstigen. Analog der Spaltung der Addukte mit Säure wurde aus *4-Phenyl-Δ^2-flaven* (II) mit HBF_4 *4-Phenylflavyliumfluoborat* neben einer *hydrierten Verb.* gebildet, wobei mol. H nicht auftritt. Mit bes. nucleophilen Verbb. entstehen ebenso wie bei den entsprechenden Acridiniumderivv. neben den n. 1:1-Addukten *Diflavenylmethane,* die beim Nitromethan als alleiniges

Prod. erhalten werden. Ebenso wie mit Flavyliumionen reagieren auch 2.6-Diphenylpyrylium- u. Xanthyliumionen. Mit Anilin in sd. Eisessig reagiert I ebenso wie mit Dimethylanilin (III) unter Bldg. von tiefviolettem *4-[4-Aminophenyl]-flavyliumperchlorat*; eine analoge, diagnost. wertvolle tiefviolette Farb-Rk. mit III in Eisessig geben die 1:1- u. 1:2-Addukte der Pyrylium- u. Flavyliumreihe, während die entsprechenden Xanthyliumverbb. nicht reagieren. UV-Spektren vgl. Original.

Versuche: *4-[Diacetylmethyl]-Δ^2-flaven*, $C_{20}H_{18}O_3$, F. 122°, durch Zugeben von 3 Mol Acetylaceton, dann von methanol. NaOH, $(C_2H_5)_3N$ oder Pyridin zu 1 Mol I in A. bei 20° (Meth. **A**); aus Bzl.-PAe. (5:1) rechteckige Stäbchen; 86% (Ausbeute). — *4'-Methoxy-4-[diacetylmethyl]-Δ^2-flaven*, $C_{21}H_{20}O_4$, F. 132°, nach **A**; aus Bzl.-PAe. (5:3) Nadeln; 98%. — *4'-Dimethylamino-4-[diacetylmethyl]-Δ^2-flaven*, $C_{22}H_{23}NO_3$, F. 159°, nach **A**; aus Bzl.-PAe. (5:2) schwachgelbe, silbrigglänzende Nadeln; 89%; Lsgg. in Äthylacetat u. Bzl. farblos, in CH_3OH u. A. rotviolett. — *4-[p-Dimethylaminophenyl]-Δ^2-flaven*, F. 127°, nach **A**; Nadeln. — *4'-Methoxy-4-[p-dimethylaminophenyl]-Δ^2-flaven*, $C_{24}H_{23}NO_2$, F. 127°, nach **A** u. Erwärmen auf dem Wasserbad; aus A. Nadeln; 94%; die analoge Rk. mit 4'-Dimethylaminoflavyliumperchlorat gelang nicht. — *4-[Dibenzoylmethyl]-Δ^2-flaven*, $C_{30}H_{22}O_3$, F. 144°, nach **A**; aus Äthylacetat stumpfe Nadeln; 78%; färbt sich am Licht gelb. — *4'-Dimethylamino-4-[dibenzoylmethyl]-Δ^2-flaven*, $C_{32}H_{27}NO_3$, F. 169—171°, nach **A**; 93%; aus Äthylacetat blaßgelbe Tafeln; Lsgg. in unpolaren Solventien farblos, in A. schwach rotviolett. — *4-[Carbäthoxycyanmethyl]-Δ^2-flaven*, $C_{20}H_{17}NO_3$, F. 115°, nach **A**; aus Bzl.-PAe. (1:1) blaßgelbe Prismen; 83%; oder aus nachst. Verb. u. 5 Mol Cyanessigester bei 160° (10 Min.); 75%.— *Bis-[Δ^2-flavenyl-(4)]-cyanessigsäureäthylester*, $C_{35}H_{27}NO_4$, F. 175—176°, aus 2 Mol I u. 1 Mol Cyanessigester nach **A**; 61%; oder aus je 1 Mol vorst. Verb. u. I nach **A**; 48%; aus Äthylacetat-PAe. (1:2) Nadelbüschel. — *4'-Dimethylamino-4-[carbäthoxycyanmethyl]-Δ^2-flaven*, $C_{22}H_{22}NO_3$, F. 114—115°, nach **A**; aus Äthylacetat-PAe. (1:2) lange, dünne, pfirsichblütenfarbene Spieße; 75%; Lsg. in A. rotviolett. — *4-[Dicyanmethyl]-Δ^2-flaven*, $C_{18}H_{12}\cdot N_2O$, F. 141°, nach **A**; 100%; oder aus nachst. Verb. u. 5 Mol Malodinitril bei 120°; 83%; aus Bzl.-PAe. (5:2) schwachgelbe, stumpfe Nadeln. — *Bis-[Δ^2-flavenyl-(4)]-malodinitril*, $C_{33}H_{22}N_2O_2$, F. 181—182°, aus 2 Mol I u. 1 Mol Malodinitril nach **A**; 73%; oder aus vorst. Verb. u. I nach **A**; 61%; aus Bzl.-PAe. (1:1) sechsseitige Prismen. — *4-[Beznoylcyanmethyl]-Δ^2-flaven*, $C_{24}H_{17}NO_2$, F. 130—132° (Äthylacetat), nach **A**; 78%. — *4-[Bis-p-toluolsulfonylmethyl]-Δ^2-flaven*, $C_{30}H_{26}O_5S_2$, F. 152—153°, nach **A**; aus Äthylacetat Rhomben; 69%. — *4-[Benzoylacetylmethyl]-Δ^2-flaven*, $C_{25}H_{20}O_3$, F. 140—141°, durch Zugeben von 1 Mol I, dann von 1 Mol Alkali zu 1 Mol Benzoylaceton in A.; aus Äthylacetat rechteckige Stäbchen; 72%. — *Bis-[Δ^2-flavenyl-(4)]-nitromethan*, $C_{31}H_{23}NO_4$, F. 205°, nach **A**; aus Äthylacetat-PAe. (1:2) dünne Nadeln; 75%; wird am Licht grünbraun. — *4-[Diacetylmethyl]-2.6-diphenyl-γ-pyran*, $C_{22}H_{20}O_3$, F. 110—111°, aus 2.6-Diphenylpyryliumperchlorat (IV) nach **A**; aus Äthylacetat-PAe. (3:10) Nadeln; 59%; zers. sich beim Aufbewahren. — *4-Nitromethyl-2.6-diphenyl-γ-pyran*, $C_{18}H_{15}NO_3$, F. 151 bis 152°, aus 1 Mol IV u. 5 Mol Nitromethan nach **A**; aus Äthylacetat-PAe. (7:2) Stäbchen; 96%; färbt sich am Licht braun. — *Bis-[2.6-diphenyl-γ-pyranyl-(4)]-nitromethan*, $C_{35}H_{27}NO_4$, F. 197—198°, aus 2 Mol IV u. 1 Mol Nitromethan nach **A**; aus Äthylacetat-PAe. (65:20) schwach grünstichige Tafeln; 85%; färbt sich am Licht braun. — *4-[Carbäthoxycyanmethyl]-2.6-diphenyl-γ-pyran*, $C_{22}H_{19}NO_3$, F. 118—120°, nach **A**; aus Äthylacetat-PAe. (5:8) blaßstichige lange Stäbchen; 91%. — *4-[Dibenzoylmethyl]-2.6-diphenyl-γ-pyran*, nach **A**; Nadeln; 90%; wird an der Luft rasch gelb. — *4-[Dibenzoylmethylen]-2.6-diphenyl-γ-pyran*, $C_{32}H_{22}O_3$, F. 194°, durch Kristallisation vorst. Verb. aus Äthylacetat-PAe. oder nachst. Verb aus A.; gelbe rechteckige Prismen. — *4-[Dibenzoylmethyl]-2.6-diphenylpyryliumperchlorat*, $[C_{32}H_{23}O_3]ClO_4$, F. 184—188° (Zers.), aus vorst. Verb. u. $HClO_4$ in warmen Eisessig; maisgelbe keilförmige Kristalle; 100%. — *9-Acetonylxanthen*, F. 103°, aus Xanthyliumperchlorat u. Aceton in CH_3OH, Eindunsten, 2std. Stehen u. Zugeben von methanol. NaOH; aus CH_3OH-PAe. (1:3) Nadeln; ca. 100%. — *9-Phenacylxanthen*, F. 90°, wie vorst. Verb.; aus A. dünne, zu Büscheln vereinigte Nadeln; 89%. — *9-[α-Benzoylbenzyl]-xanthen*, $C_{27}H_{20}O_2$, F. 157—158°, wie vorst. Verb.; aus Äthylacetat-PAe. (1:3) Nadeln; 75%. — *4-Phenylflavyliumfluoborat*, $[C_{21}H_{15}O]BF_4$, F. 184—185°, aus 2 g II u. 63,5%ig. HBF_4 in sd. Eisessig (1/4 Std.) u. Fällen mit absol. Ae.; aus Eisessig gelbe stumpfe Prismen; 1,0 g. — *Verb. vom F. 141 bis 142°*, aus der Mutterlauge von vorst. oder nachst. Verb.; aus Äthylacetat-PAe. kurze Stäbchen; 1,13 bzw. 0,81 g. — *4-Phenylflavyliumperchlorat*, F. 217—218°, aus 2 g II u. 70%ig. $HClO_4$ in sd. Eisessig; 1,35 g. — *4-[Dibenzoylmethylen]-flaven*, $C_{30}H_{20}O_3$, F. 173°, a) aus 4-[Dibenzoylmethyl]-Δ^2-flaven u. $KMnO_4$ in Dimethylformamid bei 0° über Nacht, Gießen in W., Zugeben von H_2O_2 u. Eisessig u. Absaugen des Nd. (Meth. **B**); 21%; b) aus nachst. Verb. u. W. oder A.; aus Eisessig-Äthylacetat (1:5) ziegelrote glitzernde Rhomben. — *4-[Dibenzoylmethyl]-flavyliumperchlorat*, $[C_{30}H_{21}O_3]ClO_4$, F. 167° (Zers.), aus vorst. Verb. u. $HClO_4$ in Eisessig; tiefgelbe rautenförmige Kristalle; zers. sich beim Kristallisieren aus $HClO_4$–Eisessig. — *4-[Benzoylcyanmethylen]-flaven*, $C_{24}H_{15}\cdot NO_2$, F. 185°, nach **B**; aus Äthylacetat eigelbe, lange Spieße; 43%. — *4-[Dicyanmethylen]-flaven*, $C_{18}H_{10}N_2O$, F. 179—180°, nach **B**; aus Eisessig sattgelbe säbelförmige Kristalle; 46%. — *4-[Carbäthoxycyanmethylen]-flaven*, $C_{20}H_{15}NO_3$, F. 160°, nach **B**; aus Äthylacetat–PAe. (11:4) citronengelbe rechteckige Nadeln; 44%. — *4-[p-Aminophenyl]-flavyliumperchlorat*, $[C_{21}H_{16}NO]ClO_4$, F. 232° (Zers.), durch Schütteln des Diperchlorats mit absol. A. u. Kristallisation des Rückstands aus Eisessig; grünviolette messingglänzende Spieße; 52%. *Diperchlorat*, $[C_{21}H_{17}NO](ClO_4)_2$, Zers. 160—180°, aus je 1 Mol **I** u. Anilin in sd. Eisessig (wenige Min.), Fällen mit absol. Ae. u. Kochen des Nd. mit 20%ig. $HClO_4$; aus 33%ig. $HClO_4$ gelbe rechteckige Tafeln; 17%; sehr hygroskopisch. — *2.6-Diphenyl-4-[p-dimethylaminophenyl]-pyryliumperchlorat*, F. $>300°$, aus **IV** u. 3 Mol **III** in sd. Acetanhydrid; blaugrüne Stäbchen; 36%; Lsg. in A. violett. — *2.6-Diphenyl-4-[p-dimethylaminophenyl]-nitrobenzol*, $C_{26}H_{22}N_2O_2$, F. 161—162°, aus vorst. Verb. u. Nitromethan; aus A. sattgelbe lange Spieße. (Chem. Ber. **92.** 46—62. 1959. Gießen, Univ., Chem. Inst.) F. Heller. 3211

Géza Zemplén, Loránd Farkas und **Rakusa Radó**, *Die Struktur des Scutellareins und seine neue Synthese.* Durch Bromieren von 5.7-Dimethoxy-6.4'-diacetoxyflavanon, eines Zwischenprod. der Isocarthamidinsynth., in Chloroformlsg. gelangten Vff. zu *3-Brom-6.4'-diacetoxy-5.7-dimethoxyflavanon*, aus dem durch HBr-Abspaltung *5.7-Dimethoxy-6.4'-diacetoxyflavon* erhalten wurde. Aus dieser Verb. entstand durch Entmethylierung *Scutellarein* (**I**), das Aglykon eines der Glykoside von *Scutellaria altissima L.* Durch vorliegende Synth. wurde die von anderen Autoren schon früher angenommene Struktur eines *5.6.7.4'-Tetrahydroxyflavons* für **I** bewiesen.

Versuche: *3-Brom-6.4'-diacetoxy-5.7-dimethoxyflavanon*, $C_{21}H_{19}BrO_8$, F. 164 bis 165° (absol. A.), aus 1,45 g 5.7-Dimethoxy-6.4'-diacetoxyflavanon u. Br_2 in absol. Chlf.; Rhomben; 0,4 g (Ausbeute). — *6.4'-Dihydroxy-5.7-dimethoxyflavon* (**II**), $C_{17}H_{14}O_6$, F. 283° (A.), durch 5 Min. Erhitzen von 0,5 g vorst. Verb. in A. mit 30%ig. NaOH auf dem Wasserbad, Verdünnen mit W., Ansäuern mit 5%ig. H_2SO_4 auf p_H 3 u. 24std. Stehen; 0,25 g. *6.4'-Diacetat*, $C_{21}H_{18}O_8$, F. 200° (CH_3OH), durch 1std. Erhitzen von **II** u. wasserfreiem Na-Acetat in Acetanhydrid auf dem Wasserbad. — *5.6.7.4'-Tetraacetoxyflavon* (*I-Tetraacetat*), $C_{23}H_{18}O_{10}$, F. 238—239° (CH_3OH), durch Kochen von **II** (2 Std.) oder Pektolinarigenin (5 Std.) mit HBr u. Gießen in gesätt. $NaHSO_3$-Lösung. — *5.6.7.4'-Tetrahydroxyflavon* (*Scutellarein*, **I**), $C_{15}H_{10}O_6$, F. $>300°$, durch 3 Min. Erhitzen von vorst. Verb. in alkoh. NaOH auf dem Wasserbad, Verdünnen mit W. u. Ansäuern mit H_2SO_4. *Tetramethylderiv.* (*5.6.7.4'-Tetramethoxyflavon*), $C_{19}H_{18}O_6$, F. 160° (CH_3OH), aus **II** u. Dimethylsulfat in CH_3OH durch Zugabe von 10%ig. NaOH u. 12std. Stehen. (Magyar Kémiai Folyóirat [Ung. Z. Chem.] **64.** 329—31. Sept. 1958. Budapest, Müszaki Egyetem Szervas Kém. Tanszéke.) G. Halmi. 3211

V. K. Ahluwalia und **T. R. Seshadri**, *Kernoxydation bei Flavonen und verwandten Verbindungen.* 50. Mitt. *Eine Synthese von Ravenelin.* (49. vgl. C. **1958.** 1575.) Das im Mycel von *Helminthosporum revenelii* u. *H. turcicum* vorkommende gelbe Xanthon *Ravenelin* (**I**) wurde auf folgendem Wege synthetisiert: 2-Hydroxy-6-methoxybenzoesäure (**II**) wurde mit Orcin zu einem Gemisch von *1-Hydroxy-8-methoxy-3-methylxanthon* (**III**) u. *1.8-Dihydroxy-3-methylxanthon* (**IV**) kondensiert. **IV** kann auch durch direkte Kondensation von γ-Resorcylsäure u. Orcin erhalten werden. Durch alkal. Persulfatoxydation wurde **III** in *1.4-Dihydroxy-8-methoxy-3-methylxanthon* (**V**) übergeführt, das durch Entmethylierung **I** liefert. Die 4-Hydroxygruppe in **I** bewirkt, im Gegensatz zu 1.8-Dihydroxyxanthon, Löslichkeit in $NaHCO_3$-Lösung.

Versuche: *1-Hydroxy-8-methoxy-3-methylxanthon* (**III**), $C_{15}H_{12}O_4$, F. 140—141°, durch Kondensation von 1 g **II** mit Orcin in Ggw. von 2 g $ZnCl_2$ unter 5 Min. langem Erhitzen auf 160° u. 4std. Stehen bei 140°, Versetzen mit 50 cm^3 W., Ausziehen mit Ae., Waschen des Ae.-Extraktes mit 5%ig. Na_2CO_3-Lsg. u. Versetzen mit 50 cm^3 10%ig. NaOH, Abtrennen der *Na-Salze* u. Verseifen mit HCl u. Trennen des *Mono-* u. *Dihydroxyxanthongemischs* durch fraktionierte Kristallisation aus A.; **III** ist in der leichter lösl. Fraktion enthalten; haarförmige Nadeln aus Methanol; 50 mg (Ausbeute); $FeCl_3$-Rk. grün. *Acetat*, F. 155—156°. — *1.8-Dihydroxy-3-methylxanthon* (**IV**), $C_{14}H_{10}O_4$, F. 193—194°, aus der in A. schwerer lösl. Fraktion vorst. Gemischs; dünne, rhomb. Platten aus A.; 50 mg; $FeCl_3$-Rk. grün. *Acetat*, F. 196—197°. **III** u. **IV** sind auch aus 1 g **II** durch Erhitzen mit $POCl_3$ in Ggw. von $ZnCl_2$ erhältlich; 100 mg bzw. 400 mg. **IV** ist weiterhin zugänglich durch Kondensation von 1 g 2.6-Dihydroxybenzoesäure u. 1 g Orcin mit 3 g $ZnCl_2$ bei 140°; 100 mg; oder in Ggw. von $POCl_3/ZnCl_2$ bei niederer Temp.;

400 mg. — *1.4-Dihydroxy-8-methoxy-3-methylxanthon* (**V**), $C_{15}H_{12}O_5$, F. 250—252° (Zers.), aus 1 g **III** in 30 cm³ Pyridin u. 1,5 g NaOH in 25 cm³ W. durch Zugabe einer Lsg. von 2 g K-Persulfat in 75 cm³ W. innerhalb 2 Std. bei 15—20° u. 24 Std. Stehen bei 20°; orangegelbe, rechteckige Platten aus PAe./Essigester; $FeCl_3$-Rk. braun. *Diacetat*, F. 175 bis 176°. — *1.4.8-Trimethoxy-3-methylxanthon*, F. 179—180°, aus **V** u. Dimethylsulfat in Aceton/K_2CO_3. — *1.4.8-Trihydroxy-3-methylxanthon* (*Ravenelin*; **I**), F. 268—270°, aus 0,2 g **V** in 5 cm³ Essigsäureanhydrid u. 5 cm² HJ unter 2std. Erhitzen auf 145 bis 150°; gelbe Nadeln u. rechteckige Platten aus Bzl.; 0,1 g; keine Depression mit natürlichem **I**. *Acetat*, F. 204—205°. (Proc. Indian Acad. Sci., Sect. A **44**. 1—5. Juli 1956.) M. KÜHNEL. 3211

E. Hardegger und **E. Nikles**, *Welkstoffe und Antibiotica*. 17. Mitt. *Untersuchungen in der Pyridinreihe, ein neuer Weg zur Fusarinsäure*. (16. vgl. C. **1956**. 12011.) Die Alkylierung von β-Picolin (**I**) mit n-Alkylbromid gibt in guter Ausbeute *3-n-Alkylpyridine*. Bei der Aminierung von 3-n-Butylpyridin entsteht neben wenig *2-Amino-5-n-butylpyridin* (**II**) vorwiegend *2-Amino-3-n-butylpyridin* (**III**), von denen **II** über 2-Brom-5-n-butylpyridin in Fusarinsäure übergeführt werden kann. Die Konst. von **III** wurde durch Abbau zu *2-Brom-* u. *2-Hydroxynicotinsäure* gesichert. Für die 2-Stellung der NH_2-Gruppe von **III** sprechen auch die in 80%ig. Methylcellosolve bestimmten pK-Werte von 2-Aminopyridinderivaten. Verss. zur Herst. von **II** aus 2-Amino-5-jodpyridin (**IV**), das aus *2-Aminopyridin* (**V**) zugänglich ist, bzw. aus N-Acetyl-**IV** u. Butyl-Li gaben neben **V** 2 krist. Verbb. **VI** (*2-Amino-5-hydroxybutylpyridin?*) u. **VII** unbekannter Konstitution. Das **VI**-Pikrat spaltet leicht W. ab, wobei wahrscheinlich *2-Amino-5-butenylpyridin* (F. 101—102°) entsteht. **VII** liefert mit verd. Säure u. verd. Alkali in der Wärme **V**.

V e r s u c h e: *3-n-Butylpyridin*, $C_9H_{13}N$, Kp.$_{10}$ 82,3—83,3°, durch Zugabe von **I** zu $NaNH_2$ in fl. NH_3 u. dann von n-Propylbromid; 67% (Ausbeute). *Pikrat*, $C_{15}H_{16}N_4O_7$, F. 88—89° (A.). — *3-n-Propylpyridin*, $C_8H_{11}N$, Kp.$_{16}$ 75—77°, aus **I** u. C_2H_5Br. *Pikrat*, $C_{14}H_{14}N_4O_7$, F. 99—100°. — *3-n-Amylpyridin*, $C_{10}H_{15}N$, Kp.$_{10}$ 95—96°, aus **I** u. n-Butyl-Br. *Pikrat*, $C_{16}H_{18}N_4O_7$, F. 77—78°. — *3-n-Hexylpyridin*, $C_{11}H_{17}N$, Kp.$_9$ 108—109°, aus **I** u. n-Amylbromid. *Pikrat*, $C_{17}H_{20}N_4O_7$, F. 71—72°. — *3-n-Butylpyridin-N-oxyd*, $C_9H_{13}ON$, Kp. 174—176° (Wasserstrahlvakuum), aus 30 g 3-Butylpyridin in Eisessig durch 3std. Erwärmen mit 30%ig. H_2O_2 auf 45° u. 15 Std. stehen bei 45°; 29 g. *Pikrat*, $C_{15}H_{16}N_4O_8$, F. 93—94° (Isopropanol). — *2-Amino-3-n-butylpyridin* (**III**), $C_9H_{14}N_2$, F. 47—49°, Kp.$_{14,8}$ 149°, durch 3½std. Erhitzen von 3-n-Butylpyridin mit $NaNH_2$ in p-Cymol auf 150—170°, Zers. mit Eis–HCl, Dest. des Chloroformextrakts bei 120—143°/11 mm u. Isolierung über das *Pikrat* ($C_{15}H_{17}N_5O_7$, F. 179—181°). *Diacetylderiv.*, $C_{13}H_{18}$·N_2O_2, Kp. 147—152° (Hochvakuum), durch 4std. Erhitzen von **III** mit Acetanhydrid. — *2-Amino-5-n-butylpyridin* (**II**), F. 35—36°, Kp.$_{14,8}$ 154°, neben **III** über das *Pikrat* ($C_{15}H_{17}N_5O_7$, F. 211—214°). — *3-n-Butylpyridon-(2)*, $C_9H_{13}NO$, F. 89—90° (Hexan), aus 0,75 g **III** in H_2SO_4 mit $NaNO_2$ bei 0° durch Stehen über Nacht u. kurz Erhitzen auf 100°; 730 mg. *Pikrat*, $C_{15}H_{16}N_4O_8$, F. 104—105°. — *2-Brom-3-n-butylpyridin*, $C_9H_{12}BrN$, aus 0,3 g vorst. Verb. u. 1 g PBr_3 durch 2std. Kochen u. Zers. mit Eis; 0,12 g. — *2-Bromnicotinsäure*, $C_6H_4BrNO_2$, F. ca. 250° (Zers.), aus 430 mg vorst. Verb. u. sd. wss. $KMnO_4$ in einigen Std.; 175 mg. *Methylester*, $C_7H_6BrNO_2$, F. 33—35° (Ae.), Kp.$_{12}$ 134—136°, mit CH_2N_2. — *2-Hydroxynicotinsäure*, $C_6H_5NO_3$, F. 259—261° (W.), durch 5std. Erhitzen von 0,47 g vorst. Säure mit wss. KOH auf 180° im Rohr; 0,26 g. — *2-Methoxynicotinsäuremethylester*, $C_8H_9NO_3$, F. 28—29°, Kp.$_{12}$ 114—115°, a) aus 6,6 g 2-Bromnicotinsäuremethylester mit methanol. K-Methylat 17 Std. bei 120°; 3,6 g; b) aus 85 mg vorst. Verb. mit CH_2N_2; 31 mg; daneben *N-Methylpyridon-(2)-carbonsäure-(3)-methylester*, $C_8H_9NO_3$, F. 70—71° (Ae.). *Hydrochlorid*, $C_8H_{10}ClNO_3$, F. 99—100° (Zers.). — *2-Amino-5-jodpyridin* (**IV**), *Dibenzoylderiv.*, $C_{19}H_{13}JN_2O_2$, F. 184—187° (Essigester–PAe.). — *2-Aminopyridin* (**V**), F. 58—59°, aus äther. Butyl-Li bei —50 bis —60° unter N_2 durch Zugabe von 2,21 g **IV** u. 2,16 g Butyraldehyd in Ae., ½std. Erwärmen auf 0° u. Zers. mit 2n HCl; 260 mg. Daneben *2-Amino-5-hydroxybutylpyridin* (?, **VI**), $C_9H_{14}N_2O$, F. 71—74°, Kp. 150° (Hochvakuum); 420 mg; *Pikrat*, $C_{15}H_{17}N_5O_8$, F. ca. 170° u. dann ca. 230° (Zers.). — *Verb.* $C_{11}H_{16}N_2O_2$ (**VII**), F. 91—92° (Essigester–Hexan), aus 1,32 g 2-Acetamido-5-jodpyridin mit Butyl-Li u. n-Butyraldehyd wie vorst.; 750 mg. Gibt mit NaOH oder HCl **V**. (Helv. chim. Acta **39**. 505—13. 15/3. 1956. Zürich, ETH, Organ.-chem. Labor.) K. MAIER. 3231

Marian Eckstein, Maria Gorczycowa und **Aleksander Kocwa**, *Aminoxyde von physiologisch aktiven Verbindungen*. 2. Mitt. *Aminoxyde von Isonicotinsäurehydrazidderivaten*. Das N-Oxyd (**I**) des Isonicotinsäurehydrazids reagiert mit Aldosen in alkoh. oder wss. Medium zu Aldosehydrazonen, wobei die Rk. in W. schneller verläuft u. reinere Prodd. liefert. Die dargestellten *d-Glucose-* u. *l-Arabinose-N-oxoisonicotinoyl-*

hydrazone sind opt.-akt. u. zeigen Mutarotation. Bei der Behandlung von **I** mit RANEY-Ni tritt gleichzeitig Red. der N-Oxydgruppe u. Desaminierung zu *Isonicotinsäureamid* ein. Isonicotinsäure-N-oxyd (**II**) läßt sich analog reduzieren. **II** wird in guter Ausbeute durch Ammonolyse des Äthylesters (**III**) erhalten. **I** reagiert mit Senfölen zu Derivv. des Thiosemicarbazids.

Versuche: *d-Glucose-[N-oxoisonicotinoyl]-hydrazon*, $C_{12}H_{17}N_3O_7$, F. 153—155°, durch Erhitzen von **I** mit wasserfreier Glucose im stöchiometr. Verhältnis in absol. Methanol (6—7 Std.; 50—60% Ausbeute) oder in W. (½ Std.; 80—85%); aus 80%ig. A. gelbe Nadeln. — *l-Arabinose-[N-oxoisonicotinoyl]-hydrazon*, $C_{11}H_{15}N_3O_6$, F. 167—168°, aus **I** u. *l*-Arabinose in absol. Methanol (3 Std.; 40—55%) oder in W. (½ Std.; 68—80%); aus A. gelbe Säulen. — *1-[N-oxoisonicotinoyl]-4-allylthiosemicarbazid*, $C_{10}H_{12}N_4O_2S$, F. 212—213°, durch ¼std. Erhitzen von 4 mMol **I** mit 4,4 mMol Allylsenföl in A.; aus A. Nadeln. — *1-[N-Oxoisonicotinoyl]-4-phenylthiosemicarbazid*, $C_{13}H_{12}N_4O_2S$, F. 227 bis 229°, aus **I** u. Phenylsenföl bei n. Temp.; aus A. gelbe, lichtempfindliche Nadeln. — *1-[N-Oxoisonicotinoyl]-4-[p-tolyl]-thiosemicarbazid*, $C_{14}H_{14}N_4O_2S$, F. 243—244°, aus **I** u. p-Tolylsenföl; Säulen aus Methanol. — *Isonicotinsäure-N-oxyd* (**II**), $C_6H_5NO_3$, F. 290 bis 292°, aus **III** in wss. NH_3-gesätt. absol. A. bei n. Temp.; Nadeln aus Äthylacetat oder Bzl. + A.; 62—75%. — *Isonicotinsäureamid*, $C_6H_6N_2O$, F. 156—157°, durch 3std. Erhitzen von **I** mit RANEY-Ni in A.; aus Bzl. Nadeln. (Roczniki Chem. [Ann. Soc. chim. Polonorum] **31.** 847—54. 1957. Kraków, Akad. Med., Zakł. Chem. farmac.)

F. URBAN. 3231

Aldo Ermili, Raffaele Giuliano und **Maria Luisa Stein,** *Untersuchungen in der Reihe der Verbindungen mit dem 1.5-Anthrazolinsystem.* 3. Mitt. *Chinolinsynthese aus p-Toluylendiamin.* (2. vgl. C. **1959.** 6139.) Während bei der Einw. von Brenztraubensäure (**I**) auf p-Phenylendiamin über eine doppelte DÖBNER-Synth. ein 1.5-Anthrazolinderiv. erhalten wird, führt die Rk. von **I** mit p-Toluylendiamin (**II**) lediglich zu einer Chinolinverb., die als *6-Amino-2.7-dimethylchinolin-4-carbonsäure* (**III**) identifiziert werden konnte. Durch Decarboxylieren u. anschließendes Desaminieren geht **III** in *2.7-Dimethylchinolin* über. Von den 3 Isomeren, die theoret. durch DÖBNER-Synth. aus **I** u. **II** entstehen können, stellt **III** jenes dar, das nicht mit weiterer **I** zu einem Anthrazolin reagieren kann. Durch Umsetzung von 5-Amino-2-acetamidotoluol mit **I** zur *Acetylverb.* von **III** wurde nachgewiesen, daß es die 5-Aminogruppe des **II** ist, die die Kondensation zu **III** eingeht.

Versuche: *6-Amino-2.7-dimethylchinolin-4-carbonsäure* (**III**), F. >340°, durch Zugeben von **I** (mit 2n NaOH neutralisiert) zu einer mit 2n NaOH neutralisierten wss. Suspension von **II**-Sulfat (p_H <7,5!), 3std. Erhitzen unter Rückfluß u. Ansäuern in der Kälte mit 4n HCl; orangegelb. *Methylester*, $C_{13}H_{14}N_2O_2$, F. 155—156° (Ligroin), durch 1std. Erhitzen von **III** mit H_2SO_4 in absol. Methanol, Einengen, Gießen auf Eis u. Ausäthern; die alkoh. Lsg. zeigt im UV-Licht starke blaue Fluorescenz. *Äthylester*, $C_{14}H_{16}N_2O_2$, F. 153—154° (Ligroin), analog. *Hydrazid*, $C_{12}H_{14}N_4O$, F. 209—210° (W.), durch 3std. Erhitzen des Methylesters mit Hydrazinhydrat in A. unter Rückfluß. *Acetylderiv.*, F. <340°, durch 3std. Erhitzen von **I** mit 5-Amino-2-acetaminotoluol in W. unter Rückfluß, Ansäuern mit Eisessig auf p_H 5,6 u. 2tägiges Stehen unter häufigem Schütteln; liefert bei 1std. Erhitzen mit 18%ig. HCl **III**. — *6-Amino-2.7-dimethylchinolin*, $C_{11}H_{12}N_2$, F. 134—135° (W.), durch Erhitzen von **III** mit der 4fachen Menge Fe-Pulver auf freier Flamme, Ausziehen des Sublimats mit Chlf. u. Chromatographieren an Al_2O_3 in Benzol. *Acetylderiv.*, F. 219—220° (W.). — *2.7-Dimethylchinolin*, durch langsames Zugeben einer Lsg. der vorst. Verb. in Eisessig zu einer $NaNO_2$ enthaltenden 50%ig. unterphosphorigen Säure bei —10°, Stehen 3 Std. bei —10° u. einige Zeit bei 0°, Zugeben von NaOH u. Ausziehen mit Chloroform. *Pikrat*, F. 194—195°. *Styphnat*, F. 222°. (Ann. Chimica **46.** 1199—1203. Dez. 1956. Roma, Univ., Ist. di Chim. farmac. e tossicol.)

H.-E. TOUSSAINT. 3231

R. A. Abramovitch, *Pyrido-[1.2:b]-indazol.* 2-o-Nitrophenylpyridin wurde durch Fe(II)-Oxalat (**I**) bei 300° nicht zu δ-Carbolin, sondern zu *Pyrido-[1.2:b]-indazol* (**II**; $C_{11}H_8N_2$, F. 83—84°; *Pikrat*, $C_{11}H_8N_2 \cdot C_6H_3N_3O_7$, F. 205°; *Hydrochlorid*, F. 165—166°) cyclisiert. Auf Grund des Fehlens der IR–NH-Bande u. akt. H-Atome u. der Stabilität gegen sd. Säuren, wss. alkoh. Alkali u. katalyt. Hydrierung wird eine mesoion. Konst. diskutiert. **II** bildet erst bei 18std. Erhitzen auf 100° im Rohr das *Methojodid* ($C_{12}H_{11}JN_2$, F. 208—209°), das mit wss. Alkali unter Farbwechsel schwarze, amorphe Prodd. liefert. Die wichtigsten IR-Banden von **II** werden zugeordnet. Zwischen den UV-Spektren in Abhängigkeit von p_H u. Lösungsm. u. der Konst. von **II** werden Zusammenhänge diskutiert. Bei der Rk. von 2-Nitro-N-[pyridyl-(2)]-anilin ($C_{11}H_9N_3O_2$, F. 68—69°; *Pikrat*, $C_{11}H_9N_3O_2 \cdot ½\, C_6H_3N_3O_7$, F. 172°) bzw. N-Methyl-2-nitro-N-[pyridyl-(2)]-anilin mit **I**

entstehen nur teerige Produkte. (Chem. and Ind. **1957**. 422—23. 6/4. London, King's Coll., Chem. Dep.) K. DOMMAIN. 3231

Mitsuo Okazaki, Toshiyasu Kasai, Katsura Yokoyama, Shiro Itabashi und **Minoru Haginoya,** *Untersuchungen über Abkömmlinge von 4-Aminonaphthylamid. 7. Mitt. Sulfonsäureabkömmlinge von 4-Acetylaminonaphthalarylimiden.* (6. vgl. J. Soc. org. synth. Chem., Japan **14**. [1956.] 558.) Naphthalsäureanhydride: *4-Amino-3-sulfo-, Na-Salz* (I), $C_{12}H_6NNaO_6S$, durch langsames Eintragen von 20 g 4-Aminonaphthalsäureanhydrid (F. >350°) in ein Gemisch aus 100%ig. H_2SO_4 u. 20%ig. rauchender H_2SO_4 bei 30—40°, langsames Erhitzen auf 60°, 2 Std. Rühren bei 60° u. Aufarbeiten; 20,9 g (Ausbeute), davon 3,12% NaCl. — *3-Hydroxy-*, $C_{12}H_6O_4$, F. 280—282°, a) aus vorst. Verb. über das entsprechende *Diazosulfonat* [F. 275—283° (Zers.); 98%] u. *3-Äthoxy-*, ($C_{14}H_{10}O_4$, F. 222—223°) bzw. *3-Methoxynaphthalsäureanhydrid* ($C_{13}H_8O_4$, F. 243—244°); b) aus Naphthalsäureanhydrid über *3-Sulfonaphthalsäureanhydrid* (F. 198—199°). — *4-Amino-3-sulfonaphthalsäure-p-tolylimid, Na-Salz* (II; *Brillantsulfoflavin FF*), $C_{19}H_{13}N_2NaO_5S$, aus I u. p-Toluidin in W. in 5 Std. bei 102 bis 105° im Rohr; hellgelbe Kristalle, in Lsg. grüne Fluorescenz; 69%. *N⁴-Acetylderiv.*, $C_{21}H_{15}N_2NaO_6S$, aus 1 g II; 0,68 g, davon 0,25% NaCl. — Naphthalsäure-4′-sulfophenylimide: *4-Nitro-, Na-Salz,* $C_{18}H_9N_2NaO_7S$, durch 5std. Erhitzen von 4-Nitronaphthalsäureanhydrid mit Na-Sulfanilat u. W. im Rohr; 93%. — *4-Amino-, Na-Salz,* $C_{18}H_{11}N_2NaO_5S$, durch Red. vorst. Verb. mit Fe-Pulver in verd. HCl; hellgelbe Kristalle, die in Lsg. grün fluorescieren; 84%. *N⁴-Acetylderiv.*, $C_{20}H_{13}\cdot N_2NaO_6S$, aus 5,2 g der Aminoverb.; 2,3 g. (J. Soc. org. synth. Chem., Japan **14**. 611—15. Okt. 1956. [Orig.: japan.]) L. SCHULER. 3231

I. Tănăsescu, I. Dénes und **Gh. Rusu,** *Thiazolochinoline. 4. Mitt. Über die Chlorierung der 2-Mercaptoderivate des Thiazolo-[4.5:b]- und -[5.4:b]-chinolins.* (2. vgl. C. **1959**. 6798.) Die Chlorierung von 2-Mercaptothiazolo-[4.5:b]-chinolin (I) bzw. *-[5.4:b]-chinolin* (II) führt nicht zu den erwarteten Sulfochloriden, sondern infolge deren äußerst geringen Beständigkeit zu den entsprechenden reaktionsfähigen *2-Chlorderivv.* (III u. IV), die mit Alkalien die *2-Hydroxyverbb.*, mit alkoh. NH_3 die *Aminoverbb.* u. mit Thioharnstoff (V) I u. II liefern. Es wurden weitere *2-Aminoverbb.* dargestellt.

Versuche: Thiazolo-[4.5:b]-chinoline: *2-Chlor-* (III), $C_{10}H_5ClN_2S$, F. 189—191° (Zers.; wss. A.), durch Chlorieren von I in wss. Essigsäure u. Eingießen in W.; 60% (Ausbeute). — *2-Mercapto-* (I), $C_{10}H_6N_2S_2$, F. 296—297° (Zers.; Eisessig), durch 1—2 Min. Erwärmen von III mit V in A., Lösen in 2n NaOH u. Ansäuern mit Essigsäure; ca. 100%. — *2-Hydroxy-*, $C_{10}H_6N_2OS$, F. 316—317° (Zers.; Isoamylalkohol), durch 5—10 Min. Kochen von III in A. mit n-NaOH; 50%. — *2-Amino-*, $C_{10}H_7N_3S$, F. >360° (wss. A.), a) durch 2std. Erwärmen von III mit alkoh. NH_3 im Rohr auf 100° u. Fällen mit W.; 60%; b) durch Stehen von 0,7 g III mit alkoh. NH_3 über Nacht; 0,4 g. — Thiazolo-[5.4:b]-chinoline: *2-Mercapto-* (II), $C_{10}H_6N_2S_2$, F. 278° (Zers.; Eisessig), a) durch 6std. Erwärmen von 2-Chlor-3-aminochinolin mit ws. Na_2S in A.–CS_2 auf dem Wasserbad; ca. 100%; b) durch 3std. Kochen von IV mit V. — *2-Chlor-* (IV), $C_{10}H_5ClN_2S$, F. 151° (wss. A. bzw. Bzn.), aus II; 70%. — *2-Hydroxy-*, $C_{10}H_6N_2OS$, F. 278—280° (Zers.; wss. A.), durch ½std. Kochen von 0,2 g IV mit 0,1n NaOH; 0,12 g. — *2-Amino-*, $C_{10}H_7N_3S$, F. 243—244° (Zers.; wss. A.), aus IV u. alkoh. NH_3 im Rohr in 2 Std. bei 100°. — *2-Anilino-*, F. 243—244° (Toluol), a) aus Thiazolo-[5.4:b]-chinolin-2-sulfonsäure u. Anilin in W. (Meth. **A**); lange Nadeln; 68%; b) aus IV in A. in 40 Std. (Meth. **B**); 75%. — *2-Hydrazino-*, F. 285—287° (A.), a) nach **A**; Prismen; 80%; b) nach **B**; 62%. — *2-Piperidino-*, F. 151—152° (wss. A.), a) nach **A**; Nadeln; 37%; b) nach **B** (hier 4std. Kochen); 84%. — *2-Methylamino-*, F. 267° (wss. A.), a) nach **A**; Nadeln; 80%; b) nach **B**; 78%. — *2-Diäthylamino-*, F. 130° (wss. A.), nach **B**; glänzende Platten; 78%. (Chem. Ber. **92**. 869—71. 1959. Cluj, Akad. der Rumän. Volksrep., Chem. Inst.) K. DOMMAIN. 3231

Ju. P. Schwatschkin und **M. A. Prokofjew,** *Synthese von Phosphorylaminopyrimidinen.* Durch Kondensation von Diphenylphosphorylguanidin (I) mit Acetessigester, Malonester u. -derivv. in Ggw. von Na-Äthylat wurden *2-[Diphenylphosphorylamino]-pyrimidine* dargestellt. Sie binden ein Äquivalent NaOH. Die P–N-Bindung ist bes. in den 4.6-Dihydroxy-2-phosphorylaminopyrimidinen (erhalten mit Malonester oder -derivv.) wenig beständig u. wird durch Säuren, Laugen oder auch schon durch W. leicht hydrolyt. gespalten.

Versuche: *Diphenylphosphorylguanidin* (I), $C_{13}H_{14}N_3O_3P$, F. 118° (Bzl.), durch Zugabe von Diphenylphosphorsäurechlorid unter Kühlung zu einer Lsg. von Guanidin in absol. A., ½std. Rühren u. 5 Std. Stehenlassen; 73% (Ausbeute). — *2-[Diphenylphosphorylamino]-4-hydroxy-6-methylpyrimidin* (II), $C_{17}H_{16}N_3O_4P$, F. 182—183° (n-Butanol), durch Zugabe von I zu Na-Äthylatlsg., Erhitzen, langsame Zugabe von Acetessigester u. 4std. Erhitzen; 28%. — *2-[Diphenylphosphorylamino]-4.6-dihydroxypyrimidin* (III), $C_{16}H_{14}N_3O_5P$, F. 159—160° (Chlf.), analog Vorst. aus I u. Malonester in Ggw. von Na-Äthylat (3 Std. Erhitzen); 54%. — *2-[Diphenylphosphorylamino]-4.6-dihydroxy-5-methylpyrimidin*, $C_{17}H_{16}N_3O_5P$, F. 169—170°, analog aus I u. Methylmalonester in Ggw. von Na-Äthylat; 59%. — *2-[Diphenylphosphorylamino]-4.6-dihydroxy-5-äthylpyrimidin*, $C_{18}H_{18}N_3O_5P$, F. 209—210° (n-Butanol), aus I u. Äthylmalonester in Ggw. von Na-Äthylat (4 Std. Erhitzen); 46,5%. — Bei der Hydrolyse von 0,1811 g II mit 10 ml n-NaOH (10 Min. Erhitzen) erfolgt zu 62% Hydrolyse unter Bldg. von *Diphenylphosphorsäure* u. *2-Amino-4-hydroxy-6-methylpyrimidin*, die chromatograph. nachgewiesen wurden. Bei analoger Hydrolyse mit n-HCl erfolgte 44%ig. Hydrolyse. — Bei der Hydrolyse von III mit W., HCl oder NaOH entstehen *Diphenylphosphorsäure* u. *2-Amino-4.6-dihydroxypyrimidin* u. wenig *Guanidin* u. *Phenol*. Die Hydrolyse verläuft leichter als bei II. (Журнал Общей Химии [J. allg. Chem.] **28** (**90**). 1617—21. Juni 1958. Moskau, Univ.) G. Tobien. 3272

Zygmunt Eckstein, Wiesław Sobótka und **Tadeusz Urbański,** *Bemerkungen zur Arbeit: Über aliphatische Nitroverbindungen.* 20. Mitt. *Reaktionen von Nitroolefinen.* 2. Mitt. *Derivate des 5-Nitro-5-[1-cyclohexenyl]-tetrahydro-1.3-oxazins.* (Vgl. C. **1957.** 9087.) Berichtigung des Reaktionsschemas der Ringöffnung des Oxazinrings durch Einw. von HCl über hypothet. stabile u. instabile Oxoniumformen. (Roczniki Chem. [Ann. Soc. chim. Polonorum] **31.** 347—48. 1957.) F. Urban. 3282

J. Cymerman-Craig, W. P. Rogers und **M. E. Tate,** *Chemische Konstitution und anthelminthische Aktivität.* 3. Mitt. *Darstellung substituierter Phenothiazine und einiger mono- und dicyclischer Analoga.* (2. vgl. C. **1959.** 2123.) Eine Anzahl von Alkoxy- u. Chlorphenothiazinen wurde zur Prüfung auf anthelminth. Wirksamkeit synthetisiert. *1.4-Thiazan* wurde aus Bis-[2-chloräthyl]-aminhydrochlorid u. Na_2S erhalten. Für die Herst. von *1-Benzyl-* u. *1-Benzoylpiperazin* werden verbesserte Verff. angegeben.

Versuche: *1-Methoxyphenothiazin*, $C_{13}H_{11}NOS$, F. 98,5°, $Kp._{0,05}$ 140—160°, durch ³/₄std. Erhitzen von 2-Methoxydiphenylamin, dest. S u. J_2 auf 150—160° u. ¹/₄std. Erhitzen auf 175°; blaßgelbe Nadeln (Isopropanol); 65% (Ausbeute). — *1-Äthoxyphenothiazin*, $C_{14}H_{13}NOS$, F. 81,5°, aus 2-Äthoxydiphenylamin; bräunliche Nadeln (Isopropanol, Sublimation bei 80°/0,05 mm); 77%. — *3-Methoxydiphenylamin*, $C_{13}H_{13}NO$, F. 72°, $Kp._{0,07}$ 136—138°, durch Decarboxylierung von 3′-Methoxydiphenylamin-2-carbonsäure bei 250—260° (2½ Std.); Nadeln (n-Hexan); 82%. — *4-Methoxyphenothiazin*, $C_{13}H_{11}NOS$, F. 98°, aus 3-Methoxydiphenylamin (8 g) u. Reinigung des heranlösl. Anteils zu Al_2O_3; Nadeln; 0,4 g. — *2-Methoxyphenothiazin*, F. 184,5°, aus dem hexanunlösl. Anteil vorst. Vers.; Platten (Bzl., Sublimation); 2,0 g. — *4-Chlorphenothiazin*, $C_{12}H_8ClNS$, F. 111°, aus 3-Chlordiphenylamin (10,2 g); Platten (PAe.); 6%. — *2-Chlorphenothiazin*, $C_{12}H_8ClNS$, bei vorst. Vers. durch fraktionierte Kristallisation aus Bzl.-PAe.; gelbe Platten (Bzl.); 3,2 g. — *2-Chlor-7-methoxyphenothiazin*, $C_{13}H_{10}ClNOS$, F. 175,5°, aus 3-Chlor-4′-methoxydiphenylamin; gelbe Platten; 50%. — *4-Chlor-7-methoxyphenothiazin*, F. 118°, bei vorst. Vers.; Nadeln (PAe.). — *3-Hydroxyphenothiazin*, $C_{12}H_9NOS$, F. 184°, Platten; 70%. — *3-Acetoxyphenothiazin*, $C_{14}H_{11}NO_2S$, F. 197,5°, durch Zusatz wss. K_2CO_3-Lsg. zu einer Pyridinlsg. von Phenothiazon, Zugabe von $Na_2S_2O_4$ zu sd. Lsg. bis zur Entfärbung u. Behandlung des kalten Gemischs mit Acetanhydrid; Nadeln (Bzl.); 55%. — *3-Äthoxyphenothiazin*, F. 149°, aus 4-Äthoxydiphenylamin (80 Min., 155°); gelbe Platten (Bzl.); 43%. — *3′.5-Dichlordiphenylamin-2-carbonsäure*, $C_{13}H_9Cl_2NO_2$, F. 199,5°, nach Kshatriya u. Mitarber (J. Univ. Bombay A **15.** [1946.] 42) (8 Std., 150—160°); blaßgelbe Nadeln (Essigester); 60%. — *2.8-Dichlorphenothiazin*, $C_{12}H_7Cl_2NS$, F. 267,5°, aus vorst. Säure bei 180—190° (1½ Std.), gelbe Platten (Bzl.); 30%. — *2.6-Dichlorphenothiazin*, F. 139,5°, als Nebenprod. bes. vorst. Vers., gelbe Platten (PAe.); 9%. — *1.2.3.4-Tetrahydrochinoxalin*, F. 96°, durch Red. von 2.3-Dihydroxychinoxalin mit $LiAlH_4$ in N-Äthylmorpholin bei 70°/14 mm (3 Std.); Platten (Sublimation bei 90°/0,1 mm); 28%. *Tartrat*, $C_8H_{10}N_2 \cdot C_4H_6O_6$, F. 150°, Nadeln (A.). — *1.4-Benzoxazinon-(3)*, F. 171,5°, durch Behandlung einer sd. Lsg. von 2-Nitrophenoxyessigsäure in NaOH mit $Na_2S_2O_4 \cdot 2\,H_2O$ bis zur Entfärbung; Platten; 66%. — *2.3-Dihydro-1.4-benzoxazin*, $Kp._{0,5}$ 86 bis 88°, durch 12std. Erhitzen vorst. Verb. mit $LiAlH_4$ in Ae.; n_D^{21} 1,5975; 77%. *Hydrochlorid*, $C_8H_9NO \cdot HCl$, F. 137°, Nadeln (A.–Ae.). *Pikrat*, $C_8H_9NO \cdot C_6H_3N_3O_7$, F. 155° (A.). — *Morpholinacetat*, $C_4H_9NO\ C_2H_4O_2$, F. 112°, Nadeln (A.–Ae.). — *1.4-Thiazan*, $Kp._{763}$ 174°, durch Behandlung einer alkoh. Lsg. von 2.2′-Dichlordiäthylaminhydrochlorid mit heißer alkoh. $Na_2S \cdot 9\,H_2O$-Lsg. u. 1std. Kochen; n_D^{14} 1,5382; 66%. *Acetat*, $C_4H_9NS \cdot C_2H_4O_2$, F. 149°, Nadeln (A.–Ae.). *Pikrat*, $C_4H_9NS \cdot C_6H_3N_3O_7$, F. 200°. — *1-Äthoxycarbonylpiperazintartrat*, $C_7H_{14}N_2O_2 \cdot C_4H_6O_6$, F. 139—140°, Platten (A.). — *1.4-Di-*

methylpiperazindiacetathemihydrat, $C_6H_{14}N_2 \cdot 2\,C_2H_4O_2 \cdot 0{,}5\,H_2O$, $Kp._{0,5}$ 48—50°, n_D^{20} 1,4414. — *1-Benzylpiperaziniumdichlorid*, F. 254°, durch 10 Min. langes Behandeln eines Gemischs aus Piperazinhexahydrat, A. u. alkoh. HCl bei 40° mit Benzylchlorid, Abtrennen von 1.4-Piperaziniumdichloridmonohydrat ($C_4H_{10}N_2 \cdot 2\,HCl \cdot H_2O$) u. Fällen des Filtrats mit alkoh. HCl–Ae.; Platten. *Base*, $Kp._{0,4}$ 87—93°, n_D^{20} 1,5473; 79%. — *1.4-Di-[β-methoxyäthyl]-piperazin*, $Kp._{0,1}$ 62—66°, durch Mischen von Piperazin, β-Methoxyäthyl-p-toluolsulfonat u. K_2CO_3 (CO_2-Abspaltung, stark exotherme Rk.) u. 3std. Erhitzen auf 100°; n_D^{25} 1,4650. *Dipikrat*, $C_{10}H_{22}N_2O_2 \cdot 2\,C_6H_3N_3O_7$, F. 234,5°, Nadeln (Aceton). *Dihydrochloridmonohydrat*, $C_{10}H_{22}N_2O_2 \cdot 2\,HCl \cdot H_2O$, FF. 84 u. 223,5°, Nadeln (A.–Essigester). — *1-Benzoyl-4-[β-hydroxyäthyl]-piperazin*, $Kp._{0,1}$ 162—164°, durch Einleiten (3/4 Std.) von Äthylenoxyd in 1-Benzoylpiperazin in A.; viscoses Öl; 87%. *Hydrochlorid*, $C_{13}H_{18}N_2O_2 \cdot HCl$, F. 210,5°, Nadeln (A.). *Pikrat*, $C_{13}H_{18}N_2O_2 \cdot C_6H_3N_3O_7$, F. 194,5°, gelbe Nadeln (wss. A.). — *1-Benzyl-4-[β-methoxyäthyl]-piperazin*, $C_{14}H_{22}N_2O$, $Kp._{0,3}$ 124—125°, durch Rk. von 1-Benzylpiperazin, β-Methoxyäthyl-p-toluolsulfonat u. K_2CO_3 bei 100° (exotherme Rk.); $n_D^{14,5}$ 1,5242; 83%. *Dihydrochlorid*, $C_{14}H_{22}N_2O \cdot 2\,HCl$, F. 236°, Nadeln (A.). *Dipikrat*, $C_{14}H_{22}N_2O \cdot 2\,C_6H_3N_3O_7$, F. 240° (Zers.), gelbe Nadeln (W.). — *1-[β-Methoxyäthyl]-piperazin*, $C_7H_{16}N_2O$, $Kp._{0,3}$ 40—41°, durch hydrierende Abspaltung des Benzylrests vorst. Verb. in Essigsäure in Ggw. von Pd/Kohle, n_D^{14} 1,4743; 45%. — *Dihydrochlorid*·1/4 Hydrat, $C_7H_{16}N_2O \cdot 2\,HCl \cdot 0{,}25\,H_2O$, F. 213°, Nadeln (A.–Ae.), *Dipikrat*, $C_7H_{16}N_2O \cdot 2\,C_6H_3N_3O_7$, F. 227°, gelbe Platten (W.). — *1-Benzoylpiperazin*, F. 74—75°, $Kp._1$ 142—146°, durch Rk. einer auf ca. p_H 4,5 eingestellten wss. Piperazinhexahydratlsg. nach Zusatz von Aceton mit Benzoylchlorid–wss. KOH; pK_a 7,8 (20°); 76%. (Austral. J. Chem. **9.** 397—405. Aug. 1956. Sydney, Univ., Dep. of Org. Chem.; Adelaide, Univ., Dep. of Zool.) K. MAIER. 3292

H. Beyer und **Th. Pyl**, *Bildung substituierter 1.2.4-Triazacyclooctatetraene.* Vorl. Mitt. zu der C. **1957.** 11588 referierten ausführlichen Arbeit. (Angew. Chem. **68.** 374—75. 7/6. 1956. Greifswald, Univ., Inst. für organ. Chem.) R. GUTZSCHEBAUCH. 3380

F. A. H. Rice und **Lawrence Fishbein**, *Einwirkung von wässeriger Schwefelsäure auf Zucker.* 2. Mitt. *Spektrophotometrische Untersuchungen über Hexosen; **Identifizierung** der gebildeten ätherlöslichen Produkte.* (1. vgl. C. **1959.** 3489.) Beim Erhitzen reduzierender Hexosen mit 4n H_2SO_4 auf 100° oder Einw. von 20n H_2SO_4 bei Raumtemp. tritt stets das gleiche UV-Absorptionsspektr. auf; mit 4n H_2SO_4 in der Reihenfolge *D-Gulose* > *D-Talose* (**II**) > *D-Galaktose* (**III**) > *D-Altrose* (**IV**) > *D-Mannose* (**V**) > *D-Glucose* (**I**); in 20n H_2SO_4 in der Folge **II** > **V** > **III** > **I** > **IV**. Pentosen reagieren mit 20n H_2SO_4 in der Reihenfolge D-Xylose > D-Ribose > D-Lyxose > D-Arabinose. Die das UV-Spektr. zeigenden Zersetzungsprodd. der Hexosen wurden mit Ae. extrahiert u. durch Fällung als *2.4-Dinitrophenylhydrazone* u. anschließende Chromatographie derselben identifiziert als *Acetaldehyd, Propionaldehyd, Formaldehyd, 5-Hydroxymethylfurfurol* u. ein *2.4-Dinitrophenylhydrazon*, $C_{19}H_{16}N_8O_9$.

Versuche: Z. B. wurden 25 g **I** in 50 cm³ 20n H_2SO_4 gelöst u. sofort laufend mit Ae. extrahiert; nach 26 Std. wurde aus dem Ätherextrakt das Gemisch der *2.4-Dinitrophenylhydrazone* (500 mg) gefällt, das durch Chromatographie an Kieselsäure–Celite (3:1) getrennt wurde. Die einzelnen Komponenten wurden aus A. umkristallisiert. Ausbeute an *2.4-Dinitrophenylhydrazonen* von *Formaldehyd* 55 mg, *Propionaldehyd* 50 mg, *Acetaldehyd* 45 mg, *5-Hydroxymethylfurfurol* 255 mg u. ein *2.4-Dinitrophenylhydrazon* $C_{19}H_{16}N_8O_9$ 10 mg. (J. Amer. chem. Soc. **78.** 3731—3734. 5/8. 1956. Indian Head, Md., U. S. Naval Powder Factory, Res. and Developm. Dep.) H. LEUBE. 3400

F. A. H. Rice, *Einwirkung von wässeriger Schwefelsäure auf Zucker.* 3. Mitt. *Isolierung und Chemie eines aus D-Arabinose erhaltenen D-Arabinopyranosyl-D-arabinopyranosids.* (2. vgl. vorst. Ref.) Aus D-Arabinose (**I**) entstehen bei Rk. mit konz. H_2SO_4 u. anschließender Acetylierung Acetylprodd., die ca. 1% *Hexa-O-acetylpentobiose* enthalten. Die freie Arabinobiose red. nicht FEHLINGsche Lsg., verbraucht 4 Mol Perjodat u. liefert dabei 2 Mol *HCOOH*; daraus u. aus der geringen opt. Drehung wird auf ein *α-D-Arabinopyranosyl-α-D-arabinopyranosid-(1.1)* geschlossen.

Versuche: *Hexa-O-acetyl-α-D-arabinopyranosyl-α-D-arabinopyranosid-(1.1')*, $C_{22}H_{30}O_{15}$, F. 116—117° (Toluol-Ae.), aus 50 g **I** u. 50 cm³ 20n H_2SO_4 durch 24std. kontinuierliche Extraktion mit Ae., Acetylierung bei —10 bis 0°, Lösen in Chlf., Adsorption an Kieselsäure–Celite u. Eluieren mit Aceton; $[\alpha]_D^{24}$ +21° (c = 2,2; Chlf.); 500 mg Ausbeute. — *Freie Pentobiose*, $C_{10}H_{18}O_9 \cdot H_2O$, F. 112—113° (Isopropanol-Ae.); aus vorst. Verb. u. Ba-Methylat; $[\alpha]_D^{24}$ —22° (c = 0,7; CH_3OH); $[\alpha]_D^{23}$ —22° (c = 2,8; W.); gibt keine Rk. mit Fehlingscher Lsg.; reagiert nicht nach HAGEDORN-JENSEN; Hydrolyse mit 1n HCl liefert **I** (*Bromphenylhydrazon*, $C_{11}H_{15}BrN_2O_4$, F. 162—163°). (J. Amer. chem. Soc. **78.** 6167—68. 5/12. 1956.) H. LEUBE. 3400

Rezsö Bognár und **Pál Nánási**, *N-Glykoside. 6. Mitt. Untersuchung von isomeren N-Arylglykosylamintetraacetaten.* (5. vgl. C. **1957.** 13047.) Die Anomeren der N-Arylglykosylamintetraacetate werden in Methanol u. in Ggw. von HCl sehr schnell anomerisiert; Hydrolyse folgt nur in geringem Maße. Aus der Gleichgewichtsmischung der Anomeren konnten reine Anomere durch fraktionierte Kristallisation bzw. Extraktion hergestellt werden. Damit wurde ein neues Verf. zur Herst. der *α-Anomeracetate* durch Umwandlung der leichter herstellbaren β-Anomeren gewonnen. Untersucht wurde ferner die Mutarotation der Anomeracetate in verschied. Lösungsmitteln. In Pyridin/Essigsäureanhydrid u. Pyridin/Eisessig mutarotieren die N-Phenyl- u. N-p-Tolylglykosamintetraacetate. Damit ist die Erscheinung erklärbar, daß sich unter den genannten Acetylierungsbedingungen nur aus diesen Verbb. Anomeracetatgemische bilden. Die Stabilität der N-Glykosidbindung wurde durch gravimetr. Best. des Aminaglykons, das bei Säurehydrolyse frei wird u. durch Messung der Mutarotation in wss. Pyridin geprüft. Die Stabilität fällt bei steigender Basenstärke der Amine. Die Acetylderivv. scheinen stabiler als nichtacetylierte Verbb. zu sein. Die größere Stabilität der Acetylderivv. wurde nicht nur mit der Verringerung der Basizität infolge der Acetylgruppenwrkg., sondern auch mit der Möglichkeit der Bldg. von Wasserstoffbindungen bzw. Orthosäurederivv. erklärt.

Versuche: *α-N-[p-Nitrophenyl]-D-glucosylamintetraacetat*, $C_{20}H_{24}N_2O_{11}$, F. 168°, (verd. A.), aus 5 g entsprechenden β-Anomeren in HCl-haltigem CH_3OH (3 Min. Stehen) über ein *Anomerengemisch* [$[\alpha]_D^{22}$ +26,2° (c = 1; Pyridin); 4,6 g] u. dessen fraktionierte Kristallisation; $[\alpha]_D^{22}$ +206,2° (c = 0,9; Pyridin); +229,2° → +44° (c = 0,7; 0,1n HCl-CH_3OH; nach 5 Min.); 1,5 g (Ausbeute; roh). — *α-N-[p-Tolyl]-D-galaktosylamintetraacetat*, $C_{21}H_{27}NO_9$, F. 128° (Ae./PAe.), analog über ein *Anomerengemisch* [$[\alpha]_D^{21}$ −37° (c = 1; Pyridin)]; $[\alpha]_D^{22}$ +189,1° (c = 1; Pyridin); +204,3° (c = 0,7; Chlf.); +212° → +43,7° (c = 0,7; 0,1n HCl-CH_3OH; nach 5 Min.). — Analog wurden folgende Anomerengemische dargestellt: *N-[p-Tolyl]-glucosylamintetraacetat-*, $C_{21}H_{27}NO_9$, F. 125 bis 127°, aus 5 g entsprechenden β-Anomeren; $[\alpha]_D^{22}$ +31,5° (c = 1; Pyridin); 4,1 g. — *N-[p-Sulfamylphenyl]-D-glucosylamintetraacetat-*, $C_{20}H_{26}N_2O_{11}S$, F. 175—182°, aus 5 g entsprechenden β-Anomeren; $[\alpha]_D^{22}$ +34° (c = 1; Pyridin); 4,3 g. — *N-[p-Bromphenyl]-D-glucosylamintetraacetat-* (I), $C_{20}H_{24}BrNO_9$, F. 128—130°, aus 5 g entsprechenden β-Anomeren; $[\alpha]_D^{22}$ +31,5° (c = 1,2; Pyridin); 4,7 g. — *N-[p-Tolyl]-D-mannosylamintetraacetat-*, $C_{21}H_{27}NO_9$, F. 130—135°, aus 1 g entsprechenden α-Anomeren; $[\alpha]_D^{21}$ +22,1° (c = 0,9); Pyridin; 0,7 g. — Die Aufspaltung von I (2 g) erfolgt durch Extraktion mit absol. Ae.; als Rückstand verbleibt eine *Verb. vom F. 156°* [$[\alpha]_D^{22}$ −30° (c = 1; Pyridin); 1,48 g], durch Zugabe von PAe. zur Ae.-Lsg. wird eine *Verb. vom F. 131°* [$[\alpha]_D^{22}$ +90° (c = 1; Pyridin); 0,38 g] erhalten. (Magyar Kémiai Folyóirat [Ung. Z. Chem.] **64.** 66–70. Febr. 1958. Debrecen, Kossuth Lajos Tudományegyetem Szerves Kém. Intézete.)

G. HALMI. 3400

Rezsö Bognár und **István Farkas**, *N-Glykoside. 7. Mitt. Über die Struktur der Verbindung N-Tetraacetylglucosylveronal.* (6. vgl. vorst. Ref.) Auf Grund der UV-Absorptionsspektren wurde festgestellt, daß das durch die Rk. von Tetraacetylglucosylharnstoff mit Diäthylmalonylchlorid hergestellte N-haltige Glykosid *N-Tetraacetylglucosylveronal* (II) Veronal (I) als Aglucon enthält. Aus dem HCl-Hydrolysat konnte I in reinem Zustand isoliert werden. II unterscheidet sich scharf von dem strukturisomeren Enol–Sauerstoff-Glucosid, welches schon in der Kälte durch Na-Methylat methanolysiert wird; dagegen kann man II nur in der Wärme verseifen. Die glykosid. Bindung von II ist sehr beständig; sie wird nur durch konz. HCl im Bombenrohr hydrolysiert. Aus II wurde das freie Glykosid durch Verseifung mit Ba-Methylat hergestellt.

Versuche: *N-Tetraacetylglucosylveronal* (II), F. 171° (verd. A.), aus 8 g Tetraacetylglucosylcarbamid u. Diäthylmalonylchlorid nach HELFERICH u. KOSCHE [1926]; $[\alpha]_D$ −19,3° (c = 2; absol. Pyridin); 2,08 g (Ausbeute). — Durch 2std. Erhitzen von II in konz. HCl auf 120° im Rohr entsteht I [F. 188°; 44%]. Die Verseifung von II mit Ba-Methylat (30 Min. Erhitzen auf dem Wasserbad) liefert *Glucosylveronal* [$C_{14}H_{22}N_2O_8$, F. 89—90° (nach Sintern bei 60°); $[\alpha]_D$ +8,22° (c = 3; W.); 46,6%]. (Magyar Kémiai Folyóirat [Ung. Z. Chem.] **64.** 326—29. Sept. 1958.) G. HALMI. 3400

B. L. Horecker und **W. A. Wood**, *D-Glucose-6-phosphat.* Übersicht. Darst., Eigenschaften. — 6 Literaturangaben. (Methods Enzymol. **3.** 152—54. 1957. Bethesda, Md., Nat. Inst. of Health; Urbana, Ill., Univ.) K. MAIER. 3400

Joseph Neumann, Geneviève Lehongre und **Jean Lavollay**, *Untersuchungen über die Oxydation von Phloridzosid. 2. Mitt. Die Natur des Oxyphloridzosids I: 1.3.4.5-Tetrahydroxybenzol-5-glucosid.* (1. vgl. Bull. Soc. Chim. biol. **36.** [1954.] 869; vgl. auch C. **1957.** 9665.) Die alkal. H_2O_2-Oxydation von Phloridzosid (I) führt zu *Phloretinsäure* u. dem stark reduzierenden *Oxyphloridzosid I* (II). Da die saure Hydrolyse von II *Glucose* u.

1.3.4.5-Tetrahydroxybenzol (III) liefert, kommt ihm die Konst. des *5-Glucosids* von III zu. III ist durch alkal. H_2O_2-Oxydation von Phloracetophenon (IV) zugänglich u. wird papierchromatograph. identifiziert.

Versuche: *Phloretinsäure*, F. 128°, durch 1std. Stehen von I in Boratpuffer (p_H 9,1) mit NaOH–H_2O_2 unter Luftabschluß bei Raumtemp., Ansäuern mit HCl u. Ausäthern; 80% (Ausbeute). — *1.3.4.5-Tetrahydroxybenzol-5-glucosid* (II; *Oxyphloridzosid I*), Zers. bei 185° (absol. A.), neben vorst. Verb. aus der wss. Phase; braune Kristalle. *Acetylderiv.*, F. 161° (Essigester). — *1.3.4.5-Tetrahydroxybenzol* (III), a) durch 2std. Erhitzen von II mit 6%ig. H_2SO_4 auf dem Wasserbad u. Ausäthern (daneben in der wss. Phase *Glucose*); b) aus IV analog II in 20 Stunden. (Bull. Soc. Chim. biol. **38.** 743—49. 1956. Paris, Conservatoire Nat. des Arts et Métiers, Labor. de Chim. Agricole et Biol.) P. FAHRNLAENDER. 3450

Joseph Neumann, Geneviève Lehongre und **Jean Lavollay,** *Untersuchungen über die Oxydation von Phloridzosid.* 3. Mitt. *Oxydation von 1.3.4.5-Tetrahydroxybenzol-5-glucosid (Oxyphloridzosid I) durch molekularen Sauerstoff.* (2. vgl. vorst. Ref.) Die nach der WARBURG-Methodik gemessene Geschwindigkeit der Oxydation von Oxychloridzosid I mit Luftsauerstoff steigt mit höherem p_H. Cu^{2+}-Ionen beschleunigen die Reaktion. Die Best. des gebildeten H_2O_2 zeigt, daß es sich wahrscheinlich um eine Dehydrierungs-Rk. handelt, bei der zwei Phenolgruppen angegriffen werden. (Bull. Soc. Chim. biol. **40.** 327—33. 9/5. 1958.) K. HEYNS. 3450

Joseph Neumann, Geneviève Lehongre und **Jean Lavollay,** *Untersuchungen über die Oxydation von Phloridzosid.* 4. Mitt. *Initiierung der Luftoxydation des Phloridzosids durch geringe Mengen Wasserstoffperoxyd.* (3. vgl. vorst. Ref.) Die Luftoxydation von Phloridzosid (I) in alkal. Medium wird durch H_2O_2 oder 1.3.4.5-Tetrahydroxybenzol-5-glucosid (II; Oxyphloridzosid I) katalysiert. In beiden Fällen steigt die Reaktionsgeschwindigkeit mit steigendem p_H, u. die Rk. wird durch Katalase vollständig unterdrückt. I wird durch H_2O_2 zu *Phloretinsäure* u. II gespalten, das durch Autoxydation erneut H_2O_2 u. rotes *Oxyphloridzosid II* (Chinon von II) liefert. Die Luftoxydation von I wird auch durch Ascorbinsäure hervorgerufen. (Bull. Soc. Chim. biol. **40.** 335—46. 9/5. 1958.) K. HEYNS. 3450

A. J. Cleaver, A. B. Foster und **W. G. Overend,** *Die Synthese von 1-Glykosylbenzimidazolen.* Durch Kondensation von 2.3.4.6-Tetra-O-acetyl-α-D-galaktosylbromid (I) mit Benzimidazolyl-Ag (II), Chromatographie u. Desacetylierung nach der ZEMPLÉN-PASCU-Meth. entsteht in 17,2%ig. Ausbeute *1-β-D-Galaktosylbenzimidazol* (III). Die Kondensation von I mit Chlormercuribenzimidazol (IV) in sd. Xylol u. anschließende Desacetylierung liefert III in 23%ig. Ausbeute; als beste Meth. erwies sich die Rk. von I mit Benzimidazol (V) in heißem Dioxan (73% Ausbeute), bei der sich jedoch Verbb. vom O-Acetylglykoseen- u. O-Acetyldidesoxyglykosetyp als Nebenprodd. bilden. Verss. zur Darst. von I aus Galaktosylhalogenid u. V bei Raumtemp. nach einer verbesserten KOENIGS-KNORR-Meth. sowie die Cyclisierung von N-Glykosyl-o-phenylendiamin mit Triäthylorthoformiat waren erfolglos. I liefert ein glasiges *Tetraacetat*, festes *6-O-Trityl-* u. *3.4(?)-O-Isopropylidenderivat.* Eine Synth. der linksdrehenden Form von *1-[2-Desoxy-D-galaktosyl]-benzimidazol* [(—)-VI] gelingt durch Rk. von Tri-O-acetyl-D-galaktal (IX) in Bzl. mit Benzoylperoxyd (VII) u. HBr, Umsetzung des erhaltenen *Tri-O-acetyl-2-desoxy-D-galaktosylbromids* (VIII) mit II oder IV u. Desacetylierung. Die Behandlung von VIII mit V in Dioxan führt nur zu einer geringen Ausbeute an VI, als Hauptprod. wird dagegen das rechtsdrehende (+)-VI isoliert, das sich durch Kochen mit verd. Mineralsäure in (—)-VI umlagern läßt. Bei der Umsetzung von 3.4-Di-O-acetyl-D-fucal mit HCl in absol. Bzl. entsteht *3.4-Di-O-acetyl-2.6-didesoxy-D-galaktosylchlorid*, das durch Umsetzung mit II u. nachfolgende Desacetylierung in *1-[2.6-Didesoxy-D-galaktosyl]-benzimidazol* umgewandelt wird. Es werden ferner die Synthesen von *1-[Di-O-acetyl-2-desoxy-L-ribosyl]-*, *1-[2-Desoxy-L-ribosyl]-* u. *1-[2-Desoxy-D-glucosyl]-benzimidazol* sowie von *1-D-Galaktosyl-* u. *1-[2-Desoxy-D-galaktosyl]-5.6-dimethylbenzimidazol* beschrieben. Die Stabilität einiger 1-Glykosylbenzimidazole in 6n HCl bei 100 u. 150° wird chromatograph. untersucht. Bei Anwesenheit einer Desoxygruppe wird die Labilität der Verbb. erhöht. Eine Reihe der synthetisierten Verbb. wurde auf bakteriostat. Eigg. gegenüber E. coli 15 untersucht.

Versuche: Benzimidazole: *Ag-Salz* (II), durch Zutropfen einer $AgNO_3$-Lsg. u. wss. NH_4OH (D. 0,88) zu 11,8 g V in W. bei 95°; 21,8 g (Ausbeute). — *Chlormercuri-* (IV), durch Zugeben von 11,8 g V u. NaOH in 10%ig. A. zu $HgCl_2$ in A.; 32 g. — *1-β-D-Galaktosyl-* (III), $C_{13}H_{16}N_2O_5$, F. 257° (Zers.; W.), a) durch 2std. Kochen von 40 g I mit 21,9 g II in absol. Xylol, Einengen, Lösen in Chlf., Filtrieren über Al_2O_3 u. 5tägiges Stehen in Methanol/$NaOCH_3$; Prismen; $[\alpha]_D^{15}$ —31,5° (c = 1,18; Pyridin); 4,7 g. *Pikrat*, $C_{13}H_{16}N_2O_5 \cdot C_6H_3N_3O_7$, F. 169—170° (W.); gelbe Nadeln; $[\alpha]_D^{19}$ —15,3°

(c = 1,05; Pyridin). *Hydrochloridmonohydrat*, $C_{13}H_{16}N_2O_5 \cdot HCl \cdot H_2O$, F. 197°, b) durch 2std. Kochen von 8,6 g **IV** mit 10 g **I** in absol. Xylol u. analog a); 1,56 g; c) durch ½std. Kochen von 10 g **I** mit 6,32 g **V** in absol. Dioxan, Zugeben von Bzl. u. analog a); 2,5 g. — *1-[2.3.4.6-Tetra-O-acetyl-β-D-galaktosyl]-*, $C_{21}H_{24}N_2O_9$, aus **III** u. Acetanhydrid in Pyridin; farbloses Glas; $[\alpha]_D^{20}$ −17,6° (c = 1,71; Chlf.). — *1-[Isopropyliden-β-D-galaktosyl]-*, $C_{16}H_{20}N_2O_5$, F. 240—241° (Zers.; wss. A.), durch Zutropfen von konz. H_2SO_4 zu 2 g **III** in absol. Aceton bei 0°, 2std. Stehen bei Raumtemp., Zutropfen zu Na_2CO_3-Lsg. u. Einengen; Prismen; $[\alpha]_D^{22}$ +43,8° (c = 0,914; Pyridin); 1,1 g. — *1-[6-O-Trityl-β-D-galaktosyl]-*, $C_{32}H_{30}N_2O_5$, F. 234° (Zers.), durch 6std. Rk. von 1 g **III** mit 0,973 g Tritylchlorid in Pyridin bei 100°; $[\alpha]_D^{22}$ −15,8° (c = 1,01; Pyridin); 0,9 g. — *Tri-O-acetyl-2-desoxy-D-galaktosylbromid* (**VIII**), durch Einleiten von HBr in eine Lsg. von **IX** u. **VII** in absol. Bzl. u. Einengen; Sirup. — *2-Desoxy-N-phenyl-D-galaktosylamin*, F. 130°, durch Rühren von 10,5 g **VIII** mit Ag_2CO_3, Zutropfen von Anilin, 12std. Stehen u. Desacetylierung; $[\alpha]_D^{15}$ −52,2° (c = 1,11; Methanol); 2,1 g. — Weitere B e n z i m i d a z o l e: (—)-*1-[2-Desoxy-D-galaktosyl]-* [(—)-**VI**], $C_{13}H_{16}N_2O_4$, F. 214° (W.), a) durch 1std. Erwärmen von **VIII** mit **II** in absol. Xylol auf 100—120°, Zugeben von Chlf., Einengen u. Desacetylierung; Nadeln; $[\alpha]_D^{25}$ −18,9° (c = 1,06; Pyridin); 14%. *Pikrat*, $C_{13}H_{16}N_2O_4 \cdot C_6H_3N_3O_7$, F. 160° (W.); gelbe Nadeln; $[\alpha]_D^{19}$ −9,07° (c = 1,98; Pyridin). *Hydrochlorid*, $C_{13}H_{16}N_2O_4 \cdot HCl$, F. 152° (Zers.); $[\alpha]_D^{20}$ +5,17° (c = 1,55; W.); b) durch 2std. Stehen von **VIII** (aus 11,7 g **IX**) mit 15,2 g **IV** in absol. Xylol bei 100—120°; $[\alpha]_D^{20}$ −17,9° (c = 1,12; Pyridin); 0,57 g; c) durch ¼std. Kochen von (+)-**VI** in verd. HCl, Neutralisieren mit NaOH u. Einengen. — (+)-*1-[2-Desoxy-D-galaktosyl]-* [(+)-**VI**], F. 199—200°, durch 1std. Kochen von **VIII** (aus 10,2 g **IX**) mit **V** in absol. Dioxan, Zugeben von absol. Bzl., Einengen, Lösen in Chlf., Filtrieren über Al_2O_3, Einengen u. Desacetylieren in Methanol; Nadeln; $[\alpha]_D^{23}$ +21,6° (c = 1,11; Pyridin); 2,92 g; daneben aus der Mutterlauge (—)-**VI**; $[\alpha]_D^{22}$ −16,0° (c = 1; Pyridin); 0,24 g. — *1-[Tri-O-acetyl-2-desoxy-D-galaktosyl]-*, *Pikrat*, $C_{19}H_{22}N_2O_7 \cdot C_6H_3N_3O_7$, F. 158°, durch 1std. Rk. von 0,25 g (—)-**VI** mit Na-Acetat u. Acetanhydrid bei 100° u. Rk. mit Pikrinsäure in A.; gelbe Nadeln; $[\alpha]_D^{14}$ ±0° (c = 1,2; Chlf.); 250 mg. — *1-[2-Desoxy-3.4(?)-O-isopropyliden-D-galaktosyl]-*, $C_{16}H_{20}N_2O_4$, F. 218—219° (Zers.; wss. A.), durch Zutropfen von konz. H_2SO_4 zu 2 g (—)-**VI** in absol. Aceton bei 0°, 1std. Stehen bei Raumtemp., Zugeben einer Na_2CO_3-Lsg. Einengen u. Extrahieren mit Chlf.; Nadeln; $[\alpha]_D^{23}$ −11,5° (c = 3,12; Pyridin); 0,63 g; daneben aus der Mutterlauge die *isomere Verb.*, F. 204—205° (wss. A.); Prismen; $[\alpha]_D^{17}$ −64,7° (c = 3,09; Pyridin); 0,16 g. — *1-[2-Desoxy-D-glucosyl]-*, *Pikrat*, $C_{13}H_{16}N_2O_4 \cdot C_6H_3N_3O_7$, F. 153—154° (Zers.), durch ½std. Erhitzen von Tri-O-acetyl-2-desoxy-D-glucosylbromid (aus 20 g Tri-O-acetyl-D-glucal), mit 16,6 g **II** in absol. Xylol auf 120° u. Desacetylierung; orangegelbe Nadeln; $[\alpha]_D^{15}$ −17,3° (c = 2,08; Pyridin); 5,54 g. *Freie Base*, $C_{13}H_{16}N_2O_4$, F. 196° (A.), durch Rk. des Pikrats in W. u. Nitrobenzol mit konz. HCl, Extrahieren mit Chlf., Einengen u. Alkalisieren; $[\alpha]_D^{22}$ −35,2° (c = 1,19; Pyridin); Prismen. — *1-[Di-O-acetyl-2.6-didesoxy-D-galaktosyl]-*, *Pikrat*, $C_{17}H_{20}N_2O_5 \cdot C_6H_3N_3O_7$, F. 168°, durch Rk. von 2,25 g 3.4-Di-O-acetyl-D-fucal [F. 50—52°; $[\alpha]_D^{25}$ −7,1° (Aceton)] in absol. Bzl. mit HCl bei 0°, Einengen, 1std. Erhitzen des rohen *Di-O-acetyl-2.6-didesoxy-D-galaktosylchlorids* mit **II** in absol. Xylol auf 110°, Einengen u. Filtrieren in Chlf. über Al_2O_3; gelbe Nadeln; $[\alpha]_D^{20}$ +107,8° (c = 2,54; Pyridin); 1,4 g. *Freie Base*, $C_{17}H_{20}N_2O_5$, F. 206—207° (A./PAe.), durch Filtrieren einer Chloroformlsg. des Pikrats (1,35 g) über Al_2O_3; Prismen; $[\alpha]_D^{25}$ +201,7° (c = 2,34; Chlf.); 0,45 g. — *1-[2.6-Didesoxy-D-galaktosyl]-*, *Hemihydrat*, $C_{13}H_{16}N_2O_3 \cdot ½H_2O$, F. 185—186° (W.), durch Desacetylierung vorst. Base mit $NaOCH_3$ in Methanol; Nadeln; $[\alpha]_D^{18}$ −52,4° (c = 2,1; Pyridin). *Pikrat*, $C_{13}H_{16}N_2O_3 \cdot C_6H_3N_3O_7$, F. 161—162° (Zers.; W.); gelbe Nadeln. — *1-[Di-O-acetyl-2-desoxy-L-ribosyl]-*, *Pikrat*, $C_{16}H_{18}N_2O_5 \cdot C_6H_3N_3O_7$, F. 176° (A.), durch Rk. von 5 g Di-O-acetyl-L-arabinal in absol. Bzl. mit HCl, Einengen u. 1std. Erhitzen des rohen *Di-O-acetyl-2-desoxy-L-ribosylchlorids* mit **II** in absol. Xylol auf 110°; gelbe Nadeln; $[\alpha]_D^{17}$ −13,9° (c = 3,6; Pyridin). — *1-[2-Desoxy-L-ribosyl]-*, $C_{12}H_{14}N_2O_3$, F. 183° (W.), durch Desacetylierung der rohen Acetylverb. mit $NaOCH_3$ in Methanol, Umwandlung in das *Pikrat* u. Schütteln der wss.-methanol. Lsg. mit IRA-400 (OH^-); $[\alpha]_D^{17}$ −33,9° (c = 1,89; Pyridin). — *5.6-Dimethyl-1-[tetra-O-acetyl-D-galaktosyl]-*, *Pikrat*, $C_{23}H_{28}N_2O_9 \cdot C_6H_3N_3O_7$, F. 182—184°, durch 1std. Erhitzen von **I** mit 5.6-Dimethylbenzimidazol in absol. Dioxan auf 100° u. Zugeben von absol. Bzl.; gelbe Nadeln; $[\alpha]_D^{23}$ +55,8° (c = 1,18; Chlf.). — *1-D-Galaktosyl-5.6-dimethyl-*, $C_{15}H_{20}N_2O_5$, F. 269° (Zers.; A.), durch Filtrieren der Chloroformlsg. vorst. Pikrats über Al_2O_3 u. Desacetylierung; $[\alpha]_D^{17}$ −29,4° (c = 0,54; Pyridin). *Pikrat*, $C_{15}H_{20}N_2O_5 \cdot C_6H_3N_3O_7$, F. 211° (Zers.), aus A. orangefarbene Nadeln. — *5.6-Dimethyl-1-[tri-O-acetyl-2-desoxy-D-galaktosyl]-*, *Pikrat*, $C_{21}H_{26}N_2O_7 \cdot C_6H_3N_3O_7$, F. 181° (A.), durch Rk. von **VIII** (aus 10,25 g **IX**) mit 5.6-Dimethylbenzimidazolyl-Ag in sd. Xylol; gelbe Nadeln; $[\alpha]_D^{22}$

$-3{,}5^0$ (c = 1,15; Chlf.); 4,5 g. — *1-[2-Desoxy-D-galaktosyl]-5.6-dimethyl-*, $C_{15}H_{20}N_2O_4$, F. 255⁰ (wss. A.), durch Filtrieren der vorst. Verb. in Chloroformlsg. über Al_2O_3 u. Desacetylierung; Prismen; $[\alpha]_D^{23}$ $-32{,}4^0$ (c = 1,05; Pyridin). *Pikrat*, $C_{15}H_{20}N_2O_4 \cdot C_6H_3N_3O_7$, F. 193⁰ (Zers.), aus A. orangefarbene Nadeln. (J. chem. Soc. [London] **1959.** 409—17. Jan. London, Birkbeck Coll.; Birmingham, Univ., Chem. Dep.) E. SCHRÖDER. 3450

Burchard Franck, *Sedumalkaloide.* 2. Mitt. *Alkaloide in Sedum acre und verwandten Sedumarten.* (1. vgl. C. **1959.** 4808.) Die Alkaloide aus *Sedum acre* L. (Mauerpfeffer) lassen sich in günstigster Ausbeute aus frisch geerntetem Material oder aber aus solchem isolieren, welches vorsichtig bei 40⁰ getrocknet wurde. Zur Isolierung wird ein unter CH_3OH hergestellter Pflanzenbrei abgepreßt, im Vakuum eingeengt, mit HCl auf p_H 2 eingestellt, durch Ausäthern von Chlorophyll u. anderen Lipoiden befreit, die wss. Phase mit NH_3 alkalisiert u. dann mit Chlf. extrahiert. Im Chloroformextrakt sind die tert. Basen enthalten, in der wss. Lsg. lassen sich durch Zusatz von 30%ig. NaOH in der Kälte u. Chloroformextraktion die sek. Basen isolieren. Zur qualitativen Auftrennung der beiden Fraktionen ist die Ringpapierchromatographie geeignet, die Sichtbarmachung erfolgt am besten durch selektiv anfärbende Indicatoren, u. zwar lassen sich die tert. Alkaloidbasen mit einem durch Jodzusatz modifiziertes DRAGENDORFF-Reagens anfärben, die sek. Basen nach der Anfärbemeth. für Aminosäuren u. Peptide von REINDEL u. HOPPE (vgl. C. **1950/54.** 513 S). Zur Auffindung der günstigsten Lösungsmittelsysteme für die Auftrennung der Alkaloidgemische durch Papierchromatographie werden 45 verschied. Systeme an einem künstlichen Sedamin (I)–Sedridin (II)-Gemisch untersucht, wobei die folgenden allg. Gesetzmäßigkeiten erkannt werden: Die Verteilung ist abhängig von der Polarität der organ. Phase, von der Konz. der der organ. Phase zugesetzten Säure u. vom p_H-Wert der Pufferimprägnierung des Papiers, u. zwar nimmt das Trennvermögen mit fallenden R_F-Werten zu, die R_F-Werte ihrerseits werden durch steigenden Säurezusatz zur organ. Phase erhöht u. durch Abnahme des p_H-Wertes der Pufferimprägnierung verringert. Am günstigsten erwiesen sich Systeme, bei denen R_F-Werte von 0,3 erzielt wurden, da dann schmale intensive Zonen entstehen. Bei Verwendung von n-Butanol/Di-n-butyläther/1%ig. Ameisensäure (2 : 1 : 3) auf mit 0,5 mol. KH_2PO_4 imprägniertem Papier entstehen 4 Haupt- u. 6 Nebenzonen. Durch Vgl. der R_F-Werte mit solchen von Testsubstanzen konnten *Isopelletierin,* I, II u. *8-Methyl-10-phenyllobelidiol* ermittelt werden. Das nach diesem Trennungsverf. nicht feststellbare *Nicotin* wurde bei analogen Verss. an ungepuffertem Papier nachgewiesen. Die Auftrennung größerer Mengen Basengemisch gelang durch Chromatographie an Al_2O_3 u. Eluieren mit Bzl./Aceton-Gemischen verschied. Zusammensetzung. Aus der tert. Basenfraktion wurde so (±)- u. (—)-I nebeneinander nachgewiesen, ferner die neuen Alkaloide *Sedinon* u. *Sedinin.* Aus der sek. Basenfraktion konnte II isoliert werden. Die Unters. von 11 anderen *Sedum*-Arten ergab wesentlich geringere Alkaloidausbeute (Einzelheiten vgl. Original). UV- u. IR-Spektren sind angegeben.

V e r s u c h e: tert. Alkaloidbasenfraktion I, a) durch 2tägige Extraktion von 200 kg Mauerpfeffer (auf Schwemmsand von p_H 8,2 gewachsen) nach Zerkleinerung mit 400 Liter CH_3OH, Abpressen u. 2fache Wiederholung des Prozesses mit dem Preßrückstand, Vakuumeinengen (5 kg Sirup), Verdünnen mit 1,75 kg hiervon mit W., Einstellen mit HCl auf p_H 2, 3 maliges Ausäthern, Einstellen der wss. Phase mit NH_4OH auf p_H 9, 3 maliges Ausziehen mit Chlf. u. Abdampfen des Extraktes; 11,5 g (Ausbeute); b) durch 120 std. Trocknen von 10 kg Mauerpfeffer bei 40⁰, Extrahieren mit 90%ig. CH_3OH, Vakuumeinengen, Einstellen auf p_H 2 u. Weiterverarbeiten wie unter a); 199 mg; c) durch Aufarbeiten von 2,3 kg handelsüblichem getrocknetem Mauerpfeffer im wesentlichen wie vorst. unter a); 0,114 g. sek. Alkaloidbasenfraktion II, a) durch Zufügen von 700 g Ätznatron zu der unter a) erhaltenen, mit Chlf. ausgezogenen wss. Phase u. Extrahieren mit Chlf.; 3,38 g; b) analog a) wie bei vorst. unter c); 0,193 g. — *(±)-Sedamin* [(±)-I], $C_{14}H_{21}NO$, F. 91⁰, durch Aufnehmen von 10 g der Basenfraktion I in Bzl./Cyclohexan (1 : 1), Abdekantieren vom harzigen Rückstand, Chromatographie an Al_2O_3 (Stufe II) u. fraktionierte Elution mit Bzl./Cyclohexan, dann Bzl., dann Bzl./Aceton mit bis zu 50% Aceton; aus dem mit Bzl. + 10% Aceton erhaltenen Eluat durch 24 std. Stehen mit PAe., Abfiltrieren u. Hochvakuumsublimation; Prismen aus PAe.; $[\alpha]_D^{20}$ 0⁰. *Hydrochlorid,* $C_{14}H_{21}NO \cdot HCl$, F. 185⁰, Nadeln aus Aceton. (—)-I, $C_{14}H_{21}NO$, F. 60⁰, durch Aufnehmen des Rückstandes der PAe.-Mutterlauge von vorst. (±)-I in Ae., Überführen in das *Hydrochlorid,* Zers. mit NH_4OH, Ausziehen mit Chlf. u. Hochvakuumdest.; $[\alpha]_D^{20}$ $-75{,}4^0$ (c = 1,77; CH_3OH); 14,2 mg. *Hydrochlorid,* $C_{14}H_{21}NO \cdot HCl$, F. 207⁰; aus Aceton Nadeln; $[\alpha]_D^{20}$ $-54{,}1^0$ (c = 1,71; CH_3OH). — *Sedinon,* $C_{16}H_{23}NO_2$ oder $C_{17}H_{25}NO_2$, F. 93⁰, durch Sublimation der (±)-I-Rohbasenfraktion, die aus dem Chromatogramm der Basenfraktion I eluiert ist, Aufnehmen des Sublimationsrückstandes in absol. Ae., Filtrieren, Fällen mit äther. HCl als *Hydrochlorid* u.

Zers. mit NH_4OH; 16,7 mg. *Hydrochlorid*, F. 175°, aus Methyläthylketon/Cyclohexan Nadelbüschel; $[\alpha]_D^{20}$ −79,4° (c = 1,02; CH_3OH). — (−)-*Sedinin*, $C_{17}H_{25}NO_2$, F. 121°, aus dem von (±)-I befreiten Chromatogramm der Basenfraktion I durch Eluieren mit Bzl./50% Aceton u. Hochvakuumsublimation; aus Cyclohexan Prismen; $[\alpha]_D^{20}$ −105° (c = 0,46; CH_3OH); 287 mg. *Hydrochlorid*, F. 172° (Methyläthylketon); $[\alpha]_D^{20}$ −145° (c = 1,04; CH_3OH). — (+)-*Sedridin* [(+)-II], $C_8H_{17}NO$, F. 84°, durch Auskochen von 3,5 g der Basenfraktion II mit Cyclohexan u. Eindampfen des Extraktes; aus PAe. u. dann Sublimation hellgelbe Prismen; $[\alpha]_D^{21}$ +29,5° (c = 1,05; CH_3OH). *Hydrochlorid*, $C_8H_{17}NO \cdot HCl$, F. 143°; $[\alpha]_D^{21}$ +28,9° (c = 2,08; CH_3OH); aus Aceton Nadeln. *Pikrat*, $C_8H_{17}NO \cdot C_6H_3N_3O_7$, F. 158°; $[\alpha]_D^{21}$ +16,4° (c = 3,08; CH_3OH); aus Methyläthylketon/Cyclohexan Nadeln. (Chem. Ber. **91**. 2803—18. 19/12. 1958. Göttingen, Univ., Organ.-chem. Inst.) H. LEHWALD. 3500

Jerzy Suszko und **Eugenia Domagalina**, *Untersuchungen über 5′-Diazochina-alkaloide und ihre Umwandlungsprodukte.* 2. Mitt. *Diazoderivate des Dihydrochinidins und ihre Umwandlungen.* (1. vgl. Roczniki Chem. [Ann. Soc. chim. Polonorum] **28**. [1954.] 61.) Bei der Diazotierung von 5′-Aminodihydrochinin (I) u. 5′-Aminodihydrochinidin (II) entstehen zwei Arten von Diazoanhydriden. Die n. intermol. Anhydride sind verschieden, bedingt durch den stereochem. Unterschied der Mutteralkaloide I u. II. Bei der Zers. mit H_2SO_4 entsteht aus ihnen dieselbe Verb., ein *Dihydrochinan* (III). In der rechtsdrehenden Reihe wird dabei Dihydrochinidin z. T. regeneriert. Die intramol. Diazophenolanhydride von I u. II sind dagegen identisch. Sie können also nur nach einer Strukturänderung der Mutteralkaloide I u. II entstanden sein. In ihrem Aufbau entsprechen sie dem *Dihydrocuprean* (IV), in das sie auch bei der Zers. übergehen. Die Hypothese von GIEMSA u. HALBERKANN (Chem. Ber. **54**. [1921.] 1167), die die Zers. als eine doppelte Red. zu **III** u. **IV** betrachten, wird von Vff. deshalb abgelehnt. **III** u. **IV** sollen Abarten der Anhydroverbb., gegebenenfalls cis-trans-Isomere, nicht aber Stereoisomere dieser Alkaloide sein.

Versuche: *Dihydrocuprean* (**IV**), $C_{19}H_{24}N_2O$, F. 170—172°, a) durch Zers. von 5′-Diazodihydrocuprein; b) durch 5std. Erhitzen von 0,3 g **III** im Rohr auf 175—190° mit HBr (D. 1,49); $[\alpha]_D^{15}$ +91° (c = 1; absol. A.). *O-Acetylderiv.*, aus 0,3 g; helles Öl; 0,3 g [*Methojodid*, F. 225—227° (A.), aus 0,3 g; 0,05 g]. — *Dihydrochinan* (**III**), $C_{20}H_{26}N_2O$, a) durch Diazotierung von **I** u. anschließende Zers. des Prod. in saurer Lsg. bei 0° mit Cu-Paste; b) aus 0,5 g **IV** u. Diazomethan in Ae.; 0,34 g; hellgelbes Öl; $[\alpha]_D^{18}$ +83,5° (c = 0,946). — Dihydrochinidine: *5′-Nitro-*, F. 207—208° (Zers.), aus Dihydrochinidin mit rauchender HNO_3 bei 0°; gelbliche Kristalle; $[\alpha]_D$ +323° (c = 0,832; absol. A.). — *5′-Amino-* (**V**), F. 239—243° (Zers.), durch Red. vorst. Verb. mit $SnCl_2$; gelbe Kristalle; $[\alpha]_D$ +112,5° (c = 0,192; absol. A.). — *5′-Diazodihydrocupreidinanhydrid*, $C_{19}H_{22}N_4O_2$, F. 140° (Zers. ab 125°), durch Diazotieren von 2,8 g **V** in verd. H_2SO_4, Alkalisieren unter Eiskühlung u. Ausäthern neben *5′-Diazodihydrochinidinanhydrid* [**VI**; rotbraunes Öl; goldfarbige Kristalle; $[\alpha]^{20}$ +82,3° (c = 0,644; absol. A.); 1,2 g (Ausbeute). Zers. von 2 g in sd. n-H_2SO_4 → **IV** (0,45 g). — *Dihydrochinidin*, a) durch Zers. von **VI** (aus 2,8 g **V** in sd. n-H_2SO_4 neben **III**; 0,15 g; b) durch Kochen der sauren Diazoniumsalzlsg. aus 7 g **V** neben **IV** (1,2 g); 0,1 g; c) durch katalyt. Zers. der gleichen Lsg. aus 2 g **V** an Cu-Paste neben **III** (1 g); 0,3g. (Roczniki Chem. [Ann. Soc. chim. Polonorum] **29**. 495—508. 1955. Poznań, Uniw., Zakł. Chem. Organ.) F. URBAN. 3500

Ferdinand Bohlmann, Alfred Englisch, Norbert Ottawa, Hans Sander und **Wolfgang Weise**, *Zur Synthese des Cytisins.* 3. Mitt. *Totalsynthese des Cytisins.* 4. Mitt. *über Lupinenalkaloide.* (2. bzw. 3. vgl. C. **1958**. 6251; bzw. Angew. Chem. **67**. [1955.] 708.) Zur Synth. von Cytisin (I) wurden *7.9-Bis-[carbomethoxy]-chinolizidon-(4)* (**II**) sowie *7.9-Bis-[methoxymethyl]-chinolizidon-(4)* (**III**) dargestellt. **II** erhielten Vff. durch katalyt. Hydrierung von 7.9-Bis-[carbomethoxy]-3-carbäthoxychinolizon-(4) (**IV**, vgl. 2. Mitt.) oder aus Pyridin-3.5-dicarbonsäuredimethylester (**V**) u. Glutarsäurehalbesterperoxyd (**VI**); zum Konstitutionsbeweis von **II** wurde dieses mit $LiAlH_4$ zum *7.9-Bis-[hydroxymethyl]-chinolizidin* red., das nach GALINOVSKY u. Mitarbeiter (vgl. C. **1952**. 7495) in *Tetrahydrodesoxycytisin* übergeführt werden konnte. Auch **III** wurde auf 2 Wegen gewonnen: In einer Stufe aus 3-Carbäthoxy-7.9-bis-[methoxymethyl]-chinolizon-(4) (**VII**, vgl. 2. Mitt.) mit H_2/RANEY-Ni unter Druck oder aus 3.5-Bis-[methoxymethyl]-picolin-(2) (**VIII**, vgl. 2. Mitt.). **VIII** konnte mit HCHO kondensiert werden, wobei nach Wasserabspaltung *2-Vinyl-3.5-bis-[methoxymethyl]-pyridin* entstand, das mit Malonester eine MICHAEL-Addition einging. Der resultierende Diester wurde mit H_2/RANEY-Ni unter Druck in den Diäthyläther vom Typ **III** verwandelt. **II** wurde zur I-Synth. zu *7.9-Bis-[hydroxymethyl]-chinolizidon-(4)* (**IX**), red., das ebenso wie **III** beim Erhitzen mit HBr, dann mit NH_3 u. schließlich in Methylnaphthalin (200°) *Tetrahydrocytisin* (**X**) bildete. Die intermediär entstehende Bromverb. hat nach Vff. die Konfiguration **XIa**. Eine

Bromverb. aus **IX** u. PBr_3 reagierte nicht mit NH_3; Vff. erklären dieses Verh. mit äquatorialer Substituentenstellung (**XIb**), aus der Umklappen in axiale Stellung durch Lactamring A (vgl. bei **I**) fast unmöglich wird. Die *Acetyl*-Verb. von **X** wurde mit Pd-Kohle zu der *Acetyl*-Verb. von **I** dehydriert. Die Racematspaltung von **I** gelingt mit (+)-Camphersulfonsäure. Die IR- u. UV-Spektren von natürlichem u. synthet. **I** sind gleich.

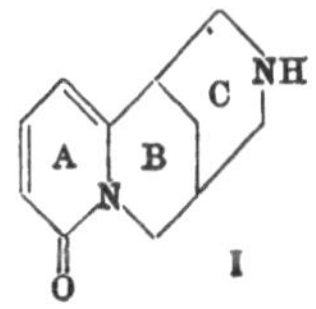

I

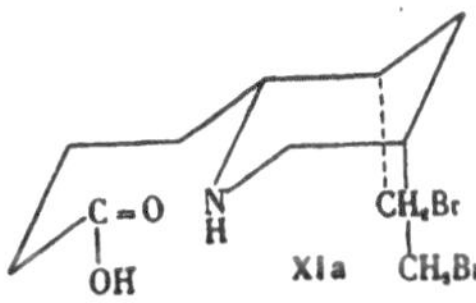

XIa

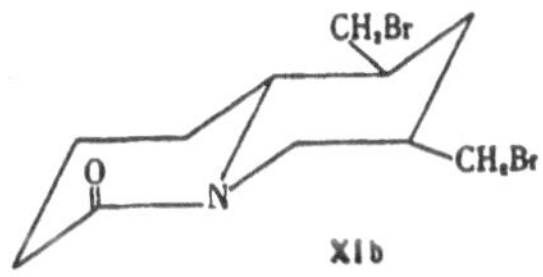

XIb

Versuche: *7.9-Bis-[methoxymethyl]-chinolizidon-(4)* (**III**), $C_{13}H_{23}NO_3$, Kp.$_{0,3}$ 150 bis 160°, aus **VII** u. H_2/RANEY-Ni in Dioxan, 2 Std. auf 200°/200 at; farbloses Öl; 83% (Ausbeute). — *Tetrahydrocytisin* (**X**), Kp.$_{0,1}$ 150°, beim Erwärmen von 10 g **III** u. gesätt. HBr 5 Std. auf 120°, nach Abdampfen der HBr 10 Std. mit gesätt. alkoh. NH_3 im Autoklaven auf 100°, nach Entfernen von Br′ u. Ag˙ in Methylnaphthalin u. wenig Methanol 2 Std. auf 200°; 2,3 g. — *Acetyltetrahydrocytisin*, $C_{13}H_{20}N_2O_2$, Kp.$_{0,01}$ 180 bis 190°, aus 2 g **X** u. Acetanhydrid, Aufbewahren über Nacht, dann 30 Min. auf dem Wasserbad; zähes, unbewegliches Öl; 2,3 g. — *Cytisin* (**I**), $C_{11}H_{14}N_2O$, F. 147—147,5° (aus Aceton/Ae.), aus vorst. Verb. mit 10%ig. Pd-Kohle innerhalb 1 Std. auf 260°, weitere 3½ Std. bei gleicher Temp.; sublimiert im Vakuum. *Pikrat*, $C_{11}H_{14}N_2O \cdot C_6H_3N_3O_7$, F. 270° (aus W.). — (—)-*Cytisin*, F. 150—151° (Aceton/Ae.), Misch-F. mit natürlichem Cytisin 152°, aus synthet. **I** mit (+)-Camphersulfonsäure, Zers. des Salzes mit KOH, Aufnehmen in Chloroform. (+)-*Camphersulfonsaures* (—)-*Cytisin*, $C_{11}H_{14}N_2O \cdot C_{10}H_{16}O_4S$, F. u. Misch-F. 265—266° (korr.); $[\alpha]_D$ —40,1° (in Methanol). — (+)-*Camphersulfonsaures* (+)-*Cytisin*, F. 265° (korr.); aus Aceton), aus den Mutterlaugen der Racematspaltung; Nadeln in Rosetten (aus Aceton); $[\alpha]_D$ +77° (in Methanol). — *2-Vinyl-3.5-bis-[methoxymethyl]-pyridin*, Kp.$_{12}$ 130°, aus 10 g **VIII** u. 40%ig. HCHO, 2 Std. auf 130°; das entstandene *Carbinol* (Kp.$_{0,1}$ 130—140°) wird über KOH dest.; 0,9 g. — *7.9-Bis-[methoxymethyl]-chinolizidon-(4)* (**III**), Kp.$_{0,2}$ 130—140°, aus 0,9 g vorst. Verb. u. Malonester in Ggw. von Na-Äthylat wurden 0,43 g eines Diesters (*2-[γ.γ-Bis-carbäthoxy-n-propyl]-3.5-bis-[methoxymethyl]-pyridin*, Kp.$_{0,005}$ 165—175°) erhalten u. dieser mit H_2/RANEY-Ni in Dioxan bei 185°/200 at red.; 0,25 g. — *7.9-Dicarbomethoxychinolizidon-(4)* (**II**), a) Kp.$_{0,1}$ 165—180°, aus 5,6 g **IV** u. H_2/RANEY-Ni in Dioxan 2mal 5 Std. bei 200°/200 at; 1,3 g; b) Kp.$_{0,01}$ 160—170°, aus 50 g **V** u. 55 g **VI** durch 3std. Erhitzen auf 150—160° entstehende 13,5 g *2-[γ-Carbäthoxy-n-propyl]-pyridin-3.5-dicarbonsäuredimethylester*, Kp.$_{0,01}$ 150—180°, werden wie unter a) hydriert; 60%. — *7.9-Bis-[hydroxymethyl]-chinolizidon-(4)* (**IX**), aus **II** mit $LiAlH_4$ in Ae.; wurde wie **III** in **X** übergeführt. — *Tetrahydrodesoxycytisin*, a) Kp.$_{0,01}$ 90—95°, aus 80 mg **X** mit $LiAlH_4$ in Tetrahydrofuran; 44 mg; b) aus 600 mg **II** mit $LiAlH_4$ in Tetrahydrofuran erhält man 390 mg *7.9-Bis-[hydroxymethyl]-chinolizidin*, dieses wird nach GALINOVSKY (l. c.) weiterverarbeitet; 88 mg. *Dipikrat*, $C_{11}H_{20}N_2 \cdot 2C_6H_3N_3O_7$. (Chem. Ber. **89**. 792—99. 1956. Braunschweig, TH, Organ.-chem. Inst.) G. REINISCH. 3500

Bruno P. Vaterlaus und **Georges Muller**, *Ein überzähliges Isomeres bei der Ringverengung von Colchicintroponen. Versuch einer Interpretation.* Bei der Einw. von $NaOCH_3$ auf Thiocolchicin (**I**) konnte neben der *Colchicinsäure* das *Racemat* des früher (C. **1959**. 133; vgl. Formelbild **II**) beschriebenen opt.-akt. *dihydroaromat. γ-Lactams* krist. erhalten werden. Es läßt sich analog zum aromat. *rac.-γ-Lactam* oxydieren, das mit RANEY-Ni/Pd das *rac.-Desmethylmercapto-γ-lactam* (rac.-**II**) liefert. Die entsprechenden UV- u. IR-Spektren sind identisch. Die $NaOCH_3$-Umlagerung des aus **I** mit Perphthalsäure (**IV**) zugänglichen *Thiocolchicin-S.S-dioxyds* führt zu dem früher (l. c.) beschriebenen (+)-**II**. Dagegen wird analog aus dem Sulfon (**III**) des Isothiocolchicins eine neue, *isomere Colchicinsäure* {*1.2.3-Trimethoxy-7-acetamido-10-carboxydibenzo-[a.c]-cycloheptadien-(1.3)*} als *Methylester* erhalten. Die UV- u. IR-Spektren sind angegeben. Zu den Umlagerungen werden ausführliche Reaktionsmechanismen diskutiert.

Versuche (mit **C. Marie** und **R. Bardoneschi**): *Dihydroaromat. rac.-γ-Lactam*, $C_{20}H_{23}NO_4S$, F. 264—265° (A.), durch 3std. Kochen von 2 g **I** mit $NaOCH_3/CH_3OH$ u. Chromatographie aus Bzl.-Chlf.; hellgelbe Nadeln; 85 mg (Ausbeute). — *Aromat. rac.-γ-Lactam*, $C_{20}H_{21}NO_4S$, F. 290° (absol. A.), durch 3tägiges Rühren vorst. Verb. mit NaOH in Tetrahydrofuran/A.; 46%. — *Thiocolchicin-S.S-dioxyd*, $C_{22}H_{25}NO_7S$, durch Zugeben von **IV** in Ae. zu **I** in Chlf.-Dimethylformamid bei —10° u. 12std. Stehen bei

Raumtemp.; rot (aus Essigester–Ae.); $[\alpha]_D^{20}$ -327 ± 5^0 (c = 0,5% in Chlf.); 29%. — *rac.-Desmethylmercapto-γ-lactam* (rac.-**II**), $C_{19}H_{19}NO_4$, F. 215° (CH_3OH), durch 5std. Kochen vorvorst. Verb. mit RANEY-Ni/Pd in CH_3OH; 66%. (+)-**II**, F. 194—195°, aus vorst. Verb.; $[\alpha]_D^{20}$ $+150^0$ (c = 0,5% in Chlf.). — *Methylester der isomeren Colchicinsäure*, $C_{22}H_{25}NO_6$, F. 177,5—178,5° (Bzl./Ae. 1 : 3), durch 1½std. Kochen von 150 mg **III** mit $NaOCH_3/CH_3OH$, Ansäuern, Extrahieren mit Chlf., Verestern mit CH_2N_2 u. Chromatographie aus Bzl.; $[\alpha]_D^{20}$ -18^0 (c = 0,5% in Chlf.); 47 mg. (Bull. Soc. chim. France [5] **1957.** 1329—33. Nov./Dez. Serv. de Rech. Roussel-Uclaf.) R. ZIEGENSPECK. 3500

Bruno P. Vaterlaus und **André E. Furlenmeier,** *Ringverengung eines Ammoniumthiocolchicinderivates unter Eliminierung des Stickstoffs.* (Vgl. vorst. Ref.) N-Desacetylthiocolchicin (I) liefert mit CH_3J das *N.N-Dimethylderivat.* Die aus dem *Methojodid* mit Ag_2O erhaltene *quaternäre Base* spaltet in Methanol spontan Trimethylamin unter (Ring-(C)-Verengung ab. Aus dem so erhaltenen *8-Carbomethoxy-9-methylmercapto-1.2.3-trimethoxydibenzo-[a; c]-cycloheptadien-(1.3)* wird durch Desulfurierung mit RANEY-Ni u. Verseifung *1.2.3-Trimethoxydibenzo-[a; c]-cycloheptadien-(1.3)-carbonsäure-(8)* erhalten. Die IR- u. UV-Spektren sind angegeben u. bestätigen die Konstitutionen.

Versuche (mit **C. Marie**): *N.N-Dimethyl-N-desacetylthiocolchicin*, $C_{22}H_{27}NO_4S$, F. 169—170° (Zers.; Essigester); $[\alpha]_D$ -150 ± 5^0 (c = 0,5 in Chlf.), durch Methylierung von **I** mit CH_3J in Ggw. von Na_2CO_3 u. Entfernen des Monomethylderiv. durch Acetylierung; 58% (Ausbeute). *Methojodid*, $C_{23}H_{30}JNO_4S$, F. 201—203° (Zers.), gelbe Kristalle; 87%. — *8-Carbomethoxy-9-methylmercapto-1.2.3-trimethoxydibenzo-[a; c]-cycloheptadien-(1.3)*, $C_{21}H_{24}O_5S$, F. 159—160° (CH_3OH), aus vorst. Methojodid in CH_3OH mit Ag_2O u. 4std. Erwärmen auf 40°; kleine Nadeln; 39%. — *1.2.3-Trimethoxydibenzo-[a; c]-cycloheptadien-(1.3)-carbonsäure-(8)*, $C_{19}H_{20}O_5$, F. 184°, durch alkal. Hydrolyse des Esters; 65%. *Methylester*, $C_{20}H_{22}O_5$, F. 152° (Ae.), durch katalyt. Hydrierung vorst. Verb. in Ggw. von RANEY-Ni in Essigester; 75%. (Bull. Soc. chim. France [5] **1957.** 1481—83. Nov./Dez.) R. ZIEGENSPECK. 3500

Karl Winterfeld, Joachim Groebel und **Melanie Rink,** *γ-Isospartein, ein neues Isomeres des Sparteins.* Das von WINTERFELD u. RAUCH [1934] durch Dehydrierung von Spartein mit Hg(II)-Acetat erhaltene „β-Didehydrospartein" besteht auf Grund papierchromatograph. Unterss. aus einem Gemisch aus *Δ-Drehydro-*, dem noch unbekannten *Δ²-Dehydrospartein* u. 2 *epimeren α-Didehydro⁵spateinen.* Durch katalyt. Hydrierung von Δ²-Dehydrospartein erhielten Vff. ein neues Isomeres des *Sparteins* (**I**; vgl. GALINOVSKY, KNOTH u. FISCHER, C. **1957.** 9090), das sie als *γ-Isospartein* (**II**) bezeichnen u. das sich deutlich von Spartein (Sesselform, $C_{(6)}$-H-Atom zur Brücke cisständig, $C_{(11)}$-H trans-ständig; Ringe A/B trans- u. C/D cis-ständig), α-Isospartein ($C_{(6)}$- u. $C_{(11)}$H cis-, A/B u. C/D trans-ständig) u. von β-Isospartein (Sesselform, beide H-Atome trans-, A/B u. C/D cis-ständig) unterscheidet. **II** läßt sich mit $AlCl_3$ in **I** u. *α-Isospartein* umlagern, seinem Ring A wird Wannenform zugeschrieben.

Versuche: *Δ²-Dehydrospartein*, $Kp._{0,1}$ 126—127°, nach WINTERFELD u. RAUCH (l. c.), Abtrennen von *α-Didehydrosparteinhydrogensulfat*, Eindampfen des methanol. Filtrats unter N_2, Aufnehmen des Rückstands in W., Alkalisieren, Extrahieren mit Ae. u. Vakuumdest. unter N_2, Versetzen des in Methanol gelösten Destillats mit 30%ig. methanol. H_2SO_4 u. Zugabe von Aceton, solange sich Kristalle abscheiden, u. Freisetzen der Base. — *α-Isosparteinhydrogensulfat*, F. 244—245° (Zers.), a) durch Hydrierung vorst. Base in Methanol an RANEY-Ni, Vakuumdest. unter N_2 ($Kp._{0,1}$ 114—116°) u. Abtrennen von den isomeren Basen mit H_2SO_4 wie vorst.; $[\alpha]_D^{26}$ $-21,4^0$ (c = 1,99; W.); b) aus **II** u. wasserfreiem $AlCl_3$ durch 7std. Erhitzen auf 220—230° (Badtemp.) unter Einleiten von O_2-freiem N_2, sodann mit verd. HCl versetzen, dann stark alkal. mit Ae. ausschütteln u. die äther. Lsg. auf Na-Citratpapier (p_H 4,48) in sek.-Butanol/W. aufsteigend chromatographieren; daneben **I.** — *γ-Isospartein* (**II**), $C_{15}H_{26}N_2$, F. 49—51° (Pentan), $Kp._{0,1}$ 91—92°, aus dem Filtrat vorst. Verb. nach a) durch Eindampfen, Alkalisieren des in W. aufgenommenen Rückstands, Ausäthern u. Vakuumdest.; $[\alpha]_D^{25}$ $-7,0^0$ (c = 2,00; Methanol). *Dihydrojodid*, $C_{15}H_{28}J_2N_2 \cdot H_2O$, F. 308—309° (Zers.; A.), aus **II** n Aceton u. tropfenweisen Zusatz von konz. HJ bis zur kongosauren Rk.; 634 mμ, (1577 cm^{-1}). *Dihydrochlorid*, $C_{15}H_{28}Cl_2N_2$, F. 351—352° (Zers.; A. + Ae.), aus **II** in absol. Ae. durch HCl-Einleiten. (Liebigs Ann. Chem. **617.** 147—52. 30/10.; **619.** 191. 1958. Bonn, Univ., Pharmazeut. Inst.) W. BURGHARDT. 3500

Dénes Beke, Marietta B. Bárczai und **László Töke,** *Beiträge zur Chemie des Sanguinarins.* Vff. haben zur Überführung des Chelidonins, des Hauptalkaloids des Schöllkrautes, in *Sanguinarin* (**I**) zwei Verff. ausgearbeitet: 1. Durch Abänderung der Meth. von GADAMER u. Mitarbeitern [1924] gelang es ihnen, das *O-Acetylchelidonin* (**II**) durch Oxydation mit Hg (II)-Acetat in einer Operation in **I** zu überführen; 2.) **II** wurde mit HJO_3 zu einem Gemisch von *Hydrosanguinarin* (**III**) u. **I** oxydiert; **III** ist mit $FeCl_3$ in guter Ausbeute zu I oxydierbar. Es wurde festgestellt, daß I mit Anilin, Phenylhydrazin, Nitromethan u. Malonsäure unter Wasseraustritt nicht aus der Aminoaldehydform ableitbare Verbb., sondern ringförmige, in 6-Stellung substituierte Derivv. liefert. Es gelang nicht, aus I mit Acetylchlorid, Benzoylchlorid oder Methyljodid aus der Aminoaldehydform ableitbare Derivv. zu erhalten; durch Einw. dieser Reagentien wurden unter milden Bedingungen I-*Salze*, unter energ. *Nor*-I gewonnen. Das einzige aus der Aminoaldehydform ableitbare Deriv. wurde durch Erwärmen mit Essigsäureanhydrid erhalten, aber auch dieses entstand durch eine sek. Ringspaltung. Auf Grund dieser Versuchsergebnisse u. der theoret. Betrachtungen konnte festgestellt werden, daß keine Notwendigkeit zur Annahme der Aminoaldehydform für I besteht.

Versuche: *O-Acetylchelidonin* (II), F. 188—189° (Butanol), aus Chelidonin [F. 135—138°] u. Acetanhydrid durch 1 Tag Stehen bei Raumtemp.; 91% (Ausbeute). — *Sanguinarin* (I), F. 264° (Ae.), aus nachst. Chlorid in W. durch Zugabe von 25%ig. NaOH u. Ae.; 28,2%. *Chlorid*, $C_{20}H_{14}ClNO_4 \cdot 3H_2O$, F. 280° (W.), a) aus II in A./Butanol durch Zugabe von Hg(II)-Acetat in Eiswasser u. 12std. Stehen; 62%; b) aus II in Bzl. durch Zugabe von HJO_3, 1std. Erhitzen auf dem Wasserbad u. Ansäuern mit HCl; 21,7%; c) aus III in 96%ig. A. durch Zugabe von $FeCl_3$ in verd. HCl u. 1std. Kochen; 71%. *Mol.-Verb. mit Pyridin*, $C_{40}H_{28}N_2O_9 \cdot 2C_5H_5N$, F. 277°, aus 0,75 g I; 0,4 g. *Mol.-Verb. mit Nitrobenzol*, $C_{40}H_{28}N_2O_9 \cdot 2C_6H_5NO_2$, F. 226°. *Acetat*, $C_{22}H_{17}NO_6$, F. 225°. *N-Acetylverb.*, $C_{22}H_{17}NO_6$, F. 283° (Tetralin/Nitrobenzol), aus 0,25 g I u. Acetanhydrid durch 5 Min. Kochen; 0,26 g. — *Hydrosanguinarin* (III), F. 193°, neben dem I-Chlorid nach b); 51%. *6-Benzyloxyverb.*, $C_{27}H_{21}NO_5$, F. 191°, aus I u. Benzylalkohol durch Erwärmen auf dem Wasserbad; 79,4%. *6-Anilinoverb.* (IV), $C_{26}H_{20}N_2O_4$, F. 239—240° Platten aus Bzn. oder Chlf./PAe.; durch Hydrierung in Essigester u. in Ggw. von Pd-Kohle entsteht III (79,36%)]. *6-Nitromethylverb.*, $C_{21}H_{16}N_2O_6$, F. 240° (Ae./Benzylalkohol), aus I in Nitromethan durch Stehen über Nacht; 79,6%. *6-Essigsäure, Na-Salz*, durch Erhitzen von I u. Malonsäure in Pyridin auf 105° bis zur Beendigung der CO_2-Entw., ½std. Erhitzen auf 110° u. 1 Std. auf 120—130° u. Behandeln des Eindampfrückstands mit NaOH; 50,5%; *Methylester*, $C_{23}H_{19}NO_6$, F. 182—183° (verd. CH_3OH), aus vorst. Na-Salz in 15%ig. methanol. HCl durch 4 std. Erhitzen auf dem Wasserbad; 66,2%; *Äthylester* $C_{24}H_{21}NO_6$ F. 148—149° (verd. A.), aus dem Na-Salz; 97,5%. — *α-[Hydrosanguinarinyl-(6)]-β-phenylhydrazin*, $C_{26}H_{21}N_3O_4$, F. 132° (Ae.), aus 3 g I-Chlorid u. Phenylhydrazin in Ae. durch 1 Tag Stehen; 1,42 g durch Hydrierung analog IV entsteht III (70%)]. — *Norsanguinarin* (*2.3;7.8-Bis-[methylendioxy]-α-naphthophenanthridin*), $C_{19}H_{11}NO_4$, F. 279—280°, durch 5 Min. Kochen von I-Chlorid in Benzylalkohol. *Hydrochlorid*, $C_{19}H_{11}NO_4 \cdot HCl$, F. > 320°, durch Kochen von I mit Benzoylchlorid. (Magyar Kémiai Folyóirat [Ung. Z. Chem.] **64**. 125—30. April 1958. Budapest, Müszaki Egyetem Szerves Kém. Tanszéke.) G. HALMI. 3500

Hans-Werner Bersch, *Die Konstellation des Chelidonins und Homochelidonins.* Für *Chelidonin* u. *Homochelidonin* wurde durch das Fehlen der OH-Bande im IR-Spektr. (vgl. Original) u. das Auftreten eines breiten Sattels bei 3000—3100 cm^{-1} das Vorliegen einer H-Bindung zwischen der OH-Gruppe an $C_{(5)}$ u. dem Ring-N bewiesen. Diese Ergebnisse sowie Modellbetrachtungen sichern für beide Verbb. die cis-Verknüpfung u. die Sesselform der Ringe B u. C sowie die axiale Stellung der OH-Gruppe an $C_{(5)}$. (Arch. Pharmaz. Ber. dtsch. pharmaz. Ges. **291/63**. 491—92. Okt. 1958. Braunschweig, TH, Inst. für Pharmaz. Chem. u. Lebensmittelchem.) F. HELLER. 3500

Hans-G. Boit und **Horst Ehmke,** *Alkaloide von Nerine Bowdenii, Crinum Powellii, Amaryllis Belladonna und Pancratium maritimum.* 12. Mitt. *über Amaryllidaceen-Alkaloide.* (11. vgl. C. **1959**. 1467.) *Nerine Bowdenii* enthält an krist. Alkaloiden *Ambellin* (I), *Crinidin* (II), *Lycorin* (III), *Crinamidin* (IV) u. *Undulatin*; letzteres ist eine tert. Base mit einer N-Methyl-, einer $-OCH_2O-$, zwei CH_3O-Gruppen u. einem ätherartig gebundenen O-Atom. In *Crinum Moorei* werden bei erneuter Aufarbeitung (vgl. C. **1956**. 5288), **II**, **III**, *Crinin* u. *Powellin*, jedoch kein **IV** gefunden. Aus den Restbasen von *Crinum Powellii* wird ein neues Alkaloid *Criwellin*, aus *Amaryllis Belladonna* neben **I**, **III**, *Caranin* u. *Bellamarin* ein bisher unbekanntes Alkaloid *Amaryllidin* isoliert; beide enthalten eine CH_3O- u. eine $-OCH_2O$-Gruppe. In *Pancratium maritimum* werden *Tazettin*, **III** u. *Hippeastrin* (**V**) festgestellt. **V** enthält eine acetylierbare HO-, eine $-OCH_2O$- u. wahrscheinlich eine N-Methyl-Gruppe; sein IR-Spektr. weist außer der HO-Bande bei 2,82 μ eine starke Carbonylbande bei 5,84 μ auf. Alkali verseift **V** zu einer Hydroxyaminosäure, die beim Erwärmen mit Mineralsäuren wieder in **V** übergeht. In Analogie zu Homolycorin wird für **V** daher nebenst. Strukturformel vorgeschlagen.

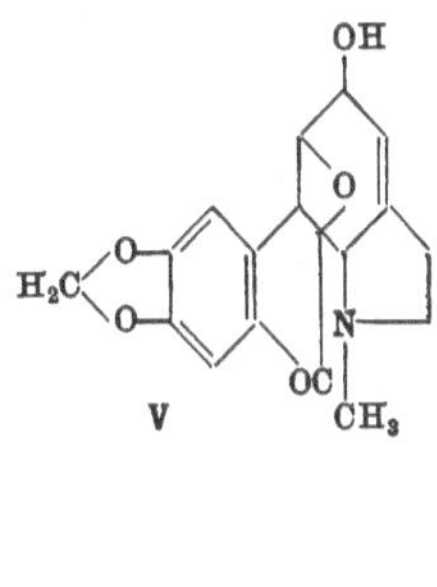

V

Versuche: Die genannten Alkaloide werden aus frischen Zwiebeln teils direkt wie in früheren Mitt., teils durch Chromatographie der Restbasen aus Bzl. an Al_2O_3 u. Eluieren mit Bzl.–Essigester–A. (bei *A. Belladonna* u. *P. maritimum* mit Bzl.–Essigester–CH_3OH) isoliert. — *Caranin*, F. 176—178°, Prismen (Aceton); mit konz. H_2SO_4 ziegelrot. — *Bellamarin* (Acetylcaranin), $C_{18}H_{19}NO_4$, F. 179—181°, Prismen (Aceton). — *Undulatin*, $C_{18}H_{21}NO_5$, F. 149° (Aceton), $[\alpha]_D^{25}$ +3° (c = 0,25; Chlf.); nicht acetylierbar. *Jodmethylat*, $C_{19}H_{24}JNO_5$, F. 267—268° (Zers.); Nadeln (CH_3OH). — *Crinamidin* (**IV**), $C_{17}H_{19}NO_5$, F. 232—234° (Aceton), $[\alpha]_D^{25}$ —23° (c = 0,2; Chlf.), mit konz. H_2SO_4 rotviolett; *Jodmethylat*, F. 268° (Zers.), Prismen (W.). — *Hippeastrin* (**V**), F. 214—215° (Aceton), $[\alpha]_D^{25}$ +158° (c = 0,2; Chlf.). Nach 1½ Std. Kochen von 50 mg **V** mit 3 cm^3 alkoh. NaOH u. Zusatz von W. kann mit Chlf. keine Base isoliert werden; bei Ansäuern mit HCl u. 1std. Kochen werden 25 mg **V** zurückerhalten. *O-Acetylderiv.*, aus 25 mg **V**, 1 cm^3 Pyridin u. 0,5 cm^3 Acetanhydrid durch 2tägiges Stehen, Eindampfen im Vakuum, Aufnehmen mit W., Alkalisieren mit NH_4OH u. Aufnehmen in Chloroform. Daraus ein *Perchlorat*, $C_{19}H_{19}NO_6 \cdot HClO_4$, Zers. bei 260°, Prismen (W.). — *Criwellin*, $C_{18}H_{21}NO_5$, F. 205—206°; Säulen (Aceton), $[\alpha]_D^{25}$ +220° (c = 0,15; Chlf.), mit konz. H_2SO_4 braun. *Hydrojodid*, F. 228—229° (Zers.), aus verd. essigsaurer Lsg.; Prismen (W.). *Perchlorat*, F. 217—218° (Zers.), Prismen (aus W.), wie vorstehend. — *Amaryllidin*, F. 204°, Täfelchen (Methanol–Aceton); $[\alpha]_D^{25}$ +64° (c = 0,16; Chlf.); mit konz. H_2SO_4 violett. *Perchlorat*, F. 134—135° (W.), Prismen aus verd. CH_3COOH. (Chem. Ber. **89**. 2093—97. 3/9. 1956. Berlin, Humboldt-Univ., Chem. Inst.) A. NOWAK. 3500

E. Schreier, *Zur Stereochemie der Mutterkornalkaloide vom Agroclavin- und Elymoclavintyp.* 46. Mitt. *über Mutterkornalkaloide.* (45. vgl. C. **1958**. 12978.) Elymoclavin (I) läßt sich durch Tosylierung in Pyridin u. partielle Hydrierung des erhaltenen *D-6-Methyl-8-pyridinomethyl-$\Delta^{8,9}$-ergolentosylats* (**V**) über das *D-6-Methyl-8-piperidinomethyl-$\Delta^{8,9}$-ergolen* (**VI**) unter Erhaltung der Konfiguration am $C_{(5)}$ u. $C_{(10)}$ in die am $C_{(8)}$ Diastereomeren *D-6.8-Dimethylergolin(I)* (**II**) u. *D-6.8-Dimethylisoergolin(I)* (**III**) überführen. Andererseits wurde **II** u. **III** auch aus Agroclavin (**IV**) durch katalyt. Red. in A. in Ggw. von Pd (in Ggw. von PtO_2 → nur **II**) ohne Veränderung der Asymmetriezentren an $C_{(5)}$ u. $C_{(10)}$ oder aus D-Dihydrolysergsäurelactam (**XI**) durch eine in 2 Stufen durchgeführte Red. mit Pd in A. u. mit $LiAlH_4$ in Äthylmorpholin erhalten. **I** u. **IV** sind somit ster. eindeutig mit der Dihydrolysergsäurereihe verknüpft. **II** ist ident. mit dem natürlichen Mutterkornalkaloide Festuclavin ($C_{(8)}$-Methylgruppe u. $C_{(5)}$-H in cis-Anordnung); **III** ist ident. mit Pyroclavin ($C_{(8)}$-Methylgruppe u. $C_{(5)}$-H trans-ständig). Das bei der Umwandlung von **I** in **II** u. **III** als Zwischenprod. isolierte **VI** kann durch Einw. von KOH in Methanol in *D-6-Methyl-8-piperidinomethyl-Δ^9-ergolen* (**X**) u. *-Δ^9-isoergolen* (Trennung an Al_2O_3) isomerisiert werden. **X** liefert bei der Hydrierung mit PtO_2 in Eisessig *D-6-Methyl-8-piperidinomethylergolin(I)*, das mit einem aus D-Dihydrolysergsäure(I)-piperidid (**XII**) durch $LiAlH_4$-Red. gewonnenen Präp. ident. ist. Beim Kochen von **V** mit verd. Alkali entsteht *D-6-Methyl-8-methylen-Δ^9*-ergolen- [**VII**, von YAMATODANI u. ABE (Bull. agric. chem. Soc. Japan **20**. [1956.] 95) als *Lysergen* bezeichnet), das auch durch alkal. Behandlung von **I** neben *Lysergol* u. *Isolysergol* erhalten wird. Die katalyt. Hydrierung von **VII** mit Pd in A. liefert die am $C_{(8)}$ Diastereomeren *D-6.8-Dimethyl-Δ^9-ergolen* (**VIII**, *Lysergin*) u. *-Δ^9-isoergolen* (**IX**, *Isolysergin*). Die konfigurative Einordnung von **VIII** u. **IX**, die auch durch Behandlung von **IV** mit KOH in Methanol erhalten werden, erfolgte aus dem Vgl. des chromatograph. Verh., der opt. Drehung u. der FF. mit den entsprechenden Eigg. von Lyserg- u. Isolysergsäurederivaten.

Versuche (FF. korr.): *O-Acetylelymoclavin*, $C_{18}H_{20}N_2O_2$, durch Rk. von **I** mit Acetanhydrid in Pyridin bei 3—5°, mehrstd. Stehen, Einengen u. Filtrieren einer benzol. Lsg. über Al_2O_3; Sirup; $[\alpha]_D^{20}$ —116° (c = 0,6; Chlf.); durch Kochen mit 2n NaOH in A. → *Elymoclavin* (**I**), F. 243—245° (Zers.; Methanol); $[\alpha]_D^{20}$ —150° (c = 0,3; Pyridin). — *O-p-Nitrobenzoylelymoclavin*, $C_{23}H_{21}N_3O_4$, F. 176—177° (Zers.; Essigester), durch 10 Min. langes Erwärmen von 254 mg **I** mit p-Nitrobenzoylchlorid in Pyridin; $[\alpha]_D^{20}$ —127° (c = 0,4; Pyridin); 270 mg. — *O-3.5-Dinitrobenzoylelymoclavin*, $C_{23}H_{20}N_4O_6$, F. 214—215° (Zers.; A./Eisessig, Na-Acetat), aus **I** u. 3.5-Dinitrobenzoylchlorid; $[\alpha]_D^{20}$ —128° (c = 0,2; Pyridin). — *D-6-Methyl-8-pyridiniomethyl-$\Delta^{8,9}$-ergolen. Tosylat* (**V**), $C_{28}H_{29}N_3O_3S \cdot H_2O$, durch ¼std. Stehen von **I** mit p-Toluolsulfochlorid in Pyridin unter Kühlung, 3std. Rühren bei 20—25°, Verdünnen mit W., Alkalisieren mit K_2CO_3, Extrahieren mit Chlf./Isopropanol (3 : 1) u. Filtrieren in Methanol/Chlf. über Al_2O_3; hygroskop. Schaum; $[\alpha]_D^{20}$ —64° (c = 0,4; A.); 70%. *Hydroxyd*, durch Filtrieren von **V** durch Amberlite IRA 410. *Pikrathydropikrat*, $C_{33}H_{27}N_9O_{14}$, F. 218—219° (Zers.; Methanol), gelbe Nädelchen. *Chloridhydrochlorid*, $C_{21}H_{23}Cl_2N_3 \cdot H_2O$, durch Behandeln von **V** mit Amberlite IRA 410 u. Ansäuern mit 2n HCl; hygroskop. Pulver. *Bromidmethobromid*, $C_{22}H_{25}Br_2N_3$,

F. 243—244° (Zers.; Methanol), durch Behandeln von **V** mit Amberlite IRA 410 (Br-Form) u. 24std. Stehen des *Pyridiniumbromids* mit CH_3Br in Methanol; $[\alpha]_D^{20}$ —18,5° (c = 0,3; W.). — *O-Tosyl-D-dihydrolysergol(I)*, $C_{23}H_{26}N_2O_3S$, F. 191—193° (Zers.; Chlf./Essigester oder Methanol), durch 6std. Stehen von 450 mg Dihydrolysergol(I) mit Tosylchlorid in Pyridin; $[\alpha]_D^{20}$ —38° (c = 0,5; Chlf.); 355 mg. — *O-Tosyl-D-dihydroisolysergol(I)*, $C_{23}H_{26}N_2O_3S$, F. 255—258° (Zers.; Methanol); $[\alpha]_D^{20}$ —65° (c = 0,4; Pyridin). — *D-6-Methyl-8-piperidinomethyl-$\Delta^{8,9}$-ergolen* (**VI**), $C_{21}H_{27}N_3$, F. 169—170° (Aceton u. Sublimation bei 160° im Hochvakuum), durch partielle Hydrierung von **V** in A. in Ggw. von Pd, Einengen, Lösen in Chlf., Extrahieren mit $NaHCO_3$, Einengen u. Filtrieren einer benzol. Lsg. über Al_2O_3 (erste Fraktionen enthalten **II**); $[\alpha]_D^{20}$ —121° (c = 0,6; Pyridin); 49%. *Bis-methobromid*, $C_{23}H_{33}Br_2N_3$, F. 188—189° (Zers.; Methanol/A.), durch 1std. Erwärmen von **VI** mit CH_3Br in Methanol auf 70°; verfilzte Nadeln; $[\alpha]_D^{20}$ —53° (c = 0,4; W.). *Bis-methojodid*, F. 186—187° (Zers.; W./A.), durch 1std. Kochen von **VI** mit CH_3J in A.; Nadeln; $[\alpha]_D^{20}$ —31° (c = 0,3; W.). — *D-6.8-Dimethylergolin(I)* (**II**), $C_{16}H_{20}N_2$, F. 243—244° (Methanol), a) durch katalyt. Hydrierung von 160 mg **VI** in A. in Ggw. von Pd; Nadeln; $[\alpha]_D^{20}$ —70° (c = 0,2; Chlf.); 115 mg; daneben aus der Mutterlauge *D-6.8-Dimethylisoergolin* (**III**), $C_{16}H_{20}N_2$, F. 202—203° (Cyclohexan u. Sublimation bei 140° im Hochvakuum); $[\alpha]_D^{20}$ —90° (c = 0,3; Pyridin), —39° (c = 0,2; Chlf.); 17 mg; b) durch Hydrierung von **IV** in A. an Pd; 90%; daneben aus der Mutterlauge durch Chromatographie in Bzl. an Al_2O_3 5% **III**; c) durch Hydrierung von **XI** in A. an Pd-Kohle, Einengen, 2std. Hydrierung in Äthylmorpholin bei 60° mit $LiAlH_4$ u. Chromatographie der Benzollsg. an Al_2O_3 (erste Fraktionen **III**). — *D-Dihydrolysergsäure(I)*, F. 320° (Zers.), durch 15std. Kochen von **XI** mit KOH in Isoamylalkohol, Einleiten von CO_2, Einengen, Verestern mit methanol. HCl, Chromatographie in Chlf. an Al_2O_3 u. Verseifung mit methanol. Lauge; $[\alpha]_D^{20}$ —110° (Pyridin). *Methylester*, F. u. Misch-F. 177—178°; $[\alpha]_D^{20}$ —95° (Pyridin). — *D-6-Methyl-8-methylen-Δ^9-ergolen* (**VII**; *Lysergen*), $C_{16}H_{16}N_2$, F. 247—249° (Zers.; Methanol), a) durch 1std. Erwärmen von 1,1 g **I** mit KOH in Methanol auf 135—140°, Chromatographie in Chlf. an Al_2O_3 u. Einengen der 2.—4. Fraktion (je 30 ml); $[\alpha]_D^{20}$ +504° (c = 0,3; Pyridin); 280 mg; b) durch 1std. Kochen von **V** in 2n NaOH u. A.; $[\alpha]_D^{20}$ +505° (c = 0,4; Pyridin); 95%. — *D-Isolysergol*, $C_{16}H_{18}N_2O$, F. 130—135° (Methanol), neben **VII**, als 6.—15. Fraktion des Chloroformeluats; $[\alpha]_D^{20}$ +225° (c = 0,4; Pyridin); 535 mg. *O-p-Nitrobenzoylderiv.*, $C_{23}H_{21}N_3O_4 \cdot H_2O$, F. 130° (A. oder Essigester); $[\alpha]_D^{20}$ +150° (c = 0,4; Chlf.). — *D-Lysergol*, $C_{16}H_{18}N_2O$, F. 253—254° (Zers.; Methanol), neben **VII** durch Eluieren der Al_2O_3-Säule mit Chlf./2% Methanol; $[\alpha]_D^{20}$ +54° (c = 0,5; Pyridin); 135 mg. — *D-6.8-Dimethyl-Δ^9-ergolen* (**VIII**; *Lysergin*), $C_{16}H_{18}N_2$, F. 286—288° (A. oder Aceton), a) durch katalyt. Hydrierung von 850 mg **VII** in Eisessig/A. in Ggw. von Pd.; Nadeln, $[\alpha]_D^{20}$ +0,5; Pyridin); 307 mg; daneben durch Einengen der Mutterlauge u. Chromatographie in Bzl. an Al_2O_3 *D-6.8-Dimethyl-Δ^9-isoergolen* (**IX**; *Isolysergin*), $C_{16}H_{18}N_2$, F. 136—137° (Aceton/Cyclohexan), verfilzte Nädelchen; $[\alpha]_D^{20}$ +200° (c = 0,5; Pyridin); 245 mg; b) durch 2std. Erwärmen von 500 mg **IV** in 10%ig. methanol. KOH im geschlossenen Rohr auf 140° u. Chromatographie an Al_2O_3. — *D-6-Methyl-8-piperidinomethyl-Δ^9-isoergolen*, $C_{21}H_{27}N_3$, F. 154—156° (Aceton), durch 1½std. Erwärmen von 740 mg **VI** mit KOH in Methanol im geschlossenen Rohr auf 135°, Einengen, Lösen in Bzl. u. Filtrieren über Al_2O_3 (1.—3. Fraktion, je 25 ml); $[\alpha]_D^{20}$ +173° (c = 0,25; Pyridin); 145 mg; daneben von der 6. Fraktion ab *D-6-Methyl-8-piperidinomethyl-Δ^9-ergolen* (**X**), $C_{21}H_{27}N_3$, F. 201 bis 202° (Aceton); $[\alpha]_D^{20}$ +48° (c = 0,4; Pyridin); 280 mg. — *D-6-Methyl-8-piperidinomethylergolin(I)*, $C_{21}H_{29}N_3$, F. 220—221° (Aceton), a) durch 3std. Hydrieren von **X** in Eisessig in Ggw. von PtO_2 u. Sublimation bei 200° im Hochvakuum; Prismen; $[\alpha]_D^{20}$ —73° (c = 0,3; Pyridin); 62%; b) durch ¾std. Kochen von **XII** mit $LiAlH_4$ in Tetrahydrofuran; $[\alpha]_D^{20}$ —76° (c = 0,5; Pyridin); 90%. *Bis-methojodid*, $C_{23}H_{35}J_2N_3$, F. 282 bis 283° (Zers.; A.), durch Rk. mit CH_3J in A.; quadrat. Blättchen; $[\alpha]_D^{20}$ —24,5° (c = 0,4; W.). (Helv. chim. Acta **41**. 1984—97. 1/12. 1958. Basel, Sandoz, Pharmazeut.-chem. Labor.) E. SCHRÖDER. 3500

Willy Logemann, Lorenzo Caprio, Luigi Almirante und **Alberto Meli**, *Vereinfachte Rauwolfia-Alkaloidmodelle*. 2. Mitt. *Über die Darstellung von Derivaten des 17.19-Dimethoxy-18-hydroxy-15.16.17.18.19.20-hexadehydroyohimbans*. (1. vgl. C. **1956**. 11441.) Das Azlacton des Syringaaldehydes wird durch NaOH zu *3.5-Dimethoxy-4-hydroxyphenylbrenztraubensäure* verseift, die mit Tryptamin zu *3-[3.5-Dimethoxy-4-hydroxybenzyl]-3.4.5.6-tetrahydro-4-carbolin* kondensiert. Dieses liefert mit Formaldehyd *17.19-Dimethoxy-18-hydroxy-15.16.17.18.19.20-hexadehydroyohimban* (**I**), dessen Propionylderiv. am Hund den Effekt eines sehr schwach wirksamen Reserpins zeigt, während 10 mg/kg seines *3.4.5-Trimethoxybenzoylderiv.* keine nennenswerte Wrkg. aufweisen. Das 3.4.5-Trimethoxybenzoylderiv. von 17-Methoxy-18-hydroxy-15.16.17.18.19.20-hexadehydroyohimban ruft vorübergehende Blutdrucksenkung u. Hemmung der Adrenalinwrkg. hervor, wirkt jedoch schwächer als die entsprechenden Fettsäureester.

Versuche: *3.5-Dimethoxy-4-hydroxyphenylbrenztraubensäure*, $C_{11}H_{12}O_6$, F. 198⁰ (A.-W.), durch 6std. Kochen von 21,6 g 2-Phenyl-4-[3.5-dimethoxy-4-acetoxybenzal]-oxazolon-(5) mit 20%ig. NaOH nach Extraktion von *Benzoesäure* bei p_H 4 mit Ae.; 8,5 g (Ausbeute). *Oxim*, $C_{11}H_{13}NO_6$, F. 151⁰ (W.). — *3-[3.5-Dimethoxy-4-hydroxybenzyl]-3.4.5.6-tetrahydro-4-carbolin*, $C_{20}H_{22}N_2O_3$, F. 240⁰ (wss. Methanol), mit 10%ig. NH_4OH aus dem *Hydrochlorid* [$C_{20}H_{22}N_2O_3 \cdot HCl$, F. 194—196⁰ (Methanol)], das durch 48std. Kochen von 5,5 g vorst. Säure mit 4,35 g Tryptaminhydrochlorid in W. dargestellt wird; 4,7 g. — *17.19-Dimethoxy-18-hydroxy-15.16.17.18.19.20-hexadehydroyohimban* (**I**), F. 95⁰ (A.), nach 2maliger Hochvakuumtrocknung bei 185⁰, wie vorst. aus seinem *Hydrochlorid* [$C_{21}H_{22}N_2O_3 \cdot HCl$, F. 213—214⁰ (wss. Methanol]), erhalten aus 1,6 g vorst. Hydrochlorids in W. mit 0,09 ml 40%ig. Formaldehydlsg. erhalten, nach 7 Tagen bei p_H 3,7; 1,2 g. *Propionylderiv.*, F. 113—114⁰, wie vorst. aus seinem *Hydrochlorid* [$C_{24}H_{26}N_2O_4 \cdot HCl$, F. 243⁰ (A.)], das aus 1 g **I** in Pyridin u. 1 cm³ Propionsäureanhydrid bei Zusatz von Eiswasser u. HCl nach 12 Std. erhalten wird. *3.4.5-Trimethoxybenzoylderiv.*, $C_{31}H_{32}N_2O_7 \cdot 2H_2O$, F. 156⁰ (Methanol; Zers.), aus 0,5 g Hydrochlorid von **I** u. 0,4 g 3.4.5-Trimethoxybenzoylchlorid (**II**) in Aceton–NaOH bei 0⁰ u. Zus. von Eiswasser nach 2 Std.; 0,2 g. — *17-Methoxy-18-[3.4.5-trimethoxybenzoyloxy]-15.16.17.18.19.20-hexadehydroyohimban*, $C_{30}H_{30}N_2O_6 \cdot H_2O$, F. 142⁰ (Methanol), aus 0,5 g 17-Methoxy-18-hydroxy-15.16.17.18.19.20-hexadehydroyohimban u. 0,4 g **II** in Aceton–NaOH nach ½std. Rühren; 0,6 g. (Chem. Ber. **89**. 1043—46. 1956. Milano, Ist. Carlo Erba per Rec. Terapeut.) A. NOWAK. 3500

N. V. Bringi, K. H. Shah und **K. Venkataraman**, *Die färbenden Bestandteile von Garcinia morella*. 1. Mitt. (2. vgl. C. **1957**. 8224.) Durch Kristallisation des aus *Garcinia morella* isolierten rohen *Morellins* (**I**) aus Hexan wurden Fette u. *Desoxymorellin* (**II**) abgetrennt u. durch Kristallisation aus CH_3OH reines **I** erhalten, für welches die Zus. $C_{33}H_{38}O_7$ gefunden wurde. Durch Chromatographie von **I** oder mit HCl in Aceton erfolgte Isomerisierung zu *Isomorellin* (**III**). **I** lieferte einen *Monomethyläther* (**IV**), der durch HCl zum **III**-*Monomethyläther* umgelagert wird. u. ein *Mono-p-tosylat*; mit Acetanhydrid u. Na-Acetat wurde aus **I** u. **III** das gleiche *Diacetylderiv.* gebildet.

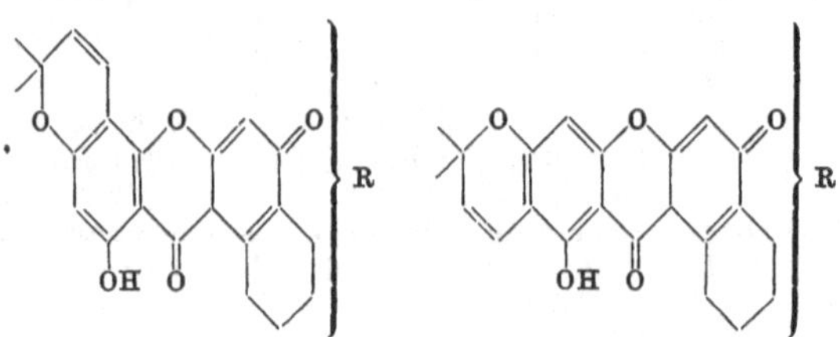

I R = $C_{11}H_{19}O_2$ III

Mit Pd-$CaCO_3$ nach LINDLAR (C. **1953**. 1312) wurde aus **I** ein *Dihydro-* u. ein *Tetrahydroderiv.* (**V**), mit Pd-Kohle ein *Hexahydro-* u. ein *Oktahydroderiv.* erhalten; mit RANEY-Ni nach MOZINGO (J. Amer. chem. Soc. **66**. [1944.] 1859) wurden **I** u. **III** zur gleichen *Verb. vom F. 110—111⁰* hydriert. **III** gibt mit H_2/Pd–$CaCO_3$ ein *Dihydro-* u. ein *Tetrahydroderiv.*, dessen *Monomethyläther* mit dem **V**-*Monomethyläther*, nicht aber mit dem aus **IV** erhaltenen *Tetrahydroderiv.* ident. ist. Aus **II** wurden ein krist. *Monoacetylderiv.*, *Mono-p-tosylat*, *Monomethyläther*, ein *Tetrahydroderiv.* u. mit RANEY-Ni eine *Verb. vom F. 114 bis 115⁰* erhalten, die Alkalischmelze gab *Phloroglucin*, *Isovalerian-* u. *Homophthalsäure*. **I** gibt bei der Alkalischmelze außerdem *Essigsäure*, *Methylbernsteinsäure* u. *Methylheptenol*; mit sd. wss.-alkoh. KOH wurden *Aceton*, *Acet-* u. *Propionaldehyd*, mit alkal. $KMnO_4$ *Aceton*, *Oxal-* u. *α-Hydroxyisobuttersäure* erhalten. Die Bldg. eines *Dioxims* aus **I**, eines *Mono-*, *Di-* u. *Trioxims* aus **III**, die positive CHJ_3-Rk., die Farb-Rkk., die Rk. von **I** u. **III** mit o-Phenylendiamin (**VI**), die Einführung einer Acetylgruppe bei der reduktiven Acetylierung des **I**-Diacetats sowie die Unters. der Spektren (vgl. 2. Mitt. l. c.) machen es wahrscheinlich, daß **I** ein partiell hydriertes Benzoxanthon mit angulär, **III** mit linear anelliertem Pyranring ist. **I**, **II** u. **III** besitzen keine baktericide oder fungicide Wrkg. bei Anwendung von Agar, während ohne Agar **I** gegen Streptomyceten u. Staphylokokken wirksam ist.

Versuche: *Morellin* (**I**), $C_{33}H_{38}O_7$, F. 158—160⁰, durch Extraktion des Pericarps (7,5 kg) der Samen von Garcinia morella mit sd. A. u. Extraktion des rohen **I** [F. 144—150⁰; 7,3% (Ausbeute)] mit n-Hexan; aus CH_3OH orangefarbene prismat. Nadeln; 2%; $[\alpha]_D^{28}$ —618⁰ (c = 1,09; Chlf.); $FeCl_3$-Rk. in A. intensiv bräunlichgrün; mit alkoh. Alkali tiefrot; mit Na-Amalgam in A. tiefrot → blaßgrünlichbraun → blaßgelb, nach Ansäuern schwachbraun; mit konz. H_2SO_4 tiefrot → bräunlichorangefarbene Lsg. → schwarz; LIEBERMANN-Rk. smaragdgrün; Borsäuretest nach WILSON tiefrot; die orangefarbene Lsg. in W.–Dioxan wird durch $Na_2S_2O_4$ gebleicht; Indophenin-Rk.

negativ; gibt mit Al-Salzen u. $MgCO_3$ rote Komplexe; mit Cu-Acetat in W. u. Ae. wird kein Komplex erhalten, die äther. Lsg. gibt eine Cu-freie orangefarbene *Verb. vom F. 130—135°*; aus den Lsgg. in H_2SO_4, HCl u. HNO_3 werden durch Neutralisieren *gelbe Ndd.* (FF. 300°), aus HBr–Essigsäure nach 30 Min. unverändertes **I** gefällt. *Monomethyläther* (**IV**), $C_{34}H_{40}O_7$, F. 156—158°, a) aus 0,5 g **I**, $(CH_3)_2SO_4$ u. K_2CO_3 in sd. Aceton (2 Std.); 0,5 g; b) aus 2 g **I** u. CH_3J (20 Std.); 1 g; aus CH_3OH blaßgelbe prismat. Nadeln; $[\alpha]_D^{28}$ —523° (c = 2,307; Chlf.); $FeCl_3$-Rk. negativ; Lsg. in Aceton gelb, mit 1 Tropfen 10%ig. NaOH → intensiv orangefarben → bräunlichorangefarben; mit konz. H_2SO_4 rot. **IV**-*Tetrahydroderiv.*, $C_{34}H_{44}O_7$, F. 137—138°, aus 316 mg **IV** u. H_2 an Pd-$CaCO_3$ in Cellosolve bei 32° (1 Std.); nach Verdünnen mit W. glitzernde prismat. Nadeln; 0,19 g; $FeCl_3$-Rk. negativ. *Dioxim, Monohydrat,* $C_{33}H_{40}N_2O_7 \cdot H_2O$, F. 151—153°, aus 0,2 g **I**, $NH_2OH \cdot HCl$ u. Na-Acetat in sd. A. (½ Std.); aus verd. CH_3OH gelbe amorphe Substanz; 0,2 g; $FeCl_3$-Rk. olivgrün, mit konz. H_2SO_4 intensiv rot, Lsg. in 2n NaOH gelb. *Diacetylderiv.*, $C_{37}H_{42}O_9$, F. 178°, a) aus 0,5 g **I** u. Acetanhydrid in sd. Pyridin (5 Std.) u. Gießen auf Eis; 0,5 g; b) aus 0,2 g **I**, p-Toluolsulfonsäure u. Isopropenylacetat auf dem Wasserbad (2 Std.); 0,1 g; c) aus 0,1 g **III**, Acetanhydrid u. Pyridin bei n. Temp. (6 Tage); 95 mg; d) aus **I** nach RAO [1937]; aus CH_3OH blaßgelbe prismat. Nadeln; $FeCl_3$-Rk. negativ; zers. sich bei n. Temp. unter Bldg. einer *Verb. vom F. 161—163°* (Sintern ab 110°; $FeCl_3$-Rk. bräunlichgrün). *Monobenzolsulfonylderiv.*, $C_{39}H_{42}O_9S$, F. 157—159°, aus 0,4 g **I**, Benzolsulfochlorid u. K_2CO_3 in sd. Aceton (1 Std.); aus Aceton–Hexan derbe blaßgelbe Stäbe; 0,25 g. *Mono-p-tosylat,* $C_{40}H_{44}O_9S$, F. 184—196°, wie vorst.; aus Aceton–Hexan derbe blaßgelbe Stäbe. — *Dihydromorellin,* $C_{33}H_{40}O_7$, F. 125—126°, a) aus 298 mg **I** u. H_2 an Pd-$CaCO_3$ (Katalysator A nach LINDLAR) in Cellosolve bei 32° (23 Std.); 0,18 g; b) wie vorst. mit Katalysator B (2 Std.); aus Hexan gelbe Nadeln; $FeCl_3$-Rk. in A. bräunlichgrün; Lsg. in alkoh. NaOH bräunlichrot, mit Na-Amalgam u. Ansäuern weinrot. — *Tetrahydromorellin* (**V**), $C_{33}H_{42}O_7$, F. 167—169°, a) aus 193 mg **I** wie vorst. nach b) (17 Std.); 0,12 g; b) aus **I** u. 2 Mol H_2 an Pd-Kohle in Cellosolve; 100%; aus CH_3OH prismat. Nadeln; $[\alpha]_D^{28}$ —84° (c = 2,1; Chlf.); $FeCl_3$-Rk. in A. olivgrün, Lsg. in alkoh. Alkali gelb → orangefarben → intensiv bräunlichrot; nach Red. mit Na-Amalgam u. Ansäuern weinrot; Borsäuretest nach WILSON grünlichgelb; mit konz. H_2SO_4 rot. *Dibromid,* $C_{33}H_{42}Br_2O_7$, F. 195—197°, aus 0,1 g **V** u. 2 Mol Br_2 in Chlf.; aus CH_3OH dünne Platten; 40 mg. *Monoximanhydrid,* $C_{33}H_{41}NO_6$, F. 192—193°, aus 0,1 g **V** u. $NH_2OH \cdot HCl$ in A.–Pyridin bei 10° (3 Std.) u. Gießen auf Eis; aus CH_3OH Platten; 0,1 g; $FeCl_3$-Rk. in A. olivgrün. *Dioxim,* $C_{33}H_{44}N_2O_7$, F. 135—138°, aus 0,1 g **V**, $NH_2OH \cdot HCl$ u. Pyridin in sd. A. (2 Std.); aus verd. CH_3OH amorph; 0,1 g; $FeCl_3$-Rk. in A. grünlichschwarz; Lsg. in wss. NaOH gelb. *Monomethyläther,* $C_{34}H_{44}O_7$, F. 174—175°, a) aus 0,1 g **V** wie **IV** nach a) (8 Std.); 0,1 g; b) wie vorst. aus 0,1 g Tetrahydroisomorellin; 80 mg; aus CH_3OH große prismat. Nadeln; $FeCl_3$-Rk. negativ; Lsg. in alkoh. NaOH hellgelb → orangefarben → bräunlichorangefarben (beim Erwärmen), Lsg. in konz. H_2SO_4 rot; Rk. auf prim. u. sek. OH-Gruppen nach FEARON u. MITCHELL [1926] blaßblau; wird durch Phthalsäureanhydrid in sd. Pyridin nicht verändert, gibt mit 3.5-Dinitrobenzoylchlorid in Pyridin (98°; 1 Std.) ein N-haltiges Harz. — *Verb.* $C_{33}H_{43}ClO_7$, F. 150—151°, aus 0,1 g **V** u. HCl-Gas in Eisessig bei n. Temp. (30 Sek.) u. Verdünnen mit W.; aus Hexan prismat. Nadeln; 0,1 g. — *Hexahydromorellin,* $C_{33}H_{44}O_7$, F. 95—97°, aus **I** u. H_2 an Pd-Kohle in A. (4 Std.); amorph; $[\alpha]_D^{28}$ +37° (c = 1,65; Chlf.); $FeCl_3$-Rk. in A. grün; Lsg. in alkoh. Alkali gelb; mit Na-Amalgam nach Ansäuern weinrot. — *Oktahydromorellin,* aus **I** u. 8 Mol H_2 in Cellosolve an Pd-Kohle (20¾ Std.); blaßgelbes Öl; $FeCl_3$-Rk. in A. olivfarben; Lsg. in alkoh. NaOH gelb; mit Na-Amalgam nach Ansäuern orangerot. — *Verb.* $C_{33}H_{48}O_7$, F. 110—111°, a) aus 9,5 g **I** u. 95 g RANEY-Ni in sd. A. (4 Std.); 1,5 g; b) analog aus 2 g **III**; 0,15 g; aus A. prismat. Nadeln; $[\alpha]_D^{28}$ +57° (c = 1,2; Chlf.); $FeCl_3$-Rk. in A. grün; Lsg. in alkoh. Alkali blaßgelb; mit Na-Amalgam weinrot; Borsäuretest nach WILSON positiv; wird durch sd. 0,5n alkoh. KOH (1 Std.) nicht verändert. — *Isomorellin* (**III**), F. 120—121°, a) neben **II** durch Chromatographie der Hexanmutterlauge von **I** (enthaltend 2,8 g Pigmente) an $CaSO_4$; 0,35 g; b) durch Chromatographie von **I** in Hexan an $CaSO_4$; c) durch Chromatographie von 2 g **I** in Bzl. an Florex XXX; 1,6 g; d) aus 0,4 g **I** u. konz. HCl in Aceton bei 27—30° (20 Std.); 0,3 g; aus CH_3OH orangefarbene prismat. Nadeln; $[\alpha]_D^{28}$ —623° (c = 1,006; Chlf.). *Monoxim,* $C_{33}H_{39}NO_7$, F. 150—152°, aus **III**, $NH_2OH \cdot HCl$ u. Pyridin in A. bei 10° (15 Std.) u. Verdünnen mit W.; amorph; Farb-Rkk. wie **I**-Dioxim. *Dioxim,* F. 165—170°, analog in sd. A. (½ Std.); amorph, gelb. *Trioxim,* $C_{33}H_{41}N_3O_7$, F. 170—173°, aus **III**, $NH_2OH \cdot HCl$ u. Pyridin auf dem Wasserbad (8 Std.); gelb, amorph; Farb-Rkk. wie vorstehend. *Monomethyläther,* $C_{34}H_{40}O_7$, F. 141—143°, a) aus 0,5 g **III**, $(CH_3)_2SO_4$ u. K_2CO_3 in sd. Aceton (2 Std.); 0,5 g; b) aus 0,1 g **IV** u. konz. HCl in Aceton bei 30—32° (15 Std.); 60 mg; aus Hexan blaßgelbe lange Nadeln. *Tetrahydroderiv. des Monomethyläthers,*

F. 146—147°, aus 0,215 g Methyläther in Cellosolve u. H_2 an Pd-Kohle (½ Std.); aus CH_3OH Nadeln; 0,1 g; $FeCl_3$-Rk. negativ. *2.4-Dinitrophenylhydrazon*, $C_{39}H_{42}N_4O_{10}$, F. 205—206°, aus 0,1 g **III** u. H_3PO_4 in A.; aus A.-Äthylacetat orangegelbe Nadeln; 0,15 g. *Mono-p-tosylat*, $C_{40}H_{44}O_9S$, F. 161—163°, aus 0,5 g **III**, p-Tosylchlorid u. K_2CO_3 in sd. Aceton (1 Std.); aus Aceton-Hexan derbe blaßgelbe Nadeln; 0,4 g. — *Tetrahydroisomorellin*, $C_{33}H_{42}O_7$, F. 159—160°, aus 0,32 g **III** u. H_2 an Pd-Kohle (25 Min.); aus CH_3OH prismat. Nadeln; 0,29 g; $FeCl_3$-Rk. in A. olivgrün. — *Verb. vom F. 200—205°*, $C_{45}H_{52}N_4O_6$, aus 0,5 g **I** u. 3 Moll. o-Phenylendiamin (**VI**) in A. bei 30—32° (18 Std.) u. Verdünnen mit W.; aus verd. A. blaßgelb amorph; 0,75 g; gibt mit sd. Eisessig (15 Min.), Verdünnen mit W., Behandeln des Nd. mit 0,5n NaOH, dann mit 4n HCl eine *Verb. vom F. 210 bis 215°*. — *Verb. vom F. 155—160°*, aus 0,2 g **I** u. 2 Moll. **VI** in sd. A. (1 Std.); 0,25 g. — *Verb. vom F. 130—145°*, $C_{39}H_{46}N_2O_6$ (?), aus 0,85 g **III** u. 2 Mol **VI** in sd. A. (1 Std.), Gießen in W., Extraktion mit Ae. u. Waschen des äther. Extraktes mit NaCl-Lsg. u. 2n HCl, Abgießen vom harzartigen Nd. u. Eindampfen; gelblichgrünes Pulver; 0,3 g; $FeCl_3$-Rk. in A. bräunlichgrün. — *Verb. vom F. 195—210°* (Zers.), aus dem Nd. von vorst. Verb. (0,56 g) durch 4std. Rühren mit 2n HCl, Lösen in Chlf., Waschen mit 2n HCl u. Chromatographie an Florex XXX; aus Chlf.-PAe. blaßgelb; 0,15 g; daneben durch Elution mit A. eine blaßbraune *Verb. vom F. ca. 150°* (0,1 g). — *Monoacetylverb.* $C_{25}H_{42}O_8$, F. 108—112°, aus **I**, Zn-Staub u. Pyridin in Acetanhydrid; gelbes Harz; $FeCl_3$-Rk. grün. — *Monoacetylverb.* $C_{36}H_{44}O_8$, F. 130—135°, aus **IV**, Zn-Staub u. Na-Acetat in sd. Acetanhydrid (½ Std.); blaßgelb, amorph; $FeCl_3$-Rk. negativ. — *Triacetylverb.* $C_{39}H_{46}O_{10}$, F. 130—140°, a) aus **I** u. Zn-Staub in Acetanhydrid unter Eiskühlung, Zugeben von Pyridin, Kochen für 30 Sek. u. Gießen auf Eis; b) aus **I** wie vorst. Verb.; blaßgelb, amorph. — *Aceton*, a) aus **I** u. sd. 7,5%ig. wss. KOH; b) aus **I** u. $KMnO_4$ in 20%ig. KOH. *2.4-Dinitrophenylhydrazon*, F. 124—125°. — *α-Hydroxyisobuttersäure*, F. 74—75°, neben vorst. Verb.; aus Bzl. Nadeln. *p-Bromphenacylester*, F. 154°. — *Desoxymorellin* (**II**), $C_{33}H_{40}O_6$, F. 126°, a) neben **III** nach a); 0,15 g; b) durch Eindampfen der alkoh. Mutterlauge von **I**, Extraktion des Harzes (55 g) mit sd. Hexan u. Chromatographie an Florex XXX; 1,26 g; aus Hexan orangegelbe Nadeln; $[\alpha]_D^{25}$ −557° (c = 1,064; Chlf.); $FeCl_3$-Rk. in A. intensiv bräunlichgrün; Lsg. in alkoh. NaOH weinrot, in konz. H_2SO_4 tiefrot mit smaragdgrüner Fluorescenz; Borsäuretest nach WILSON rot; mit Na-Amalgam in A. tiefrot → blaßgelb → schwachbraun nach Ansäuern; CHJ_3-Rk. positiv. *Monoxim*, $C_{33}H_{41}NO_6$, F. 125—130°, aus 0,2 g **II** u. $NH_2OH \cdot HCl$ in sd. A.-Pyridin (½ Std.); aus verd. A., gelb, amorph; $FeCl_3$-Rk. in A. olivgrün, Lsg. in wss. NaOH gelb. *Acetylverb.*, $C_{35}H_{42}O_7$, F. 156°, a) aus 0,2 g **II** u. Acetanhydrid in Pyridin bei n. Temp. (6 Tage); 0,23 g; b) aus 0,27 g **II** u. sd. Acetanhydrid-Pyridin; 0,2 g; aus Hexan blaßgelbe prismat. Nadeln; $FeCl_3$-Rk. negativ. *p-Tosylat*, $C_{40}H_{46}O_8S$, F. 163—164°, aus **II**, p-Tosylchlorid u. K_2CO_3 in sd. Aceton (1½ Std.); aus Aceton-Hexan derbe blaßgelbe Nadeln. *Methyläther*, $C_{34}H_{42}O_6$, F. 113°, aus 0,5 g **II**, $(CH_3)_2SO_4$ u. K_2CO_3 in sd. Aceton (3 Std.); 0,5 g; aus PAe. Büschel langer gelber Nadeln; $FeCl_3$-Rk. negativ; Lsg. in konz. H_2SO_4 orangefarben mit grüner Fluorescenz, Lsg. in alkoh. NaOH gelb. — *Tetrahydrodesoxymorellin*, $C_{33}H_{44}O_6$, F. 171—172°, aus 0,3068 g **II** u. Pd-$CaSO_3$ (Katalysator B nach LINDLAR) in Cellosolve (16 Std.); aus CH_3OH lange prismat. Nadeln; $FeCl_3$-Rk. in A. olivgrün; Lsg. in alkoh. NaOH gelb. — *Verb.* $C_{33}H_{48}O_6$, F. 114—115° (A.), aus 0,5 g **II** u. 5 g RANEY-Ni in sd. A. (4 Std.); $FeCl_3$-Rk. grün; Lsg. in alkoh. NaOH blaßgelb; mit Na-Amalgam nach Ansäuern weinrot. — *N-Hydroxyisochinolon-(1)*, $C_9H_7NO_2$, F. 182—183°, aus 0,2 g Isocumarin, $NH_2OH \cdot HCl$ u. Pyridin in sd. A. (2 Std.); aus W. Nadeln; 0,17 g; $FeCl_3$-Rk. in A. tiefrötlichviolett. (J. sci. ind. Res. [New Delhi], Sect. B **14.** 135—52. April 1955. Bombay, Univ., Dep. of Chem. Technol.) F. HELLER. 3550

Wilhelm Treibs und **Dieter Merkel**, *Über die Gurjunene.* 2. Mitt. *α-Gurjunen.* (1. vgl. C. **1935.** II. 3778.) Auf Grund von Abbau- u. Isomerisierungs-Rkk. sowie der UV- u. IR-Spektren der Reaktionsprodd. halten Vff. vorläufig Strukturformel I für das *α-Gurjunen* am wahrscheinlichsten.

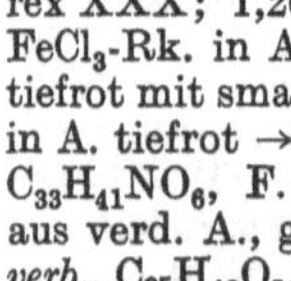
I

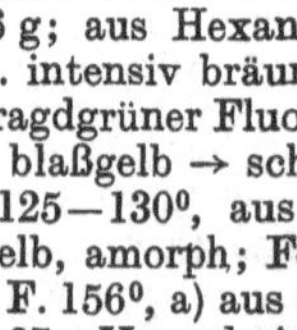

III

Versuche: *α-Gurjunen* (**I**), $C_{15}H_{24}$, Kp.$_{10}$ 114 bis 116°, Kp.$_1$ 84,5—86°; D.$^{20}{}_4$ 0,9176; n_D^{20} 1,5018; $[\alpha]_D^{20}$ −179,3°. *Hydrochlorid*, Kp.$_1$ 129—132°; D$^{20}{}_4$ 1,036; n_D^{20} 1,5063. — *Diketon vom Kp.$_1$ 142—145°*, aus 100 g **I** in 500 cm³ wasserhaltigem Aceton durch Zusatz von 500 g feinpulverisiertem $KMnO_4$ innerhalb von 6 Std. unter Rühren u. Eiskühlung; D.$^{20}{}_4$ 1,0042; n_D^{20} 1,5058; $[\alpha]_D^{20}$ −139,4° (A.); 38—40 g (Ausbeute). *Monosemicarbazon vom F. 186—187°* (Methanol). *Dibenzaldiketon vom F. 190—191°* (A.), durch einwöchiges Stehen von 5 g Diketon mit 3 g frisch dest. Benzaldehyd u.

1,5 cm³ 5n NaOH in 35 cm³ Äthanol. — *α-Gurjunenglykol* (II), $C_{15}H_{26}O_2$, F. 143° (Cyclohexan), durch Eintropfen von 100 g I in eine eiskalte Lsg. von 100 g Phthalmonopersäure in 1 Liter Ae. unter Rühren innerhalb 1 Std., dann Stehen über Nacht bei Zimmertemp., wiederholtes Ausschütteln des Filtrats mit 10%ig. NaOH, dann mit W. u. $FeSO_4$-Lsg., Ansäuern u. Verseifen der ausgefallenen *Phthalestersäure* des Glykols mit alkoh. KOH. — *Guajazulen*, aus II durch Dehydrierung mit S. *Trinitrobenzolat*, F. 150°. — *Dienol* (III), $C_{15}H_{24}O$, Kp.$_{1,5}$ 110—116°, aus einer Suspension von 5 g II in 50 cm³ 2%ig. H_2SO_4 durch 1std. Wasserdampfdest., Aufnehmen des Destillats in Ae. u. Fraktionierung; $D.^{25}{}_4$ 0,958; $n_D{}^{25}$ 1,5217; λ_{max} 246 mμ (log ε = 4,0, Cyclohexan). — *Iso-α-gurjunen*, $C_{15}H_{24}$, Kp.$_3$ 109—111°, durch Eintropfen von 50 g I in eine Mischung von 150 cm³ Eisessig u. 10 cm³ konz. H_2SO_4 unter Rühren u. Eiskühlung, dann 2std. Erwärmen auf 60°; $D.^{20}{}_4$ 0,9082; $n_D{}^{20}$ 1,5057; $[\alpha]_D{}^{20}$ —26,54° (A.); λ_{max} 249 mμ (log ε = 3,8). — *Pseudo-α-gurjunen*, $C_{15}H_{24}$, Kp.$_4$ 117—119°, aus 36 g I-*Hydrochlorid* in 300 cm³ A. durch Zusatz von 16 g KOH u. 3std. Kochen; $D.^{20}{}_4$ 0,9052; $n_D{}^{20}$ 1,4975; $[\alpha]_D{}^{20}$ —6,20° (A.). (Liebigs Ann. Chem. **617.** 129—34. 30/10. 1958. Leipzig, Univ., Inst. für Organ. Chem.) W. BURGHARDT. 3600

Monroe E. Wall, Samuel Serota und **C. Roland Eddy**, *Steroidsapogenine*. 17. Mitt. *Stereochemie der Spiroketalseitenkette*. (16. vgl. KRIDER, J. Amer. chem. Soc. **76.** [1954.] 3515.) Während Pseudosarsasapogenin u. Pseudosmilagenin beim Kochen mit alkoh. HCl in die natürlichen Sapogenine *Sarsasapogenin* (I) u. *Smilagenin* (II) übergehen, liefern sie mit Eisessig in A. bei Zimmertemp. *20-Isosarsasapogenin* (III) u. *20-Isosmilagenin* (IV). Bei der katalyt. Hydrierung liefern I u. II *Dihydrosarsasapogenin* u. *Dihydrosmilagenin*, III u. IV dagegen *Dihydro-20-isosarsasapogenin* u. *Dihydro-20-isosmilagenin*, die auch durch Hydrierung der 3.26-Diacetate der entsprechenden Pseudosapogenine erhalten werden. III u. IV geben mit sd. Acetanhydrid nach Hydrolyse bzw. beim Erhitzen oberhalb des F. die Pseudosapogenine zurück. Oxydation von III u. IV mit CrO_3 in Pyridin liefert *20-Isosarsasapogenin* u. *20-Isosmilagenon*, die bei der Rk. mit HCl in *Sarsasapogenon* u. *Smilagenon* übergehen. Dagegen führt die Oxydation von III u. IV mit CrO_3–Eisessig zu amorphen Säuren, deren Behandlung mit KOH in tert.-Butanol in beiden Fällen Δ^{16}-*Pregnen-3.20-dion* liefert. Aus diesen Rkk. geht hervor, daß der Ring E in den 20-Isosapogeninen unter Spannung steht; das ermöglicht die Festlegung der Konfigurationen an $C_{(20)}$ in den natürlichen u. in den 30-Isosapogeninen. Weiter wird die Konfiguration der Prodd. an $C_{(22)}$ u. $C_{(25)}$ diskutiert.

V e r s u c h e (opt. Drehungen in Chlf., bei den Pseudosapogeninen in Dioxan; Hydrierungen in Eisessig über PtO_2 [17 Std. bei Zimmertemp.]): *Pseudosarsasapogenin*, $C_{27}H_{44}O_3$, F. 171—172° (Äthylacetat), aus Sarsasapogeninacetat mit Essigsäureanhydrid (10 Std. bei 200° im Rohr) u. Hydrolyse des Diacetates mit sd. 10%ig. methanol. KOH (1 Std.); $[\alpha]_D{}^{25}$ +12°; 78% (Ausbeute). — *Pseudosmilagenin*, F. 161—162° (Äthylacetat), aus Smilageninacetat analog vorst. Verb.; $[\alpha]_D{}^{25}$ +20°; 44%. — *3-Desoxypseudosarsasapogenin*, $C_{27}H_{44}O_2$, F. 167—168° (Aceton–W.), aus 2 g 3-Desoxysarsasapogenin analog vorvorst. Verb.; $[\alpha]_D{}^{25}$ +2,1°; 0,5 g. — *Sarsasapogenin* (I), F. 196—198°, aus drittvorst. Verb. in sd. A. mit konz. HCl (1 Std.). — *Smilagenin* (II), F. 177—178°, aus drittvorst. Verb. analog vorst. Verbindung. — *3-Desoxysarsasapogenin*, F. 214—217°, aus drittvorst. Verb. analog vorvorst. Verbindung. — *20-Isosarsasapogenin* (III), $C_{27}H_{44}O_3$, F. 176—177° (Methanol), aus Pseudosarsasapogenin mit Eisessig in A. (17 Std. bei Zimmertemp.); $[\alpha]_D{}^{25}$ +31,9°; 94%. Liefert mit sd. alkoh. HCl quantitativ I, mit Essigsäureanhydrid (10 Std. bei 200° im geschlossenen Rohr) oder mit sd. Essigsäureanhydrid (1 Std.), dann mit sd. 10%ig. methanol. KOH (1 Std.) Pseudosarsasapogenin. *Acetat*, $C_{29}H_{46}O_4$, F. 167 bis 168° (Methanol), $[\alpha]_D{}^{25}$ +30,3°. — *20-Isosmilagenin* (IV), $C_{27}H_{44}O_3$, F. 185° (Methanol), aus Pseudosmilagenin analog vorst. Verb.; $[\alpha]_D{}^{25}$ —60,3°; 80%. Liefert mit sd. alkoh. HCl quantitativ II, mit Essigsäureanhydrid (10 Std. bei 200° im geschlossenen Rohr) oder mit sd. Essigsäureanhydrid, dann mit sd. 10%ig. methanol. KOH Pseudosmilagenin. *Acetat*, $C_{29}H_{46}O_4$, F. 160° (Methanol), $[\alpha]_D{}^{25}$ —48,7°. — *Dihydrosarsasapogenin*, $C_{27}H_{46}O_3$, F. 164—165° (Aceton), $[\alpha]_D{}^{25}$ —6,9°. *Diacetat*, amorph, $[\alpha]_D{}^{25}$ —3,9°. — *Dihydrosmilagenin*, $C_{27}H_{46}O_3$, F. 162—163° (Aceton), $[\alpha]_D$ +1,5°. *Diacetat*, F. 93—94° (CH_3OH), $[\alpha]_D{}^{25}$ +2,1°. — *Dihydro-20-isosarsasapogenin*, $C_{27}H_{46}O_3$, F. 167—168° (Aceton), aus III oder aus Pseudosarsasapogenindiacetat; $[\alpha]_D{}^{25}$ —8,1°. *Diacetat*, $C_{31}H_{50}O_5$, F. 95,5—96,5° (CH_3OH), $[\alpha]_D{}^{25}$ —2,6°. — *Dihydro-20-isosmilagenin*, $C_{27}H_{46}O_3$, F. 161—162° (Aceton), aus IV oder aus Pseudosmilagenindiacetat; $[\alpha]_D{}^{25}$ +1,8°. *Diacetat*, $C_{31}H_{50}O_5$, F. 96—97° (Methanol), $[\alpha]_D{}^{25}$ —3,8°. — *20-Isosarsasapogenon*, $C_{27}H_{42}O_3$, F. 151—152° (Methanol), aus III mit CrO_3/Pyridin (17 Std. bei Zimmertemp.); $[\alpha]_D{}^{25}$ +49,5°. — *20-Isosmilagenon*, $C_{27}H_{42}O_3$, F. 162—163° (Methanol), aus IV analog vorst. Verb.; $[\alpha]_D{}^{25}$ +54,9°. — *Sarsasapogenon*, F. 222—223° (a, durch Oxydation von I; b) aus vorvorst. Verb. mit sd. 10%ig.

alkoh. HCl. — *Smilagenon*, F. 187°, c) durch Oxydation von **II**; b) aus vorvorst. Verb. analog vorst. Verb. nach b). — *Δ^{16}-Pregnen-3.20-dion*, F. 200—202° (Aceton), aus **III**, **IV** oder deren Dihydroderivv. mit CrO_3 in 80%ig. wss. Essigsäure (1 Std. bei 22°) u. Behandlung der Rohprodd. mit KOH in tert.-Butanol; $[\alpha]_D^{25}$ +88°, λ_{max} 239 mμ (log ε = 3,95); 50—55%, daneben (aus **III**) (+)-*α-Methylglutarsäure*, F. 78—80°, $[\alpha]_D^{25}$ +17°, bzw. (aus **IV**) (—)-*α-Methylglutarsäure*, F. 78—80°, $[\alpha]_D^{25}$ —18°. — *16.20-Epoxykoprostan-3β-ol-3-[3.5-dinitrobenzoat]*, $C_{34}H_{48}O_7N_2$, F. 236—237° (Aceton), aus I-Acetat oder II-Acetat durch Hydrierung, Behandlung des Rohprod. mit p-Toluolsulfonylchlorid in Pyridin (17 Std. bei Zimmertemp.), Behandlung des Dihydrosmilagenin-3-acetat-26-tosylates mit NaJ in Aceton (über Nacht bei 100° im Autoklaven), Behandlung des 3-Acetat-26-jodids mit Zn-Staub in sd. Eisessig (1 Std.), Hydrolyse mit alkoh. KOH u. Rk. mit 3.5-Ditrobenzoylchlorid in Pyridin (1 Std. auf dem Dampfbad); Reinigung durch Chromatographie an Al_2O_3; $[\alpha]_D^{25}$ +6,3°. — Die IR-Spektren der Pseudo- u. 20-Isosapogenine sowie ihrer Dihydroverbb. sind graph. angegeben. (J. Amer. chem. Soc. **77**. 1230—37. 5/3. 1955. Philadelphia, Pa., Eastern Regional Res. Labor.) WALTER SIMON. 3650

Merle M. Krider, Janet R. Branaman und **Monroe E. Wall**, *Steroidsapogenine.* 18. Mitt. *Partielle Hydrolyse von Steroidsaponinen aus Yucca schidigera.* (17. vgl. vorst. Ref.) Der Oligosaccharidanteil der wasserlösl. *Steroidsaponine* aus *Yucca schidigera* kann durch Einw. nativer Enzyme oder mit verd. HCl oder H_2SO_4 partiell zu wasserunlösl. Zwischenprodd. hydrolysiert werden. Bei der Hydrolyse mit Enzymen enthalten diese vor allem krist. *Glucose–Galaktose-Oligosaccharide* von *Sarsasapogenin*. Durch Kochen der Zwischenprodd. mit 2n HCl wird die Hydrolyse bis zum Aglykon fortgesetzt.

V e r s u c h e: *Glykosidgemisch*, F. 293—297° (70%ig. A.), aus 1,7 kg Blättern von Yucca schidigera durch Extraktion mit Eiswasser u. Überschichten des Extrakts mit Toluol (6 Tage bei 22—26°); $[\alpha]_D^{25}$ —46,8 (1% in Pyridin); 31 g (Ausbeute), enthält 33% Sapogenine. — *Sarsasapogeninpentasaccharid*, $C_{57}H_{94}O_{28}$, F. 293—297° (70%ig. A.), aus vorst. Gemisch durch Kochen mit A.-Bzl. u. Kristallisation aus 70%ig. A.; $[\alpha]_D^{25}$ —46,8° (1% in Pyridin). Liefert beim 4std. Kochen mit 2n HCl in 20%ig. wss. A. 70% *Sarsasapogenin* u. Spuren *Markogenin*. — *Sarsasapogenintrihexosid*, $C_{45}H_{74}O_{18}$, F. 265 bis 268° (70%ig. A.), aus den Mutterlaugen vorst. Verb.; $[\alpha]_D^{25}$ —48,3° (1% in Pyridin). Liefert bei der Hydrolyse 45% Aglykon, vor allem Sarsasapogenin, die sauren Mutterlaugen des Hydrolysates enthalten *Glucose* u. *Galaktose*, sowie etwas *Xylose*. (J. Amer. chem. Soc. **77**. 1238—41. 5/3. 1955.) WALTER SIMON. 3650

Edward S. Rothman und **Monroe E. Wall**, *Steroidsapogenine.* 21. Mitt. *Abbau von Hecololactonacetat zu Derivaten von 12.13-Seco-Δ^{16}-allopregnen-3β.13α-diol-12-säure-20-on-12.13-lacton.* (20. vgl. J. Amer. chem. Soc. **76**. [1954.] 2850; 18. vgl. vorst. Ref.) Hecololactonacetat (I) wird durch Isomerisierung mit Acetanhydrid bei 200°, Oxydation zum *16-Acetoxypregnan-20-on* u. Hydrolyse zu *3β-Acetoxy-13α-hydroxy-12.13-seco-Δ^{16}-allopregnen-20-on-12-säure-12.13-lacton* (**II**) abgebaut. Bei der Hydrolyse führt nur die Verwendung eines Gemisches aus tert.-Butanol/W. u. $NaHCO_3$ zu krist. Produkten. Die unerwartete mol. Drehung u. das UV-Maximum von **II** werden diskutiert. Die Δ^{16}-Bindung von **II** läßt sich nur mit alkal. H_2O_2, dagegen nicht mit Benzopersäure in das *16α.17α-Epoxyd* überführen, wobei eine teilweise Verseifung des Lactonringes eintritt. Dieses Epoxyd ist vermutlich ident. mit dem von MUELLER u. Mitarbeitern (C. **1950/54.** 934S) aus 3β-Acetoxy-Δ^{16}-allopregnen-12.20-dion (**III**) mit Benzopersäure erhaltenen Produkt.

V e r s u c h e: *3β-Acetoxy-13α-hydroxy-12.13-seco-Δ^{16}-allopregnen-20-on-12-säure-12.13-lacton* (**II**), $C_{23}H_{32}O_5$, F. 203—205°, aus **I** mit Essigsäureanhydrid (19 Std.) im geschlossenen Rohr bei 185°, Rk. des Prod. mit CrO in 80%ig. Essigsäure < 15° dann 100 Min. bei 20°) u. Behandlung des Oxydationsprod. in tert.-Butanol mit 5%ig. wss. $NaHCO_3$; $[\alpha]_D^{25}$ —26°; λ_{max} 227 mμ (log ε = 4,0), ν_{max} 1677 cm^{-1} (CS_2); 51% (Ausbeute). — *3β-Acetoxy-13α-hydroxy-16α.17α-epoxy-12.13-secoallopregnan-12-säure-20-on-12.13-lacton*, $C_{23}H_{32}O_6$, F. 269—270° (Ae.), a) aus **II** in CH_3OH mit 30%ig. H_2O_2 u. wss. NaOH (über Nacht bei 10°) u. Lactonisierung mit Acetonhydrid in Pyridin; 38%, daneben (als Zwischenprod.) die *freie Hydroxysäure*, $C_{23}H_{34}O_7$, F. 210—213,5°, $[\alpha]_D^{25}$ +38,4° (CH_3OH); b) aus 2 g **III** (F. 179—180°) in Chlf. mit Benzopersäure u. 10%ig. H_2SO_4–Essigsäure bei 5° (2 Wochen); $[\alpha]_D^{26}$ +17,8°; 350 mg. — *3β-Acetoxy-13α-hydroxy-12.13-secoallopregnan-20-on-12-säure-12.13-lacton*, $C_{23}H_{34}O_5$, Doppel-F. 172,5 u. 184—189° (hexagonale Tafeln aus Aceton) aus 2 g **II** in Tetrahydrofuran mit H_2 über 5%ig. Pd/Kohle bei 3 at (6 Std.); $[\alpha]_D^{25}$ +60,4°; 0,4 g. (J. Amer. chem. Soc. **77**. 2228—29. 20/4. 1955.) S. TODT. 3650

Edward S. Rothman und **Monroe E. Wall**, *Steroidsapogenine.* 22. Mitt. *Umwandlung von Hecogeninacetat zu einem Hecololactonderivat mit Nebennierenrindenhormonseitenkette über Allopregnan-3β.17α.21-triol-12.20-diondiacetat.* (21. vgl. vorst. Ref.)

Zur Darst. von *12.13-Secoallopregnan-3β.13α.17α.21-tetrol-12-säure-20-on-12.13-lacton-3.21-diacetat* (I) wird 16-Bromallopregnan-3β-17α-diol-12.20-dion-3-acetat durch Hydrogenolyse über Pd/$CaCO_3$ oder durch Debromierung mit RANEY-Ni nach ADKINS in *Allopregnan-3β.17α-diol-12.20-dion-3-acetat* übergeführt (vgl. MUELLER u. Mitarbeiter, C. **1950/54.** 934 S). Letztes wird über das *21-Bromderiv.* in *Allopregnan-3β.17α.21-triol-12.20-dion-3.21-diacetat* überführt, das mit Benzopersäure selektiv zu **I** oxydiert wird, wobei die 21-Acetoxygruppe eine Oxydation der 20-Ketogruppe verhindert. Für den 7gliedrigen Lactonring C in **I** wird Sesselform angenommen mit α-orientierter 12-Lactoncarbonylgruppe, die mit dem H der im IR-Spektr. nicht auftretenden 17α-Hydroxygruppe einen Chelatring bildet.

Versuche (FF. korr.; opt. Drehungen in Chlf.): *16α.17α-Epoxyallopregnan-3β-ol-12.20-dionacetat*, F. 220—231°, nach MUELLER (l. c.); 87% (Ausbeute). — *16-Bromallopregnan-3β.17α-diol-12.20-dion-3-acetat*, F. 159—162°, aus vorst. Verb. nach MUELLER (l. c.), aber bei 16 std. Reaktionszeit mit doppelter HBr-Menge; 88%. — *Allopregnan-3β.17α-diol-12.20-dion-3-acetat*, $C_{23}H_{34}O_5$, F. 130—131° (PAe.), aus vorst. Verb., a) in wss. CH_3OH mit 10%ig. Pd/$CaCO_3$ (5 Std. schütteln); $[\alpha]_D^{25}$ +43°; 96%; b) mit RANEY-Ni in sd. A. nach MUELLER (l c.); daneben *Allopregnan-3β-ol-12.20-dion-3-acetat*, F. 183 bis 185°, hexagonale Prismen aus CH_3OH. — *21-Bromallopregnan-3β.17α-diol-12.20-dion-3-acetat*, $C_{23}H_{33}BrO_5$, F. 176—178°, aus vorst. Verb. mit Br_2 in CCl_4 bei Raumtemp.; spitze Blätter aus Cyclohexan, $[\alpha]_D^{25}$ +52,4°; 68%. — *Allopregnan-3β.17α.21-triol-12.20-dion-3.21-diacetat*, $C_{25}H_{36}O_7$, F. 164—165° (Ae.), aus vorst. Verb., a) in 95%ig. A. mit 0,1n NaOH unter N_2 u. Acetylierung mit Essigsäureanhydrid–Pyridin; $[\alpha]_D^{25}$ +40,9°; 59%; b) in sd. Aceton mit KJ, K-Acetat u. Essigsäure (16 Std.); 93%. — *12.13-Secoallopregnan-3β.13α.17α.21-tetrol-12-säure-20-on-12.13-lacton-3.21-diacetat* (I), $C_{25}H_{36}O_8$, Doppel-F. 203—205 u. 209—220° (Ae.), aus vorst. Verb. in Chlf. mit Benzopersäure u. 10%ig. H_2SO_4–Essigsäure (92 Std. bei 25°), $[\alpha]_D^{25}$ +13°; 36%. — IR-Spektren der Verbb. werden angegeben u. diskutiert. (J. Amer. chem. Soc. **77.** 2229—33. 20/4. 1955.)

S. TODT. 3650

Monroe E. Wall, Samuel Serota und **Lee P. Witnauer,** *Steroidsapogenine.* 24. Mitt. *Durch HCl katalysierte Gleichgewichtseinstellung von 22ξ.25 D- und 22ξ.25L-Spirostanen.* (22. vgl. vorst. Ref.) Sarsasapogenin (I) gibt sd. mit alkoh. HCl ein Gemisch aus **I**, *Smilagenin* (**IV**), *Δ*$^{2(?)}$*-22ξ.25L-Spirosten* (**III**) u. *Δ*$^{2(?)}$*-22ξ.25D-Spirosten* (**II**). Dabei sind **II** u. **IV** Hauptprodd., das Gleichgewicht verschiebt sich also zur Seite der Smilageninderivv. hin. Bei der katalyt. Hydrierung von **III** u. **II** entstehen *Desoxysarsasapogenin* (**VI**) bzw. *Desoxysmilagenin* (**V**). **V** oder **VI** liefert mit sd. alkoh. HCl in beiden Fällen ein Gleichgewichtsgemisch von **V** u. **VI**, wobei immer **V** überwiegt. Bei der Rk. von Yamogenin mit alkoh. HCl entsteht in geringer Ausbeute *Δ*$^{3.5}$*-Desoxytigogenin* (**VII**); die umgekehrte Rk. scheint nicht stattzufinden. **VII** läßt sich katalyt. hydrieren zu *Desoxytigogenin.*

Versuche (Opt. Drehungen in Chlf., Cu 8 g/Liter; IR-Spektren in CS_2): *Smilagenin* (**IV**; *22ξ.25D-Spirostan-3β-ol*), F. 182—185° (Aceton), aus **I** mit sd. wss.-alkoh. HCl (120 Std.) u. Chromatographie an Florosil; ν_{max} 1250 cm^{-1}, keine Absorption bei 1220—1250 cm^{-1}; daneben *Δ*$^{2(?)}$*-22ξ.25D-Spirosten* (**II**), gibt mit Tetranitromethan Gelbfärbung, *Δ*$^{2(?)}$*-22ξ.25L-Spirosten* (**III**), gibt ebenfalls mit Tetranitromethan Gelbfärbung, u. *Sarsasapogenin* (I), F. 180—184°. **IV**-*Acetat*, F. 150° (Methanol). — *Desoxysmilagenin* (**V**; *22ξ. 25D-Spirostan*), F. 139—140°, a) aus den **II** u. **III** enthaltenden Fraktionen vorst. Chromatogramms durch Hydrierung über PtO_2 in 5%ig. Eisessig–Ae. (6 Std. bei Zimmertemp.) u. Chronatographie; daneben **VI**; b) aus **VI** mit konz. HCl in sd. Isopropylalkohol oder sd. absol. HCl; Platten aus Methanol, $[\alpha]_D^{25}$ —69°. — *Desoxysarsasapogenin* (**VI**; *22ξ.25L-Spirostan*), F. 216—218°, a) Nebenprod. bei der Darst. von **V**; b) aus **V** mit sd. wss.-alkoh. HCl (72 Std.); $[\alpha]_D^{25}$ —84°, Platten aus Äthylacetat. — *Dihydrosmilagenin*, F. 163—164° (Aceton), aus **IV** durch Hydrierung über PtO_2 in Eisessig (12 Std. bei Zimmertemp.); $[\alpha]_D^{25}$ +2°. — *Δ*$^{3.5}$*-Desoxytigogenin* (**VII**: *Δ*$^{3.5}$*-22ξ. 25D-Spirostadien*), F. 130—140° (Aceton), aus Yamogenin (*Δ*^{5}-22ξ.25L-Spirosten-3β-ol) mit sd. wss.-alkoh. HCl (96 Std.) u. Chromatographie; λ_{max} 228, 234,5 u. 243 mμ. — *Desoxytigogenin* (*5α.22ξ.25D-Spirostan*), F. 172° (Aceton), aus **VII** durch katalyt. Hydrierung in 5%ig. Eisessig–Aether. (J. Amer. chem. Soc. **77.** 3086—89. 5/6. 1955.)

WALTER SIMON. 3650

Monroe E. Wall, C. S. Fenske, J. J. Willaman, D. S. Correll, B. G. Schubert und **H. S. Gentry,** *Steroidsapogenine.* 25. Mitt. *Pflanzenübersicht im Hinblick auf Steroidsapogenine und andere Bestandteile.* (24. vgl. vorst. Ref.) Das dritte Tausend Pflanzen wurde auf ihren Geh. an Steroidsapogeninen u. anderen charakteristischen Bestandteilen untersucht (Meth. vgl. 7. Mitt., J. Amer. pharmac. Assoc., sci. Edit. **43.** [1954.] 1). Es wurden gefunden (Ausbeuten in Klammern): *Chlorogenin* in Agave colorata (0,09%),

A. fourcroydes (Spur), A. schottii (0,6—1,2%), A. shrevei (0,1%), A. yaquiana (Spur), A. sp. (0,4%), Yucca freemanii (0,04%). — *$\Delta^{9,11}$-Dehydrohecogenin* in A. expansa (Spur), A. goldmaniana (0,06—0,1%), A. sobria (0,1%), A. sp. (0,2—0,6%). *$\Delta^{9,11}$-Dehydromanogenin* in A. goldmaniana (Spur), A. margaritae (Spur), A. nelsonii (Spur), A. owenii (Spur), A. sobria (0,6%), A. toumeyana (Spur), A. sp. (0,1%). *Diosgenin* in Dioscorea composita (2,6—6,9%), D. mexicana (0,3—0,8%), D. quaternata (0,5—1,1%), D. villosa (1,0%), D. sp. (2,1—6,2%), Pseudophoenix insignis (0,8—1,8%). *Gitogenin* in A. desertii (0,1%), A. goldmaniana (0,1%), A. nelsonii (0,1%), owenii (Spur), A. roseana (0,1%), A. schidigera (1,0%), A. sobria (Spur), A. toumeyana (0,2—0,3%), A. sp. (Spur bis 0,3%), Manfreda sp. (3,2%), Yucca carnerosana (0,1%), Y. peninsularis (0,1—0,5%). *Hecogenin* in A. desertii (0,2%), A. expansa (Spur), A. fourcroydes (Spur bis 0,4%), A. goldmaniana (Spur bis 1,0%), A. hartmannii (0,1%), A. margaritae (0,2%), A. morrisii (0,5%), A. nelsonii (Spur bis 0,7%), A. owenii (Spur bis 0,1%), A. roseana (0,3%), A. shrevei (Spur), A. sisalana (0,1%), A. sobria (Spur bis 0,8%), A. toumeyana (0,4—0,7%), A. vexans (0,3%), A. yaquiana (Spur), A. sp. (0,1—0,7%), Y. gloriosa (0,1%). *Kammogenin* in Y. carnerosana (0,5%). *Manogenin* in A. goldmaniana (Spur bis 0,1%), A. margaritae (Spur), A. nelsonii (0,1—0,2%), A. owenii (Spur), A. sobria (0,6%), A. toumeyana (Spur bis 0,3%), A. sp. (Spur), Y. gloriosa (0,3%). *Markogenin* in Y. schidigera (0,6—0,7%). *Pennogenin* in D. sp. (0,6%). *Sarsasapogenin* in Y. schidigera (0,3—2,6%), Y. sp. (0,3 bis 1,4%). *Smilagenin* in A. grandidentata (1,2%), A. lecheguilla (0,2—0,6%), A. mayoensis (1,7%), A. nelsonii (0,2%), A. sp. (0,2—0,3%). *Tigogenin* in A. colorata (Spur), A. desertii (0,6%), A. expansa (Spur), A. fourcroydes (Spur bis o,1), A. goldmaniana (Spur bis 0,2%), A. hartmannii (0,1%), A. nelsonii (0,1—0,7%), A. owenii (Spur bis 0,2%), A. roseana (0,9—2,2%), A. schottii (0,3%), A. shrevei (0,3%), A. sisalana (0,1%), A. sobria (0,6—0,7%), A. yaquiana (Spur), Y. freemanii (0,4%), Y. gloriosa (Spur), Y. peninsularis (0,4—1,8%). *Yamogenin* in D. composita (0,1%), D. mexicana (0,3—0,6%), D. sp. (Spur bis 1,2%). Ferner wurden Steroidsapogenine qualitativ in Tristania conferta (Myrtaceae), Chamaedorea erumpens u. Cestrum nocturnum (Solanaceae) nachgewiesen. *Alkaloide* wurden in Vinca minor (Apocynaceae), Tecoma gaudichaudii (Bignoniaceae), Cephalotaxus sp., Albizzia polyphylla, Cassia spectabilis, Samanea saman, Trachylobium hornemannianum (Leguminosae) u. Pinus sabiniana nachgewiesen. *Tannine* kamen häufig bei Anacardiaceae, Combretaceae u. Myrtaceae, *ungesätt. Sterine* bei Bignoniaceae, Combretaceae, Leguminosae, Myrtaceae, Palmae, Pinaceae, Polygonaceae Rosaceae u. Oleaceae vor. (J. Amer. pharmac. Assoc., sci. Edit. **44.** 438—40. Juli 1955.)

WALTER SIMON. 3650

Monroe E. Wall und **Henry A. Walens,** *Steroidsapogenine.* 27. Mitt. *Darstellung und Eigenschaften von 20-Isosapogeninen.* (26. vgl. U. S. Dep. Agr., Agr. Res. Serv. Circ. ARS-73-4 [1955.]; 25. vgl. vorst. Ref.) Durch Isomerisierung von Pseudosapogeninen [aus den entsprechenden Sapogeninacetaten in sd. Acetanhydrid mit Pyridinhydrochlorid (5 Std.) u. Rk. des Gemisches von Sapogenin u. Pseudosapogenin mit Eisessig (über Nacht stehen), daneben die entsprechenden natürlichen Sapogenine] wurden zahlreiche *20-Isosapogenine* (20β-Isomere) der 25D- u. 25L-Reihe hergestellt. Ihre physikal. Konstanten sowie die ihrer natürlichen Analogen werden angegeben. Die 25L-Verbb. sind wesentlich stärker rechtsdrehend als die 25 D-Analogen. Die IR-Spektren der beiden Reihen unterscheiden sich sowohl untereinander als auch von denen der (natürlichen) 20α-Verbindungen. Die 20-Isosapogenine haben eine wesentlich labilere Spiroketalseitenkette als die 20α-Verbb., sie werden daher im Gegensatz zu diesen bei der milden CrO_3-Oxydation verändert. Die 20-Isosapogenine werden zu sauren Zwischenprodd. gespalten, die bei der Alkalibehandlung in *Δ^{16}-20-Ketopregnene* übergehen. 25 D-2-Isosapogenine liefern jedoch bei der Oxydation als Haupt- oder Nebenprod. eine neue Gruppe von Sapogeninen, die eine zusätzliche Hydroxylgruppe, wahrscheinlich an $C_{(20)}$, enthalten; 20-Isohecogenin bildet nur das *Hydroxylderivat.* Die Fragmente der Spaltung von 25L- u. 25D-20-Isosapogeninen liefern (+)- u. (—)-α-Methylglutarsäure, wodurch die Konfiguration an $C_{(25)}$ der beiden Gruppen geklärt wird. Die 20-Isosapogenine werden bei Einw. von konz. HCl in sd. A. (1 Std.) in die entsprechenden natürlichen Sapogenine, durch längeres Erhitzen bei F.-Temp. oder mit sd. Acetanhydrid (1 Std.) in die entsprechenden Pseudosapogenine zurückverwandelt.

V e r s u c h e (opt. Drehungen der natürlichen Saponine in Chlf., der 20-Isosapogenine in Dioxan): *Chlorogenin* (*5α.22ε.25D-Spirostan-3β.6α-diol*), F. 276°, $[\alpha]_D$ —64°. *Diacetat,* F. 158°, $[\alpha]_D^{25}$ —34°. — *Diosgenin* (*Δ^5-22ε-Spirosten-3β-ol*), F. 208°, $[\alpha]_D^{25}$ —123° *Acetat,* F. 199—202°, $[\alpha]_D^{25}$ —115°. — *Gitogenin* (*5α.22ε.25D-Spirostan-2α.3β-diol*), F. 272°, $[\alpha]_D^{25}$ —56°. *Diacetat,* F. 244—245°, $[\alpha]_D^{25}$ —85°. — *Hecogenin* (*5α.22ε.25D-Spirostan-12-on-3β-ol*), F. 268°, $[\alpha]_D^{25}$ +18°. *Acetat,* F. 245°, $[\alpha]_D^{25}$ +4°. — *Manogenin* (*5α.22ε.25D-Spirostan-12-on-2α.3β-diol*), F. 246°, $[\alpha]_D^{25}$-0°. *Diacetat,* F. 246°, $[\alpha]_D^{25}$ —42°. — *Marko-*

genin (22ε.25L-Spirostan-2β.3β-diol), F. 256—257°, $[\alpha]_D^{25}$ —64°. *Diacetat*, F. 185—186°, $[\alpha]_D^{25}$ —78°. — *Sarsasapogenin (22ε.25L-Spirostan-3β-ol)*, F. 200°, $[\alpha]_D^{25}$ —79°. *Acetat*, F. 144—145°, $[\alpha]_D^{25}$ —65°. — *Smilagenin (22ε.25-D-Spirostan-3β-ol)*, F. 188—189°, $[\alpha]_D^{25}$ —68°. *Acetat*, F. 150—151°, $[\alpha]_D^{25}$ —58°. — *Tigogenin (5α.22ε.25D-Spirostan-3β-ol)*, F. 208°, $[\alpha]_D^{25}$ —61°. *Acetat*, F. 206—208°. — *Yamogenin (Δ^5-22ε.25L-Spirosten-3β-ol)*, F. 201°, $[\alpha]_D^{25}$ —123°. *Acetat*, F. 182°, $[\alpha]_D^{25}$ —113°. — *20-Isodiosgenin*, $C_{27}H_{42}O_3$, F. 192—195°, aus CH_3OH Tafeln, $[\alpha]_D^{25}$ —98°; 68% (Ausbeute). *Acetat*, $C_{29}H_{44}O_4$, F. 190 bis 195°, aus CH_3OH Nadeln, $[\alpha]_D^{25}$ —97°. — *20-Isochlorgenin*, $C_{27}H_{44}O_4$, F. 205—209°, aus Aceton Nadeln, $[\alpha]_D^{25}$ —49°. *Diacetat*, $C_{31}H_{48}O_6$, F. 167—172°, aus CH_3OH Stäbe, $[\alpha]_D^{25}$ —40°. — *20-Isogitogenin*, $C_{27}H_{44}O_4$, F. 222—228°, aus CH_3OH Nadeln, $[\alpha]_D^{25}$ —56°. *Diacetat*, $C_{31}H_{48}O_6$, F. 199—205°, aus CH_3OH Tafeln, $[\alpha]_D^{25}$ —82°. — *20-Isohecogenin*, $C_{27}H_{42}O_4$, F. 218—222°, aus CH_3OH Stäbe, $[\alpha]_D^{25}$ +14°. *Acetat*, $C_{29}H_{44}O_5$, F. 210—217°, aus CH_3OH Nadeln, $[\alpha]_D^{25}$ +8°. — *20-Isomanogenin*, $C_{27}H_{42}O_5$, F. 210—220°, aus CH_3OH Tafeln, $[\alpha]_D^{25}$ +2°. *Diacetat*, $C_{31}H_{46}O_7$, F. 200—220°, aus CH_3OH Nadeln, $[\alpha]_D^{25}$ —31°. — *20-Isomarkogenin*, $C_{27}H_{44}O_4$, F. 189—192°, aus Aceton Tafeln, $[\alpha]_D^{25}$ +18°. *Diacetat*, $C_{31}H_{48}O_6$, F. 166—169°, aus CH_3OH Stäbe, $[\alpha]_D^{25}$ —5. — *20-Isosarsasapogenin*, $C_{27}H_{44}O_3$, F. 176—177°, aus Aceton Tafeln, $[\alpha]_D^{25}$ +36°. *Acetat*, $C_{29}H_{46}O_4$, F. 167—168°, aus CH_3OH Tafeln, $[\alpha]_D^{25}$ +35°. — *20-Isosmilagenin*, $C_{27}H_{44}O_3$, F. 185°, aus CH_3OH Prismen, $[\alpha]_D^{25}$ —54°. *Acetat*, $C_{29}H_{46}O_4$, F. 160° aus CH_3OH Tafeln, $[\alpha]_D^{25}$ —43°. — *20-Isotigogenin*, $C_{27}H_{44}O_3$, F. 190—195°, aus Aceton Stäbe, $[\alpha]_D^{25}$ —62°. *Acetat*, $C_{29}H_{46}O_4$, F. 189 bis 195°, aus CH_3OH Nadeln, $[\alpha]_D^{25}$ —65°. — *20-Isoyamogenin*, F. 165—175°, $[\alpha]_D^{25}$ —10°. *Acetat*, $C_{29}H_{44}O_4$, F. 185—186°, aus CH_3OH Tafeln, $[\alpha]_D^{25}$ —11°. — *Pseudodiosgenindiacetat*, F. 99—100° (CH_3OH). — *Dihydro-20-isorockogenin*, $C_{27}H_{46}O_4$, F. 185—186° (Aceton), a) aus 20-Isohecogenin durch Hydrierung über PtO_2 in Eisessig (16 Std. bei Zimmertemp.); b) aus Pseudohecogenindiacetat u. anschließender Verseifung; $[\alpha]_D^{25}$ +17° (Pyridin). *Triacetat*, F. 109—112° (90%ig. CH_3OH), $[\alpha]_D^{25}$ —4,8°. — *Dihydro-20-isotigogenin*, $C_{27}H_{46}O_3$, F. 195—196° (CH_3OH), a) aus 20-Isodiosgenin oder 20-Isotigogenin analog vorst. Verb.; nach a); b) aus Pseudotigogenindiacetat analog vorst. Verb. nach b); $[\alpha]_D^{25}$ +20° (Pyridin). *Diacetat*, F. 122—123° (CH_3OH), $[\alpha]^{25}$ —15°. — *20-Hydroxygitogenindiacetat* (?), $C_{31}H_{48}O_7$, F. 253—254° (CH_3OH), aus 20-Isogitogenindiacetat mit CrO_3 in Eisessig; $[\alpha]_D^{25}$ —98°; daneben *Δ^{16}-Allopregnen-2α.3β-diol-20-on*, F. 228 bis 229° (CH_3OH), $[\alpha]_D^{25}$ +30,6°, λ_{max} 239 mμ (log ε = 4,0). — *3-Keto-20(?)-hydroxyhecogenin*, $C_{27}H_{40}O_5$, F. 233—235°, aus 20-Isohecogenin analog vorvorst. Verb. in geringer Ausbeute. — *20(?)-Hydroxyverb.* $C_{27}H_{44}O_4$, F. 188—189° (Hexan), aus 20-Isosmilagenin analog vorst. Verb.; $[\alpha]_D^{25}$ —72°; daneben eine amorphe, saure Fraktion, die bei der Verseifung *Δ^{16}-Pregnen-3.20-dion*, F. 200—202°, $[\alpha]_D^{25}$ +89°, λ_{max} 239 mμ (log ε = 3,95), liefert. — *20(?)-Hydroxyverb. vom F. 175—185°* (CH_3OH), aus 20-Isotigogenin mit CrO_3 in Eisessig; die saure amorphe Fraktion liefert bei alkal. Spaltung *Δ^{16}-Allopregnen-3.20-dion*, F. 213,5—214,5° (CH_3OH), $[\alpha]_D^{25}$ +73°, λ_{max} 239 mμ (log ε = 3,95). — *(—)-α-Methylglutarsäure*, F. 78—80° (Ae.-Pentan), aus den Oxydationsprodd. von 20-Isogitogenindiacetat, 20-Isosmilagenin oder 20-Isotigogenin durch Verseifung; $[\alpha]_D^{25}$ —18°. — *(+)-α-Methylglutarsäure*, F. 78—80° (CH_3OH), analog vorst. Verb. aus 20-Isomarkogenin u. 20-Isosarsasapogenin; $[\alpha]_D^{25}$ +16°. — Die IR-Absorptionsmaxima der 20-Isosapogenine sind angegeben. (J. Amer. chem. Soc. **77.** 5661—65. 5/11. 1955.)

WALTER SIMON. 3650

Monroe E. Wall, Harold E. Kenney und **Edward S. Rothman,** *Steroidsapogenine.* 28. Mitt. *Überführung von Steroidsapogeninen in Δ^{16}-20-Ketopregnene.* (27. vgl. vorst. Ref.) Zwei Verff. zur Überführung von Steroidsapogeninen in *Δ^{16}-20-Ketopregnene* werden beschrieben. Die physikal. Eigg. dieser Verbb. u. der entsprechenden gesätt. Analogen werden angegeben.

V e r s u c h e (opt. Drehungen in Chlf.; UV-Spektren in CH_3OH): *$\Delta^{5.16}$-Pregnadien-3β-ol-20-on* (**I**), F. 210—212° (Aceton), aus Diosgeninacetat mit Essigsäureanhydrid (18 Std. bei 195° im geschlossenen Rohr), Oxydation des Prod. mit CrO_3 oder H_2O_2 in Essigsäure (1 Std. bei 22°) u. Behandlung des entstehenden rohen „*Diosons*" mit wss. KOH in tert. Butanol (3 Std. bei 30°); $[\alpha]_D^{25}$ —32°, λ_{max} 239 mμ (log ε = 3,96); 78% (Ausbeute) *Acetat*, F. 171—173° (CH_3OH), $[\alpha]_D^{25}$ —35°. — *Δ^{16}-Allopregnen-3β-ol-12.20-dionacetat* (**II**), F. 179—180° (Ae.), aus Hecogeninacetat in sd. Essigsäureanhydrid in Ggw. von Pyridinhydrochlorid (5 Std.) u. weiter analog **I**; $[\alpha]_D^{25}$ +125°, λ_{max} 227 mμ (log ε = 3,89); 40%. — *16α.17α-Epoxyallopregnan-3β-ol-12.20-dionacetat*, F. 229—213°, durch Acetylierung der neben **II** entstehenden Hydroxyverbindung. — *Pseudohecogenindiacetat*, F. 93—95° (Hexan), aus Hecogeninacetat in sd. Essigsäureanhydrid in Ggw. von NH_4Cl (5 Std.). — *Δ^{16}-Allopregnen-3β-ol-12.20-dion*, F. 194—197° (Skellysolve C-Azeton), aus $\Delta^{5.16}$-Pregnadien-3β-ol-20-onacetat mit KOH in sd. tert.-Butanol (2 Std.); $[\alpha]_D^{25}$ +142°, λ_{max}227 mμ (log ε = 3,89). — *Δ^{16}-Allopregnen-3β-ol-20-on*, F. 200—203° (Aceton), aus Pseudotigogenindiacetat durch katalyt. Hydrierung, Oxydation des entstandenen Dihydropseudotigogenindiacetats zu „*Tigon*“ (*3β-Acetoxy-16β-[δ-acetoxy-γ-methylvaleroyloxy]-allopregnan-20-on*, F. 102—104° [Pentan], $[\alpha]_D^{52}$ +10,5°) u. Spaltung mit KOH in tert.-Butanol; $[\alpha]_D^{25}$ +31°; 90%. *Acetat*, F. 164—166° (CH_3OH), aus Tigogeninacetat analog I; $[\alpha]_D^{25}$ +45°, λ_{max} 239 mμ (log ε = 3,96). — *Δ^{16}-Pregnen-3β-ol-20-on*, F. 186—188° (CH_3OH), aus dem Acetat mit KOH in tert.-Butanol. *Acetat*, F. 141—143° (CH_3OH), aus Smilageninacetat analog I; $[\alpha]_D^{25}$ +41°, λ_{max} 239 mμ (log ε = 3,96); 55%. — *Δ^{16}-Allopregnen-2α.3β-diol-20-on*, F. 228—229°. *2.3-Diacetat*, F. 184—186° (CH_3OH), aus Gitogenindiacetat analog I; $[\alpha]_D^{25}$ —17°; 42%. —*Δ^{16}-Pregnen-2β.3β-diol-20-on*, F. 196—198°, $[\alpha]_D^{25}$ +28°. *2.3-Diacetat*, F. 145—147° (wss. Aceton), aus Markogenindiacetat analog II; $[\alpha]_D^{25}$ 26°. — *$\Delta^{5.16}$-Pregnadien-2α.3β-diol-20-on*, F. 226—228° (Essigester), $[\alpha]_D^{25}$ —22°. *2.3-Diacetat*, F.189—191° (CH_3OH), aus Yuccagenin analog I; $[\alpha]_D^{25}$ —78°. — *Pregnan-3β-ol-20-on*, F. 145—147° (A.-Pentan) aus der Δ^{16}-Verb. durch Hydrierung über Pd/$BaSO_4$ oder Pd/Kohle; $[\alpha]_D^{25}$ +73°. *Acetat*, F. 116—118° (CH_3OH), $[\alpha]_D^{25}$ +83°. — *Allopregnan-3β-ol-20-on*, F. 194—196° (CH_3OH), aus der Δ^{16}-Verb. durch katalyt. Hydrierung; $[\alpha]_D^{25}$ +79°. *Acetat*, F. 144—146° (CH_3OH), $[\alpha]_D^{25}$ +69°. — *Δ^5-Pregnen-3β-ol-20-on*, F. 188—190° (Ae.), aus dem $\Delta^{5.16}$-Dien durch Hydrierung; *Acetat*, F. 145—147° (Pentan–A.), $[\alpha]_D^{25}$ +11°. — *Allopregnan-3β-ol-12.20-dion*, F. 192—193° (Ae.), aus der Δ^{16}-Verb. durch Hydrierung; $[\alpha]_D^{25}$ +146°. *Acetat*, F. 192—193° (CH_3OH), $[\alpha]_D^{25}$ +137°. — *Allopregnan-2α.3β-diol-20-on*, F. 233—235° (CH_3OH), aus der Δ^{16}-Verb. durch Hydrierung; $[\alpha]_D^{25}$ +71°. *Diacetat*, F. 191—193°,(Aceton), $[\alpha]_D^{25}$ —25°. — *Δ^5-Pregnen-2α.3β-diol-20-on-2.3-diacetat*, F. 193—195° (CH_3OH), aus dem $\Delta^{5.16}$-Dien durch Hydrierung; $[\alpha]_D^{25}$ —24°. — *Pregnan-2β.3β-diol-20-on-2.3-diacetat*, F. 128—129° (CH_3OH), aus der Δ^{16}-Verb. durch Hydrierung; $[\alpha]_D^{25}$ +79°. — Die UV- u. IR-Maxima der meisten Verbb. sind angegeben. (J. Amer. chem. Soc. **77**. 5665—68. 5/11. 1955.)

WALTER SIMON. 3650

Henry A. Walens, Samuel Serota und **Monroe E. Wall**, *Steroidsapogenine.* 31. Mitt. *Gentrogenin und Correllogenin, neue Sapogenine aus Dioscorea spiculiflora.* (29. u. 30. vgl. C. **1957**. 11032; 28. vgl. vorst. Ref.) Vorl. Mitt. zu der viertnachst. referierten Arbeit. (J. Amer. chem. Soc. **77**. 5196—97. 5/10. 1955.) WALTER SIMON. 3650

Robert F. Mininger, Monroe E. Wall, Robert G. Dworschack und **Richard W. Jackson**, *Steroidsapogenine.* 32. Mitt. *Versuche zur mikrobiologischen Oxydation.* (31. vgl. vorst. Ref.) Verss. zur mikrobiol. Hydroxylierung von *Sarsasapogenin*, *Diosgenin* u. *Δ^4-Tigogenon* unter Verwendung von 21 Bakterien-, 15 Hefen- u. 38 Schimmelpilzspezies bei zahlreicher Variationen der Kulturbedingungen (Belüftung, Rührung, Impfmenge, Nährlsg., p_H, Dauer) ergaben, daß Steroidsapogenine anscheinend nur schwer mikrobiell oxydiert werden. Papierchromatograph. waren in den Extrakten keine modifizierten Sapogenine nachweisbar. (Arch. Biochem. Biophysics **60**. 427—32. Febr. 1956.) K. MAIER. 3650

Edward S. Rothman und **Monroe E. Wall**, *Steroidsapogenine.* 33. Mitt. *Umwandlungen in der 12-Ketosteroidreihe.* (32. vgl. vorst. Ref.) Das Verh. von 12.20-Diketosteroiden läßt sich nicht aus dem von 11.20-Diketosteroiden oder am Ring C unsubstituierten Verbb. ableiten, da die Wechselwrkg. zwischen $C_{(12)}$- u. $C_{(20)}$-Carbonyl die Reaktionsfähigkeit von Seitenkettengruppen u. die Einführung neuer Gruppen in die Seitenkette erheblich beeinflußt. Es werden 7 neue *Δ^4-12-Ketopregnene* u. 3 neue *12-Ketopregnane* hergestellt. Das aus Hecogenin nach MUELLER u. Mitarbeitern (C. **1950/54**. 934 S) erhaltene *16α.17α-Epoxyallopregnan-3β-ol-12.20-dionacetat* wird durch Verseifung u. milde Oxydation mit CrO_3/Pyridin in *16α.17α-Epoxyallopregnan-3.12.20-trion* (I) übergeführt u. dieses durch Bromierung u. Behandlung mit NaJ u. $NaHSO_3$ in *16α.17α-Epoxy-Δ^4-pregnen-3.12.20-trion* (II) umgewandelt. Die Konst. von II wird durch die IR- u. UV-Spektren bestätigt. Über das Bromhydrin von **II**, *16-Brom-Δ^4-pregnen-17α-ol-3.12.20-trion* (**III**), wurde durch reduktive Debromierung mit desaktiviertem RANEY-Ni *Δ^4-Pregnen-17α-ol-3.12.20-trion* (**IV**) erhalten, das auch aus **III**-*3-Äthylenketal* durch reduktive Debromierung zu *Δ^5-Pregnen-17α-ol-3.12.20-trion-3-äthylenketal* u. anschließende saure Verseifung zugänglich ist. Die Umwandlung von **IV** in ein 21-Hydroxysteroid mißlang. Aus dem aus Hecogenin zugänglichen 16α.17α-Epoxyallopregnan-3β-ol-12.20-dion (**V**); vgl. MUELLER, l. c.) wurde über *16.21-Dibromallopregnan-3β.17α-diol* u. das entsprechende gesätt. *Triketon* das *21-Acetoxy-16α.17α-epoxy-Δ^4-pregnen-3.12.20-trion* erhalten, dessen Epoxydring durch Säuren u. LEWIS-Säuren nicht aufgespalten wird.

Versuche (opt. Drehungen in Chlf., c = 16 mg/ml): *16α.17α-Epoxy-Δ^4-pregnen-3.12.20-trion* (**II**), $C_{21}H_{26}O_4$, F. 275,5—277° (Rotfärbung; Aceton), aus I in Chlf.–CCl_4 innerhalb 5½ Std. mit Br_2 in CCl_4, dann ½ Std. rühren, eindampfen, Rk. in sd. Aceton mit NaJ (16 Std.), Rk. des Prod. mit 10%ig. wss. $NaHSO_3$ in Ae.–Bzl. (20 Min. schütteln) u. anschließende Behandlung mit Zn-Staub in heißem A. (über Nacht rühren); $[\alpha]_D^{25}$

+ 199°, λ_{max} 238,5 mμ (ε = 16190 in CH_3OH), ν_{max} 1620, 1670 u. 1714 cm^{-1} (Chlf.); 68% (Ausbeute). — *16-Brom-Δ^4-pregnen-17α-ol-3.12.20-trion* (III), $C_{21}H_{27}BrO_4$, F. 217 bis 219° (Zers.), aus II mit 48%ig. HBr in Essigsäure (20 Std. bei 10°); Nädelchen aus A., $[\alpha]_D^{25}$ 64°, λ_{max} 238,3 mμ (ε = 18000 in CH_3OH), ν_{max} 3470, 1621, 1695 u. 1721 cm^{-1} (Chlf.); 76%. — *16-Brom-Δ^5-pregnen-17α-ol-3.12.20-trion-3-äthylenketal*, $C_{23}H_{31}BrO_5$, F. 179—181°, aus 2 g III mit Äthylenglykol in sd. Bzl. in Ggw. von p-Toluolsulfonsäure-monohydrat (16 Std. unter Wasserabtrennung) rechteckige Platten aus CH_3OH, $[\alpha]_D^{25}$ 50°; 2 g. — *Δ^5-Pregnen-17α-ol-3.12.20-trion-3-äthylenketal*, $C_{23}H_{32}O_5$, F. 181—184°, aus 2 g vorst. Verb. in W.-CH_3OH mit H_2 über 10%ig. Pd/$CaCO_3$ (5 Std.); Nadeln aus A., $[\alpha]_D^{25}$ 3,3°, ν_{max} 3490, 1693, 1704 (Schulter), 1100, 1045, 1025 u. 1000 cm^{-1} (Chlf.); 0,4 g. — *Δ^4-Pregnen-17α-ol-3.12.20-trion* (IV), $C_{21}H_{28}O_4$, F. 230—231° (wss. Aceton), bzw. 214—218° (A.), a) aus III in sd. Aceton mit desaktiviertem RANEY-Ni in Ggw. von Essigsäure (4 Std.) Chromatographie an SiO_2 u. Elution mit Chlf.; b) aus vorst. Verb. in wss. A. in Ggw. von H_2SO_4; $[\alpha]_D^{25}$ + 124°, λ_{max} 238,5 mμ (ε = 16190 in CH_3OH), ν_{max} 3520, 1624, 1670 u. 1705 cm^{-1} (Chlf.). — *$\Delta^{4.6}$-Pregnadien-17α-ol-3.12.20-trion*, F. 200—205°, aus 1 g IV in Chlf.-CCl_4 bei 3° mit Br_2 in CCl_4, Rk. des Prod. in sd. Aceton mit NaJ (8 Std.), Behandlung mit K-Acetat, KJ u. Essigsäure in sd. Aceton (20 Std.) u. Chromatographie aus CH_2Cl_2 an Florisil; Prismen aus A., $[\alpha]_D^{25}$ 59,5°, λ_{max} 281,5 mμ (ε = 19940 in CH_3OH), γ_{max} 3520, 1587, 1619, 1660 u. 1699 cm^{-1}; 200 mg. — *16.21-Dibromallopregnan-3β.17α-diol-12.20-dion*, $C_{21}H_{30}Br_2O_4$, F. 170—170,3°, aus 12 g V in Chlf. bei 28° mit Br_2 in CCl_4 innerhalb 4 Std.; rechteckige Blättchen aus absol. A., $[\alpha]_D^{25}$ + 68°, ν_{max} 3640 u. 1714 cm^{-1}; 2,5 g. — *16α.17α-Epoxy-21-acetoxyallopregnan-3β-ol-12.20-dion*, $C_{23}H_{32}O_6$, F. 202—204° (A.), aus vorst. Verb. in sd. Aceton mit KJ, K-Acetat u. Essigsäure (16 Std.); $[\alpha]_D^{25}$ 127,5°, ν_{max} 3630, 3450, 1710, 1725 u. 1745 (Schulter) cm^{-1} (Chlf.); 80%. — *16α.17α-Epoxy-21-acetoxyallopregnan-3.12.20-trion*, $C_{23}H_{30}O_6$, F. 270—272° (Rotfärbung), durch Behandeln von 3 g vorst. Verb. in Pyridin mit CrO_3/Pyridin bei 5°, dann über Nacht bei 28°; Schuppen, $[\alpha]_D^{25}$ + 144°, ν_{max} 1700—1745 cm^{-1}; 2,8 g. — *21-Acetoxy-16α.17α-epoxy-Δ^4-pregnen-3.12.20-trion*, F. 256—260°, aus vorst. Verb. in Chlf. -CCl_4 bei 25° mit Br_2 in CCl_4 (1¼ Std.), Rk. des Prod. in sd. Aceton mit NaJ (über Nacht), dann mit 10%ig. wss. $NaHSO_3$ in Ae.-Bzl. (20 Min. schütteln), dann in absol. A. mit Zn-Staub (8 Std. rühren); Chromatographie an SiO_2 aus Bzl., u. Elution mit CH_2Cl_2 + 2% A.; $[\alpha]_D^{25}$ + 192°, λ_{max} 237 mμ (ε = 17200 in CH_3OH), ν_{max} 1622, 1675, 1713, 1727 u. 1745 (Schulter) cm^{-1}. (J. Amer. chem. Soc. **78**. 1744—47. 20/4. 1956.) K. MAIER. 3650

Monroe E. Wall und **Samuel Serota**, *Steroidsapogenine*. 34. Mitt. *Darstellung von 3-Desoxysapogeninen (20α- und 20β-Reihe)*. (33. vgl vorst. Ref.) *3-Desoxysarsasapogenin, 3-Desoxysmilagenin* u. *3-Desoxytigogenin* (I) werden durch WOLFF-KISHNER-Red. der aus den 3β-Hydroxyverbb. erhaltenen entsprechenden *3-Ketone* hergestellt. *3-Desoxyhecogenin* ist aus Hecogenin durch CrO_3-Oxydation zu *Hecogenon* u. selektive CLEMMENSEN-Red. oder durch Tosylierung, $LiAlH_4$-Red. zu *12-Hydroxydesoxytigogenin* u. CrO_3-Oxydation erhältlich. Alle gesätt. Vertreter der 20α-Reihe sind durch $LiAlH_4$-Red. der entsprechenden Tosylate zugänglich. Die ungesätt. 20α-Sapogenine *3-Desoxydiosgenin* (II) u. *Desoxyyamogenin* (III) sind durch Überführung der entsprechenden *3-Tosylate* in die *Jodderivv.* u. deren Red. mit Zn u. Essigsäure darstellbar. Die Konst. von II ergibt sich aus der Hydrierung zu I sowie aus dem IR-Spektr., die von III aus dem IR-Spektr. u. der Umwandlung in II beim Kochen mit HCl. Beim Vers. der Darst. der Desoxyverb. aus Diosgenyltosylat mit $LiAlH_4$ werden hauptsächlich *$\Delta^{3.5}$-Desoxydiosgenin* u. *3.5-Cyclodesoxydiosgenin* erhalten. Die gesätt. 20-Iso-3-desoxysapogenine *20-Isodesoxysarsasapogenin, 20-Isodesoxysmilagenin* u. *20-Isodesoxytigogenin* sind mit niedriger Ausbeute — wahrscheinlich infolge der instabilen Seitenkette — durch WOLFF-KISHNER-Red. der entsprechenden 20-Iso-3-ketone zugänglich; ihre Konst. ergibt sich aus dem IR-Spektr. u. der Umwandlung in die entsprechenden *20α-Desoxysapogenine* mit sd. HCl. Tosylierung u. $LiAlH_4$-Red. führen hier nicht wie in der 20α-Reihe zum Ziele: 20-Isotigogenin gibt hierbei wahrscheinlich *16.22-Epoxy-$\Delta^{20.22}$-cholesten*. Die Darst. gesätt. wie ungesätt. 20-Isodesoxysapogenine kann auch durch Überführung der 20α-Desoxysapogenine in *3-Desoxypseudosapogenin-26-acetate* erfolgen, die bei alkal. Hydrolyse u. Behandlung mit CH_3OH–Essigsäure die entsprechenden *20β-Desoxysapogenine* geben.

Versuche: *3-Desoxysarsasapogenin* (*20α.22a.25L-Spirostan*), F. 218—219°, aus Sarsasapogenin in Chlf. bei 15° mit CrO_3 in 90%ig. Essigsäure (1 Std. bei 25°), Rk. des gebildeten *Sarsasapogenons* [F. 222—223° (Äthylacetat u. Aceton), $[\alpha]_D^{25}$ —70°] in sd. Diäthylenglykol–A. mit N_2H_4-Hydrat u. NaOH (½ Std. kochen, Dest. bis Kp. 190°, Zusatz von Diäthylenglykol u. weitere 2 Std. bei 190°) u. Chromatographie an Florisil; Platten aus Äthylacetat, $[\alpha]_D^{25}$ —73° (Chlf.); 47% (Ausbeute). — *3-Desoxysmilagenin* (*20α.22a.25D-Spirostan*), F. 135—136°, aus Smilagenin analog vorst. Verb., über *Smila-*

genon [F. 188° (Aceton), $[\alpha]_D^{25}$ −60°]; Platten (aus CH_3OH, $[\alpha]_D^{25}$ −71° Chlf.). — *3-Desoxytigogenin* (I; *5α.20α.22a.25D-Spirostan*), F. 174—175°, aus Tigogenin analog vorvorst. Verb., über *Tigogenon* (F. 203—205°, $[\alpha]_D^{25}$ −53°); Platten aus Aceton, $[\alpha]_D^{25}$ −74° (Chlf.). — *3-Desoxyhecogenin* (*5α.20α.22a.25D-Spirostan-12-on*), F. 198—199°, aus Hecogenin durch Oxydation analog drittvorst. Verb. zu *Hecogenon* [F. 237—240° (Ae.), $[\alpha]_D^{25}$ 1,5°] u. anschließende CLEMMENSEN-Red.; Platten aus Aceton; $[\alpha]_D^{25}$ +0,5° (Chlf.); 35%. — *Diosgenyl-3-tosylat*, $C_{34}H_{48}O_5S$, F. 166° (Ae.), aus 20 g Diosgenin in Pyridin u. p-Toluolsulfonylchlorid (über Nacht); $[\alpha]_D^{25}$ −98°, ν_{max} 1252, 943, 813 u. 668 cm^{-1}; 18 g. — *Hecogenyltosylat*, $C_{34}H_{48}O_6S$, F. 192—193°, Platten aus Aceton; $[\alpha]_D^{25}$ −14° (Chlf.), ν_{max} 1255, 948, 812 u. 671 cm^{-1}. — *Tigogenyltosylat*, $C_{34}H_{50}O_5S$, F. 173°, rechteckige Kristalle aus Ae., $[\alpha]_D^{25}$ −58°, ν_{max} 1255, 810 u. 670 cm^{-1}. — *Sarsasapogenyltosylat*, $C_{34}H_{50}O_5S$, F. 129—140°, Platten aus CH_3OH, $[\alpha]_D^{25}$ −55° (Chlf.), ν_{max} 1295, 1282, 816 u. 685 cm^{-1}. — *Yamogenyltosylat*, $C_{34}H_{48}O_5S$, F. 167°, Platten aus Ae., $[\alpha]_D^{25}$ −109° (Chlf.). — *Desoxytigogenin* (I), F. 170—175°, aus 2 g Tigogenyltosylat in sd. Ae. mit $LiAlH_4$ (5 Std.); 1,78 g. — *3-Desoxydiosgenin* (II; *Δ^5-20α.22a.25D-Spirosten*), $C_{27}H_{42}O_2$, F. 194—195°, aus 5 g Diosgenyltosylat in sd. Aceton mit NaJ (5 Std.) u. Rk. des Prod. mit Zn-Staub in sd. Essigsäure; Platten aus A., $[\alpha]_D^{25}$ −136° (Chlf.), ν_{max} 979, 919, 898 u. 828 cm^{-1}; 2 g. — *Desoxyyamogenin* (III; *Δ^5-20α.22a.25L-Spirosten*), $C_{27}H_{42}O_2$, F. 192°, aus Yamogenyltosylat analog vorst. Verb.; Platten aus CH_3OH, $[\alpha]_D^{25}$ −143° (Chlf.). — *$\Delta^{3.5}$-Desoxydiosgenin* (*$\Delta^{3.5}$-20α.22a.25D-Spirostadien*), $C_{27}H_{40}O_2$, F. 164° (Aceton), aus Diosgenyltosylat in Aceton mit NaJ (5 Std. bei 100° im Einschlußrohr) u. Rk. mit 5%ig. $Na_2S_2O_3$; $[\alpha]_D^{25}$ −175°, λ_{max} 228, 234 u. 243 mμ (CH_3OH), ν_{max} 979, 917, 895 u. 863 cm^{-1}; 0,45 g. — *3.5-Cyclodesoxydiosgenin* (*3.5-Cyclo-20α.22a.25D-spirostan*), $C_{27}H_{42}O_2$, F. 138 bis 139°, durch $LiAlH_4$-Red. von 6 g Diosgenyltosylat; Platten aus Äthylacetat, $[\alpha]_D^{25}$ −28° (Chlf.); 3,5 g, daneben 0,7 g II. — *20-Isodesoxysarsasapogenin*, $C_{27}H_{44}O_2$, F. 131 bis 132°, durch WOLFF-KISHNER-Red. von 0,75 g 20-Isosarsasapogenon; Nadeln aus CH_3OH, $[\alpha]_D^{25}$ +43° (Dioxan), ν_{max} 985, 920, 905 u. 870 cm^{-1}; 0,16 g. — *20-Isodesoxysmilagenin* (*20β.22a.25D-Spirostan*), $C_{27}H_{44}O_2$, F. 126—127°, analog vorst. Verb. aus 0,25 g 20-Isosmilagenon; Nadeln aus CH_3OH, $[\alpha]_D^{25}$ −58° (Dioxan), ν_{max} 970, 922, 896 u. 785 cm^{-1}; 0,058 g. — *20-Isodesoxytigogenin* (*5α.20β.22a.25D-Spirostan*), F. 155—160°, analog vorvorst. Verb.; Platten aus CH_3OH, $[\alpha]_D^{25}$ −54° (Dioxan). — *16.22-Epoxy-$\Delta^{20,22}$-cholesten*, aus 20-Isotigogenin in Pyridin mit Tosylchlorid bei Raumtemp. u. Red. des Rohprod. mit $LiAlH_4$; ν_{max} 1686 cm^{-1} (—C=C—O—C—). — *20-Isodesoxydiosgenin* (*Δ^5-20β.22a.25D-Spirosten*), $C_{27}H_{42}O_2$, F. 160—163°, aus 2,5 g Desoxydiosgenin mit Pyridinhydrochlorid in sd. Acetanhydrid (6 Std.), Hydrolyse des Prod. mit sd. 10%ig. methanol. KOH (½ Std.) u. Isomerisierung des gebildeten Pseudodesoxydiosgenins in CH_3OH mit Eisessig (über Nacht); Platten aus CH_3OH, $[\alpha]_D^{25}$ −110° (Dioxan); 0,6 g. Gibt mit sd. HCl II — *20-Isodesoxyyamogenin* (*Δ^5-20β.22b.25L-Spirosten*), $C_{27}H_{42}O_2$, F. 184—186°, aus III analog vorst. Verb.; Platten aus Aceton, $[\alpha]_D^{25}$ −12,3° (Dioxan). (J. Amer. chem. Soc. **78**. 1747—50. 20/4. 1956.) K. MAIER. 3650

Henry A. Walens, Samuel Serota und **Monroe E. Wall**, *Steroidsapogenine. 35. Mitt. Gentrogenin (Botogenin) und Correllogenin, neue Sapogenine aus Dioscorea spiculiflora.* (34. vgl. vorst. Ref.) Aus den Knollen von *Dioscorea spiculiflora* werden zwei neue Ketonsapogenine isoliert: *Gentrogenin* (*Botogenin*, I; vgl. MARKER u. LOPEZ, J. Amer. chem. Soc. **69**. [1947.] 2397), das in *Diosgenin* (III) u. *Hecogenin* übergeführt wird u. somit *Δ^5-20α.22a.25D-Spirosten-3β-ol-12-on* ist u. *Correllogenin* (II), das in *Yamogenin* u. *Sisalagenin* übergeführt wird u. danach *Δ^5-20α.22a.25L-Spirosten-3β-12-on* ist. Beim Seitenkettenabbau von I entsteht *$\Delta^{5.16}$-Pregnadien-3β-ol-12-20-dion* (IV), welches in *Δ^5-Pregnen-3β-ol-12.20-dion*, *Allopregnan-3β-ol-12.20-dion* u. *Allopregnan-3.12.20-trion* übergeführt wird. I u. II sowie deren Abbauprodd. unterscheiden sich in ihren Eigg. deutlich von „Botogenin" bzw. „Neobotogenin" u. deren Abbauprodd., denen von MARKER (l. c.) die für I u. II bewiesenen Strukturen zugeschrieben wurden.

V e r s u c h e (opt. Drehungen in Chlf.): *Gentrogenin* (*Botogenin*, *Δ^5-20α.22a.25D-Spirosten-3β-ol-12-on*; I), $C_{27}H_{40}O_4$, F. 215—216° (CH_3OH) aus den Knollen von *Dioscorea spiculiflora* durch Extraktion mit Isopropanol, Acetylierung der mit GIRARD-Reagens T erhaltenen Ketonfraktion, Chromatographie an Florisil u. Hydrolyse des Acetats; Platten, $[\alpha]_D^{25}$ −57°; daneben II. *Acetat*, $C_{29}H_{42}O_5$, F. 227°, aus Essigester Stäbchen, $[\alpha]_D^{25}$ −56°. — *Diosgenin* (III), F. 198—200° (Aceton), aus I durch Red. nach WOLFF-KISHNER-HUANG-MINLON. — *Rockogenin-3-monoacetat*, F. 215° (CH_3OH), aus I-Acetat durch Hydrierung über PtO_2 in Ae. in Ggw. von 5% Essigsäure. — *Hecogeninacètat*, F. 245—247° (CH_3OH), aus vorst. Verb. mit CrO_3 in 80%ig. Essigsäure (1 Std. bei 25°). — *Correllogenin* (*Δ^5-20α.22a.25L-Spirosten-3β-ol-12-on*; II), $C_{27}H_{40}O_4$, F. 209—211°, $[\alpha]_D^{25}$ −69°. *Acetat*, $C_{29}H_{42}O_5$, F. 213—214°, aus CH_3OH Nadeln, $[\alpha]_D^{25}$ −60°. — *Yamo-*

genin, F. 187—189°, aus **II** analog **III**. — *Sisalageninacetat* (**V**), F. 214—216°, aus **II**-Acetat durch katalyt. Hydrierung u. CrO_3-Oxydation des Produktes; $[\alpha]_D^{25}$ —12°. — *$\Delta^{5.16}$-Pregnadien-3β-ol-12.20-dion* (**IV**), F. 198—202° (Essigester), aus **IVa** mit KOH in tert.-Butanol; $[\alpha]_D^{25}$ +67,4°. *3-Acetat* (**IVa**), $C_{23}H_{30}O_4$, F. 173—175° (Ae.), aus **I**-Acetat in sd. Essigsäureanhydrid mit Pyridinhydrochlorid (5 Std.), Oxydation (vgl. fünftvorst. Ref.), Rk. mit KOH in tert.-Butanol u. Chromatographie an Florisil; $[\alpha]_D^{25}$ +57°. — *Δ^5-Pregnen-3β-ol-12.20-dion-3-acetat*, F. 222—223° (CH_3OH), aus **IVa** durch Hydrierung über 10%ig. Pd/$BaSO_4$ in A. (16 Std. unter 3 at); Stäbchen, $[\alpha]_D^{25}$ +90,4°. — *Allopregnan-3β-ol-12.20-dion-3-acetat*, F. 190—192°, aus **IVa** durch Hydrierung über PtO_2 in Eisessig (16 Std. unter 3 at) u. Oxydation mit CrO_3/Pyridin. — *Allopregnan-3.12.20-trion*, F. 210—212° (Essigester), aus **IV** analog vorst. Verb. u. Chromatographie an Florisil; Platten. — Die UV- u. IR-Maxima von **I**- u. **II**-Acetat, **IVa** u. **V** sind angegeben. (J. org. Chemistry **22**. 182—85. Febr. 1957.) WALTER SIMON. 3650

Monroe E. Wall und **Howard W. Jones**, *Steroidsapogenine*. 36. Mitt. *Bei der Seitenkettenbromierung von Diosgenin und Tigogenin entstehende Isomere*. (35. vgl. vorst. Ref.) Bei der Bromierung von Diosgeninacetat (**I**) mit 3 Mol Br_2 in Eisessig entstehen *5α.6β.23a-* (**II**) u. *5α.6β.23b-Tribromdihydrodiosgeninacetat* (**III**), die bei der Rk. mit NaJ in *23a-* bzw. *23b-Bromdiosgeninacetat* übergehen. Deren katalyt. Hydrierung führt zu *23a-* bzw. *23b-Bromtigogeninacetat*, die auch durch Monobromierung von Tigogeninacetat (**IV**) erhältlich sind. Wird **I** längere Zeit mit $3^1/_3$—$3^1/_2$ Mol Br_2 behandelt, entstehen zwei isomere *Tetrabromdihydrodiosgeninacetate*. Beide geben bei der Rk. mit NaJ das gleiche *Dibromdiosgeninacetat*, welches bei der katalyt. Hydrierung in *Dibromtigogeninacetat* übergeht. Letzteres wird neben einem Isomeren auch durch Bromierung von **IV** erhalten. Die Stereochemie der Bromierung in der Spiroketalseitenkette wird diskutiert.

V e r s u c h e (opt. Drehungen in Chlf., c = ca. 8,0 mg/ml): *5α.6β.23a-Tribromdihydrodiosgeninacetat* (**II**), $C_{29}H_{43}Br_3O_4$, F. 158—162° (Aceton) aus 18,24 g **I** u. Br_2 in Eisessig in Ggw. von HBr (2 Std. bei 15—20°); $[\alpha]_D^{25}$ —108°; 13,5 g (roh; Ausbeute), daneben 4,9 g *5α.6β.23b-Tribromdihydrodiosgeninacetat* (**III**), $C_{29}H_{43}Br_3O_4$, F. 174—176° (Aceton), $\alpha]_D^{25}$ —112°. — *23a-Bromdiosgeninacetat*, $C_{29}H_{43}BrO_4$, F. 171—175° (Aceton-CH_3OH)], aus **II** mit NaJ in sd. A. (2 Std.); $[\alpha]_D^{25}$ —111°. — *23b-Bromdiosgeninacetat*, $C_{29}H_{43}BrO_4$, F. 195—198° (Aceton-CH_3OH), aus **III** analog vorst. Verb.; $[\alpha]_D^{25}$ —138°. — *23a-Bromtigogeninacetat*, $C_{29}H_{45}BrO_4$, F. 205—210° (Aceton), a) aus 9,16 g **IV** analog **II**; 1,5 g, daneben 1,2 g nachst. Verb.; b) aus vorvorst. Verb. durch Hydrierung über PtO_2 in Eisessig (5 Std. bei Zimmertemp.); $[\alpha]_D^{25}$ —60°. Analoge Ergebnisse bei Hydrierung in Ae. + 5% Essigsäure oder in A. in Ggw. von HCl; bei 15 std. Hydrierung in Essigsäure wird *Dihydrodiosogenin-3-acetat* erhalten. — *23b-Bromtigogeninacetat*, $C_{29}H_{45}BrO_4$, F. 222—230° (Aceton), a) Nebenprod. bei der Darst. vorst. Verb. nach a); b) aus vorvorst. Verb. analog vorst. Verb. nach b); $[\alpha]_D^{25}$ —81°. — *5α.6β.23.23-Tetrabromdihydrodiosgeninacetat*, $C_{29}H_{42}$·Br_4O_4, F. 177—180° (Aceton), aus 9,12 g **I** mit Br_2 in Eisessig (3 Std. bei 15—20° u. 72 Std. bei Zimmertemp.) u. Chromatographie an Florisil, Prismen, $[\alpha]_D^{25}$ —105°; 0,3 g, daneben 0,2 g *5α.6β.23.?-Tetrabromdihydrodiosgeninacetat*, $C_{29}H_{42}Br_4O_4$, F. 188—191°, aus Aceton Stäbe, $[\alpha]_D^{25}$ —43°. — *23.23-Dibromdiosgeninacetat*, $C_{29}H_{42}Br_2O_4$, F. 193—198° (Aceton), aus beiden vorst. Isomeren mit NaJ in sd. A. (2 Std.); $[\alpha]_D^{25}$ —94°. — *23.23-Dibromtigogeninacetat*, $C_{29}H_{44}Br_2O_4$, F. 199—200° (CH_3OH), a) aus **IV** mit Br_2 in Eisessig (3 Std. bei 15—20° u. 24 Std. bei Zimmertemp.) u. Chromatographie; daneben *23.?-Dibromtigogeninacetat*, $C_{29}H_{44}Br_2O_4$, F. 178—182° (CH_3OH), $[\alpha]_D^{25}$ —40° (gibt mit NaJ in sd. A. das 23.23-Dibromisomere); b) aus vorst. Verb. durch Hydrierung über PtO_2 in Ae. + 5% Eisessig. Beide Isomere geben mit Zn in Essigsäure **IV**. — *23.23-Deuterodiosgeninacetat*, F. 196—199° (CH_3OH), a) aus 23a- oder 23b-Bromdiosgeninacetat mit sd. Deuteriumacetat in Ggw. von Zn-Staub (5 Std.); Nadeln, $[\alpha]_D^{25}$ —117°; b) aus Diosgeninacetat mit sd. Deuteriumacetat (2 Std.). — Die IR-Spektren der Verbb. sind angegeben. (J. Amer. chem. Soc. **79**. 3222—27. 20/6. 1957.) WALTER SIMON. 3650

Edward S. Rothman und **Monroe E. Wall**, *Steroidsapogenine*. 38. Mitt. *Δ^5-Pregnen-3β.17α-diol-12.20-dion-3-acetat*. (37. vgl. C. **1957**. 7693, 36. vgl. vorst. Ref.) $\Delta^{5.16}$-Pregnadien-3β-ol-12.20-dionacetat (aus Gentrogenin; vgl. vorvorst. Ref.) wurde mit 30%ig. H_2O_2 in CH_3OH in Ggw. von 4nNaOH (über Nacht bei 10°) übergeführt in *16α.17α-Epoxy-Δ^5-pregnen-3β-ol-12.20-dionacetat*, $C_{23}H_{30}O_5$, F. 238—238,2° (Ae.), $[\alpha]_D^{25}$ +29,4° (Chlf.), das mit 48%ig. HBr in Eisessig (16 Std. bei Zimmertemp.) in 86%ig. Ausbeute *16β-Brom-Δ^5-pregnen-3β.17α-diol-12.20-dion-3-acetat*, $C_{23}H_{31}BrO_5$, F. 219,2°—220,5 (CH_3Cl_2–Ae.), $[\alpha]_D^{25}$ —35°, liefert. Dieses (als Rohprod.) gibt mit RANEY-Ni in sd. Aceton in Ggw. von Essigsäure (4 Std.) in 83%ig. Ausbeute *Δ^5-Pregnen-3β.17α-diol-12.20-dion-3-acetat*, $C_{23}H_{32}O_5$, F. 181—182,2°, aus CH_3OH Nadeln, $[\alpha]_D^{25}$ —23,3°. (J. org. Chemistry **22**. 223—24. Febr. 1957.) WALTER SIMON. 3650

Monroe E. Wall, J. J. Willaman, Theodore Perlstein, D. S. Correll und **H. S. Gentry,** *Steroidsapogenine.* 39. Mitt. *Vorkommen und Isolierung von Gentrogenin und Correllogenin aus Dioscorea spiculiflora.* (38. vgl vorst. Ref.) Ausführliche Beschreibung der Isolierung von *Gentrogenin* u. *Correllogenin* (vgl. drittvorst. Ref.), die in den in getrockneten Knollen von *Dioscorea spiculiflora* zu 2—5,5% vorhandenen Gesamtsapogeninen zu 20—55% enthalten sind. (J. Amer. pharmac. Assoc., sci. Edit. **46.** 155 bis 159. März 1957.) WALTER SIMON. 3650

Merle M. Krider, Harry A. Monroe jr., Monroe E. Wall und **J. J. Willaman,** *Steroidsapogenine.* 40. Mitt. *Vereinfachte Methode zum qualitativen Nachweis von Herzglykosiden.* (39. vgl. vorst. Ref.) Pflanzenextrakte wurden durch Fällung mit Pb-Hydroxyd partiell gereinigt u. die Filtrate aufsteigend papierchromatographiert. Durch die Rotfärbung beim Besprühen mit wss.-methanol. alkal. 3.5-Dinitrobenzoesäure wurden *Herzglykoside* mit einem ungesätt., fünfgliedrigen Lactonring nachgewiesen. Die Meth. wurde überprüft durch Papierchromatographie der durch saure Hydrolyse der positiven Proben entstehenden Aglykone, durch deren IR-Spektren u. durch biol. Tests mit den Glykosiden. Die Ergebnisse der Unters. verschied. Pflanzen u. Glykosidpräpp. werden angegeben: Der Farbtest war positiv bei *Apocynum cannabinum* [Frucht (Fr)], *Asclepias humistrata* [Blatt (Bl)], *Strophanthidin, Strophanthus hispidus* [ganze Pflanze (G)], *Str. kombe* (G), *Sarverosid, Thevetia sp.* (Fr), *Cryptostegia madagascariensis* (Bl, Fr), *Digitalispulver* (PENICK; Bl), *Nerium oleander* (Bl), *Odorosid* u. *Periploca sp.* (Bl.) Die Ergebnisse stimmten, soweit untersucht, mit denen des Froschherztests überein. Bei positivem Froschherztest war der Farbtest negativ für die Glykoside mit sechsgliedrigem Lactonring aus *Urginea burkei* (Knolle) u. *Scilla biflora* (Bl). Beide Tests waren negativ für *Aloe arborescens* (Bl), *Agave nelsonii* (Bl), *Ambrosia trifida* (Bl, Stengel), *Baptisia tinctoria* (G), *Euonymus phellomana* (Blüte), *Ficus padifolia* (Bl) u. *Yucca gloriosa* (Bl). (J. Amer. pharmac. Assoc., sci. Edit. **46.** 304—07. Mai 1957.) WALTER SIMON. 3650

Harold E. Kenney und **Monroe E. Wall,** *Steroidsapogenine.* 41. Mitt. *Willagenin, ein neues 12-Ketosapogenin.* (40. vgl. vorst. Ref.) Aus Sägespänen von *Yucca filifera* wurde durch Extraktion mit A. u. Chromatographie an Florisil, Hydrolyse u. Abtrennung von nichtketon. Sapogeninen, hauptsächlich *Sarsasapogenin* (**I**), mit GIRARD-Reagens T ein neues 12-Ketosapogenin, *Willagenin* (**II**; *3β-Hydroxy-20α.22a.25L-spirostan-12-on*), F. 166—168° (CH_3OH), $[\alpha]_D^{25}$ +5,1°, isoliert. *Acetat,* $C_{29}H_{44}O_5$, F. 183—185° (CH_3OH), $[\alpha]_D^{25}$ —1°, IR-Spektr. ist graph. angegeben. **II** gibt bei der Red. nach WOLFF-KISHNER in der Modifikation von HUANG-MINLON **I**, F. 195—198° (CH_3OH). (J. org. Chemistry **22.** 468—69. April 1957.) WALTER SIMON. 3650

Edward S. Rothman und **Monroe E. Wall,** *Steroidsapogenine.* 42. Mitt. *Partialsynthese von 11-Ketodiosgenin.* (41. vgl. vorst. Ref.) Gentrogeninacetat (**I,** 3β-Hydroxy-Δ^5-22a.25D-spirosten-12-onacetat) gibt bei der Tetrabromierung *3β-Acetoxy-5α.6β.-11α.23-tetrabrom-22a.25D-spirostan-12-on,* das mit NaJ *3β-Acetoxy-11α.23-dibrom-Δ^5-22a.-25D-spirosten-12-on* liefert. Dieses geht durch Hydrolyse u. Acetylierung in *23-Brom-3β.12β-diacetoxy-Δ^5-22a.25D-spirosten-11-on* über, welches sich zu *3β.12β-Diacetoxy-Δ^5-22a.20D-spirosten-11-on* debromieren läßt. Die selektive Desacetoxylierung dieser Verb. mit Ca, Na oder Si in fl. NH_3 gibt *11-Ketodiosgenin* u. *11α-Hydroxydiosgenin,* daneben wenig *3-Desoxysapogenin.*

Versuche (opt. Drehungen in Chlf., c = 25 mg/1,5 ml): *3β-Acetoxy-5α.6β.-11α.23-tetrabrom-22a.25D-spirostan-12-on,* $C_{29}H_{40}Br_4O_5$, F. 199° (CH_3OH), aus **I** mit Br_2 in Chlf.-CCl_4; Nadeln; $[\alpha]_D^{25}$ —84,5°. — *3β-Acetoxy-11α.23-dibrom-Δ^5-22a.25D-spirosten-12-on,* $C_{29}H_{40}Br_2O_5$, F. 160—170° (A.-CH_2Cl_2), aus vorst. Verb. mit NaJ in sd. A. (2 Std.); hexagonale Blättchen, $[\alpha]_D^{25}$ —81,9°; 63% (Ausbeute). — *23-Brom-3β.12β-diacetoxy-Δ^5-22a.25D-spirosten-11-on,* $C_{31}H_{43}BrO_7$, F. 214—216° (Ae.), aus 5 g vorst. Verb. mit 0,3 n KOH in 80%ig. A. (20 Std. bei Zimmertemp.) u. Acetylierung; $[\alpha]_D^{25}$ —88,7°; 3,5 g. — *3β.12β-Diacetoxy-Δ^5-22a.25D-spirosten-11-on,* $C_{31}H_{44}O_7$, F. 221 bis 225° (A.), aus 3,5 g vorst. Verb. mit Zn-Staub in sd. Essigsäure (6 Std.); $[\alpha]_D^{25}$ —106°; 2,13 g. — *11-Ketodiosgenin* (*3β-Hydroxy-Δ^5-22a.25D-spirosten-11-on*), $C_{27}H_{40}O_4$, F. 180 bis 183° (Hexan), aus vorst. Verb. mit Ca, Na oder Li in fl. NH_3 (2 Std.) u. Chromatographie an Florisil; $[\alpha]_D^{25}$ —76,4°; 35%. *Acetat,* $C_{29}H_{42}O_5$, F. 221—222° (CH_3OH), $[\alpha]_D^{25}$ —85°. Je nach den Bedingungen werden wechselnde Mengen folgender Nebenprodd. erhalten: *11α-Hydroxydiosgenin* (*Δ^5-22a.25D-Spirosten-3β.11α-diol*), $C_{27}H_{42}O_4$, F. 233 bis 235°, aus Hexan u. Ae., hexagonale Blättchen u. Prismen, $[\alpha]_D^{25}$ — 116° [*Diacetat,* $C_{31}H_{46}O_6$, F. 195—198° (CH_3OH), $[\alpha]_D^{25}$ —116°], *3-Desoxy-11-ketodiosgenin,* (*Δ^5-22a.25D-Spirosten-11-on*), F. 178—184° u. *Δ^5-22a.25D-Spirosten-3β-ol* [liefert mit CrO_3/Pyridin *3-Desoxygentrogenin* (*Δ^5-22a.25D-Spirosten-12-on*), F. 209—213°, $[\alpha]_D^{25}$ —65°, aus A. Prismen]. (J. Amer. chem. Soc. **79.** 3228—31. 20/6. 1957.) WALTER SIMON. 3650

J. Schmidlin, G. Anner, J.-R. Billeter, K. Heusler, H. Ueberwasser, P. Wieland und **A. Wettstein,** *Totalsynthese des Aldosterons.* Teil A. *($2^1 \rightarrow 4$)-Lacton der dl-Δ^{8a}-1-Oxo-2α-methallyl-4β-hydroxy-4bβ-methyl-7-äthylendioxy-4aα.10aβ-dodekahydrophenanthren-2β-carbonsäure. Über Synthesen in der Aldosteronreihe.* 5. Mitt. *Über Steroide.* 147. Mitt. (4. bzw. 146. vgl. Helv. chim. Acta **40.** [1957.] 787.) Δ^{8a}-1-Oxo-4β-hydroxy-4bβ-methyl-7-äthylendioxy-4aα.10aβ-dodekahydrophenanthren (I; vgl. POOS u. Mitarbeiter, C. **1954.** 1260) gibt bei der Kondensation mit Kohlensäurediäthylester *Δ^{8a}-1-Oxo-4β-cathyloxy-4bβ-methyl-7-äthylendioxy-4aα.10aβ-dodekahydrophenanthren-2-carbonsäureäthylester* (**Ia**), der auf Grund des IR-Spektr. wahrscheinlich in der Chelatform vorliegt. Dieser liefert bei der Alkylierung mit Methallyljodid ein Gemisch der isomeren *2α-* (**II**) u. *2β-Methallyl-2β(2α)-carbonsäureäthylester* (**III**). **II** gibt mit $LiAlH_4$ das entsprechende *Triol* (**IV**), das mit CrO_3 zu *dl-Δ^{8a}-1ξ.4β-Dihydroxy-2α-methallyl-4bβ-methyl-7-äthylendioxy-4aα.10aβ-dodekahydrophenanthren-2β-carbonsäure-$2^1 \rightarrow 4$-lacton* (**V**) oxydiert wird. Beim Vers. der Verseifung von **II** tritt teilweise Ringöffnung ein. **V** wird in guter Ausbeute aus dem Ketoester **II** durch Red. mit $NaBH_4$ zum entsprechenden *Hydroxyester* (**Va**) u. Verseifung zur *Hydroxysäure* dargestellt, die nur in Form ihrer Salze beständig ist u. leicht in **V** übergeht. **III** gibt mit $NaBH_4$ ein Gemisch der entsprechenden *1ξ.4β-Dihydroxy-2α-carbonsäure* u. der *1ξ.4β-Dihydroxy-2α-hydroxymethylverb.*, die auch aus **III** mit $LiAlH_4$ erhalten wird. Danach wird **V** leichter aus dem Gemisch von **II** + **III** durch Red. mit $NaBH_4$, Verseifung, Abtrennung des Triols aus alkal. Lsg., Lactonisierung u. Abtrennung der aus **III** entstandenen Säure dargestellt. Mit K_2CO_3 in wss. $CH_3 \cdot OH$ gibt **III** neben einer *Lactoncarbonsäure $C_{22}H_{30}O_6$* unter Decarboxylierung das entsprechende *Monomethallylketon,* das weiter zu dem auch direkt aus **I** erhältlichen *2.2-Dimethallylderiv.* alkyliert werden kann. Zur weiteren Überführung von **V** in eine zur Angliederung von Ring D geeignete Verb. wird **V** mit CrO_3/Pyridin zur *1-Oxoverb.* (**VI**) oxydiert, was aber erst bei 60—80° glatt gelingt. Das *2^1-Methosuccinat* (**IVa**) von **IV** liefert bei der Oxydation je nach den Bedingungen das entsprechende *1ξ-Hydroxy-4-keton* bzw. das *1.4-Diketon.* **V** läßt sich mit $LiAlH_4$ zum entsprechenden *Dihydroxyaldehydhemiacetal* red., das mit CrO_3 **VI** gibt.

Versuche: *dl-Δ^{8a}-1-Oxo-4β-cathyloxy-4bβ-methyl-7-äthylendioxy-4aα.10aβ-dodekahydrophenanthren-2-carbonsäureäthylester* (**Ia**), $C_{23}H_{32}O_8$, F. 115—116° (Ae.), aus 250 g **I** mit Kohlensäurediäthylester in Ggw. von NaH (2 Std. bei Zimmertemp., 8 Std. bei 55°) u. weitere 8 Std. bei Zimmertemp.; Oktaeder; 310,8 g (Ausbeute). — *dl-Δ^{8a}-1-Oxo-2α-methallyl-4β-cathyloxy-4bβ-methyl-7-äthylendioxy-4aα.10aβ-dodekahydrophenanthren-2β-carbonsäureäthylester* (**II**), $C_{27}H_{38}O_8$, F. 99,5—101° (aus Isopropyläther–PAe. Rhomben) bzw. F. 103—105° (wss. CH_3OH, Oktaeder), aus 25,66 g vorst. Verb. u. Methallyljodid in Aceton in Ggw. von K_2CO_3 (64 Std. bei Raumtemp.); 14,36 g, daneben 5,21 g *dl-Δ^{8a}-1-Oxo-2β-methallyl-4β-cathyloxy-4bβ-methyl-7-äthylendioxy-4aα.10aβ-dodekahydrophenanthren-2α-carbonsäureäthylester* (**III**), $C_{27}H_{38}O_8$, F. 94,5—95,5° (aus A. Rhomben) bzw. F. 114—115° (aus CH_3OH Hexaeder). — *dl-Δ^{8a}-1ξ.4β-Dihydroxy-2β-methallyl-4bβ-methyl-7-äthylendioxy-4aα.10aβ-dodekahydrophenanthren-2α-carbonsäure,* $C_{22}H_{32}O_6$, F. 192,5—193,5° (Aceton), aus 25,0 g **III** mit $NaBH_4$ in A. unter N_2 (65 Min. bei Raumtemp.); Nadeln; 8,12 g, daneben 5,82 g nachst. Verbindung. *Methylester,* $C_{23} \cdot H_{34}O_6$, F. 137—138°, aus Ae.–Pentan Nadeln. — *Freie Δ^8-7-Oxosäure,* $C_{20}H_{28}O_5$, F. 239 bis 242° (CH_3OH), aus 2,00 g 7-Ketal mit wss. Essigsäure (15 Min. auf dem Wasserbad); längliche Plättchen; 1,59 g. — *dl-Δ^{8a}-1ξ.4β-Dihydroxy-2α-hydroxymethyl-2β-methallyl-4bβ-methyl-7-äthylendioxy-4aα.10aβ-dodekahydrophenanthren,* $C_{22}H_{34}O_5$, F. 215—216° (CH_3OH), aus 4,90 g **III** mit $LiAlH_4$ in Tetrahydrofuran unter N_2 (2 Std.); Nadeln; 2,75 g. *Monoacetylderiv.,* $C_{24}H_{36}O_6$, F. 143—144°, aus Ae. u. Isopropyläther Nadeln. *Triacetylderiv.,* $C_{28}H_{40}O_8$, F. 140—141°, Prismen. *Freies Δ^8-7-Keton,* $C_{20}H_{30}O_4$, F. 194—195° (CH_3OH), aus 2,00 g 7-Ketal mit wss. Essigsäure (15 Min. auf dem Wasserbad); Oktaeder; 1,70 g. — *dl-Δ^{8a}-1ξ-Hydroxy-2α-methallyl-4β-cathyloxy-4bβ-methyl-7-äthylendioxy-4aα.10aβ-dodekahydrophenanthren-2β-carbonsäureäthylester* (**Va**), $C_{27}H_{40}O_8$,F. 99 bis 101°, aus 12,26 g **II** mit $NaBH_4$ in A. unter N_2 (40 Std. bei Raumtemp.); aus Ae. u. Isopropyläther–Pentan körnige Drusen, zunächst metastabile Form (Prismen) mit F. ab 94° unter Umwandlung in die höherschm. Form; 11,28 g. — *dl-Δ^{8a}-1ξ.4β-Dihydroxy-2α-methallyl-2β-hydroxymethyl-4bβ-methyl-7-äthylendioxy-4aα.10aβ-dodekahydrophenanthren* (**IV**), $C_{22}H_{34}O_5$, F. 151—153° (Aceton u. Aceton–Ae.), aus 0,491 g **II** mit $LiAlH_4$ in Tetrahydrofuran unter N_2 (3 Std. bei Raumtemp.); Prismen; 0,27 g. *2β-[Methosuccinoxymethyl]-verb.* (**IVa**), $C_{27}H_{40}O_8$, F. 115,5—117° (Ae.–Pentan in Ggw. von CH_2Cl_2), aus 3,20 g **IV** u. Bernsteinsäureanhydrid in Pyridin unter N_2 (18 Std. bei 60°) u. Rk. des Halbesters mit CH_2N_2 in Ae.; Nadeln; 3,09 g. — *dl-Δ^{8a}-1-Oxo-2α-methallyl-4β-hydroxy-4bβ-methyl-7-äthylendioxy-4aα.10aβ-dodekahydrophenanthren,* $C_{21}H_{30}O_4$, F. 156—157° (Aceton), aus 4,90 g **III** mit K_2CO_3 in sd. wss. CH_3OH (3 Std.); Drusen; 1,20 g neben 1,30 g *Lacton-*

carbonsäure $C_{22}H_{30}O_6$, F. 150—152°, aus Aceton Drusen [*Methylester*, $C_{23}H_{32}O_6$, F. 114 bis 115° (Isopropyläther)]. — *dl-Δ*^{8a}*-1-Oxo-2.2-dimethallyl-4β-hydroxy-4bβ-methyl-7-äthylendioxy-4aα.10aβ-dodekahydrophenanthren*, $C_{25}H_{36}O_4$, F. 87—88° (Hexan), aus 10,0 g vorst. Verb. u. Methallyljodid in Dioxan in Ggw. von K-tert.-Butylat unter N_2 (1 Std. bei 75°); Stäbchen; 10,0 g. — *dl-Δ*^{8a}*-1ξ.4β-Dihydroxy-2α-methallyl-4bβ-methyl-7-äthylendioxy-4aα.10aβ-dodekahydrophenanthren-2β-carbonsäure-2¹→4-lacton* (**V**), $C_{22}H_{30}O_5$, F. 246 bis 249° (CH_3OH, CH_2Cl_2/Ae.), a) aus 16,16 g **Va** mit KOH in sd. wss. A. unter N_2 (1½ Std.) u. Lactonisierung der entstehenden *Säure* mit sd. Bzl. (3 Min.); 11,24 g; b) aus 270 g **Ia** analog **II**, Red. mit $NaBH_4$ in A. (60 Std.), Verseifung mit sd. wss.-alkoh. KOH (3 Std.), Abtrennung von 65,3 g des aus **III** gebildeten Triols u. Ansäuern des wss.-alkal. Filtrates mit H_3PO_4; 123,8 g; c) aus 0,946 g **IV** mit CrO_3 in Pyridin unter N_2 (40 Std. bei Raumtemp.) u. Chromatographie; Nadeln; 0,036 g ,daneben 3 weitere Verbb. mit FF. 233—235°, 134—136° u. 175,5—178°. Gibt bei der Red. mit $LiAlH_4$ in Tetrahydrofuran (2 Std. bei Raumtemp.) **IV**. Gibt mit wss. Essigsäure (20 Min. auf dem Dampfbad) das *freie Δ*^{8}*-7-Keton*, $C_{20}H_{26}O_4$, F. 232—233°, aus Ae.-CH_2Cl_2 Nadeln. — *dl-Δ*^{8a}*-1ξ.4β-Dihydroxy-2α-methallyl-2β-formyl-4bβ-methyl-7-äthylendioxy-4aα.10aβ-dodekahydrophenanthren-2¹.4-cyclohemiacetal*, $C_{22}H_{32}O_5$, F. 192—194° (Ae.–Isopropyläther–CH_2Cl_2), aus 1,12 g **V** mit $LiAlH_4$ in Tetrahydrofuran unter N_2 (4 Std. bei Raumtemp.); Prismen; 0,693 g, daneben 0,285 g **IV**. — *dl-Δ*^{8a}*-1-Oxo-2α-methallyl-4β-hydroxy-4bβ-methyl-7-äthylendioxy-4aα.10aβ-dodekahydrophenanthren-2β-carbonsäure-2¹→4-lacton* (**VI**), $C_{22}H_{28}O_5$, F. 188—190° (CH_3OH), a) aus 0,376 g vorst. Verb. mit CrO_3 in Pyridin (4 Std. bei 60 bis 65°); 0,253 g; b) aus 0,365 g **V** mit CrO_3 in Pyridin (8 Std. bei 60—65°); 7,01 g; c) aus 3,745 g **V** mit CrO_3 in Eisessig; Prismen; 0,483 g. Gibt wss. mit Essigsäure (20 Min. auf dem Dampfbad) das *freie Δ*^{8}*-7-Keton*, $C_{20}H_{24}O_4$, F. 207—210°, (aus CH_2Cl_2–CH_3OH Prismen. — *dl-Δ*^{8a}*-1ξ-Hydroxy-2α-methallyl-2β-[methosuccinoxymethyl]-4-oxo-4bβ-methyl-7-äthylendioxy-4aα.10aβ-dodekahydrophenanthren*, $C_{27}H_{38}O_8$, F. 139—140° (Ae. u. Pentan), aus 500 mg **IVa** mit CrO_3 in Pyridin unter N_2 (16 Std. bei Raumtemp.); Nadeln; 0,338 g. — *dl-Δ*^{8a}*-1.4-Dioxo-2α-methallyl-2β-[methosuccinoxymethyl]-4bβ-methyl-7-äthylendioxy-4aα.10aβ-dodekahydrophenanthren*, aus 0,958 g **IVa** mit CrO_3 in Pyridin unter N_2 (14 Std. bei 65°); Öl; 0,840 g (roh). — Die UV- u. IR-Absorptionsmaxima aller Verbb. sind angegeben. (Helv. chim. Acta **40**. 1034—51. 15/6. 1957.) WALTER SIMON. 3700

J. Schmidlin, G. Anner, J.-R. Billeter, K. Heusler, H. Ueberwasser, P. Wieland und **A. Wettstein**, *Totalsynthese des Aldosterons.* Teil B. *(18 → 11)-Lacton der dl-Δ*^{5}*-3-Äthylendooxy-11β-hydroxy-20-oxopregnen-18-säure.* 6. Mitt. *über Synthesen in der Aldosteronreihe.* 148. Mitt. *über Steroide.* (A bzw. 5. bzw. 147. vgl. vorst. Ref.) Δ^{8a}-1-Oxo-2α-methallyl-4β-hydroxy-4bβ-methyl-7-äthylendioxy-4aα.10aβ-dodekahydrophenanthren-2β-carbonsäure-2¹→4-lacton (**I**; vgl. l. c.) liefert mit Äthoxyäthinyl-MgBr ein Gemisch der epimeren *1α-* (**IIa**) u. *1β-Äthoxyäthinylcarbinole* (**IIb**), daraus durch Hydratisierung ein Gemisch der epimeren *1-Carbäthoxymethylcarbinole* u. aus diesem mit $SOCl_2$ die epimeren *1-Carbäthoxymethylenverbindungen.* **IIa** läßt sich selektiv zur *1α-Äthoxyvinylverb.* hydrieren, die mit PBr_3 oder $SOCl_2$ den entsprechenden *α,β-ungesätt. Aldehyd* liefert; bei dessen Hydrierung werden jedoch beide Seitenketten angegriffen. Dagegen gibt **IIa** mit OsO_4 ein Addukt, das unter milden Bedingungen zu den entsprechenden epimeren *2α-[2.3-Dihydroxyisobutyl]-verbb.* (**III**) red. wird. **III** wird zur *1α-Äthoxyvinylverb.* hydriert, die mit HJO_4 glatt *dl-Δ*^{8a}*-1α-[Äthoxyvinyl]-1β.4β-dihydroxy-2α-acetonyl-4bβ-methyl-7-äthylendioxy-4aα.17aβ-dodekahydrophenanthren-2β-carbonsäure-2¹→4-lacton* (**IV**) liefert. Besser wird **IV** aus **IIa** durch Ozonolyse zur *2α-Acetonylverb.*, die auch aus **III** mit HJO_4 entsteht, u. anschließende selektive Hydrierung dargestellt. Rk. von **IV** mit PBr_3 führt zum entsprechenden *α,β-ungesätt. Aldehyd* (**V**), der von einem schwer abtrennbaren isomeren Nebenprod. (**VI**; *Δ*^{10a,1}*-Isomeres*?) begleitet ist. **V** gibt bei der Hydrierung ein Gemisch der $C_{(1)}$-epimeren *gesätt. Aldehyde* (**VII**) u. *dl-Δ*^{5}*-3-Äthylendioxy-11.16ξ-dihydroxy-20-oxo-17ξ-pregnen-18-säure-18→11-lacton* (**VIII**). **VIII** gibt mit Triäthylammoniumbenzoat in sd. Xylol *dl-Δ*$^{5.16}$*-3-Äthylendioxy-11β-hydroxy-20-oxopregnadien-18-säure-18→11-lacton* (**IX**), das auch als Hauptprod. bei der analogen Behandlung von **VII** erhalten wird. Als Nebenprod. wird aus **VII** die *Isopregnadienverb.* (**X**) gewonnen. **IX** liefert bei der Hydrierung das *Δ*^{5}*-Pregnenderiv.* u. daraus das *Δ*^{4}*-3-Keton*, das papierchromatograph. mit einem durch Abbau von Aldosteron erhaltenen Präp. (vgl. v. EUW u. Mitarbeiter, C. **1958**. 1858) ident. ist. **X** gibt bei der Hydrierung ein Gemisch der *Δ*^{5}*-14.17-Diiso-* u. *Δ*^{5}*-14-Isopregnene*, von denen das erste in das entsprechende dl-14.17-Diisoätiensäurederiv. überführbar ist.

Versuche: *dl-Δ*^{8a}*-1α-[Äthoxyäthinyl]-1β.4β-dihydroxy-2α-methallyl-4bβ-methyl-7-äthylendioxy-4aα.10aβ-dodekahydrophenanthren-2β-carbonsäure-2¹→4-lacton* (**IIa**), $C_{26}H_{34}O_6$, F. 147—148° (Zers.; Ae.), aus 180 g **I** mit C_2H_5MgBr u. Äthoxyacetylen in Ae. u. Bzl. (3 Std. bei Zimmertemp.); 183,9 g Gemische von **IIa** u. **IIb** (Ausbeute). — *dl-Δ*^{8a}*-1β-*

[Äthoxyäthinyl]-1α.4β-dihydroxy-2α-methallyl-4bβ-methyl-7-äthylendioxy-4aα.10aβ-dodekahydrophenanthren-2β-carbonsäure-2¹→4-lacton (**IIb**), $C_{26}H_{34}O_6$, F. 173–174°, aus CH_2Cl_2–Ae. Stäbchen. — Gemisch der $C_{(1)}$-isomeren *(2¹→4)-Lactone der dl-Δ⁸ᵃ-1-[Carbäthoxymethyl]-1.4β-dihydroxy-2α-methallyl-4bβ-methyl-7-äthylendioxy-4aα.10aβ-dodekahydrophenanthren-2β-carbonsäuren*, $C_{26}H_{36}O_7$, F. 167–169° (A.), aus 0,407 g **IIa** + **IIb** mit 2,5n H_2SO_4 in Tetrahydrofuran (6 Std. bei Zimmertemp.); Plättchen; 0,231g. — *dl-Δ⁸ᵃ-1-[Carbäthoxymethylen]-2α-methallyl-4β-hydroxy-4bβ-methyl-7-äthylendioxy-4aα.10aβ-dodekahydrophenanthren-2β-carbonsäure-2¹→4-lacton*, $C_{26}H_{34}O_6$, F. 200,5–201° (CH_2Cl_2–Ae.), aus 0,576 g vorst. Isomerengemisch mit $SOCl_2$ in Pyridin unter N_2 (10 Min. bei 20–22°); Nadeln; 0,040 g, neben 0,240 g *Isomerem*, $C_{26}H_{34}O_6$, F. 100,5–101,5°, aus Ae. Oktaeder. — *dl-Δ⁸ᵃ-1α-[Äthoxyvinyl]-1β.4β-dihydroxy-2α-methallyl-4bβ-methyl-7-äthylendioxy-4aα.10aβ-dodekahydrophenanthren-2β-carbonsäure-2¹→4-lacton*, $C_{26}H_{36}O_6$, F. 138,5–139,5° (Ae.), aus 0,821 g **IIa** durch Hydrierung über 10% ig. Pd/$CaCO_3$ in Pyridin (1½ Std.); 0,796 g. — *dl-Δ⁸ᵃ-1-[Formylmethylen]-2α-methallyl-4β-hydroxy-4bβ-methyl-7-äthylendioxy-4aα.10aβ-dodekahydrophenanthren-2β-carbonsäure-2¹→4-lacton*, $C_{24}H_{30}O_5$, F. 183,5–187° (Aceton), aus 0,890 g vorst. Verb. mit PBr_3 in Chlf.–Pyridin (4 Std. bei 0–3°); Prismen; 0,442 g, enthält wahrscheinlich das *Δ¹⁰ᵃ,¹-Isomere*. — *dl-Δ⁸ᵃ-1-[Formylmethyl]-2α-isobutyl-4β-hydroxy-4bβ-methyl-7-äthylendioxy-4aα.10aβ-dodekahydrophenanthren-2β-carbonsäure-2¹→4-lacton* (Gemisch der $C_{(1)}$-Isomeren), F. 159–171,5° (Aceton–Ae.), aus 0,200 g vorst. Verb. durch Hydrierung über 10% ig. Pd/Kohle in A. (30 Min.); Nädelchen; 0,084 g. — *dl-Δ⁸ᵃ-1α-[Äthoxyäthinyl]-1β.4β-dihydroxy-2α-[2.3-dihydroxyisobutyl]-4bβ-methyl-7-äthylendioxy-4aα.10aβ-dodekahydrophenanthren-2β-carbonsäure-2¹→4-lacton* (**III**; Isomerengemisch), $C_{26}H_{36}O_8$, F. 127–153° (Zers.; Ae.), aus 4,43 g **IIa** mit OsO_4 in Ae.–Pyridin (2 Std. bei Zimmertemp.); 3,560 g. — *dl-Δ⁸ᵃ-1α-[Äthoxyvinyl]-1β.4β-dihydroxy-2α-[2.3-dihydroxyisobutyl]-4bβ-methyl-7-äthylendioxy-4aα.10aβ-dodekahydrophenanthren-2β-carbonsäure-2¹→4-lacton* (Isomerengemisch), $C_{26}H_{38}O_8$, F. 148 bis 151° (Ae.), aus 3,678 g **III** durch Hydrierung über 10% ig. Pd/$CaCO_3$ in Pyridin; 3,169 g. — *dl-Δ⁸ᵃ-1α-[Äthoxyäthinyl]-1β.4β-dihydroxy-2α-acetonyl-4bβ-methyl-7-äthylendioxy-4aα.10aβ-dodekahydrophenanthren-2β-carbonsäure-2¹→4-lacton*, $C_{25}H_{32}O_7$, F. 157–158° (Zers.; Ae.), a) aus 3,787 g **III** mit HJO_4 in CH_3OH–Pyridin (1 Std. bei Zimmertemp.); 2,93 g; b) aus 100 g **IIa** + **IIb** mit O_3 in Chlf.–Pyridin bei –15 bis –18° u. Red. mit Zn in wss. Essigsäure u. Pyridin <0°; Nadeln; 78,0 g, daneben 0,50 g nachst. Verbindung. — *dl-Δ⁸ᵃ-1β-[Äthoxyäthinyl]-1α.4β-dihydroxy-2α-acetonyl-4bβ-methyl-7-äthylendioxy-4aα.10aβ-dodekahydrophenanthren-2β-carbonsäure-2¹→4-lacton*, F. 183–184° (Zers.; Bzl.), analog vorst. Verb.; Nadeln; 0,38 g. — *dl-Δ⁸ᵃ-1α-[Äthoxyvinyl]-1β.4β-dihydroxy-2α-acetonyl-4bβ-methyl-7-äthylendioxy-4aα.10aβ-dodekahydrophenanthren-2β-carbonsäure-2¹→4-lacton* (**IV**), $C_{25}H_{34}O_7$, F. 122–124° (A.), a) aus 3,004 g drittvorst. Verb. mit HJO_4 in CH_3OH–Pyridin (1 Std. bei Zimmertemp.); 2,898 g; b) aus 23,30 g vorvorst. Verb. durch Hydrierung über 10% ig. Pd/$CaCO_3$ in Pyridin; Prismen; 22,10 g. — *dl-Δ⁸ᵃ-1β-[Äthoxyvinyl]-1α.4β-dihydroxy-2α-acetonyl-4bβ-methyl-7-äthylendioxy-4aα.10aβ-dodekahydrophenanthren-2β-carbonsäure-2¹→4-lacton*, $C_{25}H_{34}O_7$, F. 217–218° (Bzl.–Hexan), aus 0,225 g vorvorst. Verb. analog **IV** nach b); Nadeln; 0,21 g. — *dl-Δ⁸ᵃ-1-[Formylmethylen]-2α-acetonyl-4β-hydroxy-4bβ-methyl-7-äthylendioxy-4aα.10aβ-dodekahydrophenanthren-2β-carbonsäure-2¹→4-lacton* (**V**), $C_{23}H_{28}O_6$, F. 207–209° (CH_2Cl_2–Ae.), aus 55,0 g **IV** mit PBr_3 in CH_2Cl_2–Pyridin unter N_2 (5 Std. bei 15°); Nadeln; daneben ein *Δ¹⁰ᵃ,¹-Isomeres* (?) (**VI**), $C_{23}H_{28}O_6$, F. 196–197° (Zers.), aus Bzl. Prismen; 44,0 g Isomerengemisch vom F. 186,5 bis 203° (Zers.; Aceton/Ae.). — *dl-Δ⁵-3-Äthylendioxy-11.16ξ-dihydroxy-20-oxo-17ξ-pregnen-18-säure-18→11-lacton* (**VIII**), $C_{23}H_{30}O_6$, F. 217,5–221° (Zers.; Tetrahydrofuran–Ae.), aus vorst. Gemisch durch Hydrierung über 10% ig. Pd/$CaCO_3$ in A.; Nadeln; daneben Gemisch der $C_{(1)}$-isomeren *dl-Δ⁸ᵃ-1-[Formylmethyl]-2α-acetonyl-4β-hydroxy-4bβ-methyl-7-äthylendioxy-4aα.10aβ-dodekahydrophenanthren-2β-carbonsäure-2¹→4-lactone* (**VII**). — *dl-Δ⁵·¹⁶-3-Äthylendioxy-11β-hydroxy-20-oxopregnadien-18-säure-18→11-lacton* (**IX**), $C_{23}H_{28}O_5$, F. 241 bis 245° (Aceton), a) aus einem Gemisch aus **VII** u. **VIII** mit Benzoesäure in Ggw. von Triäthylamin in sd. Xylol (12 Std.); daneben *dl-Δ⁵·¹⁶-3-Äthylendioxy-11β-hydroxy-20-oxo-14-isopregnadien-18-säure-18→11-lacton* (**X**), $C_{23}H_{28}O_5$, F. 241,5–246,5°; aus Aceton Prismen; b) aus **VIII** analog; Prismen. — *dl-Δ⁵-3-Äthylendioxy-11β-hydroxy-20-oxopregnen-18-säure-18→11-lacton*, $C_{23}H_{30}O_5$, Doppel-F. 194,5 u. 207–211,5° (CH_2Cl_2–Ae.), aus 6,59 g **IX** durch Hydrierung über 2% ig. Pd/$CaCO_3$ in Essigester bei Zimmertemp.; Plättchen; 6,23 g. — *dl-Δ⁴-3.20-Dioxo-11β-hydroxypregnen-18-säure-18→11-lacton*, $C_{21}H_{26}O_4$, F. 218–220° (Ae.), aus 0,387 g vorst. Verb. mit verd. Essigsäure unter N_2 auf dem Dampfbad; Oktaeder; 0,317 g. — *dl-Δ⁵-3-Äthylendioxy-11β-hydroxy-20-oxo-14.17-diisopregnen-18-säure-18→11-lacton*, $C_{23}H_{30}O_5$, F. 246–250° (Aceton), aus **X** durch Hydrierung über 10% ig. Pd/$CaCO_3$ in Essigester; Stäbchen; daneben *dl-Δ⁵-3-Äthylendioxy-11β-hydroxy-20-oxo-14-isopregnen-18-säure-18→11-lacton*. — *dl-Δ⁴-3.20-Dioxo-11β-*

hydroxy-14.17-diisopregnen-18-säure-18 →11-lacton, $C_{21}H_{26}O_4$, F. 234—239° (Aceton), aus 0,440 g vorvorst. Verb. mit verd. Essigsäure (25 Min. bei 100°); Plättchen; 0,330 g. — Für alle Verbb. sind die IR- u. UV-Maxima angegeben. (Helv. chim. Acta **40.** 1438—55. 1/8. 1957.) WALTER SIMON. 3700

Thressa C. Stadtman, *Darstellung und Bestimmung von Cholesterin und Ergosterin.* Vorschrift. Herst. kolloidaler Cholesterin (I)- u. Ergosterin (II)-Suspensionen, I- u. II-Best. mittels der LIEBERMANN-BURCHARD-Rk., Cholestenon-Best. als 2.4-Dinitrophenylhydrazon. (Methods Enzymol. **3.** 392—94. 1957. Bethesda, Md., Nat. Inst. of Health.) K. MAIER. 3700

Takao Tsukamoto, Itsuo Nishioka, Kunihide Mihasi und **Hideo Miyahara,** *Untersuchungen über Sterine aus Phellodendron amurense Rupr.* 1. Mitt. *Isolierung von β- und γ-Sitosterin.* Die aus der Rinde von *Phellodendron amurense Rupr.* extrahierten unverseifbaren Substanzen enthalten auf Grund des UV-Absorptionsspektr. ca. 0,5% $\Delta^{5.7}$-Sterine; aus dem mit Acetylchlorid in Pyridin hergestellten Acetat werden durch Chromatographie aus PAe. an Al_2O_3 u. fraktionierte Kristallisation aus A. *β-* u. *γ-Sitosterin* als *Acetate* isoliert. (J. pharmac. Soc. Japan [Yakugakuzasshi] **78.** 1099—1101. Okt. 1958. Hukuoka, Kyûsyû-Univ., Med. Fak. [Orig.: japan.; Auszug: engl.]) E. MAEKAWA. 3700

Taro Kazuno, Akimichi Mori und **Tadashi Goto,** *Die Synthese von Sterogallensäuren.* 12. Mitt. *Die Partialsynthese von Bisnorsterocholsäure durch elektrolytische Kolbe-Reaktion.* (11. vgl. Proc. Japan Acad. **30.** [1954.] 887.) Durch Elektrolyse von K-Cholat (I) u. K-Methylhydrogensuccinat (II) wird *Bisnorsterocholsäuremethylester* erhalten.

Versuche: *Bisnorsterocholsäuremethylester*, $C_{27}H_{46}O_5$, F. 150—152° (Methanol/W.) aus 6 g **II**, K_2CO_3 u. **I** durch Elektrolyse in Methanol (7 Std. bei 25 V u. 0,6—0,7 Amp.) u. Reinigung über die freie Säure; 600 mg (Ausbeute). — *Bisnorsterocholsäure*, $C_{26}H_{44}O_5$, F. 192—193° (Methanol/W.), durch Hydrolyse von 0,5 g des Äthylesters mit 8%ig. methanol. KOH in 3 Std.; 350 mg. — *Dehydrobisnorsterocholsäure*, F. 223—225° (Methanol), durch CrO_3-Oxydation vorst. Verb. in Eisessig. (J. Biochemistry [Tokyo] **42.** 77—80. Jan. 1955. [Orig.: engl.]) WALTER A. SCHÄFER. 3700

Mitsutaka Kawazu, *Zersetzung von Adrenalin und verwandten Verbindungen durch anorganische Säuren.* 4. Mitt. *Zersetzung von Noradrenalin, N-Methyladrenalin und 1-[Monoalkoxyphenyl]-2-alkylaminoäthanolen.* (3. vgl. C. **1959.** 4823.) Noradrenalin (Norepinephrin) bzw. N-Methyladrenalin (N-Methylepinephrin) ergeben bei 2½ std. Kochen in 20%ig. bzw. 17,5%ig. HCl *2.3.7.8-Tetrahydroxy-5-aminomethyl-5H-dibenzo-*[a.e]*-cycloheptatrienhydrochlorid* (**I**), $C_{16}H_{15}NO_4 \cdot HCl$, F. 318° (Zers.), bzw. dessen *N.N-Dimethylderiv.* (**II**), $C_{18}H_{19}NO_4 \cdot HCl$, F. 269—270° (Zers.), in 15 bzw. 20%ig. Ausbeute. Die UV-Spektren von **I** u. von **II** sind dem des Adnamins ähnlich. Mit Dimethylsulfat in Alkali wird aus **I** u. **II** *Methyladnaminmethomethylsulfat*, F. 263—264°, hergestellt. 1-[m-Hydroxyphenyl]- oder 1-[m-Methoxyphenyl]-2-methylaminoäthanol werden unter ähnlichen Bedingungen kaum zers., während aus 2 Moll. 1-[p-Methoxyphenyl]-2-dimethylaminoäthanol beim Kochen in HCl unter Abspaltung von Dimethylamin u. W. eine *Verb.* $C_{20}H_{25}NO_3 \cdot HCl$, F. 220°, Prismen aus Chlf. u. A., in schlechter Ausbeute entsteht. (J. pharmac. Soc. Japan [Yakugakuzasshi] **78.** 974—77. Sept. 1958. Ôsaka, Tanabe-Seiyaka. [Orig.: japan.; Auszug: engl.]) E. MAEKAWA. 3750

Mitsutaka Kawazu, *Zersetzung von Adrenalin und verwandten Verbindungen durch anorganische Säuren.* 5. Mitt. *Zersetzung von 1-[3.4-Dimethoxyphenyl]-2-dimethylaminoäthanol durch Salzsäure.* (4. vgl. vorst. Ref.) Bei Behandlung des aus ω-Dimethylamino-3.4-dimethoxyacetophenon (**I**)-hydrochlorid (**Ia**) durch katalyt. Red. über PtO_2 hergestellten *1-[3.4-Dimethoxyphenyl]-2-dimethylaminoäthanolhydrochlorids* mit sd. 17,5%ig. HCl (30 Min.) fällt aus dem Reaktionsgemisch in 45,9%ig. Ausbeute *2-[3.4-Dimethoxyphenyl]-6.7-dimethoxynaphthalin* (**II**), $C_{20}H_{20}O_4$, F. 180° (A.), an. Beim Alkalisieren des Filtrats entweicht *Dimethylamin* (*Hydrochlorid*, F. 170—172°), **II** scheidet sich als Öl aus u. wird als *Oxalat*, $C_{14}H_{19}NO_7$, F. 200° (A.; 4,8%), identifiziert. Aus dem Filtrat des Oxalats werden beim weiteren Alkalisieren 26,2% *2.3.7.8-Tetramethoxy-5-dimethylaminomethyl-5H-dibenzo-*[a;e]*-cycloheptatrien*, $C_{22}H_{27}NO_4$, F. 150—152° (Ligroin), isoliert. **I** wird zum Vgl. aus 2-[3.4-Dimethoxyphenyl]-6.7-dimethoxy-1.2.3.4-tetrahydronaphthalin-on-(1) (**III**) über *2-[3.4-Dimethoxyphenyl]-6.7-dimethoxy-3.4-dihydronaphthalin* hergestellt u. gibt beim Kochen in Eisessig mit 48%ig. HBr u. anschließendem Erhitzen des Prod. mit Zn-Staub neben einer *Verb.* $C_{32}H_{22}O$, F. 134—136°, *2-Phenylnaphthalin*, $C_{16}H_{12}$, F. 98—101°.

Versuche: *1-[3.4-Dimethoxyphenyl]-2-dimethylaminoäthanolhydrochlorid*, $C_{12}H_{19}NO_3 \cdot HCl$, F. 150—152°, aus **Ia** in A. mit H_2 über PtO_2; 90% (Ausbeute). — *2-[3.4-Dimethoxyphenyl]-6.7-dimethoxy-3.4-dihydronaphthalin*, $C_{20}H_{22}O_4$, F. 122—123° (A.), aus

III in sd. 5%ig. Essigsäure-konz. HCl mit Zn-Amalgam (40 Std.). — *2-[3.4-Dimethoxyphenyl]-6.7-dimethoxynaphthalin* (II), $C_{20}H_{20}O_4$, F. 182° (A.), aus vorst. Verb. durch Erhitzen auf 260—280° mit Pd/Kohle unter N_2. (J. pharmac. Soc. Japan [Yakugakuzasshi] **78.** 978—82. Sept. 1958. [Orig.: japan.; Auszug: engl.]) E. MAEKAWA. 3750

René Grangaud und **Paulette Chardenot,** *Oxydative Spaltung von Estern des Astaxanthins.* Bei Einw. von V_2O_4 auf eine Lsg. von Estern des Astaxanthins (3.3'-Dihydroxy-4.4'-diketo-β-carotins) in PAe.-Aceton (24 Std. im Dunkeln u. bei 0°) entstehen neben einer sehr kleinen Menge einer bei 404 mμ absorbierenden Verb. die *Ester* von *4-Keto-3-hydroxyretinen-5.6-epoxyd* (λ_{max} = 330 mμ) u. von **I** (276 mμ). Diese Strukturen werden aus den Ergebnissen der V_2O_4-Spaltung von β-Carotin gefolgert. Hierbei werden *Retinen-5.6-epoxyd* (330 mμ) u. **II** (276 mμ) erhalten. (C. R. hebd. Séances Acad. Sci. **244.** 2983—85. 12/6. 1957. Alger, Fac. de Méd. et Pharm., Labor. de Chim. biol.)

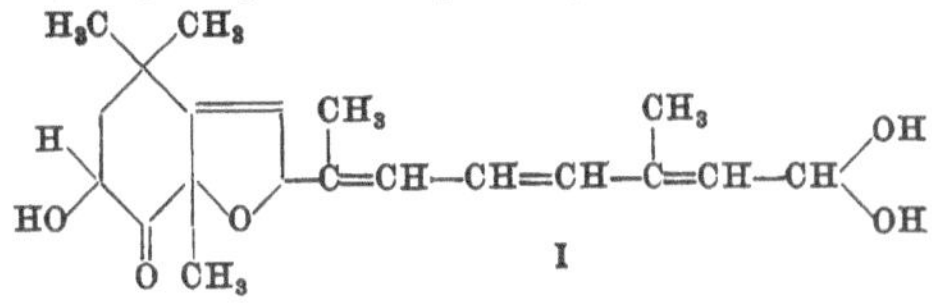

I

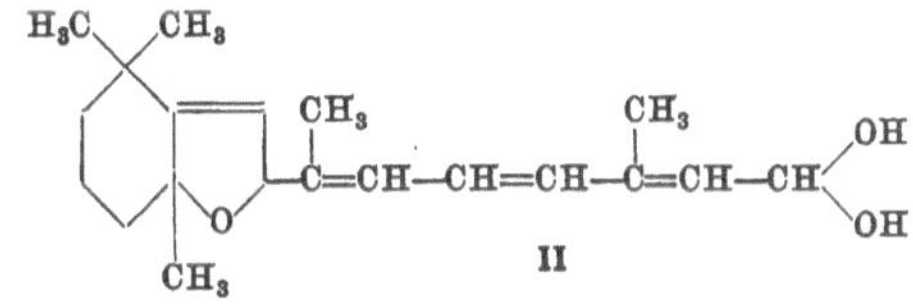

II

K. F. MÜLLER. 3800

P. Westerhof und **J. A. Keverling Buisman,** *Untersuchungen über Sterine.* 6. Mitt. *Die Darstellung von Dihydrotachysterin₂.* (5. vgl. Receuil Trav. chim. Pays-Bas **71.** [1952.] 925.) Es wurden Verss. durchgeführt, um die günstigsten Bedingungen zur Darst. von *Dihydrotachysterin*$_2$ (I), das als Standard für biol. Experimente benötigt wurde, zu finden. Die besten Ausbeuten wurden erhalten durch Rk. von Tachysterin$_2$ (II), für dessen Darst. eine Labormeth. angegeben ist, mit überschüssigem, in fl. NH_3 gelöstem oder in einem sek. Amin suspendierten Alkalimetall.

V e r s u c h e: (FF. korr.; UV-Messungen in 96%ig. A.): *Tachysterin*$_2$*-3.5-dinitro-4-methylbenzoat,* F. 155—156° (Aceton), durch 18½std. Bestrahlung (λ = 254 mμ) von Ergosterin in 96%ig. A. bei 15—20° unter N_2, Abtrennung des überschüssigen Ergosterins durch Kristallisation bei —5° u. Digitoninfällung u. Veresterung mit 3.5-Dinitro-4-methylbenzoylchlorid in Bzl.-Pyridin; 45% (Ausbeute). — Bei 18std. Bestrahlung bei 45° wie vorst. wird *Suprasterin*$_2$ *II* (F. 112—114°; *3.5-Dinitro-4-methylbenzoylderiv.,* F. 170—172°) erhalten. — *Tachysterin*$_2$(II), durch Verseifung der benzol. Lsg. des vorvorst. Esters mit methanol. KOH (10 Min.; 45°); Harz; $E^{1\%}_{1cm}$ 703 (280 mμ); 100%. — *Dihydrotachysterin*$_2$(I)*-acetat,* F. 109—110° (CH_3OH), a) durch Red. von II in Xylol mit einer Lsg. von Na in Xylol (¼ Std.), Zusatz von tert.-Amylalkohol u. Xylol, ¼std. Rk., Zusatz von tert.-Amylalkohol, 1¼std. Rk., Entfernung des Na durch Zusatz von 90%ig. A., Wasserdampfdest., Versetering mit 3.5-Dinitrobenzoylchlorid in Bzl.-Pyridin, Abtrennung von *Dihydrovitamin-D*$_2$*-I-Ester,* Verseifung mit KOH in Bzl.-CH_3OH u. Chromatographie der PAe.-Lsg. an Al_2O_3 (Aktivität III, nach BROCKMANN) u. Acetylierung des Eluats mit Acetanhydrid in Pyridin; 8%; b) durch Red. von II in Ae. mit Li in fl. NH_3, Verdünnen mit W., Chromatographie in PAe. an Al_2O_3 u. Acetylierung des Eluats; 18%. — *Dihydrotachysterin*$_2$(I), F. 131—133° (CH_3OH-W.), durch Verseifung der äther. Lsg. des vorst. Acetats mit methanol. KOH; $E^{1\%}_{1cm}$ 1002 (251 mμ). — Red. von II mit Na in N-Methylanilin u. Ae. (4 Std. bei Raumtemp. unter N_2) gibt I; 37%; Dihydrovitamin D_2 *I* u. *II* werden nicht gefunden. — Red. von II mit Na in Diäthylamin u. Ae. gibt I. — Die Red. von Ergocalciferol u. Präergocalciferol mit Li/NH_3 gibt ebenfalls I. (Recueil Trav. chim. Pays-Bas **75.** 453—62. Mai 1956. Weesp, N. V. Philips-Roxane, Centr. Labor.) K. F. MÜLLER. 3800

P. Westerhof und **J. A. Keverling Buisman,** *Untersuchungen über Sterine.* 8. Mitt. *Einige bisher unbekannte Bestrahlungsprodukte von Ergosterin.* (7. vgl. Recueil Trav. chim. Pays-Bas **75.** [1956.] 1179; 6. vgl. vorst. Ref.) Bei längerer UV-Bestrahlung von *Ergosterin* (I) entsteht ein „*Toxisterin*$_2$"-Gemisch, aus dem 2 oder 3 neue Verbb., *Toxisterin*$_2$ *A*, *A*^{1} u. *B*, in Ausbeuten von ca. 0,1% als krist. Ester isoliert werden können. Nach Bestrahlung von *Ergocalciferol* (*Vitamin* D_2, II) in A. mit λ > 260 mμ (45°, N_2) bis zum Verschwinden von λ_{max} 265 mμ wurden *Suprasterin*$_2$ *I* u. *II* sowie LINSERTs *Verb.* (A. P. 2 030 377) als Ester isoliert. •

V e r s u c h e (FF. korr.): „*Toxisterin*$_2$*-Konzentrat*", durch Bestrahlung von I (14½ Std., A., 45°, N_2, λ > 260 mμ) Abtrennung von unverändertem I, Chromatographie des Konzentrats (λ_{max} 251 mμ) aus PAe. an Al_2O_3. — *Toxisterin*$_2$*-A-3.5-dinitrobenzoat,* $C_{35}H_{46}N_2O_6$, F. 171,5—172°, gelbe Nadeln (Aceton-CH_3OH). — *Toxisterin*$_2$ *A*, aus vorst.

Ester in Ae. durch ½std. Einw. von methanol. KOH bei Raumtemp.; λ_{max} 250,5 mμ, 1037, 1015, 970, 762 cm^{-1} (CS$_2$); gibt kein krist. 4-Phenylazobenzoat. — *Toxisterin$_2$-A^1-4-phenylazobenzoat*, $C_{41}H_{52}N_2O_2$, F. 125,5—126,5°, tieforangefarbige Nadeln (Aceton–CH_3OH), durch ½std. Veresterung einer 3fach chromatographierten Fraktion (λ_{max} 251 mμ, $E^{1\%}_{1cm}$ 641) mit 4-Phenylazobenzoylchlorid in absol. Bzl.-Pyridin bei 45° u. Reinigung an Al_2O_3 (Bzl.). — *Toxisterin$_2$ A^1*, λ_{max} 249,5 mμ ($E^{1\%}_{1cm}$ 452), 1037, 1015, 970, 762 cm^{-1} (CS$_2$). — *Toxisterin$_2$-B-4-phenylazobenzat*, $C_{41}H_{52}N_2O_2$, F. 121—122°, hellorangefarbene Nadeln (Aceton–CH_3OH), durch Einengen vorst. Estermutterlauge. — *Toxisterin$_2$ B*, durch Verseifung vorst. Esters in sd. Bzl. mit methanol. KOH (N$_2$); λ_{max} 242,5, 251, 260,5 mμ ($E^{1\%}_{1cm}$ 927, 985, 734), 1037, 970, 870 cm^{-1} (CS$_2$). — *Suprasterin$_2$ I, Allophanat*, F. 223—226° (Zers.), durch Behandeln von 8 g **II**-Bestrahlungsprod. mit HCN-Gas; $[\alpha]_D^{28,5}$ —39° (Chlf.); 0,6 g. — *Suprasterin$_2$ II, 3.5-Dinitro-4-methylbenzoat*, F. 170—172°, durch Verestern des **II**-Bestrahlungsprod. mit 3.5-Dinitro-4-methylbenzoylchlorid. *3.5-Dinitrobenzoat*, F. 140—141° (Ae.–CH_3OH). — LINSERTs *Verb.* (l. c.), *3.5-Dinitrobenzoat*, F. 135—137° (Ae.–CH_3OH), aus dem **II**-Bestrahlungsprod. bei 18std. Einw. von 3.5-Dinitrobenzoylchlorid in Bzl./Pyridin. (Recueil Trav. chim. Pays-Bas **75.** 1243 bis 1251. Sept./Okt. 1956. Weesp, N. V. Philips-Roxane, Centr. Labor.) K. MAIER. 3800

P. Westerhof und **J. A. Keverling Buisman,** *Untersuchungen über Sterine.* 9. Mitt. *Dihydroderivate des Ergocalciferols.* (8. vgl. vorst. Ref.) Nach Red. von *Ergocalciferol* (**I**) mit alkoh. Zn-KOH oder Na-Amalgam waren weder *Dihydrotachysterin$_2$* (**II**), *Dihydrovitamin D_2 I* (**III**) noch *II* (**IV**) nachweisbar. **I**-Red. mit äther. Na-N-Methylanilin gibt ein Gemisch partiell hydrierter Verbb., darunter wenig **II** u. viel **III**, ferner eine neue Verb., *Dihydrovitamin D_2 V* (**V**). Die partielle katalyt. **I**-Hydrierung ist mit verschied. Katalysatoren in verschied. Richtung möglich. Mit wenig oder schwach akt. RANEY-Ni entsteht neben **IV** noch *Dihydrovitamin D_2 IV* (**VI**). Red. mit Pd-$CaCO_3$ in Ggw. von Pyridin gibt u. a. eine neue Verb., *Dihydrovitamin D_2 VI* (**VII**). Auf Grund der UV- u. IR-Spektren, ster. Überlegungen u. dem Verh. bei der OPPENAUER-Oxydation werden die angegebenen Konstitutionsformeln diskutiert. Die Serum-Ca-steigernde Wirksamkeit der Verbb. beim Rattentest nach MAC CHESNEY u. KOCHER (Endocrinology **30.** [1942.] 787) war: **II**, 1; **IV**, <0,2; **VI**, ±0,01—0,02; **V**, ±0,6; **VII**, ±0,4.

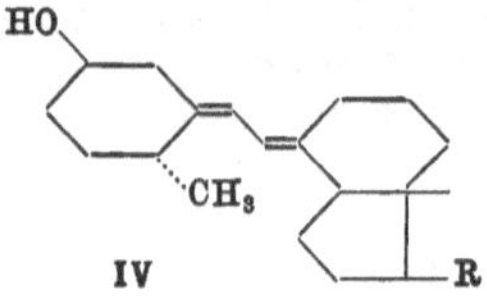
IV

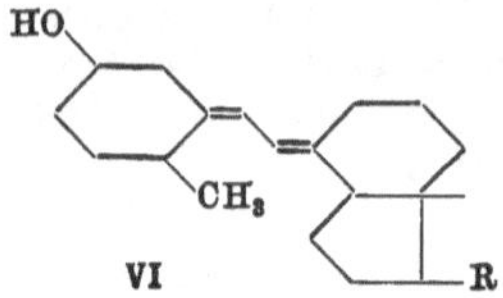
VI

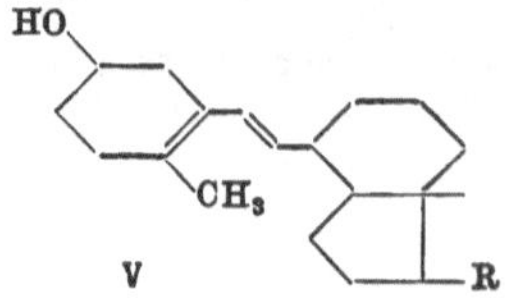
V

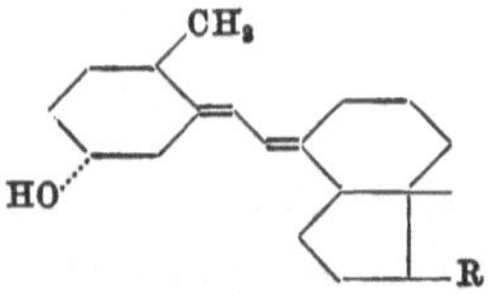
oder

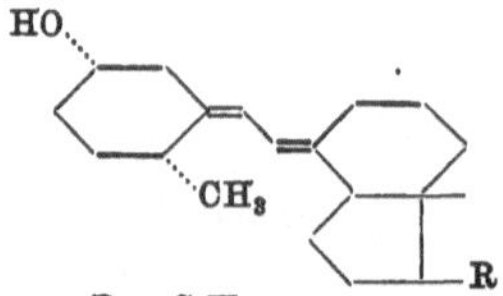
II

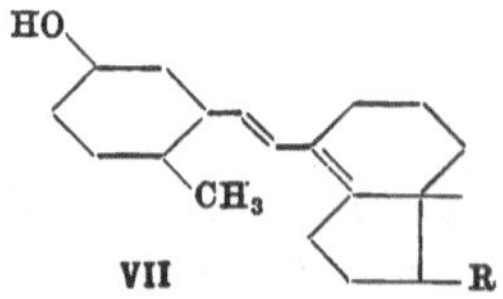
VII

R = C_9H_{17}

Versuche: *Dihydrovitamin D_2 V* (**V**), $C_{28}H_{46}O$, F. 96—98°, aus **I** (25 g) u. Na-N-Methylanilin in absol. Ae. in Ggw. von wenig Chlorbenzol (24 Std., N$_2$), Abtrennung von **I** u. **III** als 3.5-Dinitrobenzoat u. Verseifen des Mutterlaugenrückstands mit benzol.-methanol. KOH; Nadeln (CH_3OH); λ_{max} 243,5 mμ (A.), 1035, 966, 955 cm^{-1}; 0,5 g (Ausbeute); nach 26 Std. Erhitzen mit Maleinsäureanhydrid auf 100° in Dioxan 5%ig. Umsatz zum *Addukt. 4-Nitrophenylazobenzoat* nicht vom entsprechenden **III**-Ester trennbar. — *Dihydrovitamin D_2 IV* (**VI**), *3.5-Dinitrobenzoat*, F. 175—175,5°, aus **I** durch Hydrierung in Ggw. von RANEY-Ni (W 7) in A. (72 Std.) bis zur Aufnahme von ca. 1 Mol H$_2$, Veresterung mit 3.5-Dinitrobenzoylchlorid in Bzl.–Pyridin u. Abtrennung von **IV**-Ester; orangefarbene Nadeln (Aceton–CH_3OH, 2 : 1); 1,25 g. **VI**, F. 85—87° (PAe.), aus dem Ester durch Verseifen; λ_{max} 242,5, 251, 260,5 mμ (A.), 970, 1050 cm^{-1}. — *Dihydrovitamin D_2 IV* (**VII**), *4-p-Nitrophenylazobenzoat*, $C_{41}H_{53}N_3O_4$, F. 132—134° (Aceton), aus **I** (25 g) durch Hydrierung mit 1%ig. Pd–$CaCO_3$ in absol. Pyridin, Al_2O_3-Chromatographie u. Veresterung der Fraktion mit λ_{max} 246 mμ (A.) mit 4-Nitrophenylazobenzoylchlorid in 2.4.6-Trimethylpyridin; 0,3 g. **VII**, aus dem Ester mit methanol. KOH (40 Min. lang kochen, 18 Std. Raumtemp., N$_2$); Harz; λ_{max} 246 mμ, 1035, 965 cm^{-1} (nach 26std. Erhitzen mit Maleinsäureanhydrid in Dioxan 30%ig. Umsatz; mit J$_2$ Isomerisation zu einer

Verb. mit λ_{max} 290 mμ (A.). Acetat, 1240 cm^{-1}). — *Keton* aus **II**, *Semicarbazon*, $C_{29}H_{47}N_3O$, F. 209—211° (Zers.), aus **II** (1 g) oder **IV** durch ½ std. Kochen mit Al-Isopropylat in Cyclohexanon–Toluol u. Rk. mit Semicarbazidhydrochlorid in sd. CH_3OH + wenig W. + K-Acetat; λ_{max} 269 mμ (A.); 0,45 g. — *Keton* aus **VI**, *Semicarbazon*, F. 213—215°, analog vorst. Verb.; λ_{max} 269 mμ (A.); F.-Depression mit vorst. Verbindung. (Recueil Trav. chim. Pays-Bas **76**. 679—88. Aug. 1957.) K. MAIER. 3800

J. Arris, J. Baddiley, J. G. Buchanan und **E. M. Thain,** *Coenzym A.* 10. Mitt. *Modellversuche über die Synthese der Pyrophosphate von N-Pantoylaminen. Neue Methoden zur Entbenzylierung von Pyrophosphorsäureestern.* (9. vgl. C. **1955.** 8394.) *N-Pantoylcyclohexylamin* (**I**) wurde mit Phosphorsäuredibenzylesterchlorid (**II**) in *N-Pantoylcyclohexylamin-4-dibenzylphosphat* (**IV**) übergeführt, das bei der katalyt. Hydrierung *N-Pantoylcyclohexylamin-4-phosphat* (**III**) gab. Das $(C_2H_5)_3N$-Salz des letzteren gab mit **II** nach anschließender Hydrierung ein Gemisch von anorgan. Ortho- u. Pyrophosphat, **III**, *N-Pantoylcyclohexylamin-2.4-cycl.-phosphat* (**XI**) u. *N-Pantoylcyclohexylamin-4-pyrophosphat* (**V**). Beim Erhitzen von **IV** mit $Ba(SCN)_2$ in 2-Äthoxyäthanol entstand *N-Pantoylcyclohexylamin-4-benzylphosphat* (**XII**), dessen $(C_2H_5)_3N$-Salz bei Rk. mit **II** u. anschließender Hydrierung den aus **III** gebildeten Prodd. sehr ähnliche Verbb. u. **V** lieferte. Benzylgruppen ließen sich aus Estern der Pyrophosphorsäure u. aus Nucleotiden leicht durch Red. mit Na in fl. NH_3 abspalten. symm. Dibenzylpyrophosphat (**IX**) gab anorgan. Pyrophosphat, Tribenzylpyrophosphat (**X**) vorwiegend letzteres (58,7%) u. Tetrabenzylphosphat hauptsächlich Orthophosphat (76,2%). Einige Benzylester der Ortho- u. Pyrophosphorsäure, nicht aber S-Benzylcystein oder Adenosin-5'-benzylphosphat, werden auch durch UV-Bestrahlung in alkoh. Lsg. entbenzyliert.

Versuche: *DL-N-Pantoylcyclohexylamin* (DL-**I**), $C_{12}H_{23}NO_3$, F. 111°, Prismen (wss. A.), durch ½ std. Kochen von DL-Pantolacton in Cyclohexylamin; 80% (Ausbeute). D-**I**, F. 104°, aus D(—)-Pantolacton, $[\alpha]_D$ 51,4° (c = 2,57; A.). — *DL-N-Pantoylcyclohexylamin-4-phosphat* (**III**), *Monocyclohexylammoniumsalz* (**VII**), $C_{18}H_{37}N_2O_6P$, F. 194—195° (W.), durch Rk. von DL-**I** in absol. Pyridin unter Aceton–CO_2-Kühlung mit **II**, 2tägiges Stehen bei —10°, Hydrierung in Ggw. von Pd in A., Passage durch Amberlite IR-120 (H^+-Form) u. Neutralisation mit Cyclohexylamin; 79%. — *N-Pantoylcyclohexylamin-4-benzylphosphat* (**XII**), *Cyclohexylammoniumsalz* (**VIII**), $C_{25}H_{43}N_2O_6P$, F. 190—191° (W.), durch Phosphorylierung von D-**I** (11,5 g) mit **II**, 1 std. Erhitzen von **IV** mit $Ba(SCN)_2$ in 2-Äthoxyäthanol auf 100°, Passage durch Amberlite IR-120 (H^+-Form) u. Neutralisation mit Cyclohexylamin; 16 g; gibt bei Hydrierung in Ggw. von Pd in W.–A. **III**. — *N-Pantoylcyclohexylamin-4-pyrophosphat* (**V**), *Tricyclohexylammoniumsalz*, $C_{30}H_{64}N_4O_9P_2$, 2 H_2O, F. 130° (nach Sintern), durch a) Überführen von **VII** in die freie Säure mittels Amberlite IR-120 (H^+), Neutralisation mit $(C_2H_5)_3N$, Umsetzung des trockenen Salzes in absol. CH_3CN–CCl_4 bei —10° mit **II**, 2½ std. Stehen bei 0°, Hydrieren mit Pd-Schwarz in A. u. Reinigung über das *Hg-Salz*, b) Überführen von **VIII** in das $(C_2H_5)_3N$-Salz, Umsetzung mit **II** u. Hydrogenolyse (Pd-Schwarz). — *P^2-[N-Pantoylcyclohexylamin-4]-P^1-benzylpyrophosphat* (**VI**), durch Behandlung des neutralen Tribenzylpyrophosphorsäureesters (aus **VIII**, 0,5 g, wie vorst.) mit $Ba(SCN)_2$ u. wenig $(C_2H_5)_3N$ in 2-Äthoxyäthanol bei 100° (¼ Std.); blaßgelbgrünes Pulver; 0,22 g (Rohprod.); durch Hydrogenolyse der freien Säure in 50%ig. wss. A. (Pd-Schwarz) entsteht u. a. **V**. Durch Behandeln des Rohprod. mit fl. NH_3-Na entstehen analoge Verbb. wie bei der Hydrogenolyse. Entbenzylierung von Pyrophosphorsäureestern mit Na–fl. NH_3 durch Einw. von Na auf die Lsg. des Esters in fl. NH_3 bis zur bleibenden Blaufärbung. R_F-Werte, Propanol–wss. NH_4OH (D. 0,88)–W., 6:3:1 u. 8:1:1: Pyrophosphat, 0,08, 0,0; Orthophosphat, 0,17, 0,02; Phosphorsäureamid, 0,18, —; **III**, 0,67, 0,29; **V**, 0,56, 0,16; **XI**, 0,88, 0,79; **XII**, 0,93, 0,92; **VI**, 0,81, —; Dibenzylphosphat, 0,93, 0,86; **IX**, 0,77, 0,60; **X**, —, 0,90. (J. chem. Soc. [London] **1956.** 4968—73. Dez. Newcastle-upon-Tyne, Univ. of Durham, King's Coll.) K. MAIER. 3850

R. B. Arnold, A. W. Johnson und **A. B. Mauger,** *Die Struktur von Viridogrisein* (*Etamycin*). Die von Vff. durchgeführten Abbauverss. an *Viridogrisein* (**I**; *Etamycin*) bestätigen die von SHEEHAN u. Mitarbeitern (C. **1958.** 4799) aufgestellte Strukturformel. **I** konnte aus äthanol. NH_3 über das leicht zersetzliche *Ammoniumsalz* gereinigt werden. Eine Öffnung des Lactonringes von **I** gelang durch Ammonolyse, die zu *Viridogriseinsäure* u. *Viridogriseinsäureamid* führte, dessen HOFMANN-Abbau u. nachfolgende saure Hydrolyse *Benzoesäure* ergab. Pyrolyse von **I** bei 220° oder Erwärmen in Pyridin auf 160° lieferte *3-Hydroxypicolinamid*, längere Behandlung mit wss. Alkali *Leucylhydroxyprolin*. Die Biogenese von Peptiden mit makrocycl. Lactonen wird diskutiert.

Versuche: *Viridogrisein* (**I**), $C_{44}H_{62}N_8O_{11}\cdot H_2O$, F. 163—165° (Zers.), durch mehrstd. Stehen von 4 g 90%ig. **I** mit NH_3-gesätt. A. u. 1 std. Erhitzen des Nd. auf 100°;

amorphes Pulver; 2,84 g (Ausbeute). *Di-O-acetylverb.*, $C_{48}H_{66}N_8O_{13} \cdot H_2O$, durch 24 std. Stehen von I mit Acetanhydrid in Ggw. von 60%ig. $HClO_4$, Gießen in W., Extrahieren mit Chlf., Einengen u. mehrfaches Umfällen aus Essigester/Petroläther. — *Viridogriseinsäure*, $C_{44}H_{64}N_8O_{12} \cdot H_2O$, F. 138—140° (Zers.; Essigester/PAe.), durch 15 std. Stehen von I in 2n NH_4OH bei 0°, 18 std. Stehen bei Raumtemp., Neutralisieren mit 2n HCl, Extrahieren mit Äthylendichlorid u. Chlf., Zugeben von Ae. u. Umfällen aus A./Äther. — *3-Hydroxypicolinsäureäthylester*, $C_8H_9NO_3$, durch 6 std. Kochen von 508 mg 3-Hydroxypicolinsäure in A. in Ggw. von H_2SO_4, Einengen, Verdünnen mit W., Zugeben von NaOH (p_H 6) u. Extrahieren mit Chlf.; Öl; 300 mg. *Amid*, $C_6H_6N_2O_2$, F. 192—194° (Chlf.), a) durch 16 std. Erwärmen des Esters (101 mg) mit NH_3-gesätt. A. im geschlossenen Rohr auf 110°, Einengen u. Sublimation bei 0,1 Torr u. 100°; verfilzte Nadeln; 67 mg; b) durch 5 std. Erhitzen von 5 g I auf 220°/0,1 mm, Lösen des Sublimats in Chlf. u. Extrahieren mit n-NaOH; 359 mg; daneben aus dem Pyrolyserückstand *Aceton* (*2.4-Dinitrophenylhydrazon*, $C_9H_{10}N_4O_4$, F. u. Misch-F. 124—125°); c) durch 14 std. Erhitzen von 162 mg I in absol. Pyridin im geschlossenen Rohr auf 160°; 9 mg. — *Viridogriseinsäureamid*, $C_{44}H_{65}N_9O_{11}$, F. 165—170° (Zers.), durch 51 std. Stehen von 5,43 g I in A. mit NH_4OH (D. 0,88), Aufkochen, Zugeben von HCl (p_H 6), Extrahieren mit Chlf. u. Reinigung über das kristalline *Ammoniumsalz*; amorphes Pulver; 3,09 g. (J. chem. Soc. [London] **1958**. 4466—70. Dez. Nottingham, Univ.) E. SCHRÖDER. 3900

Clifford H. Shunk, Charles H. Stammer, Edward A. Kaczka, Edward Walton, Claude F. Spencer, Andrew N. Wilson, John W. Richter, Frederick W. Holly und **Karl Folkers,** *Novobiocin.* 2. Mitt. *Die Struktur von Novobiocin.* (1. vgl. C. **1956**. 7844.) *Novobiocin* (I) gibt nach Behandlung mit methanol. HCl *Methyl-3-carbamyl-4-methylnovobiosid* (**II**), $C_{10}H_{19} \cdot NO_6$, F. 191—193°. Keine Rk. mit $NaJO_4$ (**III**). Bei weiterer Hydrolyse von **II** mit HCl entstand *3-Carbamyl-4-methylnovobiose* (**IV**), $C_9H_{17}NO_6$. Rk. mit **III**. **II** wurde weiter mit Alkalien hydrolysiert, wobei NH_3, CO_2 u. *Methyl-4-methylnovobiosid* (**V**), $C_9H_{18}O_5$, entstand. **III**-Oxydation von **V** ergab *Glyoxal*. Rk. von **II** mit Äthylmercaptan u. HCl ergab das *Mercaptal* **VI**, $C_{13}H_{27}NO_5S_2$, F. 143—145°. Behandlung von **VI** mit RANEY-Ni erbrachte **VII**, $C_9H_{19}NO_5$, F. 117—118°, das nicht mit **III** reagierte. Alkal. Hydrolyse von **VII** ergab **VIII**, das mit **III** *Acetaldehyd* lieferte. **III**-Oxydation von **VIII** mit anschließender Bromoxydation erbrachte (—)-*α-Methoxy-β-hydroxyisovaleriansäure*. Spaltung von *Di-*

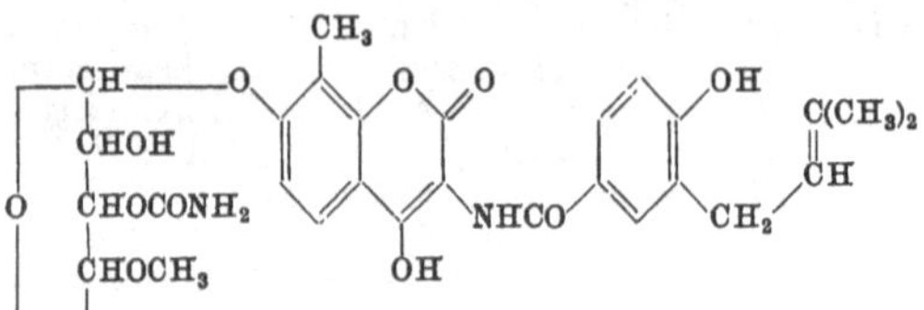

I

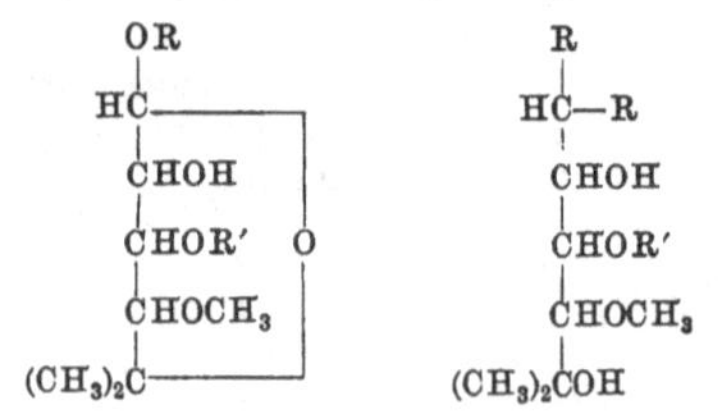

II R = CH_3, R' = $CONH_2$
IV R = H, R' = $CONH_2$
V R = CH_3, R' = H
VI R = SC_2H_5, R' = $CONH_2$
VII R = H, R' = $CONH_2$
VIII R = R' = H

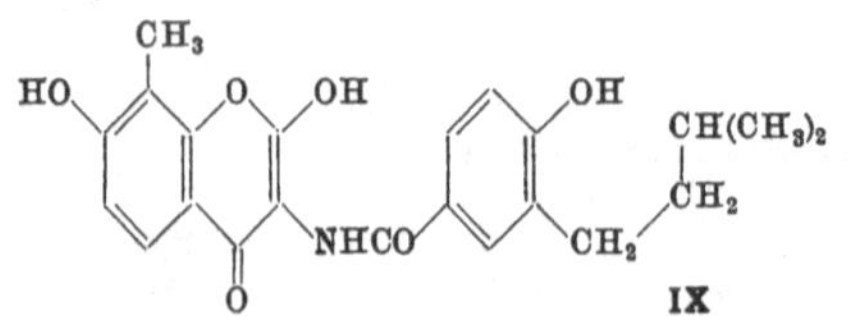

IX

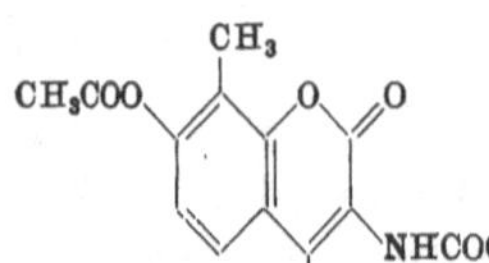

X

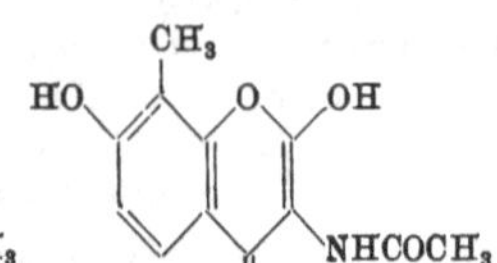

XI

hydronovobiocin mit HCl in Methanol ergab *Dihydronovobiocinsäure* (**IX**), $C_{22}H_{23}NO_6$. Spaltung von **IX** mit HBr–Essigsäureanhydrid erbrachte **X**, $C_{14}H_{13}NO_6$, das sich nach alkal. Desacetylierung in **XI**, $C_{12}H_{11}NO_5$, umwandelte. Durch IR-Spektrum u. Synth. wurden einige Substanzen identifiziert. Es wurde nachgewiesen, daß der Zuckeranteil des Mol. an die Cumarinkomponente gebunden ist. (J. Amer. chem. Soc. **78**. 1770—71. 20/4. 1956. Rahway, N. J., Merck, Sharp & Dohme, Res. Labors., Div. of Merck & Co., Inc.) H. WANJURA. 3900

Edward A. Kaczka, Clifford H. Shunk, John W. Richter, Frank J. Wolf, Marjorie M. Gasser und **Karl Folkers,** *Novobiocin.* 3. Mitt. *Cyclonovobiocinsäure, ein Methylglykosid und andere Reaktionsprodukte.* (2. vgl. vorst. Ref.) Das Antibioticum *Novobiocin* (I) (*Cathomycin, Streptonivicin, Cardelmycin*) gibt bei der Hydrierung ebenfalls antibiot. wirksames *Dihydronovobiocin* (II). Spaltung von I mit methanol. HCl liefert das Methylglykosid (**III**) des neuen Zuckers *3-Carbamyl-4-methylnovobiose* u. *Cyclonovobiocinsäure* (**IV**), der alkal. Abbau von **IV** *2.2-Dimethyl-6-carboxychroman* (**V**), der alkal. Abbau von **I** *4-Hydroxy-3-[3-methylbuten-(2)-yl]-benzoesäure* (**VI**), die Vorstufe von **V**. Alkal. Hydrolyse von **II** führt zu *4-Hydroxy-3-isopentylbenzoesäure* (**VII**). **VI** u. **VII** wurden synthetisiert.

Versuche: *Novobiocin-Na*, $C_{31}H_{35}N_2NaO_{11}$, durch Neutralisation einer methanol. **I**-Suspension (p_H 7,5—7,6) mit methanol. $NaOCH_3$ u. Verdünnen mit Aceton; Plättchen (A.), $[\alpha]_D^{25}$ -38^0 (c = 1; W.), λ_{max} 306 mμ (0,1n NaOH), 322 mμ (0,1n methanol. 90%ig. HCl). — *Dihydronovobiocin* (**II**), durch Hydrierung von **I** in CH_3OH in Ggw. von PtO_2 bei 25^0 u. Fällen der Acetonlsg. des Eindampfrückstandes mit PAe.; $[\alpha]_D^{25}$ -27^0 (c = 1,68; 2,5n NaOH). *Na-Salz*, $C_{31}H_{37}N_2NaO_{11}$, aus **II** u. $NaOCH_3$ in CH_3OH; aus CH_3OH Kristalle; λ_{max} 306 mμ (0,1n NaOH), 322 mμ (0,1n methanol. 90%ig. HCl). — *Cyclonovobiocinsäure* (**IV**), $C_{22}H_{21}NO_6$, F. 289—290^0 (CH_3OH), durch 2std. Erhitzen einer methanol. Lsg. von 5 g **I** mit HCl (D. 1,19) auf 100^0; λ_{max} 326, 290, 251 mμ (0,1n NaOH). — *Methyl-3-carbamyl-4-methylnovobiosid* (**III**), $C_{10}H_{19}NO_6$, F. 191—192^0 (Aceton), aus vorst. **IV**-Filtrat durch Neutralisation, Eindampfen (Vakuum), lyophile Trocknung u. Acetonextraktion; $[\alpha]_D^{24}$ -24^0 (c = 0,8; CH_3OH); 0,45 g. — *4-Hydroxy-3-[3-methylbuten-(2)-yl]-benzoesäure* (**VI**), $C_{12}H_{14}O_3$, F. 101—103^0 (CH_3OH-W.), durch a) 17std. **I**-Hydrolyse mit 30%ig. NaOH (100^0); b) 4std. Verseifung von **VI**-Äthylester mit 4n Na·OH. *Äthylester*, $C_{14}H_{18}O_3$, F. 70—72^0 (Cyclohexan), durch 5std. Kochen von p-Hydroxybenzoesäureäthylester (50 g) mit 7 g Na in absol. Toluol, Kondensation mit 1-Brom-3-methylbuten-(2), 15std. Stehen bei Raumtemp., $^1/_2$std. Stehen bei 50^0, Extraktion des eingeengten Filtrats mit 2,5n NaOH u. Ansäuern des Extraktes (p_H 6); 18,9 g. — *4-Hydroxy-3-isopentylbenzoesäure* (**VII**), $C_{12}H_{16}O_3$, F. 108—110^0 (wss. A.), durch a) 18std. **II**-Hydrolyse mit 15%ig. NaOH (100^0); b) Hydrierung von **VI**-Äthylester in Ggw. von PtO_2 in A. u. 4std. Verseifung mit 4n NaOH (100^0). — *2.2-Dimethyl-6-carboxychroman* (**V**), $C_{12}H_{14}O_3$, F. 178—180^0 (Äe. + PAe.), durch a) 18std. Erhitzen von **IV** in 2,5n NaOH, b) Cyclisierung von **VI**-Äthylester mit sd. CH_3OH-HCl ($^1/_2$ Std.) u. Verseifen des Eindampfrückstandes mit 15%ig. wss. NaOH. *Methylester*, $C_{13}H_{16}O_3$, F. 79—80^0 (Ae.). *p-Bromphenacylester*, $C_{20}H_{19}BrO_4$, F. 149^0 (A.) (J. Amer. chem. Soc. **78**. 4125—27. 20/8. 1956.) K. MAIER. 3900

Claude F. Spencer, Charles H. Stammer, John Otto Rodin, Edward Walton, Frederick W. Holly und **Karl Folkers**, *Novobiocin*. 4. Mitt. *Synthese von Dihydronovobiocinsäure und Cyclonovobiocinsäure*. (3. vgl. vorst. Ref.) *Dihydronovobiocinsäure* u. *Cyclonovobiocinsäure* wurden synthetisiert u. damit die aufgestellte Konst. der Aglykonhälfte von *Novobiocin* (**I**) bestätigt.

Versuche: *7-Hydroxy-4-imino-8-methyl-2-oxochroman*, F. $>350^0$, durch Kondensation von 2-Methylresorcin mit Cyanessigsäureäthylester in Ggw. von $ZnCl_2$ u. HCl. — *2.7-Dihydroxy-8-methylchromon*, $C_{10}H_8O_4$, F. 270^0, durch Hydrolyse vorst. Verb. in 50%ig. H_2SO_4. — *2.4-Dioxo-7-hydroxy-8-methyl-3-hydroximinochroman*, durch Behandeln vorst. Verb. mit HNO_2. — *2.7-Dihydroxy-3-amino-8-methylchromonhydrochlorid* (**II**), durch Hydrierung vorst. Verbindung. — *3-Acetamido-4-hydroxy-7-acetoxy-8-methylcumarin*, $C_{14}H_{13}NO_6$, F. 263—265^0, durch Acetylierung von **II** mit Acetanhydrid-Pyridin; ident. mit einem **I**-Abbauprodukt. — *Cyclonovobiocinsäure* (*2.7-Dihydroxy-3-[2.2-dimethylchroman-6-carbonamido]-8-methylchromon*), F. 280—284^0, durch Kondensation von **II** mit 2.2-Dimethylchroman-6-carbonsäurechlorid (F. 95—97^0). — *Dihydronovobiocinsäure* (*2.7-Dihydroxy-3-[4-hydroxy-3-isopentylbenzamido]-8-methylchromon*), F. 237—239^0, durch Behandlung von **II** mit 4-Acetoxy-3-[3-methylbutyl]-benzoylchlorid in Pyridin u. anschließende Hydrolyse. (J. Amer. chem. Soc. **78**. 2655—56. 5/6. 1956.)

K. MAIER. 3900

John C. Sheehan und **Philip A. Cruickshank**, *Synthese von substituierten Penicillinen und einfachen Strukturanaloga*. 9. Mitt. *α-[4-Carboxy-5.5-dimethylthiazolidinyl-(2)]-α-phthalimidoessigsäurederivate*. (8. vgl. C. **1950/54**. 4647 S.) Umsetzung von DL-Penicillamin(**I**)-hydrochlorid mit Phthalimidomalonaldehydsäure-tert.-butylester (**II**) zu *α-[4-Carboxy-5.5-dimethylthiazolidinyl-(2)]-α-phthalimidoessigsäure-tert.-butylester* (**III**) u. Veresterung mit CH_2N_2 gibt *α-[4-Carbomethoxy-5.5-dimethylthiazoldidinyl-(2)]-α-phthalimidoessigsäure-tert.-butylester* (**IV**) in 2 stereoisomeren Formen (Racemate), einem tiefer schm. γ- u. einem höher schm. *α-Isomeren*, mit einer Konfiguration, die derjenigen der natürlichen *Penicillosäureester* entspricht. Durch Erhitzen in $(C_2H_5)_3N$ ist γ-**IV** teilweise in α-**IV** überführbar. Einw. von N_2H_4 u. anschließend von HCl auf α-**IV** u. γ-**IV** gibt *α-[4-Carbomethoxy-5.5-dimethylthiazolidinyl-(2)]-α-aminoessigsäure-tert.-butylesterhydrochlorid* (α-**V** u. γ-**V**). *α-[4-Carbomethoxy-5.5-dimethylthiazolidinyl-(2)]-α-phthalimidoessigsäurehydrochlorid* (**VI**) entsteht als *α-* u. *γ-Form* durch saure Hydrolyse von α-**IV** u. γ-**IV**

bei 0°. Bei 30—90° erfolgt Isomerisierung zu *β*-**VI**, oberhalb 90° Bldg. von *2-Phthalimidomethyl-4-carbomethoxy-5.5-dimethylthiazolidin* (**VII**)-*Hydrochlorid*. Behandlung von *α*-, *β*- u. *γ*-**VI** mit CH_2N_2 gibt in guter Ausbeute das *α*- u. *γ*-*Isomere* von *α-[4-Carbomethoxy-5.5-dimethylthiazoldinyl-(2)]-α-phthalimidoessigsäuremethylester* (**VIII**) u. ungenügend *β*-**VIII**. Aus *α*-**VIII** u. *β*-**VIII** entstehen durch Verseifung *α-[4-Carbomethoxy-5.5-dimethylthiazolidinyl-(2)]-α-aminoessigsäuremethylesterhydrochloride* (**IX**), die direkt zu den *DL-Benzylpenicillosäuredimethylestern* phenylacetyliert werden können. Das IR-Spektr. der sich von *α*-**IV** über *α*-**VI** herleitenden Verb. ist mit dem von *D-α-Benzylpenicillosäuredimethylester* (F. 86—88°) identisch.

V e r s u c h e (alle FF. korr.): *α-[4-Carboxy-5.5-dimethylthiazolidinyl-(2)]-α-phthalimidoessigsäure-tert.-butylester* (**III**), 1. Fraktion, F. 185—186° (Zers.; Aceton–W.); 2. Fraktion, F. 180° (Zers.; A.), durch 24std. Stehen einer alkoh. **II**-Lsg. mit einer wss. Lsg. von **I** u. Na-Acetat; 75% (Ausbeute). — *α-[4-Carbomethoxy-5.5-dimethylthiazolidin-(2)]-α-phthalimidoessigsäure-tert.-butylester* (**IV**), $C_{21}H_{26}N_2O_6S$, *α-Form*, F. 176—176,5°, aus **III** (2. Fraktion) in Dioxan u. CH_2N_2–Ae.; *γ-Form* F. 119—122°, Prismen (A.), aus **III** (1. Fraktion); **IV**-Gesamtausbeute 89%, davon ca. $^1/_6$ *α-Isomeres*; durch längeres Erhitzen von *γ*-**IV** in $(C_2H_5)_3N$ findet 63%ig. Isomerisierung zu *α*-**IV** (F. 177—178°) statt. — *α-[4-Carbomethoxy-5.5-dimethylthiazolidinyl-(2)]-α-aminoessigsäure-tert.-butylesterhydrochlorid* (**V**), $C_{13}H_{25}ClN_2O_4S$, *α-Form*, F. 174,5° (Zers.); *γ-Form*, F. 166—169° (Zers.), aus **IV** u. N_2H_4-Hydrat durch 20std. Stehen in Dioxan bei Raumtemp., Gefriertrocknung, Zers. des *Phthalhydrazidkomplexes* mit 0,2n HCl u. Gefriertrocknen des Filtrats; *α-Form*, Nadeln (CH_3OH–Ae.); 91%; *γ-Form* (CH_3OH–Ae.); 72,4%. — *α-[4-Carbomethoxy-5.5-dimethylthiazolidinyl-(2)]-α-phthalimidoessigsäurehydrochlorid* (**VI**), $C_{17}H_{19}ClN_2O_6S$, *α-Form*, F. 122 bis 124° (Zers.), durch ca. 10 Min. langes Leiten von HCl in eine Lsg. von *α*-**IV** in $CH_3 \cdot NO_2$ bei 0°, 2std. Stehen, bei 0—5° Zugeben von Ae., Nadeln; 96%. *γ-Form*, F. 165 bis 168°, analog, ohne Fällung mit Ae.; Nadeln; 93%. *β-Form*, F. 158,5° (Zers.), durch 5 Min. langes Leiten von HCl durch eine *γ*-**IV**-Lsg. bei 73—76°; Würfel; 90%. — *2-Phthalimidomethyl-4-carbomethoxy-5.5-dimethylthiazolidin* (**VII**), $C_{16}H_{18}N_2O_4S$, F. 166—167° (A.), durch Spalten von *γ*-**IV** wie vorst. bei 85° (daneben > 50° *β*-**VI** aus der Mutterlauge mit Ae.) u. Zers. des *Hydrochlorids* [F. 171° (Zers.)] mit $NaHCO_3$. — *α-[4-Carbomethoxy-5.5-dimethylthiazolidinyl-(2)]-α-phthalimidoessigsäuremethylester* (**VIII**), $C_{18}H_{20}N_2O_6S$, durch Behandeln der 3 **VI**-Isomeren in absol. Ae. mit einem geringen Überschuß äther. CH_2N_2; *α-Form*, F. 161—162° (absol. CH_3OH); 70%. *β-Form*, F. 137—138° (CH_3OH); 84%. *γ-Form*, F. 151,5—152° (CH_3OH), Nadeln; 74% (ident. mit durch Kondensation von **I** mit Phthalimidomalonaldehydsäuremethylester erhaltenen *Methylester*, vgl. C. **1950/54.** 4647 S.). — *α-[4-Carbomethoxy-5.5-dimethylthiazolidinyl-(2)]-α-aminoessigsäuremethylesterhydrochlorid* (**IX**), *α-Form*, F. 154—155°, aus *α*-**VIII** u. N_2H_4-Hydrat durch 18 Std. Stehen in Dioxan, Gefriertrocknen, Zers. des *Phthalhydrazidkomplexes* mit ca. 0,1n HCl u. Gefriertrocknen des Filtrats; Nadeln (CH_3OH–Ae.); 79%; *γ-Form*, F. 128 bis 130°; 65%. — *DL-Benzylpenicillosäuredimethylester*, $C_{18}H_{24}N_2O_5S$, F. 140—141°, aus einer Lsg. von *α*-**IX** u. $(C_2H_5)_3N$ in CH_2Cl_2 u. Phenacetylchlorid; Nadeln; 86%; F. 132 bis 133,5°, aus *γ*-**IX**; Nadeln; 63%. (J. Amer. chem. Soc. **78.** 3677—80. 5/8. 1956. Cambridge, Mass., Massachusetts Inst. of Technol., Dep. of Chem.) K. MAIER. 3900

John C. Sheehan und **Philip A. Cruickshank**, *Synthese von substituierten Penicillinen und einfachen Strukturanaloga.* 10. Mitt. *Die Cyclisierung von α-[4-Carbomethoxy-5.5-dimethylthiazolidinyl-(2)]-α-phthalimidoessigsäure zu 6-Phthalimidopenicillansäuremethylester.* (9. vgl. vorst. Ref.) Das *β-Isomere* von *α-[4-Carbomethoxy-5.5-dimethylthiazolidinyl-(2)]-α-phthalimidoessigsäurehydrochlorid* (**I**) konnte durch Erhitzen mit $SOCl_2$ oder $POCl_3$ in neutraler oder schwach saurer Lsg. zu *6-Phthalimidopenicillansäuremethylester* (**II**) (zur Nomenklatur vgl. C. **1955.** 2912), einem Phthaloylpenicillin, cyclisiert werden. $KMnO_4$-Oxydation von **II** gab *6-Phthalimidopenicillansäuremethylestersulfon*. Die Cyclisierung von *α*-**I** u. *γ*-**I** gelang, anscheinend wegen ster. Hinderung, nicht. Alle 3 **I**-Isomeren gaben bei Cyclisierungsverss. mit $POCl_3$ eine Verb., für die die vorläufige Konst. eines *2.2-Dimethyl-3-carbomethoxy-5-keto-6-phthalimido-2.3.4.5-tetrahydro-1.4-thiazepins* (**III**) angenommen wurde. Bei Verss. zur Entfernung der Phthaloylgruppe aus **II** mit Hydrazin u. anschließend wss. Säure wurde nicht der gewünschte 6-Aminopenicillansäuremethylester, sondern *α-[4-Carbomethoxy-5.5-dimethylthiazolidinyl-(2)]-α-aminohydrazidhydrochlorid* erhalten.

V e r s u c h e (alle FF. korr.): *6-Phthalimidopenicillansäuremethylester* (**II**), $C_{17}H_{16} \cdot N_2O_5S$, F. 173—173,5°, durch 4 Std. Kochen der Suspension von *β*-**I** in SO_2Cl_2–CH_2Cl_2; Prismen (Aceton–Ae.–Hexan); 36,4% (Ausbeute). — *2.2-Dimethyl-3-carbomethoxy-5-keto-6-phthalimido-2.3.4.5-tetrahydro-1.4-thiazepin* (**III**), $C_{17}H_{16}N_2O_5S$, F. 237—237,5° (Zers.), durch 40 Min. langes Kochen von $POCl_3$, absol. Bzl. u. *β*-**I**; aus dem in Bzl. unlösl. Anteil Nadeln u. Würfel (Aceton–Ae.); 33,6%; neben 17% **II** im benzollösl. Anteil. Aus *α*-**I** u.

γ-I werden 42 bzw. 60% **III** erhalten. — *6-Phthalimidopenicillansäuremethylestersulfon*, $C_{17}H_{16}N_2O_7S$, F. 200—201° (Zers.; Aceton–W.), aus β-**I** durch Behandeln mit $SOCl_2$, Oxydieren des Eindampfrückstandes in Essigsäure unter Kühlung mit $KMnO_4$, Behandeln mit 30%ig. H_2O_2 u. Verdünnen mit W.; 26%. — *α-[4-Carbomethoxy-5.5-dimethylthiazolidinyl-(2)]-α-aminoacethydrazidhydrochlorid*, $C_9H_{19}ClN_4O_3S$, F. 151—152° (Zers.) (CH_3OH–Ae.), durch 16std. Stehen von **II** in Dioxan mit 2 Äquivalent N_2H_4, Gefriertrocknung, Zers. des *Komplexes* mit ca. 0,1n HCl u. Gefriertrocknung des Filtrats; 74%. (J. Amer. chem. Soc. **78**. 3680—83. 5/8. 1956.) K. MAIER. 3900

John C. Sheehan und **Philip A. Cruickshank**, *Synthese von substituierten Penicillinen und einfachen Strukturanalogen.* 11. Mitt. *6-Benzylsulfonamidopenicillansäuremethylester.* (10. vgl. vorst. Ref.) Aus dem α- u. γ-Isomeren von *α-[4-Carbomethoxy-5.5-dimethylthiazolidinyl-(2)]-α-aminoessigsäure-tert.-butylesterhydrochlorid* (**I**) wurde *α-[4-Carbomethoxy-5.5-dimethylthiazolidinyl-(2)]-α-benzylsulfonamidoessigsäure-tert.-butylester* (α-**II** u. γ-**II**) dargestellt u. dieser zu *α-[4-Carbomethoxy-5.5-dimethylthiazolidinyl-(2)]-α-benzylsulfonamidoessigsäurehydrochlorid* (**III**) verseift, wobei eine Isomerisierung von γ-**II** erfolgt (γ-**II** → β-**III**). α-**III** u. β-**III** wurden zu den entsprechenden Isomeren von *6-Benzylsulfonamidopenicillansäuremethylester* (α-**IV** u. β-**IV**) cyclisiert u. diese zu den entsprechenden *Sulfonen* oxydiert. Bei den Verss. zur Kristallisation von α-**IV**, die durch Chromatographie an Al_2O_3 gelang, wurde eine isomere *Verb.* isoliert, bei der es sich nach dem UV- u. IR-Spektr. anscheinend um *2.2-Dimethyl-3-carbomethoxy-5-keto-6-benzylsulfonamido-2.3.4.5-tetrahydro-1.4-thiazepin* (**V**) handelt.

Versuche (FF. korr.): *α-[4-Carbomethoxy-5.5-dimethylthiazolidinyl-(2)]-α-benzylsulfonamidoessigsäure-tert.-butylester* (**II**), $C_{20}H_{30}N_2O_6S_2$, *α-Isomeres*, F. 153,5—155°, aus α-**I** u. $(C_2H_5)_3N$ in CH_2Cl_2 u. Benzylsulfonylchlorid in CH_2Cl_2 bei 0° (12 Std.); Nadeln (A.); 71,5% (Ausbeute). *γ-Isomeres*, F. 138—139,5° (A.–W.); 53%. — *α-[4-Carbomethoxy-5.5-dimethylthiazolidinyl-(2)]-α-benzylsulfonamidoessigsäurehydrochlorid* (**III**), $C_{16}H_{23}Cl\cdot N_2O_6S_2$, *α-Isomeres*, F. 141,5—142,5° (Zers.), durch Lösen von α-**II** in CH_3NO_2 bei 0°, 5—6 Min. langes Einleiten von HCl u. Zusatz von Ae.; Nadeln; 87%. *β-Isomeres*, F. 153 bis 154° (Zers.); aus γ-**II**; 83,5%. Aus γ-**II** bei 72—74° 59% β-**III**; aus α-**II** bei 73—75° 53% β-**III**. — *6-Benzylsulfonamidopenicillansäuremethylester* (**IV**), $C_{16}H_{20}N_2O_5S_2$, *α-Isomeres*, F. 130—131,5° (Aceton–PAe.), durch 1³/₄std. Kochen einer Suspension von α-**III** in $SOCl_2$–CH_2Cl_2, Abtrennen von **V** (vgl. unten) aus der benzol. Lsg. des Eindampfrückstandes u. Geben der Mutterlaugen durch Al_2O_3; *α-Isomeres*, aus dem benzol. Eluat; 43%; biol. Aktivität ca. 7 E./mg (in vivo, Maus, *D. pneumoniae*, Typ II). *Sulfon*, $C_{16}H_{20}N_2O_7S_2$, F. 214—215° (Zers.), durch Oxydation des rohen Cyclisierungsprod. von α-**III** mit $KMnO_4$ in 80%ig. Essigsäure; Nadeln (Aceton–W.); 51%. *β-Isomeres*, F. 128,5—130° (Aceton–Ae.–PAe.), aus β-**III**; 46%. *Sulfon*, $C_{16}H_{20}N_2O_7S_2$, F. 159,5 bis 160° (Aceton–W.); 59%. — *2.2-Dimethyl-3-carbomethoxy-5-keto-6-benzylsulfonamido-2.3.4.5-tetrahydro-1.4-thiazepin* (**V**), $C_{16}H_{20}N_2O_5S_2$, F. 214—215° (Zers.; A.), Nebenprod. der α-**IV**-Darst. (vgl. oben); 23%. (J. Amer. chem. Soc. **78**. 3683—86. 5/8. 1956.)
K. MAIER. 3900

Horst Baganz und **Helga Milster**, *Über neue Penicillinsalze.* Die Darst. von *Penicillin-G* (**I**)*-Salzen* von *1-Piperidino-2-benzylamino-* u. *-[p-chlorbenzylamino]-äthan* sowie von *1-Morpholino-2-benzylamino-* u. *-piperidinoäthan* (**III**) wird beschrieben. Die Salze sind mit Ausnahme von **III** zu ca. 1% in W. lösl. u. zeigen etwas geringere Depotwrkg. als die handelsüblichen Depotpenicilline u. gute Verträglichkeit im Kaninchentest.

Versuche: *1-Morpholino-2-piperidinoäthan*(**III**), $Kp._{0,5}$ 115—117°, aus N-[β-Chloräthyl]-piperidinhydrochlorid u. Morpholin unter Rückfluß (20 Std.); n_D^{25} 1,4847; 83% (Ausbeute). *Dihydrochlorid*, $C_{11}H_{24}Cl_2N_2O$, F. 303—304° (Zers.; A.). — *N-[β-Aminoäthyl]-morpholin*, $Kp._{17}$ 91—92°, aus Morpholinoacetonitril durch Hydrieren über RANEY-Ni in NH_3-haltigem CH_3OH; 82%. — *1-Morpholino-2-benzalaminoäthan*, $Kp._{19}$ 193—194°, aus vorst. Verb. u. Benzaldehyd unter allmählichem Erhitzen im Vakuum auf 100°; 93%. — *1-Morpholino-2-benzylaminoäthan*, $Kp._{18}$ 185—187°, aus vorst. Verb. durch Hydrieren über PtO_2 in CH_3OH; n_D^{25} 1,5280; 97%. *Dihydrochlorid*, $C_{13}H_{22}Cl_2N_2O$, F. 241—242° (Zers.). — *N-[β-Aminoäthyl]-piperidin* (**II**), $Kp._{16}$ 73—75°, aus Piperidinoacetonitril; 79%. Daneben *Bis-[β-piperidinoäthyl]-amin*, Kp_{20} 170—176°. *1-Piperidino-2-[p-chlorbenzalamino]-äthan*, $Kp._{0,05}$ 149—151°, F. 28—29°, aus **II**; 81%. — *1-Piperidino-2-[p-chlorbenzylamino]-äthan*, $Kp._{17}$ 197—199°, aus vorst. Verb. durch Hydrierung über PtO_2; n_D^{29} 1,5340; 95%. *Dihydrochlorid*, F. 254—255° (Zers.). — *1-Piperidino-2-benzalaminoäthan*, $Kp._{16}$ 176—178°, aus **II**; 83%. — *1-Piperidino-2-benzylaminoäthan*, $Kp._{17}$ 173—174°, aus vorst. Verb. durch Hydrierung über PtO_2; n_D^{35} 1,5236; 97%. *Dihydrochloridmonohydrat*, F. 244—245° (Zers.). — Penicillin-G-Salze, aus vorst. Dihydrochloriden mit I-K-Salz in W.: *1-Piperidino-2-benzylaminäthan-*, *Trihydrat*,

$C_{46}H_{58}N_6O_8S_2 \cdot 3H_2O$, F. 101—108° (A.-Ae.), bei 0—2°; 92%. *Dihydrat*, $C_{46}H_{58}N_6O_8S_2 \cdot 2H_2O$. — *1-Piperidino-2-[p-chlorbenzylamino]-äthan-*, *Tetrahydrat*, $C_{46}H_{57}ClN_6O_8S_2 \cdot 4H_2O$, F. 95—103° (A.-Ae.); 84%. *Trihydrat*, $C_{46}H_{57}ClN_6O_8S_2 \cdot 3H_2O$. — *1-Morpholino-2-benzylaminoäthan-*, *Dihydrat*, $C_{45}H_{56}N_6O_9S_2 \cdot 2H_2O$, F. 93—107° (Zers.); wird durch W. bereits nach 10 Min. teilweise zersetzt. — *1-Morpholino-2-piperidinoäthan-* (**III**), $C_{43}H_{58}N_6O_9S_2$, F. 89—93° (Zers.); 90%; die bis zu 60%ig wss. Lsg. ist unbeständig. (Arch. Pharmaz. Ber. dtsch. pharmaz. Ges. **291/63.** 116—21. März 1958. Berlin-Charlottenburg, TU, Organ.-chem. Inst.) K. MAIER. 3900

Gaetano Di Modica und **Pier Filippo Rossi**, *Substanzen, die aus dem Kernholz von „Cupressus sempervirens L." extrahiert wurden.* 2. Mitt. *Isolierung des Nutkatins.* (1. vgl. Ann. Chimica **45.** [1955.] 354.) Aus dem Kernholz von *Cupressus sempervirens* L. wurde durch Extraktionsmethoden u. durch Reinigung über den Cu-Komplex das *Nutkatin* (*4-Isopropyl-5-[3-methylbuten-(2)-yl]-tropolon*), $C_{15}H_{20}O_2$, F. 94—95° (A.), isoliert. Der *Cu-Komplex* bildet grüne Kristalle vom F. 238° (Chlf./Ae.). Nutkatin wurde UV-spektroskop. u. papierchromatograph. untersucht. Bei der Oxydation mit 30%ig. H_2O_2 in 85%ig. HCOOH, 2 Std. bei 40—45°, liefert es das entsprechende *Glykolmonoformiat*, F. 170—171° (CH_3OH). (Ann. Chimica **46.** 842—46. Okt. 1956. Torino, Univ., Ist. di Chim.) WALTER SIMON. 3950

Tyunosin Ukita, Toru Tsumita und **Nobuyuki Utsugi**, *Untersuchungen der Harzsäure in den Früchten von Juniperus japonica. Die Struktur einer isomeren 7-Isodextropimarsäure.* Die neben *7-Isodextropimarsäure* (**I**) aus den Früchten von J. japonica isolierte isomere Diterpensäure, $C_{20}H_{30}O_2$ (vgl. UKITA u. TSUMITA, J. pharmac. Soc. Japan [Yakugakuzasshi] **72.** [1952.] 1324), wird als $\Delta^{13,14}$-*7-Isodextropimarsäure* (**II**) identifiziert. **I** u. **II** lieferten bei erschöpfender Hydrierung das gleiche *Tetrahydroderiv.* (**IV**). Partielle Hydrierung von **II** gab ein *Dihydroderiv.* (**III**). Bei der Ozonolyse gab **II**, nicht aber **III**, *Formaldehyd*. **III**-*Methylester* lieferte mit SeO_2 ein *Diol* (**VI**), das durch $Na_2Cr_2O_7$ in Eisessig zu *Dihydro-$\Delta^{13,14}$-9-oxo-7-isodextropimarsäuremethylester* (**V**) oxydiert wurde. Aus **V** entstand durch Formylierung das *10-Hydroxymethylenderivat*. **VI** wurde mit Eisessig zu $\Delta^{5,13,9,14}$-*7-Isodextropimarsäuremethylester* dehydratisiert, der durch erschöpfende Hydrierung in **IV**-*Methylester* überging. **II** soll prim. im Pflanzenmaterial vorhanden sein, da **I** u. **II** auch unter Einw. von sd. Essigsäure keine Neigung zur Isomerisation zeigten.

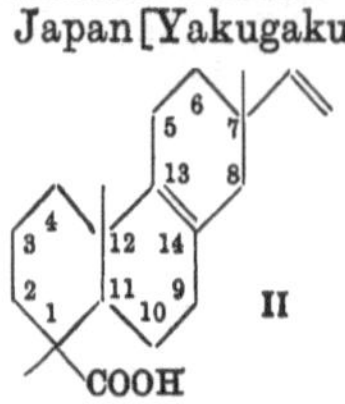

II

Versuche: *Tetrahydro-7-isodextropimarsäure* (**IV**), $C_{20}H_{34}O_2$, F. 172—172,5°, a) durch Hydrieren von 0,27 g **I** an Pt in Eisessig; 0,2 g (Ausbeute); b) aus 0,4 g **II** nach a); 0,27 g. *Methylester*, $C_{21}H_{36}O_2$, F. 69°. — *Dihydro-$\Delta^{13,14}$-7-isodextropimarsäure* (**III**), $C_{20}H_{32}O_2$, F. 178—181°, aus 3 g **II** durch Hydrieren an Pd-Kohle in A.; 1,7 g. *Methylester*, F. 61—62°. — *Formaldehyd*, bei der Ozonolyse von **II** in Chlf. unter Eiskühlung u. Dampfdest. *Dimedonderiv.*, F. 188,5—190°. — *Dihydro-$\Delta^{13,14}$-9-Oxo-7-isodextropimarsäuremethylester* (**V**), $C_{21}H_{32}O_3$, Kp.$_{0,01}$ 165—171°, durch 4 std. Stehen von 1,2 g **III**-Methylester in SeO_2 in A. in Ggw. von W. bei Raumtemp. u. über Nacht bei 37° u. 4 std. Stehen des mit Ae. isolierten *Diols* (**VI**) mit $Na_2Cr_2O_7$ in Eisessig; 0,32 g. *2.4-Dinitrophenylhydrazon*, $C_{27}H_{36}N_4O_6$, F. 191—193°. *10-Hydroxymethylenderiv.*, $C_{22}H_{32}O_4$, F. 132—133°, durch Zugabe von Na-Methylat u. Ameisensäureäthylester zu 0,23 g **V** in Bzl. u. 2 std. Erwärmen; 80 mg (roh). — $\Delta^{5,13,9,14}$-*7-Isodextropimarsäuremethylester*, $C_{21}H_{32}O_2$, F. 75 bis 77°, durch 1 std. Kochen von **VI** mit Eisessig. Gibt durch Hydrieren über Pt in Eisessig in 3 Std. bei 37° **IV**-*Methylester*. (Pharmac. Bull. [Tokyo] **3.** 441—46. Dez. 1955. Tokyo, Univ., Inst. of Infect. Diseases. [Orig.: engl.]) K. ZOPFF. 3950

Beilsteins Handbuch der organischen Chemie. Vierte Auflage. Drittes Ergänzungswerk, die Literatur von 1930—1949 umfassend. Herausgegeben vom Beilstein-Institut für Literatur der organischen Chemie. Bearbeitet von **Friedrich Richter** u. a. Erster Band, Zweiter Teil: Als Ergänzung des ersten Bandes des Hauptwerkes. Berlin, Göttingen, Heidelberg: Springer-Verlag. 1958. (XXIX + 1388 S.) 8°. DM 675,—.

Otto Diels, Einführung in die organische Chemie. 17. Aufl. Weinheim, Bergstr.: Verl. Chemie. 1958. (344 S. m. 33 Abb.) 8°. DM 17,—.

W. Langenbeck, Lehrbuch der organischen Chemie. 17. neubearbeitete Auflage. Dresden, Leipzig: Theodor Steinkopff. 1958. (XVI + 562 S. m. 5 Abb.) DM 16,—.

D. Makromolekulare Chemie.

Joseph Leray, *Über eine Darstellung der experimentellen Daten der Untersuchung des Maxwell-Effektes in Hochpolymerlösungen.* Die Auswertung von Messungen der Strömungsdoppelbrechung von Hochpolymer-Lsgg. läßt sich erleichtern, wenn die Meßdaten in folgender Weise graph. aufgetragen werden: $\tau_0 = G\,\eta_0$ als Abszisse (G = Geschwindigkeitsgradient, η_0 = Viscosität des Lösungsm.) u. τ_0/Φ, wobei $\Phi = \pi/4 - \chi$

als Ordinate (χ = Auslöschwinkel). Hierbei werden nämlich Geraden erhalten, wie an Hand mehrerer der Literatur entnommener experimenteller Daten gezeigt wird. Dieses Ergebnis ist theoret. zu verstehen. Vgl. hierzu auch C. **1957.** 6840. (C. R. hebd. Séances Acad. Sci. **246.** 107—10. 6/1. 1958.) O. FUCHS. 4000

Ju. Ja. Gotlib, *Innere Rotation in polymeren Ketten und ihre physikalischen Eigenschaften.* 5. Mitt. *Mittlere Anisotropie der Moleküle linearer Polymeren mit symmetrischem Potential der gehemmten inneren Rotation.* (4. vgl. WOLKENSTEIN, C. **1958.** 6557.) Wenn n_1 u. n_2 der Brechungskoeff. für in Deformationsrichtung bzw. senkrecht dazu polarisierte Strahlen, t die auf die Einheit des effektiven Querschnitts bezogene Spannung ist, dann ist der photoelast. Koeff. $B = \Delta n/t$ ($\Delta n = n_1 - n_2$) bzw. $B = (2\pi/27)[(\bar{n}^2 + 2)/\bar{n}\,k\,T]\,\Delta A$ [$\bar{n} = 1/2\,(n_1 + n_2)$, k = BOLTZMANN-Konstante, T = absol. Temp., ΔA = mittlere Anisotropie der Polymerenkette in den Mol.-Achsen]. Vf. entwickelt Gleichungen für die Berechnung von ΔA für Ketten mit asymm. u. symm. Potential der gehemmten inneren Rotation, erörtert die Theorie von B bei Blockpolymeren u. vergleicht die rechner. Ergebnisse mit experimentellen Werten von KUHN u. GRÜN (C. **1943.** I. 1758). (Журнал Технической Физики [J. techn. Physik] **27.** 707—18. April 1957. Leningrad, Pädagog. Herzen-Inst.) R. K. MÜLLER. 4000

J. Scanlan und **W. F. Watson,** *Eine einfache Sol–Gel-Analyse, die auf einige wichtige Systeme anwendbar ist.* Aus einer einfachen mathemat. Betrachtung folgt, daß bei der Polymerisation oder Polykondensation von polyfunktionellen Ausgangsprodd. eine Gelbldg. auftritt, wenn die Zahl der Vernetzungen größer als $^1/_4$ der Zahl der ursprünglichen Ketten wird. (J. Polymer Sci. **27.** 559—60. Jan. 1958. Welwyn Garden City, Brit. Rubber Producers' Res. Assoc.) O. FUCHS. 4000

Joseph P. Bianchi, William G. Luetzel und **Fraser P. Price,** *Die spezifische Refraktion von Polyäthylen.* Von den beiden *Polyäthylen*-Proben *Alathon 10* (**I**, verzweigtes Prod.) u. *Marlex 50* (**II**, unverzweigt) wurden zwischen 90 u. 124 (**I**) bzw. 130 u. 154° (**II**) das spezif. Vol. v u. der Brechungsindex n bestimmt. Die Temperaturkonstanz betrug ±0,05°. Die spezif. Refraktion $R = v\,(n^2 - 1)/(n^2 + 1)$ von **I** beträgt im Mittel 0,3290 u. die von **II** 0,3279, unabhängig von der Temp. u. somit vom Kristallisationsgrad. (J. Polymer Sci. **27.** 561—63. Jan. 1958. Schenectady, N. Y., Gen. Electr. Co., Res. Labor.) O. FUCHS. 4010

W. A. Ssolowjew, *Dynamisch hochelastische Eigenschaften von Niederdruckpolyäthylen.* Eine vergleichende Unters. der dynam.-mechan. Eigg. von *Niederdruckpolyäthylen* (**I**) (Probe a: viscosimetr. Mol.-Gew. 60000; spröde; Probe b: Mol.-Gew. 145000, $\Delta\,l/l$ von 230%; Probe c: Mol.-Gew. 590000, $\Delta\,l/l$ von 557%) u. von *Hochdruckpolyäthylen* (**II**) (2 Proben mit Mol.-Geww. 18500 u. 21700) nach der piezoelektr. Meth. bei 75 kHz weist auf eine wesentlich höhere Schallgeschwindigkeit C in den **I**-Proben, was auch mit deren höherem Kristallinitätsgrad u. ihren höheren FF. im Vgl. zu den **II**-Proben gut übereinstimmt. Das Tieftemperaturmaximum der dynam. Viscosität ist bei **I** etwas nach der Seite höherer Tempp. verschoben u. liegt auch etwas höher als bei **II**. Die Unterschiede zwischen den **I**-Proben sind geringer als erwartet, das Maximum bei a ist kleiner als bei b u. c. Das zweite, etwa bei Raumtemp. auftretende Maximum ist bei allen drei **I**-Proben undeutlich ausgeprägt. Eine zusätzliche Unters. von c bei 40; 60,5 u. 100,3 kHz weist auf eine deutliche Verschiebung des Tieftemperaturmaximums in Abhängigkeit von der Frequenz hin, wobei die Aktivierungsenergie der Verschiebung 6—8 kcal/Mol beträgt. Eine Verschiebung von C-Kurven ist nicht festzustellen. (Вестник Ленинградского Университета, Серия Физики и Химии [Nachr. Leningrader Univ.] **13.** Nr. 4. [Ser. Physik Chem.] Nr. 1. 30—35. 1958.) W. DAWYDOFF. 4010

Adolphe Chapiro, *Darstellung von Pfropfmischpolymerisaten aus Polymeren, die ionisierenden Strahlen ausgesetzt wurden.* 1. Mitt. *Allgemeine Merkmale der Reaktion der Pfropfung auf vorher bestrahltes Polyäthylen.* (Vgl. C. **1958.** 2743.) Die bei der Bestrahlung von *Polyäthylen*-Folien in Ggw. von Luft neben polymerem Netzwerk gebildeten peroxyd. Vernetzungsbrücken wurden zur Darst. von Pfropfmischpolymerisaten mit Vinylmonomeren [Erhitzen der bestrahlten Folien in *Acrylonitril* (**I**), *Methacrylsäuremethylester* (**II**), *Vinylcarbazol*] verwendet. Dabei trat eine starke Gewichtszunahme infolge der Pfropf-Rk. ein, wobei die äußere Form der Folien weitgehend erhalten blieb. Der Einfl. der Zeit der Pfropfung, der Temp. u. der Dauer der Lagerung des bestrahlten Polyäthylens sowie die Kinetik der Rk. bei 25—192° wurden untersucht. Die Aktivierungsenergie ändert sich mit der Temp. (bei **I** 9,3 bzw. 17,4 kcal oberhalb bzw. unterhalb 109°, bei **II** 8,6 bzw. 16,2 kcal oberhalb bzw. unterhalb 97°). Für diese Erscheinungen werden die im Polyäthylen unterhalb 100—110° vorhandenen kristallinen Zonen verantwortlich gemacht, die die freie Diffusion des Monomeren behindern. Bei 25° ist die Pfropfung sehr langsam. Unterhalb 80° findet die Pfropfung in erster Linie in den amorphen Bereichen statt. Oberhalb 95° verläuft die Pfropfung innerhalb der gesamten M. einheitlich. Unterhalb 135° wachsen die Pfropfäste sehr lange Zeit weiter, wodurch sehr lange Ketten gebildet werden. Oberhalb 135° brechen sich die wachsenden Ketten gegenseitig ab, wobei sich vernetzte Strukturen bilden. Die Pfropf-Rk. verläuft nach einem Radikalmechanismus, ausgelöst durch Zers. makromol. Peroxyde. Ihre Geschwindigkeit bleibt bis zu hohen Pfropfungsgraden konstant. — Diskussionsbemerkungen. (J. Polymer Sci. **29.** 321—42. Juni 1958. Paris, Fac. des Sci., Labor. Chim. Phys.) R. Schäff. 4010

Z. Zlámal und **L. Ambrož,** *Donator–Acceptor-Wechselwirkungen bei kationischen Polymerisationen.* 3. Mitt. *Einfluß von Diäthyläther auf das Molekulargewicht von Polyisobutylen bei der mit Aluminiumchlorid katalysierten Polymerisation.* Vff. bestimmten die elektr. Leitfähigkeit von Lsgg. von $AlCl_3$ in Äthylchlorid, die variable Mengen Ae. oder Anisol enthielten, bei — 78,5°. Dabei wurde eine komplexe Abhängigkeit der spezif. Leitfähigkeit von der Zus. gefunden (2 Maxima entsprechend den Komplexen vom Typ 2 ROR · $AlCl_3$ bzw. ROR · 2 $AlCl_3$, dazwischen ein deutliches Minimum entsprechend dem Komplex ROR · $AlCl_3$). Die Lage beider Maxima ändert sich mit der Konz. des Gelösten u. der DK des Lösungsm., vermutlich infolge von Assoziationsvorgängen im System. Das in Lsgg. der gleichen Zus. wie die gemessenen Lsgg. erhaltene *Polyisobutylen* besaß von der Zus. der Lsg. abhängige Mol.-Gewichte. Diese Abhängigkeit ist genau die reziproke Beziehung zwischen der elektr. Leitfähigkeit u. der Zusammensetzung. Das höchste Mol.-Gew. wurde beim Mol-Verhältnis ROR/$AlCl_3$ = 1 erhalten, während das niedrigste Mol.-Gew. bei ROR/$AlCl_3$ = 2 bzw. 1/2 (entsprechend den 2 : 1- u. 1 : 2-Komplexen) auftrat. Die Lage dieser Minima änderte sich ebenfalls mit der Konz. der Lösung. Vff. folgern daher, daß die Assoziation nicht nur die Leitfähigkeit, sondern auch das Mol.-Gew. des erzeugten Polymerisats beeinflußt. Polare Verbb., wie Äther, in kation. Polymerisationssystemen können nicht nur eine Erniedrigung des Mol.-Gew., sondern auch eine Mol.-Gew.-Erhöhung bewirken, u. zwar dann, wenn ihre Ggw. eine Verminderung der Ionisation des Syst. zur Folge hat. (J. Polymer Sci. **29.** 595—604. Juni 1958.) R. Schäff. 4010

C. Wippler, *Vernetzung von Polyvinylchlorid durch Einwirkung ionisierender Strahlung.* Reines *Polyvinylchloridblockpolymerisat* (I) wurde mit einer ^{60}Co-Quelle (60 Curie) bei Intensitäten von 25000 u. 60000 r/Std. bestrahlt u. der Einfl. des Lösungsm. bzw. Quellmittels [Tetrahydrofuran, Cyclohexanon, Dioxan, Butanon, Äthylenoxyd, Aceton–CS_2 (60/40)-Gemisch, Aceton, Bzl., Tetralin, Dimethylformamid u. Aceton–Bzl. (60/40)-Gemisch] u. der Konz. auf die Vernetzung bzw. den Abbau untersucht. Abhängig vom Vorhandensein von Luft ist einer der beiden Mechanismen vorherrschend, wenn auch nach einer Bestrahlungsdosis von 150 mr die Modifikation des Polymerisats relativ gering ist. I kann aber bei einer Bestrahlungsdosis von 50 mr vollkommen vernetzt werden, wenn die Bestrahlung an I-Gel in Ggw. bestimmter Lösungsmittel durchgeführt wird. Der Vernetzungsmechanismus von I scheint dem anderer Polymerisate zu entsprechen. Die Menge an unlösl. I als Funktion der Bestrahlungsdosis u. das Gewichtsmittel-Mol.-Gew. der lösl. Fraktion wurden bestimmt. Diese Befunde wurden mit der Theorie von Charlesby (C. **1954.** 10494) verglichen, wodurch eine Abschätzung der anfänglichen Mol.-Gew.-Verteilung erhalten werden konnte. — Diskussionsbemerkungen. (J. Polymer Sci. **29.** 585—94. Juni 1958. Antony, Frankreich, Cie. St. Gobain.) R. Schäff. 4010

G. Schimmel, *Elektronenmikroskopische Untersuchung an Polytetrafluoräthylen.* Von handelsüblichem *Teflon* wurden Lackabdrücke hergestellt u. unter dem Elektronenmikroskop untersucht. Es zeigten sich faserige Strukturen. Die Bearbeitung der Oberflächen hatte keinen Einfl. auf das Ergebnis der elektronenmkr. Untersuchungen. (Naturwissenschaften **46.** 13. 1. Jan.-H. 1959. Frankfurt/M., Battelle-Inst.) F. Vohwinkel. 4010

C. Y. Liang und **S. Krimm,** *Infrarotspektren von Hochpolymeren.* 6. Mitt. *Polystyrol.* (5. vgl. C. **1957.** 13064.) Nach der früher beschriebenen Meth. wurde das IR-Spektr. von *Polystyrol* (I, Handelsprod., das in Form von dünnen Filmen untersucht wurde) zwischen 70 u. 3200 cm^{-1} aufgenommen. Durch Kombination dieser Ergebnisse mit weiteren der Literatur entnommenen IR- u. Raman-Daten für I u. für Bzl. u. monosubstituierte Benzolverbb. ist eine weitgehende Zuordnung der beobachteten Frequenzen zu den einzelnen zugrunde liegenden Schwingungsvorgängen in den I-Makromoll. möglich (Einzelheiten vgl. Original). Ferner folgt daraus, daß I amorph ist. (J. Polymer Sci. **27.** 241—54. Jan. 1958. Ann Arbor, Mich., Univ., Harrison M. Randall Labor. of Phys.) O. Fuchs. 4010

I. E. Pani, Je. Je. Baroni und **W. M. Schonija,** *Über den Aggregatzustand von luminescierenden organischen Verbindungen in Polystyrol.* Um festzustellen, ob luminescierende Stoffe, in Polystyrol gelöst, copolymerisiert oder in labilen Mol.-Verbb. vorliegen, setzen Vff. 1,5—3% solcher Stoffe (z. B. *2-Phenylbenzimidazol* oder *p-Terphenyl*) dem monomeren *Styrol* zu, das dann langsam bei 100° polymerisiert wird; in der Kälte nichtlösl. Stoffe bleiben bei 100° krist., sind aber nach Erhitzen auf 150° nicht mehr sichtbar. Nach 10std. Polymerisieren bei 200° unter N_2 gelingt die Trennung aus benzol. Lsg. durch fraktionierte Fällung mit Methanol, auch bei Zusatz von *Anthracen, 1.3.5-Triphenyl-Δ^2-pyrazolin* oder *2.5-Diphenyloxazol*, nicht aber bei 1.1'.4.4'-Tetraphenylbutadien-(1.3). Nur in festem Zustand, nicht in Lsg., zeigen *1.4-Diphenyl-2.6-dimethyl-3.5-dicarboxyäthyl-1.4-dihydropyridin* u. *p-Dimethylaminocyanstilben* Luminescenz. Auch bei langsamem Verdampfen des Bzl. fallen luminescierende Stoffe krist. aus. Bei Lsgg. von *Polymethylmethacrylat* in Dichloräthan bleibt Durchsichtigkeit u. Fluorescenz auch nach Verdampfen des Lösungsm. erhalten. Copolymerisation scheint im Falle des Styrols nur bei Anwendung fluorescierender Dien-KW-stoffe vorzuliegen. (Журнал Физической Химии [J. physik. Chem.] **31.** 732—33. März 1957.) R. K. MÜLLER. 4010

M. A. K. Mostafa, *Der Abbau von Additionspolymeren durch Ultraschallwellen.* 2. Mitt. (1. vgl. C. **1958.** 6844.) Für die l. c. entwickelten Gleichungen der Abbaukinetik von gelösten Makromoll. wird eine exaktere Lösung angegeben, wobei ein etwas anderes Ergebnis erhalten wird. Zur Prüfung der abgeleiteten Gleichung wurde eine 1%ig. Lsg. von *Polystyrol* (Ausgangspolymerisationsgrad P_w 3300) in Bzl. bis zu 35 Std. beschallt (0,75 MHz, Intensität 12,5 W/cm²). P_w fällt bei wachsender Beschalldauer anfangs sehr steil ab, dann schwächer u. nähert sich schließlich einem bei ca. 700 liegenden Grenzwert, in Übereinstimmung mit der Theorie. Für die Änderung der mol. Verteilungskurven während der Beschallung werden Gleichungen angegeben (für verschied. Abbaustadien graph. dargestellt). (J. Polymer Sci. **27.** 473—80. Jan. 1958. Glasgow, Royal Coll. Sci. and Technol., Dep. Natural Philosophy.) O. FUCHS. 4010

W. I. Bengough, *Eine Methode zur Messung von Polymerisationsgeschwindigkeiten.* 1. Mitt. *Die Polymerisationswärme von Vinylacetat.* (Vgl. C. **1959.** 4828.) Aus der Messung der Geschwindigkeit des Temperaturanstiegs bei der Polymerisation unter adiabat. Bedingungen u. der dilatometr. Best. der Polymerisationsgeschwindigkeit läßt sich die Polymerisationswärme Q relativ einfach ermitteln. Wird die Meßzeit nach Beginn der Polymerisation auf 20 Sek. beschränkt, verläuft die Rk. auch bei Fehlen einer guten therm. Isolierung der App. prakt. adiabatisch. Q von *Vinylacetat* wurde so zu 20,1 ± 1 kcal/Mol bestimmt. (Trans. Faraday Soc. **54.** 54—59. Jan. 1958. Edgbaston, Birmingham, Univ., Chem. Dep.) O. FUCHS. 4010

R. Robinson, *Polymerisation von Epoxyden durch Metallhalogenidkatalysatoren.* Der Mechanismus der Polymerisation von *Propylenoxyd* in Ggw. von $FeCl_3$ bedarf nicht der Annahme eines kation. Mechanismus mit Carboniumionen (vgl. GEE u. Mitarbeiter, Plastics **1958.** 381), sondern kann allein durch die l. c. angegebene sek. Rek. einer Komplexbldg. u. anschließenden Umlagerung erklärt werden. (Tetrahedron [London] **5.** 96—97. Jan. 1959. London.) H. GIEHRING. 4010

C. S. Marvel und **W. G. De Pierri,** *Reaktionsverhältnisse der Vinylester von aliphatischen Säuren und von einigen üblichen Vinylmonomeren.* Für mehrere Monomerenpaare wurden die relativen Reaktionsfähigkeiten r_1 u. r_2 der Copolymerisation unter Verwendung von Benzoylperoxyd als Initiator bestimmt. Die Polymerisationstemp. betrug je 60°. Soweit im Folgenden nichts anderes angegeben, wurden die Polymerisationen in Bzl. als Lösungsm. ausgeführt. Für r_1 u. r_2 wurden erhalten: *Vinyllävulinat* (**I**) + *Vinylchlorid* (**II**) 0,419 u. 1,40; *Vinylpelargonat* (**III**) + **II** 0,282 u. 1,16 (Blockpolymerisation); *Vinylpinonat* (**IV**) + **II** 0,446 u. 1,458; *Vinylundecylenat* (**V**) + **II** 0,358 u. 1,06; *Vinylstearat* (**VI**) + **II** 0,290 u. 0,745 (Blockpolymerisation); **III** + *Vinylidenchlorid* (**VII**) 0,0 u. 4,08; **IV** + **VII** 0,03 u. 3,00; **V** + **VII** 0,05 u. 2,58; **VI** + **VII** 0,075 u. 3,80 (Blockpolymerisation); **III** + *Acrylonitril* (**VIII**) 0,06 u. 3,57 [Verwendung einer Mischung aus Bzl. u. Dimethylformamid (**IX**) als Lösungsm.]; **IV** + **VIII** 0,143 u. 3,40 (**IX** als Lösungsm.); **V** + **VIII** 0,0 u. 1,82 (**IX** als Lösungsm.); **VI** + **VIII** 0,06 u. 4,20 (Bzl. + **IX**); **III** + *Butadien* (**X**) 0,02 u. 26,3; **IV** + **X** 0,015 u. 37,8; **V** + **X** 0,015 u. 37,9; **VI** + **X** 0,03 u. 34,5; **III** + *Styrol* (**XI**) 0,01 u. 49,5 (Blockpolymerisation); **IV** + **XI** 0,01 u. 65; **V** + **XI** 0,02 u. 29; **VI** + **XI** 0,01 u. 68 (Blockpolymerisation); **V** + *Methylacrylat* 0,03 u. 369. Die r_1-Werte unter 0,03 sind innerhalb der Bestimmungsfehler von 0 nicht unterscheidbar. Die Q- u. e-Werte von **I**, **III**, **IV**, **V**, **VI** u. Vinylacetat sind etwa gleich groß, während sich die der übrigen Monomeren beträchtlich voneinander unterscheiden (Einzelheiten vgl. graph. Darstellung). (J. Polymer Sci. **27.** 39—58. Jan. 1958. Urbana, Ill., Univ., Dep. of Chem.) O. FUCHS. 4010

N. Grassie und **I. C. McNeill,** *Thermischer Abbau von Polymethacrylonitril.* 2. Mitt. *Die Verfärbungsreaktion.* (1. vgl. C. **1957.** 3020.) Copolymere (**I**) aus *Methacrylo-*

nitril (II) u. *Methacrylsäure* (III) wurden in der l. c. angegebenen Meth. auf 140° erhitzt (bis zu 30 Std.). Dabei tritt eine Verfärbung von I über Gelb nach Rot auf, die um so stärker ist, je geringer der Anteil von III (das Mischungsverhältnis II:III wurde zwischen 2,57 u. 21 variiert). Flüchtige Zersetzungsprodd. werden nicht gebildet. Osmot. Messungen zeigen, daß mit der Verfärbung weder eine Kettenspaltung noch eine Vernetzung verknüpft ist. Die Absorption der CN-Gruppe im IR nimmt mit steigender Erhitzungsdauer ab; gleichzeitig tritt bes. im Gebiet 1490—1693 cm^{-1} eine neue Absorption auf. I ist lösl. in Aceton oder Cyclohexanon; die Löslichkeit des erhitzten I nimmt erst nach 3std. Erhitzen etwas ab (bei langem Erhitzen Unlöslichkeit). Die Farbtiefe der Lsg. einer erhitzten tiefroten I-Probe nimmt beim Stehen wieder stark ab, schneller bei Zusatz von Säuren, Alkalien oder Salzen. Vff. nehmen an, daß beim Erhitzen von I eine intramol. Umlagerung stattfindet, wobei eine ähnliche Struktur entstehen soll, wie sie z. B. von BURLANT u. PARSONS (vgl. C. **1957.** 13065) für erhitztes Polyacrylonitril angenommen wurde (Bldg. konjugierter C—N-Folgen). Diese Veränderungen werden an den III-Einheiten in I eingeleitet. Die Verminderung der Löslichkeit nach längerem Erhitzen ist lediglich eine Folge der wachsenden Steifheit der Makromoll. mit der veränderten Struktur. Durch Elektrolytzusatz wird die prim. entstandene Struktur rasch wieder rückgängig gemacht. (J. Polymer Sci. **27.** 207—18. Jan. 1958. Glasgow, Scotland, Univ., Chem. Dep.) O. FUCHS. 4010

Seymour Newman, *Bemerkungen zum Kaltziehen von Polyäthylenterephthalat.* Eine Probe aus amorphem *Polyäthylenterephthalat* (I) wurde bei 23° gedehnt. Aus der Messung des Dehnungsverhältnisses ergibt sich der Schermodul G zu 10^8 Dyn·cm^{-2}. Andererseits wurde G nach der von NIELSEN (vgl. C. **1950/54.** 1331 S.) angegebenen Meth. bestimmt, wobei wesentlich höhere Werte erhalten wurden. Der Unterschied wird auf eine Temperaturerhöhung bei der 1. Meth. zurückgeführt; sie beträgt ca. 60° (bezogen auf die umgebende Temp.). G fällt bei steigender Temp. bis ca. 70° schwach u. dann sehr steil ab; qualitativ ähnlich ändert sich der YOUNGsche Modul von I mit der Temperatur. Der mechan. Dämpfungsfaktor steigt mit der Temp. an u. geht etwas oberhalb 70° durch ein scharfes Maximum. Nichtorientiertes krist. I läßt sich nicht kaltziehen. Vgl. zu diesen Messungen auch die von MARSHALL u. THOMPSON (vgl. C. **1956.** 5719) für I mitgeteilten Daten. (J. Polymer Sci. **27.** 563—66. Jan. 1958. Springfield, Mass., Monsanto Chem. Co., Plastics Div.) O. FUCHS. 4010

F. H. Müller und **Ad. Engelter,** *Periodische Erscheinungen bei Kaltverstreckung.* Bei der Kaltverstreckung dünner Folien von *Terylen* u. *Polyamiden* können period. Schwankungen im Zug-Dehnungs-Diagramm auftreten, die sich unter Umständen auch opt. sowie in Dickenschwankungen bemerkbar machen. Günstig für das Auftreten dieser Erscheinung scheint ein enges Erweichungsintervall des Materials zu sein; außerdem soll der Elastizitätsmodul im Verhältnis zur Probenlänge klein sein. (Kolloid-Z. **150.** 156—57. Febr. 1957. Marburg/Lahn, Univ., Labor. für Hochpolymere.) H. LAMP. 4010

N. W. Michailow und **W. O. Klessman,** *Über die Struktur von Copolymeren und Polyamidschmelzen.* Die röntgenograph. Unters. der aus *ε-Caprolactam* (I) u. *AH-Salz* (II) im Verhältnis I:II = 1 bzw. 1,5 bzw. 3 bzw. 4 hergestellten Copolymeren zeigte bei den durch Abschreckung der Schmelze mit kaltem W. erhaltenen Proben keine Interferenzen. Diese wurden dagegen bei den langsam abgekühlten oder durch langsame Verdampfung des Lösungsm. gewonnenen Proben beobachtet, wobei die Kristallinität mit steigendem I:II-Verhältnis zunimmt. Die im analogen Verhältnis zusammengeschmolzenen Gemische aus *Polycaprolactam* (III) u. *Polyhexamethylenadipinamid* (IV) ergaben bei einem kurzen Erhitzen (<5 Std.) ein anderes, bei längerem Erhitzen ein dem des entsprechenden I-II-Copolymeren ähnliches Bild. Das thermograph. Verh. von III-IV-Gemischen ist bei kurzer Heizdauer dem der reinen III u. IV ähnlich, wobei die Bldg. eines Eutektikums nur bei einem III-IV-Verhältnis von 1,5 auftritt. Bei längerem Erhitzen wurden auch auf diesem Wege ähnliche Ergebnisse wie bei den entsprechenden I-II-Copolymer erhalten. Ein Vgl. der auf röntgenograph. u. thermograph. Wege erhaltenen Ergebnisse führt zu einigen Unterschieden in bezug auf die Auswertung der Phasenstruktur im Falle von kurzzeitig erhitzten III-IV-Gemischen, die nach der zweitgenannten Meth. eine andere als die von III u. IV zu sein scheint. (Коллоидный Журнал [Kolloid-J.] **18.** 456—60. Juli/Aug. 1956. Allunionsforschungsinst. für Kunstfaser.) W. DAWYDOFF. 4010

Christopher Earland und **David J. Raven,** *Die Reaktionen von N-Mercaptomethylpolyhexamethylenadipinamiddisulfid.* Vff. untersuchen die Rkk. der N.N'-gebundenen $-CH_2SSCH_2$-Brücke des *66-Disulfids* (I; enthält 44 bzw. 78 Äquivalente endständige NH_2- bzw. COOH-Gruppen/10^6 g) aus *N-Mercaptomethylpolyhexamethylenadipinamid* nach CAIRNS u. Mitarbeitern (vgl. C. **1950.** I. 1239) mit Reagentien, welche auch mit der Disulfidbrücke des Keratins reagieren. Die Oxydation der Disulfidbrücke von I mit Permanganat in saurer Lsg., mit Lsgg. von Chlor- oder Bromdioxyd, Na-Hypochlorit u. Unterchloriger Säure führt zur Entfernung des Schwefels als Schwefelsäure. Dagegen führt die Oxydation mit Permanganat in alkal. Lsg. oder in wss. Lsg. von Peressigsäure zur Bldg. von *N-Sulfomethyl-66.* H_2O_2 oxydiert I nicht. Die Oxydation von I ohne gleichzeitigen Abbau der Polymerketten gelingt nur mit Peressigsäure. Die Rk. von I mit wss. Lsgg. von KCN führt zur Entfernung der Hälfte des Schwefels als KSCN. Im entstandenen *66-Monosulfid* werden die Amidketten nicht mehr durch Disulfid-, sondern durch Thioäthergruppen verknüpft. Die Red. von I mit Thioglykolsäure in methanol. Lsg. u. anschließende Addition von Benzylchlorid ergibt *N-Benzylmercaptomethyl-66,* aus dem durch Oxydation mit Peressigsäure das *N-Benzylsulfonylmethyl-66* entsteht. Die Methoden zur Schwefelbest. u. Best. der Aminogruppen sind beschrieben. — *N-Methylensulfonsäure-66* (*N-Sulfomethylpolyhexamethylenadipinamid*), durch Oxydation von I mit 2%ig. wss. Peressigsäure unter 48std. Schütteln bei 20°. *NH_4-Salz.* — *66-Monosulfid* aus *N-Mercaptomethylpolyhexamethylenadipinamid,* durch Umsetzung von I mit 0,10mol. KCN-Lsg., 6 Std. bei 65° unter Schütteln. — *N-Benzylmercaptomethyl-66,* durch 2std. Behandlung von I mit 0,1mol. HCl bei 65°, dann 2 Std. bei 100°, Erwärmen mit Thioglykolsäure u. KOH in 80%ig. Methanol, Zugabe von Benzylchlorid unter Kühlung, Stehen über Nacht u. Fällen mit W.; lösl. in HCOOH u. 80%ig. Methanol. — *N-Benzylsulfonylmethyl-66,* durch 24std. Behandlung vorst. Verb. mit 2%ig. Peressigsäure bei 18°. (J. Amer. chem. Soc. **80.** 3430—32. 5/7. 1958. Bradford, Inst. of Technol., Dep. of Textile Ind.)

Th. Götze. 4010

M. L. Wolfrom, Madeline S. Toy und **Alan Chaney,** *Kondensationspolymere aus Tetra-O-acetylgalaktaroyldichlorid und Diaminen.* Durch Kondensation von 1 Mol Tetra-O-acetylgalaktaroyldichlorid (I) mit 1 Mol Äthylendiamin oder Piperazin u. nachfolgende Reacetylierung wurden in guter Ausbeute *Polyäthylentetra-O-acetylgalaktaramid* (II) bzw. *Polytetra-O-acetylgalaktarpiperazid* (IV) erhalten. Ein zweites Mol Diamin, das auch durch tert. Amine ersetzt werden kann, muß zur Bindung der freiwerdenden HCl dienen. II u. IV sind in den üblichen organ. Lösungsmitteln unlösl. u. unter Zers. in 50—80%ig. H_2SO_4 löslich. Die Desacetylierung führt zu *Polyäthylengalaktaramid* (III) bzw. *Polygalaktarpiperazid* (V) mit einem Mol.-Gew. von ca. 8500, entsprechend 30 —40 sich wiederholenden Einheiten. III u. V sind in 50%ig. wss. LiCl unzers. u. in Äthylendiamin unter allmählichem Abbau löslich. Als Modellsubstanzen wurden *[1.1'-Tetra-O-acetylgalaktaroyl]-dipiperidin, 1.1'-[Galaktaroyl]-dipiperidin, Tetra-O-acetylgalaktar-bis-phenylhydrazid* u. *Galaktar-bis-phenylhydrazid* hergestellt, deren IR-Spektren die angenommenen Strukturen für die Polymeren II—V bestätigen.

V e r s u c h e: *Tetra-O-acetylgalaktarsäure,* F. 242—243°, durch 2std. Erhitzen von Galaktarsäure mit Essigsäureanhydrid u. konz. H_2SO_4. *Dichlorid* (I), F. 177°, aus der Säure, PCl_5 u. Acetylchlorid ($^1/_4$std. Rühren bei Raumtemp.). — *Polyäthylentetra-O-acetylgalaktaramid* (II), $[C_8H_{10}N_2O_6(COCH_3)_4]_n$, Zers. >250°, durch Rühren einer Lsg. oder Suspension von 100 mMol I in 400 ml Chlf. oder Bzl. bei 0° unter langsamer Zugabe von 290 mMol Äthylendiamin in 50 ml Chlf. bzw. Bzl., dann Zugabe von 50 mMol Triäthylamin, weiteres 24std. Rühren bei Raumtemp., Acetylierung des partiell desacetylierten Polymerisats mit Acetanhydrid in Ggw. von Pyridin (100 Std.), Dialyse der wss. Suspension gegen W. u. Gefriertrocknung; 83% (Ausbeute). — *Polyäthylengalaktaramid* (III), $[C_8H_{14}N_2O_6]_n$, Zers. >250°, durch Desacetylierung von II mit 0,2n methanol. $NaOCH_3$, 24 Std. bei Raumtemp., Zentrifugieren, Extraktion mit Methanol u. Reinigung wie II. Intrinsicviscosität [η] in 50%ig. wss. LiCl-Lsg. 0,13 dl/g; Mol.-Gew. 8500. — *Polytetra-O-acetylgalaktarpiperazid* (IV), $[C_{10}H_{12}N_2O_6(COCH_3)_4]_n$, Zers. >250°, wie II aus I u. Piperazin; 81%. — *Polygalaktarpiperazid* (V), $[C_{10}H_{16}N_2O_6]_n$, analog III; [η] = 0,11 dl/g. — *1.1'-[Tetra-O-acetylgalaktaroyl]-dipiperidin,* $C_{24}H_{36}N_2O_{10}$, F. 255—256° (Chlf./A.), durch Versetzen von I in Bzl. mit Piperidin bei 0° unter Rühren u. 24std. Rühren bei Raumtemp.; 76%. — *1.1'-[Galaktaroyl]-dipiperidin,* $C_{16}H_{28}N_2O_6$, F. 238—239° (N.N-Dimethylformamid), durch Behandlung vorst. Verb. mit 0,6n methanol. CH_3ONa (Raumtemp.); 29%. — *Tetra-O-acetylgalaktar-bis-phenylhydrazid,* $C_{26}H_{30}N_4O_{10}$, F. 257—258° (N.N-Dimethylformamid/A.), aus I u. Phenylhydrazin in Bzl. bei 0° unter Rühren u. Stehen über Nacht bei Raumtemp.; 42%. — *Galaktar-bis-phenylhydrazid,* $C_{18}H_{22}N_4O_6$, F. 242—244° (N.N-Dimethylformamid–Aceton); 73%. — *Bis-[2-hydroxyäthyl]-tetra-O-acetylgalaktarat,* $C_{18}H_{26}O_{14}$, F. 209°, in geringer Ausbeute durch Erhitzen von I mit Äthylenglykol. (J. Amer.chem. Soc. **80.** 6328—30. 5/12. 1958. Columbus, Ohio, State Univ., Dep. of Chem.)

H. Rossow. 4010

Masaji Nakamuta, *Untersuchung über die Viscosität konzentrierter Lösungen von Hochmolekularen.* 3. Mitt. *Toluollösungen von linearem Dimethylpolysiloxan niedrigen Polymerisationsgrades.* (2. vgl. C. **1959.** 9262.) Bestimmt wird die Viscosität von Toluol-

Lsgg. von Polymeren (Grad 2—8) des linearen *Dimethylpolysiloxans* mit dem Trimethylsiloxylradikal als Endgruppe bei 25°. Die Ergebnisse werden an Hand der Formel von HUGGINS für Viscositäten im einzelnen erörtert. (J. chem. Soc. Japan, pure Chem. Sect. [Nippon Kagaku Zassi] **76.** 1279—82. Nov. 1955. Hitachi, Hauptlabor. [Orig.: japan.]) L. SCHULER. 4010

K. A. Andrianow, A. A. Shdanow und **E. Ss. Asnowitsch,** *Über die Synthese von unschmelzbaren, aber löslichen Polymeren.* Bei den bisher bekannten Polymeren gehen Schmelzbarkeit u. Löslichkeit parallel. Durch Einführung von Al in Polyphenylsiloxane wird die Kette starrer u. der F. steigt ohne Verlust der Löslichkeit. Die Synth. von *Polyaluminiumphenylsiloxan* (I) gelingt durch Umsetzung von Phenyltrihydroxysilan mit Aluminiumsiloxan: 3 $C_6H_5Si(OH)_2ONa$ + 0,5 $Al_2(SO_4)_3$ → $[C_6H_5Si(OH)_2O]_3Al$ (II) + 1,5 Na_2SO_4; $C_6H_5Si(OH)_3$ + II → $[C_6H_5Si(OH)_2O]_2Al—O—Si(C_6H_5)(OH)—O—Si(C_6H_5)\cdot(OH)_2$. Durch weitere Kondensation an den OH-Gruppen erhält man ein I mit Mol.-Gew. 5990 (Mittel), 5,5% OH-Gruppen u. Si:Al = 4,1. I ist ein farbloses, sprödes, glasartiges Prod., das bis 500° weder schm., noch sintert, in nichtpolaren oder schwachpolaren Lösungsmitteln (Bzl., Toluol, Aceton, A., C_6H_5Cl, CCl_4) gut lösl. ist, nicht aber in PAe. u. White spirit. Nach Verdampfen des Lösungsm. bildet I Filme, die sich leicht wieder lösen, wenn sie nicht zu hoch oder zu lange erhitzt werden. Bei 150° nimmt die Löslichkeit in 10 Std. nicht ab, trotz Abnahme der OH-Gruppen auf 2,7%. In 4 Std. bei 200° bleibt die Löslichkeit in Aceton erhalten, nach 15 Min. bei 300° sind noch 85% lösl.; längeres Erhitzen auf 200° (10 Std.) oder Erhitzen 15 Min. auf 400 u. 500° führt zu völligem Verlust der Löslichkeit. Fraktionierte Fällung mit PAe. aus CCl_4 liefert Fraktionen mit Mol.-Geww. 2770—11800. I ist kein räumliches, sondern ein cycl. Polymeres. Polyaluminiumtriäthylsiloxan hat dieselben Eigg. wie I, verliert aber rascher seine Löslichkeit, weil C_2H_5-Gruppen von Si leichter (unter Bldg. einer Siloxanbindung) abgespalten werden als C_6H_5-Gruppen. (Доклады Академии Наук СССР [Ber. Akad. Wiss. UdSSR] **118.** 1124—27. 21/2. 1958. Inst. für Metallorgan. Verbb. der Akad. der Wiss. der UdSSR u. Allunions Elektrotechn. Lenin-Inst.) R. K. MÜLLER. 4010

A. A. Tager und **W. A. Kargin,** *Thermodynamische Untersuchung des Systems Polymeres–hydriertes Monomeres.* 2. Mitt. *Lösungswärmen von Copolymeren im Gemisch mit hydrierten Monomeren.* (1. vgl. C. **1953.** 4052.) Die Unters. der Abhängigkeit der Lösungswärme von Copolymeren des *Butadiens* u. *Styrols* sowie verseifter *Polyvinylacetate* im Gemisch ihrer hydrierten Monomeren von der Zus. der Monomeren ergab, daß die synthet. *Kautschuke SKS-10* u. *SKS-30* im Gemisch von Äthylbenzol u. Isooctan sich unter Wärmeaufnahme lösen. Die Lösungswärme wird mit Erhöhung des Styrolanteils immer positiver, woraus auf Auflockerung der Struktur bei Erhöhung des Styrolanteils geschlossen wird. Polyvinylacetat u. seine schwach verseiften Prodd. lösen sich in hydrierten Monomeren ohne Temperaturänderung. Bei Erhöhung der Anzahl der OH-Gruppen wird die Quellungswärme negativ, woraus eine Verdichtung der Struktur hervorgeht. (Журнал Физической Химии [J. physik. Chem.] **32.** 1362—66. Juni 1958. Swerdlowsk, Gorki-Univ., Allunions Inst. für synthet. Kautschuk.) J. v. SCHRÖDER. 4030

M. P. Wotinow und **Je. W. Kuwschinski,** *Thermoelastische Erscheinungen in Gummi aus SKS-30A und SsKB bei adiabatischer Deformation bis zum Zerreißen.* Bei der adiabat. Ausdehnung von vulkanisiertem nichtgefülltem *SKS-30A-* (I) bzw. *SKB-Kautschuk* (II) tritt bis zum Moment des Zerreißens eine der geleisteten Arbeit äquivalente Wärmeentw. auf, die im Falle von I je nach der Wahl der Vulkanisationsdauer (10—50 Min. bei 138°) 6,2—4° betrug, was auf die kinet. Natur der elast. Kräfte in diesen Vulkanisaten hinweist. Bei gefüllten I- bzw. II-Proben [ca. 35% *Kanalruß* (III) bzw. *Silicagel* (IV) für I bzw. ca. 60% *Gasruß* für II] werden gleiche Gesetzmäßigkeiten fast bis zum Zerreißen beobachtet, wenn auch eine merkliche Zunahme der Ausdehnungsarbeit zu verzeichnen ist. Die bei den mit III bzw. IV gefüllten I-Proben kurz vor dem Zerreißen festzustellende Abnahme der Wärmeentw. läßt sich durch das Auftreten einer Härtung des Materials erklären. Das Ausbleiben der Kristallisationsvorgänge auch bei starker Ausdehnung ($\lambda \simeq 7{,}5$) wird durch die nichtreguläre Struktur der Ausgangskautschuke bedingt. (Журнал Технической Физики [J. techn. Physik] **27.** 2303—06. Okt. 1957. Leningrad, Polytechn. Kalinin-Inst.) W. DAWYDOFF. 4030

M. P. Wotinow, L. L. Ssulshenko und **Je. W. Kuwschinski,** *Thermoelastische Erscheinungen in Gummi aus Naturkautschuk bei cyclischer Deformation.* (Vgl. vorst. Ref.) Die Unters. der thermoelast. Eigg. von *Smoked sheets-Gummi* (I) bei der adiabat. Ausdehnung (Ausdehnungsgeschwindigkeit von ca. 100%/sec bei Raumtemp.) zeigt, daß die Wärmeentw. bei ungefüllten I-Proben bis zum Dehnungsgrad $\lambda \leq 4{,}5$, bei gefüllten I-Proben bis $\lambda \leq 1{,}8—4$ der Ausdehnungsarbeit äquivalent bleibt, während bei noch stärkerer Deformation eine zusätzliche Wärmeentw. infolge der auftretenden Kristallisation u. entsprechend der Gleichung $A \simeq \Delta M + \bar{c}\,(\Delta t)_{s_0}$ (M = Änderung der inneren Energie, A = Deformationsarbeit, $\bar{c}$ = durchschnittliche Wärmekapazität von I) stattfindet. Der Beginn der Kristallisation hängt sowohl von den Vulkanisationsbedingungen als auch von der Natur des Füllmittels ab. So wird bei Anwendung von Kanalruß als Füllmittel eine stärkere Kristallisation als bei Anwendung von Silicagel bzw. Kreide beobachtet. (Журнал Технической Физики [J. techn. Physik] **27.** 2307–13. Okt. 1957.) W. DAWYDOFF. 4030

M. P. Wotinow und **Je. W. Kuwschinski,** *Gesetzmäßigkeiten der Umwandlung von Arbeit in Wärme bei der adiabatischen Deformation von Gummi aus Butylkautschuk.* (Vgl. vorst. Reff.) Die Unters. der adiabat. Dehnung von ungefülltem vulkanisiertem *Butylkautschuk* (I) führt zur Aufstellung einer typ. S-förmigen Kurve. Die Spannung σ_0 beträgt bei den Dehnungsgraden $\lambda < 6$ weniger als 15 kg/cm², nimmt dann aber stark zu u. erreicht im Moment des Zerreißens der Probe ($\lambda \simeq 9{,}3$) mehr als 100 kg/cm². Die Probe weist bei der Deformation zunächst eine Abkühlung auf, die bei $\lambda \simeq 2$ ein Maximum (ca. 0,3°) erreicht. Bei $\lambda \simeq 2{,}6$ tritt die Wärmeentw. auf, die bei $\lambda > 6$ sehr intensiv wird u. im Moment des Zerreißens ca. 12° beträgt. Die Temperaturkurve weist mit Ausnahme der der Abkühlung entsprechenden Strecke eine weitgehende Ähnlichkeit der Dehnungskurve auf. Der Beginn der Kristallisation von I wurde beim Erreichen von $\lambda > 7$ beobachtet. – Die 60% *Ruß* (II) als Füllmittel enthaltenden I-Proben erwiesen sich als wesentlich härter als die nichtgefüllten. Bei $\lambda \simeq 9{,}0$ wurde z. B. ein doppelt so starker σ_0-Wert festgestellt. Das Abkühlungsmaximum tritt bei $\lambda \simeq 2{,}5$ auf u. beträgt ca. 1°. Bei $\lambda \simeq 4$ ist der Wärmeeffekt gleich Null. Weitere Dehnung führt zu einem fast linearen Anstieg der Temp., der bei $\lambda \simeq 9{,}6$ 22,5° beträgt. Das Vorliegen des akt. Füllmittels wie II verhindert bei diesem λ-Wert das Auftreten der Kristallisation. (Журнал Технической Физики [J. techn. Physik] **27.** 2554–56. Nov. 1957.) W. DAWYDOFF. 4030

A. N. Gent, *Kristallisation in Naturkautschuk.* 4. Mitt. *Temperaturabhängigkeit.* (3. vgl. C. **1950/54.** 4308 S.) An hochgereinigtem *Naturkautschuk* (pale crepe) u. an Peroxydvulkanisaten aus einem solchen Kautschuk wurde der Vorgang der Kristallisation dilatometr. im Bereich von –37 bis 0° verfolgt. Nach einer theoret. Betrachtung der Zeitfunktionen beim Kristallisationsvorgang, der Temperaturabhängigkeit u. des Einfl. der Vernetzung werden die Ergebnisse berichtet. In 1. Annäherung läßt sich die Temperaturabhängigkeit der Kristallisationsgeschwindigkeit von gereinigtem Kautschuk durch die klass. Keimbildungstheorie beschreiben. Die Verzögerung der Kristallisation durch Vernetzung wird teilweise auf eine Verminderung der Kettensegmentbeweglichkeit u. teilweise auf die Verhinderung der Kristallisationskeimbldg. um jede Vernetzungsstelle zurückgeführt. Natürlich vorkommende Verunreinigungen in smoked sheet-Kautschuk scheinen bei genügend hohen Tempp. ohne Wrkg. auf die Kristallisation zu sein. (J. Polymer Sci. **18.** 321–34. Nov. 1955. Welwyn Garden City, Herts., Brit. Rubber Prod. Res. Assoc.) R. SCHÄFF. 4030

Meredith Miller, *Darstellung von Cellophan im Laboratorium.* Man überschichtet 100 g Baumwolle mit 18%ig. NaOH von 30°, läßt 1 Std. stehen, saugt die Na-Cellulose trocken, versetzt sie mit 40 g CS_2, erwärmt in geschlossenem Gefäß 2 Std. auf 30°, versetzt mit 1000 g W. von 5° u. 200 g 18%ig. NaOH, rührt die Mischung 2 Std. bei 10–15°, läßt die Viscose (I) 12–24 Std. bei 0–15° stehen, breitet eine dünne Schicht (0,01–0,02 in.) I auf einer Glasplatte aus, koaguliert durch 60 Sek. Eintauchen in eine 40%ig. $(NH_4)_2SO_4$-Lsg. von 45°, taucht 2 Min. in eine Mischung von 12%ig. H_2SO_4 u. 18%ig. Na_2SO_4-Lsg. von 45°, wäscht den erhaltenen Film 10 Min. in heißem W. u. trocknet ihn an der Luft bei < 100°. (J. chem. Educat. **35.** 517. Okt. 1958. Richmond, Va., E. I. du Pont de Nemours & Co. Ltd., Film Dep., Cellophane Techn. Sect.) W. WESLY. 4050

S. A. Barker, A. B. Foster, I. R. Siddiqui, M. Stacey und **S. J. Pirt,** *Struktur eines durch Aerobacter aerogenes gebildeten sauren Polysaccharids.* Vff. isolieren aus dem Kultursubstrat (Pepton–Glucose, p_H 5; 37°, aerobe Bedingungen) von Aerobacter aerogenes (Klebsiella-Typ 64) ein *saures Polysaccharid* (I), das von *neutralen Polysacchariden* durch Fällung mit Cetavlon u. von *Nucleinsäuren* (II) auf Grund der leichten Löslichkeit des I-*Cetyltrimethylammoniumsalzes* in 0,25 mol. NaCl-Lsg. befreit wird. I enthält 45,31% C, 6,19% H, 0,81% N u. 0,11% P, entsprechend 1,8% Verunreinigungen mit II. Ferner werden in I 28,7% *Uronsäuren* u. die Ggw. von COOH-Gruppen (IR-Spektr.) festgestellt. I hat $[\alpha]_D^{17}$ +29,4° (c = 0,272; mol. NaCl). Saure Hydrolyse (2n H_2SO_4, 100°, 3 Std.) u. Trennung der neutralisierten Abbauprodd. an Deacidite FF (CO_3-Form) liefert neutrale (**A**) u. saure Zucker (**B**). Die Trennung der **A** an Cellulose (Butanol/A./

W./NH_3 = 40:10:49:1) ergibt *α-L-Rhamnose* [**III**, F. 93—94°; $[\alpha]_D^{22}$ +8,2° (c = 4,13, W.)] u. ein *Glucose* (**IV**)-*Mannose* (**V**)-Gemisch, das durch Behandlung mit p-Nitroanilin in HCl-haltigem Methanol in *N-p-Nitrophenyl-β-D-glucopyranosylamindihydrat* [F. 184°, $[\alpha]_D^{22}$ —196° (4 Min.) → —203° (c = 1,02; Pyridin)] u. *N-p-Nitrophenyl-β-D-mannopyranosylamindihydrat* [F. 219°; $[\alpha]_D^{27}$ —400° (4 Min.) → —333° (c = 0,12; Pyridin)] übergeführt wird. Fraktionierung der **B** an Cellulose (Lösungsm. Butanol/Essigsäure/W. = 4:1:5) liefert *Hexuronsäure* (**VI**) u. *Aldobiuronsäure* (**VII**). **VI** u. deren Lacton zeigen auf Papierchromatogrammen Beweglichkeiten, die mit denen von *Glucuronsäure* (**VIII**) u. *Glucuronolacton* übereinstimmen. Red. des **VI**-*Methylestermethylglucosids* ($LiAlH_4$) u. saure Hydrolyse liefert **IV** u. Spuren **V**. Daraus geht hervor, daß die eine Fraktion von **B** aus **VIII** u. etwas *Mannuronsäure* besteht. Die **VII**-Fraktion von **B** läßt auf Papierchromatogrammen die Ggw. von nichthydrolysierter **VII**, **V**, **VIII** u. wenig **IV** erkennen. Die Hauptkomponente dieser Fraktion ist demnach eine *Glucuronosylmannose*. — **I** verbraucht bei der Perjodatoxydation 0,303—0,423 Mol JO_4^- nach 48—110 Std., wobei 0,06—0,11 Mol HCOOH frei werden. Das perjodatoxydierte **I**-Hydrolysat enthält **IV**, **V** u. **VIII**, aber keine **III**. Die Ergebnisse zeigen, daß **III** entweder als Endgruppe bzw. in 2- oder 4-Stellung gebundenes Mol. vorliegt. Der maximale Geh. an Endgruppen oder an 1 → 6-Bindungen beträgt ca. 11%. Die Mehrzahl der **VIII**-Reste sind nicht an das Kettenende gebunden. **IV**-, **V**- u. **VIII**-Reste kommen entweder in 1 → 3-Bindungen oder in Verzweigungen des **I**-Mol. vor. (Nature [London] **181.** 999. 5/4. 1958. Birmingham, Univ., Chem. Dep.) P. FAHRNLAENDER. 4050

K. F. Westerling, *Der Ursprung des Wortes Protein.* Das Wort Protein ist von BERZELIUS in einem Brief vom 10/7. 1838 an MULDER für Eiweißverbb. als erster, d. h. wichtigster Stoff für die tier. Ernährung vorgeschlagen worden. (Chem. Weekbl. **55.** 115. 14/3. 1959. Eindhoven, TH, Labor. voor Algemene Chemie.) W. WESLY. 4070

F. Rybnikář, *Übergang in den Glaszustand bei Nylon 6 und Nylon 66.* Vf. untersuchte 2 Proben von *Nylon 6* mit [η] = 133 bzw. 428 u. 1 Probe von *Nylon 66* u. fand bei allen 3 Proben dieselbe Übergangstemp. in den Glaszustand, nämlich 65,5°. Die Messungen wurden in einem Penetrometer nach Abkühlung der geschmolzenen Proben durch ein Gemisch von Trockeneis u. Gasolin auf — 79° ausgeführt. (J. Polymer Sci. **28.** 633—34. April 1958. Gottwaldov I, Czechoslov., Res. Inst. for Rubber and Plastics Technol.) S. NEUE. 4070

Shiro Akabori, Ko Ohno, Tokuji Ikenaka, Yoshimi Okada, Hidesaburo Hanafusa, Ichiro Haruna, Akira Tsugita, Kin-ichi Sugae und **Taijiro Matsushima,** *Hydrazinolyse von Peptiden und Proteinen.* 2. Mitt. *Grundsätzliche Untersuchungen über die Bestimmung der endständigen Carboxylgruppen von Proteinen.* (1. vgl. Bull. chem. Soc. Japan **25.** [1952.] 214.) Die Zers. freier Aminosäuren (**I**) u. die Hydrolyse von **I**-Hydraziden zu freien **I** während der Hydrazinolyse, die Trennung von **I** von den **I**-Hydraziden als Dinitrophenylderivv. mit u. ohne Behandlung mit Isovaleraldehyd u. die Geschwindigkeit der Hydrazinolyse von Peptidbindungen werden untersucht. Es werden Unterss. über die Charakterisierung der Bindungsweise von Asparagin- u. Glutaminsäure bzw. deren Amiden in Peptidketten durchgeführt. Auf Grund der Ergebnisse werden 3 Standardmethoden zur quantitativen Best. C-endständiger Aminosäuren in Peptiden u. Proteinen entwickelt. Der Mechanismus der Hydrazinolyse wird diskutiert u. die Hydrazin- mit der Carboxypeptidasemeth. verglichen. Werden bei 10std. Hydrazinolyse >0,5 Mol freie **I** erhalten, so kann diese, nach Ansicht der Vff., als C-endständig angesehen werden, während Konzz. <0,2 Mol Artefakten darstellen können. Bei *Takaamylase* werden *Glycin, Serin* u. *Alanin* (?) u. bei *Ovalbumin Prolin* C-endständig gefunden. (Bull. chem. Soc. Japan **29.** 507—18. Juni 1956. Osaka, Osaka Univ., Fac. of Sci., Labor. of Biochem.) E. SCHWERDTFEGER. 4070

Rolf Bergkvist, *Nucleotidtrennung durch kontinuierliche Ionophorese.* Beschreibung der Trennung von *5'-Ribonucleotiden* von *Adenin, Guanin, Cytosin* u. *Uracil* durch kontinuierliche Ionophorese auf Papier. Bei dieser zur quantitativen Trennung u. Best. eines komplizierten Nucleotidgemischs geeigneten Meth. wird das Auftragen der Analysenlsg. mittels eines Synchronmotors gesteuert. Die beste Trennung läßt sich bei Verwendung von Acetatpuffer von p_H 4,15 u. Ionenstärke 0,033 u. Anlegung einer Spannung von 330 V (17 mA) erreichen. Bei den geprüften Nucleotiden waren mit dieser Analysenmeth. lediglich die folgenden Komponenten nicht in getrennte Banden aufzulösen: Uridindiphosphatglucose/Uridindiphosphatacetylglucosamin bzw. die Uridinmonophosphat/Cytidindiphosphat. In letzterem Falle ist die weitere Fraktionierung durch Papierchromatographie oder kontinuierliche Ionophorese bei einem anderen p_H-Wert möglich. Die Ausbeuten an den eluierten Fraktionen betrugen zwischen 85 u. 95%. (Acta chem. scand. **12.** 555—60. 1958. Lund, Univ., Inst. of Biochem.) E. ÜHLEIN. 4090

Rolf Bergkvist, *Nucleotidtrennung durch Ionophorese und Chromatographie auf Papier.* Beschreibung der Trennung eines komplizierten Gemischs von *5'-Ribonucleotiden* von *Adenin, Guanin, Cytosin* u. *Uracil* durch kombinierte Anwendung von Ionophorese u. Chromatographie auf dem gleichen Papierstreifen. Bei dieser Meth. wird nach der ionophoret. Trennung mit Acetatpuffer (p_H 4,15, Ionenstärke 0,1) u. Trocknung der Streifen senkrecht zur vorherigen Fraktionierungsrichtung eine weitere Auftrennung durch Chromatographie mittels eines Lösungsmittelsyst. aus gesätt. Ammoniumsulfat-lsg./Isopropanol (bzw. n-Butanol)–W. (79:2:19) erreicht. Die quantitativen Anteile der einzelnen Fraktionen lassen sich durch Eluierung der UV-absorbierenden Zentren aus dem Papier mit 0,1n HCl u. anschließende Messung der UV-Absorption der Eluate abschätzen. (Acta chem. scand. **12.** 752—55. 1958. Lund, Univ., Inst. of Biochem.) E. ÜHLEIN. 4090

Alfred Gierer, *Vergleichende Untersuchungen an hochmolekularen Ribosenucleinsäure.* Hochmol. *Ribonucleinsäure* (I) aus tier. u. pflanzlichen Geweben zeigt im Sedimentationsdiagramm 2 Komponenten. Das Mol.-Gew. wird daraus zu $1{,}8 \cdot 10^6$ u. zu $0{,}6 \cdot 10^6$ errechnet. Der Abbau der I mit Ribonuclease deutet darauf hin, daß I aus einem Nucleotidstrang aufgebaut ist, auch die strukturellen Eigg. ähneln der I aus dem Tabakmosaikvirus. Die Befunde zeigen somit eine funktionelle Beziehung zwischen der cellularen I u. der Virus-I auf. (Z. Naturforsch. **13b.** 788—92. Dez. 1958. Tübingen, MPI für Virusforsch.) H. STRUCK. 4090

P. D. Lawley, *Untersuchungen über die Wechselwirkung mit Desoxyribonucleinsäure.* 3. Mitt. *Die Wirkung von Änderungen der Natriumionenkonzentration, des p_H und der Temperatur auf das Ultraviolettabsorptionsspektrum von Natriumthymonucleat.* (2. vgl. Biochim. biophysica Acta [Amsterdam] **19.** [1956.] 328; vgl. auch C. **1955.** 4123.) Es wurden die Änderungen von $\varepsilon_{(P)\ 260m\mu}$ (Extinktionskoeff./g-Atom P/Liter) u. des Verhältnisses $\varepsilon_{280m\mu}/\varepsilon_{260m\mu}$ sowie $\varepsilon_{230\mu m}/\varepsilon_{260m\mu}$ für Kalbthymus-*Desoxyribonucleinsäure* (I; *Na-Thymonucleat,* II) in Abhängigkeit von Temp., Na-Ionenkonz. u. p_H-Änderung bestimmt. Es bestehen 2 Möglichkeiten zur Erhöhung des $\varepsilon_{260m\mu}$-Werts von II (ca. 6000; 60% des für die Nucleosidkomponenten berechneten Werts) in Ggw. eines Na^+-Überschusses bei neutralem p_H: a) Steigerung auf ca. 8500 durch Hitzedenaturierung von I ohne merkliche Änderung des Form der Absorptionskurve; b) Erhöhung durch Säure- oder Alkalidenaturierung unter Veränderung der Kurve. Die Titration von I u. denaturierter I mit Säure wurde bei verschied. Na^+-Konzz. spektrophotometr. verfolgt, wobei die Zunahme von $\varepsilon_{280m\mu}/\varepsilon_{260m\mu}$ als Maß für den Umfang der Titration bas. Gruppen der Purin- u. Pyrimidinringe betrachtet wird. Die Zunahme von $\varepsilon_{260m\mu}$ wird einer Abnahme der geordneten Gruppierung von Purin- u. Pyrimidinringsystemen beim Übergang von nativer zu denaturierter I (Zunahme des wirksamen chromophoren Bereichs) zugeschrieben. (Biochim. biophysica Acta [Amsterdam] **21.** 481—88. Sept. 1956. London, England, Chester Beatty Res. Inst., Inst. of Cancer Res., Royal Cancer Hosp.) K. MAIER. 4090

E. Biologische Chemie. Physiologie. Medizin.

E_1. Allgemeine Biologie und Biochemie.

J. R. Nursall, *Sauerstoff als Vorbedingung für den Ursprung von Metazoa.* Die frühesten Spuren tier. Lebens auf der Erde gehen auf fossile Funde von Metazoa aus der Zeit des Cambriums zurück. — Vf. legt in seiner Theorie dar, daß die frühesten Organismen des Meeres heterotroph leben mußten, da die Erdatmosphäre vorwiegend reduzierende Eigg. hatte. Mit der Entw. von Protochlorophyll konnten einige Organismen (Algen) aus CO_2 Kohlenhydrate synthetisieren. Der dabei auftretende O_2 reicherte sich zuerst im W., dann in der darüberliegenden Atmosphäre an u. bildete die Grundlage für die Entw. von Metazoa. (Nature [London] **183.** 1170—72. 25/4. 1959. Edmonton, Alberta, Univ. of Alberta, Dep. of Zool.) P. LOCH. 4100

Werner Stein und **Wolfgang Laskowski,** *Zur mathematischen Analyse der Strahleninaktivierung mikrobiologischer Objekte verschiedenen Ploidiegrades unter Berücksichtigung genetischer und nichtgenetischer Anteile.* Die strahleninduzierte Inaktivierung von Mikroorganismen wird interpretiert, u. es wird für die Zahl der Überlebenden ein mathemat. Ansatz gebracht, der neben dominant u. recessiv letalen Mutationen auch cytoplasmat. Wrkgg. berücksichtigt. (Z. Naturforsch. **13b.** 651—57. Okt. 1958. Berlin, Freie Univ., I. Physikal. Inst. u. Max-Planck-Inst. für vergleichende Erbbiol. u. Erbpathol.) W. REUSSE. 4102

B. A. Kihlman, *Die Wirkung von Sauerstoff, Stickstoffoxyd und Atmungshemmstoffen auf die Entstehung von Chromosomenaberrationen bei Röntgenbestrahlungen.* Die Steigerung der unter Röntgenbestrahlung bei Vicia faba-Wurzelspitzenzellen zu beobachtenden Chromosomenaberrationen durch Zufügung von je 200 μmol. H_2S, Cupferron (Ammoniumsalz von Nitrosophenylhydroxylamin) oder KCN zu 1% O_2 enthaltender N_2-Atmosphäre wird vermutlich durch Steigerung der intracellulären O_2-Konz. infolge Atmungshemmung verursacht, da O_2 ebenfalls steigernd auf die Zahl der Aberrationen wirkt u. unter Einw. der obigen Atmungshemmstoffe 1% O_2 dieselbe Wrkg. entfalten kann wie 21% O_2. Wenn die Atmung gehemmt ist, können sich auch derart niedrige O_2-Konzz. auf den Kern auswirken u. Einfl. auf die Chromosomen bei der Bestrahlung ausüben. Der Mechanismus der NO-Einw., welches ebenfalls die Zahl der Aberrationen erhöht, ist von anderer Art u. möglicherweise, ähnlich wie bei O_2, durch eine Affinität zu den freien C-Radikalen zu erklären. (Exp. Cell. Res. **14.** 639—42. Juni 1958. Uppsala, Univ., Inst. of Physiol. Bot.) U. TAUSENDFREUND. 4102

Alan Tallentire, *Beobachtung des Sauerstoffeffekts während der γ-Bestrahlung bei getrockneten Bakteriensporen.* Eine wss. Suspension von getrocknetem *Bacterium subtilis* im Gemisch mit Kaolin wurde durch Zerstäubung entwässert u. mit γ-Strahlen bis zu ca. 300 krad bestrahlt, dgl. Proben der gleichen M. nach weiterer Trocknung unter Vakuum. Beobachtung der Überlebensrate ergab, daß 1. bei den scharf getrockneten Proben die Anwesenheit von Luft kräftig im Sinne einer erhöhten Strahlenwrkg. wirkt, u. daß 2. bei Anwesenheit von Luft gleichen Druckes während der Bestrahlung die schärfere Trocknung erhöhte Strahlenwrkg. zur Folge hat. (Nature [London] **182.** 1024—25. 11/10. 1958. Manchester, Univ., Dep. of Pharmacy.) W. REUSSE. 4102

George A. Young, Norman R. Underdahl und **Leslie R. Sabina,** *Kultursysteme aus Schweinegewebe.* 1. Mitt. *Mit Trypsin behandeltes Nierengewebe.* Vff. studierten die experimentell schwierige Zucht von Schweinenierenzellen in Standardsalz-Lsgg. u. Schweineblutserum. Das Zellwachstum wurde stimuliert durch Zugabe von enzymat. hydrolysiertem *Lactalbumin.* Optimales Wachstum wurde erreicht mit 20% Schweine- u. 40% Rinderserum. — 32 Literaturangaben. (Amer. J. veterin. Res. **18.** 466—72. Juli 1957. West Lafayette, Ind.) H. BÜTTNER. 4150

G. Biserte, J. Driesens und **A. Dupont,** *Die freien und peptidischen Aminosäuren des für Gewebekulturen verwendeten Hühnerembryonenextrakts. Elektrophoretische und chromatographische Untersuchung.* (C. R. Séances Soc. Biol. Filiales **151.** 1884—87. 1957, herausgeg. 24/6. 1958.) R. LAFFERENZ. 4150

Hans H. Pfeiffer, *Topochemische Versuche an postmeiotischen Pollenmitosen von Fritillaria Meleagris L.* Bei enzym-cytolog. Unterss. an Kern u. Chromosomen von Liliaceen wurde *alkal. Phosphatase* an den Chromosomenschenkeln, in geringerer Menge auch in der von diesen eingeschlossenen Olistherozone lokalisiert. In dem Chromosomensatz von 2n = 24 stimmt *Fritillaria meleagris* mit den meisten Arten der Gattung überein. Auch die Centromeren waren FEULGEN-positiv. Die Lokalisierung von Nucleinsäurekomponenten an den gleichen Zellelementen gibt Hinweise auf Beziehungen zwischen beiden Substanzen. (Ber. dtsch. bot. Ges. **70.** 217—20. 25/7. 1957. Bremen, Labor. für Polar.-Mikrosk.) H. BÜTTNER. 4150

Gisela Hassenkamp und **W. Liese,** *Elektronenmikroskopische Beobachtungen über das Vorkommen von Plasmodesmen in Zellwänden.* Vff. konnten elektronenopt. (Fixierung mit dem FLEMMING-HEITZ-Gemisch sowie durch Osmiumsäure) in den Wänden der Pollenmutterzellen von *Gasteria trigona* (späte Prophase u. Metaphase der Meiosis) u. *Lilium candidum* sowie in den verholzten Tracheidenwänden von *Pinus silvestris* Plasmodesmen feststellen. (Exp. Cell Res. **13.** 165—67. Aug. 1957. Freiburg/Br., Univ., Forstbotan. Inst.) H. KOCKERT. 4150

Kenneth Mather und **John L. Links,** *Das Cytoplasma bei der sexuellen Fortpflanzung.* An Hand von Wachstumsmessungen u. anderen Unterss. in früheren Arbeiten wird wahrscheinlich gemacht, daß bei Pilzen die Stadien des Wachstums, der sexuellen u. der asexuellen Vermehrung auf definierte, physiol.-chem. Zustände des Zellplasmas zurückgeführt werden können. (Nature [London] **182.** 1188—90. 1/11. 1958. Birmingham, Univ., Dep. of Genetics, Agric. Res. Counc., Unit. of Biometric. Genetics.) H. FRANK. 4150

J. L. Simkin und **T. S. Work,** *Proteinsynthese als Teilproblem der biologischen Nachbildung.* Die Zwischenstufen bei der biol. *Protein*-Synth. u. deren Kontrolle durch *Ribonucleinsäure* u. *Desoxyribonucleinsäure* werden eingehend erläutert. Für die natürliche Reproduktion der Zelle sind danach verschied. intakte Mechanismen Voraussetzung. (Symposia Soc. exp. Biol. Nr. **12.** 164—75. 1958. London, Mill Hill, Nat. Inst. for Med. Res.) L. TRÄGER. 4150

M. R. Pollock und **J. Mandelstam,** *Mögliche Mechanismen für die Übermittlung der Information zur Enzymbildung in die Zelle.* Vff. geben eine allg. Klassifikation für die biochem. spezif. katalyt. Rkk. u. unterscheiden autokatalyt. u. komplementärkatalyt. Prozesse, innerhalb derer weitere Differenzierungen möglich sind. Die Mechanismen dieser Rkk. werden erläutert, u. die Bedeutung der autokatalyt. Prozesse bei der Enzymbldg. wird abgegrenzt. (Symposia Soc. exp. Biol. Nr. **12.** 195—204. 1958. London, Mill Hill, Nat. Inst. for Med. Res.) L. TRÄGER. 4150

A. Tissières und **J. D. Watson**, *Ribonucleoproteinpartikel aus Escherichia coli.* E. coli, Stamm B, wird in der logarithm. Wachstumsphase geerntet, gewaschen, mit Al_2O_3-Puder gerieben u. mit Pufferlsg. extrahiert. Ein Zusatz von *Desoxyribonuclease* depolymerisiert *Desoxyribonucleinsäure.* Andere Extraktionsmethoden (Ultraschall oder Protoplastenbldg. mit Penicillin) wurden mit gleichem Erfolg durchgeführt. Der rohe Extrakt wird mit 0,01 mol. Mg-Acetat u. 0,001 mol. Trispuffer auf p_H 7,4 gebracht u. die Sedimentationskonstanten vom *Ribonucleoprotein* (I) ermittelt. In Ggw. von 0,01 mol. *Mg^{2+}* zeigen sich zwei I-Komponenten bei 70 S u. 100 S. In 0,001 mol. Mg^{2+}-Lsg. tauchen außerdem I-Fraktionen mit 32 S u. 51 S auf. Danach sind die I-Fraktionen von 70 S u. 100 S nur innerhalb des Konzentrationsgebiets von 10^{-4} bis $2 \cdot 10^2$ mol. Mg^{2+}-Lsg. stabil. Unter- oder oberhalb dieser Mg^{2+}-Konzz. brechen die I-Partikel zu kleineren Teilchen (32 S u. 51 S) auseinander. Eine 100 S-Partikel zerfällt in zwei 70 S-Partikel, eine 70 S-Partikel zerfällt in 51 S- u. 32 S-Komponenten. Das Verhältnis zwischen den Fraktionen 100 S u. 70 S bzw. 51 S u. 32 S entspricht dem mol. Übergang dimer/monomer. Die I-Fraktionen mit den Sedimentationskonstanten 51 S, 70 S u. 100 S enthalten 60—65% *Ribonucleinsäure* u. 40—35% Protein. Das gleiche gilt wahrscheinlich auch für die 32 S-Fraktion. Alle Partikel sind enzymfrei. Die Stabilität der Fraktionen in Ggw. von Streptomycin u. Mg^{2+} oder bei Variation der Salz-Konz. wird angegeben. Das Mol.-Gew. der 32 S-Fraktion beträgt $9{,}5 \cdot 10^5$, das der 70 S-Fraktion $2{,}8 \cdot 10^6$. Außerdem werden die Diffusionskonstanten angegeben. Gleiche oder ähnliche I-Fraktionen werden auch aus anderen Bakterien, Tieren oder Pflanzen identifiziert. Alle I-Fraktionen sind relativ stabil gegenüber Ribonuclease. (Nature [London] **182.** 778—80. 20/9. 1958. Cambridge, Mass., Harvard Univ., Biol. Labor.) L. TRÄGER. 4150

Shosuke Takemura, *Die Hydrazinolyse von Heferibonucleinsäure. Die Bildung von „Riboapyrimidinsäure".* Bei Behandlung von Hefe-Na-Ribonucleat (I) mit wasserfreiem N_2H_4 (60°, 1 Std.), Fällen mit A., Dialyse der wss. Lsg. des Nd. u. Fällen bei p_H 2 wurde in guter Ausbeute ein schwerer lösl., N-ärmeres Prod. (II) erhalten, das eine stärkere Orcin-Rk. als I gab u. im Gegensatz zu I ca. 20% des Reduktionsvermögens von Ribose besaß. II absorbierte etwas kürzerwellig (λ_{max} 255,5 mμ, Phosphatpuffer, p_H 7) u. gab bei Hydrolyse mit La-Hydroxydgel bei p_H 8, 80°, 40 Std., im Gegensatz zu I, keine Pyrimidinnucleoside. Enzymat. Spaltverss. mit Pankreasribonuclease u. Ribonuclease T_1 (aus Takadiastase) an II deuten ebenfalls auf das Fehlen von Pyrimidinen (III) hin. Anscheinend führt I-Hydrazinolyse zu einem prakt. III-freien Prod., *„Riboapyrimidinsäure".* (J. Biochemistry [Tokyo] **44.** 321—25. Mai 1957. Nagoya, Univ., Fac. of Sci., Chem. Inst. [Orig.: engl.]) K. MAIER. 4150

John M. Kissane und **Eli Robins**, *Die fluorometrische Bestimmung der Desoxyribonucleinsäure in tierischen Geweben unter besonderer Bezugnahme auf das Zentralnervensystem.* (Vgl. Bull. Soc. chim. France, Mém. **15.** [1948.] 681.) Es wird eine fluorometr. Meth. zur Best. von *Desoxyribonucleinsäure* (I) beschrieben, die darauf beruht, daß Desoxyribose (II) mit 3.5-Diaminobenzoesäure bei längerem Erhitzen mit Mineralsäuren stark fluorescierende Verbb. bildet. Die Meth. ist weitgehend spezif. für II u. spricht prakt. nicht auf Ribonucleinsäure (III), Ribose, Glucose, Glucosamin, Inosit, Adenin, Uracil, Xanthin, Thymin, Cytidin, Cytosin, Cytidylsäure, Uridin, Uridylsäure, Adenosin, Adenylsäure, Guanin oder Guanylsäure an. Deshalb ist eine Abtrennung der III nicht notwendig. Gegebenenfalls störende Substanzen werden bei der anfänglichen Trichloressigsäurefällung oder der darauffolgenden Lipoidextraktion mit 0,1 n alkoh. K-Acetatlsg. entfernt. Mit einer Zusatzeinrichtung konnten in einem Fluorometer $2{,}4 \cdot 10^{-9}$ g I in einem Endvol. von $50 \cdot 10^{-3}$ ml bestimmt werden. Die Werte stimmten hinreichend mit UV-Absorptionsmessungen überein. Es wurden I-Bestimmungen an Proben aus verschied. Gegenden des Zentralnervensyst. von Affe u. Kaninchen durchgeführt. (J. biol. Chemistry **233.** 184—88. Juli 1958. St. Louis, Miss., Washington Univ., School of Med.) H. G. SCHWEIGER. 4150

Doreen Thomason und **Raymond Schofield**, *Calciumaustausch von Ehrlich Ascitestumorzellen bei Mäusen in vitro.* ^{45}Ca enthaltende EHRLICH-Ascites-Tumorzellen werden in n. Ascites-Fl. suspendiert u. 10 Min. bei 37° bebrütet. Es wird, im Gegensatz zu in vivo-Verss. (vgl. C. **1959.** 2492) kein Austausch von ^{45}Ca zwischen Zellen u. Fl. beobachtet. Das gleiche Resultat wird erhalten, wenn n. Tumorzellen in ^{45}Ca-haltiger Ascites-Fl. suspendiert werden. Auch bei Incubationszeiten bis zu 80 Min. ist der ^{45}Ca-

Austausch kaum meßbar. Der in vivo feststellbare schnelle ^{45}Ca-Austausch kann demnach nicht auf Diffusion, sondern muß auf Stoffwechselvorgänge zurückgeführt werden. (Nature [London] **182.** 809. 20/9. 1958. Withington, Manchester, Christie Hosp. and Holt Radium Inst.) R. REISS. 4160

J. C. Birkenhäger, *Die Wirkung von Ferricyanid auf den Kohlenhydratstoffwechsel von Tumorzellen.* Tumorzellen wurden 50—90 Min. bei 37° in glucosehaltiger Phosphat- bzw. Bicarbonatpufferlsg. mit 0,01 mol. $K_3Fe(CN)_6$ (I) incubiert. Die aerobe Glykolyse von Zellen des WALKER-Carcinoms 256 der Ratte u. des CROCKER-Tumors der Maus wurde stark gehemmt. Beim WALKER-Carcinom wurde auch anaerob gearbeitet u. ebenfalls eine starke Hemmung erreicht. Die aerobe Glykolyse von EHRLICH-Ascites-zellen der Maus wurde dagegen durch I nicht gehemmt. Bei WALKER- u. CROCKER-Zellen, dagegen nicht bei EHRLICH-Zellen, hemmte I auch die durch *2.4-Dinitrophenol* gesteigerte aerobe Glykolyse. Die Atmung der WALKER- u. CROCKER-Zellen wurde, im Gegensatz zur Atmung der EHRLICH-Zellen, durch I um 30—60% gesteigert. In den Fällen, wo die Milchsäurebldg. gehemmt wurde, war der Glucoseverbrauch viel schwächer gehemmt als die Glykolyse. Zieht man die zur Milchsäureproduktion benötigte Glucosemenge von der insgesamt abgebauten Glucose ab, so bleiben bei den Ansätzen mit I sogar noch größere Glucosebeträge übrig. Aerob, jedoch nicht anaerob, wurden nach I-Einw. kleine Mengen Pyruvat gefunden. Bei 30 minütiger Incubierung mit 0,01 mol. I wird die Oxydation des $C_{(1)}$-Atoms der Glucose in WALKER- u. CROCKER-Zellen auf das 2—4fache gesteigert, 0,0001 mol. *Jodessigsäure*, die die Glykolyse von WALKER-Zellen fast völlig hemmt, steigert die $C_{(1)}$-Oxydation zu CO_2 dagegen kaum. In EHRLICH-Zellen wird die $C_{(1)}$-Oxydation durch I nicht erhöht. Die Oxydation des $C_{(6)}$-Atoms konnte bei den 3 Zellarten durch I nicht gesteigert werden. Vf. folgert aus den Ergebnissen, daß I die Glykolyse, direkt oder indirekt, bei der Stufe der Phosphohexose-Isomerase oder in Höhe der Phosphohexokinase hemmt. (Biochim. biophysica Acta [Amsterdam] **31.** 595—97. Febr. 1959. Amsterdam, Univ., Pharmaco-therapeut. Labor.) S. DITTMANN-MITZSCHERLICH. 4160

H. Maass, G. H. Rathgen, H. A. Künkel und **G. Schubert,** *Versuche zur Deutung der strahleninduzierten Glykolysehemmung in Yoshida-Ascitestumorzellen.* YOSHIDA-Ascitessarkomzellen wurden in vitro bei Zimmertemp. mit 25000 r (Leistung 1050 r/Min.) bestrahlt. Der *Diphosphopyridinnucleotid* (I)-Geh. wurde zu verschied. Zeiten nach anaerober Incubation mit *Glucose* (II) nach HOLZER (Hoppe-Seyler's Z. physiol. Chem. **297.** [1954.] 1) opt. bestimmt. 20—60 Min. nach II-Zusatz bleiben die, auf den N-Geh. bezogenen, I-Konzz. konstant u. betragen bei bestrahlten Zellen nur ca. $^1/_3$ der I-Konzz. der Kontrollen. Die Glykolyse war nach der Bestrahlung gehemmt, erreichte jedoch bereits nach 50 minütiger Incubation den Wert der unbestrahlten Zellen. Bei 50%ig. Hemmung der Glykolyse durch Jodessigsäure bleibt die I-Konz. unbestrahlter Zellen konstant. Folglich kann das Absinken des I-Geh. nach Bestrahlung keine Folge der erniedrigten Glykolyse sein. Dies geht auch daraus hervor, daß der I-Geh. bereits unmittelbar nach der Bestrahlung stark erniedrigt ist, in der Zwischenzeit bis zum II-Zusatz etwas weiter absinkt u. dann während der Incubierung konstant niedrig bleibt. Hemmung u. Wiederanstieg der Glykolyse verlaufen im gleichen Sinne wie oben ausgeführt, wenn nach Bestrahlung zunächst 40 Min. ohne II incubiert wird. Im Gegensatz dazu sinkt die I-Konz. bei Incubierung unter II-Ausschluß in bestrahlten u. unbestrahlten Zellen u. läßt sich auch durch späteren II-Zusatz nicht wieder erhöhen. Bei Einstrahlung verschied. Dosen sinken I-Geh. u. Glykolyserate etwa im gleichen Sinne. Die I-Konz. scheint allerdings schon bei niederer Strahlendosis schwach abzufallen. Bei Zusatz von *Nicotinsäureamid* (III) zur Reaktions-Fl. (10^{-5} bis 10^{-2} Mol) steigen I-Konz. u. Glykolyse etwa gleichsinnig. Die Erniedrigung des I-Geh. scheint also die Glykolysehemmung zu bedingen. Allerdings läßt sich der I-Geh. im Gegensatz zur Glykolyse durch III nicht wieder völlig normalisieren. Die Ursache des Absinkens der I-Konz. nach Bestrahlung ist noch ungeklärt. Mit einem Anstieg der red. Form (IV) von I ist es nicht erklärbar, denn das für das Verhältnis IV:I maßgebende Verhältnis Pyruvat:Lactat ist in bestrahlten u. unbestrahlten Zellen gleich. (Z. Naturforsch. **13b.** 735—41. Nov. 1958. Hamburg-Eppendorf, Univ., Frauenklin.) S. DITTMANN-MITZSCHERLICH. 4160

Vernon Riley, *Synergistische Reaktion zwischen p-Phenylendiamin und Melanomkomponenten.* Zellfreie Mäusemelanomextrakte (Cloudman S 91) zeigen bei WARBURG-Messungen nach Zusatz von *p-Phenylendiamin* (I) sehr hohen O_2-Verbrauch. Es handelt sich um eine nichtenzymat. Rk., da auch hitze- oder KCN-behandelte Extrakte hohen O_2-Verbrauch zeigen. *3.4-Dihydroxyphenyl-DL-alanin* (II) in Kombination mit I bei p_H 7,4 gibt ebenfalls hohe Werte. Sie sind am größten bei einem Verhältnis von 2 Mol II zu 1 Mol I. Ähnlich wie II verhalten sich andere Verbb. mit 2 phenol. OH-Gruppen in o-Stellung. Von 150 auf ihr Verh. gegen II untersuchten aromat. Aminen waren wirksam: p.p'-Diaminodiphenylamin, p.p'-Diaminodiphenylamin-o-sulfonsäure, 2.4-Diaminotoluol, 2.3-Diaminotoluol, 2.4-Diaminobenzoesäure u. N.N-Dimethyl-p-phenylendiamin. Bei Kombination von **I** mit **II** war die Pigmentbldg. um so stärker, je höher der **II**-Anteil war. Melanommäuse, die mit I-haltigem Trinkwasser gefüttert wurden, zeigten eine Erhöhung der Lebenszeit von 30%. (Proc. Soc. exp. Biol. Med. **98.** 57—61. Mai 1958. New York, N. Y., Memorial Center for Cancer and Allied Diseases, Sloan-Kettering Inst. for Cancer Res.) R. REISS. 4160

Walter G. Wiest, Josef Zander und **Emil G. Holmstrom,** *Stoffwechsel von $^{14}C_{(4)}$-Progesteron im Arrhenoblastom.* Von einem operativ gewonnenem Arrhenoblastom wurden Tumorgewebeteile in RINGER-Phosphatpuffer (p_H 7,4) homogenisiert u. mit 6 γ $^{14}C_{(4)}$-*Progesteron* 3½ Std. bei 37° incubiert. Nach Extraktion u. Entfernung der Neutralfette wurden die Steroide papierchromatograph. isoliert. Vom incubierten Progesteron fanden sich 33% als *17α-Hydroxyprogesteron,* 1,2% als *Δ^4-Androsten-3.17-dion* u. 0,6% als *Δ^4-3-Ketopregnen-20α-ol* umgewandelt. 2 weitere, nichtidentifizierte höher polare Umwandlungsprodd. müssen noch vorliegen. Testosteron u. phenol. Steroide (Östrogene) wurden nicht gefunden. Arrhenoblastomgewebe kann also in vitro Progesteron in Androgene umwandeln. (Klin. Wschr. **37.** 45—46. 1/1. 1959. Salt Lake City, Utah, Univ., Dep. of Biochem. and Dep. of Obstetr. and Gynecol.; Köln, Univ., Frauenklin.) G. KIMMERLE. 4160

E. von Haam, H. L. Titus, Irving Caplan und **George Y. Shinowara,** *Wirkung von Rußen auf carcinogene Verbindungen.* Quantitative Unterss. über die Adsorption von *20-Methylcholanthren* (**I**), *3.4-Benzpyren* (**II**) u. *p-Dimethylaminoazobenzol* (**III**) an 7 verschied. Ruße. **I** u. **II** werden gleich stark adsorbiert, **III** etwa halb so stark. Die Adsorption ist der Teilchengröße umgekehrt proportional. In weiteren Verss. wurden Mäuse mit **II**, adsorbiertem **II** bzw. Ruß allein (als Lsg. bzw. Suspension in Aceton) gepinselt. **I** wurde in gleicher Weise bei Ratten subcutan injiziert (in Olivenöl gelöst oder suspendiert). **III** (frei u. adsorbiert) wurde an Ratten verfüttert. In allen Fällen war die Tumorhäufigkeit bei Applikation der cancerogenen Substanzen in adsorbierter im Vgl. zu nichtadsorbierter Form erheblich erniedrigt. Bei Verwendung von **III** (adsorbiert) trat bei 72 Tieren nur ein Hepatom auf. Ruß allein erzeugt keine Tumoren. Vff. glauben, daß die 3 Verbb. in adsorbierter Form nicht carcinogen wirken. Das Auftreten von Tumoren wird auf eine Elution des Cancerogens durch das Suspensionsmittel zurückgeführt. (Proc. Soc. exp. Biol. Med. **98.** 95—98. Mai 1958. Columbus, Ohio, Ohio State Univ., Dep. of Pathol.) R. REISS. 4160

Paul E. Waggoner und **A. E. Dimond,** *Prüfung der Wirkung von Wachstumsregulatoren auf Pflanzentumoren.* Die Streuung der Rk. von pflanzlichen Tumoren — in der Gewebekultur, als Gallen auf intakten Wirtspflanzen u. als Gallen auf Vorratsorganen — auf Wachstumsregulatoren wird varianzanalyt. untersucht (Indolylessigsäure; Saccharose; 2.4-Dichlorphenoxyessigsäure, γ-Strahlung, Diäthanolammoniummaleinsäurehydrazid). (Connecticut agric. Exp. Stat., New Haven, Bull. **1955.** Nr. 587. 1—14. Jan. New Haven, Conn., Connecticut Agric. Exp. Stat.) J. DITTMANN. 4160

G. Mayr und **G. C. Rabotti,** *Magnetochemisches Verhalten von verschiedenen Krebstherapeuticis.* Vff. bestimmen mit einer magnet. Waage die Gewichtssusceptibilitäten verschied. Krebstherapeutica (Angaben in 10^{-6} cgs-Einheiten, Fehler $\pm$ 0,02; Temp. 20—22°): Di-[2-chloräthyl]-methylaminhydrochlorid (— 0,81), Di-[2-chloräthyl]-β-naphthylamin (— 0,74), 2.4.6-Tris-äthylenimino-1.3.5-triazin (— 0,74), Äthyleniminpikrat (— 0,58), N.N'-Dicycloäthylencarbamylhexamethylendiamin (— 0,82), Urethan (— 0,64), Butyl-1.4-dimethylsulfonat (— 0,69), 6-Mercaptopurin (— 0,64). Die gefundenen Werte liegen höher (ca. $0{,}1-0{,}2 \cdot 10^{-6}$) als die nach dem PACAULTschen Syst. berechneten. Vff. schließen auf ausgebreitete π-Elektronenwolken, die in Zusammenhang mit der therapeut. Wrkg. gebracht werden. (Experientia [Basel] **13.** 252—53. 15/6. 1957. Mailand, Univ. degli Studi di Milano, Fac. of Med., and Centr. per Oncolog. Sperimentale del C.N.R. Sez. di Milano.) W. HABERDITZL. 4160

Michael Ebert und **Shirley Hornsey,** *Der Einfluß von Stickstoffdioxyd auf die Strahlenempfindlichkeit von Mäuse-Ehrlich-Ascitestumoren.* Unterss. über den Einfl. von inerten Gasen auf die Strahlenempfindlichkeit von Mäuse-Ascitestumoren wurden mit NO_2 fortgesetzt. Während der Bestrahlung von 5 Gruppen von Tieren befanden sich diese in folgenden gasförmigen Medien: 1. Luft, 1 at; 2. O_2, 0,2 at + NO_2, 0,8 at; 3. Luft, 1 at + A, 95 at; 4. Luft, 1 at + N_2, 11 at; 5. Luft, 1 at + Xe, 2 at. Die relativen Strahlenempfindlichkeiten sind dabei (Reihenfolge wie oben) 3,5; 0,91; 1,0; 1,4; 1,2. NO_2 ist daher bes. wirksam gegenüber der O_2-bedingten Strahlensensibilität. (Nature [London] **182.** 1240. 1/11. 1958. London, Hammersmith Hosp., Exp. Radiopathol. Res. Unit, Med. Res. Council.) W. REUSSE. 4160

J. A. V. Butler and B. Katz, eds., Progress in biophysics and biophysical chemistry. Vol. 9. London: Pergamon Pr. 1959. (390 S. m. Abb.) 90 s.

Leslie John Hale, Biological laboratory data. New York: Wiley bds. 1959. (142 S.) 10°. $ 2,75.

Friedrich Meythaler, Hrsg., Chemotherapeutische Probleme maligner Tumoren. 1. Kolloquium über Cytostatica in Hemer/W. am 28. Juli 1958. Stuttgart: Enke. 1959. (VI + 120 S.) 8° = Symposien aktueller therapeutischer Probleme. H. 1. DM 16,80.

G. E. W. Wolstenholme and Maeve O'Connor, Symposium on carcinogenesis: mechanisms of action. London: Churchill. 1959. (XII + 336 S. m. Tab. u. Diagr.) 48 s.

E_2. Enzymologie. Gärung.

Andrée Goudot, *Der Komplex Ladungstransport zwischen Enzym und Substrat und katalytische Reaktion.* Theoret. Betrachtungen über die Komplexbldg. zwischen metall. Kationen u. Substrat u. die dadurch hervorgerufenen charakterist. Veränderungen der Energieverteilung. Es werden 3 Fälle unterschieden: Komplexbldg. mit Valenzwechsel, mit Erniedrigung der freien Energie, mit erzwungener Konfiguration. (C. R. hebd. Séances Acad. Sci. **241**. 498—99. 1/8. 1955.) K. MAIER. 4200

D. H. Adams und **E. Ann Burgess**, *Die intracelluläre Wiederverteilung von Katalase während der Incubation von Mäuseleberschnitten.* Die frühere Beobachtung, nach der der *Katalase* (I)-Geh. von Mäuseleberschnitten während 2std. Incubation bei 38° zunimmt, beruht nach neueren Unterss. darauf, daß 75% der Leber-I in den Zellgranula lokalisiert sind u. der Rest im Cytoplasma. Im Verlauf der Incubation kommt es nur zu einer Zunahme der cytoplasmären I auf Kosten der granulären I, vermutlich infolge Wanderung der I durch die Membranen der Granula. Der gesamte I-Geh. bleibt dabei unverändert. (Biochem. J. **69**. 40P. Juli 1958. London, Hosp. Med. Coll., Cancer Res. Dep.) F. KRUSEN. 4210

Koiti Titani, Hisayuki Ishikura und **Shigeki Minakami**, *Die Struktur von Cytochrom c. 1. Mitt. Der endständige C-Rest von Cytochrom c.* Eine Unters. von *Cytochrom c* aus Pferdeherzmuskel, Hefe u. Walfischherzmuskel nach der Hydrazinolysemeth. ergab, daß alle 3 Cytochrome c als endständige Aminosäuren 1 Mol *Glutaminsäure* pro Mol Cytochrom enthalten. (J. Biochemistry [Tokyo] **44**. 499—503. Aug. 1957. Tokyo, Univ., Fac. of Sci., Dep. of Chem. u. Fac. of Med., Dep. of Physiol. Chem. and Nutrit.) H. GOEBEL. 4210

G. Leaf, N. E. Gillies und **R. Pirrie**, *Die Aminosäurenzusammensetzung von Cytochrom c aus Pferdeherzen.* Vff. bestimmen die Aminosäurenzus. von chromatograph. gereinigtem *Cytochrom c* aus Pferdeherzen (0,46% Fe, 15,98% N) mit Hilfe quantitativer Ionenaustauscherchromatographie (Spektrophotometrie der Fraktionen nach Ninhydrinbehandlung). Es werden folgende Werte angegeben (Anzahl der Aminosäuren im Mol. Cytochrom): *Glycin* (11), *Alanin* (5), *Valin* (2), *Leucin* (5), *Isoleucin* (5), *Prolin* (3), *Phenylalanin* (3), *Tyrosin* (4), *Tryptophan* (1), *Serin* (0), *Threonin* (9), *Cyst(e)in* (2), *Methionin* (2), *Arginin* (2), *Histidin* (3), *Lysin* (18), *Asparaginsäure* (7), *Glutaminsäure* (11), *Ammoniak* (7). Die Angaben für die S-haltigen Säuren sind unsicherer als die anderen Werte. (Biochem. J. **69**. 605—11. Aug. 1958. Glasgow, Univ., Dep. of Biochem.) W. HABERDITZL. 4210

Gunther L. Eichhorn und **Joan F. Cairns**, *Rotationsdispersion von Cytochrom c.* Vff. untersuchen das Spektr. (450—700 mμ) der mol. Drehung von *Cytochrom c* (I)-Lösungen. In Übereinstimmung mit der Tatsache, daß die Globinkomponenten zu beiden Seiten der Porphyrinebene verschieden sind u. mit den Porphyrinseitenketten verknüpft sind, ergibt sich starker Einfl. des Ladungszustandes des Fe-Zentralatoms auf die opt. Aktivität. Die verschied. Dispersionskurven für red. u. oxydiertes I zeigen im Gebiet um 500 mμ, in dem auch die Absorptionsspektren der beiden Formen stark differieren, anomale Dispersion. (Nature [London] **181**. 994. 5/4. 1958. Washington, Georgetown Univ., Dep. of Chem.) W. HABERDITZL. 4210

Ronald W. Estabrook und **Bertram Sacktor**, *α-Glycerophosphatoxydase der Mitochondrien des Flugmuskels.* Die nach SACKTOR u. COCHRAN (C. **1959**. 835) aus dem Flugmuskel von Musca domestica gewonnenen Mitochondrien enthalten eine via *Cytochrom* reagierende *α-Glycerophosphatoxydase* (I), deren Wrkg. polarograph. unter Verwendung der „O_2-Elektrode" von CHANCE an der O_2-Aufnahme (Reaktionsprod. *Dioxyacetonphosphat*; II) oder spektrophotometr. (mittels Monochromator nach CHANCE) bestimmt wurde: MICHAELIS-MENTEN-Konstante K_m = ca. 2 mMol; p_H-Optimum 6,5—7,0; Zusatz von II (bis 40mal höhere Konz. als Substratkonz.) ist ohne Einfl. auf die Oxydationsgeschwindigkeit oder auf den stationären Zustand der Atmungskette; *Äthylendiamintetraacetat* (*Versene*; III) hemmt die I-Wrkg. bei intakten Mitochondrien sowie bei mit Salzlsg. gewaschenen Partikeln der Mitochondrien; durch Zusatz von $MgCl_2$ oder Substrat wird die ursprüngliche Wrkg. wiederhergestellt. — III ist ohne Einfl. auf die

Oxydation von Succinat. — Die Wrkg. von **III** kann auch durch andere Kationen (Konz.: 5 mMol) aufgehoben werden, wobei diese in folgender Reihenfolge wirken: $Co^{2+} > Pb^{2+} > Fe^{2+} > Cu^{2+} > Mn^{2+} > Ca^{2+} > Mg^{2+} > Fe^{3+}$. In **III**-freien Reaktionsgemischen haben die genannten Metalle keine Aktivatorwirkung. Offenbar wird also die Wrkg. von **III** durch Chelatbldg. aufgehoben. Von anderen Chelatbildnern erzielte *Cyclohexan-trans-1.2-diamintetraacetat* dieselbe Wrkg. wie **III**, wogegen *Diäthylentriaminpentaacetat* schwächer u. *N-Hydroxäthyläthylendiamintetraacetat* noch schwächer wirkte; eine Anzahl anderer Chelatbildner war ohne Einfluß. **III** wirkt bei sauerer Rk. stärker als bei alkal. Reaktion. (J. biol. Chemistry **233**. 1014—19. Okt. 1958. Philadelphia, Pa., Univ. of Pennsylvania, Johnson Found. for Med. Phys.; Maryland, Army Chem. Center, Directorate of Med. Res., Physiol. Chem. Branch.) A. HESSE. 4210

Thressa C. Stadtman, *Die Teilnahme eines Chinons an der enzymatischen Reduktion von Glycin durch Clostridium sticklandii.* Daß ein Chinon am Glycin-Reduktase-Syst. (**I**) von *Clostridium sticklandii*, das Glycin zu Ammoniak u. Acetat (**II**) red., beteiligt ist, schließt Vf. aus folgenden Versuchsergebnissen: Incubierung des **I** mit *Antimycin A* (**III**) hemmt die **II**-Bldg. stark. Die Synth. von Adenosintriphosphat (**IV**) aus Orthophosphat, die der Glycinred. parallel verläuft, wird durch **III** etwa im gleichen Maß gehemmt. Die Prolinreduktase (**V**), die Prolin zu δ-Aminovalerat red., wird durch **III** nicht gehemmt. (Bei dieser Red. erscheint kein **IV**.) Analoge Ergebnisse wurden bei Vorincubation mit **III** u. folgender **I**- u. **V**-Best. erhalten. Bei Bestrahlung (λ 360 mμ) bei 2° wird **I**, an der **II**- u. **IV**-Bldg. gemessen, viel stärker gehemmt als **V**. (Die Enzyme wurden in wss. Lsg. bestrahlt.) Anwesenheit von *Pyridoxalphosphat* (**VI**) bei der Bestrahlung verringert den Aktivitätsverlust der **V**, die **I**-Aktivität kann dagegen durch Zugabe von **VI**, *Flavinadenindinucleotid, Riboflavinphosphat, Vitamin K_1* (**VII**) oder *α-Tocopherol* (**VIII**) nicht wiederhergestellt werden. 0,01—0,02 mol. *Menadion* (Hemmstoff für mitochondr. Elektronentransportsysteme) hemmt die **II**- u. **IV**-Bldg. durch **I** um 50 bis 100%, die Prolinred. wird jedoch kaum beeinflußt. *Phthiocol, Lapachol* u. *Dicumarol* wirken auf **I** nur ganz schwach hemmend. Nach Extraktion der Fermentpräpp. mit Lipidlösungsmitteln ist die **IV**-Bldg. durch **I** um ca. 60% verringert. Die Hemmung wird durch **VIII** in sehr spezif. Weise völlig wiederhergestellt. **VII** u. *Vitamin K_2* sind unwirksam. (Biochem. Z. **331**. 46—48. 16/1. 1959. Bethesda, Md., Nat. Heart Inst., Enzyme Sect.) S. DITTMANN-MITZSCHERLICH. 4210

Chen-lu Tsou und **Wen-chieh Li**, *Untersuchungen über den Wirkungsmechanismus der Polyphenoloxydase.* 1. Mitt. *Die Wirkung organischer Lösungsmittel auf die Polyphenoloxydaseaktivität.* (Vgl. Acta physiol. sinica **21**. [1957.] 403.) Die durch *Polyphenoloxydase* (**I**; aus *Psalliota campestris Fr.*) katalysierte Oxydation von Brenzcatechin (**II**) u. Pyrogallol ist in 50%ig. A. stark beschleunigt, diejenige von 3-Methyl- **II** u. 3.4-Dihydroxyphenylalanin (**IV**) gehemmt. Die Oxydation von p-Kresol (**VIII**) wird, mit oder ohne Ascorbinsäure (**III**), ebenfalls gehemmt. Bei der Oxydation von Phenol (**VII**) in Ggw. eines **III**-Überschusses wirkt 50%ig. A. nur bei hohen **I**-Konzz. aktivierend. Cyanid (**V**) u. Äthylendiamintetraessigsäure (**VI**) hemmen in W. u. 50%ig. A. die **IV**-Oxydation, **V** in beiden Lösungsmitteln diejenige von **II**, **VI** die von **II** nur in Wasser. Die **VII**- u. **VIII**-Oxydation wird von **V** u. **VI** nur in W. stark blockiert. Die mögliche Bedeutung dieser Befunde für den **I**-Reaktionsmechanismus wird diskutiert. (Sci. sinica **7**. 439—47. April 1958. [Orig.: engl.]) K. MAIER. 4210

Lloyd G. Wilson und **Robert S. Bandurski**, *Enzymatische Reduktion von Sulfat.* Vff. fanden in Hefe ein Enzymsyst., das die Red. von Sulfat zu Sulfit katalysiert. Das Sulfit wurde nach Incubation des Enzyms mit ^{35}S-Sulfat u. Cofaktoren, Ansäuern durch Abfangen des $^{35}SO_2$ mit Phenacylbromid nachgewiesen. Für die Rk. sind neben dem Enzym ATP, TPN^+ u. Glucose-6-phosphat erforderlich. DPN u. Fructose-1.6-diphosphat können TPN^+ u. Glucose-6-phosphat nicht ersetzen. Mg-Ionen stimulieren. 3'-Phosphoadenosin-5'-phosphosulfat ist nicht das Substrat für die Sulfatreduktase. (J. Amer. chem. Soc. **80**. 5576—77. 20/10. 1958. East Lansing, Mich., Michigan State Univ., Dep. of Botany and Plant Pathol.) F. SCHAUDER. 4210

H. J. Eichel, *Untersuchungen über Atmungsenzyme in Tetrahymena pyriformis.* 4. Mitt. *Stabilisierung der Elektronentransportkomponenten.* (3. vgl. C. **1957**. 3029.) In früheren Mitt. ist über die Instabilität der Elektronentransportkomponenten in Homogenaten von *Tetrahymena pyriformis* berichtet worden. Jetzt wurde das Verh. der Homogenate beim Altern (24 Std.) bei 0° u. beim Erwärmen auf 30° (5 Min.) untersucht. In beiden Fällen werden *Bernsteinsäureoxydase* (**I**), *Glutaminsäureoxydase* (**II**) u. *β-Hydroxybuttersäureoxydase* (**III**) rasch zerstört. Die Stabilität ist größer, wenn statt O_2 andere Elektronenacceptoren (wie Methylenblau, Phenazinmethosulfat, Diphosphopyridinnucleotid) verwendet werden. Vorheriger Zusatz von rohem Rinderblut-*Albumin* (**IV**) zu den frischen

Homogenaten führte zur vollständigen Stabilisierung der **I**, der *DPNH-Oxydase* (**V**), der *Bernsteinsäuredehydrogenase* (**Ia**) u. der *DPNH-Cytochrom c-reduktase* (**VI**) während mindestens 24 Stunden. Krist. Serumalbumin (Rind) u. andere Proteine zeigen diese Wrkg. nicht. Dagegen wird **I** durch Serum von Pferd, Ratte, Mensch u. Huhn, ferner durch Proteosepepton u. Hefeextrakt geschützt. — Nachträglicher Zusatz von rohem Albuminextrakt zu bereits bei 0° gealterter **I** führt nicht zur Wiederherst. der Aktivität. — Dagegen konnte die langsamere Abnahme der **I**-Wrkg., die in Homogenaten aus Rattenleber beim Altern bei 0° beobachtet wird, durch Altern in Ggw. von rohem **IV**-Präp. teilweise verhindert werden. — Das die **I** in Homogenaten aus Tetrahymena stabilisierende Material aus rohem Albumin ist lösl. in W., diffundierbar u. widerstandsfähig gegen kurzes Kochen bei neutraler oder saurer Reaktion. Nichterhitztes oder gekochtes, lyophylisiertes Diffusat des rohen **IV**-Extraktes stabilisiert die **I** von Tetrahymenahomogenaten, die bei 0° während 24 Std. gealtert waren. Dialyse von Rattenserum, Hefeextrakt oder Proteosepepton vernichtet deren Fähigkeit zur Stabilisierung von **I**. — Der **I**-Verlust ist größtenteils irreversibel; die zu einer bestimmten Zeit nach Herst. der Homogenate noch vorhandene **I**-Wrkg. ist eine Funktion derjenigen Zeit, zu der der Zusatz des Albuminextraktes erfolgte. — Zusatz von *Na-Succinat* (**VII**) zu den bei 0° gealterten Homogenaten von Tetrahymena verhinderte für mindestens 24 Std. den raschen Wirkungsverlust der vollständigen **I**- u. **IV**-Systeme. Die Wrkgg. von **V, VI**, DPNH-**II** u. DPNH-**III** sowie *Fumarase* werden für verschieden lange Zeiträume durch Altern der Homogenate bei 0° in Ggw. von **VII** stabilisiert. — Werden mit **VII** versetzte Homogenate zentrifugiert u. die abgeschleuderten Teilchen wieder in W. suspendiert, so wird eine Stabilisierung erst bemerkbar, wenn **VII** zu den resuspendierten Teilchen zugefügt wird. — Der Hitzedenaturierung von **I, II** u. **Ia** wird durch Erhitzen der Homogenate in Ggw. von **VII** begegnet. — Von den strukturell dem **VII** ähnlichen Verbb. wirken nur Isocitrat u. Citrat (ebenso wie Succinylcholin u. Succinimid) schützend für **I** u. **II**; offenbar ist die **I**-Struktur von Bedeutung. (Biochem. J. **71**. 106—18. Jan. 1959. Philadelphia, Pa., Hahnemann Med. Coll., Dep. of Biol. Chem.) A. HESSE. 4210

Paul Prieur, *Vorkommen von zwei Systemen zur Oxydation des Äthanols in Acetobacter xylinum.* Acetobacter xylinum enthält 2 die Oxydation von *Äthanol* bewirkende Systeme: eines ist in Ggw. von *Diphosphopyridinnucleotid* (DPN) in alkal. Medium (p_H 8,1) maximal akt., das andere zeigt in saurem Medium (p_H 5,7) ohne DPN maximale Aktivität. (C. R. hebd. Séances Acad. Sci. **244**. 253—55. 7/1. 1957.) R. LAFFERENZ. 4210

Z. Ahmed und **J. L. Reis**, *Aktivierung und Hemmung von 5-Nucleotidase. 5-Nucleotidase* (**I**) wird durch *Mn^{2+}* stark aktiviert. Ni^{2+} u. Zn^{2+} hemmen die **I**-Aktivität, u. zwar tritt mit Ni^{2+} in millimol. Menge vollständige **I**-Hemmung ein, während die *unspezif. Phosphataseaktivität* nicht beeinflußt wird. Phosphatase hemmt **I** in erheblich geringerem Maße als alkal. Phosphatase. Diskussion der Anwendung der Ni^{2+}-Hemmung bei der **I**-Bestimmung. (Biochem. J. **69**. 386—87. Juli 1958. London, Postgrad. Med. School, Dep. of Chem. Pathol.) H. GOEBEL. 4210

F. Steckerl, JoAnn King und **A. Ofodile**, *Der enzymatische Abbau von Hefenucleinsäure durch normales Rattenlebergewebe.* Bei Abbau von *Hefenucleinsäure* durch Extrakte aus Rattenleber sind zwei Fermente wirksam: eine *Ribonuclease*, welche *3-Nucleotide* als Spaltprodd. liefert, sowie eine *Phosphodiesterase*, welche cycl. Nucleotide zu *2-Nucleotiden* abbaut. (Experientia [Basel] **14**. 26—27. 15/1. 1958. Boston, Mass., Boston Univ. School, Dep. of Biochem.) A. HESSE. 4210

Sherman R. Dickman und **Barbara Ring**, *Die Einflüsse der Ionenstärke auf die Ribonucleinsäurestruktur und die Ribonucleaseaktivität.* Es wurde die Aktivität eines krist. Ribonuclease (**I**)-Präp. aus Rinderpankreas nach DICKMAN u. Mitarbeiter (Biochim. biophysica Acta [Amsterdam] **21**. [1956.] 539) sowie nach KUNITZ (J. biol. Chemistry **164**. [1946.] 563) bei verschied. Ribonucleinsäure (**II**)-Konzz. u. Ionenstärken untersucht. Während sich mit der ersten Meth. als Phosphodiesterase (**III**) gemessen Substrathemmung bemerkbar macht, fehlt diese bei der spektrophotometr. Meth. (sp.M.). Die **III**-Aktivität wird durch Ionenstärken über 0,1 gesteigert, die sp.M. zeigt dagegen unter gleichen Bedingungen eine Hemmung. Mit steigender Ionenstärke wird die Absorption der **II** bei 300 mμ u. p_H 5,0 vermindert. Es wird der Schluß gezogen, daß mit sp.M. nichthydrolyt. Veränderungen an der **II** gemessen werden, die gleichzeitig den ersten Schritt der **I**-Wrkg. darstellen, gefolgt von einer Hydrolyse unter Bldg. von cycl. Nucleotidphosphaten u. schließlich die Bldg. von Nucleotiden. (J. biol. Chemistry **231**. 741—50. April 1958. Salt Lake City, Ut., Univ. of Utah, Coll. of Med., Dep. of Biol. Chem.) H. G. SCHWEIGER. 4210

Roy Repaske und **John J. Josten**, *Untersuchungen über die Reinigung reduzierter Diphosphopyridinnucleotidase aus Azotobacter sowie deren Eigenschaften.* Vff. isolierten aus Azotobacter vinelandii *red. Diphosphopyridinnucleotidase* u. überprüften deren Oxydationsfähigkeit gegenüber Protein. U. a. fanden Vff., daß Cyanide die Aktivität des Enzyms stark hemmen. Dagegen wirken Chelate u. andere reduzierende Substanzen unter bestimmten Voraussetzungen als Reaktivatoren, falls die Aktivität des Enzyms vorübergehend verlorengegangen war. (J. biol. Chemistry **233.** 466—71. Aug. 1958. Bloomington, Ind., Indiana Univ., Dep. of Bact.) G. MAYR. 4210

W. N. Aldridge, *Die Biochemie von Organozinnverbindungen. Trialkylzinnverbindungen und oxydative Phosphorylierung.* (Vgl. STONER u. THRELFALL, C. **1959.** 11328.) Es wird über die Wrkg. von *Trialkylzinn*-Verbb. auf Rattenlebermitochondrien, bei denen die *Pyruvatoxydation* durch Zusatz von Kartoffelapyrase (**I**), Hexokinase (**II**) u. Glucose (**III**) u. 2.4-Dinitrophenol (**IV**) auf das 3—4fache gesteigert wurde, berichtet. Geprüft wurden folgende Sn-Verbb.: *Trimethyl-, Triäthyl-, Tri-n-propyl-, Triisopropyl-, Tri-n-butyl-, Tri-n-hexyl-* u. *Tri-n-octylzinnacetat.* Durch **I, IV** oder **II** + **III** induzierte Oxydation, Oxydation in Ggw. von **II** + **III** im Überschuß u. Oxydation durch mit **IV** stimulierter Adenosintriphosphatase werden in gleichem Maße durch die Sn-Verbb. gehemmt. Trialkylzinnverbb. mit niedrigem Mol.-Gew. induzieren etwas Adenosintriphosphataseaktivität in Mitochondrien, u. diese bewirkt eine Stimulierung der Pyruvatoxydation. Es wird angenommen, daß Trialkylzinnverbb. hemmend auf eine Stufe der Energieübertragungskette wirken, die zwischen Elektronentransport u. Bldg. von Adenosintriphosphat liegt. — Diskussion der Ergebnisse. (Biochem. J. **69.** 367—76. Juli 1958. Carshalton, Surrey, M.R.C. Labors., Unit for Res. in Toxicol.) H. GOEBEL. 4210

John G. Wiswell und **Miriam G. Braverman,** *Die Einflüsse von Thyroxin und gewissen Metallionen auf die Oxydation und Phosphorylierung in vitro.* Vff. untersuchten den Einfl. von *l*-Thyroxin (I) u. Metallionen auf die Atmung u. oxydative Phosphorylierung von Rattenherzmuskelhomogenaten (SPRAGUE-DAWLEY-Ratten; 0,1 mol. Na_2HPO_4-Puffer, p_H 7,8, WARBURG-App.). — **I** erhöht die O_2-Aufnahme u. entkoppelt die oxydative Phosphorylierung. *Mg^{2+}* inhibiert die entkoppelnde Wrkg. von **I**, wogegen *Ca^{2+}* ähnlich wie **I** wirkt. Mg^{2+} stellt jedoch die n. Phosphorylierungsfähigkeit in Ggw. von **I** u. Ca^{2+} nicht wieder her. *Mn^{2+}*, *Co^{2+}*, *Sr^{2+}* u. *Be^{3+}* zeigen weniger ausgeprägte Effekte auf Atmung u. Phosphorylierung. (Endocrinology **61.** 153—59. Aug. 1957. Baltimore, Md., Johns Hopkins Univ. and Hosp., Dep. of Med.) H. KOCKERT. 4210

John H. Madison jr., *Die intracelluläre Verteilung von Phosphorylase in Tabak (Nicotianum tabacum L.). Phosphorylase* (**I**) kommt in Tabak sowohl in den *Plastiden* als auch im umgebenden *Cytoplasma* vor. Bei akt. Stärkesynth. der Blätter ist **I** in den Plastiden angereichert; bei hungernden, dunkel gehaltenen Blättern (Stärkeabbau) konz. sich **I** im Cytoplasma. — Diskussion der Ergebnisse. (Plant Physiol. **31.** 387—92. Sept. 1956. Davis, Calif., Univ., Dep. of Landscape Management.) H. GOEBEL. 4210

Nils-Ake Hillarp und **Bengt Falck,** *Lokalisierung von saurer Phosphatase in der Zelle des Nebennierenmarkes.* Gegen 70% der *sauren Phosphatase* (**I**)-Aktivität in Nebennierenmarkzellen der Kuh sind in der die *sympathomimet. Amine* enthaltenden *Granulafraktion* lokalisiert. Im Gegensatz zu der Mitochondrien-**I**, die sich bei Lysis leicht frei machen läßt, ist die **I** in den Medullargranula fest an in W. unlösl. Strukturen der Granula gebunden; bei Lysis in hypoton. Medien wird nur ein kleiner Teil der **I** frei. Dies stützt die Ansicht, daß die **I**-Aktivität in der Außenseite einer die Granula bedeckenden Membran lokalisiert ist. Neben **I** enthalten die Medullargranula ein Adenosintriphosphat (*ATP*) *dephosphorylierendes Syst.*, das — im Gegensatz zum Glycerophosphat spaltenden Enzym — hochakt. bis zu p_H 8 u. ganz unempfindlich gegen *NaF* ist. Bei Überführung der Granula in ein hypoton. Medium wird das intragranuläre *ATP* rasch zu *Adenosinmonophosphat* gespalten. — Diskussion der Ergebnisse. (Acta endocrinol. [Copenhagen] **22.** 95—106. Juni 1956. Lund, Sweden, Univ., Dep. of Histol.) H. GOEBEL. 4210

Shojiro Nakamura und **Kazushige Tanaka,** *Die elektrophoretische Frontenanalyse von Enzymen.* Nach Einstellung der elektrophoret. Grenzen mittels der üblichen TISELIUS-Meth. treten die Enzym-Lsgg. in auf- u. absteigenden Kanälen tropfenweise aus, u. die Aktivität in den einzelnen Tropfen kann gemessen werden. Die Aktivitätsdifferenzen, Leitfähigkeiten u. Brechungsindices der Tropfen erlauben die Aufstellung von Gradientkurven der Aktivität. Die *alkal. Phosphatase* (**I**) von Rinderserum zeigt eine zwischen derjenigen von α- u. β-Globulin liegenden Beweglichkeit. Die relative Beweglichkeit von **I**, bezogen auf Albumin ist 67 u. 53 auf der auf- u. absteigenden Seite (p_H 7,8, Ionenstärke 0,1). (J. Biochemistry [Tokyo] **44.** 309—16. Mai 1957. Ube, Yamaguchi Med. School, Inst. of Med. Chem. [Orig.: engl.]) K. MAIER. 4210

Hans Petzold, *Histochemische Untersuchungen an der mit Tetrachlorkohlenstoff geschädigten Kaninchenleber.* Am Bindegewebe der mit CCl_4 geschädigten Kaninchenleber wurden die *alkal.* (I) u. *saure* (II) *Phosphatase, Lipase* (III), *Cytochromoxydase* (IV) u. *Peroxydase* (V) histochem. untersucht. Im proliferierenden Bindegewebe waren I u. II in hoher Konz., im ruhenden dagegen kaum nachzuweisen. III—V waren in beiden nicht feststellbar. (Acta biol. med. german. [Berlin] **2.** 7—12. 1959. Magdeburg, Med. Akad., Med. Klinik.) H. STRUCK. 4210

T. M. Sutherland, *Einige Untersuchungen mit* $^{14}C_{(1)}$*-Bernsteinsäure.* Die früher festgestellte Bldg. von radioakt. *Acetat* aus $^{14}C_{(1)}$*-Succinat* (I) bei Incubation mit Leberschnitten rührt nach Unterss. des Vf. hauptsächlich von Verunreinigungen des verwendeten I her. Verss. mit durch $KMnO_4$-Behandlung u. Chromatographie gereinigtem I ergaben, daß bei derartigen Verss. höchstens 0,05% *Acetat* aus I entstehen. (Biochem. J. **69.** 40P. Juli 1958. Bucksburn, Aberdeenshire, Rowett Res. Inst.) F. KRUSEN. 4210

G. J. Dutton, *Foetale und gastrointestinale Glucuronidsynthese.* In Leberhomogenaten von jungen Meerschweinchenfoeten wurden nur geringe Mengen an *Uridindiphosphatglucuronsäure* (I) u. das Fehlen eines in n. Leber vorkommenden, als *Glucuronyltransferase* (II) bezeichneten Enzyms festgestellt. Im Verlauf des foetalen Wachstums nehmen I u. II zu, liegen bei der Geburt aber noch unter den Werten des erwachsenen Tieres. Durch Zugabe von I zu foetalen Leberhomogenaten steigt die *Glucuronid* (III)-Synth. etwas an. In den Lebern zweier 3—4 Monate alter humaner Foeten wurden ebenfalls kein II u. nur wenig I nachgewiesen. In Ggw. von Glucose fand in Homogenaten von Magen u. Darm von erwachsenen Meerschweinchen eine III-Synth. statt, die bis zu 30% derjenigen von Leber betrug. Bei jungen Meerschweinchenfoeten waren die II-Aktivitäten im Magen höher als in Leber u. Nieren u. im Magen erwachsener Tiere. (Biochem. J. **69.** 39P. Juli 1958. Dundee, Univ. of St. Andrews, Queen's Coll., Dep. of Biochem.) F. KRUSEN. 4210

G. J. Dutton, *Glucuronidsynthese in foetaler Leber und anderen Geweben.* (Vgl. vorst. Ref.) In foetaler Leber von Mensch, Meerschweinchen u. in solchen neugeborener Mäuse wird nur wenig *o-Aminophenylglucuronid* synthetisiert. Dies ist zurückzuführen auf den geringen Geh. an *Uridindiphosphatglucuronsäure* u. die geringe *Uridindiphosphattransglucuronylase-(Glucuronyltransferase-)* Aktivität. Nach der Geburt steigt die Glucuronid-synthetisierende Kapazität (GK) rasch an. Beim frühen Meerschweinchenfoetus ist die GK am stärksten im Magen. Mangelhafte Glucuronidsynth. in Leber u. Niere scheint ein Charakteristikum der untersuchten Arten zu sein. Diskussion der GK in Beziehung zur Bilirubinkonjugation u. ihr Zusammenhang mit dem Icterus neonatorum. (Biochem. J. **71.** 141—48. Jan. 1959. Dundee, Univ. of St. Andrews, Queen's Coll., Dep. of Biochem.) H. GOEBEL. 4210

S. Ranganayaki und **Krishna Bahadur,** *Über den Einfluß von Mineralien auf die Butandiol-(2.3)-Bildung von Aerobacter aerogenes.* Vff. weisen in Aerobacter aerogenes zwei voneinander unabhängige Enzymsysteme nach. Das eine (E_1) verbraucht Zucker, um die Lebenstätigkeit der Organismen aufrechtzuerhalten, während das andere (E_2) *Butandiol-(2.3)* bildet. Zn^{2+}, Ni^{2+} hemmen E_1 in Konzz. von 0,01 g/100 cm^3. E_2 wird durch Zn^{2+} oder Ni^{2+} sowie durch 1%ig. Milchsäure aktiviert, während ein Gemisch von Zn^{2+} u. Ni^{2+} oder Cu^{2+} hemmend wirkt. (Arch. Mikrobiol. **29.** 363—67. 19/5. 1958. Allahabad, India, Univ., Chem. Dep.) R. LENSCHAU. 4210

Wilhelm Dirscherl, Wolfgang Korus und **Herbert Schriefers,** *Über den Einfluß von Calcium und Phosphat auf die Aktivität der Muskelaldolase. Aldolase* (I) aus Kaninchenmuskel wird durch höhere Konzz. an anorgan. Phosphat gehemmt, niedere Konzz. aktivieren. Längeres Stehen verd. Fermentlsgg. ergibt, unabhängig von der Phosphatkonz., eine Aktivitätsverminderung. Die durch Ca^{2+} hervorgerufene scheinbare Aktivierung der I bei anwesendem Phosphat beruht auf einer Ausfällung des letzten. (Acta biol. med. german. [Berlin] **2.** 39—47. 1959. Bonn/Rh., Univ., Physiol.-chem. Inst.) H. STRUCK. 4210

Y. Leibowitz, *Über eine neue spezifische α-Glucosidase.* Unterhefe der RISHON-Brauerei enthält neben *α-Glucosidase* (Maltase; I) noch ein oder zwei verwandte Enzyme. Frische Autolysate spalten *Maltose* (II; optimal bei p_H 6,6—7,0) sowie *α-Methylglucosid* (III; p_H 5,2—5,6). Bei p_H < 5 wird Protein aus den Autolysaten ausgefällt; dabei geht die Fähigkeit zur Spaltung von II verloren, während die III-Spaltung zu 40—50% (im Gebiet p_H 4,2—7,8) erhalten bleibt. Beim Gefrierenlassen einer Suspension von Hefe in W. (12 Std.; —17 bis —22°), langsames Auftauen u. Halten im Gefrierschrank wird die Fähigkeit zur II-Spaltung völlig zerstört, wogegen die III-Spaltungsfähigkeit zu 25—30% (p_H 4,4—7,2; Optimum 5,5) erhalten bleibt. — Die untersuchte Hefe gehört zu den wenigen Hefen, welche *Trehalose* spalten; es bestehen Anzeichen dafür, daß diese „*Trehalase*" mit I ident. ist. — Trotz der Ggw. von I wird von der lebenden Hefezelle, welche II sowie Glucose anaerob wie aerob verwerten kann, III weder vergoren noch veratmet. — Die nachgewiesene *Saccharase* ist von den II bzw. III verwertenden Fermenten verschieden. — Durch den Nachw. dieser spezif. I, welche das glucosid. Disaccharid II nicht zu spalten vermag, wird die Frage der Spezifität von Glucosidasen u. Disaccharasen noch weiter kompliziert. (Bull. Res. Council Israel, Sect. A **5A**. 268. Juli 1956. Jerusalem, Hebräische Univ., Dep. of Org. Chem. B.) A. Hesse. 4270

F. B. Straub, *Bildung von Amylase im Pankreas.* Nach Einbau radioakt. markierter Aminosäuren in *Amylase* (I) durch Gewebeschnitte oder zellfreie Extrakte aus Pankreas wird festgestellt, daß die I-Bldg. in zwei Schritten verläuft: 1. Bldg. der Proteinvorläufer u. 2. deren Überführung in I. In den zellfreien Extrakten verläuft nur der 2. Schritt. Auf die Bedeutung von *Ribonucleinsäure*, ATP usw. für die I-Synth. wird hingewiesen. (Symposia Soc. exp. Biol. **12**. 176—84. 1958. Budapest, Univ., Inst. of Med. Chem.) L. Träger. 4210

I. C. MacWilliam, *Die Heterogenität des R-Enzyms.* Vf. stellt fest, daß die nach der Meth. von Hobson, Whelan u. Peat (C. **1953**. 1825) aus der breiten Bohne (broad bean) erhaltenen *R-Enzym* (I)-Präpp. bei der Chromatographie über Al_2O_3 in 2 akt. Fraktionen zerlegt werden. Ebenso wie die Gerstenmalzenzyme greift die eine I-Komponente *Amylopektin* (II) unter gleichzeitigem Anstieg des Blauwertes an, besitzt aber keinen Einfl. auf *Grenzdextrine* (III), während die 2. Fraktion keine Einw. auf II zeigt, aber verzweigte III hydrolysiert. Vorst. I-Präpp. sind also Gemische. Es wird vorgeschlagen, nur die II-hydrolysierende Komponente als I zu bezeichnen; die III-spaltende stellt eine *Grenzdextrinase* dar. Überraschend ist, daß I die α-1.6-Bindungen von III nicht angreift, während das Enzym diese Bindungen im II-Mol. hydrolysiert. (Nature [London] **181**. 1143—44. 19/4. 1958. Nutfield, Surrey, Brewing Ind. Res. Found.) P. Fahrnlaender. 4210

K. T. Glasziou und **Sue D. Inglis,** *Die Wirkung von Auxinen auf die Bindung von Pektinmethylesterasen an Zellwände.* An 1 mm dicken Schnitten von kühlgelagerten Artischockenknollen u. Scheiben aus dem Mark von Tabakpflanzen wurde die Adsorption von *Pektinmethylesterase* (I) an die Zellwand untersucht. Extrakte von I konnten in drei Fraktionen A, B u. C unterteilt werden. Vff. weisen nach, daß die Bindung von IA an die Zellwand durch Auxine, aber nicht durch Ca-Ionen erhöht wird. Dieser Befund stützt die Hypothese, daß das Streckungswachstum durch Auxine über deren Einw. auf die Adsorption von I an die Wand, die Stärke der Methylierung der Pektinsubstanzen u. die Erhöhung der plast. Eigg. kontrolliert wird. Die Adsorption von IC wird durch Ca-Ionen, aber nicht durch Auxine beeinflußt, während die Adsorption von IB (nur in Artischocke gefunden) von beiden Stoffen nicht beeinflußt wird. Die Aktivität des Enzyms I haben Vff. manometr. in der Warburg-App. an Citrus–Pektin-Lsgg. durch Freisetzung von CO_2 aus einem Dicarbonatpuffer bestimmt. (Austral. J. biol. Sci. **11**. 127—41. Mai 1958. Sydney, Univ., Bot. School, Plant. Physiol. Unit.) W. Wergin. 4210

A. E. Carter, *Elastasebildung im Hundepankreas.* Unters. der *Elastase* (I)-Aktivität der Bauchspeicheldrüsen von mit verschied. *Alloxan*-Dosen behandelten Hunden ergab, daß I in den α-Zellen des Pankreas gebildet wird. Wenn die Beobachtung zutrifft, daß Atherosclerose (A) des Menschen mit verminderter I-Bldg. im Pankreas einhergeht, dürfte die A auf eine verminderte Funktionsfähigkeit der α-*Inselzellen* zurückzuführen sein. (Science [Washington] **123**. 669—70. 20/4. 1956. Boston, Mass., Harvard Univ., Dep. of Surg. Res.; Peter Bent Brigham Hosp.) H. Goebel. 4210

Alvin I. Krasna, *Die Stereospezifität der Asparaginasereaktion.* Die von *Asparaginase* (I) aus *Proteus vulgaris* katalysierte Anlagerung von NH_3 an Fumarsäure unter Bldg. von *L-Asparaginsäure* (II) wurde in D_2O untersucht. Da die gebildete II 1 Atom D je Mol. enthält, verläuft die Aufnahme von H am β-C-Atom stereospezifisch. (Andernfalls müßten 3 Atome D pro Mol. II aufgenommen werden.) — Die NH_3-Aufnahme erfolgt als cis-Aufnahme. (J. biol. Chemistry **233**. 1010—13. Okt. 1958. New York, N. Y., Columbia Univ., Coll. of Physic. and Surg., Dep. of Biochem.) A. Hesse. 4210

Hector A. Dieu, *Vergleichende Untersuchung über die Denaturierung von Pepsin in Lösung und an der Oberfläche.* 2. Mitt. *Denaturierung von Pepsin an der Oberfläche.* (1. vgl. Bull. Soc. chim. belges **65**. [1956.] 603.) Die Unterss. wurden mit *Pepsin* (I)-Lsgg. in Acetatpuffer p_H 5,5, Ionenstärke 0,1 durchgeführt, die auf HCl-Lsg. p_H 2,05 ausgebreitet wurden. Bei Drucken von 0,0005—0,02 dyn/cm beträgt das durch Extrapolation aus dem Diagramm 1/Oberflächendruck·Oberfläche gegen 1/Oberfläche berechnete Mol.-Gew. des I-Films 34800 u. die Gasfläche (1/Oberflächendruck·Oberfläche = 0) 1,91 m^2/mg. Bei höheren Drucken (0,02—0,6 dyn/cm) beträgt das Mol.-Gew. 38000 u. die Gasfläche 0,71 m^2/mg. Im Bereich zwischen 0,02 u. 0,6 dyn/cm wurde die

Abhängigkeit dieser Werte als Funktion des p_H-Wertes für I-Lsgg. auf HCl- bzw. $(NH_4)_2SO_4$-Lsgg. bestimmt. Die Zunahme des Mol.-Gew. u. die Abnahme der Gasfläche deutet Vf. als Quellung des I-Moleküls. Die Sedimentations- u. Viscositätskonstanten von entnommenen I-Filmen, die bei Drucken $< 0{,}6$ dyn/cm ausgebreitet waren u. keine proteolyt. Aktivität mehr zeigten, wurden bestimmt. Vf. schließt, daß die Oberflächendenaturierung von I tiefgreifender als die Denaturierung in Lsg. ist u. ein komplexes Phänomen darstellt. (Bull. Soc. chim. belges **65.** 740—52. Juli/Aug. 1956. Liège, Univ., Labor. de Chim.-Phys. de la Fac. des Sci.) E. SCHWERDTFEGER. 4210

Lloyd L. Kempe, Robert A. Gillies und **Ronald E. West,** *Säureproduktion durch homofermentative Lactobacillen bei gesteuertem p_H als ein Mittel zur Untersuchung des Gesamtverlaufes der Fermentation.* Unterss. über die Säurebldg. durch *Lactobacillus delbrueckii* NRRL 445 A zeigten, daß es unter Konstanthaltung der verfügbaren Maiswürzekonz. (quasi stationärer Zustand) zu einer Stabilisierung der Geschwindigkeit der Säureproduktion kommt, die abhängig ist von den Bedingungen der Fermentierung. Die Milchsäurebldg. wurde nach dieser Versuchsanordnung bei verschied. Tempp. bestimmt u. daraus die Geschwindigkeitskonstanten K, sowie die Aktivierungsenergie ΔE zu 17100 cal/Mol bestimmt. Q_{10} betrug 2,51 für das Temperaturintervall von 30—40° bzw. 2,64 für das Intervall von 30—20°. (Appl. Microbiol. **4.** 175—78. Juli 1956. Ann Arbor, Mich., Univ.) M. EBERT. 4210

D. S. Masterson, S. L. Fries und **B. Witkop,** *Die Acetylcholinesteraseoberfläche.* 9. Mitt. *Die Abhängigkeit der kompetitiven Hemmung durch Diaminocyclohexanderivate vom Substratspiegel.* (8. vgl. C. **1958.** 154.) Die Hemmung des Syst. *Acetylcholinesterase* (II)–*Acetylcholin* durch *cis-* u. *trans-2-Dimethylaminocyclohexyltrimethylammoniumjodid* (I, F. 199—201° bzw. 229—230°) ist stark von den angewandten relativen Substratkonzz. abhängig. Bei p_H 7,4, 25° u. einer Eiweißkonz. von $2 \cdot 10^{-4}$ mg/cm³ ist bei Substratkonzz. $\leqq 1{,}5 \cdot 10^{-3}$ mol. die Hemmung durch beide I-Verbb. kompetitiv, nicht aber bei höheren. Es wird unter Benutzung der Annahme, daß Hemmung durch Substratüberschuß über die Bldg. des inakt. Superkomplexes ES_2 (E = Enzym, S = Substrat) erfolgt, ein Schema diskutiert, das das Verh. bei niedrigen u. hohen Substratkonzz. zu deuten erlaubt. *trans-2-Acetamidocyclohexyltrimethylammoniumjodid* (F. 212—214°) war durch II nicht hydrolyt. spaltbar, obwohl die ster. Anordnung seiner funktionellen Gruppen für eine Bindung an die katalyt. wirksame II-Oberfläche als geeignet erscheint. (J. Amer. chem. Soc. **80.** 5687—89. 5/11. 1958. Bethesda, Md., Georgetown Univ., Dep. of Chem., Nat. Inst. for Arthritis and Metabolic Diseases; Naval Med. Res. Center.) K. MAIER. 4210

K. Reich, *Die Wirkung von Cyanid und Azid auf die Atmung der Amöba mayorella palestinensis.* Eine *Cyanid*-Konz. ab $5 \cdot 10^{-3}$ mol. u. eine *Azid*-Konz. ab $2 \cdot 10^{-3}$ mol. hat auf Amoeba mayorella palestinensis eine tödliche Wirkung. Nicht letale Konzz. an Cyanid u. Azid steigern die Atmung der Amöbe in glucosehaltigen Lösungen. Während Cyanid den Gebrauch von Pepton als Substrat für die Atmung durch die Amöbe hemmt, ist dieses bei Azid nicht der Fall. Es wird angenommen, daß die Atmung dieser Amöbe von 3 Enzymsystemen abhängt, welche durch ihr Verh. gegenüber Azid u. Cyanid unterschieden werden können. — 37 Literaturangaben. (Physiol. Zoöl. **28.** 145—51. April 1955. Jerusalem, Hebrew Univ., Dep. of Zool.) G. KIMMERLE. 4210

Robert R. Strauss und **Albert G. Moat,** *Die Rolle von Biotin bei der Hefeglykolyse.* Hefe, die in einem Biotin (I)-armen Nährmedium gezüchtet wird, vergärt Glucose (II) langsamer als I-haltige Hefe. *Saccharomyces cerevisiae*, Fleischmann Nr. 139, wurde auf einem modifizierten SNELL-Medium gezüchtet (vgl. J. Amer. chem. Soc. **62.** [1940.] 175), welches 100 γ Nicotinsäure, 20 γ p-Aminobenzoesäure, 2mg DL-Asparaginsäure u. 5 g Difco/Liter enthielt. Nach 18std. Incubation bei 32° wurden die Hefekulturen zentrifugiert, mit dest. W. gewaschen u. bei 35° luftgetrocknet. Zellfreie Extrakte wurden in einem Raytheon 10 kc. Ultraschall-App. u. im Nossal-Desintegrator bereitet. Manometr. CO_2-Messungen zeigten, daß 1 mg I/1 ml die Vergärung von II u. Fructose (III) durch lufttrockene I-arme Hefe stimuliert (ca. 100%). Die Geschwindigkeit der Vergärung von Glucose-6-phosphat, Fructose-6-phosphat u. Fructose-1.6-diphosphat wird durch I nicht beeinflußt. I stimuliert ferner die Aktivität der *Hexokinase* in I-freien Hefetrockenzellen u. Zellextrakten, woraus Vff. auf eine Beziehung zwischen I u. Hexokinase schließen. Auf die Aktivität der Glucose-6-phosphatisomerase u. Glucose-6-phosphatdehydrogenase hat I keinen Einfluß. Glucose-6-phosphatdehydrogenase kann in lufttrockenen Hefezellen nach Suspendieren der trockenen Zellen in 70% Glycerin gemessen werden. Dies gestattet auch die spektrophotometr. Messung der Triphosphopyridinnucleotid-Red. bei 340 mμ. (J. biol. Chemistry **233.** 765—69. Okt. 1958. Philadelphia, Pa., Hahnemann Med. Coll., Dep. of Microbiol.) B. GÖRLICH. 4270

E_3. Mikrobiologie. Bakteriologie. Immunologie.

Pierre Schaeffer, *Interspezifische Reaktionen bei Bakterientransformation.* Vf. gibt Überblick über Kennzeichen u. Mechanismen der interspezif. Bakterientransformation im Gegensatz zur intraspezifischen. Die Transformation kann durch nichtspezif. *Desoxyribonucleinsäure* kompetitiv gehemmt werden. (Symposia Soc. exp. Biol. **12.** 60—74. 1958. Paris, Inst. Pasteur, Service de Physiol. microbienne.) L. TRÄGER. 4300

Michael H. Proctor und **P. W. Wilson,** *Die Stickstoffbindung durch gramnegative Bakterien.* 5 von 6 Pseudomonasstämmen fixierten unter anaeroben Bedingungen N, dagegen nur ein JENSEN-Stamm unter 8 Achromobacterstämmen. Der N-Verbrauch wird anscheinend durch ein induziertes Enzym geregelt. (Nature [London] **182.** 891. 27/9. 1958. Wisconsin, Univ., Dep. of Bacteriol.) E. FISCHOEDER. 4310

E. R. B. Shanmuga Sundaram, U. Sitarama Acharya und **P. S. Sarma,** *Einfluß der B-Vitamine auf die Hemmung der Verwertung von Tryptophan durch Caseinhydrolysat bei Neurospora crassa.* (Vgl. C. **1956.** 757.) Eine *Nicotinsäure* (**I**) benötigende Mutante von *Neurospora crassa* wurde in einem Nährmedium aufgezogen, das neben anorgan. Substanzen lediglich *Biotin* enthielt. Bei dieser Mutante ist die Umwandlung einer *Indol* (**II**)-Vorstufe in **II** blockiert. **I** wird auf folgendem Weg gebildet: **II** → *Tryptophan* (**III**) $\xrightarrow{\text{Peroxydase u. Oxydase}}$ *Formylkynurenin* $\xrightarrow{\text{Formylase}}$ *Kynurenin* → *3-Hydroxykynurenin* $\xrightarrow{\text{Kynureninase}}$ *3-Hydroxyanthranilsäure* → **I**. Der Einfl. verschied. Vitamine der B-Gruppe in Ggw. oder Abwesenheit von *Caseinhydrolysat* (**IV**) auf die **III**-Verwertung wurde untersucht. Nur *Riboflavin* hemmt in Ggw. von **IV** die **III**-Verwertung gegenüber einem Kontrollversuch. Dagegen wird die Hemmung der **III**-Verwertung durch **IV** durch Zusätze von *Thiamin, Pyridoxin, Folsäure* u. *Cholin* zur Nährlsg. behoben. (Current Sci. **24.** 268—69. Aug. 1955. Madras, Univ., Biochem. Research Labor.) O. DOLD. 4310

P. S. Krishnan und **S. P. Damle,** *In Sporenwaschflüssigkeit von Aspergillus niger vorkommende Phosphatverbindungen.* Mit Hilfe der Ba-Fällung wurde *Metaphosphat* (**I**) aus wss. Sporenextrakten von *Aspergillus niger* isoliert u. als der größere Teil der darin enthaltenen labilen Phosphate identifiziert. **I** scheint bei den Mikroorganismen als Energiereservoir zu dienen. Ob ihm eine Bedeutung an der Sporenoberfläche oder der Conidiophore zukommt, u. ob es eine Rolle bzw. welche Rolle es spielt, ist noch unbekannt. (Appl. Microbiol. **4.** 179—82. Juli 1956. Poona, India, Nat. Chem. Labor., Div. of Biochem.) M. EBERT. 4315

H. L. Jensen, *Abbau von organischen Chlorsäuren durch Pilze.* Verschied. Pilzstämme vermögen, bei *Glucose*-Zusatz zum Nährmedium verstärkt chlorsubstituierte organ. Säuren zu Chloriden abzubauen. Stämme von *Trichoderma viride* zeigen im *Monochloracetat* (**I**)-Medium unterschiedliches Verhalten. Nach 14 Tagen Incubation werden 76—100% Cl^- (Gruppe 1) bzw. 4—7% Cl^- (Gruppe 2) titrimetr. gemessen, im *Dichloracetat* (**II**)-Medium 7—28 bzw. 5—7, im *Monochlorpropionat*-Medium 2—17 bzw. 4—5. *Penicillium roqueforti* u. *Clonostachys sp.* ähneln in ihrem Verh. der Gruppe 1. Beim Züchten von T. viride in submerser Kultur ließ sich die Bldg. eines Chlorid-bildenden Enzyms nach Zugabe von Mono- oder Dichloracetat zum Nährboden nachweisen. (Nature [London] **180.** 1416. 21/12. 1957. Lyngby, Denmark, State Labor. for Soil and Crop Res., Dep. of Bacteriol.) K. J. MÜLHENS. 4320

Loren C. Bryner und **Ralph Anderson,** *Mikroorganismen zur Lösung von Sulfidmineralien.* Belüftungskolben wurden mit 100 g Sand, dem 5 g *Molybdänit* (**I**) allein oder in Mischung mit *Pyrit* (**II**) oder *Chalcopyrit* (**III**) zugefügt war, u. 100 ml Nährlsg. [1 (g/Liter) $(NH_4)_2SO_4$; 0,1 K_2HPO_4; 4 $Al_2(SO_4)_3 \cdot 18\,H_2O$; 3 $MgSO_4 \cdot 7\,H_2O$; 0,1 $Ca(NO_3)_2 \cdot 4\,H_2O$; je 0,05 $MnSO_4 \cdot H_2O$, Na_2SO_4 u. KCl; p_H 2,65 mit H_2SO_4) beschickt, sterilisiert u. mit chemoautotrophen Bakterien, die in gleicher App. aus Sickerwässern der Erzhalden angereichert wurden, beimpft. Die Kulturlsg. wurde wöchentlich zur Analyse abgelassen u. durch neue ersetzt. **I** wurde zu lösl. Mo (5- zu 6wertigem Mo = 1:4) bzw. zu H_2SO_4 oxydiert. Die Oxydation von **I** war allein 7mal, in Ggw. von **II** 29mal größer als in unbeimpfter Kontrolle; eine Konz. der Fe-Ionen von 0,4% ergab optimale Förderung. Wurde **I** in Ggw. von **III** der bakteriellen Oxydation unterworfen, so wurde nur CuS oxydiert, erst bei weniger als 7,5 mg% Cu-Ionen auch MoS_2. Erz ohne Sand in der App. ergab bei kleinerer Korngröße bessere Lösung. Nach 9 Monaten waren aus **I** allein 36% u. aus **I** in Ggw. von **II** 55% Mo gelöst worden. (Ind. Engng. Chem. **49.** 1721—24. Okt. 1957. Provo, Utah, Brigham Young Univ.) W. SCHÖNBORN. 4320

B. Skarzynski und **W. Ostrowski,** *Einbau von radioaktivem Schwefel durch Thiobacillus thioparus. Thiobacillus thioparus* wurde mit $Na_2O_3S^{35}S$ 1 Min. bis 24 Std. lang bebrütet u. der A.-Extrakt, sowie das Zellhydrolysat papierelektrophoret. u. -chromatograph. zerlegt u. autoradiograph. ausgewertet: Extrakt u. Hydrolysat enthielten immer die gleichen S-Aminosäuren, deren Aktivität mit der Incubationszeit stieg. Bei nur

kurzer Incubationszeit waren alle ninhydrinpositiven Verbb. inakt., ein noch unbekanntes Körpergemisch mit mindestens zwei Komponenten dagegen stark aktiv. Von letztem wird angenommen, daß es Acceptor für den „äußeren" S im $Na_2S_2O_3$ oder den S in Thioaminosäuren ist u. den ersten Schritt im S-Stoffwechsel der Zelle durchführt: S aus Thioaminosäuren wird nur bei Ggw. von $Na_2S_2O_3$ aufgenommen. (Nature [London] **182**. 933—34. 4/10. 1958. Cracow, Med. Acad., Dep. of Physiol. Chem.)
C. O. LAUBSCHAT. 4320

Thomas A. Bell und **John L. Etchells**, *Pektinhydrolyse durch bestimmte salztolerante Hefen.* 139 verschied. Hefekulturen von käuflichem Gurkensalzwasser, ähnlichem gesalzenen u. gepökelten Material u. einige Arten anderer Herkunft wurden auf ihre Fähigkeit untersucht, *Citruspektin* (I) in Kulturmedien zu hydrolysieren. Nur 6 Gattungen (20 Arten) vermochten Esterspaltung bei I durchzuführen. Lediglich 6 der getesteten 139 Kulturen, die aber nicht von Gurkensalzwasser kamen, zeigten einwandfreie glykosid. I-Hydrolyse. Die Unterss. konnten nicht den Beweis erbringen, daß Hefen von Gurkenpökelwasser die mögliche Quelle für das das gesalzene Material erweichende Enzym *Polygalakturonase* seien. (Appl. Microbiol. **4**. 196—201. Juli 1956. Raleigh, N. C., State Coll., U. S. Food Fermentat. Labor.) M. EBERT. 4320

R. L. Walker und **A. S. Newman**, *Abbau von 2.4-Dichlorphenoxyessigsäure durch Mikroben.* Beschrieben wird die Isolierung u. Kultivierung eines Mikroorganismus, der *2.4-Dichlorphenoxyessigsäure* (I) im Boden, in fl. u. festem Nährsubstrat abbaut, sich aber von früher isolierten Bakterien unterscheidet. Das Bakterium ist gramnegativ, pleomorph. u. beweglich, dessen Zugehörigkeit zur Species *Mycoplana* vorgeschlagen wurde. I u. *2.4-Dichlorphenol* wurden von Ruhezellsuspensionen schnell u. vollkommen, ähnliche Verbb. (*2-Methyl-4-chlorphenoxyessigsäure, 2.4.5-Trichlorphenoxyessigsäure*) nur unvollständig oxydiert. Bedürfnisse für optimales Wachstum zeigten, daß es sich bei dem genannten Organismus um eine Mutante handelt. (Appl. Microbiol. **4**. 201—06. Juli 1956. Fort Detrick, Frederick, Biol. Warfare Labor.) M. EBERT. 4320

L. R. Sabina und **Hilliard Pivnick**, *Oxydation von löslichen Ölemulsionen und Emulgatoren durch Pseudomonas oleovorans und Pseudomonas formicans.* Unterss. über die Empfindlichkeit lösl. Öle u. Emulgatoren gegenüber mikrobiol. Oxydation durch *Pseudomonas formicans* u. *Ps. oleovorans* zeigten unterschiedliches Verh. der einzelnen Öle u. Bakterien. *Oleat-* (I) oder fetthaltige Öle wurden leicht oxydiert. Während von Emulgatoren I u. *Trissorbitanmonooleat* leicht oxydiert wurden, widerstanden unter den angewandten Bedingungen *Petroleumsulfonate* jedem Angriff. Naphthenate u. Resinate scheinen zu einem geringen Grad oxydiert worden zu sein, doch könnte dies auch auf andere, in den käuflichen Proben vorhandenen Komponenten zurückzuführen sein. (Appl. Microbiol. **4**. 171—75. Juli 1956. Lincoln, Nebr., Univ., Dep. of Bacteriol.)
M. EBERT. 4320

Walter S. McNutt jr., *Der Einbau des Kohlenstoffskeletts des Cytidins in die Pyrimidinnucleoside der Ribonucleinsäure und der Desoxyribonucleinsäure durch Neurospora.* Eine Pyrimidinmangelmutante von Neurospora, die in Ggw. von Cytidin (I) oder *Uridin* 10—60mal besser als in Ggw. der gleichen Uracilkonz. wuchs, wurde in einem Medium, das einheitlich markiertes ^{14}C-I enthielt, gezüchtet. Die spezif. Aktivitäten der einander entsprechenden Nucleoside (II) der Ribonucleinsäure (III) u. der Desoxyribonucleinsäure (IV) wichen nur sehr wenig voneinander ab, wobei die Purin-II nur ca. 3% der Aktivität der Pyrimidin-II aufwiesen u. die Pyrimidin-II um ca. 30% verd. wurden. Aus der Verteilung der in III u. IV eingebauten Aktivitäten zwischen Base u. Zucker wurde geschlossen, daß ^{14}C-I als Einheit sowohl in III als auch in IV eingebaut wird u. daß eine Ribonucleosylverb. in dieser Neurosporamutante ein obligates Stoffwechselzwischenprod. bei der Biogenese des IV-Desoxy-I darstellt. (J. biol. Chemistry **233**. 189—92. Juli 1958. Pasadena, Calif., Calif. Inst. of Technol., Div. of Biol.) H. G. SCHWEIGER. 4320

L. I. Hochstein und **Sydney C. Rittenberg**, *Die bakterielle Oxydation von Nicotin.* 1. Mitt. *Nicotinoxydation durch zellfreie Präparate.* Zellfreie Extrakte aus dem Bodenbakterium P 34, das fähig ist, mit *Nicotin* (I) als einziger *C*- u. *N*-Quelle zu wachsen, bauen in Ggw. von Methylenblau I unter Verbrauch von 3 μMol O_2/μMol I ab; bis zu diesem O_2-Verbrauch wird kein CO_2 gebildet. Verfolgung des I-Abbaus durch UV-Absorptionsspektren u. Chromatographie ergeben, daß die einzelnen Abbauprodd. erst weiteroxydiert werden, wenn die gesamte Menge der Vorstufe umgesetzt ist. Der Abbau beginnt im Pyridinteil von I, dabei wird ein am α-C-Atom des Pyridinringes substituiertes *Pyridon* gebildet (O_2-Verbrauch 0,5 μMol/μMol I). — Diskussion der Ergebnisse, Tabellen, Abb. von Kurven u. UV-Absorptionsspektren. (J. biol. Chemistry **234**. 151—55. Jan. 1959. Los Angeles, Calif., Univ. of Southern California, Dep. of Bacteriol.) H. GOEBEL. 4320

L. I. Hochstein und **Sydney C. Rittenberg,** *Die bakterielle Oxydation von Nicotin. 2. Mitt. Isolierung der ersten Oxydationsstufe und ihre Identifizierung als (1)-6-Hydroxynicotin.* (1. vgl. vorst. Ref.) Es wird gezeigt, daß das Bodenbakterium P 34 *Nicotin* in erster Stufe zu *(1)-6-Hydroxynicotin* (I, $C_{10}H_{14}N_2O$, F. 121,5—122°; $[\alpha]_D$ —54,8° in W.; *Pikrat,* F. 164,5—165°) abbaut. Zum Vgl. wurden nach bekannten Verff. *2-* u. *6-Hydroxynicotin* hergestellt. Abb. der UV- u. IR-Spektren. Für die enzymat. Abbau-Rk. wird ein Reaktionsmechanismus vorgeschlagen, bei dem durch Addition von W. an $C_{(6)}$ u. N des Pyridinringes eine *Pseudobase* entsteht, die durch Oxydation in Ggw. von Methylenblau in I oder das tautomere *Pyridon* übergeht. (J. biol. Chemistry **234**. 156—60. Jan. 1959.) H. GOEBEL. 4320

R. Kalyanasundaram und **L. Saraswathi-Devi,** *Synthese von Nicotinsäure durch Fusarium vasinfectum Atk.* Es wurde die *Ascorbinsäure* (I)-Synth. durch den Pilz *Fusarium vasinfectum* ATK. in einem Nährmedium untersucht, das Rohrzuckernitrat u. Schwermetalle enthielt. I wird bes. in den frühen Wachstumsstadien des Pilzes in größerer Menge gebildet. Zn begünstigt die I-Bldg., jedoch ist auch bei Zn-Mangel eine geringe I-Bldg. festzustellen. (Current Sci. **24**. 273—74. Aug. 1955. Madras, Univ., Bot. Labor.) O. DOLD. 4320

D. S. Hoare und **H. Heath,** *Die Biosynthese von Porphyrinen aus Porphobilinogen durch Rhodopseudomonas spheroides.* Vff. zeigen, daß gefrorene u. aufgetaute Zellsuspensionen von *Rhodopseudomonas spheroides Porphobilinogen* (I) in *Koproporphyrin III* (II) u. Spuren von *Uroporphyrin* überführen. Nach Wiederholung des Gefrier- u. Auftauprozesses wird *Uroporphyrin III* gebildet. Zellfreie Pufferextrakte, die nur wenig Protein enthalten, überführen I in *Uroporphyrin I* u. nach Wiedervereinigung mit der Zellsuspension I wieder in II. Aceton-getrocknete Zellen waren am meisten II-aktiv. Vff. nehmen an, daß die II-Bldg. über *Uroporphyrin* bzw. über *Uroporphyrinogen* verläuft. (Biochem. J. **69**. 51 P. Aug. 1958. London, Univ., Coll. Hosp., Med. School, Dep. of chem. Pathol.) W. HABERDITZL. 4320

S. S. Block, *Untersuchung der Aktivität von 8-Chinolinol auf Pilze. 8-Chinolinol* (I; 10^{-5} bis 10^{-2}mol.) unterdrückte, dem Nährmedium ohne chelierende Metalle zugesetzt, Keimung der Sporen u. Wachstum der untersuchten Pilze *Aspergillus niger* u. *Curvularia lunata* vollkommen. Da Sporen, die 24 Std. in Submerskultur I ausgesetzt waren, nach Waschen mit W. wieder volle Keim- u. Wachstumsfähigkeit entwickelten, ist die genannte Wrkg. mehr fungistat. als fungicid. Auch *Cu-8-Chinolinat* (II), das 100mal toxischer ist als I, wirkte eher fungistat. als fungicid, wie mit II in Ocenol (techn. Oleylalkohol) behandelte Sporen zeigten. (Appl. Microbiol. **4**. 183—86. Juli 1956. Gainesville, Fla., Univ., Dep. of Chem. Engng.) M. EBERT. 4330

Ekkehard Krüger-Thiemer, *Isonicotinsäurehypothese der antituberkulösen Isoniazidwirkung.* Im wesentlichen ident. mit der C. **1958**. 11271 referierten Arbeit. (Amer. Rev. Tubercul. Pulmonary Diseases **77**. 364—67. Febr. 1958.) G. BRATFISCH. 4330

A. E. Oxford, *Bakteriologie und Protozoologie der Wiederkäuerverdauung.* Überblick über Verss. zur Herst. von Reinkulturen der im Rumen enthaltenen Bakterien u. Protozoen im Hinblick auf ihre Beteiligung an der Verdauung von Cellulose, Stärke u. lösl. Kohlenhydraten. — 42 Literaturangaben. (J. Sci. Food Agric. **6**. 413—18. Aug. 1955. Bucksburn, Aberdeenshire, Rowett Res. Inst.) R. LENSCHAU. 4350

Giuliano Bortolini und **Livio Capocaccia,** *Die Verwendung von β-Phenylpropionsäure enthaltenden Nährböden bei bakteriologischen Untersuchungen der Faeces.* Vff. testeten die von D'ALESSANDRO vorgeschlagene Rk. auf Shigellaarten unter Verwendung von *β-Phenylpropionsäure* in Agarnährböden (S.S.- u. CONRADI-DRIGALSKI-Agar) auf ihre Spezifität. — Die Meth. eignet sich gut für Routinetests u. ist für Faecesunterss. hinreichend spezif.: positive Rk. (Ausbildung eines bräunlich gefärbten Hofs um die Kolonie herum) auf *S. flexneri, S. sonnei* u. *S. dysenteriae, B. di* SCHMITZ; negative Rk. auf *S. boydii* u. alle sonstigen, in Europa vorkommenden Dysenteriaestämme. (Arch. ital. Sci. med. trop. Parasitol. **38**. 257—65. Mai 1957. Roma, Univ., Clin. delle Malattie tropicali e subtropicali.) H. KOCKERT. 4350

A. Sreenivasan, *Eine neue Art eines im Meer lebenden, Chitin verdauenden Bacteriums.* Vf. entdeckte in Seewasser, Seesand u. in *Xancus pyrum* ein *Chitin* (I)-verdauendes Bacterium, *Pseudomonas chitinovora* N. sp. Einige charakterist. Eigg. werden beschrieben. Die Bakterienkulturen wachsen, wenn ihnen I als einzige C- u. N-Quelle dargeboten wird. Hefeextrakt oder Glucose (II) verhindern die I-Verdauung. Als I-Stoffwechselprodd. konnten chromatograph. weder II noch Glucosamin (III) oder Acetyl-III gefunden werden. Es wird angenommen, daß III u. Essigsäure schneller verbraucht werden, als sie aus I gebildet werden. Dagegen wurde eine nicht identifizierbare Säure als I-Stoffwechselprod. chromatograph. isoliert. (Current Sci. **24.** 270—71. Aug. 1955. Kozhikode, Fisheries Tech. Stat.) O. DOLD. 4350

Toshio Nakanishi, *Mechanismus der Anfärbung säureresistenter Bakterien.* Die Klassifizierung säurefester u. nichtsäurefester Bakterien wird gegründet auf dem Grad der Dissoziation der aus der Verbindung der *Farbstoffe* mit Zellen gebildeten organ. Salze. Der Zelle–Farbstoff-Komplex säurefester Bakterien ist weniger dissoziierbar als der von nichtresistenten. Der Grad der Dissoziation ist verknüpft mit der jeweiligen Geschwindigkeit der Entfärbung, die z. B. eintritt, wenn die angefärbten Zellen mit einem entfärbenden Mittel, wie HCl-haltigem A., behandelt werden. — 2 Tabellen. (Kagaku [Science] **25.** 587. 1955. Tokushima, Univ. [Orig.: japan.]) L. SCHULER. 4350

G. L. Brown und **A. V. Brown,** *Fraktionierung von Desoxyribonucleinsäure und Reproduktion der T 2 Bakteriophage. Desoxyribonucleinsäure* (I) aus T 2 Bakteriophagen wurde mit Hilfe eines bes. gereinigten Histons auf Cellulosesäulen chromatographiert. Es wurden zwei I-Fraktionen erhalten mit dem gleichen Verhältnis Purine/Pyrimidine ca. 1, während das Verhältnis (Adenin + Thymin)/(Guanin + 5-Hydroxymethylcytosin) variierte. Das Mol.-Gew. für **I** aus diesen Fraktionen betrug $50 \cdot 10^6$ bzw. $10 \cdot 10^6$. Im Syst. Bakteriophage/infizierte Protoplaste wurde die Bedeutung von **I,** *Ribonucleinsäure* usw. für die Proteinsynth. untersucht. (Symposia Soc. exp. Biol. **1958.** Nr. 12. 6—30. London, King's Coll., Med. Res. Council, Biophys. Unit, Wheatstone Labor.)
L. TRÄGER. 4374

Mark H. Adams, Bacteriophages. London: Interscience Publrs. 1959. (610 S. m. Abb. u. Tab.) 115 s.

J. O'M. Bockris, ed., Modern aspects of electrochemistry. Vol. 2. London: Butterworths Scientific. 1959. (352 S.) 50 s.

E_4. Pflanzenchemie. Pflanzenphysiologie. Pflanzenpathologie.

S. Parameswaran, *Apparat zur Bestimmung des Wasserbedarfs von wachsenden Getreidepflanzen.* Am Beispiel einer Hirsepflanze wird der Wasserverlust des Bodens durch Verdunstung u. der Pflanze beim Wachstum durch „Evapo-Transpiration" mittels eines elektron. gesteuerten App. gemessen. Ausführliche Beschreibung u. Anwendungsbeispiel. (Current Sci. **25.** 250—52. Aug. 1956. Poona, Indien, Div. of Agricult. Meteorology.) H. ECKSTEIN. 4400

Tamotsu Yamada, *Einfluß von Hitze und von Antibioticis auf Pflanzen mit Blattknoten.* Pflanzen von *Ardisia crispa* u. *A. punctata* waren frei von symbiot. Mikroorganismen, wenn sie aus Samen gezogen wurden, die 3—7 Tage mit Lsgg. von 250 bis 1000 γ/cm³ von *Streptomycin, Chlorotetracyclin, Chloramphenicol* bzw. *Oxytetracyclin* behandelt waren. Behandlung der Samen bei 50° während 25—30 Min. (ohne Antibiotica) hatte auch einen ähnlichen Erfolg, doch waren die daraus erhaltenen Pflanzen deformiert oder im Wachstum zurückgeblieben. Durch Antibiotica wurden Pflanzen ohne Blattknoten gewonnen, statt deren aber erschienen oft Höcker anderer Art an Wachstumspunkten, bei denen keine bakterielle Infektion zu beobachten war. — 4 Photos. (Kagaku [Science] **25.** 583—84. 1955. Chiba Univ. [Orig.: japan.])
L. SCHULER. 4404

Th. Breyhan, O. Fischnich und **F. Heilinger,** *Histochemischer und papierchromatographischer Nachweis von Inhaltsstoffen der Kartoffelknolle.* Vff. untersuchten die Verteilung von *Aminosäuren* u. *Proteinen* in Abdrücken histol. Schnitte von Kartoffeln auf Chromatographiepapier durch Anfärben mit geeigneten Farbreagentien. Auch Indolderivv. wurden mittels dieser Meth. lokalisiert. Ergänzt wurden die Versuche durch Anfertigen von Rundfilterchromatogrammen (Isopropanol-Ammoniak-Wasser 100:10:10, Entwickler: EHRLICHS Reagens). (Naturwissenschaften **45.** 420. 1. Sept.-H. 1958. Braunschweig-Völkenrode, Inst. für Pflanzenbau u. Saatguterzeugung u. Chem. Untersuchungslabor. der Forschungsanst. für Landwirtsch.) G. MAYR. 4420

Henri Pachéco, *Vergleichende Biochemie der Flavonpigmente in den Blüten der Kreuzblütler. Vorkommen einer höheren Rutinkonzentration in den Blüten von Erysimum allionii.* Die frisch geernteten Blüten (200 g) werden in 1 Liter 80%ig. A. 1 Std. lang unter Rückflußkühlung extrahiert, die warme Lsg. filtriert u. das Verf. noch 2mal wiederholt. Die Lsgg. werden vereinigt u. auf 250 ml eingedampft (Wasserbad, 50°) Nach einigen Tagen bei Zimmertemp. fällt ein flockiger, gelblicher Nd. aus, der abgesaugt, zur Entfernung von Chlorophyll mit 10 ml Ae. gewaschen wird u. in der eben ausreichenden Menge Essigsäure (50%ig, heiß) gelöst wird. Nach 48 std. Stehen bei 4° scheidet sich reines *Rutin,* F. 192° (95%ig. A.), ab. Ausbeute 5%, bezogen auf das Trockengewicht der Blüten. Das Präp. war mit authent. übereinstimmend. (C. R. Séances Soc. Biol. Filiales **151.** 1551—52. 1957; herausg. 15/4. 1958.) WALTER A. SCHÄFER. 4420

O. Biddulph, Susann Biddulph, R. Cory und **H. Koontz,** *Der Kreislauf von Phosphor, Schwefel und Calcium in der Bohnenpflanze.* 8—10 Tage alte Pflanzen wurden

1 Std. lang in eine Nährlsg. gebracht, die ^{32}P, ^{35}S u. ^{45}Ca enthielt, u. erhielten anschließend wieder eine nichtradioakt. Nährlösung. Nach 0, 6, 12, 24, 48 u. 96 Std. wurden die Pflanzen entnommen, getrocknet u. radioautograph. untersucht. — Der aufgenommene ^{32}P war während des gesamten Versuchszeitraums relativ beweglich u. wurde bes. in die wachsenden Blätter u. Stengelspitzen verlagert. ^{35}S ist nur kurze Zeit mobil u. wird durch metabol. Festlegung in den jungen Blättern bald dem Kreislauf entzogen. Als bes. schlecht beweglich erwies sich ^{45}Ca: Es wird durch den Transpirationsstrom in die Blätter eingelagert u. später nicht mehr mobilisiert. (Plant Physiol. **33.** 293—300. Juli 1958. Pullman, Wash., State Coll. of Washington.) WILFRIED WERNER. 4450

Louis Jacobson, Raymond J. Hannapel und **David P. Moore,** *Stoffwechsel-unabhängige Ionenaufnahme durch Gerstenwurzeln.* An abgeschnittenen u. intakten Gerstenwurzeln wird der Mechanismus der Nährstoffaufnahme untersucht: Die Stoffwechsel-unabhängige Ionenaufnahme wird aus der Differenz von Gesamtaufnahme u. metabol. Aufnahme errechnet. Bei K^+ u. Na^+ war sie in Abhängigkeit von der Konz. der Nährlsg. u. der Versuchsdauer verschieden hoch. Bei HPO_4^{2-} stand sie in enger Korrelation zum „apparent free space" der Wurzel (= dem Teil des Gewebes, der einer freien Diffusion der Lösungsbestandteile zugänglich ist). In Wurzeln intakter Pflanzen war die nichtmetabol. HPO_4^{2-}-Aufnahme geringer als in abgeschnittenen Wurzeln. Im Gegensatz zu K^+ konnte bei HPO_4^{2-} keine Zeitabhängigkeit des nichtmetabol. Absorptionsvorganges festgestellt werden. (Plant Physiol. **33.** 278—82. Juli 1958. Berkeley, Calif., Univ. of California, Coll. of Agric., Dep. of Soils and Plant Nutrit.)
WILFRIED WERNER. 4450

Martin Bopp, *Über den Farbwechsel von Streptocarpus-Blüten.* Während der Alterung von Blüten des Bastardes Streptocarpus wendlandi x vandeleuri tritt ein Farbwechsel von Blauviolett nach Rot ein. Die Eltern zeigen diesen Farbwechsel nicht. Die beiden Farbstoffe, die während dieses Prozesses zu- bzw. abnehmen, sind *Malvidinglykoside.* Vf. vermutet, daß die Farbänderung durch fortschreitende Adsorption der freien Anthocyanmoll. an Polysaccharide im Zellsaft zustande kommt. Ein Gen aus dem vandeleuri-Genom scheint hierfür verantwortlich zu sein. (Z. Naturforsch. **13b.** 669—71. Okt. 1958. Freiburg/Br., Univ., Botan. Inst.) H. FRANK. 4450

V. Káš, *Die biologische Auffassung der Pflanzenernährung.* Vf. stellt fest, daß zur Pflanzenernährung die Mikroflora der Rhizosphäre des Bodens sehr wichtig ist. — Diskussion. (Sborník českoslov. Akad. zemědělských Věd, rostlinná Výroba **28.** 458—68. Diskussion 468—72. 472—73. Juni 1955. Brno (Brünn), Výs. škola zeměd.)
E. VEVERA. 4450

Herminio Lugo Lugo, *Die Wirkung des Stickstoffs bei der Keimung von Vanilla planifolia.* Zur Keimung der Samen von Vanilla planifolia wird ein Nährboden aus 0,1% $Ca(NO_3)_2$, 0,025% KH_2PO_4, 0,025% $MgSO_4$, 0,05% $(NH_4)_2SO_4$, 2,5 mg% $FePO_4$, 2% Saccharose, 1,5% Agar verwendet. Es wird gezeigt, daß die N-Salze verringert werden müssen, da sie in der angegebenen Konz. die Keimung hemmen. Dagegen bewirken 25 mg% Harnstoff im Nährboden u. Vorbehandlung der Samen mit 3%ig. H_2O_2 eine Erhöhung der Keimungsrate. (Amer. J. Bot. **42.** 679—84. Juli 1955. Mayagüez, Univ. of Puerto Rico, Coll. of Agricult. and Mechanic Arts, Biol. Dep.)
W. SCHÖNBORN. 4455

Erich Baer, Liudvikas J. Ciplijauskas und **Teunis Visser,** *Die Synthese von Vinylphosphat, einer möglichen Zwischenstufe des Kohlenhydratstoffwechsels und der Photosynthese. Vinylphosphorsäure* (I), $CH_2{=}CH{-}OPO_3H_2$, wurde mittels einer Hg^{2+}-katalysierten Säureaustausch-Rk. aus Vinylacetat (II) u. Phosphorsäure synthetisiert u. als Pyridinium- u. Li-Salz isoliert. I wird durch verd. Säure rasch unter Bldg. äquimol. Mengen Acetaldehyd u. H_3PO_4 hydrolysiert. Bei Methylierung mit CH_2N_2 in Ae. entstand z. T. *Dimethylvinylphosphat.*

Versuche: *Pyridiniumhydrogenvinylphosphat,* aus frisch dest. II u. krist., wasserfreier H_3PO_4 (F. 41,7—42,5°) in Ggw. von Hg(II)-Acetat u. Tetra-Na-äthylendiamintetraacetat bei $30 \pm 1°$ (2½ Std.); viscoses Öl; 25,7% (Ausbeute) (bezogen auf H_3PO_4). *Di-Li-Salz,* $C_2H_3Li_2O_4P$, C_2H_5OH, aus vorst. Salz u. Li-Acetat in absol. A.; 60,8%. (J. biol. Chemistry **234.** 1—4. Jan. 1959. Toronto, Canada, Univ., Banting and Best Dep. of Med. Res.) K. MAIER. 4460

Harry Beevers, *Zwischenprodukte des Pentosephosphatcyclus als Atmungssubstrate.* Es wurde gefunden, daß *D-Xylose* u. *D-Ribose* von verschied. Pflanzengeweben als Atmungssubstrate verwertet werden können. Ein sehr akt. Gewebe ist die *Maiscoleoptile,* u. weitere Unterss. ergaben, daß auch *Seduheptulose* (II) u. *Gluconat* (I) verwertet werden. Alle diese Substrate ergeben unter N_2 eine Erhöhung der *A.*- u. CO_2-Bldg., die I-Verwertung ist jedoch im Gegensatz zu der von Pentosen u. II merklich vermindert. Anaerob oder aerob in Ggw. von Arsenit erscheint ^{14}C aus $^{14}C_{(1)}$-*Ribose* u. $^{14}C_{(1)}$-*Xylose* im CO_2 u. im Alkohol, u. zwar $^2/_3$ des ^{14}C als $^{14}CH_3CH_2OH$ u. $^1/_3$ als $^{14}CO_2$. Diese Ergebnisse weisen auf einen Abbau über den *Pentosephosphatcyclus* hin. Verss. mit $^{14}C_{(1), (2) oder (6)}$-*Gluconat* ergeben, daß die Abbau-Rk. am $C_{(1)}$ beginnt. Der anaerobe Abbau der verschied. *Gluconate* zu $^{14}C_2H_5OH$ u. $^{14}CO_2$ stimmt überein mit der Überführung in Pentose durch oxydativen Abbau von $C_{(1)}$ u. anschließende Überführung der *Pentose* in *Glucose* über den *Pentosephosphatcyclus*. — Zahlreiche Kurven u. Tabellen; Diskussion der Ergebnisse. (Plant Physiol. **31.** 339—47. Sept. 1956. Lafayette, Ind., Purdue Univ., Dep. of Biol. Sci.; Upton, Long Island, N. Y., Brookhaven Nat. Labor., Dep. of Biol.) H. GOEBEL. 4460

Otto Kandler und **Martin Gibbs,** *Asymmetrische Verteilung von ^{14}C in während der Photosynthese gebildeten Glucosephosphaten.* Vff. untersuchten an *Chlorella* die bei der Photosynth. aus $^{14}CO_2$ gebildeten *Glucosephosphate* (I) einmal nach 5 Min. Belichtung in N_2-Atmosphäre u. dann 10 Min. Belichtung nach der $^{14}CO_2$-Zugabe u. einmal nach 5 Min. Einw. von $^{14}CO_2$ im Dunkeln u. dann 1 Min. Belichtung. Aus **I** wurde die *Glucose* isoliert u. auf die Markierung der einzelnen C-Atome untersucht. Es wurde auf Grund der ^{14}C-Verteilung gefunden, daß nicht wie erwartet 2 gleiche *Triosephosphatbausteine* zu einem *Hexosephosphat* zusammentreten. (Plant Physiol. **31.** 411—12. Sept. 1956. Upton, N. Y., Brookhaven Nat. Labor., Dep. of Biol.) H. GOEBEL. 4460

F. F. Nord, *Untersuchungen über Lignin und über den Prozeß der Lignifikation.* (Vgl. C. **1956.** 5044.) Unter Verwendung von ^{14}C, der UV-Spektrometrie u. Chromatographie wurde der Prozeß der *Lignin*-Bldg. untersucht. Die Ligninbldg. ist mit der Photosynth. bzw. Zuckerbldg. eng verbunden. Bereits 4—6 Std. nach Belichtung von Getreidepflanzen tritt ^{14}C in *Guajacol*-Anteilen u. *p-Hydroxyphenylpropan* auf, aus denen sich durch multiple Kondensation Lignin bildet. (Ann. Fac. Agrar. Univ. Pisa [N. S.] **16.** 25—33. 1955. Pisa, Univ., Ist. di Chim. Agraria.) E. SPEYER. 4460

Mary Jane Neal und **Raymond E. Girton,** *Der Pasteur-Effekt bei Mais.* Es wurden Kohlenhydrat (I)-Abnahme u. A.- sowie CO_2-Bldg. von Maiswurzelspitzenabschnitten unter anaeroben u. aeroben Bedingungen untersucht. Die aerobe **I**-Abnahme entsprach der CO_2-Bldg., abgesehen von einem, möglicherweise durch die Ausnutzung von Proteinen oder Fetten als zusätzlichen Atmungssubstraten bedingten geringen CO_2-Überschuß. Die alkoh. Gärung entsprach der **I**-Abnahme unter anaeroben Verhältnissen, wobei ein merklicher CO_2-Überschuß auf der Verwertung anderer Substrate außer **I** beruhen dürfte. Die Geschwindigkeit des **I**-Abbaus war, gemessen an der Substratabnahme oder an der Endproduktbldg., in N_2 stets merklich größer als in Luft, so daß unter den experimentellen Bedingungen ein PASTEUR-Effekt bestand. (Amer. J. Bot. **42.** 733—37. Okt. 1955. Urbana, Ill., Dep. of Bacteriol.; Lafayette, Ind., Purdue Univ., Dep. of Biol. Sci.) K. MAIER. 4460

Richard U. Byerrum, Clifford S. Sato und **Charles D. Ball,** *Verwertung von Betain als Methylgruppendonator bei Tabak.* (Vgl. C. **1956.** 12601.) Vff. verabreichten an *Nicotiana rustica* var. *humilis* in einer Nährlsg. $^{14}C_{(CH_3)}$-*Betainchlorid* (I) u. untersuchten den Einbau der $^{14}CH_3$-Gruppen in andere Verbindungen. Die $^{14}CH_3$-Gruppen von **I** wurden in *Nicotin* als N-Methylgruppen eingebaut, u. zwar im gleichen Ausmaß wie die CH_3-Gruppen von *Methionin* u. *Cholin.* Bei Verabreichung von $^{14}CH_3$-*Cholin* wurde ^{14}C-*Betain* u. *-Dimethylglycin* gebildet. Die Ergebnisse werden so gedeutet, daß in den Pflanzen ein *Cholinoxydase*-Syst. vorhanden ist, u. daß etwas *Cholin* vor der Methylierung von *Nicotin* zu *Betain* oxydiert wird. — Diskussion der Ergebnisse. (Plant Physiol. **31.** 374—77. Sept. 1956. East Lansing, Mich., Michigan State Univ., Kedzie Chem. Labor.) H. GOEBEL. 4460

S. Aronoff, *Untersuchungen über die Biogenese des Pyridinrings in höheren Pflanzen.* Vf. untersuchte den Aufbau des *Pyridin*-Rings in *Nicotiana glauca.* Während der Photosynth. aus $^{14}CO_2$ gebildetes *Anabasin* (**I**, *β*-[*α-Piperidyl*]-*pyridin*) ist einheitlich markiert; als Vorprod. von **I** kann einheitlich markierte ^{14}C-*Glucose* dienen. Weder $^{14}C_{(2)}$-*Lysin* noch $^{14}C_{(6)}$-*Hydroxylysin* sind definitive Vorläufer von **I.** *Sojabohnen*-Blätter bilden bei Photosynth. in Ggw. von $^{14}CO_2$ kein ^{14}C-*Trigonellin* (**II**, *N-Methylnicotinsäure*); $^{14}C_{(7)}$-*3-Hydroxyanthranilsäure* scheint kein Vorläufer von **II** zu sein. — Diskussion der Ergebnisse. (Plant Physiol. **31.** 355—57. Sept. 1956. Ames, Io., Iowa State Coll., Inst. for Atomic Res. and Dep. of Bot.) H. GOEBEL. 4460

Yasuji Fujita, *Herkunft der Phenoläther in ätherischen Ölen.* Der Mechanismus der Bldg. von *Phenoläthern* (**I**) u. *Lignin* (**II**) in der Pflanze wird erörtert. Die Bldg. von **I** steht in engerer Verbindung mit der von **II** u. kaum mit den Terpenen. *Methylchavicol* ist ein häufiger Bestandteil vieler äther. Öle u. kann in vivo u. durch spontane Oxydation leicht in *p-Methoxyzimtaldehyd* übergeführt werden. Dies legt die enge

Beziehung zwischen **I** u. **II** nicht nur in der chem. Struktur, sondern auch im Bildungsvorgang nahe. Gegenseitige Umwandlung von **I** u. **II** scheint kaum wahrscheinlich, sondern beide entstammen vermutlich einer gemeinsamen Vorstufe in der Pflanze. (Kagaku [Science] **25.** 580—81. 1955. Osaka, TH. [Orig.: japan.]) L. SCHULER. 4460

Léo Marion und **Alan F. Thomas,** *Eine weitere Beobachtung über die Biogenese des Hyoscyamins.* Eine reife Pflanze von Datura stramonium erhielt 74 mg *^{14}C-dl-Methionin* (**I**). Nach 4 Tagen waren 90% **I** aufgenommen u. in der Pflanze im Verhältnis Wurzeln : Blätter : Samen = 1000 : 9 : 4 verteilt. Der Totalextrakt an Alkaloiden, dem je 250 mg *Hyoscin* (**II**) u. *Hyoscyamin* (**III**) zugegeben wurden, enthielt eine Radioaktivität von $6{,}3 \cdot 10^6$ Impulsen/Min. (entsprechend 1% der insgesamt angewandten Aktivität). Die Alkaloide wurden an Kieselgur chromatograph. getrennt u. als Goldchloride kristallisiert. **II** zeigte keine Aktivität, **III** $5{,}8 \cdot 10^4$ Impulse/Min./mMol. Nach HERZIG-MEYER wurden die N-Methylgruppen gewonnen u. als Tetramethylammoniumreineckate nach Chromatographie aus Aceton an Al_2O_3 in blaßrosa Tafeln aus W., F. 288—289° (Zers.), erhalten. Ihre Aktivität betrug $5{,}4 \cdot 10^4$ Impulse/Min./mMol. — Wurde D. stramonium mit *$^{14}C_{(2)}$-Ornithin* wachsen gelassen, so wurde eine radioakt. Aminosäurenfraktion gewonnen, in der durch zweidimensionale Papierchromatographie *Asparagin, Glycin, Alanin, Methionin, Asparaginsäure* u. Spuren *Prolin,* aber weder Ornithin noch Glutaminsäure nachgewiesen wurden. (Canad. J. Chem. **33.** 1853—54. Dez. 1955. Ottawa, Canada, Nat. Res. Council, Div. of Pure Chem.) W. SCHÖNBORN. 4460

Allen H. Brown, *Wirkung von Licht auf die Atmung grüner Zellen.* Übersicht, bes. über die Arbeiten des Verfassers. (Kagaku [Science] **25.** 559—63. 1955. [Orig.: japan.]) L. SCHULER. 4460

Clyde Eyster, Thomas E. Brown, Howard A. Tanner und **S. L. Hood,** *Der Manganbedarf im Hinblick auf Wachstum, Hill-Reaktion und Photosynthese.* Der Einfl. unterschiedlicher *Mn*-Versorgung auf Wachstum sowie HILL-Rk. u. Photosynth. wurde bei autotrophen u. heterotrophen Kulturen von *Chlorella pyrenoidosa* u. autotrophen Kulturen von *Nostoc muscorum, Scenedesmus quadricanda, Porphyridium cruentum* u. *Lemna minor* untersucht. — *Chl. pyr.* benötigte bei autotrophem Wachstum eine Minimummenge von 10^{-4} p.p.m. Mn im Medium, bei heterotrophem Wachstum nur etwa den 1000. Teil. HILL-Rk., Photosynth. u. autotrophes Wachstum wurden bei Zugabe von Mn zu Mangelkulturen gleich deutlich stimuliert. Der *Chlorophyll* (**I**)-Geh. 1 Tag alter autotropher Kulturen wurde durch Mn-Mangel nicht beeinträchtigt. Dagegen war der **I**-Geh. nach 3tägiger Belichtung bei Mn-Mangel im Vgl. zu Mn-versorgten Kulturen signifikant niedriger. Bei einer für optimale Photosynth. u. HILL-Rk. ausreichenden Mn-Konz. des Mediums betrug das mol. Mn : **I**-Verhältnis bei Chlorella ca. 1 : 600. — Aus den Ergebnissen wird geschlossen, daß als essentieller enzymat. Cofaktor bei heterotrophem Wachstum schon eine sehr geringe Mn-Menge genügt, daß jedoch zur Aktivierung der photosynthet. Prozesse eine weitaus höhere Mn-Konz. erforderlich ist. (Plant Physiol. **33.** 235—41. Juli 1958. Yellow Springs, Ohio, Charles F. Kettering Foundat.) WILFRIED WERNER. 4460

Akihiko Hattori, *Untersuchungen über den Stoffwechsel von Harnstoff und anderen Stickstoffverbindungen bei Chlorella ellipsoidea.* 1. Mitt. *Die Assimilation von Harnstoff und anderen Stickstoffverbindungen durch stickstofferschöpfte Zellen.* Es wurde die Assimilation von N-Verbb. durch N-Mangelzellen von *Cl. ellipsoidea* im Licht im Zusammenhang mit dem Atmungsstoffwechsel untersucht. NH_3, Nitrat (**I**), Harnstoff (**II**), Arginin (**III**), Citrullin (**IV**) u. Ornithin (**V**) wurden, einzeln als alleinige N-Quelle zugesetzt, in der Reihenfolge NH_3 > **III** > **II** > **I** > **V** > **IV** verwertet. In den Zellen u. im umgebenden Medium war bei Incubation mit **I**—**V** keinerlei NH_3 als Intermediär- oder Nebenprod. des N-Stoffwechsels nachweisbar. In Ggw. von **I** trat vorübergehend Nitritbldg. auf. Die Assimilation zugesetzter N-Verbb. war stets von einem verstärkten Atmungsstoffwechsel, verbunden mit einem erhöhten Verbrauch an Zellkohlenhydratreserve, begleitet. Bei der verwendeten Alge konnte niemals Urease- oder Arginaseaktivität nachgewiesen werden. (J. Biochemistry [Tokyo] **44.** 253—73. Mai 1957. Tokyo, Inst. of Technol., Biol. Labor. [Orig.: engl.]) K. MAIER. 4460

J. Kolářík, *Gesetzmäßigkeiten der Pflanzenernährung.* Für die Pflanzenernährung müssen in gesetzmäßiger Menge organ. Stoffe, die von Bakterien umgesetzt werden, vorhanden sein. — Diskussion. (Sborník českoslov. Akad. zemědělských Věd, rostlinná Výroba **28.** 426—46. Juni 1955. Praha, Ruzyně, ČSAZV, výzk. ústav rostl. výr. odd. vyživ. rostl.) E. VEVERA. 4470

René Heller, *Über einige durch pflanzliche Gewebe in vitro assimilierbare Schwefelverbindungen.* Zur Prüfung der Assimilierbarkeit von S-Verbb. wurde gesundes Karottengewebe benutzt. Folgende S-Verbb. wurden beim p_H 6 dem Nährboden zugesetzt:

Na_2SO_4, Na_2S, Na_2SO_3, Glutathion, Cysteinhydrochlorid, Methionin u. Taurin. Die Reihenfolge der Verbb. entspricht ihrer Verträglichkeit für das Gewebe. Methionin u. Taurin haben vor allem bei hohen Konzz. eine tox. Wirkung. Während die vergleichsweise geringe Toxizität von *Methionin* noch seine Verwertbarkeit zuläßt, hat *Taurin* eine so tox. Wrkg., daß eine Schwefelaufnahme aus dieser Verb. durch die Pflanze nicht stattfindet. Als Kriterium für die Verträglichkeit der Verbb. wurde die Gewichtszunahme der Gewebekultur verfolgt. (C. R. hebd. Séances Acad. Sci. **241.** 234—36. 11/7. 1955.)
A. GUDE. 4470

Joseph C. O'Kelley, *Wachstum und Atmung von Pollenschläuchen in vitro in Gegenwart von Kohlenhydraten.* Pollenkörner von *Lonicera japonica* (L.j.), *Tecoma radicans* (T.r.) u. *Nicotiana tabacum* (N.t.) keimten leicht in 0,32mol. Saccharose (**I**)-Lsg. in Ggw. von 0,2, 1 u. 1 mg% Borsäure. Das Wachstum der Pollen war ebenso gut mit Cellobiose, Maltose u. Lactose in gleicher Konzentration. Galaktose u. Xylose ersetzten bei L.j. u. T.r., Glycerin bei L.j. u. N.t., Glucose (**II**) nur bei L.j. die **I**, hemmten aber die anderen Pollenarten. Mannose, Fructose (**III**), Sorbose, L-Arabinose, D-Arabinose, Ribose, Sorbit u. Mannit hemmten mehr oder weniger das Wachstum aller Pollen. In Atmungsverss. mit radioakt. markierter **I, II** u. **III** in der WARBURG-App. stammten bei T.r.-Pollenschläuchen 72, 36 u. 66% des Atmungs-CO_2 aus dem gegebenen Zucker. (Amer. J. Bot. **42.** 322—26. März 1955. Tuscaloosa, Ala., Univ. of Alabama, Biol. Dep.)
W. SCHÖNBORN. 4470

Tsui Cheng, *Die Wirkung der Saatgutbehandlung mit Spurenelementen auf die Keimung und das frühe Wachstum von Weizen.* $CuSO_4$, $CoCl_2$ u. in geringem Maße auch MoO_3 u. $FeSO_4$ begünstigen das Wachstum der Schößlinge u. Wurzeln. $MnSO_4$ u. $NiSO_4$ fördern bes. das Schößlingswachstum, $ZnSO_4$, $SrCl_2$ u. H_3BO_3 dagegen das Wurzelwachstum. $PbCl_2$ u. $Tl_2(SO_4)_3$ wirken hemmend auf Keimung u. Wachstum. Auf die Keimung haben $CoCl_2$, $MnSO_4$ u. H_3BO_3 keinen merklichen Einfl., während die übrigen oben genannten Verbb. stimulierend wirken. — Die Verss. wurden an Weizenkörnern durchgeführt. (Sci. sinica **4.** 129—35. März 1955. Academia Sinica, Inst. of Plant Physiol. [Orig.: engl.]).
O. DOLD. 4470

Robert Cleland und **James Bonner,** *Der Resteffekt von Auxin auf die Zellwand.* Vff. untersuchten die Beziehung von *Auxin* (**I**) zum Längenwachstum der Pflanzenzelle an *Avena-Koleoptilen*-Schnitten (AS). Es wurde gefunden, daß es möglich ist, die Wrkg. von **I** auf AS zeitlich vollständig von der Längenausdehnung des Gewebes zu trennen. Die Zellausdehnung durch **I** wird bei AS durch 0,3mol. *Mannit* verhindert. Bei Vorbehandlung mit **I** treten in den Schnitten Veränderungen ein, die zu nachfolgender Zellexpansion unter Bedingungen führen, bei denen die **I**-Wrkg. durch einen Inhibitor blockiert ist. Die erste Stufe bei der Zellexpansion ist wahrscheinlich eine **I**-induzierte Lockerung der Zellwand, die der Zelle Wasseraufnahme u. osmot. Ausdehnung erlaubt. Die **I**-induzierte Zellwandauflockerung findet nur unter aeroben Bedingungen statt, anaerob oder in Ggw. von KCN, Dinitrophenol oder p-Chlormercuribenzoat wird er unterbrochen. Zusatz von *Antiauxin* während der durch **I** bewirkten Expansion hemmt diese teilweise. — Diskussion der Ergebnisse. (Plant Physiol. **31.** 350—54. Sept. 1956. Pasadena, Calif., California Inst. of Technol., Kerckhoff Labors. of Biol.)
H. GOEBEL 4485

Harvey A. Lund, *Die Biosynthese von Indolylessigsäure im Griffel und in Ovarien von Tabak vor dem Ansetzen von Samen.* Vf. untersuchte den Geh. von Tabakblütengriffeln u. Ovarien an *freiem Tryptophan* (**I**). Unmittelbar nach der Bestäubung sinkt der **I**-Spiegel in den Griffeln ab u. beginnt dann wieder anzusteigen bis auf Werte von Griffeln aus unbestäubten Blüten. Der **I**-Geh. der Ovarien steigt 24—41 Std. nach der Bestäubung. Pollenschläuche von Tabak wachsen in fl. Rohrzucker-Mineral-Lsg.; unter diesen Bedingungen können sie zugesetztes **I** in ein *Wachstumshormon* (**II**) überführen (Abhängigkeit von Zeit u. Substratkonz.). Das **II** aus ruhenden u. keimenden Pollen wurde durch Papierchromatographie als *Indolylessigsäure* (**III**) identifiziert; **III** wird auch durch Pollenschläuche in Ggw. von **I** gebildet. Die enzymat. Aktivität, gemessen durch die Fähigkeit der Überführung von **I** in **III**, steigt in Pollenschläuchen nach 10std. Keimung auf den 3fachen u. bei Vorbehandlung mit **I** auf den 4fachen Wert. Dasselbe Enzym erfährt eine Aktivitätssteigerung in den Griffeln unmittelbar nach der Bestäubung u. etwas später in den Ovarien. Es wird angenommen, daß die Pollenschläuche an Griffel u. Ovarien zusätzliche Enzymmengen abgeben, dadurch **I** zu **II** oxydiert wird u. dadurch die Samenentw. beginnt. (Plant Physiol. **31.** 334—39. Sept. 1956. Ann Arbor, Mich., Univ., Dep. of Bot.)
H. GOEBEL. 4485

T. Yamaki, *Der Mechanismus der Längenwachstumsbeschleunigung der Pflanze durch Indolylessigsäure.* Indolylessigsäure erhöht die Atmung von *Avena sativa* u. setzt den Respirationsquotienten (RQ) gleichzeitig herab. Die Verminderung des RQ entspricht dem gesteigerten Längenwachstum. Die Senkung des RQ ist zu groß, um sie durch eine Umwandlung des Substrats in Fett zu erklären, wahrscheinlich ist sie durch den Verbrauch von CO_2 durch die Coleoptilen zu erklären. Der Indolylessigsäureeffekt ist in Abwesenheit von CO_2 klein, es wird vermutet, daß CO_2 zur Bldg. des wirksamen Indolylessigsäurekomplexes notwendig ist. (C. R. Séances Soc. Biol. Filiales **149.** 857—58. April 1955. Tokio, Univ.) A. GUDE. 4485

Peter B. Kaufman, *Histologische Reaktionen der Reispflanze* (*Oryza sativa*) *au 2.4-D.* Die histolog. Veränderungen bei der Blatt- u. Adventivwurzelbldg. durch *2.4-Dichlorphenoxyessigsäure* werden an Oryza sativa verfolgt. (Amer. J. Bot. **42.** 649—59 Juli 1955. Davis, Calif., Univ. of California, Dep. of Bot.) W. SCHÖNBORN. 4485

J. R. Hay und **Kenneth V. Thimann,** *Das Schicksal von 2.4-Dichlorphenoxyessigsäure in Bohnensämlingen.* 1. Mitt. *Die Isolierung von 2.4-Dichlorphenoxyessigsäure und ihre Spaltung in der Pflanze.* Es wird eine Meth. zur Extraktion von *2.4-Dichlorphenoxyessigsäure* (*2.4-D*) aus behandelten Pflanzen u. ihr biol. Nachw. beschrieben (Extraktion aus mit Sand zerriebenen Pflanzenteilen mit W., Aufkochen zur Zerstörung zers. Enzyme, Extraktion des auf p_H 1,0 eingestellten Filtrats mit peroxydfreiem Ae.; Fraktionierungsschema; biol. 2.4-D-Nachw. mit Alaskaerbsensämlingen). *2.4-D* wird durch die Pflanze im Licht rascher abgebaut als im Dunkeln; $^3/_4$ der aufgenommenen *2.4-D*-Menge verschwindet innerhalb von 5 Tagen (Abbau oder Umwandlung in Ae.-unlösl. Verbb.) (Plant Physiol. **31.** 382—87. Sept. 1956. Cambridge, Mass., Harvard Univ., Biol. Labors.) H. GOEBEL. 4485

Muriel V. Bradley und **Julian C. Crane,** *Die Wirkung von 2.4.5-Trichlorphenoxyessigsäure auf Zell- und Zellkerngröße und Endopolyploidie im Parenchym von Aprikosen.* Werden Aprikosenbäumchen bei Beginn der Kernbldg. in den Früchten mit einer Lsg. von 100 mg/Liter *2.4.5-Trichlorphenoxyessigsäure* (**I**) besprüht, so wird das Vol. des Fruchtfleisches der gebildeten Früchte um 50% vergrößert, während die Kerngröße n. bleibt. Es wird gezeigt, daß die Volumenzunahme des Mesokarps nicht auf einer Vermehrung der Zellzahl beruht, sondern **I** bewirkt eine Polyploidierung der Chromosomensätze, Vergrößerung der Zellkerne u. damit auch Volumenzunahme der Zellen um 57%. (Amer. J. Bot. **42.** 273—81. März 1955. Davis, Calif., Univ. of California, Dep. of Pomol.) W. SCHÖNBORN. 4485

Y. Sumiki, *Gibberellin, seine physiologische Wirkung, chemische Struktur und Anwendung.* (*Wachstumshormonwirkung des Pilzes der Bakanae-Krankheit der Reissprößlinge.*) Übersicht über die neuesten Erkenntnisse über die Wrkg., Natur usw. der von Gibberella fujikuroi erzeugten *Gibberelline.* — 8 Photos u. Tabellen. (Kagaku [Science] **25.** 563—67. 1955. Tokyo, Univ. [Orig.: japan.]) L. SCHULER. 4485

J. van Overbeek, Rene Blondeau und **Vesta Horne,** *Maleinimide als Auxinantagonisten.* Zweige von Pfirsichbäumen, die mit *Maleinimiden* (**I**) ($6 \cdot 10^{-4}$-, $3 \cdot 10^{-3}$- u. 6j$\cdot 10^{-3}$mol.) in einer wss. Emulsion mit 5% 1.2.3-Trichlorpropan, 5% Kerosin u 0,3% Emulgatoren besprüht wurden, verloren nach 3 Tagen entsprechend der Wirksamkeit der Verbb. als Auxinantagonisten ihre Blätter. Ca. 0,35 γ *N-[Naphthyl-(1)]-maleinimid* (**II**) je cm^2 Blattfläche riefen vollständige Entblätterung hervor. DieWrkg. von $2 \cdot 10^{-3}$mol. **II**- wurde durch $2 \cdot 10^{-4}$mol. *α-Naphthylessigsäure* aufgehoben. Im Streckungstest an der Maiscoleoptile mit $2,9 \cdot 10^{-7}$mol. *β-Indolylessigsäure* (**III**) wurde die Streckung durch **I** vermindert. Die Streckungshemmung wurde durch $2,9 \cdot 10^{-5}$mol. **III** aufgehoben. Die Atmungshemmung der Coleoptilen durch **I**, mit der WARBURG-App. bestimmt, war geringer als die Hemmung der Zellstreckung. Der Vgl. der Wrkg. folgender Maleinimide: *N-[Phenyl]-*, *N-[o-Chlorphenyl]-*, *N-[m-Chlorphenyl]-*, *N-[p-Chlorphenyl]-*, *N-[2.4-Dichlorphenyl]-*, *N-[2.5-Dichlorphenyl]-*, *N-[2.4.6-Trichlorphenyl]-*, **II**, *N-[2.4-Dichlorbenzyl]-*, *N-[o-Tolyl]-*, *N-[Isopropyl]-* (**IV**) u. *N-[Octyl]-* (**V**) zeigte, daß die Chlorierung des Phenylringes die Aktivität vermehrte, Einführung des Naphthylringes bes. hohe Aktivität hervorrief, **IV** fast inakt., **V** hochakt. war u. Sättigung der Doppelbindung des Maleinsäureteiles (α-Chlor-N-phenylsuccinimid) die Wrkg. verlorengehen ließ. Für die Höhe der Wirksamkeit der verschied. **I** ist ihr W./Öl-Verteilungskoeff. verantwortlich. Da auch Cystein ein Antagonist für **I** ist, wird ihre Wrkg. entsprechend der Theorie von MUIR u. HANSCH in ihrer Reaktionsfähigkeit mit Sulfhydrylgruppen eines Eiweißkörpers gesehen, der sich mit Auxin zum eigentlichen Wuchsstoff verbindet. (Amer. J. Bot. **42.** 205—13. März 1955. Modesto, Calif., Shell Developm. Co., Agricult. Res. Div.) W. SCHÖNBORN. 4485

J. T. Legg und **P. J. Ormerod,** *Der Nickelgehalt von Hopfenpflanzen in Beziehung zu „Nettlehead"-Symptomen.* Zugabe von nur 1 mg *Ni*/Liter Nährlsg. bedingte bei in

Sandkulturen gehaltenem „Early Prolific“-Hopfen (gegenüber der Nettlehead-Erkrankung empfindlich) innerhalb von 13 Tagen Symptome, die sich von denen durch Nettlehead-Virus verursachten unterschieden. Infizierte Pflanzen zeigten in Sandkultur bei niedrigem *Ni*-Geh. typ. Krankheitssymptome. Der Geh. der Blätter an *Cu, Mo, Mn, Ni* u. *Fe* war bei diesen infizierten Pflanzen gegenüber dem von gesunden Pflanzen offenbar symptomat. für diese Erkrankung signifikant erhöht. (Annu. Rep., East Malling Res. Stat., Near Maidstone, Kent **41.** 129—32. 1/10. 1956—30/9. 1957, herausg. 1958. Maidstone, Kent, East Malling Res. Stat.) HANS THIELE. 4490

M. V. Carter, *Chemische Zerstörung von reifen Perithecia von Micosphaerella pinodes. Phenylquecksilberchlorid* erwies sich gegen die sich rasch entwickelnden reifen Perithecia dieses Kleinwesens als unwirksam im Gegensatz zu der Wrkg. gegen sich langsam entwickelnde von anderen Kleinwesen. Dagegen war *Pentachlorphenol* (0,75% ig. Öl–W.-Emulsion) bei Besprühen von Erbsenpflanzen sehr stark wirksam, noch stärker bei Eintauchen der Pflanzen schon von 0,2% an. Abb. der Wrkg. auf Perithecia. Auch *Dinitroorthokresol* u. *sek. Dinitrobutylphenol* scheinen wirksam zu sein. (Nature [London] **183.** 162—63. 17/1. 1959. Adelaide, Waite Agric. Res. Inst.) J. SCHWAIBOLD. 4490

M. Lakshmanan und **C. S. Venkata Ram,** *Wirkung von Fusariumkulturfiltraten auf die Atmung von Baumwolle.* Kulturfiltrate von 21 Fusariumarten wurden auf ihre Wrkg. auf die Atmung von Baumwollpflanzengewebe untersucht. Filtrate von F. buharicum, F. bulbigenum var. lycopersici, F. culmorum, F. dimerum, F. javanicum, F. lateritium, F. lini, F. moniliforme, F. orthoceras, F. oxysporum var. nicotianae, F. sambucinum, F. solani u. F. udum wirkten stark steigernd auf die Geweberespiration, während Filtrate von F. caucasicum, F. equiseti, F. semitectum u. F. sporotrichioides die Atmung hemmten. Verschied. organ. Säuren, Wuchsstoffe, Aminosäuren u. Vitamine, die in Kulturfiltraten vorkommen, steigern die Atmung, u. die Stimulierung bei mit Fusarium infiziertem Gewebe dürfte z. T. auf diese Stoffe zurückzuführen sein. (Proc. Indian Acad. Sci., Sect. B **46.** 131—37. Aug. 1957. Madras, Univ., Botan. Labor.) H. GOEBEL. 4490

Eva Christiansen-Weniger, geb. **Kotte,** *Versuche zur stoffwechselphysiologischen Beeinflussung der Reaktion der Kartoffelknolle auf Phytophthora infestans de By.* Es wurde untersucht, welchen Einfl. spezif. Fermenthemmstoffe u. -substrate in Knollen der Sorten *Aquila* u. *Erdgold* auf die Nekrotisierungs-Rk. der Kartoffel gegen *Phytophthora infestans* haben. Die Bedeutung des Intermediärstoffwechsels für das Resistenzproblem wird erörtert. Bei *Aquila* (resistente Sorte) wird durch NaN_3, Phenylurethan, NaF, KCN, Na-Diäthyldithiocarbamat, p-Nitrophenol, Thioharnstoff, Salicylaldoxim u. Kupferron die Polyphenoloxydase gehemmt u. dadurch die Entw. von *Phytophthora* gefördert Ebenso wirken die atmungshemmenden Substrate Brenzcatechin u. Tyrosin. Bei Erdgold (anfällige Sorte) unterdrücken NaF, Polyphenoloxydase, Protocatechusäure u. Chlorogensäure das Wachstum des Pilzes; durch Malonsäure u. Malachitgrün wird lediglich seine Fruktifikation verhindert (Hemmung des Tricarbonsäurecyclus). Brenztraubensäure, Fumarsäure sowie Äpfel- u. Bernsteinsäure ermöglichen Sporangienbldg. auf einer resistenten Sorte u. Fruktifikation auf Erdgold. — 45 Literaturangaben. (Phytopathol. Z. **25.** 153—80. Dez. 1955. Göttingen, Univ., Inst. für Pflanzenpathol. u. Pflanzenschutz.) M. REIHER. 4490

K.-B. Augustinsson und **G. Jonsson,** *Biochemische Untersuchungen über die Abbauprodukte von Diazinon.* Mit *Diazinon* (**I,** *O.O-Diäthyl-O-2-isopropyl-4-methylpyrimidylthionophosphat*; J. R. GEIGY) gespritzte Pflanzen enthalten nach 25 Tagen noch 50% u. nach 9 Wochen noch 20% biochem. akt. Rückstände des Insekticids. Reines **I** (99,9% ig) enthielt außer *Diazinon* noch eine andere *Cholinesterase*-hemmende Substanz, die wahrscheinlich mit dem O-Analogen von **I** ident. ist. In einem 1 Jahr gelagerten reinen **I**-Präp. konnten papierchromatograph. 6 Komponenten nachgewiesen werden, von denen 3 identifiziert wurden als **I**, dessen *O-Analogon* u. sein *S-Äthylisomeres.* (Experientia [Basel] **13.** 438—40. 15/11. 1957. Stockholm, Univ., Inst. of Organ. Chem. and Biochem.) H. GOEBEL. 4320

Reed A. Gray, *Hemmung des Wurzelwachstums durch Streptomycin und Aufhebung der Hemmung durch Mangan.* Das Wurzelwachstum keimender Tomaten wurde durch 2 mg% *Streptomycinsulfat* (**I**) oder *Dihydrostreptomycinsulfat* zu 50% gehemmt, aber nicht durch *Streptidin* u. *Streptobiosamin.* Die Hemmung wurde durch 5 Mol Mn je Mol **I** fast aufgehoben. Vitamine zeigten keinen Einfluß. 3malige Besprühung der Blätter mit 1% ig. **I**-Lsg. war ohne Wrkg. auf die Wurzeln, das Stammwachstum war verzögert u. junge Blätter wurden chlorotisch. (Amer. J. Bot. **42.** 327—31. März 1955. Rahway, N. J., Merck & Co., Inc., Res. Labor., Chem. Div.) W. SCHÖNBORN. 4495

E_5. Tierchemie. Tierphysiologie. Tierpathologie.

L. Heilmeyer, R. Clotten und **Annemarie Lipp,** *Analyse des Reststickstoffes mit Hilfe der Hochspannungselektrophorese.* Vff. vergleichen die bisher üblichen Trennungsmethoden zum Nachw. von Aminosäuren — in erster Linie Papierchromatographie — mit der von MICHL ausgearbeiteten Hochspannungselektrophorese. Für diese Meth. spricht vor allem, daß die zur Trennung gelangenden Gemische so hoch konz. werden können, daß auch noch geringe Mengen erfaßt werden können. Des weiteren können chem. sehr differente Stoffe mit Hilfe der Hochspannungselektrophorese in einem Arbeitsgang getrennt dargestellt werden. Die Trennzeit beträgt in den meisten Fällen 1—3 Stunden. Eine Entsalzung des zu untersuchenden Substrates ist nicht notwendig. Vff. beweisen an Hand der Differenzierung des Serumreststickstoffes (50 Einzelfraktionen in drei getrennten Gruppen) die Brauchbarkeit der von ihnen empfohlenen Methode. Der größte Teil der Fraktionen liegt auf der kathod. Seite des Pherogramms, beginnend mit Histamin, dem anodenwärts ein aminiertes Polysaccharid, weiter Pantothensäure, Aneurin, Ornithin, Lysin, Histidin, Arginin, Tyramin, Pyridoxamin, Kreatinin, Alanin, γ-Aminobuttersäure, Glutaminsäure, Asparaginsäure, Peptide u. schließlich eine Reihe sulfhydrilartiger Substanzen folgen. — Es werden Pherogramme von Normalserum, Blutkonserve u. patholog. Geweben dargestellt. (Wiener Z. inn. Med. Grenzgebiete **38.** 353—64. Sept. 1957. Freiburg/Br., Med. Univ.-Klinik.) G. MAYR. 4500

Ludwig Heilmeyer, *Das Speichereisen (Ferritin und Hämosiderin).* Sammelreferat. Zusammenfassende Darlegung: Kennzeichnung von *Ferritin* (I) u. *Hämosiderin,* Nachw. von I, Stellung des I bei der Fe-Resorption, Fe-Resorption durch die Magenschleimhaut, Fe-Übertragung von der Mutter zum Foet, I in den Organen (Leber, Milz), die Abnahme des I im angeregten Zustand des Fe-Stoffwechsels, I bei Hämochromatose, Angabe eines Schemas der Fe-Aufnahme u. -Abgabe der Zelle. (Clin. chim. Acta [Amsterdam] **2.** 159—72. Juni 1957. Freiburg/Br., Univ., Med. Klinik.) J. SCHWAIBOLD. 4520

F. P. W. Winteringham, *Vorkommen und Bedeutung von α-Glycerophosphat in Insektengeweben.* 20% des *säurelösl. P* des Thorakalgewebes der Hausfliege liegen als *Phosphoglycerinsäure* vor. Durch verschied. Methoden wurde nun festgestellt, daß es sich um *α-Glycerophosphat* handelt. (Biochem. J. **71.** 21 P. Febr. 1959. Slough, Buckinghamshire, Pest Infect. Labor., Dep. of Scient. and Indust. Res.) H. GOEBEL. 4520

J. M. Cawkwell, *Phosphorsäureester im Uterus.* Es wird über *Phosphorsäureester* in Extrakten des Uterus von Mensch, Kuh, Schwein u. Kaninchen berichtet. Ca. 35% des gesamten *lösl. Phosphats* sind gegen 3std. Behandlung mit n-HCl bei 100° resistent. Ein Extrakt aus Rattenuterus enthielt eine geringe Menge *Phosphoglycerinsäure* (I), während in Extrakten der Uteri von Mensch, Kuh, Schwein u. Kaninchen I fehlte. In der säureresistenten Fraktion der Uteri von trächtigen u. post-partum-Ratten wurden *Phosphorylcholin, -äthanolamin* u. *Glycerylphosphorylcholin* nachgewiesen; im Uterus trächtiger Kaninchen wurde *Glycerylphosphoryläthanolamin* gefunden. (Biochem. J. **70.** 248 bis 252. Okt. 1958. Cambridge, Univ., Dep. of Biochem.) H. GOEBEL. 4520

Robert M. Hedrick und **Jack W. Daugherty,** *Vergleichende histochemische Untersuchungen an Cestoden.* 1. Mitt. *Die Glykogenverteilung in Hymenolepis diminuta und Raillietina cesticillus.* Es findet sich histochem. dieselbe *Glykogen* (I)-Verteilung für *Hymenolepsis diminuta* u. *Raillietina cesticillus,* wie sie schon für andere Cestoden bekannt ist: Ablagerung im Parenchym, vor allem im Medullargebiet im Bereich des Osmoregulationskanals, sowie in den Fortpflanzungsorganen. Die reifen Spermien u. das reife Vitellarium enthalten ebenfalls I. (J. Parasitology **43.** 497—504. Okt. 1957. Lawrence, Kans., Univ., Museum of Nat. History.) G. RENTSCH. 4520

Donald Heyneman und **Marietta Voge,** *Glykogenverteilung in den Finnen dreier Hymenolepiscestoden. Glykogen*-Verteilung in den Finnen von *Hymenolepis nana, Hymenolepis diminuta* u. *Hymenolepis citelli* in Abhängigkeit von Entwicklungsstadium, Temperatur u. Alter. (J. Parasitology **43.** 527—31. Okt. 1957. Los Angeles, Calif., Univ., School of Med., Dep. of Zool. and. Dep. of Infect. Diseases.) G. RENTSCH. 4520

Yoshihisa Kojima und **Hiroo Kusakabe,** *Isolierung von Naturstoffen durch Ionenaustauschharze.* 4. Mitt. *Bemerkung über den Betaingehalt des getrockneten Tintenfisches.* (3. vgl. C. **1957.** 4159.) Vff. behandeln Tintenfischmuskelpräpp. (aus Tentakeln des getrockneten Tintenfisches Ommastrephus sloani pacificus) mit W. (1 Std., Dampfbad). Der wss. Extrakt dient nach Reinigung [Ansäuern mit H_2SO_4 (p_H 4,2), Fällung mit $Ba(OH)_2$ (p_H 9,0) u. Neutralisation des Filtrats mit H_2SO_4 (p_H 6,6)] zur Isolierung u. Best. des *Betains* (I). Zur Durchführung wird der wss. Auszug nach Behandlung mit Amberlit IR 120 (H^+) u. (nach Einstellung mit n-NaOH auf $p_H > 14$) IRC-50 (H^+) im Vakuum eingeengt, filtriert u. das Filtrat mit 90% ig. Methanol gefällt. Nach Entfernung des Nd. u. Eindampfen im Vakuum werden die Aminosäuren mit Hilfe von Amberlit IRA 400 (OH^-) u. IRC 50 (H^+) eliminiert. Beim Konzentrieren des Perkolates werden lange prismat. Kristalle von **I** erhalten, das durch Behandlung mit HCl in das **I**-*Hydrochlorid* ($C_5H_{11}NO_2 \cdot HCl$, F. 225—227° (Zers.)] übergeführt wird. Die Ausbeute beträgt 24,5 g aus 1 kg lufttrockener Tentakeln. Freies **I** ($C_5H_{11}NO_2$) läßt sich aus n-Butanol umkristallisieren u. enthält 1 Mol Kristallwasser; (Zers. 300°). Mit Pikrinsäure liefert **I** eine Additionsverb. ($C_5H_{11}NO_2 \cdot C_6H_3N_3O_7$, F. 184—185°, gelbe Nadeln). Auf Papierchromatogrammen zeigt **I** einen R_F-Wert von 0,42 (Lösungsm.: n-Butanol/Essigsäure/W. 4:1:2, Reagens: DRAGENDORFF-Lsg. (J. biol. Chemistry **205.** [1953.] 565)]. Aus der mit Amberlit IRC 50 beschickten Säule wird durch Eluierung mit n-HCl *Trimethylaminoxyd* [**II**; $C_3H_9NO \cdot HCl$, F. 216—217° (Zers.), prismat. Krist., Ausbeute: 1,4 g) erhalten, das mit K-Pikrat die Verb. $C_3H_9NO \cdot C_6H_3N_3O_7$ [F. 192—194° (Zers.), gelbe Prismen], liefert. (J. Sci. Res. Inst. [Tokyo] **49.** Nr. 1406. 262—66. Sept. 1955. [Orig.: engl.]) P. FAHRNLAENDER. 4520

D. Ackermann, *Über Methylderivate des Histidins.* Es werden die bisher in der Natur aufgefundenen Methylhistidinderivv., wie *Anserin, Ophidin, 1-Methylhistidin, 3-Methylhystidin, Zooanemonin, Herzynin* u. *Ergothionein* nach Entdeckung u. Synth. beschrieben. — 43 Literaturangaben. (Acta biol. med. german. [Berlin] **2.** 1—6. 1959. Würzburg, Univ., Physiol.-chem. Inst.) H. STRUCK. 4520

Toshio Ando, Shin-Ichi Ishii, Makoto Yamasaki, Koichi Iwai, Chieko Hashimoto und **Fumio Sawada,** *Untersuchungen über Protamine.* 1. Mitt. *Aminosäurezusammensetzung und Homogenität von Clupein, Salmin und Iridin.* Protaminsulfate [*Clupein* (**II**), *Salmin, Iridin*] wurden nach verschied. Methoden aus frischem, reifem Rogen oder Sperma von Fischen (*Clupea pallasii, Oncorhynchus keta, Salmo irideus*) hergestellt u. die Aminosäure (**I**)-Zus. quantitativ ermittelt. In **II** wurde Glycin, in der gleichen Menge wie Isoleucin, aufgefunden. **II** ließ auf Grund des relativen **I**-Geh. fraktionierter Präpp. u. der Ergebnisse der CRAIG-Verteilung eine gewisse Uneinheitlichkeit erkennen. Als einfache Bestimmungsmeth. für Protamin wird die Retentionsanalyse mit einem sauren Farbstoff, Ponceau 6 RF, beschrieben. (J. Biochemistry [Tokyo] **44.** 275—88. Mai 1957. Tokyo, Univ., Inst. of Sci. and Technol., and Coll. of General Education, Dep. of Chem. [Orig.: engl.]) K. MAIER. 4520

K. Felix, A. Goppold-Krekels, L. Hübner und **T. Yamada,** *Hydrazinolyse der Protamine.* Durch Hydrazinolyse u. papierchromatograph. Identifizierung der Reaktionsprodd. mit den Protaminen aus Hering, Lachs, Regenbogen-, Bachforelle, Saibling u. Stör wird als carboxylendständige Aminosäure *Arginin* gefunden. Arginin selbst wird durch Hydrazin in *Ornithin* u. *N.N'.N''-Triaminoguanidin* zerlegt, als weiteres Prod. wird noch eine stickstoffärmere Substanz gefunden. (Acta biol. med. german. [Berlin] **2.** 48—53. 1959. Frankfurt/M., Univ., Inst. für vegetative Physiol.) H. STRUCK. 4520

J. Blaizot, *Die biologischen Rollen der Proteine.* Allg. Übersicht über den Proteinbedarf der Tiere (verschied. Formen des Bedarfs, biol. Wertigkeit der Proteine, Proteinverdauung, Blutplasmaproteine bzw. -aminosäuren u. ihr Austausch mit den Geweben). — Keine Literaturangaben. (Oléagineux **13.** 509—13. Juni 1958. Toulouse, Fac. des Sci., Dép. Physiol. Générale.) E. SCHWERDTFEGER. 4520

J. Blaizot, *Die funktionelle Rolle der Proteine.* (Vgl. vorst. Ref.) Allg. Übersicht über Proteine bzw. Oligopeptide oder Aminosäurederivv. mit Enzym- u. Hormonaktivität (Adrenalin, Thyroxin, Oxytocin, Vasopressin, Insulin, Glukagon, Sekretin, Wachstumshormon, thyreotropes, corticotropes u. gonadotropes Hormon, Prolactin) sowie weitere funktionelle Proteine (Hämoglobin, Fibrinogen, Myosin, Antigene, Antikörper u. tox. Proteine). — Keine Literaturangaben. (Olégaineux **13.** 715—20. Okt. 1958. Toulouse, Fac. des Sci., Dép. Physiol. génér.) E. SCHWERDTFEGER. 4520

Taro Matsumoto und **Toshitake Tamura,** *Abtrennung eines neuen $\Delta^{5,7}$-Sterins aus dem Fett von Cristaria spatiosa (Karasu-Muschel).* 21,5 kg (mit Schale 33 kg) *Cr. spatiosa* werden bei 80° getrocknet u. mit Ae.-A. u. dann mit Ae. ausgezogen. Dieser halbfeste Auszug (145 g) wird mit n. alkoh. KOH gekocht u. die Mischung ausgeäthert. Der Auszug liefert aus Aceton-CH_3OH 15,5 g Kristalle, die nach Acetylieren u. Al_2O_3-Chromatographie ca. 0,12 g *Δ^7-Dehydrostigmasterinacetat,* $C_{31}H_{48}O_2$, F. 172—173°, liefern; $[\alpha]_D^{30}$ —79°, λ_{max} (A.) 272, 282 u. 293 mμ mit den entsprechenden Extinktionen ε 12105, 12590 u. 7170. Verseifung des Acetats ergibt *7-Dehydrostigmasterin,* F. 153—154°, $[\alpha]_D^{28}$ —114°, ε_{272} 11320, ε_{282} 11970 u. ε_{293} 6750. — *Benzoat,* F. 175—176°. — 3 Spektrogramme. (J. chem. Soc. Japan, pure Chem. Sect. [Nippon Kagaku Zassi] **76.** 1413—16. Dez. 1955. Tokyo, Nippon Univ. [Orig.: japan.]) L. SCHULER. 4520

J. Russell Elkinton, *Gesamtkörperpuffersysteme bei der Regulierung des Säuren-Basen-Gleichgewichts.* Übersicht. Ältere u. moderne Anschauungen über das in der Überschrift genannte Thema. Es wird dargelegt, daß die Pufferung in multiplen Phasen in einer Serie von Ionenaustauschvorgängen besteht. — 62 Literaturangaben. (Yale J. Biol. Med. **29.** 191—210. Dez. 1956. Philadelphia, Pa., Univ., of Pennsylvania, School of Med., Dep. of Med., Chem. Section.) H. KOCKERT. 4550

Jack Orloff, *Die Rolle der Niere bei der Regulierung des Säuren–Basen-Gleichgewichts.* Übersicht. — 58 Literaturangaben. (Yale J. Biol. Med. **29.** 211—28. Dez. 1956. Bethesda, Md., National Heart Inst., Labor. of Kidney and Electrolyte Metabolism.) H. KOCKERT. 4550

Harold S. Goodman, *Vergleich der Bildung des komplexen Erythrocytenkomplements (EA $C_{1,4,2}$) in hämolytischen, bezüglich ihrer Hämolysin- und komplementbindenden Aktivitäten differierenden Systemen.* In den 3 hämolyt. Systemen Kaninchen–Antischaf gegen Schaferythrocyten, Human-Anti-A gegen Schaferythrocyten u. Kaninchen-Antihuman-O gegen O-Erythrocyten differieren bei 0° die relativen Antikörperkonzz. nach Zufügung von 0,01 mol. *Äthylendiamintetraessigsäure* (I) beträchtlich. Bei Abwesenheit von I wurde die relative Antikörperkonz. aller 3 Systeme als etwa gleich eingestellt gefunden, so daß derselbe Grad an Lysis erzielt wurde. Die durch I bewirkte Hemmung der Komplementfixation gegenüber den sensibilisierten Erythrocyten erforderte beim Syst. Kaninchen–Antihuman-O die doppelte Antikörpermenge, um den vorherigen Effekt zu erzielen, bei den anderen Systemen sogar das 60- u. 95fache. Diese Ergebnisse stimmen gut mit früheren Ergebnissen über Hämolysin- u. Komplementbindungstiter dieser Systeme überein. Die in Ggw. von I gewonnenen Hämolysintiter weisen demnach eine Beziehung zu den komplementbindenden Aktivitäten dieser Systeme auf. (Nature [London] **183.** 331—32. 31/1. 1959. Chicago, Ill., Mount Sinai Med. Res. Foundation.) U. TAUSENDFREUND. 4551

Vladimír Wagner und **Vladimír Zavázal** (unter techn. Mitarbeit von **Blanka Hrušková** und **Jiřina Capková**), *Der Einfluß einiger antirheumatischer Stoffe auf die Reaktion Antigen-Antikörper und auf die Hyaluronidase.* Der Einfl. von *Salicylnatrium, Salicylamid, Gentisinsäure, Butazolidin, Amidopyrin* u. *Quercitin* auf verschied. Immun-Rkk. wurde in vitro geprüft. Die graph. dargestellten Ergebnisse dieser Verss. waren sehr unterschiedlich. Deutlich beeinflußt wurden Autoantikörper von Rheumatikern. Die Streptokokkenhyaluronidase wurde durch Quercetin u. Amidopyrin gehemmt. (Z. Immunitätsforsch. exp. Therap. **112.** 260—74. Nov. 1955. Pilsen, Tschechoslov., Mediz. Fakultät, Inst. für Mikrobiol. u. Immunologie.) E. FISCHOEDER. 4551

G. Manecke, S. Singer und **K.-E. Gillert,** *Serologisch spezifische Adsorbentien.* Poly-p-isocyanatstyrol wurde mit einem Kaninchenserum, das Antikörper gegen p-Aminobenzoesäure enthielt, behandelt. 1 g des so gebildeten Antikörperharzes war imstande, je 5 mg *o-*, *m-* oder *p-Acetaminobenzoesäure* (I) zu binden. Auch ein mit Leerserum behandeltes Harz bindet I, Immunserum aber wesentlich mehr. (Naturwissenschaften **45.** 440—41. 2. Sept.-H. 1958. Berlin-Dahlem, Fritz-Haber-Inst. der Max-Planck-Ges., Berlin, Robert-Koch-Inst.) E. FISCHOEDER. 4551

Naoichi Ohta, *Untersuchungen über anorganische Bestandteile in biologischen Materialien. Über die anorganischen Bestandteile in menschlichen Steinen.* (Vgl. C. **1957.** 10253.) Über die in menschlichen Gallen-, Blasen- u. Pankreassteinen festgestellten Gehh. an Ca, Mg, K, Na, P, Fe, Cu, Zn, Pb u. Mn wird ausführlich berichtet, ebenso über die Gehh. in den entsprechenden Ausgangsflüssigkeiten. Die Zunahme oder Abnahme der einzelnen Elemente von der Ausgangs-Fl. zu den Steinen wird in Hinsicht auf den Bindungsvorgang der Steine dargelegt. So wird neben den Hauptelementen bes. Cu in den Gallensteinen angereichert, ferner weist Pb die stärkste Anreicherung in Gallen- u. Blasensteinen auf. In Pankreassteinen zeigen Zn (Beziehung zu Insulin u. Kohlensäureanhydrase, u. Pb eine starke Anreicherung. (Bull. chem. Soc. Japan **30.** 833—41. Nov. 1957. Tokyo, Metropol. Univ., Fac. of Science, Dep. of Chem.) J. SCHWAIBOLD. 4552

Allan C. Barnes und **John C. Buckingham** (unter technischer Mitarbeit von **James Dillhoefer**), *Elektrolytbilanzprüfungen mit Antihormonen.* Verabreichung eines Antialdosteronstoffes (*Nor-γ-[3-oxo-17β-hydroxy-Δ^4-androsten-17-yl]-propiolacton; SC-8109*, SEARLE & CO.; I) im letzten Drittel einer n. Gravidität bewirkt eine gesteigerte *Na*-Ausscheidung u. eine *K-* sowie *N-Retention* u. kehrt somit das Bild um, wie es nach Aldosteron (II)-Gabe auftritt. Bei Präeklampsie sind die Erscheinungen nicht so stark ausgeprägt, vermutlich weil größere I-Mengen zur Kompensierung des überhöhten II-Spiegels notwendig wären. Mit dem Antiöstrogenstoff *1-[p-β-Diäthylaminoäthoxyphenyl]-1-phenyl-2-[p-anisyl]-äthanol* (*MER-25*, MERREL & CO.) konnten die Elektrolytausscheidungsverhältnisse, wie sie sich bei Frauen vor u. nach der Menopause auf Östrogenverabreichung hin einstellen, nicht verändert werden. (Amer. J. Obstetr. Gynecol. **76.** 955—68. Nov. 1958. Cleveland, Ohio, Western Res. Univ., School of Med., Dep. of Obstetr. and Gyn.) U. TAUSENDFREUND. 4558

G. Toro, P. G. Ackermann und **W. B. Kountz,** *Die Wirkung einiger Hormone auf das Calciumgleichgewicht alternder Personen.* Die Verabreichung von *Testosteron* u. von *Testosteron–Östradiolbenzoat* verursacht bei alternden Personen einen geringen Anstieg der Ca-Retention, während *Schilddrüsenhormon, Insulin, Cortison, corticotropes Hormon* u. *Vitamin D* keinen nennenswerten Einfl. auf das Ca-Gleichgewicht ausüben. (Proc. Soc. exp. Biol. Med. **97.** 819—21. April 1958. St. Louis, Mo., Washington Univ., School of Med., St. Louis Chronic Hosp. and Div. of Gerontol.) B. RÄSSLER. 4558

M. Edward Davis und **E. Jürgen Plotz,** *Hormone bei der menschlichen Fortpflanzung.* 2. Mitt. *Weitere Untersuchungen des Steroidstoffwechsels bei menschlicher Gravidität.* (1. vgl. Amer. J. Obstetr. Gynecol. **72.** [1956.] 740.) Von intravenös oder intramuskulär verabreichtem $^{14}C_{(21)}$-*Progesteron* (I) wird sowohl bei graviden wie nichtgraviden Frauen 70% der Radioaktivität in Urin, Faeces u. Ausatmungsluft wiedergefunden, der Rest wird teilweise sicher für einige Zeit im Fettgewebe gelagert. Die im Urin auffindbaren Metaboliten bestehen aus *Pregnandiol, Pregnanolon* u. verschied. anderen Verbindungen. Aus dem Blutstrom verschwindet **I** rasch infolge Bindung an Glucuronsäure u. rasche Deponierung im Fettgewebe; in der Uterusmuskulatur u. Decidua gravider Frauen findet sich nur mäßig viel **I**, im Endometrium Nichtgravider sehr wenig. Bevor **I** seine Wrkg. auf den Uterus ausüben kann, muß durch *Östron* (**II**) eine vorbereitende Wrkg. entfaltet werden. Als Vorläufer für **II** können in der Gravidität Cholesterin u. Testosteron dienen; in einem Fall von Chorioncarcinom konnte eine Umwandlung von **I** in **II** beobachtet werden. (Amer. J. Obstetr. Gynecol. **76.** 929—54. Nov. 1958. Chicago, Ill., Univ., Dep. of Obstetr. and Gyn., Chigaco Lying-in Hosp.) U. TAUSENDFREUND. 4559

Shirley Weisenfeld, *Der Einfluß von 17-Äthyl-19-nortestosteron auf die hyperglykämische Wirkung des Glukagons beim Menschen. 17-Äthyl-19-nortestosteron* (*Nilevar*; I) verursacht beim Menschen eine signifikante Hemmung der hyperglykäm. Rk. von *Glukagon* (**II**). Die **II**-Wrkg. wird in fast allen Fällen bei einer Dosierung von 30 mg **I**/Tag nach mindestens 9tägiger Verabreichung vollständig aufgehoben. Die Kontrolle des diabet. Status u. ^{131}J-Aufnahme der Schilddrüse wird durch **I** nicht nennenswert beeinflußt. Vf. diskutiert zwei annehmbare Reaktionsmechanismen: 1. Hemmung der durch **II** verursachten Gluconeogenese durch **I** oder 2. Hemmung der Hypophyse auf Grund der progestativen u. androgenen Aktivität von **I**. Eine Veränderung der Leberfunktion durch Zellschaden ist auszuschließen, da die **I**-Wrkg. reversibel ist u. nach Absetzen der **I**-Applikation n. hyperglykäm. Rkk. beobachtet werden. (Proc. Soc. exp. Biol. Med. **97.** 764—67. April 1958. Brooklyn, N. Y., Coll. of Med., State Univ. of N. Y., Dep. of Med., Jewish Chronic Disease Hosp., Dep. of Med. and Isaac Albert Res. Inst.) B. RÄSSLER. 4559

E. Stewart Taylor, Paul D. Bruns, Harold J. Hepner und **Vera E. Drose,** *Messungen der Placentafunktion.* Die Best. der Gesamt-*Östrogen* (**I**)-Ausscheidung im Urin u. die Clearancezeit der Uterusmuskulatur für *Na* können Hinweise für die Festlegung der Placentafunktionen sein. So weist in 74% der Fälle eine dauernd niedrige **I**-Ausscheidung sowie in 77% der Fälle eine verlängerte Na-Clearancezeit auf eine Dysfunktion des Uterus u. der Placenta hin. (Amer. J. Obstetr. Gynecol. **76.** 983—97. No. 1958. Denver, Colo., Univ. of Colorado, Med. Center, Dep. of Obstetr. and Gyn.) U. TAUSENDFREUND. 4559

Henry C. Damm und **Charles W. Turner** (unter technischer Mitarbeit von **Mary E. Powell**), *Die Wirkung von Hormondosis und Injektionsdauer auf das Brustdrüsenwachstum von Mäusen.* Vff. prüfen die Anwendbarkeit einer Meth. zur Best. der Aktivität von Substanzen, die stimulierend auf das Brustdrüsenwachstum wirken. Die Unters. erfolgt an Mäusen, die über 5 bzw. 10 Tage mit 0,50 γ oder 0,75 γ *Östradiolbenzoat* (**I**)/Tag u. unterschiedlichen *Progesteron*-Dosen behandelt wurden. Als Index für das Brustdrüsenwachstum wird der Desoxyribonucleinsäuregeh. der trockenen fettfreien Drüsen herangezogen, der mit einer Modifikation der Meth. von WEBB u. LEVY bestimmt wird. Die besten Wachstumskurven werden mit 0,75 γ **I**, über 10 Tage verabreicht, erhalten. (Proc. Soc. exp. Biol. Med. **98.** 192—95. Mai 1958. Columbia, Univ. of Missouri, Dep. of Dairy Husbandry.) B. RÄSSLER. 4559

Jean-Jacques Alloiteau und **Anne Vignal,** *Pseudoschwangerschaft bei der Ratte nach Progesteron-Injektion.* Eine einmalige Injektion von 10 mg *Progesteron* zur Zeit des Östrus oder Proöstrus genügt, um bei der Ratte eine Pseudoschwangerschaft auszulösen. Werden 2 mg täglich an 5 aufeinanderfolgenden Tagen, begonnen während des Östrusstadiums, verabfolgt, so ist damit das gleiche Ergebnis zu erzielen. (C. R. hebd. Séances Acad. Sci. **246.** 2804—07. 12/5. 1958. Paris, Coll. de France, Labor. de Morphol. expér. et endocrinol.) U. LASCHET. 4559

J. Bost und **J. Fargeas,** *Die direkte Wirkung des Östradiolbenzoats auf den vaginalen Receptor. Der Einfluß der Lösungsmittelart. Östradiolbenzoat* wurde in Dosen von

10, 0,1 u. 0,05 γ in Olivenöl gelöst u. in einem hochveresterten „hydrophilen" Öl intravaginal an kastrierte Ratten verabreicht u. die Dauer u. Intensität der Östrogenwrkg. durch Vaginalabstriche alle 12 Std. u. mkr. Beurteilung derselben geprüft. Bei Verabreichung des Hormons in hydrophilem Öl wird schon nach 12 Std. Vollöstrus beobachtet, während in Olivenöllsg. erst nach 36 Std. Schollen nachgewiesen werden. Bemerkenswert ist neben dem raschen Auftreten des Östrus die Kürze der Östrusdauer u. die relativ stärkere Wrkg. bei den niedrigeren Dosen. Vff. nehmen an, daß eine höhere Diffusionsgeschwindigkeit der Lsg. in hydrophilem Öl die schnellere Resorption u. Elimination der Östrogene verursacht. (C. R. Séances Soc. Biol. Filiales **151.** 1424—26. 1957, herausgeg. 11/3. 1958. École Vétérinaire, Labor. de Physiol. et de Pharmacodynamie.) B. RÄSSLER. 4559

Robert E. Bailey, *Der Einfluß von Östradiol auf Serumcalcium, -phosphor und Protein beim Goldfisch.* Vf. beweist in einer Reihe von Verss., daß durch Zugabe von *Östradiolbenzoat* eine Zunahme im Serumspiegel von durch Ultrafiltration nicht abscheidbarem Ca u. P nachzuweisen ist. Diese Erscheinung hängt teilweise mit dem Auftreten koll. gelösten Ca-Phosphats im Blut zusammen. Die Zunahme des Gesamtproteins u. des Proteinphosphors wird auf die teilweise Bindung des durch Ultrafiltration nicht abscheidbaren Ca an Vitellin zurückgeführt. (J. exp. Zoology **136.** 455—69. Dez. 1957. Memphis, Tenn., Univ. of Tennessee Med. Units, Div. of Anatomy.) G. MAYR. 4559

A. W. El Borolossy und **Malak Boutros,** *Pharmakologische Untersuchungen über einige synthetische Östrogene: D.B.E. und Ovobren.* Vff. untersuchten die pharmakol. Wrkg. von *α.α-Bis-[p-äthoxyphenyl]-β-phenyl-β-bromäthylen* (D.E.B.; I) u. *α.α-Bis-[p-acetoxyphenyl]-β-phenyl-β-bromäthylen* (Ovobren; **II**) an Mäusen u. Ratten. — Es wurde festgestellt, daß **I** eine mit *Diäthylstilböstrol* (**III**) vergleichbare östrogene Wirksamkeit (Best. nach der Vaginalabstrichmeth. bei ovariektomierten Ratten) entfaltet, die bei **I** länger anhält als bei **III**. Darüberhinaus zeigt **I** bei Mäusen eine geringere Toxizität als **III**, wie aus Vergleichsunterss. über Wachstumsrate, Futterverbrauch u. Wrkg. auf das Leberparenchym hervorgeht. **II** besitzt eine ähnliche östrogene Wirksamkeit wie *Östradiolbenzoat.* (Arch. int. Pharmacodynam. Thérap. **114.** 282—90. 1/4. 1958. Cairo, Abbassia Fac. of Med., Dep. of Pharmacol. and Therapeut.) H. DÖLLE. 4559

Leonidas Samochowiec, *Pharmakologische und klinische Eigenschaften des 21-Hydroxypregnan-3.20-dionnatriumsuccinats* (*Viadril*). Übersicht. — 33 Literaturangaben. (Farmacja polska **14.** 145—47. 31/5. 1958. Zabrze-Rokitnica, Akad. Med., Zakł. Farmakolog.) F. URBAN. 4559

K. Kovács, M. A. Dávid und **I. W. Horváth,** *Wirkung des Follikulins auf die in den transplantierten Adeno-Hypophysen infolge Cortisonbehandlung zustandekommenden cytomorphologischen Veränderungen.* Vff. stellten früher fest, daß die nach *Cortison*-Verabfolgung zu beobachtende Vermehrung der basophilen Zellen des Hypophysenvorderlappens (Lancet **1957.** 638) durch *Follikelhormon*-Gaben aufgehoben werden kann bzw. eine beträchtliche Verminderung der Zellen festzustellen ist. Ebenso wie die Zunahme der Basophilen nach Cortisongabe ohne Vermittlung des Hypothalamus erfolgt, erfolgt auch die Ausbldg. der Hemmwrkg. des Follikelhormons auf die Bldg. der Basophilen ohne Vermittlung hypothalam. Strukturen, wie Unterss. an Hypophysen ergaben, die in die vordere Augenkammer von Ratten transplantiert wurden. (Naturwissenschaften **45.** 422. 1. Sept.-H. 1958. Szeged, Ungarn, Univ., I. Med. Klinik.) U. LASCHET. 4559

W. C. Allee und **Darlh Foreman** (unter Mitarbeit von **Edwin M. Banks** und **Christopher H. Holabird),** *Wirkungen eines Androgens auf die Dominanz und Subordinanz bei sechs bekannten Rassen von Gallus gallus.* Es wurden bei 6 verschied. Rassen von Hühnern Verhaltensstudien nach täglichen Injektionen von 1,0 mg *Testosteronpropionat* gemacht. Es konnten unterschiedliche Befunde bei den verschied. Rassen bzgl. ihres sexuellen Verh. u. auf ihre Subordinanz beobachtet werden. (Physiol. Zoöl. **28.** 89—115. April 1955. Chicago, Ill., Univ.; Florida, Fla., Univ.) G. KIMMERLE. 4559

J. L. Bhaduri, R. N. Chakravarti und **N. R. Bardhan,** *Extraktion und Konzentration des gametokinetisch-aktiven Prinzips aus Rinderfaeces durch Alkoholfällung und Aluminiumadsorptionstechnik.* Da das die positive Rk. bei der Kröte auslösende Prinzip aus den Faeces des graviden Rindes, vermutlich ein *Gonadotropin*-ähnlicher Stoff, n. in zu großer Verdünnung vorkommt, um mit Sicherheit regelmäßige Rkk. auszulösen, wurde zur Anreicherung eine *A.*-Extraktion durchgeführt, die aber keine verbesserten Resultate erbrachte. Von verschied. Adsorbentien erwies sich *Aluminium* schließlich als geeignet; mit 0,5 ml des erhaltenen Extraktes ließen sich innerhalb 30 Min. zu 90% richtige Rkk. an der Kröte erzielen, so daß diese Art der Durchführung des Testes allen bisherigen gegenüber als überlegen gelten kann. (Amer. J. veterin. Res. **16.** 286—90. April 1955. Calcutta, Indien, Univ., Dep. of Zool.; School of Trop. Med., Dep. of Chem.) U. TAUSENDFREUND. 4559

C. Labouche, *Die Oxytocin-bedingte Wirkung von Hypophysenhinterlappenextrakten auf die physiologische Milchverhaltung von Kühen in den Tropen.* In den Tropen ist normalerweise eine Milchretention von 10—12% der Gesamtmenge zu beobachten. Durch intravenös verabfolgte *Hypophysenhinterlappenextrakte* (I) läßt sich diese Milchretention fast völlig unterbinden. Die erzielte Milchmenge ist von der Höhe der I-Dosis abhängig. Sie steigt bei I-Gaben zwischen 0 u. 0,2 I.E. sehr schnell an, schwächer zwischen 0,5 u. 1,5 I.E. Der Schwellenwert liegt zwischen $7 \cdot 10^{-3}$ bis $4 \cdot 10^{-2}$ I.E. Bei Dosen zwischen 1,5 u. 10 I.E. ist keine Dosisabhängigkeit mehr festzustellen. Selbst so hohe Dosen wie 10, 20 u. 30 I.E. bewirken, einmalig verabfolgt, keine vollständige Milchentleerung; 1—2% der Milch werden trotz I-Behandlung retiniert. (C. R. Séances Soc. Biol. Filiales **151.** 1171—76. 11/2. 1958. Dakar, Labor. Fédéral de l'Elevage, Serv. de Physiol.) U. LASCHET. 4560

Grace E. Pickford und **Bernard Kosto**, *Hormonale Induktion der Melanogenese beim hypophysektomierten Killifisch (Fundulus heteroclitus).* Vff. untersuchten den Einfl. verschied. Hormone (Injektion der Hormone 3mal wöchentlich einen Monat lang) auf die Melanin (I)-Bldg. bei hypophysektomierten Fundulus heteroclitus LINN. — *ACTH* bewirkt in Dosen von 1 μg bzw. 10 μg/g Körpergewicht/Injektion keine Pigmentierung. Hochgereinigtes, von *Intermedin* (III) u. ACTH freies *Prolactin* (II; 35 I.E./mg) stimuliert die I-Synth. in den schon entwickelten epidermalen Melanophoren (M); es werden jedoch keine neuen M gebildet. Hochgereinigtes, ACTH-freies III bewirkt nur eine geringfügige bzw. keine I-Synth., steigert jedoch die Proliferation neuer M; die Schwellendosis zu dieser Rk. beträgt ca. 100 MSH-E. III/g/Injektion. Die Rk. nach niedrigen III-Dosen wird durch simultane Verabfolgung von II erhöht. Lichteinw. zusätzlich zu einer kombinierten II–III-Behandlung begünstigt die Proliferation der M, hat jedoch keinen signifikanten Einfl. auf die gesteigerte I-Bildung. (Endocrinology **61.** 177—96. Aug. 1957. New Haven, Conn., Yale Univ., Bingham Oceanographic Labor.) H. KOCKERT. 4560

E. Reid und **Albert Segaloff**, *Verteilung der Wachstumshormone innerhalb der Zellfraktionen aus der Hypophyse.* Die durch fraktioniertes Zentrifugieren erhaltenen Zellfraktionen von Rattenhypophyse wurden mittels des Tibia-Testes an Ratten auf ihre *Wachstumshormon*-Aktivität geprüft. Sie betrug (Vergleichswerte-Überstand = 100; 2 Versuchsreihen) in Nuclei 110 bzw. 30, in Mitochondrien 270 bzw. 55, in der wolkigen Schicht über den Mitochondrien 110 bzw. 120, in den Mikrosomen 130 bzw. 170 u. im Überstand 100 bzw. 100. (Proc. Soc. exp. Biol. Med. **97.** 187—88. Jan. 1958. London, England, Royal Cancer Hosp.; New Orleans, La., Tulane Univ., School of Med.; Alton Ochsner Found.) G. MAYR. 4560

Ardis J. Lostroh, *Der Einfluß von Steroid- und Hypophysenhormonen auf die Calcifizierung des Myocards bei der Maus. Hydrocortison* (I) verursacht, in Dosen von 0,25 mg/Tag über einen Zeitraum von 15 Tagen an n. ♀ Mäuse verabreicht, Ca-Ablagerung im Myocard. Bei hypophysektomierten Tieren wird nach I u. ACTH keine Calcifizierung beobachtet, während gleichzeitige Verabreichung von *Wachstumshormon* dieselben Erscheinungen wie I bei intakten Tieren hervorruft. *Lactogenes Hormon, Desoxycorticosteronacetat* u. *Östradiol* haben keinen Einfl. auf die I-Wirkung. Bei ♂ Tieren werden Ca-Einlagerungen nur in geringerem Maße beobachtet. *Testosteron* bewirkt bei den ♀ Versuchstieren einen Schutz gegen die Ca-Ablagerung, während Ovariektomie keinen Einfl. hat. (Proc. Soc. exp. Biol. Med. **98.** 84—88. Mai 1958. Berkeley, Calif., Univ. of California, Hormone Res. Labor.) B. RÄSSLER. 4560

Herbert Gershberg, *Der Gehalt an Wachstumshormon und die Stoffwechselwirkungen von menschlichen Hypophysen.* Suspensionen von Hypophysenhomogenaten in NaCl-Lsg. rufen nach subcutaner Injektion bei hypophysektomierten SPRAGUE-DAWLEY-Ratten dieselben Stoffwechselwrkgg. hervor wie gereinigtes Wachstumshormon (I): neben Wachstumseffekten werden Beibehaltung des *Glykogen*-Geh. von Skelettmuskel- u. Herzmuskelgewebe während der Hungerperiode u. ein Anstieg der Blutplasmaspiegel an *anorgan. Phosphat* beobachtet. Es wurde festgestellt, daß 100 μg feuchten Hypophysengewebes eine das Wachstum fördernde E. (das ist diejenige tägliche Dosis, die bei hypophysektomierten Ratten eine tägliche Gewichtszunahme von 1 g bewirkt) enthält. Der I-Geh. der Hypophysen von über 45 Jahre alten Erwachsenen liegt ca. genauso hoch wie derjenige der Hypophysen eines 12 jährigen Jungen bzw. eines 8 Monate alten Foetus. Die Hypophysenhomogenate von über 45 Jahre alten Erwachsenen sind wachstumsaktiv. — Vff. leiten aus diesen Ergebnissen ab, daß die Beendigung des menschlichen Wachstums nicht auf einem Mangel an I beim Erwachsenen beruht, sondern auf einer Veränderung der Reaktivität der Erfolgszellen u. daß die Wrkgg. von endogenem I bei Mensch u. Tier ähnlich sind. (Endocrinology **61.** 160—65. Aug. 1957. New York, N. Y., New York Univ.-Bellevue Med. Center, Depp. of Med. and Physiol.) H. KOCKERT. 4560

Frank L. Engel, Thomas Albertson, Joan Fredericks und **Enrique Lopez,** *Nachweis für die Anregung der Insulinsekretion durch Wachstumhormon bei der Ratte.* Aus den an Ratten durchgeführten Verss. erhellt, daß *Rinderwachstumshormon* (I), intraperitoneal verabreicht, die Insulinsekretion u. -abgabe aus dem Pankreas deutlich fördert. Allerdings wird darauf hingewiesen, daß es sich hierbei nur um eine Phase der Beeinflussung des Kohlenhydratstoffwechsels durch I handelt. (Endocrinology **63.** 99—105. Juli 1958. Durham, N. C., Duke Univ., Med. Center, Dep. of Med. and Physiol., Div. of Endocrinol.) H. P. FIEDLER. 4560

Louis Chedid und **Fernand Boyer,** *Corticotropin bakteriellen Ursprungs. Direkter Nachweis der Wirkung in vivo an der hypophysektomierten Ratte und in vitro im Saffran-Test.* Im SAYERS-Test an der hypophysektomierten 150 g schweren Ratte zeigten 2 nicht-tox. Extrakte aus Typhus-Stämmen (Ty 2 u. R 2 IF) eine starke corticotrope Aktivität, die auch im in vitro-Test nach SAFFRAN u. SCHALLY bestätigt werden konnte. (C. R. hebd. Séances Acad. Sci. **246.** 2664—67. 5/5. 1958. Paris, Coll. de France, Labor. d'Endocrinol. et Inst. Pasteur, Chim. Thérap. B.) U. LASCHET. 4560

Louis Chedid und **Fernand Boyer,** *Corticotropin bakteriellen Ursprungs. Spezifische corticotrope Wirkung von Endotoxinen.* (Vgl. vorst. Ref.) Gemessen an der Verminderung der Ascorbinsäure der Nebennieren im Glykogenspeicherungstest bei der Ratte u. an der steigenden Resistenz der Maus gegenüber Endotoxinen zeigten zwei nach der Meth. von BOIVIN (Rev. Immunologie **2.** [1936.] 113) von *Salmonella typhi* u. *Salmonella enteritidis* gewonnene Antigene corticotrope Wrkg., die bei intraperitonealer Verabfolgung 10—20fach stärker war als die gleicher Mengen im Handel befindlicher *ACTH*-Präparate. Diese Wrkg. ist nicht an die Toxizität gebunden. (C. R. hebd. Séances Acad. Sci. **246.** 2801—04. 12/5. 1958. Paris, Inst. Pasteur, Coll. de France, Labor. d'Endocrin., Chim. Thérap. B.) U. LASCHET. 4560

Hans J. Faarvang, *Die Beziehung zwischen Hypophysennebennierensystem und Ausscheidung des Trypsininhibitors im Harn.* Die Ausscheidung des *Trypsininhibitors* (I) im Harn steigt beim Menschen nach Verabreichung von *ACTH, Cortison* u. *Hydrocortison* stark an. Ein Vgl. der Ausscheidung an 17-Ketosteroiden, 17-ketogenen Steroiden u. I im Harn zeigt eine starke Parallelität der täglichen Schwankungen. Vf. diskutiert das Hypophysen–Nebennieren-Syst. bei der Regulierung der I-Ausscheidung. Die Best. von I erfolgt gegen Trypsin mit Casein als Substrat mit Hilfe der Biuret-Reaktion. (Proc. Soc. exp. Biol. Med. **98.** 89—91. Mai 1958. Copenhagen, Carlsberg Found., Biol. Inst.; u. Bispebjerg Hosp., Med. Dep. B.) B. RÄSSLER. 4560

E. Schönbaum und **W.-G. Bruce Casselman,** *Korrelationsuntersuchungen über die Steroidbildung in vitro, Ascorbinsäurekonzentrationen und cytologische Veränderungen in den Nebennieren von Ratten nach der Verabreichung von Histamin.* Nach Verabreichung von *Histamin* steigt durch die Ausschüttung von *corticotropem Hormon* (ACTH) die Nebennierenrindenaktivität an. An zwei verschied. Rattenstämmen werden drei Methoden zur Best. der Nebennierenrindenaktivität nach Histamingabe verglichen: 1. die Steroidbldg. in vitro mit u. ohne ACTH; 2. der *Ascorbinsäure*-Geh. der Nebennieren, u. 3. cytolog. Veränderungen. Es wird eine weitgehende Korrelation der experimentellen Ergebnisse aller drei Methoden erzielt. Der Korrelationskoeff. zwischen Steroidbldg. u. cytolog. Veränderungen beträgt 0,611 u. zwischen Steroidbldg. u. Ascorbinsäurekonz. —0,758. Vff. heben die Vorteile der in-vitro-Meth. für die Best. der Nebennierenrindenaktivität hervor. (Canad. J. Biochem. Physiol. **36.** 571—74. Juni 1858. Toronto, Ontario, Canada, Univ. of Toronto, Med. Res., Banting and Best Dep.) B. RÄSSLER. 4561

George Corte und **Willard Johnson,** *Die Wirkung von N-Acetyl-p-aminophenol auf den 17-Hydroxycorticosteroidspiegel im Plasma.* N-Acetyl-p-aminophenol (I) verursacht eine kompetitive Hemmung der Steroidglucuronidbldg. beim Kaninchen. Die Best. der freien 17-Hydroxycorticosteroide im Blut mit Hilfe der Meth. von PORTER u. SILBER u. der INH-Rk. von UMBERGER nach exogener Zufuhr von Hydrocortison u. Prednisolon zeigt, daß durch gleichzeitige Verabreichung von I eine starke Erhöhung der freien Corticosteroide im Blut verursacht wird. Vff. weisen auf die Möglichkeit hin, die physiol. Wirksamkeit endogener u. exogener Steroide durch Verzögerung ihrer Inaktivierung durch Verbb. mit Hemmwrkg. auf die Glucuronsäurebindung zu steigern. (Proc. Soc. exp. Biol. Med. **97.** 751—55. April 1958. Montreal, Quebec, Canada, Frank W. Horner Ltd., Res. Labors.) B. RÄSSLER. 4561

Raphael D. Schwartz, George L. Cohn, Philip K. Bondy, Murray Brodoff, G. Virginia Upton und **Howard M. Spiro,** *Die Resorption von Cortisol im Colon bei ulcerativer Colitis.* Nach rectaler Infusion von 200 mg *Cortisol* (I) in Kochsalzlsg. bei Patienten mit idiopath. ulcerativer Colitis wird mit Hilfe der Meth. von BONDY die Plasma-I-Konz.

bestimmt. Es wird kein Anstieg gegenüber der Normalkonz. beobachtet. Radioaktivitätsbest. der Plasma-I-Fraktion nach Infusion von $^{14}C_{(4)}$-Cortisol zeigt ebenfalls keine Erhöhung gegenüber dem Kontrollwert. Aus diesen Ergebnissen geht hervor, daß die erfolgreiche Anwendung von I bei Colitis auf einer rein lokalen Wrkg. auf die Mucosa beruht. (Proc. Soc. exp. Biol. Med. **97.** 648—50. März 1958. New Haven, Conn., Yale Univ., School of Med., Dep. of Internal Med.) B. RÄSSLER. 4561

B. Camerino und **G. Sala,** *4-Chlortestosteronacetat: ein Anreger des Proteinanabolismus.* An Hand der Literatur geben Vff. einen Überblick über die chem., biol. u. klin. Eigg. von *4-Chlortestosteronacetat-„Steranabol"* (FARMITALIA S. p. A., Milano). — 22 Literaturzitate. (Farmaco [Pavia], Ediz. prat. **13.** 120—26. März 1958. Milano, Farmitalia S.p.A., Labor. Ricerche.) C. GOTTFRIED. 4561

Donald W. Seldin, Louis G. Welt und **Joseph H. Cort,** *Die Rolle der Natriumsalze und der Nebennierensteroide bei der Bildung der hypokaliämischen Alkalosis. 11-Desoxycorticosteronacetat (DOCA)*, an ♂ SPRAGUE-DARLEY-Ratten verabreicht, die Diäten mit hoher bzw. niedrigen *K*-Gehh. erhielten, hatte keinen Einfl. auf den K-Austausch, das Säuren–Basen-Gleichgewicht oder das Vol. an extra- u. intracellulärer Fl. des Muskelgewebes, sofern eine strikt *Na*-arme Diät zur Verfütterung kam. Die Zugabe von Na-Salzen zu einer K-armen Diät, bes. bei simultaner Verabreichung von DOCA, bewirkte K-Verarmung u. Alkalosis; Na-Phosphat, p_H 7,4, war wirksamer als NaCl, eine hypokaliäm. Alkalosis auszubilden. Folgende Veränderungen der extracellulären Elektrolytkonzz. wurden während eines K-Mangels beobachtet: Anstieg der HCO_3^{1-}- u. Na^+-Konz., Abfall von K^+ u. Cl^- sowie Anstieg von nichtidentifizierten fixierten Ionen. Vff. nehmen an, daß, zumindest teilweise, eine Hypochlorämie die Folge einer Verdünnung der extracellulären Fl. durch $NaHCO_3$ u. W. ist. — *Cortison* verbesserte die hypokaliäm. Alkalosis trotz simultaner Verabfolgung von Na-Salzen. Es ist wahrscheinlich, daß dieser Effekt auf die Eig. des Hormons zurückzuführen ist, Gewebe abzubauen, wobei K freigesetzt wird, das das K-Defizit der Zellen wieder ausgleicht. (Yale J. Biol. Med. **29.** 229—47. Dez. 1956. New Haven, Conn., Yale Univ., School of Med., Dep. of Internal Med.) H. KOCKERT. 4561

Matthew Taubenhaus und **John V. Morton,** *Der Einfluß von Steroiden auf Änderungen des osmotischen Druckes in isolierten Froschhauttaschen. dl-Aldosteron* u. *2-Methyl-9α-fluorhydrocorton* verursachen einen ihrer Konz. proportionalen starken Anstieg des osmot. Druckes in Froschhauttaschen, verglichen mit Kontrollpräpp. ohne Steroidzusatz. Gleichzeitig wird eine starke Zunahme des Flüssigkeitsvol. innerhalb der Hauttaschen beobachtet. Die Na- u. K-Konz. bleibt konstant. Gesamteiweiß-, Aminosäure-, Harnstoff-, Hexosamin- u. Harnsäuregeh. ändern sich nicht signifikant. *Prednison* hat keine u. *Prednisolon* nur eine geringe Wrkg. auf den osmot. Druck. Vff. diskutieren den Einfl. der Mineralocorticosteroide auf den Mechanismus des Wasser- u. Elektrolytüberganges. (Proc. Soc. exp. Biol. Med. **98.** 162—64. Mai 1958. Chicago, Ill., Michael Reese Hosp., Dep. of Metabolic and Endocrine Res.) B. RÄSSLER. 4561

Cyrille Plotka, Robert Jequier und **Léon Velluz,** *Über die Schutzwirkung von Adrenosteron gegenüber einem experimentellen Adrenalinatherom.* Experimentelle Unterss. am Kaninchen, die über 2 Wochen 50 μg Adrenalin/kg u. Tag erhielten, ergaben, daß 5 mg/kg u. Tag *Δ^4-Androsten-3.11.17-trion* (Adrenosteron) die meisten Tiere vor dem Auftreten eines Aorta-Atheroms bewahrt. (C. R. hebd. Séances Acad. Sci. **244.** 264—65. 7/1. 1957.) R. LAFFERENZ. 4561

Jacques Genest, Erich Koiw, Wojciech Nowaczynski und **Gilles Leboeuf,** *Weitere Untersuchungen über Harnaldosteron bei menschlicher arterieller Hypertension.* Vff. untersuchen den Zusammenhang zwischen dem Mechanismus der arteriellen Hypertension u. dem Mineralocorticoid-Stoffwechsel durch Aldosteron (**I**)-Best. mit Hilfe einer neuen spezif. physikochem. Meth. im Harn von 39 Patienten mit essentieller, renaler u. maligner Hypertension u. von 11 Patienten mit Phäochromocytom, CUSHING-Syndrom u. prim. Aldosteronismus. Zur Entfernung störender Chromogene nach Elution vom Papierchromatogramm wird ein zusätzlicher Reinigungsschritt durch Chromatographie an Kieselgur eingeführt. In Einzelbestimmungen wird bei 55% der untersuchten Personen eine Erhöhung der **I**-Ausscheidung beobachtet. Bei den Hypertension-Patienten wird eine signifikante Differenz zwischen **I**-Werten u. Normalwerten nachgewiesen. Serienbestimmungen zeigen bei Hypertension-Patienten eine stärkere tägliche Schwankungsbreite als bei Normalpersonen. Eine Beziehung der **I**-Ausscheidung zur Na- u. K-Ausscheidung u. zum Na/K- bzw. K/Na-Verhältnis sowie zur Harnmenge besteht nicht. (Proc. Soc. exp. Biol. Med. **97.** 676—79. März 1958. Montreal, Canada, Hôtel-Dieu Hôsp., Clin. Res. Dep.) B. RÄSSLER. 4561

Edwin T. Wright, James H. Graham, Victor D. Newcomer und **Thomas H. Sternberg,** *Die Wirkung von 9α-Fluorhydrocortisonacetat in der Behandlung verschiedener* *entzündlicher Dermatosen. 9α-Fluorhydrocortisonacetat* (I) hat eine 13mal so starke entzündungshemmende Wrkg. wie Hydrocortison. I hat sich bei 64 Kranken mit verschied. Dermatosen, die mit Entzündungen einhergehen, gut bewährt. (A.M.A. Arch. Dermatol. **72.** 69—71. Juli 1955. Los Angeles, Calif., Univ. of California, Med. Serv. Dep. of Dermatol.) HEINRICH HERMANN. 4561

G. Birke, H. Dunér, S. O. Liljedahl, B. Pernow, L.-O. Plantin und **L. Troell,** *Histamin, Brenzcatechinamine und Adrenocorticosteroide bei Verbrennungen.* An 9 Patienten mit ausgedehnten Verbrennungen, von denen durch Bekämpfung des Shoks u. Infusionen nur 3 gerettet werden konnten, wurde im Urin während der Behandlung die Ausscheidung an *Histamin* (I), *Adrenalin* (II) u. *Noradrenalin* (III), sowie an *17-Keto-* u. *Corticosteroiden* (IV u. V) festgestellt. Die Ausscheidung an freiem I betrug während der ersten 24 Std. 1,5—6,1 μg/Std. (n. Werte 0,25—0,8 μg). Am 3. Tage waren in raschem Fallen Werte von 0,14—0,34 μg zu beobachten. Die Ausscheidung von gebundenem I betrug zunächst 2,1—4,7 μg/Std. (n. Werte 0,1—2,3 μg) u. fiel rasch auf n. bzw. subnormale Werte. Im Blut fanden sich 1—3 Std. nach der Verletzung 6,0—23,0 μg% I (n. Wert 3,2—7 μg%). Auch hier rasches Abfallen. Im Exsudat der Brandblasen waren 1,5 μg I/cm^3 vorhanden. Die Ausscheidung an II erreichte am 1. Tage Werte von 11 bis 108 μg/24 Std.; im Verlauf von 7 Tagen erfolgte langsamer Abfall. Auch III mit dem Maximum von 80—262 μg/24 Std. am 1. Tage fiel nur langsam ab. Die Ausscheidung von IV u. V betrug am 1. Tage 12—30 mg/24 Std., um dann bei Heilung abzufallen; zutretende Komplikationen waren mit erneutem überaus starkem Ansteigen verbunden. — Diskussion mit zahlreichen Literaturstellen. (Acta chirurg. scand. **114.** 87—98. 31/1. 1958. Stockholm, Sweden, Karolinska sjukhuset, Dep. of Surgery, Burns Unit, King Gustaf V Res. Inst.) K. ZOPFF. 4561

A. Vermeulen, *Über die Natur von konjugierten Nebennierencorticoiden in peripherem menschlichem Blut.* Die Analyse des Blutes von 5 Personen, die mit 100 mg *Hydrocortison* oral, u. von 3 Personen, die mit 25 I.E. *Corticotrophin* intravenös behandelt worden waren, ergab, daß es sich bei den im Plasma an *Glucuronsäure* gebundenen *Corticosteroiden* um *Tetrahydrocortison* u. *Tetrahydrohydrocortison* handelt. (Acta endrocrinol. [Copenhagen] **22.** 115—18. Juni 1956. Ghent, Belgium, State Univ., Med. Clin.) H. GOEBEL. 4561

J. Crabbé, A. Riondel und **E. Mach,** *Beitrag zur Untersuchung der Reaktionen der Nebennierenrinde. Änderung des 17-Hydroxycorticosteroid-Plasmaspiegels bei körperlicher Anstrengung (Rudern).* Vff. untersuchten die Wrkg. von kurzdauernder starker körperlicher Anstrengung auf den *17-Hydroxycorticoid* (I)-Spiegel des Plasmas. Durch körperliche Anstrengung (45 Min. Rudern) wurde der I-Spiegel auf das 2—3fache n. Werte erhöht. Diskussion der Ergebnisse. (Acta endocrinol. [Copenhagen] **22.** 119—24. Juni 1956. Genève, Univ., Clin. Thérapeut. u. Labor. d'Hormonol. de la Maternité.) H. GOEBEL. 4561

R. Borth, *Probleme beim chemischen Nachweis von Corticosteroiden in menschlichen Körperflüssigkeiten.* (Vgl. C. **1957.** 7458.) Besprechung der einzelnen Bestimmungsmethoden für *Corticosteroide* in Körper-Fll. mit ihren Vor- u. Nachteilen. (Acta endocrinol. [Copenhagen] **22.** 125—35. Juni 1956. Genf, Clin. universit. de Gynécol. et d'Obstétr.) H. GOEBEL. 4561

Haruhiro Andō und **Kinichi Hirose,** *Über die Bestimmung von 17-Ketosteroiden im Harn von Ratten.* Zur Best. von *17-Ketosteroiden* (I) im Harn von Ratten geben Vff. folgende Meth. an: Nach Zusatz von 1,0 cm^3 konz. HCl zu 5 cm^3 Harn wird bei 80° 30 Min. am Rückfluß hydrolysiert u. das Hydrolysat mit Ae. extrahiert. Nach Entfernung des Ae. werden zum Rohextrakt 0,4 cm^3 A., 0,4 cm^3 2%ig. *m-Dinitrobenzol*-Lsg. u. 0,6 cm^3 5n KOH zugesetzt u. das Ganze 110 Min. bei 25° gehalten. Anschließend photometr. Best. (Zusatz von Kohlepulver zur Absorption der Farbstoffe ist zu vermeiden, da es die I mitreißt). Die im Rattenharn reichlich vorhandene Nicht-Ketonfraktion läßt sich durch GIRARD-Reagens T entfernen. Die I-Tagesausscheidung bei ♂ Ratten beträgt 32,5—39,7 μg, die von ♀ Ratten 19,9—32,6 μg. (Folia endocrinol. japon. **33.** 900—04. 20/1. 1958. Keiō Gijuku-Daigaku, Igaku-Bu, Ikagaku-Kyōshitsu. [Orig.: japan.; Auszug: engl. S. 847—48.]) F. MOSSNER. 4561

Alan Goldfien, M. Sheref Zileli, René H. Despointes und **John E. Bethune,** *Die Wirkung der Hypoglykämie auf die Sekretion der Nebenniere an Adrenalin und Noradrenalin beim Hund.* Anästhesierten ♂ Hunden wurde ein Katheter in die rechte Vena suprarenalis u. die Vena femoralis gelegt. 15—175 Min. nach der Operation wurden im Serum entnommener Blutproben Adrenalin (I), Noradrenalin (II), Glucose (III) u. 17-Hydrocorticosteroide bestimmt, nachdem die Tiere mit Insulin (IV) hypoglykäm. gemacht worden waren. Wie die graph. u. tabellar. Wiedergabe der Resultate zeigt, bewirkt

IV ein Ansteigen der Nebennierensekretion an I u. weniger stark an II. Wird den Tieren III infundiert, so sinkt die vorher erhöhte I- u. II-Ausscheidung ab. Verabreichung von Amphenon verändert diese Verhältnisse nicht signifikant. (Endocrinology **62.** 749—57. Juni 1958. Boston, Mass., Peter Bent Brigham Hosp.) Heinrich Hermann. 4561

Paul K. Mooring, John Rathe und **Walter S. Root,** *Blutdruckveränderungen nach Adrenalininjektionen bei Hunden mit durchtrenntem Rückenmark.* Bei n., mit Nembutal anästhesierten Hunden zeigte sich nach intravenösen Injektionen von *Adrenalin* (1 ml 1 : 25,000—1 : 30,000) ein durchschnittlicher Anstieg des mittleren arteriellen Druckes von 25—100 mg Hg. Nach Durchtrennung des Rückenmarks zwischen den Wirbeln C8 u. T1 stieg die Druckerhöhung auf das Dreifache an. Durch akute Veränderung des Plasmavol. wurde diese Druckerhöhung durch Adrenalin nicht beeinflußt. (Amer. J. Physiol. **186.** 85—88. Juli 1956. New York, N. Y., Coll. of Physic. and Surg., Dep. of Physiol.) H. Gohr. 4561

James G. Hilton und **Robert V. Brown,** *Blutdruckveränderungen nach Epinephrin bei betäubten Hunden vor und nach Ausschaltung der Innervation der Barorezeptoren.* Es wurden Verss. an Ae.-betäubten Hunden durchgeführt, wobei nach bestimmten *Epinephrin*-Dosen der Blutdruck gemessen u. seine Veränderung durch Denervation der Baroreceptoren bestimmt wurde. Es zeigte sich, daß durch die Ausschaltung der Innervation weder die Höhe des Blutdrucks, noch die Dauer der Blutdruckerhöhung wesentlich beeinflußt wurden. Kontrolltiere ohne Epinephrin-Vorbehandlung zeigten bei der Denervation der Baroreceptoren eine beachtliche Erhöhung des Blutdrucks. (Amer. J. Physiol. **186.** 71—73. Juli 1956. Jackson, Miss., Univ. of Mississippi, Med. Center, Dep. of Pharm.) H. Gohr. 4561

James G. Young und **Irving Gray,** *Biochemische Reaktionen beim Trauma.* 3. Mitt. *Epinephrin- und Norepinephrinwerte im Plasma bei Ratten, die einem Sturz-Trauma unterworfen waren.* Bei Ratten, die in verschied. Grad einem Sturz-Trauma in der Noble-Collip-Trommel unterworfen waren, wurden die Plasmawerte von *Epinephrin* (I) u. *Norepinephrin* (II) untersucht. Beide Hormone waren umso stärker erhöht, je größer der traumat. Einfl. war. Die I-Werte begannen innerhalb 1 Std. nach dem Stürzen abzusinken u. kehrten innerhalb 4—8 Std. wieder zur Norm zurück. Die II-Werte blieben 1—2 Std. erhöht u. normalisierten sich ebenfalls in 4—8 Stunden. Das unterschiedliche Verh. u. der Stoffwechsel der beiden Hormone ist noch ungeklärt. Es werden weitere Verss. angestellt. (Amer. J. Physiol. **186.** 67—70. Juli 1956. Washington, D. C., Walter Reed Army Inst. of Res., Dep. of Biochem.) H. Gohr. 4561

E. D. Frank, H. A. Frank, S. Jacob, H. A. E. Weizel, H. Korman und **J. Fine** (unter techn. Mitarbeit von: **Dorothy Kaufmann),** *Die Wirkung von Norepinephrin auf den Kreislauf beim Hund im hämorrhagischen Schock.* Beim hämorrhag. Schock von Hunden zeigt sich nach *Norepinephrin*-Infusion eine erhöhte Coronar-, Cerebral- u. Nebennierendurchblutung, während die Nierendurchblutung herabgesetzt u. die Leberdurchblutung unverändert ist. Das Schlagvol. wird erhöht, ebenso der pulmonale arterielle Druck, während die errechnete pulmonale vasculäre Resistenz vermindert war. (Amer. J. Physiol. **186.** 74—78. Juli 1956. Boston, Mass., Beth Israel Hosp.) H. Gohr. 4561

Noble O. Fowler, E. R. Duchesne und **R. H. Franch,** *Hämodynamische Wirkungen von Levarterenol-Infusion während induzierter Lungenstenose.* Bei anästhesierten Hunden mit Constriction der Lungenarterie rief Infusion von *Levarterenol* (I) in Dosis 3—7,7 μg/kg/Min. folgende Wrkgg. hervor: 1. einen beträchtlichen Anstieg der Herzleistung, die nach Absetzen der I-Gabe einer Form zustrebte, die unter derjenigen vor der I-Gabe lag; 2. eine beträchtliche Herzbeschleunigung; 3. einen beträchtlichen Anstieg im systemat. arteriellen Druck ohne Anstieg des gesamten peripheren Widerstandes während der ersten Infusion; 4. Abnahme des Herzvol., bes. in der Diastole; 5. Red. des Druckes im rechten Vorhof, wenn der Druck infolge Erweiterung des rechten Herzens erhöht war; 6. einen beträchtlichen Anstieg des systol. Blutdruckes in den Lungenarterien. — Anstieg der Herzleistung wurde auch bei gesunden Tieren ohne Constriction der Lungenarterien beobachtet, wenn I in Dosen von 3,6—7,33 μg/kg/Min. infundiert wurde. I-Dosis von 0,5 μg/kg/Min. sprach kaum noch auf einen Anstieg der Herzleistung an. (J. Pharmacol. exp. Therapeut. **120.** 115—24. Juni 1957. Atlanta, Ga., State Heart Assoc. Cardiovascul. Res. Labor., Grady Mem. Hosp., and Emory Univ., Dep. of Med.) Carl Freese. 4561

Clifford I. Chappel, George Rona, Clara Revesz und **Joan Cahill,** *Wirkung von Propylthiouracil auf die Nebennierenregenerationshypertonie bei Ratten.* In Übereinstimmung mit Beobachtungen, nach denen eine Nebennierenregenerationshypertonie bei Ratten durch Thyroxingaben verstärkt werden kann, wurde von Vff. bei gleichartigen Versuchstieren auf *Propylthiouracil* (I) neben Rückgang des Körper- u. Organgewichts eine Verringerung des erhöhten Blutdrucks gesehen. Die Zona fasciculata der regenerierten Nebenniere wird unter I schmäler, das histolog. Bild der Hypophyse entspricht dem bereits nach Behandlung mit Antithyreoidstoffen bzw. nach Thyreoidektomie bekannten, während ohne I-Behandlung die Hypophyse eine Vermehrung der basophilen Zellen aufweist, was vermutlich als Hyperaktivitätserscheinung infolge anfänglicher Unterfunktion der Nebenniere nach ihrer unilateralen Entfernung u. contralateralen Enucleation anzusehen ist. (Proc. Soc. exp. Biol. Med. **98.** 23—26. Mai 1958. Montreal, Canada, Res. Labors. Ayerst, McKenna and Harrison.) U. TAUSENDFREUND. 4561

Richard J. Block, Sidney C. Werner und **Richard H. Mandl,** *Methode zur Untersuchung der Verteilung von Radiojod im Serum nach kleinen Testdosen von* ^{131}J. Beschreibung von 2 Methoden zur Best. von proteingebundenem Jod, anorgan. Jodid u. zirkulierenden *Jodproteinen* sowie der Verteilung der *Jodaminosäuren* im menschlichen Serum nach Verabreichung von höchstens 125 μC ^{131}J als Markierungsdosis. In einem Falle werden sämtliche jodierten Verbb. konz., im anderen dagegen erfolgt Abtrennung des proteingebundenen J vom anorgan. Jodid. Ihre Leistungsfähigkeit wurde an klin. Beispielen demonstriert. Eine Analyse der nach Injektion von 125 μC ^{131}J in der Schilddrüse von Ratten vorliegenden radioakt. markierten Jodaminosäuren wurde ebenfalls durchgeführt. (Arch. Biochem. Biophysics **73.** 9—19. Jan. 1958. Yonkers, N. Y., Boyce Thompson Inst. for Plant Res.; New York, N. Y., Columbia Univ., Coll. of Physic. and Surg., Dep. of Med.; and Presbyterian Hosp. in the City of New York.) E. ÜHLEIN. 4562

J. R. Tata und **C. J. Shellabarger,** *Eine Erklärung für den Unterschied zwischen Säugetieren und Vögeln bezüglich ihrer Reaktion gegenüber Tyroxin und Trijodthyronin.* Die unterschiedliche Rk. von Säugetieren u. Vögeln auf *Thyroxin* (I)- u. *Trijodthyronin* (II)-Zufuhr (gleiche biol. Potenzen von I u. II beim Vogel, 2—6facher Wirkungsunterschied beim Säugetier) beruht auf einem grundsätzlichen Unterschied in der Art des peripheren Transportes der Hormone. So läßt sich das im Säugetierserum vorhandene I-bindende Protein beim Vogel (Küken u. Ente) nicht nachweisen; beim Vogel wird endogenes u. exogenes I an das Serumalbumin gebunden, welches im gleichen Ausmaß auch II zu binden in der Lage ist, so daß hier ein bedeutender Unterschied zu der niedrigeren Affinität von I gegenüber den I-bindenden Serumproteinen des Menschen besteht. Außerdem sind die biol. Halbwertzeiten von I u. II beim Vogel, gegenüber der im Verhältnis zu I 2—4fach kürzeren biol. Halbwertszeit von II beim Menschen, identisch. (Biochem. J. **71.** 3 P—4 P. Jan. 1959. London, Nat. Inst. for Med. Res.) U. TAUSENDFREUND. 4562

Sz. Donhoffer, I. Várnai und **E. Szieberth-Horváth,** *Unmittelbare Wirkung des Trijodthyronins auf Sauerstoffverbrauch und Körpertemperatur der hypophysektomierten und der thyreoidektomierten Ratte. Der Einfluß von Adrenocorticotropin und Cortison.* 10 μg *L-3.5.3'-Trijodthyronin,* intravenös verabreicht, bewirken bei der hypophysektomierten Ratte ca. 2 Std. später einen deutlichen Anstieg des O_2-Verbrauches u. der Körpertemp., während bei der thyreoidektomierten Ratte nur in einigen Fällen lediglich eine Zunahme des O_2-Verbrauches beobachtet werden konnte. Diese Rkk. traten nicht ein, wenn den Tieren ACTH in einer Menge, die eine n. adrenocorticale Tätigkeit gewährleistet, oder Cortison gegeben wurde. (Acta physiol. Acad. Sci. hung. **14.** 265—71. 1958. Pécs, Med. Univ., Inst. of Pathophysiol.) H. P. FIEDLER. 4562

Jean Roche, Serge Lissitzky und **Marie-Thérèse Benevent,** *Über die Dejodierung der Jodtyrosine durch Lebergewebe.* Zu Schnitten von Rattenleber in RINGER-KREBS-Lsg. wurde mit ^{131}J markiertes *Mono-* (I) oder *Dijodtyrosin* (II) zugegeben u. papierchromatograph. unter Verwendung eines n-Butanol–Essigsäure–W. (78 : 5 : 17)-Gemisches u. auch autoradiograph. auf I u. II hin untersucht u. festgestellt, daß die Desjodierung von I schneller als die von II erfolgt. Bei der Desjodierung von II entstehen I, *Milchsäure, Brenztraubensäure* u. Essigsäureverbb. von II. Zugabe von *n-Propylthiouracil* verdoppelt die Menge des aus II gebildeten I u. der freigesetzten J-Verbindungen. Zugabe von Cu- oder Fe-Ionen ändert die Ausbeute nicht. Sowohl bei der Desjodierung von I wie von II erscheinen nur geringe Mengen *3-Jod-5-hydroxytryptamin.* Zugabe von *Monojodessigsäure* hemmt die Desjodierung von I u. II. (C. R. Séances Soc. Biol. Filiales **151.** 1666—69. 1957, herausgeg. 20/5. 1958. Marseille, Fac. de Méd., Labor. de Chim. biol.) HEINRICH HERMANN. 4562

Charles H. Duncan und **Maurice M. Best,** *Thyroxinähnliche Verbindungen und Cholesterinstoffwechsel. Unterschiede in der Wirkung des Thyroxins, des Trijodthyronins und ihrer Ameisensäureanalogen.* Bei Ratten wurden durch Überprüfung der Hemmwrkg. auf die durch Thiouracil induzierte Kropfbldg. die biol. Aktivität des *l-Thyroxins* (I), des *l-Trijodthyronins* (II), der *Tetrajodthyroameisensäure* (III) u. der *Trijodthyroameisensäure* (IV) überprüft. Es wurden die nachfolgenden relativen Aktivitäten (Molekülbasis) ermittelt: **I** 100 (%), **II** 333, **III** 0,08 u. **IV** 0,27. Auch in physiol. Hinsicht zeigt **IV** eine andere Wrkg. als **I**. Wird **IV** in einer kropfverhütenden Dosis verabreicht, so hat sie auf den Cholesterin (**V**)-Stoffwechsel eine wesentlich signifikantere Wrkg. als **I**. Im Vgl. zu **I** übt **IV** einen größeren Einfl. auf den **V**-Stoffwechsel aus als auf das Wachstum. (Endocrinology **63**. 169—76. Aug. 1958. Louisville, Ky., Univ., School of Med., Dep. of Med.) H. P. FIEDLER. 4562

R. Kilpatrick, D. T. Elmore und **D. R. Wood**, *Antithyreoidale Wirkung der Thiohydantoine*. Vff. testeten an Ratten die antithyreoidale Wrkg. des *2-Thiohydantoins* (**I**) u. einiger **I**-Derivv.; verabreicht wurde entweder eine Einzeldosis bzw. es wurde die Wrkg. einer für 6 Wochen täglich verabreichten Dosis geprüft. Getestete Substanzen: **I**, *1-Methyl-*, *5-Methyl-* (**II**), *5-Äthyl-* (**III**), *5-n-Propyl-* (**IV**), *5-iso-Propyl-* (**V**), *5-n-Butyl-* (**VI**), *5-Isobutyl-* (**VII**), *5-sek.-Butyl-* (**VIII**), *5-n-Hexyl-* (**IX**), *5-Benzyl-*, *5-p-Hydroxybenzyl-*, *5-Carbamoyl-methyl-*, *5-Carboxymethyl-*, *5-Methylthioäthyl-*, *5-Methylsulfonyläthyl-*, *Indolylmethyl-*, *5-[4'-Aminobutyl]-2-thiohydantoin* u. die *Thiohydantoinsäure*. **I** u. seine 5-Alkylderivv. **II**—**VIII** zeigen, in einer Dosis von 0,05 mMol/kg Körpergewicht oral verabreicht, eine beträchtliche antithyreoidale Wrkg., während **IX** in dieser Dosis prakt. keine Aktivität aufweist. Enthalten die 5-Substituenten polare Gruppen, so wird die antithyreoidale Aktivität red. oder sogar völlig aufgehoben. Als Einzeldosis verabreicht, erweist sich **I** als aktiver als seine 5-Alkylderivv., wird die Behandlung jedoch 42 Tage lang fortgesetzt, so sind letzte wirksamer als **I**. Für **I**, **II** u. **III** wurde gleichzeitig die akute tox. Dosis ermittelt (DL_{50} in mg/kg): **I** 420, **II** 1050 u. **III** 980. Verschied. **I**-Derivv. zeigen bei einer Dosis von 50 mg/kg, 6 Wochen lang verabreicht, keine tox. Wirkung. (Brit. J. Pharmacol. Chemotherapy **13**. 350—56. Sept. 1958. Sheffield, Univ., Dep. of Pharmacol. and Therapeut. and of Chem.) H. P. FIEDLER. 4562

Edward J. Sarcione und **H. W. Barrett**, *Die antithyreoidale Wirkung des 5-Jod-2-thiouracils*. In an erwachsenen Ratten durchgeführten Verss. konnte gezeigt werden, daß *Thiouracil* (**I**) u. *5-Jod-2-thiouracil* (**II**) in gleicher Weise befähigt sind, die Jodidaufnahme der Schilddrüse u. die organ. Bindung des Jodids durch das Schilddrüsengewebe herabzusetzen. Mit ^{131}J etikettiertes, intaktes **II** geht in die Schilddrüse in vitro u. in vivo über, jedoch wurde kein Konzentrationsunterschied zwischen Schilddrüse u. Blutserum ermittelt. Die Fähigkeit der Schilddrüse selbst, **II** zu dejodieren, ist gering, andererseits ist die Dejodierung durch den ganzen Körper beträchtlich. Ein Gemisch von **I** u. KJ erhöht die thyreotrope Aktivität der Rattenhypophyse, **II** dagegen nicht. Andererseits bewirken sowohl **I** als auch **II** eine geringe Zunahme der exogenen Thyreotropinwrkg., u. beide erhöhen die biol. Abbaurate des Thyreoid-J. Vff. sind der Ansicht, daß **II** eine akt., antithyreoidal wirksame, dem **I** weitgehend ähnliche Substanz ist, daß die antithyreoidale Wrkg. des **II** aber dadurch beträchtlich modifiziert wird, daß aus **II** in vivo J frei gemacht wird. (Endocrinology **63**. 142—50. Aug. 1958. Lawrence, Kans., Univ. of Kansas, School of Med., Dep. of Biochem.) H. P. FIEDLER. 4562

Josiah Brown und **David H. Solomon**, *Mechanismus der antithyreoidalen Wirkung eines Sulfonylharnstoffes bei der Ratte*. Da festgestellt wurde, daß Sulfonylharnstoffverbb., die zur Behandlung des Diabetes mellitus eingesetzt werden, auch eine antithyreoidale Wrkg. besitzen, wurde im Rattenvers. die antithyreoidale Wrkg. des *Carbutamids* (**I**; *1-Butyl-3-sulfanilylharnstoff*) im Vgl. zu *Sulfaguanidin* (**II**) u. *Propylthiouracil* (**III**) getestet; alle Substanzen wurden mit der Kost verabreicht. 0,125—1,0% **I** reduzieren die ^{131}J-Aufnahme der Thyreoidea, erhöhen das Gewicht der Schilddrüse u. sorgen für eine Ausschüttung des glandulären J. **I** ist 13mal wirksamer als **II**, aber nur $^1/_{300}$ so wirksam wie **III**. Im Gegensatz zu **II** wird die durch **I** ausgelöste Kropfbldg. genau wie bei **III** durch ein J-Überangebot verhindert. Bei den mit **I** gefütterten Ratten konnte in der Thyreoidea eine ^{131}J-Anhäufung, die durch Thiocyanat sofort beseitigt wird, nachgewiesen werden. Im Vgl. zu **III** ist die antithyreoidale Wrkg. des **I** verhältnismäßig gering u. klin. wertlos. (Endocrinology **63**. 473—80. Okt. 1958. Los Angeles, Calif., Univ. of California, Med. Center, Dep. of Med.) H. P. FIEDLER. 4562

Joachim-Hermann Scharf, Friedrich Ehrenbrand, Walter Haumann und **Rolf Voss**, *Übt die aktivierte Schilddrüse einen Einfluß auf die Funktion der Epithelkörperchen aus?* Nach der Strumektomie von 14 BASEDOW-Kranken u. 18 Patienten mit nichttox. Strumen wurden die Serum-Ca^{2+}-Werte bestimmt (10,37 mg% u. 10,61 mg%). Es scheint, daß die Hyperfunktion der Schilddrüse eine Aktivierung der Epithelkörperchen nach sich zieht. Im ersten Fall lagen vor der Operation die Ca-Werte höher als bei den nichttox. Schilddrüsenvergrößerungen (11,34 mg% u. 10,83 mg%). Nach der Strumektomie verschwindet dieser Unterschied. (Acta biol. med. german. [Berlin] **2**. 100—06. 1959. Jena, Univ., Anatom. Inst.; Mainz, Univ., Anatom. Inst.; Hattingen/Ruhr, Evang. Krankenhaus.) H. STRUCK. 4562

A. Beringer, *Zur Behandlung der Zuckerkrankheit mit Biguaniden.* Die Wrkg. des Biguanids *W 32* (*Phenäthyldiguanid*; PHARM. FABRIK GRÜNENTHAL; I) beruht auf Verringerung der *Glucose* (II)-Abgabe aus der Leber; es kommt ebenfalls zu einer leichten Zunahme der capillar-venösen II-Differenz, was auf Verbesserung der Verwertbarkeit durch die Muskeln zurückzuführen ist. Bei leichter Ketose kann ein geringer antiketogener Effekt von I festgestellt werden, der allerdings bei schwerer Ketose nicht mehr nachweisbar ist, so daß in diesen Fällen auf Insulingabe nicht verzichtet werden kann. Bei Kombinationen mit Sulfonamiden (z. B. Nadisan) steigern sich beide Medikamente gegenseitig in ihrer antidiabet. Wirkung. (Wiener med. Wschr. **108.** 880—82. 25/10. 1958. Wien, Univ., I. Med. Klinik.) U. TAUSENDFREUND. 4564

H. A. Heinsen, G. Dehn und **H. Hagen,** *Klinische Untersuchungen an Zuckerkranken mit P 607 (Chlorpropamid), einem neuen peroralen Antidiabeticum.* Bericht über erste Erfahrungen an 50 Diabetesfällen mit dem oralen Sulfonylharnstoffpräp. *P 607* (I; *Chlorpropamid*; *Diabinese*; *N-[4-Chlorbenzolsulfonyl]-N'-propylharnstoff*; PFIZER, New York), das wie *Rastinon* (II) keinen Sulfonamidcharakter hat. Die Indikation für I scheint die gleiche zu sein wie für II u. *Nadisan* (III). Bei gleicher Dosis ist der blutzuckersenkende Effekt von I größer als von II u. III, ebenso wird eine niedrigere Erhaltungsdosis von I benötigt. Bei älteren Patienten ist eine Umstellung von *Insulin* auf I möglich. Wie II u. III ist I für jüngere Patienten nicht geeignet. Schäden an der Leber u. am hämatopoet. Syst. wurden nicht beobachtet. (Med. Klin. **53.** 1685—88. 26/9. 1958. Zeven, Waldkrankenhaus.) H. DOSSMANN. 4564

P. Liacopoulos, B. N. Halpern und **A. Liacopoulos-Briot,** *Die Arten der Hemmung des Histamineffekts, der Histamin-freisetzenden Substanzen und von 5-Hydroxytryptamin auf die Capillarpermeabilität durch ihre Antagonisten.* Meerschweinchen u. Ratten erhielten intravenös Evansblau u. intradermal in verschied. Konzz. *Histamin* (I), *5-Hydroxytryptaminkreatininsulfat* (II), *Verb. 48/80* (III), *Verb. 1935 L* (IV) oder *Dextran* (V). Cutane lokale Anaphylaxie wurde mit Antikörpern des Kaninchens gegen Eialbumin nach OVARY u. BRIOT erzeugt. Als Antagonisten wurden 30 Min. vor I, II, III, IV oder V in steigenden Dosen *Mepyramin* (VI), *Promethazin* (VII), *Chlorpromazin* (VIII) oder *Lysergsäurediäthylamid* (IX) verwendet. VI u. noch stärker VII wirken als Antagonisten für I, IX als solcher für II. II hat eine 30mal stärkere Capillarwrkg. als I bei der Ratte, während Meerschweinchen nicht auf II reagieren. VIII ist ein schwacher Antagonist für II. Die lokale anaphylakt. Rk. scheint beim Meerschweinchen nur auf I-Wrkg. zu beruhen. (C. R. Séances Soc. Biol. Filiales **151.** 1661—66. 1957, herausgeg. 20/5. 1958. l'Hôpital Broussais, Centre nat. de la Rech. sci. et Centre de Rech. allergique de l'Assoc. Claude-Bernard.) HEINRICH HERMANN. 4569

Goro Nishida und **Robert F. Labbe,** *Häm-Biosynthese. Über den Einbau von Eisen in Protoporphyrin.* Vff. untersuchten das Enzym, das die Umwandlung von *Protoporphyrin* (I) u. Fe in Harn bewirkt, unter Verwendung von Rattenleberpräpp. u. ^{59}Fe als Zeiger. Es wurde gefunden, daß das Enzym in der Mitochondrienfraktion enthalten ist. Es hat ein Optimum der Aktivität bei p_H 7,4 u. wird stark durch reduziertes Glutathion u. oxydiertes oder reduziertes Diphosphopyridinnucleotid aktiviert. Triphosphopyridinnucleotid (oxydiert oder red.), Flavinadanindinucleotid, Histidin u. Homocystein sind weniger wirksam. Vorherige Bebrütung des Enzyms mit I u. oxydiertem Diphosphopyridinnucleotid ergab Hinweise darauf, daß vor der Fe-Chelatbldg. eine intermediäre Substanz entsteht. (Biochim. biophysica Acta [Amsterdam] **31.** 519—24. Febr. 1959. Seattle, Wash., Univ., Dep. of Ped.) J. SCHWAIBOLD. 4572

T. Heikel, W. H. Lockwood und **C. Rimington,** *Bildung von nichtenzymatischem Häm.* Vff. zeigen, daß *Koproporphyrinogen* nach 16std. Incubation unter physiol. Bedingungen (p_H 6, 37°) in Ggw. eines Überschusses von Fe^{2+} zu etwas weniger als 10% in *Koprohäm* übergeht, *Koproporphyrin* dagegen zu 25%. Unter gleichen Bedingungen bildet *Protoporphyrin* kein nachweisbares Protohäm, es sei denn bei Ggw. von nativem Globin bzw. Na-Alkylsulfaten. Vff. nehmen an, daß bei der biol. Hämsynth. Fe mit Protoporphyrin, nicht mit Protoporphyrinogen reagiert. (Nature [London] **182.** 313. 2/8. 1958. London, Univ., Dep. of Chem. and Coll. Hosp. med. School.) W. HABERDITZL. 4572

F. A. Hommes, Andrée Dozy und **T. H. J. Huisman,** *Weitere Untersuchungen des Cystein–Cystin-Gehalts von fetalem Humanhämoglobin.* Vff. bestimmen durch amperometr. Titration mit $AgNO_3$ [in Ggw. von 2-Amino-2-hydroxymethylpropandiol-(1.3)] sowie spektrophotometr. mit p-Chlorquecksilberbenzoat die Anzahl freier SH-Gruppen in fetalem *Humanhämoglobin* (I). Von den 6 Cystinresten sind nur 4 SH-aktiv. Elektrophoret. Unterss. nach Red. mit Li-Thioglykolat zeigen, daß I dann in 2 verschied. Komponenten vorliegt. Vff. nehmen an, daß I aus 2 Polypeptidketten aufgebaut ist, die über eine

Disulfidbrücke verknüpft sind. (Biochem. J. **68.** 309—12. Febr. 1958. Groningen, State Univ., Dep. of Paediatrics.) W. HABERDITZL. 4572

F. A. Hommes und **T. H. J. Huisman,** *Amperometrische Titration der Sulfhydrylgruppen in Humanhämoglobin mit $AgNO_3$.* Während die argentometr. Titration von Erwachsenen-*Hämoglobin* an der tropfenden Hg-Elektrode 8 SH-Gruppen pro Mol ergibt, werden mit unbehandelten Pt-Elektroden weniger titrierbare SH-Gruppen gefunden. Behandlung der Pt-Elektroden mit ammoniakal. $HgCl_2$-Lsg. ergibt wieder übereinstimmende Werte von 8 SH-Gruppen. Vff. beschreiben eine bes. geeignete Technik mit einer rotierenden Hg-überzogenen Pt-Elektrode. (Biochem. J. **68.** 312—14. Febr. 1958. Groningen, Univ., Dep. of Paediatrics.) W. HABERDITZL. 4572

S. K. Bhattacharya, *Gesamtsulfhydrylgehalt von Blut und Geweben.* Die Meth. zur *SH*-Gruppenbest. von BENESCH u. Mitarbeiter (C. **1956.** 11743) zur Best. des Gesamt-*SH*-Geh. in Blut u. Gewebehomogenaten wurde so modifiziert, daß eine Blindtitration nach Blockierung der enthaltenen *SH*-Gruppen mit *p-Chlormercuribenzoat* einbezogen wurde. Folgende *SH*-Werte wurden mit dem abgeänderten Verf. erhalten: Blut 91,4 mg/100 ml (83,6—100 bei 8 Bestimmungen); Leber 55,4 mg/100 g (51,4—58,8; 7 Bestimmungen); Pankreas 22,3 mg/100 g (20,0—25,0; 3 Bestimmungen). (Biochem. J. **69.** 43P. Juli 1958. Leeds, Univ. of Leeds, Dep. of Biochem.) H. GOEBEL. 4572

I. Halbrecht, Ch. Klibanski, und **F. Bar Ilan,** *Gleichzeitiges Auftreten der embryonalen (drittnormalen) Hämoglobinfraktion und Erythroblastose im Blut von zwei ausgetragenen Neugeborenen mit multiplen Mißbildungen.* Die in 2 Fällen nachweisbare 3. Hämoglobinfraktion (die sogenannte *embryonale Fraktion*; I), welche bei den betreffenden Neugeborenen mit verschiedenen körperlichen Mißbildungen assoziiert war, wird auf die Störung eines oder mehrerer genet. Faktoren, von denen einer die Persistenz von I verursachte, zurückgeführt. Welcher Zusammenhang zwischen I u. einer, in diesen Fällen ebenfalls anzutreffenden, nicht auf Blutgruppeninkompatibilität beruhenden Erythroblastose besteht, ist noch ungeklärt. Der Nachw. von I gelang nicht auf papierelektrophoret. Wege, sondern nur durch Chromatographie unter Verwendung von Amberlite ICR 50-Kolonnen u. Citratpufferlsg. bei p_H 6,0 mit Na-Konz. von 0,15 als Elutionsmittel bei einer Fließgeschwindigkeit von 9 ml/Stunde. (Nature [London] **183.** 327—28. 31/1. 1959. Petah Tikva, Israel, Hasharon Hosp., Dep. of Obstetrics and Gyn.; Beilinson Hosp., Med. Res. Center.) U. TAUSENDFREUND. 4572

J. A. Hunt und **V. M. Ingram,** *Allelmorphismus und chemische Unterschiede der menschlichen Hämoglobine A, S und C.* Vff. finden durch zweidimensionale Kombination von Papierelektrophorese u. Papierchromatographie der mit Hilfe von Trypsin- u. Chymotrypsinbehandlung erhaltenen *Hämoglobin C* (I)-Peptide, daß sich I von n. Hämoglobin ähnlich wie *Hämoglobin S* (II, Sichelzellhämoglobin) lediglich durch Verschiedenheit einer von ca. 300 Aminosäuren unterscheidet. Der gleiche Glutaminrest ist bei I durch Lysin u. bei II durch Valin ersetzt. Da es sich um allele Mutanten handelt, ist dieser Befund von besonderer Bedeutung für die Gentopographie. (Nature [London] **181.** 1062—63. 12/4. 1958. Cambridge, Med. Res. Coun. Unit. for Res. on the mol. Struct. of biol. Syst., Cavendish Labor.) W. HABERDITZL. 4572

Mortimer Litt und **William C. Boyd,** *Beständigkeit von Hämocyanin.* Präpp. von *Hämocyanin* (I) aus *Busycon canaliculatum* u. *Limulus polyphemus*, die durch Gefriertrocknung erhalten wurden, sind unlösl. in W., 0,85%ig. Salzlsg. u. TYRODE-Lsg. (p_H 3,0—11,0). Gleichzeitig geht die O_2-Bindefähigkeit verloren. Vff. empfehlen Aufbewahrung von I in Serum unter einer Toluolschicht bei 4°. Die Antigenspezifität von I kann dann über mehr als 10 Jahre erhalten werden. (Nature [London] **181.** 1075. 12/4. 1958. Harvard, Med. School, Dep. of Bact. and Immun. and Dep. of Immunochem.) W. HABERDITZL. 4572

Nepomuk Zöllner und **Peter Birk,** *Die Bestimmung des Blutammoniaks und ihre Ergebnisse bei Leberkrankheiten.* Es wird eine Mikrodiffusionsmeth. zur *Ammoniak* (I)-Best. im Blut beschrieben. Es werden 0,2 ml Blut benötigt, eine Entfernung der Erythrocyten ist nicht notwendig. Bei n. Menschen ergibt sich ein I-Geh. von 52 γ% im Blut. Bei Leberkranken werden Werte zwischen 75 u. 164 γ% gefunden. (Klin. Wschr. **36.** 570—74. 15/6. 1958. München, Univ., Med. Poliklinik.) H. STRUCK. 4572

J. B. Kahn jr., *Wirkungen von Ribosiden und verwandten Verbindungen auf den Phosphattransport in incubierten frischen sowie in kaltgelagerten Humanerythrocyten.* Eine frühere Beobachtung des Vf., wonach Purinriboside befähigt sind, den Kationen- sowie Phosphattransport in roten Blutzellen zu fördern, gab Anlaß zu weiteren vergleichenden Unterss.: a) Vgl. der Phosphatüberführung (als ^{32}P, 200 μC) in kaltgelagerte, incubierte rote Zellen mit dem gleichen Prozeß bei frischen Blutzellen u. b) Vgl. der Phosphatüberführung in kaltgelagerten, incubierten Blutzellen mit dem Kationentransport in das gleiche System. Als Test dienten Purin- u. Pyrimidinbasen, Riboside, Ribotide in verschied. Konzz., zumeist 1—40 mMol/Liter. Purinribotide wie Adenylsäure hemmten den Kationentransport in kaltgelagerten Zellen, hatten aber keine Wrkg. auf den Phosphattransport in den kaltgelagerten Zellen, erhöhten dagegen den Phosphattransport in den frischen Zellen. Das kationenüberführende Syst. der incubierten, kaltgelagerten Zellen unterschied sich von dem phosphatüberführenden Syst. in der gleichen Zelle durch sein Verh. gegenüber Adenin (als Purin), Adenosin u. Inosin (als Purinriboside), Cytidin (als Pyrimidinribosid), Cytidylsäure (als Pyrimidinribotid) u. Ouabain u. Angelicalacton (als Lactone). Das phosphattransportierende Syst. von kaltgelagerten Zellen unterschied sich von dem gleichen Syst. von incubierten Frischzellen durch sein Verh. gegenüber Purinribosiden. (J. Pharmacol. exp. Therapeut. **120.** 239—46. Juni 1957. Cincinnati, Ohio, Univ., Coll. of Med., Dep. of Pharmacol.) CARL FREESE. 4573

Richard B. Tobin, *Die Reaktionen von Plasma-, extracellulären und Muskelelektrolyten bei der akuten Stoffwechselacidose.* Bei Unterss. des Elektrolythaushaltes bei der experimentellen Acidose zeigte der Anstieg des Plasma- u. extracellulären *Na* sowie das Absinken des intracellulären Muskelnatriums, daß das Na die Hauptpuffersubstanz gegen die Acidose ist. (Amer. J. Physiol. **186.** 131—38. Juli 1956. Rochester, N. Y., Univ., School of Med., Dep. of Med. and Physiol.) H. GOHR. 4574

H. Kyank, *Enzymatische Brenztraubensäurebestimmungen im Blut normaler Schwangerer und Toxikosen vor und nach Kohlenhydratbelastung sowie im Nabelschnurblut.* Vf. bestimmte im venösen, enteiweißten Blut von Frauen nach MARKEES den Geh. von *Brenztraubensäure* (I), die eine zentrale Stellung im Stoffwechsel der 3 Hauptnährstoffe einnimmt. Der durchschnittliche I-Geh. betrug: gesunde Nichtschwangere 0,640 $\pm$ 0,025 mg%; n. Spätschwangere 0,652; spättox. Schwangere 0,692; Nabelschnurblut 1,914 $\pm$ 0,152. Unmittelbar nach venöser Injektion von *Fructose* u. *Glucose* war der I-Geh. im Blut von Schwangeren stärker erhöht als von Nichtschwangeren. Erhöhte Muskeltätigkeit führt zur Erhöhung des I-Gehaltes. Bei kranken Menschen wird der Stoffabbau zu I verzögert. (Arch. Gynäkol. **188.** 474—80. 25/5. 1957. Leipzig, Univ.-Frauenklinik.) H. BÜTTNER. 4574

W. Mejbaum-Katzenellenbogen, W. Dobryszycka und **A. Króliczek,** *Quantitative Bestimmung von mittels Papierelektrophorese getrennten Serumeiweißfraktionen mit Tannin.* Die elektrophoret. getrennten Fraktionen werden sofort mit 0,1n NaOH vom Papier eluiert. Zur quantitativen Elution wird mindestens 1 Std. benötigt. Längeres Aufbewahren der Elektrophorogramme führt infolge bakteriellen Abbaues zu Eiweißverlusten. Im Eluat wird Eiweiß nach Zusatz von Tannin mit dem HILGER-Absorptiometer mit Rotfilter ROR-2 bestimmt. Bei Eiweißgehh. $>$ 100 γ/ml ist die Probe zu verdünnen. Die Meth. ist sehr empfindlich u. reproduzierbar u. auch bei patholog. Blutserum anwendbar. (Acta biochim. polon. **5.** 165—75. 1958. Wrocław, Akad. Med., Zakł. Chem. Fizjolog.) F. URBAN. 4574

P. Barkhan, M. J. Silver, P. B. da Costa und **L. M. Tocantins,** *Phosphatidylserin und Blutgerinnung.* Aus Schweinehirn gewonnenes, papierchromatograph. gereinigtes *Phosphatidylserin* (I), welches noch Spuren der Lysoverb. enthielt, hemmte die Gerinnung von plättchenarmem, Prothrombin-, Faktor-V- u. -VII-freiem Oxalat- u. Citratplasma, während I die Gerinnung von mit Di-Natrium-Äthylendiamintetraacetat (0,005 mol/ml) behandeltem Plasma bis zu einem Maximum von 0,5 mg I/ml wie Blutplättchen beschleunigte. Auch auf die Gerinnung von Citratplasma durch Russelviperngift (Stypven) wirkte I beschleunigend, in höheren Konzz. jedoch hemmend. Papierchromatograph. wurden I u. *Phosphatidyläthanolamin* aus n. menschlichen Blutplättchen isoliert. — I kann also je nach den Versuchsbedingungen sowohl als beschleunigender Plättchenfaktor als auch als Hemmstoff für die Thromboplastinbldg. wirken. (Nature [London] **182.** 1031—32. 11/10. 1958. Philadelphia, Jefferson Med. Coll., Cardeza Found.) H. CARLS. 4574

Carlheinz Sartori, *Praxis der Antikoagulantientherapie.* 3. Mitt. *Über den Einfluß verschiedener Antibiotica auf die Blutgerinnung.* Vf. untersuchte den Einfl. von *Penicillin* (I), *Streptomycin*-I u. *Aureomycin* auf die Blutgerinnung. Diese Antibiotica führen zu einer deutlichen Verkürzung des Heparintoleranztestes u. der Spontangerinnungszeit bei unverändertem QUICK-Wert. Diese Wrkg. kommt nach Ansicht von Vf. durch Ausschaltung der körpereigenen Antithrombine zustande. (Die Medizinische **1955.** 1026—30. 23/7. München, Städt. Krankenhaus, Chirurg. Abt.) G. BRATFISCH. 4574

R. Rodnight (unter techn. Mitarbeit von **E. K. Aves**), *Indole in Körperflüssigkeiten bei normalen und geistesgestörten Personen.* 1. Mitt. *Vorläufiger Bericht über das Vorkommen einiger Urinindole.* Bei Schizophrenen u. verschied. anderen Geisteskranken (Depressive, Maniker, Epileptiker, Psychoneurotiker, Senile) ließ sich, bes. in akuten Stadien, eine höhere, chromatograph. nachweisbare Ausscheidung von *Indolkörpern* im Urin (allerdings nicht über 10 mg/24 Std. hinaus) feststellen. Außer *Indican*,

Tryptophan u. *Indolylessigsäure* fanden sich 5 unbekannte Indole, von denen in besonderem Maße die *Substanz 2* (vermutlich ein *Skatolderiv.*) u. die *Substanz 5* (vermutlich *5-Hydroxyindolylessigsäure*) vermehrt waren. (J. Mental Sci. **104.** 1149—59. Okt. 1958. Maudsley Hosp., Inst. of Psych., Dep. of Biochem.) U. TAUSENDFREUND. 4577

Norman C. Hill, Bernard F. McKenzie, Warren F. McGuckin, Norman P. Goldstein und **Hendrik H. Svien,** 1. Mitt. *Proteine, Glykoproteine und Lipoproteine im Serum und der Cerebrospinalflüssigkeit gesunder Personen.* Gesamtprotein im Serum wurde nach der Biuretmeth. bestimmt; die verschied. Proteinfraktionen wurden papierelektrophoret. nach nicht näher beschriebenen Methoden erhalten u. durch Direktphotometrie der gefärbten Streifen ausgewertet. Als Mittelwerte wurden für die Gesamtmenge bzw. Präalbumin bzw. Albumin bzw. α_1-Globulin bzw. α_2-Globulin bzw. β-Globulin bzw. γ-Globulin gefunden: Serumprotein (80 Unterss.) 6,84 $\pm$ 0,41 g/100 ml; —; 56,0 $\pm$ 3,1 (%); 4,9 $\pm$ 0,56; 9,5 $\pm$ 1,2; 12,1 $\pm$ 1,4; 17,5 $\pm$ 2,7. Cerebrospinal-Fl. (CF), Protein (21 Unterss.): 31,3 $\pm$ 9,5 mg/100 ml; 4,6 $\pm$ 1,3 (%); 49,5 $\pm$ 6,5; 6,7 $\pm$ 2,0; 8,3 $\pm$ 2,1; 18,5 $\pm$ 4,8; 11,2 $\pm$ 2,7. — Glykoprotein, Serum (36 Unterss.): 93,0 $\pm$ 11 mg/100 ml; —; 14,3 $\pm$ 3,0; 18,4 $\pm$ 3,3; 29,8 $\pm$ 3,6; 20,5 $\pm$ 3,0; 16,7 $\pm$ 3,3. Glykoprotein, CF (21 Unterss.): 1,0 $\pm$ 0,3 mg/100 ml; —; 25,0 $\pm$ 9,7 (%); 21,5 $\pm$ 4,4; 18,8 $\pm$ 9,9; 33,5 $\pm$ 6,2; —. Lipoprotein, Serum (11 Unterss.): —; —; —; 27,2 $\pm$ 9,2 (%); —; 72,8 $\pm$ 9,0; —. In der CF wurden Spuren von Lipoproteinen im Bereich des Albumins u. des α_1-Globulins gefunden. Die Komponenten der CF wurden außerdem in Abhängigkeit von der Entnahmestelle (Ventricular-Fl., Cisternal-Fl.; Spinal-Fl. des lumbaren Subarachnoidalraumes) untersucht. (Proc. Staff Meetings Mayo Clin. **33.** 686—98. 24/12. 1958.) E. SCHWERDTFEGER. 4578

Durward Olds und **N. L. van Demark,** *Physiologische Betrachtung der Flüssigkeiten in den weiblichen Genitalien; ein Überblick, speziell bezüglich des Rindviehes.* Übersicht über anomal schlechte Zeugungsfähigkeit bei Haustieren ohne erkennbare Ursache; Befunde über Zus., Bedeutung u. Kontrolle der Körper-Fll. in den weiblichen Genitalien; Rk. der Genitalien auf Injektionen von *östrogenen* oder *progesterogenen Stoffen*; Befruchtungsfähigkeit, Lebensfähigkeit der Spermatozoen u. Widerstandsfähigkeit gegen Infektionskrankheiten. — 336 Literaturangaben. (Amer. J. veterin. Res. **18.** 587—602. Juli 1957. Urbana, Ill.) H. BÜTTNER. 4582

Arthur T. Hertig, Eleanor C. Adams, Donald G. McKay, John Rock, William J. Mulligan und **Miriam F. Menkin,** *Histochemische Untersuchung eines 13 Tage alten menschlichen Eies.* Es konnte nachgewiesen werden: *alkal. Phosphatase* (**I**), *Glykogen* (**II**), *Ribonucleinsäure* u. *Glykoprotein* in der Keimscheibe, **II** im Cytotrophoblasten (sowie im Amnion- u. Dottersack u. im Chorionmesoblasten), **I, II,** *Adenosin-5-phosphatase* u. *Ribonucleoprotein* im Syncytiotrophoblasten. (Amer. J. Obstetr. Gynecol. **76.** 1025—43. Nov. 1958. Boston and Brookline, Mass., Harvard Med. School, Dep. of Pathol. and Gyn.; Free Hosp. for Women; Carnegie Inst. of Washington, Dep. of Embryol.) U. TAUSENDFREUND. 4583

Přemysl Fischer, *Die Bedeutung der Mineralstoffe für Schafe.* Auf Grund ausführlicher Besprechungen des Bedarfes an S, Ca, Na, Cl, Fe, Cu, J, Co, Mn, Zn u. anderen Spurenelementen für den Körper-, Fell- u. Klauenaufbau der Schafe werden Salzmischungen für die Fütterung errechnet. Unter der Annahme, daß ein 50-kg-Schaf täglich 15 g Salze aufnimmt u. daß Spurenelemente z. T. bereits im Futter enthalten sind, wird folgende Zus. der *Salzlecksteine* mit Spurenelementen empfohlen: 1. Für erwachsene Schafe: 961,0 (g) NaCl, 14,0 $CaSO_4$, 28,8 $FeSO_4$, 4,0 $CuSO_4$, 0,1 $MnSO_4$, 0,1 $CoCl_2$. 2. Für Lämmer im Wachstum: 984,33 NaCl, 14,0 $CaSO_4$, 0,02 KJ, 0,13 $MnSO_4$, 0,04 $ZnSO_4$, 0,08 $CoCl_2$, 1,40 $MgSO_4$. (Za Socialist. Zemědělství **6.** 1243—46. Okt. 1956. Jedlová, Výzk. úst. pro chov. ovcí ČSAZV.) E. ROTTER. 4585

Lucie Randoin, Pierre le Gallic und **Paul Fournier,** *Neue Konzeptionen über den Calciumbedarf in Abhängigkeit vom funktionellen Gleichgewicht.* Bei der proteinarmen Fütterung von Ratten wurde festgestellt, daß der Calciumbedarf der Ratte der aufgenommenen Nahrungsmittelmenge proportional ist. Der Ca-Verbrauch der Ratten wurde aus der Differenz der aufgenommenen Ca-Salze u. der im Urin ausgeschiedenen Menge Ca^{2+} bestimmt. Vff. vermuten einen engen Zusammenhang des Ca-Bedarfs mit dem durch die Nahrung hergestellten Energiegleichgewicht im Organismus. (C. R. hebd. Séances Acad. Sci. **240.** 230. 10/1. 1955.) A. GUDE. 4585

C. H. Gallagher, *Die Pathologie und Biochemie des Kupfermangelzustandes.* (Vgl. Proc. Roy. Soc. [London] Ser. B **145.** [1956.] 195.) Auf Grund der Ergebnisse der früheren Arbeiten werden die biochem. Störungen, die durch Cu-Verarmung verursacht werden, zusammenfassend dargelegt, ferner die gegenseitigen Beziehungen dieser Störungen u. ihre Bedeutung für das patholog. u. klin. Syndrom des Cu-Mangelzustandes. (Austral. veterin. J. **33.** 311—17. Dez. 1957. Glebe, N.S.W., McMaster Animal Health Labor., Div. of Animal Health and Product.) J. SCHWAIBOLD. 4585

H. Raj und **N. V. Joshi,** *Gehalt der Büffelmilch an unentbehrlichen Aminosäuren.* (Vgl. C. **1957.** 7085.) Der Geh. der *Büffelmilch* an 8 für den Menschen unentbehrlichen *Aminosäuren* [**I**; *Tryptophan, Leucin, Isoleucin, Valin, Lysin, Phenylalanin, Methionin* (**II**) u. *Threonin*] wurde bestimmt u. mit dem minimalen Tagesbedarf des Menschen verglichen (Tabelle). 1 Liter Büffelmilch enthält 38 g Proteine u. genügt diesem Tagesbedarf; der Minimalwert wird für **II** gerade erreicht, für die andern **I** überschritten. Um auch die Synth. der entbehrlichen **I** zu gewährleisten, wird die Einnahme von 2 Liter Büffelmilch pro Tag empfohlen. (Current Sci. **24.** 274. Aug. 1955. M.A.C.S. Labors., Law Coll. Building.) O. DOLD. 4585

John J. Spitzer, *Wirkung von Histon auf freie Fettsäuren im Plasma.* Beim nichtlipäm. Hund hat *Histon* (**I**) bei intravenösen Dosen von 2,5—5,0 mg/kg ähnlich wie *Protamin* keinen Einfl. auf die veresterten u. freien *Fettsäuren* (**II**), während es den Wrkgg. von *Heparin* (**III**) entgegenwirkt. Bei lipäm. Hunden steigert **I** die Lipämie, ohne auf die freien **II** einzuwirken, u. tritt ebenfalls der **III**-Wrkg. entgegen. (Proc. Soc. exp. Biol. Med. **98.** 203—05. Mai 1958. Philadelphia, Pa., Hahnemann Med. Coll., Dep. of Physiol.) F. KRUSEN. 4585

Joel Avigan und **Daniel Steinberg,** *Die Wirkung gesättigten und ungesättigten Fetts auf den Cholesterinstoffwechsel der Ratte.* Bei Zufütterung von 20% (des Futters) *Maisöl* (**I**) oder *Cocosnußöl* (**II**) ist eine Erhöhung des Serum-*Cholesterins* (**III**) bei der Ratte zu beobachten. Dabei ist bei Zufütterung von **I** der **III**-Spiegel signifikant niedriger als bei **II**-Fütterung. **I**-Verabreichung führt zu einem Anstieg des Ester-**III** in der Leber, **II**-Gabe verursacht keine signifikanten Veränderungen des Leber-**III** gegenüber Kontrolltieren. — Die Einbaugeschwindigkeit von $^{14}C_{(1)}$-*Acetat* oder von T_2O ist bei **I**-gefütterten Ratten höher als die Norm. (Proc. Soc. exp. Biol. Med. **97.** 814—16. April 1958. Bethesda, Md., Nat. Heart Inst., N.I.H., Labor. of Cellular Physiol. and Metabolism.) WOLFGANG ALBRECHT. 4585

Josef Špinka, *Vergiftungen durch verschimmelte und ranzige Futtermittel.* Einfl. verschied. verschimmelter u. verdorbener Futtermittel auf Tiere mit kurzem oder langem Verdauungstrakt. (Za. socialist. Zemědělství **6.** 1251—55. Okt. 1956. Prag.) E. ROTTER. 4585

E. J. W. Keuter, *Durch Mangel an Vitamin B-Komplex verursachte psychiatrische Symptome: Atypische endogene Depression.* Bei einer Patientin traten infolge eines durch zu geringe Resorption (gastr. Achylie) bedingten Mangels an *Vitamin-B-Komplex* (**I**) fluktuierend atyp. Depressionszustände auf. Die Symptome bestanden bereits seit 17 Jahren. Tägliche Gaben von **I** (1 Ampulle Hepa Ra forte) u. *HCl* vor den Mahlzeiten brachten die Beschwerden zum Verschwinden. (Nederl. Tijdschr. Geneeskunde **102.** 1501—03. 2/8. 1958. Utrecht, Psychiatr. Univ.-Klinik.) HANS THIELE. 4587

Sumi Nishida und **Kimie Yamaguchi,** *Die Stabilität von Thiaminderivaten in Weizenmehl nach Zusatz von $CaCO_3$.* Mit 0,5 mg *Riboflavin* (**I**) u. **I** + 19,2 mg koll. $CaCO_3$ angereichertes Weizenmehl, dem noch 1,0 mg *Thiaminhydrochlorid* (**II**) oder 1,32 mg *Thiaminnaphthalin-2.6-disulfonat* (**III**) oder 1,70 mg *Thiaminnaphthalin-1.5-disulfonat* (**IV**) beigegeben wurde, wurde während des Sommers 90 Tage lang bei Zimmertemp. gelagert. Die **I**-Stabilität nahm in folgender Reihe ab: **III** > **V** > **IV**. (Vitamins [Kyoto] **16.** 70—73. 25/1. 1959. Tōkyō, Atomi Gakuen Tanki Daigaku, Kaseika-Kenkyūshitsu. [Orig.: japan.; Auszug: engl.]) F. MOSSNER. 4587

Chikatarō Kawasaki und **Kōzō Okada,** *Untersuchungen über „Dihydrothiamin". 1. Mitt. Verfahren zur quantitativen Bestimmung von „Dihydrothiamin".* Neben n. *3-[2-Methyl-4-aminopyrimidyl-(5)-methyl]-4-β-methyl-trans-tetrahydrofurano-[2'.3':4.5]-thiazolidin* (**I**; F. 150°) gibt es noch eine Isoform (*3-[2-Methyl-4-aminopyrimidyl-(5)-methyl]-4-α-methyl-cis-tetrahydrofurano-[2'.3':4.5]-thiazolidin* [**II**; F. 160°]) u. eine Pseudoform (*3.4''-Dimethyl-5''-[β-hydroxyäthyl]-thiazolidino-[3''.4'':1'.2']-tetrahydropyrimidino-[4'.5':4.5]-pyrimidin* (**III**; F. 175°). **II** entsteht durch Alkalibehandlung von **I**, **III** durch Erhitzen oder Säurebehandlung von **I**. — 2 cm³ der zu prüfenden Lsg. mit einem **I**-Geh. von 10 γ wurden nach Zusatz von 1 cm³ verd. H_2SO_4 u. verschied. Oxydantien (0,2 cm³) bei 40 oder 80° 30 Min. der Rk. überlassen; nach Abkühlung Zugabe von 1,5 cm³ 10%ig. NaOH-Lösung. Bei der Bldg. von *Thiamin* (ca. 65—69% der Theorie, Nachw.: BrCN-Meth.) wirkten die Mittel in folgender Reihe: 20%ig. $FeCl_3$ > 2%ig. $Na_2Fe(NO)(CN)_5$ > 10%ig. $FeNH_4(SO_4)_2$ > *10%ig.* $Fe_2(SO_4)_3$ > 0,2%ig. *2.6-Dichlorphenolindophenol* (in 1 cm³ Essigsäurepufferlsg. p_H 3,6) > 2%ig. $K_3Fe(CN)_6$. Während unter dem Einfl. von $FeCl_3$ auf **I** u. **II** fast die gleichen Mengen an Thiamin gebildet werden, ist bei **III**

die Ausbeute um 10—15% höher. I—III unterscheiden sich auch im UV-Spektr. u. in ihrer Stabilität; Stabilitätsgrad II > I > III. (Vitamins [Kyoto] **16.** 61—65. 25/1. 1959. Toyonaka, Ōsaka Daigaku, Yakugaku-Bu. [Orig.: japan.; Auszug: engl.])
F. MOSSNER. 4587

Chikatarō Kawasaki und **Kōzō Okada,** *Untersuchungen über „Dihydrothiamin".* 2. Mitt. *Die biologische Wirkung des „Dihydrothiamins".* Teil 1. (1. vgl. vorst. Ref.) Die Gewichtsabnahme von *Thiamin* (I)-frei ernährten Albinoratten ist durch subcutane Injektion von 500 g I zu beheben, nicht aber durch solche von *3-[2-Methyl-4-aminopyrimidyl-(5)-methyl]-4-methyl-5-β-hydroxyäthylthiazoliniumchlorid* (II; täglich 410 μg für 14 Tage). Best. des Gesamt-I in den Organen der Versuchstiere ergab die höchsten Werte bei der mit I behandelten Gruppe (Leber > Nieren > Herz > Darm > Milz). Bei der mit II behandelten u. der unbehandelten Gruppe war der I-Geh. in den Organen weit kleiner, u. die Unterschiede innerhalb dieser beiden Gruppen waren nur geringfügig. Bei II-Zusatz zu Leberhomogenat von Albinoratten werden nur geringe I-Mengen (2—10% von II) gebildet. (Vitamins [Kyoto] **16.** 66—70. 25/1. 1959. [Orig.: japan.; Auszug: engl.])
F. MOSSNER. 4587

Hyōzō Kawakita und **Yūichi Hayashi,** *Untersuchungen über die quantitative Bestimmung von 2-[N-(2-Methyl-4-aminopyrimidyl-(5)-methyl)-formamido]-3-(benzoylmercapto)-5-benzoyloxypenten-(2).* 1. Mitt. *Über die Hydrolyse von 2-[N-(2-Methyl-4-aminopyrimidyl-(5)-methyl)-formamido]-3-(benzoylmercapto)-5-benzoyloxypenten-(2) mittels Takadiastase. 2-[N-(2-Methyl-4-aminopyrimidyl-(5)-methyl)-formamido]-3-(benzoylmercapto)-5-benzoyloxypenten-(2)* (I), das häufig zur *Thiamin* (II)-Anreicherung von Lebensmitteln benutzt wird, kann durch eine in *Takadiastase* (III) enthaltene *Esterase* hydrolysiert werden. In der Absicht, diesen Umstand zur quantitativen Best. des II-Geh. in solchen Lebensmitteln zu verwenden, wurden Verss. über die günstigsten Bedingungen des hydrolyt. Effekts von III (Handelsware) auf 10 γ/cm³ I-Lsg. durchgeführt, die bis über 10 Std. dauerten. Bereits nach 30 Min. ist die Wrkg. bei einem p_H-Wert von 5,5, einer Temp. von ca. 50° u. einer III-Konz. von 0,5% optimal. Der II-Nachw. im Hydrolysat gelang papierchromatograph. mit dem Entwickler *n-Butanol/Essigsäure/W.* 4 : 1 : 5. (Vitamins [Kyoto] **14.** 199—201. 25/2. 1958. Ōsaka, Shiritsu Eisei-Kenkyūsho. [Orig.: japan.; Auszug: engl.])
F. MOSSNER. 4587

Hyōzō Kawakita und **Yūichi Hayashi,** *Untersuchungen über die quantitative Bestimmung von 2-[N-(2-Methyl-4-aminopyrimidyl-(5)-methyl)-formamido]-3-(benzoylmercapto)-5-benzoyloxypenten-(2).* 2. Mitt. *Über die hydrolytische Wirksamkeit von Takadiastasen gegenüber 2-[N-(2-Methyl-4-aminopyrimidyl-(5)-methyl)-formamido]-3-(benzoylmercapto)-5-benzoyloxypenten-(2).* (1. vgl. vorst. Ref.) Eine Unters. von 26 verschied. *Takadiastase* (I)-Präpp., die in ihrer Fähigkeit, *2-[N-(2-Methyl-4-aminopyrimidyl-(5)-methyl)-formamido]-3-(benzoylmercapto)-5-benzoyloxypenten-(2)* (II) zu hydrolysieren, ungleichwertig waren (Enzymgeh. 7,0—44,5 E.), führte zu dem Ergebnis, daß I über 25 E. des hydrolysierenden Enzyms enthalten muß, wenn im Hydrolysat von II 93—98% *Thiamin* zurückgewonnen werden sollen. Die besten Versuchsbedingungen für einen optimalen hydrolyt. Effekt sind p_H-Werte zwischen 5,5 u. 6,0, Tempp. zwischen 40 u. 45°, I-Konz. 0,5%. (Vitamins [Kyoto] **14.** 202—05. 25/2. 1958. [Orig.: japan.; Auszug: engl.])
F. MOSSNER. 4587

Tatsuyuki Ueshima, *Pantothensäurestoffwechsel bei Leberstörungen.* 4. Mitt. *Pantothensäuretherapie bei Kranken mit Leberstörungen.* (3. vgl. C. **1958.** 8988.) Kaninchen mit experimentellen Leberschädigungen erhielten im akuten Stadium (3—7Tage nach CCl_4-Verabfolgung) 2 Tage vor bis zum 5. Tage nach Auftreten der Störungen täglich 10 mg *Pantothensäure, Ca-Salz* (I) intramuskulär, im chron. Stadium die gleiche Dosis vom 1.—70. Tage nach Auftreten der Störungen. Als Ergebnis dieser Behandlung wurde der *Serumcholesterin*-Esterquotient wieder fast n., u. die *Brenztraubensäure* (II) im Blut stieg nicht so stark an. In der Leber nahm die Pantothensäure sowohl in freier als in gebundener Form zu. Die histolog. Veränderungen der Leber waren nicht so hochgradig. — Bei 30 Personen mit verschied. Lebererkrankungen fielen nach intramuskulären I-Injektionen (7—30 Tage täglich 20 mg) die Leberfunktionsprüfungen günstiger aus (Steigerung der *Hippursäure*-Bldg., Anstieg des Serumcholesterinesterquotienten, Dämpfung des II-Anstiegs im Blut). (Vitamins [Kyoto] **14.** 235—44. 25/2. 1958. Ōsaka Daigaku, Igaku-Bu, Daiichi Naika-Kyōshitsu. [Orig.: japan.; Auszug: engl.]) F. MOSSNER. 4587

Walter Landauer, *Zusammenhang zwischen Antagonisten zum Niacin und der Entwicklung des Huhnes.* Nach 4 tägiger Bebrütung wurden in den Dottersack von Hühnereiern *6-Aminonicotinamid* oder *3-Acetylpyridin* (10 γ bzw. 0,75 mg) injiziert u. die durch diese beiden Nicotinsäureantagonisten hervorgerufenen teratogenen Wrkgg. beobachtet. Durch Beigabe von *Nicotinsäureamid* (I) konnten diese aufgehoben werden. Etwa ebenso wirksam wie I erwiesen sich L-Tryptophan-HCl u. 3-Hydroxyanthranilsäure (Na-Salz). — Die Beziehungen der Ergebnisse zur Neogenese von Diphosphopyridinnucleotid werden erörtert. (J. exp. Zoology **136.** 509—30. Dez. 1957. Storrs, Conn., Univ. of Connecticut, Storrs Agric. Exp. Stat.) G. MAYR. 4587

Halina Y. Neujahr und **Danley A. Callieri,** *Über Vitamine des Faulschlamms.* 7. Mitt. *Bildung von Vitamin B_{12} durch eine Anreicherungskultur von Methanobacterium omelianskii.* (6. vgl. C. **1959.** 4855.) Eine *M. omelianskii*-Anreicherungskultur wurde in synthet. Nährlsg. (A) nach BARKER unter oder ohne Zusatz verschied. Verbb. gezüchtet u. die Fähigkeit der Kultur zur Bldg. von *Vitamin B_{12}* (I)-Faktoren untersucht. In einfacher A entstand nur ein einziger I-Faktor, Faktor *Met* (III), R_c 0,7 (R_F bezogen auf R_F von *Cyanocobalamin* (II)], der mit keinem anderen bekannten Faktor ident. war. In Ggw. von Co^{2+} wurden *Faktor B* u. *Z* gleichzeitig mit III gebildet. Vermutlich sind B u. Z Vorstufen von III u. II. In Ggw. von *5.6-Dimethylbenzimidazol* (IV) u. Co^{2+} bildete die Kultur nur II (80 mγ/cm³). *Bactopepton* aktivierte die Bldg. von I-Aktivität hauptsächlich über Synth. von III. II entstand nur bei IV-Zusatz. Die II-Ausbeute wurde durch Pepton nicht vermehrt. Wahrscheinlich hat die Anreicherungskultur ein begrenztes Synthesevermögen für IV, kann aber alle übrigen Bausteine des I-Mol. bilden u. diese vereinigen. *Adenin* wurde im Unterschied zu IV von der Kultur nicht zur Bldg. von *ψ-B_{12}* benutzt. Die Fähigkeit von sterilisiertem Abwasser u. Faulschlamm zur Aufrechterhaltung des Wachstums u. der I-Bldg. der Anreicherungskultur wurde untersucht. Die Kultur bildete keine Vitamine der Folsäure- u. Folinsäuregruppe. Cu^{2+} hemmte Wachstum u. I-Bldg. der Kultur. (Acta chem. scand. **12.** 1153—66. 1958. Stockholm, Div. of Food Chem., Roy. Inst. of Technol.) K. MAIER. 4587

Halina Y. Neujahr und **Danley A. Callieri,** *Über Vitamine des Faulschlamms.* 8. Mitt. *Die Verwertung einiger Vitamin-B_{12}-Faktoren durch eine Anreicherungskultur von Methanobacterium omelianskii.* (7. vgl. vorst. Ref.) Eine *M. omelianskii*-Anreicherungskultur wurde in synthet. BARKER-Medium, mit u. ohne Zusatz von 1 γ *5.6-Dimethylbenzimidazol* (I) sowie einiger aus Faulschlamm isolierter *Vitamin-B_{12}-Faktoren* gezüchtet. Ohne I wurden die meisten Faktoren in *Faktor Met* übergeführt. In Ggw. von I erfolgte leicht Überführung der unvollständigen Faktoren *B*, *Z 1*, *Z 2*, *Z 3* u. eines größeren Anteils des Faktor *X 4*-Präp. in *Cyanocobalamin* (II). Der vollständige, nucleotidhaltige Faktor *W* wurde durch die Kultur ebenfalls bis zu einem gewissen Grad in II umgewandelt. (Acta chem. scand. **12.** 1167—75. 1958. Stockholm, Div. of Food Chem., Roy. Inst. of Technol.) K. MAIER. 4587

Nancy A. Fischer, Eva M. Benson und **Marian E. Swendseid,** *Die Verteilung von Vitamin B_{12} im Kükenei während der Entwicklung.* Der *Vitamin-B_{12}* (I)-Geh. im Ei u. den Organen des Hühnerembryos wurden während der Bebrütung in 2-Tage-Intervallen bestimmt. Die Unters. ergibt, daß der I-Geh. des Dotters am 12. oder 14. Tag stark absinkt, parallel zu einem Abfall der Gesamtmenge an Dotter; vom 8.—16. Tag sind größere I-Mengen im Dottersack vorhanden (Höchstkonz. am 14. Tag). Die Gesamtmenge an I im Embryo (ohne Leber) wächst stetig bei nahezu gleichbleibender Konz., während die Leber einen Anstieg der Gesamtmenge u. Konz. an I aufweist; am 12. Tag sind 50% ursprünglich im Dotter vorhandenen Vitamins in den Embryo übergegangen; die Allantoismembran enthält nur geringe I-Mengen. (Arch. Biochem. Biophysics **74.** 458—64. April 1958. Los Angeles, Calif., Univ., Dep. of Home Economics.) ANTJE SCHMIDT. 4587

Werner G. Jaffé, *Einfluß von Vitamin B_{12} und Schwefelaminosäuren auf den Glutathiongehalt in Mäuseleber.* Der Geh. an red. Glutathion (I) in der Leber von Albinomäusen wird in Abhängigkeit vom Geh. an Vitamin B_{12} (II) u. *DL-Methionin* (III), *L-Cystein* (IV) oder *L-Cystin* (V) im Futter der Tiere gemessen. Fehlt 1 Monat lang III, so findet man bei II-Mangel einen höheren I-Geh. als nach Gabe von II. Wird III gegeben, so ist der I-Geh. unabhängig von II. Ganz ähnlich sind die Ergebnisse bei Ersatz von III durch IV oder V. Fehlt jedoch III nur kurzfristig (1—3 Tage) (III-Mangel oder Proteinmangel im Futter oder Fasten), so findet man bei II-Mangel einen niederen I-Geh. als bei den Kontrollen. Der I-Geh. sinkt bei III-Mangel schon innerhalb 24 Std. nahezu auf den Endwert, der nach 30 Tagen Mangeldiät gemessen wird. (Proc. Soc. exp. Biol. Med. **97.** 665—68. März 1958. Caracas, Venezuela, Inst. Nac. de Nutric.) L. TRÄGER. 4587

Laureen Raine, *Die Bindung von Vitamin B_{12} an Castles Intrinsic factor.* Nachdem *Vitamin B_{12}* (I) u. Intrinsic factor (II) aufeinander eingewirkt hatten, wurde aus dem verbleibenden freien I die Menge des I–II-Komplexes berechnet. Die spezif. Bindungskapazität (mμg I/mg II) stieg bei Erhöhung von I oder II an. Bei Nichtbeachtung dieses Verh. können Fehlschlüsse gezogen werden, wenn verschied. Substanzen mit II-Aktivität miteinander verglichen werden. (Nature [London] **175.** 777. 30/4. 1955. Newcastle-upon-Tyne, Roy. Victoria Infirmary.) P. LOCH. 4587

Leon Ellenbogen, Sherman L. Burson und **William L. Williams,** *Reinigung des Intrinsic factor.* Aus frischem Schweineduodenum konnte eine hochgereinigte *Intrinsic-factor-Fraktion* (I) durch Salzextraktion, p_H-Behandlung u. Ammonsulfatfällung dargestellt werden. Durch Behandlung mit der Ultrazentrifuge konnten die Komponenten von I nicht vollständig getrennt werden. Durch weitere Reinigung mit *DEAE-Cellulose-Ionenaustauscher* konnte eine Fraktion dargestellt werden, welche bei Perniciosakranken im Rückfall sich in einer Dosierung von 1 mg oral als wirksam erwies. Rechromatographie konnte keine Wirkungssteigerung mehr bewirken. In der Ultrazentrifuge zeigte diese Fraktion 3 Gipfel mit Sedimentationskonstanten von 1,0 S, 2,8 S u. 11 S. (Proc. Soc. exp. Biol. Med. **97.** 760—64. April 1958. Pearl River, N. Y., Amer. Cyanamid Comp., Res. Div., Nutrit. and Physiol. Sect.) WOLFGANG ALBRECHT. 4587

Victor Herbert, *Entwicklung einer möglichen Bestimmung des Intrinsic factor in vitro.* Die vermehrte Aufnahme von mit *^{60}Co-Vitamin B_{12}* (I) durch Rattenleberschnitte in Ggw. von Schweine-Intrinsic-factor (II)-Konzentrat in Abhängigkeit weiterer Faktoren wird als Nachw. für II vorgeschlagen. Dazu werden in 10 ml wss. 0,1 mol. Trispuffer, die 0,01 mol. an $CaCl_2$ sind, ca. 300 mg Rattenleberschnitte gegeben u. nach Zugabe von II oder der zu untersuchenden Probe bei 0° I 1 Std. lang einwirken gelassen. II u. I werden in jeweils 0,5 ml einer 0,9%ig. wss. NaCl-Lsg. zugegeben. Danach werden die gewaschenen Leberschnitte im Scintillationszähler bzgl. des aufgenommenen ^{60}Co vermessen. Es wird bei bestimmten II-Konzz. eine optimale I-Aufnahme festgestellt. Hierfür werden spezif. Receptorzellen für II in den Leberschnitten diskutiert. (Proc. Soc. exp. Biol. Med. **97.** 668—71. März 1958. New York City, N. Y., Montefiore Hosp., Div. of Labors., Dep. of Hematology.) L. TRÄGER. 4587

Ralph Grasbeck, Wolmar Nyberg und **Peter Reizenstein,** *Die Ausscheidung von Vitamin B_{12} durch Galle und Faeces beim Menschen. Untersuchungen mit Isotopen.* Nach parenteraler Verabreichung kleiner Dosen von *^{56}Co-Vitamin B_{12}*(I) werden relativ große Mengen I in Galle, Faeces u. Urin kurz nach der Injektion ausgeschieden. Nach dieser 1—4 Tage dauernden Anfangsperiode wird die Ausscheidung durch Galle u. Faeces ziemlich konstant, was dafür spricht, daß es sich hier um den n. Ausscheidungsweg beim Menschen handelt. Bei den Verss. betrug die Radioaktivität der Faeces nur $^1/_3$ der errechneten Gallenexkretion, was für eine Rückresorption von I im Darm spricht. (Proc. Soc. exp. Biol. Med. **97.** 780—84. April 1958. Stockholm, Karolinska Inst., Serafimer Hosp., Dep. of Med., and Vasa, Finnland, Centr. Hosp., Dep. of Med., and Helsingfors, Finnland, Fourth Med. Univ. Clinic.) WOLFGANG ALBRECHT. 4587

Tadashige Moriyama, *Über die Wechselwirkung cyclischer Aminosäuren mit Ascorbinsäure.* 3. Mitt. *Eine wirksame Methode zur Herstellung von Kynurenin.* (2. vgl. C. **1959.** 4878.) Durch Rk. von L-Tryptophan (I) mit *L-Ascorbinsäure* in W., in Ggw. von $CuSO_4$, unter 6 Std. Durchleiten von Luft bei 37° wurde *Kynurenin* (II) erhalten, nach KOTAKE-KAWASE abgetrennt u. durch CRAIG-Verteilung gereinigt, wobei gelbe, nadelähnliche Kristalle anfielen (Ausbeute, bezogen auf I, 18%). Die II-Abtrennung aus dem Reaktionsgemisch gelang auch unmittelbar durch CRAIG-Verteilung im Syst. Butanol-W.-Eisessig (5 : 4 : 1, A). Die Oxydation von D-I gab ebenfalls II (F. 197°, R_F 0,47, A). (J. Biochemistry [Tokyo] **44.** 289—92. Mai 1957. Nara, Med. Univ., Dep. of Biochem. [Orig.: engl.]) K. MAIER. 4587

Tadashige Moriyama, *Über die Wechselwirkung cyclischer Aminosäuren mit Ascorbinsäure.* 4. Mitt. *In-vivo-Versuche.* (3. vgl. vorst. Ref.) Injektion (intravenös) von *Ascorbinsäure* (I) steigerte bei Kaninchen die *Kynurenin* (III)-Bldg. in vivo (gemessen an der Ausscheidung im Harn). Subcutane Tryptophan (II)-Injektion verminderte die I-Ausscheidung im Harn (Mol.-Verhältnis von injiziertem II zur I-Abnahme 1 : 1—2). Die III-Menge (ebenso die von II) im Harn war bei einer polierten Reis enthaltenden Diät größer als bei n. Futter. (J. Biochemistry [Tokyo] **44.** 293—97. Mai 1957. [Orig.: engl.]). K. MAIER. 4587

P. K. Dikshit, *Einfluß von Vitamin D auf die Synthese von Hexosamin durch Knorpel rachitischer Ratten.* Verss. an jungen rachit. Albinoratten ergaben, daß durch Verabreichung von *Vitamin D* (I) die Fähigkeit der Knorpelsubstanz zur *Hexosamin* (II)-Bldg. deutlich ansteigt. Quantitative Unterss. ergaben, daß nach einmaliger I-Verabreichung an rachit. Tiere der II-Geh. im Knorpel schwach abfällt. Eine Erklärung dafür, daß trotz der Steigerung der Kapazität der II-Synth. ein geringer Abfall des II-Geh. im Kornpel stattfindet, kann nicht gegeben werden. Weitere Unterss. sind im Gang. (Nature [London] **183.** 334—35. 31/1. 1959. Coonoor, South India, Nutrit. Res. Labors., Indian Council of Med. Res.) H. GOEBEL. 4587

Philip L. Harris, Marion I. Ludwig und **Klaus Schwarz,** *Unwirksamkeit von Faktor-3-aktiven Selenverbindungen beim Resorption-Graviditäts-Biotest auf Vitamin E.*

Der biol. *Vitamin E* (I)-Test (Resorption der Foeten bei tragenden Ratten) wird durch perorale oder intraperitoneale Zufuhr auch größerer Dosen von *DL-Selenocystinhydrochlorid*, Na_2SeO_3 oder H_2SeO_3 nicht beeinflußt, obwohl diese Substanzen I-Mangelerscheinungen bei Versuchstieren verhindern können. (Proc. Soc. exp. Biol. Med. **97.** 686—88. März 1958. Bethesda, Md., N.I.H., Nat. Inst. of Arthrit. and Metabol. Dis.; Rochester, N. Y., Distill. Prod. Ind.) F. KRUSEN. 4587

William R. Baechtel, John R. Allen und **Harold L. Dobson,** *Papierelektrophorese von Muskelfraktionen von Kaninchen mit Vitamin-E-Mangel.* Kaninchen erhielten eine Vitamin-E-Mangeldiät bis zum Auftreten typ. Mangelsymptome. Ein Anteil der gestreiften Muskulatur der Hinterhand wurde homogenisiert u. mit W. extrahiert. Die Proteine des wss. Extraktes wurden durch Papierelektrophorese (3 Std. bei 450 V u. 12—15 mA in Barbituratpuffer p_H 8,6) aufgetrennt, die Pherogramme mit Bromphenolblau angefärbt u. die Konz. der einzelnen Fraktionen sowohl durch Direktphotometrie der Streifen als auch nach Elution des Farbstoffs bestimmt. Ein Vgl. der Pherogramme n. Tiere mit den Vitamin-E-Mangeltieren ergab als Folge des Vitamin-E-Mangels einen Anstieg der schnell u. eine Abnahme der langsam wandernden Fraktion. (Proc. Soc. exp. Biol. Med. **96.** 3—5. Okt. 1957. Houston, Tex., Baylor Univ., Coll. of Med., Dep. of Med. and Biochem.) E. SCHWERDTFEGER. 4587

D. P. Cuthbertson, *Verdauung im Pansen.* Übersicht. — 140 Literaturangaben. (Advancement of Sci. **15.** 140—54. Sept. 1958.) C. GOTTFRIED. 4594

D. D. Perrin, *Die Form, in der Phylloerythrin in Galle und Blut auftritt.* Vf. untersucht den Einfl. des p_H auf die Extraktibilität von Gallen-*Phylloerythrin* (I) durch äther. Lösungen. Während bei p_H 5 fast alles I extrahierbar ist, gehen bei p_H 7,5 nur 5% in die äther. Phase. Vf. schließt auf Adsorption von I an Gallensalzmicellen in natürlicher Galle bzw. natürlichem Blut. (Biochem. J. **68.** 318—19. Febr. 1958. Hamilton, New Zealand, Ruakura Animal Res. Stat., Dep. of Agric.) W. HABERDITZEL. 4594

D. D. Perrin, *Die Bestimmung von Phylloerythrin im Blut.* Vf. beschreibt eine spektrophotometr. Bestimmungsmeth. für *Phylloerythrin* (I) im Blut, die sich auch für Urin eignet. Die Absorptionsmessung geschieht nach Ae./Essigsäure-Extraktion u. Verteilung in eine Ae.- u. eine HCl-haltige Phase. Das I-Spektr. unterscheidet sich von anderen Porphyrinspektren durch eine SORET-Nebenbande bei 4260 Å, die als Reinheitskriterium für I-Lsgg. geeignet ist. Die Meth. eignet sich im Konzentrationsbereich von 0,05—3,5 mg I/100 ml Plasma, erfaßt jedoch in modifizierter Form bis zu 0,005 mg/ 100 ml. (Biochem. J. **68.** 314—18. Febr. 1958. Hamilton, New Zealand, Ruakura Animal Res. Stat., Dep. of Agric.) W. HABERDITZEL. 4594

Jack D. Rosenbaum, *Der Verbleib von aufgenommenem Wasser.* Übersicht. Aufnahme von W.; W. im Ernährungstrakt u. seine Resorption durch das Intestinum; Verteilung von resorbiertem W. usw. — 131 Literaturangaben. (Yale J. Biol. Med. **29.** 263—81. Dez. 1956. Boston, Mass., Boston Univ., School of Med.; Tufts Univ., School of Med., Dep. of Med.; Boston Veterans Admin. Hosp., Med. Serv., Res. Labor.) H. KOCKERT. 4596

Harold L. Rosenthahl (unter technischer Mitarbeit von **Mari Lou Pfluke** und **Paul R. Myers**), *Vergleichsweise Aufnahme von Calcium-45 und Strontium-90 durch wilde und lordotische Guppies.* (Vgl. C. **1958.** 13560.) Verss. mit n. Tieren (Lebistes reticulatus) u. solchen mit Lordosis durch natürliche Mutation ergaben bei ersteren einen Ca-Geh. des Organismus von 1,14 $\pm$ 0,02, bei letzteren 1,35 $\pm$ 0,03, während der Sr-Geh. keinen Unterschied zeigte. Die Resorption von ^{45}Ca ist jedoch bei n. Tieren höher. Der Ca-Umsatz scheint demnach beim lordot. Tier verlangsamt zu sein, während die Einlagerung in die Knochen erhöht ist. Durch erhöhten Ca-Geh. des W. werden diese Verhältnisse verändert. (Proc. Soc. exp. Biol. Med. **97.** 624—27. März 1958. Rochester, N. Y., Rochester General Hosp., Dep. of Pathol., Div. of Biochem.) J. SCHWAIBOLD. 4596

Max Miller, James W. Craig, William R. Drucker und **Hiram Woodward jr.,** *Der Fructosestoffwechsel beim Menschen.* Übersicht mit Angabe von z. T. eigenen Unterss. der Verfasser. Zusammenfassend läßt sich sagen: Der Blut-Fructose (I)-Toleranztest ist bei Diabetikern (a), u. zwar auch in Abwesenheit von exogenem *Insulin,* unverändert. Nach I-Gaben wird eine markantere Erhöhung der *Brenztraubensäure* (II)-Blutspiegel beobachtet als nach Glucose (III); bei a ist dieser Anstieg größer als oder gleich dem bei gesunden Personen (b). Die Lebern von a u. b nehmen intravenös verabfolgte I ca. 2 mal so schnell auf wie III. Perorale I-Verabfolgung erweist sich bei b als ungünstig. Es konnte gezeigt werden, daß Stress-Situationen (Trauma, Infektion), Ae.-Narkose u. Hungerzustände den I-Stoffwechsel nicht herabsetzen, wohl aber den III-Stoffwechsel. — 32 Literaturangaben. (Yale J. Biol. Med. **29.** 335—60. Dez. 1956. Cleveland, Ohio, Western Reserve Univ., School of Med., Depp. of Med. and Surg.; Univ. Hosp.) H. KOCKERT. 4596

Sachchidananda Banerjee und **P. S. Agarwal,** *Tryptophan–Nicotinsäure-Stoffwechsel bei der Schizophrenie.* (Vgl. C. **1959.** 4542.) Der nach DL-Tryptophan (I)-Verabreichung zu beobachtende Anstieg der *Indolyl-(3)-essigsäure* (II)-Ausscheidung im Urin n. wie auch schizophrener Personen läßt verabreichtes I als Vorläufer von II erkennen (Anstieg der II-Exkretion in beiden Fällen). Der nach I-Verabreichung nur bei Schizophrenen auftretende Anstieg der *5-Hydroxyindolylessigsäure* läßt jedoch an die Möglichkeit einer gesteigerten Serotoninsynth. bei Schizophrenie denken. Die bei schizophrenen Versuchspersonen bereits ohne I-Gabe nachweisbaren Ausscheidungen von *Nicotinsäure, Chinolinsäure, N'-Methylnicotinamid* u. *6-Pyridon* stiegen nach I-Verabreichung an. I konnte dabei ebenfalls im Urin festgestellt werden. *Kynurenin, Anthranilsäure* u. *3-Hydroxyanthranilsäure* erschienen weder vor noch nach I-Gabe im Urin. (Proc. Soc. exp. Biol. Med. **97.** 657—59. März 1958. Calcutta, Presidency Coll., Dep. of Physiol.) U. TAUSENDFREUND. 4596

Evelyn B. Man und **Margaret J. Albrink,** *Serumlipide in verschiedenen Phasen des Kohlenhydratstoffwechsels.* Übersicht. Intermediärer Lipidstoffwechsel; der *Fett*-Stoffwechsel u. seine Beziehungen zum Kohlenhydratstoffwechsel; Einfl. von *Glucose* auf den Lipidtransport usw. — 92 Literaturangaben. (Yale J. Biol. Med. **29.** 316—34. Dez. 1956. New Haven, Conn., Yale Univ., School of Med., Dep. of Internal Med.) H. KOCKERT. 4596

Ernst D. Bergmann und **Zwi H. Levinson,** *Schicksal von β-Sitosterin in Hausfliegenlarven.* Larven von Musca vicina Macq. überführen durch die Nahrung aufgenommenes *Sitosterin* in ein *Sterin,* das nach seinem Nährwert für Dermestes vulpinus Fabr.-Larven *Cholesterin* oder *7-Dehydrocholesterin* gleichwertig ist. Während Dermesteslarven nicht fähig sind, die Phytosterinseitenkette unter Bldg. des Cholesterinskeletts abzubauen, scheint dieser Abbau bei Larven von Musca u. Orgyia sowie Puppen von Colias möglich zu sein. (Nature [London] **182.** 723—24. 13/9. 1958. Jerusalem, Hebrew Univ., Dep. of Organ. Chem.; Army Med. Corps, Israel Defence Forces.) H. GOEBEL. 4596

Nobusada Ishiko und **Masayasu Sato,** *Die Wirkung von Calciumionen auf elektrische Eigenschaften von gestreiften Muskelfasern.* Die quantitativen Veränderungen verschied. elektr. Eigg. der Muskelfaser beim Einbringen in RINGER-Lsgg. mit wechselnden Ca-Gehh. wurden ermittelt. Die Experimente wurden mit dem Musculus sartorius der Kröte durchgeführt u. die Membranpotentiale mit intracellulären Mikroelektroden gemessen. Das Ruhepotential steigt mit steigender Ca-Konz. u. umgekehrt. Das Aktionspotential wird bei steigender Ca-Konz. größer u. umgekehrt, aber bei sehr hohen Ca-Konzz. sinkt es wieder. Das Umkehr-Membranpotential sinkt dagegen sowohl bei Erhöhung als auch bei Herabsetzung des Ca-Gehalts. Das negative Nachpotential wird bei steigender Ca-Konz. ausgeprägter. Der mögliche Mechanismus der Wrkg. der Ca-Ionen auf die akt. Membranen wird diskutiert. (Jap. J. Physiol. **7.** 51—63. 15/3. 1957. Kumamoto, Univ., Coll. of Med., Dep. of Physiol. [Orig.: engl.]) R. HÄHNEL. 4597

Masamichi Ichioka, *Die Wirkungen von Calciumionen auf die Größe des Aktionsstromes einer einzelnen myelinhaltigen Nervenfaser der Kröte.* Die Veränderungen der Aktionsstromgröße bei einzelnen myelinhaltigen Fasern u. Faserbündeln des Nervus ischiadicus der Kröte durch Ca-freie Lsgg. u. Lsgg. mit Ca-Überschuß wurden untersucht. Der Anstieg oder Abfall des Aktionsstroms hängt hauptsächlich vom Fasertyp ab u. nicht einfach von der Ca-Konzentration. Die Bedeutung von anderen Ionen (außer Na u. K) sowie anderer mit der enzymat. Aktivität u. dem Stoffwechsel der Membran u. des Protoplasmas zusammenhängender Faktoren für die Entstehung des Aktionspotentials des Nerven wird diskutiert. (Jap. J. Physiol. **7.** 20—28. 15/3. 1957. Tokyo, Med. and Dent. Univ., Yushima, Bunkyo-Ku, Dep. of Physiol. [Orig.: engl.]) R. HÄHNEL. 4598

Sheng Pei-Ken und **Tsao Tien-Chin,** *Eine vergleichende Untersuchung der Nucleotropomyosine verschiedener Herkunft.* Vff. untersuchten die relative Menge u. Zus. der *Nucleotropomyosine* (I) von Muskeln verschied. Herkunft sowie Veränderungen des I-Geh. in Rinderskelettmuskeln während der ontogenet. Entw. u. in der glatten Uterusmuskulatur während der Schwangerschaft. Folgende Muskeln wurden untersucht: Rinderuterus, -fleisch u. -embryo; Schweineherz; Entenmagen; Rücken- u. Beinmuskeln von Kaninchen, Ratte u. Kröte; Fisch- u. Schlangenrückenmuskeln; Muskeln von Tauben- u. Krabbenbrust u. Krabbenbeinen; Fußmuskeln der Schnecke. Die I-Gewinnung erfolgte durch mehrstufige Extraktion. Einige I wurden krist. erhalten; die I von Kaninchenmuskeln bildeten nach einjährigem Stehenlassen der Mutterlaugen Kristalle von 4 mm in jeder Dimension; dies sind die größten bisher bekannten Eiweißkristalle. In den I wurden Proteine u. Nucleinsäuren (II) bestimmt (Tabelle im Original). Den höchsten I-Geh. (1,1%) besitzt der Entenmagen; den höchsten II-Geh. (16—17%) weisen die I von Rinderuterus, Schweineherz u. Krabben auf, während Entenmagen frei von II ist. Alle in den I gefundenen II sind Pentose-II. Der I-Geh. von Rinderuterus bleibt während der Schwangerschaft konstant. Auch in foetalen Rindermuskeln ändert sich der I-Geh. im letzten Schwangerschaftsstadium nicht. Nach Ansicht der Vff. spielen die I bei der Muskelkontraktion keine Rolle; vermutlich üben sie eine Haltefunktion aus. (Sci. sinica **4.** 157—76. März 1955. Academia Sinica, Inst. of Physiol. and Biochem. [Orig.: engl.]) O. DOLD. 4597

W. Hasselbach, *Eine nicht-enzymatische Synthese von Adenosinpolyphosphaten aus Adenosinmonophosphat und Phosphat.* Aus *Adenosinmonophosphat* u. *Phosphorsäure* lassen sich mit Hilfe von Benzolsulfosäurechlorid *Adenosinpolyphosphate* aufbauen. Chromatograph. (Buttersäure/Ammoniak) lassen sie sich trennen u. an Dowex-1 isolieren. Die Ausbeute beträgt 60%, davon sind 10% *Adenosindiphosphat,* 30% *-triphosphat,* 25% *-tetraphosphat,* 15% *-pentaphosphat* u. 20% *-polyphosphate.* (Acta biol. med. german. [Berlin] **2.** 13—17. 1959. Göttingen, Max-Planck-Inst. für med. Forsch., Inst. für Physiol.) H. STRUCK. 4597

W. Hasselbach, *Wechselwirkungen von A-tetra-P und A-penta-P mit den kontraktilen Proteinen des Muskels.* (Vgl. vorst. Ref.) Die Spaltungsgeschwindigkeit des *Adenosintetraphosphats* (I) durch *kontraktile Muskelproteine* (II) ist viel geringer als beim *Adenosintriphosphat* (III). Die Spaltung von I durch ungelöste II wird durch Mg^{2+} nicht u. durch Ca^{2+} nur wenig aktiviert, bei gelöstem II tritt durch Mg^{2+} eine Hemmung u. durch Ca^{2+} eine Aktivierung der Spaltung auf. Die Spaltung von I bewirkt bei den ungelösten II keine Kontraktion. I u. *Adenosinpentaphosphat* zeigen geringere viscositätserniedrigende Wrkg. als III. (Acta biol. med. german. [Berlin] **2.** 18—23. 1959. Göttingen, Max-Planck-Inst. für med. Forsch., Inst. für Physiol.) H. STRUCK. 4597

H. R. Elden, *Wirkung von Querverbindungen durch Formaldehydeinwirkung auf die Kontraktionserschlaffung der Rattenschwanzsehne.* Durch die Einw. von verschied. Konzz. von *Formaldehyd* (I) wird das Verh. von exstirpierten jungen (2 Monate alten) Rattenschwanzsehnen im Sinne einer Alterung beeinflußt, d. h. das Verh. der Sehne in 40% KJ-Lsg. (Kontraktion u. Erschlaffung) wird durch eine I-Konz. von maximal 1:1000 derart verändert, daß sie einer 24—30 Monate alten Sehne mit stärkerer Kontraktion u. mangelnder Erschlaffung gleicht. Es werden offenbar durch die I-Einw. wie bei der Alterung vermehrt Querverbindungen gebildet, wobei vermutlich die Kollagenlysine u. Hydroxylysine an dem Veränderungsprozeß beteiligt sind. (Nature [London] **183.** 332—33. 31/1. 1959. Miami, Fla., Howard Hughes Med. Inst.) U. TAUSENDFREUND. 4597

George Fawaz, Berin Tutunji und **Eva N. Fawaz,** *Die Wirkung von Malonat auf die Leistung und den Stoffwechsel des isolierten Hundeherzens.* Am isolierten Hundeherz (Herz–Lungen-Präp.) hat *Malonat* (I) in einer Konz. von 0,03mol. keine signifikante Wrkg. auf die Leistung oder die energiereichen Phosphatverbindungen. 0,06mol. I verursachen nur einen leichten Anstieg der *Phosphokreatin*-Bldg., während Verdopplung dieser I-Dosis plötzlich eintretende Herzdilatation verursacht, bevor die Gesamtdosis appliziert ist. Gleichzeitig treten Verlangsamung des Herzschlags, EKG-Veränderungen u. Arrhythmien auf. (Proc. Soc. exp. Biol. Med. **97.** 770—73. April 1958. Beirut, Libanon, American Univ., School of Med., Dep. of Pharmacol.) WOLFGANG ALBRECHT. 4597

Louis G. Welt, *Einfluß von Erkrankungen auf die renale Wasserausscheidung.* Übersicht. — 87 Literaturangaben. (Yale J. Biol. Med. **29.** 299—315. Dez. 1956. Chapel Hill, N. C., Univ. of North Carolina, School of Med., Dep. of Med.) H. KOCKERT. 4597

Franklin H. Epstein, *Ausscheidung von Natrium über die Nieren und Annahme eines „Volumenreceptors".* Übersicht. Renaler Mechanismus der Na-Ausscheidung; neurale u. hormonale Einfll. auf die Na-Exkretion; Beziehungen zwischen Hormonen u. hämodynam. Faktoren der Na-Retention u. der Ödembldg.; Blutandrang in den Venen während einer Mannitdiurese; Natur des „Volumenreceptors". — 64 Literaturangaben. (Yale J. Biol. Med. **29.** 282—98. Dez. 1956. New Haven, Conn., Yale Univ., School of Med., Dep. of Med.) H. KOCKERT. 4597

William P. McCann und **James R. Jude,** *Die Glucosesynthese durch die Niere.* Bei Hunden wurde im Blut u. Plasma der Nierenvene, Aorta u. Vena cava inferior Glucose (I) bestimmt u. p-Aminohippursäure-Clearance durchgeführt. Wie die tabellar. Wiedergabe der Resultate zeigt, synthetisiert die Niere I, u. zwar 9,5—18,5 mg/kg Körpergewicht/Stunde. (Bull. Johns Hopkins Hosp. **103.** 77—93. Aug. 1958. Baltimore, Md., Johns Hopkins Univ., School of Med., Dep. of Med., Div. of Clin. Pharmacol.) HEINRICH HERMANN. 4597

Joseph Seitchik, Anton Szutka und **Carl Alper,** *Weitere Untersuchungen über den Stoffwechsel von* ^{15}*N-Harnsäure bei normalen und toxämischen Graviden.* Unter strengen Prüfbedingungen läßt sich bei präeklampt. u. eklampt. Frauen gegenüber n. Frauen auf die intravenöse Zufuhr von *Harnsäure* (I) Akkumulation u. Ausscheidungsverminderung nachweisen. Es kommt bei diesem Krankheitsbild also nicht zu einer Überproduktion von I. Es wird für möglich gehalten, daß bei der akuten Toxämie die gestörte Nierenfunktion der einzige Faktor für die I-Akkumulation ist. (Amer. J. Obstetr. Gynecol. **76.** 1151—55. Nov. 1958. Philadelphia, Pa., Hahnemann Med. Coll. and Hosp., Dep. of Obstetr. and Gynecol. and of Biol. Chem.) U. TAUSENDFREUND. 4597

Francis P. Chinard, *Vergleich der renalen Ausscheidungswerte von p-Aminohippursäure zur Ausscheidung von Glomerulussubstanzen.* Bei anästhesierten Hunden wurden Ausscheidungsverss. angestellt. Es zeigte sich bei Verss. mit *p-Aminohippursäure* (I), daß die Ausscheidung durch die Tubuli im Vgl. zur Glomerulusfiltration verzögert ist. Vf. errechnet einen bestimmten Verzögerungsfaktor. Er erklärt diese Erscheinung durch die Annahme der Bldg. eines makromol. I-Komplexes in den Tubuluszellen, dessen Ausscheidung nur unter gewissen, noch nicht ganz geklärten Voraussetzungen erfolgt. (Amer. J. Physiol. **185.** 413—17. Mai 1956. Baltimore, Md., Johns Hopkins School of Med.) H. GOHR. 4597

T. S. Danowski, H. K. Gillespie, E. B. Fergus und **A. J. Puntereri,** *Bedeutung von Blutzucker- und Serumelektrolytveränderungen bei Cirrhosis nach Glucose, Insulin, Glukagon und Epinephrin.* Vff. verabfolgten gesunden jungen Erwachsenen (a) bzw. Cirrhosekranken (b) intravenös *Glucose* (**I**; 0,5 g/kg), krist. *Insulin* (**II**; 0,1 E./kg) allein oder mit **I** kombiniert, u. *Glukagon* (**III**; 16 γ/kg). *Epinephrin* (**IV**; 0,01 ml/kg einer Lsg. mit einer Verdünnung von 1:1000) wurde subcutan in 3 geteilten Dosen innerhalb eines 20-Min.-Intervalls alle 10 Min. gegeben. Danach wurden die Serumelektrolyt- u. Blutzucker (**V**)-Werte bestimmt. — Nach **I**-Gaben wird im Blut von b ein stärkerer u. länger anhaltender Anstieg an **V** beobachtet als im Blut von a. Mit Ausnahme der Serum-HCO_3^--Spiegel, die bei a erhöht, bei b erniedrigt sind, zeigen alle anderen untersuchten Elektrolyten (K^+, Na^+, Cl^-) nach **I** keine Veränderungen. — **II** bewirkt bei a einen merklichen Abfall an **V**, anorgan. P, HCO_3^- u. K^+ u. einen Anstieg von Cl^- u. Na^+; bei b hingegen wird ein weniger markanter **V**- u. HCO_3^--Abfall festgestellt. Kombinierte **I**–**II**-Gaben haben bei a u. b ähnliche Wrkgg. auf **V**- u. Serumelektrolytwerte. — **III** verursacht bei b einen geringeren Anstieg des **V**-Spiegels u. einen damit zusammenhängenden Abfall der Werte an anorgan. P als bei a. **IV** wirkt bei b ähnlich wie, aber weniger ausgeprägt als **III**. (Yale J. Biol. Med. **29.** 361—75. Dez. 1956. Pittsburgh, Pa., Univ. Drive, Univ. of Pittsburgh, School of Med., Renziehausen Found. u. V.A. Hosp. u. Children's Hosp., Dep. of Res. Med.) H. KOCKERT. 4597

Helmut Baier, *Die Bestimmung des Chinin-oxydierenden Ferments im Serum zur Differentialdiagnose Verschlußikterus–Hepatitis.* Mit Hilfe der *Chininoxydase*-Best. im Serum ist es möglich, diagnost. Verschlußikterus von entzündlichem Leberschaden zu unterscheiden. Bei letzterem ist die Chininoxydase im Serum vermehrt. Die Meth. bedarf eines geringen Arbeitsaufwandes u. ist einfach in der Durchführung. (Klin. Wschr. **36.** 569—70. 15/6. 1958. Wuppertal-Elberfeld, Städt. Ferdinand-Sauerbruch-Krankenanst., Med. Klin.) H. STRUCK. 4597

A. Fonyó, A. G. B. Kovách, E. Makláry, G. Leszkovszky und **J. Mészáros,** *Einfluß von Kaliumionen und Glutamat auf die* ^{32}*P-Incorporation in Nucleotide und Phosphokreatin von Gehirnschnitten.* In Ggw. von 50mmol. K^+ war die Menge des säurelabilen *Nucleotid-P* (I) kleiner als bei den Kontrollen; auch seine spezif. Aktivität (s.A.; Ausschläge/Min./μg P) war geringer. Die Menge des *anorgan. P* (II) war in einigen Verss. höher, die s.A. dieser Fraktion zur gleichen Zeit geringer. Nimmt man eine unveränderte Nucleotidumwandlung an, so ist es unwahrscheinlich, daß für die geringere s.A. des I die geringere s.A. des II verantwortlich ist. In Ggw. hoher K^+-Konzz. ist auch die relative spezif. Aktivität (r.s.A.; s.A. des I/s.A. des II) geringer. Bei der Behandlung der Gehirnschnitte mit 0,01 Mol *L-Glutamat* (III) nimmt der I etwas weniger ab, während der II-Geh. nur wenig oder gar nicht ansteigt. Die s.A. u. die r.s.A. des I ist kleiner. In Ggw. hoher K^+-Konzz. werden Phosphokreatininfraktion u. ihre s.A. bzw. r.s.A. deutlich herabgesetzt. Vff. folgern, daß die Wrkg. hoher K^+- oder III-Konzz. auf das Hirngewebe nicht mit einem höheren Energiebedarf in Zusammenhang gebracht werden sollten. (Acta physiol. Acad. Sci. hung. **14.** 305—07. 1958. Budapest, Med. Univ., Inst. of Physiol.) H. P. FIEDLER. 4598

A. G. B. Kovách, A. Fonyó und **E. Kovách,** *Kreatinphosphatresynthese nach elektrischer Stimulierung des Rattengehirns im Schock.* Nach einem traumat. Schock wurden bei Ratten elektr. Reize gesetzt u. in bestimmten Zeitabständen die *Kreatin-*

phosphat (I)-Gehh. des Gehirns ermittelt. Bei Tieren, die keinem Schock ausgesetzt worden waren, sank der I-Geh. von 90,4 auf 37,1 μg/g Gehirn ab; ähnliche Werte wurden auch bei Tieren, die einem traumat. Schock unterworfen worden waren, erhalten, jedoch war hier die I-Resynth. deutlich verlangsamt: nach 60 Sek. 30,7, nach 120 Sek. 25,6 u. nach 5 Min. 56,5 μg I/g Gehirn. Die mangelhafte I-Resynth. ist nicht durch eine Apnoe bedingt u. kann auch durch intravenöse Infusion von NaCl nicht verbessert werden. Im übrigen ist nicht allein die I-Resynth. gehemmt, da nach der elektr. Stimulierung der traumat. geschädigten Ratten auch der leicht hydrolysierbare P den ursprünglich ermittelten Wert nicht mehr erreicht. (Acta physiol. Acad. Sci. hung. **14.** 309—10. 1958. Budapest, Med. Univ., Inst. of Physiol.) H. P. FIEDLER. 4598

J. F. Scaife, *Differenzen im p_H-Endwert von Schweinemuskeln.* Vf. untersucht Schweinemuskeln (semimembranosus, semitendinosus, rectus femoris) u. bestimmt ihren p_H-Wert nach dem Eintreten der Leichenstarre in N_2- u. O_2-Atmosphäre. Der p_H-Wert ist dem Myoglobingeh. proportional. (J. Sci. Food Agric. **6.** 467—71. Aug. 1955. Wellington, N. Z., Dep. of Sci. and Ind. Res., Dominion Labor.) R. LENSCHAU. 4599

J. H. P. Jonxis and **J. F. Delafresnaye**, eds., Abnormal Haemoglobins. London: Blackwell Scientific. 1959. (440 S. m. Abb.) 45 s.

Walter Keiderling, Hrsg., Eisenstoffwechsel. Beiträge zur Forsch. u. Klinik. Stuttgart: Thieme. 1959. (294 S. m. 138 Abb.) 4°. DM 48,—.

—, Determination of 131 iodine in thyroid glands. London: H.M.S.O. 1959. (K.S.) = Industrial Group: IGO/AM/W-114. 1 s. 6 d.

E$_6$. Pharmakologie. Therapie. Toxikologie. Hygiene.

J. Hough, H. Barnard und **O. Bassir,** *Die Ausscheidung einer Substanz mit dem Harn nach einmaliger Gabe.* Vff. interpretieren zwei mathemat. Formeln für die Abhängigkeit der urinären Ausscheidung einer einmalig verabfolgten Substanz von der Zeit. (Nature [London] **175.** 776. 30/4. 1955. Hull, Univ.) P. LOCH. 4600

M.-L. Beaumariage, *Die Unbrauchbarkeit von Epinephrin zum Schutz von Rhode Island-Kücken gegen letale Röntgenstrahlwirkung.* 21 Tage alte Rhode Island-Kücken wurden mit 2000 r (100 r/Min.) röntgenbestrahlt. Je 5 Min. vor u. nach der Bestrahlung erhielten die Tiere intramuskuläre Injektionen mit einer öligen Lsg. von 2,5—5 mg *Epinephrin* (I)/kg oder wss. Lsgg. von *Ephedrin* (II) oder *Privin* (*2-Naphthyl-(1')-methyl*]-*imidazolinnitrat*; III). Alle 3 Substanzen erwiesen sich als unwirksam gegenüber der strahleninduzierten Mortalität, III zeigte zudem erhebliche tox. Eigenschaften. Entgegenstehende Befunde anderer Autoren mit I werden erörtert u. auf die von diesen applizierte geringere Dosis u. Dosisleistung zurückgeführt. (Nature [London] **182.** 803—04. 20/9. 1958. Liège, Univ., Dep. of General Pathol.) W. REUSSE. 4601

E. P. Cronkite und **George Brecher,** *Der schützende Einfluß von Granulocyten bei Strahlenschäden.* Granulocyten vermögen auf verschied. Weise nach Bestrahlung zu reagieren. Meist wird der letale Ausgang beim Menschen durch Infektionen hervorgerufen. Einer starken Empfindlichkeit dafür geht meist eine Granulocytopenie voraus. Diese läßt sich auf verschied. Weise bekämpfen. Man vermag Leukocyten zu isolieren, anzureichern u. auf homologe Empfänger zu übertragen. Sie wandern dann an die Stelle der Infektion. (Ann. New York Acad. Sci. **59.** 815—33. 24/3. 1955. Bethesda, Md., Naval Med. Res. Inst., Nat. Inst. of Health.) H. STRUCK. 4601

Leo E. LaChance, *Aufnahme von Äthylendiamintetraessigsäure und der Einfluß auf die Lebensdauer von bestrahlten und Kontroll-Habrobracon-Weibchen.* Vf. untersucht den Einfl. von *Äthylendiamintetraessigsäure* (0,075 u. 0,025 mol. in Zuckerlsg. verfüttert) auf die Lebensdauer von mit Röntgenstrahlen bestrahlten Habrobracon-Weibchen u. stellt fest, daß die Aufnahme von EDTA den Einfl. von Strahlungen erhöht, wenn Fruchtbarkeit oder dominierende Todesfälle das Kriterium für den schädlichen Einfl. sind. Jedoch verkürzt eine Kombination der Behandlungen nicht die Lebensdauer in synergist. Weise. (Nature [London] **182.** 870—71. 27/9. 1958.) D. KRIEN. 4601

Rudolf Altschul, *Ultraviolettbestrahlung und Cholesterinstoffwechsel.* (Vgl. C. **1958.** 6611.) Es wurden verschied. Gruppen von Versuchspersonen mit UV-Licht bestrahlt. In der Mehrzahl der Fälle kam es dadurch zu einer deutlichen Senkung des Serum-*Cholesterin*-Spiegels. Diese Abnahme des Serumcholesterins durch eine UV-Bestrahlung wird auf eine Oxydation des Cholesterins in vivo zurückgeführt. (Arch. physic. Med. Rehabilitat. **36.** 394—98. Juni 1955. Saskatoon, Canada, Univ., Dep. of Anat. and Labor. of Gerontol.) G. KIMMERLE. 4601

Zdeňka Ježková und **Milan Svoboda,** *Über den inhibierenden Einfluß von Röntgenkontrastmitteln.* 2. Mitt. *Biligrafin.* (1. vgl. C. **1958.** 14378.) *Biligrafin* als Röntgenkontrastmittel hat keinen Einfl. auf die Bakterienflora, ist ohne therapeut. Wrkg. u. muß steril appliziert werden. (Českoslov. Farmac. 7. 171–74. Mai 1958. Praha, úst. hem. a krev. trans.) E. VEVERA. 4601

Ben C. Eisenberg, *Kontaktdermatitis nach Benutzung eines Selensulfid-haltigen Shampoos.* Beschreibung von 3 Fällen seborrhoischen Ekzems des Kopfes, bei denen nach Behandlung mit Selensulfidshampoo eine Dermatitis auftrat. (A. M. A. Arch. Dermatol. Syphilol. **72.** 71–72. Juli 1955. Huntington Park, Calif., Univ. of California, School of Med.) HEINRICH HERMANN. 4606

Arnold S. Relman, *Das physiologische Verhalten von Rubidium und Caesium im Vergleich zu dem von Kalium.* Übersicht. Es wurde zusammenfassend festgestellt, daß im physiol. Verh. der Rb- u. Cs- bzw. K-Ionen quantitative Unterschiede bestehen, daß Einzelzellen zwischen ihnen nicht unterscheiden, u. daß hingegen höhere Organismen nicht unendlich eine Substitution von K durch Cs u. Rb tolerieren. — 85 Literaturzitate. (Yale J. Biol. Med. **29.** 248–62. Dez. 1956. Boston, Mass., Boston Univ., School of Med., Dep. of Med.; Massachusetts Mem. Hosp., Robert Dawson Evans Mem. Dep. of Clin. Res. and Prev. Med.) H. KOCKERT. 4606

Lucile E. Decker, Richard U. Byerrum, Clarence F. Decker, Carl A. Hoppert und **Robert F. Langham,** *Chronische Toxizitätsuntersuchungen.* 1. Mitt. *Cadmium im Trinkwasser, verabreicht an Ratten.* Ratten erhielten im Trinkwasser Cd (I) in Mengen von 0,1, 0,5, 2,5, 5, 10 u. 50 p.p.m. Tiere, die nur 3 Monate mit 50 p.p.m. I versorgt wurden, zeigten Wachstumshemmung, verminderte Wasseraufnahme u. ein Absinken des Bluthämoglobins; außerdem wurde bei diesen Tieren ein Bleichen der Schneidezähne beobachtet, bei längerer I-Verabreichung traten keine patholog. Veränderungen auf. Der Geh. an I in den Geweben (Leber oder Niere) war nach 1 jähriger Verabreichung etwa doppelt so hoch wie am Ende der ersten 6 Monate. Die Nieren hielten 2–3 mal mehr I zurück als die Leber. (A. M. A. Arch. ind. Health **18.** 228–31. Sept. 1958. Michigan, Mich., State Univ., Dep. of Chem. and Pathol.) H. ZELLER. 4606

M. Lamarche, P. Arnould und **M. Boulangé,** *Über die Wirkung von Kobaltchlorid auf die isolierte Gallenblase vom Meerschweinchen.* Am Gallenblasenpräp. (Meerschweinchen) in TYRODE-Lsg. angewendet, wirken sowohl *Acetylcholin* (I) als auch *$CoCl_2$* tonussteigernd. Doch wird die I-Wrkg. durch vorherige Behandlung mit $CoCl_2$ fast ganz ausgelöscht. Auch Atropin ist für I ein Antagonist, aber nicht für $CoCl_2$, dieses muß daher direkt am Muskelgewebe angreifen. — Eine vorher durch I hervorgerufene Tonussteigerung läßt sich jedoch durch $CoCl_2$ nicht mehr rückgängig machen. (C. R. Séances Soc. Biol. Filiales **149.** 1461–62. Juli 1955. Fac. de Méd., Labor. de Physiol.) R. LENSCHAU. 4606

H. B. Stoner und **C. J. Threlfall,** *Die Biochemie von Organozinnverbindungen. Einfluß von Triäthylzinnsulfat auf Gewebephosphat bei der Ratte.* (Vgl. ALDRIDGE, C. **1959.** 11289.) Vff. untersuchten an Ratten die Wrkg. von tödlichen *Triäthylzinnsulfat* (I)-Dosen auf den Gewebephosphat-Spiegel u. die Verteilung von injiziertem *^{32}P*. Der Spiegel des anorgan. Plasmaphosphats steigt nach I-Gaben an u. ist verknüpft mit einer Verminderung der Nierenfunktion. Die spezif. Aktivität von mit *^{32}P* behandelten Tieren war bei I-Verabreichung gegenüber Kontrollen erhöht, u. das Eindringen von *^{32}P* ins Gehirn war vermindert; der ^{32}P-Geh. der Leber war bei I-Behandlung unverändert gegenüber Kontrolltieren .Der Phosphatspiegel im Zentralnervensyst. war bei I-Tieren nicht verändert mit Ausnahme bei Veränderungen des Wassergeh. (Interstitialödeme). Der *Adenosintri-* u. *-diphosphat*-Spiegel der Leber stieg innerhalb weniger Std. nach I-Injektion an. Im Zentralnervensyst. waren nach I-Verabreichung die relativen spezif. Aktivitäten von *Diphosphopyridinnucleotid, Lipidphosphat* u. Rest-*Phosphat* vermindert; in der Leber war die relative spezif. Aktivität des *Lipidphosphats* ebenfalls vermindert, die der Restphosphat-Fraktion jedoch erhöht. Der Mechanismus der I-Wrkg. im Tierkörper ist nicht geklärt; es scheint, daß die hypotherm. Wrkg. von I eine Rolle bei der Entstehung von Veränderungen im Gehirn spielt. — Diskussion der Ergebnisse. (Biochem. J. **69.** 376–85. Juli 1958.) H. GOEBEL. 4606

John R. Elsea und **Orville E. Paynter,** *Toxizitätsuntersuchungen über Bis-[tri-n-butylzinn]-oxyd. Bis-[tri-n-butylzinn]-oxyd* (I) wird als Desinfektionsmittel in der Papier- u. Holzindustrie verwendet. Die akute perorale Toxizität bei Ratten beträgt 194 mg/kg (als wss. Suspension) bzw. 148 mg/kg (ölige Lsg.). I-Konzz. von 32 p.p.m. (0,0032%), 100 p.p.m. (0,01%) bzw. 320 p.p.m. (0,032%) riefen bei heranwachsenden Ratten Wachstumshemmung hervor, am stärksten nach Zusatz von 320 p.p.m. Die Versuchstiere mit 32 bzw. 100 p.p.m. I im Futter überlebten, bei 320 p.p.m. starben 4 von 10 Ratten. Wurde I unverd. Kaninchen für 24 Std. auf die Haut appliziert, ergaben sich folgende Beziehungen zwischen I-Menge u. Mortalität: bei 1,17 (g/kg)

1/4 (Tiere), 2,51 1/5, 5,42 0/4, 11,7 2/4. Als Zeichen der percutanen resorptiven Vergiftung wurden Gewichtsverlust, Apathie, beschleunigte Atmung, Paresen der Hinterläufe, Durchfall u. Unruhe beobachtet. Makroskop. fanden sich bei der Sektion ein subcutanes Ödem, Blutfülle der Lungen, Nieren u. Nebennieren, Reizerscheinungen im Magendarmtrakt u. am Peritoneum. Die wiederholte Applikation eines I-Papieres (I-Geh. 8 p.p.m.) auf die Kaninchenhaut bewirkte keine Hautreizungen oder resorptive Toxizität. Beim Umgang mit I ist dafür zu sorgen, daß I nicht auf die Haut gelangt bzw. peroral aufgenommen wird. (A. M. A. Arch. ind. Health **18.** 214—17. Sept. 1958. Falls Church, Va., Hazleton Labors., Inc.) H. ZELLER. 4607

Masaharu Kurokawa, Kyôko Hotta, Kenji Shinoda und **Ichirô Hara,** *Fraktionieren der Phospholipide aus der Leber des durch Phosphor vergifteten Kaninchens.* Die Leber des mit P (als Rattengift) vergifteten Kaninchens wird nach dem Extrahieren mit Aceton bei Raumtemp. getrocknet u. dann mit Chlf.-Methanol (9 : 1) ausgezogen. Die Chlf.-Methanol-Lsg. wird durch Zusatz von PAe. sowie von Aceton nach McKIBBIN u. TAYLOR (J. biol. Chemistry **178.** [1949.] 17) fraktioniert. Der Geh. an Phospholipiden (I) beträgt, auf die Lebertrockenmasse bezogen, 5,4%, während er bei gesunden Kaninchen 7,4% beträgt. Der methanol- sowie ätherlösl. Teil der I beträgt ca. 3,4% der Lebertrockenmasse bei vergifteten sowie gesunden Tieren u. besteht aus *Lecithin, Phosphatidylserin* u. *Phosphatidyläthanolamin.* (J. chem. Soc. Japan, pure Chem. Sect. [Nippon Kagaku Zassi] **79.** 1073—76. Sept. 1958. Tokyo-Minato, Kitazato-Ken. [Orig.: japan.]) E. MAEKAWA. 4607

A. Aschkenasy, *Eosinophile Leukocyten vermindernde Wirkung verschiedener Aminosäuren bei normalen und nebennierenlosen Ratten.* Normale oder nebennierenlose Ratten erhielten *L-Alanin, L-Threonin, L-Leucin, L-Isoleucin, L-Valin, L-Phenylalanin, L-Tyrosin, DL-Methionin, L-Cystein, L-Histidin, L-Tryptophan, L-Lysin, Asparaginsäure* oder *Glutaminsäure* intraperitoneal injiziert. Unmittelbar vor u. 4 Std. nach der Injektion wurde im Blut der Tiere die Anzahl der eosinophilen Leukocyten gezählt. Bei n. Tieren bewirken die injizierten Verbb. Abfall der eosinophilen Zellen. Bei den nebennierenlosen bewirkt nur *Valin* einen deutlichen Abfall. Die Wrkg. der anderen Verbb. ist bei ihnen schwach u. unsicher. (C. R. Séances Soc. Biol. Filiales **151.** 1670—73. 1957, herausg. 20/5. 1958. Hôp. de la Pitie.) HEINRICH HERMANN. 4607

Jack Colvard Jones, *Anästhesie und die Wirkung von DDT auf Anopheleslarven.* Durch Betäubung von Anopheles quadrimaculatus Say-Larven (4. Larvenstadium, frisch gehäutet) mit *Ae.* oder CO_2 kurz vor der Behandlung mit massiven *DDT*-Dosen wird die Mortalität herabgesetzt. (Nature [London] **182.** 722—23. 13/9. 1958. College Park, Md., Univ., Dep. of Entomol.) H. GOEBEL. 4607

G. Davidson und **D. G. Pollard,** *Wirkung von gleichzeitiger Feldbestäubung mit γ-BHC und Dieldrin auf empfindliche, hybride und resistente Stämme von Anopheles gambiae Giles.* Empfindlichen, hybriden u. resistenten ausgewachsenen *Anopheles gambiae* wurden vergleichend mit *γ-BHC* 25 u. 50 mg/ft. u. *Dieldrin* (I) 50 mg/ft. behandelt. 50%ig. Staub ergab bei empfindlichen Tieren noch nach 8 Wochen gute Wrkg.; bei hybriden Tieren wirkte *γ-BHC* besser als I, bei resistenten war I nach 8 Wochen ohne Wrkg., während mit 50 mg/ft. *γ-BHC* noch teilweise Abtötung erfolgte. Hinweis auf die Verwendung von Insekticidgemischen (DDT + γ-BHC). — Tabelle der Wirksamkeit bei verschied. Kontaktzeit. (Nature [London] **182.** 739—40. 13/9. 1958. London, Ross Inst. of Trop. Hyg.; Bracknell, Berkshire, Imp. Chem. Ind. Ltd., Jealott's Hill Res. Stat., Central Agricult. Control.) H. GOEBEL. 4607

Charles G. Wilber und **Roger A. Morrison,** *Die physiologische Wirkung von Parathion bei Ziegen. Parathion* (I) überschreitet in Ziegenverss. nach oraler oder intramuskulärer Anwendung die Placentaschranke u. übt seine Anticholinesterasewrkg. auch auf den Foetus aus; I oder ein gleichartig wirkendes Prod. tritt auch in die Milch der damit vergifteten Tiere u. über übt auf die Erythrocytencholinesterase der mit dieser Milch gefütterten Tiere seine depressive Wrkg. aus. Die chron. I-Vergiftung führt außerdem aus bisher unbekannten Gründen in ihren Endstadien zu starken Blutzuckersteigerungen. (Amer. J. veterin. Res. **16.** 308—13. April 1955. Army Med. Center, Maryland.) U. TAUSENDFREUND. 4607

Frances Ames, *Eine klinische und Stoffwechseluntersuchung der akuten Cannabis sativa-Intoxikation und ihre Rolle bei Modellpsychosen.* 4—6 Grain *Cannabis sativa*-Pulver bewirken Trübung des Bewußtseins u. der zeitlichen Orientierungsfähigkeit sowie Euphorie, gleichzeitig auch Conjunctivalschwellung, Parästhesien, Mundtrockenheit, Tachycardien u. Diurese mit bes. starker Bicarbonat- u. Na-Ausscheidung. (J. Mental Sci. **104.** 972—99. Okt. 1958. Kapstadt, Groote Schuur Hosp., Dep. of Neurol. and Psychiatry; Univ.) U. TAUSENDFREUND. 4608

Motoy Kuno, *Wirkungen von Strychnin auf die intracellulären Potentiale der spinalen motorischen Neuronen der Kröte.* Die Rk. der spinalen motor. Neuronen der Kröte auf *Strychnin* (I) wurde mittels intracellulärer Elektroden untersucht. Die Kennzeichen der I-Wrkg. vom Beginn der Verabreichung bis zum Tetanusstadium werden beschrieben, wobei drei Stadien unterschieden werden können je nach der I-Dosis bzw. der nach der Injektion verstrichenen Zeit. Aus den Unterss. geht hervor, daß die langsame Depolarisation der motor. Neuronen auf die synapt. Übertragung u. nicht auf die depolarisierende Wrkg. von I zurückgeführt werden kann. (Jap. J. Physiol. **7.** 42—50. 15/3. 1957. Kyoto, Univ., Dep. of Physiol. [Orig.: engl.]) R. HÄHNEL. 4608

Findlay E. Russell, Theo C. Panos, Louis W. Kang, Allan M. Warner und **Tristram C. Colket III,** *Untersuchungen über die Todesursache nach Stachelrochengift. Bericht über 2 tödliche Fälle.* Das *Gift des Stachelrochens* hat seine Angriffspunkte am Herzen u. am Zentralnervensyst., vornehmlich an den Gebieten des Atemzentrums. Letale Dosen (0,02 ml eines bei 3000 r.p.m. zentrifugierten Extraktes) führen bei der Maus zum verschieden lang andauernden Herzstillstand. Subletale Dosen bewirken verschiedengradige atrioventriculäre Blocks mit entsprechenden EKG.-Veränderungen (Verlängerung der Überleitungszeit) u. Blutdruckabfall. Kleine Dosen verursachen nur Verlängerung des PR-Intervalls. Die Atmung wird depressiv beeinflußt. Außerdem kommt es gelegentlich zu Krämpfen, deren Mechanismus noch nicht geklärt wurde (es liegen keine EEG.-Veränderungen vor). Diese Wrkgg. sind teilweise sicher, neben direkter Einw. auf das Zentralnervensyst., durch den abfallenden Blutdruck mitbedingt, da ein cardiovasculärer Kollaps mit Minderversorgung des Zentralnervensyst. u. der Extremitätenmuskulatur auch derartige Krampfsymptome u. Atemdepressionen hervorrufen kann. Ähnlich könnte es sich mit dem Brechreiz, der durch das Rochengift hervorgerufen werden kann, verhalten. (Amer. J. med. Sci. [N. S.] **235.** 566—84. Mai 1958. Los Angeles, Calif., Los Angeles County Gen. Hosp., Coll. of Med. Evang., Labor. of Neurol. Res.) U. TAUSENDFREUND. 4609

Charles V. Pryles und **Maxwell Finland,** *N^1-Acetylsulfamethoxypyridazin: Konzentrationen in Blut und Urin bei oraler Verabreichung und Vergleich mit Sulfamethoxypyridazin.* Nach Einnahme von 0,5 g *N^1-Acetylsulfamethoxypyridazin*/Tag in Form eines Sirups liegen die *Sulfamethoxypyridazin* (I)-Konzz. (in freier u. gebundener Form) in Blut u. Urin um ca. 15—20% niedriger als nach Einnahme von 0,5 g I/Tag in Form von Tabletten. (Amer. J. med. Sci. [N. S.] **235.** 555—61. Mai 1958. Boston, Mass., Boston City Hosp., Harvard Med. Serv. and Ped. Serv.; Harvard Med. School, Dep. of Med.; Boston Univ., School of Med., Dep. of Ped.) U. TAUSENDFREUND. 4610

C.-W. Schellhammer, S. Petersen und **G. Domagk,** *Naphthoxazolchinone als tuberkulostatisch wirksame Substanzen. 2-Methyl-(lin.naphthoxazol)-4.9-chinon* (I) wirkt auf Neoteben/Thiosemicarbazon-resistente Tuberkelbacillenstämme bis zur Verdünnung $1:10^6$ total hemmend. Gegenüber nichtresistenten bzw. neotebenresistenten Stämmen sowie gegenüber dem Typus bovinus u. dem Typus gallinaceus der Tuberkelbacillen wirkt I etwa in der Verdünnung $1:2{,}5\cdot10^{-4}$ bis $1:10^5$. — *Lineare Naphthimidazol-4.9-chinone* wirken in diesen Fällen nicht. Die als Diester stabilisierte Hydrochinonform von I hat die gleiche Wrkg. wie I. Der Substituent in 2-Stellung hat keinen wesentlichen Einfl. auf die Wirkung. (Naturwissenschaften **46.** 81—82. 2. Jan.-H. 1959. Leverkusen, Bayer AG., Wiss. Hauptlabor.) S. DITTMANN-MITZSCHERLICH. 4610

C.-W. Schellhammer, S. Petersen, H. B. König und **G. Domagk,** *Einige weitere chemotherapeutisch interessante Chinonderivate, insbesondere der Chinolinreihe. 2-Methylnaphthothiazol-4.9-chinon* verhindert in hohen Verdünnungen das Wachstum von doppelt resistenten Tuberkelbacillenstämmen (vgl. vorst. Ref.). *2-[Furyl-(2)]-8-aza-(lin. naphthothiazol)-4.9-chinon* u. *2-[Pyridyl-(4)]-8-aza-(lin. naphthothiazol)-4.9-chinon* verhindern das Wachstum eines Isonicotinsäurehydrazid-resistenten Tuberkelbacillenstammes bis zur Verdünnung $1:10^7$ u. das Wachstum eines n. Tuberkelbacillenstammes bis zur Verdünnung $1:5\cdot10^5$. *6-Amino-7-methylmercaptochinolin-5.8-chinon* wirkt stark tuberkulostat. u. verhindert das Wachstum von Aktinomyceten bis zur Verdünnung $1:2\cdot10^5$. *6-Dimethylamino-7-chlorchinolin-5.8-chinon* hat lokal wirkende cytostat. Eigenschaften. Alle erwähnten Verbb. haben als veresterte Hydrochinone die gleichen Wirkungen. (Naturwissenschaften **46.** 82. 2. Jan.-H. 1959. Leverkusen, Bayer A.-G., Wiss. Hauptlabor.) S. DITTMANN-MITZSCHERLICH. 4610

Erik Henriksen, Ib Larsen, E. Juhl Nielsen, K. Roholt und **S. Tybring,** *Ein neues, peroral wirksames Penicillinpräparat (Calcipen Leo).* Vergleichende Unters. von *Penicillin V* (I; *Phenoxymethylpenicillin*) u. *Penicillin G* (*Benzylpenicillin*). Es wird gezeigt, daß I ein äußerst wirksames perorales Antibioticum bei verschied. Infektionskrankheiten Penicillin-empfindlicher Bakterien ist. (Ugeskr. Laeger **118.** 801—06. 12/7. 1956. Blegdamshospitalet; Løvens kemiske Fabrik, forsøgslabor.) H. W. GRAMM. 4611

M. Katz, O. Klioze und **S. Y. P'an,** *Eine Untersuchung über parenterale Oxytetracyclin- und Tetracyclinzubereitungen.* Unterss. bzgl. parenteral verträglicher u. stabiler Injektionslsgg. von *Oxytetracyclin* (**I**) u. *Tetracyclin* (**II**) mit Zusätzen von *Na-Glycinat* bzw. *$MgCl_2$* bzw. *Ascorbinsäure* (potentiometr. Titration auf Pufferungsvermögen u. Ausfällung von **I**- u. **II**-Präpp.; intramuskuläre u. intravenöse Injektionen; Haltbarkeit in wss. Lsg. u. verschied. anderen Lösungsmitteln, wie Salzlsgg., Proteinhydrolysaten, Multivitaminlsgg.). Danach sind die **I**-Präpp. mit Na-Glycinat oder $MgCl_2$, bes. letztes, intramuskulär verträglicher als solche von **II**, zumeist auch stabiler. Die intravenösen Gaben mit Ascorbinsäure sind haltbar u. verträglich mit den meisten erprobten Flüssigkeiten. (J. Amer. pharmac. Assoc. sci. Edit. **44.** 751—55. Dez. 1955. Brooklyn, N. Y., Chas. Pfizer & Co.) HEINZ WALTER. 4611

E. Frank, *Nebenwirkungen und Mißbrauch der Antibiotica.* Vf. weist auf die Nebenwrkgg. der Antibiotica *Penicillin, Streptomycin, Chloromycetin, Aureomycin* u. *Terramycin* im menschlichen Körper hin u. warnt vor Mißbrauch in der Anwendung. (Folia pharmac. [Istanbul] **3.** 97—108. Mai 1955. Istanbul, Univ.) H. DÖLLE. 4611

Robert George und **E. Leong Way,** *Rolle des Hypothalamus als Vermittler bei der Hypophysen- und Nebennierenaktivierung durch Aspirin.* Nach intraperitonealer Injektion von 150 mg Aspirin (**I**)/kg wird der *Ascorbinsäure*-Geh. in den Nebennieren bei Ratten stark vermindert. Nur bei Schäden im Processus medianus des Hypothalamus wird diese Wrkg. von **I** vollständig blockiert. Durch Schäden an anderen Stellen des Hypothalamus entsteht diese Blockierung der **I**-Wrkg. nicht. (J. Pharmacol. exp. Therapeut. **119.** 310—16. März 1957. San Francisco, Calif., Univ. of Calif., School of Pharmacy and Med., Dep. of Pharmacol.) G. KIMMERLE. 4615

E. Eichenberger, M. Schmidhauser-Kopp, H. Hurni, M. Friscay und **O. Westphal,** *Biologische Wirkungen eines hochgereinigten Pyrogens (Lipopolysaccharids) aus Salmonella abortus equi. Pyrexal* (WANDER; hochgereinigtes Lipopolysaccharid aus Salmonella abortus equi; **I**) weist eine DL_{50} nach intravenöser Injektion von 0,75 ± 0,22 mg/kg beim Meerschweinchen, von 6,5 ± 1,02 mg/kg bei der Maus u. von 18,0 ± 2,7 mg/kg bei der Ratte auf. Die pyrogene Schwellendosis (diejenige intravenöse Dosis, die einen Temperaturanstieg von 0,6° verursacht) ist niedrig u. beträgt nur ca. 1 millionstel der DL_{50} (0,0035 γ/kg für Kaninchen); beim Menschen beträgt sie 0,002—0,003 γ/kg, die Latenzzeit ist 1—2 Stunden. **I** bewirkt bei Mensch u. Tier eine adrenalerg. bedingte Hyperglykämie u. Glykogenverarmung der Leber. Blutdruckveränderungen nach **I** sind gering. In höheren Dosen führt **I** zu Permeabilitätssteigerungen. Es hat leukotakt. Wrkgg. u. verlängert die Gerinnungszeit ähnlich (jedoch 300mal schwächer) wie Heparin. **I** führt beim Menschen zur raschen Bldg. eines Immunkörpers, die Stärke der Pyrogen-Rk. ist davon jedoch, ebenso wie die zu beobachtende Gewöhnung, unabhängig. (Schweiz. med. Wschr. **85.** 1190—96. 3/12. 1955. 1213—18. 10/12. 1955. Bern, Forschungsinst. Dr. A. Wander AG.) U. TAUSENDFREUND. 4616

H. Azima und **A. Richman,** *Veränderung des Kupferstoffwechsels bei mit Chlorpromazin behandelten Fällen.* Auf Grund früherer Beobachtungen von extrapyramidalen Symptomen u. Leberschädigung bei mit *Chlorpromazin* (**I**) behandelten Fällen wurden bei 25 psychiatr. Fällen mit **I**-Behandlung Plasma-Cu- u. teilweise Harnaminosäureunterss. sowie in allen Fällen Leberfunktionsprüfungen durchgeführt. Bei 12 Fällen wurde eine anomale Erhöhung des Plasma-Cu festgestellt, 5 davon zeigten extrapyramidale Symptome. Die theoret. Bedeutung dieser Befunde wird im Hinblick auf eine Ähnlichkeit mit WILSONscher Krankheit erörtert. (A. M. A. Arch. Neurol. Psychiatry **75.** 163—66. Febr. 1956. Montreal, Canada, Allan Memorial Inst. of Psychiatry; Univ.) J. SCHWAIBOLD. 4620

M. Papp und **E. Stark,** *Die Wirkung von Chlorpromazin auf die Lymphströmung von Hunden.* Verss. an 16 Hunden ergaben, daß eine Dosis von 5 mg *N-[3'-Dimethylaminopropyl]-3-chlorphenothiazin* (*Largactil*; **I**)/kg intravenös appliziert, Lymphströmung, Blutdruck u. Druck in der Vena portae deutlich herabsetzt. Zunahme der Atmung u. Verringerung des Minutenvol. waren nicht signifikant. Die periphere Resistenz in der Aorta femoralis (Messung mit dem Rotameter; 3 Verss.) wurde nicht vermindert. 3 Versuchstiere erhielten nach Verabfolgung von **I** etwas später eine Dosis von 10 mg *N.N-Dibenzyl-β-chloräthylaminhydrochlorid* (*Dibenamin*)/kg intravenös. In diesen Fällen wurde der nach **I**-Gabe verminderte Lymphausfluß überkompensiert ohne gleichzeitige Beeinflussung des arteriellen Blutdruckes. (Arzneimittel-Forsch. **8.** 344—45. Juni 1958. Budapest, Ung. Akad. der Wiss., Inst. für exp. Med., Abt. für Pathophysiol.) WERNER LAUER. 4620

Philippe Benda und **Livia F. Miravet**, *Einfluß des Chlorpromazins und des Reserpins auf die Empfindlichkeit des Meerschweinchens gegenüber dem als Aerosol verabreichten 5-Hydroxytryptamin. Chlorpromazin* u. *Lävopromazin* in Dosen von 5 mg/kg verhindern am Meerschweinchen in 75% der Fälle die nach Inhalation eines Aerosols von *5-Hydroxytryptamin* (I) auftretenden schweren dyspnoischen u. konvulsiv. Erscheinungen. *Reserpin* zeigt dagegen keinen protektiven Einfl. gegenüber der I-Wrkg.; in 25% der Fälle wird erhöhte Sensibilität gegenüber I gefunden. (C. R. Séances Soc. Biol. Filiales **151.** 2064—68. 1957, herausgeg. 22/7. 1958.) R. LAFFERENZ. 4620

Lester H. Margolis, Robert N. Butler und **Ames Fischer**, *Nicht rückfällige Chlorpromazindermatitis.* Bei 7 von 53 mit *Chlorpromazin* (I) behandelten Kranken entwickelte sich ein maculopapulöses Exanthem, das nach Absetzen des I verschwand u. nach Wiederaufnahme der Behandlung mit niedrigeren Dosen nicht wieder auftrat. (A. M. A. Arch. Dermatol. **72.** 72—73. Juli 1955. San Francisco, Calif., School of Med., Univ., Dep. of Psychiatry.) HEINRICH HERMANN. 4620

J. Cahn, G. Georges und **R. Pierre**, *Pharmakologische Untersuchung eines neuen Phenothazinderivats, des 4632 RP oder Methopromazins.* Pharmakol. Unterss. der Vff. ergeben, daß *4632 RP* (*Methopromazin, 3-Methoxy-10-[3'-dimethylaminopropyl]-phenothiazin*) auf das neurovegetative Syst., Zentralnervensyst. u. die Hypophysennebennierenachse eine analoge Wrkg. ausübt wie das *Chlorpromazin.* (C. R. Séances Soc. Biol. Filiales **151.** 2082—84. 1957, herausgeg. 22/7. 1958.) R. LAFFERENZ. 4620

Henri Schmitt und **Hélène Schmitt**, *Wechselwirkung zwischen Reserpin und einigen sympathicomimetischen Aminen.* Vff. beobachten am chloralanästhesierten Hund, dem vorher 0—0,2 mg *Ephedrin*/kg verabreicht waren, nach 1 mg *Reserpin* (I)/kg einen Blutdruckanstieg von 40 mm Hg auf 100; diese Hypertension hält über 20—30 Min. an. *Tyramin, Amphetamin, N-Methylamphetamin* u. *p-Hydroxy-N-methylamphetamin* beeinflussen in gleicher Weise die an sich hypotensive I-Wirkung. (C. R. Séances Soc. Biol. Filiales **151.** 2030—32. 1957, herausgeg. 22/7. 1958. Fac. de Méd., Labor. de Thérapeut.) R. LAFFERENZ. 4620

I. M. Toekes, *Nachweis von Veränderungen im Zentralnervensystem und Skelettmuskelaktivität.* Es werden eine Reihe von Verbb. untersucht, die am Zentralnervensyst. oder an der Skelettmuskulatur angreifen, wobei geprüft wird, ob sich Mäuse, denen die Stoffe vorher verabreicht werden, auf rotierenden Scheiben halten können. *Pentobarbitalnatrium*: Verabreichungsart intraperitoneal (i.p.); Prüfung sofort nach Injektion; DE_{50} 18,6 mg/kg; Ataxie; LD_{50} 128—140 mg/kg; *A.*: peroral (p.o.); sofort; 1400; —; 9488; *Morphin*: i.p.; nach 15 Min.; 30; Hyperaktivität; 311—360 (subcutan); *Mephenesin* (I): i.p.; sofort; 150; Ataxie; 600; **I**: p.o.; sofort; 250; Ataxie; 990; *Meprobamate* (*Miltown*): p.o.; nach 30 Min.; 165; Ataxie; 1100; *Prenderol*: p.o.; nach 30 Min.; 350; —; —; *Benztropine* (*Cogentin*): p.o.; nach 30 Min.; 21; Hyperaktivität; —; *Diphenhydramin* (*Benadryl*): p.o.; nach 30 Min.; 41; Hyperaktivität; 164; *Natriumsalicylat*: p.o.; nach 30 Min.; 245; Hyperaktivität; 900; *Amphetamin*: i.p.; sofort; 9; Hyperaktivität; 80; *Strychninsulfat*: i.p.; sofort; 0,72; Hyperaktivität; 2,0—2,2; *Azacyclonol* (**II**; *Frenquel*): subcutan; nach 30 Min.; 88; —; 355; **II**: i.p.; nach 30 Min.; 64; —; 220; *Reserpin* (**III**): i.p.; nach 2 Std.; 0,84; —; 16—40; **III**: p.o.; nach 3 Std.; 7; —; $>$1000; *Chlorpromazin* (**IV**; *Thorazine*): i.p.; nach 15 Min.; 3; —; —; **IV**: p.o.; nach 15 Min.; 13; —; —; *Serotoninkreatininsulfat*: i.p. nach 30 Min.; 23; —; $>$868 subcutan. Nach diesen Ergebnissen kann man alle am Zentralnervensyst. wirksamen Stoffe in a) allg. depressiv wirkende Verbb. (Pentobarbital, A.), b) Tranquilizer (**III, IV**) u. c) Stimulantien u. Convulsiva (*Amphetamin, Strychnin*) einteilen. (J. Pharmacol. exp. Therapeut. **119.** 354—56. März 1957. Los Angeles, Calif., Riker Labors., Res. Div.) G. KIMMERLE. 4620

L. Decsi und **K. Nádor**, *Biochemische Grundlagen der zentralen ganglienlähmenden Wirkung.* 1. Mitt. *Aminoketone*: *Wirkung auf den Stoffwechsel der Gehirnzellen.* Die Unters. der Wrkg. von 8 zentral angreifenden Aminoketonen auf die Atmungskettenphosphorylierung (**A**) u. die Adenosintriphosphataseaktivität (**B**) der Gehirnzellen zeigte, daß Verbb., die in vivo einen *N-[3'-Dimethylaminopropyl]-3-chlorphenothiazin* (*Largactil*; **I**)-ähnlichen Effekt (zentrale ganglienlähmende Wrkg.) geben, auch **A** u. **B** ähnlich wie **I** beeinflussen (Hemmung von **A** u. **B**). Zentral erregende Verbb. beeinflussen **A** nicht, hemmen aber meist erheblich **B**. Geprüfte Verbb. (Hydrochloride): *2-[Piperidinomethyl]-tetralon-(1)* [Na-86] + (zentrale ganglienlähmende Wrkg.); *Piperidinoäthylphenylketon* [NA-65] +; *Azepinoäthylphenylketon* [N-458] +; *Piperidinoäthyl-1.2.3.4-tetrahydronaphthyl-(6)-keton* [NA-90] +; *2-[Piperidinoäthyl]-cyclohexanon-(1)* [NA-66] +; *Piperidinoäthylmethylketon* [NA-73] —; *2-[Piperidinomethyl]-tetralol-(1)* [NA-127] —; *Piperidinoäthylthiophenyl-(2)-keton* [N-533] +; *2-[Piperidinomethyl]-benzdioxan-(1.4)* —. (Arzneimittel-Forsch. **8.** 346—48. Juni 1958. Pécs, Med. Univ., Pharmakol. Inst.; Budapest, Ungar. Akad. der Wiss., Inst. für Exp. Med. Forsch.) K. MAIER. 4620

L. Decsi, *Biochemische Grundlagen der zentralen ganglienlähmenden Wirkung. 2. Mitt. Voraussagen der Wirkungsstärke in vivo auf Grund biochemischer Angaben.* (1. vgl. vorst. Ref.) Nach Unterss. an 17 Phenothiazin- u. Aminoketonderivv. beruht die Wrkg. der zentralen ganglienlähmenden (gangliopleg.) Verbb. auf gleichzeitiger Hemmung der oxydativen Phosphorylierung (**A**) u. der Adenosintriphosphataseaktivität (**B**) der Gehirnzellen. Es besteht eine ausgeprägte Parallelität der in vivo- u. in vitro-Effekte, so daß aus biochem. Daten die in vivo-Wrkg. ausreichend genau voraussagbar ist. Für eine zentrale ganglienlähmende Wrkg. sind beide Hemmwrkgg. erforderlich. Nur **A**- oder **B**-hemmende Verbb. haben keine in vivo-Aktivität. Eine geeignete Kombination an sich unwirksamer Verbb. kann jedoch starke in vivo-Wrkg. hervorrufen. Untersuchte Verbb.: *Largactil* + (zentrale ganglienlähmende Wrkg.); *N-[3'-Dimethylamino-2'.2'-dimethylpropyl]-phenothiazin [RP-3300]* +; *Pacatal* +; *N-[2'-Piperidinoäthyl]-phenothiazin [P-303]* —; *N-[N'-Methylpiperidyl-(4')-methyl]-phenothiazin [P-824]* +; *N-[3'-Diphenylaminopropyl]-phenothiazin [Pardisol]* +; *Phenergan* +; *Multergan* —. (Arzneimittel-Forsch. **8.** 348—51. Juni 1958. Pécs, Med. Univ., Pharmakol. Inst.)
K. MAIER. 4620

L. Decsi, *Biochemische Grundlagen der zentralen ganglienlähmenden Wirkung.* 3. Mitt. *Beziehungen zwischen Struktur und Wirkung.* (2. vgl. vorst. Ref.) Die zentralen ganglienlähmenden Mittel [Ganglioplegica; *Aminoketone* (**I**), *Phenothiazine* (**II**)] bewirken die für ihren in vivo-Effekt erforderliche Entkoppelung der Atmungskettenphosphorylierung durch Blockierung der SH-Gruppen der Gewebe. Nach spektrophotometr. Unterss. erfolgt die SH-Blockierung durch eine H-Brückenbldg. der **I**-Ketogruppe bzw. des **II**-S-Atoms mit den Gewebe-SH-Gruppen. (Arzneimittel-Forsch. **8.** 352—54. Juni 1958.)
K. Maier. 4620

G. T. Hauty, R. B. Payne und **R. O. Bauer,** *Wirkungen von normaler Luft und Dextroamphetamin auf die durch Sauerstoffverarmung und Müdigkeit herabgesetzte Leistung.* Eine Reihe von Versuchspersonen erhielten vor der Einatmung eines Gemisches von 12% O_2 u. 88% N_2 5 mg d-Amphetamin. Es kam dadurch zu einer Leistungsabnahme, die im Gegensatz zu den unbehandelten Personen durch n. Luft nicht wieder behoben werden konnte. (J. Pharmacol. exp. Therapeut. **119.** 385—89. März 1957. Randolph Air Force Base, Texas, USAF, School of Aviat. Med.) G. KIMMERLE. 4622

S. Jacob, Edward W. Friedman, Sabin Levenson, Philip Glotzer, H. A. Frank und **J. Fine** (unter techn. Mitarbeit von **Thomas Barnett** und **Howard Chauncey),** *Antiadrenalin- und Antihistamintherapie beim hämorrhagischen Schock bei Hunden und Ratten.* Antiadrenalinpräpp. u. Antihistaminpräpp. wurden bei Ratten u. Hunden mit hämorrhag. Schock getestet. Die Tiere, die mit dem schnell wirkenden antiadrenerg. Präp. *Dibenamin* vorbehandelt waren, konnten größere Blutverluste überstehen als Kontrolltiere oder Tiere, die mit Antihistamin behandelt wurden. Die günstige Wrkg. des Dibenamins soll teilweise durch eine bessere Durchblutung des Atemzentrums bedingt sein. (Amer. J. Physiol. **186.** 79—84. Juli 1956. Boston, Mass., Beth Israel Hosp., Kirstein Labor. for Surg. Res.)
H. GOHR. 4625

L. C. Grandjean, *Allergische thrombocytopenische Purpura, hervorgerufen durch Antistin.* Es wird ein Fall von medikamentöser thrombopen. Purpura nach Medikation von *Antistin* gegen Urticaria beschrieben. Mit anderen Antihistaminen konnte keine Purpura verursacht werden. (Ugeskr. Laeger **118.** 816—18. 12/7. 1956. Bispebjerg Hosp. med. afdeling B.)
H. W. GRAMM. 4625

J. A. Richardson, E. F. Woods und **A. K. Richardson,** *Adrenalin und Noradrenalinkonzentrationen im Plasma während der Narkose.* Bei Hunden werden im Plasma während der Narkose durch verschied. Stoffe folgende Konzz. an Adrenalin (**I**) u. Noradrenalin (**II**) gemessen (in µg/Liter): *Ae.*: Vor der Narkose: **I** 0,58, **II** 0,94; Narkosestadium 3: 2,42, 5,13; nach Absetzen des Narkoticums: 2,85, 5,31; *Divinyläther*: 0,40; 1,71; 5,23, 8,35; 5,82; 7,35; *Chlf.*: 1,06, 0,84; 4,17, 4,10; 5,74; 3,73; *Thiopental*: 0,78, 1,19; 0,64, 1,62; 0,63, 1,72. Durch die Inhalationsnarkotica wird die Konz. an **I** u. **II** im Blut stark erhöht, u. bei Abschwächung der Narkose kommt es noch zu einer weiteren Konzentrationserhöhung. Dagegen bleiben die Blutkonzz. an **I** u. **II** während der Thiopentalnarkose nahezu unverändert. Durch alle 4 Narkotica kommt es während der tiefen Narkose zu einer Verminderung der Kontraktibilität des Herzmuskels. (J. Pharmacol. exp. Therapeut. **119.** 378—84. März 1957. Charleston, S. C., Med. Coll., Dep. of Pharmacol.)
G. KIMMERLE. 4627

Richard I. H. Wang und **Charles M. Gruber jr.,** *Eine doppelte Blindmethode zur Testung von Analgeticis beim Menschen.* An 7 Patienten mit schweren, durch chron. Krankheiten verursachten Schmerzen wurde die schmerzstillende Wrkg. von *Merperidinhydrochlorid* (**I**; *Demerol*) u. *Dextropropoxyphenhydrochlorid* (**II**; *Darvon*) getestet. Nach Gaben von ein oder mehreren Kapseln von **I** u. **II** (je 50 bzw. 65 mg) in Abständen von 12 Std. wurde alle 2 Std. der Grad der Schmerzlinderung erfragt. Einstreuen von Placebogaben sicherte weiterhin die Ergebnisse. Die Auswertung ergab, daß 200 mg **I** u. 260 mg **II** vergleichbare Schmerzlinderung ermöglichen. (Amer. J. med. Sci. [N. S.] **235.** 297—300. März 1958. Indianapolis, Ind., General Hosp.; Lilly Labor. for Clin. Res.) K. ZOPFF. 4627

Laia Buchel, Jeanne Levy und **Odette Tanguy,** *Strukturverwandtschaft und synergistische Beeinflussung der analgetischen Wirkung.* 3. Mitt. *Bestimmung der analgetischen Wirkung mittels mechanischen Druckreizes einiger Verbindungen, die den Analgetica strukturverwandt sind und spasmolytische Eigenschaften zeigen.* (2. vgl. C. **1958.** 1919.) 24 Verbb. wurden mittels der HAFNERschen Meth. überprüft, ob sie die analget. Wrkg. von *l-Methadon* (**I**) verstärken. Die Verbb. zeigen strukturelle Verwandtschaft mit **I**. Untersucht wurden folgende Nitrile: *α-Äthyl-, α-Butyl-* u. *α-Isohexyl-α-phenyl-γ-dimethylaminobutyronitril, α-Butyl-α-phenyl-γ-diäthylaminobutyronitril, α-Butyl-α-phenyl-δ-diäthylaminovaleronitril, α-Heptyl-α-carbäthoxy-γ-dimethylaminobutyronitril.* — Buttersäureäthylester: *α-Phenyl-α-äthyl-γ-dimethylamino-, α-Phenyl-α-butyl-γ-dimethylamino-* u. *-γ-diäthylamino-, α-Phenyl-α-isohexyl-γ-dimethylamino-.* — Malonsäurediäthylester: *α-Äthyl-α-[β-diäthylaminoäthyl]-, α-Phenyl-α-[β-diäthylaminoäthyl]-, α-Hexyl-(3)-α-[β-diäthylaminoäthyl]-, α-Heptyl-α-[β-dimethyl-* u. *-β-diäthylaminoäthyl]-, α-Heptyl-α-[γ-diäthylaminopropyl]-, α-Heptyl-α-[ε-diäthylaminoamyl]-;* Ketone: *[1-Dimethyl-* u. *1-Diäthylamino-3-phenylheptyl-(3)]-äthylketon, [1-Dimethylamino-3-phenyl-7-methyloctyl-(3)]-äthylketon.* — Ketimine: *[1-Dimethyl-* u. *1-Diäthylamino-3-phenylheptyl-(3)]-äthylketonimin, [1-Dimethylamino-3-phenyl-7-methyloctyl-(3)]-äthylketonimin.* Die Verbb. wurden als Hydrochloride, z. T. als Methojodide, eingesetzt. Einige verstärkten die Wrkg. von **I**, wobei die spasmolyt. Wrkg. keine Rolle spielte, sich jedoch eine strukturelle Analogie zeigte. (Anesthésie et Analgésie **14.** 469—91. Mai/Juli 1957. Paris.) E. CARSTENS. 4627

Hans Kirchmair, *Thrombopenie unter Doridenmedikation.* Bericht über 1 Fall von Thrombopenie nach *Doriden* (**I**; CIBA), einem barbitursäurefreien Schlafmittel aus der Gruppe der Glutarsäureimide. Verabreicht wurden 2 Tabletten **I**/Tag über ca. 4 Wochen. Normalisierung der Thrombocytenzahl nach Absetzen von **I** u. erneuter Abfall nach Remedikation. (Med. Klin. **53.** 1683—84. 26/9. 1958. Innsbruck, Univ., Med. Klinik.) H. DOSSMANN. 4627

Julius Axelrod, Robert Shofer, Joseph K. Inscoe, William M. King und **Albert Sjoerdsma,** *Der Stoffwechsel von Papaverin beim Menschen und anderen Säugern.* Vff. fanden, daß beim Menschen *Papaverin* (**I**) vom Magen-Darm-Kanal vollständig resorbiert wird. Im Urin werden unverändert nur sehr geringe Mengen ausgeschieden. Beim Hund findet man **I** in großer Menge in der Leber u. im Fett wieder, in den anderen Geweben u. Organen ist es etwa gleichmäßig verteilt. Die biol. Halbwertszeit von **I** beträgt 8 Min. für die Maus u. 100 Min. für den Menschen. **I** wird hauptsächlich in der Leber abgebaut. In Lebermitochondrien kommt ein Enzymsyst. vor, das **I** zu gelben phenol. Prodd. (**II**) u. Formaldehyd abbaut. Ungefähr 60% des zugeführten **I** wird als **II**-Glucuronate beim Menschen u. beim Meerschweinchen ausgeschieden. Wenigstens 3 verschied. Stoffwechselprodd. werden gebildet, von denen eins als *4'-Hydroxypapaverin* identifiziert wurde. Es wurden beträchtliche Unterschiede im Stoffwechsel des **I** bei den zur Unters. benutzten Tierarten gefunden. Durch ein Enzym der Lebermitochondrien kann Glucuronsäure von Uridindiphosphatglucuronsäure auf 4'-Hydroxypapaverin übertragen werden. Als spezif. u. empfindliche Meth. zum Nachw. von **I** in biol. Material benutzten Vff. die Isolierung im alkal. Milieu (p_H 8,0 oder höher) mittels n-Heptanextraktion. Danach Übertragung der Substanz in 0,1n HCl u. spektrophotometr. Messung unter Berücksichtigung der charakterist. Gipfel bei 251 u. 266 mμ. (J. Pharmacol. exp. therapeut. **124.** 9—15. Sept. 1958. Bethesda, Md., Nat. Inst. of Mental Health and Nat. Heart Inst., Nat. Inst. of Health, Public Health Serv., U. S. Dep. of Health, Educat. and Welfare.) K. BÖHM. 4627

Arthur S. Keats und **Jane Telford,** *Subjektive Wirkung von Nalorphin bei Krankenhauspatienten.* Nach intramuskulärer Verabreichung von je 10 mg Nalorphin (**I**) bei 196 Krankenhauspatienten u. nach intramuskulärer Injektion von 15 mg *Morphin* (**II**) an 46 von diesen Patienten u. 30 andere Kranke an einem anderen Tag wurden die aufgetretenen Nebenerscheinungen verglichen. Die subjektiven Wrkgg. von **II** können alle auch nach **I** auftreten (zusätzlich Schwitzen, Paräthesien u. psych. Störungen). Letzte sind unangenehmer als die von **II**. Nach intramuskulärer Injektion von 40 mg oder mehr **II** kommt es nach **I** zu Ruhelosigkeit, Reizbarkeit u. zu einer antagonist. Beeinflussung der Nausea u. der Analgesie durch **II**. (J. Pharmacol. exp. Therapeut. **119.** 370—77. März 1957. Houston, Texas, Baylor Univ., Coll. of Med., Dep. of Anesthesiol.; Jefferson Davis Hosp.) G. KIMMERLE. 4627

William R. Martin, Daniel H. Abdulian, Klaus R. Unna und **Harris Busch,** *Die peripheren und zentralen Wirkungen der Dibrombrenztraubensäure.* Vff. untersuchten die peripheren u. zentralen Wrkgg. der *Dibrombrenztraubensäure* (I). Die DL_{50} für Mäuse betrug bei intravenöser Darreichung 90 mg/kg. In vivo (Spinalkatze) u. in vitro (isoliertes Kaninchenileum, isoliertes Katzenherz) können cholinerg. Effekte von I u. tox. Wrkgg. für alle untersuchten Organsysteme unterschieden werden. Die tox. Effekte sind durch die hemmenden Wrkgg. auf den oxydativen Stoffwechsel zu erklären. Nach den in vivo- u. den in vitro-Verss. reagiert I mit cholinerg. Receptoren, u. seine Anticholinesteraseaktivität spielt nur eine zusätzliche Rolle. Es prädominiert eine muscarinähnliche Aktivität der I. Die I-Wrkg. auf das Zentralnervensyst. wird daher als Beweis für die Existenz „nichtnicotin-cholinerg." Synapsen ausgelegt. Atropin kann die Rückenmarkaktivität von I nicht aufheben, Mephenesin ist dagegen ein wirksamer Antagonist. Diese Beobachtungen lassen vermuten, daß es „nichtnicotin-cholinerg." Interneuronen gibt, die nicht durch Atropin gehemmt werden. (J. Pharmacol. exp. Therapeut. **124.** 64—72. Sept. 1958. Chicago, Ill., Univ. of Illinois, Coll. of Med., Dep. of Pharmacol.) K. BÖHM. 4628

A. R. Haskell und **Elbert Voss,** *Die Pharmakologie des Tetramins (Tetraäthylendisulfotetramin).* Es werden einige pharmakol. Unterss. des äußerst giftigen *Tetraäthylendisulfotetramins* (I; DL_{50} 0,1—0,2 Maus mg/kg) beschrieben, für die jeweils frisch hergestellte gesätt. wss. Lsgg. verwendet wurden. Die geringe Löslichkeit von I war ausreichend, um die DL_{50} an der Albinoratte mit 4,25—5,5 ml/kg zu bestimmen. Wss. I-Lsgg. erwiesen sich für wenigstens 5 Monate als stabil. Auf periphere Nerven, Skelettmuskeln u. neuromuskuläre Verbindungsstellen zeigte I keine nennenswerte konvulsive Wrkg., auch keine bemerkenswerte autonome Wrkg. auf Milz, Leber, Darm oder Galle (Vers. am anästhesierten Hund 25 mg Na-Pentobarbital/kg, 0,5—2 ml I-Lsg./kg, intravenös in Femoralvene). Sitz der konvulsiven Wrkg. ist der Hirnstamm. I vergrößerte am anästhesierten Hund Geschwindigkeit u. Intensität der Atmung. Atemstillstand wurde durch 0,5 ml I/kg unter Anstieg des Blutdruckes wieder aufgehoben. Von Atmungs- u. Mundschleimhaut wurde I schnell resorbiert. Entgiftungsverss. an der Ratte zeigten, daß I etwa in Menge von $^1/_4$ der DL_{50} täglich abgebaut wird. (J. Amer. pharmac. Assoc., sci. Edit. **46.** 239—42. April 1957. Gainesville, Fla., Univ., Coll. of Pharmacy.) C. FREESE. 4628

W. Kalow und **D. R. Gunn,** *Die Beziehung zwischen Dosis von Succinylcholin und Dauer der Apnoe beim Mann.* Zur Unterstützung der Elektroschocktherapie wurden 60 ♂ Patienten je 5—25mal mit *Succinylcholinchlorid* (I) behandelt, um die Beziehung zwischen Dosis intravenöser Injektion u. Dauer der Apnoe zu bestimmen. 51 der 60 Patienten wiesen die Normalform der Serum-*Cholinesterase* (II) auf, gek. durch den Hemmungstest mit Dibucain. Bei diesen 51 Patienten bestand n. Verteilung des Logarithmus (log.) der I-Dosis, die für Herst. des Standardeffektes erforderlich war. Ebenso bestand bei diesen Patienten n. Verteilung des log. der Apnoedauer nach Verabreichung der Standarddosen. Bei allen 60 Patienten bestand lineare Abhängigkeit zwischen log.-Dosis u. log.-Dauer der Apnoe. Die Neigung dieser Geraden schien eine individuelle Konstante zu sein. Die Empfindlichkeit gegenüber I wurde mit dem II-Spiegel, Alter u. Körpergewicht in Beziehung gebracht. Im Vordergrund stand die Wechselbeziehung mit II-Aktivität, so daß dadurch die Bedeutung des Körpergewichtes undeutlich wurde. Das Alter war von untergeordneter Bedeutung. Der Einfl. der beiden atyp. Formen von II, von denen ein Typ I in vivo nicht hydrolysiert, wurde an einigen Beispielen gezeigt. Die Dosis-Zeit-Kurve eines diesem Typ angehörenden Patienten dürfte daher die Grenzen für die Dauer der Apnoe zeigen, die nach Einnahme von I infolge Mangels an II-Aktivität auftreten kann. (J. Pharmacol. exp. Therapeut. **120.** 203—14. Juni 1957. New Toronto, Ontario, Canada, Univ.; Ontario Hosp., Dep. of Pharmacol.) CARL FREESE. 4628

Jacques Dumont, *Beitrag zur Wirkung des Methyläthylglutarimids auf das Zentralnervensystem. Methyläthylglutarimid* (I) ist ein Mittel, um corticale epilept. Krämpfe hervorzurufen, die bei kleinen Dosen durch das reticuläre Syst. verhindert werden. Krampfspritzen u. steile Wellen zeigen sich im Elektroencephalogramm von mit I behandelten Katzen. (C. R. Séances Soc. Biol. Filiales **151.** 2220—22. 1957, herausgeg. 22/7. 1958. Brüssel, Univ. of Bruxelles, Labor. de Pathol. générale; Labor. de Pharmacodynamie et de Thérap.) E. KAEMMERER. 4628

P. Dessi, M. Portelli und **C. Concilio,** *Pharmakologische Untersuchungen über „Nitrocholinmittel".* Vff. untersuchten die Wrkg. von *Nitrocholinnitrat* auf die Elektrocardiogramme, den Blutdruck, das isolierte Herz u. die Därme von Ratten, Hunden u. Kaninchen. Die erhaltenen Versuchsergebnisse lassen eine vagomimet. Wrkg. vermuten. An atropinisierten u. nicotinisierten Präpp. durchgeführte Unterss. ergaben, daß sowohl die muscarinähnliche als auch nicotinähnliche Wrkg. des Nitrocholins der des *Acetylcholins* überlegen ist. — *Nitrocholinnitrat*, $C_5H_{13}N_3O_6$, F. 145—146°, wurde erhalten durch langsame Zugabe von konz. HNO_3 zu einer wss. Lsg. von Cholincarbonat, Einengen im Vakuum zur bis Sirupkonsistenz u. Ausfällen mit Isopropylalkohol. Kristalle aus Isopropylalkohol. In je 100 cm^3 W., Methylalkohol, A. u. Isopropylalkohol lösen sich bei 21° 61, 34, 1,8 u. 0,17 g. Untersucht wurde die Hydrolyse des Esters in saurer u. alkal. Lösung. (Farmaco [Pavia], Ediz. prat. **13**. 128—40. März 1958. Bologna, Univ., Ist. di Farmacol. e Terap. Sperim.; Vicenza, G. Zamboni E. C.-S. P. A., Labor. Ricerche.) C. GOTTFRIED. 4630

Martin M. Winbury, *Vergleich der Gefäßwirkungen von 1.1-Dimethyl-4-phenylpiperazinium- und Tetramethylammoniumsalzen.* Vf. untersuchte an Hunden die Gefäßwrkgg. von *1.1-Dimethyl-4-phenylpiperazinium-* (**I**) u. *Tetramethylammonium* (**II**)-Salzen. Intravenöse Injektion von **I** u. **II** bewirkt einen vorübergehenden initialen Blutdruckabfall u. nachfolgenden längeren Blutdruckanstieg. *Hexamethonium* (**III**) blockiert beide Phasen nach **I**, jedoch nicht die hypotensive Rk. nach **II**, die aber durch *Atropin* (**IV**) blockiert werden kann. Die hypotensive Rk. nach **I** u. **II** wurde selektiv durch **IV** gehemmt, die hypertensive durch *Regitin* (**V**). Intraarterielle Injektion von **II** in das hintere Bein bewirkt lokale Vasodilatation, die durch **IV**, nicht aber durch **III** gehemmt werden kann. **I** verursacht in den meisten Fällen Vasodilatation, doch wurden bei einigen Tieren auch Vasoconstrictionen beobachtet, die dann in Vasodilatation übergingen. Durch **III**, **V** u. *Ilidar*, nicht aber durch **IV**, wird die gefäßerweiternde Wrkg. nach **I** gehemmt oder in eine constrictor. Rk. umgekehrt. Akute Denervierung des hinteren Beins verändert die Rkk. auf **I** oder **II** nicht. Demnach kann **II** das autonome Ganglion u. den peripheren cholinerg. Effektorsitz stimulieren (cholinometr. Wrkg.). Der Mechanismus der lokalen Gefäßdilatation nach **I** ist noch nicht klar, abgesehen von seiner peripheren Lokalisation. Vermutet werden die Beteiligung peripherer Ganglienzellen, ein Axonreflex oder direkte Stimulation der glatten Muskelzellen der Gefäßwand. (J. Pharmacol. exp. Therapeut. **124**. 25—34. Sept. 1958. Bloomfield, N. Y., Schering Corp., Sci. Res. Div., Dep. of Pharmacol.) K. BÖHM. 4630

Don Rochelle und **Ralph V. Ford,** *Die Bestimmung der blutdrucksenkenden Wirkung von S. 9-390 (2-[o-Chlorbenzyl]-imidazolinhydrochlorid).* 10 Hypertoniker, die bereits mit Rauwolfiapräpp. u. Mecamylamin vorbehandelt worden waren, erhielten *2-[o-Chlorbenzyl]-imidazolinhydrochlorid* (**I**). Wie die klin. Befunde zeigen, wirkt **I** zentral blutdrucksenkend u. ganglienblockend, aber nicht adrenolytisch. Beschreibung der Nebenerscheinungen. (Amer. Heart J. **56**. 463—68. Sept. 1958. Houston, Texas, Med. Service of the Veterans Admin. Hosp.) HEINRICH HERMANN. 4630

P. Véghelyi, L. Gyermek und **A. Eisert,** *Abwehr der Kammerfibrillation.* 1. Mitt. Experimentell verursachte Herzkammerfibrillation wurde bei Ratten am wirksamsten durch *NA-73* (*2-{β-[N-Benzyl-β-chloräthylamino]-äthoxymethyl}-1.4-benzodioxanhydrochlorid*; **I**) u. *Xylocain*, bei Katzen durch **I**, *Dacorène* (**II**) u. *Chlorpromazin* u. bei hypotherm. Hunden durch **I** u. manchmal **II** vermindert. *Novocain*, *Benodaine* u. *NA-292* (das dem **I** entsprechende Br-Deriv.) waren nur wenig wirksam. (Acta physiol. Acad. Sci. hung. **12**. 283—91. 1957. Budapest, Med. Univ., I. Kinderklinik; Forschungsinst. für pharmazeut. Ind.; Pécs, Med. Univ., II. Chirurg. Klinik.) F. KRUSEN. 4630

Eino Nelson, *Lösungsgeschwindigkeit von Theophyllinsalzen und Wirkungen nach oraler Verabreichung.* Es wurde die Lösungsgeschwindigkeit (LG) von *Theophyllin* U.S.P. (**I**) sowie der Theophyllinate des *Cholins* (**II**), des *Äthanolamins* (**III**), des *Äthylendiamins* U.S.P. (**IV**), des *Isobutylamins* (**V**) sowie des *Isopropanolamins* (**VI**) in 0,1n HCl (p_H 1,6), in den Pufferlsgg. 0,1mol. Na_2HPO_4 — 0,1mol. KH_2PO_4 (p_H 6,70) u. 0,1mol. Na-Borat — 0,1mol. Borsäure (p_H 8,87), also in einem p_H-Bereich untersucht, der etwas größer als derjenige der oralen Verabreichung ist. Außerdem wurde die LG von **I** in 0,1—0,2n Alkalibase bestimmt (p_H 9,13). Die Best. der LG erfolgte nach der Gleichung $da/dt = K \cdot S \cdot C_s$ [a = gelöste Menge **I**—**IV**, t = Zeit, K = Konstante für LG als Funktion des Diffusionskoeff., der Rührgeschwindigkeit u. anderer Faktoren, C_s = Konz. der auflösenden Substanz in der Diffusionsschicht (DS)]. Experimentelle Durchführung wird genau beschrieben. In den LG der verschied. Salze wurden merkliche Unterschiede festgestellt, die LG sowie p_H in der DS erwiesen sich als relativ unabhängig vom p_H der Pufferlösungen. So lagen z. B. bei Puffer p_H 1,6—8,87 die p_H-Werte für **IV** u. **VI** zwischen 9,27—9,67. Dies deutet darauf hin, daß die Unterschiede, die sich aus klin. Resultaten nach oraler Verabreichung von **II** u. **VI** beim Vgl. der Blutspiegel mit **IV** ergaben, auf Unterschieden in den LG beruhen, die ihrerseits mit dem p_H der DS im Zusammenhang stehen. Die Ermittlung der LG in vitro stützten diese Deutung. Auch die Wrkg. der LG auf den maximalen Blutspiegel u. die Geschwindigkeit des Aufbaues des Blutspiegels konnte mathemat. formuliert werden, indem der Blutspiegel mit der Lösungs- u. Ausscheidungsgeschwindigkeit aus dem Blutstrom in Beziehung gebracht wurde. Unters. der LG von I in saurem (p$_H$ 1,6) u. alkal. (p$_H$ 9,13) Medium ergab, daß die LG sich umgekehrt mit der H^+-Konz. der DS ändert. Aus der Messung dieser p$_H$-Werte ließ sich angenähert die LG der Salze voraussagen. (J. Amer. pharmac. Assoc., sci. Edit. **46.** 607—14. Okt. 1957. San Francisco, Calif., Univ., Med. Center, School, of Pharmacy.) C. FREESE. 4630

H. J. Hoffmann und **A. Wollenberger**, *Prüfung von Hexahydroscillaren A und Allocymarin als mögliche Antagonisten von Scillaren A und Cymarin am isolierten Herzen.* *Hexahydroscillaren A* vermag bei Verwendung von Ca-armer RINGER-Lsg. die tox. Wrkg. des *Scillaren A* am isolierten Froschherzen zu vermindern. In n. RINGER- oder LOCKE-Lsg. ist dieser Effekt weder am isolierten Froschherzen noch am isolierten Meerschweinchenherzen zu beobachten. Bei *Cymarin* u. *Allocymarin* konnten keine eindeutigen Ergebnisse gefunden werden. (Acta biol. med. german. [Berlin] **2.** 94—99. 1959. Berlin, Dtsch. Akad. der Wiss., Arbeitsstelle für Kreislaufforschung.) H. STRUCK. 4630

Bernard Rubin, Marvin H. Malone, Margaret H. Waugh und **John C. Burke,** *Biologische Prüfung von Wurzeln und Alkaloiden der Rauwolfia.* Nach einmaliger oraler oder intravenöser Gabe von *Rescinnamin* (I) bei Mäusen betrug die augenlidlähmende Wrkg. („ptot. Aktivität"; pt.A.) ca. $^1/_8$ derjenigen von *Reserpin* (II), bei Ratten ca. $^1/_2$ bis $^1/_4$. Die hypotensive, sedative u. miot. Wrkg. von I war bei Hunden wenigstens gleich stark wie die von **II.** Die pt.A. von *11-Desmethoxyreserpin* (**III**) war bei der Maus ebenso stark wie die von **II.** Auf orale Einzeldosen von **II** bzw. auf die 3 Typen der gepulverten Ganzwurzel von Rauwolfia (R) serpentina (R.s.), R. heterophylla (R.h.) u. R. canescens (R.c.) war der Hund am empfindlichsten, die Ratte am unempfindlichsten u. die Maus mittelempfindlich. Jede der 3 Ganzwurzeln war bei der Maus ca. $^1/_{1000}$ so wirksam wie **II,** bei der Ratte ca. $^1/_{200}$—$^1/_{450}$ so stark wie **II.** Beim Hund erwies sich R.s. ca. $^1/_{300}$, R.h. u. R.c. ca. $^1/_{1000}$ so stark wie **II.** Vff. folgern hieraus, daß die gesamte hypotensive u. sedative Wrkg. der Ganzwurzel von R. notwendigerweise nicht durch den Geh. an **II** allein erklärbar ist. Der **II**-Geh. kann, entsprechend der Anwendung bei 2 oder 3 Tierarten, nicht mit mehr als $^1/_4$—$^1/_2$ der gesamten Wrkg. der Ganzwurzel von R.s. in Rechnung gesetzt werden. (J. Pharmacol. exp. Therapeut. **120.** 125—36. Juni 1957. New Brunswick, N. J.,Squibb Inst. for Med. Res.) C. FREESE. 4630

Georg Cronheim und **I. M. Toekes,** unter technischer Mitarbeit von **R. Bitterman,** *Vergleich der sedativen Eigenschaften von einzelnen Rauwolfiaalkaloiden und ihren Mischungen.* Die sedative DE_{50} wird bei Mäusen für einige Rauwolfiaalkaloide u. deren Gemische nach oraler Verabreichung bestimmt: *Reserpin* (**I**) in 0,5%ig. Essigsäurelsg. 7 mg/kg, in 5%ig. Methylcellulosesuspension 17 mg/kg; *Rescinnamin* (**II**): 26; 30; *Deserpidin* (**III**): 9; 6; 75% **I** + 25% **II**: 5; 6; 75% **I** + 25% **III**: 5; 6; 60% **I** + 20% **II** + 20% **III** (*Rauwiloid,* RIKER): 8; 9. Man erkennt also, daß bei den Alkaloidgemischen mehr als additive Wrkgg. zustande kommen. (J. Pharmacol. exp. Therapeut. **119.** 357—60. März 1957. Los Angeles, Calif., Riker Labors., Res. Div.) G. KIMMERLE. 4630

Elizabeth F. Marshall, A. D. Tait und **A. Todrick,** *Die Wirkung von Reserpin auf den Blutzuckerspiegel von Versuchspersonen.* Intramuskuläre Injektion von 5 mg *Reserpin* an 10 Patienten führte bei 8 davon zu einer durchschnittlichen systol. Blutdruckabnahme von 28%, in den ersten 4 Std. zu einer Zunahme der urinalen Exkretion von *5-Hydroxyindolessigsäure* um durchschnittlich 80% u. einem signifikanten Blutzuckerabfall nach 90 Minuten. (Biochem. J. **69.** 41P. Juli 1958. Crichton Royal, Dumfries, Dep. of Clin. Res.) F. KRUSEN. 4630

John C. Rose und **Eric J. Lazaro,** *Hypotension durch Veratrum auf Grund von Reflexen pulmonalen Ursprungs.* Die Injektion eines gereinigten Extraktes von *Veratrum viride* (*Alkavervir, Veriloid*) in die Pulmonalarterie eines Hundes bewirkt unter den beschriebenen Bedingungen eine system. arterielle Hypotension u. Bradycardie. Dieser Effekt konnte durch cervicale Vagotomie aufgehoben werden. Es wird geschlossen, daß sich in den pulmonalen Blutgefäßen Receptoren befinden, die einen system. hypotensiven Reflex auslösen können, der über den N. vagus weitergeleitet wird. (J. Pharmacol. exp. Therapeut. **119.** 324—28. März 1957. Washington, D. C., Georgetown Univ., Med. Center, Dep. of Med. and Surg.) G. KIMMERLE. 4630

H. Brunner, *Die Wirkungsdauer des Quecksilberdiureticums Chlormerodrin an der Rattenniere.* Normal ernährte Ratten erhielten einmal 3,0 oder 5,0 mg Hg als *Chlormerodrin* (*Katonil,* KALI-CHEMIE; I)/kg intravenös injiziert. Im Anschluß daran hungerten u. dürsteten die Tiere. I steigerte in den ersten 2 Tagen nach der Injektion die Ausscheidung von W., Na u. K, nicht aber von Cl. Dann folgte für 1—3 Tage eine Periode mit n. Harnausscheidung, u. dann kam es nochmal zu einer lang dauernden Erhöhung der Wasser-, Na- u. Cl-Ausscheidung, ohne daß jetzt die K-Ausscheidung gesteigert wurde. (Klin. Wschr. **37.** 44—45. 1/1. 1959. Mainz, Univ., Pharmakol. Inst.)

G. Kimmerle. 4634

Eldon M. Boyd und **Wilfred A. Cassell,** *Substanzen mit Einfluß auf das durch Apomorphin bewirkte Erbrechen.* Zentral angreifende Arzneimittel werden am Hund auf ihre erbrechenhemmende Wrkg. untersucht. Dabei werden die Substanzen meist 2 Std. vor der intramuskulären Injektion einer Dosis Apomorphin, die sicher zu Erbrechen führt, oral (*Reserpin* 1½ Std. vorher u. *Adrenalin* 5—15 Sek. nachher intraperitoneal) verabreicht. Eine Hemmung des Erbrechens kann durch Gaben von *Stemetil* (*6140 R.P.*; *3-Chlor-10-[N'-methylpiperazinyl-N''-3-n-propyl]-phenothiazindimaleat*), *Meclizine*, *Reserpin*, *Amphetaminsulfat*, *Systral* (*Asta 1766*, *β-Dimethylaminoäthyl-[p-chlor-α-methylbenzhydryl]-ätherhydrochlorid*) u. elektr. Strom von 110 V bewirkt werden. Keine Wrkg. haben *Kolton* (*P 284*; *N-Methylpiperidyl-(4)-benzhydryläther*), *Pacatal* (*P 391*; *10-[N-Methylpiperidyl-(3)-methyl]-phenothiazin*), *Homatropinmethylbromid*, *Propantheline*, *Cyrimine* (*Pagitane*), *Methscopolamin* (*Pamine*), *Dicyclomine* (*Bentyl*), *Schering 1667*, *Pipradrol* (*Meratran*), *Hyoscin*, *Atropin*. Die Apomorphinwrkg. wird beim Hund durch *Adrenalin* u. *Methanthelin* (*Bantine*) verstärkt. (J. Pharmacol. exp. Therapeut. **119.** 390—94. März 1957. Kingston, Ontario, Canada, Queen's Univ., Dep. of Pharmacol.)

G. Kimmerle. 4646

Otto-Erich Schultz und **Jörg Schnekenburger,** *Chemische Konstitution und pharmakologische Wirkung der Laxantien unter besonderer Berücksichtigung von Verbindungen mit zwei p-Oxyphenylgruppen an einem gemeinsamen Kohlenstoffatom.* 3. Mitt. (2. vgl. C. **1957.** 10004.) Zur Prüfung auf laxative Wrkg. wurden Derivv. von *4.4'-Dihydroxydiphenylmethan* u. *1.1-Bis-[4-hydroxyphenyl]-äthan* hergestellt, die alle unwirksam waren. Entgegen dem Tiervers. erwies sich 4.4'-Dimethoxybenzhydrol beim Menschen als wirkungslos.

Versuche: *4.4'-Dimethoxydiphenylmethan*, F. 53°, aus Anisol u. Paraform durch Sättigung mit trockner HCl bei 0° u. Zugabe von $SnCl_4$ (1 Std., 0°, 6 Std., Raumtemp.); Blättchen (PAe.); 79—80% (Ausbeute). — *4.4'-Dimethoxybenzophenon*, F. 146°, aus vorst. Verb. mit $K_2Cr_2O_7$ in sd. Eisessig (2 Std.); Nadeln (A.); 100%. — *4.4'-Dimethoxybenzhydrol*, F. 72—73°, aus vorst. Verb. mit Zn-Staub in äthanol. KOH (Wasserbad, 1½ Std.); Nadeln (PAe.); 69—72%. — *4.4'-Dimethoxy-3.3'-diäthyldiphenylmethan*, $Kp._{0,2}$ 164,5—165,5°, aus o-Äthylanisol u. Paraform; Öl. — *4.4'-Dimethoxy-3.3'-diäthylbenzophenon*, F. 124°, aus vorst. Verb. mit $K_2Cr_2O_7$ in Eisessig; Nadeln (A.); 84%. — *4.4'-Dimethoxy-3.3'-diäthylbenzhydrol*, $C_{19}H_{24}O_3$, F. 61,5—62°, aus vorst. Verb. mit Zn-äthanol. KOH (Wasserbad, 1½ Std.); Blättchen (PAe.). — *4.4'-Dimethoxy-3.3'-dichlordiphenylmethan*, F. 83,5°, $Kp._{0,1}$ 184°, aus o-Chloranisol, Paraform u. $SnCl_4$; Nadeln (A.); 66%. — *4.4'-Dimethoxy-3.3'-dichlorbenzophenon*, F. 179°, aus vorst. Verb. mit $K_2Cr_2O_7$ in Eisessig; Nadeln (A.-Eisessig). — *4.4'-Dimethoxy-3.3'-dichlorbenzhydrol*, $C_{15}H_4Cl_2O_3$, F. 94,5°, aus vorst. Verb. mit Zn-äthanol. KOH (Wasserbad, 4 Std.); rhomb. Prismen (A.). — *Bis-[4-methoxyphenyl]-pyridyl-(2)-methan*, $C_{20}H_{19}NO_2$, F. 63 bis 63,5°, $Kp._{0,1}$ 214°, beim Stehen bei 35° kristallisierendes Öl; Nädelchen (PAe.). — *4-Hydroxy-4'-methoxydiphenylessigsäure*, F. 153°, aus 4-Hydroxy-4'-methoxydiphenylacetonitril mit sd. wss. KOH (6 Std.); Nadeln (50%ig. CH_3OH); 95%. *Methylester*, F. 112,5°. — *1.1-[4-Hydroxy-4'-methoxydiphenyl]-äthanol-(2)*, $C_{15}H_{16}O_3$, F. 153,5°, aus vorst. Ester durch $LiAlH_4$-Red. in sd. absol. Ae. (ca. 2½ Std.); seidige Nadeln (verd. A.); 98%. (Arch. Pharmaz. Ber. dtsch. pharmaz. Ges. **291/63.** 356—61. Juli 1958. Kiel, Univ., Pharmazeut. Inst.)

K. Maier. 4647

Otto-Erich Schultz und **Jörg Schnekenburger,** *Chemische Konstitution und pharmakologische Wirkung der Laxantien unter besonderer Berücksichtigung von Verbindungen mit zwei p-Oxyphenylgruppen an einem gemeinsamen Kohlenstoffatom.* 4. Mitt. (3. vgl. vorst. Ref.) Als weitere Derivv. des Triphenylmethans wurden aus Phenolphthalein (I) durch $LiAlH_4$-Red. *3.3-Bis-[4-hydroxyphenyl]-4.5-benzodihydrofuran* (**II**; *„Phenolphthalan"*) u. durch Kondensation von o-Toluylaldehyd mit Phenol der Grund-KW-stoff der I-Derivv., *4.4'-Dihydroxy-2''-methyltriphenylmethan* (**III**), hergestellt. Ammonolyse von *4.4'-Dihydroxytriphenylmethancarbonsäure-(2'')-methylester* gab das entsprechende *Amid* (**IV**), während aus der freien Säure mit wss. NH_3 *3.3-Bis-[4-hydroxyphenyl]-isoindolinon-(1)* entstand. Die Herst. des dem Phenolphthalol (**V**) entsprechenden Amins aus **IV** gelang nicht. **III** u. **IV** besitzen keine laxative Wrkg., während die von **II** beim Menschen zwischen der von **I** u. **V** lag. Zur Klärung der Frage, ob **V** die Wirkform von **I** darstelle, wurde der Ae.-Auszug menschlicher Faeces in eine bicarbonat- u. eine alkalihydroxydlösl. Fraktion zerlegt, die jedoch nur Phenolphthalin (**VI**) bzw. **I**, aber kein **V**, enthielten.

Versuche: *3.3-Bis-[4-hydroxyphenyl]-4.5-benzodihydrofuran* (II), $C_{20}H_{16}O_3$, F. 204,8°, aus I mit $LiAlH_4$ in sd. Ae. (6 Std.); Nadeln (60%ig. A.); 55% (Ausbeute). *Diacetylverbb.*, $C_{24}H_{20}O_5$, F. 135°, Blättchen (A.). — *4.4'-Dihydroxy-2''-hydroxymethyltriphenylmethan*, F. 200°, aus II mit DEVARDA-Legierung in warmer 10%ig. NaOH. — *4.4'-Dihydroxy-2''-methyltriphenylmethan*, $C_{20}H_{18}O_2$, F. 182° (Bzl.), aus o-Toluylaldehyd u. Phenol in A.-konz. HCl (3 : 1), 2 Tage, 35—40°, u. Red. mit DEVARDA-Legierung in 5%ig. NaOH bei 70—80°. — *4.4'-Dihydroxytriphenylmethan-2''-carbonamid*, $C_{20}H_{17}NO_3$, F. 243,7°, aus a) I-Methylester in NH_3-gesätt. absol. CH_3OH durch Erhitzen auf 230° (100 Std.); b) I in NH_3-gesätt. absol. CH_3OH wie vorst.; rhomb. Prismen (A.); 58%; 25%. — R_F-Werte (W.): **I**, 0,33—0,34, **II**, 0,42—0,43, **V**, 0,53—0,54, **VI**, 0,84. (Arch. Pharmaz. Ber. dtsch. pharmaz. Ges. **291/63.** 362—67. Juli 1958. Kiel, Univ., Pharmazeut. Inst.) K. MAIER. 4647

J. H. Drudge, S. E. Leland jr., Z. N. Wyant, G. W. Elam, Charles E. Smith jr. und **Edwin Dale jr.**, *Kritische Untersuchungen mit Piperazin–Schwefelkohlenstoffkomplex (Parvex) gegen Parasiten des Pferdes.* Durch Verabreichung von 75—200 mg *Piperazin–Schwefelkohlenstoff-Komplex* (*Parvex*, UPJOHN)/kg werden bei Pferden die Ascariden zu 89—98% entfernt. Ebenfalls eine günstige Wrkg. hat Parvex bei Befall mit Strongylus vulgaris, Gastrophilus nasalis u. weniger für Strongylus edentatus. Keine Wrkg. ist für Trichostrongylus axei u. Habronema muscae vorhanden. (Amer. J. veterin. Res. **18.** 792—97. Okt. 1957. Lexington, Ky., Kentucky Agricult. Exp. Stat., Dep. of Animal Pathol.) G. KIMMERLE. 4649

Torben E. Neesby, Anthony W. Pircio und **Jerome F. Grattan,** *Die Resorption von Schwefelverbindungen durch die Haut der Ratte nach äußerlicher Anbringung von Polythionaten.* ^{35}S-markierte Polythionate, bestehend aus Penta- u. Tetrathionat u. radioakt. Tetrathionat mit Markierung an allen 4 S-Atomen, wurden örtlich auf die Haut ausgewachsener Ratten appliziert. Die Resorption verlief schnell. Bei zunehmender Dauer der Applikation nahm auch die durch die Haut absorbierte Menge an ^{35}S zu, wobei ein Teil des resorbierten ^{35}S bis in den Blutstrom gelangte. Innerhalb des untersuchten Konzentrationsbereichs erwies sich der Grad der Resorption der örtlich angewandten Polythionate als unabhängig von der auf die Haut gebrachten Polythionatmenge. Aus Analysenproben ging hervor, daß 24 Std. nach Applikation auf die Haut sich 33% des resorbierten ^{35}S in der Leber befanden. Auch mit Hilfe von Autoradiographie wurde die ^{35}S-Aufnahme in die Haut der Ratte untersucht. (J. Amer. pharmac. Assoc., sci. Edit. **46.** 263—66. April 1957. New Brunswick, N. J., Carroll Dunham Smith Pharmacal Co.) C. FREESE. 4660

Cleveland R. Denton, Donald J. Birmingham und **Vernon B. Perone,** *Die Bewertung von siliconhaltigen Hautschutzmitteln im Laboratoriumsversuch.* Vff. haben nach SCHWARTZ u. Mitarbeitern die Fähigkeit verschied. *Siliconpräpp.* u. nicht siliconhaltiger Hautschutzmittel verschied. Fll. durchzulassen bestimmt u. die Ergebnisse tabellar. mitgeteilt. (A. M. A. Arch. Dermatol. **72.** 7—12. Juli 1955. Hartford Hosp.) HEINRICH HERMANN. 4661

Richard J. Ferrara und **Hermann Pinkus,** *Alseroxylon bei der Behandlung juckender und psychogener Dermatosen.* Alseroxylon (*Rauwiloid*, Rauwolfia-serp.-Wurzel-Extrakt; RIKER LABORS, INC., Los Angeles) hat sich bei Vff. bei verschiedenen mit Jucken einhergehenden Dermatosen u. bes. solchen, bei denen ein psychogener Faktor ursächlich am Zustandekommen des Juckens beteiligt war, zur Behandlung gut bewährt. (A. M. A. Arch. Dermatol. **72.** 23—28. Juli 1955. Detroit, Mich., Receiving Hosp., Dep. of Dermatol.) HEINRICH HERMANN. 4661

H. Jung-Grimm, *Die physikalische Bestimmung der spektralen Durchlässigkeit von Lichtschutzmitteln und Salbengrundlagen im sichtbaren und ultravioletten Strahlenbereich.* Die Lichtdurchlässigkeit im Bereich von 200—900 mμ wurde bei Öl-, Fett- u. Salbenfilmen mit einer Schichtdicke von 4,4—4,6 μ bestimmt. Die mit 10 im Handel befindlichen Lichtschutzmitteln gewonnenen Ergebnisse werden krit. diskutiert. (Dermatol. Wschr. **132.** 1261—67. 1955. Mainz, Univ., Hautklinik.) S. ERBE. 4661

C. Trolle-Lassen, *Untersuchungen über die Empfindlichkeit des menschlichen Auges gegen hypo- und hypertonische Lösungen und Lösungen mit unphysiologischen Wasserstoffionenkonzentrationen.* Unterss. über die Abweichungen, die der osmot. Druck u. die H^+-Konz. von Augentropfen im Vgl. mit den physiol. Werten aufweisen dürfen, ohne daß das Auge Störungen erleidet, zeigen, daß Lsgg. mit Gefrierpunktserniedrigungen von 0,06 u. 1,23° (0,41 u. 0,77°) in 99 (1) % der Fälle störend wirken. Somit empfiehlt sich die Verwendung von Lsgg. mit 0,7—1,4%, vorzugsweise 0,9% NaCl. Lsgg. von p_H 5,8 u. 11,4 (7,3 u. 9,7) lösen in 99 (1) % der Fälle Beschwerden aus; innerhalb der letztgenannten Werte erleidet das Auge keine Störungen. (Pharmac. Weekbl. **93.** 148—55. 22/2. 1958. Kopenhagen, Danmarks Apotekerforenings Kontrollabor.) W. Wesly. 4670

Duilio Casula und **Mario Congiu,** *Die Untersuchung der hämogenen Teste bei Silicosekranken unter besonderer Berücksichtigung der Blutgefäße.* An 233 Fällen von leichter, mittelschwerer u. schwerer Silicose wurde das Verh. der klass. hämogenen Teste (Aderpresse, Saugglockenverf., Blutgerinnungs- u. Blutungszeit, Thrombocytenzahl, Gerinnungsthrombus) untersucht. — In allen Fällen wurden Zustände von Gefäßbrüchigkeit festgestellt, die um so ausgeprägter erscheinen, je schwerer die Silicose ist. — Diskussion der Ursachen der verminderten Capillarresistenz. (Arch. ital. Sci. med. trop. Parassitol. **38.** 249—56. Mai 1957. Cagliari, Univ., Ist. di Clin. Med. gen.) H. Kockert. 4681

Silvio Garattini and **V. Ghetti,** eds., Psychotropic drugs. Proceedings of the international symposium on psychotropic. 1. reprint. Amsterdam: Elsevier Publishing Co. 1957. Ausg. 1959. (XIV + 606 S. m. Abb. u. Tab.) 8°. 95 s.

Albert Kukowka, Balneologie und physikalische Therapie in Rumänien. Berlin: VEB Verl. Volk u. Gesundheit. 1958. (97 S.) 8°. DM 5,—.

D. R. Laurence, ed., Quantitative methods in human pharmacology and therapeutics. London: Pergamon Pr. 1959. (XVII + 253 S.) = Biological Council's Coordinating Committee for symposia on drug action Ser., Vol. 3. 45 s.

W. J. Hayes jr., S. W. Simmons und **E. F. Knipling,** *Human and Veterinary Medicine.* Vol. II: *DDT. The Insecticide Dichlorodiphenyltrichloroethane and its significance.* Basel, Stuttgart: Birkhäuser Verlag. 1959. (570 S. m. 63 Abb. und 65 Tab.) DM 66,—.

Behandelt werden vom DDT die Pharmakologie u. Toxikologie (Hayes), die Verwendung in der Humanmedizin (Simmons) u. in der Tiermedizin (Knipling). — 203 Literaturangaben. M. Pflücke.

F. Pharmazeutische Chemie. Desinfektion.

Herbert Jäger, *Zur Problematik von Arzneimittelnamen.* Volkstümliche u. Handelsnamen u. ihre Problematik. (Pharmaz. Ztg. verein. Apotheker-Ztg. **103.** 355—57. 11/4. 1958.) Heinz Walter. 4750

G. Bryan, *Die Extra Pharmacopoeia, Bd. I. Eine Besprechung der 24. Ausgabe.* Besprechung der 24. Ausgabe des Band I des Martindale (Extra Pharmacopoeia). (Pharmac. J. **180** ([4] **126**). 360—61. 10/5. 1958.) F. Neuwald. 4750

H. Friedrich, *Untersuchungen über phenolische Inhaltsstoffe von Pyrus communis L. 1. Mitt. Zusammenstellung der bisherigen Veröffentlichungen.* Einleitung u. 29 Literaturangaben. (Pharmazie **12.** 691—93. Okt. 1957. Gatersleben, Inst. f. Kulturpflanzenforschung.) Heinz Walter. 4782

Olinda Ferreira und **Lígia de Oliveira Pimenta,** *Öl von Aegiphila.* Aus den Samen von *Aegiphila tomentosa* wird mit Ae. ein Öl mit D. 0,9144, JZ. 88,49, VZ. 212,05, SZ. 8,348, EZ. 203,702, 77,31% Fettsäuren extrahiert. Es zeigt deutlich positive Rk. auf Provitamin A u. könnte nach seinen Eigg. zur Behandlung von Hautkrankheiten geeignet sein. (Rev. Quím. Farmác. Rio de Janeiro **21.** Nr. 10. 15—20. Okt. 1956. Belo Horizonte, Univ. de Minas Gerais, Cad. de Quím. org. e Quím. biol.) R. K. Müller. 4782

V. Dadák, *Versuch zur Isolierung einiger Substanzen aus der Wurzel von Peucedanum alsaticum L.* (Kurze Mitt.). Die antibiot. Wirkstoffe aus der Wurzel von *Peucedanum alsaticum L.* werden im alkal. Medium sowie durch Hydrierung oder Methylierung mit CH_2N_2 desaktiviert. Ihre Isolierung gelang nicht. Dagegen wurden *Phytosterin* u. *D-Mannit* gefunden u. papierchromatograph. Zucker festgestellt, deren R_F-Werte denen von *Saccharose, Glucose* u. *Fructose* entsprechen.

Versuche: *Phytosteringemisch,* F. 130—133°, aus getrockneten, gemahlenen Wurzeln von *Peucedanum alsaticum L.* mit PAe. $[\alpha]_D^{23}$ $-37,4°$ (c = 0,536, $CHCl_3$), Salkowski- u. Liebermann-Burchard-Rk. sind positiv. — *D-Mannit,* $C_6H_{14}O_6$, F. 164—165° aus CH_3OH, neben vorst. Verb. aus dem wss. Extraktionsrückstand, $[\alpha]_D^{21}$ $-2,1° \pm 2°$ (c = 1,78; W.) reduziert Fehlingsche Lsg. nicht, *Hexaacetat,* $C_{18}H_{26}O_{12}$, F. 120—121° aus Äthylacetat, $[\alpha]_D^{21}$ $24,4 \pm 2°$ (c = 2,99; $CHCl_3$). (Mh. Chem. **88.** 1116—18. 1957, herausgeg. 28/1. 1958. Olmütz, Plalacky-Univ., Med. Fakultät, Chem. Inst.) M. Reiher. 4782

Gunnar Gjerstad, *Neue Untersuchungen über das Mutterkorn.* Literaturbericht über den Stand der Mutterkornforschung, bes. über Lysergsäurediäthylamid, in vitro-Kultur u. neue Alkaloide aus verschied. Claviceps-Arten. (Pharmac. J. **180** ([4] **16**). 379—81. 17/5. 1958.) F. Neuwald. 4782

Alfred Mosig, *Einige bedeutungsvolle Arzneipflanzen in der modernen chinesischen Heilkunde.* Inhaltlich ident. mit der C. **1959.** 7561 referierten Arbeit. (Österr. Apotheker-Ztg. **13.** 141—43. 21/2. 1959.) F. O. W. MAYER. 4782

C. Lee Huyck und **James L. Maxwell,** *Rezepte für einige haltbare Diabetikersirupe.* Zum Ersatz des Zuckers in Syrup USP, Ephedrine Sulfate Syrup, Compound Squill Syrup u. Ipecac Syrup wird Na-Carboxymethylcellulose zusammen mit Sucaryl–Natrium vorgeschlagen. An Stelle des offizinellen Simple Syrup USP wird als „Diabetic Simple Syrup" folgende Rezeptur empfohlen: NaCMC 1,5%, Sucaryl–Natrium-Lsg. 2,8%, gereinigtes W. q. s. Dieser „Diabetikersirup" kann dann auch an Stelle des Simple Syrup in den arzneilichen Sirupen verwendet werden. Diese Sirupe bedürfen jedoch eines zusätzlichen Geschmackskorrigens. (J. Amer. pharmac. Assoc., pract. Pharmacy Edit. **19.** 142—43. März 1958.) F. NEUWALD. 4790

J. E. Carless, *Die Zusammensetzung von öligen Calaminlotiones.* Als zweckmäßigste Rezeptur u. Bereitung für eine ölige Calamin-Lotio wird auf Grund experimenteller Prüfung empfohlen: 5 Teile Calamin u. 2 Teile Zinkstearat werden mit 5 Teilen Wollfett, das vorher mit 1 Teil Ölsäure u. 45 Teilen dünnflüssigem Paraffin zusammengeschmolzen ist, verrieben u. mit Kalkwasser in kleinen Anteilen unter kräftigem Schütteln auf 100 Teile ergänzt. (Pharmac. J. **180** ([4] **126**). 419—20. 31/5. 1958.) F. NEUWALD. 4790

Harris B. Bernstein und **Martin Barr,** *Die Wirkung von Elektrolyten auf Bentonitsuspensionen.* (Vgl. C. **1957.** 4188.) Vff. weisen nach, daß bei 3%ig. (Gewicht/Vol.) Suspensionen von Bentonit in W. bei Zufügen von Elektrolyten keine Zunahme der Thixotropie auftritt. Es wurden bis zu $2 \cdot 10^{-2}$ mol. Konzz. von NaCl, NH_4Cl, KCl, LiCl, $CaCl_2$, $MgCl_2$ u. $AlCl_3$, ferner NaJ, NaBr, $NaNO_3$, NaCNS, Na-Acetat, Na-Citrat, Na-Tartrat, Na_2SO_4, Na_2CO_3 u. Na_3PO_4 zugesetzt. Bei höheren Zusätzen scheidet sich W. aus der Suspension ab. Das thixotrope Verh. einer 5%ig. (Gewicht/Vol.) Suspension wurde durch die geprüften Kationen nicht oder nur unwesentlich beeinflußt. Von den geprüften Anionen verringerten Citrat u. Phosphat das thixotrope Verh., es trat bei Zusatz von Na-Salzen eine geringere Wasserabscheidung auf als bei den verschied. Chloriden. (J. Amer. pharmac. Assoc., sci. Edit. **46.** 41—44. Jan. 1957. Philadelphia, Pa., Philadelphia Coll. of Pharmacy and Sci., Dep. of Pharmacy.) S. ERBE. 4790

William C. Fiedler und **Glen J. Sperandio,** *Die Rezeptierung von Salben mit an Austauscherharzen gebundenen Medikamenten.* Der Einsatz von Salben, die an Austauscherharze gebundene Medikamente enthalten, scheint indiziert, z. B. bei Hautverletzungen oder -erkrankungen, bei denen eine teilweise oder vollständige Zerstörung oder Verletzung der Epidermis mit mehr oder minder starker Exsudation vorliegt. Es wurden die Kationenaustauscherharze Amberlite XE-64 Micropowder, Amberlite IRC-50 u. Amberlite IRA-400 verwendet. Vff. konnten nachweisen, daß eine O/W-Emulsion den besten Austauschereffekt zeigte, der mit zunehmendem Wassergeh. u. abnehmender Salbenkonsistenz anstieg. Emulsionen mit Pektin u. Veegum zeigten einen wesentlich besseren Austauschereffekt als die Hydrophilic Base der USP. (J. Amer. pharmac. Assoc., sci. Edit. **46.** 44—47. Jan. 1957. Lafayette, Ind., Purdue Univ., School of Pharmacy.) S. ERBE. 4792

William C. Fiedler und **Glen J. Sperandio,** *Die in vitro-Prüfung von Salben, die an Ionenaustauscherharze gebundene Medikamente enthalten.* (Vgl. vorst. Ref.) Die Austauschereigg. von Amberlite XE-64 Micropowder (**I**) u. Amberlite IRC-50 (**II**) wurden für Neomycin (**III**) untersucht. 1 g **I** adsorbiert 0,77 g **III**, 1 g **II** 0,464 g **III**. Amberlite IRA-400 bzw. IRA-410 adsorbieren 0,515 bzw. 0,275 g Sulfadiazin (**IV**). Die Adsorbate wurden in Salbengrundlagen eingearbeitet. Ein Vgl. von Salben mit Adsorbaten u. von Salben, die eine äquivalente Menge **III** bzw. **IV** in freier Form enthielten, zeigte in Diffusionsverss. in vitro keine signifikanten Unterschiede. In der bakteriolog. Prüfung erwies sich die Salbe mit **III**-Adsorbat als vorteilhaft in bezug auf ihre protrahierte Wrkg. gegenüber der Salbe mit freiem **III**. Eine nur wenig bessere Wrkg. der Salbe mit **IV**-Adsorbat gegenüber der Salbe mit freiem **IV** wurde festgestellt. Der Einsatz von Arzneimitteladsorbaten an Austauscherharzen in Salben scheint nur in den Fällen vorteilhaft zu sein, wo die Arzneimittel in sehr geringer Menge wirken u. man eine protrahierte Wrkg. wünscht wie bei den Antibiotica. Stoffe, die nur in höheren Konzz. wirken, werden zweckmäßigerweise nicht als Adsorbate, sondern in freier Form den Salben zugesetzt. (J. Amer. pharmac. Assoc., sci. Edit. **46.** 47—51. Jan. 1957.) S. ERBE. 4792

J. W. Hadgraft und **Shirley A. P. Price,** *Hydrocortisoncremes.* Wasserhaltige Hydrocortison- u. Hydrocortisonacetatcremes lassen sich frisch in einfacher Weise unter Verwendung von „Cetomacrogol emulsifying wax" bereiten. Beide Cremes erwiesen sich auch ohne Zusatz eines Phosphatpuffers p_H 7 nach einmonatiger Lagerung bei Raumtemp. u. weiterer 6wöchiger Lagerung bei 45° als stabil. (Pharmac. J. **180** ([4] **126**). 420. 31/5. 1958.) F. NEUWALD. 4792

H. Frey, *Die Herstellung von Mikrokristallen für pharmazeutische Zwecke.* Besprechung der allg. Gesichtspunkte über Mikrokristalle für Verwendung als Arzneimittel. Schwierigkeiten beim Progesteron u. Steroiden der Gruppe der Nebennierenrindenhormone hängen mit dem Auftreten verschied. Modifikationen u. Kristallisate mit Kristalllösungsm. zusammen. Die Verff. zur Herst. von Mikrokristallen in bestimmten Größen, zur Erzielung haltbarer u. steriler Präpp. werden erörtert. (Chem. Rdsch. [Solothurn] **11.** 553—54. 1/11. 1958. Olten.) PH. FRESENIUS. 4800

Alfred Barthelmeß, *Mutagene Arzneimittel.* Übersicht über die wichtigsten Stoffgruppen u. Einzelstoffe, bei denen eine cytogenet. Wrkg. mit mutagenem Endeffekt festgestellt werden konnte. Es wird dabei gezeigt, daß eine bedenklich hohe Zahl viel verwendeter Pharmaka zumindest potentiell mutagen sind. — 312 Literaturangaben. (Arzneimittel-Forsch. **6.** 157—68. April 1956. München, Univ., Botan. Inst.) M. NEGWER. 4800

Fred J. Bandelin und **Walter Malesh,** *Die Stabilität der Acetylsalicylsäure.* Es wurde die Stabilität der *Acetylsalicylsäure* (I) in Ggw. von 11 verschied. Antacida (II) geprüft, die zur Pufferung den verschiedensten Präpp. zugesetzt werden. Außer Dihydroxyaluminiumaminoacetat u. Ca-Gluconat, die im Verhältnis 2 Teile **I** u. 1 Teil **II** gemischt nach 1 Jahr nur 1% freie Salicylsäure ergaben, waren die übrigen Mischungen in gleichen Verhältnissen mit Aluminiumhydroxydtrockengel, $CaCO_3$, Ca-Lactat·5 H_2O, Mg-Carbonat, $Mg(OH)_2$, MgO, Mg-Trisilicat, $NaHCO_3$ u. Na-Phosphat dibas. anhydr. mehr oder weniger instabil u. spalteten freie Salicylsäure ab. (J. Amer. pharmac. Assoc., pract. Pharmacy Edit. **19.** 152—53. März 1958.) F. NEUWALD. 4806

David Guttman und **Takeru Higuchi,** *Reversible Assoziation von Caffein und einigen Homologen des Caffeins in wässeriger Lösung.* Es wurde die Verteilung von *Caffein* (I) zwischen dest. W. u. einem organ. Lösungsmittelgemisch von 10% Chlf. u. 90% Isooctan in verschied. Konzz. bei 0, 20, 30 u. 35° untersucht. Davon ausgehend, daß die Assoziationen dem Massenwirkungsgesetz gehorchen, wurden die Gleichgewichte in der wss. Schicht als Funktion der Assoziationskonstanten von I formuliert, der Verteilungskoeff. von **I**, als Quotient der mol. Konzz. der **I**-Assoziate in W. u. der mol. **I**-Konz. im organ. Lösungsm., als Funktion der einzelnen Assoziationskonstanten u. der mol. Konzz. der I-Polymeren. Die Versuchsergebnisse wurden auf Grund reversibler Assoziationen in der wss. Phase erklärt. Die Verss. zeigten, daß **I** in wss. Lsg. einer recht merklichen Assoziation unterworfen ist, indem es bes. in monomerer, aber auch in dimerer u. tetramerer Form auftritt. Eine graph. Meth., an 10 Diagrammen veranschaulicht, diente der Best. der Assoziationskonstanten für die Gleichgewichte der Dimerisierung sowie der Tetramerisierung. Wie **I** so zeigten auch ähnliche Unterss. mit 7-Äthyltheophyllin u. 7-Propyltheophyllin in wss. Lsg. beträchtliche Assoziation unter Bldg. dimerer u. tetramerer Formen. Der Assoziationsgrad nimmt in dem Maße ab, wie die Länge der Seitenkette zunimmt. Im Gegensatz hierzu scheint 1-Äthyltheobromin in wss. Lsg. nur in monomerer u. dimerer Form vorzukommen. (J. Amer. pharmac. Assoc., sci. Edit. **46.** 4—10. Jan. 1957. Madison, Univ. of Wisconsin, School of Pharmacy.) C. FREESE. 4806

A. Lespagnol, *Morphin und Folgepräparate (Allgemeine chemische Darstellung).* Übersicht; Morphin, seine Struktur, Derivv. u. verwandte Mohnalkaloide, synthet. Präpp. (Morphinan, Pyridosal, Methadon u. a.). Zahlreiche Formelbilder. (Produits pharmac. **13.** 415—24. Sept. 1958. Lille, Univ., Fac. de Pharmacie.) HEINZ WALTER. 4806

J. Schaar, *Chlorophyll als Therapeuticum und Desodorans.* Vortrag. — In der Kosmetik u. Hygiene eingesetztes Chlorophyll muß nicht immer das sein, was man unter einem pharmakolog. wirksamen Chlorophyll versteht; auf dem Weg zum fertigen Präp. kann viel für seine Wirksamkeit Ungünstiges geschehen. Die für solche Wirksamkeit unerläßliche Tagesmindestmenge an 0,1—0,5 g des teuren, pharmalog. einwandfreien Prod. wird nur selten erreicht. (Österr. Apotheker-Ztg. **13.** 125—27. 7/2. 1959.) F. O. W. MEYER. 4806

Jørgen Mørch, *Die Beständigkeit von Adrenalin- und Noradrenalininjektionslösungen.* An Ratten ausgeführte Blutdruckmessungen über die Wirksamkeit von *Adrenalin* (I) in 1%ig. HCl-Lsg. mit 0,5‰ Na-Pyrosulfit (**II**)-Zusatz u. *Noradrenalin* (**III**) in 0,1‰ig. Bitartratlsg. u. 0,5‰ **II**-Zusatz (das Luftvol. der Ampullen = 20—100% des Flüssigkeitsvol.) zeigen (Diagramme) die durch verschieden langes Erhitzen auf 100° entstehenden Verluste an Wirksamkeit. Die Hauptursache des Verlustes ist die Racemisierung; die Oxydation verläuft zu Beginn der Behandlung verhältnismäßig langsam, später rascher u. schließlich, wenn der O_2-Geh. sich dem Wert Null nähert, wieder langsam. Durch 20 Min. Erhitzen im Autoklaven auf 120° büßt **I** (**III**) nur 4 (2)% an Wirksamkeit ein, wenn **I** u. **III** mit redest. W. hergestellt worden sind. (Pharmac. Weekbl. **93.**

141—48. 22/2. 1958. Kopenhagen, Royal Danish School of Pharmacy, Dep. of Pharmaceut. Biology and Dep. of Pharmacy.) W. WESLY. 4808

K. A. Lees, *Ein Überblick über die Antibiotica.* Herst. u. Forschung sowie Anwendung von Antibioticis werden zusammenfassend dargestellt. (Pharmac. J. **181.** ([4] **127**). 163—66. 6/9. 1958.) HEINZ WALTER. 4810

G. Ross, *Antibioticaherstellung.* Vortrag. Es werden die neuesten Methoden zur Gewinnung u. Sterilisation der Antibiotica besprochen. (Brit. chem. Engng. **3.** 8—13. Jan. 1958.) H. P. FIEDLER. 4810

B. Heinz, *Über das Pyrrolidinomethyltetracyclin.* Die Tetracycline wurden bisher überwiegend oral verwendet, weil es schwierig war, verträgliche Zubereitungsformen für die parenterale Anwendung herzustellen. Auch Komplexverbb. befriedigten nicht. Durch Aminomethylierung des Tetracyclins konnte eine Reihe gut brauchbarer Verbb. synthetisiert werden. Bes. gute Eigg. zeigte das *Pyrrolidinomethyltetracyclin* (Reverin), hellgelbe, feine Nadeln, F. 162—165°, sehr leicht wasserlöslich. (Österr. Apotheker-Ztg. **13.** 182—84. 7/3. 1959.) F. O. W. MEYER. 4810

Benjamin F. Allen und **Phillip J. Levine,** *Zusatz von Aminobenzoesäureäthylester zu einem Mundwasser auf Wasserbasis.* Es wurden 3 verschied. wss. Emulsionsgrundlagen auf ihre Eignung als Vehikel für *Aminobenzoesäureäthylester* (I) untersucht. Base A: Methylcellulose (4000 cP) 2,00, Methylparaben 0,15, gereinigtes W. q. s. ad 100,00. Base E: Polyäthylenglykol 400 87,50, Dioctylnatriumsulfosuccinat 0,15, Methylparaben 0,15, gereinigtes W. q. s. ad 100,00. Base G: Nichtemulgierendes Glycerinmonostearat 5,30, Glycerin 2,00, Na-Laurylsulfat 0,75, gereinigtes W. q. s. ad 100,00. Base G erwies sich als geeignetstes Vehikel, das bis zu 20% I suspendiert. Base A ist hinsichtlich Stabilität u. anaesthet. Wrkg. ebenfalls geeignet, während Base E wegen ihrer Farbe u. ihrer p_H-Variation für die äußerliche Anaesthesie nicht empfohlen wird. Alle 3 Vehikel übten keinen Reiz auf die Kaninchencornea aus. (J. Amer. pharmac. Assoc., pract. Pharmacy Edit. **19.** 154—55. März 1958.) F. NEUWALD. 4822

T. D. Whittet, *Praktische Gesichtspunkte der Pyrogenprüfung.* Es werden die Ergebnisse verschied. Prüfungen auf Pyrogene sterilisierter Lsgg. mitgeteilt. Vf. stellt fest, daß die meisten Pyrogen-Rkk. durch fehlerhafte Aufbewahrung, nicht aber durch fehlerhafte Herst. verursacht waren. Die Verwendung von Ionenaustauschern zur Bereitung von pyrogenfreiem W. wird abgelehnt. Zufügen von Antihistaminstoffen beeinflußt das Auftreten pyrogener Rkk. je nach Art des verwendeten Antihistamins mehr oder weniger. (Australas. J. Pharmacy [N. S.] **39.** 867—70. 30/8. 1958.) H.-W. GRAMM. 4832

Stanisław Rajkowski, *Entpyrogenierung von Lösungen durch Adsorption.* Übersicht über die Methoden zur Entfernung von fiebererregenden Keimen aus wss. Medikamenten. (Farmacja polska **14.** 65—68. März 1958. Inst. Leków.) F. URBAN. 4832

F. Buben und **J. Körbl,** *Komplexometrische Titrationen in der pharmazeutischen Analyse.* 17. Mitt. *Bestimmung von Wismut.* (16. vgl. C. **1958.** 505.) Zur Best. von Bi 200 mg Probe in 5 ml HNO_3 1:1 lösen u. auf 300 ml verdünnen, dann 2—3 Tropfen Xylenolorange (I) oder 50 mg Methylthymolblau (II) zusetzen u. mit 0,05 mol. Chelaton (III) Lsg. titrieren. I schlägt von Rot nach Gelb, II von Blau nach Gelb um. Zur Best. werden 300 mg organ. Bi-Verb. im KJELDAHL-Kolben mit 2 ml HNO_3 1:1 u. 2 ml 70% $HClO_3$ 15 Min. erhitzt, nach Abkühlen auf 300 ml mit W. aufgefüllt u. wie oben beschrieben titriert. 1 ml III = 10,45 mg Bi bzw. 11,65 mg Bi_2O_3. (Československ. Farmac. **7.** 78—79. März 1958. Praha, výzk. ústav pro farmac. a biochem.) E. VEVERA. 4880

H. M. Romijn, *Mikrochemische Reaktionen von Sulfaverbindungen.* Tabellar. Zusammenstellung von mikrochem. Rkk. (Cu-Acetat u. NH_3, Co-Acetat u. NH_3, andere Metallsalze u. NH_3 u. NH_3 allein) einer Anzahl von Sulfaverbindungen. (Pharmac. Weekbl. **93.** 929—31. 18/10. 1958.) W. WESLY. 4880

Osvald Manoušek und **Petr Zuman,** *Polarographie von Harnstoff- und Thioharnstoffderivaten.* 9. Mitt. *Polarographische Bestimmung von Thiobarbitursäurederivaten und von 4-Methyl-2-thiouracil in verschiedenen Präparaten.* 10. Mitt. *über Polarographie einiger Schwefelverbindungen.* (8. vgl. C. **1956.** 13658.) Zur Best. von *Thiobarbitursäurederivv.* (I) sowie von *Thiouracil* in pharmazeut. Präpp. wurde eine polarograph. Meth. ausgearbeitet. Zur Best. der I eignet sich eine 0,1 n-NaOH-Lsg. von *4-Methyl-2-thiouracil* eine 1 n-NaOH-Lsg. am besten. Die Meth. wurde an den Präpp. *Inactin, Trapanal (Promonta), Baytinal* (BAYER), *Thiogenal* (MERCK) u. *Alkiron* (SPOFA) erprobt u. mit den Ergebnissen der argentometr., bromometr., jodometr. (in alkal. Medium ausgeführten) Titration u. mit der bromatoarsenometr. Best. verglichen. Die polarograph. Meth. zur Best. beider Typen von Substanzen ist weit spezifischer als die älteren Methoden u. wird von der Ggw. einer Doppelbindung oder eines Schwefelatomes in 5-Stellung nicht beeinflußt; dabei ist die Genauigkeit dieselbe u. die Ausführung wesentlich schneller. (Českoslov. Farmac. **5.** 193—95. Juni 1956. [Orig.: tschech.] Pharmazie **11.** 530—33. Aug. 1956. Praha, Československá akad. věd, Polarograf. ústav.) O. KNESSL/Prag. 4880

T. Alday Redonnet, *Die Bedeutung der biologischen Gehaltsbestimmung des Digitalins (Digitoxin) für die Pharmazie.* Übersicht u. krit. Betrachtung verschied. biol. Bestimmungsmethoden für Digitalin. — 86 Literaturzitate. (Farmac. nueva **24.** 1—14. Jan. 1959. Madrid, Inst. de Biología y Sueroterapía, Sección de Farmacol.) H. BÜCKING. 4880

Jiří Davídek und **Osvald Manoušek,** *Polarographische Bestimmung von Rutin in pharmazeutischen Präparaten.* Verwendete Geräte: HEYROVSKÝ Typ 301 V, mit getrennter Hg-Tropfelektrode, Höhe der Capillare 60 cm, Durchlaufgeschwindigkeit 3,1 mg/s, Tropfgeschwindigkeit 2,9 s. Benötigte Lsgg.: 3 mol $KMnO_4$ (**IV**), 0,2 mol. H_2SO_4 (**III**), 2,5 mol. CH_3COONa (**V**). Zur Rutinbest.: 0,1 g in Methanol lösen u. auf 25 ml auffüllen (**I**). In Küvette 0,5 ml **I**, 0,5 ml **III**, 2 ml **IV**, dann 2,5 Min. N_2 durchleiten, 2 ml **V** zufügen, 4 Min. N_2 durchleiten, polarographieren, Kurve ermitteln. Best. wiederholen, nach ermittelter Kurve Standardlsg. (Konz. $3{,}57 \cdot 10^{-4}$ mol.) zusetzen, polarographieren. Vitamin C u. andere Stoffe stören nicht. — 17 Literaturangaben. (Českoslov. Farmac. **7.** 73—75 März 1958. Praha, výzk. úst. potrav. techn.) E. VEVERA. 4880

J. Kráčmar und **J. Zýka,** *Polarometrische Titrationen von organischen Basen.* 6. Mitt. *Die Nitranilsäure als volumetrisches Mittel.* (5. vgl. C. **1958.** 9854.) Verwendete App.: HEYROVSKÝ-Polarograph, Typ V 301, 4 V Akkumulatoren, Interflex Galvanometer Typ M 4, Stromkonstante $4{,}3 \cdot 10^{-8}$ A, Hg Tropf- u. Hg_2Cl_2-Elektrode. 100—200 mg Probe werden in 10—20 ml 0,01 n KCl-Lsg. gelöst u. bei —0,5 V mit 0,1 mol. Nitranilsäure titriert. Ende der Titration ist durch den linearen Verlauf der Stromstärke zu erkennen, der bis dahin fehlt. Bestimmbar sind Chininhydrochlorid (**I**), Cinchoninhydrochlorid (**II**), Strychninnitrat (**III**) Fehlergrenze **I**—**III** $\pm$ 1,5% Fehler, Narcotinhydrochlorid $\pm$ 3%, Papaverinhydrochlorid $\pm$ 5%, Brucinhydrochlorid $\pm$ 7%, Antihistamin, Benadryl, Ambodryl $\pm$ 1%, Histamin —10%. Die Meth. ist nicht anwendbar bei Morphinhydrochlorid, Codeinphosphat, Paracodeinbitartrat, den Hydrochloriden von Dicodid, Hydroxycodein, Pethidin, Methadon, Apomorphin, Ephedrin u. Pilocarpin, Physostigminsalicylat, Coffeincitrat, Antihistaminchlorid, Pyrilamin, Pyribenzaminchlorid, Procainhydrochlorid, Antipyrin, Amidopyrin, Piperazin. (Českoslov. Farmac. **7.** 246—49. Juni 1958. Praha, Karlouniv., katedr. anal. chem. u. státn. úst. pro kontr. léč.) E. VEVERA. 4880

W. Poethke und **H. Gräser,** *Die Bestimmung des Gesamtalkaloidgehaltes von Folia und Semen Stramonii.* Da im DAB 6 für *Folia* u. *Semen Stramonii* noch keine Gehaltsbest. vorgesehen war, andererseits aber für ein DAB 7 in Aussicht genommen werden sollte, überprüften Vff. die bisher vorgeschlagenen Methoden u. kommen zu dem Ergebnis, daß die von EDER u. RUCKSTAHL (Pharmac. Acta Helvetiae **18.** [1943.] 605) für die Gehaltsbest. von Folia Belladonnae entwickelte Vorschrift auch für die Alkaloidbest. in Folia u. Semen Stramonii geeignet sind. Die entsprechenden Methoden werden ausführlich wiedergegeben. (Scientia pharmac. **25.** 36—42. 31/3. 1957. Jena, Univ., Inst. für Pharmaz. u. Lebensmittelchem.) H. P. FIEDLER. 4880

Günther Kleinschmidt, *Nachweis des Morphins im Papaver setigerum DC.* Auch in *Papaver setigerum* kann *Morphin* papierchromatograph. nachgewiesen werden. Es enthalten im Reifestadium die Wurzel 0,03 (%), der Stengel 0,05, die Blätter 0,045 u. die Kapseln 0,11. — Angabe der Untersuchungsmethode. (Arch. Pharmaz. Ber. dtsch. pharmaz. Ges. **291/63.** 109—11. Febr. 1958.) H. P. FIEDLER. 4880

W. C. Evans, *Die Bestimmung von Rauwolfia und deren Zubereitungen.* Zusammenfassung der Untersuchungsverff. für Rauwolfiadroge u. Präpp. daraus. — 21 Literaturangaben. (Pharmac. J. **181** ([4] **127**). 129—30. 23/8. 1958.) HEINZ WALTER. 4880

N. V. Koninklijke Fabriek van Verbandstoffen v/h Utermöhlen & Co., Amsterdam, Holland, *Präparierung von Verbandstoffen,* bes. Watte. Zwecks Erzielung großer Weichheit imprägniert man diese mit einer Fl. mit p_H 6—7, die aus 25—70 (%) Wollfett, 3—15 Glycerin, 1—5 einer kationakt. Verb., ca. 3 Essigsäure u. W. besteht. Der Wollfettgeh. des Endprod. soll mindestens 4 betragen. (**Holl. P. 89 819** vom 7/12. 1956, ausg. 15/12. 1958.) F. BÖHM. 4795

Upjohn Co., übert. von: **Maxton F. Murray,** Kalamazoo, Mich., V. St. A., *Salicylsäure-β-cyclopentylpropionat,* F. 107—108°, erhält man durch Veresterung von Salicylsäure mit β-Cyclopentylpropionylchlorid oder -bromid in Ggw. eines tert. Amins, z. B. Pyridin. — Verwendung für *therapeut.* Zwecke. (**A. P. 2 835 697** vom 10/5. 1956, ausg. 20/5. 1958.) H. NEBELSIEK. 4807

Farbwerke Hoechst Akt.-Ges., vormals Meister Lucius & Brüning (Erfinder: **Gerhard Korger, Georg Nesemann,** Frankfurt/M., und **Heinrich Ruschig,** Bad Soden), *Antimykotisch wirksame 4-Halogensalicylsäureamide* erhält man durch Rk. von 4-Halogen-2-hydroxybenzoesäurederivv., wie niedermol. Alkylestern, Phenylestern, Halogeniden, Aziden (Halogen = Cl, Br, J), mit Aminen der Formel R_1NHR_2 (R_1 = gerad- oder verzweigtkettiges, gesätt. oder ungesätt. Alkyl mit 1—10 C-Atomen, das auch Arylgruppen enthalten kann; R_2 = H, niedermol. Alkyl) in üblicher Weise. — Aus 4-Chlor-2-hydroxybenzoesäure-n-butylester, Butylamin u. Methanol bei 80°, dann Entfernen der flüchtigen Anteile bei 130° → *4-Chlor-2-hydroxybenzoesäure-n-butylamid,* aus CCl_4, F. 90—92°; 2 Mol, davon bilden mit 1 Mol n-Butylamin eine Komplexverb., aus Chlf., F. 98—100°. — 4-Chlor-2-hydroxybenzoesäuremethylester + n-Hexylamin → *4-Chlor-2-hydroxybenzoesäure-n-hexylamid,* aus Cyclohexan, F. 75—76,5°. — *4-Chlor-2-hydroxybenzoesäureisobutylamid,* aus CCl_4, F. 116—117°. — *4-Chlor-2-hydroxybenzoesäure-n-propylamid,* aus Cyclohexan, F. 80—82,5°. — *4-Chlor-2-hydroxybenzoesäureisopropylamid,* aus Cyclohexan, F. 92 bis 94°. — *4-Chlor-2-hydroxybenzoesäure-n-pentylamid,* aus Diisopropyläther, F. 68 bis 69°. — *4-Chlor-2-hydroxybenzoesäurebenzylamid,* aus Diisopropyläther, F. 123—127°. — *4-Chlor-2-hydroxybenzoesäureisoamylamid,* aus Cyclohexan, F. 108—110°. — Allylamin → *4-Chlor-2-hydroxybenzoesäureallylamid,* aus Diisoamyläther, F. 91—93°. — β-Phenyläthylamin → *4-Chlor-2-hydroxybenzoesäure-β-phenyläthylamid,* aus CCl_4, F. 95—99°. — *4-Brom-2-hydroxybenzoesäure-n-butylamid,* aus Cyclohexan, F. 106,5—107°. — *4-Jod-2-hydroxybenzoesäure-n-butylamid,* aus CCl_4, F. 107,5—110°. — 4-Chlor-2-hydroxybenzoesäurehydrazid + $NaNO_2$ → 4-Chlor-2-hydroxybenzoesäureazid + Allyläthylamin → *4-Chlor-2-hydroxybenzoesäure-(N-äthyl-N-allyl)-amid,* aus Cyclohexan, F. 93—95°. — *Wrkg.* gegen *Pilze,* wie *Microsporum gypseum, Microsporum canis, Epidermophyton rubrum, Trichophyton rotundum, Trichophyton mentagrophytes* u. *Trichophyton plicatile* vgl. Tabelle. (**D. A. S. 1 026 301** Kl. 12o vom 26/1. 1956, veröff. 20/3. 1958.) G. KRAUSS. 4807

Farbwerke Hoechst Akt.-Ges., vormals Meister Lucius & Brüning (Erfinder: **Gerhard Korger, Hans Wagner, Walter Aumüller,** Frankfurt/M., **Heinrich Ruschig,** Bad Soden), *Sulfonylharnstoffe* der allg. Formel $R-SO_2-NH-CO-NH-(CH_2)_n-C_6H_5$, worin R einen Phenylrest, in dem 1 oder 2 H-Atome durch vorzugsweise 6 C-Atome enthaltende Alkyl- oder Alkoxygruppen u. bzw. oder durch Halogenatome ersetzt sein können, oder einen aliphat., cycloaliphat. bzw. cycloaliphat.-aliphat. KW-stoffrest mit 3—8 C-Atomen oder einen Naphthalin-2-, 5.6.7.8-Tetrahydronaphthalin-2- oder einen 4-Phenoxyphenylrest u. n die Zahlen 2—4 bedeuten, u. deren Salze erhält man nach den für die Herst. von Sulfonylharnstoffen gebräuchlichen Methoden: z. B. vereinigt man Cyclohexansulfonylcarbaminsäureäthylester unter Kühlung mit β-Phenyläthylamin u. erhitzt die Mischung 1 Std. auf 130°. Nach Lösen der erkalteten Schmelze in NH_4OH, Klären der Lsg. mit Kohle u. Ansäuern mit verd. HCl erhält man *N-Cyclohexansulfonyl-N'-(β-phenyläthyl)-harnstoff,* F. 128—130°, Ausbeute: 53%. Ferner werden folgende *N'-(β-Phenyläthyl)-harnstoffe* hergestellt: *N-(4-Methoxy-3-methylbenzolsulfonyl),* F. 151°; *N-(4-Methylbenzolsulfonyl),* F. 145—147°; *N-(3.4-Dimethylbenzolsulfonyl)-,* F. 147,5 bis 149°; *N-(Naphthalin-2-sulfonyl)-,* F. 167—169°; *N-(4-Isopropylbenzolsulfonyl)-,* F. 128 bis 130°; *N-(3-Chlor-4-methylbenzolsulfonyl)-,* F. 124°; *N-(Pentan-3-sulfonyl)-,* F. 81°; *N-Cyclohexansulfonyl-N'-[3-phenylpropyl-(1)]-harnstoff,* F. 125°, *N-(4-Methylbenzolsulfonyl)-N'-[3-phenylpropyl-(1)]-harnstoff,* F. 155—157°; *N-(4-Methylbenzolsulfonyl)-N'-(4-phenylbutyl)-harnstoff,* F. 128—130°. — *Antidiabetica.* (**D. A. S. 1 034 618** Kl. 12o vom 10/8. 1956, veröff. 24/7. 1958.) F. KRAUSS. 4807

J. R. Geigy Akt.-Ges. (Erfinder: **Rudolf Pfister**), Basel, Schweiz, *Herstellung von tertiären Aminen der Tetrahydrofuranreihe* der allg. Formel I (R = H oder niedermol. Alkyl; **X** = H, niedermol. Alkyl oder Aralkyl). Eine Epoxyverb. der allg. Formel **II**

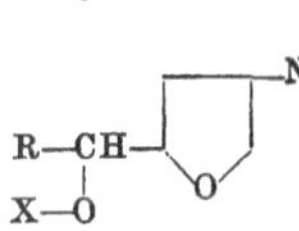
I

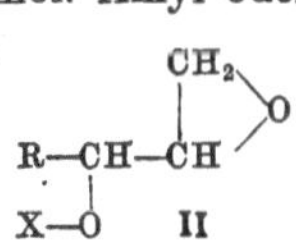
II

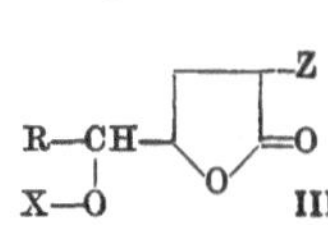
III

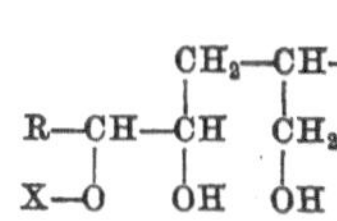
IV

wird mit einer Alkalimetallverb. eines Acetessigsäurealkylesters zu einem γ-substituierten α-Acetyl-γ-butyrolacton der allg. Formel **III** (Z = $-COCH_3$) kondensiert. Dieses wird mit einem Diazoniumsalz der Benzolreihe zu einem Arylhydrazon eines in γ-Stellung entsprechend substituierten α-Oxo-γ-butyrolactons umgesetzt; letzteres wird mit Zn u. HCOOH zu einem γ-substituierten α-Formylaminobutyrolacton der allg. Formel **III** (Z = $-NHCHO$) red., dieses mit CH_2O u. HCOOH in ein γ-substituiertes α-Dimethylaminobutyrolacton der allg. Formel **III** [Z = $N(CH_3)_2$) übergeführt, dieses mittels eines Alkalimetall = Erdmetall-Hydrids zu einem 4-substituierten 1.4-Dihydroxy-2-dimethylaminobutan der allg. Formel **IV** red., u. letzteres wird durch Behandlung mit einem ringschließenden Mittel in ein 5-substituiertes 3-Dimethylaminotetrahydrofuran (**V**) umgewandelt. Für den Fall, daß im Endprod. als X H gewünscht wird, X jedoch einen leicht abspaltbaren Aralkylrest darstellt, wird **V** mit katalyt. aktiviertem H_2 behandelt. Hergestellt werden: *3-Benzyloxy-1.2-epoxypropan*, $Kp._{0,002}$ 72—76°; *α-Acetyl-δ-benzyloxy-γ-valerolacton*, $Kp._{0,005}$ 152—158°; *α-Oxo-δ-benzyloxy-γ-valerolactonphenylhydrazon*, F. 164° *α-Dimethylamino-δ-benzyloxy-γ-valerolacton*, $Kp._{0,05}$ 155°; *1.4-Dihydroxy-2-dimethylamino-5-benzyloxypentan*, $Kp._{0,02}$ 141°; *3-Dimethylamino-5-hydroxymethyltetrahydrofuran*, $Kp._{11}$ 112—120° (durch Ringschluß mittels H_2SO_4 oder HBr); *3-Benzyloxybuten-(1)*, $Kp._{0,001}$ 53°; *3-Benzyloxy-1.2-epoxybutan*, $Kp._{0,09}$ 72—80°; *α-Acetyl-δ-benzyloxy-γ-caprolacton*, $Kp._{0,001}$ 156°; *α-Oxo-δ-benzyloxy-γ-caprolactonphenylhydrazon*, F. 177°; *α-Dimethylamino-δ-benzyloxy-γ-caprolacton*, $Kp._{0,003}$ 160°; *1.4-Dihydroxy-2-dimethylamino-5-benzyloxyhexan*, $Kp._{0,001}$ 132°; *3-Dimethylamino-5-(α-hydroxyäthyl)-tetrahydrofuran*, $Kp._{0,01}$ 60—65°; *3-Dimethylamino-5-benzyloxymethyltetrahydrofuran*. — Zwischenprodd. u. *Verbb. mit neurophysiol. Eigg., bes. vasodilator. Wirksamkeit*. (**D. A. S. 1 052 995** Kl. 12q vom 21/3. 1958, veröff. 19/3. 1959. Schwz. Prior. 22/3. 1957.) K. Fabel. 4807

Farmaceutici Italia Soc. An. (Erfinder: **Carlo Giuseppe Alberti, Domenico Cattapan** und **Alberto Vercellone**), Mailand, Italien, *Herstellung von 5-(3'.4'-Dihydroxybenzyliden)-derivaten* der Formel **I** (V = O oder S; W = O, S oder NH; Z = NH, S oder N-Alkyl), dad. gek., daß man Protocatechualdehyd bei 80—150° in Ggw. einer bas. Substanz, wie Na-Acetat oder NH_3, in einem wss. oder wasserfreien Medium mit einer heterocycl. Verb. der Formel **II** kondensiert. — Folgende *5-(3'.4'-Dihydroxybenzyliden)*-Derivv. werden hergestellt: *-2.4-diketothiazolidin*, F. 300—305° (Zers.); *-pseudothiohydantoin*, F. 248—252° (Zers.); *-hydantoin*, F. 300—305° (Zers.); *-2-thiohydantoin*, F. ca. 350° (Zers.); *-kreatinin*, F. 260—265° (Zers.); *-dithiohydantoin*, F. über 350°. — *Stimulierende Wrkg. auf Gallenabsonderung*. (**D. A. S. 1 038 050** Kl. 12p vom 15/11. 1956, veröff. 4/9. 1958. It. Prior. 17/11. 1955.) I. Lerch. 4807

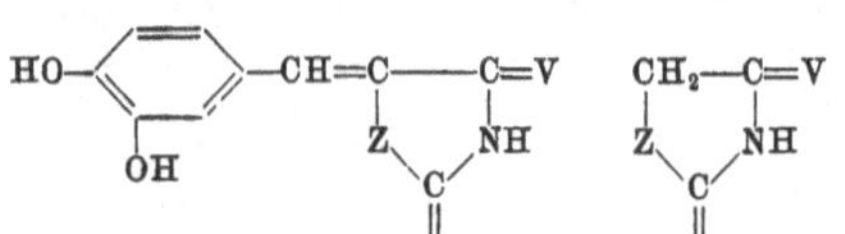

I II

G. D. Searle & Co., Chicago, Ill., übert. von: **Raymond M. Dodson**, Park Ridge, Ill., V. St. A., *2.4-Diaminothiazolderivate* der allg. Formel **I** [R = H oder Acylrest bis 9 C; n = 1—3; Halogen = F, Cl, Br oder J] werden erhalten durch Rk. von Nitrilen der allg. Formel **II** mit Thioharnstoff (**III**) oder Diacylthioharnstoffen der allg. Formel R—NH—CS—NH—R [R = wie vorst.]. — Beispiel: Zu einem Gemisch von 124 (Teilen) p-Fluorbenzaldehyd u. 176 Benzolsulfochlorid wird unter Rühren bei 0—5° eine Lsg. von 49 NaCN in 200 W. zugegeben. Nach 3½ std. Rühren wird das Gemisch mit 400 Aceton verd., 76 **III** zugefügt u. 15 Min. geschüttelt. Der nach Zugabe von 100 W. ausfallende Nd. wird abgetrennt, in CH_3OH gelöst u. hieraus nach Behandlung mit Kohle mit Ae. gefällt → *2.4-Diamino-5-(p-fluorphenyl)-thiazolbenzolsulfonat*, F. 273—275° (Zers.), *freie Base*, F. 153—155° (Zers.), *Hydrochlorid*, F. ca. 250° (Zers.). — Analog werden folgende Verbb. hergestellt: (thiazol = th) *2.4-Diamino-5-(o-chlorphenyl)*-th (**IV**), *Benzolsulfonat* (**V**), F. 235—236° (Zers.), *Hydrochlorid*, F. 255—256°; **IV** + verd. HCl unter Rückfluß erhitzt → 2-Amino-5-(o-chlorphenyl)-4(5)-thiazolon, F. 251—252° (Zers.). — **IV** + verd. HCl (Überschuß) unter Rückfluß erhitzt → 5-(o-Chlorphenyl)-thiazolin-2.4-dion, F. 127—128°. — **V** + $(CH_3CO)_2O$ → 2.4-Diacetylimino-3-acetyl-5-(o-chlorphenyl)-thiazolidin, F. 170—171°. — *2.4-Diacetylamino-5-(o-chlorphenyl)*-th, F. 207—208°. — *2.4-Diamino-5-(m-chlorphenyl)*-th, *Hydrochlorid*, F. 260—267°. — *2.4-Diamino-5-(p-chlorphenyl)*-th, F. 154—155°, *Benzolsulfonat* (**VI**), F. 264—266° (Zers.), *Hydrochlorid*, F. 261—263° (Zers.); [**V** + $(CH_3CO)_2O$ → 2.4-Diacetylimino-3-acetyl-5-(p-chlorphenyl)-thiazolidin, F. 201—202°]. — *2.4-Dibutyrylamino-5-(p-chlorphenyl)*-th. — *2.4-Diamino-5-(p-jodphenyl)*-th, *Benzolsulfonat*, F. ca. 250° (Zers.). — *2.4-Diamino-5-(o.p-dichlorphenyl)*-th, *Benzolsulfonat* (**VI**), F. 257—259°, *Hydrochlorid*, F. 270—280°; [**VII** + $(CH_3CO)_2O$ → 2.4-Diacetylimino-3-acetyl-5-(o.p-dichlorphenyl)-thiazolidin; F. 217—220°]. — *2.4-Diamino-5-(m.p-dichlorphenyl)*-th, *Hydrochlorid*, F. 260—270° (Zers.). — *2.4-Dibenzoylamino-5-(p-fluorphenyl)*-th. — *2.4-Bis-(β-cyclopentylpropionylamino)-5-(p-fluorphenyl)*-th. — *Analgetica, Analeptica* u. *Zwischenprodd.*, bes. für die Herst. von 4(5)-Thiazolonen u. Thiazolidin-2.4-dionen. (**A. P. 2 776 978** vom 19/5. 1955, ausg. 8/1. 1957. **E. P. 789 057** vom 18/5. 1956, ausg. 15/1. 1958. A. Prior. 19/5. 1955.) H. Bräucker. 4807

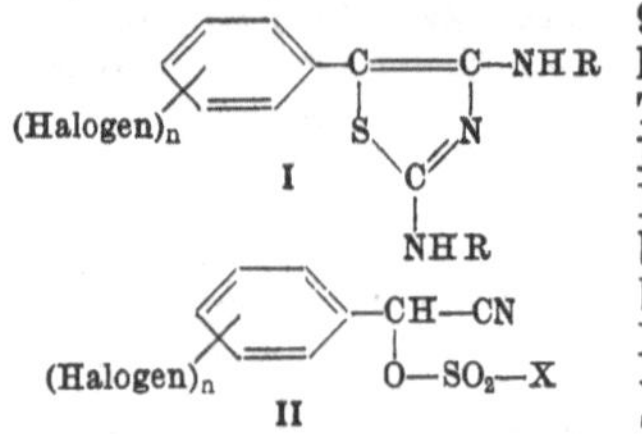

Chemie Grünenthal G. m. b. H. (Erfinder: **Herbert Keller** und **Willi Kunz**), Stolberg/Rhld., *Herstellung von Aminopiperidindionen-(2.6)* der allg. Formel I (R = H oder aliphat. Rest mit 1—5 C-Atomen; X_1 = Rest eines Dicarbonsäureimids; X = H oder 1—5 C-Atome enthaltender aliphat. Rest), dad. gek., daß eine Verb. $R_1 \cdot CO \cdot CHX_2 \cdot CHX \cdot CHX \cdot CO \cdot NHR$ (X_2 = Rest eines Dicarbonsäureimids oder darin überführbarer Rest; R_1 = ein mit dem H-Atom der NH-Gruppe reaktionsfähiger Rest [HO- veresterte HO-Gruppe, Halogenatom, NH_2-Gruppe oder substituierte Aminogruppe]) auf höhere Temp. erhitzt wird, gegebenenfalls unter Druck. Es kann auch eine Verb. $HOOC \cdot CHX_2 \cdot CHX \cdot CHX \cdot COOH$ oder ein funktionelles Deriv. davon mit einer Verb. RNH_2 (R = H oder aliphat. Rest mit 1—5 C-Atomen) oder einer Verb., die unter den Bedingungen RNH_2 bildet, erhitzt werden. — Verschmelzen von 27,7 (g) N-Phthalylglutaminsäure (II)mit 66 Äthylamin bis zur Beendigung derWasserabspaltung u. Kristallisation aus A. liefert eine *Verb.* mit F. 164—165°; 61% (Ausbeute). — Analog *Verb.* aus N-Succinylglutaminsäurediäthylester u. Propylamin, F. 176—178°; 57%. — *N_3-Phthalylglutaminsäureimid* (**IV**), aus **II**-Anhydrid u. Harnstoff (bei 170—180°), F. 269—271° (Äthylenglykolmonoäthyläther); 65%; **IV** wird ähnlich auch aus **II**-Anhydrid u. NH_3 bei 180° oder **II** u. NH_3 bei 100° erhalten; 51 bzw. 62%; **IV** entsteht aus **II**-Anhydrid oder **II** u. Harnstoff auch in sd. Xylol (58 bzw. 55%) oder aus **II**-Anhydrid oder **II** u. Thioharnstoff in sd. Xylol; 55 bzw. 52%; ferner wird **IV** auch aus **II**-Anhydrid u. NH_4Cl (bei 180°) u. Guanidincarbonat (bei 215°) erhalten; 63 bzw. 56%. — *Verb.* (**III**) aus **II**-Anhydrid u. Methylaminhydrochlorid (bei 180—185°), F. 157—158° (A.); 57%. — *Verb.* aus **II**-Anhydrid u. Allylaminhydrochlorid (bei 180°), F. 164—167°; 50%. — **IV** wird auch durch Erhitzen von N-Phthalyl-γ-glutamin (F. 195—196°) auf 210° Innentemp. oder mit sd. Acetonhydrid gebildet; 75 bzw. 82%. — **III** entsteht auch aus γ-[N-Methyl]-α-phthalimidoglutaramidsäure durch 1std. Kochen mit Acetanhydrid; 88%. — Ebenso wird aus γ-[N-Äthyl]-α-phthalimidoglutaramidsäure eine *Verb.* mit F. 164 bis 165° erhalten; 86%. — *Sedativa,* auch *Spasmolytica.* (**D. P.** [**DDR**] **14 567** Kl. 12p vom 4/2. 1956, ausg. 3/4. 1958 [Ausschließungspatent].) H.-J. NITZSCHKE. 4807

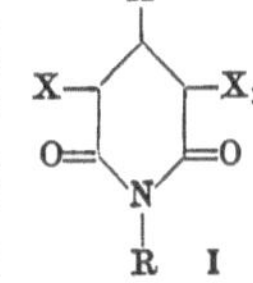
I

Imperial Chemical Industries Ltd., London, übert. von: **Walter Hepworth,** Manchester, England, *Pyrimidinderivate* der allg. Formel I [X = O oder $-NR_3$, wobei R_3 = H oder Alkylrest; A = Alkylenrest; R_1 u. R_2 = H oder Alkylreste, die mit dem N zum heterocycl. Ring geschlossen sein können] werden erhalten durch Rk. von 2-Halogen-4.6-bis-trichlormethylpyrimidin mit Verbb. der allg. Formel $HXAN(R_1R_2)$ [A, R_1, R_2 u. X = wie vorst.] in An- oder Abwesenheit eines Lösungsm. u. in Ggw. eines säurebindenden Mittels. — Z. B. wird eine Lsg. von 3,5 (Teilen) 2-Chlor-4.6-bis-trichlormethylpyrimidin in 10 Ae. zu einer Lsg. von 1,8 β-Dimethylaminoäthylamin in 10 Ae. bei 20° gegeben. Nach Waschen mit W. wird die Lsg. getrocknet u. der Ae. verjagt → *2-(β-Dimethylaminoäthylamino)-4.6-bis-trichlormethylpyrimidin,* aus PAe., F. 91—92°. — Analog werden folgende 4.6-Bis-trichlormethylpyrimidine hergestellt: *2-(γ-Dimethylaminopropylamino)-*, aus PAe., F. 96°. — *2-(α-Methyl-δ-diäthylaminobutylamino)-*, F. 35,7°. — *2-(γ-Di-n-butylaminopropylamino)-*, amorph. — *2-(β-Diäthylaminoäthylamino)-*, *Hydrochlorid,* F. 188—190°. — *2-(β-Piperidinoäthylamino)-*, *Hydrochlorid,* F. 214—216°. — *2-(γ-Diäthylaminopropylamino)-*, *Hydrochlorid,* F. 134 bis 136°. — *2-(β-Diäthylamino-N-methyläthylamino)-*, *Hydrochlorid,* F. 146°. — *Antimalariamittel.* (**A. P. 2 830 054** vom 21/6. 1955, ausg. 8/4. 1958. E. Prior. 9/7. 1954. **E. P. 767 922** vom 9/7. 1954, ausg. 13/2. 1957.) H. BRÄUCKER. 4807

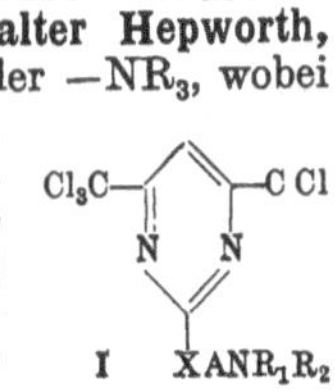
I

Upjohn Co., Kalamazoo, Mich., übert. von: **Fred Kagan,** Kalamazoo, Mich., V. St. A., *2-[(2'-Dimethylaminoäthyl)-(p-methoxybenzyl)-amino]-pyrimidin-N-oxyd* (**I**) u. dessen Salze werden erhalten durch Oxydation von *2-[(2'-Dimethylaminoäthyl)-(p-methoxybenzyl)-amino]-pyrimidin* mit H_2O_2 (30%ig.) in A. bei Raumtemp. u. Überführung des Oxydationsprod. mit Mineral- oder organ. Säuren in die Salze. — **I** ist eine sirupöse Substanz. **I**-*dihydrobromid,* aus absol. A., F. 144,5—145,5°. — *Antihistaminica.* (**A. P. 2 820 034** vom 16/8. 1955, ausg. 14/1. 1958.) H. BRÄUCKER. 4807

American Home Products Corp., New York, N. Y., V. St. A., übert. von: **Gordon A. Grant,** Mount Royal, und **Stanley O. Winthrop,** Quebec, Canada, *Herstellung von Chlorchinazolinderivaten* der allg. Formel I (R = Niederalkyl). Zu einer Lsg. der Na-Verb. eines β-Dialkylaminoäthoxyäthanols in demselben Alkohol gibt man unter Kühlung 4.6-Dichlorchinazolin u. läßt zur Vervollständigung der Rk. über Nacht stehen. Folgende *6-Chlorchinazoline* werden hergestellt: *4-(β-Dimethyl-*

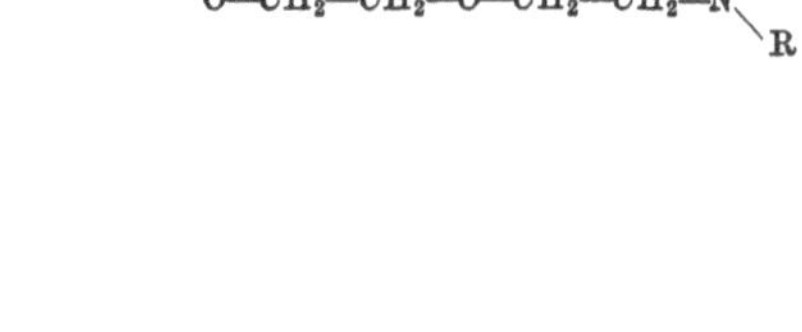
I

aminoäthoxyäthoxy)-, *Maleat*, F. 111—112°. — *4-(β-Diäthylaminoäthoxyäthoxy)-*, *Dihydrogensulfat*, F. 135—137°. — *4-(β-Diisopropylaminoäthoxyäthoxy)-*, F. 123—125°. — *Therapeutica, auch Sedativa.* (**A. P. 2 830 055** vom 7/5. 1956, ausg. 8/4. 1958.)
I. LERCH. 4807

VEB Deutsches Hydrierwerk Rodleben, Rodleben (Erfinder: **Dieter Lenke,** Rodleben, **Heinz-Joachim Engelbrecht** und **Hildegard Müller,** Dessau), *Basisch substituierte Phthalazone* der allg. Formel I, in der R_1 = Aryl oder Aralkyl (gegebenenfalls im Kern substituiert),

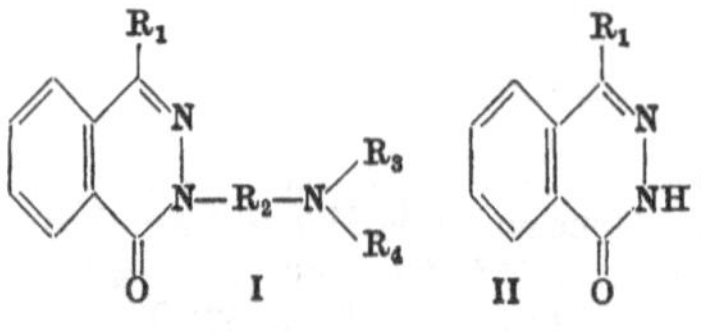

R_2 = aliphat. Kette (C_{2-5}, auch verzweigt), R_3 u. R_4 = niedrigmol. Alkyl, zusammen mit N auch Heterocyclus bedeuten, sowie ihre Salze u. quaternären Verbb. lassen sich aus Phthalazonen der allg. Formel II als Alkaliverb., durch Rk. mit Aminen der Formel Halogen—R_2—NR_3R_4 darstellen. — 23,6 g 4-Benzylphthalazon + 5,6 KOH + 200 W. + 50 ml A. wird zur Trockne gedampft, mit Aceton gewaschen u. bei 110° getrocknet. 14,8 g dieses K-Salzes + 75 ml Toluol (nun bei 90°) + 8,2 g β-Diäthylaminoäthylchlorid (einige Std. Rückflußkochen) → 15,1 g *2-(β-Diäthylaminoäthyl)-4-benzylphthalazon-(1)*, $Kp._{0,1}$ 208—214°, *Hydrochlorid*, F. 142—143°. Dessen *2-β-Dimethylhomologes*, $Kp._{0,3}$ 215—222°, *Hydrochlorid*, F. 178°, *Jodmethylat*, F. 200°. — *2-(3'-Dimethylaminopropyl)-4-benzylphthalazon-(1)*, $Kp._{0,5}$ 218°, *Hydrochlorid*, F. 173—174°. — Folgende *Phthalazone-(1)* werden beschrieben: *2-(β-Diäthylaminoäthyl)-4-phenyl-*, $Kp._{0,5}$ 225—230°, *Hydrochlorid*, F. 198°; *2-(β-Dimethylaminoäthyl)-4-p-chlorbenzyl-*, $Kp._{0,2}$ 215—220°, *Hydrochlorid*, F. 248°; *2-(β-Dimethylaminoäthyl)-4-p-propoxybenzyl-*, *Hydrochlorid*, F. 142°; *2-(β-Dimethylaminoäthyl)-4-p-methoxybenzyl-*, $Kp._{0,2}$ 220—223°, *Hydrochlorid*, F. 202—203; *2-(β-Morpholinoäthyl)-4-p-isopropoxybenzyl-*, *Hydrochlorid*, F. 100—101°; *2-(β-Dimethylaminoäthyl)-4-benzyl-6(7)-chlor-*, $Kp._{0,5}$ 230—240°, *Hydrochlorid*, F. 203—204°. — Als Zwischenprodd. werden hergestellt: aus p-Chlorphenylessigsäure + Phthalsäureanhydrid in Ggw. von Na-Acetat → p-Chlorbenzalphthalid, F. 150°; 4-p-Chlorbenzylphthalazon-(1), F. 218°; p-Propoxybenzalphthalid, F. 99—100°; 4-p-Methoxybenzylphthalazon, F. 196°, aus Methoxybenzalphthalid, F. 148°, mit Hydrazin; 4-Benzyl-6(7)-chlorphthalazon, F. 163°, aus Benzal-4(5)-chlorphthalid, F. 156—157°, mit Hydrazin. — *Antihistaminica* mit spasmolyt. u. lokalanästhet. Wirksamkeit. — Die Histaminwrkg. ist derjenigen des 2-Dimethylaminoäthyl-(o-benzylphenol)-ätherhydrochlorids um das 4fache überlegen. (**D. A. S. 1 046 625** Kl. 12p vom 15/8. 1957, veröff. 18/12. 1958.) K. GÄBELEIN. 4807

Sogespar Soc. An., Fribourg (Erfinder: **Henri Cohen,** Genf), Schweiz, *8-Chlortheophyllinat von 10-(Pyrrolidyläthyl)-phenthiazin*, F. 167°, erhält man durch Rk. eines Salzes aus 10-(Pyrrolidyläthyl)-phenthiazin u. einer Mineralsäure mit einem Metallsalz (Alkalisalz) von 8-Chlortheophyllin. — *Heilmittel gegen Seekrankheit.* (**Schwz. P. 332 665** vom 28/9. 1955, ausg. 31/10. 1958.) H. BRÄUCKER. 4807

G. D. Searle & Co., Chicago, Ill., übert. von: **John W. Cusic,** Skokie, **Harman S. Lowrie,** Northbrook, und **Henry William Sause,** Deerfield, Ill., V. St. A., *x-Halogen-10-(oxopiperazinoalkyl)-phenthiazinverbindungen* der allg. Formel **I** (n = 0, 1 oder 2;

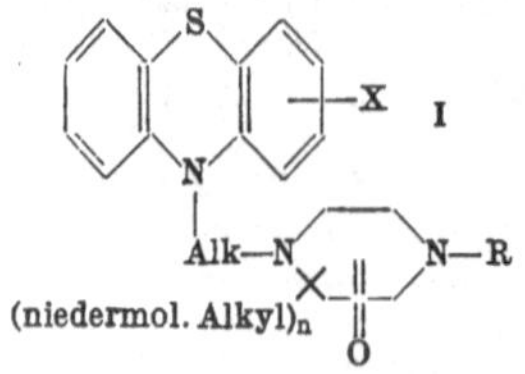

x = Fluor- oder Chloratom; Alk = niedermol. Alkylrest; R = H, niedermol. Alkyl-, Aralkyl- oder Acylkylrest) werden erhalten durch Rk. von 10-Halogenalkylphenthiazinverbb. mit entsprechenden Oxopiperazinderivv. oder von entsprechenden Phenthiazinen mit Halogenalkyloxopiperazinverbindungen. Der Rest R kann auch nach erfolgter Kondensation eingeführt werden. — Beispiel: Das Gemisch von 89,3 (Teilen) 3-Chlor-10-(β-chloräthyl)-phenthiazin, 30 2-Piperazinon, 45,4 NaJ u. 1000 Butanon wird unter Rühren 24 Std. unter Rückfluß erhitzt u. dann in der üblichen Weise aufgearbeitet → *3-Chlor-10-[β-(3'-oxopiperazino)-äthyl]-phenthiazin*, $Kp._{0,5-2}$ 260—270°. — Analog werden folgende *Phenthiazinverbb.* hergestellt: (Phenthiazin = **ph.**) *2-Chlor-10-[β-(3'-oxopiperazino)-äthyl]-***ph.**, $Kp._{0,1}$ ca. 250°. — *3-Chlor-10-[γ-(3'-oxopiperazino)-propyl]-ph.*, aus 2-Propanol, F. 132—135°, *Monohydrochlorid*, F. 197—203°, *Methobromid*, F. 160—170°. — *3-Chlor-10-[β-(3'-oxopiperazino)-propyl]-***ph.**, F. 90—96°. — *3-Fluor-10-[δ-(3'-oxopiperazino)-butyl]-***ph.**, $Kp._{0,5-2}$ ca. 250°. — *3-Chlor-10-[γ-(2'-methyl-3'-oxopiperazino)-propyl]-***ph.**-, $Kp._{0,2}$ 265°, *Monohydrochlorid*, aus 2-Propanol, F. 128—136°. — *3-Chlor-10-[γ-(2'.2'-dimethyl-3'-oxopiperazino)-propyl]-***ph.**, $Kp._{0,2}$ 265°, *Monohydrochlorid*, F. 242—244°. — *3-Chlor-10-[γ-(2'-äthyl-3'-oxopiperazino)-propyl]-***ph.**, $Kp._{0,1}$ 260°. — *3-Chlor-10-[γ-(2'-oxo-4'-methylpiperazino)-propyl]-***ph.**-, $Kp._{0,05}$ 220—230°. — *3-Chlor-10-[γ-(2'-oxo-4'-benzylpiperazino)-propyl]-***ph.**, $Kp._{0,2}$ 270°. — *3-Chlor-10-[γ-(3'-oxo-4'-methylpiperazino)-propyl]-***ph.**, $Kp._{0,05}$ ca. 240°, *Hydrochlorid*,

F. 115—118°. — *3-Chlor-10-[γ-(3'-oxo-4'-äthylpiperazino)-propyl]*-**ph.**, $Kp._{0,2}$ 260°. — *3-Chlor-10-[γ-(3'-oxo-4'-phenäthylpiperazino)-propyl]*-**ph.**, $Kp._{0,2}$ 270—280°. — *3-Chlor-10-[γ-(3'-oxo-4'-m-tolylmethylpiperazino)-propyl]*-**ph.**, *Hydrochlorid*, aus 2-Propanol, F. 110 bis 112°. — *3-Chlor-10-[γ-(3'-oxo-4'-acetopiperazino)-propyl]*-**ph.**, aus Butanon/PAe., F. 104—106,5°, *Hydrochlorid*, F. 110—115°. — *3-Chlor-10-[β-(3'-oxo-4'-propionylpiperazino)-äthyl]*-**ph.**, $Kp._{0,3}$ ca. 270°. — *3-Chlor-10-[γ-(3'-oxo-4'-β-hydroxyäthylpiperazino)-propyl]*-**ph.**, *Hydrochlorid*, F. 105—125°. — *3-Chlor-10-[γ-(3'-oxo-4'-β-acetoxyäthylpiperazino)-propyl]*-**ph.** — *3-Chlor-10-[γ-(3'-oxo-4'-β-acryloxyäthylpiperazino)-propyl*-**ph.** — *3-Chlor-10-[γ-(3'-oxo-4'-β-äthoxyäthylpiperazino)-propyl]*-**ph.**, $Kp._{0,02}$ 230—250°. — *3-Chlor-10-[γ-(3'-oxo-4'-β-allyloxyäthylpiperazino)-propyl]*-**ph.** — *3-Chlor-10-[γ-(3'-oxo-4'-γ-propoxypropylpiperazino)-propyl]*-**ph.**, $Kp._{0,01}$ 220—230°. — *Heilmittel.* (**A. P. 2 787 617** vom 20/9. 1955, ausg. 2/4. 1957. **E. P. 796 305** vom 19/9. 1956, ausg. 11/6. 1958. A. Prior. 20/9. 1955.) H. BRÄUCKER. 4807

Soc. des Usines Chimiques Rhône-Poulenc, Paris, Frankreich, *3-Cyanphenthiazin*, F. 185°/203—205°, wird erhalten durch Rk. von 3-Chlorphenthiazin mit CuCN in Ggw. von Cu-Pulver u. J_2 in sd. Chinolin. — *Zwischenprod.* für die *Herst.* von *Heilmitteln.* (**E. P. 805 887** vom 9/11. 1956, ausg. 17/12. 1958. F. Prior. 15/11. 1955.) H. BRÄUCKER. 4807

Soc. des Usines Chimiques Rhône-Poulenc, Paris (Erfinder: **Raymond Jacques Horclois,** Malakoff, Seine), *Phenthiazinverbindungen* der allg. Formel **I** [Y = S, SO oder SO_2; A = $-CH_2-CH(A'-)-CH_2$-, wobei A' entweder eine direkte Bindung oder ein zweiwertiger KW-stoffrest mit 1—3 C; die Reste —NRR können in beliebiger Weise an den drei Valenzen des Restes A gebunden sein; R = H-Atom oder niedermol. Alkylrest, $-N(R)_2$ kann auch ein heterocycl. Rest, wie ein Pyrrolidin-, Piperidin- oder Morpholinrest, sein. Die Benzolringe des Phenthiazinmol. können durch Halogenatome oder niedermol. (1—4 C) Alkyl-, Alkoxy- oder Acyl- oder Aryl-, Aryloxy-, Aralkyl- oder Aralkoxyreste substituiert sein. Ausgenommen ist die Herst. von Verbb. der allg. Formel I, worin Y = S, A = $-CH_2-\overset{|}{C}H-CH_2$- u. —NRR = $-N(CH_3)_2$ u. — $N(C_2H_5)_2$ ist.] werden erhalten durch Rk. a) eines Phenthiazins mit einer Bis-(dialkylamino)-alkylhalogenverb. der allg. Formel $(R)_2N-A(Hal)-N(R)_2$ (Hal = Halogenatom) oder b) von Phenthiazinverbb. der allg. Formel **II** (Z = Rest eines reaktionsfähigen Esters, wie Halogenatom oder Schwefelsäureester oder Sulfonsäureesterrest; ein Z auch —NRR) mit einem Amin der allg. Formel $HN(R)_2$, oder c) durch Alkylierung eines Amins der allg. Formel **I**, worin wenigstens ein R = H ist, oder d) durch Red. von Phenthiazinylamiden mit folgenden Substituierten in 10-Stellung: $-CH_2-CH(NRR)-CON(RR)$, $-CH(CONRR)_2$ oder $-A[N(R)(COR')]_2$ (R' = H oder Alkylrest 1—3 C), oder durch Red. von Verbb. der allg. Formel Phen·CH_2·CH(T)·A·$N(R)_2$ oder Phen·A·CH(TT) (Phen = Phenthiazin bzw. -9-oxyd oder -9.9-dioxyd; R = wie vorstehend; T = —CN oder —CHO) in Ggw. eines Amins der allg. Formel $HN(R)_2$ oder e) durch ringschließende Kondensation von Verbb. der allg. Formel **III** (Y = S u. Hal = Halogenatom) in Ggw. eines alkal. Kondensationsmittels u. eines Katalysators (z. B. Cu-Pulver) in niedermol. Fettsäureamiden des Lösungsm., oder f) durch Rk. von entsprechend substituierten Diphenylaminen mit S in Ggw. von J_2 bei erhöhter Temp., oder g) durch therm. Zers. (150—200°) entsprechender Phenthiazin-10-carbonsäureester. Verbb. der allg. Formel **I**, worin Y = SO oder SO_2 ist, werden auch durch Oxydation der entsprechenden Phenthiazinverbb. erhalten. Opt. akt. Isomere von **I** können durch Trennung der Racemate oder durch Synth. aus den opt. akt. Ausgangsverbb. oder Zwischenprodd. hergestellt werden. — 16,3 (g) Phenthiazin, 3,75 $NaNH_2$ u. 65 cm^3 Xylol werden 1 Std. unter Rückfluß erhitzt, dann wird hierzu eine Lsg. von 18 1-Dimethylamino-2-dimethylaminomethyl-3-chlorbutan in 200 cm^3 Xylol langsam (1 Std.) zugegeben u. noch 1 Std. unter Rückfluß erhitzt. Das bas. Reaktionsprod. wird in üblicher Weise isoliert → *10-[4'-Dimethylamino-3'-dimethylaminomethylbutyl-(2')]-phenthiazin*, $Kp._{0,4}$ 195—200°, *Dihydrochlorid*, F. 238—239°. — Es werden ferner folgende *Phenthiazine* hergestellt: *10-[4'-Diäthylamino-3'-diäthylaminomethylbutyl-(2')]-*, $Kp._{0,2}$ 215 bis 217°. — *10-[2'.3'-Bis-(dimethylamino)-propyl-(1')]-phenthiazin-9-oxyd*, F. 120°, *Monojodäthylat*, F. 210°. — *10-[2'.3'-Bis-piperidinopropyl-(1')]-*, $Kp._{0,6}$ 200—235°, aus A., F. 108°. — *10-[2'.3'-Bis-(dimethylamino)-propyl-(1')]-phenthiazin-9.9-dioxyd*, F. 127 bis 128°. — 3-Acetylphenthiazin-10-carbonsäure-1'.3'-dipiperidinopropyl-(2')-ester → *3-Acetyl-10-[2', 3'-dipiperidinopropyl-(1')]-, saures Ditartrat*, F. 140° (Zers.). — *Heilmittel.*

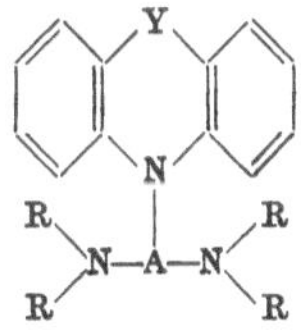

I

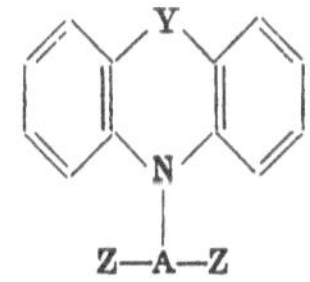

II

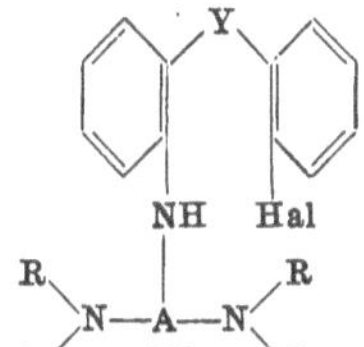

III

(**D. A. SS. 1 040 032** Kl. 12p vom 28/10. 1955, veröff. 2/10. 1958. F. Priorr. 4/11. 1954 u. 3/10. 1955 u. **1 045 407** [Zusatz-Anmeldg.] vom 11/9. 1956, veröff. 4/12. 1958. F. Prior. 22/11. 1955. **E. P. 800 632** vom 9/11. 1954, ausg. 27/8. 1958.) H. BRÄUCKER. 4807

Usines Chemiques des Laboratoires Français (U. C. L. A. F.) (Erfinder: **Léon Velluz,** Paris, und **Georges Muller,** Nogent-sur-Marne, Seine, Frankreich), *Herstellung von N-Desacetylalkylthiocolchiceinglykosiden* der allg. Formel **I** (R = H, CH_3; R_1 = Saccharidrest; R_2 = niedermol. Alkyl), dad. gek., daß man etwa stöchiometr. Mengen eines Saccharids u. eines N-Desacetylalkylthiocolchiceins der Formel I (R = H, Methyl; R_1 = H; R_2 = niedermol. Alkyl) in einem geeigneten Lösungsm. (Alkanole) auf 50—100° erhitzt, die entstandene Lsg. auf ein kleines Vol. einengt, abkühlt u. das krist. N-Heterosid absaugt, absitzen läßt oder abzentrifugiert. — Aus Desacetylthiocolchicin (vgl. D. B. P. 960 202; C. **1957.** 13132), F. 200°; $[\alpha]_D^{20}$ —207 ± 10° (c = 0,5%, Chlf.), u. d-(+)-Glucose in 20 cm^3 Methanol nach 1 Std. unter Rückfluß, Einengen auf 5 cm^3 u. Abkühlen auf 0° → *Desacetylthiocolchicin-N-glucosid,* $C_{26}H_{33}O_9NS$ (I; R u. R_2 = CH_3; R_1 = $C_6H_{11}O_5$) aus 85%ig. A., F. 190° (Block; Zers. ab 135°); $[\alpha]_D^{20}$ —105 ± 20° (c = 0,5%, W.), kleine gelbe Rechtecke, die in W. u. in Mischung aus Chlf. u. Methanol (1:1) lösl., in A., Chlf. u. Methanol wenig u. in Ae. unlösl. sind; enthalten 1 Mol Kristallwasser, wird bei 135° im Vakuum abgegeben, 83% (Ausbeute). — *d*-(+)-Galaktose → *Desacetylthiocolchicin-N-galaktosid,* $C_{26}H_{33}O_9NS$ (I; R u. R_2 = CH_3; R_1 = $C_6H_{11}O_5$), aus 85%ig. A. rechtwinklige gelbe Prismen, F. 184° (Block); $[\alpha]_D^{20}$ —445 ± 20° (c = 0,2%, W.); 85%; lösl. in W., wenig in Chlf., Methanol u. A.; unlösl. in Ae. u. Bzl.; 2,5% Kristallösungsm., das im Vakuum bei 135° abgegeben wird. — d-(—)-Ribose → *Desacetylthiocolchicin-N-ribosid,* $C_{25}H_{31}O_8NS$ (I; R u. R_2 = CH_3; R_1 = $C_5H_9O_4$); aus 90%ig. Methanol gelbe Rechtecke, F. ca. 175°; $[\alpha]_D^{20}$ —345 ± 20° (c = 0,2%, W.); 82%; Löslichkeit wie vorst., enthält 5,5% Kristallösungsm., das beim Erhitzen auf 100° im Vakuum abgegeben wird. — d-(+)-Xylose → *Desacetylthiocolchicin-N-xylosid,* $C_{25}H_{31}O_8NS$ (I; R_1 = $C_5H_9O_4$, R = R_2 = CH_3), aus 90%ig. A. langgestreckte gelbe Prismen, F. 173—174°; $[\alpha]_D^{20}$ —482 ± 20° (c = 0,2%, W.); 85%, ziemlich lösl. in W.; wenig in A. u. Methanol; unlösl. in PAe., Bzl. u. Ae.; enthalten 7% Kristallösungsm., wird bei 120° im Vakuum abgegeben. — *l*-(+)-Arabinose → *Desacetylthiocolchicin-N-arabinosid,* $C_{25}H_{31}O_8NS$ (I; R_1= $C_5H_9O_4$, R = R_2 =CH_3), aus A., F. 159—160°; $[\alpha]_D^{20}$ —220 ± 20° (c = 0,2%, Methanol); 75%; lösl. in warmem A. u. W.; wenig in kaltem A.; unlösl. in Ae. u. Bzl.; enthält 1 Mol Kristall–A., wird im Vakuum bei 110° abgegeben. — d-(—)-Lyxose → *Desacetylthiocolchicin-N-lyxosid* (I; R u. R_2 = CH_3, R_1 = $C_5H_9O_4$); aus absol. A. rechtwinklige langgestreckte Prismen, F. 203°; $[\alpha]_D^{20}$ —420° (c = 0,2%, W.); ziemlich lösl. in warmem W., Methanol u. A.; unlösl. in Ae., Bzl. u. Aceton; 65%. — 2-Desmethyldesacetylthiocolchicin, F. 185°; $[\alpha]_D^{20}$ —213 ± 10° (c = 0,5%, A.). → *2-Desmethyldesacetylthiocolchicin-N-glucosid,* $C_{25}H_{31}O_9NS$ (I; R = H; R_1 = $C_6H_{11}O_5$; R_2 = CH_3); aus Methanol–Aceton gelbe Nadeln, F. 178—180°; $[\alpha]_D^{20}$ —340 ± 20° (c = 0,2%, W.); 67%; ziemlich lösl. in W., Methanol; wenig in A.; unlösl. in Aceton u. Ae.; enthält 7% Kristallösungsm., wird bei 110° im Vakuum abgegeben. — Desacetyläthylthiocolchicein, F. 163°; $[\alpha]_D^{20}$ —219 ± 10° (c = 0,5%, A.); → *Desacetyläthylthiocolchicein-N-glucosid* (I; R = CH_3; R_1 = $C_6H_{11}O_5$; R_2 = C_2H_5); amorph; $[\alpha]_D^{20}$ —400 ± 30°; c = 0,2%, W.). — Die Verbb. zeigen die gleichen pharmakodynam. Eigg. wie die Ausgangsstoffe, sind jedoch wasserlöslich. (**D. A. S. 1 031 311** Kl. 12p vom 5/6. 1956, veröff. 4/6. 1958. **E. P. 773 729** vom 6/7. 1955, ausg. 1/5. 1957. Beide F. Prior. 10/6. 1955.) G. KRAUSS. 4807

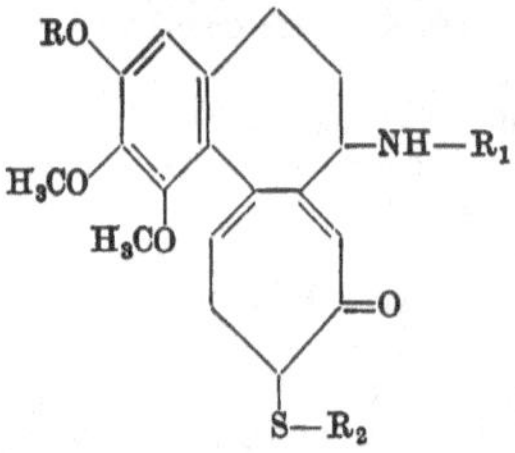

„Licencia" Találmányokat Értékesitö Vállalat, übert. von: **Károly Nádor** und **László Gyermek,** Budapest, Ungarn, *Quaternäre Tropeine* (trans- u. cis- oder ψ-Tropanolester) der allg. Formel **I** (X = Halogen; R = Acylrest, H; R_1 = H, Alkyl, Aryl,

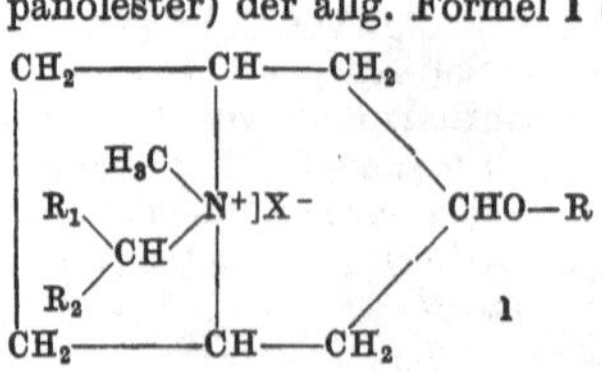

I

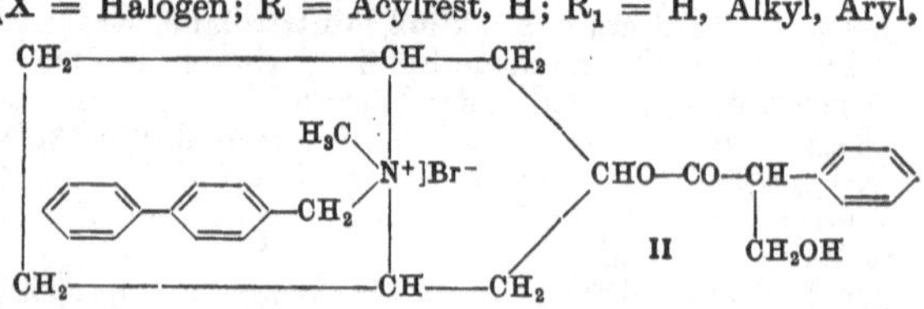

II

Aralkyl; R_2 = Aryl, Aralkyl, die im Kern auch substituiert sein können) erhält man durch Rk. von Tropeyltropin mit 4-Diphenylmethylhalogenid, bes. in einem inerten Lösungsmittel. Man kann auch den Tropinester zuerst mit 4-Diphenylmethylhalogenid zu 4-Diphenylmethyltropiniumhalogenid umsetzen, wobei die OH-Gruppe in 3-Stellung mit O-Acyltropasäurehalogenid acyliert u. dann die O-Acylgruppe abgespalten wird. — Aus Tropin-dl-tropasäureester u. 4-Diphenylmethylbromid in Aceton bei 40—60° → **II**, aus A., F. 220—222° (Zers.). — 4-Diphenylmethylbromid + trans-Tropanol → 4-Diphenylmethyl-trans-tropiniumbromid, aus A., F. 230° (Zers.), + O-Acetyl-dl-tropasäurebromid bei 120—130° (Ölbad) u. anschließendem Erhitzen mit 10%ig. HBr → **II**. Es werden hergestellt: R = $-COCHOHC_6H_5$; $R_1 = CH_3$; $R_2 = C_6H_5$. — R = $COCHOHC_6H_5$; $R_1 = C_6H_5$; $R_2 = C_6H_5$. — R = $COCH_3$; R_1 = H; $R_2 = C_6H_4Br$. — R = $COCHOHC_6H_5$; R_1 = H; R_2 = α-Naphthyl. — R = $COCHOHC_6H_5$; R_1 = H; $R_2 = C_6H_4Br$. — R = $COC_6H_4NO_2$; R_1 = H; $R_2 = C_6H_4Cl$. — R u. R_1 = H; $R_2 = C_6H_4Br$. — R = $COCHOH \cdot C_6H_5$; R_1 = H; R_2 = p-Diphenyl. — R = COC_6H_5; R_1 = H; $R_2 = C_6H_4Br$. — Die Verbb. wirken *ganglienblockierend* u. *parasympatholyt.*; beide Wrkgg. werden zusammen als *gangliocholylyt.* bezeichnet. (**A. P. 2 833 773** vom 6/8. 1956, ausg. 6/5. 1958.) G. Krauss. 4807

Olin Mathieson Chemical Corp., übert. von: **David Perlman**, Princeton, N. J., V. St. A., *Herstellung von Cobalaminen* mittels Kultur von *Propionibacterium arabinosum*, dad. gek., daß 4-Brom-6-methoxybenzimidazol oder 3-Brom-5-methoxyphenylendiamin-(1.2) als Präcursor dem Nährmedium zugesetzt wird. — *Vitamin B_{12}-artige biolog. Eigenschaften*. (**A. P. 2 842 540** vom 1/10. 1956, ausg. 8/7. 1958.) K. Koebke. 4809

F. Hoffmann-La Roche & Co. Akt.-Ges., Basel, Schweiz, *Herstellung stabiler Vitamin D-Präparate*. Man löst Vitamin D_2 oder Vitamin D_3 oder beide in einem pflanzlichen Öl, fügt auf je 10^6 I.E. des Vitamins 5—20 (mg) butyliertes Hydroxyanisol [2-(tert.-Butyl)-4-hydroxyanisol u./oder 2.6-Di-(tert.-butyl)-4-hydroxyanisol], 5—20 2.6-Di-(tert.-butyl)-4-methylphenol u. — bezogen auf das Gesamtgewicht der Präpp. — 0,1—0,5% Äthylendiamintetraessigsäure oder deren Dinatriumsalz zu, emulgiert die Lsg. in einer Lsg. von Gelatine u. Zucker, sprüht die Emulsion in freifließenden Stärkepuder, trennt die entstandenen Kügelchen von der Stärke ab u. trocknet durch Erwärmen. (**E. P. 799 068** vom 28/12. 1956, ausg. 30/7. 1958. A. Prior. 29/12. 1955.) K. Koebke. 4809

Upjohn Co., übert. von: **J. Allan Campbell, John C. Babcock**, Portage, und **John A. Hogg**, Kalamazoo, Mich., V. St. A., *6-Fluor-17α-hydroxyprogesteron-17-acylate oder die entsprechenden 19-Norverbindungen* erhält man durch Acylierung der 17ständigen OH-Gruppe des 17α-Hydroxy-(19-nor)-progesterons, Ketalysierung der 3ständigen Ketogruppe, Epoxydation der 5(6)-ständigen Doppelbindung, Spaltung des Epoxydes mit HF u. Dehydratisierung des erhaltenen 5α.17α-Dihydroxy-6-fluor-(19-nor)-pregnan-3.20-dion-17-acylates. Man kann auch, ausgehend von 17-Hydroxypregnenolon-17-acetat, das 6ständige F-Atom wie vorstehend beschrieben einführen u. das erhaltene 3β.5α.-17α-Trihydroxy-6β-fluorpregnan-20-on-17-acetat nach Oppenauer oxydieren. Die Epimerisierung der 6β-Fluorverbb. erfolgt mit starken Mineralsäuren oder mit Basen; sie kann gleichzeitig mit der Dehydratisierung der 5α-Hydroxy-6β-fluorverbb. durchgeführt werden. — *Heilmittel*. (**A. PP. 2 838 495** u. **2 838 496** vom 29/11. 1957, ausg. 10/6. 1958.) U. Sievers. 4809

Olin Mathieson Chemical Corp., New York, N. Y., übert. von: **David Perlman**, Princeton, **James D. Dutcher** und **Josef Fried**, New Brunswick, N. J., und **Elwood O. Titus**, Kensington, Md., V. St. A., *9α-Hydroxysteroide* erhält man aus den entsprechenden 9-Desoxyverbb. durch biolog. Hydroxylierung mit Kulturen von *Streptomyces aureofaciens NRRL 2209* u. chromatograph. Aufarbeitung der Gärungsprodukte. — Progesteron läßt sich z. B. hydroxylieren zu *9α-Hydroxyprogesteron*, F. 189—191°; $[\alpha]_D^{23}$ 202°; *Dioxim*, F. ca. 279—281°; neben *6β.9α-Dihydroxyprogesteron* (I), F. 208 bis 211°; *Monoacetat*, F. 198—199°; $[\alpha]_D^{23}$ 81°; I + CrO_3 → *9α-Hydroxy-6-ketoprogesteron*, F. 200—201°; $[\alpha]_D^{23}$ —11°. — Analog: *9α-Hydroxyverb. S*, F. 218—220°; $[\alpha]_D$ 120°. — *Heilmittel*. (**A. PP. 2 840 578, 2 840 579** u. **2 840 580** vom 24/5. 1957, ausg. 24/6. 1958.) U. Sievers. 4809

Olin Mathieson Chemical Corp., New York, N. Y., übert. von: **Josef Fried**, New Brunswick, N. J., V. St. A., *Steroide* der allg. Formeln **I, II** u. **III**, in denen R für H,

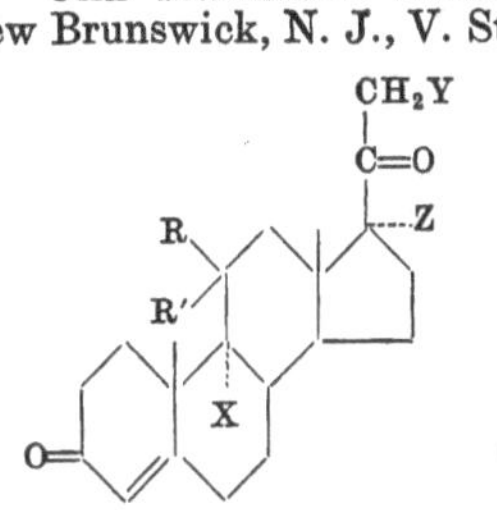

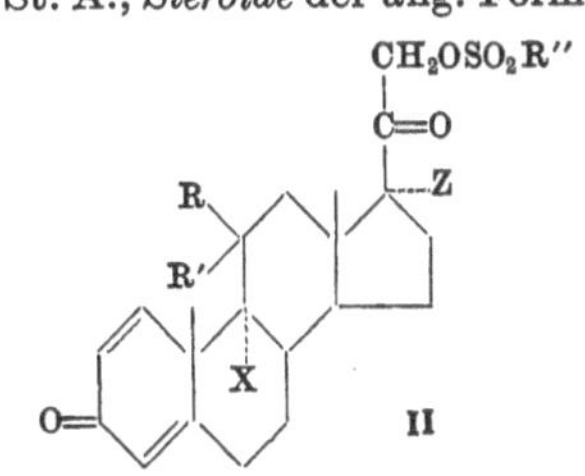

II

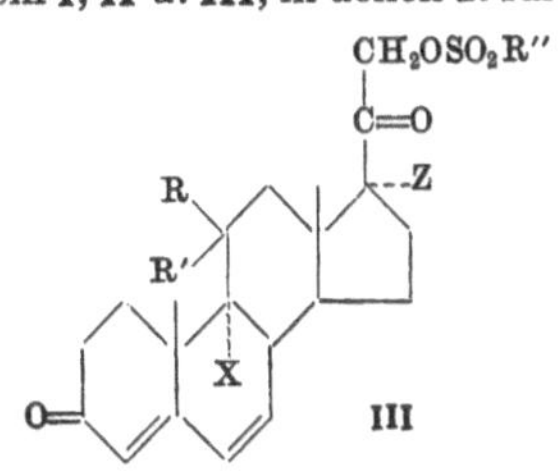

III

R′ für β-Hydroxy- oder R + R′ für Ketogruppe stehen, X ein Halogen, Y eine Cyano- oder Thiocyanogruppe bedeuten u. Z für H oder α-Hydroxy stehen. — Man fügt z. B. zu 9α-Fluorhydrocortison-21-mesylat in Methanol KCN in einer geringen Menge W. u. läßt das Gemisch am Rückflußkühler sd., gibt, nachdem CH_3OH verdampft ist, W. hinzu u. trennt die Kristalle ab → *9α-Fluor-21-cyano-Δ⁴-pregnen-11β.17α-diol-3.20-dion*, F. ca. 291—293°, $[\alpha]_D^{23}$ +139° (A.); *9α-Chlor-21-cyano-Δ⁴-pregnen-11β.17α-diol-3.20-dion*; *9α-Fluor-21-cyano-Δ$^{1.4}$-pregnadien-11β.17α-diol-3.20-dion*; *9α-Fluor-21-cyano-Δ⁴-pregnen-17α-ol-3.11.20-trion*; *9α-Fluor-21-thiocyano-Δ⁴-pregnen-11β.17α-diol-3.20-dion*, F. ca. 230 bis 232°, $[\alpha]_D^{23}$ +123° (A.). — *Heilmittel.* (**A. P. 2 837 544** vom 25/3. 1957, ausg. 3/6. 1958.) H. Nebelsiek. 4809

Upjohn Co., übert. von: **Barney I. Magerlein, George B. Spero, William P. Schneider** und **John A. Hogg**, Kalamazoo, Mich., V. St. A., *6α-Fluorsteroide.* Man setzt z. B. *6α.9α-Difluor-11β.17α.21-trihydroxy-4-pregnen-3.20-dion-21-methansulfonat* mit NaJ in Aceton um u. behandelt die erhaltene 21-Jodverb. mit $Na_2S_2O_3$ → *6α.9α-Difluor-11β.17α-dihydroxy-4-pregnen-3.20-dion*, F. 253—256°; $[\alpha]_D$ 109°. — Analog: *6α.9α-Difluor-11β.17α.21-trihydroxy-1.4-pregnadien-3.20-dion-21-methansulfonat*, F. 157° (Zers.) → *6α.9α-Difluor-11β.17α-dihydroxy-1.4-pregnadien-3.20-dion*, F. 296—300°; $[\alpha]_D$ 58°. — *6α-Fluor-11β.17α.21-trihydroxy-4-pregnen-3.20-dion-21-methansulfonat*, F. 189—192° (Zers.) → *6α-Fluor-11β.17α-dihydroxy-4-pregnen-3.20-dion*, F. 219—222°. — *6α-Fluor-11β.17α.21-trihydroxy-1.4-pregnadien-3.20-dion-21-methansulfonat*, F. 200—202° (Zers.) → *6α-Fluor-11β.17α-dihydroxy-1.4-pregnadien-3.20-dion*, F. 271—274°. — *Heilmittel.* (**A. PP. 2 838 536, 2 838 538, 2 838 541** u. **2 838 542** vom 29/11. 1957, ausg. 10/6. 1958.) U. Sievers. 4809

Upjohn Co., übert. von: **Milton E. Herr**, Kalamazoo, **John C. Babcock**, Portage Township, Kalamazoo County, und **Allan Campbell, John A. Hogg** und **Raymond L. Pederson**, Kalamazoo, Mich., V. St. A., *6α-Fluorsteroide.* Man epoxydiert z. B. das 3-Äthylenketal des 11-Keto-17-methyltestosterons, F. 179—184°; $[\alpha]_D$ —21°, mit Peressigsäure → *5α.6α-Epoxy-17β-hydroxy-17α-methylandrostan-3.11-dion-3-äthylenketal*, F. 219 bis 225°; $[\alpha]_D$ —32°, spaltet das Epoxyd mit HF u. dehydratisiert mit HCl → *6α-Fluor-17β-hydroxy-17α-methyl-4-androsten-3.11-dion*, Zers. beim Schmelzen. Analog: *6α-Fluor-11β.17β-dihydroxy-17α-methyl-4-androsten-3-on*, Zers. beim Schmelzen. — *Heilmittel.* (**A. P. 2 838 503** vom 19/2. 1958, ausg. 10/6. 1958.) U. Sievers. 4809

N. V. Organon (Erfinder: **Stefan Antoni Szpilfogel**), Oss, Holland, *Herstellung von biologisch aktiven Steroidverbindungen.* Bei den Verbb. der Δ$^{3.5}$-19-Norandrostadien-, Δ⁴-19-Norandrosten- oder 19-Norandrostanreihe, die in 3-Stellung keine O-haltigen Substituenten besitzen, wird die in 17-Stellung befindliche Oxogruppe mittels einer Organometallverb. in eine 17-Hydroxy-17-alkin- oder -alkengruppierung übergeführt u. der 3fach ungesätt. Rest gewünschtenfalls zu einem 2fach ungesätt. red. u./oder die OH-Gruppe verestert. Die 17-Hydroxy-17-alkinverbb. können auch durch Addition eines 3fach ungesätt. KW-stoffs in Ggw. von Alkali oder Alkalialkoholat oder dgl. oder durch Addition einer Metallverb. eines solchen KW-stoffs erhalten werden. — Δ⁴-17β-Hydroxy-19-norandrosten wird in benzol. Lsg. bei n. Temp. mit Cr_2O_3 zu *Δ⁴-17-Oxo-19-norandrosten*, F. 114—116°, oxydiert. — Man löst dieses in Dioxan, das K-tert.-Butylat enthält, leitet Acetylen ein u. erhält *Δ⁴-17β-Hydroxy-17α-äthinyl-19-norandrosten* (I), F. 157 bis 161°. — Hydrierung in alkoh. Lsg. in Ggw. von Pd-$BaSO_4$-Katalysator ergibt *Δ⁴-17β-Hydroxy-17α-vinyl-19-norandrosten*, F. 78—79°. Man erwärmt I mit Pyridin u. Essigsäureanhydrid auf 100°: *Δ⁴-17β-Acetoxy-17α-äthinyl-19-norandrosten*, F. 158—161°. (**Holl. P. 89 824** vom 10/4. 1957, ausg. 15/12. 1958.) F. Böhm. 4809

Syntex Soc. An. (Erfinder: **Esteban Volkov** und **George Rosenkranz**), Mexico, Mexico, *2-Methoxy-19-nor-Δ$^{2.5(10)}$-androstadien-17-on*, F. 128—131°; $[\alpha]_D$ 199°, erhält man durch Rk. von Östron mit wasserfreiem Äthylorthoformiat, Verätherung des erhaltenen 17-Diacetals mit Dimethylsulfat, Red. des erhaltenen 17-Diacetals des Östron-3-methyläthers mit Li/NH_3 u. selektive saure Hydrolyse des Reduktionsproduktes. — *Zwischenprod.* für die Herst. von *Heilmitteln.* (**D. A. S. 1 035 654** Kl. 12o vom 28/5. 1956, veröff. 7/8. 1958. Mexican. Prior. 21/2. 1956.) U. Sievers. 4809

N. V. Organon, Oss, Holland, *Herstellung biologisch aktiver Steroide.* Man oxydiert eine 20.21-Dihydroxy-11-oxoverb. der Pregnanreihe mit HJO_4 zur 17-Formylverb. u. red. diese zur entsprechenden 17-Hydroxymethylverbindung. — Δ⁴-17α.20β.21-Trihydroxy-3.11-dioxopregnen wird in Methanol gelöst u. mit Pyridin u. HJO_4 versetzt: *Δ⁴-17α-Hydroxy-3.11-dioxo-17-formylandrosten*, F. 194—196°. — Dieses wird in methanol. Lsg. bei 0° mit $NaBH_4$ red. u. mit Essigsäureanhydrid umgesetzt: *Δ⁴-17α-Hydroxy-3.11-dioxo-17-hydroxymethylandrostenacetat-(20)*, F. 161—164°. (**Holl. P. 89 348** vom 13/12. 1956, ausg. 15/10. 1958.) F. Böhm. 4809

N. V. Organon (Erfinder: **Stefan Antoni Szpilfogel**), Oss, Holland, *Herstellung von biologisch aktiven Steroidverbindungen.* Man versetzt eine Lsg. von Li in Äthylamin mit 17α-Methylöstradiol-3-methyläther, gelöst in Ae. u. rührt 20 Std. bei 0—5°: *Δ⁴-17α-Methyl-17β-hydroxy-19-norandrosten,* F. 142—148°. — Dieses wird am Pt-Katalysator hydriert zu *17α-Methyl-17β-hydroxy-19-norandrostan,* F. 157—160°. — Analog: *Δ⁴-17β-Hydroxy-19-norandrosten* (I), F. 80—90° → *17β-Hydroxy-19-norandrostan,* F. 110 bis 113°. — Oxydation von I mit Cr_2O_3 in Eisessig bei n. Temp. ergibt *Δ⁴-17-Oxo-19-norandrosten,* F. 113—115° → *17-Oxo-19-norandrostan* (kein F. angegeben). (**Holl. P. 89 818** vom 5/12. 1956, ausg. 15/12. 1958.) F. BÖHM. 4809

Syntex Soc. An., übert. von: **Howard I. Ringold** und **George Rosenkranz**, Mexico, Mexico, *4-Methyltestosteronverbindungen.* Man setzt z. B. Ätiocholan-17β-ol-3-on in wasserfreiem Bzl. mit Äthyloxalat zum entsprechenden 4-Äthoxyglyoxylderiv. um, führt dieses durch Rk. mit CH_3J in 4-Methyl-4'-äthoxyglyoxylätiocholan-17β-ol-3-on über, behandelt dieses mit äthanol. Na-Alkoholatlsg., bromiert in 4-Stellung → 4-Brom-4-methylätiocholan-17β-ol-3-on u. spaltet HBr durch Kochen mit Kollidin ab → *4-Methyltestosteron,* F. 169—171°; $[\alpha]_D$ 121°. — *Heilmittel.* (**A. P. 2 844 602** vom 29/1. 1957, ausg. 22/7. 1958. Mexican. Prior. 31/1. 1956.) U. SIEVERS. 4809

N. V. Organon (Erfinder: **Johanna Hendrika Bloo**, Wychen, und **Jacobus Polderman**), Oss, Holland, *Herstellung haltbarer Suspensionen von Cortisonacetat.* Man suspendiert dieses zunächst in einer Mischung von W. mit einer organ. Fl., bes. A.; hierbei tritt eine Umwandlung der Kristallstruktur ein, die die Bldg. stabiler Emulsionen bewirkt, auch wenn man das Lösungsmittelgemisch durch Zentrifugieren entfernt u. das Cortisonacetat dann in üblichen Arzneimittelzubereitungen suspendiert. (**Holl. P. 89 563** vom 9/5. 1956, ausg. 15/11. 1958.) F. BÖHM. 4809

G. Analyse. Laboratorium.

Lewis D. Hall, *Elektronische ultrahohe Vakuumpumpe.* Beschreibung der Pumpe. Das höchste erreichbare Vakuum liegt wahrscheinlich etwas unter $2 \cdot 10^{-10}$ mm Hg. (Rev. sci. Instruments [NS] **29.** 367—70. Mai 1958. Palo Alto, Calif., Varian Assoc.) C. GOTTFRIED. 5026

Roman Antoszewski, *Mikroextraktor für biochemische und chromatographische Zwecke.* Zur Extraktion geringer Mengen biol. Stoffe wird ein Mikroextraktionsapp. beschrieben. Die zu extrahierende Substanz befindet sich in einem capillar auslaufenden Extraktionsrohr, durch welches von unten Lösungsm. u. zum Durchmischen des Extraktionsgutes Luft oder Schutzgas angesogen werden kann. (Naturwissenschaften **45.** 42. 2. Jan.-H. 1958. Łódź, Univ., Inst. für Pflanzenphysiol.) E. MOISAR. 5034

A. Peterlin und **M. Čopič**, *Ein Viscosimeter mit 2 Capillaren.* Beschreibung, Abb. u. theoret. (mathemat.) Erörterung der Arbeitsvorschrift zur Messung der wahren Viscosität. (Bull. sci. [Yougoslavie] **3.** 41—42. Dez. 1956. Ljubljana, J. Stefan Inst. [Orig.: engl.]) H. ECKSTEIN. 5040

Karl Heinz Winterling, *Physikalische Geräte zur Stoffanalyse.* Übersicht über die 1957 auf dem Gebiete der physikal. Geräte zur Stoffanalyse erzielten Fortschritte: Waagen, Potentiometrie, Polarographie, Gaschromatographie, Photometer, magnet. O_2-Analyse, Wasserbest., Röntgenspektroskopie, Kerninduktionsspektrometrie, Elektronenbeugung. — 18 Schrifttumshinweise. (VDI-Z. **100.** 1388—89. 1/10. 1958. Königstein.) W. WESLY. 5052

Yasuji Katsuki, *Neues Verfahren zur Erforschung elektrischer Erscheinungen von Zellen.* Übersicht über die Anwendung von Ultramikroelektroden. — 50 Literaturangaben. (Kagaku [Science] **25.** 342—49. 1955. [Orig.: japan.]) L. SCHULER. 5054

Reidar Bredo Sund, *Über Papierelektrophorese.* Zusammenfassender Vortrag über Grundlagen, Ausführung u. Anwendung des Verfahrens. — 27 Literaturhinweise. (Medd. norsk farmac. Selsk. **20.** 101—16. Juli 1958. Oslo, Univ., farmas. inst., biol. avd.) R. K. MÜLLER. 5062

Shigeichi Achiwa, *Untersuchungen über eine systematische Analysenmethode für saure Verbindungen durch Elektrochromatographie.* 1. Mitt. *Elektrochromatographie mehrbasiger Säurereste.* Das elektrophoret. Verh. einiger mehrbas. Anionen, wie CrO_4^{2-}, PO_4^{3-}, AsO_4^{3-}, BO_2^-, $[Fe(CN)_6]^{4-}$ u. $[Fe(CN)_6]^{3-}$ wurde untersucht. Die Elektrophorese wurde auf dicken Filterpapierschichten (20·20·0,16 cm) absteigend unter Anwendung saurer u. bas. Wasch-Lsgg. bei einer angelegten Spannung von 200 V durchgeführt. Während einwertige Anionen, z. B. Cl^- u. SCN^-, in einem engen, geradlinig begrenzten Streifen wanderten, erfolgte die Wanderung der mehrbas. Anionen in großflächigen, auseinandergezogenen Streifen. Die Anionenbeweglichkeit war in bas. Lsgg. größer als in sauren. (J. electrochem. Soc. Japan **24.** 13—18. Jan. 1956. Hikone, Shiga Prefect. Junior Coll. [Orig.: japan.; Auszug: engl.]) E. MOISAR. 5062

Shigeichi Achiwa, *Untersuchungen über eine systematische Analysenmethode für saure Verbindungen durch Elektrochromatographie.* 2. Mitt. *Betrachtung über das Verhalten der Waschflüssigkeit durch Messung ihrer elektrochemischen Veränderung und des Potentialgradienten.* (1. vgl. vorst. Ref.) Die Potentialgradienten innerhalb der Zonen auf den Elektropherogrammen wurden durch Abtasten des Trägerpapieres durch Hilfselektroden gemessen. Die Verteilung des Potentialgefälles war nicht gleichmäßig; in Zonen, die schwache Säuren, schwache Alkalien oder elektrolyt. entstandenes W. enthielten, wurden größere Potentialsprünge festgestellt, als in denjenigen Zonen, die durch starke Säuren oder Basen gebildet wurden. Auch der p_H-Wert änderte sich sprunghaft innerhalb der Zonen. Für die Ausbreitungsgeschwindigkeit der Zonen verschied. Elektrolyte wurde eine Reihenfolge ermittelt. (J. electrochem. Soc. Japan **24.** 550—57. Dez. 1956. [Orig.: japan.; Auszug: engl.]) E. MOISAR. 5062

Shigeichi Achiwa, *Untersuchung über eine systematische Analysenmethode für saure Verbindungen durch Elektrochromatographie.* 3. Mitt. *Über den Einfluß von gewaschenem und ungewaschenem Filterpapier auf die Wanderung saurer Verbindungen.* (2. vgl. vorst. Ref.) Vorheriges Waschen des Filterpapieres mit 1 n HNO_3 u. 1 n Essigsäure bewirkt eine Erhöhung der elektrophoret. Beweglichkeit von $[Fe(CN)_6]^{4-}$, während die Wanderung von J^- u. SCN^- davon wenig beeinflußt wurde. Die elektroosmot. Wanderung änderte Richtung u. Geschwindigkeit bei Änderung des p_H-Wertes der Entwicklerlsg., d. h. bei p_H 4—6 erfolgte sie in Richtung auf die Anode u. bei p_H >4—6 auf die Kathode. (J. electrochem. Soc. Japan. **25.** 131—34. März 1957. [Orig.: japan.; Auszug: engl.]) E. MOISAR. 5062

Fred Stitt und **Glen F. Bailey,** *Registrierung von Infrarotspektren mit reduzierter Skala.* Die mit handelsüblichen direkt registrierenden Spektrophotometern gewonnenen IR-Spektralkurven sind ziemlich unhandlich. Es wurde daher ein einfaches Hilfsregistriersyst. entwickelt, das gleichzeitig mit dem Standardinstrument (z. B. einem BECKMAN Modell IR-3-Spektrophotometer) eine Kurve reduzierten Maßstabs aufnimmt. (Analytic. Chem. **29.** 1557—58. Okt. 1957. Albany, Calif., U S Dep. of Agriculture, Agricultural Res. Service.) D. JÖRCHEL. 5063

R. Lennuier, *Herstellung von Interferenzspiegeln und -filtern für das Ultraviolett.* Die Spiegel wurden aus Kryolith- ($n_K \approx 1{,}37$ für 2500 Å) u. durch Vakuumaufdampfung gewonnenen RbJ-Schichten ($n_G \approx 2{,}0$ für 2537 Å) hergestellt. Messungen an aus 2 bis 10 Schichten (opt. Dicke $\lambda/4$ für 2537 Å) bestehenden Spiegeln zeigten, daß die Eigenabsorption mit wachsender Schichtzahl kaum ansteigt u. im untersuchten Spektralbereich λ >2400 Å unter 0,10 bleibt. Für 2537 Å beträgt sie 0,06. Die Reflexionskoeffizienten sind schwächer, als man beim Index $n_G = 2$ erwarten sollte. Als Schutz der Spiegel vor atmosphär. Einwirkungen hat sich eine über eine Kryolithschutzschicht von der Dicke λ gedampfte Paraffinschicht der Dicke $k\lambda$ bewährt, die die Transparenz nicht beeinträchtigt. (J. Physique Radium **18.** 86 S—87 S Nov. 1957. Paris, Sorbonne, Labor. des Rech. Phys.) D. JÖRCHEL. 5063

Mieczysław Wroński, *Der Einfluß der Breite des spektralen Bereiches auf photometrische Messungen.* Unter der Annahme, daß das verwendete Filter Licht mit konstanter Intensität nur im Bereich $\lambda_1 - \lambda_2$ durchläßt, das LAMBERT-BEERsche Gesetz erfüllt wird u. der Extinktionskoeff. ε linear von λ abhängt, wird für die Extinktion der Lsg. die Gleichung $E = \log [2{,}3\ (\varepsilon_1 - \varepsilon_2)k/(10^{-k\varepsilon_1} - 10^{-k\varepsilon_2})]$ abgeleitet (k = konz./Schichtdicke) die bei Abweichungen vom LAMBERT-BEERschen Gesetz infolge Anwendung polychromat. Lichtes verwendet werden kann. Die Gleichung entspricht bei niedrigen k-Werten der empir. Formel von GOLDENBURG u. gibt befriedigende Übereinstimmung mit experimentell gewonnenen E-Werten für $KMnO_4$-Lösungen. (Roczniki Chem. [Ann. Soc. chim. Polonorum] **31.** 309—13. 1957. Łódź, Uniw., Zakł. Technolog. chem.) F. URBAN. 5064

Jaroslav Čihalík und **Jaroslav Voráček,** *Die Verwendung von Jodmonochlorid in der analytischen Chemie.* 10. Mitt. *Mikrotitrationen gegen Jodmonochlorid.* (9. vgl. C. **1959.** 7239.) Es wurden die optimalen Bedingungen bei den Mikrotitrationen von *As(III)*, $Fe(CN)_6^{4-}$ u. J^- gegen 0,001—0,0001 mol. *JCl*-Lsgg. ermittelt u. einschlägige Arbeitsverff. entwickelt. Alle Titrationen wurden unter potentiometr. Kontrolle ausgeführt; jedoch ist auch die visuelle Feststellung des Äquivalenzpunktes möglich. Die Mikrobest. von As gelingt nur im alkal. Medium, wo die As-Oxydation nach dem Schema: $AsO_3^{3-} + J^+ + 2\,OH^- = AsO_4^{3-} + J^- + H_2O$ verläuft. Zur p_H-Einstellung bewähren sich $Na_2B_4O_7$ u. $NaHCO_3$. Der Potentialsprung im Äquivalenzpunkt ist sehr deutlich (Tangente ca. 13000 mV/0,02 ml 0,001 mol. JCl-Lsg.) u. ermöglicht noch die Best. von 1 μg As beim optimalen Vol. der zu titrierenden Lsg. von 3—5 ml. Die wahrscheinliche mittlere Abweichung der Best. beträgt $\pm$ 0,72%. — Die Titration von $Fe(CN)_6^{4-}$ nach der Gleichung: $2\,Fe(CN)_6^{4-} + J^+ = 2\,Fe(CN)_6^{3-} + J^-$ verläuft am besten im $NaHCO_3$-Medium bei p_H ca. 8,2 (Tangente im Äquivalenzpunkt 6000/0,02 ml). Es können 400 bis 2 μg $Fe(CN)_6^{4-}$ in 3—5 ml mit der wahrscheinlichen mittleren Abweichung von $\pm$0,59% bestimmt werden. — J^- kann sowohl in schwach sauren bzw. neutralen als auch in schwach alkal. Lsgg. gegen JCl-Lsg. titriert werden, wobei J^- zu J_2 oxydiert wird; wegen der Hydrolyse von JCl darf der p_H-Wert der zu titrierenden Lsg. nicht über 8 liegen. Äußerst verd. J^--Lsgg. werden im Medium von 0,05 mol. HCl titriert. Auf diese Weise können 270—0,5 μg J^- in 5 ml (Tangente ca. 1000/0,04 ml), unter Verwendung einer speziellen Mikrobürette sogar 0,1 μg J^- in 5 ml, mit einem Fehler von ca. $\pm$0,75% bestimmt werden. Cl^-, selbst in äußerst großem Überschuß, u. Br^- bis zum Verhältnis J^- zu Br^- = 1:150 beeinflussen die Ergebnisse nicht. Die hohe Empfindlichkeit der Meth. bewährt sich bes. bei der Best. von radioakt. J^--Präparaten. Zur Titerstellung der benutzten JCl-Maß-Lsgg. eignen sich $K_4Fe(CN)_6$, dessen Lsgg. jedoch unbeständig sind, u. bes. KJ. (Chem. Listy **52.** 1269—73. Juli 1958 [Orig.: tschech.]. Collect. czechoslov. chem. Commun. **24.** 1643—48. Mai 1959 [Orig.: deutsch]. Praha, Karlova univ., kat. analyt. chem.) K. KÁMEN/Prag. 5066

R. Reiss, *Säure–Base-Titrationen in Acetanhydrid.* Eine Anzahl von Neutral- u. Anionbasen kann, gelöst in *Acetanhydrid* (I), mit 0,1 n $HClO_4$ in absol. Essigsäure titriert werden. Einige der Verbb. sind nur in I, nicht aber in Eisessig titrierbar, wie z. B. Xanthinderivv., Hydrochloride organ. Basen, Alkali-, Erdalkali- u. Ammoniumhalogenide. Sulfate reagieren als einsäurige Basen, während Hydrogensulfate nicht titriert werden können. In I schwer lösl. Verbb. werden zunächst in 5 ml HCOOH gelöst u. nach Zugabe von viel I titriert. In allen Fällen dient Kristallviolett als Indicator. Vf. diskutiert 2 Mechanismen der Titration: 1. direkte Protonenübertragung vom Acetacidiumion ($CH_3CO_2H_2^+$) auf die Base. 2. Solvolyt. Rk. der Base mit I u. anschließende Rk. von gebildetem Carbeniat- u. Acetacidiumion. In den Fällen, in denen eine Titration in Eisessig nicht möglich ist, muß die Beteiligung von I angenommen werden. (Z. analyt. Chem. **167.** 16—27. 1959. Konstanz, Byk-Gulden Lomberg, Chem. Fabrik G. m. b. H., Anal. Labor.) E. DEHMLOW. 5066

J. Zýka und **J. Vulterin,** *Hydrazinometrie, eine neue Art reduktometrischer Titrationen.* 0,1 mol $NH_2NH_2 \cdot H_2SO_4$-Lsg., deren Titer während 3 Monaten unverändert bleibt, ist eine geeignete Maßlösung für reduktometr. Titrationen. BrO_3^- wird in sauren Lsgg. zu Br^-, JO_3^- zu J_2, JO_4^- in 0,6—2%ig. HCl zu J_2 (bei höheren HCl-Konzz. zu J^-), J_2 in $NaHCO_3$-Lsg. zu J^-, MnO_4^- in saurem Mittel zu Mn^{2+}, Au^{3+} zu Au u. ClO^- bzw. Cl_2 zu Cl^- reduziert. Der Endpunkt der Titration kann durch potentiometr., „dead stop"-bzw. visuelle Methoden ermittelt werden. (Collect. czechoslov. chem. Commun. **20.** 804—09. Aug. 1955. Prag, Karlsuniv., Inst. für analyt. Chem. [Orig.: deutsch.]) P. ZUMAN/Prag. 5066

M. Ishibashi und **T. Fujinaga,** *Polarographische Interpretation elektrometrischer Titrationsverfahren.* Übersicht über das Verf. (Schaltskizzen), den Zusammenhang zwischen Stromstärke, Potential u. Konz., die Titration von bin. Systemen u. die 3dimensionale Darstellung. — 33 Literaturangaben. (J. electrochem. Soc. Japan **23.** 494—500. Okt. 1955. Kyoto Univ. [Orig.: japan.)] L. SCHULER. 5066

Taichiro Fujinaga, *Untersuchungen über die polarographische Analyse.* 20. Mitt. *Über den I.F.-Differentialpolarographen.* (18. vgl. C. **1958.** 9580.) Erörtert wird eine abgeänderte Schaltung des Differentialpolarographen mit mathemat. Behandlung der Differentialkurven: An Stelle des rotierenden Schalters wird ein vierpoliger Doppelschalter mit einer Nocke benutzt, der differenzierte Strom wird mit einem gewöhnlichen Polarographen aufgezeichnet. Weiter wird die Beziehung zwischen dem Gipfelstrom (ch) u. der differenzierten Spannung (ΔE) u. die Best. von Spurenionen in Ggw. großer Mengen anderer Ionen erörtert. So ist z. B. die Best. von *Cd* in Ggw. von viel *Cu* u. die von *Zn* in Ggw. von viel *Cd* möglich ohne die vorherige Entfernung großer Anteile dieser Fremdionen. — 6 Diagramme (in Engl.). (J. electrochem. Soc. Japan **23.** 537—40. Okt. 1955. Kyoto Univ. [Orig.: japan.; Auszug: engl.]) L. SCHULER. 5066

F. P. Dousek und **V. Kalous,** *Eine neue polarographische Zelle mit getrennter Bezugselektrode.* Inhaltlich ident. mit der C. **1958.** 10456 referierten Arbeit. (Radiometer Polarographics **4.** 45—47. Dez. 1957. Prag, Akad. der Wiss., Polarograph. Inst. u. Univ., Phys.-Chem. Inst.) E. MOISAR. 5066

M. Shinagawa, *Organische Reagentien und Polarographie.* Übersicht über die polarograph. Seite der Anwendung organ. Reagentien für die Best. anorgan. Ionen. — Ca. 270 Literaturangaben. (J. electrochem. Soc. Japan **23.** 500—05. Okt. 1955. Hiroshima Univ. [Orig.: japan.]) L. SCHULER. 5066

F. Burriel-Martí, J. Ramírez-Muñoz und **M. L. Rexach-M. de Lizarduy,** *Prüfung des Einflusses der Verunreinigungen auf den Reinheitsfaktor der bei Redoxtitrationen benutzten Reagentien.* Für den Fall, daß Verunreinigungen in den bei Redoxtitrationen verwendeten Urtitersubstanzen vorkommen, werden aus ihrer genau zu bestimmenden Konz. die Reinheitsfaktoren berechnet, die zweckmäßig im halblogarithm. Syst. dargestellt werden: log Konz. der Verunreinigungen gegen Reinheitsfaktor (7 Diagramme). Dabei ist zu unterscheiden zwischen inakt. Verunreinigungen, die nur als Verdünnung wirken (oft SO_4^{2-}), u. den akt., d. h. solchen, die sich an der gewünschten Rk. beteiligen. Die Diagramme geben den Einfl. verschied. Verunreinigungen auf die Titrationen mit $K_2Cr_2O_7$, KJO_3 u. $KBrO_3$ wieder. (Inform. Quím. analít. **12.** 31—38. März/April 1958. Madrid, Univ., Fac. Cie., Dep. Quím. analít. C.S.I.C.) W. METZENER. 5072

J. Sverak und **P. L. Reiser,** *Gaschromatographische Bestimmung kleinster Mengen Schwefelkohlenstoff in Kohlendioxyd und inerten Gasen nach vorangegangener Anreicherung.* Es wird ein Verf. zur gaschromatograph. Best. kleinster Mengen CS_2 in CO_2, Luft, N_2 u. O_2 u. Edelgasen beschrieben, das bis zu 1,5 mg CS_2/Nm^3 (= 0,00002 Vol-% CS_2) zu bestimmen gestattet. Die Identifizierung erfolgt über das Durchbruchsvol., die quantitative Auswertung über die Fläche der CS_2-Zacke. Die Genauigkeit der Meth. beträgt bei 5 mg CS_2/Nm^3 ca. $\pm 5\%$ relativ. (Mikrochim. Acta [Wien] **1958.** 426—33. Linz, Österreich. Stickstoffwerke, Hauptlabor.) M. FRETZDORFF. 5086

Jiří Juránek, *Colorimetrisch-chromatographische Ultramikroanalyse von Gasen 2. Mitt. Bestimmung von Kohlenwasserstoffen.* (1. vgl. C. **1958.** 13863.) Es wird eine Meth. zur colorimetr.-chromatograph. Ultramikroanalyse von KW-stoffen (bis zu C_8) beschrieben. Die App. (vgl. l. c.) wurde mit einem Kühler wie bei Adsorptionskolonnen, der mit Hilfe von festem CO_2 gekühlt wurde, versehen. Das Colorimeter wurde mit glatt arbeitenden Selenzellen ausgestattet. Es wird die Berechnung der charakterist. Elutionsvoll. für den Fall, daß das Trägergas mit dem, in welchem die zu analysierenden Gase enthalten waren, ident. ist u. daß eine ideale Trennung der Moll. in der Kolonne angenommen werden kann, angeführt. Die Erhöhung der Sorptionsaktivität bei niederen Tempp. wurde zur Konzentrierung der KW-stoffe am Anfang der Kolonne ausgenutzt. Diese Einrichtung ermöglicht die Analyse von sehr verd. Proben (bis 10^{-6} ml KW-stoff in 100 ml Probe). Die quantitative Auswertung wurde mit den Eichkurven der einzelnen KW-stoffe durchgeführt. Die kleinste bestimmbare Menge ist für Methan $2 \cdot 10^{-5}$ ml, Äthan $1 \cdot 10^{-5}$ ml, Propan $0{,}7 \cdot 10^{-5}$ ml u. höhere KW-stoffe $1 \cdot 10^{-6}$ ml. Die Empfindlichkeit der Meth. für C_1 u. C_2 ist 10^{-6} Vol.-%, für höhere KW-stoffe 10^{-7} Vol.-%. Es wird auch der Fehler der Meth. diskutiert u. prakt. Anwendungsmöglichkeiten werden angeführt. (Chem. Listy **52.** 1289—98. 1958. Brno, Ústav pro naftový výzkum.) K. SETÍNEK/Prag. 5086

B. T. Commins, *Eine modifizierte Methode zur Bestimmung polycyclischer Kohlenwasserstoffe.* Vf. schlägt eine Verbesserung der Meth. von COOPER (C. **1955.** 6579) zur Best. polycycl. KW-stoffe im Ruß der *Stadtluft* vor, die darin besteht, den Staub mit Cyclohexan zu extrahieren, die KW-stoffe an Al_2O_3 mit Cyclohexan zu chromatographieren u. über einen Wellenlängenbereich von 8 $m\mu$ spektrophotometr. zu bestimmen. Die mittlere Abweichung vom Mittelwert bei Mehrfachbest. beträgt ca. $\pm 10\%$, bei Einzelbest. ist mit einem Fehler von $\pm 25\%$ zu rechnen. Infolge gegenseitiger Überschneidung der KW-stoffspektren ist völlige Trennung für die Genauigkeit der Best. wesentlich. (Analyst **83.** 386—89. Juli 1958. London, Med. Res. Council, St. Bartholomew's Hosp., Dunn. Labor.) E. DEHMLOW. 5088

a) Elemente und anorganische Verbindungen.

Robert Ballentine und **Dorothy D. Burford,** *Die Bestimmung von Metallen (Na, K, Mg, Ca, Mn, Fe, Co, Cu, Zn).* Übersicht. Vorbereitung der Probe; Na, **a** spektrophotometr. (0,2—50 mg), **b** gravimetr.; K, **c** volumetr. (0,08—1,0 mg), **a**, **b**; Mg, **a** (0,01—0,1 mg), **b**, **c**; Ca, **c** (0,2—2,0 mg), **a** (0,002—0,1 mg), **b** (0,2—2,0 mg); Mn, **a** (0,025—0,25 mg), **b**, **c**; Fe, **a** (0,01—0,2 mg), **c** (1—10 mg), **b**; Co, **a** (0,005—0,5 mg), **b** (0,01—10 mg); Cu, **a** 0,01—5 γ), **c** (0,05—1 mg); Zn, **a** (1,0—30 γ), **c** (1,0—50 mg), **b**; flammenspektroskop. Best. von Na, K, Ca, Mg. — 39 Literaturangaben. (Methods Enzymol. **3.** 1002—35. 1957. Baltimore, Md., Johns Hopkins Univ.) K. MAIER. 5106

Robert Ballentine, *Die Bestimmung von Gesamtstickstoff und Ammoniak.* Übersicht. Gesamt-N: mikrovolumetr., submikrospektrophotometr., Ultramikrometh.; NH_3-Bestimmung. — 28 Literaturangaben. (Methods Enzymol. **3.** 984—95. 1957. Baltimore, Md., Johns Hopkins Univ.) K. MAIER. G 243

D. J. Donald Nicholas und **Alvin Nason,** *Die Bestimmung von Nitrat und Nitrit.* Übersicht. Best. von Nitrat: Phenol-2.4-disulfonsäure, Brucin, 1-Xylenol; Best. von

Nitrit: Diazotierung u. Kupplung. — 6 Literaturangaben. (Methods Enzymol. **3.** 981—84. 1957. Bristol, Univ.; Long Ashton, Res. Stat.; Baltimore, Med., Johns Hopkins Univ.) K. MAIER. G 243

John K. Johannesson, *Bestimmung von Jodiden durch Oxydation mit salpetriger Säure.* Vf. zeigt, daß Zugabe von NH_2SO_2OH bei der Oxydation von Jodiden durch HNO_2 in starker HCl schnell unter N_2-Entw. die überschüssige HNO_2 zerstört u. das Jod dann in üblicher Weise bestimmt werden kann. Er beschreibt die „dead-stop"-Meth., bei der 2 glatte Pt-Elektroden verwendet werden u. bessere Resultate als mit anderen Methoden erhalten werden. Fehlt eine entsprechende Ausrüstung, wird Zugabe von $CHCl_3$ empfohlen, um den Endpunkt in der Titrier-Fl. besser sichtbar zu machen. (Analytic. Chem. **30.** 1535—36. Sept. 1958. Wellington, New Zealand, Wellington City Council Labor.) E.-M. KREBS. G 249

Mariko Inarida, *Photometrische Bestimmung von Mikromengen Tellur mit diäthyldithiocarbaminsaurem Natrium und Tributylphosphat.* Zu der 3—6n salzsauren Lsg. von Te^{4+} u. Te^{6+} wurde wss. Lsg. von Na-Diäthyldithiocarbaminat gegeben u. der dabei ausgefallene Nd. mit *Tributylphosphat* (I) ausgeschüttelt, wobei I eine gelbe Lsg. bildet. Te^{4+} kann durch spektrophotometr. Best. der Intensität der gelben Farbe dieser I-Lsg. bei 340 mμ ($<$ 50 γ Te) oder bei 400 mμ ($<$ 100 γ Te) bestimmt werden. Das in der Lsg. zurückgebliebene Te^{6+} wird zuerst durch Erwärmen in der salzsauren Lsg. zu Te^{4+} red. u. dieses weiter wie oben bestimmt. (J. chem. Soc. Japan, pure Chem. Sect. [Nippon Kagaku Zassi] **79.** 968—71. Aug. 1958. Tokyo, Univ., Naturwiss. Fak. [Orig.: japan.]) E. MAEKAWA. G 255

Ken'ichirô Yamasaki und **Ryôjirô Itô,** *Untersuchungen über o-Diketondioxim und dessen Metallkomplexe.* 8. Mitt. *Photoelektrische Bestimmung des Cyanidions mit Palladium-α-furildioximat.* (7. vgl. C. **1958.** 4583.) Der 0,5—5%ig. Lsg. von CN^- wurde die ammoniak-alkal. Lsg. des α-Furildioxim–Pd-Komplexes zugegeben, wobei *α-Furildioxim* (I) frei wurde. I wurde dann durch 0,5%ig. $NiSO_4$-Lsg. gefärbt u. bei 480 mμ photometriert. Die Menge an CN^- kann daraus berechnet werden. (J. chem. Soc. Japan, pure Chem. Sect. [Nippon Kagaku Zassi] **79.** 914—16. Aug. 1958. Toyonaka, Ôsaka-Univ. [Orig.: japan.]) E. MAEKAWA. G 260

G. Eckert, *Bestimmung von Mikrogrammengen Silicium als Silicomolybdänblau.* Die Red. von Silicomolybdänsäure zu Silicomolybdänblau erfolgt bei p_H 1,5 unter Zusatz einer Pufferlsg. mit Sn(II)-Oxalat, welches in ameisenoxalsaurer Lsg. ca. 4 Wochen lang stabil bleibt. Das Absorptionsmaximum von Silicomolybdänblau liegt zwar bei 800 mμ, aber für Routineanalysen erscheint eine Messung im Gebiet 710—730 mμ vorteilhafter, weil dort der p_H-Einfl. bes. gering ist. Es stören nicht: Na, K, NH_4, Mg, Ca, Al (untersucht bis 2 mg Fremdelement), Chlorid u. Sulfat, Ni, Ca, Fe, Cu, Mn verursachen z. T. Eigenabsorption, die aber durch Subtraktion eliminiert werden kann. Der störende Einfl. von Nitrat kann durch Amidosulfonsäure beseitigt werden. Gleichzeitige Ggw. von Phosphat u. Arsenat stört, dagegen stört Wolframat nicht. Von der ca. 0,5 mg Si/ml enthaltenden Lsg. werden 5 ml in ein 50 ml-Meßkölbchen pipettiert, mit bidest. W. auf ca. 20 ml verd., mit 10 ml Pufferlsg. (100 ml 2n KCl-Lsg. u. 100 ml 2n HCl vermischt, auf 1 Liter mit bidest. W. aufgefüllt) u. mit 2 ml NH_4-Molybdatlsg. (25 g in bidest. W. gelöst u. auf 500 ml aufgefüllt) versetzt. Es wird gut durchgemischt u. 15 Min. zur Bldg. der Heteropolysäure stehengelassen. Man gibt 5 ml H_2SO_4 (3 Volumenteile W. + 1 Volumenteil konz. H_2SO_4) hinzu, schüttelt gut durch u. red. unmittelbar danach mit 1 ml Reduktionslsg. [4,1 g Oxalsäuredihydrat, 4,0 g Na-Formiat, 2,4 ml Ameisensäure (98—100%) u. 2,12 g Sn(II)-Oxalat in 240 ml bidest. W.]. Man füllt auf u. mißt nach 10 Min. die Extinktion gegen W. im Spektralphotometer bei 730 mμ oder in einem Filtergerät mit Hg-Lampe bei 691 mμ. (Z. analyt. Chem. **161.** 421—32. 1958. München, Siemens & Halske AG., Wernerwerk für Bauelemente.) R. JUNGE. G 261

C. Liteanu und **I. Máthé,** *Irreversible Redox-Indicatoren.* 1. Mitt. *Photocolorimetrische Untersuchung über Methoden der Titration von Antimon mit Bromat in Gegenwart von Methylorange und Methylrot.* Die Titration von $SbCl_3$ mit $KBrO_3$ in salzsaurer Lsg. unter Verwendung von Methylrot oder (besser) Methylorange als Redoxindicator verläuft mit scharfem Anstieg der Extinktionsdifferenz bei der Entfärbung. Die Unters. der optimalen Bedingungen ergibt, daß man zweckmäßig auf 5 ml $SbCl_3$ (10^{-1}n) 2 ml H_2O, 3 ml konz. HCl u. 0,5 ml 0,01%ig. Methylorangelsg. verwendet u. mit 0,1n $KBrO_3$-Lsg. titriert. (Rev. Chim. [Bucureşti] **8.** 540—43. Aug. 1957. Cluj, Univ. V. Babeş.) R. K. MÜLLER. G 266

Erich Häberli, *Die Bestimmung von metallischen Verunreinigungen in ultrareinem Antimon nach der Dithizonmethode.* Zur Best. von 0,00001—0,000001% Metallmengen in Sb mit guten Halbleitereigg. pulverisiert man $>$ 1 g Sb zwischen metallfreiem Filterpapier im Mörser, wägt 1 g in einen metallfreien Erlenmeyer u. tropft ca. 2 g Br_2 zu. Man unterstützt den Lösevorgang notfalls durch Erwärmen u. stellt durch NH_3-Gas p_H 7 ein. Man schüttelt die klare Lsg. 1 Min. mit je 0,5 ml bzw. 0,2 ml verd. Dithizonlsg. (I), bis keine Verfärbung mehr auftritt (Verbrauch a ml). Man stellt nun durch Zugabe von 0,3 μg Zn als $ZnCl_2$ die Empfindlichkeit der Rk. fest (Verbrauch b ml I-Lsg.) u. führt einen Blindvers. durch (Verbrauch c ml I-Lsg.). % Fremdmetall als Zn = 0,3·(a—c)/b·10000. Zur Herst. der I-Lsg. schüttelt man eine Lsg. von 20% I in 100 ml CCl_4 4mal mit je 50 ml NH_3-Lsg. (1 Teil NH_3/199 Teile W.), filtriert die wss. Auszüge, unterschichtet mit 100 ml CCl_4, säuert mit 1 ml HCl an u. schüttelt sofort aus. Man wäscht die CCl_4-Schicht mehrmals mit W., filtriert u. verd. mit CCl_4 auf das 10fache. Wesentlich ist die Verwendung von Quarzgefäßen u. die Reinigung der Gefäße zur Metallfreiheit mit Tartratlsg. u. I. Die relative Genauigkeit des Verf. beträgt ±30%. (Z. analyt. Chem. **160**. 15—20. 1958. Zofingen, Schweiz, Siegfried A.-G., Analyt. Labor.) H. Pluskal. G 266

N. Mével und **B. Lacruche**, *Volumetrische Bestimmung von Kalium nach Fällung als Tetraphenylborat.* Da die gravimetr. Best. von *K* als $K[(C_6H_5)_4B]$ (I) häufig durch Zersetzungsprodd. des Reagenses beeinträchtigt wird, wurde eine volumetr. Bestimmungsmeth. ausgearbeitet, bei der diese Prodd. nicht stören. Das Verf. beruht darauf, daß I in W. unlösl., in Aceton jedoch lösl. ist, daß ferner das entsprechende Ag-Salz in beiden Lösungsmitteln unlösl. ist. Das K-Salz wurde mit Tetraphenylboration (II) gefällt. Die Best. der dafür notwendigen Menge II beruhte auf der Unlöslichkeit von $NH_4[(C_6H_5)_4B]$, dessen Bldg. durch Tüpfeln bestimmt wurde. Nach Auflösung des entstandenen I-Nd. in Aceton wurde die darin enthaltene Menge II in salpetersaurer Lsg. in Ggw. von überschüssiger $AgNO_3$-Lsg. mit NH_4SCN nach Volhard titriert. Bei Anwesenheit von NH_4-Salzen oder NH_3 ist ein sehr großer Überschuß von 30%ig. HCHO erforderlich. Rasche Titration ist für die Best. unerläßlich; Genauigkeit ±0,5%. Arbeitsmeth., erforderliche Reagentien sowie Rückgewinnung von II durch Überführung des Ag-Salzes über NH_4-Salz in II wird genau beschrieben. Störend auf die Best. wirken u. a. auch Pb^{2+}, Cs^+ u. Hg^+ infolge Bldg. unlösl. Niederschläge. (Mikrochim. Acta [Wien] **1958**. 241—47. Argentueil, Seine-et-Oise, Soc. d'Etudes Chim. pour l'Ind. et l'Agric.) C. Freese. G 275

Josef Havíř, *Die Bestimmung von Kalium, Rubidium und Cäsium mit Natriumtetraphenylborat durch potentiometrische Titration.* Vf. beschreibt eine maßanalyt. Best. von K u. den schweren Alkalimetallen, die genau ist u. reproduzierbare Resultate liefert. Die angeführten Metalle werden als Tetraphenylborate (I) gefällt. Nach Wiederauflösen in Aceton wird die äquivalente Menge I-Ion durch Titration gegen 0,1n $AgNO_3$-Lsg. unter potentiometr. Indizierung bestimmt. Unter den Versuchsbedingungen ist Ag-I prakt. unlösl., u. im Äquivalenzpunkt verursacht eine äußerst geringe Änderung der Ag^+-Konz. einen ausgeprägten Potentialsprung. — Aus dem Verlauf der Titrierkurven bei der Titration von Na-I gegen $AgNO_3$-Lsg. geht hervor, daß wechselnder Acetongeh. der untersuchten Lsgg. die Lage des Äquivalenzpunktes keineswegs, jedoch die Höhe des Potentialsprungs stark beeinflußt. Maximale Erhöhung wird in Ggw. von 20—50% Aceton erreicht. Bei der Titration in schwach saurem Medium (0,002 mol. H_2SO_4, HNO_3, $HClO_4$, Essigsäure) sind die Ergebnisse prakt. dieselben wie bei neutralem p_H. 10fache Säurekonz. erhöht den Verbrauch ca. um 2%. In 2%ig. $NaNO_3$- bzw. $Al_2(SO_4)_3$-Lsg. weist die Titration denselben Verbrauch wie in W. auf, während der Potentialsprung erheblich erniedrigt wird. — 10^{-4}mol. Na-I-Lsg. ist noch gegen $5\cdot10^{-4}$n $AgNO_3$-Lsg. durch Ausbldg. eines deutlichen Potentialsprunges leicht zu titrieren. Aus den Daten der potentiometr. Titration der gesätt. K-I-Lsg., die als prakt. Beispiel vorgenommen wurde, wurde für das Löslichkeitsprod. dieser Verb. in reinem W. (20°) der Wert $1,6\cdot10^{-8}$ in guter Übereinstimmung mit Literaturangaben ($2,3\cdot10^{-8}$) gefunden. In Ggw. von Alkalihalogeniden ist die Meth. nicht anzuwenden. Im Falle des Cl^- u. Br^- weist die Titrationskurve zwei Potentialsprünge auf, wobei der erste der Titration des I-Ions entspricht. Der positive Fehler der Best. erreicht jedoch bei äquimol. Konz. infolge gleichzeitiger Fällung von AgCl (bzw. AgBr) mit Ag-I bis 10%. In Ggw. von äquimol. Mengen Alkalijodid bzw. 2facher Menge Br^- wird nur ein Potentialsprung in der Titrierkurve registriert. Aus diesen Befunden geht hervor, daß Ag-I beträchtlich unlöslicher ist als AgCl bzw. AgBr. Auf Grund der Nernstschen Gleichung wurde der Wert von $4,0\cdot10^{-14}$ für das Löslichkeitsprod. des Ag-I in 10^{-2}mol. Na-I-Lsg. bei 20° berechnet. — Bei der Best. wird eine Lsg., die $\leqq$ 10 mg K bzw. die äquivalente Menge von Rb oder Cs als Sulfat bzw. Chlorid enthält, mit 2%ig. Na-I-Lsg. gefällt. Der Nd. wird in einem Gooch-Tiegel mit dünner Asbestschicht aufgefangen, zuerst mit gesätt. I-Lsg. u. nachher mit wenig W. nachgespült u. wieder in 20—30 ml wasserfreiem Aceton aufgelöst. Die entstandene Lsg. wird mit einem Vol. W. verd. u. gegen $AgNO_3$-Lsg. titriert. Die im Falle von Rb- bzw. Cs-Salzen bei der Verdünnung mit W. ausgeschiedene Trübung muß durch Zugabe von weiterem Aceton entfernt werden. Die Relativfehler der Best. von 1,57—10,70 mg K schwanken zwischen —0,51 u. +2,25%, die von 13,64—32,44 mg Rb zwischen —0,53 u. +1,11% u. die von 12,74—29,20 mg Cs zwischen —0,33 u. +0,46%. (Chem. Listy **52.** 1274—78. Juli 1958 [Orig.: tschech.]; Collect. czechoslov. chem. Commun. **24.** 1954—59. Juni 1959 [Orig.: deutsch]. Brno, Vojenská techn. akad. Antonína Zápotockého.) J. VANĚČEK/Prag. G 277

L. S. Bark, *Untersuchungen in qualitativer anorganischer Analyse.* 3. Mitt. *Trennung der Erdalkaligruppe.* (2. vgl. C. **1958.** 6925.) Um Verluste im Analysengang durch SO_4^{2-}-Bldg. bei der Sulfidfällung, CO_3^{2-}-Fällung u. Adsorption an Phosphat-Ndd. beim Nachw. der Erdalkalien zu vermeiden, wird empfohlen, diese nach Fällung der Ag-Gruppe abzutrennen. Man dampft das Filtrat auf 0,5 ml ein, versetzt mit 0,25 ml 4n H_2SO_4 u. 1 ml A., rührt 1 Min., zentrifugiert, wäscht mit A./4n H_2SO_4 (1:1), kocht mit gesätt. CH_3COONH_4-Lsg. zur Entfernung von $PbSO_4$, zentrifugiert warm, vermischt mit dem 5fachen Gewicht Na_2CO_3, schm. im Ni-Löffel bis zur klaren Schmelze, kocht mit W. aus, zentrifugiert, wäscht mit W., zentrifugiert wieder, löst in 4n CH_3COOH u. prüft wie üblich. (Mikrochim. Acta [Wien] **1958.** 117—19. 1958. Derby, Derby and District Coll. of Technol., Dep. of Chem.) H. PLUSKAL. G 280

D. Bailey, W. M. Dowson, R. Harrison und **T. S. West,** *Untersuchungen in qualitativer anorganischer Analyse.* 4. Mitt. *Eine Nachweisreaktion auf Zinn(IV).* (3. vgl. vorst. Ref.) *N-Benzoylphenylhydroxylamin* (I) bildet in HCl-saurer Lsg. einen weißen Nd. mit *Sn(IV)*. Die Nachweisempfindlichkeit beträgt im ml 0,5—0,6n HCl 0,03 bis 0,04 mg Sn. Zum Nachw. von Sn(IV) versetzt man 4 Tropfen Lsg. mit 4 Tropfen 30%ig. Weinsäure (zur Maskierung von Sb u. As), 4—5 Tropfen W. u. 6 Tropfen 1%ig. **I**-Lsg. (1 g **I** unter Erwärmen in 50 ml Eisessig gelöst, auf 100 ml mit W. verd.). Innerhalb der alkalilösl. Sulfidgruppe ist dieser Nachw. spezifisch. (Mikrochim. Acta [Wien] **1958.** 137—39. 1958. Birmingham, Coll. of Technol.; Coventry Technol. Coll.; Gloucester, Technol. Coll. and Chem. Dep.; Univ. of Birmingham.) H. PLUSKAL. G 327

Anil Kumar Majumdar und **Asit Kumar Mukherjee,** *Trennung von Niob und Tantal mit Hydroxamsäuren und Phenylarsonsäure.* Verss. zur Trennung von *Nb* u. *Ta* mit organ. Hydroxamsäuren ergaben, daß Benzohydroxamsäure u. Phenylacetylhydroxamsäure keine Fällung bewirkt, daß aber *Salicylhydroxamsäure* Nb u. Ta in Ggw. eines Tartrats ausfällt, u. zwar aus Lsgg. mit sehr hohem Säuregeh. (10% v/v H_2SO_4) bis zu Lsgg. mit einem maximalen p_H von 6,4; in Ggw. eines Citrats kann der p_H-Wert der Lsgg. nur bis zu 3,0 ausgedehnt werden. Mit Oxalat fällt Ta unter den gleichen Bedingungen wie bei Ggw. eines Tartrats aus, dagegen fällt Nb nur von einem p_H-Wert von 4,9 an aus. *Cinnamylhydroxamsäure* verhält sich wie die Salicylhydroxamsäure, doch kann hier der p_H-Wert der Fällung für Nb u. Ta in Oxalatlsg. bis 6,5, in Tartratlsg. bis 8,5 u. in Citratlsg. für Ta nur bis 2,0 u. für Nb bis 2,8 ausgedehnt werden. Mit *Phenylarsonsäure* kann Ta aus einer Ammoniumoxalat–H_2SO_4-Lsg. ausgefällt werden. Das Gebiet für vollkommene Ausfällung reicht von einem Säuregeh. von 10% v/v H_2SO_4 bis zu p_H ca. 5,8. Die vollständige Ausfällung von Nb tritt nur bei p_H-Werten oberhalb 4,8 ein. (Naturwissenschaften **45.** 239—40. 2. Mai-H. 1958. Calcutta, Jadavpur Univ.) C. GOTTFRIED. G 332

H. Wiedmann, *Photometrische Schnellbestimmung von Chrom in Kupfer–Chrom-Legierungen.* Zur Best. von Cr in Cu–Cr-Legierungen werden ca. 0,5 g Späne in 10 ml HNO_3 gelöst; die Lsg. wird mit 15 ml Säuregemisch [600 ml H_2SO_4 (1:1) + 200 ml H_3PO_4 (D. 1,7)] versetzt, bis zum Auftreten von SO_3-Nebeln erhitzt u. mit 20 ml $HClO_4$ (D. 1,7) 75 Sek. (Stoppuhr) erhitzt. Nach sofortigem Abkühlen wird auf 200 ml mit W. aufgefüllt u. gegen W. als Vergleichlsg. photometriert (ELKO II, Filter S 47 E). Die Auswertung erfolgt mittels Eichkurve. Die Genauigkeit beträgt ±0,02%. (Metall **12.** 1000. Nov. 1958. München.) F. VIER. G 335

Thomas L. Allen, *Mikrobestimmung von Chrom mit 1.5-Diphenylcarbazid.* Vf. untersucht folgende Einfll. auf die Mikrobest. von Cr mit 1.5-Diphenylcarbazid (**I**): Einfl. des p_H-Werts u. Redest. des W., Natur u. Konz. von organ. Lösungsmitteln, Konz. u. Qualität von **I**, Alter der **I**-Stammlsg., Mischungsreihenfolge u. Temp., Ionenstärke sowie der Haltbarkeit von festem **I**. Weiter wird die Brauchbarkeit von Na_2O_2 zur Oxydation von Cr u. die Löslichkeit von **I** in W. u. verd. H_2SO_4 untersucht. In frischen Lsgg von reinem **I** ist der mol. Absorptionskoeff. der gefärbten Verb. beim Absorptionsmaximum von 546 mμ (4,17 ± 0,04)·10^4, bezogen auf die Konz. von Cr(VI). (Analytic. Chem. **30.** 447—50. März 1958. Davis, Calif., Univ. of California, Dep. of Chem.) G. KRIEN. G 338

R. Weiner und **P. Boriss,** *Die maßanalytische Bestimmung des Molybdäns.* Die fällungsmaßanalyt. Best. von MoO_4^{2-} kann durch potentiometr. Titration mit $AgNO_3$

in acetatgepufferter Lsg. geschehen, wobei zweckmäßig noch ein Zusatz von A. zur Lsg. erfolgt. Reproduzierbarkeit ±1%. Eine einfache u. genaue Best. des Mo ist jedoch möglich durch Red. der HCl-Lsg. im Ag-Reduktor zu Mo^{5+}, das anschließend nach Zusatz von H_3PO_4 als Reaktionsbeschleuniger u. Diphenylamin als Indicator mit $Cr_2O_7^{2-}$ auf Farbumschlag nach Blau titriert wird. (Z. analyt. Chem. **160**. 343—50. 1958. Innsbruck.) G. HALMI. G 336

F. Bermejo Martínez und **A. Prieto Bouza,** *Colorimetrische Bestimmung des Molybdäns in Stählen. Untersuchung der Störungen der Thiocyanatmethode.* Es wird ein genaues Schnellverf. zur Best. des *Mo*-Geh. im Stahl vorgeschlagen, das auf der klass. Colorimetrie des Mo(V)-Thiocyanats beruht. Störungen durch Begleitmetalle werden durch komplexometr. Verff. u. durch Extraktion mit Amylalkohol-CCl_4-Mischung ausgeschaltet. — 22 Literaturhinweise. (Quím. e Ind. [Bilbao] **3**. 168—72. Juli/Aug. 1956. Santiago, Univ., Fac. Cie.) W. METZENER. G 336

H. M. Stevens, *Die Trennung verschiedener Wertigkeitsstufen des Eisens durch Papierchromatographie.* Eine quantitative Trennung von Fe^{2+} u. Fe^{3+} durch absteigende Papierchromatographie gelingt mit dem Laufmittel n-Butanol/A./Eisessig/W. (40:25 zu 25:35). Ungefähre R_F-Werte 0,2—0,3 für Fe^{2+} u. 0,8—0,9 für Fe^{3+}. Die Differenz der R_F-Werte war kleiner (0,2 bzw. 0,6) in Gemischen von $Fe^{2+} \gg Fe^{3+}$. Zum Sichtbarmachen der Flecken wurde das Chromatogramm 8-Hydroxychinolin (I) enthaltendem Wasserdampf ausgesetzt. Die ausgeschnittenen Papierstücke wurden mit $HNO_3/HClO_4$ naß verascht, das Fe als $Fe(SCN)_3$ mit Amylalkohol/Ae. (100:40) extrahiert u. photometr. bestimmt. Beim Behandeln des Papiers mit HCl/H_2O_2 treten infolge Red. des Fe^{3+} durch aus der Cellulose entstandene Glucose Minderwerte auf. — Ferner wird die präpararative Darst. eines roten Fe^{2+}-Komplexes mit I der Formel $Fe(C_9H_6ON)_2 \cdot 2\,H_2O$ (II) beschrieben. II entsteht aus Fe^{2+} u. I unter Luftausschluß u. ist im trockenen Zustande an der Luft haltbar. Bei 80° färbt es sich dunkel u. verliert bei 110° W. unter Übergang in den Fe^{3+}-I-Komplex. II ist unlösl. in W., Ae., Chlf., CCl_4, A., Aceton, Benzylalkohol, PAe. u. kaltem Nitrobenzol. Es löst sich in Dioxan, Piperidin, weniger in Chinolin u. gut in Pyridin (III), in dem der Fe^{3+}-Komplex nur wenig lösl. ist. Das Spektr. von **II** in **III** wurde graph. dargestellt. **II** hat ein Absorptionsmaximum bei 400 u. ein Minimum bei 350 mμ, während das Spektr. der Fe^{3+}-I-Verb. Maxima bei 557 u. 470 mμ u. ein Minimum bei 415 mμ aufweist. (Analytica chim. Acta [Amsterdam] **15**. 538—42. Dez. 1956. Bristol, Univ., Long Ashton Res. Stat., A.R.C. Unit of Plant Nutrit.) F. UMLAND. G 354

F. H. Pollard, J. F. W. McOmie, A. J. Banister und **G. Nickless,** *Quantitative anorganische Chromatographie.* 3. Mitt. *Die Trennung und Bestimmung von Eisen(II) und Eisen(III).* (2. vgl. C. **1957**. 10297.) Es wird das Verf. zur Auswahl des für die Trennung einiger Metalle verschied. Oxydationsstufe günstigsten Lösungsmittelsyst. beschrieben. Die optimale Zus. des Syst. für die Trennung von Fe(II) u. Fe(III) u. der Einfl. der Versuchsbedingungen auf die Trennung wurde untersucht. Am geeignetsten als Lösungsm. erwies sich eine frisch bereitete Mischung Ae.-Methanol-W.-konz. HCl im Verhältnis 50:30:8:6 bei 17±2°. Die Lsg. verbleibt 60±5 Min. zur Gleichgewichtseinstellung in der App.; die Flecke von $(NH_4)_2Fe(SO_4)_2$ bzw. $NH_4Fe(SO_4)_2$ werden an der Luft 5—10 Min. auf aus einem einzigen Filterpapier geschnittenen Streifen getrocknet. Unter diesen optimalen Bedingungen wurde für Fe(II) ein R_F-Wert von 0,17 u. für Fe(III) von 0,82 erhalten. Die Grenzen liegen für Fe(II) zwischen 0,08 u. 0,22 u. für Fe(III) zwischen 0,77 u. 0,85; die R_F-Werte sind für dasselbe Filterblatt innerhalb ±0,02 reproduzierbar, bei Verwendung verschied. Papiere treten größere Differenzen (±0,05) auf. Es wurden verschied. Verff. zur Extraktion von Fe(II) bzw. Fe(III) nach der chromatograph. Trennung u. zur colorimetr. Best. von Fe geprüft. Die besten Ergebnisse wurden bei Extraktion mit HCl u. Best. mit 2-Nitroso-1-naphthol-4-sulfonsäure (I) erzielt. Die Meth. ist anwendbar für ein Verhältnis Fe(II)/Fe(III) zwischen 25:1 u. 1:49 u. für Konzz. zwischen 25 u. 1250 μg Fe(II) u. 25 u. 2450 μg Fe(III); der maximale Fehler beträgt in Abhängigkeit von den Konzz. u. dem Verhältnis Fe(II)/Fe(III) 1—4%. Die Anwendung der Meth. zur Best. von Fe(II) u. Fe(III) in Gemischen mit Cr, Mn, Co, Ni u. Cu wird beschrieben. Für das Verf. wurde ein neuer Typ einer graduierten Tropfcapillare entwickelt, welche die rasche u. genaue Abmessung von Fll. (1—3 μl) gestattet. Arbeitsvorschrift: Die Lsg. wird auf das Chromatogramm aufgetragen, 10 Min. getrocknet u. in eine App. mit ansteigender Elution gebracht. Die eluierten Chromatogramme werden in ein mit einigen ml NH_3-Lsg. gefüllten Kolben gebracht [Ausfällung von $Fe(OH)_3$] u. die Lage der Fe-Banden im UV-Licht festgestellt. Die 2 Fe-Banden werden ausgeschnitten, mit 10 ml 50%ig. HCl, 10 ml 25%ig. HCl u. 10 ml dest. W. (jeweils 1 Min. kochen) extrahiert u. die Extrakte bis auf einige Tropfen eingedampft. Die Lsg. wird im 25 ml-Meßkolben mit 2 ml 5%ig. $NH_2OH \cdot HCl$-Lsg. u. 1 Tropfen 0,05%ig. wss. Methylorangelsg. versetzt, mit 2mol. NaOH auf Gelb eingestellt, 1 ml einer 0,247%ig. Lsg. von I in Methanol–W. 1:4, 3 ml 0,2mol. Essigsäure u. 7 ml 0,2mol. Na-Acetatlsg. zugegeben, aufgefüllt u. die opt. Dichte bei 700 mμ gegen eine Vergleichslsg. gemessen. (Analyst **82.** 780—99. Dez. 1957. Bristol, Univ., Dep. of Inorg. and Phys. Chem.) W. KARCHER. G 354

Hideo Tanabe und **Kiyoko Okamoto,** *Untersuchungen über Eisenkomplexe.* 1. Mitt. *Analytische Untersuchungen über die Chelatverbindungen aus Gluconsäure und Fe^{3+}. Gluconsäure* (I) bildet in saurer Lsg. ($p_H < 3$) mit Fe^{3+} eine 1:1-Chelatverb., die in wss. Lsg. bei 345 mμ ein Absorptionsmaximum hat. Dieses Maximum verschiebt sich mit steigendem p_H der Lsg. nach kürzeren Wellenlängen, was vermutlich auf der Koordination von OH^- zu Fe^{3+} u. auch auf Bldg. von mehrkernigen Fe-Komplexen zurückzuführen ist, wobei sich das mol. Verhältnis Fe^{3+}/I zwischen 1 u. 3 ändert. Bei einem bestimmten p_H besteht zwischen der Konz. des Fe^{3+} u. der Intensität der maximalen Absorption Linearität. Zur Best. des Fe^{3+} wird die Intensität der Absorption bei 340 mμ in einer mit Essigsäure u. Na-Acetat auf p_H 3—4 gepufferten Lsg. photoelektr. gemessen. Die Best. wird durch Fremdionen in sauren Lsgg. kaum, in bas. Lsgg. stark beeinflußt. Der Komplex wird durch Licht zersetzt. (J. pharmac. Soc. Japan [Yakugakuzasshi] **78.** 951—57. Sept. 1958. Ôsaka, Takeda-Yakuhin. [Orig.: japan.; Auszug: engl.]) E. MAEKAWA. G 354

Jan Doležal und **Josef Novák,** *Anwendung der Aminoverbindungen in der Polarographie anorganischer Verbindungen.* 7. Mitt. *Polarographische Kupfer- und Eisenbestimmung in Nickel und Aluminium und in deren Salzen.* (6. vgl. C. **1958.** 13319.) 0,5 g der Ni-Probe (bei Cu-Geh. >1% u. Fe-Geh. >2%) bzw. 4—5 g der Probe (für kleinere Gehh.) werden in HNO_3 gelöst u. auf 100 ml aufgefüllt. Zu 5 ml dieser Lsg. fügt man 10 ml 2mol. *Äthylendiamintartrat-* u. 2 ml 1mol. $K_4P_2O_7$-Lsg. hinzu, versetzt mit NaOH, stellt auf p_H ca. 6 ein u. füllt zu 25 ml auf. Die Auswertung erfolgt nach der Meth. der Standardzugabe. Bei Al-Analysen sind Einwaagen von 1,2—1,4 g am geeignetsten, falls der Geh. >0,5% Cu bzw. 1% Fe ist. (Chem. Listy **52.** 1353—54. Juli 1958. Praha, Karlova univ., Ústav pro chemii anal.) P. ZUMAN/Prag. G 358

Helmut Bode und **Horst Fabian,** *Zur flammenphotometrischen Bestimmung des Kupfers.* Es wurde der Einfl. eines Zusatzes oberflächenakt. Substanzen u. organ. mit W. mischbarer Lösungsmittel zu wss. Cu-Lsgg. auf die Empfindlichkeit der flammenphotometr. Cu-Best. untersucht. Die Emission des Cu wurde bei 324,8 oder 327,4 mμ gemessen. Durch Zusatz von Netzmitteln („Pril-flüssig" u. „Foryl D") konnte die Bestimmungsempfindlichkeit bis auf etwa das Doppelte der in rein wss. Lsgg. erhaltenen gesteigert werden. Vff. führen dies auf die durch den Zusatz verursachte Verkleinerung der bei der Zerstäubung erhaltenen Tropfen zurück. Bei zu großem Netzmittelzusatz nimmt die Empfindlichkeit jedoch wieder ab. Weiterhin untersuchten Vff. den Einfl. folgender organ. Lösungsmittel, die in verschied. Mengen den wss. Cu-Lsgg. zugesetzt wurden: Methanol, A., n-Propanol, Isopropanol, Äthylenglykol, Glycerin, Acetaldehyd + Methanol, Aceton, Dioxan, Ameisensäure, Essigsäure, Pyridin. Der größte Gewinn an Empfindlichkeit wurde durch Acetonzusatz erreicht. Die Empfindlichkeit der Cu-Best. nimmt mit steigendem Acetongeh. zu, jedoch nimmt ebenfalls der Flammenuntergrund zu. Das Optimum lag bei Lsgg., die 40 Vol.-% Aceton hatten. In diesem Lösungsmittelgemisch untersuchten Vff. den Einfl. von Mineralsäurezusatz. HCl, HNO_3 u. $HClO_4$ verursachen in Konzz. >1n H_2SO_4 bereits in Konzz. >0,5n Minusfehler. Weiterhin untersuchten Vff. in 0,5n HCl-saurer Lsg., die 40 Vol.-%ig. an Aceton war, den Einfl. folgender Kationen: Al, Ba, Ca, Cd, Co, Cr, Fe, K, Mg, Mn, Na, Ni, Sn, davon verursachen Al, Cd, Co, Fe, Ni, Sn Bestimmungsfehler, wenn ihre Konzz., je nach Element verschieden, mehr als das 50—500fache der Konz. des zu bestimmenden Cu beträgt. Bei bis zu 50fachem Überschuß wurden von keinem der untersuchten Elemente Störungen über ±3% beobachtet. Vff. zeigen die Anwendbarkeit der flammenphotometr. Cu-Best. an Hand von Beleganalysen verschied. Legierungen u. Erze. (Z. analyt. Chem. **163.** 187—96. 1958. Hannover, TH, Anorg.-chem. Inst.) L. SCHWIEGK. G 358

Max Ziegler, *Die photometrische Bestimmung von Kupfer als Kupfer(II)-aminoacetat.* Vf. bestimmt die Extinktionskurve des *Cu(II)-Aminoacetats* (I). Das Absorptionsmaximum liegt bei 735 mμ. I entsteht in einfacher Rk. aus den Komponenten, es muß als Innerkomplexverb., die nur sehr wenig dissoziiert ist, angesehen werden. Vf. untersucht die Möglichkeit der Verwendung der I-Bldg. zur quantitativen spektralphotometr. Cu-Bestimmung. Die Extinktion hängt etwas vom p_H-Wert der Lsg. ab. Im p_H-Bereich 2,9—4,1 ist die Extinktion konstant u. steigt bei höherem p_H zu Werten an, die um 5% höber liegen. Die Lsg. folgt bis zu einem Geh. von 400 mg Cu/100 ml dem LAMBERT-

BEERschen Gesetz. Co(II), Zn(II), Sn(IV) u. Mn(II) stören die Cu-Best. nicht; Al(III), Fe(III), Ni(II), Cr(III) stören erst, wenn sie in größeren Mengen vorliegen. — Arbeitsvorschrift: Die Legierung wird mit konz. HNO_3 in Lsg. gebracht. Man dampft die überschüssige Säure bis auf ca. 0,5 ml ab, verd. auf 20 ml, fügt 25ml Reagens- u. gleichzeitig Pufferlsg. zu (10%ig an Aminoessigsäure u. 4%ig an Na-Citrat) u. füllt auf 100 ml auf. Es wird bei 735 mμ photometriert. Entstandene Zinnsäure wird vor der Messung abfiltriert. Vf. gibt Testanalysen von Messing u. Bronze an, die auftretenden Fehler liegen durchschnittlich bei 0,15%. (Z. analyt. Chem. **163.** 197—200. 1958. Göttingen, Univ., Anorg.-chem. Inst.) L. SCHWIEGK. G 358

Max Ziegler, Herbert Sbrzesny und **Oskar Glemser,** *Die Trennung des Silbers von Blei durch Extraktion als Silberisopropenylacetylid.* Ag^+ kann von überschüssigem Pb^{2+} aus wss., neutraler oder schwach saurer Lsg. als Ag-Isopropenylacetylid durch Ausschütteln mit CH_2Cl_2 getrennt werden. Dabei wird (zur Löslichkeitserhöhung) etwas Tributylammoniumacetatlsg. zugesetzt. Durch Schütteln mit verd. HCl kann das Ag^+ anschließend in der nichtwss. Phase gefällt werden. Die Trennung gelingt bis zum Mol-Verhältnis Ag:Pb = 1:45, u. die Pb^{2+}-Best. wird durch die Trennung nicht beeinträchtigt. (Z. analyt. Chem. **167.** 96—98. 1959. Göttingen, Univ., Anorg.-chem. Inst.) E. DEHMLOW. G 359

Jan Michal, Eva Pavlíková und **Jaroslav Zýka,** *Die Bestimmung von Silber in Erzen.* Die Entfärbung von Merkupral (Komplex aus Tetraäthylthiuramdisulfid mit Kupferionen) durch Ag u. Hg gestattet die Best. dieser Elemente (vgl. Z. analyt. Chem. **159.** [1958.] 321 u. **158.** [1957.] 364). In Mineralien läßt sich Ag nach diesem Verf. relativ genau bestimmen, was durch Vgl. der Ergebnisse mit denen der dokimast. Meth. gezeigt wird. $HClO_4$ stört nicht. Es wird die Abnahme der Extinktion bei 420 mμ gemessen, die im Bereich 0—60 μg Ag lineare Abhängigkeit vom Ag-Geh. zeigt. — Die mit W. befeuchtete Probe wird mit 15 ml eines Gemischs aus HF–$HClO_4$–HNO_3 (30:5:1) 2mal eingedampft, in warmem redest. W. gelöst u. kurz gekocht. Nach dem Abkühlen wird auf 100 ml aufgefüllt, durch ein Blaubandfilter filtriert u. ein aliquoter Teil (10—50 μg Ag entsprechend) in einen Schütteltrichter pipettiert. Nachdem man 15 ml Lsg. von 10 mg Merkupral in 1500 ml Bzl. zugegeben u. mit redest. W. auf ca. 60—80 ml verd. hat, wird 3—4 Min. geschüttelt, die Benzolschicht nochmals mit redest. W. durchgeschüttelt u. mit A. auf 25 ml aufgefüllt. Die Messung der Extinktion erfolgt bei 420 mμ in einer 50 mm-Küvette. Der Ag-Geh. wird aus der Eichkurve ermittelt. (Z. analyt. Chem. **160.** 277—79. 1958. Praha, Inst. für Erzforsch.; Karls-Univ., Inst. für analyt. Chem.) R. JUNGE. G 359

Maria Lucco Borlera, *Polarographische Analyse von Eisenerzen.* Die in Eisenmineralien in kleinen Mengen vorkommenden Elemente Cu, Pb u. Zn lassen sich auch in Ggw. von As u. SO_4^{2-} polarograph. bestimmen. Hierzu werden 0,5—1 g Mineral mit 2 ml Bromwasserstoffsäure u. einer Mischung von 0,3 g Hydrazinsulfat u. 10 ml konz. HCl behandelt, 15 Min. zum Sieden erhitzt u. das Mineral nach Zusatz von 15—20 ml konz. HNO_3 völlig gelöst. Nach Eindampfen wird durch Versetzen mit konz. HCl Kieselsäure abgeschieden. Zur Lsg. gibt man 3 g Hydroxylaminhydrochlorid u. erwärmt 15 Min. auf 60—70°. Dann fügt man 3,75 g KCl u. 1 ml einer 0,5%ig. Gelatinelsg. zu u. füllt auf 50 ml auf. Ein Teil der dekantierten oder filtrierten Lsg. wird polarographiert. Zur Best. des As- u. S-Geh. red. man zu AsH_3 u. H_2S mit Zn u. leitet das Gas durch eine $CdSO_4$- u. eine $HgCl_2$-Lösung. Im CdS läßt sich der S jodometr., im Quecksilberarsenid As nach Oxydation zur arsenigen Säure polarograph. bestimmen. 1—5 g Mineral (ca. 20 μg As) werden mit 100 ml HCl (1 + 1), 5 ml 15% KJ-Lsg., 1 ml $SnCl_2$-Lsg. in 40%ig. HCl u. 15—20 g Zn versetzt. Die Gase leitet man zuerst durch 50 ml einer Lsg. von 25 g Cd-Acetat u. 10%ig. Essigsäure u. dann durch 2—5 ml einer 1,5%ig. $HgCl_2$-Lösung. Das gebildete CdS wird jodometr. oder als CuS bestimmt. Die $HgCl_2$-Lsg. wird 5—10 Min. erhitzt, dann mit 0,5 ml einer 0,2%ig. alkoh. Bromthymolblaulsg. u. 1 ml einer 40% Hydroxylaminsulfatlsg. versetzt. Mit Ammoniaklsg. stellt man auf p_H ca. 6 ein, erwärmt bis die N_2-Entw. aufhört, fügt 12,5 ml 2n H_2SO_4 u. 2,5 ml einer 0,1 mol. Komplexon(III)-Lsg. u. 1,8 g KCl hinzu u. polarographiert nach Auffüllen auf 25 ml. Mn wird nach der Meth. von STACKELBERG u. Mitarbeitern [1939] bestimmt. (Ricerca sci. **27.** 1492—99. Mai 1957. Torino, Politec., Ist. di chim. gen. e appl. e di metall.) H. NÖTH. 5292

b) Organische Verbindungen.

J. Calderón Martínez, *Analytische Chemie.* Übersicht über die neueren Entwicklungen der Technik der Mikrobest. von C u. H durch Verbrennung. — 13 Literaturhinweise. (Quím. e Ind. [Bilbao] **3.** 157—58. Juli/Aug. 1956.) W. METZENER. 5352

Gerald Kainz, *Individuelle Verbrennung organischer Verbindungen mit einer Automatik.* Vf. beschreibt einen App., der bei der Verbrennung organ. Substanzen den Vorschub des beweglichen Brenners automat. regelt. Die Regelung erfolgt durch einen Strömungsmesser mit Kontaktelektroden sowie ein Relais. Durch Kombination mit einem Schreibgerät kann der Verbrennungsvorgang graph. dargestellt werden. (Z. analyt. Chem. **166.** 427—33. 1959. Wien, Univ., II. Chem. Inst.) E. DEHMLOW. 5352

Oswald Riedel und **Eberhard Uhlmann,** *Fraktometrische Analyse von Deuterium im Wasserstoffstrom.* Zur quantitativen Analyse von *D*-haltigen Verbb. werden diese zunächst verbrannt u. zu H_2 red. u. dann durch eine gaschromatograph., 4 m lange Säule mit LINDE-Mol.-Sieb 5 A (Ca-Al-Silicat) gegeben. Als Detektor dient das PERKIN-ELMER-Fraktometer 154 B, das nach dem Prinzip der Wärmeleitfähigkeitsmeßzelle arbeitet u. als Trägergas wird H_2 verwandet. Verss. mit anderen Trägergasen u. einer Pd-Schwarzsäule waren erfolglos. Die Ausschläge waren scharf geformt u. hatten eine Halbwertsbreite von <2 mm; die Eichkurve stellte eine Gerade dar. Bei Vollausschlag betrug der Fehler nur $\pm 0,5$%. HD verhält sich im App. wie ½ D_2, was — auch auf Grund massenspektroskop. Unterss. — so gedeutet wurde, daß die Wärmeleitfähigkeit von HD in der Mitte zwischen denen von H_2 u. D_2 liegt. (Z. analyt. Chem. **166.** 433—39. 1959. Ludwigshafen/Rh., Bad. Anilin- & Soda-Fabrik AG., Analyt. Labor.) E. DEHMLOW. 5352

E. J. Agazzi, E. M. Fredericks und **F. R. Brooks,** *Mikrobestimmung von Schwefel und Halogenen durch schnelle, automatische Verbrennung.* Die zu untersuchende Substanz wird in einem Quarzrohr, dessen einer Teil auf 900° geheizt wird, verdampft, die Substanzdämpfe im N_2-Strom in den heißen Teil des Verbrennungsrohres getrieben u. dort mit einem großen Überschuß O_2 gemischt. Die Verbrennungsgase werden in dem mit dem Rohr verbundenen Absorptionsgefäß in 6%ig. H_2O_2 bzw. 0,5 mol. Na-Arsenitlsg. absorbiert u. ihre S- bzw. Halogengeh. nach den üblichen Methoden bestimmt. Verbrennung u. Absorption dauern 8 Minuten. Beleganalysen guter Genauigkeit. (Analytic. Chem. **30.** 1566—68. Sept. 1958. Emeryville, Calif., Shell Developm.) A.-M. FRETZDORFF. 5352

T. S. Ma, *Bestimmung von Fluor in der quantitativen organischen Mikroanalyse.* Vf. gibt einen Überblick über die quantitative Mikrobest. von F in organ. Substanzen. Die Umwandlung des organ. gebundenen F in das F^--Ion kann entweder durch katalyt. Oxydation, durch Alkalimetall- oder Carbonatschmelze, durch Red. mit Na-Biphenyl oder durch Erwärmen mit konz. H_2SO_4 erfolgen. Für die Abtrennung des F^- von andern störenden Ionen werden im allg. die Flüchtigkeit des SiF_4, die Wasserdampfdest. von H_2SiF_6 oder Ionenaustauschharze benutzt. Für die Endbest. von F^- eignet sich die Fällung als PbClF, die Titration gegen Th-Nitrat, die Colorimetrie mit NH_4-Molybdat u. die potentiometr. Best. mit Ca-Ionen. — 49 Literaturangaben. (Analytic. Chem. **30.** 1557—60. Sept. 1958. Brooklyn, N. Y., Brooklyn Coll. of New York.) A.-M. FRETZDORFF. 5352

H. A. Barker, *Die Bestimmung von Methan.* Volumetr. Best. als CO_2. — 2 Literaturangaben. (Methods Enzymol. **3.** 292—93. 1957. Berkeley, Calif., Univ.) K. MAIER. G 500

A. C. Neish, *Chemische Verfahren zur Trennung und Bestimmung von Alkoholen.* Übersicht. A.-Best. durch Mikrodiffusion, in Destillaten, chromatograph. Analyse von Alkoholgemischen, Identifizierung von Alkoholen als 3.5-Dinitrobenzoate. — 11 Literaturangaben. (Methods Enzymol. **3.** 255—63. 1957. Saskatoon, Saskatchewan, Prairie Reg. Labor.) K. MAIER. G 550

A. Z. Budzynski, Z. J. Zubrzycki und **I. G. Campbell,** *Radiometrische Bestimmung von ungesättigten Fettsäuren auf Chromatogrammen.* Unter Hinweis auf das von KAUFMANN u. Mitarbeitern (C. **1952.** 4860) angegebene Verf. zur radiometr. Best. der JZ. mit ^{131}JBr wird mit Einsatz von ^{131}J eine quantitative Arbeitsweise zur Ermittlung ungesätt. Fettsäuren auf dem Chromatogramm vorgeschlagen. Das Fettsäuregemisch wird auf einem Papier SCHLEICHER u. SCHÜLL 598 L — mit entsprechendem KW-stoffgemisch vorbehandelt (Umkehrphasenchromatographie) — mit 90%ig. Essigsäure entwickelt. Die getrockneten Streifen werden mit schwefelsauren Lsgg. von NaJ (^{131}J enthaltend) u. $NaJO_3$ behandelt (150 Min.) u. über Nacht getrocknet. Man mißt die β-Aktivität, die gemäß mitgeteilter graph. Darst. (für Öl- u. Linolsäure) in geradliniger Beziehung zur Menge der ungesätt. Fettsäure steht. Hinweis, daß zwischen Fleckenlänge auf dem Chromatogramm u. ihrem Geh. an Fettsäure eine lineare, also auswertbare Beziehung besteht. (Nature [London] **182.** 178—79. 19/7. 1958. Warschau, Inst. of Nuclear Res., Dep. of Radiochem.) K. TÄUFEL. G 800

I. C. Gunsalus und **W. E. Razzell**, *Herstellung und Bestimmung von Liposäure und Derivaten.* Übersicht. Best., Synth. von Liposäure (**I**) u. Derivv. (Dihydro-**I**, Acetyldihydro-**I**). — 17 Literaturangaben. (Methods Enzymol. **3.** 941—46. 1957. Urbana, Ill., Univ.) K. MAIER. G 800

Harris Busch, *Isolierung und Bestimmung von Bernstein- und Fumarsäure.* Übersicht. Isolierung von Bernstein- u. Fumarsäure durch Anionenaustauschchromatographie; Bestimmung. — 5 Literaturangaben. (Methods Enzymol. **3.** 431—34. 1957. Chicago, Ill., Univ.) K. MAIER. G 820

S. B. Barker, *Herstellung und colorimetrische Bestimmung von Milchsäure.* Übersicht. Best. von Milchsäure durch Überführung in Acetaldehyd durch Erhitzen mit konz. H_2SO_4 u. Rk. mit p-Hydroxydiphenyl (Violettfärbung). — 3 Literaturangaben. (Methods Enzymol. **3.** 241—46. 1947. Birmingham, Ala., Univ.) K. MAIER. G 850

Gaetano Di Modica und **Enrico Angeletti**, *Spektrophotometrische Bestimmung der Milchsäure.* Das Prinzip der Meth. besteht darin, daß Milchsäure durch Jod in alkal. Lsg. oxydiert wird unter Bldg. von *Jodoform*, dessen Menge in Chloroformlsg. mit Hilfe seiner UV-Absorption bestimmt wird. (Ricerca sci. **28.** 1485—88. Juli 1958. Torino, Univ., Ist. Chim.) C. GOTTFRIED. G 850

Katharine F. Lewis und **Sidney Weinhouse**, *Die Bestimmung von Glykolsäure, Glyoxylsäure und Oxalsäure.* Übersicht. Oxalsäure: Nachw. als Triphenylmethanfarbstoff mit Diphenylamin, Best. in biol. Material als Ca-Salz; Glykolsäure: Nachw. quantitative Best. mit 2.7-Dihydroxynaphthalin; Glyoxylsäure (**I**): Nachw. u. Best. durch Carbonylderiv., **I**-Synth. aus Oxalsäure. — 16 Literaturangaben. (Methods Enzymol. **3.** 269—76. 1957. Philadelphia, Pa., Lankenau Res. Inst.) K. MAIER. G 860

Samuel P. Bessman, *Herstellung und Bestimmung von Oxalessigsäure.* Übersicht. Herst., volumetr. u. colorimetr. Bestimmung. — 11 Literaturangaben. (Methods Enzymol. **3.** 418—21. 1957. Baltimore, Md., Univ.) K. MAIER. G 870

Albert L. Lehninger, *Colorimetrische Bestimmung von Acetessigsäure.* Best. nach Decarboxylierung als Aceton-2.4-dinitrophenylhydrazon, Best. von β-Hydroxybuttersäure. — 7 Literaturangaben. (Methods Enzymol. **3.** 283—85. 1957. Baltimore, Md., Johns Hopkins Univ.) K. MAIER. G 870

K. Blau und **W. Robson**, *Eine modifizierte Folin-Methode zur Bestimmung primärer und sekundärer Amine.* Vff. beschreiben eine modifizierte FOLIN-Meth. zur spektrophotometr. Best. einer Anzahl von Aminen bei 476 mμ, die sich in der Kälte u. auch in Ggw. von NH_4OH durchführen läßt. Danach werden 0,5 ml 1%ig. Lsg. von 1.2-naphthochinon-4-sulfonsaurem Na mit ca. 4 μMol Amin in 5 ml Pufferlsg. vom p_H 9,8 3 Std. im Dunklen bei Raumtemp. aufbewahrt, mit 0,5 ml Acetatpuffer vom p_H 3 angesäuert u. mit 1 ml $Na_2S_2O_3$-Lsg. zur Bleichung des Reagensüberschusses versetzt. Störungen werden durch mehrere Schwermetallionen, Äthylendiamintetraessigsäuredi-Na-Salz, Kreatin, Harnstoff u. Dioxan verursacht. (Chem. and Ind. **1957.** 424—25. 6/4. London, King's Coll., Biochem. Dep.) K. DOMMAIN. G 900

William E. Rosen, Virginia P. Toohey und **Anthony C. Shabica**, *Eine Bemerkung zur Papierchromatographie einiger quaternärer Ammoniumsalze.* Quaternäre Ammoniumsalze aus der Gruppe der Isoindoline, Tetrachlorisoindoline u. verwandter Systeme wurden papierchromatograph. untersucht. Papier: WHATMAN Nr. 1, Entwicklungs-Fl.: mit 0,1n Ammoniak gesätt. n-Butanol, Sprühreagens: modifizierte DRAGENDORFF-Lösung. Die R_F-Werte von folgenden 38 Verbb. werden angegeben, die Beziehungen zwischen Konst. u. R_F-Wert werden diskutiert. N-substituierte N-Methylisoindoliniumsalze: *N-[β-Trimethylammonioäthyl]-*; *N-[β-Chloräthyl]-*; *N-[β-Bromäthyl]-*; *4.5.6.7-Tetrachlor-N-[β-trimethylammoniomethyl]-*; *-N-methyl-*; *-N-[β-bromäthyl]-*; *-N-[β-dimethylaminoäthyl]-* *x.x.x-Trichlor-N-[β-trimethylammonioäthyl]-*; ferner *4.5.6.7-Tetrachlor-N-methylisoindolin*; *N.N'-Methylen-bis-[4.5.6.7-tetrachlorisoindoliniumbromid]*; folgende Phthalimide: *N-[β-Trimethylammonioäthyl]-*; *N-[β-Dimethylaminoäthyl]-*; *3.4.5.6-Tetrachlor-N-[β-trimethylammonioäthyl]-*; *-N-[β-dimethylaminoäthyl]-*; *4.5.6.7-Tetrachlor-N-[β-dimethylaminoäthyl]-isoindolinon-(1)*; folgende Isoindoline: *N-[β-Dimethylaminoäthyl]-*; *4.5.6.7-Tetrachlor-N-methyl-*; *-N-[β-dimethylaminoäthyl]-*; *-N-[β-trimethylammonioäthyl]-*; *N.N.N'.N'-Tetramethylpiperaziniumdichlorid* u. *-ditosylat*; *N.N.N.N'.N'.N'-Hexamethylhexamethylendiammoniumdichlorid*; *Tetramethylammoniumchlorid*; *β-Brom-N.N.N-trimethyläthylammoniumbromid*; *β-[Methylamino]-N.N.N-trimethyläthylammoniumbromid* u. *Benzyltrimethylammoniumchlorid.* (J. Amer. pharmac. Assoc., sci. Edit. **46.** 625—26. Okt. 1957. New York, N. Y., St. John's Univ., Coll. of Pharm.) S. ERBE. G 910

F. Oehme, *Hochfrequenztitrationen zur Bestimmung basischer Antibiotica.* Durch Hochfrequenztitration mit $HClO_4$/Eisessig können die schwach bas. Antibiotica, z. B.

Terramycin u. *Actinomycin* best. werden. Das Verf. ist als Halbmikrometh. mit 5—8 ml Bedarf an Lsg. durchführbar. (Z. Naturforsch. **13b**. 462. Juli 1958. Weilheim/Obb., Wiss.-Techn. Werkst., Labor.) E. MOISAR. G 3900

George B. Selzer und **William W. Wright**, *Papierchromatographie der Tetracyclinantibiotica und ihrer Epimeren.* Ein neues Verf. zur Trennung von *Tetracyclin* (**I**)-Antibiotica u. ihren Epimeren durch aufsteigende Papierchromatographie wird angegeben. WHATMAN-Papier Nr. 1 wird mit Citronensäure/Phosphat-Puffer (nach MCILVAINE) vom p_H 3,5 getränkt u. zwischen Filtrierpapier abgepreßt. Auf die Startlinie werden in Abständen von ca. 1,5 cm jeweils 2 μl methanol. Eichlsg. (Konz. 1000 γ/ml) von **I**, *Chlortetracyclin* (**II**), *Hydroxytetracyclin* (**III**) u. *Quatrimycin* (**IV**) sowie eine Lsg. der zu untersuchenden Probe aufgetragen. Mit dem Lösungsmittelgemisch Chlf./Nitromethan/ Pyridin (10 : 20 : 3) wird aufsteigend chromatographiert. Wenn die Lösungsmittelfront ca. 10 cm über der Startlinie liegt, wird das Chromatogramm an der Luft getrocknet. Im starken UV-Licht erscheinen die Tetracycline u. ihre Epimeren als gelbfluorescierende Flecke. Behandlung des Papiers mit NH_3-Dämpfen verstärkt die Fluorescenz. Folgende R_F-Werte wurden erhalten: **I** 0,28; **II** 0,50; **III** 0,13; **IV** 0,05 u. Chlorquatrimycin 0,08. Die Meth. eignet sich zur Best. von **II** u. **III** in tier. Futter u. von **I** u. **IV** in pharmazeut. Präparaten. (Antibiotics and Chemotherapy **7**. 292—96. Juni 1957. Washington, D. C., Food and Drug Administrat.) S. WIRTZ. G 3900

d) Medizinische und toxikologische Analyse.

Joseph Thouvenot, Nathalie Flavian und **Robert Weber,** *Über eine colorimetrische Methode zur Histaminbestimmung.* Es wird eine Modifikation der Histamin (**I**)-Best. nach ROSENTHAL u. TABOR (J. Pharmacol. exp. Therapeut. **92**. [1948.] 425) beschrieben. — Zur Analysenlsg. werden 1 ml Diazoreagens (zu 10 ml 0,1%ig. 4-Nitroanilinlsg. in 0,1 n HCl wird im Eisbad 1 ml 4%ig. $NaNO_2$-Lsg. gegeben), 1,25 ml u. danach nochmals 0,5 ml 20%ig. Na_2CO_3-Lsg. u. 0,3 ml 5n NaOH unter Kühlung zugefügt. Der gebildete Farbstoff wird mit 5 ml Methylisobutylketon extrahiert u. die durch NH_3 bedingte Färbung durch Eintragen des Extraktes in 6 ml Veronalpuffer, p_H 7,7 (9,2 g Diäthylbarbitursäure u. 2 g NaOH/Liter; mit n. Essigsäure auf p_H 7,7 eingestellt) abgeschwächt. — Die Meth. liefert bei **I**-Konzz. von 20—50 γ/ml gute Ergebnisse u. gestattet den Nachw. der **I**-Fixierung durch die Globuline von n. menschlichem *Serum* durch Gleichgewichtsdialyse. (Bull. Soc. Chim. biol. **39**. 1511—19. 12/2. 1958. Paris, Fac. de Méd., Chaire de Physiol.) E. SCHWERDTFEGER. 5728

Ju. M. Tortschinski, *Argento- und mercurimetrische Bestimmung des Gehaltes an SH-Gruppen im Blutserum und im Hirnhomogenat der Katze.* Es wird gezeigt, daß bei der Titration der SH-Gruppen im Blutserum u. im Hirnhomogenat der Katze gegen $AgNO_3$ in verd. NH_4OH-Pufferlsg. u. gegen $HgCl_2$ im Phosphatpuffer nahezu gleiche Werte erhalten werden. Die Annahme, daß argentometr. zu geringe Werte erhalten werden infolge einer merklichen Oxydation eines Teiles der SH-Gruppen durch NH_4^+ in alkal. Lsg., hat sich somit nicht bestätigt. (Бюллетень Экспериментальной Биологии и Медицины [Bull. exp. Biol. Med.] **46** (**23**). Nr. 12. 108—09. Dez. 1958. 1958. Moskau, Hirn-Inst. der Akad. der med. Wiss. der UdSSR, Labor. für Histochem.) OTTO MAIER. 5728

Samuel P. Bessman, *Die Bestimmung von Asparaginsäure und Asparagin.* Übersicht. Vorbereitung von Blut u. Gewebe, Adsorption (Al_2O_3) u. Elution, Trennung u. Best. von Glutaminsäure u. Asparaginsäure. — 3 Literaturangaben. (Methods Enzymol. **3**. 575—78. 1957. Baltimore, Md., Univ.) K. MAIER. 5750

Lowell W. Bradford und **James W. Brackett,** *Systematisches Verfahren zur Identifizierung gefährlicher Drogen, Gifte und Narkotica durch Ultraviolettspektrophotometrie.* Vff. geben eine Anzahl von Tabellen mit spektrophotometr. Daten, mit deren Hilfe man nach Anwendung eines einfachen Trennungsganges, der diese Stoffe in 4 Gruppen teilt, 166 organ. Verbb., 25 Pflanzenstoffe u. 4 menschliche Stoffwechselprodd. in Organextrakten identifizieren kann. Eine weitere Tabelle gestattet die Erkennung von Stoffen mit ähnlichen Absorptionsspektren durch die infolge von p_H-Änderungen auftretenden Verschiebungen im Absorptionsverhalten. (Mikrochim. Acta [Wien] **1958**. 353—82. San José, Calif., County of Santa Clara Court House, Office of the District Attorney, Labor. of Criminalistics.) A.-M. FRETZDORFF. 5764

Kurt Erne, *Nachweis und quantitative Bestimmung von Parathion in biologischem Material.* Vf. beschreibt eine spezif., hochempfindliche, auf biol. Material anwendbare Nachweis- u. Bestimmungsmeth. für *Parathion* („E 605"; **I**), die 0,5 μg **I**, entsprechend 0,2 μg/g Probe zu erkennen u. auf ca. 1 μg/g Probe genau zu bestimmen gestattet. Das homogenisierte, mit H_2SO_4 u. SiO_2 angeteigte Material wird im SOXHLET mit Bzl. extrahiert, zur Entfernung störender Begleitstoffe durch eine mit Na_2SO_4 überschichtete „saure" Al_2O_3-Säule gegeben u. nach vorgeschriebener Technik mit Bzl. nachgewaschen. 2 separat aufgefangene Eluate mit Ae. u. mit CH_3OH enthalten I bzw. sein Hauptspaltprod. *p-Nitrophenol* (**II**). Beide werden papierchromatograph. bestimmt. Zur Analyse von **I** aus dem Ae.-Eluat dient mit Dimethylsulfoxyd (**III**) imprägniertes Papier (WHATMAN Nr. 1.), als Lösungsm. mit **III** gesätt. Isooctan. Die Identifizierung auf dem Papier geschieht durch kurzes Erhitzen des mit 0,5mol. alkoh. KOH gesprühten Streifens auf 100°, wobei **I** durch eine kanariengelbe Färbung angezeigt wird. Zu quantitativen Zwecken wird eine parallelgelaufene, nicht besprühte u. erhitzte Tüpfelzone mit sd. A. eluiert, das Eluat mit Zn + HCl red. u. nach in Abständen erfolgender Zugabe je einiger Tropfen $NaNO_2$, NH_4-Sulfamat u. Naphthyläthylendiamin die magentafarbene Lsg. bei 555 mμ photometriert. — Zur Analyse von **II** wird das CH_3OH-Eluat der Säule in wss.-alkal. Verdünnung reinigungshalber zweimal, nach Ansäuern mit H_2SO_4 weitere dreimal mit Ae. ausgeschüttelt, wobei in den letzteren Ausschüttelungen die äther. Extrakte aufgefangen u. vereinigt werden. Sie werden mit 25%ig. NaCl-Lsg. gewaschen, über Na_2SO_4 getrocknet, filtriert, eingedunstet u. mit einem kleinen Vol. CH_3OH aufgenommen. Es wird auf WHATMAN-Papier Nr. 1 mit n-Butanol/5mol. NH_3 entwickelt, das Chromatogramm ½ Std. an der Luft getrocknet. Ein gelber Fleck vom R_F ca. 0,5 (mit einem positiven Eichvers. verglichen) zeigt die Anwesenheit von **II** an. Eine quantitative Best. kann nach Eluieren des Tüpfels durch CH_3OH, Alkalisieren mit NaOH auf photometr. Wege vorgenommen werden (Extinktionsmaximum 390 mμ). (Acta pharmacol. toxicol. [Köbenhavn] **14.** 173—87. 1958. Stockholm, Staatl. Veterinär-med. Inst.) R. KLOCKMANN. 5764

Hermann Lux, Praktikum der quantitativen anorganischen Analyse. 3., völlig neubearb. Aufl. Zugleich Neuauflage des Praktikums der quantitativen anorganischen Analyse von ALFRED STOCK und ARTHUR STÄHLER. München: Verlag von J. F. Bergmann. 1959. (VII + 202 S. m. 50 Abb.) DM 13,60.

Gerhard-Otfried Müller, Grundlagen der Stöchiometrie. 2. verb. Aufl. Leipzig: Hirzel. 1958. (VIII + 304 S. m. 20 Abb.) 8° DM 10,—.

E. B. Sandell, Colorimetric determination of traces of metals. 3rd edn. London: Interscience Publrs. 1959. (1054 S. m. Abb. u. Tab.) = Chemical Analysis. vol. 3. 185 s.

Karl Sellier, Der Nachweis kleinster CO-Mengen in Körperflüssigkeiten. Als Ms. gedr. Köln, Opladen: Westdeutscher Verl. 1958. (22 S. m. Abb.) 4° = Forschungsberichte d. Wirtschafts- u. Verkehrsministeriums Nordrhein-Westfalen. Nr. 555. DM 9,10.

H. F. Walton, Elementary quantitative analysis. London: Pitman. 1959. (IX + 342 S. m. Abb. u. Diagr.) 45 s.

D. Wilson, ed., Microchemistry; proceedings of the international symposium, 1958. London: Pergamon Press. 1959. (335 S. m. Abb.) = Inter. ser. of monographs in analytical chemistry. 70 s.

H. Angewandte Chemie.

I. Allgemeine chemische Technologie.

O. I. Starosswitski, *Die Ausnutzung der Wärme komprimierter Luft für die Vergasung von flüssigem Sauerstoff.* Ein 5jähriger Betrieb eines Gasifikators mit Erhitzung durch komprimierte Luft ergab Vorteile gegenüber der elektr. Erhitzung. (Кислород [Sauerstoff] **11.** Nr. 3. 32—34. 1958.) E. v. PEZOLD. 5816

J. P. Stone, C. T. Ewing, C. H. Blachly, B. E. Walker und **R. R. Miller**, *Wärmeübertragungsuntersuchungen an einer festen Konvektionsschleife mit Biphenyl und Biphenylpolymeren.* Experimentell wurden die Wärmeübertragungskoeffizienten mit einer hier genau beschriebenen App. zwischen einer Schleife aus Kohlenstoffstahl u. einem Körper aus rostfreiem Stahl bei Flüssigkeitstempp. von ca. 600° F bestimmt. Als strömende Fll. werden Biphenyl u. Biphenylpolymerisate verwandt. Der Einfl. von Verunreinigungen z. B. Pb u. von temperaturbedingten Zerss. der Fl. werden untersucht, ferner ihre physikal. Eigg., wie D. u. Viscosität. (Ind. Engng. Chem. **50.** 895—902. Juni 1958. Washington, D. C., U S Naval Res. Labor.) H. MIETHING. 5816

D. Schüring, *Die Weichzerkleinerung von Torf und ähnlichen Stoffen.* Berichtet wird über Fließverh. u. mechan. Bearbeitung, über das Maß der Bearbeitung, über orientierende Rührverss. u. über die Torfverarbeitung mit verschied. Rührern. Aus Ähnlichkeitsbetrachtungen ergibt sich, daß bei BINGHAM-Körpern der Vorbearbeitungsgrad durch die Gesamtumdrehungszahl n t des Rührers gegeben ist. Experimentelle Unterss. an Quark, Schweinemett, älterem u. jüngerem Sphagnumtorf zeigen, daß η u. ϑ keinem Endwert zustreben u. daß bes. bei Sphagnumtorf das Verhältnis η/ϑ unabhängig von der Vorbearbeitung ist. (Kolloid-Z. **159.** 33—36. Juli 1958. Hannover, Staatl. Anst., Torfinst.) E. BOYE. 5820

Tadeusz I. Rabek, Jan Malczewski und **Anna Tańska,** *Synthetische Ionenaustauscher.* 3. Mitt. *Synthese eines schwach basischen Anionits aus m-Phenylendiamin.* (2. vgl. C. **1958.** 12209.) 0,25 Mol m-Phenylendiamin werden mit 0,158 Mol HCl in 33,7 g W. unter Zusatz von 23,7 g Eis gelöst. Nach Zusatz von 4,85 g Polyäthylenpolyimin (aus 1.2-Dichloräthan u. NH_3 bei 150° unter Druck) u. 0,107 Mol HCl wird die Mischung auf 8—11° gekühlt u. mit 0,557 Mol 40% ig. CH_2OH kondensiert. Dabei steigt die Temp. auf 60—70° an u. die M. geliert. Die nach dem Trocknen erhaltenen schwarzen Körner haben eine Austauschkapazität von 4,2—4,8 mVal/g. Regenerierung erfolgt mit 2n NaOH u. Waschen mit Wasser. (Przemysł chem. **37.** 596—98. Sept. 1958.) F. URBAN. 5826

Ja. D. Selwinski und **Ss. F. Schachowa,** *Untersuchung der Porenstruktur von aktivierten Kohlen im Zusammenhang mit ihrem Schwefelaufnahmevermögen.* Durch Unterss. über die Struktur (ermittelt nach der Adsorptionsmeth.) u. das Aufnahmevermögen für S bei verschied., für die S-Reinigung von Gasen u. andere Zwecke angewandten akt. Kohlen wird festgestellt, daß die Kohlen mit einem hohen Aufnahmevermögen für S ein stark entwickeltes Syst. der Übergangsporen besitzen. Das Vol. der Übergangsporen ist bei ihnen 5—15mal größer als bei den gewöhnlichen akt. Kohlen. Der mittlere effektive Porenradius beträgt 30—34 Å statt 8—10 Å bei den gewöhnlichen akt. Kohlen. Die in einem Elektrochem. Kombinat erprobte C-Kohle, die durch Aktivierung der Braunkohle von Suljuktinsk (Usbekistan) erhalten wird, besitzt ein weit höheres S-Aufnahmevermögen als die gewöhnlichen akt. Kohlen u. übertrifft auch die deutsche F-Kohle. (Газовая Промышленность [Gas-Ind.] **1959.** Nr. 2. 13—17. Febr.) O. LEBTAG. 5848

Jan Iwiński, *Anwendung eines Venturi-Scrubbers zur Entstaubung von Industriegasen.* 1. Mitt. Übersicht: Theorie u. Wirkungsweise. — 10 Literaturangaben. (Przemysł chem. **37.** 458—62. Juli 1958. Warszawa, Inst. Chem. ogóln., Zakł. Inż. chem.) F. URBAN. 5850

Jan Iwiński, *Anwendung eines Venturi-Scrubbers zur Entstaubung von Industriegasen.* 2. Mitt. (1. vgl. vorst. Ref.) Übersicht: Konstruktionsmerkmale der Düse u. Anwendungsbeispiele des VENTURI-Rohres in Porzellan-, Gas-, Al-, Zuckerfabriken u. in der anorgan. u. organ. Industrie zur Abtrennung von Aerosolen. (Przemysł chem. **37.** 505—08. Aug. 1958.) F. URBAN. 5850

I. N. Buschmakin und **N. W. Lutugina,** *Abhängigkeit der Wirksamkeit einer Kolonne mit aufgeschüttelten Einsätzen vom Druck.* 7. Mitt. (6. vgl. C. **1955.** 5966; vgl. auch C. **1955.** 11266.) Geprüft wurde die Wirksamkeit einer Kolonne beim Druck von 760 bzw. 100 mm Hg bei Anwendung des Syst. Bzl.-CCl_4. Es zeigte sich, daß ein Unterschied der Wirksamkeit bei den verschied. Drucken nicht besteht. (Журнал Прикладной Химии [J. angew. Chem.] **29.** 1164—69. Aug. 1956. Leningrad, Univ.) O. LEBTAG. 5864

I. N. Buschmakin und **N. W. Lutugina,** *Flüssigkeit–Dampf-Gleichgewicht in den Systemen Essigsäure–Wasser, n-Butylacetat–Essigsäure–Äthylacetat.* 8. Mitt. (7. vgl. vorst. Ref.) Nach einer Angabe von PETERS (Ind. Engng. Chem. **14.** [1922.] 476) ergibt die Best. der Wirksamkeit einer Rektifikationskolonne mit Hilfe des Syst. Essigsäure (I)–W. einen viel geringeren Wert als die Best. mit Hilfe anderer Systeme. Um zu klären, ob dieser Unterschied durch **I** oder ihre Kombination mit W. bedingt ist, wurden die Gleichgewichte F.–Dampf in den Systemen **I**–W., n-Butylacetat (**II**)–**I** u. **I**–Äthylacetat (**III**) untersucht. Es zeigte sich, daß bei den Systemen **I**–W. u. **I**–**II** die Wirksamkeit der Kolonne nicht von der Konz. der zu rektifizierenden Lsg. abhängig ist. Das Syst. **I**–**III** erfordert für die vollständige Trennung der Komponenten eine nur geringe Stufenzahl. Ein Vgl. der Wirksamkeit der Kolonne bei verschied. Konz. der Lsg. war daher hier nicht möglich. (Журнал Прикладной Химии [J. angew. Chem.] **29.** 1169—75. Aug. 1956. Leningrad, Univ.) O. LEBTAG. 5864

Howard F. Rase, *Die Anwendung der chemischen Kinetik bei der Planung von Reaktoren für chemische Prozesse.* Vf. beobachtet kurz einige Verff. unter Anwendung der Kinetik, um hieraus weitere abzuleiten. Er führt typ. Gleichungen für die Geschwindigkeiten homogener Rkk., intregrierte Gleichungen für Flüssigkeits-Rkk. bei Satz-Fließbetrieb u. für Gas-Rkk. in Strömungssystemen bei der konstanten Molzahl, intregierte Gleichungen bei den Gas-Rkk. mit veränderlichen Molzahlen u. Beispiele einer Reaktionsplanung für eine komplizierte Rk. mit Temperatur- u. Druckveränderung (Cracken von Propen) an. Vf. fertigt ein Diagramm, das über Beziehungen, Produktenverteilung, differentielle Wärmetönung der Crackung, Wärmekapazität der reagierenden Gase u. Druckabfälle Auskunft gibt. Ferner bespricht Vf. die Geschwindigkeitsgleichung für katalyt. Rkk., die Korrektur der Geschwindigkeiten für Aktivität, Katalysatorgröße u. Faktoren der Katalysatorwirksamkeit. (Erdöl u. Kohle **11.** 613—17. Sept. 1958. Austin, Texas, Univ. of Texas, Dep. of Chem. Engng.) K. WEKUA. 5896

Wolfgang Jäckh, *Katalysatoren der BASF.* Vf. weist auf die Entw. von Katalysatoren durch die BASF hin. Mit der Angabe der Daten der Erfindung zählt er die Katalysatoren für verschied. Zwecke auf: Oxydation von SO_2, NH_3-Synth., H_2-Gewinnung, Umsetzung von CO u. H_2O; katalyt. Rkk. in der organ. Chemie. Oxydation von Naphthalin zu Phthalsäure mit Luft unter Mitwrkg. des V-Katalysators; Gewinnung von Äthylen durch Dehydratisierung von Alkoholdämpfen über erhitzte Tonerde; Red. von Nitrobenzol zu Anilin mit H_2 unter Mitwrkg. von Cu-Katalysatoren; katalyt. Hydrierung von Phenol zu Cyclohexanol in Ggw. von Mehrstoffkatalysatoren, wie Ni mit Chrom auf Träger; Synth. von Butadien; Katalysatoren für Druckhydrierung von Kohle, Teer u. Erdölen; Katalysatoren in den Raffinationen; Dehydrierung auf dem Ölgebiet. Vf. berichtet dann über katalyt. Cracken u. Legierungskatalysatoren. (Erdöl u. Kohle **11.** 625—29. Spet. 1958. Ludwigshafen/Rh., Badische Anilin- & Soda-Fabrik A.G.)
K. Wekua. 5904

Hans-Jürgen Maecker und **Willi Fischer,** Berlin, *Durchführung von Reaktionen zwischen Gasen einerseits und Flüssigkeiten, Lösungen oder Suspensionen andererseits,* gegebenenfalls mit einem Katalysatorzusatz, unter Führung des fl. Reaktionsteilnehmers im Kreislauf mittels einer geeigneten Umlaufpumpe. — 2 Abbildungen. (**D. P.** [**DDR**] **13 667** Kl. 12e vom 2/3. 1955, ausg. 16/8. 1957 [Wirtschaftspatent].)
M. F. Müller. 5823

AMP, Inc. (Erfinder: **Harry Alvin Fox jr.,** Harrisburg, Pa., **George Thompson Kerr,** Haddon Field, N. J., und **Richard Henry Zimmermann,** Hershey, Pa.), V. St. A., *Ersetzen der austauschbaren Kationen eines Ions mit dehnbarem Gitter* durch andere Kationen, dad. gek., daß die austauschbaren Kationen durch Zwischenkationen, die sich in gasförmigem Zustand aus dem Ion entfernen lassen, dadurch ersetzt werden, daß eine wss. Dispersion des Ions mit einem die Zwischenkationen enthaltenden Kationenaustauschmaterial behandelt wird u. daß dann die Zwischenkationen entfernt u. durch andere Kationen durch Behandeln des Ions mit einer die anderen Kationen enthaltenden Lsg. ersetzt werden. Der Austausch der naturgegebenen Kationen erfolgt bes. gegen größere Kationen einer organ. Base. (**D. A. S. 1 048 887** Kl. 12i vom 26/6. 1957, veröff. 22/1. 1959. A. Prior. 27/6. 1956.)
A. Gradl. 5827

Stamicarbon N. V., Heerlen (Erfinder: **Centinus Krijgsman,** Hoensbroek), Holland, *Reinigen von Trüben feiner magnetisierbarer Teilchen* in einer Fl., die mit Teilchen nicht. magnetisierbaren Materials vermischt ist. Die Trübe wird mittels eines Magnetscheiders in 2 Fraktionen aufgeteilt. Die vom Scheider kommende, nur eine geringe Menge magnetisierbarer Teilchen enthaltende Fraktion wird der Konkavseite eines Bogensiebes, einem sogenannten Abscherklassierer, vorzugsweise tangential zugeleitet. — Vorr., Zeichnung. (**D. A. S. 1 031 741** Kl. 1c vom 1/8. 1955, veröff. 12/6. 1958. Holl. Prior. 11/8. 1954.)
W. Hauswald. 5829

Aktiebolaget Bofors, Bofors, Schweden, *Kontinuierliches Mischen und Trennen zweier nichtaufeinander mischbaren Flüssigkeiten* im Gegenstrom in mehreren Stufen. Aus der stark am Boden gerührten Mischung wird über einen mit der Rührachse starr verbundenen, in die Fl. eintauchenden, sich nach oben erweiternden Konus Fl. abgezogen u. mittels Zentrifugalkraft an oberen Ende als leichte u. schwere Fl. getrennt. — Abbildungen. (**E. P. 793 025** vom 26/4. 1956, ausg. 9/4. 1958. Schwed. Prior. 9/5. 1955.)
O. Steil. 5829

Fram Corp., Providence, R. I. (Erfinder: **John Warren Robinson,** Richmond, Va., und **William S. James,** Birmingham, Mich.), V. St. A., *Filterelement für Flüssigkeiten,* bes. zum Trennen von sich nicbt mischenden Fll., z. B. W. von KW-stoffen, mit einer für das Filtrat durchlässigen, in sich geschlossenen Wandung, die in axial verlaufende Falten gegen ein mit Löchern versehenes Rohr angelegt u. zentral, bes. durch einen schraubenlinienförmig gewickelten Draht, abgestützt ist, wobei diese Wandung als verhältnismäßig steife Stützwandung, bes. aus Papier, für einen aus weichem Fasermaterial bestehenden Trenn- oder Filterwerkstoff ausgebildet ist, der mindestens in einen Teil der Faltenräume eingedrückt ist, u. daß dieser Filterwerkstoff stirnseitig gegen die senkrecht zur Stützwandung verlaufenden starren Verschlußplatten des Filterelements durch je 1 zwischengelegte ringförmige Packung aus solchem nachgiebigem Filterwerkstoff, z. B. Baumwolle in verfilzter Form, abgedichtet ist, daß die Endkanten der Falten der steifen Stützwandung sich in diesen Filterwerkstoff eindrücken. — Abbildungen. (**D. A. S. 1 035 102** Kl. 12d vom 16/7. 1953, veröff. 31/7. 1958. A. Prior. 18/7. 1952.)
K. Demmler. 5831

Ulrich Schmieschek, Essen, *Druckabsorption zur Herstellung einer mit Sauerstoff angereicherten Luft,* dad. gek., daß man W., das die untere Kammer eines Druckbehälters, der aus einer unteren u. einer oberen Kammer besteht, völlig ausfüllt, bei geschlossenem Luftauslaßhahn der oberen Kammer u. geöffnetem Verbindungshahn beider Kammern durch Einblasen von Luft durch feine Düsen bei höherem Druck mit O_2-reicherer Luft sättigt, darauf nach Schließen des Luftzuführungshahnes u. des Verbindungshahnes beider Kammern die komprimierte N_2-reichere Luft aus der oberen Kammer durch Öffnen eines Luftauslaßhahnes entweichen läßt u. durch Öffnen eines weiteren Hahnes die vom W. absorbierte Luft dem W. entzieht. — Abbildung. (**D. A. S. 1 047 754** Kl. 12i vom 7/6. 1957, veröff. 31/12. 1958.) K. DEMMLER. 5849

Metallgesellschaft Akt.-Ges. (Erfinder: **Leo Dietrich**), Frankfurt/M., *Elektrische Entstaubung von Sinter-Abgasen*, dad. gek., daß die Abgase in zwei Teilströme verschieden hoher Temperaturlage aufgeteilt u. der Teilstrom höherer Mischgastemp. gegebenenfalls nach vorheriger mechan. Reinigung elektr. gereinigt, hingegen der Teilstrom niederer Mischgastemp. (unter 100°) mechan. gereinigt wird. (**D. A. S. 1 012 898** Kl. 12e vom 10/6. 1955, veröff. 1/8. 1957.) A. HEINSEN. 5851

Westinghouse Electric Corp. (Erfinder: **Arnold C. Fields**), V. St. A., *Vorrichtung zur elektrischen Gasreinigung*, in welcher elektr. Isolierplatten aus plast. Material, z. B. aus Mischpolymerisaten von Methacrylat oder einem Trialkylcyanurat, eingebaut sind, um die elektr. geladenen Staubsammelplatten abzuschirmen. — 9 Zeichnungen. (**F. P. 1 143 113** vom 31/10. 1955, ausg. 26/9. 1957. A. Prior. 2/11. 1954.) M. F. MÜLLER. 5851

Surgas Studio Utilizzazione Ricerche sui Gas, Turin, Italien, *Füllstoff für Acetylenbomben.* Bei der Herst. von Füllstoffen aus Asbest u. Steinmehl gibt man Alkali- oder Erdalkalisalze von gesätt. oder ungesätt. Fettsäuren mit 7—18 C-Atomen, z. B. Na-, NH_4- oder Ca-Stearat, u. NH_4Cl zu u. läßt Wasserdampf einwirken. Verbesserte Porosität. (**It. P. 491 265** vom 30/4. 1952.) K. KOEBKE. 5857

Gesellschaft für Linde's Eismaschinen Akt.-Ges., Höllriegelskreuth (Erfinder: **Rudolf Becker**, München), *Ausscheiden von Schwefeldioxyd und anderen Bestandteilen ähnlichen Taupunktes aus Gasen* mittels *Tiefkühlung* in umschaltbaren Regeneratoren oder Gegenstromwärmeaustauschern (reversing exchangers) aus höchstens ca. 0,5% CO_2 enthaltenden Gasgemischen, die danach in einer Maschine, vorzugsweise Turbine, arbeitsleistend entspannt werden, gek. durch die Anwendung einer solchen Regenerator-Endtemp. bei der die direkt in die Maschine eingeleiteten Gase einen SO_2-Geh. von mindestens ca. 1 u. höchstens ca. 5—50 p.p.m. aufweisen. — Vorr., Zeichnung. (**D. A. S. 1 047 808** Kl. 17g vom 25/9. 1957, veröff. 31/12. 1958.) H. JASS. 5859

Texaco Development Corp., New York, N. Y., V. St. A., *Flüssig-flüssig-Gegenstromextraktion einer Flüssigkeitsmischung* mit einem selekt. Lösungsm. (I), das teilweise damit mischbar ist. Man erzeugt damit an dem einen Ende der Extraktionszone eine Extraktphase u. am anderen eine Raffinatphase indem man das I an einem Ende in die Extraktionszone einführt u. die fl. Mischung am entgegengesetzten Ende oder zwischen den beiden Enden dieser Zone. Es liegen in der Extraktionszone 2 getrennte fl. Phasen mit derselben D. vor, wodurch möglicherweise ein Teil der Raffinatphase mit der Extraktphase abgezogen wird. Man gibt daher zusätzliches I in die Extraktionszone an einem abwärts oder unterhalb der Stelle gelegenen Punkt, an dem das I in die Extraktionszone eingeführt wurde, u. zwar in einer Menge, daß die D. der fl. Phasen sich mindestens um 0,2 unterscheiden, wodurch ihre Trennung verbessert wird. — Zeichnung. (**E. P. 795 872** vom 4/5. 1955, ausg. 4/6. 1958. A. Prior. 21/5. 1954.) P. UNGER. 5863

Sulzer Frères Soc. An., Schweiz, *Hochvakuummolekulardestillation*, wobei die Entfernung zwischen der Verdampfungsoberfläche u. den Kondensationsoberflächen unterhalb der mittleren freien Weglänge der Dampfmoll. liegt. In dem Destillationssumpf tauchen mehrere sich drehende Scheiben in die zu destillierende Flüssigkeit. — 4 Zeichnungen. — Vgl. F. P. 1 139 731; C. **1958**. 14418. (**F. P. 1 143 147** vom 21/11. 1955, ausg. 26/9. 1957. Schwz. Prior. 4/12. 1954.) M. F. MÜLLER. 5865

Phillips Petroleum Co., Bartlesville, Okla., V. St. A., übert. von: **Richard M. Green** und **Joseph W. Clark**, Borger, Texas, V. St. A., *Herstellung großer Kristalle.* In einem außen gekühlten, in der Mitte einen drehbaren Zylinder mit schraubenförmigen Kratzern enthaltenden Zylinder wird die Lsg. bzw. der Kristallbrei mit einer Geschwindigkeit von ½—20 Fuß/Sek. auf im äußeren Ringraum aufsteigend umgewälzt u. bei einer mittleren Verweilzeit von 30 Min. bis 4 Std. alle 5—60 Min. werden Kristalle abgezogen. — Abbildung. (**A. P. 2 838 835** vom 19/11. 1954, ausg. 6/5. 1958.) O. STEIL. 5869

Standard Oil Co., Cleveland, Ohio, V. St. A., *Vermeiden des Verdampfens von flüchtigen Stoffen* durch Bedecken der Oberfläche mit einer Schicht, die zu 20—60 Vol.-% aus hohlen Kugeln von durchschnittlich $< 500\ \mu$ u. einer Verdrängungsdichte von 0,05 bis 0,6 g/cm³ u. im übrigen aus einer Glykol enthaltenden, nicht flüchtigen Fl. besteht, dad. gek., daß die Kugeln mit so viel Glykol vermengt sind, daß die die Kugeln enthaltende abschließende Fl. allein schon zum Abschluß des flüchtigen Stoffes ausreicht. (**Holl. P. 87 039** vom 21/12. 1953, ausg. 16/12. 1957.) K. DEMMLER. 5879

Imperial Chemical Industries Ltd., London (Erfinder: **Eric Knowles** und **Thomas James Meyrick**, Blackley, Lancashire), *Überziehen von synthetischen Textilstoffen* (I) *mit Polyvinylchlorid* (II), dad. gek., daß die I mit einem Vinylchlorid–Vinylacetat-Mischpolymerisat unter Zusatz von Polyisocyanaten vorbehandelt u. anschließend mit weichmacherhaltigem II überzogen werden. — Herst. von *Treibriemen*. (**D. A. S. 1 045 968** Kl. 8 l vom 8/9. 1956, veröff. 11/12. 1958. E. Priorr. 9/9. 1955 u. 15/8. 1956.) M. BÖTTCHER. 5893

United Kingdom Atomic Energy Authority, London, England (Erfinder: **Henry Lloyd** und **Alan Blainey**), *Röhrenförmiges Kernbrennstoffelement*. U-Stäbe befinden sich in Längsbohrungen in der Wandung einer Metallröhre (z. B. aus Be). Als wärmeübertragende Zwischenschicht dient z. B. fl. Na. (**E. P. 794 901** vom 17/12. 1951, ausg. 14/5. 1958.) H. KESSEL. 5895

Metallwerk Plansee G. m. b. H. (Erfinder: **Richard Kieffer** und **Karl Sedlatschek**), Reutte, Tirol, Österreich, *Brennstoffelement*. Der mit einer Schutzhülle aus hochschmelzendem Metall versehene Spaltstoffkörper besteht aus einem oder mehreren hochschmelzenden Metallen oder deren intermediären Verbb. mit C, N oder Si. Zur Herst. wird eine Pulvermasse oder ein porös gesinterter, bes. stabförmiger Körper mit schmelzfl. metall. U oder einer schmelzfl. U-Legierung getränkt. (**D. A. S. 1 040 710** Kl. 21g vom 27/11. 1956, veröff. 9/10. 1958. Oe. Prior. 18/7. 1956. **Oe. P. 197 505** vom 18/7. 1956, ausg. 10/5. 1958.) H. KESSEL. 5895

Siemens-Schuckertwerke Akt.-Ges., Berlin und Erlangen (Erfinder: **Hermann Kumpf**, Erlangen), *Vorrichtung zum Auswechseln von Brennstoffelementen* bei Kernreaktoren mit Reaktorgefäß u. Lademaschine im Innern. Ein Auswechselorgan in Gestalt einer Fangglocke wird von einer Steuer- u. Druckerzeugungsvorr. so bestätigt, daß das Kühlmittel zugleich als Transportmittel für die Brennstoffelemente dient. (**D. A. S. 1 045 003** Kl. 21g vom 13/12. 1957, veröff. 27/11. 1958.) H. KESSEL. 5895

Maschinenfabrik Augsburg-Nürnberg Akt.-Ges., Nürnberg (Erfinder: **Ludwig Baldauf**, Gustavsburg, und **Friedrich Bundschuh**, Mainz), *Kernreaktorbeschickungswagen*, der aus einem Ober- u. einem Unterwagen besteht. Zum genauen Anfahren der Reaktor-Beschickungsöffnungen sind am Ober- u. am Unterwagen motor. betätigte Riegel mit kon. Enden angeordnet, die in Löcher senkrecht zueinander liegender Lochleisten eingreifen können, deren Abstände denen der Beschickungsöffnungen entsprechen. (**D. A. S. 1 043 530** Kl. 21g vom 23/4. 1958, veröff. 13/11. 1958.) H. KESSEL. 5895

Deutsche Gold- & Silberscheideanstalt vormals Roessler (Erfinder: **Rolf Manteufel**), Frankfurt/M., *Durchführung eines Austausches von Stoff und/oder Wärme zwischen Gas und Flüssigkeit* in der fl. Phase mit oder ohne Katalysator in einer Kolonne mit mehreren Gasverteilerböden, durch die Gas u. Fl. sich im Gegenstrom bewegen, dad. gek., daß das Gas u. die Fl. durch Gasverteilerkörper aus gefrittetem keram. Material, Glas oder Metall als Böden geführt u. die Flüssigkeitsschicht dabei durch vertikale Zwischenwände oberhalb der einzelnen Böden in kleinere Flüssigkeitssäulen geteilt wird. Die Gasverteilerkörper können ganz oder teilweise aus katalyt. wirksamen Werkstoff bestehen. — Zeichnung. (**D. A. S. 1 048 558** Kl. 12g vom 13/11. 1956, veröff. 15/1. 1959.) W. MATTHAES. 5897

Badische Anilin- & Soda-Fabrik Akt.-Ges. (Erfinder: **Wolfgang Linke** und **Günter Zirker**), Ludwigshafen/Rh., *Herstellung von neutralen, wasserfreien Metallacetylacetonaten*, dad. gek., daß man in einem organ. Lösungsm. (Alkohole, Äther, Halogen-KW-stoffe) gelöste Metallsalze (Halogenide, Nitrate, Formiate, Acetate von Mg, Ni, Co, Mn, Al, Ti oder Fe) mit Ammoniumacetylacetonat, das zweckmäßig durch Einw. von NH_3 auf Acetylaceton hergestellt worden ist, umsetzt. Bes. verwendet man ein Metallsalz, dessen Anion in dem gewählten Lösungsm. ein unlösl. NH_4-Salz bildet. Die Prodd. sind als Katalysatoren für Synthesen verwendbar. (**D. A. S. 1 039 056** Kl. 28a vom 26/1. 1957, veröff. 18/9. 1958.) ——— W. GRÄGER. 5905

Horst Miessner und **Ulrich Grigull**, Hrsg., Fortschritte der Verfahrenstechnik. Bd. 3. 1956/57. Weinheim/Bergstr.: Verl. Chemie. 1958. (XX + 977 S. m. 85 Abb. u. 48 Tab.) 8°. DM 66,—.

Kurt Sauerwein, Anwendungen radioaktiver Isotope in der Technik. Als Ms. gedr. Köln, Opladen: Westdeutscher Verl. 1958. (74 S. m. Abb.) 4° = Forschungsberichte d. Wirtschafts- u. Verkehrsministeriums Nordrhein-Westfalen. Nr. 567. DM 19,60.

III. Elektrotechnik.

Battelle Development Corp., übert. von: **Robert K. Willardson, Harvey L. Goering** und **Theodore C. Harman**, Columbus, Ohio, V. St. A., *Intermetallische Verbindungen für Halbleiter* bestehen aus Elementen der 3. u. 5. Gruppe des Period. Syst., u. zwar In-Antimonid, In-Arsenid, In-Phosphid, Al-Antimonid u. Ga-Antimonid mit 0,05—5 at%

Ni, Co oder Fe. Durch die letzgenannten anregenden Elemente werden die Halbleitercharakteristika verbessert. (**A. P. 2 778 802** vom 26/4. 1954, ausg. 22/1. 1957.) C. GÖTZE. 5953

Bernard Roy Atkins und **David Peter Griffiths,** Portslade, Sussex, England, *Elektrische Kontakte,* bes. Kontaktbürsten von Dynamomaschinen. Eine poröse Grundmasse aus C wird mit einer wss. Lsg. von $AgNO_3$ imprägniert, das Lösungsmittel durch Erwärmen auf nicht über 100° vertrieben u. das $AgNO_3$ durch Erhitzen auf eine Temp. unterhalb seines F. in Ggw. eines gasförmigen Reduktionsmittels, z. B. H_2 oder Formaldehyd, zersetzt. (**E. P. 777 511** vom 22/3. 1955, ausg. 26/6. 1957.) G. APEL. 5953

Gibson Electric Co., übert. von: **Norman S. Hoyer,** Pittsburgh, Pa., V. St. A., *Schaltkontakt.* Gesinterte Preßkörper aus W, Mo, W-Carbid- oder Mo-Carbidpulver werden bei ca. 815—1095° in reduzierender Atmosphäre (z. B. H_2) mit Ag imprägniert u. dann um ca. 3—6°/Min. bis unter den E. des Ag abgekühlt. (**A. P. 2 813 808** vom 4/4. 1955, ausg. 19/11. 1957.) H. KESSEL. 5953

Union Carbide & Carbon Corp., New York, N. Y., V. St. A., *Gleichzeitiges Imprägnieren von Kohleelektroden mit Silber und einem trocknenden Öl.* Als Lösungsm. für die Ag-Verb., z. B. $AgNO_3$ oder $AgClO_4$, u. das trocknende Öl, z. B. Leinöl, wird eine inerte flüchtige organ. Fl., z. B. Dimethylformamid oder Benzonitril, verwendet. Nach der Imprägnierung mit dem gemeinsamen Lösungsm. wird die Elektrode zwecks Verflüchtigung des Lösungsm. u. zur Umwandlung der Ag-Verb. in Ag erhitzt, z. B. auf ca. 175°. (**E. P. 775 779** vom 10/9. 1954, ausg. 29/5. 1957. A. Prior. 14/9. 1953.) K. DEMMLER. 5953

Paride Cariboni, Colico, Como, Italien, *Zur Verbesserung der elektrischen Leitfähigkeit von Schienensträngen* für elektr. betriebene Schienenfahrzeuge, werden die aneinanderstoßenden Enden der Schienen u. die Verbindungsbacken verzinkt. (**It. P. 492 679** vom 21/7. 1952.) K. KOEBKE. 5953

Erie Resistor Corp. (Erfinder: **Howard Isaac Oshry**), *Keramischer Bariumtitanatkörper mit hoher Dielektrizitätskonstante,* enthaltend 0,3—2,2 (Teile) Fe u. 0,3—1,8 Ca auf 100 $BaTiO_3$, wobei der Geh. an Fe + Ca <4% ist, wird unter Verwendung von Fe_2O_3 für den Fe- u. CaO, CaF_2 oder $CaCO_3$ für den Ca-Geh. des Endprod. dadurch erhalten, daß aus $TiCl_4$, $BaCl_2$ u. Oxalsäure Bariumtitanoxalat durch Fällung hergestellt wird, das Titanoxalat durch Calcinieren in $BaTiO_3$ übergeführt u. letzteres mit den Fe- u. Ca-Zuschlägen bei ca. 1350° zusammensintert. Das Fe–Ca-haltige Titanat ist von kub. Kristallstruktur. — Vgl. A. P. 2 803 553; C. **1958.** 14145. (**Aust. P. 200 715** vom 9/6. 1954, ausg. 23/2. 1956. A. Prior. 3/7. 1953.) K. WOLK. 5957

LICENTIA Patent-Verwaltungs-G. m. b. H., Hamburg, *Lichtbogenbeständiger Isolierkörper* besteht aus bis zu 100% des Eigengewichts mit organ. N-haltigen, bes. amidhaltigen Verbb. gefüllten, beim Härten keine flüchtigen Reaktionsprodd. ausscheidenden Gießharzen, z. B. Niederdruckkontaktharzen. Bes. geeignet sind Polyester- oder Äthylenoxydharze. Zweckmäßig sind Zusätze von amidhaltigen Verbb., z. B. Harnstoff, seinen Derivv. u. Kondensationsprodd., oder Cyanamid u. seinen Polymerisationsprodd., wie Melamin u. dessen Kondensationsprodukte. (**Oe. P. 189 695** vom 5/4. 1954, ausg. 25/4. 1957. D. Prior. 13/4. 1953.) H. KESSEL. 5957

Middlesex Oil & Chemical Works Ltd., West Drayton (Erfinder: **Edward Henry George Sargent** und **John Peter Plows**), Middlesex, England, *Isoliermaterial* für —60 bis +90° enthält 90—70 (Gewichtsteile) Polybuten (**I**) u. 10—30 elektr. isolierendes, mit I verträgliches, bes. durch FISCHER-TROPSCH-Synth. gewonnenes KW-stoffwachs mit einem E. >90°. Zum Entschwefeln dient Kalk. (**E. P. 777 706** vom 5/11. 1953, ausg. 26/6. 1957.) H. KESSEL. 5957

LICENTIA Patentverwaltungs-G. m. b. H., Hamburg (Erfinder: **Ernst Friedjof Weber,** Kassel), *Gießharzisolierkörper* enthalten in ihrem Kern Glasfasern. (**D. A. S. 1 044 196** Kl. 21c vom 27/12. 1955, veröff. 20/11. 1958.) H. KESSEL. 5957

Lignes Télégraphiques & Téléphoniques, Frankreich (Erfinder: **André Pierrot** und **Gérard Gomez**), *Dauermagnet.* Zur Herst. dient ein Pulver von der Zus. $x{\cdot}Fe_2O_3{-}y\,CoO{\cdot}z\,MgO$ (oder zBeO), wo $50 < x < 65$, $20 < y < 50$, $0{,}5 < z < 20$. Die Preßkörper werden in reinem N_2 auf 900—1100° erhitzt, langsam abgekühlt u. einer thermomagnet. Orientierungsbehandlung bei ca. 300° unterworfen. (**F. PP. 1 129 275** vom 28/7. 1955, ausg. 17/1. 1957 u. **1 151 076** vom 30/5. 1956, ausg. 23/1. 1958.) H. KESSEL. 5959

Radio-Industries Patent-Forening, Hellerup, Dänemark, *Keramisches, magnetisches Material.* In dem nach Dän. P. 79 960 hergestelltem Material wird ZnO ganz oder teilweise durch *CdO* ersetzt. (**Dän. P. 81 195** vom 6/11. 1953, ausg. 1/10. 1956. **Zusatz zu Dän. P. 79960; C. 1958. 12502.**) K. H. KÄHLER. 5959

United States Rubber Co., New York, N. Y., übert. von: **Frank S. Martin**, Cranston, R. I., V. St. A., *Herstellung poröser Kunstharze.* Eine Mischung aus Thermoplast u. hydratisiertem Silicahydrogel (z. B. Polyvinylchlorid u. Silicahydrogel im Verhältnis 1 : 1 bis 1 : 4) wird in eine Schneckenpresse gegeben u. das Material im 2-Stufenverf. behandelt, wobei man es in der 1. Stufe über den F. des Thermoplasten erhitzt, in der 2. Stufe unter den F. kühlt u. auspreßt. — Feinporiges Material für *Trennplatten* in *Batterien.* (**Jap. A.S. 9890/1957** vom 2/6. 1956, veröff. 26/11. 1957. A. Prior. 14/6. 1955.) M. PANKOW. 5971

Radio Corp. of America, übert. von: **Simon Larach**, New Brunswick, N. J., V. St. A., *Leuchtschirmherstellung.* Der Leuchtstoff (I), bes. Ag-aktiviertes ZnS, wird zunächst in W. suspendiert, dann eine wss. Lsg. eines Halogenids oder Sulfats zugegeben. Dies hat zur Folge, daß dessen Anionen an der Oberfläche von I stark adsorbiert werden. Dann wird eine wss. Lsg. eines Alkalisilicats zugemischt, wobei sich durch die Wrkg. der adsorbierten Anionen um jedes I-Teilchen eine geschlossene, relativ widerstandsfähige Silicathülle bildet, die auch beim Eingießen u. Sedimentieren der I-Suspension in der Leuchtröhre erhalten bleibt. (**A. P. 2 774 682** vom 15/10. 1952, ausg. 18/12. 1956.) A. KALIX. 5973

Friedrich Eckart, Berlin-Oberschöneweide, *Elektronenoptische Röhre.* In elektronenopt. Röhren, in denen innerhalb der Deckscheibe oder auf der einen Seite einer bes. Trägerplatte (aus Glimmer oder Glas in einer Stärke von 10 μ bis ca. 0,1 mm) die Leucht- u. die Photokathodenschicht angeordnet sind, werden diese beiden Schichten durch eine $< 1\ \mu$ starke Folie aus Nitrocellulose, Polyvinylalkohol oder Silicon getrennt, der Leuchtstoff wird als wss. Suspension in Ggw. von Schutzkolloiden auf die tragende Platte aufgebracht u. getrocknet. Auf die Leuchtschicht wird dann entweder dest. W. u. auf dieses die Lsg. der Trennfolie oder im Falle von Polyvinylalkohol unmittelbar dessen wss. Lsg. gegeben u. darauf das W. entfernt. Die getrocknete Folie ist im Hochvakuum bis zu 350° beständig. Die Trennfolie wird dann mit der Photokathodenschicht abgedeckt. — 2 Zeichnungen. (**D. P. [DDR] 5 476** Kl. 21g vom 15/12. 1949, ausg. 5/10. 1953 [Wirtschaftspatent].) B. SCHMIDT. 5975

Friedrich Eckart, Berlin-Oberschöneweide, *Siliconfolie für elektronenoptische Röhren.* Die z. B. die Trennschicht zwischen Metallplatte u. Mosaikelektroden in der Signalplatte eines Ikonoskopes bildende Siliconfolie läßt sich in extrem geringer Stärke herstellen, indem auf eine mit einer submkr. feinen Wasserhaut überzogene Unterlage Chlorsilane aufgedampft werden. Das W. wirkt dabei als Reaktionsmittel zur Umsetzung der Silane in Silicon. Diesem können zur Erhöhung der DK Quarz oder Ba-Titanat beigemengt werden. (**D. P. [DDR] 10 521** Kl. 21a vom 6/12. 1950, ausg. 23/9. 1955 [Wirtschaftspatent]. **Zusatz zu D. P. [DDR] 5 476; s. vorst. Ref.**) B. SCHMIDT. 5975

Comp. Générale de Télégraphie sans Fil, Paris, Frankreich, *Halter für mit Oxyd überzogene Kathoden.* Er besteht aus Ni mit 0,1—10% mindesten eines Carbides eines schwerschmelzenden Metalls wie W, Mo, Cr, Ta, Nb, V, Hf, Zr, Ti, La, Y, Co, Pr, Th, U, Si, Al, bes. W. (**E. P. 789 826** vom 20/6. 1955, ausg. 29/1. 1958. F. Prior. 18/6. 1954.) G. APEL. 5975

Radio Corp. of America, Del., übert. von: **Simon Larach**, New Brunswick, N. J., V. St. A., *Galliumaktivierter Zink- oder/und Cadmiumselenidleuchtstoff.* 100 (Gewichtsteile) ZnSe oder CdSe oder (Zn, Cd)Se werden mit 0,002—0,05 (0,01) Cu-Salz u. 0,005 bis 0,05 (0,01) Ga-Salz versetzt u. ½ Std. bei 900° in inerter Atmosphäre (N_2, He, Ar) geglüht. Das Glühprod. wird nach Abkühlen mit 0,2—10,0 (2,0) eines Halogenids von NH_4 oder einem Alkali- oder Erdalkalimetall versetzt u. nochmals in gleicher Weise geglüht. Cu u. Ga werden in Form ihrer Nitrate, Carbonate oder Sulfate zugesetzt. Die hohe Spitze der roten Kathodoluminescenz wird mit wachsendem Cd-Geh. nach längeren, mit wachsendem Zn-Geh. nach kürzeren Wellenlängen verschoben. (**A. P. 2 727 866** vom 28/5. 1953, ausg. 20/12. 1955.) R. SCHREINER. 5975

E. I. du Pont de Nemours & Co. (Erfinder: **Frank Evans Swindells**), V. St. A., *Herstellung von Vielfarben-Fluorescenzschirmen.* Auf einen Träger wird ein phosphorescierendes Material, bestehend aus einer ungesätt. polymerisierbaren Äthylenverb., einem einfarbigen Phosphorescenzstoff u. einem Polymerisationskatalysator, in feinster Aufteilung in Form von feinen Linien oder Punkten aufgetragen. Die Belichtung mit aktin. Licht erfolgt durch eine opake Maske, welche eine große Zahl von kleinen Löchern zum Durchtritt des Lichtes enthält. Der Polymerisationskatalysator wird durch das aktin. Licht aktiviert. Als Katalysator dient z. B. Benzoinmethyläther. Als photopolymerisierbarer Stoff dient ein Gemisch von Styrol u. dem Propylenglykolphthalatmaleat-Mischester. Der Schirm wird gegebenenfalls mit einer zweiten Schicht überschichtet, welche ein phosphorescierendes Prod. enthält, das verschieden ist von dem in der ersten Schicht enthaltenen Produkt. Danach wird wiederum belichtet u. eine zweite Entw. vorgenommen. — 2 Abbildungen (**F. P. 1 144 092** vom 4/8. 1954, ausg. 9/10. 1957. A. Prior. 12/8. 1953.) M. F. MÜLLER. 5975

Mallinckrodt Chemical Works, St. Louis, Mo. (Erfinder: **Michel Ter-Pogossian,** University City, Mo.), V. St. A., *Röntgenverstärkungsschirm.* Als Leuchtstoffe werden Alkalijodide verwendet, die mit Tl oder Tl-Verbb. aktiviert worden sind. Sie werden in Bindemittelschichten dispergiert, die gut durchlässig für Röntgenstrahlen u. für blauviolettes Fluorescenzlicht sind, z. B. solchen aus Polystyrol, -vinylchlorid, -vinylacetat oder -methylmethacrylat. (**D. A. S. 1 046 494** Kl. 57b vom 19/6. 1957, veröff. 11/12. 1958. A. Prior. 20/6. 1956.) A. KALIX. 5975

Siemens-Schuckertwerke Akt.-Ges., Berlin und Erlangen (Erfinder: **Erich Nitsche,** Berlin), *Mehrschichtiger Selengleichrichter* mit Halogenzusatz. Dem Se, aus dem die der späteren Sperrschicht benachbarte Schicht des Halbleiters hergestellt wird, wird außer dem Halogen ein weiterer, die Sperrschichtbldg. fördernder Zusatz beigefügt, der die Leitfähigkeit dieser Schicht unter die Leitfähigkeit herabsetzt, die diese Schicht durch das Halogen allein erhalten würde. Dem Se, aus dem die dieser Schicht nachfolgende Schicht hergestellt wird, wird außer dem Halogen ein weiterer Zusatz beigefügt, der zusammen mit dem Halogen die Leitfähigkeit dieser Schicht über die Leitfähigkeit erhöht, die diese Schicht durch das Halogen allein erhalten würde. Als Zusatzstoffe kommen in Frage: Sb, Bi, Sn, Te, Tl, In, Ga, Cd, Cu, Pb, As oder S, sowie Verbb. oder Legierungen hiervon. (**Schwz. P. 321 682** vom 9/2. 1954, ausg. 29/6. 1957. **E. P. 784 782** vom 10/2. 1954, ausg. 16/10. 1957. Beide D. Prior. 10/2. 1953.) H. KESSEL. 5977

Siemens-Schuckertwerke Akt.-Ges., Berlin und Erlangen (Erfinder: **Erich Nitsche,** Berlin), *Mehrschichtiger Selengleichrichter.* Ein 1. Teil des Halbleiteraufbaues, der der späteren Sperrschicht benachbart ist u. aus mindestens einer Schicht besteht, wird aus Se hergestellt, dem ein die Sperrschichtbldg. fördernder Zusatz (z. B. Tl) beigefügt ist, während der von der späteren Sperrschicht aus gerechnet letzte Teil des Halbleiteraufbaus, der auch aus mindestens einer Schicht besteht, aus Se hergestellt wird, der zur Leitfähigkeitserhöhung einen Halogenzusatz erhält. (**Schwz. P. 324 873** vom 9/2. 1954, ausg. 30/11. 1957. **E. P. 784 785** vom 10/2. 1954, ausg. 16/10. 1957. Beide D. Prior. 10/2. 1953.) H. KESSEL. 5977

Siemens-Schuckertwerke Akt.-Ges., Berlin und Erlangen (Erfinder: **Erich Nitsche,** Berlin), *Mehrschichtiger Selengleichrichter.* Die der späteren Sperrschicht benachbarte Schicht wird aus Se hergestellt, dem ein die Sperrschichtbldg. fördernder Zusatz beigefügt ist. Der mindestens eine Schicht umfassende restliche Halbleiteraufbau wird aus Se hergestellt, dem ein Halogen u. mindestens ein anderer Stoff beigefügt ist, derart, daß durch die Wrkg. beider Zusätze die Leitfähigkeit größer wird, als wenn die gleiche Schicht nur den Halogenzusatz enthalten würde. Als Zusatzstoffe kommen in Frage Sb, Bi, Sn, Tl, In, Ga, Cd, Cu, Pb, As, S oder Verbb. oder Legierungen hiervon. (**Schwz. P. 324 874** vom 9/2. 1954, ausg. 30/11. 1957. **E. P. 784 784** vom 10/2. 1954, ausg. 16/10. 1957. Beide D. Prior. 10/2. 1953.) H. KESSEL. 5977

United States of America, Secretary of Navy, übert. von: **James H. Schulman,** und **Robert J. Ginther,** Washington, D. C., V. St. A., *Colorimetrischer Strahlungsdetektor* für Röntgen- oder γ-Strahlen besteht aus $SrSO_4$, in dessen Kristallgitter ein Alkalisulfat eindiffundiert ist, oder aus einem Erdalkalifluorid, in dessen Kristallgitter ein Alkalifluorid eindiffundiert ist. (**A. PP. 2 757 291** u. **2 757 292** vom 29/4. 1953, ausg. 31/7. 1956.) H. KESSEL. 5979

Steatit-Magnesia Akt.-Ges. (Erfinder: **Werner Soyck**), Lauf/Pegnitz, *Ferroelektrischer keramischer Kondensator,* bes. auf $BaTiO_3$-Basis, ist in der der Betriebsspannung entgegengesetzten Richtung vorelektrisiert, bes. bei 110—120°. (**D. B. P. 954 623** Kl. 21g vom 27/6. 1954, ausg. 20/12. 1956. Anmeldung bekanntgemacht 21/6. 1956.) H. KESSEL. 5983

Siemens & Halske Akt.-Ges., Berlin und München (Erfinder: **Bruno Thiede,** Berlin), *Widerstands-Kondensator-Kombination,* bei der der Kondensator (z. B. eine Scheibe oder ein Röhrchen mit Innen- u. Außenbelag) außen ganz oder teilweise vom Widerstand umgeben (bes. umpreßt) ist. Der Widerstand ist ein spannungsabhängiger Halbleiter u. prakt. so dimensioniert, daß er durch seine Betriebswärme das Dielektrikum des Kondensators (z. B. eine Titanatmasse mit Perowskitstruktur) auf die Temp. des CURIE-Punktes bringt, wo die DK unveränderlich ist. (**D. A. S. 1 011 081** Kl. 21g vom 18/8. 1953, veröff. 27/6. 1957.) H. KESSEL. 5983

Maschinenfabrik Sürth, Zweigniederlassung der Gesellschaft für Linde's Eismaschinen Akt.-Ges., Sürth bei Köln/Rh., *Vorelektroden für elektrolytische Wasser-*

spaltung. Auf den Trägerkörper wird feinverteiltes Fe mit Reinheit von 99,98%, bes. *Carbonyleisen*, gespritzt. (**N. P. 86 312** vom 19/12. 1953, ausg. 17/10. 1955.) K. H. KÄHLER. 5993

IV. Wasser. Abwasser.

Aimé Ramuz, *Chemische Zusammensetzung des Wassers des Genfer Sees.* Zusammenfassung aller im Frühjahr u. Herbst 1955 durchgeführten Analysen des Seewassers aus 5 bzw. 100 m Tiefe. Ergebnisse: Das Seewasser enthält verhältnismäßig wenig Mineralsalze, dagegen ist es reich an Ca-Sulfaten u. -Bicarbonaten. Salze des Al, Mn, sowie J^- fehlen. Auffallend ist in 5 m Tiefe im Herbst das Absinken fast aller Analysenwerte u. das Ansteigen des $KMnO_4$-Verbrauchs u. des p_H. Vf. führt diese Erscheinungen auf verschied. chem. u. biol. Rkk. (Mg-Verbrauch durch Grünalgen, K- u. NO_3-Verbrauch durch das Plankton) zurück. — Die SiO_2-Abnahme von ca. 2 im Frühjahr auf 0,26 mg/Liter im Herbst wird auf den SiO_2-Verbrauch der Diatomeen zurückgeführt. — Die bakteriolog. Verhältnisse spiegeln sich in folgenden Daten wider: im März befinden sich an der Oberfläche 4 Keime/cm^3 (ohne Coli), in der Tiefe 26 Keime mit ebensoviel Coli in 5 cm^3; im Herbst dagegen wurden in 5 m Tiefe 44 Keime/cm^3 mit Coli in 20 cm^3, u. in 100 m Tiefe nur 4 Keime ohne Coli festgestellt. — Kurve u. Zahlentafel. (Bull. Soc. vaudoise Sci. natur. **66.** 369—75. 31/5. 1957. Lausanne.) H. ECKSTEIN. 6010

E. Seyb, *Über den richtigen Einsatz und die Wartung von Ionenaustauschern in Wasseraufbereitungsanlagen.* Folgende Punkte finden Erwähnung: Bedeutung der Vorflockung. Entcarbonisierung a) mit $Ca(OH)_2$, b) nach dem Teilstromverf., c) mit schwachsaurem Carbonsäureharz nach Einstromverfahren. Entfernung freier CO_2 durch therm. Entgasung oder Belüftung (Dolomitfilter). Regenerierung von Kationenaustauschern (KIA). Gemischtregenerierung nur bei wasserkonstanter Zus. vorteilhaft. Nachteile der H_2SO_4-Regenerierung bei hartem W. Vollentsalzung. Gute Vollentsalzung unter Vermeidung von Schlupf nur bei ausreichender Regenerierung mit HCl. Andere Beseitigungsmöglichkeit des Schlupfes bei Anwendung eines schwach sauren KIA als Puffer. Vermeidung der Spülverluste durch Einschalten von Fangkästen in die Abflußleitung. Störungen bei Anwendung von Ionenaustauschern durch organ. Kolloide. Beseitigung durch Vorschalten schwachbas. Anionenaustauscher (AIA), welche im Gegensatz zu den stark bas. AIA reversibel mit den Schwebstoffen beladen werden u. daher wiederbenutzt werden können. Verdünnungswasser für Regeneriernatronlauge für AIA soll härtefrei sein. Vorteile des Innenanstriches der Laugebehälter zur Vermeidung des Fe-Geh. der Lauge. Relative Widerstandsfähigkeit von KIA gegenüber AIA. — 7 Schaltskizzen. (Reyon, Zellwolle andere Chemiefasern **1956.** 682—89. Okt.) H. J. GRÜNDEL. 6020

Edmund J. Laubusch, *Wasserchlorung.* Vf. bespricht die Grundlagen der Anwendung von Cl_2 zur Wasser- u. Abwasserdesinfektion. Die Wrkg. des Cl_2 beruht 1. auf seinen toxikolog. Eigg. gegenüber biol. Material: gesundheitsschädliche Bakterien werden vernichtet, unerwünschte Bakterien werden gehemmt, Geruchs- u. Geschmacksstörungen durch Mikroorganismen vermindert; 2. auf seinen chem. Eigenschaften. Die Wrkg. gegenüber chem. Substanzen umfaßt die Oxydation von Metallen u. anorgan. Verbb. u. die Reaktionsfähigkeit mit NH_3, Aminen u. organ. Nitro- u. S-Verbb. zu Additions- u. Substitutionsprodukten. Außer vom Geh. an biol. u. chem. Material ist diese Wrkg. abhängig von Alkalinität, Temp. u. Art des Chlorungsverfahrens. Man unterscheidet direkte u. indirekte Chlorung. Die direkte Chlorung ist stark p_H-abhängig, sie ist wirkungsvoll u. wirtschaftlich bei schlechter Rohwasserqualität, wenn Fe, Mn u. anorgan. Salze entfernt werden sollen, nur kurze Berührungszeiten möglich sind u. Geruchsfehler beseitigt werden müssen. Sie beruht auf der oxydierenden Wrkg. von HClO bzw. ClO^- u. wird durch steigende Alkalinität begünstigt. Die indirekte Chlorung über Chloramin ist angebracht zur Aufrechterhaltung wirksamer, geruchlich nicht wahrnehmbarer Chlorgehh. über lange Wegstrecken zur Überwachung des Bakterien- u. Algenwachstums. Im Gegensatz zur Direktchlorung verändert die Chloraminbehandlung die im Rohwasser vorhandenen Geruchsstoffe nicht durch Oxydation, sondern verhindert die Bldg. von chlorsubstituierten Geruchsstoffen. Die Chlorung kann innerhalb der Aufbereitung ein- oder mehrmals erfolgen. Vorchlorung am Einlauf in die Anlage ermöglicht bessere Filterleistung infolge reduzierter Bakterien- u. Algenbelastung, bessere Flockenbldg. u. Koagulation, Verminderung der geruchs- u. geschmackserzeugenden Substanzen infolge Oxydation u. Verzögerung der Zersetzung. Nachchlorung ist die üblicherweise in die Filterabflüsse stattfindende Chlorung zur Aufrechterhaltung eines wirksamen Chlorgeh. im Verteilungsnetz. Nochmalige Chlorung im Anschluß an eine vorherige Chlorbehandlung ist angebracht an Stellen in weitverzweigten Leitungsnetzen, in denen der Chlorgeh. der Abflüsse nicht ausreicht um Algenwuchs u. andere Störungen zu unterbinden. In vielen prakt. Fällen hat sich eine kombinierte Behandlung in Form der direkten Vorchlorung u. der indirekten Nachchlorung als wirksam u. wirtschaftlich erwiesen. Die Wahl des geeigneten Verf. muß sich jedoch immer aus den gegebenen Voraussetzungen ableiten. — 8 Abbildungen. (Water Sewage Works **105.** 411—17. Okt. 1958. New York, N. Y., Chlorine Inst., Inc.) M. GREMMINGER. 6024

Norman E. Jackson, Richard W. Ockershausen, David Lurie, James E. Kerslake und **Oscar Gullans,** *Technische Einzelheiten zur Verwendung von Aluminiumsulfatlösungen.* Übersicht über die Verwendungsmöglichkeiten von Al-Sulfatlsgg. als Flockungsmittel bei der Wasseraufbereitung. — 13 Abbildungen. (J. Amer. Water Works Assoc. **49.** 1315—33. Okt. 1957. Boston, Mass.; Chicago, Ill.; Milwaukee, Wis.; u. New York, N. Y.) H. ECKSTEIN. 6024

Éva Németh und **János Dekán,** *Aufbereitung des Kühlwassers durch Phosphat.* Zusammenfassung über die Ursachen der Wassersteinbldg. u. Verhinderung durch Zugabe von Phosphaten. Überblick über die Verwendung von Natriumhexametaphosphat ($Na_6P_6O_{18}$) u. Na-Tripolyphosphat ($Na_5P_3O_{10}$). Laborvers. zur Herst. u. Analyse von Superphosphaten [Gemisch von $Ca(H_2PO_4)_2 \cdot H_2O + H_3PO_4$ + Fe- u. Al-Phosphaten]. Verwendung zur Aufbereitung des Kühlwassers, Beschreibung der Betriebserfahrungen. (Energia és Atomtechn. **10.** 279—85. Aug. 1957. Hötechnikai Kutató Intézet.) G. HALMI. 6030

Friedrich Sierp, *Ausländische Abwasserwissenschaft.* Schlammfaulung, biol. Abwasserreinigung, Industrieabwässer. (Gas- u. Wasserfach, Ausg. Wasser-Abwasser **99.** 1079—82. 17/10. 1958. Essen.) H. ECKSTEIN. 6036

M. Divet, *Moderne Bakterienfilter. Die „Biofiltration".* Vf. beschreibt Anlagen, in denen vor u. nach den 1 oder 2 Tropfkörpern Absetzbecken ohne u. mit Rücklauf des W. eingebaut sind, womit eine wechselweise doppelte Filtration ermöglicht wird. — Umfassende Erläuterung der Bedienungsvorschriften zur Erreichung der optimalen BSB-Werte bis zu ca. 40 mg/Liter herab (aus Rohwässern mit 500—700 g BSB/m^3/Tag) bei einer Oberflächenbelastung des Filters (nach IMHOFF) von 0,8 m/Std. u. unter bes. günstigen Bedingungen von 0,4 m/Stunde. — Beispiele zur Reinigung von Mischwässern aus Industrie u. Haushalten. — Vorteile u. Nachteile der Turmtropfkörper gegenüber den Belebtschlammbecken. — 3 Abbildungen. (Techn. sanit. munic. **52.** 210—16. Nov. 1957.) H. ECKSTEIN. 6040

Heinrich Reploh und **Heinrich Küstermann,** *Untersuchungen über die Verzögerung der Eisenhydroxyd-Flockung in Abwässern durch organische Substanzen.* Unterss. über das Fe-Bindungsvermögen organ. Abwasserbestandteile (Weinsäure, Serumalbumin, Huminsäuren u. a.); als Vergleichslsgg. wurden verdünnte Harnlsgg. herangezogen. Ergebnisse: Die $Fe(OH)_3$-Ausfällung wird durch Harnbestandteile nicht verhindert, wenn nach Abscheidung des $Fe(OH)_3$ noch eine neutrale oder schwach alkal. Lsg. vorhanden ist. Allg. ist zu erkennen, daß die Verwendung von $Fe(OH)_3$ als Flockungsmittel durch gewisse organ. Stoffe zur koll. Lsg. des Fe führt, wodurch unter Umständen beträchtliche Fe-Mengen in die Vorfluter gelangen können. Bei den organ. Stoffen handelt es sich in der Hauptsache um die lösl. Verbb. des pflanzlichen Zellgerüstes (Holzwolle, Bohnenstroh u. a.). Die Ausflockung kann durch Zusatz von HCO_3^- oder CaO begünstigt werden; über das Fe-Bindungsvermögen hinausgehende Fe-Gaben führen auch zur $Fe(OH)_3$-Fällung. — 4 Zahlentafeln. (Gas- u. Wasserfach, Ausg. Wasser-Abwasser **99.** 1066—68. 17/10. 1958. Münster/Westf., Univ.) H. ECKSTEIN. 6042

V. Anorganische Industrie.

W. G. Chomjakow und **M. Ja. Fioschin,** *Elektrochemische Verfahren zur Synthese von Hydroxylamin.* An Hand der Literatur (59 Hinweise) über die elektrochem. Darst. von NH_2OH aus HNO_3 (Zus. des Elektrolyten, Elektrodenmaterial, Stromdichte, Temp.) ist eine Stromausbeute u. Materialausbeute von ca. 80% bei einer NH_2OH-Konz. bis zu 100—150 g/Liter (als freie Base gerechnet) durchführbar. Als Anode kann PbO_2 verwendet werden, wenn die H_2SO_4-Konz. im Anodenraum 20—25% nicht übersteigt u. HNO_3 von der Anode ferngehalten wird. Auch Na-Amalgam kann zur Red. von HNO_3 zu NH_2OH verwendet werden. Der Vgl. mit den chem. Verff. spricht zugunsten der elektrochem. Synthese. (Химическая Промышленность [Chem. Ind.] **1958.** 335—40. Sept.) R. K. MÜLLER. H 243

W. I. Schesstakow und **D. F. Terentjew,** *Bestimmung der optimalen Temperaturverhältnisse bei Kontaktanlagen für die Oxydation von Schwefeldioxyd.* In Diagrammen mit den Umwandlungsgraden x als Abszisse u. der Kontaktdauer τ (Sek.) als Ordinate werden für die adiabat. katalyt. Oxydation von SO_2 zu SO_3 für die 1. Schicht (Eintrittsgas 7% SO_2, 11% O_2, 82% N_2) u. bei verschied. Ausgangs-x für die 2. u. 3. Schicht des Katalysators die bestimmten τ entsprechenden x in Kurven für verschied. Tempp. t (440—500°) dargestellt. Für hohe Ausgangs-x (> 0,90) werden Diagramme für t = 390 bis 460° gegeben. Die Auswertung der Diagramme zur graph. Ermittlung der optimalen τ u. t wird an Beispielen erläutert. (Химическая Промышленность [Chem.Ind.] **1958**. 350—54. Sept.) R. K. MÜLLER. H 253

A. Stan, *Neues Verfahren zur Herstellung von Ruß aus Methan und flüssigen Kohlenwasserstoffen.* Es wird auf die Vorteile der Verwendung schwerer KW-stoffe für die Rußgewinnung hingewiesen u. gezeigt, daß mit CH_4 betriebene Anlagen sich auf die Mitverwendung solcher KW-stoffe umstellen lassen, wobei zugleich eine 2—3fache Steigerung der Leistung erzielt wird. (Rev. Chim. [Bucureşti] **8**. 654—57. Okt. 1957.) R. K. MÜLLER. H 260

Y. Inoue, *Materialien aus undurchlässigem Kohlenstoff und aus Graphit.* Übersicht über die kennzeichnenden Eigg. der verschied. Handelsprodd., über chem. Geräte aus solchen u. ausführliche Tabelle ihrer Verwendungsarten. — 17 Literaturangaben; 21 Diagramme u. Fotos. (J. electrochem. Soc. Japan **23**. 248—58. Mai 1955. Nippon Carbon A.G. [Orig.: japan.; Auszug: engl.]) L. SCHULER. H 260

K. M. Taylor, *Verbessertes Siliciumcarbid für Hochtemperaturgeräteteile.* Durch eine spezielle Hochtemperaturbehandlung von Carborund verschied. Körnung wurde ein neuer SiC-Werkstoff, das *KT-Silicon Carbid*, geschaffen, dessen Eigg. u. Einsatzmöglichkeiten eingehend besprochen werden. (Materials and Methods **44**. Nr. 4. 92—95. Okt. 1956. Niagara Falls, N. Y., Carborundum Co.) P. NEY. H 261

Şt. Lupan und **R. Bădoi,** *Gleichzeitige Herstellung von Tonerde und Schwefelsäure aus Bauxit und Gips. Technische Untersuchungen.* Entwässerter Gips, Bauxit u. Koks werden im Gewichtsverhältnis 635 : 335 : 30 in einem Drehrohrofen auf 1260—1320° erhitzt. Das erhaltene Gas enthält 8—11% SO_2, aus der Schlacke lassen sich, je nach der Temp., 60—80% Al_2O_3 gewinnen. Die Herst. von Al_2O_3-Zementen wird besprochen. (Rev. Chim. [Bucuresti] **8**. 88—92. Febr. 1957.) R. K. MÜLLER. H 294

K. Vlasov und **B. Kogan,** *Die Seltenen Erden in der Industrie.* Überblick über Eigg. u. Verwendung der Seltenen Erden. (J. sci. ind. Res. [New Delhi], Sect. A **17**. 41—42. Febr. 1958. Moskau, Akad. der Wiss. der UdSSR.) M. GEHLEN-KELLER. H 303

T. P. Hoar und **R. G. Ward,** *Kupfer- und Schwefelgewinnung durch Elektrolyse von Kupfer(I)-sulfid.* (Vortrag.) Bericht über erfolgreiche Verss. zur Schmelzflußelektrolyse von Cu_2S zu fl. Cu u. gasförmigen S mit Cu_2S als Kathode u. Anode u. $BaCl_2$ als Elektrolyt bei ca. 1150° mit ca. 90% Stromausnutzung. Ausblick auf eine mögliche techn. Anwendung des Verfahrens. (Bull. Instn. Mining Metallurgy Nr. 618. Trans. **67**. 393—410. Mai 1958. Cambridge, Univ., Dep. of Metallurgy.) H. ECKHARD. H 358

Robert M. Grogan, *Einsatz von Flußspat in der chemischen Industrie.* (Vortrag.) Übersicht über Eigg. u. Einsatz von Flußspat zur Gewinnung von HF, F_2, Al, F-haltigen Harzen, anorgan. F-Verbb. u. in Kernkraftwerken. (Mines Mag. **48**. Nr. 4. 21—22. 40. 44—45. April 1958.) W. WESLY. 6148

Henkel & Cie. G. m. b. H. (Erfinder: **Alfred Köster**), Düsseldorf, *Herstellung von flüchtigen halogenhaltigen Verbindungen* aus bei n. Tempp. nicht miteinander reagierenden festen u. gasförmigen Stoffen, dad. gek., daß während der Zerkleinerung der festen Stoffe gebildete frische Bruchflächen im Zustande ihrer Entstehung in Abwesenheit von O_2 mit Halogenen ohne äußere Wärmezufuhr zur Umsetzung gebracht werden. Herst. von Metallhalogeniden, wie $TiCl_4$, $GeCl_4$, sowie von flüchtigen Si- u. B-Verbb., wie $SiCl_4$, BCl_3 u. BBr_3. — Beispiel: In eine Zerkleinerungsvorr. werden 8,5 g krist. Si eingetragen. Nach Entfernen der Luft durch Durchleiten eines Cl_2-Stromes wird 2 Std. unter weiterem Durchleiten von Cl_2 gemahlen. Mit dem Cl_2-Strom wird das gebildete $SiCl_4$ aus dem Mahlbehälter abgeführt u. in einer Kühlfalle kondensiert. $SiCl_4$ wird durch Dest. gereinigt. Ausbeute 92%. (**D. A. S. 1 045 985** Kl. 12g vom 12/4. 1956, veröff. 11/12. 1958.) W. MATTHAES. H 245

W. M. Borisow, S. J. Solowjewa und **M. A. Winokurowa,** *Herstellung von Schwefel aus Schwefelkonzentraten.* Man schm. das Konzentrat im offenen Gefäß unter Rühren u. Abscheiden von taubem Gestein. Die so erhaltene Suspension gibt man in einen Rührautoklaven, setzt 3—10% W. u. oberflächenakt. Stoffe zu u. scheidet das taube Gestein durch Flotation ab. (**UdSSR. P. 112 209** vom 13/2. 1957, gedruckt 13/5. 1958.) B. PANKOW. H 253

Studiengesellschaft Kohle m. b. H. (Erfinder: **Roland Köster**), Mülheim/Ruhr, *Herstellung von Alkali- und Erdalkaliborhydriden,* dad. gek., daß man Borazane $BH_3 \cdot NR_3$, mit Alkali- oder Erdalkalihydriden oder deren Komplexverbb. mit Borsäureestern, z. B. nach: $NaH + BH_3 \cdot NR_3 = NaBH_4 + NR_3$ (R = KW-stoffrest) spaltet. (**D. A. S. 1 018 397** Kl. 12i vom 12/7. 1956, veröff. 31/10. 1957.) H. KOBS. H 258

Sylvania Electric Products, Inc., übert. von: **George H. Morrison**, Westbury, und **Richard L. Rupp**, New York, N. Y., V. St. A., *Entfernung von Spurenverunreinigungen.* Zu ihrer Entfernung aus Si, Ge, Al, Zn, W u. ihren Oxyden werden diese alkal. gelöst (NaOH- oder Na_2CO_3-Aufschluß) u. die Lsg. (I) in einer Zelle mit einer Kationenaustauschermembran zwischen Pt-Elektroden der Elektrolyse gegen NaOH-Lsg. (II) unterworfen. Die I wird zur Trockne gedampft, aus dem Rückstand werden durch ein Lösungsm. die anion. Verunreinigungen entfernt, der Rückstand wird darauf erneut alkal. gelöst, erneut gegen II elektrodialysiert, die Lsg. zur Trockne gedampft u. zur Gewinnung des reinen Oxyds mit einem Lösungsm. zur Entfernung der kation. Verunreinigungen ausgewaschen. — Z. B. wird SiO_2 mit P, Cu u. B als Verunreinigungen dieser Behandlung unterworfen. Dabei wird die 1. Elektrodialyse solange durchgeführt, bis die Lsg. I ein p_H von ca. 8 aufweist, u. diese dann bei 110° zur Trockne gedampft u. mit W. mehrmals ausgewaschen. Der Rückstand wird in wss. NaOH gelöst u. die Lsg. elektrodialysiert, bis ein p_H von ca. 7 erreicht ist. Nach Ansäuern mit HCl auf p_H 2 wird zur Trockne gedampft u. mehrmals mit W. ausgewaschen. (**A. P. 2 814 592** vom 23/11. 1956, ausg. 26/11. 1957.) W. MATTHAES. H 261

Wacker-Chemie G. m. b. H., München (Erfinder: **Eduard Enk** und **Julius Nickl**, Burghausen), *Kristallines, sehr reines Siliciumcarbid* wird dadurch erhalten, daß in den Gaszustand übergeführte alkylierte Silane oder alkylierte Halogensilane, in denen das Atomverhältnis C:Si = 1:1 ist, direkt oder indirekt auf 600—1100° erhitzt werden. Zur Gewinnung grobkörnigen Carbids (I) wird das sich bei 600—1100° bildende feinkörnige I in Inertgasatmosphäre oder Vakuum auf 1600—2000° erhitzt, oder die Ausgangsstoffe werden gleich auf 1600—2000° erhitzt. (**D. A. S. 1 047 180** Kl. 12i vom 3/4. 1958, veröff. 24/12. 1958.) K. WOLK. H 261

Badische Anilin- & Soda-Fabrik Akt.-Ges., Ludwigshafen/Rh. (Erfinder: **Günther Hamprecht**, Limburgerhof/Pfalz, und **Jens-Peter Siegfriedt**, Ludwigshafen/Rh.), *Kontinuierliche Herstellung von Alkalinitraten mittels Kationenaustauscher*, wobei der Austauscher mit wss. Alkalichloridlsg. (I) behandelt u. mit wss. HNO_3 (II) regeneriert wird, dad. gek., daß die Herst. in einer Reihe hintereinandergeschalteter, von I bzw. II durchflossener Austauschersäulen (III) durchgeführt wird, wobei am Ende jeder III nur die annähernd vollständig umgesetzte Spitzenfraktion abgezogen u. aufgearbeitet wird u. der restliche Durchlauf u. eine der abgezogenen Fraktion äquivalente Menge I bzw. II der nächsten mit II regenerierten bzw. mit I behandelten III zugeführt wird. Es wird bes. mit alkali- oder NH_4OH-haltiger I, deren Konz. 0,5—20 g, bes. 3—10 g, je Liter Lsg. beträgt, gearbeitet u. zwischen der Behandlung von III mit I bzw. II jeweils III mit W. ausgewaschen. Die Waschwässer werden zur Herst. neuer Ausgangs-Lsgg. verwandt. (**D. A. S. 1 048 563** Kl. 121 vom 23/10. 1957, veröff. 15/1. 1959.) K. WOLK. H 272

Solvay & Cie., Brüssel, Belgien, *Calcinieren von Natriumbicarbonat.* Das feuchte $NaHCO_3$ wird mit trockenem, jedoch nicht vollständig calciniertem Bicarbonat, das aus einer späteren Calcinierstufe herrührt, gemischt u. das Gemisch durch einen indirekt geheizten, 3 Zonen aufweisenden, rotierenden Calcinierofen geführt, dessen 1. unbeheizte Zone nur zur Aufnahme des dem feuchten $NaHCO_3$ anhaftenden W. durch das rückgeführte, nicht vollständig calcinierte Bicarbonat dient. Das Gemisch gelangt dann in die 2. Zone des Ofens, wird hier getrocknet u. z. T. calciniert u. durchläuft dann die 3., ebenfalls geheizte Zone, um diese als Na_2CO_3 zu verlassen. Das zurückgeführte Prod. wird dem Materialstrom am Ende der 2. Zone entnommen u. im Innern des Ofens zum Ofeneingang zurückgeführt. (**E. P. 799 251** vom 2/8. 1956, ausg. 6/8. 1958. Belg. Prior. 19/8. 1955.) K. WOLK. H 274

Struthers Wells Corp., übert. von: **Hans Svanoe**, Warren, Pa., V. St. A., *Herstellung von calcinierter Soda aus von der Chloralkalielektrolyse herrührender Lauge.* Die Lauge wird in einer 1. Verfahrensstufe bei >50° mit CO_2 behandelt u. das NaOH der Lauge in $Na_2CO_3 \cdot H_2O$ übergeführt, nach Absitzen von der Mutterlauge (I) abgetrennt u. calciniert. I wird in einer 2. Stufe bei >35° mit CO_2 in Na-Sesquicarbonat übergeführt, das von der Mutterlauge (II) abgetrennt u. dem abgesetzten $Na_2CO_3 \cdot H_2O$ der 1. Stufe zugeführt wird. II der 2. Stufe wird dann bei 20—35° in einer 3. Stufe ebenfalls mit CO_2 carbonisiert u. das dabei anfallende $NaHCO_3$ abfiltriert u. dem abgesetzten Prod. der 1. Stufe zugeführt. Die Mutterlauge der 3. Stufe kehrt zur Elektrolysezelle zurück. — Verfahrensschema. (**A. P. 2 842 489** vom 5/3. 1957, ausg. 8/7. 1958.) K. WOLK. H 274

Karl Heidrich und **Wolfgang Wagner**, Plauen/Vogtl., *Gewinnung von wasserfreien Salzen aus Lösungen*, bes. zur Gewinnung von *wasserfreiem Natriumsulfat.* Die

Salzlsg. wird versprüht, mit direkter Flamme durch brennbare Gase getrocknet u. in üblicher Weise zu Salz aufgearbeitet. Die Temp. der Heizgase beträgt ca. 800—1000°, die Trocknung erfolgt unmittelbar in der Verbrennungszone der verwendeten Heizgase. — Abbildung. (**D. P. [DDR] 15 290** Kl. 121 vom 21/3. 1956, ausg. 15/9. 1958 [Wirtschaftspatent].) W. WITTHOLZ. H 274

Günter Horn, Mügeln, Bez. Leipzig, *Herstellung von basischem oder neutralem $MgCO_3$* aus stark verunreinigten Magnesiten. Der MgO-haltige Rohstoff wird in wss. Suspension gemeinsam mit einem Zusatz eines gebrannten oder gelöschten Kalk enthaltenden Materials mit CO_2-haltigen Gasen zu Magnesiumhydrogencarbonat umgesetzt, die ungelösten Bestandteile werden abgetrennt, u. aus der Lsg. wird neutrales oder bas. $MgCO_3$ gefällt. (**D. P. [DDR] 15 366** Kl. 12m vom 13/4. 1956, ausg. 15/9. 1958 [Wirtschaftspatent].) W. WITTHOLZ. H 282

VEB Farbenfabrik Wolfen, Wolfen, Kr. Bitterfeld (Erfinder: **Felix Seidel,** Wolfen, und **Walter Singer,** Dessau-Haideburg), *Herstellung von Al-Salzen* aus Al-Silicaten durch Umsetzen von ungeglühten Rohtonen oder anderen Al-Silicaten $>100^0$ im geschlossenen Gefäß, zweckmäßig in Gegenstromlaugung, mit Fe-Salzlösungen. (**D. P. [DDR] 15 453** Kl. 12m vom 6/9. 1956, ausg. 29/9. 1958 [Wirtschaftspatent].) W. WITTHOLZ. H 294

Stauffer Chemical Co., übert. von: **John N. Anderson,** Grand Island, N. Y., V. St. A., *Gewinnung von Titantetrachlorid aus Rutil im Schachtofen.* Ein Koks–Rutil-Gemisch (3—5 Teile Rutil auf 1 Teil Koks) wird unter Zusatz von 0,5% eines CaO bzw. MgO enthaltenden Materials durch einen aufwärts gerichteten Cl_2-Strom im Schachtofen chloriert. Dadurch, daß sich aus dem CaO bzw. MgO während des Ofenbetriebs die entsprechenden fl. Chloride bilden, die den feinteiligen Rutil agglomerieren, wird verhindert, daß der feinteilige Rutil, ohne reagiert zu haben, durch den Chlorstrom aus dem Ofen ausgetragen wird. Es kann daher mit höheren Gasgeschwindigkeiten gearbeitet werden, so daß höhere Durchsätze erzielt werden. (**A. P. 2 842 425** vom 21/7. 1955, ausg. 8/7. 1958.) K. WOLK. H 321

E. I. du Pont de Nemours & Co., Wilmington (Erfinder: **Kenneth L. Berry,** Hockessin), Del., V. St. A., *Faserige, wasserunlösliche Alkalititanate* der Zus. $M_2Ti_4O_9$ oder $M_2Ti_6O_{13}$ (M = Alkalimetall mit Ordnungszahl >11) werden dadurch erhalten, daß man in eine auf unterhalb 1200° gehaltene Schmelze (**I**) eines Alkalichlorids oder -fluorids oder eines Gemisches beider TiO_2 oder nichtfaserige Titanate (**II**) der Zus. $M_2O\ (TiO_2)_n$ (M = wie oben, n = 4 oder 6) löst, mindestens einen Teil **I** am gelösten Stoff gesätt. hält, wobei dieser Teil um mindestens 5° unter dem auf höhere Tempp. gehaltenen Teil der Schmelze liegt u. das entstandene faserige Titanat von **I**, z. B. durch Behandeln mit heißem W., trennt. Anstatt **II** in **I** zu lösen, können auch Gemische solcher Ti-Verbb. u. bas. wirkender Alkaliverbb., z. B. Alkalihydroxyde bzw. -carbonate, die **II** miteinander zu bilden vermögen, in **I** gelöst werden. Bes. wird mit **I**, in denen das Mol-Verhältnis von bas. Alkaliverbb.: $TiO_2 = 1:1—1:12$, bes. $1:2—1:8$ ist, gearbeitet. Die faserigen Alkalititanate besitzen asbestähnliche Eigg.; sie können an Stelle von Asbest verwendet werden. Gegenüber der bisherigen Herst. in wss. Phase bei hohen Drücken (vgl. E. P. 782 472; C. **1959.** 1580) ist keine Druckanwendung erforderlich. (**D. A. S. 1 047 183** Kl. 12i vom 10/5. 1957, veröff. 24/12. 1958. **A. P. 2 841 470** vom 18/5. 1956, ausg. 1/7. 1958.) K. WOLK. H 321

J. N. Tuttle, Inc., New York, N. Y. (Erfinder: **Bertha Sugden Tuttle,** Concord, **Walter Andrejs Vittands,** St. Jamaica Plain, und **Orren Lynde Walsh,** Melrose, Mass.), V. St. A., *Herstellung eines praktisch neutralen, wässerigen Konzentrates von Zinn(II)-chlorid* durch Rk. von metall. Sn mit HCl. Der dabei anfallenden salzsauren Lsg. werden zwecks Neutralisation entsprechende Mengen frisch hergestellten Sn(II)-oxydhydrats zugesetzt. — Zeichnung. (**D. A. S. 1 051 264** Kl. 12n vom 25/2. 1957, veröff. 26/2. 1959.) H. NEBELSIEK. H 327

United States Atomic Energy Commission, übert. von: **Leonard J. Katzin,** Chicago, Ill., V. St. A., *Abtrennen von Protaktinium* von U u. Th. Man behandelt eine Ionen des Pa, U u. Th enthaltende wss. Lsg. mit einem wasserlösl. Mn(II)-Salz u. einem Permanganat, trennt den als Trägerstoff wirkenden MnO_2-Nd., der das Pa enthält, von der wss. U- u. Th-Salzlsg. ab u. löst den Nd. in wss., ein Reduktionsmittel enthaltender Säure, z. B. Hydroxylamin enthaltender HNO_3. Diese Fällung wiederholt man mehrmals, bis man zum Schluß in der salpetersauren Lsg. reines Pa gelöst erhält. (**A. P. 2 847 273** vom 19/1. 1948, ausg. 12/8. 1958.) H. NEBELSIEK. H 333

Deutsche Gold- & Silberscheideanstalt vormals Roessler, Frankfurt/M. (Erfinder: **Günter Wirths** und **Friedrich Krall,** Hanau/M.), *Gewinnung wasserfreier Uran- und Thoriumfluoride,* bes. UF_4. Die Fluoridhydrate werden bei Tempp. über dem Taupunkt der entstehenden, HF u. Wasserdampf enthaltenden Gasgemische mit im Gegenstrom geführtem, entsprechend vorgewärmtem HF behandelt. Dabei wird die Aufgabeseite für das Fluoridhydrat auf 150—250° u. die Austragsseite für das wasserfreie Fluorid auf 350—550° gehalten. — Zeichnung. (**D. A. S. 1 047 185** Kl. 12n vom 8/6. 1956, veröff. 24/12. 1958.) H. NEBELSIEK. H 339

United States Atomic Energy Commission, übert. von: **Charles D. Harrington** und **John V. Opie,** St. Louis, Mo., V. St. A., *Rückgewinnung von Uranverbindungen* aus salpetersauren Lsgg., die daneben noch Si, P u. Mo enthalten. Man fügt zu der Lsg $Ca(NO_3)_2$ u. extrahiert die U-Verbb. zusammen mit geringen Mengen anderer Verbb. mit Diäthyläther. Die abgetrennte saure Ätherphase schüttelt man mit W. aus u. erhitzt den wss. Extrakt auf ca. 118°, bis HNO_3 u. W. abgedampft sind. Es bleibt Uranylnitrathexahydrat in geschmolzener Form zurück, das man kühlt u. mit säurefreiem Ae. ausschüttelt. Dabei erhält man neutrale W.- u. Ätherphasen. Letztere schüttelt man mit ca. 10% W., wobei die anderen Verbb. in die wss. Phase gehen. Bringt man nun die neutrale Ätherphase mit 0,75 Vol.-% W. in Berührung, so wird *Urannitrat* mit der geringen Menge W. extrahiert. (**A. P. 2 841 466** vom 29/12. 1953, ausg. 1/7. 1958.)
H. NEBELSIEK. H 339

VI. Silicatchemie. Baustoffe.

Franklin Fu-Yen Wang und **F. V. Tooley,** *Einfluß der Reaktionsprodukte auf die Reaktion zwischen Wasser und Natron–Kalk–Kieselsäureglas.* Die Vff. haben in einer vorangegangenen Arbeit Na-Metasilicat (**I**), Ca-Metasilicat (**II**) u. Metakieselsäure (**III**) als Reaktionsprodd. der Einw. von W. auf ein Na_2O–CaO–SiO_2-Glas gefunden (vgl. FU-YEN WANG u. TOOLEY, J. Amer. ceram. Soc. **41.** [1958.] 467). Bei den vorliegenden Verss. wurden jeweils 10 g Proben des vorst. Glases während einer bestimmten Zeitdauer der Einw. von Lsgg. von **I, II** u. **III** ausgesetzt. Eine Lsg. von **I** verursachte einen stärkeren Angriff auf das Glas, als dest. Wasser. Eine Lsg. von **II** bewirkte ungefähr denselben Angriff wie dest. Wasser. Eine Lsg. von **III** zeigte einen kleineren Angriff auf das Glas als Wasser. Die Einw. der genannten Lsgg. wurde bestimmt an Hand der von ihnen aus dem Glas extrahierten Mengen an Na_2O, CaO u. SiO_2. Als der bestimmende Vorgang bei der Rk. von W. u. Glas wurde die Diffusion der Kationen u. der Abbau des Glasnetzwerkes erkannt. Die Extraktion von Silicium ist abhängig vom Abbau des Glasnetzwerkes, ebenso wie die Extraktion von Calcium. Die Extraktion von Na hängt ab von der Diffusion der Na^+-Ionen u. dem Abbau des Glasnetzwerkes. Eine qualitative Beschreibung des Mechanismus der Rk. zwischen W. u. Glas wird gegeben. (J. Amer. ceram. Soc. **41.** 521—24. 1/12. 1958. Urbana, Ill., Univ. of Illinois, Dep. of Ceramic Engineering.)
H.-O. MULFINGER. 6200

J. H. Welch und **W. Gutt,** *Tricalciumsilicat und seine Stabilität im System CaO–SiO₂.* Der Bereich des Syst. CaO–SiO_2 zwischen 65 u. 75 Gew.-% CaO wurde mit Hilfe eines Hochtemperaturmikroskops erneut untersucht. Hierbei erfolgte eine Korrektur des von SHEPHERD, RANKIN u. WRIGHT erstmals aufgestellten Phasendiagramms. Eine mit Ir-Draht versehene Heizzelle erreichte maximal 2200°. Diese Heizzelle befindet sich auf einem n. Mikroskoptisch u. gestattet Beobachtung im Durchlicht. Temperaturmessung erfolgte pyrometr. u. durch Thermoelemente. Die direkte Beobachtung der Liquidustempp. ergab, daß Ca_3SiO_5 inkongruent schmilzt. Das Eutektikum zwischen Ca_2SiO_4 u. Ca_3SiO_5 liegt mit 69,5 Gew.-% CaO bei 2050°. (J. Amer. ceram. Soc. **42.** 11—15. 1/1. 1959. Watford, England, Ind. Res. Stat., Dep. Sci.) H. SAALFELD. 6206

M. S. Crowley und **Rustum Roy,** *Gleichgewicht und Pseudogleichgewicht der Tieftemperaturentwässerung von Montmorilloniten.* Das Ent- u. Bewässerungsverh. von verschied. Montmorillonitmineralen bei kontrollierter H_2O-Dampfatmosphäre u. Temp. ist untersucht worden. Der Hydratationszustand wurde am Basisabstand $d_{(0\,0\,1)}$ unmittelbar gemessen, wobei die blättchenförmige Probe während der Röntgenaufnahme in definierter H_2O-Atmosphäre aufgeheizt wurde (maximal bis 350°). Saponite entwässern bei erheblich höheren Tempp. als Montmorillonite. Die Entwässerungstemp. ist ganz allg. auch noch abhängig von der Ionenbelegung (untersucht bei Na, Ca, Mg, Pb). Nach den vorliegenden Beobachtungen ist es sehr wahrscheinlich, daß teilweise entwässerte Wechsellagerungsstrukturen instabil sind. (J. Amer. ceram. Soc. **42.** 16—20. 1/1. 1959. Pennsylvania State Univ., Coll. Min. Ind.) H. SAALFELD. 6206

H. Crystal und **G. Bullock,** *Oxydhaftung und Nickelbehandlung beim Emaillieren.* Eine bessere Haftung von Titanweißemails auf Stahlblechen läßt sich erzielen, wenn vor dem Auftragen des Grundemails das Blech chem. oder elektrolyt. mit einer Ni-Schicht überzogen wird. Einzelheiten der Meth. sowie die optimalen Arbeitsbedingungen werden mitgeteilt. (J. Amer. ceram. Soc. **42.** 30—39. 1/1. 1959. Manchester, England, Univ.) H. SAALFELD. 6212

L. Ferrer Olmos, *Elektrotechnisches Porzellan auf Zirkonbasis mit hoher mechanischer Festigkeit.* Vf. berichtet über die Darst. u. die mechan. u. therm. Eigg. von 30 Porzellanproben auf Zr-Basis. Die besten Ergebnisse sind mit höherem Zr-Geh. (50%) zu erzielen. Die Zr-haltigen Präpp. verhalten sich besser als Steatit, Cordierit, Pyrexglas u. gewöhnliches Porzellan bzgl. der für den Verwendungszweck wichtigen Eigenschaften. (Rev. Ci. apl. **11.** 301—05. Juli/Aug. 1957. Valencia, Univ. de Valencia, Dep. de Silicatos del Patronato Juan de la Cierva.) R. USÓN. 6214

Walter Richter, *Feinkeramische Werkstoffe für hohe Temperaturen.* Verss. zeigten, daß die bei 1000—1200° vor sich gehende Gitterumwandlung von ZrO_2 durch *CaO*-Zusätze besser unterdrückt werden kann als durch *MgO*. Gewichtsverlustbestimmungen nach dem Glühen zeigten bei porigem ZrO_2 die besten Ergebnisse. Auch poriges *BeO* verhielt sich in dieser Beziehung günstiger als dichtes. MgO läßt sich nach Zusatz von TiO_2 keram. leicht verarbeiten. Gesintertes CaO ist auch nach sehr hohen Sintertempp. gegen W. empfindlich. Techn. ThO_2-Pulver zeigt eine intensive Strahlung, die bei der Verarbeitung zu beachten ist. — 12 Literaturangaben. (Neue Hütte **4.** 50—55. Jan. 1959. Neuhaus-Schierschnitz.) F. VIER. 6216

Ss. W. Glebow, N. N. Timofejew und **W. G. Jeger,** *Ein besonders dichter widerstandsfähiger Gußpfannenziegel aus Borowitschi-„Kremnewka".* Die Arbeit zeigt, daß es möglich ist, aus verschied. Kaolinsorten durch Zusatz von Borowitschi-„Kremnewka" (reicher an Al_2O_3 als Kaolinit, steinartig ohne Plastizität, Gebrauchsfähigkeit bis 1750°) Ziegel für Stahlgußpfannen herzustellen, die die bisherigen an Haltbarkeit um 75% übertreffen. Für Borowitschi-„Kremnewka" wird folgende Durchschnittsanalyse angegeben: SiO_2 49,1%, Al_2O_3 47,7%, TiO_2 1,0%, Fe_2O_3 0,84%, CaO 0,44%, MgO 0,23%, R_2O 0,71%; D. 2,612. 14 Versuchsmassen werden ausführlich diskutiert. (Огнеупоры [Feuerfeste Mater.] **23.** 494—97. 1958. Leningrad, Inst. für feuerfeste Stoffe.) G. PRETZSCHNER. 6218

J. D. Walton jr. und **N. E. Poulos,** *Cermets durch Thermitreaktionen.* Cermets lassen sich nach dem Thermitverf. herstellen. Die Rk. verläuft ganz allg. nach dem Schema: $MO + Al \rightarrow M + Al_2O_3 + M_x(O)_x$ + Wärme. Hier ist M ein Metall, dessen Bildungsenergie niedriger ist als die von Al_2O_3. Es bilden sich bei Verwendung von SiO_2 oder B_2O_3 Silicide bzw. Boride, die als Metallkomponente des Cermets wirken. Mit DTA wurden die frei werdenden Wärmemengen gemessen. Das Verf. ist billig, die Zündtempp. sind niedrig (1000°), die Reaktionstempp. sind hoch (ca. 1800°), kontrollierte Ofenatmosphäre ist nicht notwendig. Die Zerreißfestigkeiten bei Zimmertemp. u. bei 1200° wurden ermittelt. (J. Amer. ceram. Soc. **42.** 40—49. 1/1. 1959. Atlanta, Ga., Georgia Inst. Techn., Engng. Exp. Stat.) H. SAALFELD. 6220

A. Braniski, *Barium- und Strontiumzemente.* Vf. untersucht, ob in gesinterten u. geschmolzenen hydraul. Bindemitteln CaO durch SrO oder BaO ersetzt werden kann. Die meisten derartigen Sonderzemente (mit Ausnahme der sehr Fe_2O_3-reichen Ba-Tonerdezemente) müssen 30—80° höher gebrannt werden als n. Portlandzement. Die erhaltenen Klinker müssen möglichst rasch gekühlt werden. Geschmolzene Ba- oder Sr-Tonerdezementklinker sind sehr hart u. schwer mahlbar. Die Druckfestigkeit derartiger Zemente liegt nach 28 Tagen zwischen 395 u. 640 kg/cm^2. Ba-Hochofen- u. Schlackenzemente erwiesen sich (nach 15 Jahren Prüfdauer) als äußerst widerstandsfähig gegen Meerwasser. Ba-Zemente ergeben mit Schwerspat oder Witherit als Zuschlagstoff gute, in ihrer Abschirmwrkg. gegen Röntgen- u. γ-Strahlung dem Bleiglas (mit 29% PbO) vergleichbare Schutzstoffe. (Zement-Kalk-Gips **10** [**46**]. 176—84. Mai 1957.) P. NEY. 6222

Je. M. Kolobow, *Beziehungen zwischen der Frostfestigkeit von Zementsteinen und des thermodynamischen Potentials der chemisch-mineralogischen Komponenten des Mikrobetons.* Nach der Änderung der spezif. Wärme u. der Entropie mit der Temp. bilden die Verbb. des Mikrobetons folgende aufsteigende Reihe: $2\ CaO \cdot SiO_2 \cdot H_2O$ (C_2SH), $3\ CaO \cdot Fe_2O_3 \cdot 6\ H_2O$ (C_3FH_6), $Ca(OH)_2$ (CH), $3\ CaO \cdot Al_2O_3 \cdot 3\ CaSO_4 \cdot 30\ H_2O$ ($C_3A \cdot 3\ CZ \cdot H_{30}$), $3\ CaO \cdot Al_2O_3 \cdot 6\ H_2O$ (C_3AF_6). Die thermodynam. Potentiale zeigen starke Veränderungen; die stärkste zeigt C_3AH_6. Δ F nimmt in folgender Reihenfolge ab: C_3AH_6, $C_3A \cdot 3\ CZ \cdot H_{30}$, CH, C_3FH_6 C_2SH. Je größer der Wert Δ F, desto geringer ist die thermodynam. Festigkeit des betreffenden Stoffes. Hieraus folgt, daß je größer die Änderung des thermodynam. Potentials (th.P.), desto größer ist die Änderung der Festigkeit. Die Bewertung der Veränderungen der Festigkeit in den Proben kann in Abhängigkeit von den Veränderungen des th.P. der Komponenten, aus denen die Proben zusammengesetzt sind, erfolgen. Hieraus ergibt sich, daß bei Tempp. von 25 bis —73° C_2SH u. an 2. Stelle C_2FH_6 die größte energet. Festigkeit besitzen; C_3AH_6 zeigt eine sehr geringe Festigkeit, $C_3A \cdot 3\ CZ \cdot H_{30}$ nimmt eine Zwischenstellung zwischen dem stabilen u. dem unstabilen C_3AH_6 ein,

CH ist stabiler als $C_3A \cdot 3\,CZ \cdot H_{30}$, aber gehört nicht zur Gruppe stabiler Verbindungen. Eine theoret. Bewertung ergibt, daß Belitzemente die größte Frostfestigkeit besitzen; eine Steigerung des C_3S-Geh. im Zement oder ein Übergang von Belitzementen zu Alitzementen bringt eine Abnahme der Frostfestigkeit; C_3A ist unerwünscht im frostfesten Zement; eine Steigerung des C_4AF-Geh. in Schmelzen steigert die Frostfestigkeit, soweit C_3FH_6 eine sehr stabile Verb. darstellt. Auf Grund dieser theoret. Angaben wurde die Frostfestigkeit in Einmineralzementen ohne Sand bestimmt. Nach 1jähriger Härtung der Proben wurden bis zu 100 Einfriercyclen durchgeführt. Bei Zement II, der 88% Belit enthielt, zeigte sich die geringste Abnahme der Festigkeit; die Proben des Aluminatzementes III wurden schon nach 8 Cyclen zerstört; C_3FH_6-Zement IV erwies sich als sehr frostfest; eine Steigerung des Alitgeh. auf 75% im Zement I hat im Vgl. zu Zement II eine wesentliche Abnahme der Frostfestigkeit zur Folge. (Журнал Прикладной Химии [J. angew. Chem.] **30.** 1084—87. Juli 1957.) OTTO MAIER. 6224

B. A. Schoichet und **B. Ju. Lange,** *Neues Verfahren zur Gewinnung von „Njuwel"-Magnesia.* Zur Herst. einer Wärmeisoliermasse aus 85% $MgCO_3$ u. 15% Asbestfaser wird durch Umsetzung einer Sole mit 150 (g/Liter) $MgCl_2$, 30 $CaCl_2$ u. 130 NaCl mit frischgebranntem Kalk in 2—2½ Std. $Mg(OH)_2$ in 70%ig. Ausbeute gefällt, der Brei durch Rüttelsieb von unverbrauchtem CaO befreit, nach Absitzen dekantiert, auf der Zentrifuge $CaCl_2$-frei gewaschen, mit der 20fachen Menge W. in einem liegenden Rührgefäß 30—40 Min. mit CO_2 (1—1,5 at Überdruck) behandelt, unter Rühren 1 Std. bei 90° unter Zusatz von Asbestfasern eingedampft, nach Filtrieren (Vakuumtrommelfilter) die feste M. im Drehrohrofen mit Heizgas (Abgastemp. 250°) getrocknet u. zerkleinert. (Химическая Промышленность [Chem. Ind.] **1958.** 380—81. Sept.) R. K. MÜLLER. 6228

Manfred Donel, *Zur Bestimmung der Grenzen bei Poreninjektionen mit Zement und Chemikalien bei Verfestigungs- und Abdichtungsarbeiten im Bergbau und Baugewerbe.* Bei der Unters. der Rohstoffe wurden neben den gebräuchlichen Apparaten erstmals das Viscosimeter von WOLFF-HÖPKE angewendet, weil von Anfang bis zum Ende der Messung ein ständiges Rühren stattfindet, so daß ein Sedimentieren ausgeschlossen ist. Nach den Unterss. des Vf. ist es möglich, noch feinere Zemente zur Anwendung zu bringen als bisher üblich war. Dadurch ist es möglich, Grobsand zu zementieren. Auch Mittelsande können in den Bereich des Möglichen rücken. Bei den chem. Verff. können dann bes. feinkörnige Sande zementiert werden, wenn dem eingepreßten verd. Wasserglas noch CO_2 nachgedrückt wird. An Beispielen aus der Praxis wird die Verschiedenheit der Anwendbarkeit chem. Verff. aufgezeigt u. erzielte Festigkeitswerte mitgeteilt. Auf die möglichen Unterschiede zwischen Laboratoriumsverss. u. Praxis wird hingewiesen. Bentonitzugaben zum Zement erlauben die Regulierung von Abbindebeginn u. Abbindeende. Bis zu einem gewissen Grade ist auch die Beständigkeit der Zementierung im W. gegeben. — 38 Schrifttumsangaben. (Freiberger Forschungsh., Reihe A, Heft 105, **1958.** 9—63. Dez.) F. ROSENDAHL. 6232

A. W. Brown, *Eine Methode zur Bestimmung des ursprünglichen Wasserzementfaktors bei erhärtetem Beton.* Vf. stellt fest, daß nur die von CCl_4 im Vakuum füllbaren Poren im Beton ursprünglich von überschüssigem Anmachwasser erfüllt waren. Die durch Luftporenbildner verursachten Poren, deren Anteil aus dem Raumgewicht abgeschätzt wird, werden von CCl_4 nicht gefüllt. Die aus einem Stück bestehende Betonprobe wird nach dem Trocknen bei 105° gewogen u. in CCl_4 mehrere Std. einem wirksamen Vakuum ausgesetzt. Danach wird die Probe rasch abgetrocknet u. in einem Polyäthylenbeutel gewogen. Die Gewichtszunahme wird auf das ihr entsprechende Wasservol. umgerechnet. Nach Entfernung des CCl_4 wird die Betonprobe vorsichtig zerkleinert u. in üblicher Weise das Mischungsverhältnis u. der Glühverlust bestimmt. Bei Zementen unbekannter Herkunft wird ein Geh. von 64,1% CaO, 21,1% SiO_2 u. ein Glühverlust von 1,5% angenommen. Die Meth. ist nur bedingt anwendbar bei porösen oder kalkhaltigen Zuschlagstoffen. Die an bis zu 3jährigen, unverdichteten u. Luftporenbetonen erzielten Ergebnisse zeigen, daß der ursprüngliche Wasserzementfaktor mit großer Genauigkeit bestimmt werden kann. (J. appl. Chem. **7.** 565—72. Okt. 1957. Stone, Greenhithe, Kent, Assoc. Portland Cement Manufacturers Ltd.) P. NEY. 6252

Spencer Chemical Co., übert. von: **William C. Francis,** Pittsburg, Kans., und **Forrest L. Turbett** und **Leo C. D. Groenweghe,** Joplin, Mo., *Verbesserung von Tonprodukten.* Zur Herst. von gebrannten Tonwaren wird der tonigen Ausgangsmischung eine geringe Menge von a) wenigstens 0,02 (%), berechnet auf den Trockenton, NH_4NO_3, $(NH_4)_2SO_4$, NH_4Cl oder $(NH_4)_3PO_4$ oder Gemische dieser Stoffe u. b) wenigstens 0,002 NH_3, NH_4HCO_3 oder deren Gemische zugefügt, u. zwar in Mengen von wenigstens

0,1, berechnet auf den Trockenton. Die Zusätze sollen die Festigkeit u. Naßhaltigkeit der aus solchen Tonmassen geformten Erzeugnisse verbessern. (**A. P. 2 838 410** vom 27/10. 1955, ausg. 10/6. 1958.) F. REINHART. 6217

Aktiebolaget Kanthal, Hallstahammar, Schweden, *Hitze- und oxydationsbeständige Materialien,* z. B. für hochtemperaturbeanspruchte Teile von Gasturbinen. Die M. besteht aus 10—70% Si u. ein oder mehreren Siliciden oder Oxyden von C, Nb, Ta, W u. V. — Beispiel: 70 g $MoSi_2$ (Korngröße ca. 10 μ) u. 30 g SiC wurden bei 1720° u. 200 kg/mm² in 8 Min. gesintert. Eine Testplatte widerstand einem Temperaturwechsel von 1250 auf ca. 18° 85mal. Die Lebensdauer eines Stabes von 5 mm Durchmesser betrug 2200 Std. in Luft bei 1550°. (**E. P. 791 323** vom 3/6. 1954, ausg. 26/2. 1958. Schwed. Priorr. 4/6. 1953 u. 8/2. 1954.) G. FRIKELL. 6219

Dr. Eugen Dürrwächter DODUCO (Erfinder: **Eugen Dürrwächter** und **Trude Offner**), Pforzheim, *Flußmittel für Metallbeläge auf Keramik-, Glas- und Glimmerkörpern* besteht aus Ag-F-Verbb., wie AgF oder Ag_2SiF_6 oder deren Gemischen. Dazu können andere Flußmittel, wie B- u. Bi-Verbb., beigegeben werden. Die silberhaltigen Flußmittel bewirken eine gute Haftung der Metallbeläge auf den Unterlagen; sind bes. für die Versilberung von Piezoquarzen geeignet. (**D. A. S. 1 045 886** Kl. 80b vom 3/7. 1957, veröff. 4/12. 1958.) F. REINHART. 6221

Mineralchemie Werner & Co. (Erfinder: **Alois Wüstefeld**), Duderstadt, *Formkörper aus Mineralteilen und einem Bindemittel* mit gleichem Gittergefüge, kristallograph. Habitus, Spaltbarkeit u. opt. Brechung wie das Mineral. Das Bindemittel besteht aus einer chem. Verb., deren Struktur modellartig mit der des Minerals übereinstimmt u. deren Atome eine niedrigere Wertigkeit u. annähernd das gleiche Atomvol. aufweisen. — Beispiel: Muskowitglimmer mit einem Bindemittel aus $2 K_2O \cdot 9 Al_2O_3 \cdot 7 SiO_2 \cdot 4 H_2O$. (**D. A. S. 1 049 289** Kl. 80b vom 12/7. 1957, veröff. 22/1. 1959.) G. FRIKELL. 6221

McDowell Co., Inc., Cleveland, Ohio, übert. von: **Charles W. Nichols,** West Orange, N. J., V. St. A., *Leichte Zuschlagstoffe für Zement.* Die bei der Gewinnung von $Al_2(SO_4)_3$ aus Ton u. H_2SO_4 entstehenden Rückstände, die viel SiO_2 neben Al_2O_3, Fe_2O_3 u. Fe-Salzen enthalten, werden mit Brennstoffen gemischt zu „Pellets" verformt, schwach gesintert u. zur gewünschten Korngröße gebrochen. — Die Zus. der M. liegt bei 70 bis 76 (%) SiO_2, 8—10,5 Al_2O_3, 0,5—1,5 Fe_2O_3, 3—3,5 TiO_2, Spuren CaO, 1—1,5 MgO, 1—3 K- u. Na-Oxyde, 0,2—0,4 S. (**A. P. 2 729 570** vom 25/4. 1952, ausg. 3/1. 1956.) G. FRIKELL. 6223

André Félix Émile Coüard, Seine, Frankreich, *Verbesserung der mechanischen Eigenschaften nicht vollständig kompakter Körper (Beton)* durch Einw. von hydrostat. Druck (100—1000 kg/cm²) auf z. B. frisch abgebundene Betonformkörper, die zur Vermeidung des Eindringens des Druckmittels (Hg, W., Öl) mit einer Deckschicht (Kautschuk, Kunststoff, Metall) versehen worden sind. (**F. P. 1 164 069** vom 29/12. 1956, ausg. 6/10. 1958.) O. KAYSER. 6225

Ange Marius Bottaro, Département d'Oran, Frankreich, *Bleichen von mit Eisenoxyd verunreinigtem Kaolin* durch einen elektrochem. Prozeß ohne äußere Stromzuführung, bei dem unlösl. Fe_2O_3 in ein lösl. Prod. übergeführt wird, u. Auswaschen. Hierbei dient Fe_2O_3 als Anode u. ein eingetauchtes Metall (Cu, Fe) als Kathode. Als Elektrolyt werden 1 Liter Meerwasser (1—6% NaCl, $MgCl_2$), dem gegebenenfalls H_2SO_4 zugesetzt wird, auf 200—1000 g Kaolin verwendet. — Zeichnung der Vorrichtung. (**F. P. 1 135 077** vom 25/10. 1955, ausg. 24/4. 1957.) O. KAYSER. 6227

Jean André Renucci, Seine Frankreich, *Dichtmachen von Gips.* Gips wird Stärke zugemischt oder mit dem Anmachewasser zugesetzt u. die M. nach dem Anmachen an der Oberfläche schnell auf $< 100°$ erwärmt, wodurch die Stärkekörner zum Quellen u. Zerplatzen gebracht werden u. porenstopfende Amylose u. Amylopektine in Freiheit gesetzt werden. (**F. P. 1 157 607** vom 24/9. 1956, ausg. 2/6. 1958.) O. KAYSER. 6227

H. J. Henriksen und **G. Kähler,** Korsör, Dänemark, *Herstellung einer isolierenden Mörtelschicht* auf der Oberfläche einer feuchten M. von granulierter Mineralwolle u. einem Bindemittel. Das granulierte Fasermaterial muß eine Korngröße haben, daß 1000 Kügelchen etwa in 1—10 g der M. enthalten sind (1—5 mm Durchmesser). (**N. P. 87 087** vom 4/2. 1953, ausg. 12/3. 1956. Dän. Prior. 4/2. 1952.) K. H. KÄHLER. 6229

Chemische Werke Hüls Akt.-Ges., Marl, *Verbundplatte* aus mit festen Deckschichten kaschierten Vliesen kunstharzgebundener mineral. Fasern, z. B. Glasfasern oder Steinwolle, die z. B. mit Phenolharzen oder Harnstoffharzen gebunden sind. Als Deckschichten eignen sich Platten aus Metall, Holz, Sperrholz oder aus thermoplast. Kunststoffen oder Kondensationsharzen. Die Beklebung der Vliese mit den Deckschichten geschieht mit Hilfe eines ungesätt. Polyesterharzes, dem 3% Cyclohexanonperoxydpaste als Katalysator u. 1,5% Co-Naphthenatlsg. als Beschleuniger zugesetzt sind. (**Oe. P. 196 114** vom 28/8. 1956, ausg. 25/2. 1958. D. Prior. 19/4. 1956.) H. HEYER. 6229

VII. Agrikulturchemie. Schädlingsbekämpfung.

Marinela Man, *Verwertung Seltener Erden bei der Herstellung von „Nitrophos" aus Kola-Apatit und Salpetersäure.* Der auf „Nitrophos" (N-P-K-Dünger) verarbeitete flotierte Kola-Apatit (KA) hat die Zus.: 38,87 (%) P_2O_5, 50,76 CaO, 1,26 MgO, 1,15 Fe_2O_3, 1,16 Al_2O_3, 1,17 Seltene Erden (E_2O_3), 1,73 SiO_2, 0,06 SO_4, 2,86 F, 0,30 Glühverlust, 2,10 in 50%ig. HNO_3 unlösl. Anteile. Nach Aufschluß des KA mit 50%ig. HNO_3 wird $CaCO_3$ zugegeben u. das neben CO_2 entstehende $Ca(H_2PO_4)_2$ in $CaHPO_4$ u. H_3PO_4 zerlegt. Nach Abtrennung von Na_2SiF_6 wird mit NH_3-Luft-Gemisch (1 : 1) neutralisiert (Erwärmung auf 82—86°), die E_2O_3 fallen aus; bei Zunahme des p_H von 0,4 auf 2,0 nimmt der E_2O_3-Geh. des Nd. von 37,25 auf 5,1% ab, die Ausbeute nimmt von 32 auf 88,4%, die Filtriergeschwindigkeit von 1,56 auf 10,4 kg/m²·Std. zu. Nach Lösen des Nd. in HCl 1 : 1 (bis p_H ca. 2) werden die E_2O_3 mit Oxalsäure (I) gefällt, bei 40 g I/Liter werden 98,7% der E_2O_3 erhalten. (Rev. Chim. [Bucureşti] **8.** 571—73. Sept. 1957.)
R. K. MÜLLER. 6290

István Pálfalvi, *Die Verwendung der Hochofenschlacke in der Landwirtschaft.* In Fortsetzung der C. **1959.** 2937 referierten Arbeit berichtet Vf. über Pflanzungsergebnisse auf Parzellen verschiedenartiger Böden zu deren Verbesserung Kalkschlamm, Kalksteinpulver, granulierte u. gemahlene Hochofenschlacke verwendet wurden. Das Neutralisationsvermögen von gemahlener Schlacke ist kleiner als das des Kalkschlammes, reicht aber aus, um die gleiche Ertragerhöhung zu bewirken. Granulierte Schlacke brachte keinen höheren Ertrag. Wegen der hydraul. Eig. der Schlacke kann diese nicht längere Zeit im Freien gelagert werden. (Kohászati Lapok **13** (**91**). 367—74. Aug. 1958.)
J. PLANK. 6290

Stanislav Najmr, *Die bodenverbessernde Wirkung der Wurzel und Wurzelrückstände von Futterpflanzen (1952—1954).* Innerhalb von 2 Jahren wurde durch Luzernegrasgemenge eine Erhöhung des Geh. der Böden (mäßig degradierte Schwarzerde) an wasserbeständigen Makroaggregaten um 23% bewirkt. Bei Kleegrasgemengen bzw. Esparsettegrasgemengen betrug die Erhöhung 14 bzw. 26%. (Z. Acker- u. Pflanzenbau **104.** 307—14. Nov. 1957. Ruzyne, Forschungsinst. für pflanzl. Produktion, Abt. für Bodenkunde.)
M. WINIKER. 6302

V. C. Jamison und **E. M. Kroth,** *Die Fähigkeit einiger Missouri-Böden, verfügbare Feuchtigkeit zu speichern, in bezug zu (ihrer) Textur und (ihrem) Gehalt an organischer Substanz.* Bei 271 Profilhorizontproben von Missouri-Böden wurde die Feuchtigkeitsspeicherfähigkeit (a) ermittelt. Resultate: a nahm mit dem Tongeh. ab u. mit dem Schlickgeh. zu. Bei groben Schlick (0,05—0,02 mm) ist a größer als bei feinem Schlick (0,02—0,002 mm). Auch nimmt a im allg. mit dem Geh. an organ. Substanz zu, was auf Texturänderungen beruhen dürfte. Die schlickreiche Oberflächenschicht ist reicher an organ. Substanz als die tonreiche Unterschicht, auch ist ihre a größer. Bei Böden mit 13—20% Ton dürfte organ. Substanz a verbessern. (Proc. Soil Sci. Soc. America **22.** 189—92. Mai/Juni 1958. Columbia, Mo., Eastern Soil & Water Conservat. Res. Branch; Missouri Agric. Exp. Stat.) B. SCHEIFELE. 6304

Richard O. Gifford und **Edward Strickling,** *Der Einfluß von wasserfreiem Ammoniak auf die Wasserstabilität von Bodenaggregaten.* Der Einfl. von NH_3 auf die Wasserstabilität (a) von Bodenaggregaten wurde in Feld- u. Laboratoriumsverss. von 1954—1957 untersucht. NH_3-Behandlung erhöhte a, wobei die Zunahme in Beziehung zum Geh. an organ. Substanz stand, u. zwar anscheinend zu einer bestimmten, nicht identifizierten Fraktion derselben. (Proc. Soil Sci. Soc. America **22.** 209—12. Mai/Juni 1958. College Park, Md., Univ. of Maryland, Maryland Exp. Stat., Dep. of Agron.) B. SCHEIFELE. 6304

Sándor Egeszegi, *Die grundlegende Verbesserung der lockeren Sandböden.* (Vgl. C. **1959.** 6602.) Zur Melioration von Sandböden hat es sich als zweckmäßig erwiesen, in das Profil derselben 2 oder 3 Schichten organ. Substanz einzubringen. Als geeignetstes Material hat sich reifer Stallmist, der mit Ton (Bentonit) oder mit genügend organ. u. mineral. Kolloide enthaltendem Kompost angereichert ist, erwiesen. (Int. Z. Landwirtsch. [Sofia/Berlin] **1957.** Nr. 1. 67—95. Budapest, Wiss. Forschungsinst. für Agron.)
M. WINIKER. 6304

F. Kertscher, *Die systematische Bodenuntersuchung in der DDR und ihre Auswertung.* Zusammenfassender Überblick. (Int. Z. Landwirtsch. [Sofia/Berlin] **1957.** Nr. 1. 56—64. Jena.) M. WINIKER. 6304

W. M. Kletschkowski, *Radioaktive Isotope in der Landwirtschaftswissenschaft.* Vf. vermittelt einen Überblick über die zahlreichen Einsatzmöglichkeiten für radioakt. Isotope in der landwirtschaftlichen Forschung. (Int. Z. Landwirtsch. [Sofia/Berlin] **1957.** Nr. 1. 18—32.) M. WINIKER. 6304

R. K. Schulz, Roy Overstreet und **K. L. Babcock,** *Über die Bodenchemie von Radiostrontium.* 25-g-Proben von 26 im Hinblick auf ihre mineralog. u. chem. Zus. repräsentativen californ. Böden wurden mit 50 ml einer ^{85}Sr-haltigen (trägerfrei, 10 μC) verd. HCl-Lsg. behandelt, 8 Tage lang bei 50 bzw. 110° getrocknet u. anschließend mit 500 ml n-NH_4-Acetat (I) oder n-$CaCl_2$ (II)-Lsg. kontinuierlich extrahiert. Parallel dazu wurden 5-g-Proben ebenfalls mit 10 μC ^{85}Sr versetzt, bei 50° 8 Tage getrocknet u. 10 mal hintereinander jeweils mit 25 ml I-Lsg. extrahiert. — Einige Böden hielten gegenüber der kontinuierlichen Perkolation mit I-Lsg. einen unerwartet hohen ^{85}Sr-Anteil zurück (unabhängig von der Temp.). Eine Fixierung in „nichtaustauschbarer" Form scheint nicht vorzuliegen, da durch Perkolation mit II-Lsg. u. ebenso durch wiederholte Extraktion mit I höhere ^{85}Sr-Mengen freigesetzt wurden. Zur Best. des „austauschbaren" Sr des Bodens ist daher das angewandte Extraktionsverf. besser geeignet als die kontinuierliche Perkolation mit I. Die Extraktionskurve näherte sich mit steigender Zahl der Extraktionen asymptot. Null. — Vff. schließen aus ihren Ergebnissen, daß zum Boden zugefügtes ^{85}Sr vollständig in wasserlösl. u. „austauschbarer" Form erhalten bleibt u. möglicherweise erst nach Monaten oder Jahren teilweise in eine „nichtaustauschbare" Form übergeht. (Hilgardia **27.** 333—42. Juli 1958. Berkeley, Calif., Exp. Stat.)
WILFRIED WERNER. 6304

A. F. R. Adams und **B. L. Elphick,** *Der Kupfergehalt einiger Böden und Arten von Weidepflanzen in Canterbury.* Auf 3 verschied. tonigen Lehmböden wurden in umfangreichen 2jährigen Unterss. die Beziehungen zwischen dem Cu-Geh. des Bodens u. den Cu-Gehh. der auf diesen Böden gewachsenen Weidepflanzen verfolgt. — Der nach der Aspergillusmeth. bestimmte Geh. der Böden an „verfügbarem" Cu lag im Mittel zwischen 2,3 u. 5,3 p.p.m. u. korrelierte eng mit dem Cu-Geh. von Trifolium repens. Zum Geh. von Lolium bestand keine Beziehung. Bei gleichem Standort unterschieden sich die verschied. Weidepflanzen in ihrem Cu-Geh. erheblich. Mit zunehmender Vegetationsperiode zeigte der Cu-Geh. eine abfallende Tendenz. (New Zealand J. Sci. Technol., Sect. A **38.** 345—58. Okt. 1956. Lincoln, Canterbury Agricultural Coll.)
WILFRIED WERNER. 6304

M. Ferrand. *Der Magnesiummangel im mittleren Kongo-Becken.* Vf. stellte fest, daß im mittleren Kongo-Becken ausgedehnte Ölpalmenplantagen durch Mg-Mangel starke Produktivitätseinbußen erlitten haben. Eine für Mg-Mangel charakterist. intensive gelborange Färbung des gesamten Blattwerks der Palmen ging mit einem Unterschreiten des krit. Grenzwerts für den Mg-Geh. der Blätter (0,24%, bezogen auf Trockensubstanz) um 50% einher. Bei den von Mg-Mangel betroffenen Palmen wurden zugleich niedrige K-Gehh. (ca. 1%) der Blätter gefunden. (C. R. hebd. Séances Acad. Agric. France **43.** 585—87. 1957.) M. WINIKER. 6304

Jiro Kosako und **Akira Izeki,** *Untersuchungen der Assoziation von Huminsäure in Böden.* (Soil Plant Food [Tokyo] **2.** 8—18. März 1956. [Orig.: engl.] — C. **1959.** 2938.)
W. WESLY. 6304

B. M. Church, *Düngung von Getreide in England und Wales.* Zusammenfassende Übersicht der Düngemittelanwendung in England u. Wales bei den verschied. Getreidearten. Bei einem Drittel des Getreides wurde keine N-Düngung verabfolgt, die Gaben lagen sonst bei 0,25—0,35 cwt. N/acre unter dem Optimum (von 0,6 cwt.). K wurde im allg. in optimalen Dosen gegeben, während die P-Düngung ebenfalls unter dem Optimum lag. Ein Drittel N wurde bei Wintergetreide im August in das Saatbeet gegeben. Durch die Anwendung von kombinierten Düngern als Kopfdüngung wurden ein Sechstel des P u. ein Viertel des K im Frühjahr ausgebracht. (J. Sci. Food Agric. **7.** 711—21. Nov. 1956. Harpenden, Herts, Rothamsted Exp. Stat.) W. KNÖPKE. 6304

Fr. Korshenski, *Die Düngung landwirtschaftlicher Kulturen mit flüssigem Ammoniak.* Auf Grund der Ergebnisse umfassender Verss. stellt Vf. fest, daß *fl. Ammoniak* bes. für Hackfrüchte, Futtergemenge, Ölpflanzen, Gemüse, Tabak sowie für alle übrigen Pflanzen, die in bezug auf N-Düngung anspruchsvoll sind u. am besten in Reihen angebaut werden, geeignet ist. Bei Winterkulturen ist diese Art der N-Düngung nicht zu empfehlen. (Int. Z. Landwirtsch. [Sofia/Berlin] **1957.** Nr. 1. 161—66. Rusin, Wiss. Forschungsinst. für Pflanzenbau.) M. WINIKER. 6304

Suzanne Mériaux, *Experimentelle Untersuchung der Wirkung eines gemahlenen Kalksteins auf einen Boden von Morvan.* Düngungsverss. mit einem gemahlenen Kalkstein (90% $CaCO_3$) auf sauren, podsoligen Grünland- u. Ackerböden ergaben, daß eine Gabe von 3 t/ha auf derartigen Böden als optimal anzusehen ist, da sich größere Mengen infolge einer zu plötzlichen Erhöhung des Boden-p_H auf die Kulturen ungünstig auswirken können. (C. R. hebd. Séances Acad. Agric. France **43.** 619—28. 1957. Dijon, Stat. agron.) M. WINIKER. 6304

R. Thomson, Joyce Watson und **R. Monk,** *Die Anwendung von Kalk bei heißluftgetrocknetem Tabak.* In einem 8jährigen Düngungsvers. zu Tabak auf einem sandigen leichten Boden (p_H 5,6) wurde der Ertrag an heißluftgetrocknetem Tabak durch Anwendung von 5 dz Kalk/acre im 2jähriger Turnus durchschnittlich um 85 lbs./acre gesteigert (bei gleichbleibender Qualität u. ohne Reifeverzögerung). Der p_H-Wert des Bodens wurde hierbei auf 6,5 erhöht, die Sorptionskapazität fiel ab, die prozentuale Basensättigung stieg an. Während der Geh. an „austauschbarem" Ca zunahm, wurden „austauschbares„ K u. Mg nicht beeinflußt. — CaO-Geh. u. „lösl. Asche" der Tabakblätter wurden durch Kalkung signifikant erhöht. Dagegen schwankten die Gehh. an „unlösl. Asche", Mg, K, P, Gesamt-N, reduzierenden Zuckern, Glucose u. Saccharose nur unwesentlich. (New Zealand J. Sci. Technol., Sect. A **38.** 299—308. Okt. 1956. Motueka, Tobacco Res. Stat.; Nelson, Cawthorn Inst.) WILFRIED WERNER. 6304

R. Thomson und **R. Monk,** *Bor und heißluftgetrockneter Tabak.* In 5jährigen Feldverss. auf einem nährstoffarmen Sandboden, auf dem durch hohe Kalkgaben bei Tabak B-Mangel induziert worden war, wurde durch Anwendung von 5 lbs. Borax/acre der Tabakertrag leicht erhöht, die Blattqualität erheblich verbessert. 10 lbs. Borax/acre bewirkten eine Verzögerung des Jugendwachstums u. der Reife. — Der Geh. der Blätter an reduzierenden Zuckern, Saccharose u. Gesamt-N wurde durch die B-Düngung nicht gesichert beeinflußt, der B-Geh. stieg proportional mit der Höhe der B-Gabe von durchschnittlich 17,6 auf 54,6 p.p.m. an. — Die Wrkg. einer B-Düngung zu Tabak schien zur Menge des während des Pflanzzeitraums gefallenen Regens in Beziehung zu stehen. (New Zealand J. Sci. Technol., Sect. A **38.** 326—31. Okt. 1956. Motueka, Tobacco Res. Stat.; Nelson, Cawthorn Inst.) WILFRIED WERNER. 6304

I. J. Cunningham und **K. G. Hogan,** *Molybdängehalt von Weiden nach Kopfdüngung mit Molybdaten.* Da in einigen Weidegebieten Neuseelands durch Düngung mit Mo beachtliche Ertragssteigerungen erzielt werden, prüfen Vff., inwieweit der Mo-Geh. des Weidefutters durch Kopfdüngung mit 2 oz. NH_4MoO_4/acre (= 30,4 g Mo) beeinflußt wird. — Die Wrkg. der Mo-Zufuhr auf den Mo-Geh. des Aufwuchses war sehr stark vom Bodentyp abhängig. Während auf 50 Versuchsböden in Südneuseeland der Mo-Geh. nur schwach anstieg, wurde auf 7 der 64 Versuchsböden Nordneuseelands ein sehr deutliches u. nachhaltiges Ansprechen auf die Mo-Düngung festgestellt. Die Mo-Gehh. wurden hier von <1 p.p.m. bis auf 3—6 p.p.m. gesteigert. Peremierendes Weidegras nahm mehr Mo auf als Weißklee. — Durch gleichzeitige Düngung von 5 bzw. 10 oz. $CoSO_4$/acre wurde der Mo-Geh. des Weidefutters nicht beeinflußt. — Die Verss. zeigen, daß auf manchen Böden eine Mo-Düngung nur mit großer Vorsicht vorgenommen werden kann, da die Mo-Gehh. der Weide die für Weidetiere als tox. angesehenen Werte von >3 p.p.m. erreichen können. (New Zealand J. Sci. Technol., Sect. A **38.** 248—67. Okt. 1956. Wallaceville, Animal Res. Stat., Dep. of Agric.) WILFRIED WERNER. 6304

H. Burkhardt, *Über die Gründüngungswirkung verschiedener Untersaaten.* Mehrjährige Freilandverss. auf leichten Böden zur Ermittlung der Gründüngungswrkg. verschied. Untersaaten auf die Kartoffelnachfrucht führten zu folgenden Ergebnissen: Höchste Erträge wurden nach Serradella-Gründüngung erreicht, die überwinternden Kleearten bei zusätzlicher mineral. Düngung überlegen war. Gemessen an der ertragssteigernden Wrkg. der reinen Gründüngung konnte zwischen Serradella, Kleegemisch u. Steinklee kein signifikanter Unterschied festgestellt werden. Die Wrkg. von reinem Rotklee war weniger befriedigend. Als Nichtleguminose hatte Malve nach mineral. N-Düngung der Kartoffeln eine beachtliche Gründüngungswirkung. (Z. Acker- u. Pflanzenbau **104.** 315—26. Nov. 1957. Paulinenaue, Inst. zur Steigerung der Pflanzenerträge.) M. WINIKER. 6304

D. J. Persidsky und **S. A. Wilde,** *Die Wirkung von Unkrautbekämpfungsmitteln auf die mikrobiologischen Eigenschaften von Böden von Baumschulen.* In umfassenden Verss. konnte festgestellt werden, daß sämtliche geprüften Substanzen (*Chlordan, BHC, Kalomel, Thiodan, Al-Sulfat, Formaldehyd, Allylalkohol* u. *Stoddard oil solvent*) sich mehr oder weniger nachteilig auf die mikrobiol. Eigg. der Böden von Baumschulen sowie auf die Setzlinge selbst (Pinus radiata) auswirkten. (Trans. Wisconsin Acad. Sci., Arts Letters **44.** 65—73. 1955.) W. KURTZMANN. 6306

Stephen B. Challen, *Pharmazeutische Gesichtspunkte des Pflanzenschutzes und der Schädlingsbekämpfung.* Vortrag, der einen allg. Überblick über den derzeitigen Stand der Phytotherapie u. der Schädlingsbekämpfung vermittelt. — Diskussion. (Pharmac. J. **182** ([4] **128**). 153—57. 28/2. 1959.) M. WINIKER. 6312

K. M. Graham und **A. G. Donaldson,** *Besprühen von Tomaten zur Bekämpfung der Blattfleckenkrankheit, der Dürrfleckenkrankheit und der Braunfäule.* Die besten Bekämpfungserfolge wurden mit *COCS 55* (*Cu-Oxychloridsulfat*) u. *Manzate* erzielt, denen

Tricop (dreibas. Cu-Sulfat) in der Wrkg. bei der Bekämpfung der Dürrfleckenkrankheit etwas nachstand. Etwas weniger wirksam waren *Vancide Z-65* [*Ziram* + *Mercaptobenzthiazol* (I)], *Vancide F-995 W* (*Mn-Dimethyldithiocarbamat* + I), *Vancide F-956 W* (*Ferbam* + I) u. *Zerlate*. (Canad. J. Plant Sci. **37.** 385—91. Okt. 1957. Ottawa, Ontario, Canada, Dep. of Agricult.) M. WINIKER. 6312

R. Bardner, *Saatgutbehandlung zur Bekämpfung (der Larven) von Leptohylemia coarctata Fall.* Von den in die Verss. einbezogenen Mitteln [*Aldrin, Bariumsilicofluorid, γ-BHC, Calciumarsenat, Chlordane, Chlorthion, DDT, Demeton, Diazinon, Dieldrin* (I), *Dipterex, Endrin, Fluoracetanilid, Heptachlor* (II), *Isodrin, Bleiarsenat, Lethan, Malathion, Methoxychlor, Methyldemeton, Paraoxon, Parathion, Pyrolan, Natriumfluoracetat, Thimet, Toxaphen, Zinkfluorarsenat*] gewährte keines völligen Schutz. Am aussichtsreichsten scheinen I u. II zu sein, die den Befall um 50—70% verminderten. (Plant Pathol. **7.** 125—29. Dez. 1958. Harpenden, Herts, Rothamsted Exp. Stat.) M. WINIKER. 6312

B. D. Moreton, W. I. St. G. Light und **Margaret E. John,** *Bekämpfung von Erioischia brassicae Bouché und anderen Schädlingen an spät gesäten (weißen) Rüben.* Die relativ größte Wirksamkeit hatte ein 0,1%ig. *Dieldrin* (I)-Spray. Weniger wirkungsvoll war die Saatgutbehandlung mit *BHC*. Prakt. wirkungslos war die Bodenbehandlung mit *Aldrin* sowie die Saatgutbehandlung mit I. (Plant Pathol. **7.** 130. Dez. 1958. Wye, Kent, Nat. Agric. Adv. Serv.) M. WINIKER. 6312

B. D. Moreton und **W. I. St. G. Light,** *Bekämpfung von Erioischia brassicae Bouché mittels Wurzeltauchlösungen.* (Vgl. vorst. Ref.) Durch Eintauchen der Rübenstecklinge in *Aldrin-*, *Dieldrin-* oder *γ-BHC*-Lsg. (0,5—1,0%ig) wurde eine beträchtliche Verminderung des Befalls durch Erioischia brassicae BOUCHÉ erzielt. Weniger wirksam war eine 2%ig. *Toxaphen-* sowie eine 0,025%ig. *Isodrin*-Lösung. (Plant Pathol. **4.** 141—42. Dez. 1955.) M. WINIKER. 6312

C. E. Taylor, *Agromyza phaseoli Coq.* Zur Bekämpfung des Schädlings eignen sich *DDT, Diazinon, Dieldrin, Parathion.* (Rhodesia agric. J. **55.** 634—36. Nov./Dez. 1958.) M. WINIKER. 6312

J. Klingler, *Ergebnisse von Bekämpfungsversuchen gegen den Gefurchten Dickmaulrüßler, Othiorrhynchus sulcatus F.* Bei Verss. zur Bekämpfung der Käfer erwiesen sich *Aldrin* (I), *Dieldrin* sowie *DDT* als gut bis sehr gut wirksam, während *Parathion* u. *Malathion* nicht befriedigten. Hinsichtlich der Bekämpfung der Larven wurden mit I beste Erfolge erzielt. Ebenso erwies sich CS_2 als geeignet, doch besteht hier die Gefahr phytotox. Nebenwirkungen. (Anz. Schädlingskunde **31.** 182—85. Dez. 1958. Wädenswil, Eidg. Versuchsanst. für Obst-, Wein- u. Gartenbau.) M. WINIKER. 6312

W. Wengorek, *Die neuesten Forschungsergebnisse der Bekämpfung des Kartoffelkäfers in Polen.* Es wurde festgestellt, daß die Widerstandsfähigkeit des Kartoffelkäfers von der biochem. Zus. seines Körpers abhängt. Die Bedeutung dieses Befundes für die Praxis (z. B. Bekämpfungsaktionen mit *DDT*) wird eingehend diskutiert. (Int. Z. Landwirtsch. [Sofia/Berlin] **1957.** Nr. 1. 122—25.) M. WINIKER. 6312

E. W. Bentley, L. E. Hammond und **Eileen J. Taylor,** *Die relative Toxizität von 0,025- und 0,005%igem Warfarin für Rattus norvegicus.* In Laboratoriumsverss. wurde festgestellt, daß Köder für Rattus norvegicus 0,025% Warfarin enthalten können, ohne daß (bei geeignetem Ködermaterial) eine Abschreckwrkg. auftritt. Die mögliche Bedeutung dieser Feststellung für die Praxis der Rattenbekämpfung wird diskutiert. (Plant Pathol. **4.** 120—23. Dez. 1955. Tolworth, Surbiton, Surrey, Infestation Control Div.) M. WINIKER. 6312

J. Köhnlein und **N. Knauer,** *Die Entzugszahl als Hilfsmittel zur richtigen Bemessung der P_2O_5- und K_2O-Gabe.* Vff. demonstrieren an zahlreichen Beispielen, daß auch auf sehr unterschiedlichen Böden u. bei sehr verschied. Düngung durch ein u. dieselbe Fruchtart dem Boden jeweils sehr ähnliche Mengen an P_2O_5 u. K_2O entzogen werden, wenn Bedingungen herrschen, bei denen ein Luxuskonsum bzw. eine Nährstoffarmut des Erntegutes ausgeschlossen ist. Es ist somit möglich, den einzelnen Fruchtarten Entzugszahlen zuzuordnen, die für die Belange der Praxis hinreichend genau sind. In einer Tabelle sind die Entzugszahlen für die wichtigsten Nutzpflanzen angegeben. — 41 Literaturhinweise. (Z. Acker- u. Pflanzenbau **104.** 329—70. Dez. 1957. Kiel, Univ., Inst. für Acker- u. Pflanzenbau; Bundesforschungsanst. für Milchwirtsch., Inst. für Futterbau.) M. WINIKER. 6322

J. Köhnlein, *Ertragssteigerung, Nährstoffbilanz und Bodenuntersuchungsergebnis in statischen Feldversuchen mit steigenden P_2O_5- und K_2O-Gaben.* Auf 2 unterschiedlichen Standorten (rohhumushaltiger Heidesand u. Braunerdelehm) wurden je 3 P_2O_5- u. K_2O-

Steigerungsverss. unter Beobachtung der Nährstoffzufuhr, des Nährstoffentzuges u. der Ergebnisse wiederholter Bodenunterss. nach EGNÉR bzw. NEUBAUER durch 7jährige Fruchtfolgen geführt. Hierbei zeigte sich, daß durch einzelne Unterss. der Bodennährstoffe keine verläßlichen Informationen über die Nährstoffversorgung der Pflanzen bzw. die zu erwartende Düngerwrkg. erhalten werden können. Ein zutreffendes Bild der Versorgungslage lieferten auch planmäßig wiederholte Bodenunterss. nur in Ausnahmefällen. Auf Grund dieser Feststellungen vertritt Vf. die Ansicht, daß bei relativ guten Ernteerträgen die Bemessung der Düngung nach dem Nährstoffentzug durch die Ernten am zweckmäßigsten ist. (Z. Acker- u. Pflanzenbau **104.** 229—56. Nov. 1957. Kiel, Bundesforschungsanst. für Milchwirtsch.; Univ., Inst. für Pflanzenbau.)
M. WINIKER. 6324

Chemische Fabrik Kalk G. m. b. H. (Erfinder: **Hugo Nees** und **Walter Büttgens**), Köln, *Herstellung phosphathaltiger Mehrnährstoffdüngemittel*, in denen das $CaO:P_2O_5$-Verhältnis = 1,5—2,4 ist, wobei gegebenenfalls ein in Form von $CaSO_4$ vorliegender CaO-Geh. nicht mit einbezogen ist, durch Aufschließen von Rohphosphaten mit HNO_3 allein u. Abtrennen einer geeigneten Menge des in der Aufschlußlsg. enthaltenen $Ca(NO_3)_2$ durch Kristallisation oder durch Aufschließen von Rohphosphaten mit HNO_3 zusammen mit H_2SO_4 oder/u. H_3PO_4 u. anschließende Neutralisation der Aufschlußgemische mit NH_3, dad. gek., daß zur prakt. vollkommenen Stabilisierung des bei der Ammonisierung entstehenden $CaHPO_4$ den Ammonisierungsgemischen während des Ammonisierungsvorganges beim p_H 5,5—7,0, bes. 6,2—6,7, eine solche Menge eines Pyrophosphats, Hexametaphosphats oder Polyphosphats der Alkalien bzw. eines Aluminats der Alkalien oder eines Gemisches der genannten Verbb. zugesetzt wird, daß 0,002—0,2 (Mol) des in den genannten Alkaliphosphaten enthaltenen P_2O_5 bzw. 0,02—0,2 des in den genannten Aluminaten enthaltenen Al_2O_3 auf 1 des in dem zum Aufschluß gelangenden Rohphosphat enthaltenen P_2O_5 kommen. Der P_2O_5-Geh. der Phosphatdüngemittel weist eine Ammoniumcitratlöslichkeit von ca. 99,0—99,8% auf. (**D. A. S. 1 047 804** Kl. 16 vom 9/8. 1956, veröff. 31/12. 1958.) H. KARST. 6291

VEB Kaliwerk Staßfurt (Erfinder: **Rolf Dauer, Arno Eiche, Waldemar Heymel** und **Franz Zeidler**), Staßfurt, *Herstellung eines granulierten und frei fließenden, Magnesiumsulfat, Kaliumchlorid und Bor enthaltenden Kalimischdüngemittels*, dad. gek., daß feuchtes KCl mit hydratisiertem $MgSO_4$ in Ggw. der in den Ausgangsprodd. enthaltenen, aus Sylvin, Steinsalz, Kieserit, Anhydrit u. Gips bestehenden Salze feiner Mahlung verrührt wird, worauf das feuchte Kalimischdüngemittel von der anhaftenden wss. Lsg. getrennt u. getrocknet wird. Das Düngemittel backt selbst bei längerem Lagern u. Transport auf dem Seewege nicht zusammen, weist hohe Gehh. an $MgSO_4$ u. KCl, eine ideale K–Mg-Relation auf u. enthält die Spurenelemente B, Cu, Mn, Fe, Al u. Zn. (**D. A. S. 1 047 218** Kl. 16 vom 14/12. 1956, veröff. 24/12. 1958.) H. KARST. 6293

Kenneth C. Working, Long Beach, Calif., V. St. A., *Behandlung von Ackerböden* durch Zusatz eines sauren Extraktes eines Ca-Salzes, das durch Extraktion des Holzes von Rotholzbäumen in Form von Sägespänen u. dgl. mit heißem W. u. anschließendes Neutralisieren der sauren Lsg. mit Kalk erhalten wurde. Auf diese Weise erhält der Boden eine poröse u. offene Struktur, so daß Keimung des Saatgutes u. Wachstum von Pflanzen begünstigt werden. (**A. P. 2 838 877** vom 4/5. 1953, ausg. 17/6. 1958.) H. NEBELSIEK. 6303

Farbwerke Hoechst Akt.-Ges., vormals Meister Lucius & Brüning, Frankfurt/M. (Erfinder: **Josef Kaupp, Karl-Heinz Mittelberger** und **Fritz Herbold,** Gersthofen), *Mittel zur Bekämpfung unerwünschten Pflanzenwachstums*, gek. durch einen Geh. an Kondensationsprodd. aus mehr als 2 Mol Aceton u. gegebenenfalls an anderen Substanzen mit herbicider Wirkung. — Man erhält diese Kondensationsprodd. z. B. durch Überleiten von Acetondämpfen über Al_2O_3-Katalysatoren bei ca. 500°. (**D. A. S. 1 045 719** Kl. 451 vom 11/1. 1958, veröff. 4/12. 1958.) H. NEBELSIEK. 6313

Dow Chemical Co., übert. von: **Herman O. Senkbeil** und **Harry F. Brust,** Midland, Mich., V. St. A., *Ester aus α.α.β-Trichlorpropionsäure* (**I**) *und Halogenaryloxyalkanolen* (**II**). Man setzt **I** mit einem niedrigmol. **II** um, bes. in Ggw. eines Veresterungskatalysators, wie H_2SO_4 oder Phenolsulfonsäure, u. eines mit W. nicht mischbaren organ. Lösungsm., wie Toluol oder Äthylendichlorid. Die Rk. erfolgt bei 75—180°. Verfahrensprodd.: *2-(2'.4'.5'-Trichlorphenoxy)-äthyl-α.α.β-trichlorpropionat*, $Kp._{0,5}$ 178—183°, F. (aus PAe.) 101—102°; *2-(2'.4'.5'-Trichlorphenoxy)-propyl-α.α.β-trichlorpropionat*, F. 76 bis 78°; *1-(2'.4'.5'-Trichlorphenoxy)-propyl-(2)-α.α.β-trichlorpropionat*, viscoses Öl, $Kp._1$ 190 bis 195°, n_D^{25} 1,5473. — *Herbicide, Insekticide* u. *Bactericide.* (**A. P. 2 823 225** vom 2/7. 1956, ausg. 11/2. 1958.) R. SCHWECHTEN. 6313

Ruhrchemie Akt.-Ges., Oberhausen (Erfinder: **Hans Feichtinger** und **Siegfried Puschhof**, Duisburg), *Fungicide Mittel*, enthaltend Ester der 2.2.4.6.6-Pentachlorhexen-(3)-on-(5)-säure als Wirkstoff. Man wendet wss. Emulsionen mit 0,01, 0,001 u. 0,0001% Wirkstoffgeh. an. — Die Ester werden durch Einw. von Alkoholen auf 2.4.4.6.6-Pentachlorcyclohexen-(1)-dion-(3.5) unter Ringspaltung erhalten. (**D. A. S. 1 048 068** Kl. 451 vom 6/4. 1957, veröff. 31/12. 1958.) H. NEBELSIEK. 6313

Soc. des Usines Chimiques Rhône-Poulenc, Frankreich, *Herstellung neuer Äther und Thioäther des γ-Pyrons und γ-Pyridons.* Gemäß F. P. 1 117 302 wurden folgende Verbb. hergestellt: *2-[2'-Methylphenoxymethyl]-5-methoxypyron-(4)*, F. 115°, aus 2-Chlormethyl-5-methoxypyron-(4) (I) u. o-Kresol. — *2-[4'-Cyclohexyl-*, F. 146°, *-[4'-Isopropyl-*, F. 97°, *-[3'-Chlor-*, F. 80°, *-[2'.3'-Dimethyl-*, F. 118°, *-[2'.6'-Dimethyl-*, F. 87—88°, *-[2'.4'.6'-Trimethyl-*, F. 103—103,5°, *-[3'-Methyl-4'-chlor-*, F. 112°, *-[2'-Chlor-4'-methyl-*, F. 122°, *-[2'-Methyl-4'.6'-dichlor-*, F. 122°, *-[2'.6'-Dichlor-4'-methyl-*, F. 114°, *-[2'.4'-Dichlor-6'-hydroxymethyl-*, F. 140°, *-[2'.4'-Dimethyl-6'-chlor-*, F. 102°, *-[2'-Chlor-4'.6'-dihydroxymethyl-*, F. 119—120°, *-[2'.6'-Dihydroxymethyl-4'-chlor-*, F. 140°, *-[2'.6'-Dihydroxymethyl-4'-methyl-*, F. 136°, *-[2'.5'-Dimethyl-4'-hydroxymethyl-*, F. 148°, *-[3'.4'-Dimethyl-6'-hydroxymethyl-*, F. 147°, *-[2'-Hydroxymethyl-*, F. 112°, *-[2'-Hydroxymethyl-4'-methyl-*, F. 127—127,5°, *-[2'-Methoxy-4'-methyl-*, F. 81°, *-[2'-Methoxy-5'-methyl-*, F. 124°, *-[2'-Methoxy-6-methyl-*, F. 100—101°, *-[3'-Methoxy-*, F. 75° u. *-[2'.4'-Dichlorphenoxymethyl]-5-methoxypyron-(4)*, F. 128°, aus **I** u. 4-Cyclohexylphenol, 4-Isopropylphenol, m-Chlor-, 2.3-Dimethyl-, 2.6-Dimethyl-, 2.4.6-Trimethyl-, 3-Methyl-4-chlor-, 2-Chlor-4-methyl-, 2-Methyl-4.6-dichlor-, 2.6-Dichlor-4-methyl-, 2.4-Dichlor-6-hydroxymethyl-, 2.4-Dimethyl-6-chlor-, 2-Chlor-4.6-dihydroxymethyl-, 2.6-Dihydroxymethyl-4-chlor-, 2.6-Dihydroxymethyl-4-methyl-, 2.5-Dimethyl-4-hydroxymethyl-, 3.4-Dimethyl-6-hydroxymethyl-, 2-Hydroxymethyl-, 2-Hydroxymethyl-4-methyl-, 2-Methoxy-4-methyl-, 2-Methoxy-5-methyl-, 2-Methoxy-6-methyl-, 3-Methoxy- bzw. 2.4-Dichlorphenol. — *2-[2'-Hydroxymethylphenoxymethyl]-5-äthoxypyron-(4)*, F. 139°, aus 2-Chlormethyl-5-äthoxypyron-(4), u. *2-[β-Naphthoxymethyl]-5-methoxypyron-(4)*, F. 168°, aus I u. β-Naphthol. — *Herbicide, Fungicide.* (**F. P. 68 831** vom 16/11. 1955, ausg. 10/6. 1958. **Zusatz zu F. P. 1 117 302; C. 1957. 1282.**) S. BÖTTCHER. 6313

California Ink Co., Inc., San Francisco, übert. von: **Archibald M. Erskine**, Berkeley, **Norman R. Nygard**, Oakland, und **Richard M. Lydon**, Richmond, Calif., V. St. A., *Fungicide und baktericide Quecksilberverbindungen*, die leicht in W. oder Ölen dispergierbar sind, erhält man durch Rk. von Aryl–Hg-Verbb., die zumindest etwas in W. lösl. sind, wie Aryl–Hg-Acetat, -Propionat, -Hydroxyd, -Borat, -Nitrat, -Lactat oder -Benzoat mit mehr als 1,2 Äquivalenten Naphthensäure (I) bzw. deren Salzen oder Fettsäuren von 8—18 C-Atomen oder deren Salzen bei einem p_H der Mischung von 7—3 u. Abscheidung der gebildeten Prodd. als Öl. — 33,6 g $C_6H_5HgOOCCH_3$ werden in 900 cm³ W., das 5 g NaOH enthält, bei 75—80° aufgeschlämmt. Dazu werden langsam 37 g **I** gegeben, wobei nach beendetem Zusatz ein p_H von 6,7 vorliegt. Das Gemisch wird mit 1,5 g CH_3COOH (80%ig) angesäuert, so daß sich ein Öl von C_6H_5–Hg-Naphthenat bildet. (**A. P. 2 846 349** vom 1/4. 1957, ausg. 5/8. 1958.) J. MÜHLEISEN. 6313

American Cyanamid Co., New York, N. Y., übert. von: **Donna Bernice Cosulich**, Plainfield, N. J., V. St. A., *Herstellung substituierter Alkylnitrosopyrrolcarboxylate*, dad. gek., daß man entsprechend substituierte Pyrrole, die in 4-Stellung ein freies H-Atom aufweisen, bei 0—30° mit HNO_2 reagieren läßt, das Reaktionsprod. mit Eiswasser abscheidet u. durch Umkristallisieren reinigt. — Man erhält aus 1.3.5-Trimethyl-2-pyrrolcarbonsäureäthylester → *1.3.5-Trimethyl-4-nitroso-2-pyrrolcarbonsäureäthylester*, F. 87,8—88,7°. Analog: *1-Äthyl-3.5-dimethyl-4-nitroso-2-pyrrolcarbonsäureäthylester* u. *1.2.5-Trimethyl-4-nitroso-3-pyrrolcarbonsäureäthylester*, F. 109—110° (Zers.). — Die Verbb. sind stark *fungicid.* (**A. P. 2 805 227** vom 18/1. 1956, ausg. 3/9. 1957.) C. LÜTTGEN. 6313

N. V. de Bataafsche Petroleum Mij., Den Haag (Erfinder: **Willem Laurens Leonard Maria Luijckx** und **Nellius Gerrie Kramer**, Rotterdam), Holland, *Herstellung von Aldrin* (Gemisch, das größtenteils aus *1.2.3.4.10.10-Hexachlor-1.4.4a.5.8.8a-hexahydro-1.4.5.8-endo-exo-dimethanonaphthalin* besteht) erfolgt durch Addition von Hexachlorcyclopentadien an Bicyclo-(2.2.1)-heptadien-(2.5) nach DIELS-ALDER in Ggw. einer HCl-bindenden Substanz, bes. mindestens 20%ig. NaOH. Auf diese Weise werden Prodd. mit F. >60°, z. B. 80—85°, erhalten, die zu lagerfähigen, pulverförmigen Präpp. verarbeitet werden können. — *Insekticid.* (**Holl. P. 89 133** vom 27/4. 1956, ausg. 15/9. 1958.) F. BÖHM. 6313

VEB Leuna-Werke „Walter Ulbricht" (Erfinder: **Wilhelm Treibs**, Leipzig, **Gerhard Zimmermann** und **Jürgen Herrmann**), Leuna, *Herstellung von α.α.α'.α'-*

Tetrahalogen-ω.ω'-alkandicarbonsäuredinitrilen der allg. Zus. $NC-C(X)_2-(CH_2)_n-C(X)_2-CN$ (n = 1—9, wenn X = Cl; n = 2—12, wenn X = Br), dad. gek., daß man entsprechende ω.ω'-Alkandicarbonsäuredinitrile (I) bei 0—160° u. 1—30 at bes. in Ggw. von J_2 halogeniert, wobei man die I vor der Rk. auch mit einem Halogenwasserstoff behandeln kann; hierdurch wird der J_2-Zusatz überflüssig. Die Bromierung führt man bes. in Ggw. eines inerten Träger- u. Verdünnungsgases, z. B. N_2, durch. — Beispiele zur Herst. von je 60% *α.α.α'.α'-Tetrachloradipinsäuredinitril*, $C_6H_4Cl_4N_2$, F. 63 bis 65°; *α.α.α'.α'-Tetrabrom*-Verb., F. 129—130°; *α.α.α'.α'-Tetrabromsebacinsäuredinitril*, F. 84°. — Zwischenprodd. zur *Herst. von Insekticiden.* (**D. A. S. 1 048 903** Kl. 12o vom 30/11. 1957, veröff. 22/1. 1959.) O. MÜLLER-MEININGEN. 6313

VEB Farbenfabrik Wolfen, Wolfen, Kr. Bitterfeld (Erfinder: **Hans Maier-Bode,** Wolfen, und **Gottfried Kötz,** Dessau), *Schädlingsbekämpfungsmittel.* Verwendung von Prodd., die durch Umsetzung eines Dihalogenacetaldehyds (Dichloracetaldehyd) mit einem Trialkylphosphit (Trimethyl-, Triäthylphosphit) <60° hergestellt worden sind, gegebenenfalls im Gemisch mit Inert-, Träger-, Füllstoffen, Lösungs-, Netz-, Emulgier-, Haftmitteln oder anderen Schädlingsbekämpfungsmitteln (**D. P. [DDR] 14 880** Kl 451 vom 7/3. 1956, ausg. 12/6. 1958 [Wirtschaftspatent].) W. WITTHOLZ. 6313

VEB Farbenfabrik Wolfen, Wolfen, Kr. Bitterfeld (Erfinder: **Hans Maier-Bode,** Wolfen, und **Gottfried Kötz,** Dessau), *Schädlingsbekämpfungsmittel,* als Wirkstoffe Umsetzungsprodd. eines Trialkylphosphits (z. B. Trimethyl-, Träthylphosphit) mit einem Acetal eines Halogenacetaldehyds (z. B. Chloralmonoäthylacetal, Trichloracetal, Chloral-n-propyl- u. -butylacetal) enthaltend, gegebenenfalls mit Inert-, Träger-, Füllstoffen, Lösungs-, Netz-, Emulgier-, Haftmitteln oder anderen Schädlingsbekämpfungsmitteln. (**D. P. [DDR] 15 149** Kl. 451 vom 13/3. 1956, ausg. 28/7. 1958 [Wirtschaftspatent].) W. WITTHOLZ. 6313

Dow Chemical Co., übert. von: **Etcyl H. Blair,** Midland, Mich., V. St. A., *Thiophosphorsäurehydrazide* der allg. Formel RO—P(S)(OX)(NH—NHZ), worin R einen Rest der Benzolreihe bedeutet, der durch Cl, Br, NO_2 oder niedere Alkoxyreste substituiert sein kann, X CH_3 oder C_2H_5 ist u. Z H oder Phenyl bedeutet, erhält man durch Rk. von Hydrazinhydrat (I) oder Phenylhydrazin mit einer Verb. der Formel RO—P(S)(OX)Cl, worin R u. X die obige Bedeutung haben, bei 0—50° in Ggw. inerter organ. Lösungsmittel. — Eine Lsg. von O-(2.4.5-Trichlorphenyl)-O-methylthiophosphorsäurechlorid in Bzl. wird bei 20—25° mit einer Lsg. von I in Bzl. umgesetzt, das Prod. mit W. gewaschen u. Bzl. bei Unterdruck abdestilliert. Man erhält als glasigen Rückstand *O-(2.4.5-Trichlorphenyl)-O-methylthiophosphorsäurehydrazid*, F. 88—88,5° (aus Isopropylalkohol). Weitere Verbb.: *-phenylhydrazid*, F. 134—135° (aus Isopropylalkohol). — Im Folgenden O-Methylthiophosphorsäurehydrazid = **II**; *O-(2.5-Dimethylphenyl)*-**II**, Öl, $D.^{25}$ 1,2447, n_D^{25} 1,5698; *O-(Chlor-2-cyclohexylphenyl)*-**II**, F. 85—87° (aus Cyclohexan); *O-(4-Nitrophenyl)*-**II**, F. 103° (aus Methanol); *O-(2-Biphenyl)*-**II**, F. 76—77° (aus Methanol); *O-(4-Methoxyphenyl)*-**II**, Öl, $D.^{25}$ 1,302, n_D^{25} 1,5761; *O-(2-Brom-4-tert.-butylphenyl)*-**II**, F. 92,5—93,5° (aus Methanol); *O-(2.4.5-Trichlorphenyl)-O-äthylthiophosphorsäurehydrazid*, F. 56—58° (aus PAe.). — *Insekticide u. Herbicide.* (**A. P. 2 855 423** vom 30/4. 1956, ausg. 7/10. 1958.) J. MÜHLEISEN. 6313

Farbenfabriken Bayer Akt.-Ges., Leverkusen (Erfinder: **Walter Lorenz** und **Gerhard Schrader,** Wuppertal), *Schädlingsbekämpfungsmittel,* enthaltend Thiolphosphorsäuretrialkylester, in denen die am S befindliche Alkylestergruppe durch eine Sulfongruppe unterbrochen ist u. in denen die Alkylengruppe zwischen dem S-Atom der Thiolphosphorsäure u. dem Sulfon-S verzweigt u. der verzweigte Alkylenrest durch Halogen substituiert ist. — Die Herst. der Verbb. ist bekannt. Bes. wirksam gegen Mückenlarven u. Blattläuse. — Beispiel: $C_2H_5SO_2-CH_2-CH(CH_2Cl)-S-PO(OCH_3)_2$. (**D. A. S. 1 046 939** Kl. 451 vom 21/4. 1956, veröff. 18/12. 1958.) H. NEBELSIEK. 6313

VIII. Metallurgie. Korrosion.

J. Herbert Hollomon, *Metallurgie in UdSSR.* Überblick über die Entwicklung. (Metal Progr. **75.** Nr. 1. 120—23. Jan. 1959. Schenectady, N. Y., General Electric Res. Labor.) F. VIER. 6350

R. C. Townsend, *Die Zuverlässigkeit von Geiger- und Scintillationszählern als Beweismittel für Urananwesenheit und -menge.* Übersicht über die Faktoren, die die Zuverlässigkeit von GEIGER- u. Scintillationszählern beeinflussen. Schwierigkeit der visuellen Ablesung der Geräte, statist. Irrtums- u. Zeitkonstante, Schwierigkeit in der Schaffung gleicher Meßbedingungen bei Vergleichsunterss., Irrtümer beim Interpolieren zwischen den Werten von Vergleichsproben; an diese Geräte zu stellende Anforderungen. (Mines Mag. **48.** Nr. 4. 23—25. 36. April 1958. Phoenix, Ariz.) W. WESLY. 6354

Takahiro Morimune, *Untersuchung über Thallium und Cadmium in Pyritabbränden.* 32 Proben aus 4 verschied. Stellen enthalten 0,004—0,018% *Tl.* Der Entzug des Tl erfolgt ähnlich dem des Cu. Der Entzug des *Cd* erfolgt mit 3—9%ig. H_2SO_4 bei 48—53° mit 69—96% Ausbeute. Am besten bewährt hat sich 3—5%ig. H_2SO_4. — 3 Tabellen. (Tetsu to Hagane [J. Iron Steel Inst. Japan] **41.** 357—59. März 1955. Tomiyama, Univ. [Orig.: japan.]) L. SCHULER. 6360

J. Tabin, *Mechanische Ultraschallgeneratoren für die Emulgierung von Flotationsstoffen.* Bes. stabile Emulsionen von 10% Ölsäure in W. werden bei Anwendung des Zahnradgenerators mit der Frequenz 3,7 kHz erzielt. Der Dispersionsgrad ist höher als bei Anwendung sonstiger Ultraschallgeneratoren. (Prace Inst. Hutniczych **10.** 70—76. 1958. Inst. Metalurg. Żelaza.) F. URBAN. 6362

D. W. Gillings, *Entwicklung der Wärmequellen für metallurgische Zwecke. Schwerpunkte der Nachkriegsjahre.* Überblick. (Metal Progr. **75.** Nr. 1. 111—15. Jan. 1959. Stoke Orchard, England, Coal Res. Establ.) F. VIER. 6370

E. Boelens, *Ein neues Profil des Siemens-Martin-Ofens.* Beschreibung eines SIEMENS-MARTIN-Ofens mit neuem Profil u. seiner Vorteile: Größerer Einsatz, höhere Schmelzleistung, geringerer Brennstoffbedarf, verminderte Zeit zwischen 2 Abstichen. (Silicates ind. **22.** 404—09. Juli/Aug. 1957. Soc. An. Cockerill-Ougrée.) W. WESLY. 6370

Susumu Sato, *Über die Wirkung der Teilchengröße des Rohstoffes beim Hochofen.* Verss. an 2 japan. Hochofentypen ergeben: Beim Ofen mit 746 t Roheisen/Tag (909 g/cm² Winddruck, 636°) gibt eine mittlere Erzgröße von 23 mm u. Koksgröße von 58 mm beste Fe-Ausbeute, beim kleineren Ofen von 266 t/Tag (652 Winddruck u. 600°) ist viel Erz $<$10 mm u. starke Unregelmäßigkeit der Koksgröße u. daher niedrigere Fe-Ausbeute u. labile Ofenverhältnisse. Gleichmäßige Körnung (richtige Einstellung der Zwischenräume) ist von Wichtigkeit für vorteilhafte Ofenführung (Fe-Ausbeute, Kokseinsparung) wegen besserer Reduzierbarkeit, Gasdurchlässigkeit u. des Gaswärmeaustausches. (Tetsu to Hagane [J. Iron Steel Inst. Japan] **41.** 184—86. März 1955. Shitsuran Eisenwerke, [Orig.: japan.]) L. SCHULER. 6370

Yoshio Shiraishi, *Über die Verwendung von Blockkohle (Blockcarbon) für Hochöfen.* Übersicht über die Verwendung von *Blockkohle* in verschied. Ländern u. Japan (3 Skizzen); sie wird bes. in Verbindung mit feuerfesten Ziegeln empfohlen. (Tetsu to Hagane [J. Iron Steel Inst. Japan] **41.** 196—98. März 1955. Yawata K. K. [Orig.: japan.]) L. SCHULER. 6370

E. T. Turkdogan, *Die Schwefelverteilung zwischen Gas, Schlacke und den Metallphasen unter Eisen- und Stahlherstellungsbedingungen.* (Rev. Métallurgie **53.** 332—42. Mai 1956. Diskussion Rev. Métallugie **54.** 623. Aug. 1957. — C. **1956.** 8472.) H. HOCHSTEIN. 6390

Jochem Thieme, *Der Einfluß einer Wärmebehandlung auf die Struktur der Bainite, besonders im Gußeisen.* Besprochen wird die Bainitbldg. unter besonderer Berücksichtigung des strukturellen Aufbaus der Bainite. Der Einfl. von Tempp. bis Ac_1 auf diese Gefüge wird ermittelt. Für die Gefügeunterss. wird ein Elektronenmikroskop verwendet. Es wird festgestellt, daß mit steigender Behandlungstemp. zunächst ein im Ferrit enthaltener submkr. Carbid-Nd. koaguliert u. vorhandener Restaustenit unter Bldg. neuer, kleiner Nadeln zu Bainit zerfällt. Bei prakt. unlegierten Werkstoffen beruhen alle weiteren Vorgänge auf einer zunehmenden Koagulation des bainit. Zementits, die nahe Ac_1 bis zu einem, dem körnigen Perlit sehr ähnlichen Gefüge gek. ist. Für legierte Werkstoffe hat diese Feststellung jedoch nur begrenzte Gültigkeit, denn bei einer bestimmten Temp. tritt neben dem Fortschreiten der Zementitkoagulation einerseits, eine örtliche Austenitisierung andererseits ein, die nach der Abkühlung an diesen Stellen erneut zu einer Nadelstruktur u. damit zum Wiederanstieg der Härte führt. Nicht nur bei der Verarbeitung bainit. Gußstücke, sondern auch bei deren Einsatz für Verschleißteile muß deshalb das Herstellungsverf. berücksichtigt werden. (Giesserei, techn.-wiss. Beih. **1959.** Nr. 23. 1277—84. Jan. Neunkirchen/Siegen.) H. HOCHSTEIN. 6390

Tamotsu Yasumoto, *Gasentkohlung von granuliertem Holzkohleroheisen.* 1. Mitt. Untersucht u. in Diagrammen dargestellt wird die Änderung des C-Geh. in Abhängigkeit von der Korngröße, der Dauer, der Gaszus. u. der Temperatur. Eine Konz. von 30% CO_2 ist notwendig. (Tetsu to Hagane [J. Iron Steel Inst. Japan] **41.** 359—60. März 1955. Imperial Eisen Co. [Orig.: japan.]) L. SCHULER. 6400

Kimio Matsuda, *Einfluß von Stickstoff auf Gußeisen.* Die Neigung zur Umwandlung in weißes Roheisen steigt mit dem Geh. an gelöstem *N.* Die 1. Stufe u. die 2. Stufe

der Graphitisierung von *weißem Roheisen* wird durch den Geh. an lösl. N erschwert. Die größeren Anteile des Glühgraphits treten zurück. — Tabellen. (Tetsu to Hagane [J. Iron Seell Inst. Japan] **41.** 235—36. März 1955. Fukuoka, Kyushu Univ. [Orig.: japan.])
L. SCHULER. 6402

Takaji Kusakawa, *Die Wirkung eines Zusatzes von Calciumhydrid auf Gußeisen.* Das untersuchte *Gußeisen* enthält 3,50 (%) *C*, 1,17 *Si*, 0,52 *Mn* wenig *P* u. *S*. Die Zugabe von CaH_2 geschieht unter dem Schutz von vorher zugesetzten 4—11% Flußspat. Bei $> 4\%$ CaH_2-Zusatz wird Kugelgraphitstruktur erhalten; es treten auffallend wenig Blaslöcher auf. Zusätzliche *Mg*-Gaben werden in ihrer Wrkg. von CaH_2 kaum beeinflußt. (Tetsu to Hagane [J. Iron Steel Inst. Japan] **41.** 296—98. März 1955. Waseda Univ. [Orig.: japan.]) L. SCHULER. 6404

Tsuneya Fujii, *Untersuchung über die Wirkung einer Vorheizung von weißem Gußeisen.* 1. Mitt. Unabhängig von den übrigen Wrkgg. zeigt sich stets bei der gleichen Temp. der größte Einfl. der Vorheizung von weißem Gußeisen, diese Temp. hängt jedoch von der jeweiligen Zus. des weißen Roheisens (*Weißeisen*) ab, bes. auch von der Geschwindigkeit der 1. u. 2. Graphitbildung. — 6 Tabellen. (Tetsu to Hagane [J. Iron Steel Inst. Japan] **41.** 229—31. März 1955. Fukukawa, Hitachiw. [Orig.: japan.])
L. SCHULER. 6404

Tsuneya Fujii, *Untersuchung über die Wirkung einer Vorheizung von weißem Gußeisen.* 2. Mitt. (1. vgl. vorst. Ref.) Die Wrkg. von Förderern der Graphitbldg. wie *Si* u. *Al* beim Vorheizeffekt von Weißeisen ist unerheblich, ebenso schwach die von Hemmstoffen der Graphitbldg. wie *Mn*, *S* u. *Cr*. Sie wirken wahrscheinlich gegebenenfalls indirekt durch Hemmung auf das FeC_3. Die Wrkg. der Vorheizung ist demnach kaum auf bestimmte chem. Bestandteile zurückzuführen. — 8 Tabellen. (Tetsu to Hagane [J. Iron Steel Inst. Japan] **41.** 231—33. März 1955. [Orig.: japan.])
L. SCHULER. 6404

A. Decker, *Fortschritt in der Stahlherstellung in Belgien und Luxemburg.* Berichtet wird über Ergebnisse von Verss. in einem Niederschachtofen, in dem feiner Koks mit 15% Feuchtigkeit verarbeitet wird. Das OCP-Stahl-Herstellungsverf. wird beschrieben, bei dem eine Mischung von O_2 u. Kalkpulver durch den Helm eines bas. Konverters eingeblasen wird. Nach ca. 14 Min., wenn der C-Geh. auf 0,7% gesenkt ist, wird die Schlacke abgegossen. Das Nachblasen wird durch eine Stoppuhr gemessen. Der gewonnene Stahl ist ausgezeichnet, die Schlacke landwirtschaftlich verwendbar. (Metal Progr. **75.** Nr. 1. 65—70. Jan. 1959. Lüttich, Centre Nat. de Rech. Métallurg.) F. VIER. 6408

H. W. Balster, *Entwicklung der Stahlherstellung in Deutschland.* (Metal Progr. **75.** Nr. 1. 116—19. Jan. 1959. Düsseldorf, Rhein. Stahlwerke.) F. VIER. 6408

Hiroshi Nakamura, *Untersuchung über Wasserstoff in flüssigem Stahl.* Die Art der Durchführung der Red. ist von großem Einfl. auf die Menge des im Stahl zurückgehaltenen *H*. Auch der Partialdruck des Wasserdampfs zeigt deutlichen Einfluß. Wichtig ist ferner die Trockenheit zugesetzter Stoffe. An die Schmelze adsorbierter H_2 ist schwer zu vermeiden. — Tabellen u. Diagramme. (Tetsu to Hagane [J. Iron Steel Inst. Japan] **41.** 334—35. März 1955. Komatsu Werke. [Orig.: japan.]) L. SCHULER. 6408

Yosaku Koike, *Untersuchung über die nichtmetallischen Einschlüsse von beruhigtem Stahl.* 1. Mitt. Zur O-Bindung werden 0,22—0,57 kg Al/t vor dem Gießen zugesetzt u. 2 Gießverff. benutzt u. die Verteilung u. Größe der Einschlüsse untersucht. (Tetsu to Hagane [J. Iron Steel Inst. Japan] **41.** 372—75. März 1955. [Orig.: japan.])
L. SCHULER. 6408

Hisashi Takata, *Untersuchung nichtmetallischer Einschlüsse in aluminiumbehandeltem Stahl.* Die Zus. u. das Verh., sowie die Verteilung von „Sand" in Al-behandeltem Stahl werden untersucht (4 ausführliche Tabellen). Der Sand besteht aus Silicaten des Syst. $FeO\text{-}Al_2O_3$. Großenteils stammt das Al der Silicate aus dem beim Gießen durch Luftoxydation des Al entstandenen Al_2O_3. Um die Kristallkörner möglichst fein zu halten, soll Al im Stahl aus dem Tiegel nahe 0,02% betragen (Diagramm). (Tetsu to Hagane [J. Iron Steel Inst. Japan] **41.** 375—78. März 1955. K. K. Kobe Werke. [Orig.: japan.]) L. SCHULER. 6408

Fritz Brunn, *Ein Beitrag zum Problem der Nadelstichporosität (Randblasen) bei Stahlguß.* Mitgeteilt werden Deutungen der Ursache der Nadelstichporosität, u. zwar bes. die Auffassung, nach der Randblasen interkristalline Oberflächenlunker sind, die Theorie nach SIMS u. ZAPFFE sowie die Auslegung der Randblasenerscheinung durch PŘYBIL (Giessereitechnik **4.** [1958.] 216). Allen Arbeiten über dieses Problem ist gemeinsam, daß ein an sich zu hoher Gasgeh. des vergossenen Stahls u. zusätzliche Gasaufnahme in den Naßgußformen als entscheidende Faktoren angesehen werden. Die von der Gußhaut

abgeschlossenen Blasen (Randblasen) werden als Nadelstichporosität, pin-holes oder auch Wurmstiche genannt. Es ist bei den früheren Arbeiten angenommen worden, daß die Randbläschen unmittelbar hinter der Gußhaut ihren Ursprung haben u. sich von dort aus nach innen vergrößern. Es wird eine neue Bildungstheorie entwickelt, nach der die örtlich gebundene Bldg. der Blasen zwar auch durch Gasausscheidungen verursacht wird, bei denen jedoch die Erstarrungsvorgänge nur soweit von Bedeutung sein können, wie diese durch den Gasdruck der ausscheidenden Gase beeinflußt werden. Es ist somit ein Stahl mit zu hohem Gasgeh. vergossen. Die Quellen des Gasgeh., z. B. Gasaufnahme beim Schmelzprozeß, aus den Gießeinrichtungen u. den Formen (bes. bei Naßguß), werden erörtert. Der Ort der Gasaufnahme in den Formen wird selten mit dem Ort der Gasausscheidung ident. sein. Es wird angenommen, daß sich unmittelbar hinter der Gußhaut abhängig von der abgesunkenen Temp. u. bezogen auf die erniedrigte Lösungsfähigkeit eine Schwelle hoher H-Konz. bilden kann u. bei Überschreiten der Lösungsfähigkeit zur Ausscheidung (Bläschenbldg.) kommt. Nach ihrem Erscheinen wird sich eine Diffusion vollziehen. In diese Bläschen diffundieren die H-Atome u. bilden um die Bläschen herum H-arme Höfe. Dieser Vorgang setzt sich solange fort, bis die eintretende Erstarrung des Stahles die Diffusion des H ganz oder teilweise verhindert. Diese Deutung findet eine Bestätigung dadurch, daß meistens hinter der Nadelstichporosität gesundes blasenfreies Material zu finden ist. Das period. Auftreten der Nadelstichporosität läßt sich durch differierende Gasgehh. der Schmelzen u. zeitlich begrenzte Nachlässigkeit im Formerei- u. Schmelzbetrieb erklären. (Giessereitechnik **4.** 307—10. Dez. 1958.)
H. HOCHSTEIN. 6408

S. Orzechowski und **C. Gawin,** *Anlaßsprödigkeit von Stahl 3 OHGSA mit und ohne Zusatz von Vanadium.* Stahl *30HGSA* mit 0,28—0,35 (%) *C*, 0,8—1,1 *Mn*, 0,9—1,2 *Si*, 0,8—1,1 *Cr* u. maximal 0,4 *Ni*, 0,035 *P* u. 0,035 *S* zeigt starke Neigung zur Sprödigkeit nach dem Tempern. Diese Neigung wird durch Zusatz von 0,1—0,2 *V* verstärkt, was sich bes. beim Anlassen auf 500—600° bemerkbar macht. Die Reißfestigkeit erreicht in diesem Temperaturgebiet ein Minimum. Das Anlassen soll deshalb bei 470—540° erfolgen. Die Gehh. an C, Mn, Si u. Cr müssen an der unteren Normgrenze liegen. (Prace Inst. Hutniczych **10.** 1—16. 1958. Inst. Metal. Żelaza.) F. URBAN. 6408

Naoto Shirai, *Über Einsatzhärtung von Stählen mit einem abgeänderten, O_2-haltigen Gas.* 3. Mitt. *Mit Benutzung von Oxydationsmitteln.* Im Diagramm wird in verschied. Kurven für verschied. Zusätze an Fe_2O_3 neben 9 g $K_4Fe(CN)_6$/Liter Luft der Verlauf der Härtung durch den Querschnitt von niedrig gekohltem u. Schnellstahl bei 900° 1 Std. Einsatzhärtung dargestellt. Es scheint von Vorteil, neben oxydierendem Gas Metalloxyde, wie Fe_2O_3, zuzusetzen um eine tiefere Wrkg., bes. bei längerer Dauer, zu erhalten. (Tetsu to Hagane [J. Iron Steel Inst. Japan] **41.** 363—65. März 1955. Tokyo, TH. [Orig.: japan.]) L. SCHULER. 6408

Naoto Shirai, *Über die Einsatzhärtung von Stählen mit einem abgeänderten O_2-haltigen Gas.* 4. Mitt. *Über Behältermaterial.* (3. vgl. vorst. Ref.) Aus dem Verlauf der Härteabnahme mit der Tiefe ergibt sich für vorplattierte Stähle das beste Verh. bei Cr-Plattierung, das schlechteste für einfache Ni-Überzüge. Einsatzhärtung, wie bei den bisherigen Versuchen. Weitere Angaben über die Verwendung von Al u. dessen Diffusion. — 3 Diagramme. (Tetsu to Hagane [J. Iron Steel Inst. Japan] **41.** 365—67. März 1955. [Orig.: japan.]) L. SCHULER. 6408

Ernst-Joachim Giessmann, *Beitrag zur Frage des Festigkeitsverhaltens von gealtertem Stahl.* Auf der Grundlage der Arbeit von KÖSTER (Arch. Eisenhüttenwes. **2.** [1929.] 503) werden an einem Stahl mit 0,05 (%) *C*, 0,01 *Si*, 0,29 *Mn*, 0,032 *P* u. 0,026 *S* die verschied. Eigg. in Abhängigkeit von der Abschrecktemp. untersucht. Hierbei werden Stahlproben ohne Vorbehandlung sowie nach Vorglühung bei 950° u. Ofenabkühlung in folgender Weise wärmebehandelt: auf 680° erwärmt u. im Ofen abgekühlt sowie auf 200, 300, 400, 500, 600 u. 680° erwärmt, dann in W. von 20° abgeschreckt u. einer 14tägigen Lagerung bei Zimmertemp. unterworfen. Die Beanspruchung der Proben im Zerreißgerät erfolgt durch Explosionsgase. Die Zerreißmaschine u. die hierbei von einem Oscillographen aufgezeichneten Kraft–Zeit-Kurven werden erörtert. Aus den Verss. ist der Einfl. der Geschwindigkeit auf die Festigkeitskennziffern beim Übergang zu hohen Beanspruchungsgeschwindigkeiten zu erkennen. Innerhalb des relativ engen Bereichs der bei den Verss. angewandten verschied. Geschwindigkeiten des Explosionszugvers. kann eine eindeutige Abhängigkeit der Festigkeitskennwerte von der Geschwindigkeit nicht festgestellt werden. Beim Erreichen einer gewissen Geschwindigkeit, die von der Ausbreitungsgeschwindigkeit der plast. Verformung, von der Zahl ihrer Quellen u. anderen Größen abhängig ist, ist ein Vgl. mit den genormten Festigkeitskennziffern nicht mehr möglich. Die Zunahme der Bruchspannung σ_B betrug bei plast.

Verformung von 50% bis zu mehr als 100% der im genormten Zugvers. beobachteten Bruchspannung. Für sprödere Proben (hohe Abschrecktempp.) lag die Erhöhung bei 30—40%. Die von den Untersuchungsergebnissen aufgenommenen graph. Darstellungen zeigen das qualitativ verschied. Verh. des Stahles bei der Alterung in Abhängigkeit von seinem Anfangszustand. Der bei 950° vorgeglühte Stahl ergibt bei der Alterung im genormten Zugvers. wie beim Explosionszugvers. eine Erhöhung der Bruchspannung. Ebenso verhält sich die Streckgrenze. Der im Anlieferungszustand behandelte Stahl, der nach der plast. Verformung einer Warmbehandlung nicht mehr unterworfen war, zeigte diese Erhöhung der Festigkeit mit der Alterung dagegen nur im n. Zugversuch. Der schnelle Vers. ergibt dagegen eine deutliche Erniedrigung der Festigkeit während der Alterung. Dieses Verh. wird auf atomist. Wege zu deuten versucht. Hierbei wird u. a. angenommen, daß im stat. Vers. die Verformung durch sekundäre Vorgänge so beeinflußt wird, daß auch bei dem nicht vorgeglühten Material eine Erhöhung der Festigkeitskennziffern auftritt. Diese sekundären Vorgänge werden auf Grund von Schrifttumsangaben mehrerer Forscher zu deuten versucht. — 16 Schrifttumsangaben. (Wiss. Z. Hochschule Schwermaschinenbau Magdeburg **1.** 31—37. Febr. 1957.) H. HOCHSTEIN. 6408

K. Detert, *Über die Entstehung der Goss-Textur in Eisen–Silicium-Legierungen.* Erörtert werden die im Schrifttum vorliegenden Angaben über die Bldg. einer GOSS-Textur in kaltgewalzten Kristallen aus Fe mit 3 (%) *Si*. Es wurden ferner Verss. zur Bldg. von GOSS-Textur an Betriebschargen durchgeführt, bei denen die Blechstreifen aus Eisen mit 3 Si noch 0,1 *Mn* u. manchmal 0,1 *Ni* u. 0,1 *Cu* besaßen. Hierbei wurden die auf ca. 3—4 mm heißgewalzten Blechstreifen zwei oder drei Kaltwalzschritten mit Zwischenglühungen um 800° zwecks Erzielung einer Endstärke von 0,35 mm unterworfen. An den so erhaltenen Blechstreifen wurden Unterss. zur Texturbldg. u. Sekundärrekristallisation ausgeführt. Die Wachstumsselektion u. die Keimbildungsvorgänge werden erörtert. Es wird nachgewiesen, wie durch den Kaltverarbeitungsprozeß ein Grundgefüge entsteht, in dem nach dem Rekristallisieren Körner mit GOSS-Lage bevorzugt wachsen. Weiterhin wird gezeigt, welche Rolle kleine Legierungsbeimengungen spielen, die das selektive Wachstum der Körner mit GOSS-Lage so verschärfen, daß eine Sekundärkristallisation auftritt. Die Ausprägung der GOSS-Textur ist somit nach den Unterss. von zwei Faktoren abhängig. Die geeignete Walzbehandlung sowie gewisse Beimengungen zum Eisen, die so beschaffen sind, daß sie zur Bldg. winziger submkr. Partikel einer zweiten Phase führen. Diese Beimengungen sind aber zur Erzielung möglichst niedriger Koerzitivkräfte u. hoher Anfangspermeabilität ungünstig. Die Beimengungen sind daher so auszuwählen, daß sie zunächst durch Glühen in einem krit. Temperaturbereich zur Ausbldg. der Textur beitragen, bei einer höheren Glühtemp. dann entfernt oder durch Koagulieren magnet. unschädlich gemacht werden können. — 21 Literaturangaben. (Metall **12.** 817—21. Sept. 1958. Hanau.) H. HOCHSTEIN. 6410

Helmut Stäblein und **Hermann Möller,** *Rekristallisationstexturen von kaltgewalztem Transformatorenstahl.* (Mitt. Max-Planck-Inst. Eisenforsch. **29.** 433—47. Juli 1958. — C. **1959.** 2726.) H. HOCHSTEIN. 6410

Kiyokado Nishihara, Yoshio Kondō und **Yukitaka Hirata,** *Untersuchungen über die elektrolytische Raffination von Blei.* Unterss. über die Trennung von *Sn* bei der elektrolyt. Raffination von Pb nach dem BETTS-Verf. zeigen: Der größte Sn-Anteil in Pb wird elektrolyt. gelöst u. bleibt kaum im Anodenschlamm, wenn die Anode Sb-frei ist. Der Sn-Geh. steigt mit dem Verhältnis Sn^{2+} : Sb^{2+} des Elektrolyten. Die Sn-Konz. der elektrolyt. Lsg. fällt, u. der Sn-Geh. des Schlammes steigt, wenn die Anode *Sb* enthält. Bei höherem Sb-Geh. der Anode erreicht die Sn-Löslichkeit einen konstanten Wert, der nicht unterschritten wird. Dieses anod. Verh. von Sn ist in Fluorborat-, Fluorsilicat- u. Sulfamatbädern im allg. gleich. (Suiyokwai-Shi [Trans. Mining metallurg. Alumni Assoc.] **13.** 87—90. Mai 1956. [Orig.: japan.; Auszug: engl.]) W. WESLY. 6430

S. Balicki und **J. Rusz,** *Oxydationsgeschwindigkeit flüssiger Lagermetalle.* Die Oxydationsgeschwindigkeit eines Lagermetalles mit 11,20 (%) *Sb*, 5,07 *Cu*, Rest *Sn* beträgt bei 400—600° 1—2 mg/cm² u. Stunde. Bei höherer Temp. ist sie von der Dichtigkeit des entstehenden Oxyds, hauptsächlich von SnO_2, stark abhängig. Die Legierung mit 14,55 *Sb*, 9,70 *Sn*, 1,03 *Cu*, 0,70 *Ni*, 1,92 *Cd*, 1,6 *As*, Rest *Pb*, wird $>$ 550° bes. schnell oxydiert, wobei *CdO* in die Oxydschicht übergeht u. Ni sich in der darunterliegenden Schicht anreichert. As wird nur wenig angegriffsn; $<$ 550° werden 10, bei 650° 100 mg/cm²·Std. Oxyde gebildet. Die Legierung mit 1 *Ca*, 1,12 *Na*, Rest *Pb*, wird nach Schmelzen unter red. Atmosphärendruck durch O_2 bei 600° schnell oxydiert (40 mg/cm²·Std.). — 20 Literaturangaben. (Prace Inst. Hutniczych **10.** 29—39. 1958. Inst Metali niezelaznych.) F. URBAN. 6430

Toshio Tanaka, *Raffination und Elektrolyse von Kupfer im Anodenofen.* Beschreibung eines Anodenofens u. der damit ausgeführten Verss. zur Elektrolyse von Cu. (J. Mining metallurg. Inst. Japan **74.** 342—50. Juni 1958. [Orig.: japan.; Auszug: engl.]) W. WESLY. 6432

Delmare E. Trout, *Mechanische und physikalische Kennwerte von Juwelierbronze mit 87,5% Kupfer.* Ermittlung u. Wiedergabe der mechan. u. physikal. Kennwerte von Juwelierbronze mit 87,29 (%) *Cu,* 0,01 *Pb,* 0,02 *Fe,* 0,01 *Sn,* Rest *Zn.* (ASTM Bull. **1958.** Nr. 227. 45—50. Jan. Waterbury, Conn., Scoville Mfg. Co., Metallurg. Res.) W. WESLY. 6432

W. Brandt, *Messing zur Herstellung von Taschenuhren.* Übersicht über Zus. u. Eigg. der für die Herst. von Taschenuhren dienenden Messingarten mit 59,18—65,91 (%) *Cu,* 2,01—2,61 *Pb,* 0,03—0,41 *Fe,* 0—0,20 *Sn,* 0—0,10 *Ni,* 32,01—38,07 *Zn* u. BRINELL-Härten von 135—145. (Metal Ind. [London] **88.** 85—87. 3/2. 1956.) W. WESLY. 6432

A. W. Franklin und **E. D. Ward,** *Ermüdung von Nickel-Chrom-Legierungen bei höheren Temperaturen.* Die Ergebnisse von Dauerschwingverss. mit *Nimonic 80A, 90, 95* u. *100* bei Temppp. von 700—870° werden mitgeteilt. Die Dauerschwingfestigkeit verändert sich in demselben Sinn wie die Zeitbruchlast. Die Ermüdungsbrüche werden mit den Kriechbrüchen verglichen. Kerben beeinflussen die Ergebnisse von Dauerschwingverss. nur unwesentlich. (Rev. Métallurgie **55.** 927—38. Okt. 1958.) F. VIER. 6434

H. L. Wain, *Australische Erzeugung von plastisch verformbarem Chrom.* Elektrolyt. gewonnenes Cr mit niedrigem (0,003%) N-Geh. zeigt gute Biegeverformbarkeit bei n. Temp., bes. in sehr dünnen Oberflächenschichten u. kann stranggepreßt u. gewalzt werden (Beschreibung der Bearbeitung); die Endbearbeitung soll unterhalb der Rekristallisationstemp. erfolgen. (Metal Progr. **69.** Nr. 1. 91—96. Jan. 1956. Commonwealth of Australia, Dep. of Supply, Res. and Developm. Branch, Aeronautical Res. Labors.) W. WESLY. 6440

E. A. Brandes und **H. E. N. Stone,** *Eigenschaften von stranggepreßtem Chrom.* Reines Cr kann durch Strangpressen verarbeitet werden. Als Ausgangsmaterial können elektrolyt. Cr, Cr-Pulver u. -Gußblöcke verarbeitet werden. Das Preßteil ist bei Raumtemp. etwas duktil u. hat eine CHARPY-Schlagfestigkeit ohne Kerb von 1—2 ft.lb. Mit Ausnahme der Preßteile aus Pulver, die ziemlich unrein sind u. eine außergewöhnliche Raumtemperaturfestigkeit aufweisen, sind die Preßteile weitgehend rekristallisiert. Kornorientierung oder Textur stehen in keinem direkten Zusammenhang mit der Duktilität. Warmbehandlung wirkt sich auf die Duktilität, Härte u. Mikrostruktur von N-haltigem Cr aus. Die Eigg. können durch Variieren der Abkühlungsgeschwindigkeit nach Wärmebehandlung in H_2 bei 1400° geändert werden. Ein Mechanismus zur Erklärung dieses Verh. wird vorgeschlagen. (J. Inst. Metals **87.** 42—48. Okt. 1958. Stoke Poges, Bucks., Fulmer Res. Inst.) F. VIER. 6440

John C. Wagner, *Siliciumreiche Aluminiumgußlegierung.* Durch Zusatz von wenig *Co-Phosphid* zu einer Legierung mit 22 (%) *Si,* 2 *Ni,* 1 *Cu,* 1 *Mg,* 0,5 *Fe,* 0,1 *V,* Rest *Al* wird die Seigerung vermindert u. die Verarbeitbarkeit erhöht. Die modifizierte Legierung enthält 0,01% *P.* (Metal Progr. **69.** Nr. 6. 91—92. Juni 1956. Indianapolis, Ind., U. S. Naval Ordnance Plant, Res. and Test Dep., Materials Div.) W. WESLY. 6446

M. Paganelli, *Röntgenographische Bestimmung der Rekristallisationskurven des Aluminiums in Abhängigkeit vom Reinheitsgrad.* (Ist. sperim. Metalli leggeri, Mem. Rapp [8] Nr. **193.** 3—10. 1957. — C. **1959.** 277.) A. SANDER. 6446

R. L. Folkman und **M. Schussler,** *Eigenschaften von im Hochvakuum geschmolzenem Titan.* Ti, das im Hochvakuum (einige μ Druck) geschmolzen ist, zeigt bessere plast. Verformbarkeit u. Kerbzähigkeit als Ti, das im gewöhnlichen Vakuum (einige mm Druck) geschmolzen ist. — Diagramme. (Metal Progr. **70.** Nr. 6. 111—14. Dez. 1956. Niagara Falls, N. Y., Electro Metallurgical Co.) W. WESLY. 6448

D. N. Williams, R. I. Jaffee und **C. A. Bentley jr.,** *Die Wiedergewinnung der Eigenschaften von Titanlegierungen durch Glühen im Vakuum.* Hohe H-Gehh. ($>$ 150 mg/kg) können Sprödigkeit u. Wärmeinstabilität von Ti-Legierungen verursachen. Durch Glühen im Vakuumofen wird der H-Geh. vermindert u. die plast. Verformbarkeit zurückgewonnen. (Metal Progr. **69.** Nr. 6. 57—59. Juni 1956. Columbus, Ohio, Battelle Mem. Inst.) W. WESLY. 6448

D. S. Arnold, C. E. Polson und **E. S. Noe,** *Herstellung von metallischem Uran.* Bericht über die industrielle Herst. von U aus seinen Erzen für Reaktorzwecke. (Mining Engng. **8.** 608—10. Juni 1956. Fernald, Ohio, Nat. Lead Co. of Ohio.) F. VIER. 6448

Don Hargrove, *Hohe Ausbeute in dem neuen Uranwerk der Firma Dawn.* Beschreibung (Fließbilder) der Gewinnung von U aus Autunit. (Engng. Mining J. **159.** Nr. 3. 90—97. 118. März 1958.) W. WESLY. 6448

G. Chauvin, B. Boudouresques, H. Coriou und **J. Huré,** *Einfluß von Kohlenstoff auf die Oxydation von Zirkonium bei hohen Temperaturen.* Verss. an mit verschied. Gehh. an *C* verunreinigten Proben von Zr ergeben, daß durch diesen Zusatz die Oxydationsbeständigkeit von Zr bei 700—900° erheblich herabgesetzt wird. Die von früheren Beobachtern festgestellten weißen Oxydpusteln sind auf die Oxydation von ausgeschiedenen Carbidteilchen zurückzuführen. Bei gleichmäßiger Verteilung der Carbidphase ist bei gleichen C-Gehh. die Oxydationsbeständigkeit höher, sie nimmt ab beim Auftreten von Preßtexturen. Je ausgeprägter die Textur ist, um so stärker orientierte Korrosion wurde beobachtet. Eine Oxydation der Carbidphase kann zu einer 2., die Oxydationsgeschwindigkeit steigernden Rk. führen. Bei der Oxydation dünner Zr-Teile tritt eine Flächenzunahme auf, abhängig vom C-Geh. u. von der Verteilung der Carbidphase. — Diskussion. (Rev. Métallurgie **55.** 939—52. Okt. 1958.) F. VIER. 6448

Vilém Koutník und **Stanislav Scholle,** *Die elektrochemische Raffination von Wismut.* Bei der Raffination von Bi-haltigen Pb-Legierungen nach der Ca–Mg- (BETTERTON-) Meth. anfallende Legierungen mit 80—90% Bi können durch Schmelzen mit S u. Elektrolyse des in HCl gelösten Schmelzprod. unter Zugabe von NaCl, H_2SO_4 u. organ. Verbb. (z. B. Resorcin) zur Darst. von Reinst-Bi verwendet werden. Das elektrolyt. gewonnene Bi hat eine Reinheit von 99,9% (Rest Pb) u. entspricht den pharmazeut. Normanforderungen. Die Elektrolyse wird bei einer Stromdichte von 2 A/dm², Badspannung ca. 0,2 V durchgeführt. Die Stromausbeute ist nahezu theoretisch. Der Energieverbrauch beträgt ca. 80 kVAh/t Bi. (Chem. Prumysl **7** (**32**). 633—37. Dez. 1957. Pardubice, Vysoká škola chem.-technol.) J. SCHNEIDER. 6448

Ph. Galmiche und **A. Hivert,** *Anwendung von reduzierender, mit Halogenen im Gleichgewicht stehender Gasatmosphären in der Pulvermetallurgie.* Beschrieben werden die verschied. Verff. zum Abscheiden von *Cr* aus der Gasatmosphäre in ihrer Anwendung auf die Behandlung metall. Pulver. (Rev. Métallurgie **55.** 907—17. Okt. 1958.) F. VIER. 6474

W. Rutkowski und **S. Stolarz,** *Drähte aus thoriumhaltigem Wolfram.* Als Ausgangsstoffe für die Herst. von W-Draht werden NH_4-Parawolframat oder WO_3, gereinigt durch Umfällen aus NH_4OH, verwendet. Der WO_3-Brei wird mit 1,5% Th-Oxalat oder -Nitrat vermischt, getrocknet u. in 3 Stufen mit H_2 reduziert. Das red. Pulver wird durch Pressen, Sintern bei 1100°, Hämmern u. Ziehen zu Drähten verarbeitet. (Prace Inst. Hutniczych **10.** 53—62. 1958. Inst. Metali nieżelaznych.) F. URBAN. 6474

Claus G. Goetzel und **John B. Adamec,** *Infiltration von metallkeramischen Stoffen zur Erhöhung der Zähigkeit.* Die für hohe Tempp. bestimmten metallkeram. Stoffe zeigen bessere Schlag- u. Oxydationsfestigkeit, wenn man sie mit porösem *TiC* unter Verwendung eines metall. Bindemittels imprägniert. (Metal Progr. **70.** Nr. 6. 101—06. Dez. 1956. Yonkers, N. Y., Sintercast Corp. of America.) W. WESLY. 6476

Nicholas J. Grant, *Grundzüge von Legierungen für hohe Temperaturen — metallkeramische Stoffe und Oxyddispersionen.* Übersicht über Zus., Eigg. u. Anwendung von metallkeram. Stoffen: durch Carbiddispersionen gehärtete Co-Legierungen u. durch Ni_3(Al, Ti)-Verbb. gehärtete Ni-Legierungen. Die Festigkeit von feuerfesten, plast. verformbaren Metallen kann durch Oxyddispersionen gesteigert werden. (Metal Progr. **69.** Nr. 6. 76—80. Juni 1956. Cambridge, Mass., Massachussetts Inst. of Technol.) W. WESLY. 6476

Peter Trippe, *Überwachung und Prüfung von Carbiden.* Übersicht über Verff. zur chem., physikal. u. mechan. Unters. bes. von *W-* u. *Ti*-Carbiden. (Metalwork. Product. **101.** 852—53. 17/5. 1957.) W. WESLY. 6476

Friedrich Foerster, *Prinzipien der Wirbelstromprüfung.* Die vielseitige Anwendbarkeit der zerstörungsfreien Wirbelstromprüfung von Metallen auf Bruch, Härte, Festigkeit, Durchmesser, Leitfähigkeit u. Permeabilität wird erörtert u. eine Prüfanlage beschrieben. (Metal Progr. **75.** Nr. 1. 101—05. Jan. 1959. Reutlingen, Inst. Dr. Foerster.) F. VIER. 6480

H. Jung, *Über die Ermittlung von Langzeitwerten an Stählen.* Erörtert wird eine Theorie des Kriechverh. von Stählen u. diese auf die Best. der 1%-Dehngrenzen angewendet. Bes. wird eine Auswertung von Langzeitverss. mittels einer aufgestellten Ausgleichsrechnung sowie eine Umrechnung der Langzeitwerte auf andere Temperaturbereiche versucht. Hierbei wird eine gute Übereinstimmung zwischen Vers. u. Theorie erhalten. Das Verf. von LARSEN-MILLER kann auf austenit. Stähle nicht angewandt werden, da die in diesem Verf. auftretenden Zahlenfaktoren sich mit der Zeit u. der Temp. ändern. (Wiss. Z. Hochschule Schwermaschinenbau Magdeburg **1.** 25—30. Febr. 1958.) H. HOCHSTEIN. 6480

O. Comerzan und **I. Goldhaar,** *Eine Schnellmethode zur Bestimmung der Porosität und der Risse in Weißblech.* Zur Best. der Rissigkeit u. Porosität von Weißblech wird die entfettete Probe 3 Std. in Berührung mit Filterpapier gelassen, das mit einer Lsg. von 10 (g) Gelatine u. 3 $K_3Fe(CN)_6$ (I) in 100 ml dest. W. getränkt ist. Mit einer Lsg. von 5% I u. 0,5% NaCl auf Filterpapier gelingt die Prüfung schon in 5—15 Sek., wenn man mit einer auf dem Papier angeordneten Al-Platte Batteriestrom durchleitet. (Rev. Chim. [Bucureşti] **8.** 201—02. März 1957.) R. K. MÜLLER. 6480

Jean Gélain, *Bestimmung des Verhältnisses und der Verteilung von Bestandteilen mittels eines Schliffbildes. Anwendungsbeispiel für statistische Methoden.* Vf. beschreibt an Hand von Schliffbildern die Best. des Größenverhältnisses u. der Verteilung von Gefügebestandteilen in Legierungen mittels statist. Methoden. (Fonderie **1956.** 198—200. Mai.) K. HILLINGER. 6482

Ss. S. Bokstein, *Anwendung radioaktiver Isotope zur Messung von lokalen Charakteristiken einer Legierung.* Zusammenfassende Übersicht über die Anwendung autoradiograph. Methoden zur Aufklärung der Struktur von Legierungen. — 35 Literaturangaben. (Заводская Лаборатория [Betriebs-Lab.] **24.** 974—79. 1958.) E. KLEVER. 6484

Tom Bishop, *Metallblechherstellung in Großbritannien.* Übersicht über die neuere Entw. der Erzeugung u. Zurichtung von Blechen, bes. aus *Al-* u. *Ni*-Legierungen, ihre Zus., Eigg. u. Anwendung. (Metal Progr. **69.** Nr. 1. 73—77. Jan. 1956. London.) W. WESLY. 6490

Arthur B. Tesmen, *Schweißen und Metallverformen in Rußland.* Große Teile werden unter Schlacke verschweißt. Das Reibungsschweißen, bei dem die Schweißhitze durch Reibung erzeugt u. dann durch Druck verschweißt wird, soll bessere Erfolge haben als das Brennschweißen. Schmiede- u. Strangpressen werden beschrieben. (Metal Progr. **75.** Nr. 1. 79—83. Jan. 1959. New York, Baldwin-Lima-Hamilton Corp.) F. VIER. 6490

J. J. Saber, *Die beste Arbeitsweise zum Abschleifen von Zirkonium.* Zr läßt sich nicht so rasch wie schwach gekohlter Stahl, aber doch mit der herkömmlichen Geschwindigkeit abschleifen, wozu *SiC* u. Kombinationen von *SiC* u. Al_2O_3 sich (unter Anwendung von Kühlmitteln) am besten eignen. (Iron Age **178.** Nr. 21. 100—01. 22/11. 1956. Niagara Falls, N. Y., Carborundum Co.) W. WESLY. 6490

E. J. Tangerman, *Die Herstellung von Honigwabensandwichs.* Übersicht über Begriff, Zweck, Werkstoffe, Herst., Eigg., Bearbeitung u. Anwendung von Honigwabensandwichs. (Metalwork. Product. **101.** 835—44. 17/5. 891—900. 24/5. 1957.) W. WESLY. 6490

S. Orzechowski und **H. Chełmińska,** *Untersuchung der Kühlwirkung von Härtungsölen.* Experimenteller Vgl. der Untersuchungsmethoden nach GROSSMANN u. ASIMOV, RUSSELL u. der calorimetr. Methode. Alle Methoden sind für die Kontrolle der Öle ungeeignet. (Prace Inst. Hutniczych **10.** 17—27. 1958. Inst. Metalurg. Zelaza.) F. URBAN. 6492

N. T. Burgess, *Fortschritte beim Verbinden von Aluminium.* Beschrieben werden Neuerungen auf dem Gebiete des Schweißens, Trennens, Hartlötens u. Lötens von Al mit Anwendungsbeispielen. (Metallurgie [Manchester] **57.** 117—21. März 1958. Aluminium Developm. Assoc.) K. STEIN. 6504

Pierre A. Jacquet, *Transkristalline Risse, gebildet bei der mechanischen Oberflächenbehandlung von Eisen und Stahl.* Inhaltsgleich mit der C. **1950/54.** 4989 S referierten Arbeit. (Metal Treatment Drop Forging **22.** 55—58. Febr. 1955.) F. VIER. 6510

H. Silman, *Metallblankbeizen.* Übersicht über Entw. u. heutigen Stand der Verff. zum Blankbeizen von Metallen, bes. von rostfreiem *Stahl, Cr–Fe* u. *Al* (-Legierungen). (Metal Ind. [London] **88.** 105—08. 111. 10/2. 133. 17/2. 1956.) W. WESLY. 6512

I. A. Kakowski, *Über den Charakter der gegenseitigen Wirkung zwischen Disulfiden und der Oberfläche von Metallen.* Zur Unters. von Rkk. vom Typ $2\,RS^- - 2e \rightarrow (RS)_2$, z. B. bei Äthyldithiophosphat u. Xanthogenat, kann entweder die potentiometr. Titration oder die jodometr. Titration mit Stärke als Indicator angewandt werden. Als Beispiele werden die Rkk. mit *Cu, Ag, Au* u. *Hg* besprochen. — 19 Literaturangaben. (Rev. Minelor **8.** 499—502. Nov. 1957. Polytechn. Inst. des Urals.) R. K. MÜLLER. 6512

Viera Reháková, *Elektrolytisches Polieren von Stahl.* Beim elektrolyt. Polieren von Stahl in einem Elektrolyten aus 765 (cm^3) CH_3COOH, 185 $HClO_4$, 70%ig., u. 50 *W.* entsteht ein dunkelbrauner Grenzfilm in einer Dicke von 100—200 μ. In diesem Grenzfilm sind alle Elemente vorhanden, die sich spektrograph. in dem behandelten Stahl nachweisen lassen. Die Viscosität des Grenzfilms betrug 15,72 Poise bei 20°, die D. 2,554 g/cm³ bei einer D. des Elektrolyten von 1,149, das p_H war gleich 2,1. Der Grenzfilm hat einen besonderen Einfl. auf das Elektrodenpotential der Anode, das der Summe aus dem Elektrodenpotential des zu polierenden Metalls u. dem eigenen Potential des Films entspricht. Nach Ausbldg. der entsprechenden Dicke des Grenzfilms entsteht ein Gleichgewicht zwischen Wachstumsgeschwindigkeit u. Auflösegeschwindigkeit infolge anod. Rk. mit dem Elektrolyten. (Bergakademie [Freiberg] **10.** 241—44. April 1958. Kosice, TH.) F. VIER. 6514

Pierre A. Jacquet, *Polieren mit dem „Ellopol"-Apparat.* Beschrieben wird eine transportable Vorr. zum elektrolyt. Polieren von Metallen, die mit einer mit dem Elektrolyten befeuchteten stopfenartigen Anode arbeitet, die auf die zu untersuchende Oberfläche aufgelegt wird. An Beispielen von Schliffbildern von *P*-Bronze, *Stahl*, *Al*-Legierungen, *Zr* u. *Messing* wird die Brauchbarkeit der Vorr. erläutert. (Metal Progr. **75.** Nr. 1. 125—26. Jan. 1959. Paris, Marine Nationale.) F. VIER. 6514

V. L. McEnally jr. und **F. G. Brune**, *Einsparung von Nickel beim Galvanisieren.* Mindestens $^1/_3$ der zum Galvanisieren benötigten Ni-Menge kann eingespart werden, wenn die Ni-Ndd. eine gleichmäßige Dicke aufweisen. Zur Erreichung dieses Zieles dienen mehrere, im einzelnen beschriebene Arbeitsweisen, die darauf hinauslaufen, die Stromverteilung entsprechend den Konturen der zu vernickelnden Teile u. den Abstand zwischen Kathode u. Anode richtig einzustellen. (Metal Progr. **70.** Nr. 6. 89—92. Dez. 1956. Detroit, Chrysler-Operated Naval Ind. Reserve Aircraft Plant.) W. WESLY. 6520

Isao Kushima, Giroku Miyatani, Osamu Senda und **Lüichi Sasaki**, *Die Elektrolyse von Zinksulfatlösungen mit Ge und anderen Verunreinigungen.* 2. Mitt. (1. vgl. C. **1959.** 8466.) Unterss. unter Anwendung des „Magdeburg"-Verf. zeigen, daß Mn in Elektrolyten mit 0,04 mg/Liter *Ge* u. 2 g/Liter *Mn* einen schlechteren Einfl. als andere Verunreinigungen ausübt. Die zur Erzielung einer Stromausbeute > 88—90% u. einwandfreier Zn-Abscheidungen zulässigen Verunreinigungen betragen: < 20 (mg/Liter) *As*, < 1000 *Cd*, < 5 *Co*, < 10 *Cu*, < 200 *Fe*, < 4 *Ni*, < 0,1 *Sb*, < 1000 Cl^-. (Suiyokwai-Shi [Trans. Mining metallurg. Alumni Assoc.] **13.** 67—79. Mai 1956. [Orig.: japan.; Auszug: engl.]) W. WESLY. 6526

Tom Bishop, *Anodisieren und Färben von Aluminium in England.* Überblick über die in England üblichen Verfahren. (Metal Progr. **75.** Nr. 1. 87—89. Jan. 1959. London, John Miles & Partners Ltd.) F. VIER. 6530

F. L. LaQue, *Der Korrosionswiderstand von Weicheisen.* Vf. gibt einen vergleichenden Überblick über die Struktur von üblichem Grauguß, perlit. u. ferrit. Weicheisen, Schmiedeeisen u. Flußstahl. Es wird angenommen, daß Unterschiede in der Menge u. Art des im Guß vorhandenen C unterschiedliches Korrosionsverh. bedingen, da sich während der Korrosion durch den Abbau des Fe an der Oberfläche Graphitschichten ausbilden, deren Struktur u. Festigkeit usw. das Korrosionsverh. beeinflussen. Korrosionsverss. wurden durchgeführt in Hydroxyd-Lsgg. verschied. Konzz. bei Tempp. zwischen 70 u. 260° F. In geschmolzenem *NaOH*, in konz. H_2SO_4 zwischen 65 u. 325° F, in Fettsäuren, $(NH_4)_2SO_4$, *LiCl*, $NaHCO_3$, $CaCl_2$, *NaCl* bei verschied. Konzz., in Kokereiprodd., SO_2-haltigen Abgasen, geschmolzenem *P*, in $ZnCl_2$, organ. Verbb., z. B. Diäthylenglykol, Monoäthanolamin, β-Naphthol, Sulfitablaugen u. Waschwässern der Papierindustrie, Frischwasser, Flußwasser, Seewasser, S-Quellwasser. Widerstand gegen Bodenkorrosion, Verh. unter Tankschiffbedingungen u. gegen Tests unter Mischbedingungen wurden untersucht. Weicheisen zeigt hierbei befriedigendes Verh. gegenüber Korrosionseinflüssen. (Corrosion [Houston] **14.** Nr. 10. 55—62. Okt. 1958. New York, Internat. Nickel Co., Inc., Developm. Res. Div.) WOLFGANG SIMON. 6538

H. Coriou, L. Grall, J. Huré und **A. Roux**, *Aluminiumlegierungen mit Gehalten an Eisen und Nickel. Einfluß des Gefüges und des Gehaltes auf die Korrosionsbeständigkeit gegen Wasser bei höherer Temperatur.* An Al-Legierungen mit bis zu einem Gesamtgeh. von Fe u. Ni von 3% wurden Korrosionsverss. im Autoklaven bei 350° bis 5000 Std. in entsalztem W. durchgeführt. Bei Gehh. über 0,5% Fe u. Ni wird das Korrosionsverh. entscheidend von der Verteilung der ausgeschiedenen intermetall. Verbb. beeinflußt. Die ausgeschiedenen Teilchen sollten so fein u. so vollständig verteilt sein wie möglich. Die auf der Oberfläche entstehenden Korrosionsprodd. bilden 3 verschied. Schichten, deren Gesamtdicke rasch einer oberen Grenze zustrebt u. sich dann stabilisiert. (Rev. Métallurgie **55.** 953—67. Okt. 1958.) F. VIER. 6538

Hiroshi Nakai, *Über die Korrosion von reinem Eisen in Schwefeldampf.* Für Tempp. von 550—1000° wird die Abhängigkeit der Dicke der Sulfidschicht auf *Armco-Fe* von der Dauer des Verweilens im *S*-Dampf nach PILLING u. BEDWORTH dargestellt.

Für die Abhängigkeit der Diffusionskonstanten von der Reaktionstemp. erweist sich das logarithm. Verf. nach DUSHMANN u. LANGMUIR als geeignet. Die kristalline Sulfidschicht zeigt bei hoher Temp. große Körnung, bes. >950°. — Diagramme. (Tetsu to Hagane [J. Iron Steel Inst. Japan] **41.** 355—57. März 1955. Waseda Univ. [Orig.: japan.]) L. SCHULER. 6538

Juan Bautista Vericad Raga, *Korrosionserscheinungen durch schwefelsäurehaltige Chromsäurelösungen.* Es wird festgestellt, daß die Cr^{3+}-Ionen eine inhibierende Wrkg. auf die Korrosion der bleiernen Wände der Verchromungszellen haben. Vf. nimmt an, daß die Cr^{3+}-Ionen die freien Säuren HNO_3 u. H_2SO_4, die sonst für die korrodierende Wrkg. verantwortlich sind, unter Bldg. eines Komplexes binden. (An. Real Soc. españ. Fisica Quim., Ser. B **53.** 751—56. Dez. 1957. Barcelona, Univ.) R. USÓN. 6538

J. P. Chilton und **U. R. Evans,** *Die Korrosionsbeständigkeit von Schmiedeeisen.* In einem Beitrag von SACHS zu der C. **1956.** 11064 referierten Arbeit der Vff. wird ausgeführt, daß die Bldg. der V-Zonen durch Schichtung des niedriggekohlten Schweißeisens in Abwesenheit von Schlacke nicht erklärt werden kann. Hierdurch werden jedoch nicht alle Schwierigkeiten in der Erklärung dieser Zonen behoben, weil auch schwed. Eisen, das keine Schlacke enthält, erfolgreich geschichtet werden kann. Vermutlich wird das Eisenoxyd, das auf den Bestandteilen der Schichtung vorhanden ist, als eine Fl. während des Schichtungsvorgangs ausgepreßt. Durch eine Nachprüfung wurde festgestellt, daß die Verschweißung während der Schichtbldg. nur unvollkommen war. (J. Iron Steel Inst. **182.** 305—06. März 1956. Cambridge, Univ.) H. HOCHSTEIN. 6538

K. Sachs, *Beschleunigte Oxydation bei hohen Temperaturen durch Vanadium-Pentoxyd.* Der Betrieb von Gasturbinen mit Ölen, die korrodierende Aschenbestandteile enthalten, führt zu einer schnellen Zerstörung von Metallen bei hohen Tempp., die durch V_2O_5 allein oder zusammen mit anderen Substanzen bewirkt wird. Untersuchungsergebnisse mit Beispielen. — 41 Literaturangaben. (Metallurgia [Manchester] **57.** 123—37. März. 167—73. April. 224—32. Mai 1958. Wolverhampton, G. K. N. Group Res. Labor.) K. STEIN. 6538

J. P. O'Donovan, *Kathodischer Schutz von Elektrolysebehältern für die Galvanotechnik.* Die Möglichkeiten des kathod. Schutzes werden erörtert. (Corrosion Prevent. and Control **5.** Nr. 12. 49—50. Dez. 1958. F. A. Hughes & Co. Ltd.) F. VIER. 6538

A. R. French, *Verhütung von Metallverlusten (wastage).* Die Unters. von Propellern, bei denen nach kürzerer oder längerer Verwendung erhebliche Metallverluste durch Erosion u. dgl. auftreten, zeigte bei allen Stücken die gleichen Erscheinungsformen. Einen bes. hohen Widerstand gegen Erosion zeigten Propeller aus „*Novoston*", einer *Cu-Mn-Al*-Legierung, die in mancher Beziehung den Ni-Al-Bronzen überlegen ist. (Corrosion Prevent. and Control **5.** Nr. 12. 45—46. Dez. 1958. J. Stone & Co. [Charlton] Ltd.) F. VIER. 6538

R. J. Schmitt, *Verhalten von Kohlenstoff- und rostfreiem Stahl in sauren Wässern.* Bei der Kühlung von Waschöl (350° F) mit saurem Flußwasser, das mit Kalk von p_H 3,8 auf 4,5 gebracht worden war, korrodierten Rohre aus Kohlenstoffstahl sowohl an der Kühlungs- als auch an der Ölseite. Abhilfe wurde durch den Einbau von Rohren aus rostfreiem Stahl Type AISI 304 (18% Cr, 9% Ni) geschaffen. (Corrosion [Houston] **14.** Nr. 10. 15. Okt. 1958. Monroeville, Pa., US Steel Corp., Appl. Res. Labor.) WOLFGANG SIMON. 6538

Leonard C. Hill, *Karteisystem für das Korrosionsschutzprogramm von Naturgas-Verteilungsleitungen.* Die Korrosionsüberwachung des Gasleitungssyst. der Kansas-Nebraska Naturgascomp. macht Gebrauch von einem Karteiverf., in dem die 169 belieferten Städte, in Bezirke aufgeteilt, kartenmäßig erfaßt sind. Die Anbringungsstellen von Opferanoden (kathod. Schutz) sind eingezeichnet u. werden ständig nach einem Plansyst. überwacht. Die gemessenen Potentiale der Leitungen ($Cu/CuSO_4$-Elektrode) u. sämtliche anfallenden Korrosionsdaten werden ebenfalls erfaßt. (Corrosion [Houston] **14.** Nr. 10. 21—24. Okt. 1958. Kansas-Nebraska Natural Gas Comp., Inc., Corrosion Dep.) WOLFGANG SIMON. 6540

R. Molinero und **R. Fagegaltier,** *Antikorrosionsausrüstung des thermodynamischen Laboratoriums des Département Production de l'Institut Français du Pétrole.* Bericht über die Ergebnisse der seit Januar 1953 durchgeführten Recherchen in der Literatur u. in Instituten Frankreichs, Englands, Deutschlands u. den USA zur Unters. der Eigg. von Gemischen aus KW-stoffen mit stark H_2S-haltigem W. u. die Apparaturen hierzu. (Rev. Inst. franç. Pétrole Ann. Combustibles liquides **10.** 577—84. Juni 1955. Inst. Franç. du Pétrole.) M. GEHLEN-KELLER. 6540

Werner A. Stauffer, *Metallverschleiß durch Sanderosion.* Beschreibung eines Geräts zur Ausführung von 15 Std.-Prüfungen mit 5% Reproduzierbarkeit über die Sanderosion von Bauwerkstoffen. Vgl. der an Al, Cu-Legierungen, Gußeisen, Stahl u. Sintercarbiden ermittelten Werte mit den an Wasserturbinen gemachten Beobachtungen. (Metal Progr. **69.** Nr. 1. 102—07. Jan. 1956. Zürich, Escher Wyss.) W. WESLY. 6546

Treibacher Chemische Werke Akt.-Ges., Treibach, Kärnten (Erfinder: **Otto Smetana,** Treibach, **Hans Nowotny,** Wien, Österreich, und **Gustav Purt,** Ragaz, Schweiz), *Pyrophore Legierung,* bestehend aus 10—45 (Gew.-%) *Ti,* 10—80 *Zr* u. 10—70 mindestens eines der Elemente *Sn, Fe* u. *Mn* innerhalb eines bestimmten Feldes des Dreistoffdiagramms. (**Oe. P. 194 623** vom 10/2. 1956, ausg. 10/1. 1958.) W. HAUSWALD. 6471

Treibacher Chemische Werke Akt.-Ges., Treibach, Kärnten (Erfinder: **Otto Smetana,** Treibach, **Hans Nowotny,** Wien, Österreich, und **Gustav Purt,** Ragaz, Schweiz), *Pyrophore Legierung.* Ihre Zus. ist folgende: 15—90 (Gew.-%) *Zr,* 5—65 mindestens eines der Elemente *Sb, Bi, Pb, Sn,* bis zu höchstens 70 eines der Elemente *Bi, Pb, Sn, Fe, Mn.* Bei Legierungen, die aus Zr, Pb u. Sn bestehen, soll der Geh. an Pb unter 20 liegen. (**Oe. P. 194 622** vom 10/2. 1956, ausg. 10/1. 1958.) W. HAUSWALD. 6471

Siemens & Halske G. m. b. H., Wien, Österreich, *Gewinnung von Metallen aus deren Amalgamen,* dad. gek., daß die Amalgame kurzzeitig auf Tempp. oberhalb 360° unter Druck erhitzt werden u. nach an sich bekannter Abtrennung des Großteils des fl. Hg das resultierende hochprozentige 15—50, vorzugsweise über 25%, Metall enthaltende Amalgam durch Oxydation u./oder Dest. in nichtoxydierender Atmosphäre entquickt wird. Der oxydative Zerfall der Amalgame tritt bes. schnell u. vollständig ein, wenn dem Hg ein lösl. Metall mit hoher Affinität zu O_2, z. B. Al oder Mn, in geringen Mengen zugegeben wird. Das Verf. eignet sich z. B. zur Herst. von *Fe-, Ni-, Mn-* u. *Cu-Pulver,* die als Ausgangsprod. für Sintekörper Verwendung finden können. (**Oe. P. 196 134** vom 27/7. 1956, ausg. 25/2. 1958.) M. NECKERMANN. 6457

Westinghouse Electric Corp., East Pittsburgh, Pa., übert. von: **Charles V. Iredell,** Essex Fells, und **Harry C. Milbank,** Bloomfield, N. J., V. St. A., *Einführung von Zirkoniumdioxyd in Wolfram zwecks Herstellung von Schmelzelektroden.* WO_3 wird mit einem Zr-Salz, das ZrO_2 bildet, z. B. dem Nitrat oder Acetat, in einem Überschuß, der der gewünschten Menge ZrO_2 entspricht, vermischt u. erhitzt. Das Gemisch wird darauf red., um WO_3 in metall. W umzusetzen u. darauf mit ZrO_2-freiem W-Pulver in solcher Menge versetzt, daß das Endprod. 0,1—1% ZrO_2 enthält. Das Gemisch wird darauf gepreßt u. in einer H_2-Atmosphäre gesintert. (**A. P. 2 798 808** vom 2/2. 1953, ausg. 9/7. 1957.) C. GÖTZE. 6475

Republic Steel Corp., Cleveland, Ohio, übert. von: **William A. Reed,** West Richfield, und **Sheridan R. Crooks,** Maple Heights, V. St. A., *Herstellung von pulverförmigem Metall für pulvermetallurgische Zwecke aus einem festen Ausgangsmaterial,* das vorwiegend *Fe* in Form von wenigstens einem Eisenoxyd besteht u. 0,5—3% *Ni* als Ni-Oxyd u. -Chlorid sowie als C-Bindemittel 0,1—2% *Mn* oder *Mo* enthält, mit der Maßgabe, daß bei Ggw. von Mn dieses in Form von Ferromangan u. Mn-Oxyd u. -Chlorid u. bei Ggw. von Mo dieses als metall. Mo u. Mo-Oxyd u. -Chlorid vorhanden ist. Die Red. des festen Ausgangsstoffes erfolgt in einer Reduktionszone bei 538—982° durch ein Reduktionsgas, das im wesentlichen (über 50%) aus H_2 u. aus 1—8% HCl besteht, wobei die HCl-Konz. während der Red. aufrechterhalten bleiben muß. Das red. Material wird unter nichtoxydierenden Verhältnissen auf eine Temp. abgekühlt, die eine spontane Oxydation nicht zuläßt. (**A. P. 2 799 570** vom 10/4. 1956, ausg. 16/7. 1957.) H. HOCHSTEIN. 6475

Bore & Dérivés, Frankreich (Erfinder: **Edgar Gray),** *Absorptionsstoff für Neutronen* besteht aus einer Pseudolegierung aus 30—60 (%) einer *B*-Verb., z. B. eines B-Carbids, mit einem Leichtmetall, z. B. *Al.* Eine feinpulvrige Mischung der beiden Komponenten wird zwischen 400 u. 750° unter einem Druck von 200—1000 kg/cm² gesintert. (**F. P. 1 142 741** vom 17/2. 1956, ausg. 20/9. 1957.) C. GÖTZE. 6475

VEB Hartmetallwerk Immelborn, *Harte und oxydationsbeständige Legierungen* bestehen aus 82—90 (%) *TiC,* 3—5 eines Carbids der VI. Gruppe des Period. Syst., z. B. *WC,* 2,3—5 eines Carbids der V. Gruppe, z. B. *VC,* u. 5—8 eines Bindemetalls, z. B. *Ferrochrom.* Die Legierungen werden auf dem Sinterwege im Vakuum oder inerter Atmosphäre hergestellt. (**F. P. 1 142 141** vom 27/2. 1956, ausg. 13/9. 1957.) C. GÖTZE. 6477

T. W. Wlodek, Ottawa, Ont., Canada, *Verbesserung der physikalischen und mechanischen Eigenschaften plastischer Werkstoffe, insbesondere von unlegiertem und le-*

giertem Stahl sowie von Aluminiumlegierungen mit erhöhter Streckgrenze u. guter Verformbarkeit auch im geschweißten Zustand, ist dad. gek., daß in regelmäßigen Intervallen ein Druck auf den Werkstoff ausgeübt wird, um in ihm ein örtlich begrenztes plast. Fließen hervorzurufen, während jedoch die benachbarten Zonen in ihrem elast. Anfangszustand unverändert gelassen werden. Gleichzeitig wird im metall. Werkstoff eine innere Spannung erzeugt, die eine erhöhte Dauerfestigkeit u. erhöhte Beständigkeit gegen Spannungskorrosion, bes. Spannungsrißkorrosion, stat. u. dynam. Belastung, Reibungskorrosion u. Erosion bedingt. — Abbildungen. (**Belg. P. 529 533** vom 11/6. 1954, ausg. 21/6. 1957. Can. Prior. 11/6. 1953.) H. HOCHSTEIN. 6491

Soc. An. des Véhicules Industriels et d'Équipments Mécanisques SAVIEM-L. R. S., Paris (Erfinder: **André Sourdillon**, Saint-Cloud), Frankreich, *Wärmebehandlung von Ventilsitzen von Brennkraftmaschinen* ist dad. gek., daß die die Ventilsitze tragenden Zylinderteile oder eingebauten Ventilsitze aus einem geeigneten Metall hergestellt u. die Arbeitsstellen, d. h. die Berührungsflächen, zwischen den Ventilen u. ihren Sitzen unter Zuhilfenahme eines Hochfrequenzfeldes gehärtet werden. Bes. wird für diesen Zweck ein perlit. Gußeisen mit ca. 2 (%) *Si*, 1,3—1,7 *Ni* u. 0,4—0,7 *Mo* verwendet. (**D. A. S. 1 035 179** Kl. 18c vom 18/5. 1956, veröff. 31/7. 1958. F. Prior. 20/5. 1955.) H. HOCHSTEIN. 6493

N. V. Nederlandsche Kjellberg Electroden Fabriek (Nekef), Amsterdam, Holland, *Schweißelektrode mit Überzug.* Der Kern besteht aus *Fe* oder *Stahl*, der Überzug enthält neben $CaCO_3$ u. gegebenenfalls üblichen Zusätzen je 2—15% (bezogen auf nichtmetall. Bestandteile) $SrCO_3$ u. ZrO_2. — Beispiel: 45 (Gewichtsteile) Kalkstein + Flußspat, 10 Zr-Sand, 5 $SrCO_3$, 2 Rutil. (**Holl. P. 88 537** vom 30/6. 1956, ausg. 16/6. 1958. Schwed. Prior. 7/7. 1955.) F. BÖHM. 6507

Westinghouse Electric Corp. (Erfinder: **Howard C. Ludwig**), Pittsburgh, Pa., V. St. A., *Schweißelektrode*, bes. für Minuspolschweißung in einer Schutzgasatmosphäre von im wesentlichen reinem inertem Gas, aus einem dünnen Stahlkerndraht mit einer sauerstoffhaltigen Umhüllung, die TiO_2, MnO_2 u. CaO enthält, dad. gek., daß die Menge der Umhüllung nur einige mg pro Meter Elektrodenlänge beträgt u. daß sich die Umhüllung im wesentlichen nach Gewichtsanteilen zusammensetzt aus 55—80 (%) TiO_2, 10—30 MnO_2, 10—35 CaO. — Zeichnungen. (**D. A. S. 1 039 344** Kl. 49h vom 26/5. 1955, veröff. 18/9. 1958. A. Prior. 6/7. 1954.) G. APEL. 6507

Verschleiß-Technik Dr.-Ing. Hans Wahl, Ruit bei Eßlingen (Erfinder: **Hans Wahl**, Stuttgart-Degerloch, und **Wilfried Schäfer**, Stuttgart), *Verfahren und Auftragwerkstoff zum Panzern von großen metallischen Oberflächen*, durch Niederschmelzen von auf der Oberfläche aufliegendem Auftragwerkstoff mit Hilfe eines Gasbrenners, dad. gek., daß der mindestens in der Breite eines Gasbreitbrenners die Oberfläche bedeckende Auftragwerkstoff auf der dem Brenner zugekehrten Stirnseite abgeschmolzen wird u. diese Schmelze durch den Strömungsdruck der Abgase gegen die Stirnseite der bereits erhärteten Panzerschicht gedrückt wird. Der Auftragwerkstoff weist die Raumform eines Gitters auf. Für Verschleißschutz besteht der Auftragwerkstoff aus 2—5 (%) *C*, 20—50 *Cr*, Rest *Fe*, gegen Korrosionsangriffe aus 0,1—1 C, 10—25 Cr, 0—15 *Ni*, Rest Fe. — Zeichnung. (**D. A. S. 1 038 879** Kl. 49h vom 14/9. 1954, veröff. 11/9. 1958.) G. APEL. 6507

Ernst Klaude, Wien, Österreich, *Entfernen von Rost oder anderen festhaftenden Schichten an Eisen und Metall*, bes. an Heizflächen von Kesseln, durch Abbrennen bei niederen Tempp. mittels eines Brenners, an dessen Mündung ein in einem Brennstoff getränkter Bausch vorgesehen ist, dad. gek., daß als Brennstoff eine Mischung aus Öl u. W. u. einem Emulgator, z. B. Schmierseife u. Alkali, in einem bestimmten Verhältnis verwendet wird. (**Oe. P. 200 590** vom 10/9. 1957, ausg. 10/11. 1958.) T. OPPERMANN. 6513

Udylite Research Corp., Detroit, Mich., V. St. A., *Galvanisiertrommel.* Die Erfindung geht von einer Trommel mit einem Paar voneinander entfernter Stirnwände u. mehreren voneinander entfernten Trägern aus, die an den Stirnwänden befestigt sind u. sich zwischen diesen erstrecken, u. besteht darin, daß jeder Träger einen äußeren u. inneren Teil besitzt. Zwischen diesen Teilen sind die Enden wenigstens eines Seitenteils lösbar festgelegt u. befestigt. — Abbildungen. (**E. P. 777 649** vom 1/6. 1955, ausg. 26/6. 1957. A. Prior. 4/6. 1954.) H. HÄNLE. 6515

Württembergische Metallwarenfabrik, Geislingen (Steige), *Erzeugung örtlich verstärkter galvanischer Niederschläge.* Die Gegenstände werden fortlaufend kontinuierlich oder absatzweise durch den Kathodenraum bewegt u. hierbei an den zu verstärkenden Stellen konz. Stromlinienfeldern ausgesetzt. Diese werden auf die entsprechenden Stellen gerichtet, indem der Elektrolyt mit erhöhter Strömungsgeschwindigkeit durch längs der Bewegungsbahn der Gegenstände angeordnete Blendenöffnungen, wie Düsen, Röhrchen, Schlitze oder dgl. getrieben wird. — Abbildung. (**D. B. P. 970 115** Kl. 48a vom 1/2. 1953, ausg. 21/8. 1958. Anmeldung bekanntgemacht 3/12. 1953. **Zusatz zu D. B. P. 888 192; C. 1954. 2045.**) H. HÄNLE. 6515

Soc. d'Application du Matériel Électrique, Paris, Frankreich, *Verminderung der Oxydierbarkeit von Metallen durch elektrolytisches Aufbringen von Titan aus alkalischer Lösung,* dad. gek., daß das alkal. Bad *Cyanid, Titanoxychlorid* u. *ZnO* enthält u. bei Zimmertemp. elektrolysiert wird, wobei ein Teil der Anoden aus Zn bestehen kann. — Z. B. enthalten 100 Liter Bad-Fl. 10 (kg) NaCN der KCN, 8 Soda, 2 Titanoxychlorid u. 10 ZnO. (**Holl. P. 88 643** vom 21/7. 1953, ausg. 15/7. 1958.) K. DEMMLER. 6517

Knapp Mills, Inc., New York, V. St. A., *Überziehen von Metallrohren oder -stäben mit Blei oder anderen Metallen.* Dabei führt man das Rohr bzw. den Stab in Richtung der Längsachse durch ein Bad von geschmolzenem Metall u. regelt dabei die Dicke der Schicht. Anschließend kühlt man den Gegenstand. Rohr bzw. Stab werden dabei so in das Schmelzbad u. durch die Kühl-Fl. geführt, daß ihre Längsachse mit dem Schmelz- oder Flüssigkeitsspiegel einen spitzen Winkel bildet. — Vorr., Zeichnung. (**Holl. P. 88 940** vom 20/6. 1955, ausg. 15/8. 1958. A. Prior. 22/6. 1954.) H. NEBELSIEK. 6517

„Kolbenkraus" Präzisionswerkstätten und Gießerei Max Kraus K.-G., Wien, Österreich, *Leichtmetallzylinderkopf,* bes. für *Brennkraftmaschinen,* mit einem dünnen Schutzüberzug an den mechan. u. therm. hochbeanspruchten, mit den Verbrennungsgasen in unmittelbarer Berührung stehenden Wandungsteilen, dad. gek., daß der Überzug aus einem temperaturbeständigen Metalloxyd (z. B. Al_2O_3 oder ein *Mo-Oxyd*) u. einem Metall oder einer Metallegierung (z. B. eine *Ti*-Legierung) mit großer Zähigkeit u. einem F., welcher über jenem des Grundmetalls liegt, besteht u. durch das an sich bekannte Verf. des Aufspritzens aufgebracht ist. (**Oe. P. 199 944** vom 31/7. 1957, ausg. 10/10. 1958.) T. OPPERMANN. 6517

Thermiguides Soc. An., Frankreich, *Herstellung von Führungsstahldrähten für Textilmaschinen* von sehr großer Oberflächenhärte. Die Drähte (guide-fils) werden elektrolyt. verchromt u. danach durch Wärmebehandlung bei 500—1200° in einem C-reichen Medium, z. B. KW-stoffen, in Ggw. von $BaCO_3$ als Katalysator tiefenverchromt. Dabei wird eine tiefgehende Verbindung zwischen der Stahlunterlage u. dem Cr-Überzug geschaffen. (**F. P. 1 152 517** vom 27/6. 1956, ausg. 19/2. 1958.) M. F. MÜLLER. 6519

Kloth-Senking Akt.-Ges., Eisen- u. Metallgießerei (Erfinder: **Fritz Hage** und **Joh. Brandis**), Hildesheim, *Schutzschicht für Aluminiumgußstücke.* Halbfabrikate, die aus einer Legierung von Al mit 7—10% Mg u. 1,6—3% Si bestehen, erhalten durch Behandlung mit *NaOH* eine mechan. feste Deckschicht aus *Mg-Silicid.* Mit HNO_3 kann diese Schicht entfernt werden unter Bldg. einer sauberen, silberähnlichen Oberfläche. (**D. A. S. 1 043 012** Kl. 48d vom 5/2. 1957, veröff. 6/11. 1958.) G. FRIKELL. 6529

Vinyl Products Ltd., Carshalton, Surrey, England (Erfinder: **Norman Ward Farmer**), *Betonmischungen als Schutzüberzüge* aus *Kalk, Zuschlagstoff* u. einer wss. Emulsion von *Polyvinylacetat,* wobei das Gewichtsverhältnis von Zuschlagsstoff zum Zement 1—3:1 u. von Polyvinylacetat zum Zement 0,07—0,22:1 beträgt. (**E. P. 732 110** vom 26/11. 1953, ausg. 22/6. 1955.) G. APEL. 6529

Connecticut Hard Rubber Co., New Haven, Conn., V. St. A., *Überziehen von Metallen mit Polytrifluorchloräthylen.* Die zu überziehende Metalloberfläche wird zunächst mit einem anorgan. Mittel (z. B. einer wss. Natriumchromat–H_2SO_4-Lsg.; wss. MoO_3–H_2SO_4-Lsg. oder Phosphatierungslsg.) vorbehandelt u. hierauf mit einer Mischung aus hartem u. wachsartigem (weichmachendem) *Polytrifluorchloräthylen* überzogen. Der so gebildete Überzug wird zur Filmbldg. erhitzt (450—510° F). Die bes. auf Al-Behälter aufgebrachten Überzüge sind sehr beständig, z. B. gegen 98%ig. HNO_3. (**E. P. 794 351** vom 29/4. 1955, ausg. 30/4. 1958. A. Prior. 10/5. 1954.) P. KRUG. 6529

Bruce Chalmers and **R. King**, eds., Progress in metal physics. V. 7. New York: Pergamon Press. 1958. (416 S. m. Diagr.) 8°. $ 16,—.

Ludwig Müller, Beiträge zur destillativen Trennung von Metallen unter vermindertem Druck. Berlin: Akademie-Verl. 1958. (159 S. m. 46 Abb. u. 88 Tab.) 8° = Freiberger Forschungshefte. Reihe B, 33. DM 13,50.

Hermann Schenck, Norbert Gottfried Schmahl und **Götz Funke,** Die Reduzierbarkeit von Eisenerzen. Als Ms. gedr. Köln, Opladen: Westdeutscher Verl. 1958. (101 S. m. Abb.) 4° = Forschungsberichte d. Wirtschafts- u. Verkehrsministeriums Nordrhein-Westfalen Nr. 562. DM 29,25.

Fritz Toussaint, From ore to steel. The pictorial story of iron und its conversion to steel. 4. ed. Düsseldorf: Verl. Stahleisen. 1958. (144 S. m. 144 Abb.) 8°. DM 9,—.

IX. Organische Industrie.

F. H. Garner, S. R. M. Ellis und **W. H. Granville,** *Der Wirkungsgrad von Füllkörperkolonnen bei extraktiver Destillation.* Für die Mischungen Methylcyclohexan–Toluol u. Methylcyclohexan–Toluol–Furfurol werden für Füllkörperkolonnen verschied. mathemat. Gleichungen an Hand von Verss. abgeleitet. (J. Inst. Petroleum **42.** 148—54. Mai 1956. Birmingham, Univ. Dep. Chem. Engng.) F. ROSENDAHL. 6560

Stanolind Oil & Gas Co., übert. von: **Richard Mungen,** Tulsa, Okla., V. St. A., *Inkontaktbringen von Gasen mit feinverteiltem Katalysator,* z. B. bei der *CO-Hydrierung.* In ein in einer 1. Reaktionszone befindliches Wirbelbett eines Katalysators werden die Reaktionsteilnehmer in den unteren Teil unter solchen Bedingungen eingebracht, daß 50—75% der Reaktionsteilnehmer umgesetzt werden. Die Einführung der Gase erfolgt mit einer linearen Geschwindigkeit von 2—10 Fuß/Sekunde. Überkopf werden die gasförmigen Prodd., nichtumgesetzte Gase u. mitgerissener Katalysator durch eine Leitung mit geringeren Ausmaßen als die 1. Reaktionszone abgeführt u. einer 2. Reaktionszone zugeleitet. In dieser fließt der Katalysator abwärts; vor dem Austreten des Katalysatorstromes werden die gasförmigen Reaktionsprodd. sowie die nichtumgesetzten Prodd. durch eine abgetrennte Zone vom Katalysator befreit u. oben aus dieser letzteren Zone abgezogen. Der Katalysator verläßt die 2. Reaktionszone unten u. wird der 1. Reaktionszone wieder zugeleitet. — Zeichnungen. (**A. P. 2 779 777** vom 29/12. 1952, ausg. 29/1. 1957.) E. KAHLES. H500

N. V. de Bataafsche Petroleum Mij., Den Haag, Holland, *Umwandlung von Kohlenwasserstoffen.* Aliphat. KW-stoffe mit mindestens 6 C-Atomen, von denen mindestens 1 C-Atom ein quaternäres C-Atom ist, wie Alkane, Alkene, 2.2.4-Trimethylpentan (I), 2.2.5-Trimethylhexan oder 2.4.4-Trimethylpentan-(1), werden bei 300—600° mit J_2 in Kontakt gebracht. — Z. B. wird I hauptsächlich in 2.4.4-Trimethylpenten-(1), Isobutan u. Isobuten übergeführt. (**E. P. 793 215** vom 17/2. 1956, ausg. 9/4. 1958. A. Prior. 18/2. 1955.) E. KAHLES. H 510

Dow Chemical Co., Midland, Mich. (Erfinder: **James Lewis Dunn jr.** und **Bob Posey jr.,** Lake, Jackson, Texas), V. St. A., *Oxychlorierung von Kohlenwasserstoffen* durch Rk. von aliphat. KW-stoffen, HCl u. O_2 oder Luft in Ggw. eines Katalysators, bestehend aus einem mit Cu-Chloriden oder Cu-Oxychlorid imprägnierten Trägerstoff, dad. gek., daß als Katalysator eine Mischung aus 1 (Volumenteil) des genannten Katalysators u. 3—20 SiC verwendet wird. Dad. werden stellenweise Überhitzungen vermieden u. die Ausbeute wird verbessert. Das Beispiel zeigt die Umsetzung von C_2H_4 zu *1.2-Dichloräthan* mit u. ohne den erfindungsgemäßen Katalysator. (**D. A. S. 1 047 760** Kl. 12o vom 29/4. 1957, veröff. 31/12. 1958. A. Prior. 31/5. 1956.) J. MÜHLEISEN. H 510

Heinrich Koppers G. m. b. H., Essen, und **Bergwerksgesellschaft Hibernia Akt.-Ges.,** Herne (Erfinder: **Adolf Schmalenbach,** Essen, und **Karl Schmitt,** Herne), *Herstellung von gasförmigen Olefinen,* bes. *Äthylen,* erfolgt durch katalyt. Spaltung von höhermol. gasförmigen oder fl. KW-stoffen bei 550—850° in senkrechten von Flammen beheizten Rohren, in denen der Katalysator angeordnet ist. Der dampfförmige KW-stoff wird zuerst durch Rohre geleitet, die durch heiße Verbrennungsgase auf 250—350° erhitzt werden, dann durch mit Katalysator gefüllte Rohre, in denen durch verminderte Strahlung der Heizflammen der KW-stoff auf 580° erhitzt wird, u. zuletzt durch ebenfalls mit Katalysator gefüllte Rohre, die ungehindert den Strahlen der Heizflamme ausgesetzt sind, u. in denen die Spalttemp. 750—780° beträgt. — Eine Gasmischung aus 61(%) n-Butan, 34,5 Isobutan, 2 Isobutylen, 1,9 Propan u. 0,6 Propylen gibt nach dem Vorwärmen auf 285°, dann Erhitzen auf 510° u. Spalten bei 775° ein Spaltgas aus 33,9 Methan, 28,2 Äthylen, 19 anderen Olefinen, 17 H_2, 1,4 N_2, 0,2 O_2, 0,2 CO u. 0,1 CO_2; Gesamtausbeute an Olefinen 47. — Vorr., Zeichnung. (**D. A. S. 1 047 772** Kl. 12o vom 13/3. 1957, veröff. 31/12. 1958.) G. KRAUSS. H 520

Gulf Oil Corp., V. St. A., *Trennung von Äthylen aus Gasgemischen mit höheren KW-stoffen,* dad. gek., daß man durch Kompression das Gemisch teilweise verflüssigt, dann fraktioniert, die C_2-KW-stoffe mit einer C_4—C_6-Fraktion extrahiert u. diese Lsg. erneut destilliert. — Schema der Anlage. (**F. P. 1 155 659** vom 19/7. 1956, ausg. 7/5. 1958.) S. BÖTTCHER. H 520

National-Petro Chemicals Corp., New York, übert. von: **Werner C. Muller,** Roslyn, N. Y., und **John J. Hawkins,** Champaign, Ill., V. St. A., *Reinigen und Raffinieren von wässerigem Äthylalkohol,* der bei der Wasseranlagerung an C_2H_4 entsteht u. noch Nebenprodd., wie Ä. u. unbeständige, höhersd. Polymere enthält, erfolgt durch stufenweise Dampfdest. in mehreren Kolonnen, wobei in einer Rektifikation sämtlicher A. u. Ae. als Kopfdestillat übergehen u. in einer Ätherkolonne der Ae. abdest. u. ein Teil der polymeren Öle im oberen Drittel der Kolonne abgeführt werden. Das Bodenprod., enthaltend den A., wird einer extraktiven Wasserdampfdest. unterworfen, wobei die öligen Polymeren u. Verunreinigungen als Kopfdestillat abgehen. In einer Rektifikationskolonne erhält man als Kopfprod. reinen Alkohol. In der 1. Kolonne erhält man einen Kondensatrückstand mit einer A.-Konz. von 85—95 Gew.-%. In der Extraktivkolonne wird soviel W. unterhalb des Kopfes eingeleitet, daß ein A.-Rückfluß von 5 bis 40 Gew.-% aufrecht erhalten wird. — Skizzen. (**A. P. 2 801 209** vom 16/11. 1954, ausg. 30/7. 1957.) G. KÖNIG. H 560

Esso Research and Engineering Co., Del., übert. von: **Jennings H. Jones,** State College, Pa., V. St. A., *Sekundäre Alkohole* erhält man aus verzweigtkettigen sek. Olefinen bei 15—300° u. 0—100 lbs./sq.in. in Ggw. von Perfluorcarbonsäuren in reiner oder in wss. Lsg. von mindestens 70%. Der anfallende Perfluorester wird nach bekannten Methoden zu den entsprechenden sek. Alkoholen hydrolysiert. Als Ausgangsstoffe kommen verzweigtkettige sek. Olefine mit 3—14 C-Atomen oder 5—8 C-Atome enthaltende Cycloolefine mit insgesamt 6—16 C-Atomen in Betracht. — 3-Methyl-1-buten u. Trifluoressigsäure erhitzt man im geschlossenem Gefäß bei 65° 12 Std. u. erhält eine Mischung von *3-Methylbutyl-(2)-* u. *2-Methylbutyl-(2)-perfluoracetat.* Mit NaOH erhält man die Alkohole *2-Methyl-2-butanol,* Kp. 102°, n_D^{20} 1,4052 u. *3-Methyl-2-butanol,* Kp. 113,5°, n_D^{20} 1,4090. Bei der Behandlung der alkoh. Mischung mit einer Bichromat–H_2SO_4-Lsg. erhält man *Methylisopropylketon,* n_D^{20} 1,3897, *Phenylhydrazon,* F. 122,9 bis 123,9°. — 4-Methyl-2-penten ergibt *4-Methyl-2-pentanol* u. *2-Methyl-3-pentanol.* Daraus durch Oxydation *4-Methyl-2-pentanon* u. *4-Methyl-3-pentanon. Semicarbazon* von *2-Methyl-3-pentanon* ,F. 95°; von *4-Methyl-2-pentanon,* F. 125—127°. (**A. P. 2 814 638** vom 18/10. 1955, ausg. 26/11. 1957. **E. P. 797 242** vom 2/10. 1956, ausg. 25/6. 1958. A. Prior. 18/10. 1955.) G. KÖNIG. H 560

Badische Anilin- & Soda-Fabrik Akt.-Ges. (Erfinder: **Hermann Spänig** und **August Weickmann**), Ludwigshafen/Rh., *α.β-Disubstituierte Acroleine* erhält man durch Selbstkondensation von gesätt. Aldehyden der allg. Formel R—CH_2—CHO (R = Alkyl, Aralkyl, Aryl) unter Wasserabspaltung in Ggw. eines Halogentitansäureesters [$ClTi(OR)_3$, $Cl_2Ti(OR)_2$, Cl_3TiOR oder deren Gemische, erhältlich durch Rk. von $TiCl_4$ mit Hydroxyverbb. der allg. Formel ROH]. — Aus 2 Mol n-Butyraldehyd in Ggw. von 0,1 Mol Triäthoxychlortitan unter Selbsterwärmung bei 57—60°, dann 12std. Erhitzen auf 60 bis 70° → 81 Teile *α-Äthyl-β-propylacrolein,* $Kp._{27}$ 79°, + 20 Teile eines Kondensationsprod. mit $Kp._{25}$ 120°. — Isovaleraldehyd + Monochlortitansäuretriisoamylester → *α-Isopropyl-β-isobutylacrolein,* $Kp._{16}$ 83—86°. Als Aldehyde sind ferner brauchbar: Propion-, Valerian-, Önanth-, Stearin-, Phenylacet-, Phenylpropionaldehyd, die noch Alkoxy oder Halogen enthalten können. — *Zwischenprodd.* zur Herst. von *Heilmitteln, Kunststoffen* u. *Weichmachern.* (**D. A. S. 1 026 294** Kl. 12o vom 26/9. 1956, veröff. 20/3. 1958.) G. KRAUSS. H 670

Wacker-Chemie G. m. b. H., München (Erfinder: **Theodor Altenschöpfer, Eduard Enk** und **Hellmuth Spes,** Burghausen), *Herstellung von alkylsubstituierten Ketenen* durch therm. Spaltung von aliphat. Carbonsäuren mit 3 u. mehr C-Atomen, deren Estern oder Anhydriden bei Unterdruck in Ggw. von flüchtigen, P-haltigen, organ. Katalysatoren, gegebenenfalls unter Zusatz geringer Mengen von Stabilisatoren, dad. gek., daß als Katalysatoren Ester der Thiophosphorsäuren verwendet werden. So können z. B. Propion-, Butter-, Isovalerian-, Capron-, Äthylcapron- oder Diäthylessigsäure, deren Ester oder Anhydride, wie Methylpropionat oder Propionsäureanhydrid, mit Hilfe von Trimethyl-, Triäthyl-, Tripropyl-, Diäthylphenyl-, Triphenyl- oder Äthyldiphenylthiophosphat, Tetraäthyldithiopyrophosphat oder Thiophosphorsäuremono-(diäthylamid)-diäthylester als Katalysatoren bei 500—1000° u. 30—400 Torr ohne jegliche Rußbldg. in Anhydrid u. Keten gespalten werden, was z. B. bei Verwendung von Triäthylphosphat oder einem Gemisch von Triäthylphosphat u. CS_2 als Katalysatoren nicht möglich ist, weil hierbei die Spaltung nach kürzester Zeit wegen starker Rußbldg. zum Stillstand kommt. Bei der Verwendung von Thiophosphorsäureestern kann auch von wasserhaltigen Carbonsäuren oder deren Estern ausgegangen werden. An sich bekannte Stabilisatoren, wie NH_3, können zu 0,5—10% zugesetzt werden. (**D. A. S. 1 044 067** Kl. 12o vom 28/2. 1956, veröff. 20/11. 1958.) W. GRÄGER. H 700

Dow Chemical Co., übert. von: **Elton K. Morris,** Midland, Mich., V. St. A., *Herstellung von Monochloressigsäure.* Man chloriert CH_3COOH (**I**) in Ggw. von 4—15, bes. 6—12 Mol.-%, berechnet als CH_3COCl (**II**), eines Katalysators, bestehend aus **I**-Anhydrid, **II** oder dessen Cl-Derivv. bei 0—30, bes. 0—7 lbs./sq.in., wobei die Temp. im Verlauf der Rk. von 90—100° auf 105—120° gesteigert wird, unter Entfernung des HCl, in der

Weise, daß innerhalb 25—200 Std. 70—95, bes. 90—95% der zur Monochlorierung aller CH_3-Gruppen erforderliche Menge an Cl_2 aufgenommen werden. (**A. P. 2 826 610** vom 12/9. 1955, ausg. 11/3. 1958.) O. MÜLLER-MEININGEN. H 810

Dow Chemical Co., übert. von: **Giffin D. Jones**, Midland, Mich., V. St. A., *Acrylsäureamid* erhält man durch Behandeln von Acrylsäurenitril z. B. mit 85%ig. H_2SO_4 bei 100°. Die Reaktionsmischung wird dann abgekühlt u. soviel W. zugesetzt, daß die Mischung höchstens 70%ig. H_2SO_4 enthält. Diese Lsg. wird mit einem Kationenaustauscherharz (wasserunlösl. NH_4-Salz eines sulfonierten Mischpolymeren aus 90% Styrol, 6% Äthylvinylbenzol u. 4% Divinylbenzol, Maschengröße 50—100) behandelt, wodurch das Acrylsäureamid adsorbiert wird, das anschließend aus dem Harz mit W. ausgewaschen wird. (**A. P. 2 734 915** vom 7/6. 1952, ausg. 14/2. 1956.) G. KRAUSS. H 810

Ruhrchemie Akt.-Ges., Oberhausen, *Nitrile* erhält man durch Rk. von ClCN (**I**) mit einem gesätt. aliphat. KW-stoff in der Gasphase bei 600—900°, wobei man bei Verwendung von CH_4 (**II**) bes. bei 850°, von C_3H_8 bei 700° u. von C_4H_{10} bei 650° arbeitet. Beispiel zur Herst. von *Acetonitril* durch Rk. von 3—5 (Voll.) **II** mit 1 **I**. — Vorr., Zeichnung. (**E. P. 794 559** vom 8/1. 1957, ausg. 7/5. 1958. D. Prior. 13/2. 1956.) O. MÜLLER-MEININGEN. H 810

American Cyanamid Co., New York, N. Y., übert. von: **Leslie H. Sutherland** und **Calvin C. Rolland**, New Orleans, La., V. St. A., *Destillation von Rohacrylsäurenitril* (**I**), bes. von dessen verd. wss. Lsgg., erfolgt unter Zusatz von ca. 1,5—20 Teilen Tri-2-äthylhexylphosphat je Million Teile **I**, wodurch die Destillationsmenge je Min. verdoppelt werden kann. (**A. P. 2 758 072** vom 26/8. 1955, ausg. 7/8. 1956.) G. KRAUSS. H 810

DEHYDAG, Deutsche Hydrierwerke G. m. b. H., Deutschland, *Produkte mit Perlmuttglanz*. In ein wss. capillarakt. Konzentrat (auf Basis von Fettalkoholsulfaten oder Äthylenoxydadditionsprodd.) gibt man bei 50—80° unter Rühren äquivalente Mengen Stearinsäure u. $ZnSO_4$, wonach man unter Erwärmen u. Rühren mit NaOH oder Triäthanolamin auf p_H 6,5—7 stellt. Man erhält einen feinen Nd. von *Zn-Stearat*, der bei n. Temp. einen schönen seidigen Perlmutterschimmer zeigt. Statt Stearinsäure können auch andere höhermol. Carbonsäuren verwendet werden (Palmitin-, Arachin-, Behensäure). (**F. P. 1 163 825** vom 28/3. 1956, ausg. 1/10. 1958. D. Prior. 25/4. 1955.) G. WELTZIEN. H 810

C. P. Hall Co., übert. von: **Norman C. Hill**, Akron, Ohio, und **Vincent P. Kuceski**, Park Forest, Ill., V. St. A., *Reinigung von Gemischen aliphatischer Dicarbonsäuren* C_4—C_{10} (**I**), die durch Oxydation von cycl. oder acycl. gesätt. oder ungesätt. aliphat. KW-stoffen mit HNO_3, HNO_2 oder höheren Stickoxyden erhalten wurden, von N-haltigen Nebenprodd., erfolgt durch Red. nach Veresterung der **I** mit Zn-Staub in alkoh. Lsg. zu Aminen, die dann mit W. herausgewaschen werden. (**A. P. 2 831 883** vom 18/11. 1954, ausg. 22/4. 1958.) O. MÜLLER-MEININGEN. H 820

National Research Corp., Cambridge, übert. von: **Thomas R. Steadman**, Waban, und **John O. H. Peterson jr.**, Medford, Mass., V. St. A., *Gemische aus Undecandi- und Dodecandisäure* erhält man durch Erhitzen von 12-Hydroxy- oder 12-Ketostearinsäure mit W. u. Alkalihydroxyd in Ggw. von CdO oder ZnO auf 300—375°, Ansäuern der erhaltenen Seifen u. Umkrist. des Säuregemisches, z. B. aus Toluol. Ausbeuten: 29,8—51,1%. (**A. P. 2 847 466** vom 12/7. 1955, ausg. 12/8. 1958.) O. MÜLLER-MEININGEN. H 820

American Cyanamid Co., New York, N. Y., übert. von: **John A. Brockman jr.**, Woodcliff Lake, N. J., und **Paul F. Fabio**, Pearl River, N. Y., V. St. A., *2.3-Dihydroxypropionitril* (**I**) u. seine Acylderivv. erhält man durch Rk. von Acrylnitril mit $KMnO_4$ in H_2SO_4-Lsg. (p_H 3—5) bei 0—20° u. anschließende Acylierung des **I** mit dem Anhydrid oder Chlorid einer Carbonsäure C_1—C_7. **I**-*Diacetat*, Kp.$_{0,02-0,04}$ 62—68°, n_D^{20} 1,4290. **I**-*Dibenzoat*, F. 92—92,5° (A.). **I** dient als Ausgangsprod. zur *Herst. von Serin*. (**A. P. 2 837 556** vom 11/10. 1955, ausg. 3/6. 1958.) O. MÜLLER-MEININGEN. H 850

Imperial Chemical Industries Ltd., England, *Herstellung von* CS_2 aus Holzkohle u. S im elektr. Ofen. Der zylindr. Ofen hat eine untere Bodenelektrode u. eine obere, rotierend angeordnete Stabelektrode, welche in das Innere des senkrechten Ofens hineinragt. — 3 Zeichnungen. (**F. P. 1 148 521** vom 28/1. 1956, ausg. 11/12. 1957. E. Prior. 28/1. 1955.) M. F. MÜLLER. H 880

Deutsche Gold- & Silberscheideanstalt vormals Roessler, Frankfurt/M. (Erfinder: **Hans Kroepelin**, Braunschweig, und **Paul Klencz**, Hürth), *Herstellung von Blausäure* durch Rk. von KW-stoffen in Ggw. von N-Verbb. im Lichtbogen zwischen festen, stromführenden u. beweglichen, nicht mit der Stromquelle verbundenen Hilfselektroden durch period. Abheben derselben von den festen Elektroden, wobei eine Vielzahl intermittierend brennender Lichtbogen erzeugt wird. Dabei wird die Spaltung unter red. Druck (<250 mm Hg) durchgeführt. (**D. A. S. 1 044 049** Kl. 12k vom 13/10. 1954, veröff. 20/11. 1958.) H. NEBELSIEK. H 890

Shell Development Co., New York, N. Y., übert. von: **Vernon W. Buls** und **Richard I. Thomas**, Walnut Creek, Calif., V. St. A., *Boronsäurealkylester* erhält man durch Rk. von Alkylborsäureestern mit 3 KW-stoffreste aufweisenden Boranen in Ggw. einer geringen Menge eines B-Trihalogenids oder eines Alkanborhalogenids bei 150—300° in Abwesenheit von W. u. mol. O_2. — 0,51 (Mol) Trimethylborat, 0,27 Tributylboran u. 2 g Butylbordichlorid werden in einem Druckgefäß 16 Std. auf 200° erhitzt. Bei der Dest. erhält man 0,17 Mol Dimethylbutylboronat, $Kp._{50}$ 55°. (**A. P. 2 835 693** vom 19/12. 1955, ausg. 20/5. 1958.) J. MÜHLEISEN. H 980

Chemische Werke Hüls Akt.-Ges. (Erfinder: **Walter Gumlich** und **Friedrich August Fries**), Marl, *Herstellung von sauren und neutralen Phosphorigsäureestern höherer Alkohole*, dad. gek., daß man Phosphorigsäureester des Chloräthanols mit höheren Alkoholen umestert u. gegebenenfalls die neutralen Ester während oder nach der Umesterung zu sauren Estern hydrolysiert. Reaktionstempp. zwischen n. Temp. u. 100°; verminderter Druck ist vorteilhaft. Man kann Umesterungskatalysatoren, wie Alkoholate oder Metalloxyde, anwenden. Unter höheren Alkoholen sind aliphat., araliphat. sowie ein- u. mehrwertige Alkohole zu verstehen. Die erhaltenen Ester sind hochviscose Fll. bis glasartige, wasserklare elast. Harze. — Tris-[chloräthyl]-phosphit wird mit Octylalkohol (2-Äthylhexanol) vermischt u. aus dem Gemisch am Wasserbad unter vermindertem Druck Chloräthanol zuerst abdest., hierauf ein Gemisch des Chloräthanols mit überschüssigem Octylalkohol. Man erhält *Trioctylphosphit*, n_D^{20} 1,4520. Mit Bis-[chloräthyl]-phosphit erhält man *Dioctylphosphit*, n^{20} 1,4425. — Tris-[chloräthyl]-phosphit u. Diäthylenglykol, auf 95° unter vermindertem Druck erhitzt, ergeben ein zähes, glasklares u. elast. Harz. Das Endprod. ist ein Polyphosphorigsäureester mit je einem Chloräthylrest pro P-Einheit. Im wiedergewonnenen Chloräthanol lassen sich Spuren von Dichloräthan nachweisen. — Oxydationsverhinderer, Zwischenprodukte. — Vgl. F. P. 1 105 128; C. **1958.** 4030. (**D. A. S. 1 011 866** Kl. 12o vom 21/10. 1953, veröff. 11/7. 1957.) G. KÖNIG. H 980

Atlas Powder Co., übert. von: **John D. Zech**, Wilmington, Del., V. St. A., *Quaternäre Ammoniumphosphite* der allg. Formel **I**, worin R_1 ein organ. Rest ist, der einen lipophilen Rest mit 8—20 C-Atomen enthält, R_2, R_3, R_4 u. R_5 niedere aliphat. KW-stoffreste bedeuten, erhält man durch Rk. von niederen Dialkylhydrogenphosphiten mit tert. Aminen (**II**) der Formel $R_1R_2R_3N$. **II** sind z. B. Lauryl-, Cetyl-, Octadecyldimethylamin (**III**), Dimethylaminoäthylstearat, 2 - Hydroxy - 5 - nonylbenzyldimethylamin, Dimethylaminoäthylmyristat u. Polyoxyäthylendimethylaminlaurat. Die Rk. erfolgt bei 100—130°. — Durch 16 std. Erhitzen von 600 g **III** mit 280 g Phosphorigsäurediäthylester auf 100—118° erhält man einen niedrigschm., in W. lösl. Stoff. — Netz-, Emulgier-, Reinigungs-, Textilschmiermittel- u. Färbehilfsmittel, Stabilisatoren für Vinylharze u. Zusätze zu Schmiermitteln. (**A. P. 2 824 113** vom 6/4. 1953, ausg. 18/2. 1958.) J. MÜHLEISEN. H 980

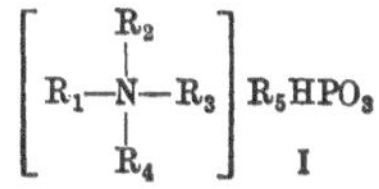

I

Union Oil Co. of California, Los Angeles, übert. von: **Curtis G. Christian**, Anaheim, Calif., V. St. A., *Reinigen von Gemischen aus Alkylbenzolen*, wie p-Xylol, Äthylbenzol. Das Gemisch, welches mindestens ein p-Dialkylbenzol u. ein Monoalkylbenzol enthält, wird mit einem festen WERNER-Komplexsalz (**I**) in Kontakt gebracht. **I** wird aus einem (Ni-)Salz eines 4-Alkylpyridins, wie 4-Methylpyridin oder 4-Äthylpyridin, sowie aus einer Pyridinbase, wie Nicotinsäureamid, niedrige Alkylpyridyl-(3)-ketone, niedrige Alkylester der Nicotinsäure, Thionicotinamid u. Nicotinsäurenitril, zusammengesetzt. Das p-Dialkylbenzol wird in das Kristallgefüge des Komplexsalzes eingebaut. (**A. P. 2 774 802** vom 8/11. 1954, ausg. 18/12. 1956.) E. KAHLES. H 1010

Sun Oil Co., übert. von: **Abraham Schneider**, Philadelphia, Pa., V. St. A., *Abtrennen von Monoalkylbenzolen aus Gemischen mit isomeren Polyalkylbenzolen*, wie Äthylbenzol von Xylolen. Die Monoalkylbenzole sollen 2—5 C-Atome im Alkylrest haben. Das Gemisch wird bei —10 bis 100° mit einem fl. $AlCl_3$-Aromatenkomplex zusammengebracht, damit mindestens ein Teil des Polyalkylbenzols in dieser Komplexverb. gelöst wird. Dann wird der nichtgelöste Anteil, welcher das Monoalkylbenzol enthält, abgetrennt. Die Komplexverb. wird mit gesätt. KW-stoffen extrahiert. (**A. P. 2 838 583** vom 8/10. 1953, ausg. 10/7. 1958.) E. KAHLES. H 1010

Standard Oil Co., übert. von: **David A. McCaulay**, Chicago, Ill., und **Arthur P. Lien**, Highland, Ind., V. St. A., *Abtrennung von Äthylbenzol aus einem Gemisch aus C_8-Aromaten.* Das Gemisch, welches mindestens m-Xylol oder p-Xylol u. Äthylbenzol enthält, wird mit mindestens 1 Mol BF_3 je Mol Aromaten u. mit 2—50 Mol fl. HF je Mol Aromaten bei 0—125°F in Kontakt gebracht, wobei die Reaktionszeit 2 Min. bis 50 Std. beträgt.

Durch Disproportionierung entsteht Bzl. u. Diäthylbenzol. Aus der fl. Phase werden BF_3 u. HF abgetrennt u. eine Xylolfraktion, die frei von Äthylbenzol ist, gewonnen, sowie eine Diäthylbenzolfraktion erhalten. — Zeichnung. (**A. P. 2 780 659** vom 21/3. 1955, ausg. 5/2. 1957.) E. KAHLES. H 1010

Standard Oil Co., Chicago, übert. von: **Robert C. Gunness**, Flossmoor, Ill., V. St. A., *Gewinnung von reinem p-Xylol durch Kristallisation.* Ein KW-stoffgemisch, welches wesentliche Mengen an p-Xylol u. einem anderen Xylolisomeren enthält, wird gekühlt, wobei das p-Xylol auskristallisiert. Der p-Xylolschlamm in der Mutterlauge wird in den oberen Teil einer Reinigungszone eingebracht, die Mutterlauge von den Kristallen abfiltriert u. die Kristalle vom oberen Teil dieser Zone nach unten geführt u. dabei laufend der Druck auf die Kristallmasse verstärkt. In den unteren Teil dieser Reinigungszone wird gleichzeitig noch geschmolzenes p-Xylol eingeleitet u. dad. die Kristallmasse von der anhaftenden Mutterlauge befreit. — Vorr., Zeichnungen. (**A. P. 2 780 663** vom 29/5. 1953, ausg. 5/2. 1957.) E. KAHLES. H 1010

Farbenfabriken Bayer Akt.-Ges. (Erfinder: **Rudolf Stroh**, Leverkusen, und **Gottfried Gollmer**, Köln), *Herstellung von substituierten Chinonen* erfolgt durch Oxydation von p-Phenolsulfonsäuren, die mindestens in o- u. o'-Stellung Alkyl, Halogen oder Cycloalkyl enthalten, mit CrO_3 oder Braunstein. Man kann auch die durch Sulfonierung der entsprechenden substituierten Phenole mit freier p-Stellung erhaltenen Reaktionsgemische oxydieren. — Aus 2.6-Diäthylphenol u. 100%ig. H_2SO_4 bei 100° → Sulfonsäure, daraus nach Zusatz von H_2SO_4 u. $Na_2Cr_2O_7$ in W. bei höchstens 10° → *2.6-Diäthyl-1.4-benzochinon*; Reinigung durch Wasserdampfdest., F. 38°; Ausbeute 69%. — 2-Methyl-6-äthylphenol → *2-Methyl-6-äthyl-1.4-benzochinon*, F. 38°. — 2.6-Diisopropylphenol → *2.6-Diisopropyl-1.4-benzochinon*, $C_{12}H_{16}O_2$, Kp.$_2$ 97°; D.^{20} 1,005; n_D^{20} 1,5082. — 2-Äthyl-6-cyclohexylphenol → *2-Äthyl-6-cyclohexyl-1.4-benzochinon*, aus PAe., F. 75—77°. — 3-Methyl-2.6-diäthylphenol → *3-Methyl-2.6-diäthyl-1.4-benzochinon*, $C_{11}H_{14}O_2$, F. 31—32°. — 2-Chlor-6-äthylphenol → *2-Chlor-6-äthyl-1.4-benzochinon*, $C_8H_7ClO_2$, F. 37—38°. — Na-2.6-Dichlorphenol-4-sulfonat → *2.6-Dichlor-1.4-benzochinon*, aus verd. Methanol, F. 120°. — *Fungicide, Baktericide* u. *Zwischenprodd.* zur Herst. von *Farbstoffen, Arzneimitteln* u. *photograph. Entwicklern.* (**D. A. S. 1 022 209** Kl. 12o vom 8/12. 1954, veröff. 9/1. 1958. **E. P. 783 042** vom 7/12. 1955, ausg. 18/9. 1957. D. Prior. 8/12. 1954.) G. KRAUSS. H 1190

Henkel & Cie. G. m. b. H. (Erfinder: **Bruno Blaser, Hubert Schirp** und **Werner Stein**), Düsseldorf, *Carboxylierung aromatischer Kohlenwasserstoffe*, dad. gek., daß man sie in Ggw. von CO_2, Alkalicarbonaten, Carbiden u. Phosphiden von Elementen der II. oder III. Gruppe des Period. Syst., bes. Aluminiumcarbid oder elementarem Si oder B, bzw. deren Verbb., sowie in Ggw. von Cd oder Zn, bzw. deren Verbb., u. von festen inerten Stoffen mit großer Oberfläche unter Druck auf $>$350° erhitzt. Man erhält Salze von *aromat. Dicarbonsäuren* in guter Ausbeute ohne wesentliche Nebenprodukte. (**D. A. S. 1 048 905** Kl. 12o vom 2/10. 1956, veröff. 22/1. 1959.) L. STADELMANN. H 1220

Imperial Chemical Industries Ltd., London (Erfinder: **Robert Alexander Edington**), England, *Terephthalsäure* (I) wird hergestellt durch Erhitzen von Benzoesäureanhydrid mit K_2CO_3 in Ggw. von Cd- oder Zn-Salzen in inerter Atmosphäre (CO_2) auf mindestens 300—400°, bes. 425°, bei 50—200 at. Ausbeute: 82% I. (**E. P. 796 197** vom 25/1. 1956, ausg. 4/6. 1958.) L. STADELMANN. H 1220

Bergwerksverband zur Verwertung von Schutzrechten der Kohlentechnik G. m. b. H., Deutschland, *Herstellung von Benzoltri- und -polycarbonsäuren*, dad. gek., daß man Xylole, Mesitylen, Pseudocumol u. andere Benzolderivv. einer Chlormethylierung unterwirft u. die entstehenden Prodd., z. B. Tetrakischlormethylbenzol, F. 146—149°, mit HNO_3 u. Luft oder O_2 oxydiert. — Vgl. auch D. A. S. 1 004 601; C. **1957.** 13483. (**F. P. 1 126 149** vom 14/6. 1955, ausg. 15/11. 1956. D. Prior. 14/6. 1954.) S. BÖTTCHER. H 1240

American Cyanamid Co., New York, N. Y., übert. von: **Tsai H. Chao**, Sommerville, **Hans Z. Lecher**, Plainfield, und **Ruth A. Greenwood**, Sommerville, N. J., V. St. A., *Arylphosphonsäuren* erhält man durch Erhitzen von mindestens 5 Mol einer aromat. Verb. mit 1 Mol P_4S_{10} auf 140—250° u. Hydrolyse der entstandenen Arylthionophosphinsulfide mit W. bis zur Beendigung der H_2S-Entwicklung. — Durch Erhitzen von Bzl. mit P_4S_{10} auf 225° erhält man ein Gemisch von $(C_6H_5PS_2)_2$ u. P_4S_7 u. daraus mit kochendem W. *Phenylphosphonsäure.* — Zwischenprodukte. (**A. P. 2 847 458** vom 25/3. 1955, ausg. 12/8. 1958.) J. MÜHLEISEN. H 1380

Franklin D. Mayfield, Baton Rouge, La., und **James Clifford Shaw**, Dallas, Texas, V. St. A., *Styrol, seine Homologen und Analogen* erhält man durch Dehydrieren einer Mischung aus Alkylaromaten mit mindestens 2 C-Atomen im Alkylrest u. Dampf bei 500—700° in Ggw. eines Katalysators (Fe-Oxyd + K_2O oder die im A. P. 2 110 833; C. **1938.** I. 4756 genannten). — Aus 1 lb. Äthylbenzol u. 0,67 lb. Dampf, die bei 420° gemischt, dann auf 614° in Ggw. von Fe-Oxyd–K_2O u. einer Verweilzeit von 0,1 Sek. erhitzt u. durch Wärmeaustausch auf 320° abgeschreckt wurden → *Styrol*, Ausbeute 91,1%. Ferner können dehydriert werden: *Diäthylbenzol, Isopropylbenzol, Äthyltoluol, Äthylnaphthalin* u. *Äthylchlorbenzol*. — Vorr., Zeichnung. (**A. P. 2 831 907** vom 10/10. 1956, ausg. 22/4. 1958.) G. KRAUSS. H 1410

Dow Chemical Co., übert. von: **Robert R. Dreisbach** und **John F. Mulloy**, Midland, Mich., V. St. A., *β-Chlorstyrol* erhält man durch Chlorieren von Styrol bei 0—70° mit nascierendem Cl, das durch Rk. von Mineralsäuren mit anorgan. Chloriden, Chloraten u. Hypochloriten erzeugt wird. — Aus einer Mischung aus 25% 2.5-Dichlorstyrol u. 2.5-Dichloräthylbenzol (erhalten durch Dehydrierung von 2.5-Dichloräthylbenzol) u. NaCl, $NaClO_3$ u. konz. HCl bei 40° → *β.2.5-Trichlorstyrol*, $Kp._{0,3}$ 76°; Ausbeute 51% u. als Nebenprod. 1.4-Dichlor-2-(1.2-dichloräthyl)-benzol. (**A. P. 2 803 675** vom 9/9. 1955, ausg. 20/8. 1957.) G. KRAUSS. H 1410

E. Merck Akt.-Ges., Darmstadt (Erfinder: **Ernst Jacobi**, Darmstadt, und **Albert van Schoor**, Traisa), *Herstellung eines Pentachlorcyclohexens*, F. 70—72°, durch Behandeln von α-Hexachlorcyclohexan (I) oder einem Gemisch verschied. Isomerer des I mit bas. wirkenden Verbb., wie Aminen, bei erhöhter Temperatur. Dabei verwendet man Methylamin u. arbeitet bei ca. 100—120° in Ggw. von Lösungsmitteln wie Xylol oder Toluol. — Ausbeute an Pentachlorcyclohexen: 47,5%. (**D. A. S. 1 043 326** Kl. 12o vom 10/5. 1957, veröff. 13/11. 1958.) H. NEBELSIEK. H 1810

N. V. de Bataafsche Petroleum Mij., Den Haag, Holland, *Herstellung neuer Heptahalobicycloheptene und Hexahalobicycloheptadiene* der allg. Formeln I u. II, worin X = Cl oder Br. — Ein Hexahalocyclopentadien wird mit einer Vinylhalogenverb., z. B. Vinylchlorid, nach DIELS-ALDER zu einem äquimol. Additionsprod. umgesetzt. Die erhaltenen Heptahalobicycloheptene werden zur Bldg. von 1.2.3.4.7.7.Hexahalobicyclo-[2.2.1]-heptadienen-(2.5) dehydrohalogeniert. — Hexachlorcyclopentadien wird mit gasförmigem Vinylchlorid 48 Std. bei 120° behandelt. Es entsteht dabei *1.2.3.4.5.7.7-Heptachlorbicyclo-[2.2.1]-hepten-(2)*, $C_7H_5Cl_7$, F. 125—126°. Diese Verb. wird 4 Std. mit alkoh. KOH zum Sieden erhitzt. Dabei entsteht *1.2.3.4.7.7-Hexachlorbicyclo-[2.2.1]-heptadien-(2.5)*, $C_7H_2Cl_6$. — Vgl. Holl. P. 81 578; C. **1959.** 935. (**Oe. P. 192 906** vom 30/3. 1953, ausg. 11/11. 1957. A. Prior. 18/4. 1950.) M. F. MÜLLER. H 1810

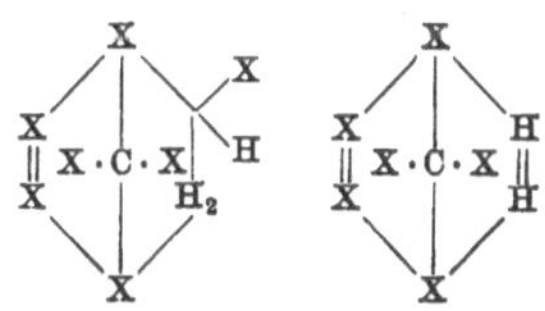

I II

Stamicarbon N. V., Heerlen, Holland, *Herstellung von Oximen cycloaliphatischer Ketone*. Man arbeitet nach dem im Holl. P. 80 703 beschriebenen Verf., verdampft jedoch während des Erhitzens der Hydroxylaminsulfonsäurelsg. 15—35% des darin enthaltenen Wassers. Man erzielt dann bei der nachfolgenden Umsetzung mit Ketonen eine Ausbeute von z. B. 99,6%. (**Holl. P. 87 105** vom 23/1. 1956, ausg. 16/12. 1957. **Zusatz zu Holl. P. 80 703; C. 1959. 2288.**) F. BÖHM. H 1950

Carl Naumann, Philadelphia, Pa., V. St. A., *Kristallisieren von polycyclischen Kohlenwasserstoffen*, die in KW-stoffölen enthalten sind; z. B. Naphthalin, Phenanthren. Das KW-stoffgemisch wird kontinuierlich bei 90—170°F in einer 1. Stufe durch mehrere geschlossene Räume geleitet u. dort das Öl gekühlt. Das Gemisch aus Öl u. Kristallen wird durch einen Rührer von höchstens 5 Umdrehungen/Min. in Bewegung gehalten, wobei von den Wänden des Gefäßes die Kristalle abgeschabt werden. Diese werden vom Öl durch Zentrifugieren getrennt, das zurückbleibende Öl wird auf unter 100°F gekühlt, durch mehrere geschlossene Räume geleitet u. in einer 2. Stufe gekühlt. Wieder hält man durch einen Rührer das Gemisch aus Öl u. Kristall in Bewegung u. schabt dabei gleichzeitig die an der Wand abgeschiedenen Kristalle ab, worauf man diese vom Öl abzentrifugiert. — Zeichnungen. (**A. P. 2 777 889** vom 19/11. 1951, ausg. 15/1. 1957.) E. KAHLES. H 2600

Ruhrchemie Akt.-Ges., Oberhausen, *Herstellung von 4.5.6.7.10.10-Hexachlor-4.7-endomethylen-4.7.8.9-tetrahydroindansulfonsäure-(x) und deren Säureamidderivaten*. Man behandelt 4.5.6.7.10.10-Hexachlor-4.7-endomethylen-4.7.8.9-tetrahydroindan (I) unter Bestrahlung mit aktin. Licht in Ggw. eines chlorierten KW-stoffs mit SO_2 u. Cl_2 u. verseift das erhaltene I-*Sulfochlorid-(x)* (II) (F. 151°) mit W. unter Druck zu I-*Sulfonsäure-(x)* (F. des *S-Benzylthiuroniumsalzes*: 200°), oder man läßt **II**, gegebenenfalls in Ggw. HCl bindender Substanzen, mit NH_3, einem prim. oder sek. Amin reagieren. — I-*Sulfonamid*, F. 185°. — *Morpholid* von I-Sulfonsäure-(x), F. 157°. — *Cyclopentylmethylamid* von I-Sulfonsäure-(x), F. 154°. — *Zwischenprodd. für organ. Synthesen*. (**Holl. P. 84 329** vom 30/9. 1954, ausg. 15/2. 1957.) F. BÖHM. H 2650

Farbenfabriken Bayer Akt.-Ges., Leverkusen (Erfinder: **Georg Rösch, Walther Wolf**, Leverkusen, und **Helmut Klappert**, Köln), *Herstellung von phenylsubstituierten 2-Amino-5-iminopyrroleninen*, dad. gek., daß man Maleinsäure u./oder Fumarsäurenitrile der allg. Formel **I** oder **II**, in der R einen Phenylrest u. R' einen Alkyl-, Cycloalkyl- oder Aralkylrest oder Halogen bedeuten, mit 1 Mol Alkohol u. trockenem Halogenwasserstoff in einem inerten Lösungsm., z. B. Bzl., zu Iminoäthern umsetzt u. diese mit NH_3 bzw. NH_3 abgebenden Mitteln behandelt. Z. B. *3-Phenyl-4-methyl- (bzw. 3-Methyl-4-phenyl)-2-amino-5-iminopyrrolenin* aus Phenylmethylmaleinsäure- bzw. Phenylmethylfumarsäuredinitril; grünliches Pulver. (**D. A. S. 1 004 183** Kl. 12p vom 12/1. 1955, veröff. 14/3. 1957.) C. LÜTTGEN. H 3081

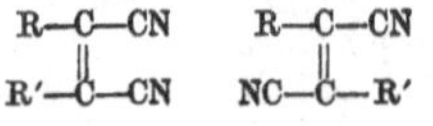

I II

Arnold, Hoffman & Co., Inc., übert. von: **Charles A. Robinson**, Providence, R. I., V. St. A., *Reinigung von Pyrrolidon* von polymerisationsstörenden Beimengungen, dad. gek., daß eine 1. Dest. des Pyrrolidons in Ggw. von 0,1—10%, bes. aber von 1—5% Carbonsäureanhydriden der niederen aliphat. oder auch mononuclearen KW-stoffreihe vorgenommen u. dann eine 2. in Ggw. von starken nichtflüchtigen Basen, bes. von NaOH u. KOH, bei red. Druck wiederholt wird. Die Polymerisation der Prodd. gelingt dann bis über 70%, sonst nur zu 8 u. 12%. Tabelle der Viscositäten. — 1,5 kg rohes Pyrrolidon + 15 g Propionsäureanhydrid werden bei 20 mm Hg über eine Kolonne dest., u. 1 kg der mittleren Fraktion mit 19,8 g wasserfreiem KOH erneut destilliert. (**A. P. 2 806 856** vom 29/4. 1954, ausg. 17/9. 1957.) K. GÄBELEIN. H 3081

Dr. Wilmar Schwabe G. m. b. H. (Erfinder: **Ursula Kranen-Fiedler**, Vancouver, Canada, und **Richard Neu**), Karlsruhe, *Gewinnung von Hydroxyderivaten* (**I**) *der Phenylbenzo-γ-pyrone* (**II**) durch Extrahieren von Pflanzenteilen des Weißdorns mit W. u./oder organ., mit W. mischbaren Lösungsmitteln, dad. gek., daß durch Zusatz von W. zum erhaltenen eingedampften Extrakt das Chlorophyll u. vorhandene Wachse u. Fette abgeschieden u. im Filtrat unter stufenweiser Veränderung der Wasserstoffionenkonz., beginnend im sauren p_H-Bereich u. endend im alkal., mit Schwermetallsalzen (**III**) die **I** der **II** getrennt als Salze gefällt u. nach Zerlegung der **III** isoliert werden. (**D. A. S. 1 051 460** Kl. 30h vom 20/8. 1956, veröff. 26/2. 1959.) K. KOEBKE. H 3211

Nordmark-Werke G. m. b. H., Hamburg (Erfinder: **Ludwig Schusteritz**, Uetersen), *Herstellung von Nicotinsäurebenzylester* durch Umsetzen von Nicotinsäure mit Benzylalkohol in Ggw. eines Übertreibmittels für W., wie Toluol oder Xylol, dad. gek., daß man die Rk. in Ggw. einer so geringen Menge des Übertreibmittels durchführt, daß das Mittel im wesentlichen nur noch den Dampfraum des Reaktionsgefäßes ausfüllt u. im Reaktionsgemisch bes. Tempp. von 130—190°, vorzugsweise von 150—160°, eingehalten werden können. (**D. A. S. 1 042 586** Kl. 12p vom 26/5. 1955, veröff. 6/11. 1958.) W. HEYER. H 3231

Farbenfabriken Bayer Akt.-Ges., Leverkusen (Erfinder: **Hans Henecka, Rudolf Lorenz** und **Helmut Timmler**, Wuppertal), *Herstellung von 2-substituierten 1-Alkyl-4.5-dihydro-β-carbolinen* gemäß D. A. S. 1 039 065, dad. gek., daß man 1-Alkyl-2-keto-2.3.4.5-tetrahydro-β-carboline mit $POCl_3$ unter milden Bedingungen zu Addukten umsetzt u. diese dann mit Alkoholen oder prim. oder sek. Aminen reagieren läßt. — 1-Methyl-2-keto-2.3.4.5-tetrahydro-β-carbolin wird mit $POCl_3$ mehrere Std. bei n. Temp. gerührt u. das hierbei gebildete Addukt mit Methanol behandelt → *1-Methyl-2-methoxy-4.5-dihydro-β-carbolin*, F. 96—98°. Analog werden dargestellt: *1-Methyl-2.7-dimethoxy-* u. *1-Methyl-2-äthoxy-7-methoxy-4.5-dihydro-β-carbolin*, F. 99—100° bzw. 96—98°. — Zwischenprodukte. (**D. A. S. 1 045 411** Kl. 12p vom 5/4. 1957, veröff. 4/12. 1958. **Zusatz zu D. A. S. 1 039 065; C. 1959. 2289.**) A. BRÖSAMLE. H 3231

VEB Stickstoffwerke Piesteritz, Wittenberg (Erfinder: **Albert Bachmann, Gerhard Köhler**, Wittenberg, und **Franz Runge**, Halle/Saale), *Herstellung reiner monomerer Methylolverbindungen des Melamins* aus diesem u. CH_2O, dad. gek., daß 1 Mol Melamin innerhalb 3—5 Min. in einer auf p_H 8,5—11 eingestellten, die dem Endprod. entsprechenden Mole CH_2O enthaltenden, ca. 10—20%ig. wss. Lsg. bei 65—80° gelöst u. umgesetzt u. das Reaktionsgemisch abgekühlt wird. — Es wird z. B. das *Tetramethylolmelamin* in 94%ig. Ausbeute hergestellt, ferner das *Pentamethylol-* (90%) u. das *Hexamethylolmelamin* (95%). (**D. A. S. 1 054 459** Kl. 12p vom 14/9. 1957, veröff. 9/4. 1959.) A. BRÖSAMLE. H 3313

Badische Anilin- & Soda-Fabrik Akt.-Ges. (Erfinder: **Otto von Schickh** und **Horst Metzger**), Ludwigshafen/Rh., *Herstellung von Lactamen* aus cycloaliphat. Ketoximen (**I**) durch Behandeln mit H_2SO_4 u./oder Oleum, dad. gek., daß man an Stelle der freien **I** deren Hydrohalogenide verwendet. — 14 (Teile) krist. Cyclooctanonoximhydrochlorid werden mit 140 80%ig. H_2SO_4 übergossen, auf 110° erwärmt u. die Umlagerung bei 115—125° durchgeführt. Nach Neutralisieren mit NaOH, Abtrennen des Rohlactams u. Abdest. des W. im Vakuum erhält man 9,6 *η-Capryllactam*, $Kp._{0,4}$ 114—116°. Analog aus Cyclohexanonoximhydrochlorid → *ε-Caprolactam*, $Kp._{10}$ 135°, F. 70°. (**D. A. S. 1 024 515** Kl. 12p vom 2/6. 1956, veröff. 20/2. 1958.) C. LÜTTGEN. H 3370

Inventa Akt.-Ges. für Forschung und Patentverwertung, Luzern, Schweiz, *Herstellung von Caprolactam.* Man erhitzt ε-Aminocapronsäureamid in Ggw. eines inerten Gases, z. B. H_2, in einem Lösungsm., wie Dioxan, bei 20—150 at auf mehr als 150°. (**Holl. P. 85 780** vom 9/5. 1955, ausg. 15/7. 1957. Schwz. Prior. 4/4. 1955.) F. BÖHM. H 3370

X. Färberei. Organische Farbstoffe.

S. M. Neale, *Färbetheorie: Rückblick und Ausblick.* An Hand der Literatur (25 Zitate) werden die Erkenntnisse über die chem.-physikal. Wechsel-Wrkgg. beim Färben von Cellulosefasern mit substantiven Farbstoffen besprochen u. auf den positiven Einfl. der theoret. Erkenntnisse auf die Entw. von Färbeverff. während der vergangenen 30 Jahre hingewiesen. (Textile Res. J. **28.** 1041—44. Dez. 1958. Manchester, England, College of Science and Technology.) H.-G. FRÖHLICH. 7020

Philip Woerner, Fred Fordemwalt und **Eugene Allen,** *Laboratoriumsuntersuchungen über das Färben auf Packapparaten.* Die vorgenommenen Unterss. über das Egalisiervermögen von Küpenfarbstoffen beim Färben auf Packapparaten zeigten, daß die Diffusionseigg. der Farbstoffe das Egalisiervermögen entscheidend beeinflussen. Daher läßt sich durch Temperaturerhöhung, Zusätze an Lösungsmitteln (Cellosolve, Aceton u. andere mehr) oder retardierenden Prodd. (Peregal OK) das Egalisiervermögen verbessern. Ferner wird darauf hingewiesen, daß mit zunehmender Affinität der Farbstoffe zur Faser die Gefahr einer ungleichmäßigen Anfärbung zunimmt. — 6 Tabellen, 9 Figuren. (Textile Res. J. **28.** 1031—41. Dez. 1958. Bound Brook, N. J., American Cyanamid Comp., Res. Div.) H.-G. FRÖHLICH. 7020

J. P. Brennan, *Procionfarbstoffe — ihr Aufbringen auf Cellulosestapelfasern im Kontinueverfahren auf der Fleißner-Maschine. Eindrucksvolle Vorführungen in Egelsbach.* Beschreibung von Färbeverss., die auf der FLEISSNER-Maschine mit Procionfarbstoffen (Reaktivfarbstoffe der ICI) durchgeführt wurden. Es wurden mit diesen Farbstoffen in der Flocke im Kontinueverf. gefärbt (Farbtöne: rot, grün, braun, orange, grau u. blau): 8 u. $^1/_2$ den Glanzviscosereyon, 8 den Mattviscosereyon u. gebleichte Baumwolle. Angabe der Zus. der verwendeten Klotzflotten. Die wirtschaftlichen Vorteile dieser Färbetechnik werden herausgestellt. (Textile J. Australia **33.** 825—26. 20/9. 1958. Manchester, Imperial Chemical Industries Ltd., Dyestuffs Div.) H. SONTAG. 7020

Fred Fortess und **Victor S. Salvin,** *Faktoren, die das Färben von Acetatfasern mit nichtionogenen Dispersionsfarbstoffen beeinflussen.* Ausführliche Darst. über das Färben von Acetatfasern ($2^1/_2$ u. Triacetat) mit Dispersionsfarbstoffen unter besonderer Berücksichtigung der Eigg. u. chem. Struktur der verwendeten Farbstoffe. Gleichzeitig wurde auch die Wrkg. der Färbebeschleuniger (Carrier) besprochen. Unterss. über die Wechselwrkg. zwischen Faser u. Farbstoff wurden nicht vorgenommen. Die zahlreichen Untersuchungsergebnisse sind in 12 Tabellen u. 12 Figuren zusammengestellt. (Textile Res. J. **28.** 1009—21. Dez. 1958. Charlotte, N. C., Celanese Corp. of America.) H. G. FRÖHLICH. 7020

Calvin Heit, Mary Moncrieff-Yeates, Ann Palm, Mildred Stevens und **Howard J. White jr.,** *Die Aufnahme von Farbstoffen durch Celluloseacetat aus nichtwässeriger Flotte.* Acetatseidengarn wurde während 3—30 Tagen bei 25 u. 35° mit in Bzl. gelösten Acetatseidenfarbstoffen gefärbt. Daneben wurden auch Färbungen unter Verwendung von CCl_4, CH_3OH u. Aceton als Färbeflotte ausgeführt. Die hierbei erhaltenen Farbstoffaufnahmen in Abhängigkeit der Farbstoffkonz. entsprechen der LANGMUIRschen Gleichung. Ferner wurde beobachtet, daß die verwendeten Lösungsmittel eine gewisse Carrier-Wrkg. erkennen lassen. — 2 Figuren, 9 Tabellen. (Textile Res. J. **29.** 6—12. Jan. 1959. Princeton, N. J., Text. Res. Inst.) H. G. FRÖHLICH. 7020

G. Stamm, *Das Färben von Acrilan mit plastolöslichen, basischen und sauren Farbstoffen.* Ausgezeichnet echte Färbungen auf Acrilan ergeben ausgewählte Acetochinonfarbstoffe der C. F. M. C., aber auch mit bas. Farbstoffen werden ausgezeichnet naßechte, lebhafte Farbtöne erhalten. Durch die Möglichkeit, gleichzeitig mit plastolösl. Farbstoffen zu färben, verringern sich die Gestehungskosten. Es werden die Echtheitswerte einiger Acetochinonfarbstoffe sowie eine Auswahl bas. u. saurer Farbstoffe u. Färbevorschriften mitgeteilt. (SVF Fachorgan Textilveredlung **13.** 178—80. März 1958. Labor. Francolor C. F. M. C.) G. LANGE. 7020

R. Lang, *Über das Färben und Ausrüsten von Acrilan für sich und in Mischung mit anderen Fasern.* Acrilan (CHEMSTRAND CORP., D. C.) ist ein Acrylnitrilmischpolymerisat mit 90—85% PAcN u. 10—15% Copolymere. Die Faser wird wie Wolle verwendet u. kann nach den üblichen, von Fall zu Fall zu variierenden Methoden mit den meisten üblichen Farbstoffen gefärbt werden. Auf Mischungen mit Acrilan lassen sich Unifärbungen sowie 2- u. Mehrfarbeneffekte leicht herstellen. Zur Vorwäsche wird ein Hilfsmittel mit Soda empfohlen, gebleicht wird im sauren Medium mit Na-Chlorit. Für lichtbeständiges Weiß ist eine vorhergehende Behandlung mit einer H_3PO_4/HNO_3-Mischung bei 90—95° erforderlich. Bas. Farbstoffe (Basacrylmarken) gaben ausgezeichnet naßechte helle Töne. Mit Celliton(echt)farbstoffen werden farbstarke waschechte Färbungen erzielt. Säurefarbstoffe sind weniger lichtecht. Von Metallkomplexfarbstoffen eignen sich bestens Palatin-Echtfarbstoffe (BASF) für mittlere u. dunkle Töne. Ausgewählte Küpenfarbstoffe geben sehr echte Färbungen. Acrilan-Wollmischungen müssen mit H_2SO_4 kochend vorbehandelt werden, oder man verwendet eine Kombination kationenakt. u. nichtionogener Hilfsmittel (Cation Transfer-Syst.). Unifärbungen auf Acrilan-, Cellulose- oder anderen Textilfasermischungen können einbadig mit Dispersions- u. Direktfarbstoffen gemeinsam, oder einbadig-zweistufig mit bas. u. direktziehenden Farbstoffen erzielt werden. (SVF Fachorgan Textilveredlung **13.** 173—77. März 1958. BASF, Aweta-Textil, Ludwigshafen/Rh.) G. LANGE. 7020

P. Diserens, *Das Triacetat der Cellulose und neue Fortschritte beim Druck von Indigosolfarbstoffen auf dieser Faser.* Die Eigg. der Triacetatfaser u. ihre Färbbarkeit werden diskutiert. Beim Druck von Indigosolfarbstoffen werden Alkylphenolhalogenide als Fixativ verwendet. (Teintex **23.** 553—58. 15/8. 1958.) H. ROSSOW. 7022

K. McLaren, *Bestimmung der Lichtechtheit.* Beschreibung u. krit. Unters. der Reproduzierbarkeit u. Zuverlässigkeit der ISO (Internationale Organisation für Standardisierung) Meth. zur Best. der Lichtechtheit durch Vgl. mit 8 Standardfärbungen (Blaumaßstäbe). Durch Bewitterung an geograph. verschied. Orten u. zu verschied. Jahreszeiten wird gezeigt, daß die Untersuchungsergebnisse nach dieser Meth. bei feuchtigkeitsempfindlichen Mustern durch die örtliche Stundenzahl beeinflußt werden können; zur Aufdeckung dieses method. Fehlers führt die Farbstoffabteilung der ICI die Lichtechtheitsprüfung für einen Farbstoff jeweils in 2 Parallelbestimmungen an 2 Orten mit unterschiedlicher täglicher Sonnenstundenzahl (England u. Indien) durch. Die Ergebnisse des ISO-Prüfverf. auf Lichtechtheit bei Kurzbewetterung mit verschied. Apparaturen werden erörtert. Ferner geht Vf. auf das amerikan. Standardverf. zur Lichtechtheitsprüfung ein u. bringt deren Maßstäbe mit denen des ISO-Verf. in Korrelation. (Textil-Rdsch. [St. Gallen] **13.** 628—36. Nov. 1958. Manchester, Imperial Chemical Industries, Ltd.) H. SONTAG. 7028

E. Stöcklin, L. Valpiana und **H. Zollinger,** *Anwendung neuerer Methoden in der Verfahrenstechnik von Zwischenprodukten und Farbstoffen.* Die Bedeutung der Reaktionsgeschwindigkeit für die Ausbeute u. Verfahrenstechnologie von Farbstoffen wird behandelt. Die Kenntnis der Reaktionskinetik läßt eine Voraussage der Neben-Rkk. zu. Die Bedeutung von Salzzusätzen als Mittel, das Geschwindigkeitsverhältnis von Haupt- u. Neben-Rkk. auf Grund der Ionenstärke sowie von Aussalzwrkg. zu beeinflussen, wird an Beispielen erläutert. Die Rentabilität eines Verf. wird bei Durchführung von Synthesen ohne Isolierung der Zwischenprodd. durch Wahl geeigneter Lösungsmittelsysteme erhöht. Die techn. Auswertung eines chem. Gleichgewichts im Fall der Acetylierung eines Amins wird beschrieben. (Chimia [Zürich] **10.** 33—40. 15/2. 1956. Basel, Ciba AG., Farbendep., Labor.) J. MILLER. 7048

Roland Ruf, *Weitere Entwicklung auf dem Gebiet der unlöslichen Azo- und Oxydationsfarbstoffe* (I). Es wird die Fortentw. der Erzeugung unlösl. Azokörper von den Naphtholen u. Basen über die Rapidazol- u. Rapidogen- bzw. Naphthazogenfarbstoffe beschrieben. Letztere sind Mischungen von Naphtholen mit diazotierten, stabilisierten, aromat. Aminen, die sich im Druck nur durch saures Dämpfen entwickeln lassen. Die Neutrogene der C.F.M.C. (Comp. Française Matière Colorantes, Paris) können wegen der bes. stabilisierten Amine im Neutraldampf, durch saures u. auch alkal. Dämpfen entwickelt werden. Es werden die zum Druck dieser Farbstoffe verwendeten Lösungsmittel, Verdickungen u. Entwicklungen beschrieben. Die V. A. Neutrogene (Vivacité Ameliorée) zeigen „verbesserte Lebhaftigkeit", die sie erst nach dem Dämpfen zeigen; sie sind daher für kombinierte Drucke besser verwendbar (Textil-Prax. **14.** 180—83. Febr. 1959.) W. BERNARD. 7052

J. Kolšek, *Zur Papierchromatographie einiger saurer Wollfarbstoffe.* Unter Verwendung von Methanol/Methylalkohol/Bzl./W. (31:15:46:8) wird die papierchromatograph. Unters. einiger saurer Wollfarbstoffe vom Typ der Acilane (BAYER) beschrieben.

Die Farbstoffe, die zur absteigenden Papierchromatographie in wss. Lsg. aufgetragen wurden, spalteten z. T. im Chromatogramm in mehrere Komponenten mit unterschiedlichen R_F-Werten auf. (Chemiker-Ztg. **82.** 35—36. 20/1. 1958. Ljubljana, Univ., Inst. für Organ. Chem.) E. Moisar. 7086

Soc. de la Viscose Suisse, Emmenbrücke (Erfinder: **Ernst Geiger,** Steckborn), Schweiz, *Herstellung von in der Masse gefärbten Gebilden aus Viscose.* Man setzt einer Viscose Leukoverbb. von Küpenfarbstoffen zu u. oxydiert diese in der Viscose durch Zusatz von Oxydationsmitteln, bes. Nitroverbb. von aromat. Sulfonsäuren, wie m-nitrobenzolsulfonsaurem Na. Die so eingefärbte Viscose läßt sich störungslos filtrieren u. verspinnen. (**Schwz. P. 327 670** vom 14/12. 1954, ausg. 31/3. 1958.) F. Böhm. 7021

Badische Anilin- & Soda-Fabrik Akt.-Ges., Deutschland, *Herstellung von Azofarbstoffen* zum Färben von Wolle, Polyamidfasern, zur Herst. von Farb- u. Zaponlacken. Eine aromat. Diazoverb. wird mit einem Hydroxyalkylamid (I) der 2.3-Hydroxynaphthoesäure gekuppelt. Die Diazoverb. wird z. B. erhalten durch Diazotierung von 2-, 3-, 4-Nitroanilin, 2-, 3-Chloranilin, 2.5-Dichloranilin, 4-Chlor- oder 5-Chlor-2-amino-1-methylbenzol, 5-Nitro- oder 3-Nitro-4-amino-1-methoxybenzol, 5-Nitro-2-amino-1-methoxybenzol. Als Kupplungskomponente **I** sind z. B. genannt: Hydroxyäthyl-, Hydroxypropyl-, Dihydroxypropyl- oder Hydroxybutylamid der 2.3-Hydroxynaphthoesäure. (**F. P. 1 135 397** vom 21/7. 1955, ausg. 26/4. 1957. D. Prior. 11/8. 1954.) M. F. Müller. 7053

Lyman Chalkley, Washington, D. C., V. St. A., *Reinigung von Cyaniden von Triarylmethanfarbstoffen,* wie Rosanilin [Colour Index (**I**) Nr. 677], Pararosanilin (**Ia**) (**I**; Nr. 676) oder Neufuchsin (**II**) (**I**; Nr. 678), wird durch Auflösen des rohen Farbstoffcyanids in Triäthylphosphat (**III**) u. Ausfällen des gereinigten Cyanids aus dieser Lsg. mit $^1/_2$—10 Raumteilen W. erzielt. — Die Cyanide der Farbstoffe sind für photograph. u. Photovervielfältigungszwecke verwendbar. — 10 g **II**-Cyanid (aus **II** u. NaCN in wss. Lsg.) löst man bei 25° unter Rühren in einem Gemisch von 7,5 (cm^3) **III** u. 25 W., filtriert u. setzt unter Rühren pro Std. 2 W. hinzu. Nach Zugabe von 100 W. wird das nahezu farblose kristalline Pulver filtriert, mit W. gewaschen u. an der Luft getrocknet. Eine weitere Menge weniger reinen Prod. kann aus der Mutterlauge durch sofortigen Zusatz von 700 W. erhalten werden. — Man löst 20 g **Ia**-Cyanid bei 100° in 160 **III** in einem 500 fassenden Becherglas, stellt das Glas in einen Exsiccator, dessen Boden mit 500 W. gefüllt ist, evakuiert u. läßt bei 50 mm Hg 4—6 Wochen im Dunkel stehen. Die entstandenen 2—3 mm langen Kristalle werden filtriert, mit W. gewaschen u. im Vakuum oder über H_2SO_4 getrocknet. (**A. P. 2 829 148** vom 15/12. 1955, ausg. 1/4. 1958.) O. Roick. 7057

Lyman Chalkley, Prince Georges County, Md., V. St. A., *Neufuchsincyanid,* farblose, durch UV-Bestrahlung in den ursprünglichen Farbstoff Neufuchsin (**I**; New Fuchsine, Colour Index Nr. 678) überführbare Verb. u. daher für photograph. u. Photovervielfältigungszwecke geeignet, der allg. Zus. **II** erhält man in folgender Weise: Man löst 25 g **I** in 350 (cm^3) sd. W., kühlt auf 45°, filtriert, behandelt das Filtrat mit einer Lsg. von 5,3 g NaCN (95%ig.) in 25 W., läßt 12 Std. bei n. Temp. im Dunkel stehen, filtriert, wäscht mit 1000 W. u. trocknet an der Luft bei 50°. Die Reinigung der **II**-Kristalle wird nach A. P. 2 829 148 (s. vorst. Ref.) durchgeführt. (**A. P. 2 829 149** vom 29/6. 1956, ausg. 1/4. 1958.) O. Roick. 7057

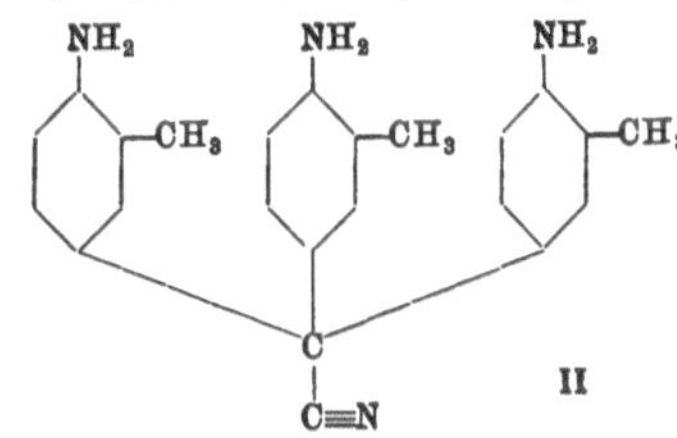

II

Badische Anilin- & Soda-Fabrik Akt.-Ges., Ludwigshafen/Rh. (Erfinder: **Willy Braun,** Heidelberg, und **Wilhelm Ruppel,** Mannheim-Käfertal), *Küpenfarbstoffe* der allg. Zus. **I** (A = mindestens 2 Halogenatome tragender Phenylring), die sich durch Weißätzbarkeit u. gute Naßechtheiten auszeichnen, erhält man durch Acylierung der entsprechenden 1.4-Diamino-2-anthrachinonylanthrachinonoxazole mit Polyhalogenbenzoesäuren oder ihren Halogeniden oder Anhydriden. — 100 (Gewichtsteile) 1.4-Diamino-2-anthrachinonyl-2′.3′-anthrachinonoxazol (**II**) erhitzt man in 1000 Nitrobenzol (**III**) auf 120°, fügt 54 2.5-Dichlorbenzoylchlorid (**IV**) u. 6 Pyridin hinzu, rührt 5 Std. bei 145—150° u. 1 Std. bei 180°, saugt bei 100° ab, wäscht mit warmem **III** u. treibt **III** durch Wasserdampfdest. ab. Man erhält 110 eines violetten Farbstoffs, der chlorechte u. weiß ätzbare Färbungen ergibt. In ähnlicher Weise erhält man weitere Farbstoffe durch Rk. von **II** u. 3.4-Dichlorbenzoylchlorid, färbt rotstichigblau; 2.5-Chlorbrombenzoylchlorid, färbt blauviolett; 2.4-Dichlorbenzoyl-

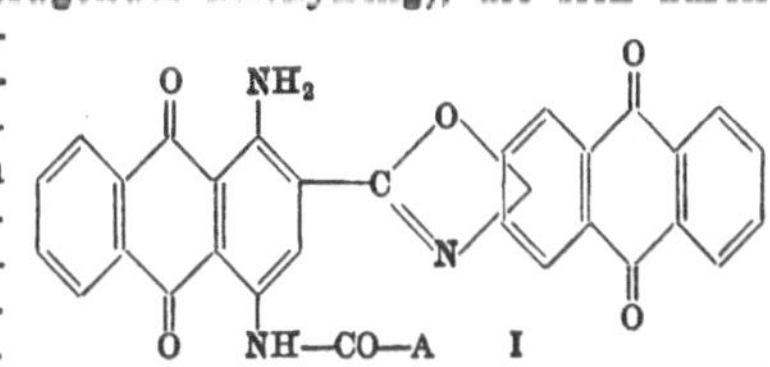

I

chlorid, färbt violett; 2.4.5-Trichlorbenzoylchlorid (**IV**), färbt violett; 2.4.5-Dichlorbrombenzoylchlorid, färbt violett. Durch Umsetzen von 1.4-Diamino-2-anthrachinonyl-1'(N), 2'-anthrachinonoxazol mit **IV** oder **V** werden rotstichigblaue Küpenfarbstoffe erhalten. (**D. A. S. 1 050 471** Kl. 22b vom 26/4. 1957, veröff. 12/2. 1959.) O. ROICK. 7059

Farbenfabriken Bayer Akt.-Ges., Leverkusen-Bayerwerk, *Küpenfarbstoffe der Benzanthronimid-Grün-Reihe.* Die nach E. P. 773 116 erhältlichen Küpenfarbstoffe, die man durch Verschmelzen eines Bz-1-Benzanthronyl-5-amino-1.1'-dianthrimids (**II**) mit einer Komplexverb. aus $AlCl_3$ u. einer Base oder durch alkal. Schmelze eines Bz-1-Benzanthronyl-5-amino-1.1'-dianthrimidcarbazols herstellen kann, unterwirft man einer Nachbehandlung mit sauren Kondensationsmitteln, wie $AlCl_3$ in $SOCl_2$, SO_2Cl_2, Benzolsulfochlorid (**I**), Benzoylchlorid, Oxalylchlorid, Methansulfochlorid oder Chlormethansulfochlorid. Die erhaltenen Farbstoffe färben in grünstichigeren Tönen als die Ausgangsfarbstoffe. — 6,7 (g) des nach Beispiel 1 von E. P. 773 116 aus **II** durch Behandlung mit $AlCl_3$ in Pyridin herstellbaren Farbstoffs trägt man in eine Lsg. von 60 cm^3 **I** u. 30 $AlCl_3$ ein, erhitzt 6 Std. bei 60° u. arbeitet wie üblich auf. Der erhaltene Farbstoff färbt Baumwolle (**A**) in oliven Tönen. — In eine Lsg. von 7 $AlCl_3$ in 35 cm^3 $SOCl_2$ trägt man bei n. Temp. 6,7 eines Farbstoffs ein, den man nach Beispiel 6 von E. P. 773 116 durch alkal. Schmelze des Reaktionsprod. des 5-Amino-1.1'-dianthrimidcarbazols mit Bz-1-Brombenzanthron erhalten kann, ein u. rührt das Gemisch 30 Stunden. Der Farbstoff färbt **A** oliv. In ähnlicher Weise erhält man weitere Farbstoffe aus dem durch Behandlung von **II** mit $AlCl_3$ u. Isochinolin erhaltenen Farbstoff durch Einw. von $AlCl_3$ u. SO_2Cl_2, färbt **A** gelbstichigoliv; oder aus dem durch Behandlung von **II** mit $AlCl_3$ u. Chinolin erhaltenen Farbstoff durch Einw. von $AlCl_3$ u. Oxalylchlorid, färbt **A** braunstichig oliv. (**E. P. 797 240** vom 27/9. 1956, ausg. 25/6. 1958. D. Prior. 1/10. 1955. **Zusatz zu E. P. 773 116; C. 1958. 5221.**) O. ROICK. 7059

Badische Anilin- & Soda-Fabrik Akt.-Ges. (Erfinder: **Otto Trauth**, Ludwigshafen/Rh., und **Willi Braun**, Heidelberg), *Küpenfarbstoffe*, die Baumwolle (**A**), Leinen oder regenerierte Cellulose sehr lichtecht färben u. auch als Pigmentfarbstoffe geeignet sind, erhält man durch Umsetzen von Aminen der Anthrachinonreihe mit solchen Benzophenonsulfondicarbonsäuren, bes. in Form ihrer Carbonsäurechloride, die die eine Carboxylgruppe in p-Stellung zur ringförmig gebundenen Carbonylgruppe u. die zweite Carboxylgruppe im anderen Benzolkern in beliebiger Stellung enthalten. — Ein Gemisch aus 7 (Gewichtsteilen) Benzophenonsulfon-3.7-dicarbonsäure (erhältlich durch Erhitzen von Diphenylsulfon-4.2'.5'-tricarbonsäure in 23%ig. Oleum auf ca. 150°), 175 Nitrobenzol (**I**), 30 $SOCl_2$ u. 2 Pyridin erhitzt man bis zur Auflösung unter Rühren auf 120 bis 140°, dest. das überschüssige $SOCl_2$ im Vakuum ab, erhitzt den Rückstand nach Zugabe

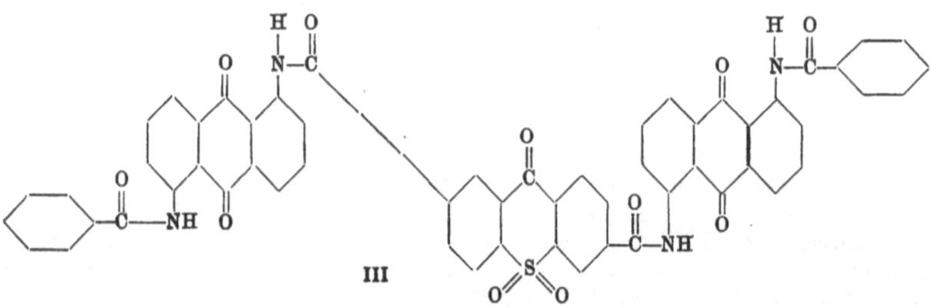

III

von 16,2 1-Amino-5-benzoylaminoanthrachinon (**II**) so lange auf 140—160°, bis das Kristallbild des ausgeschiedenen Farbstoffs einheitlich geworden ist, saugt ab, wäscht mit **I** u. A. u. trocknet. Der Farbstoff, ein gelbes Pulver, von der Zus. **III** färbt **A** aus violetter Küpe echt gelb. In ähnlicher Weise erhält man einen ebenfalls aus violetter Küpe kräftig gelb färbenden Farbstoff durch Rk. von Benzophenonsulfon-3.5-dicarbonsäure (erhältlich durch Kondensation von o-Toluolsulfochlorid u. p-Xylol in Ggw. von $AlCl_3$, Oxydation des erhaltenen Tolylxylylsulfons zur Tricarbonsäure (**IV**) u. Erhitzen von **IV** in 23%ig. Oleum auf 145—150°) u. **II**. (**D. A. S. 1 046 804** Kl. 22b vom 24/6. 1954, veröff. 18/12. 1958.) O. ROICK. 7059

Farbenfabriken Bayer Akt.-Ges., Leverkusen, *Herstellung von Betaincyanin- und Betainstyrylfarbstoffen*, dad. gek., daß man die in der Cyaninchemie üblichen heterocycl. Basen, die am N eine Sulfoalkylgruppe tragen, den bekannten Rkk. zur Herst. von Cyanin- u. Styrylfarbstoffen unterwirft. (**It. P. 493 530** vom 10/10. 1952. D. Prior. 23/10. 1951.) K. KOEBKE. 7073

Heinrich Zollinger, *Chemie der Azofarbstoffe.* Chemische Reihe. Band 13. Basel, Stuttgart: Birkhäuser Verlag. 1958. (308 S. m. 19 Abb. u. 1 Farbtaf.) DM 36,35.

Im Vordergrund steht die physikal.-organ. Betrachtungsweise in der Farbstoffchemie. Von diesem Gesichtspunkt werden besprochen: die Diazotierungsmethoden, der Mechanismus der Diazotierung, die Diazogleichgewichte, die Isomerie der Diazokörper, die Diazotierungs-Rkk., die Diazoaminoverbb., Methoden zur Herst. von Azoverbb., Mechanismus der Kupplungs-Rkk., Anwendung der Kupplungstheorie auf die Technologie der Azofarbstoffe. Es wird eine Übersicht über die techn. Azofarbstoffe gegeben u. die Zusammenhänge zwischen Konst. u. Eigg. aufgezeigt. Schließlich werden die Chemie der Metallkomplexe, die Anwendung der Azofarbstoffe in der Färberei, sowie die physikal.-chem. Grundlagen der Färbevorgänge besprochen. Das Buch ist aus dem Manuskript für Vorlesungen auf der Universität Basel entstanden u. soll eine Brücke zwischen dem Labor. der Hochschule u. dem des Betriebes bilden. M. PFLÜCKE.

XIa. Farben. Anstriche. Lacke. Naturharze.

William M. Kraft, *Trimethyloläthan und Trimethylolpropan.* Trimethyloläthan u. -propan, bes. in Alkydharzen. (Paint Varnish Product. **48.** Nr. 11. 64—67. 156. Okt. 1958. Garfiled, N. J., Heyden Newport Chemical Corp., Res. Labors.) B. SCHEIFELE. 7096

—, *Harzige Polyole.* Verwendung von Polyol X-450 (SHELL) u. Dow Resin 565, bes. in Alkydharzen. (Paint Varnish Product. **48.** Nr. 11. 70—72. Okt. 1958.) B. SCHEIFELE. 7096

J. P. Gibbons, *Methylglucosid.* Beschreibung der Reaktionsfähigkeit von Methylglucosid u. seine Verwendung, bes. bei Darst. von Alkydharzen. (Paint Varnish Product. **48.** Nr. 11. 57—63. 161. Okt. 1958. Argo, Ill., Corn Products Refining Co., Techn. Serv. Dep.) B. SCHEIFELE. 7096

J. Edward Singley, William C. Duckworth, Charles E. Feazel und **Walter H. C. Rueggeberg,** *Sulfonylverbindungen der Isophthalsäure: Eine neue Klasse zweibasischer Säuren für Alkydharze.* Vff. berichten über ihre Unterss. von Polyestern u. Alkydharzen, hergestellt unter Zusatz von Isophthalsäuresulfonylverbb. zur Isophthalsäure u. empfehlen diese Verbb. als Katalysatoren zur Beschleunigung der Veresterung von Carbonsäuren mit Polyolen. (Off. Digest. Federat. Paint Varnish Product. Clubs **30.** 835—44. Aug. 1958. Tennessee Corp., Southern Research Inst., Atlas Powder Comp.) L. KEMPF. 7096

R. Großsteinbeck und **H. Holtz,** *Untersuchungen über das Verhalten von Lösungsmitteln im elektrostatischen Feld.* Bericht über Verss., Geschwindigkeit, Tropfengröße u. Sprühwinkel von Lösungsmittelteilchen zu messen, um hieraus Aussagen über die Versprühbarkeit eines Lackes machen zu können. — Diskussion der Ergebnisse. (Farbe u. Lack **64.** 649—54. Dez. 1958. Frankfurt/M., Batelle-Inst.) L. KEMPF. 7100

P. Duval, *Schutz von Metallen durch Polyvinylbutyral-, Phosphorsäure- und Chromkomplexverbindungen.* Behandelt werden Ausgangsmaterialien, Aufbau u. Anwendung der verschied. Typen von Reaktionsgrundierungen (Wash primers). (Corrosion et Anticorrosion **5.** 189—93. Juni 1957.) B. SCHEIFELE. 7106

Phil Grossman, *Moderne organische Überzüge, was sie bieten und warum.* Behandelt werden u. a. Überzugsmaterialien auf Basis von Alkyd-, Epoxy-, Vinylharz, Nitrocellulose, Siliconen sowie geeignete Weichmacher, Trockenstoffe u. Pigmente. (Ind. Finishing **34.** Nr. 9. 32—34. Juli 1958. Minneapolis, Minn., Midwestern Color Works.) B. SCHEIFELE. 7106

Philip Gordon, *Die Verwendung von Latices für glänzende Anstriche.* (Western Paint Rev. **43.** Nr. 11. 19A—20A. 22A. 24A. 30A. Nov. 1957. Borden Comp., Chem. Div. — C. **1958.** 9355.) L. KEMPF. 7106

H. Rabaté, *Verträglichkeit (und Unverträglichkeit) zwischen verschiedenen Anstrichschichten im mehrschichtigen Anstrich.* Prakt. Angaben über die Verträglichkeitsverhältnisse von Grund-, Zwischen- u. Deckfarben auf verschied. Rohstoffbasis.. (Trav. Peinture **13.** 325—27. Sept. 1958.) B. SCHEIFELE. 7106

Gérard Besson, *Kunststoffüberzüge auf Metallen.* Die Auftragstechnik von Kunststoffüberzügen, wie Polyäthylen, Rilsan (Polyamid) u. a., auf Metalloberflächen u. die Anwendungen (Korrosionsschutz, elektr. u. therm. Isolierung, Antihafteffekte, Erniedrigung der Reibungswerte u. anderes) werden besprochen. (Ind. Plastiques **10.** Nr. 5. 8—17. Mai 1958. Soc. S.A.P.S.) R. SCHÄFF. 7106

Erwin Herrmann und **Elisabeth Katz,** *Viscosimetrische Untersuchungen an Alkydharzlacken und Lackfarben unter besonderer Berücksichtigung der Strukturviscosität.* Vff. berichten über das rheolog. Verh. von 10 verschied. reinen Alkydharzen bei verschied. Lösungskonzz. u. die Änderung desselben durch Pigmentierung an Hand der Unters. von 6 Lackfarben, die aus einer Alkydharzlsg. mit 6 verschied. Pigmentierungen angesetzt wurden. App. für niedrige Viscositäten: Viscowaage nach HEINZ, für höhere Viscositäten: Konsistometer von HÖPPLER. (Dtsch. Farben-Z. **12.** 397—401. Okt. 1958.) L. KEMPF. 7106

John Rogers, *Schutz von chemischen Außenanlagen durch Schichten auf Epoxydharzbasis.* Übersicht. (Corrosion Prevent. and Control **5.** Nr. 6. 53—60. Juni 1958. Shell Petroleum Co.) WOLFGANG SIMON. 7106

Fred Grushoff, *Epoxyanstriche: Herstellung und Anwendung.* Vf. berichtet über die Erfahrungen bei Schutzanstrichen mit Epikoten auf Einrichtungsgegenständen, die sich bewährt haben. Sie wurden auf ihre mechan. Eigg. u. Widerstandsfähigkeit gegen verschied. anorgan. u. organ. Lösungsmittel geprüft. Nach den gemachten Erfahrungen ging man zu großen Ansätzen für Anstriche für Holz u. Metalle, wie z. B. Waschmaschinen über. Vf. beschreibt die Vorbereitung der mit Epikoten zu überziehenden Gegenstände u. das Überziehen mit Epikotanstrich nach dem Spritzverfahren. (Products Finishing **22.** Nr. 2. 42—47. Jan. 1958.) K. WEKUA. 7106

T. A. Turco, *Das Atom und die Anstrichstoffe.* Anwendung der Radioisotopen bei der Analyse von trocknenden Ölen, Fettsäuren sowie Best. von Filmdicken, W.- u. Salzbeständigkeit; Einrichtung eines Isotopenlabors, mittlere Lebensdauer u. Strahlungsarten der Isotopen. (Pitture e Vernici **14.** 633—39. Aug. 1958.) B. SCHEIFELE. 7158

M. H. Swann und **M. L. Adams,** *Die Bestimmung von Salicylanilid in Lacken durch UV-Spektrophotometrie.* Eine schnelle u. genaue Meth. für die Best. von *Salicylanilid* im schwammbeständigen Lacken ergab sich durch UV-Messungen in NaOH-Lsgg., die Absorptionsbande liegt bei 336 mμ u. wird durch andere Begleitstoffe nicht gestört u. ist frei von Interferenz. (Analytic. Chem. **30.** 1807—08. Nov. 1958. Aberdeen, Proving Ground, Md., Coating and Chem. Labor.) R. UNGER. 7158

General Electric Co., New York, N. Y., übert. von: **Herman C. Froelich,** Cleveland Heights, Ohio, V. St. A., *Flußmittelfreier Zinksulfidleuchtstoff,* der durch IR-Strahlen zu orangegelber Emission stimuliert wird. Ein Gemisch von 100 (Teilen) ZnS u. 0,025—05 Cu wird mit 0,2—3,0 (Mol) Se, Nd, Pr oder Ce je 1 Cu versetzt u. in H_2S-Atmosphäre bei 1000—1200° ca. ½ Std. geglüht. (**A. P. 2 798 854** vom 30/4. 1956, ausg. 9/7. 1957.) R. SCHREINER. 7093

E. I. du Pont de Nemours & Co., Wilmington, Del., übert. von: **Felix Frederick Ehrich,** New York, N. Y., und **Arthur J. Stratton,** West Orange, N. J., V. St. A., *Verbesserung der Eigenschaften von organischen Pigmenten.* Zwecks Verringerung der Korngröße ohne Einbuße an Farbintensität vermahlt man die Pigmente in Ggw. eines Dispergiermittels, eines wasserlösl. anorgan. Salzes u. einer gesätt. wss. Lsg. dieses Salzes. Eine solche Mischung besteht z. B. aus 80 (Teilen) rohem Cu-Phthalocyanin, 800 Borax, 8 Kondensationsprod. aus CH_2O u. Naphthalinsulfonsäure, 325 Wasser. (**A. P. 2 816 114** vom 31/8. 1953, ausg. 10/12. 1957.) F. BÖHM. 7093

E. I. du Pont de Nemours & Co., Wilmington, Del., übert. von: **Edward Tillson Howell,** Avondale, Pa., V. St. A., *Herstellung von Phthalocyaninfarbpigmenten.* Um beim Vermahlen von rohem Phthalocyanin eine Umwandlung der Kristallstruktur von der β-Form in die farbtechn. ungünstigere α-Form zu verhindern, führt man die Vermahlung von Cu-, Ni- oder metallfreiem Phthalocyanin in Ggw. mindestens der 2,5fachen Menge eines wasserunlösl. Mahlhilfsmittels, eines anion. Dispergiermittels u. von so viel W. durch, daß eine viscose M. entsteht. — Eine geeignete Mischung besteht z. B. aus 675 (Teilen) W., 125 Na-Sulfonat eines polymeren Kondensationsprod. aus CH_2O u. Naphthalin, 417 rohem Cu-Phthalocyanin (β-Form), 2080 Sand. (**A. P. 2 816 115** vom 12/7. 1954, ausg. 10/12. 1957.) F. BÖHM. 7093

E. I. du Pont de Nemours & Co., Wilmington, Del., übert. von: **Felix Frederick Ehrich,** Westfield, N. J., V. St. A., *Chlorierte Phthalocyanine.* Phthalocyanine, bes. Cu-Phthalocyanin (I), setzt man im geschlossenen Gefäß mit Schwefeldichlorid (II) in Ggw. von mindestens 2 (Mol), vorteilhaft 4—5, eines Metallhalogenids, wie $AlCl_3$, $AlBr_3$, $FeCl_3$ oder NaAl-Fluorid, auf 1 I bei Tempp. über 100° um. Man entfernt dann II u. andere fl. Verdünnungsmittel u. Nebenprodd., z. B. durch Destillation. Das erhaltene trockene, mit den Metallhalogeniden verunreinigte Prod. dispergiert man in W. u. filtriert. Den feuchten Filterkuchen verteilt man erneut in einer wss. alkal. Lsg. (p_H 10), behandelt mit einer dem trocknen Pigment gleichen Menge eines organ. Lösungsm., wie o-Dichlorbenzol, u. einer geringen Menge eines Mittels, wie Spermöl oder Stearinsäure, unterwirft das Gemisch der Dampfdest., trennt den Pigmentfarbstoff ab u. bereitet ihn in üblicher Weise auf. Man erhält *farbstarke Pigmente* von weichem Griff für Lacke,

Drucktinten, plast. Massen oder Kautschuk. (**A. P. 2 833 784** vom 12/4. 1954, ausg. 6/5. 1958.) O. ROICK. 7093

FEB (Great Britan) Ltd., England, *Spachtelmasse für Betonfußböden* zur Erhöhung der Festigkeit, Wasser- u. Ölundurchlässigkeit, bestehend aus 200—400 (g) Metallpulver (Fe, Stahl, SiC), 400—600 Granit, Steine usw., 300—400 Portlandzement (mit Fe_2O_3-Pigment) u. 2,1 Plastifiziermittel, das aus Fichtenholz durch Extraktion mit Bzl. gewonnen wird, nachdem aus dem Extrakt Bzl., Terpentinöl u. Fichtenöl durch Dest. entfernt worden sind u. der Destillationsrückstand mit Bzn. oder PAe. extrahiert wurde. Das harzartige Prod. ist mit Alkali verseifbar, SZ. 100, u. enthält 3—6% CH_3O-Gruppen; Flammpunkt 115—125°. (**F. P. 1 136 257** vom 4/2. 1955, ausg. 10/5. 1957.) O. KAYSER. 7097

American-Marietta Co. und **Stoner-Mudge Co. Division,** Chicago, Ill., V. St. A., *Herstellung eines Überzugs in Lebensmittelbehältern aus Metall.* Man behandelt die Oberfläche mit einer Lsg. eines Mischpolymerisats aus Vinylchlorid mit 26—44,5 (%) Vinylidenchlorid in einem aromat. KW-stoff, der bis zu 15 Methyläthylketon, Methylisobutylketon, Cyclohexanon, Isophoron, Äthylacetat u./oder Butylpropionat enthalten kann. Anschließend wird auf mindestens 150° erhitzt. Therm. Stabilisatoren sind hierbei nicht erforderlich. (**Holl. P. 86 044** vom 22/3. 1954, ausg. 15/8. 1957.) F. BÖHM. 7107

Hermann Wiederhold, Hilden, Rhld. (Erfinder: **Alfred Wiegandt,** Düsseldorf), *Hochhitzebeständige Elektroisolierlacke,* bes. Drahtlacke auf der Grundlage von Polybenzoldicarbonsäureestern (**I**), die unter Veresterung von Terephthalsäure oder Umesterung deren niederer Alkylester mit Mischungen von 2 (gMol) eines 2wertigen u. 1 eines mehr-, bes. 3wertigen Alkohols erhalten worden sind, wobei die OH-Gruppen nur in geringem Überschuß gegenüber den COOH-Gruppen vorliegen, bes. 6—8 OH-Gruppen auf 6 COOH-Gruppen, u. wobei die Veresterung langsam u. bei erhöhten Tempp., bes. >240°, derart durchgeführt ist, daß die erhaltenen Polyester in einer Lsg. von 50 (Teilen) Ester + 50 Kresol + 20 Naphtha eine möglichst hohe Viscosität von mindestens ca. 4 Min. bei 20° im 4 mm DIN-Becher besitzen u. einen F. von mindestens 70° aufweisen, dad. gek., daß die **I** vor dem Auflösen einer Extraktion vorzugsweise mit aromat. KW-stoffen, unterworfen worden sind u. daß ihre Lsgg. in >50% Phenole, z. B. Kresol oder Xylenol, enthaltenden Lösungsmitteln 1—15 Gew.-% metallorgan. Verbb. von Elementen der III. oder IV. Gruppe des Period. Syst., vorzugsweise Butyltitanat, als Härter enthalten. (**D. A. S. 1 038 679** Kl. 22h vom 20/6. 1956, veröff. 11/9. 1958.) M. BÖTTCHER. 7107

Chemische Fabrik Pfersee G. m. b. H., Augsburg (Erfinder: **Heinz Enders,** Stadtbergen b. Augsburg), *Herstellung von neuen, härtbaren, basischen, Silicium enthaltenden Kondensationsprodukten,* die in organ. Lösungsmitteln u. in W. bzw. verd. wss. Säuren dispergierbar sind, dad. gek., daß aminoplastbildende N-Verbb., Paraformaldehyd (**I**), aliphat. Monocarbonsäuren (**II**) mit >8 C-Atomen, Oxyalkylamine (**III**) u. organ. Si-Verbb. (**IV**) der Formel $R_nSi(OR')_{4-n}$ (R = Alkyl- u./oder Aryl-; R' = Alkyl-, Aryl- oder Acylrest; n = ganze Zahl zwischen 0 u. 3) oder daraus durch Hydrolyse u. Kondensation erhaltene niedermol., noch OR'-Gruppen am Si enthaltende Organopolysiloxane, gegebenenfalls in Ggw. eines nicht wss. Verdünnungsmittels, unter Erhitzen umgesetzt werden. Vorzugsweise werden 0,6—2,2 (Mol) **I**, 0,1—0,8 **II**, 0,05—0,4 **III** u. 0,05—0,3 Si in Form der **IV** je Mol reakt. an N der aminoplastbildenden Verb. gebundenen H verwendet. — 280 (Gewichtsteile) Stearinsäure u. 150 Triäthanolamin werden bis zur Abdest. von 14,5 W. erhitzt u. nach Abkühlen mit 200 Bzn. (Kp. 80—120°), 210 Orthokieselsäureoctylester, 60 Harnstoff u. 80 **I** 50 Min. auf 125° erhitzt. Man erhält ein gelbgefärbtes, pastenförmiges Prod., das erhitzt mit Essigsäure von 6% feine Dispersionen u. mit solcher von 20% opalescente Lsgg. ergibt. — *Lacke* u. *Überzugsmittel.* (**D. A. S. 1 045 105** Kl. 39c vom 6/6. 1956, veröff. 27/11. 1958.) J. MÜHLEISEN. 7107

Midland Silicones Ltd., London, England, *Organosiloxane* der allg. Formel $R_nSi(OH)_x(OR^1)_yO_{4-(x+y+n)/2}$, worin R einwertige KW-stoffreste bedeuten, von denen mindestens 40% Aryl-KW-stoffreste sind, n = 0,9—1,4, x = 0,15—0,9, R^1 aliphat. KW-stoffreste, u. y = 0,005—0,2 bedeuten, wobei die Summe von x + y >0,2 u. das Verhältnis von x: y >1 ist, erhält man durch Rk. der entsprechenden Chlorsilane, gemischt mit einem mit W. nicht mischbaren Lösungsm., mit einer Mischung von einem Alkohol u. W., wobei die Menge der OR^1-Gruppen nach der Hydrolyse in dem Siloxan von der während der Hydrolyse vorhandenen Menge Alkohol u. dessen Löslichkeit in W. abhängt. Man kann auch ein Alkoxysilan partiell hydrolysieren, z. B. durch Erhitzen mit W. in Ggw. einer Säure bis zur Entfernung der entsprechenden Menge Alkoxygruppen. — Eine Lsg. von 211,5 g Phenyltrichlorsilan in 99 cm^3 Toluol wird innerhalb 4 Min. unter starkem Rühren zu einem Gemisch von 550 g W. u. 40,8 g Methylamylalkohol bei 10—77° gegeben. Aus der abgeschiedenen organ. Schicht wird HCl u. W. azeotrop abdest., worauf Lösungsm. u. flüchtige Stoffe bei 160° u. 20 mm Hg entfernt werden. Man erhält ein hartes, festes Siloxan, das pro Si-Atom 0,3 OH- u. 0,05 Methylamyloxy-Gruppen aufweist. Die Prodd. können auch im lösungsmittelfreien Zustand leicht mit Alkydharzen zu Si-Alkyden umgesetzt werden, die als *Überzugsmassen* dienen. (**E. P. 798 140** vom 11/1. 1957, ausg. 16/7. 1958. A. Prior. 21/5. 1956.) J. MÜHLEISEN. 7107

Walter Kalkhof-Rose, Mainz, *Schellackpulver,* welches trocken, nicht anklebend u. zusammenbackend, stabil bei erniedrigter Temp. u. gleichmäßig fein ist, wird erhalten durch Sprühtrocknung bei erhöhter Temp. einer Lsg. von Schellack (I), die aus gebleichtem I durch Behandeln mit Borax, Ammoniak, KOH, Na-Phosphat u. Triäthanolamin gewonnen ist. (**A. P. 2 834 770** vom 22/7. 1957, ausg. 13/5. 1958.) M. BÖTTCHER. 7141

XIb. Plaste (Kunstharze. Plastische Massen).

Gordon M. Kline, *Das Jahr 1957 in der Rückschau.* Das Gesamtgebiet der Kunststoffe umfassender Fortschrittsbericht. — 695 Literaturhinweise. (Mod. Plastics **35.** Nr. 5. 153—54. 156—58. 160—63. 166. 168. 170. 234—47. Jan. 1958.) M. WINIKER. 7170

E. Schrenk, *Einführung in die Eigenschaften und Einsatzgebiete der Thermoplaste.* Vortrag. (Schweisstechnik [Wien] **10.** 89—93. Juli 1956. Bern, Worbla A.G. Papiermühle.) M. WINIKER. 7170

I. Ronzoni und **P. L. Chini,** *Verarbeitung zu Filmen und Fäden von Polymethylmethacrylat.* Ausführliche Schilderung der Verarbeitungsweisen. — 14 Abbildungen. (Materie plast. **24.** 815—22. Sept. 1958.) B. SCHEIFELE. 7172

Junji Furukawa, Teiji Tsuruta und **Naoki Yamamoto,** *Mischpolymerisation von N-Vinyl-N-methyl-p-toluolsulfonamid mit Vinylverbindungen.* N-Vinyl-N-methyl-p-toluolsulfonamid (I) polymerisiert bei 60° in Ggw. von Dibenzoylperoxyd oder Azodi-[isobutyronitril] weder mit Methylacrylat noch mit Vinylacetat unter den Bedingungen der Blockpolymerisation. Bei der Mischpolymerisation mit anderen Vinylverbb. unter denselben Bedingungen betragen die Verhältnisse der Reaktivitäten (Suffixe 1 u. 2 bedeuten I bzw. Vinylverb.): mit Acrylnitril $r_1 = 0$, $r_2 = 0{,}42$; mit Methylmethacrylat $r_1 = 0$, $r_2 = 4{,}68$; mit Styrol $r_1 = 0$, $r_2 = 12{,}3$. I polymerisiert allein gar nicht; die Geschwindigkeit der Mischpolymerisation nimmt mit steigender I-Menge ab. (J. chem. Soc. Japan, ind. Chem. Sect. [Kōgyō Kagaku Zassi] **61.** 734—36. Juni 1958. Kyôto, Univ., Techn. Fak. [Orig.: japan.]) E. MAEKAWA. 7180

Jerzy Fejgin, Maria Tomaszewicz und **Lech Zakrzewski,** *Darstellung wässeriger Siliconölemulsionen.* Siliconöl mit Mol.-Gew. 7500 läßt sich über eine W.–Öl-Emulsion in eine Öl–W.-Emulsion überführen u. nach Verdünnung mit W. in der Kolloidmühle stabilisieren. Die emulgierten Öltröpfchen sind $<4\ \mu$. Die Emulsionen eignen sich zur Hydrophobierung von Arzneimittelglas u. zum Anstreichen von Vulkanisationsformen. (Przemysł chem. **37.** 357—58. Mai 1958. Warszawa, Inst. Tworzyw sztucznych.) F. URBAN. 7188

N. T. Nyssenko und **L. A. Nyssenko,** *Plaste auf Grundlage von Gasgeneratorharz.* Am besten wird Gasgeneratorharz erst mit verd. Formalin kondensiert u. dann anschließend nach Zugabe von 5—10% Steinkohlenphenol bei 45—55° bei dauerndem Rühren im Verlaufe von 12—16 Stunden. Eine weitere Kondensation u. Polymerisation erfolgt unter Zugabe von Füllmitteln während der Zeit des Trocknens u. Pressens. Zur Herst. von Materialien mit Holzspänen wird bei 7—10% Feuchtigkeit bei 130—145° gepreßt (1—2 Min.). (Гидролизная и Лесохимическая Промышленность [Hydrolysen- u. holzchem. Ind.] **11.** Nr. 6. 7—8. 1958. Zentr. Wiss. Holzchem. Forschungsinst.) M. ULMANN. 7198

George A. Stenmark, *Bestimmung des α-Glykolgehalts von Epoxydharzen.* Es wird eine Meth. angegeben zur Best. eines geringen Geh. an α-Glykolgruppen in Epoxydharzen (I), bes. aus Epichlorhydrin u. „Bisphenol A" [2.2-Bis-(p-hydroxyphenyl)-propan]. Die übliche Ausführung der Glykolbest. mit Perjodat ist nicht anwendbar wegen der Unlöslichkeit der I in wss. Medien. Es wird deshalb eine Lsg. von Trimethylbenzylammoniumperjodat in Methanol als Perjodatreagens verwendet, das, ebenso wie die I, auch in Methanol–Chlf.-Mischung lösl. ist. Durch Wahl geeigneter Reaktionsbedingungen (Zusatz von W. u. Eisessig, Reaktionszeit u. Temp.) wird der störende Einfl. von Verunreinigungen (Glycerinphenyläther, Glycerin u. phenol. Bestandteile) auf ein Minimum herabgesetzt. — Ausführung: Perjodatlsg.: 2,6 g H_5JO_6 werden in 475 ml Methanol gelöst u. mit Trimethylbenzylammoniumhydroxyd neutralisiert. Dann werden 15 ml Eisessig u. 5 ml W. zugesetzt. 0,3—0,5 g der Harzprobe mit einem Geh. von $\leq 0{,}3$ mMol α-Glykol werden in einem 250 ml-Schliffkolben in 25 ml Chlf. gelöst. Unter Kühlung in einem Eisbad werden genau 25 ml Perjodatlsg. zugefügt u. umgeschwenkt. Nach 2½std. Stehen im Eisbad werden 100 ml W. zugegeben, u. es wird 30 Sek. heftig geschüttelt. Nach Zufügen von 5 ml 10%ig. H_2SO_4 u. 15 ml 20%ig. wss. KJ-Lsg. wird mit 0,1n $Na_2S_2O_3$-Lsg. unter häufigem Schütteln titriert. Indicator: Stärke. (Analytic. Chem. **30.** 381—83. März 1958. Emeryville, Calif., Shell Developm. Co.)

K. PAVEL. 7210

American Cyanamid Co., New York, N. Y., übert. von: **Arnold H. Gruber**, Stamford, Conn., und **William J. van Loo jr.**, Rye, N. Y., V. St. A., *Antistatische, hochmolekulare Stoffe.* Dem E. P. 764 024; C. **1958.** 6109, ist nachzutragen, daß die quaternären Ammoniumverbb. an Stelle eines Hydroxyalkylrestes einen Rest der allg. Formel $-(C_nH_{2n}O)_mH$ (n = 2—4 u. m wenigstens 6) aufweisen sollen. Sie sind z. B. Stearamidopropyldimethylnonäthoxyammoniumchlorid oder Stearamidopropyldi-(dodekaäthoxy)-ammoniumchlorid u. Stearamidopropyltri-(dodekaäthoxy)-ammoniumchlorid oder -phosphat, u. dienen nicht allein als 0,2—15%ig. Zusatz in *Kunstharzformmassen,* z. B. *für Schallplatten,* sondern auch als Lsg. (5%ig in W.) zur *antistat. Behandlung von Oberflächen* (*Fasern u. Gewebe* aus Vinylharzen, Polyacrylnitril, Polyamid, Polyestern oder Wolle). (**A. P. 2 836 517** vom 9/4. 1954, ausg. 27/5. 1958.) G. TEWES. 7171

Raduner & Co. Akt.-Ges., Horn, Schweiz, *Herstellung von beflockten Flächen eines Körpers.* Flache Körper aus Kunststoffen (Filme, Folien) oder Papiermassen, Glas, keram. Stoffen, Holz, Metallen oder aus Kombinationen dieser Stoffe untereinander oder mit Textilfaserstoffen werden in an sich bekannter Weise ganz oder mustergemäß klebend gemacht. Auf diese klebenden Flächen wird eine zur Abgabe von Eigenfasern befähigte Fläche eines zweiten Körpers aufgebracht, letztere nach Eintritt der gewünschten Verklebung vom ersten Körper wieder abgezogen, worauf die so beflockte Fläche des ersten Körpers gegebenenfalls noch einer veredelnden textilen Nachbehandlung unterzogen wird. (**Oe. P. 192 030** vom 14/4. 1954, ausg. 25/9. 1957. Schwz. Prior. 15/4. 1953.) W. WITTHOLZ. 7171

Montecatini Soc. Gen. per l'Industria Mineraria e Chimica, Mailand, Italien, und **Karl Ziegler,** Mülheim/Ruhr, Deutschland (Erfinder: **Giulio Natta** und **Giovanni Crespi,** Mailand, Italien), *Gewinnung von Blockpolymeren aus α-Olefinen* der Formel CH_2:CHR (R = Alkyl oder Aryl) von im wesentlichen linearem Kopf–Schwanz-Typ. Die „Blockpolymeren" enthalten Moll. mit isotakt. Einheiten mit asymm. C-Atomen gleicher ster. Konfiguration u. atakt. Abschnitte mit Einheiten verschied. ster. Konfiguration. Man trennt diese Makromoll. durch Extraktion mit organ. Lösungsmitteln, zweckmäßig mit derart ansteigenden Löseeigg., daß zunächst nur die atakt. Polymeren, dann die Blockpolymeren gelöst werden u. als Rückstand ungelöste isotakt. Polymere verbleiben. Es ist dabei zu beachten, daß amorphe Polymere die Fähigkeit haben, sonst unlösl. kristalline Polymere mit niederen Mol.-Gew. u. bestimmten Lösungsmitteln lösl. zu machen. Die Blockpolymeren sind elast. u. können zur Verbesserung der elast. Eigg. der kristallinen Polymeren verwendet werden. — So kann man ein Propylenpolymeres, das reich ist an amorphen Anteilen u. unter Verwendung von $TiCl_4$ u. Al-Tripropyl hergestellt ist, nacheinander mit Aceton (ölige Anteile), Ae. (amorphe Anteile), n-Pentan (20% kristalline Anteile), n-Hexan (30% kristalline Anteile), n-Heptan (60% kristalline Anteile), 2-Äthylhexan (90% kristalline Anteile) extrahieren; als Rückstand bleibt ein 100% kristallines Prod. mit F. $>170^0$. (**D. P. [DDR] 15 946** Kl. 39c vom 3/8. 1956, ausg. 9/12. 1958 [Ausschließungspatent]. **F. P. 1 157 793** vom 3/8. 1956, ausg. 3/6. 1958. Beide It. Prior. 6/8. 1955.) M. PANKOW. 7173

Badische Anilin- & Soda-Fabrik Akt.-Ges., Ludwigshafen/Rh., *Herstellung von Äthylenpolymerisaten* in Ggw. von Ti-Halogeniden u. Al-Äthylsesquichlorid oder $AlCl_2$-Äthyl, dad. gek., daß dem Katalysatorgemisch 0,1—0,9 Mol, bezogen auf die Al-organ. Verb., einer damit Komplexe bildenden Verb. zugefügt wird. Als solche kommen Äther, Nitrile, Acetale u. prim., sek. oder tert. Amine in Frage. In den Mengenbeispielen sind Diisobutyläther, Diisoamyläther, Acetonitril u. Propionaldehyddimethylacetal genannt. Vermeidung der Bldg. ölartiger Produkte. (**D. A. S. 1 026 961** Kl. 39c vom 18/1. 1956, veröff. 27/3. 1958.) H. SCHINDLER. 7173

Badische Anilin- & Soda-Fabrik Akt.-Ges. (Erfinder: **Hans Eilbracht, Siebert Goebel** und **Otto-Alfred Großkinsky**), Ludwigshafen/Rh., *Herstellung von Polyäthylen unter hohen Drucken,* dad. gek., daß Äthylen durch mehrere parallel geschaltete Rohre geleitet u. darin polymerisiert wird, wobei alle Rohre Drosseln enthalten, deren Strömungswiderstände gleich u. gegenüber den in den einzelnen Rohren während der Polymerisation auftretenden Strömungswiderständen groß sind. Das Druckgefälle beträgt n. 10—30 atü. Die Drosseln sollen jedoch so bemessen sein, daß das Druckgefälle in ihnen

50—400, bes. 100—200 at, beträgt. Beim Monomereneintritt soll die Temp. < 140°, bes. < 100°, betragen. (**D. A. S. 1 016 934** Kl. 39c vom 29/9. 1955, veröff. 3/10. 1957.) H. SCHINDLER. 7173

Monsanto Chemical Co., St. Louis, Mo., übert. von: **Joachim Dazzi,** Dayton, Ohio, V. St. A., *Ungesättigte Cyandi-, -tetra- und -hexacarbonsäuren* der allg. Formel $(M)_n$—Z—CN [Z = nicht-konjugiertes ungesätt. Alkyl mit 6—25 C-Atomen; M = X—CO—C(R)—CH(R')—CO—Y; R u. R' = H, Halogen, CH_3; X u. Y = OH, O-Alkyl, O-Alkoxyalkyl, O-Aryl, O-Aralkyl, O-Cycloalkyl, O-heterocycl. Rest, oder beide zusammen = —O—; n = 1—3] erhält man durch Anlagern von 1 bzw. 2 bzw. 3 Mol α.β-ungesätt. aliphat. Dicarbonsäuren, deren Anhydriden u. Estern an 1 Mol nichtkonjugierte ungesätt. aliphat. Nitrile bei 150—250°. — Die Veresterung der freien Säuren oder Anhydride kann auch anschließend z. B. mit A., Butoxyäthanol, Butanol, Hexanol, Dodecanol, Phenol, o-Kresol, β-Naphthol, p-Phenylphenol, Cyclohexanol oder Tetrahydrofurfurylalkohol erfolgen. — Aus 0,9 (Mol) dest. Oleonitril u. 1,125 Maleinsäureanhydrid in Ggw. von 2 g Triphenylphosphit (Farbstabilisierungsmittel) nach 6 Std. bei 200° → 1 : 1-*Oleonitrilmaleinsäureanhydridaddukt*; daraus mit A. in Ggw. von 96%ig. H_2SO_4 → *Diäthyl-(1'.2'-dicarboxyäthyl)-oleonitril*, $Kp._{0,2}$ 200—230°; n_D^{25} 1,4608. — 0,3 10-Undecylennitril + 0,75 Fumarsäurediäthylester → 1 : 2-*Undecylennitrildiäthylfumarataddukt* (II), $Kp._{0,4-0,6}$ 191 bis 230°; n_D^{25} 1,4628; VZ. 121,7; + 1 : 3-*Addukt* (III), $Kp._{0,6-2,5}$ 231—270°; n_D^{25} 1,4685; VZ. 110,2. — Maleinsäureanhydrid + Undecylennitril → I. — Als ungesätt. Säuren sind noch verwendbar: *Chlormalein-, Difluormalein-, Bromfumar-, Itaconsäure,* deren *Monomethyl-, n-Octyl-, Äthoxyäthyl-, Diphenyl-, Dixenyl-, Dicyclohexyl-, Dibenzyl-, Didodecyl-* u. *Ditetrahydrofurfurylester*; als Nitrile: *5-Hexen-, 2-Nonen-, Elaidin-, Linol-, Linolen-, Eruca-, Hexakosennitril.* — *Weichmacher* für *Vinylchloridpolymere* u. *-mischpolymere,* bes. mit *Vinylacetat* u. *Vinylidenchlorid.* (**A. P. 2 745 844** vom 23/6. 1950, ausg. 15/5. 1956.) G. KRAUSS. 7173

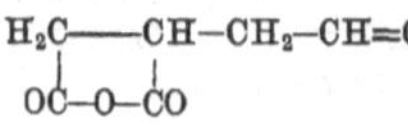

I

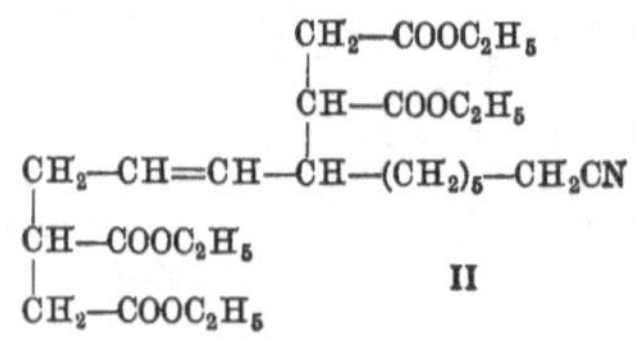

II

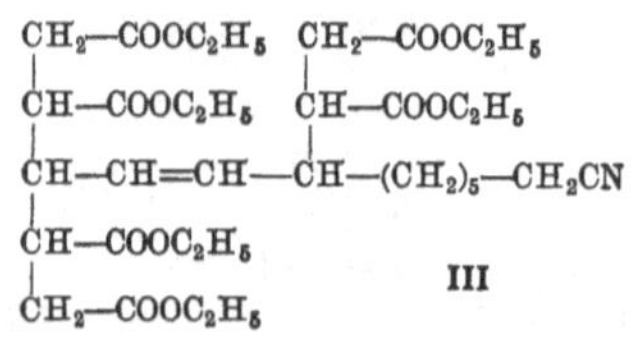

III

Badische Anilin- & Soda-Fabrik Akt.-Ges. (Erfinder: **Heinz Müller-Tamm, Fritz Stastny** und **Karl Buchholz**), Ludwigshafen/Rh., *Herstellung von schwer entflammbaren Styrolpolymerisaten,* dad. gek., daß man dem Styrol Ester des 2.3-Dibrompropanols (I) zusetzt u. die Mischung polymerisiert. Nach den Beispielen wird Tri-(2.3-dibrompropanol)-orthophosphorsäureester oder Triallylisocyananurathexabromid zugesetzt. — In weiterer Ausbldg. des Verf. können zum gleichen Zweck Acetale oder Äther des I oder dessen Homologen eingesetzt werden, z. B. Formaldehyddibrompropanolacetal, Diallyläthertetrabromid, Glyoxaldibrompropanoldiacetal u. Äthylenglykoldiallyläthertetrabromid. Mischpolymerisate mit bes. anderen Vinylverbb., wie Acrylnitril, Acryl-, Vinyl- oder Methacrylsäuremethylester usw. Die Polymerisation erfolgt in bekannter Weise als Block-, Suspensions- oder Perlpolymerisationsverf. bei 40—100° in Ggw. von Peroxyden oder Azoverbindungen. Der Bromgeh. der Endprodd. liegt zwischen 0,5 u. 6%. Der Ausgangsmischung kann noch ein Treibmittel zur Herst. von geformten Schaumkörpern zugesetzt werden. (**D. A. SS. 1 046 313** Kl. 39c vom 10/3. 1956, veröff. 11/12. 1958. **1 050 545** Kl. 39c [Zusatz-Anmeld.] vom 13/7. 1957, veröff. 12/2. 1959.) H. SCHINDLER. 7173

Hercules Powder Co., übert. von: **Charles W. Gould** und **Stearns T. Putnam,** Wilmington, und **John C. Wright,** Newark, Del., V. St. A., *Abstoppen der Butadien-Styrol-Mischpolymerisation* in Emulsion durch Zusatz von 0,01—1 (Teil) auf 100 Polymerisat eines Reaktionsprod. von S mit einer Verb. mit >C=C—CH_3-Gruppe bei 175—225°. Als solche werden α-Methylstyrol, Isobutylen u. Diisobutylen eingesetzt. Die entstehenden Trithione haben die allg. Formel I, worin R u. R' = H, aliphat., aromat. oder alicycl. Reste darstellen. Nach einem Beispiel wird 2-Phenyltrithion verwendet. (**A. P. 2 817 648** vom 24/12. 1954, ausg. 24/12. 1957.) H. SCHINDLER. 7173

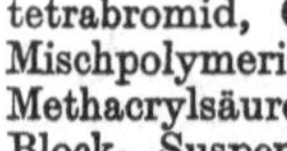

I

Rohm & Haas Co., Philadelphia, Pa., V. St. A., *Polymerisation von Acrylsäure- und/oder Methacrylsäureestern* in Ggw. eines Katalysatorsyst., bestehend aus einem Oxyd eines tert. Amins u. einem Anhydrid von einer oder von mehreren der folgenden Säuren: gesätt. oder ungesätt. Monocarbonsäuren (C_{2-5}) oder deren Halogenderivv., Benzoe- oder

Methylbenzoesäure oder deren Halogenderivv. u. Bernstein- oder Methylbernsteinsäure. Das tert. Aminoxyd entspricht der allg. Formel R'—N(O)(R'')R''', worin R' = Alkyl oder Benzyl, R'' = Alkyl, Benzyl oder Phenyl, u. R''' = Benzyl oder Phenyl. In den Beispielen werden N.N-Dimethyl-p-toluidinoxyd, Pyridin-N-oxyd, N.N-Dimethylanilinoxyd, 4-Picolin-N-oxyd, 4-Methylpyridin-N-oxyd zusammen mit Benzoesäure-, Essigsäure-, Trifluoressigsäure- u. Bernsteinsäureanhydrid eingesetzt. Reaktionstemp. bes. bei 50—90°. Als Ausgangsstoffe dienen Methylmethacrylat, Polymethylmethacrylat, n-Butylmethacrylat u. Dioctadecylitaconat. Die Endprodd. sind klare feste Polymerisate, die sich für Überzüge, Schlichtkörper, Formmassen, Imprägnier- u. Klebemittel eignen. (**E. P. 787 693** vom 8/9. 1955, ausg. 11/12. 1957. A. Prior. 10/9. 1954.) H. SCHINDLER. 7173

Imperial Chemical Industries Ltd., London, England, *Stabile Polymerisate von α-Chloracrylsäureestern*, bes. Methylester, erhält man, wenn man die Polymerisation in Ggw. von wenigstens 0,25% (bezogen auf das Gewicht des Esters) *Phenylsalicylat* oder *o-Oxyphenylbenzoat* oder von solchen Derivv. dieser Verbb. vornimmt, in denen einer oder beide Benzolringe durch ein oder mehrere Cl-Atome u./oder Alkylgruppen substituiert sind. Bes. geeignet ist 2.4-Dimethylphenylsalicylat. Der Stabilisator kann auch zugegeben werden, nachdem schon ein Teil des Esters polymerisiert worden ist. Die Polymerisate verfärben sich nicht oder nur wenig bei Bestrahlung mit UV-Strahlen. (**It. P. 489 761** vom 15/4. 1952. E. Prior. 23/4. 1951.) K. KOEBKE. 7173

Eastman Kodak Co., übert. von: **Donald A. Smith** und **William F. Fowler**, Rochester, N. Y., V. St. A., *Ampholytische wässerige Lösung von Mischpolymerisaten* erhält man durch Polymerisation in wss. Dispersion eines Monomerengemisches, bestehend aus 20—60 (%) eines Amids, 5—40 Acrylnitril, 5—30 N.N-Dialkylaminoalkylacrylat u. 5—20 Acryl- oder Methacrylsäure. Das Amid kann Acryl- oder Methacrylamid, N-Alkylacrylamid oder N-Alkylmethacrylamid mit jeweils 1—4 C in der Alkylgruppe sein, das Acrylat z. B. N.N-Diäthylaminoäthylacrylat. Das Verf. wird in Ggw. von H_2O_2 unter Erwärmen auf ca. 90° durchgeführt. Die wss. Lsg. des Endprod. läßt sich glatt mit Gelatine mischen u. gibt dann klare *Filme*. — Mengenbeispiele. (**A. P. 2 811 494** vom 5/2. 1954, ausg. 29/10. 1957.) H. SCHINDLER. 7173

Imperial Chemical Industries Ltd., London, England (Erfinder: **James Maxwell**), *Mischpolymerisation* von 50—72 (%) Methylmethacrylat u. 50—28 Butadien-(1.3) in wss. Emulsion unter Zusatz eines ion. Emulgators, z. B. Na-Laurylsulfat, in Mengen von 0,05—0,8%, bezogen auf das Gewicht der Monomeren, bei Beginn der Rk., oder in 2 Stufen zu Beginn u. nach ca. 20%ig. Umsatz. Wenn letzterer auf 30% gestiegen ist, wird noch ein nichtion. Emulgator, z. B. ein Äthylenoxyd-Dodecylalkohol-Kondensationsprod., zugesetzt. Die Gesamtmenge der Emulgatoren soll 2,5—8% betragen. Als Katalysator wird z. B. $K_2S_2O_8$ verwendet u. bei ca. 50° gearbeitet. Die Latices können mit Pigmenten versetzt u. zur Herst. von Filmen verwendet werden. — Mengenbeispiele. (**E. P. 790 070** vom 13/7. 1955, ausg. 5/2. 1958.) H. SCHINDLER. 7173

Dow Chemical Co. (Erfinder: **Alexander M. Partansky** und **Paul G. Schrader**), *Herstellung von harzartigen Polyalkoholen*, die in KW-stoffen u. Alkalien nicht lösl. sind. In einen Phenol-Formaldehyd-Novolak wird bei 120—225° Äthylen- oder Propylenoxyd eingeleitet. (**Aust. P. 203 612** vom 6/9. 1955, ausg. 8/11. 1956.) O. STEIL. 7177

Imperial Chemical Industries Ltd., London (Erfinder: **Denis Coleman**, Manchester, Lancashire), England, *Herstellung von Polyäthylenglykolmono- oder -dicarbonsäuren* durch Oxydation von Polyäthylenglykolen, dad. gek., daß man die Oxydation mit Chromsäure durchführt. — 100 (Teile) Polyäthylenglykol (Mol.-Gew. 1000) läßt man mit einem Gemisch von 80 $K_2Cr_2O_7$ u. 500 1n H_2SO_4 4 Tage bei 25° stehen. Bei der Aufarbeitung erhält man 72 Polyäthylendicarbonsäure mit SZ. 98,3. — Zwischenprodukte. (**D. A. S. 1 047 442** Kl. 39c vom 9/9. 1957, veröff. 24/12. 1958. E. Priorr. 1/4. u. 21/6. 1957.) J. MÜHLEISEN. 7177

Dow Chemical Co., Midland, Mich., übert. von: **Alexej Bohumil Borkovec**, Lake Jackson, Texas, V. St. A., *Feste Polymere* erhält man durch Erhitzen von niederen Olefinoxyden, die höchstens 4 C-Atome enthalten, bes. Propylenoxyd (**I**), auf 40—150° in Ggw. von Katalysatoren der Formel $Fe(OR)_3$, worin R gegebenenfalls halogenierte Alkylreste mit 1—4 C-Atomen oder aromat. KW-stoffreste mit 6—10 C-Atomen bedeuten. Fl. **I** wird mit ca. 4 Gew.-% $Fe(OC_2H_5)_3$ in einem Druckgefäß 88 Std. auf ca. 80° erhitzt, wobei ein festes Polymerisat auskrist., das nach 2maligen Umkristallisieren aus Aceton ein Mol.-Gew. von 100000, eine D. von 1,03 u. einen F. von $>$50° aufweist. — *Preß- u. Überzugsmassen, Filme, Fasern.* (**A. P. 2 844 545** vom 14/5. 1956, ausg. 22/7. 1958.) J. MÜHLEISEN. 7177

N. V. de Bataafsche Petroleum Mij., Den Haag (Erfinder: **Edward Charles Shokal**), Holland, *Herstellung von Polyepoxyden.* Man läßt ein ungesätt. Kondensationspolymeres, das eine Anzahl C=C-Bindungen enthält, mit einer organ. Persäure bei −20 bis 80° reagieren, so daß wenigstens 2 der C=C-Bindungen in Epoxygruppen übergeführt werden. — Man stellt z. B. ein Polyamid A (I) durch 30 Min. langes Erhitzen von 11,6 (Teilen) Fumarsäure mit 18 Dekamethylendiamin u. 30 Phenol auf 150—160° u. anschließend 20 Min. langes Erhitzen auf 150—160° unter 1—2 mm Hg-Druck her. Das anfallende Harz, F. 45—50°, wird mit Chlf. vermischt u. anschließend mit Peressigsäure versetzt. Nach 10std. Stehen bei 0—10° u. Waschen mit Eiswasser erhält man, nachdem man Chlf. entfernt hat, ein festes Harz mit hohem Epoxywert. (**Aust. P. 205 362** vom 1/9. 1955, ausg. 7/2. 1957. A. Prior. 3/9. 1954.) H. NEBELSIEK. 7177

Hooker Electrochemical Co., übert. von: **Samuel J. Nelson** und **James S. Sconce**, Niagara Falls, und **Paul Robitschek**, Wilson, N. Y., V. St. A., *Härtungsmittel für Epoxyharze* sind fluorhaltige Bicycloheptendicarbonsäureanhydride, bes. 1.4.5.6-Tetrachlor-7.7-difluor-bicyclo-(2.2.1)-5-hepten-2.3-dicarbonsäureanhydrid, z. B. in einer Menge von 25—75 Gew.-% des Harzes. Die Härtung kann durch 15std. Erhitzen auf 140—145° erfolgen. Die Prodd. sind *flammabweisend*. (**A. P. 2 833 681** vom 23/8. 1956, ausg. 6/5. 1958.) G. TEWES. 7177

Furane Plastics, Inc., Los Angeles, übert. von: **John Delmonte**, Glendale, Calif., V. St. A., *Härtungsmittel für Epoxyharze* sind Reaktionsprodd. aus Phenylendiamin, Bisaminophenylmethan oder Triaminotriphenylmethan u. Dimethylaminomethylphenol oder Tridimethylaminomethylphenol, die aus diesen Verbb. durch Erhitzen auf 99° bis zur Beendigung der Gasbldg. erhalten werden. Sie werden angewendet in einer Menge von 14—20 (Teilen) auf 100 Harz u. ergeben härtbare Massen mit längerer „Topfzeit". (**A. P. 2 837 497** vom 4/9. 1956, ausg. 3/6. 1958.) G. TEWES. 7177

Farbenfabriken Bayer Akt.-Ges. (Erfinder: **Gottfried Scriba** und **Wilhelm Graulich**), Leverkusen, *Polymerisation von Olefinoxyden* oder deren Gemischen, dad. gek., daß man die Polymerisation in Ggw. von durch Säurebehandlung aktivierten Bleicherden (I) als Katalysator u. in Ggw. von Verbb. (II) mit reaktionsfähigen H-Atomen als Mol.-Gew.-Regler durchführt. **I** sind bes. solche vom Montmorillonittyp. **II** sind W., ein- oder mehrwertige Alkohole, organ. Säuren bzw. Säureimide oder enolisierbare Verbindungen. Man erhält so Polyglykoläther, die noch OH-Gruppen enthalten. *Ausgangsstoffe* zur *Herst. von Kunststoffen* auf Isocyanatbasis. (**D. A. S. 1 049 103** Kl. 39c vom 14/3. 1957, veröff. 22/1. 1959.) J. MÜHLEISEN. 7181

Onyx Oil & Chemical Co., Jersey City, N. J., V. St. A., *Polykondensationsprodukte von Polyaminen mit Polyglykolestern* werden hergestellt durch Rk. von Verbb. der allg. Formel $XCH_2CH_2(OCH_2CH_2)_mORO(CH_2CH_2O)_nCH_2CH_2X$ (m u. n = 3—40, R 2wertiger Glykolrest, Dicarbonsäure- oder Diurethanrest u. X ein Säurerest, wie Cl, Br u. J) mit Polyalkylenpolyaminen, z. B. Diäthylentriamin (I), Bis-(3-aminopropyl)-amin, Hexamethylendiamin, Triäthylentetramin u. Tetraäthylenpentamin. — 103 (Teile) **I**, 306 endständige Cl-Atome aufweisendes Polyäthylenglykol u. 400 Butanol (**II**) werden 2 Std. auf 120° am Rückfluß erhitzt. Nach Umsatz von 92,5% des Cl u. Zugabe von 100 W. wird das **II** im Vakuum abdestilliert. Das Prod. ist eine gelbe, viscose u. in W. lösl. Fl., die als Textilhilfsmittel oder antistat. Mittel dient. Das wasserlösl. Prod. kann durch Zusatz von weiterem Polyglykolester vernetzt werden. Herst. von Ionenaustauscherharzen, die auch einstufig erfolgen kann. (**E. P. 797 175** vom 2/8. 1956, ausg. 25/6. 1958. A. Prior. 25/1. 1956.) G. TEWES. 7205

Dow Corning Corp., übert. von: **Robert J. Koch**, Midland, Mich., V. St. A., *Kalthärtende Organopolysiloxanmassen* enthalten ein säurefreies fl. bis gelartiges Organopolysiloxan (I; Viscosität $>$1 cSt./25°) der allg. Formel $R_nSiO_{4-n/2}$ (R = einwertiger, gegebenenfalls halogenierter KW-stoffrest; n = 1,99—2), z. B. Dimethylpolysiloxan, 1—50 (Gew.-%) Polykieselsäurealkylester (Alkylrest mit weniger als 6 C-Atomen; Methyl-, Äthyl-, n-Butyl- u. sek.-Amylpolysilicat) u. 0,1—10, ebenfalls bezogen auf I, an einem Kondensationsprod. aus einem aliphat. Aldehyd ($<$6 C-Atome; CH_2O, Acet-, Croton-, Butyraldehyd oder Acrolein) u. einem prim. aliphat. Amin ($<$8 C-Atome; Methyl-, Allyl-, Butyl- oder Heptylamin), gegebenenfalls noch Füllstoffe. Die gehärteten, kautschukelast. Prodd. zeigen besondere Hitzefestigkeit u. dienen z. B. zur *elektr. Isolation* u. zum *Ausfugen* von *Hohlräumen*. (**A. P. 2 833 742** vom 5/10. 1955, ausg. 6/5. 1958.) G. TEWES. 7189

Siemens-Schuckertwerke Akt.-Ges., Berlin und Erlangen (Erfinder: **Robert Schwarz** und **Wilhelm Kuchen**, Aachen), *Herstellung hochpolymerer, thermisch stabiler Polysiloxane* aus solchen, die durch Rk. von $SiCl_4$ mit Verbb. der Formel **I** (R_1 u. R_2 = aromat. oder hydroaromat. Kerne, die auch durch Alkyl, Alkylen oder Halogen substituiert sein können) im mol. Verhältnis u. anschließende Rk. mit O-abspaltenden u. Halogen aufnehmenden Stoffen, wie Oxyden, entstehen. Diese Reaktionsprodd. werden

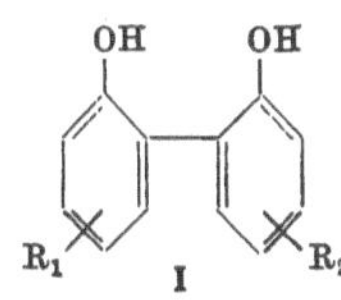

I

mehrere Std. auf Tempp. von 272° u. mehr erhitzt. — Octo-o.o'-diphendioxycyclooctosiloxan wird 5—10 Std. bei 320° gehalten, wobei Di-o.o'-diphendioxysilan abgespalten u. im Hochvakuum abgesaugt wird. Man erhält *Spiropolysiloxane*, die schmelzbar u. gut lösl. sind u. Tempp. von 300° vertragen. — *Preßstücke, Folien, Lacke, Füll- u. Klebmittel*, bes. zum Tränken von Wicklungen in der *Elektrotechnik*. (**Oe. P. 198947** vom 26/11. 1954, ausg. 11/8. 1958. D. Prior. 22/10. 1954.) M. PANKOW. 7189

Farbenfabriken Bayer Akt.-Ges., Leverkusen (Erfinder: **Walter Simmler**, Köln-Mülheim), *Herstellung von niederpolymeren, verzweigten Trialkylsiloxymonoarylsiloxanen* der Formel I, worin R Alkylreste u. n bes. 1—4 bedeuten, dad. gek., daß man Gemische von mehr als 1 u. höchstens 3 Mol eines hydrolysierbaren Trialkylsilans mit je 1 Mol eines hydrolysierbaren Monoarylsilans allmählich mit so viel Mol W. umsetzt, wie g-Atome O zur Bldg. der Siloxanbindungen erforderlich sind. Zweckmäßig wird das W. in das Silangemisch eingespritzt bzw. gemeinsam mit diesem, gegebenenfalls unter Verwendung eines Lösungsm., verdüst. — In ein Gemisch von 3 Mol $(CH_3)_3SiCl$ u. 1 Mol $C_6H_5SiCl_3$ werden während 3 Std. 0,45 kg W. eingespritzt, wobei Abkühlung stattfindet u. HCl entweicht. Gelöster HCl wird bei 100° entfernt, der Rest mit Na_2CO_3 gebunden. Bei der fraktionierten Dest. erhält man: *Tris-(trimethylsiloxy)-phenylsilan*, Kp.$_{1 Torr}$ 105°, *Tetrakis-(trimethylsiloxy)-1.2-diphenyldisiloxan*, Kp.$_{1 Torr}$ 175°, *Pentakis-(trimethylsiloxy)-1.2.3-triphenyltrisiloxan*, Kp.$_{1 Torr}$ 220°, u. *Hexakis-(trimethylsiloxy)-1.2.3.4-tetraphenyltrisiloxan*, Kp.$_{1 Torr}$ 255°. *Zwischenprodd.* für Siliconöle, -harze u. -kautschuk. (**D. A. S. 1046049** Kl. 12o vom 17/8. 1957, veröff. 11/12. 1958.) J. MÜHLEISEN. 7189

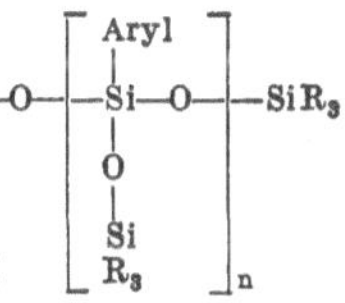

I

Herberth Kurth, Oberursel, Taunus, *Gewinnung von pulverförmigem Lignin* für die Herst. von *Preßmassen* bei der Zellstoffgewinnung aus Einjahrespflanzen durch Aufschluß mit Alkalilauge, dad. gek., daß der Rohstoff mit der Lauge unter Druck in inerter Atmosphäre unterhalb 100° aufgeschlossen, der fl. Anteil der M. abgetrennt, getrocknet u. gemahlen wird. Vgl. Schwz. P. 300 942; C. **1955.** 7800. (**D. A. S. 1042371** Kl. 55b vom 31/3. 1952, veröff. 30/10. 1958.) B. VOGEL. 7199

American Viscose Corp., Philadelphia, Pa., übert. von: **John A. Yourtee**, Fredericksburg, Va., V. St. A., *Herstellung von Formkörpern aus Aminoplastharzen.* Man vermischt 30—40 (Teile) einer Füllermischung aus 10—50% α-Cellulose u. 50—90% regenerierter Cellulose oder wasserunlösl., alkalilösl. Celluloseäther mit einer Fl., die 60—70 eines harzbildenden Materials enthält, u. aus einem Aldehyd, Harnstoff, Thioharnstoff oder Melamin besteht. Nach kräftiger Durchmischung bei 25—40° ca. 1 Std. wird die Mischung getrocknet u. unter Druck u. Hitze verformt. (**A. P. 2816872** vom 31/7. 1953, ausg. 17/12. 1957.) H. v. SCHILLER. 7205

Celotex Corp., Chicago, Ill., V. St. A. (Erfinder: **George W. Mod**), *Feuerfeste, filmbildende Harzmischung* enthält (a) ein festes, feinpulvriges, wasserlösl. Aminoaldehydharz (I), Ölsamenmehl u. Casein, (b) ein feinpulvriges Ammoniumphosphat (**II**), das beim Erwärmen auf 300° Gas entwickelt, (c) ein filmbildendes wasserunlösl. **I**, lösl. in organ. Lösungsmitteln, kombiniert mit einem Alkydharz u. (d) eine organ. Fl. als Lösungsm. für das filmbildende **I**, aber nicht für das wasserlösl. **I** u. für **II** u. (e) ein Pigment. Aus dieser Mischung hergestellte Filme auf brennbarem Material schützen dieses gegen Feuer, da der Binder bei Hitzeeinw. schm., durch das durch **II** entwickelte Gas der Film quillt u. dadurch die Unterlage wegen Mangel an O_2 nicht brennen kann. (**E. P. 785977** vom 20/2. 1954, ausg. 6/11. 1957.) H. v. SCHILLER. 7205

Nederlandse Organisatie voor Toegepast-Natuurwetenschappelijk Onderzoek ten Behoeve van Nijverheid, Handel en Verkeer, Den Haag, Holland, *Harzartiges Mischpolymerisat*, verwendbar als *Gießharz* zur Herst. glasfaserverstärkter Gegenstände oder in Mischung mit Füllstoffen als *Preßmasse*. Es besteht aus einer ungesätt. polymerisierbaren Verb., bes. Styrol, u. einem ungesätt. Polyester. Letzterer ist ein Kondensationsprod. aus a) einem aromat. CH_2O-Harz mit Äther- u./oder Acetalresten mit b) einem Veresterungsprod. einer α.β-ungesätt. Mono- oder Polycarbonsäure (gegebenenfalls teilweise durch eine gesätt. Säure ersetzt) mit einem Überschuß mehrwertiger Alkohole. — Man erhitzt z. B. 1728 (g) Maleinsäureanhydrid mit 2110 Butylenglykol-(2.3) u. 228 Propylenglykol-(1.2) 10 Std. auf 175°. 25 des erhaltenen Esters werden 1 Std. mit 100 eines Xylol-CH_2O-Harzes in Ggw. von 0,3 g p-Toluolsulfochlorid auf 200° erhitzt. Eine Lsg. von 10 des so erhaltenen Polyesters in 8 Styrol erhärtet nach Zusatz von 0,08 Dibenzoylperoxyd u. 0,04 Dimethylanilin bei 20° in 8 Minuten. (**Holl. P. 85752** vom 27/9. 1954, ausg. 15/7. 1957.) F. BÖHM. 7205

XII. Kautschuk.

A. G. Schwarz, *Zur Frage der Bewertung der Wechselwirkung zwischen Kautschuken und Lösungsmitteln.* Es werden die Wrkgg. zwischenmol. Kräfte bei verschied. Lösungsmitteln u. Vulkanisaten aus Natur-, *Butadienstyrol-*, *Polychloropren-*, *Na-Butadien-* u. *Butadienacrylnitrilkautschuk* an Hand der bekannten Gleichung von FLORY untersucht. Es wird eine graph. Meth. entwickelt, bei der die Kohäsionsenergie des Lösungsm. δ_L gegen $\sqrt{(\mu - \mu_S/V_L}$ aufgetragen wird (μ = Parameter für die zwischenmol. Kräfte, $\mu_S = 1/\gamma$, γ = Anzahl der Moll. des Lösungsm., die ein Segment des Kautschukmol. umgeben, V_L = mol. Vol. des Lösungsm. in cm^3 pro g-Mol). Für verschied. Lösungsmittelgruppen ergeben sich Gerade mit verschied. Neigungswinkeln. Der Schnittpunkt dieser Geraden ergibt die Kohäsionsenergie des Kautschuks. An Hand der Geraden läßt sich die maximale Quellung eines Vulkanisats, dessen D. der Vernetzung bekannt ist, aus den erwähnten Kautschuken unabhängig von der Füllung in einer größeren Anzahl von Lösungsmitteln festlegen. (Коллоидный Журнал [Kolloid-J.] **19.** 376—83. Mai/Juni 1957. Moskau, Reifeninst.) O. KRAMM. 7220

W. P. Schatalow, T. W. Baschkatow, N. Kosstjukow, Je. N. Popowa, T. A. Tschuljukowa und **M. K. G. Krygina,** *Zur Frage der Gewinnung von ölgestrecktem Butadien–Styrol-Kautschuk SKS-30 M.* Vff. beschreiben Verss. zur Gewinnung eines ölgestreckten (*Awtol 18*) warmpolymerisierten *Butadienstyrolkautschuks* (I) mit 30% *Styrol.* Es wird gefunden, daß geordneter I mit einer Defohärte von ca. 4000 g sich günstiger verhält als ungeordneter mit einer Defohärte von ca. 6000, da in diesem die schlecht quellenden Anteile (Gel) zu groß sind. Ein zufriedenstellendes Prod. wird mit 15% Öl erhalten (*SKS-30 M-15*), das jedoch noch thermoplastiziert werden muß. Um ein sofort verarbeitbares Prod. zu erhalten (400 g Defohärte), müßten 30% Öl (schlechtes Vulkanisatniveau) zugesetzt werden oder von I mit 1000—1500 g Defohärte ausgegangen werden. Genaue Rezept- u. Versuchsangaben der großtechn. Fertigung von *SKS-30 M-15.* (Каучук и Резина [Kautschuk u. Gummi] **17.** Nr. 9. 4—7. Sept. 1958. Woronesh, Kirow-Werk für synthet. Kautschuk.) O. KRAMM. 7224

W. L. Zailingold, M. I. Farberow, W. G. Epstein, E. G. Lasarjanz und **D. A. Boguslawski,** *Tieftemperaturcopolymere von Butadien-(1.3) mit 2-Methyl-5-vinylpyridin als Kautschuk von allgemeiner Anwendbarkeit.* Vff. polymerisieren nach der Meth. wie *Butadienstyrolkautschuk* (I) *Butadien-(1.3)* (II) mit *2-Methyl-5-vinylpyridin* (III) bei 5 u. 50° bei Anteilen von III zwischen 10 u. 40%. Die Copolymerisation von II mit III verläuft schneller als bei I (10—12 Std. gegenüber 15—30 Std.); es wird mit 2,5% *Neozone D* stabilisiert. An Vulkanisaten aus Rußmischungen wird das physikal. Verh. mit dem von gleichen I-Mischungen verglichen. Es ergibt sich bes. bei den Kaltpolymerisaten (5°) mit ca. 10—15% III, die in ihrem gesamten Niveau den Warmpolymerisaten überlegen sind, eine bedeutende Verbesserung des Abriebwiderstands (um ca. 90%), der Wärmebldg. u. der Kältebeständigkeit. Die Anvulkanisationsneigung ist für II–III-Kautschuke größer als für I, kann jedoch rezeptmäßig ausgeglichen werden. (Каучук и Резина [Kautschuk u. Gummi] **17.** Nr. 9. 1—4. Sept. 1958. Jaroslawl, Technol. Inst. u. Reifenwerk.) O. KRAMM. 7224

D. Bruce Merrifield, *Hochstabilisierte, sich nicht verfärbende Gummimischungen.* Weiße Gummimischungen, vulkanisiert mit Dithioaminen in Verbindung mit Hydrochinon, werden mit konventionell vulkanisierten Gummimischungen prüftechn. verglichen. Derartige Systeme zeigen hohen Oxydations- u. Ozonwiderstand, verfärben sich nicht u. bleiben fleckenfrei. Ein neuer Begriff „Antidegradantien" wird eingeführt, der alle Mittel zur Verbesserung unerwünschter Eigg. (außer Oxydationsanfälligkeit/Antioxydantien) in Gummisystemen einschließt. Durch Spurenzugabe von Pb-Stearat werden die „antidegradanten" Eigg. verbessert. — 15 Literaturangaben. (Rubber Wld. **134.** 415—21. Juni 1956. Nitro, W. Va., Monsanto Chem. Co.) H. STRAUCH. 7226

M. H. Polley und **B. B. S. T. Boonstra,** *Rußarten für hochleitfähigen Gummi.* Vff. versuchen, die Theorie, nach der die elektr. Leitfähigkeit des Gummis auf der Leitung des Stroms durch Rußteilchenketten beruht, zu widerlegen u. befürworten ihrerseits die Theorie, daß die Lücken zwischen den Rußteilchen als bestimmende Faktoren für die Leitfähigkeit auftreten. Sie erhärten diese Theorie durch Verss. u. eine systemat. Betrachtung des Verteilungsgrades. (Rubber Chem. Technol. **30.** 170—79. Jan./März 1957. Cambridge, Mass., Godfrey L. Cabot, Inc., Res. and Developm. Dep.) K. SCHAUERTE. 7226

B. I. Gengrinowitsch und **G. L. Slonimski,** *Untersuchung des wahren Fließverhaltens und der Elastizität von Kautschuken und rohen Gummimischungen.* Mittels einer Anlage, ähnlich dem Defogerät, untersuchen Vff. das Deformationsverh. von synthet.

Kautschuk SKB-50sr, Kautschuk–Ruß-Gemischen u. Gemischen von Kautschuk, Ruß u. Stearinsäure bei verschied. Belastungen im Temperaturbereich von 40—120° in Abhängigkeit von der Zeit. Vff. unterscheiden dabei den plast. u. den hochelast. Anteil der Gesamtdeformation. Sowohl die echte Viscosität als auch der Modul der Hochelastizität sind abhängig von der Temp. u. der äußeren Krafteinwirkung. Das läßt auf die Veränderung der Struktur dieser Mischungen durch äußere Kräfte u. Erwärmung schließen. Theoret. Erläuterung der physikal. Vorgänge. (Коллоидный Журнал [Kolloid-J.] **20.** 143—48. März/April 1958. Moskau, Wiss. Forschungsinst. der Reifenind.) O. KRAMM. 7230

W. Je. Gul, D. L. Fedjukin und **B. A. Dogadkin,** *Der Einfluß einer Veränderung der zwischenmolekularen Wirkung auf die dynamische Ermüdung von Gummi.* Vff. untersuchen die zwischenmol. Wrkg. in Kautschukmischungen dadurch, daß sie durch Quellung in verschied. Weichmachern (*Dimethylphthalat, Dibutylphthalat, Dioctylphthalat,* Dibutylsebacat, Dioctylsebacat u. Vaseline) diese Wrkg. reduzieren u. dabei die Veränderung des physikal. Verh., bes. die des Widerstands gegen Ermüdung, prüfen. Es werden ungefüllte u. gefüllte Vulkanisate aus *Natur-, Butadienstyrol* (70:30)- u. *Butadiennitrilkautschuken* (60:40; 74:26; 82:18) getestet. Die Prüfung wird bei Deformationen ausgeführt, die einer gleichen Arbeit entsprechen, die sich aus dem Spannungs–Dehnungs-Verh. ermitteln läßt. Der Widerstand gegen die Ermüdung nimmt mit steigendem Quellungsvol. bzw. bei Zusatz des Weichmachers zur Rohmischung ab, wobei bei polaren Kautschuken die unpolaren, bei unpolaren Kautschuken die polaren Weichmacher eine stärkere negative Wrkg. zeigen. Wesentlich ist hierbei die Stärke des Prüfkörpers, da bei dicken Proben außer der mechan. durch Wärmestauung eine therm. Zerstörung eintritt. Es kann für dünne Prüflinge eine Umkehrung der geschilderten Ergebnisse angenommen werden. Vff. weisen darauf hin, daß diese Meth. zur Ermittlung optimaler Eigg. von Mischungen mit Weichmacherzusatz dienen kann. (Каучук и Резина [Kautschuk u. Gummi] **17.** Nr. 9. 16—20. Sept. 1958. Moskau, Lomonossow-Inst. für chem. Feintechnol.) O. KRAMM. 7230

A. N. Gent, *Deformationsverhalten und Oberflächenspannungsverteilungen bei flachen Kautschukdichtungen.* Vf. untersuchte das Verh. von Kautschukdichtungsscheiben beim Zusammendrücken u. die dabei auftretende Oberflächenspannungsverteilung. Die beschriebenen experimentellen Messungen stimmen mit einer einfachen empir. Beziehung in einem großen Bereich der Dicke u. bei verschied. Querschnittsformen ziemlich gut überein. Ein einfaches Meßprinzip für die Verteilung der Spannung auf der Oberfläche der Kautschukproben wird angegeben. Diese Methoden wurden zur Best. des Spannungszustandes der freien Oberflächen einiger verklebter Kautschukzylinder, die Kompression u. Dehnung unterworfen waren, angewendet. Eine angenäherte theoret. Lösung für die Steifheit geklebter Kautschukscheiben unter geringer Druckbeanspruchung wurde abgeleitet, wobei die Annahme gemacht wurde, daß die Deformation aus 2 Komponenten besteht, aus einer einfachen Kompression u. einer Scherung (dadurch hervorgerufen, daß Punkte in der Ebene der geklebten Oberfläche ihre ursprüngliche Lage wieder einnehmen). — Diskussionsbemerkungen. (Rubber Chem. Technol. **31.** 395—414. April/Juni 1958. Welwyn Garden City, Herts., Brit. Rubber Prod., Res. Assoc.) R. SCHÄFF. 7230

W. J. Remington und **R. Pariser,** *Neuartige Apparatur zur Bestimmung der Zellstruktur von Zellmaterialien.* Vff. beschreiben eine Schnellmeth. zur Best. des prozentualen Anteils von offenen u. geschlossenen Zellen in harten u. flexiblen Zellmaterialien durch Luftverdrängung (App. mißt das Vol. der verdrängten Luft, wenn eine Schaumprobe in eine geschlossene Kammer gebracht wird). Die Durchführung dieser Meth. wird an Beispielen (Urethan-, Vinylharz-, Polystyrol-, Neopren- u. Naturkautschukschäumen) erläutert. (Rubber Wld. **138.** 261—64. Mai 1958. Wilmington, Del., E. I. du Pont de Nemours & Co., Elastomer Chem. Dep., Res.) R. SCHÄFF. 7248

C. A. Parker, *Analyse von Vulkanisationsbeschleunigern und Alterungsschutzmitteln.* Analysenmethoden (UV-Absorptionsspektren, Fluorescenzspektralanalyse, Chromatographie) für Beschleuniger u. Schutzmittel werden besprochen. (J. Roy. Inst. Chemistry **81.** 674—79. Okt. 1957. Rubber Chem. Technol. **31.** 953—57. Okt./Nov. 1958. Holton Heath, Poole, Dorset, Admiralty Mat. Labor.) R. SCHÄFF. 7248

Polymer Corp. Ltd., Sarnia, Ontario, Canada, *Polymerisation von Diolefinen oder deren Mischungen* mit Hilfe eines Katalysators aus mindestens 100 (Teilen) NaCl, 70—1 n-Pentylnatrium (I) u. 30—99 Na-Isopropoxyd. Zur Herst. von I wird n-Pentylchlorid bei —10° in eine Na-Dispension in Xylol eingetragen u. nach Abkühlen auf —20° Isopropanol hinzugefügt, das mit einem Teil des I zum Na-Isopropoxyd reagiert. Beispiele mit wechselnden Komponentenmengen u. Tabellen über die physikal. Eigg.

des hiermit hergestellten Butadien-1.3-Polymerisats. Als Monomere für Mischpolymerisate sind Styrol, Chlorstyrol, p-Methylstyrol u. Isopren genannt. Vulkanisationsbeispiele u. physikal. Daten der Vulkanisate. (**E. P. 782 970** vom 22/2. 1956, ausg. 18/9. 1957. Can. Prior. 28/2. 1955.) H. SCHINDLER. 7225

International General Electric Co., Inc., New York, N. Y., V. St. A., *Herstellung von Siliconkautschuk.* Polymeres, wärmevulkanisierbares Organopolysiloxan mit 1,75 bis 2,25 (bes. 1,98—2,0) organ. Gruppen pro Si-Atom wird mit einem Boran (I), z. B. $B_{10}H_{14}$, B_5H_9, B_6H_{10}, als *Vulkanisationsbeschleuniger* (**II**) versetzt u. auf 100—300° erhitzt. Als **II** können auch Komplexverbb. von **I**, wie $B_2H_5 \cdot 2\,NH_3$, Additionsprodd. von **I** an p.p'-Diaminodiphenylmethan, Hexamethylentetramin, verwendet werden. (**It. P. 489 113** vom 25/8. 1951. A. Prior. 12/9. 1950.) K. KOEBKE. 7225

American Cyanamid Co., V. St. A., übert. von: **John Christos Petropoulos, Frank Aloysius Vincent Sullivan** und **Arthur Clarence Lindaw**, *Nichtfärbendes Antioxydationsmittel für Kautschuk* der Formel **A** (R u. R' = H oder Alkyl mit 1—4 C-Atomen; R'' u. R''' = Alkyl mit 1—4 C-Atomen). Man erhält diese Diphenole durch Dimerisation von Verbb. der Formel **B**, Sulfonierung u. Rk. mit Alkali zum Diphenol. — Zu 368 (Teilen) Toluol gibt man bei 10° langsam 50 $AlCl_3$ u. 516 $\alpha.p$-Dimethylstyrol in 368 Toluol. Nach 20 Min. gibt man W. zu u. erhält *1-[4-Methylphenyl]-1.3.3.6-tetramethylindan* (**I**), Öl, $Kp._{0,5-1}$ 138—140°. Zu 250 **I** gibt man bei 50° langsam 450 rauchende H_2SO_4 (15—18%), erwärmt bis 100°, kühlt sofort u. gießt in eine Mischung aus 1000 konz. HCl u. 500 W.: Kristalle, F. 100—104°. Zu 700 KOH u. 17 W. gibt man bei 300° langsam 175 des Sulfonierungsprod., hält 1 bis 2 Std. bei 325—340°, löst die M. in W. u. fällt mit HCl, *1-[3-Hydroxy-4-methylphenyl]-1.3.3.6-tetramethylindanol-(5)*, F. 178°. — Die Herst. von *1-[4-Hydroxy-3-methylphenyl]-1.3.3.5-tetramethylindanol-(6)*, *1-[3-Hydroxy-4-methylphenyl]-1.3-diäthyl-3.6-dimethylindanol-(5)*, *1-[4-Hydroxy-3-methylphenyl]-1.3-diäthyl-3.5-dimethylindanol-(6)* u. *1-[4-Hydroxyphenyl]-1.3-diäthyl-3-methylindanol-(5)* ist angegeben. (**F. P. 1 149 260** vom 23/3. 1956, ausg. 23/12. 1957. A. Prior. 25/3. 1955.) M. PANKOW. 7227

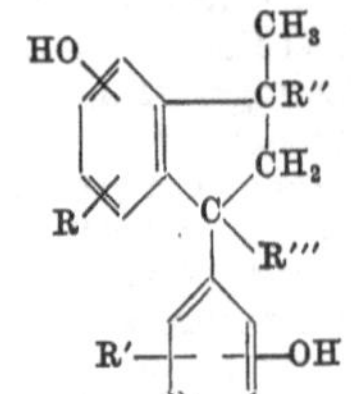

A

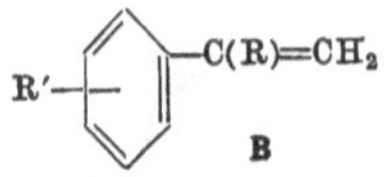

Imperial Chemical Industries Ltd., London (Erfinder: **Richard James Fielden**, Blackley, Manchester), England, *Vulkanisationsbeschleuniger*, bestehend aus Benzthiazolyl-2-sulfen-(cyclohexyl)-amidverbb. der Formel **I**. R ist ein geradkettiger Alkylrest, z. B. CH_3. (**D. A. S. 1 049 087** Kl. 39b vom 1/8. 1956, veröff. 22/1. 1959. E. Priorr. 2/8. 1955 u. 11/7. 1956.) W. OVERBECK. 7229

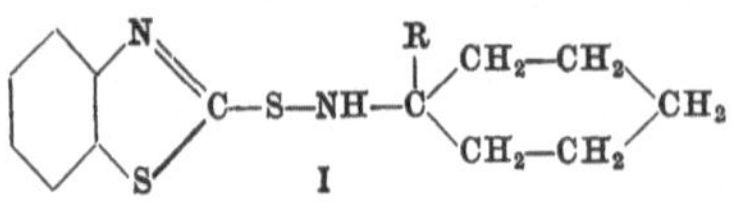

I

Farbenfabriken Bayer Akt.-Ges., Leverkusen (Erfinder: **Helmut Freytag**, Köln, **Friedrich Lober** und **Hans Pohle**, Leverkusen), *Vulkanisationsbeschleuniger für Kautschuk*, bestehend aus einer Verb. der Formel **I**. R_1 u. R_2 sind gegebenenfalls substituierte gleiche oder verschied. Cycloalkylreste mit 5—7 Ring-C-Atomen; R_3, R_4, R_5 u. R_6 sind H oder aber R_3 u. R_6 zusammen eine zusätzliche C—C-Bindung, u. R_4 u. R_5 Alkyl-, Aryl-, Carboxyl- oder Carboxyalkylgruppen. — Beispiele: Thiazolin-2-dicyclohexylsulfenamid, F. 80—81,5°; 4.5-Dimethylthiazol-2-dicyclohexylsulfenamid, F. 77—78,5°; 4-Phenylthiazol-2-dicyclohexylsulfenamid, F. 147—148°; 5-Carbäthoxy-4-methylthiazol-2-dicyclohexylsulfenamid, F. 102—103°. (**D. A. S. 1 051 487** Kl. 39b vom 12/3. 1957, veröff. 26/2. 1959.) W. OVERBECK. 7229

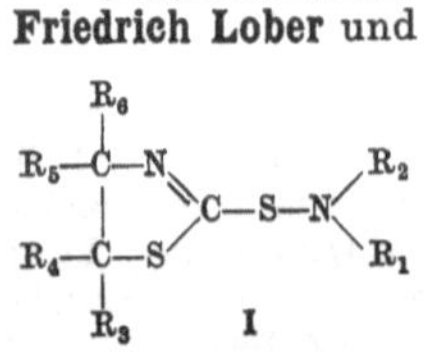

I

United States Rubber Co., New York, N. Y., V. St. A., *Kautschuk–Lignin-Mischung* (**I**). Eine durch gemeinsame Koagulation aus dem Dispersionsgemisch hergestellte **I** wird auf $\geqq 150°$, gegebenenfalls unter Mastikation erhitzt. Darauf wird unter üblichen Bedingungen weiterverarbeitet. (**E. P. 781 019** vom 27/4. 1955, ausg. 14/8. 1957. A. Prior. 25/8. 1954.) W. OVERBECK. 7231

Bauer Bros. Co., Springfield, Ohio, V. St. A., *Zentrifugenkonus*, bes. zur Verwendung in der *Papierfabrikation*, bestehend aus 100 (Teilen) *Butadien–Acrylsäurenitril-Kautschuk*, 55—65 mit Elefantenlausöl (Cardanol) modifiziertem Phenol–CH_2O-Harz, 55—65 Ruß hoher Abriebfestigkeit, einem Vulkanisiermittel, einem Weichmacher u. sonstigen üblichen Zusätzen. — Zeichnungen. (**E. P. 782 799** vom 3/2. 1956, ausg. 11/9. 1957. A. Prior. 7/2. 1955.) W. OVERBECK. 7231

XIII. Ätherische Öle. Parfümerie. Kosmetik.

Paul Z. Bédoukian, *Die Industrie aromatischer Produkte in den Vereinigten Staaten.* Übersicht über die histor. Entw. der industriellen Herst. synthet. Aromen unter besonderer Berücksichtigung des Beitrags, den die nordamerikan. Industrie auf dem Gebiet synthet. Parfümherst. geleistet hat. Die Lage dieses Industriezweigs in den USA vor u. nach dem 2. Weltkrieg wird besprochen u. statist. Material über Produktionsziffern u. Preise zusammengestellt. In einer Gesamtübersicht über die 1953 auf dem Markt befindlichen Riechstoffe u. ihre Grundstoffe wird der Stand von 1953 unter Angabe der Identifikationsziffern der verschied. Herstellerfirmen umrissen. (Ind. Parfum. Cosmét. **12.** 126—31. April. 155—65. Mai 1957.) H. SONTAG. 7260

W. Gülden, *Farben und Farbstoffe in der Kosmetik.* Der heutige Stand der Erkenntnisse über die carcinogene Wrkg. von Farbstoffen wird umrissen u. offizielle Vorschriften über die Verwendung von Farbstoffen in der Kosmetik werden zusammengestellt. In einer tabellar. Zusammenstellung werden kosmet. anwendbare, physiolog. unbedenkliche Naturfarbstoffe unter Angabe von Farbe, Herkunft, Eigg. u. spezif. Einsatzgebieten aufgeführt. Flavone, Carotinoide, Chlorophyll u. Hypercine werden als Farbstoffe mit Wirkstoffcharakter ausführlich beschrieben. Ferner werden die Probleme der Verwendung von Farbpigmenten (gesundheitsgefährdende Substrate) u. der Unverträglichkeit von Lippenstiftmassen erörtert u. die Bedeutung der psycholog. Wrkg. der Farbe für die kosmet. Werbung aufgezeigt. (Kosmetik-Parfum-Drogen Rdsch. [Innsbruck] **5.** 68—72. 1958.) H. SONTAG. 7284

Hans Neumann, *Phytohormone und ihre Anwendung in der Kosmetik.* Inhaltlich ident. mit der C. **1959.** 327 referierten Arbeit. (Seifen-Oele-Fette-Wachse **84.** 391—92. 25/6. 1958.) H. SONTAG. 7284

Johannes A. Pettersen, Hassloch/Pfalz, *Reinigen von Riechstoffen,* dad. gek., daß man diese mit mehrwertigen Alkoholen, bes. Äthylen-, Propylen- u. Butylenglykol, die mit den Riechstoffen azeotrope Gemische bilden, im Vakuum destilliert. Bes. geeignet für das Verf. sind Cumarin, Vanillin, Heliotropin, Borneol, Indol, Methylnaphthylketon, Ambrettolid, Muscolid u. Zibetin. (**D. A. S. 1 053 119** Kl. 23a vom 6/8. 1956, veröff. 19/3. 1959.) C. LÜTTGEN. 7277

George M. Naimark, Cleveland, Ohio, V. St. A., *Transparentes, gelartiges Rasiermittel,* das ohne Pinsel anzuwenden ist, bestehend aus 1,5—3,5 (%) Na-Carboxymethylcellulose von hoher Viscosität, von dessen Hydroxylgruppen je Anhydroglucose weniger als ca. 1,3 substituiert sind; 5—10 Glycerin, Propylenglykol oder d-Sorbit; 0,5 einer barterweichenden oberflächenakt. Substanz, z. B. Polyoxyäthylen–Sorbit (Tween 20), einem Konservierungsmittel, z. B. p-Hydroxybenzoesäurebutylester; Rest W. (p_H 6 bis 9). (**A. P. 2 833 693** vom 30/9. 1953, ausg. 6/5. 1958.) E. PETERSEN. 7285

Th. Goldschmidt Akt.-Ges. (Erfinder: **Adolf Schmitz**), Essen, *Keimtötendes Haarwaschmittel,* gek. durch den Geh. an amphoteren oberflächenakt. Verbb. der Formel $(R_1 \cdot O \cdot R_2 \cdot NH_2 \cdot R_3 \cdot COOH)^+ \cdot X^-$, in der R_1 = höhermol. lipophiler KW-stoffrest, R_2 = Äthylen- oder Propylengruppe, R_3 = Brückenglied von aliphat., aliphat.-aromat. oder aromat. Natur u. X ein beliebiger anorgan. oder organ. Säurerest ist; z. B. Lauryl-1.3-oxypropyl-β-aminobuttersäure, Cocosalkyloxyäthylaminoessigsäure ($R_1 = C_8H_{17}$—$C_{18}H_{37}$); ferner Dodecyl-1.2-oxypropylaminomethylsalicylsäure u. Octylphenoxyäthylaminobenzoesäure in Form ihrer Salze, z. B. mit HCl. — Die Mittel werden zweckmäßig in ca. 10%ig. wss. Lsg. angewandt, deren p_H auf ca. 4,5 eingestellt ist. Der Lsg. kann ein Schaumstabilisator, z. B. Laurinsäureäthanolamid, zugesetzt werden. (**D. A. S. 1 045 601** Kl. 30h vom 24/6. 1957, veröff. 4/12. 1958.) E. PETERSEN. 7285

Monsavon-L'Oréal (Erfinder: **Roger Charle** und **Charles Pigerol**), Seine, Frankreich, *Haarfärbemittel.* Man verwendet eine wss. Lsg. von 5.6-Dihydroxyindol (**I**) vom p_H ca. 7 u. läßt die Farbe durch den O_2 der Luft oder durch ein Oxydans entwickeln. — a) Oxydation durch Luft: Man löst in 100 (cm^3) W. 5 Essigsäure u. 1 g **I**, läßt 20 Min. einwirken, trocknet gut u. bringt auf die Haare die Lsg. aus 100 (cm^3) W., 17 NH_4OH (20%ig) u. 4 g NaCl, die man 20 Min. einwirken läßt. Es entwickelt sich allmählich eine schwarze Farbe. — b) Oxydation durch ein Oxydans: Nach Auftragen der **I**-Lsg. u. Trocknen verwendet man eine Lsg. aus 100 (cm^3) W., 2,5 H_2O_2 (6%ig) u. 4 NaCl, läßt 1 Std. einwirken, spült, wäscht u. trocknet. Man erhält einen aschgrauen Ton, der sich nicht weiter entwickelt. — 18 Beispiele. (**F. P. 1 166 172** vom 2/2. 1957, ausg. 4/11. 1958.) G. WELTZIEN. 7285

Kurt Lindner, Berlin, *Dauerwellverfahren.* Man behandelt das Haar mit einer Lsg. von haarerweichenden Reaktionsprodd. von Sulfhydraten, Sulfiden oder Polysulfiden N-haltiger Basen (wie NH_3, niedere Alkyl- u. Alkylolamine, Morpholin u. Guanidin) mit Sulfiten oder Bisulfiten N-haltiger Basen, bes. bei schwach alkal. Rk., spült dann aus u. fixiert gegebenenfalls mit einem Oxydationsmittel, worauf man gegebenenfalls nochmals spült. — Man läßt auf Triäthanolamin bei Raumtemp. H_2S bis zur Sättigung einwirken, trennt das gebildete gelbe Triäthanolpolysulfid (I) vom gegebenenfalls gebildeten Schwefel u. mischt es mit Triäthanolsulfit (II); es können Gemische aus 10 (%) I u. 90 II bis zu Gemischen aus gleichen Teilen I u. II verwendet werden. Zum Dauerwellen wird eine verd., z. B. 10—30%ig. wss. Lsg. mit einem p_H-Wert von 8—10 verwendet. (**D. B. P. 970 665** Kl. 30h vom 8/8. 1952, ausg. 16/10. 1958. Anmeldung bekanntgemacht 22/3. 1956.) E. PETERSEN. 7285

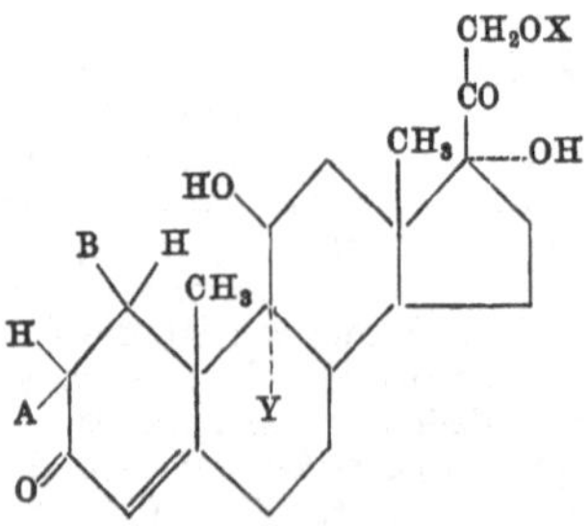

Schering Akt.-Ges. (Erfinder: **Karl Junkmann** und **Hans-Günther Kuhnert**), Berlin, *Haarpflegemittel.* Sie enthalten neben Lösungs- u. Verdünnungsmitteln sowie üblichen Bestandteilen von Haarpflegemitteln, wie Pantothensäure (I), Inosit u. 2.2'-Dihydroxy-3.5.6.3'.5'.6'-hexachlordiphenylmethan (II), Sterine der allg. Formel I (X = H oder eine aliphat. Acylgruppe; Y = H oder F; A u. B je ein H-Atom oder zusammen eine zweite Bindung. — Beispiel: Haarwasser. 55 (%) Alkohol, 0,5 I; 0,5 II; 0,1 Inosit; 0,05 Fluorhydrocortisonacetat; dest. W. zu 100. (**D. A. S. 1 041 215** Kl. 30h vom 29/1. 1957, veröff. 16/10. 1958.) E. PETERSEN. 7285

Arno Müller, *Internationaler Riechstoff-Kodex.* Ergänzungsband I. Deutsch, engl., franz. mit internat. Bezugsquellenverzeichnis. Heidelberg: Dr. Alfred Hüthig Verlag. 1957. (XI + 304 S.) DM 28,—.

Einteilung: synthet. Riechstoffe, Parfumbasen, auch geordnet nach Geruchsgruppen u. Verwendung, sowie anderes für den Fachmann Wissenswertes. M. PFLÜCKE.

Rothemann, *Das Große Rezeptbuch der Haut- und Körperpflegemittel.* Zweite wesentlich verbesserte Aufl. Heidelberg: Dr. Alfred Hüthig Verlag. 1956. (600 S.) DM 38,—.

Das aus 40jähriger Praxis hervorgegangene große Rezeptbuch (1. Auflage, 1949) liegt nunmehr als 2. ergänzte Auflage vor. Es ist ein reines Rezeptbueh für Kosmetik. M. PFLÜCKE.

XIV. Zucker. Kohlenhydrate. Stärke.

A. Ja. Sagorulko, *Einfluß der Thermoplasmolyse und der selektiven Elektroplasmolyse auf die Struktur der Plasmahäutchen der Zelle und die Durchlässigkeit des Rübengewebes.* Untersucht wurde die Protoplasmastruktur nach beendeter Thermoplasmolyse bei verschied. Tempp. u. die Protoplasmaänderung bei 75° in Abhängigkeit von der Dauer der Wärmeeinwirkung. Bei 75° werden innerhalb von 200—250 Min. in fast allen Zellen die Plasmahäutchen zerstört. Bei der Einw. von Wärme nimmt der Diffusionskoeff. wie folgt allmählich zu: Nach 5 Min. beträgt er $3{,}6 \cdot 10^{-4}$ (cm^2/Min.), nach 150 Min. $5{,}1 \cdot 10^{-4}$. Der spezif. elektr. Widerstand beträgt: nach 5 Min. 750—1000, nach 200 Min. 425—450 Ohm/cm. Nach Beendigung der Thermoplasmolyse ist die Umwandlung der halbdurchlässigen Haut in eine für lösl. Stoffe durchlässige Plasmahaut (auch für Saccharose) beendet. Da der Diffusionskoeff. des Zuckers bei Thermoplasmolyse keine konstante Größe, sondern eine Funktion der Zeit ist, ist in allen mathemat. Gleichungen (Diffusionstheorien) statt D = const. (bei gegebener Temp.) D = F(t) zu setzen. Man kann durch Anwendung von Methoden, die ein Zerreißen des denaturierten plasmat. Häutchens bei Erhaltung der Zellwände gewährleisten, den Diffusionsprozeß intensivieren, um die Zuckerverluste zu verringern u. die Produktivität der Diffusionsanlage zu steigern. Zu der untersuchten Rübenprobe beträgt der Diffusionskoeff. im Rübengewebe, der prakt. ein völliges Zerreißen der denaturierten plasmat. Häutchen gewährleistet, $5{,}0 \cdot 10^{-4}$ cm^2/Minute. Eine derartige Erhöhung des Diffusionskoeff. des Zuckers bei der selektiven Elektroplasmolyse ermöglicht es, den Diffusionsprozeß in der Kälte durchzuführen. Zum Unterschied von der Plasmolyse, bei der sich der Zerfall der mittleren Lamelle der Zellwände vollzieht (Übergang der Pektinstoffe in den Diffusionssaft) wird bei der selektiven Elektroplasmolyse nur das Protoplasma verändert. Durch Anwendung einer selektiven Elektroplasmolyse in Verbindung mit einer Isolierung des Zuckers in einem kontinuierlich wirkenden Diffusionsapp. ist daher eine hohe Leistung der Diffusionsvorr. gewährleistet. (Сахарная Промышленность [Zucker-Ind.] **31.** Nr. 11. 67—71. Nov. 1957.) OTTO MAIER. 7400

Werner Fivian, *Austauscherharze: Aufbau, Eigenschaften und Beobachtungen bei der Anwendung in der Zuckerindustrie.* Der chem. Aufbau der wichtigsten Austauscherharze u. einige Beispiele zur Entsalzung von Zuckersäften mit geeigneten Austauscherpaaren werden besprochen. Ferner werden die im wesentlichen zufriedenstellend arbeitenden Vollentsalzungsanlagen für Dünnsaft u. Melasse in der Zuckerfabrik CECINA (Italien) beschrieben u. Verbesserungsmöglichkeiten des Verf. zur Diskussion gestellt. (Zucker **9.** 529—38. 1/11. 1956. Aarberg, Schweiz, Zuckerfabrik & Raffinerie Aarberg Akt.-Ges.) R. RUTKOWSKI. 7412

H. J. Fiedler, *Beeinflussung der Absetzgeschwindigkeit von Calciumsalzen und Tonen durch synthetische organische Flockungsmittel.* 2. Mitt. *Beeinflussung der Absetzgeschwindigkeit von Kaolinit und Bentonit.* (1. vgl. C. **1958.** 9365.) Eine größere Anzahl von Linearkolloiden wurde hinsichtlich ihrer flockenden Wrkg. auf Tonsuspensionen geprüft. Als wirksamste Substanzen erwiesen sich hochmol. Polyacrylate u. hochmol. Prodd. auf Polyacrylamidbasis. Durch diese Substanzen können ohne Zugaben organ. Salze Tonbestandteile auch aus Suspensionen mit relativ geringem Feststoffgeh. noch ausgeflockt werden. (Z. Zuckerind. **7** (**82**). 589—93. 20/12. 1957. Jena.) H. NORDIEK. 7412

Ju. D. Kot, *Die Affination von Rohzucker mit nicht vorgewärmtem grünem Sirup.* Es wird gezeigt, daß die Affination von Rohzucker mit konz. grünem Sirup (80% Trockensubstanz) mit abnehmender Temp. verschlechtert wird; bei Affination mit verd. Sirup (76% u. weniger Trockensubstanz) zeigt sich mit abnehmender Temp. keine Verschlechterung; bei Affination mit nicht vorgewärmtem Sirup steigt die Reinheit mit zunehmender Verdünnung; die Löslichkeit der Kristalle steigt mit zunehmender Temp. des Sirups stark an (bei Eintritt des vorgewärmten Sirups steigt sie um 20,5%). Auf Grund der Versuchsergebnisse arbeitet die 2. Kuban-Zuckerfabrik nach einem Verf., wonach verd., nicht vorgewärmter grüner Sirup zur Affination verwendet wird, während bisher der Sirup auf 90° erwärmt wurde. Der Affinationsablauf besitzt den Übersättigungskoeff. 0,97 gegenüber 0,86 beim Sirup. Die Färbung beträgt 19,1% des Wertes des Rohzuckers; D = 76,2° (Brix). Die Ausbeute an Kristallen beträgt 95,1% (vom Gewicht der im Rohzucker enthaltenen Kristalle). (Сахарная Промышленность [Zucker-Ind.] **31.** Nr. 10. 57—60. Okt. 1957.) OTTO MAIER. 7416

E. V. Miller, *Mehr und besseres Zuckerrohr durch Düngemittel.* (Vgl. C. **1957.** 3970.) Bericht über die zweckmäßigste Düngung verschied. philippin. Rohrzuckerarten mit N, P, K u. Ca. (Sugar News **32.** 519—20. Sept. 1956. Olin Mathieson Chem. Corp.) M. REIHER. 7440

Delfin Suerte, *Das Verhalten von Zuckerrohr mit niedrigem Faseranteil beim Mahlen.* Philippin. Zuckerrohr mit geringem Faseranteil (z. B. die Sorten *Alunan* u. *POJ 3016*) verhält sich bzgl. der *Saccharoseextraktion* ungünstiger als solches mit hohem Fasergehalt. Diese Beobachtungen stehen im Gegensatz zu Erfahrungen anderer Zuckerrübenländer. Es wird versucht, eine Erklärung für das unterschiedliche Verh. zu geben. (Sugar News **32.** 462—66. Sept. 1956.) M. REIHER. 7440

K. Šandera und **M. Drachovska,** *Eine Laboratoriumsmethode zur Unterscheidung des „jarowisierten" und normalen Zuckerrübensamens.* Vff. stellen fest, daß „jarowisierter" Zuckerrübensamen vom n. durch die konduktometr. Diffusionstitration unterschieden werden kann. Die Prüfung der elektr. Leitfähigkeit muß in 180 Min. erfolgen. Die Zunahme der Leitfähigkeit im Verhältnis zur Zeit ist für den Samen der Pflanzen charakteristisch. (Sbornik českoslov. Akad. Zemědělské Věd, Rostl. Výroba **4** (**31**). 571—76. Mai 1958. Praha, Výzk. ústav cukr.) E. VEVERA. 7472

VEB (K) Weizenin Weizenstärkefabrik, Örtliche Industrie der Stadt Dresden (Erfinder: **Heinz Ludewig**), Dresden, *Gewinnung von Stärke und Keimöl nebeneinander aus Vollkornweizen,* dad. gek., daß der Vollkornweizen unter Ausschaltung von Licht, O_2 u. Schwermetallen, grob bis fein vorgebrochen u. in diesem Zustand mit fettlösenden Mitteln extrahiert wird, worauf der Rückstand auf Stärke, u. der Extrakt nach Abdest. des Lösungsm. (Bzn., Bzl., CH_2Cl_2, C_2HCl_3) auf Weizenkeimöl u. gegebenenfalls auf die darin enthaltenen Vitamine (E, Tocopherol, Carotin) verarbeitet wird. (**D. A. S. 1 047 730** Kl. 89k vom 19/7. 1957, veröff. 24/12. 1958.) A. GRADL. 7449

National Starch Products, Inc., New York, übert. von: **Carlyle G. Caldwell,** North Plainfield, N. J., V. St. A., *Herabsetzung der Verkleisterungstemperatur von ungesättigten Stärkederivaten* des Typs $(C_6H_{10}O_5)_xC_6H_9O_4-R-C(R_1)=C(R_2)-R_3$, worin R entweder die Gruppe —OC:O— oder —OC:OCH$_2$ bedeutet, R_1 u. R_2 entweder H oder Formyl-, Cyan-, Carboxy-, Alkyl-, Aryl- oder substituierte Alkyl/Aryl-Reste bedeuten, dad. gek., daß sie mit H_2SO_3 oder Sulfiten zur Rk. gebracht werden. (**A. P. 2 825 727** vom 19/5. 1954, ausg. 4/3. 1958.) A. GRADL. 7449

V. Dolffs & Helle, S. E. N. C., Deutschland, *Kontrolle des Zuckergehaltes bei der Zuckerherstellung.* In Abänderung des F. P. 1 041 635 werden Vereinfachungen in der App. des Verf. beschrieben. — 2 Zeichnungen. (**F. P. 64 401** vom 23/5. 1953, ausg. 10/11. 1955. **Zusatz zu F. P. 1 041 635; C. 1950/54. 3604. S.**) G. WELTZIEN. 7489

XV. Gärungsindustrie.

L. A. Underkofler, R. R. Barton und **S. S. Rennert,** *Produktion mikrobieller Enzyme und ihre Anwendung.* Es wird ein Überblick über die Produktion mikrobieller Enzyme im Oberflächen- u. Submersverf. gegeben. Über die industrielle Anwendung der α- u. *β-Amylase, Dextrinase, Amyloglucosidase, Maltase, Lactase, Invertase,* der *Proteasen,* der *Pektinesterase, Polygalakturonase, Cellulase, Hemicellulase, Pentosanase, Glucoseoxidase* u. *Katalase* wird berichtet. — 56 Literaturangaben. (Appl. Microbiol. **6.** 212—21. Mai 1958. Clifton, N. J., Takamine Labor., Div. of Miles Labors.) W. SCHÖNBORN. 7508

Hellmut Ruhe, *Die Kleinmälzung als Hilfsmittel der Sortenwahl.* Über einen Zeitraum von 3 Jahren wurden verschiedene deutsche u. ausländ. Braugerstensorten auf 3 in der Bodenwertzahl u. im Klima unterschiedlichen Versuchsfeldern Niedersachsens angebaut u. mittels einer standardisierten u. immer gleichbleibenden Kleinmälzungsmethode vermälzt. Als ausreichend im Extraktgeh. können angesehen werden: Haisa II, Pirol, Wisa, Isaria nova u. Firlbecks Union. Eine Rückkreuzung mit den bes. enzymstarken Auslandsgersten erscheint wünschenswert. (Brauwelt **98.** 1351—55. 5—9/9. 1380—83. 12/9. 1958. Hildesheim.) K. H. SCHAUERTE. 7540

Fritz Knorr, *Vom Hopfenbitterstoff zum Kochprodukt.* Zusammenfassung der heutigen Kenntnisse über die Hopfenbestandteile, ihre Verwertung beim Kochprozeß sowie ihre Best. u. Identifizierung. (Brauwelt, Ausg. B. **1958.** 1534—39. 3/10. Nürnberg, Bayer. Landesgewerbeamt, Vers.-Anst. für Bierbrauerei.) K. H. SCHAUERTE. 7540

Ludwig Narziß, *Enzymatische Vorgänge in Mälzerei und Sudhaus und ihre Beeinflussung in der Praxis.* An Hand einer kurzen theoret. Betrachtung u. ausführlichen Beispielen aus der Praxis vermittelt der Vf. einen Überblick über die Möglichkeiten der Beeinflussung von enzymat. Vorgängen in der Mälzerei- u. Sudhauspraxis. (Brauwelt, Ausg. B **97.** 1452—60. 27/9. 1567—72. 1/10. 1957. Weihenstephan, Staatl. Brautechn. Prüf- u. Versuchsanst.) K. H. SCHAUERTE. 7544

Fritz Knorr, *Eiweißtrübungen und Stabilität des Bieres.* Vf. berichtet über den heutigen Stand der Kenntnisse über die Natur u. die chem. Zus. trübender Substanzen im Bier u. zeigt Wege, die zu einem eiweißbeständigen Bier führen. (Brauwelt, Ausg. B **97.** 1550—54. 1/10. 1957. Nürnberg, Bayer. Landesgewerbeanst., Versuchsanst. für Bierbrauerei.) K. H. SCHAUERTE. 7550

N. G. Ssarischwili und **P. Ja. Pasyrew,** *Einführung einer technologischen Arbeitsweise bei der Gewinnung von sowjetischem Champagner.* Nach dem neuen technolog. Verf. wird Champagner wie folgt gewonnen: Das in die Spezialzisterne (6000 Liter) gepumpte u. mit O_2 angereicherte (6—9 mg/Liter) Weingemisch wird mit 2% Hefe u. 0,5% Zucker (als Kulör) versetzt u. nach Vergärung des Zuckers u. vollständiger Assimilation des O_2 auf 40° erwärmt u. bei dieser Temp. 48 Std. gehalten. Danach wird das Gemisch auf 16—18° abgekühlt u. nach Zusatz der notwendigen Mengen Kulör u. Hefe der 2. Gärung überlassen. (Виноделие и Виноградарство СССР [Weinbereit. Weinbau UdSSR] **29.** Nr. 1. 25—29. 1959. Kiew, Champagnerfabrik; Leningrad, Champagnerfabrik.) OTTO MAIER. 7554

Erich Minárik, *Einige Erfahrungen mit der Aktivierung der Gärung mit Schimmelaktivatoren.* Vf. untersucht die Wrkg. verschied. Schimmelpilzaktivatoren bei der Bereitung von Obstweinen sowohl auf das Wachstum der Hefen als auch auf die Gärung. Die Herst. der Aktivatorpräpp. erfolgte durch Auswaschen der Pilzmycele mit W. (Entfernung der Antibiotica), Trocknen bei niedrigen Tempp. u. Zerkleinern. Zusatz von 0,5 g Aktivator/Liter Most bewirkt bereits nach 3—4 Tagen eine deutliche Vermehrung der Hefezellen (S. cerevisiae), Zunahme des Alkoholgeh. u. eine Herabsetzung des Restzuckers u. der flüchtigen Säuren. Geschmack, Farbe u. Geruch werden durch Aktivatoren aus Asp. niger, Botrytis cinerea u. Penicillium notatum nicht beeinflußt. A. rubber-, A. oryzae-Präpp. verursachen jedoch eine Verfärbung der Weine nach Rosa bis Braun. Vf. nimmt an, daß diese Pilzaktivatoren, die aus Mycelabfällen verschied. Gärindustrien (Citronensäure, Penicillin) leicht gewonnen werden können, für die Bereitung von Obst- u. Dessertweinen Verwendung finden können. (Vinarství **51.** 43. März 1958. Bratislava.) B. GÖRLICH. 7556

Georg Nowak, *Gesamthärte-, Kalk- und Magnesiumbestimmung im Wasser mit Hilfe „sesquestierender" Stoffe.* Vf. beschreibt das standardisierte Titriplexverf. der Fa. MERCK, Darmstadt, womit sowohl die Gesamthärte als auch der Ca- u. Mg-Geh. des W. schnell, einfach u. genau zu bestimmen ist. Als Komplexbildner dienen Nitrilotriessigsäure, Äthylendiamintetraessigsäure u. deren Dinatriumsalz. (Brauwelt, Ausg. B **97.** 1490—92. 27/9. 1957. München.) K. H. SCHAUERTE. 7590

W. Steinhoff, *Zur Bestimmung von Kohlensäure, Stickstoff und Sauerstoff in Bier.* Zur Verwendung des Gasgerätes nach PAUKNER wurde eine einfache u. in Verbindung mit den Löslichkeitstabellen für CO_2, N_2 u. O_2 rasche u. sichere Meth. geschaffen, welche die Auswertung der Meßergebnisse u. die Berechnung des beim Verschließen der Flasche eingeschlossenen Luftvol. erlaubt. (Brauwelt, Ausg. B **97.** 1547—48. 1/10. 1957. München, Wiss. Stat. für Brauerei e. V.) K. H. SCHAUERTE. 7600

Fritz Fischer, Kirchheim/Ries über Bopfingen/Württ., *Herstellung von Säuremalz,* dad. gek., daß man Malz u. W. zusammenbringt, das Malz unter dem Flüssigkeitsspiegel hält u. dort so lange beläßt, bis die von Natur aus durch das Malz getragenen Milchsäurebakterien den gewünschten Gärungsgrad herbeigeführt haben. (**D. A. S. 1 051 225** Kl. 6a vom 12/6. 1956, veröff. 26/2. 1959.) J. KETTNER. 7541

Grandes Brasseries & Malteries de Champigneulles, Meurthe-et-Moselle, Frankreich, *Alkoholarmes Bier* erhält man, indem man die wie üblich vorbereitete Malzgärung nach ca. 60 Std. durch plötzliche Abkühlung auf mindestens 0° bei einem Geh. von höchstens 1% A. abbricht. Das Endprod. hat einen Geh. von CO_2 von 4,5 g/Liter. — Ausführungsbeispiel; Tabellen über Zus. u. Geh. an Vitaminen. (**F. P. 1 168 795** vom 4/3. 1957, ausg. 16/12. 1958.) G. WELTZIEN. 7551

Gérard Henri Eugène de Bettignies, Loire-Inférieure, Frankreich, *Entfernen von Metallionen aus Flüssigkeiten.* In Erweiterung des F. P. 1 065 820 kann man trotz Entfernung unerwünschter Ionen (Fe, Cu) gewünschte Ionen in der Fl. behalten (Mg), indem man den Wein mit mit entsprechenden Metallionen gesätt. Ionenaustauschern behandelt. (**F. P. 66 299** vom 24/5. 1954, ausg. 28/6. 1956. **Zusatz zu F. P. 1065820; C. 1950/54. 3608. S.**) G. WELTZIEN. 7555

XVI. Nahrungs-, Genuß- und Futtermittel.

Harry J. Deuel jr., *Toxikologische Bestimmung der Eignung von Zusätzen zu Lebensmitteln.* (Vortrag.) An den Beispielen von Isopropyl- u. Stearylcitrat sowie von Sorbinsäure als Zusatz zu Lebensmitteln wird gezeigt, daß ein Zusatzstoff um so eingehender geprüft werden muß, je weniger die daraus entstehenden Stoffwechselprodd. u. deren biol. Rkk. bekannt sind. — 17 Literaturhinweise. (Food Res. **20.** 215—20. Mai/Juni 1955. Los Angeles, Calif., Univ. of Southern California, Dep. of Biochem. and Nutrit.) E. WIEHR. 7642

R. A. Anderson, V. F. Pfeifer und **E. B. Lancaster,** *Kontinuierliches Schlagteigverfahren zur Trennung des Klebers vom Weizenmehl.* Beschreibung einer Versuchsanlage in der mehr als 80% des Weizenmehlproteins in Kleber von einer Reinheit ebenfalls über 80% aus verschied. Weizenmehlen gewonnen werden konnte. (Cereal Chem. **35.** 449—57. Nov. 1958. Peoria, Ill., US Dep. of Agric., Agric. Res. Serv., Northern Utilization Res. and Developm. Div.) H. HAEVECKER. 7646

Madelyn Ferrigan und **W. F. Geddes,** *Die Verteilung der Lipase in den handelsmäßigen Müllereiprodukten aus Hard red spring-Weizen.* Vf. bestimmte in 32 Mahlpassagen einer Hard red spring-Vermahlung die Lipaseaktivität durch Messung des aus Monooleinsubstrat in 1 Std. bei 30° u. p_H 7,35 freigesetzten Glycerins. Die Futtermehlpassagen enthielten 12γ Glycerin/g Mehl, die Keimlingspassagen 2354γ. Die 27 Mehlpassagen enthielten 73,5% der gesamten Mehlausbeute u. nur 21,3% der Gesamtlipase u. des gesamten Aschegeh., im Gegensatz hierzu 69,8% des gesamten Protein- u. 44,3% des gesamten Lipoidgehaltes. (Cereal Chem. **35.** 422—27. Nov. 1958. St. Paul, Minn., Univ. of Minnesota, Dep. of Agric. Biochem.) H. HAEVECKER. 7670

Millard J. Horn, Colburn C. Fifield, Amos E. Blum und **Helen W. Warren,** *Die Verteilung der Aminosäuren im Weizen und einigen Weizenprodukten.* Es wurde die Verteilung von 11 Aminosäuren in Mehl, Futtermitteln u. Kleie bestimmt. Während der Teiggärung findet kein Verlust an Aminosäuren statt. Die Verluste an Cystin, Lysin u. Methionin während des Backens waren bedeutend. Die größten Verluste ergaben sich in der Kruste. (Cereal Chem. **35.** 411—21. Nov. 1958. Washington, D. C., Agric. Res. Serv., US Dep. of Agric.) H. HAEVECKER. 7674

C. J. Dempster und **I. Hlynka,** *Einige Wirkungen des Teigknetens auf die physikalischen Eigenschaften von Teig.* Teige, die in N_2 u. Luft geknetet wurden, ergaben mit steigender Knetzeit im Extensogramm einen deutlichen Abfall der Dehnbarkeit. Das Kneten selbst hat eine geringe Einw. auf die strukturelle Entspannung, jedoch ist die Wrkg. des atmosphär. O_2 bedeutend. (Cereal Chem. **35.** 483—88. Nov. 1958. Winnipeg, Manitoba, Grain Res. Labor. Board of Grain Comm. of Canada.) H. HAEVECKER. 7674

D. K. Cunningham und **I. Hlynka,** *Mehllipoide und die Bromatreaktion.* Der Einfl. der Mehllipoide auf die Bromat-Rk. im Teig zeigt sich in dreifacher Weise: Verlängertes Kneten in Ggw. der Lipoide beschleunigt die folgende Bromat-Rk.; in Abwesenheit von Lipoiden ist die Bromat-Rk. herabgesetzt; die Bromat-Rk. in Teigen aus entfetteten Mehlen in Luft oder Sauerstoff geknetet ist ebenfalls herabgesetzt, vermutlich durch die Wrkg. natürlicher Antioxydantien in der Lipoidfraktion. (Cereal Chem. **35.** 401—10. Nov. 1958. Winnipeg, Manitoba, Grain Res. Labor. Board of Grain Com. for Canada.) H. HAEVECKER. 7674

Doris M. Skarha und **Frances O. van Duyne,** *Auswirkung des Gefrierens und der Gefrierlagerung auf die Qualität von Kuchen.* 1. Mitt. *Gebackener Pfefferkuchen und aus gefrorenem Teig hergestellter Kuchen.* Nach dem Backen gefrorene Pfefferkuchen waren besser im Geschmack u. in der Konsistenz als solche, die aus gefrorenem Teig hergestellt worden waren. (Food Res. **20.** 273—81. Mai/Juni 1955. Urbana, Ill., Univ. of Illinois, Dep. of Home Economics.) E. WIEHR. 7674

Doris M. Skarha und **Frances O. van Duyne,** *Auswirkung des Gefrierens und der Gefrierlagerung auf die Qualität von Kuchen.* 2. Mitt. *Veränderungen bei der Teigbehandlung vor und nach der Gefrierlagerung.* (1. vgl. vorst. Ref.) Vff. stellten fest, daß die Qualität von Kuchen, der aus gefrorenem Teig gebacken worden war, sehr von der Art der Verpackung während der Lagerung u. der Technik des Auftauens abhängt. Sie geben Vorschriften für die günstigste Behandlung von Teig, der auf drei verschied. Arten verpackt u. gelagert worden war. (Food Res. **20.** 282—88. Mai/Juni 1955.) E. WIEHR. 7674

Edith A. Roberts und **Bernard E. Proctor,** *Ein Vergleich der Wirkung von ionisierenden Strahlen und von Hitze auf die stärkehaltigen Zellen von Kartoffelknollen.* Eine Bestrahlung mit Kathodenstrahlen von $2-3\cdot10^6$ rep verursachte die Zerstörung der aus Ca-Pektat bestehenden Mittellamelle der Parenchymzellen von Kartoffelknollen u. bewirkte eine Isolierung derselben, ohne daß die Konsistenz der Stärkekörner oder der Zellwände verändert wurde. Um durch Hitzebehandlung nur die Mittellamelle zu zerstören, mußte man in wss. Medium auf 55—65° u. unter Wasserabschluß im Polyäthylenbeutel auf 90° erhitzen. Hierbei verformten sich die Stärkekörner u. ballten sich zusammen u. die Zellwände wurden weich. (Food Res. **20.** 254—63. Mai/Juni 1955. Cambridge, Mass., Massachusetts Inst. of Technol., Dep. of Food Technol.) E. WIEHR. 7678

R. H. Treadway, J. R. Wagner, C. F. Woodward, E. G. Heisler und **R. M. Hopkins,** *Entwicklung und Bewertung von Kartoffelchipstangen.* Kartoffelchips konnten ohne nachteilige Folgen für Geschmack u. Konsistenz gepreßt werden u. konnten dann 1 Jahr lang bei 40 oder 70° F gelagert werden, ohne daß ihre organolept. Eigg. wesentlich verschlechtert wurden. (Food Technol. **12.** 479—82. Sept. 1958. Philadelphia, Pa., Eastern Reg. Res. Labor.) E. WIEHR. 7678

A. C. Wagenknecht, Frank A. Lee und **Rosemary J. Graham,** *Die Darstellung von Lipase aus Erbsen und die Einwirkung von Steapsin und Erbsenlipase auf rohes Erbsenlipoid.* (Vgl. C. **1958.** 1447.) Unterss. über die Einw. von Steapsin (**I**) u. Erbsenlipase (**II**) auf rohes Erbsenlipoid (**III**) zeigen, daß **I** Chlorophyll in Phäophytin überführt u. 183mal so stark wie **II** in der Wrkg. auf **III** u. 400mal so stark wie **II** in der Wrkg. auf Tributyrin ist. **II** wirkt 29mal so stark wie frische Erbsen. $(NH_4)_2SO_4$ u. kaltes Aceton befriedigen nicht als Mittel zur Konzentrierung von **II**. Ein großer Teil der **II** ist in W. lösl. u. hat eine geringe Wirksamkeit auf eine Aufschlämmung geschälter Erbsen. (Food Res. **23.** 439—45. Sept./Okt. 1958.) W. WESLY. 7684

H. M. B. Somade, *Begasung von landwirtschaftlichen Erzeugnissen.* 12. Mitt. *Sorption von Methylbromid durch Erdnüsse.* (11. vgl. GORRINGE, C. **1959.** 11094.) Erdnüsse wurden unzerkleinert u. gesondert nach Keimblatt, Keimling u. Schale mit Methylbromid (**I**; 10—30 mg/Liter) begast. Die Absorption stieg in jedem Falle mit der Steigerung der Feuchtigkeit an. Steigerung der Aufwandmenge an **I** bewirkt größere Absorption durch Keimblatt u. Keimling, dagegen nicht durch die Schalen. Freilandverss. haben gezeigt, daß unter n. Bedingungen die Erdnüsse durch **I** nicht geschädigt werden. Das Pilzwachstum wurde unterdrückt u. das Wachstum im Frühstadium leicht stimuliert. Durch hohe **I**-Gaben bei feuchten Erdnüssen wurde die Keimfähigkeit dagegen vermindert. (J. Sci. Food Agric. **6.** 799—804. Dez. 1955.) W. KNÖPKE. 7684

Joseph T. Hogan und **Ralph W. Planck,** *Hydrationscharakteristiken von Reis unter dem Einfluß von Sorte und Trocknungsmethode.* Vff. untersuchten verschiedene polierte Reissorten, die bei verschied. Tempp. getrocknet worden waren, auf ihr Verh. in W. während 10—40 Min. bei 70—98°. Bestimmt wurden die Wasserabsorption der behandelten Körper u. die Gehh. an ungelösten Festbestandteilen u. gelösten Stoffen im Behandlungswasser. Niedrige Werte wurden erhalten mit den Langkornsorten, die besser für

Kochzwecke geeignet sind u. einen besseren Kernzusammenhang besitzen. (Cereal Chem. **35.** 469—82. Nov. 1958. Rancho Cordova, California.) H. HAEVECKER. 7686

Olive M. Batcher, Ruby R. Little, Elsie H. Dawson und **Joseph T. Hogan,** *Kochqualität von weißem poliertem Reis aus Rohreis, der bei verschiedenen Temperaturen getrocknet worden war.* Die Qualität der Reismahlprodd. wurde gemessen durch Best. des Vol. der Wasserabsorption, u. der Geh. an Stärke u. Gesamtfestbestandteilen nach Behandlung mit W. bei 99° sowie auch aus der Rk. gegen Behandlung mit verd. Alkali. Eindeutige Beziehungen zur Trocknungstemp. wurden nicht festgestellt. Eine forcierte Lufttrocknung des Rohreises bei erhöhten Tempp. verursachte weder eine deutliche Verbesserung oder Zerstörung der Kochqualität des polierten Reises. (Cereal Chem. **35.** 428—34. Nov. 1958. Washington, D. C., US Dep. of Agric., Agric. Res. Serv., Human Nutrit. Res. Div.) H. HAEVECKER. 7686

D. G. Guadagni und **C. C. Nimmo,** *Zeit–Temperatur-Toleranz von gefrorenen Lebensmitteln.* 9. Mitt. *Der Einfluß von Zeit und Temperatur auf die Farbverteilung in Kleinhandelspackungen von Feinfrosthimbeeren.* (8. vgl. Food Technol. **11.** [1957.] 471.) Vff. konnten feststellen, daß die Farbe des Sirups bemerkenswert mit der Lagerzeit bei Tempp. von —12° u. höher zunimmt, aber nur geringfügig bei Tempp. von —18° u. tiefer. So kann man aus der Farbe des Sirups auf die Zeit- u. Temperaturverhältnisse, die während der Lagerung herrschten, Rückschlüsse ziehen. In Proben, die in Farbe, Form u. Frucht/Sirup-Verhältnis abwichen, muß die Farbbest. bei Früchten u. Sirup getrennt vorgenommen werden. Zur Farbbest. wurden die Früchte homogenisiert u. mit 0,25%ig. Oxalsäurelsg. extrahiert (wegen *Ascorbinsäure*). Das Filtrat wurde mit Citrat–Phosphat-Puffer nach MACILVAIN verd. (p_H 3,0) u. bei 515 mμ photometriert. (Food Technol. **11.** 604—08. Nov. 1957. Albany, Calif., Western Regional Res. Labor.) K. HERRMANN. 7688

B. S. Bhatia, G. S. Siddappa und **Girdhari Lal,** *Die Beständigkeit zugesetzter Ascorbinsäure in eingedosten Jackbaumfrüchten während des Eindosens und im Verlauf der Lagerung.* Nach dem Eindosen waren von der zugesetzten *Ascorbinsäure* (**I**; 50 mg%) noch 80% vorhanden. Lagerung bei Zimmertemp. führte zu einem Absinken auf 30% (nach 64 Wochen). Bei einer Temp. von 37° waren bereits nach 48 Wochen nur noch 2% **I** vorhanden. (Bull. centr. Food technol. Res. Inst., Mysore **6.** 101—02. Mai 1957.)
I. KEINERT. 7688

Frank A. Lee, A. C. Wagenknecht und **J. C. Hening,** *Eine chemische Untersuchung der progressiven Geschmacksverschlechterung bei gefrorenem rohem Gemüse.* Die mit der Zeit ständig fortschreitende Geschmacksverschlechterung von nichtblanchierten Erbsen, grünen Bohnen u. Süßmais bei der Gefrierlagerung wurde auf den Geh. an freien *Fettsäuren* (**I**) u. *Peroxyden* (**II**) zurückgeführt. Die im Ätherextrakt vorhandene Menge an **I** stieg in der ersten Woche der Lagerung am meisten u. anschließend nur noch langsam, während der Geh. an **II** bei Erbsen erst nach 3 Wochen, bei Bohnen nach einem Monate u. bei Mais nach 2 Monaten anzusteigen begann. (Food Res. **20.** 289—97. Mai/Juni 1955. Genova, N. Y., Cornell Univ., New York State Agricult. Exp. Stat.)
E. WIEHR. 7690

T. J. Mitchell und **C. S. Potts,** *Zirkulationstrocknung von Seetang.* 5. Mitt. *Ascophyllum nodosum, Fucus serratus, Fucus vesiculosus.* (4. vgl. J. Sci. Food Agric. **5.** [1954.] 481.) Die Trocknungseigg. von geschnittenen Algen (Ascophyllum nodosum, Fucus serratus, Fucus vesiculosus) werden in einem Zirkulationstrockner ermittelt. Die Unterss. erstreckten sich auf Variation der Schichtdicke, Lufttemp. (100—220° F), Luftfeuchtigkeit, Luftgeschwindigkeit u. Luftdruck. Es werden Gleichungen aufgestellt, aus denen sich ergibt, daß der Trocknungsgrad direkt u. die Trocknungszeit umgekehrt proportional der Psychrometerdifferenz ist. Aus den Kurven Ausbeute/Beschickung ergeben sich wohldefinierte Optimalwerte für jede der Algenarten. (J. Sci. Food Agric. **6.** 402—12. Juli 1955. Glasgow, Royal Techn. Coll., Techn. Chem. Dep.) PH. FRESENIUS. 7690

L. J. Teply, *Untersuchung des Nährwertes von Kaffeestrahlpulver.* Im Biovers. (Ratten) wurde festgestellt, daß 1 g Kaffee-Extraktpulver im Mittel 0,33 mg *Nicotinamid* enthält. Weiter wurden geringe, aber meßbare Mengen von *Niacin, Riboflavin, Pantothensäure, Cholin, Folsäure, Citrovorum Faktor, Vitamin* B_6 u. *Vitamin* B_{12} sowie von *Na, Ca, Fe* u. *F* gefunden. *Thiamin* konnte nicht nachgewiesen werden. (Food Technol. **12.** 485—86. Sept. 1958. Madison, Wis., Wisconsin Alumni Res. Foundat.)
E. WIEHR. 7720

Norman H. Grant, *Die Atmungsfermente im Fleisch.* 1. Mitt. *Identifizierung der aktiven Enzyme.* Es wurden die Oxydationsfermente untersucht, die noch in Fleisch vorhanden waren, das 18 Std. nach dem Schlachten gefroren u. vor der Probenahme aufgetaut worden war. Drei Identifizierungsmethoden wurden angewandt, die Rk. spezif. Inhibitoren auf durch Enzyme hervorgerufene Farbveränderungen, die Fähigkeit, Methylenblau zu red. u. die Höhe des O_2-Verbrauches. *Bernsteinsäuredehydrogenase, α-Glycerophosphatdehydrogenase* u. *Cytochromoxydase* konnten in Fleisch nachgewiesen werden. (Food Res. **20.** 250—53. Mai/Juni 1955. Chicago, Ill., Armour & Co., Res. Div.) E. WIEHR. 7750

Norman H. Grant, *Die Atmungsfermente im Fleisch.* 2. Mitt. *Temperaturbeständigkeit der Rinder- und Schweinesuccinoxydase.* (1. vgl. vorst. Ref.) An Schweine- u. Rindermuskel untersuchte Vf. die Beeinflussung der Succinoxydaseaktivität durch Änderung der Versuchstemperatur. Wird Fleisch in gefrorenem Zustand gelagert, bleibt die Enzymaktivität länger erhalten als bei einer Lagerung bei 4°. Succinoxydase erweist sich als thermolabil. Die Zerstörung des Enzyms beginnt bei 43°. (Food Res. **20.** 322—25. Juli/Aug. 1955.) G. MAYR. 7750

Zygmunt Walczak, *Die Eigenschaften des Saftes von Fleisch verschiedener Wasserbindungsfähigkeit.* Es wurden der p_H-Wert, der E. des Saftes, der Wassergeh. u. die Salzkonz. des Fleisches 3 Tage nach der Schlachtung ermittelt. Es besteht statist. gesicherte Korrelation zwischen p_H u. E. Der E. des Saftes von wss. Fleisch ist stets niedriger als der von Fleisch mit hoher Wasseraufnahmefähigkeit. Die Erniedrigung des E. resultiert aus der Desorption der Salze bei Annäherung an den isoelektr. Punkt (p_H 5,3) u. ihre Anreicherung im Saft. Der osmot. Druck des Saftes von Fleisch ist um 2 at höher als der von Fleisch mit hohem Wasserbindungsvermögen. (Roczniki Nauk rolniczych, Ser. B **73.** 41—46. 1958. Bydgoszcz, PAN, Inst. Fizjolog., Żywienia Zwierz.) F. URBAN. 7750

Helen L. Hanson und **Lorraine R. Fletcher,** *Zeit–Temperatur-Toleranz von gefrorenen Lebensmitteln.* 12. Mitt. *Truthahngerichte und -pasteten.* (11. vgl. GUADAGNI, NIMMO u. JANSEN, Food Technol. **12.** [1958.] 36; 9. vgl. C. **1959.** 11431.) Tiefgefrorene Truthahngerichte konnten trotz zugesetzter Antioxydantien (0,005% einer Mischung aus 20% butyliertem Hydroxyanisol, 6% Propylgallat, 4% Citronensäure u. 70% Propylenglykol) nicht einwandfrei für 12 Monate bei — 18° oder 6 Monate bei — 8° gehalten werden. Der Anstieg der Peroxydwerte war teilweise meßbar, blieb jedoch im allg. uncharakteristisch. (Food Technol. **12.** 40—43. Jan. 1958. Albany, Calif., Western Reg. Res. Labor.) G. ANDERSEN. 7750

Kazuo Tanaka und **Takeo Tanaka,** *Auftauen von gefrorenem Walfleisch.* Es wurde festgestellt, daß Walfleisch nach Auftauen viel länger tropft als Rindfleisch. Die Tropfdauer ist entscheidend für die Qualität. Zur Verringerung der Tropfdauer u. damit zur Verbesserung der Qualität empfehlen Vff. auf Grund der Ergebnisse eigener Verss. schnelles Einfrieren u. Auftauen durch elektr. Widerstandsheizung. (J. Tokyo Univ. Fisheries **42.** 79—82. Febr. 1956.) V. FROBOESE. 7750

Kazuo Tanaka und **Takeo Tanaka,** *Der biochemische Zustand von Walfleisch vor und nach dem Gefrieren und die Kaltlagerung des gefrorenen Fleisches.* Nach eingehenden Verss. über den Zustand des Walfleisches während des Gefrierens empfehlen Vff., zur Erhaltung der Qualität u. Verhinderung der Schrumpfung das bei —10° während 3 Monaten bzw. bei —15° während 6 Monaten u. bei — 20°, jedoch nicht tiefer, während 12 Monaten gelagerte Fleisch zunächst 5 Tage bei — 2° oder 10 Tage bei — 3° vor dem völligen Auftauen zu halten. (J. Tokyo Univ. Fisheries **42.** 83—88. Febr. 1956.) V. FROBOESE. 7750

Junkichi Nagaoka, Shigetake Takagi und **Sachio Hotani,** *Untersuchungen über Gefrieren von Fisch im Schnellgefriergerät.* Vff. berichten über günstige Erfahrungen mit Schnellgefriergeräten vom Typ der HECKERMANN-Geräte. (J. Tokyo Univ. Fisheries **42.** 65—73. Febr. 1956.) V. FROBOESE. 7752

I. L. Williams und **F. D. Yung,** *Die Auswirkung des „Schwitzens" auf die Haltbarkeit von Schaleneiern.* Eier von 40° F wurden 6 Std. lang bei 80° F u. 50% Luftfeuchtigkeit aufbewahrt. Das entstandene Kondenswasser blieb bei anschließender Lagerung auf den Eierschalen. Diese Behandlung vermindert die Haltbarkeit u. bewirkte eine Zunahme der darauf befindlichen Bakterien. Die Haltbarkeit von schmutzigen Eiern war von der von gewaschenen wenig verschieden. (Food Res. **20.** 221—25. Mai/Juni 1955. Lincoln, Nebr., Univ. of Nebraska, Coll. of Agric., Dep. of Poultry Husbandry and Agricult. Engineer.) E. WIEHR. 7754

Saeed Ahmad Husaini und **Frithiof Alm,** *Die Denaturierung von Proteinen in Eiklar oder Fischen und ihre Beziehung zu der Freisetzung von Sulfhydrylgruppen bei der Gefrierlagerung.* Eiklar u. Kabeljaufilets wurden gefroren, bei —5, —10, —15 u. —20° gelagert. Nach verschied. Lagerungszeiten wurde der Geh. an wasserlösl. N u. an SH-Gruppen vor u. nach Eiweißdenaturierung bestimmt. Zwischen dem Geh. an „maskierten" SH-Gruppen, der Differenz an SH-Gruppen vor u. nach Denaturierung, u. an wasserlösl. N bestand keine Beziehung. (Food Res. **20.** 264—72. Mai/Juni 1955. Gothenburg, Swedish Inst. for Food Preservation. Res.) E. WIEHR. 7754

Johannes Futschik, *Der Einfluß der Oberflächenbeschaffenheit von Stahlblechen auf den bakteriologischen Reinheitsgrad.* Im Hinblick auf den Einsatz von *Stahlblechen* (a) in der Milchindustrie (Milchtransporttanks, Rahmreifer usw.) wurde die Abhängigkeit des bakteriol. Reinheitsgrades der a von ihrer Oberflächenbehandlung untersucht. Hierbei wurde festgestellt, daß bei ordnungsgemäßer Oberflächenbehandlung (bes. bei Anwendung der Schliffart „Feinschliffkorn 240") sowohl warm- als auch kaltgewalzte a einen sehr feinen Strich u. nur wenige flache Rillen aufweisen, so daß nach sachgemäßer Reinigung hinsichtlich der Restkeimzahl keine Unterschiede bestehen. (Milchwiss. Ber. **8.** 67—71. 1958. Wolfpassing, Bundeslehr- u. Versuchsanst. für Milchwirtschaft.) M. WINIKER. 7756

H. Gantz, *Wege zur Verbesserung der Trinkmilchqualität unter besonderer Berücksichtigung der thermischen Behandlung.* Vortrag, der einen allg. Überblick über die zur Zeit gegebenen bzw. sich abzeichnenden Möglichkeiten der Trinkmilchverbesserung vermittelt. (Dtsch. Molkerei-Ztg. **80.** 303—07. 26/2. 1959. Kiel, Bundesforschungsanst. für Milchwirtschaft, Bakteriol. Inst.) M. WINIKER. 7756

Erhart Psick, *Die Fluoridierung der Trinkmilch.* (Vortrag.) Zur Zahncariesprophylaxe empfiehlt Vf. die Fluorierung der Trinkmilch. — Diskussion, 10 Literaturhinweise. (Milchwiss. Ber. **8.** 183—88. 1958. St. Pölten.) M. WINIKER. 7756

V. Galea, I. Szántai und **I. Jánosi,** *Beiträge zur Untersuchung von gegorener Milch.* 1. Mitt. *Chromatographische Untersuchungen über die freien Aminosäuren in gegorener Milch.* Vergleichende papierchromatograph. Unterss. von frischer Milch (I) mit geringem u. hohem Geh. an Colibacillen (a) von gegorener I ergaben: Für I mit wenig a einen sehr geringen Geh. an freien Aminosäuren, bestehend aus Glutaminsäure, Cystin, Glycin u. Alanin; für I mit viel a außer den angeführten Verbb. kleine Mengen von Tyrosin, Prolin, Valin, Phenylalanin, Leucin u. Lysin; für gegorene I dieselben außer Lysin. Der Nachw. der Verbb. erfolgt nach der zweidimensionalen Meth. unter Verwendung von SCHLEICHER & SCHÜLL-Papier Nr. 597 u. WHATMAN-Papier Nr. 4, Butanol/Ameisensäure/W. (4:1:4) als Lösungsm. u. Ninhydrin als Entwickler. Die infolge des Gärungsvorganges auftretenden kleinen Aminosäuremengen (ca. 1—5 mg%) gestatten keine Schlüsse in bezug auf den Nährwert des Produktes. (Studii Cercetări Med. [Cluj] **8.** Nr. 3—4. 281—86. Juli/Dez. 1957. Cluj, Acad. R. P. R., Sect. de cercetări med.) H. ROTH/Cluj. 7756

V. Galea, I. Szántai und **V. Stănculescu,** *Beiträge zur Untersuchung von gegorener Milch.* 2. Mitt. *Elektrophoretische Untersuchungen über die Eiweißfraktion in gegorener Milch.* (1. vgl. vorst. Ref.) Bei der Elektrophorese der Eiweißstoffe aus frischer bzw. aus 24 u. 48 Std. alter Milch werden 4 bzw. 8 u. 7 Fraktionen erfaßt (WHATMAN-Papier Nr. 4, MICHAELIS-Pufferlsg., p_H 6,8, Ionenstärke 0,1 120, V Klemmenspannung). Vff. schreiben den bei der Gärung auftretenden Eiweißprodd. eine verdauungsfördernde Wrkg. zu. (Studii Cercetări Med. [Cluj] **8.** Nr. 3—4. 287—90. Juli/Dez. 1957.) H. ROTH/Cluj. 7756

K. W. Sahli und **W. Lehmann,** *Bakteriologisch-chemische Untersuchungen an qualitativ gut bewerteten handels- und konsumreifen Export-Emmentalerkäsen.* „N." ausgereifte, d. h. nicht mit einer Fehlgärung behaftete *Emmentalerkäse* (**a**) enthielten neben beachtlichen Mengen *Essigsäure* u. *Propionsäure* (im Mittel ca. 0,3 bzw. 0,4% des Gewichts der **a**) stets auch etwas (ca. 0,012%) *Buttersäure.* **a** der ersten Qualitätsstufe enthielten kaum wesentliche Mengen vermehrungsfähiger Bakterien der Coli aerogenes-Gruppe. Hingegen war der Geh. der **a** Lactobacillus fermenti bisweilen recht bedeutend. Bei großgekochtem **a** ist mit oft ganz erheblichen Gehh. an Clostridien zu rechnen. — Gärungsanalyse, Säulenchromatographie u. bakteriolog. Unters. führten im allg. zu übereinstimmenden Befunden, jedoch gestatten diese Methoden hinsichtlich der Lagerfähigkeit der **a** keine gesicherten Aussagen. (Schweiz. Milchztg., wiss. Beilage **85.** 505—12. 2/2. 1959. Liebefeld-Bern, Eidg. Milchwirtschaftl. Versuchsanst.) M. WINIKER. 7760

I. J. Cunningham, K. G. Hogan und **J. N. Breen,** *Der Kupfer- und Molybdängehalt des Weideaufwuchses auf verschiedenen Böden Neuseelands.* 900 Proben des Frühjahrsaufwuchses von Weiden auf 280 verschied. Böden wurden auf ihren Cu- u. Mo-Geh. untersucht. Folgende Werte werden im Hinblick auf Cu-Mangel bzw. Mo-Überversorgung der Weidetiere als krit. angesehen: Cu $\leqq 5$ p.p.m., Mo $\geqq 3$ p.p.m. Eine Auswertung der Analysenergebnisse nach diesen Kriterien zeigt, daß Cu-Mangel nur auf relativ kleinen Weideflächen vorliegt. Übernormale Mo-Gehh. sind dagegen sowohl auf der Nord- als auch auf der Südinsel auf Weiden größerer Gebiete (jeweils ca. 4 Mill. acres) anzutreffen. Vff. sind der Ansicht, daß schon die Unters. weniger repräsentativer Weidegrasproben einen zuverlässigen Hinweis auf die Cu- u. Mo-Versorgung größerer Weidegebiete ermöglicht, gleichbleibender Bodentyp vorausgesetzt. (New Zealand J. Sci. Technol., Sect. A **38.** 225—38. Okt. 1956. Wellington, Wallaceville Animal Res. Stat., Dep. of Agric.) WILFRIED WERNER. 7782

L. Ernould, *Behandlung der Futterrüben in Silos mit „Conserbeta“.* Die Anwendung von 3 kg „Conserbeta“ (I, Zus. nicht angegeben) pro t Futterrüben, die in Silos bis Mitte April eingelagert wurden, hatte eine physiol., pilz- u. insektenzerstörende Wrkg. sowie eine Verhinderung der Gelbsucht zur Folge. — Ferner bewirkt I eine starke Verminderung des Würzelchentreibens u. eine Herabsetzung der Temp. in den Silos. (Publ. Inst. belge Amélioration. Betterave **26.** 3—14. Jan./März 1958. Tirlemont, Inst. de la Betterave.) R. WALCKER. 7782

A. H. Bockian und **R. Wm. Hirzel,** *Methode zur Bewertung von Farbnuancen bei der Probenbetrachtung mit dem Hunter-Farbdifferenzmeßgerät.* Das HUNTER-Farbdifferenzmeßgerät wird apparativ durch einen horizontalen Rotationstisch so vervollständigt, daß es Farbnuancen präziser mißt. (Food Technol. **12.** 49—52. Jan. 1958. Corvallis, Oreg., Oreg. State Coll., Dep. of Food and Dairy Techn.) G. ANDERSEN. 7788

J. F. Kefford, *Die Laboratoriumsuntersuchung eingedoster Lebensmittel.* 10. Mitt. *Der Gehalt an unlöslicher Trockenmasse.* (9. vgl. Food Preservat. Quart. **15.** [1955.] 72.) Besprechung bekannter Methoden zur Best. des Geh. eingedoster Lebensmittel an wasserunlösl. u. alkoholunlösl. Trockenmasse. (Food Preservat. Quart. **16.** 7—10. März 1956. Homebush, N. S. W., C.S.I.R.O, Div. of Food Preservat. and Transport.) PH. FRESENIUS. 7790

J. F. Kefford, *Die Laboratoriumsuntersuchung eingedoster Lebensmittel.* 11. Mitt. *Relative Gleichgewichtsfeuchtigkeit.* (10. vgl. vorst. Ref.) Als „relative Gleichgewichtsfeuchtigkeit“ wird die Feuchtigkeit einer Atmosphäre bezeichnet, in der ein Lebensmittel weder W. aufnimmt noch abgibt oder auch die von einem Lebensmittel in einem verschlossenen Gefäß bei kleinem freiem Raum abgegebene Feuchtigkeit. Zur Best. dient das Verf. von HICKS, bei den die Gewichtsveränderungen gewogener Lebensmittelmengen in einer Atmosphäre bekannter relativer Feuchtigkeit (wss. H_2SO_4) gemessen werden. (Food Preservat. Quart. **17.** 11—14. März 1957.) PH. FRESENIUS. 7790

J. F. Kefford, *Die Laboratoriumsuntersuchung eingedoster Lebensmittel.* 12. Mitt. *Säuregrad und p_H-Werte.* (11. vgl. vorst. Ref.) Anleitung zur Säuretitration u. p_H-Best. in Fruchtsäften, Pickles, Tomaten- u. Worcestersauce u. in Sauerkraut. Diskussion der Bedeutung des p_H für Lebensmittelkonserven. (Food Preservat. Quart. **17.** 30—35. Juni 1957.) PH. FRESENIUS. 7790

J. F. Kefford, *Die Laboratoriumsuntersuchung eingedoster Lebensmittel.* 13. Mitt. *Ascorbinsäuregehalt.* (12. vgl. vorst. Ref.) Besprechung der Methoden zur Best. der Ascorbinsäure in eingedosten Lebensmitteln, bes. mit 2.6-Dichlorphenolindophenol, der Extraktherst., der Unters. gefärbter Extrakte u. der störenden Begleitsubstanzen. — 33 Literaturangaben. (Food Preservat. Quart. **17.** 42—47. Sept. 1957.) PH. FRESENIUS. 7790

J. F. Kefford, *Die Laboratoriumsuntersuchung eingedoster Lebensmittel.* 14. Mitt. *Gelöste Metalle: Zinn und Eisen.* (13. vgl. vorst. Ref.) Zur Best. von Sn u. Fe in Konserven wird der sofort nach Öffnen der Dose entnommene Inhalt mit $H_2SO_4 + HNO_3 + H_2O_2$ aufgeschlossen. Sn wird nach MCKENZIE nach Red. mit Al-Folie in saurer Lsg. unter CO_2 durch Titration mit KJO_3 in Ggw. von KJ u. Fe nach MCKENZIE colorimetr. mit 1.10-Phenanthrolin bestimmt. (Food Preservat. Quart. **18.** 15—19. März 1958.) PH. FRESENIUS. 7790

J. F. Kefford, *Die Laboratoriumsuntersuchung eingedoster Lebensmittel.* 15. Mitt. *Gelöstes Kupfer und Blei.* (14. vgl. vorst. Ref.) Zur Best. von *Cu* in Konserven wird eine 3—5 γ Cu enthaltende Menge des Aufschlusses nach Zusatz von 10 ml 10%ig. Citronensäurelsg. u. 5 ml 5%ig. $Na_4P_2O_7$-Lsg. mit konz. NH_4OH alkalisiert, mit 1 ml einer 1%ig. Lsg. von Na-Diäthyldithiocarbamat versetzt u. 3mal mit je 5 ml CCl_4 ausgeschüttelt. Nach Auffüllen auf 25 ml wird die Absorption der Ausschüttelung bei 440 mμ in 4 cm-Küvetten bestimmt. Die Best. von *Pb* erfolgt colorimetr. als Dithizonat, das durch Ausschütteln mit Chlf. oder CCl_4 in Ggw. von Na-Hexametaphosphat, Citrat u. CN^- von anderen Ionen getrennt wird. — 41 Literaturangaben. (Food Preservat. Quart. **18.** 25—29. Juni 1958.) PH. FRESENIUS. 7790

Eugene E. Kenaga, *Bewertung von Kornbegasungsmitteln.* Allg. Ausführungen. (Cereal Sci. today **3.** 151—52. Juli 1958. Michigan, Midland, Dow Chemical Co.) H. HAEVECKER. 7796

S. Venkat Rao, R. N. Nuggehalli, M. Swaminathan, S. V. Pingale und **V. Subrahmanyan,** *Eine einfache Methode zur Ermittlung des Insektenschadens in Handelsproben von gelagertem Getreide.* Auf Grund eigener Unterss. empfehlen Vff. zur Ermittlung von Schädlingsbefall bei gelagertem Getreide *Harnsäure*-Bestimmungen durchzuführen, da ein deutlicher Zusammenhang zwischen dem Geh. an Harnsäure (herrührend von den Exkrementen der Schädlinge) u. visuell wahrnehmbaren Schädigungen (angefressene Körner) festgestellt werden konnte. (Bull. centr. Food technol. Res. Inst., Mysore **6.** 102—03. Mai 1957.) I. KEINERT. 7796

P. J. Schmidt und **D. R. Idler,** *Die Vorhersage der Farbe von Dosenlachs auf Grund der Farbe des rohen Fleisches.* Das GARDNER-Farbdifferenzmeßgerät gestattet, aus den Ergebnissen der Unters. der Farbe des rohen Fleisches von pazif. Lachs (Oncorhynchus nerka) eine Vorhersage bzgl. der Farbe der Konservenware zu machen. Die Dosenware mit dem höheren Ölgeh. ist wegen der besseren Löslichkeit der carotinoiden Pigmente opt. gefälliger. (Food Technol. **12.** 44—48. Jan. 1958. Vancouver, Fish Board of Canada, Techn. Stat.) G. ANDERSEN. 7852

H. Baumgartner und **R. Walser,** *Die Messung der elektrischen Leitfähigkeit der Milch zur Feststellung von Euterkrankheiten.* Verss. mit dem *Milcometer*, einem einfachen Gerät zur Messung der Leitfähigkeit (Fa. PYE, Cambridge) führten zu dem Ergebnis, daß der Einsatz desselben in der milchwirtschaftlichen Praxis kaum lohnen dürfte. (Schweiz. Milchztg., wiss. Beilage **85.** 503. 2/1. 1959. des Bern. Milchverbandes; Rüttli-Zollikofen, Bern. Molkereischule.) M. WINIKER. 7856

Stadlauer Malzfabrik Akt.-Ges. (Erfinder: **Alfons Foramitti**), Wien, Österreich, *Herstellung eines mehlförmigen Backhilfsmittels,* bestehend aus Malzextrakt, Lecithin, Malzmehl, Zusätzen von anderen Enzympräpp., Zucker, anorgan. Salzen u. Ascorbinsäure, dad. gek., daß Lecithin, bes. ölhaltiges Pflanzenlecithin, in Malzextrakt emulgiert u. die Emulsion getrocknet wird. Das Trockenprod. wird gegebenenfalls gemahlen u. dann mit Malzmehl u. den anderen Bestandteilen vermischt. (**Oe. P. 201 529** vom 16/1. 1958, ausg. 10/1. 1959.) T. OPPERMANN. 7675

Albert Hurm, Seine, Frankreich, *Flüssiges Nahrungsmittel aus Fischautolysaten,* Man erhält, bes. bekannt aus Vietnam, ein N-reiches fl. Nahrungsmittel (Gesamt-N 15 g/Liter minimal) durch Autolyse von Fischen oder Fischabfällen. — Die zerkleinerten Fischabfälle werden unter Zusatz von 30—100 g/Liter NaCl als Antisepticum zur Verhinderung einer putriden Fermentation bei 45—60° u. unter Einstellung auf p_H 4—5 mit HCl mehrere Tage einer enzymat. Autolyse unterzogen. Die von den festen Rückständen abgefilterte Fl. wird mit einer Reinkultur von „Phu-Quoc" „Phan-Thiet" oder „Mui-Ne"-Stämmen (vorrätig im PASTEUR-Inst.) bei 35—40° geimpft. Abschließend wird auf einen bestimmten Geh. von N u. NaCl eingestellt u. sterilisiert. Man erhält ein N-reiches, wohlschmeckendes Nahrungsmittel. (**F. P. 1 171 686** vom 17/4. 1957, ausg. 29/1. 1959.) G. WELTZIEN. 7753

Dow Chemical Co., übert. von: **James R. Wirt** und **Harold C. Kelly,** Midland, Mich., V. St. A., *Überziehen von Lebensmitteln, wie Fleisch oder Käse.* Man versieht das Lebensmittel, das man bei relativ niedriger Temp. hält, mit einer dünnen Filmhülle eines Überzuges in geschmolzener Form von folgender Zus.: 19—70 Gew.-% des Überzuges an Äthylcellulose mit einem Äthoxylgeh. zwischen 47,5 u. 50 Gew.-% u. einer Viscosität zwischen 6 u. 200 cP, 15—65% raffiniertes Mineralöl mit einer SAYBOLT-Viscosität bei 100° F von 80—400 Einheiten u. 5—30 Gew.-% eines farb- u. geruchlosen nichttox. Weichmachers, welcher den Celluloseäther löst. Dann kühlt man den Überzug auf dem Lebensmittel u. härtet ihn dadurch. — Zeichnungen. (**A. P. 2 840 476** vom 29/8. 1957, ausg. 24/6. 1958.) H. MAASS. 7761

Skanska Ättikfabriken Aktiebolag (Erfinder: **Sven Olof Svensson**), Perstorp, Schweden, *Verwendung der festen, streufähigen Komplexsalze der Essigsäure mit Formiaten und Acetaten zum Silieren von Futtermitteln pflanzlicher oder tierischer Herkunft.* Die Komplexsalze der Essigsäure mit den Formiaten oder Acetaten des Na, Ca oder Al, z. B. $HCOONa \cdot CH_3COOH$, werden in Zusatzmengen von ca. 0,1—2% zur Konservierung von Grünfutter, z. B. Luzerne, Lupinen u. dgl., oder Fischmehl u. Fischabfällen beim Silieren verwendet. Wss. CH_2O-Lsgg., Hexamethylentetramin oder andere CH_2O abspaltende Stoffe, NaCl, Melasse u. dgl., können dem Grünfutter noch zugesetzt werden. Das silierte Grünfutter enthält keine Buttersäure u. nur geringe Mengen an NH_3-N, wird von den Tieren willig angenommen u. gut verdaut. (**D. A. S. 1 048 132** Kl. 53g vom 3/1. 1956, veröff. 31/12. 1958.) H. KARST. 7783

Wilhelm Georg Müller, Hamburg, *Futtermittel zur Verbesserung von Magermilch für die Kälber- und Schweinemast,* bestehend aus 30—50(%) Hammeltalg u./oder Rinderfett, 0,25—0,5 Fischleberöl mit natürlichen u./oder synthet. A $+D_3$-Vitaminen, 2 bis 3 Na_2HPO_4, 2—3 Emulgatoren, 0,15—0,20 Konservierungsmittel u. 43—66 W., die unter Vermischen in heißem Zustande mit anschließendem Homogenisieren u. Abkühlen zu einer lagerfähigen, fl. Stammemulsion von hohem Dispersionsgrad verarbeitet worden sind. Je 1 Liter Magermilch werden 60—100 g der Stammemulsion zugesetzt. Die Futtermittel sind der Vollmilch gleichwertig u. überlegen, wodurch erhebliche Einsparung an Futterkosten erreicht wird. (**D. A. S. 1 049 215** Kl. 53 g vom 6/11. 1957, veröff. 22/1. 1959.) H. KARST. 7787

XVII. Fette. Seifen. Wasch- u. Reinigungsmittel. Wachse. Bohnermassen usw.

Jerzy Dzikowski, *Untersuchung der Oxydationsänderungen in Fetten mit 2-Thiobarbitursäure in organischen Lösungsmitteln.* Um die Farb-Rk. von oxydiertem Fett mit 2-Thiobarbitursäure (I) in homogener Phase direkt durchführen zu können, wird das Fett in Isoamylacetat u. I in Trichloressigsäureäthylester gelöst. Damit wird eine intensivere Färbung der Lsg. erzielt. Die Extinktion ist derjenigen bei Durchführung der Rk. in wss. Medium proportional. — 17 Literaturangaben. (Roczniki państwowego Zakładu Hig. **9.** 461—68. 1958. Częstochowa, WSE, Zakł. Towarozn.) F. URBAN. 7878

Pierre Renaudet, Ernst Buchmann und **Yves Bagot,** *Technologie des Olivenöles. Das Verfahren Westfalia-Enfida.* An Hand eines Überblicks über die seitherigen Verff. zur Gewinnung von Olivenöl werden deren Vor- u. Nachteile aufgezeigt u. anschließend in ausführlicher Darst. die einzelnen Schritte des industriell in der Domäne von Enfida (Tunis) erprobten kontinuierlich arbeitenden Verf. Westfalia-Enfida beschrieben. Es besteht in einer kontinuierlichen Zentrifugierung mittels Spezialzentrifuge der nach gesteuerter Vorbereitung zerkleinerten Oliven; schemat. u. maschinelle Abbildungen erläutern den Fabrikationsgang u. seine Überwachung; Erörterungen über Kosten der Anlage u. der Produktion, der Ausbeute, der Qualität des hergestellten Öls. (Oléagineux **14.** 95—104. Febr. 1959.) K. TÄUFEL. 7894

C. G. Youngs und **H. R. Sallans,** *Fraktionierung und Glyceridzusammensetzung bei Fetten.* Vff. setzen einige der in der Literatur berichteten Ergebnisse der Fraktionierung der ungesätt. Glyceridbestandteile von Raps- u. Sonnenblumenöl in Beziehung zu deren JZZ. u. Gehh. an Fettsäuren (Öl- u. Linolsäure). Sie vergleichen gegen synthet. hergestellte Mischungen u. schließen daraus, daß der Geh. gesätt. Fettsäuren in gemischten Glyceriden deren relative Löslichkeit bestimmt. (J. Amer. Oil Chemists' Soc. **35.** 388—93. Aug. 1958. Saskatoon, Canada, Nat. Res. Council, Prairie Reg. Labor.) H. OTTERBACH. 7894

M. R. Armstrong und **C. E. Ireland,** *Bleiche von Sojabohnenöl. Eine spektrophotometrische Auswertung.* Das Entfärben von Sojabohnenöl bei 220° F u. 30 Min. im Vakuum wurde an 3 Bleicherden u. 2 Sorten Aktivkohle spektrophotometr. (Veränderung der Banden bei 455 u. 670 (oder 665) $m\mu$] ausgewertet. Danach hängt der Bleicheffekt bes. von der Entfernung des grünen Pigments ab. (J. Amer. Oil Chemists' Soc. **35.** 425—28. Aug. 1958. Decatur, Ill., Univ.; A. E. Staley Mfg. Co.) H. OTTERBACH. 7894

M. Netschajew, *Veränderungen von tierischem Fett bei der Verarbeitung.* Nach Laboratoriumsverss. beträgt die Induktionsperiode von Schweinefett in einer Schicht von 2—3 mm bei 60° 5—6 Tage. Danach schreitet die Oxydation rasch fort. Analog wurden in Fabrikationsproben beim Ausschmelzen, Klären, Separieren u. Abkühlen selbst unter ungünstigen Bedingungen (40 Std. bei 70° im Klärbecken) Epoxyde, Epihydrinaldehyd u. Veränderungen von JZ. u. SZ. nicht festgestellt. Diese Kriterien eignen sich somit nicht zum Nachw. der beginnenden Oxydation. Dagegen steigt die Peroxydzahl merklich an (von 0,009 mg/g im Rohfett auf 0,047 im ausgeschmolzenen, abgekühlten Fett). Der Frischezustand des Rohfettes ist von großem Einfl. auf die SZ.: Sie steigt von 0,3 mg NaOH/g in ganz frischem Rohfett auf 0,9 in 1 Monat gelagertem, gefrorenem Blockfett. Die SZ. zeigt also fermentative Spaltungen während der Lagerung von Rohfett, die Peroxydzahl die Oxydation während der Lagerung u. der Verarbeitung an. Für ein gutes Fett ist möglichst frisches Rohfett u. schnelle Verarbeitung notwendig, da sonst während der Verarbeitung die Induktionsperiode schon beendet u. damit die Haltbarkeit beeinträchtigt wird. (Мясная Индустрия СССР [Fleisch-Ind. UdSSR] **28.** Nr. 4. 26—28. 1957. Moskau, Techn. Inst. für Fleisch- u. Milchind.) W. SCHMELZ. 7896

Roslyn B. Alfin-Slater, R. D. Coleman, R. D. Feuge und **A. M. Altschul,** *Die jetzigen Kenntnisse über Acetoglyceride.* (Oléagineux **13.** 897—99. Dez. 1958. — C. **1958.** 11400.) G. MEINHARDT. 7908

W. W. Bucharin, *Ein neues technologisches Schema für die Gewinnung von Seife unter Vakuum.* Ausführliche Beschreibung eines neuen technolog. Schemas zur Herst.

von Seife unter Vakuum. (Маслобойно-Жировая Промышленность [Öl- u. Fett-Ind.] **24.** Nr. 12. 25—27. 1958.) OTTO MAIER. 7910

Walter S. Fedor, Bruce Strain Lewis Theoharous und **David D. Whyte,** *Die kontinuierliche Herstellung von Waschmitteln.* Beschreibung einer Anlage. Die Schwierigkeiten bestehen darin, Neben-Rkk. auszuschließen, was man durch sofortige Neutralisation des Reaktionsgemisches erreicht. — 11 Literaturangaben. (Ind. Engng. Chem. **51.** 13—18. Jan. 1959. Cincinnati, Ohio, Procter & Gamble.) G. MEINHARDT. 7912

Milivoj Maretić, *Darstellung von Waschmitteln vom Typ der sekundären Alkylsulfate aus jugoslawischen Rohstoffen.* Aus der Schmierölraffination (Entparaffinierung) erhaltenes Paraffin, paraffin. Ölrückstände u. Schieferöle werden gecrackt oder im Vakuum dest. u. die erhaltenen olefinhaltigen Prodd. mit H_2SO_4 behandelt. Die Ausbeute an Alkylsulfaten betragen bei Paraffincrackprodd. vom Kp. 150—300° maximal 80—90%, bei Prodd. aus der Verkokung von Vakuumrückständen 22—24%, bei Schieferöldestillaten 28%. Die Netz- u. Wascheigg. der Prodd. entsprechen denen von Handelswaschmitteln. (Nafta [Zagreb] **8.** 351—60. Nov. 1957. Zagreb, Inst. za naftu.) R. K. MÜLLER. 7912

Friedrich Asinger und **Gerhard Freitag,** *Über den Einfluß von Tetradecandisulfonaten auf die oberflächenaktiven und waschtechnischen Eigenschaften von Tetradecanmonosulfonaten.* Die Beeinflussung der oberflächenakt. Eigg. von *Tetradecanmonosulfonat-(1)* (I) durch *Tetradecandisulfonat-(1.10)* (**II**) trat zwar auf, aber nicht in dem erwarteten Ausmaß. Ermittelt wurden Oberflächenspannung, Tauchnetzvermögen, Schaumvermögen u. Waschvermögen. Oberflächenspannungen von **I** u. **II** sind bei c = 0,5 g/Liter etwa gleich. Außerdem dürften nach Ansicht der Vff. bei höheren Konzz. genügend Monosulfatmoll. vorhanden sein, um die Oberfläche vollständig zu besetzen. Daneben wurden 2 techn. Prodd. untersucht, ein Monosulfonat, das alle theoret. möglichen sek. Isomeren u. nur sehr wenig **I** enthielt, sowie ein Disulfonatisomerengemisch. Auch hier war die gegenseitige Beeinflussung geringer als erwartet, aber stärker als beim früher untersuchten Octadecansulfonat, was auf den kürzeren KW-stoffrest zurückgeführt wird.

V e r s u c h e: *Na-Tetradecanmonosulfonat-(1)* (**I**), $C_{14}H_{29}NaO_3S$, aus n-Tetradecylbromid, Na_2SO_3 u. H_2O im Autoklav bei 180—200°; lösl. in heißem A., silberglänzende Schuppen. — *Di-Na-Tetradecandisulfonat-(1.10)* (**II**), $C_{14}H_{28}Na_2O_6S_2$, aus Undecylensäuremethylesterozonid über 10-Oxodecansäuremethylester (**III**) ($C_{11}H_{20}O_3$, Kp.$_2$ 120—126°), 10-Hydroxytetradecansäuremethylester (**IV**) ($C_{15}H_{30}O_3$, F. 32,5—33° [CH_3OH], aus n-C_4H_9MgBr u. **III**, Zers. mit $AlCl_3$), Tetradecandiol-(1.10) ($C_{14}H_{30}O_2$, F. 57,5—58° [$CH_3 \cdot COOCH_3$], durch Hydrieren von **IV** bei 220 at u. 255°), Tetradecandibromid-(1.10) (**V**) u. Tetradecandithiol-(1.10) (**VI**) (aus **V** mit NaHS bei 130° im Autoklav). **VI** wurde mit O_3 in **II** übergeführt. (J. prakt. Chem. [4] **7 (279).** 320—37. Jan. 1959. Halle, Martin-Luther-Univ., Inst. für organ. Chem.) G. MEINHARDT. 7912

Donald A. Sutton, *Einige Untersuchungen über langkettige Verbindungen.* Bericht über Untersuchungsreihen, die von verschied. Verff. durchgeführt worden sind. 1. Best. der längerkettigen Säuren u. Alkohole in Wollwachs; 2. im Haarwurzelwachs von Menschen wurde die Natur der Säuren, Alkohole sowie der KW-stoffe bestimmt; bei letzterem handelt es sich z. T. um polycycl. Aromaten; 3. im Öl der Sterculia foetida wurde die 2-n-Octylcyclopropen-(1)-yloctansäure ($C_{19}H_{34}O_2$) u. bei einigen Ximeniaspecies eine Säure mit einer Dreifachbindung isoliert; 4. therm. Polymerisation von Triglyceriden ungesätt. Säuren; 5. Dehydropolymerisation mittels Di-tert.-butylperoxyd; 6. die Autoxydation von Methyllinoleat wurde näher untersucht. — 81 Literaturangaben. (J. Amer. Oil Chemists' Soc. **32.** 16—22. Jan. 1955. Pretoria, Südafrika, Nat. Chem. Res. Labor.) G. MEINHARDT. 7924

Socony Mobil Oil Co., Inc., New York, *Regenerierung fester Teilchen,* welche zum *Entfärben von Erdölprodd., tier. oder pflanzlichen Ölen* dienen, dad. gek., daß in einer im wesentlichen kompakten, sich nach unten bewegenden, aus den zu behandelnden Teilchen bestehenden Säule eine Mehrzahl von gewundenen, im wesentlichen keine Teilchen enthaltenden Kanälen gebildet wird. Hierbei werden die Teilchen dauernd miteinander vermischt, u. ein oxydierendes Gas wird durch die gewundenen Kanäle gefördert, das jeweils mit den die Kanäle begrenzenden Teilchen in Berührung tritt. Die Teilchen u. auch das Gas stehen in wärmeleitender Verbindung mit einem Wärmeaustauschmittel. — 11 Abb., 2 Diagramme. (**Oe. P. 199 288** vom 9/12. 1953, ausg. 25/8. 1958. A. Priorr. 26/5. 1938 u. 28/2. 1940.) T. OPPERMANN. 7887

Alberto Fontana Almeda, Spanien, *Vegetabile Fettemulsion.* Man erhält eine stabile Emulsion mit einem hohen Geh. an vegetabil. Fetten u. 65% ungesätt. Fettsäuren, wenn man in Ggw. von fetthaltigem Carotinextrakt ein Gemisch mehrerer Emulgatoren anwendet, von denen wenigstens einer lipophil u. der andere hydrophil ist. — Man mischt 50 (Teile) Sojaöl, 10 Baumwollsamenöl–Karotten-Extrakt, 15 Baumwollöl u. 25 Palmöl u. emulgiert bei 40—45° 65,25 obigen Fettgemisches in 30 W. mit 2 Glycerylmonostearat u. 2,75 Sorbitanpolyoxyäthylenmonopalmitat. — Weitere Beispiele. (**F. P. 1 164 893** vom 19/1. 1957, ausg. 15/10. 1958.) G. WELTZIEN. 7895

Édouard Jean François Charret, Frankreich, *Herstellung neuer Diamine,* dad. gek., daß man Acrylnitril mit einem Amin kondensiert, das Reaktionsprod. mit 4—6 Mol Äthylenoxyd umsetzt, katalyt. hydriert u. das entstehende prim.-tert.-Diamin mit einer Halogenfettsäure umsetzt. Oder man kondensiert ein Diamin mit einem Glykol- oder Polyglykolhalogenhydrin u. setzt das Prod. mit dem Alkalisalz einer Halogenfettsäure um. Oder man kondensiert ein Diamin mit Acryl- oder Methacrylsäureester u. setzt mit Äthylenoxyd um. — *Haarwaschmittel.* (**F. P. 1 158 659** vom 26/9. 1956, ausg. 18/6. 1958.) S. BÖTTCHER. 7913

Böhme Fettchemie G. m. b. H., Düsseldorf (Erfinder: **Johann Heinrich Helberger,** München, und **Joseph B. Niederl,** Chicago, Ill., V. St. A.), *Sulfobetaine,* bes. solche der allg. Formel I [R = niedermol. Reste, wie Methyl-, Äthyl-, Pentamethylen- oder Diäthylenoxydreste; Y = höhermol. KW-stoffrest, 12—18 C-Atome] erhält man durch Rk. von Sultonen mit entsprechenden tert. Aminen. — Beispiel: 1 Mol geschmolzenes Propansulton wird tropfenweise unter Rühren zu 1 Mol N.N-Dimethyl-N-[p-(di-tert.-octyl)-phenoxyäthoxyäthyl]-amin gegeben, wobei Überhitzung durch Kühlung vermieden wird. Nach beendeter Rk. wird das Ganze bei Raumtemp. stehengelassen u. dann die halbfeste M. aus Essigsäureäthylester umkrist. → *N.N-Dimethyl-N-[p-(di-tert.-octyl)-phenoxyäthoxyäthyl]-* (F. 125—128°, lösl. in heißem W., CH_3OH u. A., unlösl. in KW u. Äther); analog *N-Cetyl-N.N-diäthylenoxyd-N-[ω-sulfopropyl]-ammoniumbetain,* F. 95°, hergestellt. — *Kation. Reinigungsmittel.* (**D. A. S. 1 018 421** Kl. 12p vom 25/9. 1953, veröff. 31/10. 1957. A. Prior. 3/10. 1952.) H. BRÄUCKER. 7913

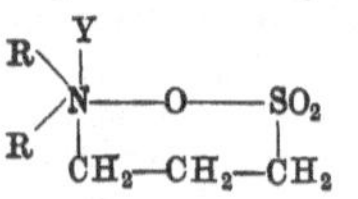

I

XVIIIa. Holz. Cellulose. Zellstoff. Papier. Papierdruck. Celluloid. Linoleum.

K. Kürschner und **G. Hostomský,** *Zur alkoholischen Nitrierung von Hölzern.* Die bei der quantitativen Best. der Cellulose u. des Lignins mit Hilfe der alkoh. Nitrierung erhaltenen Ligninwerte liegen für Fichte 19%, Buche 12%, Eiche 13% u. Nußbaum 11% niedriger als die mit anderen Methoden erhaltenen. Die bei der alkoh. Nitrierung feststellbaren Oxydationsvorgänge sind so gering, daß maximal nur 0,75% des Lignins zerstört werden könnten. Vff. sind der Ansicht, daß die bei den anderen Bestimmungsmethoden erhaltenen höheren Ligninwerte durch mitgerissene Kohlenhydrate vorgetäuscht werden. (Holzforschung **12.** 142—48. Nov. 1958. Bratislava, Akad. der Wiss.) S. MÜLLER. 7952

W. E. Hillis und **Ann Carle,** *Die Polyphenole und Shikimisäure aus dem Kambium und dem Holz von Eucalyptus.* Auszüge von im Sommer u. im Frühjahr entnommenen Proben aus der Kambiumzone u. dem Holz von *Eucalyptus regnans* u. *E. sieberiana* wurden chromatograph. untersucht. Es konnten keine jahreszeitlichen Schwankungen des vergleichbaren Polyphenol- u. Shikimisäuregeh. festgestellt werden. Hauptbestandteil des Kambiums waren d-Catechin, *l*-Epicatechin u. wahrscheinlich gallussaures *l*-Epigallocatechin, Shikimisäure, Corilagin, *β*-Glucogallin u. drei hydrolysierbare Gerbstoffe. Hauptbestandteile des Holzgewebes waren d-Catechin, Gallus- u. Ellagsäuren u. Leukoanthocyanine. Die Herkunft der Polyphenole wird besprochen. (Holzforschung **12.** 136—41. Nov. 1958. Melbourne, Australia, Div. of Forest Products, C. S. I. R. O.) S. MÜLLER. 7952

J. Guillemain-Gouvernel und **J. Heuzé,** *Vergleich der Absorption von Holzschutzmitteln an Frühjahrs- und Herbstholz von Pinus silvestris.* Es wurde ein unterschiedliches Aufnahmevermögen für Pentachlorphenol (**I**) an Frühjahrs- u. Herbstholz von P. silvestris festgestellt. Die aufgenommene Menge an I in Herbstholzproben, bezogen auf das Holzvol., erwies sich als doppelt so groß wie diejenige des Frühjahrsholzes. Zur Best. des Cl-Geh. wurde eine Halbmikrometh. angewandt. Die großen Unterschiede werden auf Grund der anatom. Struktur des Holzes mit der Tatsache erklärt, daß die Anzahl der unverschlossenen Poren im Herbstholz erheblich größer ist als im Frühjahrsholz u. außerdem im Herbstholz eine weitere, harzführende Art von Leitgefäßen auftritt, die das Eindringen des Imprägnationsmittels erleichtert. Mit Hilfe von polarisiertem Licht wurden imprägnierte Tangentialschnittproben des Holzes auf Pentachlorphenolkristalle untersucht. (Chim. et Ind. **79.** 23—25. Jan. 1958.) R. SCHÖLLHORN. 7952

Erich Plath, *Die Härtung von Duroplasten bei der Herstellung von Holzwerkstoffen.* Vf. untersucht die Vorgänge bei der Verleimung von Sperrholz- u. Spanplatten mit Melamin–Phenol- u. Harnstoffharzen mkr. u. durch Prüfung der Festigkeits- u. Quelleigenschaften. Bei Sperrholzverleimungen muß besonderer Wert auf die mechan. Adhäsion gelegt werden, die durch Steuerung der Härtungsvorgänge beeinflußt werden kann. Die Eigg. von einschichtigen Flachspanplatten fallen um so besser aus, je schneller die Härtung in Gang gesetzt u. beendet wird. Da dabei längere Wartezeiten zwischen Beharzung u. Verleimung schädlich sind, muß auf richtige Pufferung der Harz–Härter-Gemische geachtet werden. Das dazu normalerweise verwendete NH_4OH verschlechtert die Festigkeits- u. Quelleigenschaften. (Holz Roh- u. Werkstoff **16.** 467—71. Dez. 1958. Karlsruhe, Forschungsinst. für Holzwerkstoffe u. Holzleime.) S. MÜLLER. 7952

Stanisław Porejko, Arthur Jaszewski und **Bogdan Czerniawski,** *Hydrophobisierung von Folien aus regenerierter Cellulose.* Von den untersuchten Stoffen Polyvinylchlorid (I), Cellulosenitrat, Chlorkautschuk mit Paraffinzusatz, modifiziertes Kolophonium (II) u. Dibutylphthalat (III), gibt nur I genügend transparente u. wasserdampfundurchlässige Schichten auf Cellulosefolien. Die Zus. des verwendeten Lackes ist 8,5 (%) I, 0,3 Paraffin, 4,2 II, 4,0 III, 32,7 Äthylacetat, 2,3 Butylacetat u. 48,0 Toluol. (Przemysł chem. **37.** 602—05. Sept. 1958. Centralne Labor. Opakowań.) F. URBAN. 7954

Gerald L. McLeod, *Eigenschaften einiger Versuchspapiere aus synthetischen Fasern für Landkarten.* Es wurden Prüfblätter aus synthet. Fasern, wie Nylon (I), Polyester (II) oder Polyacrylester (III), hergestellt, die 25% I, II oder III u. Baumwollfasern enthielten. Die Bindung der Fasern erfolgte durch Aufsprühen von 10—20 Gew.-% der I-, II- oder III-Emulsionen, die 1 Std. bei 120° getrocknet u. 45 Sek. bei 160° u. einem Druck von 200 lbs./sq.in. nachbehandelt wurden. Ähnliche Papiere wurden auf einer Papiermaschine mit 50% synthet. Fasern u. 50% Baumwolle hergestellt. Alle diese Papiere haben eine stark erhöhte Durchreißfestigkeit, Falzzahl u. Berstdruck, während die Zugfestigkeit etwas verringert werden kann. Die Feuchtdehnung ist bei den II- u. III-Papieren niedriger als bei n. Papieren, während sie bei den I-Papieren höher ist. Die I- u. II-Papiere haben gute Eigg. zur Herst. von Landkartenpapieren. (Tappi **41.** 430—33. Aug. 1958. Washington, D. C., Nat. Bur. of Stand.) H. MEYER. 7974

Alan R. Hurst, *Oberflächenbehandlung zur Verbesserung der Bedruckbarkeit von Pappen.* Mittels einer genau beschriebenen App. werden unter bestimmten Bedingungen Probedrucke ausgeführt, deren Glanz gemessen wird. Durch Zugabe von Carboxymethylcellulose an der Leimpresse wird der Glanz der Drucke bei geringstem Farbverbrauch erhöht. (Tappi **41.** 437—38. Aug. 1958. Wilmington, Del., Hercules Powder Co.) H. MEYER. 7982

A. Tollenaar, *Penetration von Flüssigkeiten in Papier.* Besprochen werden die Theorie der Penetration (für die das Gesetz von LUCAS-WASHBURN für den Flüssigkeitsaufstieg in zylindr. Capillaren unter dem Einfl. des Capillardrucks gilt), die Anforderungen an das poröse Material sowie volumetr. u. opt. Bestimmungsmethoden. Das Penetrationsvolumeter u. Messungen an Chromopapier werden beschrieben. Das Verh. beschichteter Materialien wird diskutiert. (Textil-Rdsch. [St. Gallen] **12.** 81—84. Febr. 1957. Amsterdam, Inst. für graph. Techn.) B. GNAUCK. 7984

D. F. Durso und **J. C. Paulson,** *Chromatographische Analyse von Zellstoffen durch direkte Densitometrie.* Zur Best. von *Monosacchariden* in Holzzellstoffen wird ein vereinfachtes Verf. beschrieben. Die zu untersuchende Probe von ca. 2 g wird in 50 ml 72%ig. H_2SO_4 bei 0° gelöst, schrittweise mit W. bis auf ein Vol. von 200 ml verd. u. zur vollständigen Hydrolyse 8 Std. auf 75° erhitzt. Die Lsg. wird mit Na_2CO_3 neutralisiert, nach Abkühlen vom ausgeschiedenen Na_2SO_4 getrennt u. durch Eindampfen konzentriert. Im Konzentrat können mit Essigester/Essigsäure/W. (44 : 20 : 10) als Lösungsm. *Glucose, Mannose* u. *Xylose* papierchromatograph. getrennt werden. Die Flecke werden durch Besprühen mit einer Lsg. von 5 g $AgNO_3$ in 50 ml W. u. 400 ml Aceton u. anschließendes Behandeln in NH_3-Atmosphäre entwickelt. Zur quantitativen Auswertung kann die Farbintensität im Densitometer direkt gemessen werden. (Analytic. Chem. **30.** 919—22. Mai 1958. Memphis, Tenn., Buckeye Cellulose Corp.) E. MOISAR. 8006

Anton Springer, Karlsruhe, *Imprägnieren von Holz nach dem Impfstichverfahren.* Vor dem Einpressen des Imprägniermittels werden bes. mit Netzmittel versehene Lösungsmittel (I) (chlorierte KW-stoffe, Alkohole, verd. organ. oder anorgan. Säuren oder alkal. Lsgg.) für die holzeigenen lösl. Substanzen (Harze, Balsame usw.) in das Holz eingepreßt. Als Imprägniermittel werden bes. Kunstharz-Lsgg. verwendet. Durch das Einpressen von I werden die im Holz befindlichen Harzgänge für die Behandlung mit dem Imprägniermittel zugänglicher gemacht. (**D. A. S. 1 046 864** Kl. 38h vom 10/12. 1956, veröff. 18/12. 1958.) K. WOLK. 7953

Soc. pour la Fabrication d'Isolants et Revêtements Ligneux „Isorel", Frankreich, *Feuerfeste Ligno-Celluloseprodukte* erhält man durch Imprägnieren mit einem filmbildenden Material, wie Bakelit, Harnstoff-HCHO u. a., in Xylol mit feinverteiltem Zn oder Al. (**F. P. 1 155 379** vom 3/8. 1956, ausg. 25/4. 1958.) S. BÖTTCHER. 7953

Escher Wyss G. m. b. H., Ravensburg/Württ. (Erfinder: **Ernst Schnurrenberger**, Zug, Schweiz), *Konzentrieren von Sulfitablauge* durch Eindampfen, wobei der einzudampfenden Ablauge zwecks Vermeidung von Steinansätzen an den Apparatewandungen, bes. an den Heizflächen, Gipsschlamm beigemengt wird, welcher aus eingedampfter Ablauge abgeschieden u. notfalls durch Waschen mit W. gereinigt wurde, dad. gek., daß zumindest period. zumindest eine Teilmenge des abgeschiedenen Gipsschlamms dem Kreislauf entnommen, zur Reaktivierung der Gipskristalle einige Std. in wss. Medium gelagert u. dann dem Kreislauf wieder zugeführt wird. (**D. A. S. 1 050 175** Kl. 55b vom 16/3. 1957, veröff. 5/2. 1959. Schwz. Prior. 16/2. 1957.) G. VOGEL. 7963

Aktieselskabet Toten Cellulosefabrik (Erfinder: **John Höye**), Nygard, Norwegen, *Aufarbeitung von höhermolekularen NH_4-Lignosulfonaten* u. anderen Lignosulfonaten aus dem Trockenrückstand von NH_4-Sulfitzellstoffablaugen durch Extraktion mit niedermol. ein- u. mehrwertigen Alkoholen, z. B. Methyl-, Äthyl-, Propyl-, Butyl-, Isobutylalkohol, Äthylenglykol u. Glycerin. — 400 g Trockenrückstand einer NH_4-Sulfitablauge werden 4 Std. mit 2000 cm^3 Methanol bei gewöhnlicher Temp. extrahiert. Dabei bleibt der größte Teil der hochmol. NH_4-Lignosulfonate zurück. Die Extraktionslsg. wird mit einer methanol. Lsg. von $CaCl_2$ versetzt. Das gebildete Ca-Salz der niedermol. Lignosulfonate wird abgetrennt. Aus den Extraktions-Lsgg. werden durch Dest. die Lösungsmittel wiedergewonnen u. es hinterbleibt ein Gemisch von Kohlenhydraten u. Aminen. (**F. P. 1 138 201** vom 23/12. 1955, ausg. 11/6. 1957. **D. A. S. 1 045 785** Kl. 55b vom 24/12. 1955, veröff. 4/12. 1958. Beide N. Prior. 24/12. 1954.) M. F. MÜLLER. 7967

Celanese Corp. of America, New York, N. Y., übert. von: **Robert H. Wells**, Union, N. J., V. St. A., *Veresterung von Cellulose* (**I**). Man behandelt 100 (Teile) **I** mit 20—100 CH_3COOH u. acetyliert dann beschleunigt mit einer Mischung aus 2,7—10 Mol Acetanhydrid, 750—5000 CH_2Cl_2, 3—15 H_2SO_4 u. für je 100 CH_2Cl_2 10—50 CH_3COOH. (**A. P. 2 844 575** vom 23/3. 1956, ausg. 22/7. 1958.) K. FABEL. 7971

Omega Plastics Ltd., London, England (Erfinder: **Ronald William Harwood** und **Francis Horace Hegerty**), *Übertragbare Leuchtfarbendrucke* bestehen aus einer biegsamen, durchsichtigen Unterlage, auf die der Leuchtfarbendruck bes. mittels Schablonen aufgebracht ist. Darüber ist ein Unterdruck in hochreflektierender Farbe gelegt. An Stelle des Unterdrucks kann die Unterlage ein entsprechendes Pigment enthalten. Das Ganze wird entweder mit der Seite der Unterlage oder des Leuchtfarbendrucks mittels Dauerklebstoff auf einem vorläufigen Träger angeordnet u. zum Gebrauch auf die endgültige Unterlage nach Abziehen des vorläufigen Trägers übertragen. (**E. P. 723 776** vom 9/8. 1951, ausg. 9/2. 1955.) K. KITTLER. 7989

Harris-Seybold Co., Cleveland, übert. von: **William H. Wood**, Mantua, Ohio, V. St. A., *Herstellen von Flachdruckformen.* Auf eine farbannehmende Unterlage aus Metall, Kunststoff, Papier wird ein wasserhaltendes Metall, z. B. Al, Cr, Zr, im Vakuum aufgedampft. Nach Aufkopieren eines Bildes mittels Chromatkoll. wird die aufgedampfte Metallschicht an den nicht gehärteten Stellen nach deren Auswaschen fortgeätzt. (**A. P. 2 760 432** vom 6/5. 1950, ausg. 28/8. 1956.) K. KITTLER. 7989

Burgess Cellulose Co., übert. von: **Russell R. Eichmeier**, Freeport, Ill., V. St. A., *Stereotypiematernblatt.* Es besteht aus verfilzten Cellulosefasern mit feinen Füllstoffteilchen u. ist an der zu prägenden Oberfläche mit einer WERNER-Komplexverb. imprägniert, in der Cr(III) mit gesätt. Acyloxygruppen (**I**) koordiniert ist, die mindestens 10 C-Atome haben. Das Verhältnis der Cr(III)-Atome zu den **I** ist dabei nicht $>10:1$. Beispiel: Stearatochromichlorid. — Die Rückseite des Blattes ist für Feuchtigkeit aufnahmefähig. (**A. P. 2 726 164** vom 28/2. 1952, ausg. 6/12. 1955.) K. KITTLER. 7989

Kopparfors Aktiebolag (Erfinder: **Sigbjörn Holgersson**, Ockelbo, und **Rune Rydberg**, Gästrike-Hammarby), Schweden, *Kontrolle des Aufschlußgrades und Bestimmung der noch erforderlichen Kochzeit beim Zellstoffaufschluß* durch Entnahme u. Unters. von Stoffproben aus dem Kocher, dad. gek., daß die Stoffproben durch Sieben in feine u. grobe Holzteilchen separiert u. die groben Teile (Splitter) gewichtsanalyt. bestimmt werden, wonach der Kocher auf Grund der so erhaltenen Werte abgestellt wird. (**D. A. S. 1 045 784** Kl. 55b vom 14/11. 1957, veröff. 4/12. 1958. Schwed. Prior. 27/11. 1956.) G. VOGEL. 8005

XVIIIb. Textilfasern.

J. Salquain, *Die Naphthensäuren und ihre Verwendung in der Textilindustrie.* Herst. u. Ursprung der Naphthensäuren sowie die Verwendung ihrer Salze als Oxydationskatalysator, zur Herst. von Fungiciden, Baktericiden u. Insekticiden, als Stabilisatoren, Schmiermittel usw. werden beschrieben. (Teintex **23.** 712—30. 15/10. 1958.) H. ROSSOW. 8028

A. C. Nuessler, *Einige Bemerkungen über Chlorzurückhaltung und Chlorschäden.* Durch nach dem Bleichen im Gewebe zurückgehaltene Cl_2-Reste entstandene Textilschäden sind nicht immer proportional der Cl_2-Menge, sondern hängen auch noch von der Temp. des Bügelns u. der Pufferwrkg. der Harzausrüstung ab. Nach Verss. des Vf. mit Cl_2-gebleichten u. mit verschied. Harnstoffharztypen behandelten Reyonproben ist hierbei die Wrkg. der obigen Faktoren sehr verwickelt u. läßt sich nur qualitativ ausdrücken. Bes. hervorgehoben wird die bisher kaum beachtete puffernde Wrkg. der cycl. Formaldehyd–Harnstoff-Derivate. Die Schäden durch zurückgehaltenes Cl_2 wurden gemäß USA-Norm AATCC Prüfmeth. 69 — 1952 bestimmt. — 4 Kurventafeln, 6 Tabellen. (Amer. Dyestuff Reporter **47.** 465—69. 14/7. 1958. Philadelphia, Pa., Textile applications Labor. Rohm & Haas Co.) A. SANDER. 8032

R. G. Cunningham und **D. J. Montgomery,** *Untersuchungen über die elektrostatische Aufladung von Fasern.* Beschreibung einer App. einschließlich der Arbeitsweise, in welcher Fasern gegeneinander oder gegen Metallfäden unter kontrollierten Bedingungen gerieben u. die noch verbleibende elektr. Ladung nach der Trennung bestimmt werden kann. Versuchsergebnisse, die an Nylon/Tantal u. Nylon/Polyäthylenfaser erhalten wurden, werden besprochen. — 3 Photos, 1 Tabelle, 6 Figuren. (Textile Res. J. **28.** 071—80. Dez. 1958. East Lansing, Mich., Michigan State Univ., Dep. of Phys. and Astron.) H. G. FRÖHLICH. 8040

R. Steidl, *Die Beeinflussung der chemischen Schrumpfung durch Feuchtigkeit und Kalandrierung.* (Vgl. C. **1958.** 5254.) Nach Vf. werden Kettschrumpfung sowie Reiß- u. Scheuerfestigkeit bei Baumwollgeweben hauptsächlich von der Art der Trocknung (I) u. nachfolgendem Kalandrieren bzw. Riffeln beeinflußt. Ohne Kalandrieren blieb I prakt. ohne Einfl. auf die Schrumpffestigkeit. Übertrocknung bei Kunstharzappreturen liefert nach dem Kalandrieren unter Druck keine dauernde Schrumpffestigkeit. Riffeln ergab hierbei schlechte Ketteinsprungwerte. Auch bei Reiß- u. Scheuerfestigkeitsproben trat die schädigende Wrkg. der Übertrocknung deutlich hervor. — 31 Diagramme. (SVF Fachorgan Textilveredlung **13.** 694—702. Dez. 1958. Bludenz, Mutter & Cie.) A. SANDER. 8044

Evald L. Skau und **Edith Honold,** *Untersuchungen über die Feuchtigkeitsaufnahme dicht gewebter Baumwollgewebe.* Unterss. über die Feuchtigkeitsaufnahme dicht gewebter Baumwollwaren im Vgl. zu den Garnen haben ergeben, daß die Garne bei relativen Feuchtigkeiten über 65% im Gleichgewicht (nach ca. 14 Tagen) ca. 10% mehr Feuchtigkeit aufnehmen. Dieser Befund wird darauf zurückgeführt, daß die Garne frei quellen können, während dies im Gewebe nur noch beschränkt der Fall ist. Bei Feuchtigkeiten bis 65% relativer Feuchtigkeit sind die Unterschiede zwischen Garn u. Gewebe nur gering. (Textile Res. J. **29.** 96—97. Jan. 1959. New Oleleans, La., Southern Reg. Res. Labor.) H. G. FRÖHLICH. 8044

A. Engeler und **W. Schefer,** *Versuche über die permanente wasserabweisende Ausrüstung von Wolle mit Fettsäure–Chrom-Verbindungen.* Zwei handelsübliche Hydrophobierungsmittel (Lsgg. von Fettsäure–Cr-Komplexen in Isopropylalkohol) werden durch Angabe von Aschegeh., Cr-Geh., D. u. p_H der Flotte gekennzeichnet. Mit ihnen imprägniertes Streichgarngewebe wurde 4 verschied. Reinigungsverff. (chem. Reinigung u. Naßwäsche) unterworfen. Das imprägnierte Wollgewebe wurde auf Weißgeh., Cr-Geh., Wasserdampfabsorption, Wasserrückhaltevermögen, p_H der wss. Auszüge u. Naßfestigkeit untersucht. Die wasserabweisende Wrkg. durch die Imprägnierung wurde vor u. nach Durchführung der Reinigungsverff. durch Beregnungsprüfung am BUNDESMANN-App. (SNV-Norm 98575) u. durch Spray Test (SNV-Norm 98576) bestimmt. Ferner wurde die Beständigkeit der hydrophobierten Faser gegen Wärmealterung u. Lichteinw. untersucht. (Textil-Rdsch. [St. Gallen] **13.** 643—49. Nov. 1958. St. Gallen, Eidg. Materialprüfungs- u. Versuchsanst.) H. SONTAG. 8060

Zbigniew Rybicki und **Mirosław Kopa,** *Das Färben von Viscosefasern während des Herstellungsprozesses.* Übersicht. — 11 Literaturangaben. (Przemysł chem. **37.** 454—58. Juli 1958.) F. URBAN. 8074

D. K. Smith, *Hochfeste regenerierte Cellulosefasern.* Es werden Verss. zur Herst. hochfester Regeneratfasern mitgeteilt. Zu diesem Zweck wird die Koagulationsgeschwin-

digkeit durch Zusätze quaternärer Ammonsalze verzögert, um hohe Verstreckungen zu erzielen. Auf diese Weise gelingt es, die Reißfestigkeit zu erhöhen, bei gleichzeitiger Herabsetzung der Quellung u. der Ermüdungseigg., die bei Verwendung als Reifencord von großer Bedeutung sind. Die auf diese Weise hergestellten Fasern können prakt. als 100%ig. Mantelfasern angesehen werden. — 12 Photos, 2 Tabellen, 4 Figuren. (Textile Res. J. **29.** 32—40. Jan. 1959. Whippany, N. J., Eastern Res. Div., Rayonier, Inc.)
H. G. FRÖHLICH. 8074

P. Larose, *Die Sorption von Salzsäure durch Textilfasern.* 4. Mitt. *Der Einfluß von Salzsäure auf einige physikalische Eigenschaften von Nylon.* (3. vgl. C. **1957.** 4855.) Es wird die Kontraktion von Nylongarn, das mit trocknem HCl-Gas in einer Glasapp. unter herabgesetztem Druck (15—200 mm Hg) behandelt wird, ermittelt. Hierbei wurde eine maximale Kontraktion von 14% ermittelt, die nach Entfernung des HCl-Gases noch um einige % zunimmt. Wird das Nylongarn unter Spannung (1 g) mit HCl-Gas behandelt, so nimmt die erzielbare Schrumpfung ab, ohne daß die HCl-Aufnahme beeinträchtigt wird. Mit zunehmender Verstreckung der untersuchten Nylongarne nimmt die Schrumpfung bei HCl-Behandlung dagegen zu. — 11 Figuren. (Textile Res. J. **28.** 980—88. Dez. 1958. Ottawa, Canada, Nat. Res. Council Div. of pure chem.)
H. G. FRÖHLICH. 8080

Otto Schickhardt und **Hans Wagner,** *Erprobung eines neuen Scheuerprüfverfahrens.* Nach einem von Vff. entwickelten Verf. wurden 35 Gewebe aus Wolle mit synthet. Fasern gescheuert. Bei Walkware ergaben sich bei einer Scheuerbelastung von 1 bis 10 g/cm^2 u. einem Scheuerverlust von 6% bereits ein „abgenütztes Aussehen" der Tuche. Scheuerwerte bis zur Lochbldg. zeigten ähnliche Ergebnisse wie bei den gleichzeitig durchgeführten Trageversuchen. An Hand der Scheuertouren bis zur Lochbldg. wurden sogenannte „Scheuergütezahlen" ermittelt. Es bestehen keine Zusammenhänge zwischen Bruchdehnung, Reißfestigkeit, Berstfestigkeit u. den gefundenen Scheuerzahlen. (Textil-Prax. **13.** 1250—56. Dez. 1958. Reutlingen-Stuttgart, Forschungsinst. für Textilind.)
W. BERNARD. 8096

P.-A. Koch und **M. Stratmann,** *Die Identifizierung von Faserstoffen mittels chemischer Reaktionen.* Die von Vff. früher herausgegebenen Tabellen zur Erkennung von Faserstoffen durch ihre Löslichkeit in anorgan. u. organ. Lösungsmitteln, allg. als „Typ-Rkk." bezeichnet, wurden ergänzt u. in Form von ausführlichen Tabellen angeführt. (Melliand Textilber. **39.** 1141—45. Okt. 1958. Krefeld, Textilingenieurschule.)
W. BERNARD. 8100

Félix Penjon, Frankreich, *Behandlung von Textilfasern,* z. B. quellen, kräuseln, elast. u. weichmachen, unter Verwendung von $ZnCl_2$ im Gemisch mit einer Lsg. von NaOH, wobei sich Na-Zinkat bildet, gegebenenfalls unter Nachbehandlung mit einer Lsg. von K-Seife u. Na-Hypochlorit. — Das Fasermaterial wird in Form von losen Fasern, Fäden oder Geweben behandelt, z. B. mit einer Lsg. von 250 kg NaOH in 1000 Liter W. u. Zusatz von 1000 cm^3 einer $ZnCl_2$-Lsg., welche erhalten wird durch Auflösen von 600 g Zn-Spänen in 800 cm^3 HCl u. teilweises Abdampfen. Nach dieser Behandlung wird das Fasermaterial mit einer Lsg. von 3 Litern H_2SO_4 in 1000 Litern W. neutralisiert u. nach 30 Min. gewässert. Um der Faser einen weichen Griff zu geben, wird sie 1 Std. in eine 0,4%ig. Seifenlsg. eingetaucht u. danach gewaschen. (**F. P. 1 145 908** vom 21/3. 1956, ausg. 30/10. 1957.)
M. F. MÜLLER. 8029

United States Rubber Co. (Erfinder: **Harold Thomas Nelson** und **Edwin N. Sarkisian**), *Dehnbarer Möbelstoff,* mit guten elast. Eigg., bestehend aus einem geflochtenen Textilmaterial, das mit einem thermoplast. Vinylharzfilm mit einer Dicke von 0,005—0,003 Zoll verbunden ist u. dessen Elastizitätsmodul bei 5% Dehnung wenigstens $>$10 lbs./in. u. $<$35 lbs./in. bei 10% Dehnung beträgt. Das Überzugsharz besteht z. B. aus 100 (Teilen) Polyvinylchlorid, 25—75 Dioctylphthalat als Weichmacher, 5 bas. Pb-Carbonat, 10—30 Füllmittel, 5 Pigment u. 10—30 Polyesterweichmacher (hergestellt nach Ind. Engng. Chem. **37.** [1945.] 504). — Zeichnung. (**Aust. P. 202 478** vom 4/6. 1954, ausg. 9/8. 1956.)
G. KRAUSS. 8033

Dow Corning Corp., übert. von: **John W. Gilkey,** Midland, Mich., V. St. A., *Quaternäre Pyridiniomethylaminocarbonylalkylsiloxane* der allg. Formel I, worin R einen aliphat. KW-stoffrest mit $<$4 C-Atomen bedeutet, c = 0—3, a = 1—2, R' einen 2- oder 3wertigen gesätt. aliphat. oder cycloaliphat. KW-stoffrest mit mindestens 2 C-Atomen, u. Y einen 1wertigen, gegebenenfalls fluorierten KW-stoffrest bedeuten u. m = 0—2 sein kann, erhält man durch Rk. von Siloxanamiden der allg. Formel $[H_2NOC]_aR'Si(Y_m)O_{3-m/2}$, worin a, R', Y u. m die obige Bedeutung haben, mit den

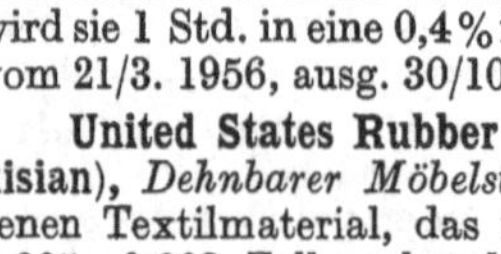

I

Hydrochloriden von Pyridin (II) oder II-Derivv. u. CH_2O, zweckmäßig in Ggw. von II oder einem II-Deriv. als Lösungsmittel. — Zu einer Lsg. von 0,098 (Mol) eines Siloxanamids der Formel $[H_2NOCCH(CH_3)CH_2Si(CH_3)O]_n$ in II gibt man 1 Paraformaldehyd u. 1 II-Hydrochlorid. Nach 4std. Rückflußerhitzung u. Abdestillieren des Lösungsm. erhält man ein viscoses, wasserlösl. Siloxan mit der Einheitsstruktur $^-Cl^+NC_5H_5CH_2NHOC \cdot CH(CH_3)CH_2Si(CH_3)O$. Die Amidosiloxane können auch mit üblichen Organosiloxanen copolymerisiert werden. — *Hydrophobierungsmittel* für *Textilfasern* u. *Fixiermittel* für übliche *Siloxane auf Textilfasern.* (**A. P. 2 838 423** vom 29/5. 1957, ausg. 10/6. 1958.) J. MÜHLEISEN. 8037

American Viscose Corp., Philadelphia, übert. von: **Rembert D. McNeer,** Drexel Hill, und **Alfred W. Hunter,** Garden City, Pa., V. St. A., *Nichtverfärbende Gebilde aus regenerierter Cellulose.* Die Gebilde, bes. Fäden, werden gewaschen u. dann mit einer Bisulfitlsg. mit einem p_H-Wert von 3—6 getränkt u. getrocknet. (**A. P. 2 821 489** vom 28/3. 1955, ausg. 28/1. 1958.) F. BÖHM. 8075

Bleachers Ass. Ltd., Manchester, **Alfred Eric Stubbs** und **Lloyd Thomas Whittaker,** Bolton, England, *Flammfeste Textilausrüstung,* bes. von *Cellulosewaren,* erhält man durch Imprägnierung des Gutes mit unlösl., aus *Alkyl-* oder *Arylphosphordiamidsäure,* $RO—PO(NH_2)_2$, u. CH_2O erhaltenen Kunstharzen. — 17 (g) *Phenylphosphordiamidat,* 18 CH_2O-Lsg. (38%ig) u. 1,25 K_2CO_3 werden auf dem Wasserbad bis zur vollständigen Lsg. erwärmt. Man kühlt ab u. setzt eine Harnstoff–CH_2O-Kondensatlsg. zu. Das Gemisch ist nach Zusatz von $NH_4H_2PO_4$ in W. dispergierbar u. dient zur Imprägnierung von z. B. *Viscosezellwolle.* — Analog erhält man aus *Äthylphosphordiamidat* u. CH_2O ein geeignetes Produkt. (**E. P. 799 606** vom 7/10. 1955, ausg. 13/8. 1958.) H. MÖLLERING. 8075

Eastman Kodak Co., Rochester, N. Y., übert. von: **David W. Raynolds, Frank W. Abernathy** und **Arthur S. Smith,** Kingsport, Tenn., V. St. A., *Fäden mit Y-förmigem Querschnitt* werden erhalten, wenn man *Celluloseester* nach einem üblichen Trockenspinnverf. durch dreieckige Düsenöffnungen verspinnt u. die entstehenden Fäden hierbei streckt. Ein sehr gleichmäßiger Querschnitt wird erhalten, wenn das Verhältnis von Abzugsgeschwindigkeit zur Ausstoßgeschwindigkeit $>1,2$ beträgt. (**A. P. 2 829 027** vom 28/12. 1953, ausg. 1/4. 1958.) F. BÖHM. 8077

Esso Research and Engineering Co., Elizabeth, N. J., V. St. A., *Bis-mercaptocarbonsäuren, deren Ester* u. *Nitrile* erhält man durch Rk. von 1 (Mol) eines Dimercaptans der allg. Formel $HSCH_2XCH_2SH$ (X = Phenylen, Alkylphenylen, Naphthyl, Alkylnaphthyl, Cyclohexyl, Alkylcyclohexyl) mit wenigstens 2, bes. 3—10, eines Acrylderivv. der allg. Formel $CH_2—CRY$ (R = H, Cl, CH_3, C_2H_5; Y = Carbalkoxy, CN), bes. in Ggw. eines Lösungsm. (Bzl., Toluol, Xylol, Methyläthylketon, Dimethylformamid) u. eines stark bas. Katalysators (Alkalialkoholate, quaternäre Ammoniumbasen) oder eines sauren Katalysators (Toluolsulfonsäure, HCl) z. B. nach dem Reaktionsschema: $HSCH_2XCH_2SH + 2\,CH_2{=}CHCOOR' \rightarrow R'OOCCH_2CH_2SCH_2XCH_2SCH_2CH_2COOR'$. — Aus 0,2 Bis-mercaptomethyldurol (1.2.4.5-Tetramethyl-3.6-dimercaptomethylbenzol) u. 1,2 Acrylsäuremethylester in Ggw. von Hydrochinon u. 4,5 cm^3 Trimethylbenzylammoniumhydroxyd zuerst bei —30°, dann 50° u. zuletzt bei 100° → *Bis-[β-carbomethoxyäthylmercaptomethyl]-durol,* $C_{20}H_{30}O_4S_2$, aus Methyläthylketon, F. 125°; daraus mit KOH in A. → *Bis-[β-carboxyäthylmercaptomethyl]-durol,* $C_{18}H_{26}O_4S_2$, aus Aceton, F. 212°. — Acrylnitril → *Bis-[β-cyanäthylmercaptomethyl]-durol,* aus Aceton, F. 195°; daraus durch Verseifen vorst. genannte Säure, die beim Erhitzen mit Hexamethylendiamin auf 220° unter N_2 *fadenbildende* Prodd. liefert. Ferner können umgesetzt werden: *p-Bis-mercaptomethylbenzol; 2.5-Bis-mercaptomethyltoluol; 1.4-Bis-mercaptomethyl-2.5-dimethylbenzol; 1.4-Bis-mercaptomethylnaphthalin; 2.6-* oder *2.7-Bis-mercaptomethylnaphthalin; o-Bis-mercaptomethyltoluol; 1.2.4.5-Tetramethyl-3.6-dimercaptomethylcyclohexan* u. *1-Methyl-2.5-bis-mercaptomethylcyclohexan* mit *Methacrylnitril, Äthacrylnitril, Chloracrylnitril, Chloracrylsäureäthylester* u. Herst. von *fadenbildenden Polymeren.* (**E. P. 779 025** vom 15/2. 1955, ausg. 17/7. 1957. A. Prior. 24/3. 1954.) G. KRAUSS. 8081

Dow Chemical Co., übert. von: **R. J. Annesser,** Midland, Mich., V. St. A., *Herstellen von endlosen Fäden aus Polymeren.* Folien, vorzugsweise aus Vinylidenmischpolymerisat oder Polyacrylnitril, werden mittels erhitzter Kreismesser etwa bis zur Hälfte der Folienstärke eingeritzt, die geritzten Folien einer Längsreckung unterworfen u. schließlich auf mechan. Wege zertrennt. Die Reckung kann in 2 Stufen erfolgen, u. zwar zuerst in kaltem, dann in warmem Zustand. (**A. P. 2 728 950** vom 6/5. 1954, ausg. 3/1. 1956.) H. NATHER. 8081

XIX. Brennstoffe. Erdöl. Mineralöle.

Sándor Somkúti, *Versuche mit gealterten Kohlen.* An Hand von Verss. über Alterung von Steinkohlen bei Raumtemp. hat sich gezeigt, daß die Änderung der Eigg. nicht einheitlich ist. Es konnte zwar der Anstieg des Entzündungspunktes u. in einigen Fällen der auf Oxydation weisende Anstieg des Sulfatgeh. beobachtet werden, aber die Abnahme des Dilatationswertes ist auffallend. Um verläßlichere Angaben zu erhalten, wurden gut backende Kohlen niedrigen Aschegeh. aus dem Vasas-Revier (Pecs) fein pulverisiert bei 105° gealtert u. in bestimmten Zeitspannen untersucht. Der Entzündungspunkt stieg pro Tag um 1,5—2°, in 9 Tagen sank der Dilatationswert von 244 auf 6, bzw. von 153 auf —34, die Roga-Backzahl von 76 auf 11, bzw. 80 auf 10. Die Alterung ist also mit Abnahme der Backfähigkeit verbunden u. vom Charakter der Kohle u. den äußeren Verhältnissen abhängig. (Bányászati Lapok **13** (**91**). 600—04. Sept. 1958) J. PLANK. 8126

Gerhard Mempel, *Vorkommen und Bildung von Impsonit (inkohltem Asphalt) im devonischen Riffkalk des Iberges bei Grund (Oberharz).* Nach Ansicht des Vf. ist *Impsonit* nicht ein letztes Oxydations- u. Polymerisationsprod. des Erdöls, sondern eine Art Anthrazit. Es wird angenommen, daß der Impsonit ursprünglich ein Asphaltit war (etwa Grahamit), der einem Inkohlungsvorgang unterworfen wurde u. unter Abnahme des O- u. H-Geh. in das anthrazitähnliche Material umgewandelt wurde. (Erdöl u. Kohle **11.** 849—52. Dez. 1958. Hannover, Amt. f. Bodenforsch.) F. ROSENDAHL. 8126

K. Engelthaler und **Z. Engelthaler,** *Untersuchung keramischer Erzeugnisse für die flammenlose Oberflächenverbrennung von Gasen.* Schamottesteine zeigen als Material für die flammenlose Oberflächenverbrennung von Gasen zwecks Gewinnung maximaler Mengen langwelliger Wärmestrahlen Nachteile. Besser geeignet sind Dinassteine, an denen auch solche gasförmige Brennstoffe verbrannt werden können, die infolge von Verlusten bei den bestehenden Anlagen nicht ausgenutzt werden. (Stavivo **35.** 181—83. Mai 1957. Horní Bříza.) R. K. MÜLLER. 8128

T. E. Gray und **C. C. Boley,** *Aufarbeitungscharakteristika von Kohle aus der Grafschaft Dickenson, Va.* Es wird untersucht, welche Kohlen direkt oder nach Aufarbeitung für metallurg. Zwecke geeignet sind. (U. S. Dep. Interior, Bur. Mines, Rep. Invest. **1958.** Nr. 5405. 1—31.) E. BOYE. 8134

Alfred Jäppelt, *Entwicklungstendenzen in der Schweltechnik.* An Hand verschied. Verfahrensschemen beschreibt Vf. die Anwendung der Wirbelbettechnik bei der Schwelung von Kohlen. (Freiberger Forschungsh., Reihe A Heft **82.** 5—19. Dez. 1957. Dortmund.) F. ROSENDAHL. 8140

C. Moreland, *Die Tieftemperatur–Wirbelschicht-Verkokung in Beziehung zur Energiegewinnung.* Es werden verschiedene Wirbelschichtverkokungsanlagen beschrieben u. deren Wirtschaftlichkeit diskutiert. (Canad. Mining metallurg. Bull. **51.** 415—19. Juli 1958. Edmonton, Res. Council of Alberta.) R. MAAS. 8142

Erich Rammler, Karl Heide und **Artur Wilke,** *Eigenschaften von Schwel- und Mitteltemperaturkoks aus Niederlausitzer Braunkohle, besonders im Hinblick auf seine Verwendbarkeit zur Schwefelkohlenstofferzeugung.* Vff. geben eine eingehende Schilderung der bei den Verss. verwendeten Braunkohlenkokse, die in einer Körnung von 10—15 mm eingesetzt wurden. Die CS_2-Bldg. war am stärksten bei Braunkohlenkoksen, die bei einer Verkokungstemp. von 675° erhalten wurden. Die Verss. mit Braunkohlenkoksen, die bei 750 u. 825° erhalten wurden, zeigten den ausgeglichensten u. glattesten Reaktionsverlauf, doch war die Reaktionsgeschwindigkeit hier bedeutend geringer als beim 675°-Koks. Die Güte des erhaltenen CS_2 war um so besser, je höher die angewendete Verkokungstemp. für den Koks lag. Am minderwertigsten ist der mit 525°-Koks erhaltene CS_2, während der mit 750°- u. 825°-Koks erhaltene CS_2 von ausgezeichneter Güte war. Der S-Verbrauch je g erzeugten CS_2 lag bei 1,08 g beim 675°- u. 750°-Koks. Der S-Verbrauch wird mit steigender Verkokungstemp. geringer, so daß beim 525°-Koks ein S-Verbrauch von 1,26 g zu verzeichnen war, während der 825°-Koks 1,05 g erforderte. Die nutzbare C-Ausbeute steigt von 48% beim 525°-Koks auf 86,5% beim 675°-Koks, sinkt beim 750°-Koks auf 83,8% u. dann steil ab auf 63% beim 850°-Koks. Der eintretende Verlust kann sowohl auf verlorengegangenen CS_2 als auch auf die Bldg. von COS zurückgeführt werden. (Freiberger Forschungsh., Reihe A Heft **82.** 80—103. Dez. 1957. Freiberg u. Premnitz.) F. ROSENDAHL. 8144

Erich Rammler und **Peter Göhler,** *Beiträge zur Vergasung von Koks mit Kohlensäure und Sauerstoff als Vergasungsmittel.* Im Hinblick auf eine stärkere Verwendung der Entspannungsgase von Druckwäschen als Vergasungsmittel wurde die Vergasung von

Koks mit O_2–CO_2-Gemischen in Festbettgeneratoren durchgerechnet, wobei das CO_2/O_2-Verhältnis, die Wärmeverluste der Reaktionszone (I), der Vergasungsdruck u. die Temp. des CO_2 verändert wurden. Die Reaktionstemp. steigt mit abnehmendem CO_2-Geh. des Gemisches an, fällt mit zunehmenden Leitungs- u. Strahlungsverlusten u. wächst mit erhöhter Vorwärmetemp. des CO_2. CO_2 tritt im erzeugten Gas oberhalb 40% CO_2-Anteil des Vergasungsmittelgemisches auf, u. zwar bei um so kleinerem CO_2-Geh., je höher die I sind. Der Vergasungsdruck ist von geringem Einfluß. Der geringste Verbrauch an C u. zugleich an O_2/Nm^3 erzeugtem CO liegt bei einer Zus. des erzeugten Gases von 95% CO u. 5% CO_2. Auf den Vergasungswirkungsgrad u. den CO_2-Zersetzungsgrad sind die I von größerem Einfl. als der Vergasungsdruck. Der Vergasungswirkungsgrad erreicht Werte bis zu 88%, die Zers. des CO_2 liegt bei optimalen Bedingungen (I = 0) bei 95% u. für I = 7 bei 80%. Die C-Bilanz zeigt, daß ca. 23% des gesamten C-Bedarfs aus dem CO_2 des Vergasungsmittels gedeckt werden können. Eine Steigerung des als Vergasungsmittels zugeführten CO_2 bis auf 26% ist durch Vorwärmung des CO_2 auf 500° möglich. (Freiberger Forschungsschungsh., Reihe A Heft **82.** 49—79. Dez. 1957. Freiberg.) F. ROSENDAHL. 8148

P. Albrieux, *Die Probleme der Austauschbarkeit von Gasen; Erzeugung und Verteilung; Butan, Propan–Luft-Gemische, Cracken von Brennstoffen.* Tausch- oder Spitzengase können durch Kaltcarburierung heizwertarmer Gase (Wassergase, Generatorgase) mit KW-stoffen erhalten werden. Als KW-stoffe kommen Crackgase aus Ölen oder gasförmige KW-stoffe (Raffinerierestgase, Butan, Propan, Naturgase) in Betracht. Die Tauschgase sollen innerhalb der zulässigen Grenzen in der DELBOURG- u. der WOBBE-Zahl mit den zu ersetzenden Gasen übereinstimmen. In der Verteilung können durch geänderten Geh. an Feuchtigkeit u. KW-stoffen physikal. u. chem. Einfll. auf die Stoffe der Verteilungsnetze (z. B. Gummidichtungen) eintreten. (Schweiz. Ver. Gas- u. Wasserfachmännern, Monatsbull. **38.** 285—93. Dez. 1958. Paris.) F. SCHUSTER. 8156

A. I. Golub, *Katalytische Dampfphasenoxydation des Naphthalins und der Naphthalinfraktion.* Die Rk. wird in der Weise ausgeführt, daß ein Gemisch von verdampften Rohstoffen mit Luft bei ca. 380° über V_2O_5 als Katalysator bei einer Verweilzeit von 2,7 bis 3,8 Sek. geleitet wird. Dabei werden bei Verwendung von $C_{10}H_8$ als Hauptprodd. Phthal- u. Maleinsäureanhydrid in einer Ausbeute von ca. 97 Gew.-% (84% der theoret.) erhalten. Bei halbtechn. Verss. der Naphthalinfraktion des Steinkohlenteers wurde geschmolzenes V_2O_5 verwandt. $^1/_5$ des Katalysatorraumes (1753 ml) war mit 7—10 mm u. $^4/_5$ desselben mit 5—7 mm großen Stücken gefüllt; das Gewicht des Katalysators betrug 2766 g, sein Schüttgewicht 1,58 g/ml. Die techn. App. besteht aus einem Luftkompressor, einem mit geschmolzenem Pb gefüllten Reaktor mit U-förmigen Kontaktrohren u. 2 Schlangen zur Anwärmung der Luft, einem Schmelzzylinder u. Verdampfer für die Rohstoffe, 5 nacheinandergeschalteten Kondensatoren u. einem mit W. gefüllten Auffanggefäß für leichtere Produkte. (Кокс и Химия [Koks u. Chem.] **1958.** Nr. 7. 44—47. Allunions Inst. für Kohlechemie.) E. v. PEZOLD. 8176

B. Schnabel, *Tieftemperaturhydrierung von nordböhmischen Braunkohlenteeren.* Es werden die Verbb., welche bei der Tieftemperaturhochdruckhydrierung der nordböhm. Braunkohlenteere gebildet wurden, identifiziert. Die Verss. wurden in einer Durchflußapp. in 2 Stufen durchgeführt. Bei der Hydrierung des Leichtteeres bei 341° u. 300 atü an WS_2-Katalysator stieg der Geh. an Phenolen von 1,49 Gew.-% auf 3,96 Gew.-% (inclusive Kresolen). Bei der Steigerung der Temp. in der 2. Stufe auf 370° wurden die Phenolen zu KW-stoffen gespalten. Der Geh. an aromat. KW-stoffen war ca. um 10 Gew.-% höher als bei ähnlichen Prodd. der mittleren Phase der Hochtemperaturhydrierung. In dieser Stufe wurden 20,5 Gew.-% des Öldestillates mit Viscosität 6—8° E/50° u. 7,5 Gew.-% der festen Paraffine mit F. 53,7° erzeugt. Bei der Tieftemperaturhydrierung von Erdölparaffinprodd. wurden höchst raffinierte weiße Prodd. erhalten. Bei der Hydrierung von Paraffingatsch war der Spaltungsverlust an Paraffinen 9,9 Gew.-%, dagegen wurden bei der Hochtemperaturhydrierung fast alle festen Paraffine gespaltet. Der Geh. an n-Paraffin im Gesamtparaffin stieg bei diesem Verf. von 61 Gew.-% auf 76 Gew.-%. (Chem. Průmysl **9** (**34**). 10—14. Jan. 1959. Záluží u Mostu, Stalinovy závody n. p.) J. SCHNEIDER. 8178

A. A. Anissonjan und **W. F. Kusmin,** *Gewinnung eines Gemisches von CO und H_2 aus Naturgas durch Sauerstoffkonversion unter Druck.* In einer halbtechn. Anlage wurde bei 10 atü die O_2-Konversion von Naturgas des Vork. Saratom mit 93,00 (%) CH_4, 2,25 C_2H_6, 0,43 C_3H_8, 0,34 C_4H_{10}, 3,50 N_2 u. 0,48 CO_2 untersucht. Es wurde festgestellt, daß aus 100 m^3 des Ausgangsgemisches beim Verhältnis $O_2:CH_4$ = 0,74—0,77 an konvertiertem Gas 140—147 m^3 erhalten werden, das 0,3—1 (%) CH_4, 3,2—3,6 CO_2 u. mehr als 93 $CO + H_2$ enthält. Die bei der Konversion entstehende geringe Menge an freiem C wird prakt. vollständig mit W. weggespült. (Газовая Промышленность [Gas-Ind.] **4.** Nr. 3. 34—39. März 1959.) O. LEBTAG. 8186

Beveridge J. Mair, Paul E. Eberly, Kun Li und **Frederick D. Rossini**, *Polycycloparaffin-Kohlenwasserstoffe in Erdöl.* Vff. stellen fest, daß von 1520 möglichen Bicycloparaffinen nur 59 mit C_4 bis C_9 in Erdöl-KW-stoffen, d. h. in Bzn., Kerosin, Gasöl u. Schmierölfraktionen, bisher festgestellt worden sind. (Ind. Engng. Chem. **50.** 115—16. Jan. 1958. Pittsburgh, Pa., Carnegie Inst. of Technolog. Petrol. Res. Labor.) K. O. MÜLLER. 8188

Norman Street, *Viscosität von Kalksuspensionen.* Vf. äußert sich über das Verh. von Kalksuspensionen u. die sich möglicherweise bildenden Absetzungen aus diesen Suspensionen. Er gibt genaue Verfahrensvorschriften zur Durchführung der Best. der Viscosität solcher Suspensionen. (Wld. Oil **147.** Nr. 7. 151—52. Dez. 1958. Urbana, Ill., Univ.) F. ROSENDAHL. 8190

Alfred Hoppe, *Die Harnstoffentparaffinierungsanlage in Heide.* Das Verf. der Entparaffinierung mit Harnstoff (I) beruht darauf, daß I mit geradkettigen KW-stoffen ein vom Öl abtrennbares Addukt bildet. Die Entparaffinierung geschieht mit einem Gemisch I–H_2O–CH_2Cl_2. Zur Rückgewinnung von I wird das Addukt mit H_2O behandelt, wobei es hydrolysiert wird. Das Öl löst sich in CH_2Cl_2, u. I scheidet als Hydrat aus. Während der Verss. stellte sich heraus, daß zur Bldg. leicht abtrennbarer Addukte das Mischverhältnis I, H_2O u. CH_2Cl_2 von großer Bedeutung ist. Bei der Adduktbldg. kommt es sehr auf die Korngröße an. Bei hohem Wassergeh. ist das Addukt schmierig, die Körnung ist erschwert; bei geringerem Geh. schließt das Addukt W. ein. Bei gleichem Wassergeh. bilden sich Körner je nach der Rührintensität von verschied. Größen. Man hat dafür zu sorgen, daß der I-Kreislauf bei einer Temp. unterhalb von 80° vor sich geht, denn der I neigt in der wss. Lsg. stark zur Hydrolyse. Bei den höheren Tempp. bildet I Biuret unter Abspaltung von NH_3. Man hat auch Erfahrungen gemacht, daß I aus den Lsgg. stark auskristallisiert u. sich an den Wandungen der App. absetzt. Erst die Einführung der Polyäthylenrohre in den Betrieben ermöglichte eine einwandfreie u. störungslose Arbeit. (Erdöl u. Kohle **11.** 618—21. Sept. 1958. Frankfurt/M., Edeleanu-Ges. m. b. H.) K. WEKUA. 8194

Richard Birthler, *Die neuesten Ergebnisse des Hydrierens und Dehydrierens im Mitteldruckgebiet.* (Vgl. C. **1956.** 5167.) Die DDR benutzt als Basis ihrer Treibstoffversorgung Braunkohlenteeröle, die bisher größtenteils nach einem Hochdruckhydrierverf. verarbeitet wurden. Der Nachteil des letzteren ist, daß ursprüngliche Aromaten aufhydriert u. infolgedessen schlechte Octanzahlen erzielt werden; ferner ist es apparativ störanfälliger u. teurer. Nachdem bei der Erdölverarbeitung bereits mit Mitteldruck (10—60 at) erfolgreich gearbeitet wurde, wurden Großverss. auch mit Braunkohlenteerölen angestellt. Die Verff. gliedern sich, je nach Einsatzprod., Katalysator u. zu erzielender Wrkg. folgendermaßen: 1. Dehydrierung (Naphthenabbau); 2. dehydrierende Spaltung (Naphthenabbau + Spaltung); 3. dehydrierende Spaltung unter H_2-Zusatz (für naphthenarme Mittelöle); 4. hydrierende Raffination (Hauptanwendungsgebiet; Abbau der Stickstoffbasen; besser als bisheriges chem. Verf.); 5. hydrierende Raffination mit gekoppelter Dehydrierung. Verwendete Katalysatoren: MoO_3/Al_2O_3 bzw. Pt-Tonerde. In allen Fällen ergaben sich hochwertige Treibstoffe (bei Benzinen OZ. über 80). (Chem. Techn. **8.** 266—70. Mai 1956.) E. TIEDEMANN. 8198

Kiyoshi Ikebe, Nobuyoshi Hara, Kôtarô Mita, Tsunehiro Kotani und **Ichirô Izaki**, *Eigenschaften der mittels Alkali vergiftetem Katalysator hergestellten Crackgasoline.* SiO_2–Al_2O_3-Katalysator zum Crackverf. wird in wss. Lsg. von LiOH oder KOH bei Raumtemp. so lange stehen gelassen, bis die Lauge neutral wird. Mit steigender Menge des aufgenommenen Alkalis nehmen die Aktivität des Katalysators stark, u. zwar linear, der %-Satz der aromat. KW-stoffe im Prod. auch linear, jedoch sehr schwach, ab, u. der der Olefine im Prod. stark u. linear zu. Zwischen der Octanzahl des Prod. u. dem %-Satz der aromat. KW-stoffe besteht eine Gerade. Die Existenz von akt. Zentren verschied. Acidität im Katalysator wurde nicht festgestellt. (J. chem. Soc. Japan, ind. Chem. Sect. [Kōgyō Kagaku Zassi] **61.** 700—702. Juni 1958. Yokkaiti, Taikyô-Sekiyu. [Orig.: japan.]) E. MAEKAWA. 8200

I. V. Nicolescu, A. Popescu und **Al. Papia**, *Verfahren zur komplexkatalytischen Verarbeitung von Benzin unter gleichzeitiger Gewinnung von reinen aromatischen Kohlenwasserstoffen. Octanbenzin und Cyclohexan (Complexforming).* Durch Reformieren („Platforming“) von Bzn. über Pt (1%) auf Al_2O_3 oder Al_2O_3-Aluminiumsilicat u. Hydrierung über Ni (56%) auf SiO_2 erhält man bei 490—500° u. 26—32 at in 86—88% Ausbeute ein Aromatisierungsprod. mit 47—53% Aromaten (Bzl., Toluol), stabilisiertes Octanbenzin u. Cyclohexan u. alkyliertes Cyclohexan. Eine vollständige Anlage wird schemat. dargestellt. (Rev. Chim. [Bucureşti] **8.** 625—33. Okt. 1957.) R. K. MÜLLER. 8200

E. S. Borthwick, *Motorenkraftstoffzusätze.* Vf. gibt einen Überblick über die verschiedenartigen Motorenkraftstoffzusätze, deren Bedeutung u. Wirkungsweise. (J. New Zealand Inst. Chem. **22.** 54—67. April 1958. Wellington, The Shell Company of New Zealand.) R. MAAS. 8204

Yûzô Koga, *Beständigkeit der flüssigen Brennstoffe gegen Oxydation.* Übersicht. — 26 Literaturangaben. (J. Oil Chemists' Soc. Japan **7.** 257—63. Aug. 1958. Simizu, Tôa-Nenryô. [Orig.: japan.]) E. MAEKAWA. 8210

Imre Szebényi, *Entschwefelung von Nagylengyel-Dieselöl durch Mitteldruckhydrierung.* Vorverss. unter 5 bzw. 20 at Druck haben gezeigt, daß die Entschwefelung oberhalb 420° nicht merklich zunimmt, u. daß es nicht wirtschaftlich ist diese Temp. zu überschreiten. Mit Kobaltmolybdat gelang es unterhalb von 20 at den ursprünglichen S-Geh. (1,34%) um 70,9% zu vermindern. Durch Steigerung des Druckes auf 70 at erhält man ein Prod. durch 0,23% S. Die hydrierende Entschwefelung der bis 380° sd. Fraktion (83% der gesamten Fraktion) führte schon unter 35 at zu einem 0,12% S enthaltendes Prod., das aus der oberhalb 380° sd. Fraktion erhaltene Prod. enthielt 0,94% S. J_2 u. NH_4Cl wirkten unter 5 at als Katalysatoren besser als bei 20 at, da die katalyt. Wrkg. dieser Stoffe in der Dampfphase besser ist als in der fl. Phase. WO_3 führte unter 70 at bei gleichzeitiger Entschwefelung zu einer Erhöhung des Diesel-Index von 53 auf 64. (Magyar Tudományos Akad. kémiai Tudományok Osztályának Közleményei [Ung. Akad. der Wissenschaften, Ber. Abt. chem. Wiss.] **7.** 241—49. 1956. Budapest, TU, Lehrstuhl für chem. Technologie.) J. PLANK. 8212

C. N. Thompson, *Der Mechanismus der Kupferkatalyse bei der Oxydation von Isolierölen.* Aus den Verss. des Vf. geht hervor, daß die Oxydation der Isolieröle mehr durch ihre Fähigkeit verursacht wird, gelöstes Cu festzuhalten, als durch ihre Neigung, Cu vom Katalysator zu lösen. Da der Vorgang der Oxydation homogen verläuft, so konnten Beziehungen zwischen dem Oxydationstest mit festem Metall u. gelösten Metallsalzen als Katalysator aufgestellt werden. Diese Beziehungen erstrecken sich über einen so weiten Bereich von Isolierölen, daß daraus der Schluß gezogen wird, daß eine geeignete Katalysatorkonz. die Oxydation in eine bestimmte Richtung leiten wird. (J. Inst. Petroleum **44.** 295—310. Sept. 1958. Shell-Res. Ltd.) F. ROSENDAHL. 8218

Ss. T. Kusmin und **N. I. Tschernoshukow,** *Zur Frage der Entparaffinierung von Schmierölen durch Carbamid.* Die wichtigsten Faktoren, die auf die Entparaffinierung von Schmierölen mittels Harnstoff (I) einwirken, sind nach den Verss. mit der Erdölfraktion 350—500°: die Zus. der Ölfraktionen, die Mengen des I u. Aktivators, die Wärmebehandlung u. ihre Dauer. Zwecks Erzielung niedrigstockender Schmieröle werden folgende Bedingungen empfohlen: Menge des I 100% (bezogen auf Rohstoff), die des Aktivators 9—10%, Temp. 55° mit allmählicher Herabsetzung auf 25°, Dauer der Behandlung 30 Min., Menge des Waschmittels 50% vom Rohstoff u. die von Isopropylalkohol 100%. Ungeachtet der verschied. Einw. der Aktivatoren beträgt die optimale Menge des W., des Äthylenglykols u. CH_3OH je 9—10% vom Rohstoff. CH_3OH ist der beste Aktivator. Eine Erhöhung der Aktivatormenge führt zu einer starken Verschlechterung der Entparaffinierung, während die Wirksamkeit des Depressors auch bedeutend fällt, wenn man ihn bei stärker entparaffinierten Prodd. verwendet. Die Meth. der extraktiven Kristallisation gestattet, Transformatorenöldestillate bis zu einem Stockpunkt von —45 bis —50° zu entparaffinieren u. Destillate vom Typ des Autols bis zu einem solchen von —10°. (Химия и Технология Топлив и Масел [Chem. Technol. Brennstoffe Öle] **3.** Nr. 10. 12—16. Okt. 1958. Moskau, Gubkin-Erdölinst.) E. v. PEZOLD. 8220

Maria Datka und **Tibor Petrys,** *Molybdänschmiermittel.* Übersicht über Schmiermittel auf der Basis MoS_2. (Nafta [Katowice] **14.** 299—302. Nov. 1958. Kraków, Politechn.) F. URBAN. 8222

Dietrich Kastner, Josef Moos und **Georg R. Schultze,** *Über die Zusammensetzung des polnischen rohen Ozokerits.* Ein galiz. Ozokerit wurde durch Dest. im Hochvakuum in charakterist. Fraktionen zerlegt. Aus dem Destillationsrückstand wurden weitere Mengen fester KW-stoffe extrahiert. Es wurden erhalten: 84,3% feste u. 3,7% fl. KW-stoffe neben 12% an Harz- u. Asphaltstoffen. Aromaten sind zwar in allen Fraktionen vertreten, machen aber nur 1—2% der Gesamtmenge aus. Ebenfalls in allen Fraktionen sind Naphthene mit mehr oder weniger langen Seitenketten vorhanden. Der Anteil beträgt ca. 15% am Ozokerit. Die Paraffine stellen den Hauptanteil der KW-stoffe. In allen Fraktionen sind n-Paraffine vorhanden. Der größte Teil der Isoparaffine kann nur kurze Seitenketten tragen, die vorwiegend an den Enden der Hauptketten liegen. Es konnten auch C=C-Doppelbindungen nachgewiesen werden, die wahrscheinlich Terpenen zuzuordnen sind. Weiter konnten Alkohole, Ester, Ketone, Phenole, Carboxylsäuren, Carboxylationen u. Säureamide (Peptide) gefunden werden. Im Dioxanextrakt waren organ. gebundener P u. im Rohozokerit geringe Mengen an Porphyrinen vorhanden.

Die Asche enthielt — z. T. nur in Spuren — : Ag, Al, As, B, Ba, Ca, Co, Cr, Cu, Fe, K, Mg, Mn, Mo, Na, Ni, Pb, Sb, Si, Sn, Sr, Ti, V, W, Zn u. Zr. (Erdöl u. Kohle **12.** 77—83. Febr. 1959. Hannover, Inst. für Erdölforsch.) F. ROSENDAHL. 8226

Giovanni Hilgers, Berlin, *Brenngaserzeugung durch* Vergasen von staubförmigen Brennstoffen, bei dem in dem Gaserzeuger mehrere in Strömungsrichtung gleichachsig hintereinanderliegende Wirbel der Vergasungsteilnehmer mit abwechselnd gegenläufigem Drehsinn erzeugt werden. Der gesamte Brennstoff u. die gesamten Vergasungsmassen werden vor u./oder an dem 1. Wirbel in den Gaserzeuger eingeführt. Dieser 1. Wirbel wird durch tangentiales Einblasen von Vergasungsmassen oder durch einen Rührkörper erzeugt. Die Erzeugung des oder der weiteren Wirbel erfolgt durch je einen in Strömungsrichtung gleichachsig hinter dem 1. Wirbel liegenden Rührkörper. (**D. A. S. 1 046 238** Kl. 24e vom 7/10. 1952, veröff. 11/12. 1958.) W. HAUSWALD. 8157

Institute of Gas Technology, Chicago, übert. von: **Elmore S. Pettyjohn,** Evanston, und **Henry R. Linden,** Franklin Park, Ill., V. St. A., *Herstellung von mit Naturgas austauschbarem Ölgas.* Zwei Generatoren werden mit je einem Überhitzer gekoppelt, der sowohl Wärme aufnehmen als auch abgeben kann. Ein durch den 1. Generator u. Überhitzer geführter Gasstrom wird auf 1350—1700°F erhitzt u. anschließend durch den 2. Überhitzer u. Generator geleitet, in dem auch ein KW-stoff, wie Propan, Butan, Leichtbenzin, leichtes Schwerbenzin u. Gemische von diesen, eingeführt wird, während durch den 1. Überhitzer u. Generator ein Petroleumöl geleitet wird, wobei die Verweilzeit in dem 1. Generator 1—5 Sek. beträgt. Hierbei werden die eingebrachten Prodd. gecrackt, jedoch in Abwesenheit von Dampf. Das gebildete Ölgas wird gekühlt; hiernach wird Luft durch die beiden Überhitzer u. Generatoren geleitet u. der gegebenenfalls niedergeschlagene C hierbei verbrannt. Die Luft u. in den 2. Überhitzer u. Generator eingeführtes Öl werden solange in diese eingeleitet u. verbrannt, bis die Crackung in diesen erreicht ist. Dann wird der KW-stoff durch das ganze Syst. geführt u. dabei das gewünschte Ölgas durch Cracken erhalten. Gleichzeitig wird in den 2. Überhitzer u. 2. Generator Öl mit einer Verweilzeit von 1—5 Sek. eingeleitet u. dieses in Ggw. von Crackprodd. des KW-stoffes in Abwesenheit von Dampf gecrackt u. so das Ölgas in der gewünschten Zus. erhalten. Das so erhaltene Ölgas wird gekühlt u. darauf Luft durch den 2. Überhitzer, 2. Generator, 1. Überhitzer u. 1. Generator geführt u. der darin niedergeschlagene C verbrannt. In den 1. Überhitzer u. 1. Generator werden zusätzlich Luft u. Öl eingebracht u. dies wird solange fortgesetzt, bis die Temp. auf 1350—1700°F angestiegen ist. Die Heißgase werden aus dem Syst. abgeleitet. Dann wird wiederum mit dem 1. Überhitzer u. 1. Generator begonnen. — Zeichnungen. (**A. P. 2 734 810** vom 11/3. 1952, ausg. 14/2. 1956.) E. KAHLES. 8161

Dow Chemical Co. (Erfinder: **Eldon L. Graham** und **Winfried C. Zacharias**), Midland, Mich., V. St. A., *Herstellung von Kohlenwasserstoffen, einschließlich Äthylen, Acetylen und Benzol aus Ölschiefer,* dad. gek., daß in einer Retorte flüchtige Stoffe ohne wesentliche Pyrolyse aus dem Ölschiefer bei einer Öldestillationstemp. rasch abdest. werden u. daß anschließend ohne intermediäre Abkühlung u. Kondensation die aus dem Ölschiefer erhaltenen flüchtigen Stoffe in einer gesonderten Crackzone gecrackt werden. (**D. A. S. 1 047 352** Kl. 23b vom 27/5. 1957, veröff. 24/12. 1958. A. Prior. 5/7. 1956.) E. KAHLES. 8181

Lignosol Chemicals Ltd., Quebec (Erfinder: **Gerald J. Byrd,** Calgary, Alberta), Canada, *Herstellung einer Tiefbohrflüssigkeit.* Eine natronalkal. Sulfitablauge mit ca. 50% Feststoffen u. einem p_H-Wert von ca. 7 wird in einem geschlossenen Gefäß auf ca. 130—150° erhitzt, hierauf wird zur Oxydation u. Herabsetzung des p_H-Wertes auf 4—4,5 Luft eingeleitet u. nicht weniger als 5% (bezogen auf den Feststoffgeh.) eines Alkalidichromates zugemischt. Das Gemisch wird getrocknet u. mit einer wss. Tonsuspension vermischt. (**D. A. S. 1 031 745** Kl. 5a vom 3/6. 1957, veröff. 12/6. 1958. Can. Prior. 6/6. 1956.) W. HAUSWALD. 8191

Texas Co., New York, N. Y., übert. von: **Walter I. Weiss,** Sugar Hand, und **Wilbur L. Hall,** Bellaire, Texas, V. St. A., *Bohrflüssigkeit für Erdölbohrungen.* Die alkal. Fl. mit einem p_H nicht größer als 12,6 besteht im wesentlichen aus einer gesätt. wss. $Ca(OH)_2$-Lsg. u. einem wasserlösl. Ca-Salz, dessen Löslichkeit in W. größer als die des gelösten $Ca(OH)_2$ ist. Die Ca-Ionenkonz. in der wss. Phase soll mindestens 200 p.p.m. u. ausreichend sein, um eine wirksame Stabilisierung u. Kontrolle der schlammerzeugenden Eigg. des mit der Bohr-Fl. in Kontakt kommenden Schiefers herbeizuführen. Als Dispergiermittel für den Ton dient Ca-Lignosulfonat. Das Ca-Salz kann $CaCl_2$, $CuSO_4$, $Cu(NO_3)_2$, Ca-Acetat oder Ca-Formiat sein. (**A. P. 2 802 783** vom 9/7. 1956, ausg. 13/8. 1957.) W. HAUSWALD. 8191

Phillips Petroleum Co., übert. von: **Ralph P. Schneider**, Bartlesville, Okla., V. St. A., *Bohrflüssigkeit für Gas- oder Erdölbohrungen.* Sie besteht aus einer wss. Suspension anorgan. Feststoffe, Stärkematerial u. einer kleinen Menge einer Verb. von der Summenformel AC:O(B). (A = Alkyl- oder halogensubstituierter Alkylrest mit nicht mehr als 3 C-Atomen; B = H, OH, ein amino- oder halogensubstituierter Alkoxy- oder Alkenoxyrest. mit weniger als 3 C-Atomen). A besitzt mindestens einen Halogensubstituenten wenn B gleich H, OH oder ein Aminorest ist. Geeignete Verbb. sind z. B. Chloracetaldehyd Chloracetamid, 1.3-Dichlorisopropylacetat. Diese Stoffe dienen als Inhibitoren gegen den Abbau oder die Fermentation des stärkehaltigen Materials, die zu Wasserverlusten der Bohr-Fl. führen würden. (**A. P. 2 815 323** vom 22/6. 1956, ausg. 3/12. 1957.) W. HAUSWALD. 8191

Phillips Petroleum Co., übert. von: **Charles A. Stratton**, Bartlesville, Okla., V. St. A., *Bohrflüssigkeit für Öl- oder Gasbohrungen.* Die Öl–Wasser-Emulsionsbohr-Fl. wird stabilisiert durch den Zusatz eines quaternären Ammonium–Cellulose-Deriv., das man durch eine Umsetzung einer Carboxyalkylcellulose mit einer quaternären Ammoniumverb., die mindestens einen langkettigen aliphat. Rest mit 8—20 C-Atomen enthält, gewinnt. Solche quaternären Verbb. sind z. B. Octyltrimethylammoniumchlorid u. Octadecyltributylammoniumnitrat. Außer dem aliphat. Rest. kann noch ein niedrigerer Alkyl- oder Benzylrest vorhanden sein; eine solche Verb. ist z. B. Pentadecyldiäthylammoniumfluorid. (**A. P. 2 816 073** vom 16/7. 1956, ausg. 10/12. 1957.) W. HAUSWALD. 8191

Pan American Petroleum Corp., übert. von: **Clarence R. Fast**, Tulsa, Okla., **Alfred O. Fischer**, Alice, Texas, und **Billy V. Randall**, Tulsa, Okla., V. St. A., *Bohrflüssigkeit, die gleichzeitig einen Filterkuchen an der Bohrwandung bildet.* Der Ca-haltige Schlamm enthält je Barrel mindestens 0,1 pd. eines wasserlösl. Metallsalzes (Cu- oder Fe-Salz), nicht mehr als ca. 10 pds. Alkalimetallsalz, von ca. w/20 bis ca. w/12 pds. Ca-Acrylat u. ca. 0,18 w/300 bis ca. 2,1 w/300 pds. Katalysator, der ca. 33—67% Ammoniumpersulfat u. 67—33 Natriumthiosulfat enthält. „w" ist der Wassergeh. der Bohr-Fl. in pds./barrel. Das Ca-haltige Material kann Montmorillonit, Illit, Kaolin oder Attapulgit sein. Der Schlamm kann noch Quebracho, Lignosulfonate, Lignit, kondensiertes Naphthalinsulfonat u. dgl. enthalten. (**A. P. 2 826 547** vom 17/5. 1956, ausg. 11/5. 1958.) W. HAUSWALD. 8191

Cities Services Research & Development Co., New York, N. Y., übert. von: **Jack A. King** und **Wayne S. Fallgatter**, Tulsa, Okla., V. St. A., *Steigerung der Erdöl- und Erdgasproduktion.* Zur Steigerung bes. bei der sek. Ölgewinnung wird eine selektive Durchlässigkeit der Formation erstrebt. Man führt deshalb zwei wss. in Öl unlösl. Lsgg. in die Formation ein. Diese Lsgg. müssen fähig sein, in der Formation eine doppelte Umsetzung einzugehen u. damit auch gleichzeitig eine doppelte Durchlässigkeitsregelung herbeizuführen. Solche Lsgg. sind $FeSO_4$- u. Alkalisilicat-Lsgg., welche $Fe(OH)_2$ u. SiO_2 bilden, die als Dichtungsmittel für die Formationsschichten dienen. Die räumliche Abscheidung dieses doppelten Nd. wird kontrolliert durch das Trennen während ihrer Einführung u. ihres Passierens durch die Formation mittels einer Zwischen-Fl., die gegenüber den beiden Lsgg. u. gegenüber der Formation inert ist. Die Menge der Zwischen-Fl. wird bestimmt durch die Formel: $V = 2\pi$ rwhps. Hierin bedeutet r die Distanz in ft. von der Bohrung, bei der die Rk. eingeleitet wird, w die Breite des Flüssigkeitsbandes bei der Entfernung r, h ist die Dicke (in ft.) der behandelten Zone, p die Porosität der Formation u. s die durchschnittliche Wassersättigung am Punkte des Reaktionsbeginns. (**A. P. 2 807 324** vom 24/1. 1956, ausg. 24/9. 1957.) W. HAUSWALD. 8191

Union Oil Co. of California, Los Angeles, Calif., übert. von: **Burton B. Sandiford**, Placentia, und **Howard F. Keller jr.**, Fullerton, Calif., V. St. A., *Sekundärgewinnung von Erdöl.* In eine Einpreßbohrung wird das Flutmittel, das aus einer wss. Lsg. eines wasserlösl., teilweise hydrolysierten Acrylamidpolymers besteht, eingeführt u. durch die Formation bis zur Förderbohrung gedrückt. Das Polymer hat ein solches Mol.-Gew., daß eine 0,5 Gew.-%ig. wss. Lsg. desselben eine Viscosität von mindestens 4 cP. bei 21,5° besitzt. Die Hydrolyse des Polymers ist derart, daß ca. 0,8 bis ca. 10% der Amidgruppen, die im unhydrolysierten Polymer vorhanden sind, in Carboxylgruppen umgesetzt werden. Das Polymer wird in solcher Menge angewandt, daß die Viscosität des Flutmittels ca. 1—1000 cP. bei der Temp. der Erdformation beträgt. (**A. P. 2 827 964** vom 11/6. 1956, ausg. 25/3. 1958.) W. HAUSWALD. 8191

Esso Research and Engineering Co., Elizabeth, N. J., V. St. A., *Entfernung metallischer Verunreinigungen aus Rückstandsölen,* die Bestandteile mit Kp. > 900° F enthalten. Man bringt das Ausgangsgut (I) mit einem verflüssigten, normalerweise gasförmigen KW-stoff in Berührung u. wäscht es mit einer im wesentlichen metallfreien synthet. Asphaltphase. Man erhält eine entasphaltierte Ölphase, die frei ist von metall. Bestandteilen, u. eine Asphaltphase, die alle Metallverunreinigungen des I enthält, die beiden Phasen werden voneinander getrennt. — Zeichnung. (**E. P. 797 834** vom 30/3. 1955, ausg. 9/7. 1958. A. Prior. 1/4. 1954.) P. UNGER. 8193

Metallgesellschaft Akt.-Ges., Frankfurt/M. (Erfinder: **Wilhelm Herbert, Karl-Heinz Eisenlohr,** Frankfurt/M., **Karl Bratzler, Oskar Dorschner,** Bad Homburg v. d. H., und **Hans Werner Gross,** Buchschlag, Kreis Offenbach), *Katalytische hydrierende Raffination von Kohlenwasserstoffen* u. dgl., die bei Raumtemp. fl. oder fest sind, bei erhöhter Temp. u. höherem Druck in der Gasphase u. bzw. oder fl. Phase in Ggw. von Leucht-, Kokerei-, Schwel-, Erdgas oder ähnlichen H_2-haltigen Gasen, dad. gek., daß diese Gase vor oder während der katalyt. hydrierenden Raffination an hydrierend wirkenden S-festen Katalysatoren (z. B. alkal. Fe-Katalysatoren) bei ca. 50—500°, bes. 150—450°, von oxydierend wirkenden u. anderen störenden Stoffen befreit werden. — Die Befreiung der H_2-haltigen Gase von den störenden Stoffen u. ihre bes. Eignung für die hydrierende Raffination kann durch Zusatz von 5—50, bes. 15—35 Vol.-% Wasserdampf (berechnet auf das frisch in das Verf. eintretende Gas) bewirkt oder verbessert werden. Man kann an Stelle von vorbereitetem Frischgas auch Wasserdampf verwenden. — 3 Zeichnungen. (**D. P. [DDR] 15 329** Kl. 23b vom 23/2. 1956, ausg. 8/11. 1958 [Ausschließungspatent].) T. OPPERMANN. 8195

Standard Oil Co. (Erfinder: **Mathew L. Kalinowski** und **Robert F. Schnaith**), *Entfernen von Mercaptanen aus gecrackten Kohlenwasserstoffen* erfolgt durch deren Behandeln mit freiem O_2 in Ggw. von $CuCl_2$ u. einem Träger (Fullererde, mit Säure behandelte Tone, Bimsstein, Diatomeenerde) im Verhältnis 1:10 u. 5—30% W. bei 70—90°F. Den abgetrennten KW-stoffen wird dann ein N.N'-Dialkyl-p-phenylendiamin mit 1—12 C-Atomen im Alkyl als Stabilisierungsmittel zugesetzt. — Vorr., Zeichnung. (**Aust. P. 202 594** vom 13/9. 1954, ausg. 23/8. 1956.) G. KRAUSS. 8195

Standard Oil Co., Chicago, Ill., übert. von: **Thomas D. Newitt,** Crown Point, Ind., V. St. A., *Lösungsmittelextraktion.* Für die selektive Abtrennung aromat. KW-stoffe aus einem nichtviscosen, neutralen Öl, das Aromaten u. Aliphaten enthält u. im Gas-Öl-Siedebereich sd., extrahiert man dieses Öl in fl. Zustand gleichzeitig. 1. mit einem Dialkylsulfon mit 2—4 C-Atomen im Mol. mit einer maximalen Länge der Alkylkette von 2 C-Atomen u. 2. mit W. im Verhältnis von ca. 1—15 Gew.-%, bezogen auf das Sulfon. Man trennt eine Extraktphase ab, die die Aromaten gelöst enthält. Beispiele für die Sulfone: Methyläthylsulfon, Dimethylsulfon u. Diäthylsulfon. — Zeichnung. (**A. P. 2 831 039** vom 4/4. 1955, ausg. 15/4. 1958.) P. UNGER. 8195

Socony Mobil Oil Co., Inc., New York, übert. von: **Vernon O. Bowles,** Rye, N. Y., V. St. A., *Einsprühen von Kohlenwasserstofföl in ein Fließbett.* Um hochsd. KW-stoffe in gasförmige Prodd. umzuwandeln, läßt man die Kontaktteilchen von einem Sammelraum, der in dem oberen Teil des Reaktors angeordnet ist, in vielen dünnen Strahlen durch einen freien Raum auf die Oberfläche des Kontaktbettes rieseln. Gleichzeitig wird von den Seiten dieses Raumes das KW-stofföl durch verschied. Düsen in die herabrieselnden Kontaktteilchen gesprüht, wobei eine innige Berührung des KW-stofföles mit den Kontaktteilchen erfolgt u. so die Umwandlung der KW-stoffe in die gasförmigen Prodd. rasch vor sich geht. — Vorr., Zeichnungen. (**A. P. 2 760 915** vom 9/7. 1952, ausg. 28/8. 1956.) E. KAHLES. 8197

Socony Mobil Oil Co., Inc., New York, übert. von: **Sylvander C. Eastwood,** Woodbury, N. J., V. St. A., *Umwandlung von hochsiedenden Kohlenwasserstoffen.* Körniges Kontaktmaterial wird mit den KW-stoffen gemischt. Dieses Gemisch wird mit frischem Kontaktmaterial gemischt, welches frei von KW-stoffen ist. Innerhalb des Fließbettes befindet sich der Einlaß für die KW-stoffe, die einer innerhalb des Feststoffbettes befindlichen Umwandlungszone zugeleitet werden. Die Reaktionsprodd. werden aus dem Fließbett abgezogen u. das Kontaktmaterial aus dem unteren Teil der Reaktionszone der Regenerierzone zugeführt. — Vorr., Zeichnungen. (**A. P. 2 770 582** vom 7/10. 1952, ausg. 13/11. 1956.) E. KAHLES. 8197

Esso Research and Engineering Co., V. St. A., *Entfernen von Dienen und tertiären Alkenen aus Aromaten und C_5—C_8-Olefine enthaltenden Crackkonzentraten* (aus einer bei 538—816° gecrackten Erdölfraktion) durch Erwärmen auf 80—120°, wobei zunächst die cycl. Diolefine dimerisiert werden, fraktionierte Dest., selektives Polymerisieren der Diene u. tert. Alkylene mit $AlCl_3$ (0,25—2 Gew.-%) bei —10 bis +70° u. fraktionierte Destillation. — Schema der Anlage; Diagramme. (**F. P. 1 157 497** vom 28/8. 1956, ausg. 29/5. 1958.) S. BÖTTCHER. 8197

Standard Oil Co., Chicago, Ill., übert. von: **Walter D. Schmidt,** Emerson, N. J., V. St. A., *Katalytisches Cracken von vorbehandelten Kohlenwasserstoffölen,* die N-Verbb. enthalten. Ein Gasöl aus Virginia oder ein Gasöl, welches durch therm. Cracken von Erdöl erhalten worden ist, wird mit einem sauren FRIEDEL-CRAFTS-Katalysator [BF_3;

0,05 (gMol) je 1 im Gasöl enthaltenen N] in Kontakt gebracht, wobei noch ein selektives Lösungsm., wie SO_2, beigegeben wird, um getrennte Extrakt- u. Raffinatphasen zu erhalten. Die Extraktphase enthält die N-Verbb. zusammen mit einem Minimum an Gasöl, während in der Raffinatphase das Gasöl mit den aromat. KW-stoffen enthalten ist. Aus dem Raffinat wird das Gasöl gewonnen u. dieses dann in Ggw. eines festen Crackkatalysators gecrackt. — Zeichnung. (**A. P. 2 796 387** vom 29/7. 1954, ausg. 18/6. 1957.) E. KAHLES. 8197

Socony Mobil Oil Co., Inc., New York, übert. von: **William A. Stover,** Pitman, und **Robert C. Wilson jr.,** Woodbury, N. J., V. St. A., *Entölen von sphäroiden Chrom-Tonerde-Gelteilchen.* Wss. Natriumaluminatlsg. wird mit Cr-Acetat gemischt u. dabei das Na : Al-Ionenverhältnis u. das Acetat : Chromat-Verhältnis in diesen Lsgg. so eingestellt, daß ein Hydrosol erhalten wird, welches einen Cr–Al-Geh. von mindestens 10 Gew.-% aufweist, wobei das Hydrosol leicht in das entsprechende Hydrogel übergehen kann. Das Hydrosol wird in eine mit W. nicht mischbare Fl. gegossen u. dabei die sphäroiden Teilchen erhalten, die dann in das Gel übergehen. Nach dem Abtrennen der Teilchen werden diese zuerst mit einer wss. Ammoniumsalzlsg. vom p_H 8,0—9,5 u. einer Konz. von 5 bis 20 Gew.-% gewaschen. — Zeichnungen. (**A. P. 2 774 742** vom 19/11. 1954, ausg. 18/12. 1956.) E. KAHLES. 8197

Esso Research and Engineering Co., V. St. A., *Desalkylierung alkylaromatischer Kohlenwasserstoffe,* dad. gek., daß man die lösl. Na-Verbb. u. Peroxyde enthaltende Petroleumfraktion vom Kp. 93—315° extrahiert (SO_2, Phenol), den alkylaromat. KW-stoffe enthaltenden Extrakt unter Ausschluß von O_2 fraktioniert u. das Destillat bei 538—980° u. 28 kg/cm² in Ggw. eines Überschusses an H_2 einer therm. Behandlung unterwirft. — Zeichnung. (**F. P. 1 155 925** vom 6/7. 1956, ausg. 9/5. 1958.) S. BÖTTCHER. 8203

Esso Research and Engineering Co., Elizabeth, N. J., V. St. A., *Umwandlung von gasförmigen Olefinen in Motortreibstoffe.* Ein Gemisch aus Olefinen, welches aus 40 bis 80 (Mol-%) C_3—C_4-Olefinen u. 60—20 inerten KW-stoffen besteht, wird mit 0,2—3 Mol W. je Mol Olefin in einer einen Hydratisierungskatalysator enthaltenden Hydratisierungszone behandelt, wobei der Olefingeh. auf $<$50 absinkt u. mindestens 20 der Olefine in teilweise oxydierte Prodd. übergeführt werden, die bei 50—220° sieden. Mindestens ein Teil der aus der Hydratisierungszone abgezogenen Prodd. wird in eine einen Polymerisierungskatalysator enthaltende Polymerisierungszone geführt; dort werden mindestens 90% der nicht umgesetzten Olefine in ein Polymerbenzin vom Kp. 50—220° umgewandelt. Die niedrigsd. Anteile werden von den im Leichtbenzinbereich sd. Prodd. durch Dest. abgetrennt. — Zeichnung. (**E. P. 802 734** vom 16/2. 1955, ausg. 8/10. 1958. A. Prior. 26/3. 1954.) E. KAHLES. 8205

Continental Oil Co., Ponca City, Okla., übert. von: **Edwin R. Baker** und **Marion L. Sharrah,** V. St. A., *Fließpunkterniedriger für Schmieröle* werden hergestellt durch Chlormethylierung synthet. Destillatrückstände (synthetic still bottom product) (Siedebereich 260—400°, D. 1,574, durchschnittliches Mol.-Gew. 210, Anilinpunkt 73,4°F, 10,69 bis 10,75% H, 88,88—89,37% C, 27,8% Nichtaromaten, 72,2% Aromaten) bis zu 8,34% Cl-Geh., Umsetzung des chlormethylierten Prod. (I) mit einem Alkylaryl-KW-stoff (II) im Molverhältnis **I** : **II** = 1 : 0,25—1 bei 20—30°C in Ggw. von $AlCl_3$ u. einem inerten Lösungsm. (**III**) u. Neutralisieren mit einer wss. Base. Nach erfolgter Schichttrennung enthält die obere Schicht in **III** den Fließpunkterniedriger neben etwas umgesetztem **I**, die untere W., $AlCl_3$ u. die überschüssige Base. Aus der abgetrennten oberen Schicht wird das Prod. durch Entfernen von **III** isoliert. **II** ist z. B. ein Bzl.- oder Toluolderiv. mit 1 oder mehreren Seitenketten, die wenigstens 12 C-Atome aufweisen. (**A. P. 2 773 915** vom 1/6. 1954, ausg. 11/12. 1956. **E. P. 800 693** vom 15/7. 1955, ausg. 3/9. 1958.) E. DREWS. 8221

American Cyanamid Co., New York, N. Y., übert. von: **Edwin O. Hook,** New Canaan, und **Lindley C. Beegle,** Darien, Conn., V. St. A., *Schmierölzusatzmittel* erhält man durch Rk. von gereinigtem Tallölpech, das ganz oder teilweise verseift sein kann u. aus dem die ligninartigen Stoffe durch Lösen in Pentan, Hexan oder Heptan u. Eindampfen der filtrierten Lsg. entfernt wurden, mit P-Sulfiden (P_2S_5, P_4S_7), bes. bei 100—150°, u. anschließendes Neutralisieren mit Metalloxyden oder -hydroxyden. — 180 (g) gereinigtes Tallölpech werden mit 20 Butanol, 18 NaOH u. 50 cm³ W. 1 Std. auf dem Dampfbad u. dann nach Zusatz von 31,5 $ZnCl_2$ in 30 cm³ W. noch ½ Std. erhitzt. Nach dem Verjagen des Butanols u. W. im Vakuum u. anschließendem Zusatz von 15 P_2S_5 erhitzt man auf 110° u. bläst Luft durch die Mischung, so daß die Temp. auf 120—130° steigt. Nach dem Verdünnen mit 400 Öl gibt man 30 BaO u. 15 Methanol zu u. erhitzt ½ Std. unter Rückfluß, bis die M. H_2S-frei ist. Nach dem Filtrieren über „Hyflo" erhält man ein in jedem Verhältnis in Öl lösl. *Reinigungsmittel* für Verbrennungsmotoren, das die Abscheidung fester Stoffe in Schmierölen verhindert. (**A. P. 2 731 415** vom 6/2. 1953, ausg. 17/1. 1956.) G. KRAUSS. 8221

Standard Oil Co., übert. von: **Chien-Wei Liao,** Cleveland, Ohio, V. St. A., *Arylpolysulfide*, z. B. der allg. Formel $R-S_x-R'-S_x-R$ u. $R-S_x-R$ (R = Alkylbenzyl mit insgesamt 7—11 C-Atomen; R' = Alkylxylyl mit höchstens insgesamt 11 C-Atomen; $x = 3-5$) erhält man durch Rk. eines Alkalimetallpolysulfids, gegebenenfalls unter Zusatz von S mit einem überschüssigen Alkylhalogenmethylbenzol mit insgesamt 7 bis 11 C-Atomen bei 160—200°F in Ggw. eines Verdünnungsmittels (Petroleum-KW-stoffe). — Aus einer Mischung aus Trimethylbenzylmonochloriden, Methyläthylbenzylmonochloriden u. Trimethyl- u. Methyläthylxylyldichloriden erhält man mit 40%ig. wss. Na-Tetrasulfid in Ggw. eines Gasöls (Flammpunkt 275°F, Viscosität 42 SSU/100°F) unter Rückfluß bei 200°F die entsprechenden *Trimethylbenzyl-* u. *Xylyltetrasulfide* u. *-ditetrasulfide*. — *Zusatzmittel* zu *Schmier-* u. *Schneidölen*. (**A. P. 2 790 833** vom13/9. 1954, ausg. 30/5. 1957.) G. KRAUSS. 8221

Shell Development Co., Emeryville, Calif., übert. von: **David E. Adelson,** Berkeley, Calif., V. St. A., *Schmieröl*. Dasselbe enthält zur Verbesserung der Hochdruckeigg. sowie als Antioxydations- u. Korrosionsschutzmittel 0,01—5 Gew.-% eines Umsetzungsprod. aus einer organ. Verb. (**I**), die nur C, O u. H enthält oder einen hochmol. KW-stoff darstellt, mit NH_4HS-H_2S (**II**) u. einem Halogenid (**III**) von Metallen der IV. Hauptgruppe des Period. Systems. Die Umsetzung von **I** kann zuerst mit **II** u. anschließend mit **III** oder umgekehrt erfolgen. — Beispiel: Man sättigt 700 cm³ Isopropanol (**IV**) mit trokkenem NH_3 u. trockenem H_2S, setzt 238,5 g getopptes rohes Isophoronbodenprod. in 350 cm³ **IV** zu, sättigt mit H_2S, filtriert u. verdampft **IV**. 1 (Mol) des Reaktionsprod. wird mit 4 $SnCl_4$ in Ggw. von Di-tert.-butylperoxyd erhitzt. Das Endprod. ist eine mineralöllösl. S-haltige M. mit 25% Sn- u. 30% Cl-Gehalt. (**A. P. 2 805 995** vom 1/2. 1954, ausg. 10/9. 1957.) E. DREWS. 8221

Esso Research and Engineering Co., übert. von: **Alfred H. Matuszak,** Westfield, **Harold F. Ready,** Roselle Park, und **William E. Lifson,** Union, N. J., V. St. A., *Esterartige Zusätze zu Schmierölen* der allg. Zus. $R^1OOC-R^2-COO-R^3-OOC-R^4-COOR^5$ erhält man durch Rk. von 2 (Mol) eines Gemisches isomerer, verzweigter, prim., gesätt., aliphat. C_8-Alkohole mit 2 eines Gemisches isomerer C_{10}-Dicarbonsäuren, das 75 (%) α-Äthylkork-, 15 α.α'-Diäthyladipin- u. 10 Sebacinsäure enthält u. 1 Tetraäthylenglykol. Die Prodd. sind bes. zur Verwendung bei tiefen Tempp. geeignet. (**A. P. 2 837 562** vom 4/1. 1955, ausg. 3/6. 1958.) O. MÜLLER-MEININGEN. 8221

Friedrich Asinger, Einführung in die Petrolchemie. Berlin: Akademie-Verl. 1959. (XIV + 428 S. m. 187 Abb. u. 131 Tab.) 8°. DM 33,—.

Heinrich Ruf, *Kleine Technologie des Erdöls*. Eine Einführung in die Methoden der Gewinnung und Aufarbeitung der Roherdöle zu Handelsprodukten. Basel, Stuttgart: Birkhäuser Verlag. 1955. (258 S. m. 132 Abb.) DM 26,—.

Knappe Übersicht über die zur Aufarbeitung des Erdöls angewandten Methoden; am Schluß jeden Kapitels ausgewählte Literaturangaben bis 1953. Ein gutes Bildmaterial unterstützt das Verständnis für die auf Grund jahrzentelanger Erfahrungen gemachten Darlegungen. M. PFLÜCKE.

XX. Schieß- und Sprengstoffe. Zündmittel.

M. M. Pawljutschenko, *Antwort an P. I. Belkewitsch auf seine „kritischen Bemerkungen"*. (Vgl. C. **1956.** 12436.) Die Einwände von BELKEWITSCH (C. **1958.** 13940) werden zurückgewiesen. (Журнал Физической Химии [J. physik. Chem.] **30.** 1678. Juli 1956.) R. K. MÜLLER. 8294

Raymond H. Pierson und **Elmo C. Julian,** *Titrimetrische Bestimmung von Stickstoff in Nitrocellulose und von Nitrocellulose in Nitroglycerin–Nitrocellulosepulver*. Bei gemischten Treibstoffen (Nitroglycerin–Nitrocellulose) werden zunächst die lösl. Nitratester mit CH_2Cl_2 oder 68—70%ig. Essigsäure extrahiert. Nach Trocknen wird die so angereicherte *Nitrocellulose* mit n-Pentan–n-Hexan in einen Reduktionskolben gespült, Eisessig wird zugegeben u. die KW-stoffe werden verdampft. Danach wird n-Butylacetat u. 0,7n $Fe(NH_4)_2(SO_4)_2$-Lsg. zugegeben u. unter CO_2-Durchleiten erwärmt. Die Substanz braucht anfänglich nicht voll gelöst zu sein. Nachdem beide Schichten hellgelb geworden sind, wird gekühlt u. mit 0,2n $TiCl_3$-Lsg. nach vorherigem Zusatz von 70%ig. Essigsäure u. etwas NH_4SCN titriert. Das Verf. ist bei der Analyse von Treibstoffgemischen älteren Methoden überlegen. (Analytic. Chem. **31.** 589—92. April 1959. China Lake, Calif., U.S. Naval Ordn. Test Stat.) E. DEHMLOW. 8324

George Norwitz, *Alkalimetrische Bestimmung von Natrium in Geschoßtreibstoffen*. Zur Best. von *Na* in Treibstoffen wird die organ. Substanz durch Abdampfen mit HNO_3 zur Trockne u. durch anschließendes Abrauchen mit $HClO_4$ zerstört. Nach Filtrieren u.

Einengen wird das Na mit Zn-UO_2-Acetatlsg. gefällt. Der Nd. wird nach 1 Std. filtriert u. mit A. gewaschen, der mit $NaZn(UO_2)_3(CH_3CO_2)_9$ gesätt. ist. Schließlich wird in W. gelöst u. gegen 0,1n NaOH mit Phenolphthalein titriert. Vf. nimmt an, daß bei der Titration Na- u. Zn-Uranate, $Zn(OH)_2$ u. Na-Acetat gebildet werden. Die empir. Faktoren sind 0,00821 g $Na_2SO_4/(V - B) \cdot N$ bzw. 0,00266 g $Na/(V - B) \cdot N$ (V = ml NaOH, Verbrauch B = ml NaOH für Blindprobe, N = Normalität der NaOH). (Analytic. Chem. **31.** 574—78. April 1959. Philadelphia, Pa., Frankford Arsenal, Pitman-Dunn Labor.) E. DEHMLOW. 8324

H. C. J. Saint und **J. Hewson,** *Die Bestimmung von Bleistyphnat in Zündgemischen für Sprengstoffe.* Eine schnelle Best. von *Bleistyphnat* in Zündgemischen kann durch Extraktion mit 10%ig. Ammoniumacetatlsg. u. spektrophotometr. Messung bei 20° u. 4125 Å erfolgen. Als Korrekturgleichung gilt: opt. Dichte bei 20° = opt. Dichte bei $(20 + t)^0/(1 + 0{,}0107 \cdot t)$. Unter Verwendung einer Eichkurve wird eine Genauigkeit von $\pm 0{,}3\%$ (Abweichung vom theoret. Wert) erreicht. u. bei Mikrobestimmungen können noch einzelne Zündhütchen (30 mg Substanz) untersucht werden. Andere lösl. Pb-Salze stören nicht. (Analyst **84.** 183—87. März 1959. Witton, Birmingham, Imp. Chem. Ind. Ltd., Metals Div.; Kynoch Works, Res. Dep.) E. DEHMLOW. 8326

Abraham Koblin, *Gesamtprobe und Analyse von Sesqui-Lost in Gegenwart von Lost. Bis-(2-chloräthylmercapto)-äthan* (**I**) bildet mit Cu^{2+} einen Koordinationskomplex, in dem das gebundene Cu^{2+} ein stärkeres Oxydationsmittel ist als Cu^{2+} allein. Bringt man diesen Komplex mit o-Anisidin zusammen, wird dieses unter Bldg. eines Farbstoffes oxydiert, der bei niedrigen p_H-Werten rot ist. Diese Rk. untersucht Vf. auf Anwendbarkeit zur quantitativen colorimetr. Best. von **I** u. von Lost (**II**) einzeln u. im Gemisch nebeneinander. Führt man mit einem Gemisch von **I** u. **II** die genannte Farb-Rk. u. eine Alkylierungs-Rk. mit Nitrobenzylpyridin aus, die ebenfalls zu farbigen Prodd. von **I** u. **II** führt, lassen sich aus den erhaltenen Extinktionen u. den von Vf. angegebenen Simultangleichungen der Geh. an **I** u. **II** eines gegebenen Gemisches bestimmen. (Analytic. Chem. **30.** 430—32. März 1958. Army Chem. Center, Md., U.S. Army Chem. Warfare Labor.) M. FRETZDORFF. 8329

XXII. Leim. Klebstoffe usw.

Ignacio Puig, *Anwendung von Kunststoffen als Verdickungs- und Klebmittel.* Überblick mit Beispielen. (Rev. Plásticos **8.** 329—34. Nov./Dez. 1957.) R. K. MÜLLER. 8388

C. Martín-Ampudia, *Polyvinylklebmittel.* Typen u. Struktur der Polyvinylharze, Bindeeigg. der Klebmittel aus thermoplast. Harzen, Wrkg. u. Anwendungen der Polyvinylklebmittel. (Rev. Plásticos **9.** 90—93. März/April 1958.) R. K. MÜLLER. 8388

S. S. Stivala und **W. J. Powers,** *Epoxykleber mit verbesserter Schlagbiegefestigkeit.* Zur Auffindung eines lösungsmittelfreien, bei Raumtemp. härtenden Klebers wird Epon 828 bzw. Cardolite 7019 mit Cardolite 6885 (**I**) weichgemacht. Schlagbiege- u. Scherfestigkeitswerte dienen als Qualitätsmaß. Resultate: Die Schlagbiegefestigkeit von Epon 828 ist durch Zusatz von höchstens 20% **I** bei n. u. tiefer Temp. zu erhöhen, bei 70° tritt hingegen Festigkeitsabfall ein. Bei Cardolite 7019 tritt nur unwesentliche Erhöhung der Schlagbiegefestigkeit durch Zusatz von höchstens 20% **I** ein. Weitere Erhöhung des Weichmacherzusatzes bedingt jähen Festigkeitsabfall. Die Scherfestigkeit von Epon 828 wird sowohl bei tiefer als auch höheren Tempp. (70°) durch Zusatz von **I** erhöht; bei Cardolite 7019 macht sich hingegen bei n. als auch erhöhter Temp. Festigkeitsabfall bemerkbar. Festigkeitszuwachs durch Weichmacherzusatz ist nur bei tiefen Tempp. zu verzeichnen. Härten bei erhöhter Temp. ergibt Scherfestigkeitszuwachs für beide Harztypen; die Schlagbiegefestigkeit nimmt hingegen nur unwesentlich zu. (Ind. Engng. Chem. **50.** 935—38. Juni 1958. Dover, N. J., Picatinny Arsenal, Ordnance Corps Plastics Labor.) A. BRING. 8388

I. L. Derkowskaja, *Ein Carbamidleim erhöhter Wasserbeständigkeit.* Zusätze von Melamin (**I**) bei der Harnstoff (**II**)-Formaldehyd (**III**)-Kondensation (1 Mol **II** : 2 Mol **III**; p_H 6,5—7; NaOH als Katalysator; nachbehandelt im Vakuum bei p_H 7,5—8; NH_3-W. als Stabilisator) in Mengen von 10—25%, berechnet auf **II**, führt zu *Carbamidleim* (**IV**) mit nicht weniger als 70% Trockenrückstand u. nicht mehr als 4% freien **III**, dessen Wasserbeständigkeit derjenigen der *Phenolleime* nicht nachsteht u. dessen Vorteil in einer schnellen Härtung u. farblosen Klebestelle besteht. Die garantierte Lagerungsdauer von **IV** bei Tempp. $\leq 25^0$ beträgt 6 Monate. Als Härtungsbeschleuniger wird H_3PO_3 (als 15—20%ig. Lsg.) empfohlen. Die Beständigkeit des mit 20% Beschleuniger versetzten **IV** entspricht bei 20 ± 1^0 3,5—4 Stunden. Als optimale Verklebungsbedingungen werden ein 4std. Verpressen bei Raumtemp. mit nachfolgender therm. Behandlung bei 60° (30 Min.) oder ein 1 std. Verpressen bei 70—80° angegeben. (Деревообрабатывающая Промышленность [Holzverarb. Ind.] 7. Nr. 10. 8—10. Okt. 1958. Wiss. Forschungsinst. für plast. Massen.) W. DAWYDOFF. 8388

G. W. van Raamsdonk, *Latexklebstoffe.* Rezepte werden angegeben für Klebemischungen auf Basis Naturlatex unter Berücksichtigung der Alterungsbeständigkeit, Oberflächenbeschaffenheit, Füllstoffe, klebrige Oberfläche. Verwendung u. a. für Kaschieren, Treibriemen, Cordimprägnierung, Betonverklebung. (Chem. Rdsch. [Solothurn] **8.** 65—66. 15/2. 1955.) W. MÜHLSTEPH. 8388

Heinz Peukert, *Das Verbinden von Leichtmetallen durch Kunstharzklebstoffe.* Das Verbinden von Metallen durch Kunstharz-Klebstoffe bietet gegenüber Schweißen oder Nieten Vorteile, wie flächige Beanspruchung der Verbindungselemente ohne örtliche Spannungsspitzen, Druckfestigkeit der Klebefuge u. Erzielung glatter Oberflächen. Bei Kunstharzverklebung soll die Klebefuge nicht auf Zug- u. Schälkräfte, sondern auf Scherung beansprucht werden, wie dies bei Rohrverbindungen sowie Überlappungen u. Laschen der Fall ist. Näher behandelt werden Einfl. von Härtungszeit u. Temp., Härtungsdruck, Schichtdicke, Werkstoff, Materialdicke, Überlappungslänge u. anderes. (Plastverarbeiter **7.** 405—10. Nov. 1956. Aachen.) B. SCHEIFELE. 8388

H. Winter und **H. Meckelburg,** *Untersuchungen an Metallklebverbindungen mit neuen Bindemitteln.* An den handelsüblichen Metallklebstoffen werden Zug-Scher-Verss. an einfachen Überlappungsverbindungen, Zugverss. an stumpfverklebten Rundstäben u. Schälverss. an Winkelblechen vorgenommen. Das Korrosionsverh. der Metallklebverbindungen wird geprüft, sowie die Bindefestigkeit bei hohen Tempp. ermittelt. Ein Überblick über die Entw. der Metallbindemittel wird gegeben. — 155 Schrifttumsstellen. (Aluminium **34.** 596—608. Okt. 1958. Braunschweig, DFLEV.) F. VIER. 8388

American Biltrite Rubber Co., Inc., übert. von: **James N. Mason,** Winchester, Mass., V. St. A., *Isolierband.* Um das Band beim Gebrauch leichter auseinanderreißen zu können, wird das aus Baumwollgewebe bestehende Trägermaterial vor dem Beschichten mit der *Klebmasse* mit Säuren oder Oxydationsmitteln behandelt, bes. heißer H_2SO_4, um die Zugfestigkeit der Baumwollfäden um 10—25% zu vermindern. — Zeichnung. (**A. P. 2 830 003** vom 25/11. 1955, ausg. 8/4. 1958.) C. LÜTTGEN. 8383

Monsanto Chemical Co., St. Louis, Mo., übert. von: **James H. Saunders,** Anniston, Ala., V. St. A., *Harzartige Kondensationsprodukte* erhält man durch Rk. eines Alkylenglykols mit 4—45 Alkylenoxydeinheiten, eines Diamins mit mindestens 3 C-Atomen zwischen den Aminogruppen u. sonst keine Gruppen mit akt. H u. eines Harnstoffs oder dessen Deriv. bei $>90°$. Die Komponenten sollen in einen näher beschriebenen Mol-Verhältnis (Formeln) eingesetzt werden. Außer Polyäthylenglykol mit einem Mol-Gew. von 400 u. Harnstoff werden in den Mengenbeispielen p-Phenylendiamin, Trimethylendiamin u. p.p'-Diaminodiphenylsulfon als 3. Komponente verwendet. Der Kondensationsgrad ist von Reaktionstemp. u. -dauer abhängig. — Überzugsmittel u. bes. *Klebstoffe* für Metalle. (**A. P. 2 828 291** vom 29/6. 1953, ausg. 25/3. 1958.) H. SCHINDLER. 8389

REDAKTIONSSCHLUSS: 19. Juni 1959.

Herausgeber: Prof. Dr. Heinrich Bertsch, Berlin u. Prof. Dr. Dr. h. c. Wilhelm Klemm, Münster. Chefredakteure und verantwortlich für den Inhalt: Dr. Eugen Klever, Berlin SW 61, Dessauer Straße 28—31, Fernsprecher: 665421 u. Dr. Heinz Walter, Berlin N 4, Schiffbauerdamm 19, Fernsprecher: 425571.

©

Verlag: Akademie-Verlag GmbH, Berlin W 1, Leipziger Str. 3-4 (Fernsprecher: 220441, Postscheckkonto Berlin 35021), und Verlag Chemie, GmbH, Weinheim/Bergstr. (Fernsprecher: Weinheim 36 35 [Sammelnummer]; Fernschreiber: 0465516 chemieverl wnh; Postscheckkonten: Frankfurt/M. 145314 u. Berlin [West] 7430). Bestellnummer: 1007/130. Das Chemische Zentralblatt erscheint wöchentlich. Preis des Jahrganges einschl. Autoren-, Patent-, Sach- u. Formelregister: DM 960,—; einseitig bedruckte Ausgabe: DM 1050,—. Abgabe der Zeitschrift nur mit sämtlichen Registern. Abbestellungen nur bis spätestens 6 Wochen vor Ablauf des Kalenderjahres.

Satz u. Druck: VEB Leipziger Druckhaus, Leipzig, III/18/203. VIII. 59.
Veröffentlicht unter der Lizenznummer ZLN 5002 des Ministeriums für Kultur, Hauptverwaltung Verlagswesen.
Printed in Germany.

FSC
www.fsc.org
MIX
Papier | Fördert
gute Waldnutzung
FSC® C083411

Zeitfracht Medien GmbH
Ferdinand-Jühlke-Straße 7
99095 Erfurt, Deutschland
produktsicherheit@kolibri360.de